Björn Rohles, Ralph Burkhardt, Jürgen Wolf,
Daniel Schulte, Lars Kroll, Michael Rohrlich

MEDIENGESTALTUNG

Der Ausbildungsbegleiter

Rheinwerk
Design

Liebe Mediengestalterin, lieber Mediengestalter,

im Mai 2023 trat eine neue Ausbildungsverordnung für Ihren Beruf »Mediengestalter/-in Digital und Print« in Kraft – und das ist auch gut so. Die Ausbildung ist nun viel logischer aufgebaut, veraltete Anforderungen wurden gestrichen und neue Technologien aufgenommen. Daher haben wir auch unser Mediengestaltungsbuch für die Zukunft fit gemacht – mit einer umfassenden Neustrukturierung und Erweiterung. Und damit nicht genug – wir haben auch Themen ergänzt, die Ihnen ganz sicher in Ihrem Arbeitsalltag begegnen werden, die aber noch nicht in die Ausbildungsverordnung aufgenommen wurden, beispielsweise KI, Social Media, E-Books und Apps ...

Dieses Buch behandelt aber nicht nur alles, was Sie in der Praxis wissen müssen, sondern vermittelt auch Hintergrundwissen, damit Sie mit einem sicheren Gefühl in die Prüfung gehen können. Wenn Sie die Definitionen, Formeln und Merksätze des Buchs verinnerlicht haben, sind Sie für die Prüfung bestens gerüstet.

Und ein Plus gibt es noch: Kostenlose, vertiefende Informationen finden Sie auf der Website zum Buch unter *www.rheinwerk-verlag.de/5853*. Direkt oben sehe Sie den Reiter »Materialien«, unter dem Sie die Dokumente herunterladen können.

Dann drücke ich Ihnen jetzt die Daumen für die Prüfung. Ich bin sicher, dass nichts mehr schiefgehen kann!

Ihre Ruth Lahres
Lektorat Rheinwerk Design
ruth.lahres@rheinwerk-verlag.de

www.rheinwerk-verlag.de
Rheinwerk Verlag • Rheinwerkallee 4 • 53227 Bonn

Auf einen Blick

Impressum

Wir hoffen, dass Sie Freude an diesem Buch haben und sich Ihre Erwartungen erfüllen. Ihre Anregungen und Kommentare sind uns jederzeit willkommen. Bitte bewerten Sie doch das Buch auf unserer Website unter **www.rheinwerk-verlag.de/feedback**.

An diesem Buch haben viele mitgewirkt, insbesondere:

Lektorat Ruth Lahres
Korrektorat Petra Bromand, Düsseldorf
Herstellung Denis Schaal, Vera Brauner
Typografie und Layout Mai Loan Nguyen Duy
Einbandgestaltung Mai Loan Nguyen Duy
Satz Markus Miller, München
Druck Firmengruppe Appl, Wemding

CMYK 90 G ECF OFFSET

FSC
www.fsc.org
MIX
Papier | Fördert gute Waldnutzung
FSC® C004592

Dieses Buch wurde gesetzt aus der FF DIN (9,5 pt/14 pt), ITC Officina Sans und ITC Officina Serif in Adobe InDesign.

Gedruckt wurde dieses Buch mit mineralölfreien Farben auf chlorfrei gebleichtem FSC®-zertifiziertem Offsetpapier (90 g/m²).

Hergestellt in Deutschland.

Bibliografische Information der Deutschen Nationalbibliothek:

Die Deutsche Nationalbibliothek verzeichnet diese Publikation in der Deutschen Nationalbibliografie; detaillierte bibliografische Daten sind im Internet über http://dnd.dnb.de abrufbar.

ISBN 978-3-367-10035-4

2., aktualisierte und erweiterte Auflage 2024

Informationen zu unserem Verlag und Kontaktmöglichkeiten finden Sie auf unserer Verlagswebsite **www.rheinwerk-verlag.de**. Dort können Sie sich auch umfassend über unser aktuelles Programm informieren und unsere Bücher und E-Books bestellen.

Inhalt

TEIL I Grundwissen Printprodukte

10 Gestaltungsprojekte

TEIL III Printprodukte realisieren: Druckvorstufe und Druck

11 Digitale Druckvorstufe

TEIL V Digitale Medienprodukte konzipieren, gestalten und realisieren

26 Digitale Medienprodukte konzipieren

27 User Experience von Websites

30 Gestaltung im Web

31 Die Bereitstellung von Websites

32 Entwicklung von Apps

TEIL VI Marketing, Social Media und Medienrecht

35 Marketing

Anhang

Teil I

Grundwissen Printprodukte

Kapitel 1

Gestaltungsgrundlagen

Themen des Kapitels:

- + *Gestaltgesetze der Wahrnehmung*
- + *Grundelemente der Gestaltung*
- + *Spannung durch Anordnung*
- + *Kontrast und Rhythmus*
- + *Symmetrie und Asymmetrie*
- + *Blickführung*
- + *Weißraum*

Wenn wir gestalten, geschieht dies im Allgemeinen vom Großen zum Kleinen. Welches Format passt zur Menge des Textes, welcher Abstand ist für die Zeilen angemessen und wie viel Raum benötigen die einzelnen Buchstaben? Dabei wird nie ein Element nur für sich allein wahrgenommen. Aus diesem Grund zählt in der Gestaltung jedes kleinste Detail, denn sobald ein Element verändert wird, müssen alle anderen entsprechend angepasst werden.

Bei der Gestaltung von Printerzeugnissen setzen wir visuelle Elemente wie Linien, Flächen, Schrift usw. auf einer zuvor festgelegten Gestaltungsfläche in Beziehung zueinander. Ist die Gestaltung gelungen, addieren sich die einzelnen Elemente zu einem ästhetischen Ganzen, das man nicht nur gerne ansieht, sondern das dazu noch visuell verständlich ist. Dabei bedarf es des elementaren Wissens über geometrische und optische Gegebenheiten, die das Sehen und Empfinden beeinflussen. Dazu gehören zweifelsohne die Grundelemente des Gestaltens: Punkt, Linie und Fläche. Doch aus diesen Elementen lässt sich noch lange kein verständliches und dabei ansprechendes Layout gestalten. Entscheidend sind hierbei Parameter wie Größe, Anzahl/Menge, Form, Stellung, Farbe, Struktur, Helligkeit, Kontrast, Proportion usw. Erst die Kombination dieser Parameter entscheidet darüber, wie etwas wirkt.

1.1 Gestaltgesetze der Wahrnehmung

Um Dinge interpretieren zu können, muss man sie zunächst wahrnehmen können. Und um gestalten zu können, muss man wissen, wie man bestimmte Reize beim Betrachtenden auslösen kann.

Die Gestalttheorie ist ein in den 1920er Jahren entstandener Ansatz der Psychologie, der sich mit der Analyse der menschlichen Wahrnehmung beschäftigt. Sie gibt beispielsweise Antworten auf die Fragen: Wie nimmt unser Gehirn Strukturen wahr? Wie werden diese Sinneseindrücke verarbeitet? Welche Eigenschaften machen überhaupt eine Form aus? Was erleichtert das Erkennen von Zusammenhängen?

Der Gestaltpsychologie zufolge erfolgt die Wahrnehmung unserer Umwelt durch das Wiedererkennen von Formen. Voraussetzung dafür ist die Figur-Grund-Beziehung, sprich eine Figur muss sich von ihrem Grund abzeichnen, damit sie wahrgenommen werden kann. Weitere wesentliche Erkenntnisse der Gestaltpsychologie werden in den folgenden Gestaltgesetzen näher erläutert. Sie veranschaulichen, wie und warum Formen als eine bestimmte »Gestalt« erlebt werden.

Gesetz der Einfachheit

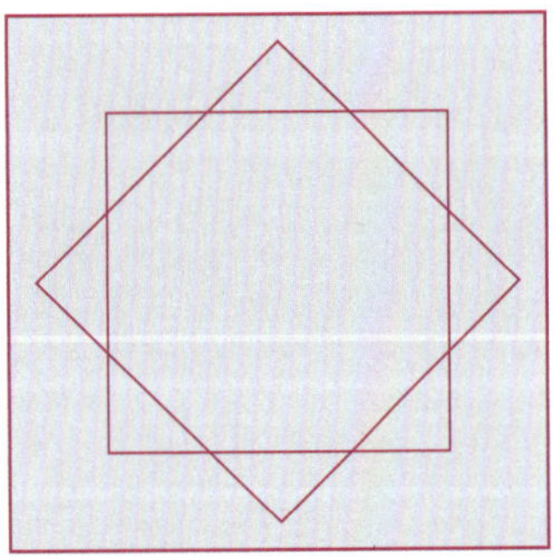

Abbildung 1.1: Gesetz der Einfachheit: In erster Linie nehmen wir zwei übereinanderliegende Quadrate wahr, anstatt die vielen anderen Formen, die sich in dieser Figur ebenfalls zeigen, wie ein Stern oder viele kleine Dreiecke.

Das Gesetz der Einfachheit könnte als das Grundgesetz der menschlichen Wahrnehmung bezeichnet werden. Es besagt, dass wir mehrdeutige Formen stets auf die einfachsten geometrischen Grundformen wie Kreis, Quadrat, Rechteck und Dreieck reduzieren. Einfach geht vor kompliziert.

Merke: Der Mensch sucht stets nach Zusammenhängen mit der größtmöglichen Einfachheit, Einprägsamkeit und Deutlichkeit.

Gesetz der Nähe

Elemente mit dem geringeren Abstand zueinander werden zwangsläufig als Einheit wahrgenommen. In der Gestaltung sollten wir dieses Gesetz immer im Hinterkopf behalten, um es als strukturierendes und gliederndes Element einzusetzen.

Merke: Nahe beieinanderliegende Elemente werden als zusammengehörig wahrgenommen.

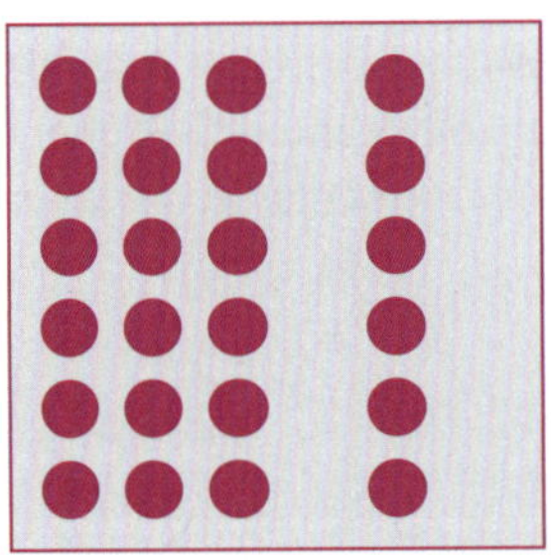

Abbildung 1.2: Gesetz der Nähe: Was nah beieinanderliegt, wird als zusammengehörig wahrgenommen.

Gesetz der Gleichheit

Auch als Gesetz der Ähnlichkeit bezeichnet. Es besagt, dass Elemente aufgrund von Größe, Farbe und Form als zusammengehörig wahrgenommen werden.

Merke: Gleiche oder ähnliche Elemente werden als Einheit wahrgenommen.

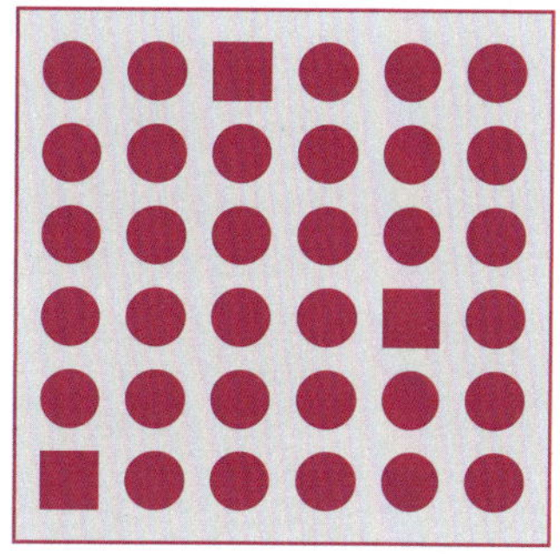

Abbildung 1.3: Gesetz der Gleichheit: Was gleich erscheint, wird als zusammengehörig wahrgenommen.

Gesetz der Geschlossenheit

Geschlossene Flächen werden als Einheit erkannt. Aber das Gesetz besagt noch mehr: Unser Gehirn versucht laufend, Zusammenhänge und Beziehungen herzustellen. Aus diesem Grund vervollständigt es sogar unvollständige Elemente zu einer Einheit, bevorzugt zu geometrischen Formen.

Merke: Geschlossene Flächen werden als Ganzes wahrgenommen. Das gilt auch, wenn einzelne Elemente nicht vorhanden sind.

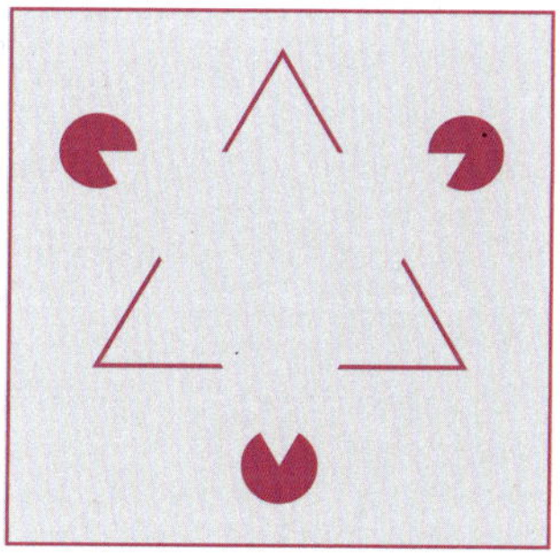

Abbildung 1.4: Gesetz der Geschlossenheit: Wir sehen nicht nur ein unterbrochenes Dreieck und drei Punkte, sondern auch ein eigentlich gar nicht vorhandenes, auf dem Kopf stehendes Dreieck.

Gesetz der Kontinuität

Auch Gesetz der durchgehenden Linie genannt. Elemente, die einer logischen Linie folgen, werden eher als zusammengehörig wahrgenommen als Elemente, die keiner gemeinsamen Richtung folgen.

Merke: Elemente, die eine durchgehende Linie ergeben bzw. eine gemeinsame Richtung haben, werden als Einheit erkannt.

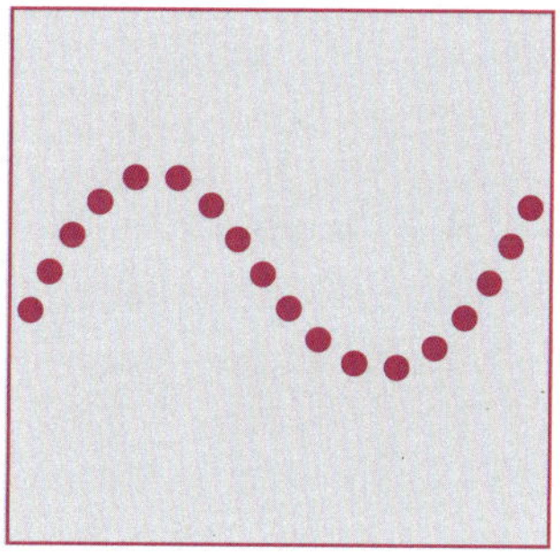

Abbildung 1.5: Gesetz der Kontinuität: Die auf einer wellenförmigen Kurve angeordneten Punkte bilden eine Einheit und werden als gepunktete Linie wahrgenommen.

Gesetz der Erfahrung

Unser Gehirn vergleicht unbekannte Figuren stets mit bereits bekannten Zusammenhängen und Bildern. Erfahrung ist ein wichtiger Bestandteil in der Gestaltung, den Sie sich zu Nutze machen können. Damit können Konventionen (wie z. B. Werbebotschaften) gebrochen oder Erwartungen (z. B. Orientierung) bestätigt werden.

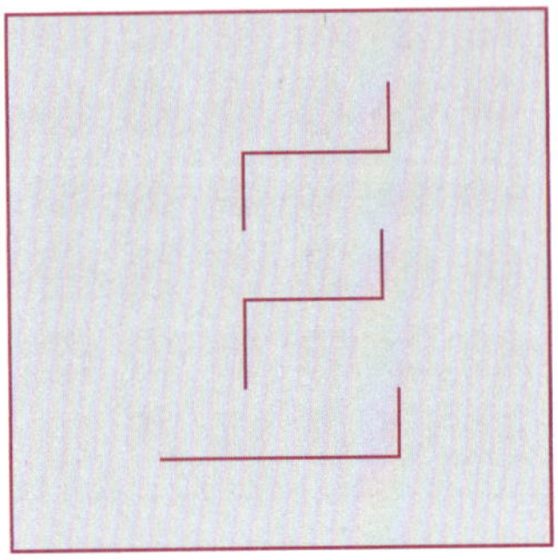

Abbildung 1.6: Gesetz der Erfahrung: Auch wenn der Buchstabe sich nur in seiner Silhouette abzeichnet, wird er aufgrund unserer Erfahrung erkannt.

Merke: Unser Gehirn greift bei der Betrachtung von Elementen auf bereits gemachte Erfahrungen zurück und kann auch unvollständige Figuren vervollständigen.

Gesetz der Konstanz

Elemente werden immer in ihrer Umgebung wahrgenommen und in Beziehung zu Hintergrund und Umfeld gesetzt. Dabei können Hintergrund und Umgebung auch unsere Wahrnehmung von Farbe, Form oder Größe beeinflussen.

Merke: Unsere Wahrnehmung von Elementen interagiert immer mit der Umgebung, in der sie stehen.

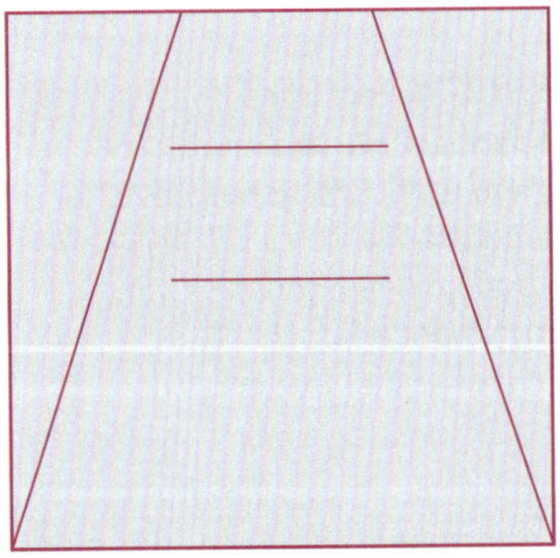

Abbildung 1.7: Gesetz der Konstanz: In diesem Fall erscheinen die Linien unterschiedlich lang, obwohl sie dieselbe Länge aufweisen.

Gesetz der Symmetrie

So wie wir Elemente, die in einer Linie angeordnet sind, als zusammengehörig wahrnehmen, so stuft unser Gehirn ebenfalls Objekte als Gruppe ein, wenn sie symmetrisch angeordnet sind.

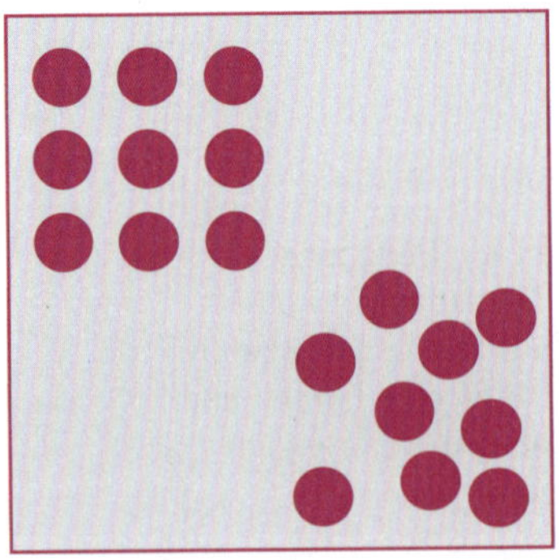

Abbildung 1.8: Gesetz der Symmetrie: Was symmetrisch erscheint, gehört zusammen.

Merke: Symmetrisch angeordnete Elemente werden als Einheit wahrgenommen.

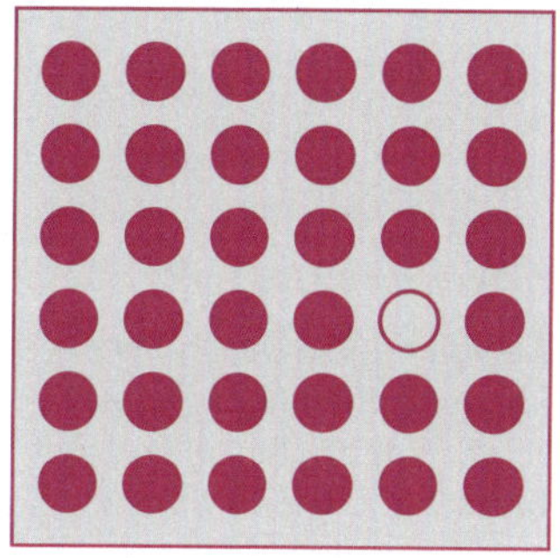

Abbildung 1.9: Gesetz der Prägnanz: Aus einer Gruppe von Elementen, die alle gleich erscheinen, sticht ein andersartiges heraus.

Gesetz der Prägnanz

Aus mehreren gleichartigen Elementen sticht ein andersartiges heraus. Es entwickelt eine gewisse Prägnanz. Dieses Gesetz ist in der Gestaltung besonders wichtig, da es besondere Aufmerksamkeit einfordert. Spannung entsteht dort, wo ein Element einen Kontrast zu einer Menge gleichartiger Elemente bildet.

Merke: Elemente, die sich im Aussehen klar von anderen Formen unterscheiden, werden als prägnant wahrgenommen.

Abbildung 1.10: Gesetz der Figur-Grund-Beziehung: Form und Gegenform

Gesetz der Figur-Grund-Beziehung

Wie schon erwähnt, erfolgt Wahrnehmung nur, wenn sich eine Figur deutlich von ihrem Grund abhebt. Dies geschieht durch Konturen, Kontraste, Bewegung, Farbe etc. Werden Elemente auf einem Format platziert, erzeugen sie immer eine Form und eine Gegenform, auch als Positiv und Negativ bezeichnet. Solche Negativformen sind ebenfalls gestaltete Fläche und müssen deshalb auch als solche beachtet werden.

Merke: Elemente und ihre Flächen, auf denen sie platziert werden, beeinflussen sich gegenseitig.

1.2 Grundelemente der Gestaltung

In der Gestaltung stehen Elemente (auch typografische) und Flächen als Form und Gegenform in einer Wechselbeziehung. Diese Beziehung ist für die Gestaltung fundamental. Die Fläche bietet den Grund für alle gestalterischen Elemente. Je nachdem, wo diese platziert werden, erhalten sie eine bestimmte Aussage, zum Beispiel über Bewegung, Zugehörigkeit oder Geschlossenheit. Dabei ist die bedruckte Fläche nie autonom zu betrachten, sondern immer im Zusammenhang mit ihren unbedruckten Teilen, wie wir es vom Gesetz der Figur-Grund-Beziehung her kennen.

Drei grundlegende Elemente lassen sich in der Gestaltung festlegen: Punkt, Linie und Fläche.

1.2.1 Punkt

Der Punkt ist die kleinste grafische Einheit: Hintereinandergereiht erscheint er als Linie, breitet er sich weiter aus, wird er zur Fläche. Dabei ist der Punkt immer in Relation zur Grundfläche zu sehen. Aus ausreichender Distanz betrachtet, wird jede Fläche zum Punkt. Daher ist der Aspekt der Größenverhältnisse in der Gestaltung so enorm wichtig: Auf einer kleinen Fläche müssen Elemente weitaus kleiner abgebildet werden als auf einer großen Fläche. Was auf einem A4-Briefbogen angemessen erscheint, wird auf einer Visitenkarte als plump und viel zu groß angesehen.

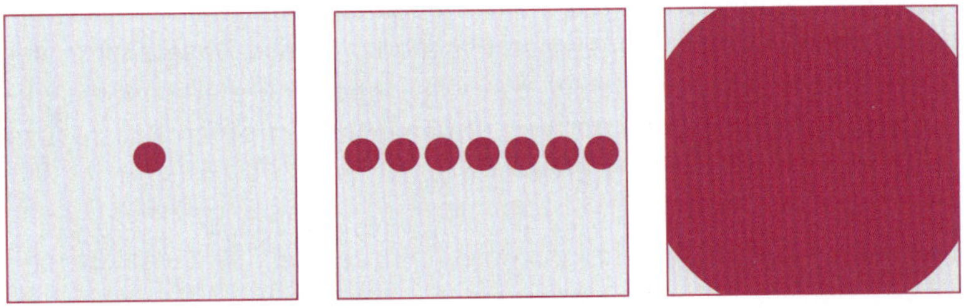

Abbildung 1.11: Der Punkt als kleinste Einheit der Gestaltung. In der Reihung wird der Punkt zur Linie. Breitet sich dieser aus und bleibt die Größe der Grundfläche gleich, wird er ebenso zur Fläche.

Der Punkt tritt in der Gestaltung fast immer in Verbindung mit anderen geometrischen Elementen auf, zum Beispiel in Logos oder auch in unserem Alphabet.

1.2.2 Linie

Was unser Auge als Linie wahrnimmt, sind ebenfalls Flächen. Allerdings mit deutlichen Unterschieden von Länge zu Breite bzw. Höhe. Dabei muss eine Linie nicht zwingend zusammenhängende Elemente besitzen. Auch eine gepunktete oder gestrichelte Linie mit einem konkreten Anfang und Ende gilt als Linie. Selbst eine Textzeile wird als Linie gesehen, wenn wir sie aus entsprechender Entfernung betrachten. Ja selbst zwei Flächen, die sich farblich voneinander abgrenzen, werden als Linie wahrgenommen.

Linien können Bewegung suggerieren. Aufgrund unserer Leserichtung von links nach rechts erscheint eine Linie von links unten nach rechts oben, als würde sie aufsteigen. Umgekehrt scheint die Linie abzusteigen.

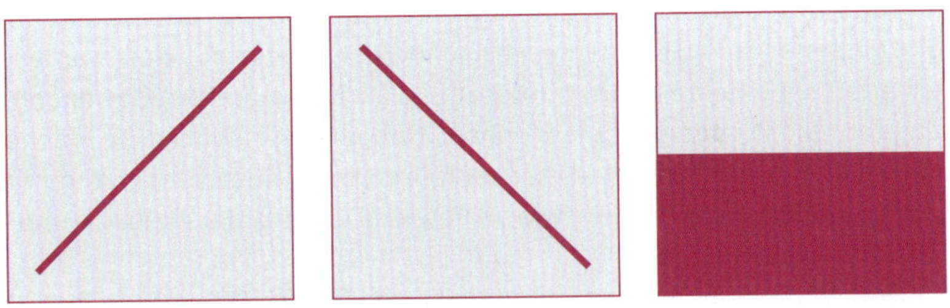

Abbildung 1.12: Steigende und fallende Linie. Zwei Flächen, die als Grenze eine Linie beschreiben (rechts).

1.2.3 Fläche

Die Fläche ist einerseits Grund- bzw. Gestaltungsfläche und andererseits visuelles Element, zum Beispiel in Form von farbig unterlegten Infoboxen. Auch Text selbst wird als Fläche wahrgenommen. Wenn wir unsere Augen zusammenkneifen, verschmelzen einzelne Buchstaben und Textzeilen zu einer flächigen, gräulich anmutenden Grundform. Je nach Schriftart, Buchstaben-, Wort- und Zeilenabstand ist

dieses Grau etwas heller oder dunkler und wird auch als Grauwert bezeichnet.
Jede Fläche hat eine spezifische, meist geometrische Form. Die in der Gestaltung wohl am häufigsten auftretende ist das Rechteck, das den meisten Gestaltungsprodukten als Grundfläche dient. Der Grundfläche wird leider oft zu wenig Bedeutung beigemessen. Das ist natürlich fatal, da jedes visuelle Element immer in Beziehung zu der Fläche steht, auf der es platziert wird.

Jede Form hat ihre eigene Wirkung, die wir genau kennen sollten, um sie bei der Gestaltung von Layouts und Logos sicher anwenden zu können.

Tabelle 1.1: Die Wirkung von Formen. Wenn Sie eine Gestaltung planen, müssen Sie die Formen bewusst wählen.

	Quadrat	Rechteck	Dreieck	Kreis	Ellipse
Positiv	ausgeglichen, statisch, neutral, harmonisch	stehend: dynamisch	aktiv, in Bewegung, dynamisch, positiv	geschlossen, stabil, unendlich	liegend: ausgeglichen
Negativ	auf der Spitze: instabil, wackelig	liegend: gemütlich, statisch	auf der Spitze: alarmierend, Gefahr, negative Energie bis hin zu aggressiv		senkrecht: positiv, aufstrebend

1.3 Gestaltungsparameter

In der Mediengestaltung liegen die Aufgaben beim Aufbau einer Gestaltung darin, alle Elemente der Gestaltung so in Beziehung zu setzen, dass sie nicht nur visuellen Ansprüchen genügen, sondern auch inhaltlich verständlich sind. Dabei helfen verschiedene Gestaltungsparameter weiter, die bei der Gewichtung von Aussagen eine große Bedeutung haben.

1.3.1 Spannung durch Anordnung im Format

Intuitiv übertragen wir das physikalische Gesetz der Schwerkraft auch visuell auf die Platzierung von Elementen im Format und haben somit generell ein untrügliches Gefühl dafür, wie Elemente auf einer Fläche wirken:

+ Wird ein Element im Gestaltungskontext oben angeordnet, wirkt es leicht und aktiv.
+ Wird es unten angeordnet, wirkt es schwer und passiv.

Hierbei spielen Farbe und Form eine zusätzliche Rolle: Dunkle Elemente wirken dabei schwerer als helle Elemente, ein Kreis leichter als ein Quadrat. Für Linien trifft nahezu dasselbe zu wie für Flächen. Eine horizontale Linie wirkt auf uns zum Beispiel genauso statisch wie ein liegendes Rechteck.

Abbildung 1.13: Stehen Elemente oben, scheinen sie zu schweben und suggerieren Leichtigkeit und Dynamik, unten platziert wirken sie statisch, schwer, passiv. Dieser Aspekt wird zusätzlich durch Form und Farbe verstärkt oder umgekehrt.

Bei jedem Werk visueller Art müssen Sie den optischen Phänomenen Rechnung tragen. Elemente, die in der Mitte stehen sollen, müssen etwas oberhalb der rechnerischen Mitte, also in der **optischen Mitte** platziert werden, sonst erscheinen sie zu tief. Werden Elemente in die Mitte gesetzt, wirken diese darüber hinaus oft spannungslos. Bewusst außerhalb der Mitte erzeugen sie Spannung zu den Seitenrändern.

Kontrast
Kontrast
Kontrast
Kontrast
Kontrast
Kontrast

Abbildung 1.14: Kontrast in Form zweier unterschiedlicher Schriften, Farbtöne und Schriftschnitte

1.3.2 Kontrast und Rhythmus

Kontrast und Rhythmus begegnen uns in der Gestaltung immer wieder: sei es der Kontrast zwischen zwei Formen, zwei unterschiedlichen Schriften oder auch der Kontrast zweier Farben. Rhythmus hingegen entsteht durch Gleichheit, zum Beispiel, weil dieselben Gestaltungselemente immer gleich behandelt werden. Zu viel Rhythmus kann allerdings auch langweilig werden. Erst der Kontrast, die Variation der Elemente und das Unerwartete machen ein Layout interessant. Kontraste in Größe, Schriftart, Gewicht, Form, Farbe und Anordnung lassen ein Layout lebendig wirken.

Abbildung 1.15: Der Kontrast zwischen dem großen Bild als Aufhänger dieses Abschnitts und den kleinen Bildern lässt die Seite locker und dynamisch erscheinen. Verstärkt wird dies durch die unterschiedlichen Schriftgrößen. Agentur: deteringdesign, Kunde: Goldbeck

In der Gestaltung könnte das wie folgt aussehen: Auf eine Seite mit vielen kleinen Abbildungen folgt eine Doppelseite mit großen Bildern, die als Blickfang auf den Leser wirken. Auf eine Seite mit zwei statischen

Kolumnen, die an einer hängenden Linie ausgerichtet sind, folgt eine Seite mit verschobenen Textspalten usw. Dies sorgt nicht nur für einen rhythmischen Wechsel von bedruckter und unbedruckter Fläche, was ein Layout lebendig erscheinen lässt, sondern unterstützt gleichzeitig den Lesefluss.

Schriftmischung und Kontrast

Ein ausreichender Kontrast ist vor allem bei der Schriftmischung notwendig. Ansonsten würden spezielle Auszeichnungen im Fließtext einfach überlesen werden.

1.3.3 Symmetrie und Asymmetrie

Symmetrie und Asymmetrie sind zwei grundlegende Parameter, die eine Gestaltung oder ein Layout entweder eher statisch oder eher dynamisch wirken lassen.

Symmetrie betont die Mitte und hat weder einen Hang nach links noch nach rechts. Sie vermittelt keinerlei Bewegung, weder zur einen noch zur anderen Seite. Die Wirkung ist zwar ruhig und harmonisch, zugleich aber auch statisch und mitunter langweilig. Die symmetrische Anordnung hat ihren Ursprung in der klassischen Buchtypografie, wo vor allem Buchtitel im Mittel- oder auch Blocksatz gesetzt wurden.

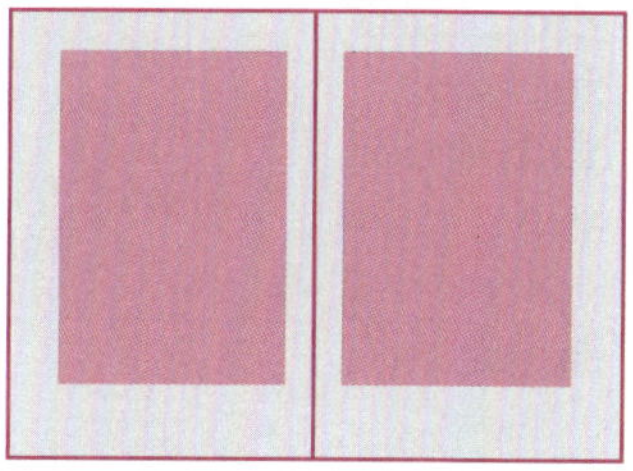

Abbildung 1.16: Beim Satz von Büchern oder Magazinen ist der symmetrische Spiegel die Regel.

Die asymmetrische Anordnung ist flexibler und vermittelt einen lebendigen und dynamischen Eindruck. Die einzelnen Elemente können spielerisch auf der Gestaltungsfläche platziert werden. Der visuelle Schwerpunkt kann dadurch unterschiedlich gesetzt werden. Die variable Anordnung erfordert allerdings eine deutliche Leseführung. Der Leser muss klar erkennen können, welche Elemente zu welchem Zeitpunkt gelesen werden müssen. Dabei können optische Achsen und Gruppierungen als Fixpunkte dienen.

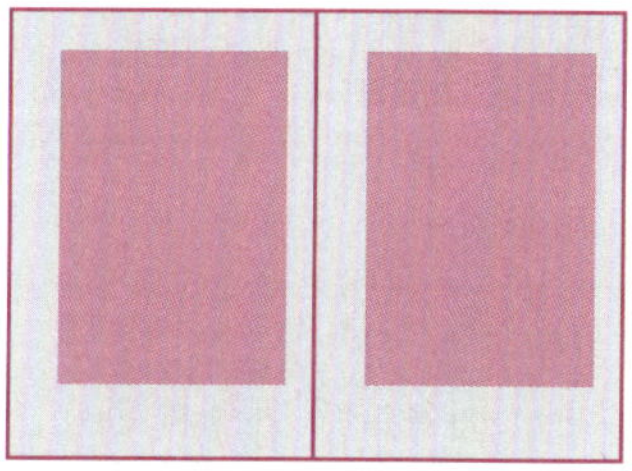

Abbildung 1.17: Der asymmetrische Satzspiegel wird vor allem bei experimentelleren Büchern oder Kunstkatalogen verwendet. Er ist hilfreich, wenn Abbildungen über den Falz hinausgehen.

1.3.4 Blickführung

Während die frühen Griechen (ca. 800 bis 600 v. Chr.) die Schreibrichtung zunächst noch variabel handhabten, ist es in der heutigen westlichen Welt üblich, dass wir primär von links nach rechts und sekundär von oben nach unten schreiben bzw. lesen.

So beginnen Printprodukte mit einer rechten Seite, ergo dem Titel, und werden von rechts nach links aufgeblättert. Der Inhalt setzt sich jeweils links, rechts, links usw. fort. Da es bei Fachbüchern oder der reinen Inhaltsvermittlung wenig Sinn machen würde, einen Text auf einem Blatt Papier erst in der Mitte beginnen zu lassen, ist es dort Konvention, dass Inhalte oben links beginnen und unten rechts enden.

Daraus folgt für unsere Gestaltung, dass ein Titel in der Regel oben steht und der Absender unten rechts. Das bedeutet nicht, dass jedes Printerzeugnis dieser Faustregel dogmatisch folgen muss. Gerade das Aufbrechen von Sehgewohnheiten lässt den Leser beim Lesen nicht ermüden.

Beim asymmetrischen Satzspiegel zu beachten

Beim asymmetrischen Satzspiegel ist auf Registerhaltigkeit zu achten beziehungsweise darauf, ein Papier zu wählen, das eine hohe Opazität besitzt.

Merke: Texte werden zeilenweise von links nach rechts geschrieben bzw. gelesen. Entsprechend werden Inhalte von links oben nach rechts unten erschlossen.

Interessante Personen aus Grafikdesign und Typografie – eine Auswahl

Die Liste ist natürlich nicht vollständig!

Peter Behrens
Eric Gill
El Lissitzky
Walter Gropius
Paul Renner
Jan Tschichold
Adrian Frutiger
Josef Müller-Brockmann
Hermann Zapf
Otl Aicher
Paul Rand
Kurt Weidemann
Hans Peter Willberg
Erik Spiekermann
Neville Brody
David Carson
Stefan Sagmeister

Frauen im Grafikdesign

Nicht nur Männer, auch Frauen haben maßgeblich zur Entwicklung der Gestaltung beigetragen. Einen wunderbaren Überblick bietet die Seite *https://unseen-women.design/designerinnen*. Und auch das leider vergriffene Buch von Gerda Breuer und Julia Meer, Women in Graphic Design 1890–2012 aus dem Taschen-Verlag geht hier gute Wege.

Neben dem Wissen über unsere Leserichtung von links nach rechts ist die Platzierung der Gestaltungselemente im Format von großer Bedeutung. Der Blick fällt beim Aufschlagen einer Broschüre zum Beispiel zuerst auf die rechte Seite, es sei denn, die linke Seite ist außergewöhnlich auffällig gestaltet, beispielsweise durch eine fette Überschrift oder ein ins Auge stechendes Bild. (Gesichter wirken zum Beispiel wie ein Aufmerksamkeitsmagnet auf uns, aber auch eine auffallend gesetzte Headline kann das Interesse wecken.)

Das, was zuerst gelesen werden soll, steht beispielsweise ganz oben, ist am größten abgebildet, durch eine Signalfarbe oder eine außergewöhnliche Positionierung/Ausrichtung gekennzeichnet. Kurz gesagt: Es hebt sich von seinem Umfeld ab; allerdings nur, wenn sich die Elemente bewusst in ihrer Form, Größe, Position etc. unterscheiden, wird diesen auch Beachtung geschenkt. Daher lautet die Devise: Eindeutig gestalten!

Bildinhalte beachten

Bilder kommunizieren ebenso wie Text eine bestimmte Botschaft, und so wie Text nicht spiegelverkehrt, auf den Kopf gestellt oder in der falschen Reihenfolge abgebildet werden sollte, so verlangen auch Abbildungen nach einer sinngemäßen Darstellung im Layout.

Bilder, auf denen zum Beispiel Bewegungen zu sehen sind, die nach rechts ausgerichtet sind, werden als nach vorne, in die Zukunft weisend empfunden, wohingegen Abbildungen, die nach links weisen, einen rückwärtsgewandten Charakter besitzen. Diesen Aspekt gilt es zum Beispiel beim Layouten auf einer Doppelseite oder in Kombination mit Headlines zu beachten.

© blurAZ/shutterstock.com

Abbildung 1.18: Die Bewegung der Fahrradfahrerin ist eindeutig nach rechts weisend. Es bietet sich daher eine Platzierung auf einer rechten Seite an. Das Bild kann somit als visuelle Fortsetzung eines Artikels auf der folgenden Seite wirken.

Weitaus wichtiger ist allerdings die Einhaltung der korrekten Bildabfolge, wenn es darum geht, einen zeitlichen Ablauf darzustellen, zum Beispiel bei Infografiken, einer Bedienungsanleitung oder Fotostorys. Falls das Layout die Reihenfolge der Abbildungen nicht eindeutig darstellt, sollten Sie mit Bildziffern arbeiten, damit der Leser den Faden nicht verliert.

Layoutgestaltung

Optische Achsen, eine entsprechende Platzierung und auffällig gestaltete Elemente wie Infoboxen, Initialen, Texteinzüge oder Aufzählungen leiten gezielt durchs Layout.

Eine Anordnung und Blickführung wird wahrnehmbar, wenn sich die einzelnen Elemente deutlich an den anderen orientieren und einheitlich gestaltet sind. Dazu sollten zum Beispiel Texte auf derselben Höhe anfangen oder Bilder an einer Leine aufgehängt werden. Das verleiht dem Layout Struktur und Ordnung.

Abbildung 1.19: Der inhaltliche Ablauf eines Ampelintervalls ist klar. Dieser sollte im Layout nicht durcheinandergebracht werden, es sei denn, es wird bewusst damit gestaltet.

1.3.5 Weißraum

In der Gestaltung bilden Vordergrund und Hintergrund eine untrennbare Einheit. Kein Gestaltungselement existiert für sich alleine auf einer Fläche. Es geht immer eine Beziehung mit der Grundfläche ein und wird von dieser beeinflusst (Figur-Grund-Beziehung). So bildet jede Form eine Gegenform, die wir jedoch nur wahrnehmen, wenn wir uns gezielt darauf fokussieren.

Definition Weißraum

Unbedruckter Raum auf einer Seite

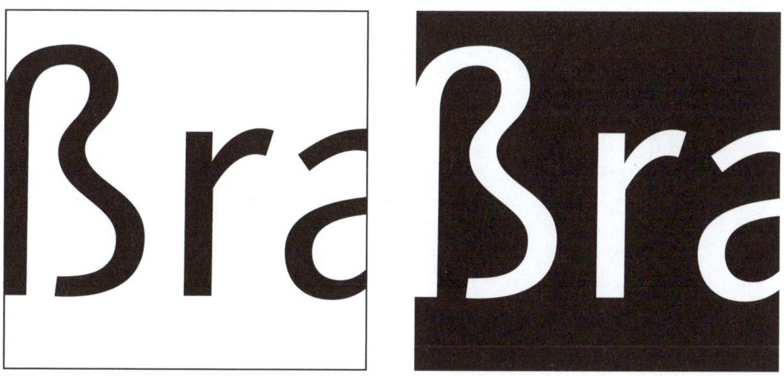

Abbildung 1.20: Weißraum wird deutlich, wenn wir zwischen Positiv und Negativ wechseln.

Merke: Weißraum

Weißraum ist immer als gleichwertiges Element anzusehen und ist stets in die Gestaltung miteinzubeziehen. Man muss sozusagen ständig zwischen Positiv und Negativ switchen. Am einfachsten gelingt dies, wenn man die Augen leicht zusammenkneift und den »unbedruckten« Raum fokussiert. Das Layout aus der Ferne zu betrachten, kann den Weißraum ebenso deutlich machen.

Besonders deutlich wird dieser Aspekt in der Typografie, weshalb man auch von typografischem Weißraum bzw. Freiraum spricht. Wenn wir

Buchstaben im Detail betrachten, dann entdecken wir einen Mikrokosmos an Formen und Gegenformen, die den Raum um einen Buchstaben beschreiben und ihn von der Druckoberfläche abgrenzen.

Beim Lesen fällt uns natürlich nur der bedruckte, kontrastreiche Teil des Buchstabens ins Auge. Wenn wir uns aber auf den Weißraum zwischen den Zeilen, auf den Abstand einer Überschrift zum Text oder den Raum zwischen zwei Buchstaben, ja selbst auf die einzelne Glyphe konzentrieren, dann wird das Wechselspiel zwischen positivem und negativem Raum deutlich. Das eine kann offensichtlich nicht ohne das andere existieren. Weißraum ist also alles andere als Leerraum oder einfach nur weißer Raum, sondern ebenso »gestalteter« Raum. Dabei muss der Weißraum nicht zwingend weiß sein, sondern kann natürlich auch farbig sein.

Definition Glyphe

Grafische Darstellung eines Schriftzeichens, zum Beispiel eines Buchstabens, Satzzeichens, einer Ligatur oder eines Buchstabenteils

Kapitel 2

Typografie

Themen des Kapitels:

- *Grundbegriffe der Typografie*
- *Geschichte der Schrift*
- *Schriften klassifizieren*
- *Merkmale von Schrift kennenlernen*
- *Schrift wählen und mischen*

2.1 Grundbegriffe der Typografie

Während der Begriff Typografie (griechisch: Typos = Gestalt, Graphie = Schreiben) ursprünglich die Kunst des Druckens beschreibt, versteht man darunter heutzutage allgemein den Gestaltungsprozess von Text mittels Schrift unter funktionalen (kann ich die Informationen problemlos aufnehmen?) und ästhetischen (ist der Text so aufbereitet, dass ich ihn gerne lese?) Gesichtspunkten. Damit ist also die visuelle Gestaltung eines Druckwerks gemeint: Auswahl der Schrifttypen, Bestimmung des Satzspiegels, Komposition des Textes usw.

Definition Makrotypografie
Makrotypografie ist die Gesamtgestaltung eines Printmediums oder eines digitalen Mediums (Website, App...), also die Konzeption im Großen und Ganzen, und beinhaltet z. B. die Wahl des Seitenformats, der Schrift, Layout, Gliederung und Komposition der einzelnen Elemente.

Definition Mikrotypografie
auch Detailtypografie. Beschreibt die Schrift und ihre Anwendung selbst, also alles, was Schrift besser lesbar macht, was sich zwischen Buchstaben, Wörtern und Zeilen abspielt. Dazu gehören z. B. Schriftgröße, Zeilenabstand, Laufweite, Zeilenlänge, Satzart, Umbruch, Satzzeichen.

2.1.1 Der Buchstabe

Um die Konzepte der Typografie verstehen zu können, müssen Sie zunächst die Begriffe kennen, die die Merkmale des Buchstabens beschreiben.

Die Schriftlinie

Die Schriftlinie (Grundlinie) ist eine imaginäre Linie, auf der die Schriften gesetzt werden. Gleichzeitig ist die Schriftlinie auch die untere Begrenzungslinie der Mittellänge. Zur Grundlinie addieren sich noch Linien für Mittellängen ❶ (auch x-Höhe genannt), Oberlängen ❸ und Unterlängen ❷. Dieses Vierliniensystem beschreibt die individuelle Größe einer Schrift.

Abbildung 2.1: Das Liniensystem

1. Mittellänge, x-Höhe
2. Unterlänge
3. Oberlänge
4. Oberlängenhöhe
5. Versalhöhe
6. Gesamthöhe, Kegelhöhe

Definition der Längen

Oberlänge: Teil des Buchstabens, der über die Mittellänge hinausgeht
Mittellänge: der Abstand zwischen Schriftlinie und der Oberkante des kleingeschriebenen x; deshalb auch als x-Höhe bezeichnet
Unterlänge: Abstand zwischen Schriftlinie und Unterlänge eines Buchstabens (g, p, q)

Definition Versalhöhe

Höhe von der Schriftlinie zur Höhe der Versalien

Definition Versalie

auch Majuskel; die Großbuchstaben einer Schrift.

Definition Minuskel

Kleinbuchstaben, auch Gemeine

Versalhöhe

Die Versalhöhe ist die Höhe der Versalien, ausgenommen Akzente und Versalumlaute, wie Ä, Ö oder Ü. Diese überragen selbst Versalien und Oberlängen; ihre Höhe wird auch als Akzenthöhe bezeichnet. Bei den meisten Schriften ist die Versalhöhe etwas kleiner als die Oberlänge der Gemeinen. Es gibt aber durchaus auch Schriften, bei denen die Versalien etwas größer sind als die Oberlängen der Gemeinen.

Buchstaben mit Rundungen und Spitzen sind meist etwas größer und ragen über die Grundlinie und die Versalhöhe hinaus. Dadurch wirken sie optisch wieder genauso groß wie Versalien, die waagrecht enden. Besonders auffällig ist dieser visuelle Eingriff bei der Schrift Futura.

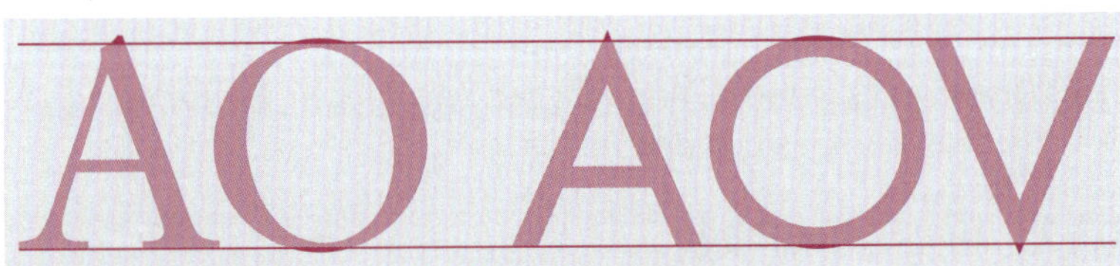

Abbildung 2.2: Der Überhang im Vergleich: Sabon und Futura

Laufweite

Die Laufweite bezeichnet den Abstand zwischen den Zeichen einer Schrift, bestimmt durch die Breite der Zeichen und ihre Abstände zu den davorstehenden (Vorbreite) und nachfolgenden Zeichen (Nachbreite) (siehe auch Abschnitt 2.2.3).

Dickte

Die Dickte ist die Gesamtbreite eines Buchstabens, inklusive Vor- und Nachbreite.

Fleisch

Das Fleisch ist der Leerraum links und rechts des Zeichens, inklusive Vor- und Nachbreite. Das Fleisch ist für den optischen Abstand der Buchstaben zueinander mitverantwortlich.

Punzen

Nicht druckender Bereich innerhalb der Buchstaben, Buchstabeninnenraum. Man unterscheidet zwischen offenen (c, h, n) und geschlossenen Punzen (a, b, o).

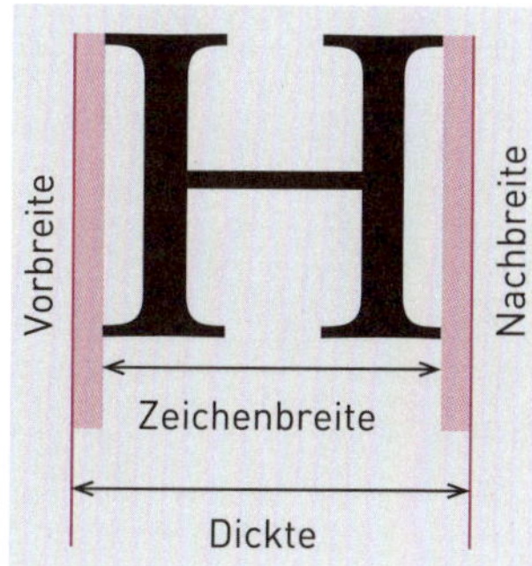

Abbildung 2.3: Dickte = Vorbreite + Zeichenbreite + Nachbreite

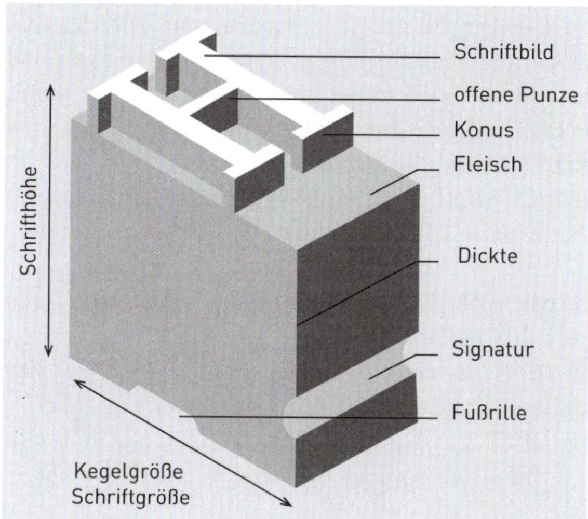

Abbildung 2.4: Schematische Darstellung eines Bleikegels

2.1.2 Schriftgröße und Maßsysteme

Die Entstehung verschiedener Schriftgießereien ließ schnell das Bedürfnis nach einem einheitlichen System aufkommen, in dem die verschiedenen Schriftgrade und Größenverhältnisse festgelegt sind.

Definition Schriftgröße
Abstand zwischen Ober- und Unterlänge

Maßsysteme

Das grundlegende typografische Maßsystem entstand in Frankreich im 18. Jahrhundert. Dieses System, initiiert von Pierre Simon Fournier, basierte auf dem Längenmaß »Pariser Fuß« und wird als Fournier-Punkt bezeichnet. Die Größe einer Schrift entsprach einer bestimmten Anzahl von Punkten, ein Punkt entsprach 1/864 Fuß, ungefähr 0,34 mm. Nachteil dieses Systems war allerdings das Längenmaß, der Fuß. Dieser war nämlich von Region zu Region unterschiedlich definiert.

Aus diesem Grund etablierte Francois-Ambroise Didot 1775 den Didot-Punkt, der sich auf den »Pied de Roi« (den Fuß des Königs) bezog und ungefähr 0,376 mm entsprach. 1879 etablierte sich der Didot-Punkt auch in Deutschland. Er wurde vom Schriftsetzer Hermann Berthold an ein einheitliches Schriftsystem angepasst und mit 1 Didot-Punkt = 0,376 mm definiert. 1978 wurde der Didot-Punkt erneut verändert und entspricht nun nach metrischem System genau 0,375 mm.

Definition Schriftgrad
Schriftgrad ist ein Begriff aus dem Bleisatz. Gemessen wird dieser am Schriftkegel und bezeichnet den vertikalen Raum, den ein Buchstabe einnimmt. Heute wird allerdings nicht mehr von Schriftgrad, sondern von Schriftgröße gesprochen.

> **Umrechnung**
> 1 Fournier-Punkt = 0,34 mm
> 1 Didot-Punkt = 0,375 mm
> 1 Pica-Point = 0,35147 mm
> 1 DTP-Punkt = 0,35277 mm

Parallel zur Entwicklung in Kontinentaleuropa etablierte sich 1886 in Nordamerika ein weiteres Maßsystem: der Pica-Point. Dieser wurde 1898 von den britischen Druckern übernommen und wird seitdem im angloamerikanischen Teil der Welt verwendet.

Das für die digitalen Satzsysteme relevante Maßsystem ist der DTP-Punkt. Wenn also von »pt« die Rede ist, ist in unseren Gefilden damit der DTP-Punkt gemeint.

Angabe der Schriftgröße

In der Regel werden Schriftgröße und Zeilenabstand im Satzprogramm in Punkt angegeben. Die Angabe der Schriftgröße kann aber auch in mm geschehen, was vor allem bei der Gestaltung des Satzspiegels und von Elementen wie dem Grundlinienraster ungemein hilfreich ist, damit nicht mit ungeraden Maßen gearbeitet werden muss. Schriftgrößen bei normalem Leseabstand sind gegliedert in:

+ Konsultationsgrößen (6–8 pt): Textelemente geringen Umfangs, mit denen sich das Auge nur kurz beschäftigt, z. B. Fußnoten oder Marginalspalten.
+ Lesegrößen (9–12 pt): Große Textmengen, mit denen sich das Auge lange beschäftigt, z. B. Fließtext.
+ Schaugrößen (12–48 pt): Textelemente, die die Aufmerksamkeit des Lesers wecken sollen, zum Beispiel Headlines, Plakate.
+ Plakatgröße (über 48 pt): Sie liegt über 48 Punkt. Texte werden auch aus größerer Entfernung gelesen: Schilder, Klein- und Großplakate.

Abbildung 2.5: Unterschiedliche Schriftgrößen

Vorsicht: 9 pt ist nicht 9 pt

Jede Drucksache wird aus einer bestimmten Entfernung gelesen. Der normale Leseabstand für eine Zeitung beträgt zum Beispiel 30 bis 40 cm, ein Plakat hingegen muss aus einer Entfernung von 10 Metern und mehr gelesen werden können. Doch alleine mit dem Punktesystem lassen sich Schriftgrößen oft nicht ausdrücken, da es keinen allgemeinen Standard gibt, wie groß der Buchstabe auf einem 9 pt großen Schriftkegel sein muss. So besitzen verschiedene Schriften eine unterschiedliche vertikale Ausdehnung.

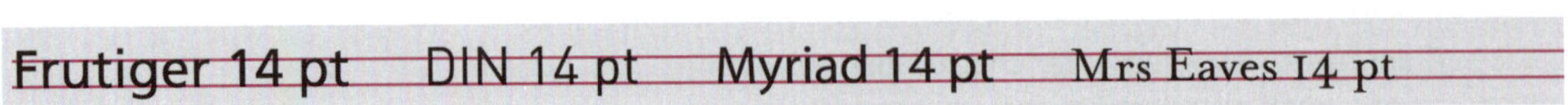

Abbildung 2.6: In einem Schriftvergleich erscheint zum Beispiel die Schrift Frutiger in 14 pt viel größer als die Mrs Eaves in 14 pt.

Was wir vor allem zur Beurteilung einer Schriftgröße heranziehen, ist die Mittellänge oder x-Höhe einer Schrift, da diese hauptsächlich die Zeile bildet. Wenn Sie also verschiedene Schriften zusammen verwenden oder ihren Platzverbrauch im Text vergleichen möchten, müssen Sie sie auf die gleiche x-Höhe bringen. Eine Schrift mit großer x-Höhe können Sie kleiner setzen und somit Platz sparen. Allerdings braucht sie mehr ZAB, da der Weißraum zwischen den Zeilen kleiner ist als bei Schriften mit großen Ober- und Unterlängen.

Schriftwirkung

Schriften mit relativ hoher Mittellänge wirken größer als Schriften mit kleiner Mittellänge. Fette Schriften wirken aufgrund der engen Innenräume kleiner als Schriften mit regulärer Strichstärke.

Kriterien zur Wahl der Schriftgröße

Für die Schriftgröße sollten folgende Aspekte bedacht werden:

- In welcher Entfernung wird der Text am Schluss gelesen?
- Wie viel Zeit muss sich der Leser des Textes nehmen?
- Lesen den Text überwiegend ältere Personen, die nicht mehr so gut sehen?
- Die Beurteilung einer Schriftgröße erfolgt über die x-Höhe einer Schrift.
- Schriften mit hoher Mittellänge wirken größer als Schriften mit kleiner Mittellänge.
- Fette Schriften wirken kleiner als normale Schriften.

Geviert

Das typografische Bezugssystem einer Schrift ist das Geviert. Ausschlaggebend für die Größe des Gevierts ist der Schriftgrad, der wie schon erwähnt von Schrift zu Schrift unterschiedlich groß ausfallen kann. Das Geviert entspricht einem Quadrat mit der Kantenlänge der jeweiligen Schriftgröße. Bei einer 12-Punkt-Schrift ist das Geviert dann auch 12 Punkt hoch und 12 Punkt breit.

Durch Teilung des Gevierts entstehen Halbgeviert, Viertelgeviert und Achtelgeviert, die für Striche, Abstände, Kerning, Schriftlaufweite und Schriftweitenausgleich zum Einsatz kommen. Bei einer Schriftgröße von 9 pt wäre der Gedankenstrich (= Halbgeviertstrich) 4,5 pt lang, ein Achtelgeviert Abstand wäre 1,125 pt groß usw.

Definition Geviert

Größe zur Beschreibung eines Zwischenraums beim Setzen von Text. Entspricht der jeweiligen Schrifthöhe (Kegelgröße). Es gibt auch Halbgeviert, Viertelgeviert und Achtelgeviert.

Definition Kerning

Individuelle Zurichtung (Einstellung) des Abstands zwischen zwei Buchstaben zur Erzielung eines besseren, ausgeglicheneren Schriftbildes.

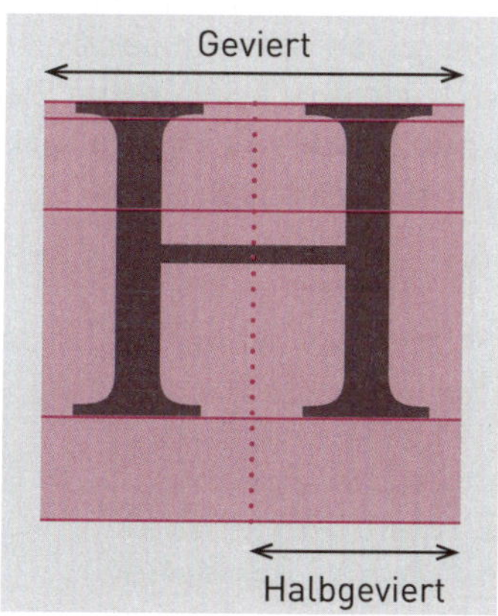

Abbildung 2.7: Das Geviert

Beispiel 12-pt-Schrift:

Geviert = 12 pt
Halbgeviert = 6 pt
Viertelgeviert = 3 pt
Achtelgeviert = 1,5 pt
Einstellbar in InDesign unter *Schrift • Leerraum einfügen.*

2.1.3 Schriftfamilie, Schriftschnitt

Definition Schriftfamilie
Unterschiedliche Schriftarten einer Schrift (Familie), zum Beispiel normal, kursiv, fett, mager, fett-kursiv. Im Bleisatz hieß das Garnitur.

Zur Herstellung von Gussformen wurden die Figuren einer Schrift von den Schriftgießern nach zuvor angefertigten Zeichnungen in Metall geschnitten, daher der Name Schriftschnitt. Seit dem Fotosatz bezeichnet ein Schriftschnitt jedoch den Stil einer Schrift. Alle Buchstabenschnitte einer Schrift werden als Schriftfamilie bezeichnet. Ein Schriftschnitt ist also eine von mehreren Schriftvarianten innerhalb einer Schriftfamilie. Diese Schriftvarianten unterscheiden sich in der Regel wie folgt:

+ Strichstärke: fein/leicht, mager, normal/gewöhnlich, halbfett, fett, extrafett
+ Schriftbreite: eng, schmal, normal, breit, extrabreit
+ Schriftlage: gerade oder kursiv (schräg)

Diese Bezeichnungen können sich bei Schriften, die ihren Ursprung im Englischen oder Französischen haben, unterscheiden.

Definition Condensed-Schrift
Schrift, deren Schriftzeichenbreite schmaler als die Grundschrift ist

Deutsche Bezeichnungen	Englische Entsprechungen
eng	condensed, compressed, narrow
leicht	light
Buchschrift	book, regular, normal, plain
breit	extended
kursiv	italic, oblique
fett	bold, heavy, black
halbfett	semi bold, medium

Tabelle 2.1: Internationale Bezeichnungen der Schriftschnitte

Eine vollständige Schriftfamilie bestand lange Zeit aus vier Mitgliedern: der Antiqua, der Kursiven, den Kapitälchen und der Halbfetten. Erst mit Aufkommen von Werbung und Schlagzeilen entwickelten sich mehr und mehr fette Headline-Schriften. Neue Anwendungsgebiete erforderten neue Schriftschnitte. So entstanden unter anderem die ersten umfangreichen Schriftfamilien, die über eine Vielzahl an Schnitten, Sonderzeichen, Ligaturen usw. verfügten. Bevor Sie mit der Gestaltungsarbeit beginnen, sollten Sie sich gut überlegen, welche Schriftschnitte Sie verwenden möchten. Die Schriftauswahl erfolgt nicht zuletzt auch nach dem Kriterium, wie umfangreich eine Schrift ausgebaut ist.

	condensed	normal	extended
ultra light	Hamburgefons	Hamburgefons	Hamburgefons
light	Hamburgefons	Hamburgefons	Hamburgefons
regular	Hamburgefons	Hamburgefons	Hamburgefons
medium	Hamburgefons	Hamburgefons	Hamburgefons
bold	Hamburgefons	Hamburgefons	Hamburgefons
black	Hamburgefons	Hamburgefons	Hamburgefons

Abbildung 2.8: Beispiel: Schriftfamilie Univers. Die erste als große Schriftfamilie geplante Schrift ist die Univers von Adrian Frutiger (1957). Sie umfasst 21 Schnitte, die alle auf einer gemeinsamen Grundform basieren.

Ligaturen

Als Ligatur wird ein Zusammenschluss von mehreren Buchstaben zu einem neuen Zeichen bezeichnet. Die Ligatur hat sich historisch entweder durch schnelle Schreibweise häufig genutzter Zeichen gebildet oder wurde zur optischen Korrektur anders als die Einzelzeichen geschrieben. Im Bleisatz wurden diese Buchstabenkombinationen auf einen Kegel gegossen, um Probleme mit den Vor- und Nachbreiten zu vermeiden.

Definition Ligaturen
Kombination von zwei Buchstaben zu einer Einheit.

Ligaturen kommen zum Einsatz, um Buchstabenkollisionen zu vermeiden oder wenn Löcher das Buchstabenbild stören. Wenn zum Beispiel ein f auf ein i (bzw. auf einen anderen Buchstaben mit Oberlängen) trifft, dann sollte auf die fi-Ligatur zurückgegriffen werden. Es wird unterschieden zwischen

+ optischen Ligaturen, die heute hauptsächlich zur Verschönerung des Satzbildes verwendet werden: ff, ffl, fl, fi
+ sprachlichen Ligaturen: Æ, Œ, œ, æ, ß

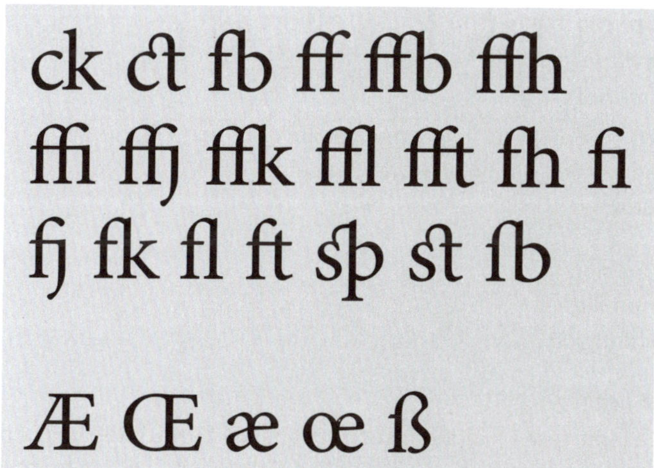

Abbildung 2.9: Optische Ligaturen (oben) und sprachliche Ligaturen (unten)

Die Verwendung von Ligaturen ist orthografisch nicht vorgeschrieben. Im Segment der Lesetypografie gelten Ligaturen sogar als lesehemmend. Aus diesem Grund werden sie primär als Zierligaturen verwendet. Wenn Sie doch zum Einsatz kommen, gelten folgende Regeln für den deutschsprachigen Ligaturensatz:

+ keine Ligaturen für getrennt gesprochene Buchstaben
+ keine Ligaturen bei gesperrtem Satz
+ zwischen Wortstamm und Endung steht in der Regel keine Ligatur
+ Ligaturen dürfen am Wortende nicht getrennt werden

Das &

Was viele nicht wissen: das Und-Zeichen »&«, auch Ampersand genannt, ist ebenfalls eine Ligatur aus e und t (lat. »und«).

Kapitälchen

Kapitälchen, auch Small Caps genannt, sind Versalien, deren Höhe der Mittellänge (x-Höhe) eines Buchstabens entspricht und deren Strichstärke und Grauwert an die der Kleinbuchstaben angepasst sind. Die

Kapitälchen fügen sich aufgrund ihrer Größe hervorragend ins Satzbild ein und eignen sich daher zur Kennzeichnung von Eigennamen, Kolumnentiteln, römischen Ziffern, aber auch für Zwischenüberschriften.

Auf keinen Fall dürfen die Großbuchstaben manuell skaliert werden, da dabei die Strichstärke nicht mehr harmonisch zum Wortbild passt. Deshalb dürfen nur echt gestaltete Schnitte, meist erkennbar an der Endung SC für Small Caps, verwendet werden. Kapitälchen sollten außerdem leicht gesperrt werden, sofern dies nicht bereits im Schriftdesign vorgenommen wurde.

Definition Kapitälchen
Spezielle Schriftschnitte mit kleinen Versalien statt Minuskeln (Kleinbuchstaben). Es sollten nur echte Kapitälchenschnitte verwendet werden, keine durch Verkleinerung von Versalien simulierten. Auch sollten sie nur für Konsultationstexte oder Auszeichnungen verwendet werden, da sie schlechter lesbar sind als Minuskeln.

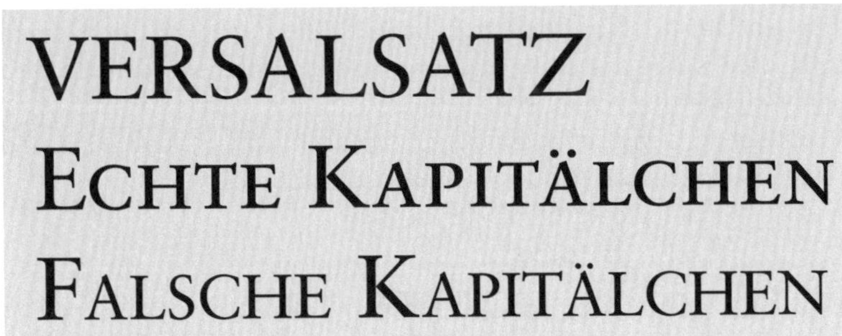

Abbildung 2.10: Die Sabon im Versalsatz, mit echten Kapitälchen (oben) und – an den Strichstärken erkennbar – mit falschen Kapitälchen (unten)

Kapitälchen sind nicht für Lesetexte geeignet.
Kapitälchen werden häufig angewendet bei:

+ Eigennamen
+ Titeln
+ Bibliographien
+ römischen Ziffern
+ Auszeichnungen

Kursiv und schräg

Die Kursive (»currere« = laufen), auch als »italic« bezeichnet, hat sich zur Zeit der Renaissance durch schnelles Schreiben aus der humanistischen Handschrift entwickelt. Um 1500 kam diese humanistische Kursive auch erstmals als Druckschrift zum Einsatz. Die Kursive war keine schräg stehende Variante der Antiqua, sondern eine eigenständige Schrift. Erst zur Zeit des Barocks im 17. Jahrhundert näherten sich Antiqua und Kursive an. Auch wenn die Kursive nach und nach mit ihren Formen auf die Antiqua abgestimmt wurde, bewahrten die einzelnen Zeichen ihre spezifische Eigenart.

Heute verfügen die meisten Schriften über eine Kursive. Allerdings wird diese ausschließlich für Auszeichnungen und nicht für ganze Texte verwendet. Am Rechner lassen sich herkömmliche Schriften verzerren oder erzwungen schräg stellen. Dadurch entstehen allerdings unschöne Kurven und ungleichmäßige Strichstärken. Aus diesem Grund sollten Sie immer auf den echten Kursivschnitt einer Schrift zugreifen, da dieser eigens in der Schriftgestaltung gezeichnet wurde, wie die Beispiele zeigen.

Besitzt eine Schrift keinen Kursivschnitt, spricht man von generierten schrägen (engl.: oblique, slanted) Schriftschnitten, die ebenfalls nach rechts geneigt sind, aber keine abweichenden Buchstabenformen besitzen.

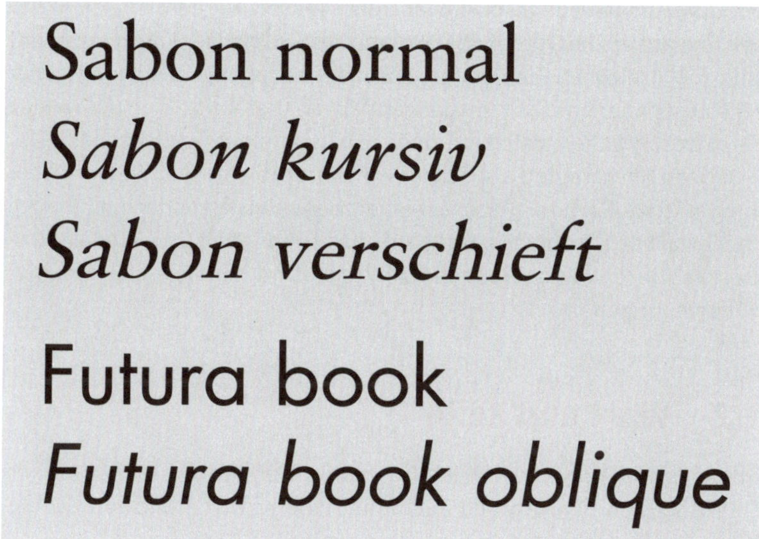

Abbildung 2.11: Sabon mit echtem Kursivschnitt und computergenerierter Kursivierung. Auffällig ist u. a. die Anpassung des Buchstabens »a«. Unten der generierte schräge Schriftschnitt der Futura.

2.1.4 Auszeichnungen

Der Begriff »Auszeichnung« kommt eigentlich aus der Druckersprache und bedeutet, dass Teile eines Textes durch von der Grundschrift abweichende Schriftgestaltung hervorgehoben werden, zum Beispiel durch Verändern der Schriftgröße, der Schriftart, aber auch durch Unterstreichen, Sperren oder eine farbige Kennzeichnung. Die typografische Auszeichnung dient dazu, das Leseinteresse zu wecken und auf wichtige Stellen hinzuweisen.

Man unterscheidet zwischen aktiver und integrierter oder auch passiver Auszeichnung. Die integrierte Auszeichnung fällt einem erst an der entsprechenden Textstelle auf, wohingegen die aktive Auszeichnung, wie der Name schon sagt, auf den ersten Blick wahrgenommen wird.

Definition: Sperren
Das Vergrößern der Laufweite einer Schrift mit gleich breiten (dicktengleichen) Leerräumen wird als Sperren bezeichnet. Durch Sperren werden Textteile optisch hervorgehoben.

Integrierte/passive Auszeichnung

Hierzu zählen unter anderem die Kursive, die sich durch ihren Grauwert harmonisch ins Satzbild einfügt, und die Kapitälchen einer Schrift, die allerdings den Leserhythmus aufgrund fehlender Ober- und Unterlängen bremsen können.

Einsatz von Auszeichnungen
Auszeichnungen sollten sparsam, aber konsequent eingesetzt werden.

Aktive Auszeichnung

Zur aktiven Auszeichnung zählen allen voran unterschiedliche Strichstärken einer Schrift, wie zum Beispiel halbfett oder fett. Die Auszeichnung längerer Textpassagen durch einen fetten Schriftschnitt lässt das

Satzbild unruhig erscheinen, weshalb Sie sich auf Überschriften und einzelne Stichwörter beschränken sollten. Auch Unterstreichungen, in Form von durchgezogenen, punktierten oder gestrichelten Linien, gehören zur aktiven Auszeichnung. Der Unterstrich sollte bei Wörtern mit Unterlängen ausgespart oder tiefer gesetzt werden. Interpunktionen, die auf ein hervorgehobenes Wort folgen, werden übrigens ebenfalls ausgezeichnet. Eine weitere Form der aktiven Auszeichnung ist der Versalsatz oder das Sperren ganzer Wörter. Dies sollte sich auf wenige Sätze beschränken, da es nur der Lesbarkeit eines Textes schadet.

Wollen Sie komplett auf Schrift verzichten, bietet sich die Auszeichnung mittels Farbe an. Hierbei ist zu beachten, dass farbige Schrift im Vierfarbdruck aufgerastert wird, was bei dünnen Schriften zu Problemen führen kann. Weitaus auffälliger sind negative oder positive Hinterlegungen.

2.2 Wort und Zeile

Gelungene Typografie beinhaltet neben der Wahl der passenden Schriftart und Schriftgröße auch das richtige Verhältnis von Zeilenlänge und Zeilenabstand.

2.2.1 Zeilenabstand

Definition Zeilenabstand
Der Zeilenabstand ist der von Grundlinie zu Grundlinie gemessene Abstand zweier Zeilen.

Ausschlaggebend für den Zeilenabstand (auch ZAB) ist, dass er dem Auge hilft, den Anfang der nächsten Zeile leicht zu finden. Je länger die Satzbreite, desto größer sollte der Zeilenabstand sein. Kurze Zeilen hingegen können mit weniger Abstand auskommen. Bei Überschriften empfiehlt es sich sogar, mit weniger Zeilenabstand zu arbeiten, dadurch wirken diese kompakter und unterstreichen den Headline-Charakter.

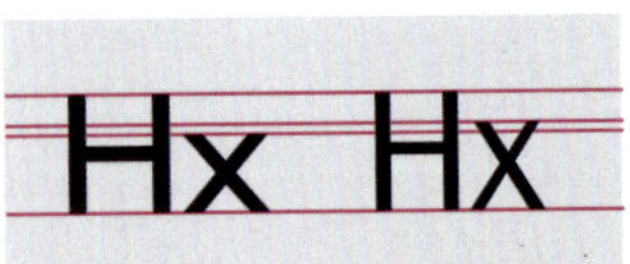

Abbildung 2.12: Der ZAB hängt von der x-Hohe der gewählten Schrift, der Zeilenlänge und dem Einsatz der Schrift ab.

Ausschlaggebend für die Größe des Zeilenabstands sind neben der Zeilenbreite die Mittellängen, auch x-Höhe einer Schrift, da diese optisch die Zeile eines Textes dominieren. Schriften, die im Verhältnis zu ihren Großbuchstaben eine große x-Höhe aufweisen, benötigen einen geringeren Zeilenabstand und können zudem in einem kleineren Schriftgrad gesetzt werden.

Die Standardeinstellung in den meisten Layoutprogrammen geht von einem idealen Abstand von 120 % der Schriftgröße aus. Das ergibt bei einer Schriftgröße von 10 pt einen Zeilenabstand von 12 pt. Da eine Frutiger in 10 pt aber nicht gleichzusetzen ist mit einer Myriad in 10 pt, ist ein und derselbe Zeilenabstand für unterschiedliche Schriften nicht ideal. Auch wenn es eindeutige Regeln nicht gibt, Ober- und Unterlängen dürfen sich auf keinen Fall berühren.

Definition kompress
Ein ohne Durchschuss gesetzter Satz; Zeilenabstand und Schriftgröße sind gleich

Definition Durchschuss
Freier Zwischenraum zwischen zwei Zeilen

Wenn Schriftgröße und Zeilenabstand den gleichen Wert besitzen, wird der Satz auch als **kompress** bezeichnet (das heißt »zusammengedrückt«). Ist der Zeilenabstand größer als die Schriftgröße, ist von **durchschossenem** Satz die Rede.

Faktoren für den Zeilenabstand

- Je länger eine Zeile, desto größer sollte der ZAB sein. Je kürzer eine Zeile, desto kleiner sollte der ZAB sein.
- Schriften mit geringer x-Höhe benötigt weniger Zeilenabstand.
- Der Zeilenabstand muss deutlich größer sein als der Wortabstand.
- Mehr Zeilenabstand erfordert tendenziell größere Seitenränder, damit das Satzbild nicht gedrängt wirkt.
- Fettere Schnitte brauchen weniger Zeilenabstand.
- Magere Schnitte brauchen mehr Zeilenabstand.
- Schmale Spalten brauchen weniger Zeilenabstand.
- Breite Spalten brauchen mehr Zeilenabstand.
- Die Mittellängenhöhe muss für die Ermittlung des Zeilenabstands mit einbezogen werden. Je höher sie ist, desto mehr Weißraum wird benötigt, ergo mehr ZAB.
- Der Zeilenabstand wird von Schriftlinie zu Schriftlinie gemessen und am besten in Punkt angegeben.

Zeilenabstand (ZAB)

Achten Sie bei der Ermittlung des optimalen Zeilenabstands auf die x-Höhe einer Schrift und die veranschlagte Spaltenbreite.

2.2.2 Durchschuss

Der Durchschuss beschreibt den Abstand zwischen der Unterlänge der oberen Zeile und der Linie der Oberlänge der nachfolgenden Zeile. Der Durchschuss wird oft mit dem Zeilenabstand verwechselt – ist jedoch nicht dasselbe, denn der Zeilenabstand wird von Grundlinie zu Grundlinie gemessen.

Abbildung 2.13: Zeilenabstand und Zeilendurchschuss

ZAB und Zeilendurchschuss

Während der Zeilenabstand, kurz ZAB, den Abstand von Grundlinie zu Grundlinie definiert, beschreibt der Zeilendurchschuss den Abstand zwischen den Unterlängen der ersten und den Oberlängen der nächsten Zeile.

2.2.3 Laufweite

Unter Laufweite (auch Buchstabenabstand, Zeichenabstand) versteht man den Abstand der Buchstaben eines Wortes zueinander, bestimmt durch die Breite der Buchstaben und ihre Abstände zu den davorstehenden (Vorbreite) und nachfolgenden (Nachbreite) Buchstaben bzw. Zeichen. Die Zeichenbreite, auch Dickte genannt, wird bereits im Schriftdesign auf einen Ausgangsschriftgrad von 12 Punkt für den Mengensatz festgelegt. Wird die Schriftgröße verändert, muss der Abstand zwischen den Zeichen entsprechend angepasst werden. Man spricht auch von Zurichtung.

Faktoren für die Laufweitenermittlung

+ Als Faustregel gilt: Die Buchstabenzwischenräume sollten ungefähr so groß sein wie ihre Innenräume. Das Wortbild wird als ausgeglichen empfunden, wenn sich ein rhythmischer Wechsel zwischen Innen- und Zwischenraum bildet.
+ Bei Groteskschriften sollte der Zeichenabstand beim normalen Schnitt ungefähr der Strichstärke des »i« entsprechen. Magere Schnitte sollten in der Laufweite eher etwas gesperrt, fette Schnitte eher etwas reduziert werden.
+ Serifenschriften benötigen in der Regel mehr Laufweite als Groteskschriften. Dabei sollten sich die Serifen keinesfalls berühren. Als Richtwert gilt die Punzenweite des »n« der jeweiligen Schrift.
+ Große Schriftgrößen werden in ihrem Display-Charakter verstärkt, wenn sie etwas enger gesetzt werden.
+ Magere Schnitte sollten in der Laufweite eher etwas gesperrt, fette Schnitte eher etwas reduziert werden.
+ Negativ gesetzter Text benötigt in der Regel mehr Laufweite, da die nun farbigen Zwischenräume optisch kleiner erscheinen.
+ Schriftgrade ab 8 pt müssen zwingend erweitert werden, große Schriftgrade ab 18 pt sind hingegen eher zu verringern.

Merke: Kleine Schriftgrößen sollen weiter, große Schriftgrößen enger laufen.

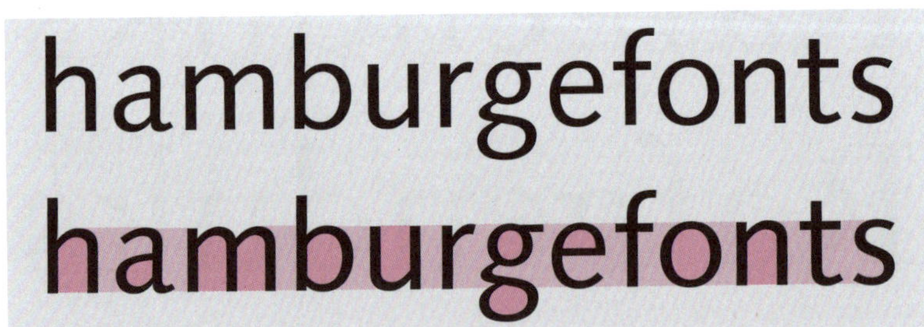

Abbildung 2.14: Ein Buchstabe ist gekennzeichnet durch das Wechselspiel von bedruckter und unbedruckter Fläche, von Zeichenformen und Zwischenräumen. Für ein ausgeglichenes Wortbild sollten Buchstabenabstände und Buchstabeninnenräume gleich groß sein.

Definition Spationieren
Verbreitern der Wort- und Buchstabenabstände in einem Text.

Spationieren

Als Spationieren (auch Spacing) bezeichnet man das Verändern der Laufweite durch einheitliches Erweitern oder Verringern der Zeichenabstände. Im ursprünglichen Sinn wurde der Begriff »Spationieren«

nur für das Vergrößern der Zeichenabstände benutzt; heute wird er auch für das Verringern verwendet.

Unterschneiden

Unterschneiden (engl. Kerning) ist das automatische oder manuelle Verändern der Abstände innerhalb kritischer Buchstabenpaare. Wenn Buchstaben, die optisch viel freien Raum aufweisen, wie A, T, V, W oder Y, auf Buchstaben treffen, die wenig Fleisch aufweisen, wie I, L, J oder F, entstehen unschöne Löcher im Wortbild, die den Lesefluss stören. Diese Buchstabenkombinationen müssen entsprechend unterschnitten werden.

Definition Unterschneiden/ Kerning
Abstand zwischen zwei Zeichen, der über eine sogenannte Kerningtabelle definiert ist

Abbildung 2.15: Die optische Lücke zwischen »T« und »y« wird durch das Verringern des Buchstabenabstands ausgeglichen.

Merke: Je größer der Schriftgrad, desto größer ist auch die Löcher-Wirkung.

Laufweite und Kerning werden bei Adobe in 1/1000 Geviert gemessen, einer Maßeinheit relativ zum aktuellen Schriftgrad. Bei einem Schriftgrad von 9 Punkt beträgt ein Geviert ebenfalls 9 Punkt.

Was muss unterschnitten werden?

Die meisten digitalen Schriften besitzen eine Unterschneidungstabelle, in der kritische Buchstabenkombinationen bereits im Schriftdesign entsprechend festgelegt sind. Dennoch gibt es entsprechende Buchstabenpaare, die individuell daraufhin überprüft werden sollten, ob eine Unterschneidung notwendig ist.
Dies sind folgende: AV, Aw, AW, LT, LV, Ly, Ta, Te, To, Ty, T., Va, Vo, V., Ya, Yo, Y.
Sie sollten übrigens nicht nur auf die Zurichtung von Buchstabenpaaren achten, sondern auch auf den Abstand von Buchstaben und Interpunktionszeichen, wie !, ?, (Klammern) usw., und Buchstaben und Ziffern. Typisch sind zum Beispiel Ziffernpaare wie 10, 11, 19 oder Kombinationen mit Interpunktionen und Zeichen, zum Beispiel 10. Januar.

Definition Wortabstand
Der Wortabstand ist der Abstand zwischen zwei Wörtern. Er wird in Punkt oder Geviert gemessen.

2.2.4 Wortabstand

So wie die einzelnen Buchstaben bzw. Zeichen zueinander einen harmonischen Abstand aufweisen sollten, so gilt das auch für den Wortabstand. Dieser ist nämlich Grundlage für eine optimale Lesbarkeit. Ist der Wortabstand zu klein, lassen sich die Wörter nur schlecht voneinander trennen, ist er zu groß, werden die Wörter beim Lesen nicht zusammenhängend erfasst.

Aus diesem Grund gelten für den optimalen Wortabstand die gleichen Gesetzmäßigkeiten wie bei der Laufweite: Die Wortabstände sind eine Funktion der Buchstabeninnenräume der verwendeten Schrift. Dabei sollte der optimale Wortabstand nur so groß sein, dass sich die Wörter optisch gerade noch trennen. Bei Groteskschriften kann für den Wortabstand die Punzenweite als Orientierung dienen. Das klassische Maß für den durchschnittlichen Wortzwischenraum ist 1/3 eines Gevierts (siehe Abschnitt 2.1.2) des aktuellen Schriftgrades, was der Breite des Buchstabens »i« entspricht. Bei Serifenschriften kann daher die Dickte des »i« der verwendeten Schrift als Richtwert gelten. Natürlich sind diese Regeln bei jeder Schrift individuell zu überprüfen.

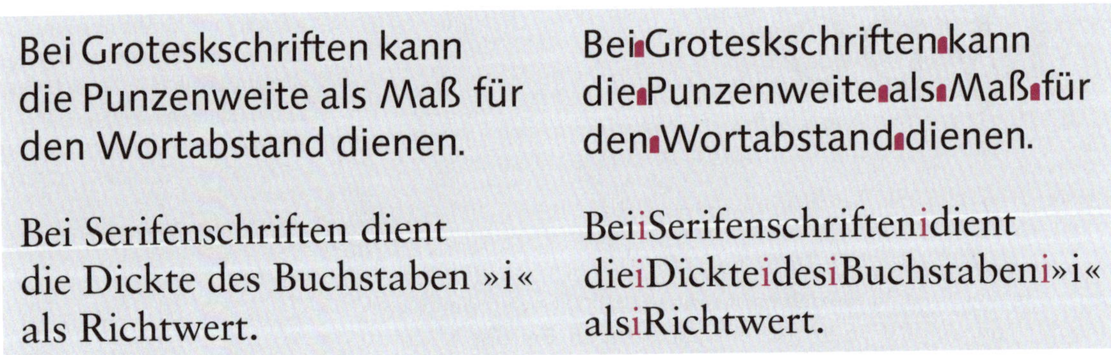

Abbildung 2.16: Im Blocksatz kann der Wortabstand sehr schnell zu einem Problem werden, wenn das Satzprogramm die Zeilen alle auf die gleiche Länge bringt. Dadurch ergeben sich unschöne Lücken, die das Satzbild auseinanderreißen. In diesem Fall muss der Wortabstand manuell in InDesign im Schriftmenü innerhalb der Absatzformate angepasst werden.

Faustregel
Der Wortabstand sollte deutlich kleiner sein als der Zeilenabstand.

Die Voreinstellungen des Wortabstands sind in InDesign mit 80 %, 100 % und 133 % für Mengentext definiert. Für die meisten Anwendungen sind diese Abstände völlig in Ordnung und sollten nur von geübten Gestaltern und Gestalterinnen verändert werden. Die Einstellung *Optimal* gilt für jede Satzart, egal, ob linksbündiger, rechtsbündiger, Mittel- oder Blocksatz. Der Wert 100 % entspricht dabei dem Abstand, der im Schriftdesign für ein Leerzeichen definiert wurde. Über die Eingabefelder *Minimal* und *Maximal* lassen sich die Wortabstände entsprechend verringern oder vergrößern. Achtung: Diese Funktion hat nur Auswirkung im Blocksatz.

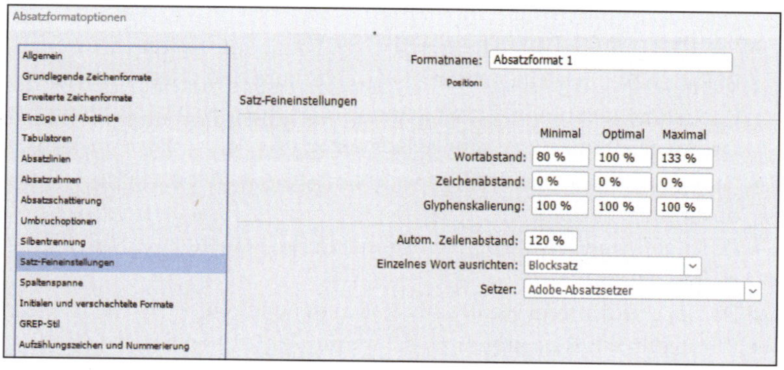

Abbildung 2.17: Voreinstellungen des Wortabstands in den Satz-Feineinstellungen der Absatzformate in InDesign

Um ein rhythmisch harmonisches Satzbild mit so wenigen Trennungen wie möglich zu erhalten, empfiehlt es sich, unterschiedliche Konfigurationen auszuprobieren, bis Sie das optimale Verhältnis gefunden haben.

Display-Wortabstand

Wie den Buchstabenabstand können Sie auch den Wortabstand bei Display-Größen etwas verringern und so einer Überschrift mehr Ausdruck geben.

Versalausgleich

Versalbuchstaben weisen von Grund auf unterschiedliche Innen- und Außenräume auf; dadurch wird der Versalsatz schwer lesbar. Sie sollten versuchen, einen ausgleichenden Rhythmus zwischen bedruckter und unbedruckter Fläche zu erreichen.

Bei Serifenschriften ist die Angleichung besonders problematisch, da sich Serifen nicht berühren dürfen, die Buchstaben durch ihre Serifen allerdings weitaus mehr Platz einnehmen. Dadurch können unschöne Löcher entstehen.

Abbildung 2.18: Versalausgleich

Ausgleichen

Hilfreich ist es beim Ausgleichen,

- sich die Buchstabenzwischenräume, den Weißraum als einen mit Wasser gefüllten Raum vorzustellen,
- zwischen positiv und negativ zu wechseln,
- das zu spationierende Wort auf den Kopf zu stellen oder mit leicht zusammengekniffenen Augen betrachten, um Lücken festzustellen.

So gehen Sie beim Versalausgleich vor

- Bei allen Buchstaben bestehen veränderbare und unveränderbare Buchstabenabstände. Zum harmonischen Ausgleich bestimmen Sie die größten Buchstabenzwischenräume.
- Nun gleichen Sie die größten veränderbaren an die größten unveränderbaren an.
- Dann gleichen Sie die optisch kleinsten Buchstabenzwischenräume an.
- Der so geschaffene Weißraum wird zum neuen Referenzwert.
- Die restlichen Buchstabenzwischenräume gleichen Sie den bestehenden an.
- Falls nötig, streben Sie eine generelle Laufweitenvergrößerung an, sofern die verwendete Schrift wenig Weißräume besitzt.

Abbildung 2.19: Hilfreiche Tipps beim Ausgleichen

Wie breit denn nun?

Ideal sind etwa 60–80 Zeichen oder 8–12 Wörter pro Zeile. Dies gilt für kontinuierliches Lesen und Schriftgrößen von 9–12 pt. Zu kurz sollte die Zeile nicht sein, da sonst häufig Wörter getrennt werden müssen. Für kurze Texte, Marginalspalten oder Bildlegenden sind 35–40 Zeichen ideal. Diese sollten am besten im Flattersatz und mit weniger Zeilenabstand als der Mengentext gesetzt werden.

2.2.5 Satzbreite

Die Satzbreite ist neben den vielen Aspekten, die wir bisher schon kennengelernt haben, ein weiteres wichtiges Kriterium für eine optimale Lesbarkeit einer Drucksache. Wird die Breite einer Textspalte als zu groß definiert, ermüdet das Auge beim Lesen schnell. Ist sie zu gering, muss der Leser zu oft von Zeile zu Zeile springen.

Die Zeilenbreite wird dabei maßgeblich durch die Schriftgröße und den Umfang bzw. die Art des Textes bestimmt. Wird der Text, zum Beispiel in einer Zeitung, eher quergelesen, ist eine kurze Zeilenbreite, auch aufgrund des begrenzt vorhandenen Platzes, durchaus akzeptabel. Mit einem Roman hingegen wird man sich länger beschäftigen, und daher sollte die Länge der Satzbreite so gewählt sein, dass die Augen nicht schnell ermüden. Wie so häufig bestimmen unsere Lesegewohnheiten das Aussehen der Typografie.

Abhängigkeit

Die Art der Drucksache bestimmt maßgeblich die Wahl der Zeilenbreite!

2.3 Satzarten

Unter Satzart versteht man, auf welche Weise ein Text angeordnet wird. Man unterscheidet zwischen Flattersatz, Rausatz, Blocksatz, Mittelsatz und Formsatz.

Flattersatz

Die einfachste Variante ist der linksbündige Flattersatz, d. h., links bilden die Zeilenanfänge eine scharfe Kante, wohingegen die rechte Seite flatternd ausläuft. Die Wortabstände aller Zeilen sind gleich groß, dadurch ergibt sich im Gegensatz zum Blocksatz eine ruhige Binnenstruktur. Lange und kurze Zeilen wechseln sich idealerweise rhythmisch ab.

Grundsatz des Flattersatzes ist es, dass dieser so selten wie möglich getrennt wird, wenn doch, dann wird primär nach »schönen« und sinnvollen Trennungen gesucht. Schmale Spalten sind, im Gegensatz zum Blocksatz, völlig unproblematisch. Der rechtsbündige Flattersatz ist aufgrund der unterschiedlichen Zeilenanfänge schwerer zu lesen und sollte nur in Marginalspalten oder kurzen Texteinschüben verwendet werden.

Charakteristika des Flattersatzes

+ Lange und kurze Zeilen wechseln sich ab.
+ Die Flatterzone ist wesentlich breiter als beim Rausatz.
+ So wenig Worttrennungen wie möglich – wenn, dann sinnvoll und inhaltlich korrekt.

Rausatz

Rausatz ist Flattersatz, bei dem auch fünfbuchstabige Wörter getrennt werden dürfen: vor der Trennung zwei Buchstaben, nach der Trennung drei. Die rechte Seite der Spalte (Kolumne) ist dadurch, bei konstanten Wortabständen, geschlossener als im Flattersatz. Rausatz eignet sich auch für kurze und kürzeste Zeilen, da mit diesem weitaus mehr Trennungen möglich sind als im Flattersatz.

Blocksatz

Beim Blocksatz besitzen alle Zeilen die gleiche Breite, was zur Folge hat, dass auch Zeilen mit weniger Wörtern auf dieselbe Breite gebracht werden. Dadurch entstehen zwischen den Wörtern unterschiedlich große Abstände, die Löcher ins Satzbild reißen können und somit die Lesbarkeit stören. Dies ist vor allem bei schmale Spalten unvermeidbar und führt zu häufigen Trennungen und löcherigem Satz.

Je größer die Satzbreite, desto einfacher sind Löcher im Blocksatz auszugleichen und desto gleichmäßiger erscheint das Satzbild. Als ideale Satzbreite für Blocksatz gelten 40 bis 80 Zeichen. Bei weniger als 40 Zeichen pro Zeile ist optisch ausgeglichener Blocksatz so gut wie unmöglich. Viele Trennungen und Löcher im Satzbild würden den Lesefluss hemmen. Sowohl beim Rau- als auch beim Blocksatz sollten folgende Regeln beachtet werden:

+ Unnötige Worttrennungen, die den Lesefluss hemmen oder sinnentstellend sind, sollten vermieden werden.
+ Abkürzungen und Zahlen dürfen nicht getrennt werden.
+ Mehr als drei aufeinanderfolgende Trennungen sind zu vermeiden.
+ Zahlen und Einheitensymbol (10 kg, 10 m) niemals trennen.

Blocksatz

40–80 Zeichen/Zeile
Verwendung: bei Spaltensatz
+ einheitliche Wirkung
− Löcher im Satzbild

Mittelsatz

Der Mittelsatz (oder zentrierter Satz) wird in der klassischen Typografie für Titelsatz in Büchern oder Akzidenzen (Gelegenheitsdrucksachen) wie Einladungen oder Speisekarten verwendet, ist aber nicht für zusammenhängenden Mengentext geeignet.

Formsatz

Unter Formsatz versteht man Text, der so umbrochen wird, dass er eine gegenständliche oder abstrakte Form bildet. Formsatz ist bei längeren Texten problematisch, da der Leser keine direkte Bezugslinie hat und umständlich den Anfang der nächsten Zeile suchen muss. Auch das Umfließen von freigestellten Motiven wird als Formsatz bezeichnet, was vor allem gerne im Bereich Editorial eingesetzt wird.

2.3.1 Trennungen

Hinweise für die Silbentrennung

- Sinnentstellende Trennungen vermeiden.
- Keine Überschriften trennen.
- Keine Trennung zwischen Zahlen und zugehörigen Wörtern.
- Keine Abkürzungen trennen.
- Maximal drei Trennungen in Folge im Flattersatz.

Worttrennungen sind unvermeidlich. Vor allem im Blocksatz kommen Trennungen sehr häufig vor, bei kurzen Zeilen häufiger als bei langen. Satzprogramme verfügen deshalb über eine automatische Silbentrennung, die über das Menü *Absatzformate* aufgerufen wird.

Im Flattersatz sollten vor und nach Trennungen möglichst jeweils vier Buchstaben stehen, zur Not sind auch Silben mit drei Buchstaben zulässig. Rausatz hingegen erlaubt vor der Trennung zwei Buchstaben und nach der Trennung mindestens drei Buchstaben. Ebenso verhält es sich im Blocksatz. Wie alle Regeln sind auch diese Vorgaben immer wieder aufs Neue zu überprüfen. Aus Erfahrung stören Löcher im Satzbild oder unruhige Flatterkanten den Lesefluss in jedem Fall stärker als ein paar Trennungen mehr oder weniger.

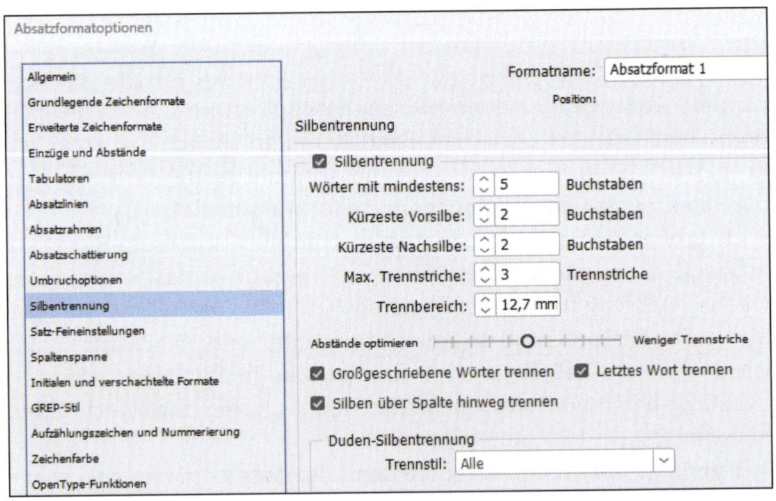

Abbildung 2.20: Menü *Silbentrennungsoptionen* in den Absatzformaten von Adobe InDesign

2.4 Ziffern und Zahlen

Unsere Ziffern

Ziffern sind, anders als Buchstaben, arabischen Ursprungs, abgeleitet von arabisch »aş-şifr«, was so viel wie »null, nichts« bedeutet.

Im Repertoire von Satzschriften befinden sich zwei Arten von Ziffern:

1. **Versalziffern,** auch als Majuskel- oder Normalziffern bezeichnet. Sie weisen die Höhe von Versalien auf und haben auch alle die gleiche Breite der jeweiligen Schrift. Im Gegensatz zu den Mediävalziffern stehen Versalziffern ohne Unterlängen auf der Schriftlinie.

2. **Mediävalziffern bzw. Minuskelziffern.** Sie weisen die gleichen Merkmale auf wie die Kleinbuchstaben der jeweiligen Schrift. Die Mittellänge ist so hoch wie der Buchstabe, sie besitzen ebenfalls Ober- und Unterlängen und fügen sich daher harmonisch ins Schriftbild ein. Aufgrund ihrer markanten Kontur sind sie auch eindeutiger und schneller lesbar. Die Dickten der Ziffern sind entweder individuell oder einheitlich auf die Breite der Ziffer 0 zugerichtet.

Für beide Ziffernarten gibt es noch zwei Untergruppen:

+ **Halbgeviertziffern (Tabellenziffern):** Ziffern mit einheitlichen Dickten, in der Regel ein Halbgeviert, werden Tabellenziffern oder Halbgeviertziffern genannt. Sie eignen sich am besten für den Tabellensatz, da sie exakt untereinanderstehen.
+ **Proportionale Ziffern:** Als Pendant zu den Tabellensatzziffern besitzen sogenannte proportionale Ziffern eine individuelle Dickte. Dadurch eignen sie sich weniger für den Tabellensatz, fügen sich dafür aber besser innerhalb eines Fließtextes ein, weil die Abstände zwischen den Ziffern optisch ausgeglichen sind.

Sowohl Versal- als auch Minuskelziffern können als Tabellenziffern zugerichtet sein. In der Regel werden aber nur Tabellen-Versalziffern, proportionale Versalziffern und proportionale Minuskelziffern eingesetzt.

Proportionalziffern	Mediäval	1	2	3	4	5	6	7	8	9	0
	Versal	1	2	3	4	5	6	7	8	9	0
Tabellenziffern	Mediäval	1	2	3	4	5	6	7	8	9	0
	Versal	1	2	3	4	5	6	7	8	9	0

Abbildung 2.21: Vergleich von Proportional- und Tabellenziffern

Seit tausenden von Jahren wird unser Leben mehr oder weniger bewusst von Schrift beeinflusst. Das hängt damit zusammen, dass Schrift immer auch Bild ist und Bilder uns umgeben wie Luft. Deshalb spricht man auch von Wortbildern. Und ebenso wie Farben beeinflussen Bilder bzw. Schriftbilder unsere Wahrnehmung. In welcher Form uns diese Schriftbilder begegnen, ist Aufgabe der Typografie. Sie kann das Ziel verfolgen, Inhalt, Zweck und Anmutung eines Werkes zu verdeutlichen, und die Aussage eines Textes visuell unterstützen oder diesen gar umkehren.

2.5 Geschichte der Schrift

Die Kommunikation, wie sie uns heute bekannt ist, bestand lange Zeit nur aus Lauten, Mimik, Gestik und anderen Formen des zwischenmenschlichen Kontakts. Erst durch die Entwicklung der Schrift sind wir in der Lage, Gedachtes und Gesprochenes festzuhalten. Außerdem können wir Informationen eine sehr lange Zeit aufbewahren, und mit zunehmender Globalisierung ist es auch möglich, sie über große Entfernungen zu kommunizieren. Schrift kann somit als Fixierung der menschlichen Sprache angesehen werden.

Zu Beginn der Entwicklung der Schrift gibt es überall auf der Welt zwei maßgebende Ausdrucksformen des Schreibens:

+ eine sogenannte monumentale Beschriftung – hauptsächlich verwendet für gemeißelte Inschriften in Stein oder Marmor
+ eine handschriftliche, sogenannte kurrente Aufzeichnung (lateinisch »currere«, laufen), beispielsweise für Notizen

Abbildung 2.22: Keilschrift der Sumerer

Keilschrift der Sumerer (ca. 3500 v. Chr.)

In Stein geritzte Höhlenzeichnungen waren laut Überlieferung wohl die ersten Vorläufer unserer heute bekannten »Schriftzeichen«. Dabei war das allgemeingültige Verständnis dieser frühzeitigen »Piktogramme« höchst problematisch, und auch uns bleibt nur eine vage Interpretation dieser Höhlenmalereien. Diese Bilderschrift wird heute auch als Keilschrift bezeichnet.

Abbildung 2.23: Prähistorische Höhlenmalerei, gefunden in Tassili N'Ajjer, Algerien

Die Ägypter (ab 3200 v. Chr.)

Mit den Hieroglyphen der Ägypter wurden standardisierte Zeichen für bestimmte Laute eingeführt, die als zusammenhängender Satz gelesen werden konnten.

Abbildung 2.24: Ägyptische Hieroglyphen, etwa 3200 v. Chr. bis 394 n. Chr.

Die Phönizier (ab 1400 v. Chr.)

Etwa 1400 v. Chr. wurden die Hieroglyphen von den Phöniziern adaptiert und zu einem Alphabet mit 22 Konsonanten ausgebaut. Die Buchstaben wurden aus dem alltäglichen Leben gegriffen: Alf (Rind) und Beth

(Haus) usw. Die Phönizier haben somit die Grundlage für unser heutiges Alphabet geschaffen.

Abbildung 2.25: Phönizisches Alphabet

Abbildung 2.26: Griechisches Alphabet

Die Griechen (ab 900 v. Chr.)

900 v. Chr. bauten die Griechen das Alphabet der Phönizier weiter aus und fügten die Vokale a, e, i, o und u hinzu.

Die Römer (ab 100 v. Chr.)

Die Römer wiederum übernahmen das Alphabet von den Griechen und schufen ca. 100 v. Chr. die Capitalis monumentalis, deren Konstruktion sich an den geometrischen Grundformen Dreieck, Quadrat und Kreis orientierte und die rein aus Großbuchstaben besteht. Sie wurde primär zur Beschriftung von Monumenten verwendet. Hierfür wurden die Buchstaben zuerst mit einem Flachpinsel vorgezeichnet – daraus ergaben sich die unterschiedlichen Strichstärken – und dann in Stein gemeißelt. Das bekannteste Beispiel ist wohl die Inschrift auf dem Sockel der Trajanssäule in Rom. Man ist sich bis heute nicht sicher, ob die **Serifen** der Capitalis vom Schreiben oder vom Meißeln bestimmt sind. Die Capitalis ist übrigens gleichzeitig der Ausgangspunkt unserer Kleinbuchstaben, die sich nach und nach durch die Verwendung verschiedener Schreibgeräte und Schreibgeschwindigkeiten entwickelten.

Aussehen

Das Aussehen einer Schrift ist vor allem dem Schreibwerkzeug, dem Schreibuntergrund und dem persönlichen Formempfinden einer Epoche zuzuschreiben.

Definition Serifen

Als Serifen werden die Ansatz- und Endstriche bei Antiquaschriften bezeichnet, die das Lesen unterstützen sollen.

Abbildung 2.27: Capitalis monumentalis auf einem Triumphbogen im Forum Romanum in Rom

Abbildung 2.28: Capitalis quadrata

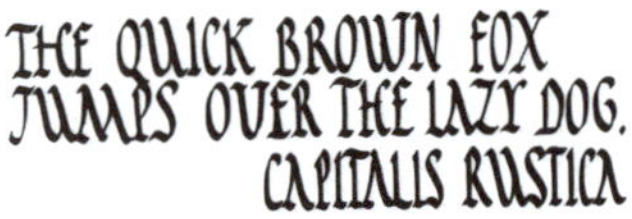

Abbildung 2.29: Capitalis rustica

Definition der Längen

Oberlänge: Teil des Buchstabens, der über die Mittellänge hinausgeht

Unterlänge: Abstand zwischen Schriftlinie und Unterlänge eines Buchstabens (g, p, q)

Aus der Capitalis monumentalis entwickelte sich im Jahre 2 n. Chr. die Capitalis quadrata mit quadratischer Grundform, die sich aufgrund des enormen Zeitaufwands beim Schreiben nur bis zum 5. Jahrhundert n. Chr. halten konnte. Als einfachere Variante etablierte sich ungefähr um 300 n. Chr. die Capitalis rustica.

Aus dem Wunsch, immer mehr Informationen in möglichst kurzer Zeit niederzuschreiben, entstand durch das Schreiben mit der Rohrfeder auf Pergament die sogenannte Unziale.

Für die Weiterentwicklung der späteren abendländischen Schriften war die Unziale von großer Bedeutung. Unter dem Einfluss der Römischen Kursiven entwickelten sich ihre Formen zur Halbunziale (400–700 n. Chr.), die durch stark ausgeprägte Ober- und Unterlängen bereits den Charakter einer Minuskelschrift aufweist. Das Vierliniensystem, das man vom heutigen Schreiben kennt, war zu diesem Zeitpunkt schon vollständig ausgebildet.

Abbildung 2.30: Unzial

Abbildung 2.31: Halbunziale

Die Franken (ab 800 n. Chr.)

Um 800 n. Chr. entstand die sog. karolingische Minuskel, auch als Antiqua bekannt, aus der sich unsere heutige lateinische Schrift entwickelte, die sowohl Großbuchstaben (Majuskeln) als auch Kleinbuchstaben (Minuskeln) vereinte.

Abbildung 2.32: Karolingische Minuskel

Abbildung 2.33: Gutenbergs Textura

Buchtipp

Fraktur mon Amour, Judith Schalansky, Verlag Hermann Schmidt Mainz, 2006

Definition Antiqua

Unter der Bezeichnung Antiqua werden heute alle Varianten unserer lateinischen Schrift zusammengefasst, die auf dem damals entstandenen Formenkanon beruhen.

Gotische Schriften (ab 1200)

Aus der karolingischen Minuskel entwickelte sich ab dem 11. Jahrhundert die Gotisch, die die Formen des gotischen Baustils widerspiegelte. Die Gotisch markiert den Übergang von geschriebener zu gedruckter Schrift und diente als Vorbild für Gutenbergs 42-zeilige Bibel. Seine Textura beruhte auf der Gotisch.

Fraktur

Parallel zur Entwicklung der lateinischen Schriftformen etablierten sich in Deutschland die sogenannten »gebrochenen« Schriften, die von Mitte des 16. bis Anfang des 20. Jahrhunderts die meistbenutzten Druckschriften waren.

Antiqua

Als Gegensatz zur Fraktur entwickelten sich im 15. Jahrhundert, in der Epoche des Humanismus, in Italien die ersten Antiquaschriften. Die

Humanisten der Renaissance schrieben in der von der karolingischen Minuskel abgeleiteten humanistischen Minuskel, die sie mit den Versalbuchstaben der römischen Capitalis monumentalis kombinierten. Aus diesen beiden Schriften entstanden die ersten Renaissance-Antiqua-Schriften. Eine der ersten Antiqua entwickelte der in Venedig lebende Franzose Nicolas Jenson um 1470. Während alle anderen Länder nach und nach von gebrochenen Schriften zur Antiqua als Gebrauchsschrift übergingen, wurden in Deutschland erst im Laufe des 19. Jahrhunderts verstärkt deutschsprachige Texte in Antiqua gesetzt.

Weitere Antiquaschriften werden in der Schriftklassifikation behandelt (siehe Abschnitt 2.6).

ABCDEFGHIJKLM
NOPQRSTUVWXYZ
abcdefghijklm
nopqrstuvwxyz
1234567890

Abbildung 2.34: Nicolas Jensons Antiquaschrift

Kursive

Die Humanisten verfügten bereits um 1420 über eine humanistisch geprägte kursive Buchschrift. Damals war die Kursive eine eigenständige Schriftart, und Bücher wurden entweder in einer Antiqua oder in einer Kursiven gedruckt. Heute wird die Kursive nahezu ausschließlich als Auszeichnungsschrift eingesetzt. Daher verfügt jede gut ausgebaute Schriftart meist auch über einen kursiven Schnitt.

Ausgangspunkt für die kursiven Druckschriften war die als Schreibschrift verwendete humanistische Kursive. Kursive Schriften sind in der Regel etwas schmaler als der normale Schriftschnitt, und viele Buchstaben weisen unterschiedliche Charaktere auf; dies wird vor allem bei den Gemeinen deutlich.

Definition Gemeine
= Kleinbuchstaben

Jugendstil

Der Jugendstil entwickelte sich Ende des 19. Jahrhunderts und war von Ornamentik, primär in Form von floralen Elementen, geprägt. Dies spiegelte sich in Schriften wie der Arnold Boecklin, der Eckmann-Schrift oder der Metropolitaine von Hector Guimard wider. Letztere dürfte den meisten bekannt sein, die schon einmal in Paris waren, ziert diese doch die Stationseingänge der Pariser Metro.

Abbildung 2.35: Die Schrift Metropolitaine im Einsatz

Serifenlose Schriften (ab 1900)

Anfang des 19. Jahrhunderts entstanden auch die ersten Groteskschriften, also Buchstaben ohne jegliche Ausprägung von Serifen.

Serifenbetonte Schriften

Im Gegenzug dazu bildeten sich sogenannte Egyptienne-Schriften mit stark betonten Serifen. Diese werden auch als »Serifenbetonte Antiqua« bzw. »Serifenbetonte Linear-Antiqua« oder als »Slab Serif« bezeichnet.

Bauhaus

Im Gegensatz zu allem Ornamentalen, das an der Kunstgewerbeschule des Staatlichen Bauhauses von 1919 bis 1925 in Weimar und dann bis 1932 in Dessau extrem verpönt war, entwickelte sich in Deutschland eine neue Bewegung, die den Fokus auf Geometrie und industrielle Produktion legte. Der wohl bekannteste Schriftentwurf, der diese Philosophie verfolgte, war die Futura von Paul Renner, die trotz ihrer geometrischen Grundformen gut lesbar ist.

Schweizer Typografie

Mit der Schließung des Bauhauses durch die Nationalsozialisten begann um 1955 die Zeit der Schweizer Typografie. Kennzeichnend für diese Richtung sind Gestaltungsraster, Asymmetrie, sachliche Layouts und der Einsatz von Groteskschriften, z. B. der Helvetica. Prägend für den Schweizer Stil sind Ikonen wie Max Bill, Karl Gerstner, Armin Hofmann, Josef Müller-Brockmann und allen voran Adrian Frutiger, der mit seinen zahlreichen Schriftentwürfen, wie der gleichnamigen Frutiger, der Univers, der Avenir und vielen mehr die typografische Bewegung in der Schweiz vorantrieb.

Helvetica Neue 25 Ultra Light
Helvetica Neue 35 Thin
Helvetica Neue 45 Light
Helvetica Neue 55 Roman
Helvetica Neue 65 Medium
Helvetica Neue 75 Bold
Helvetica Neue 85 Heavy
Helvetica Neue 95 Black

Abbildung 2.36: Eine der bekanntesten Schriften der Schweizer Typografie: die Helvetica

Aktuelle Schriftentwicklung

Ende der 70er Jahre verdrängte der Fotosatz den Bleisatz in kürzester Zeit. Mit dem Aufkommen des Desktop-Publishings Anfang der 80er Jahre fanden Schriften ihren Platz auf heimischen Computern. Insbesondere die Adobe-Software mit der Möglichkeit, Bild, Grafik und Schrift zu manipulieren, revolutionierte die Medienwelt.

Mit Beginn der 90er Jahre experimentierten Gestalter wie Neville Brody und David Carson mit Schriftarten aus verschiedenen Schrift- und Stilepochen. Es wurde so ziemlich alles digitalisiert, was die Schriftgeschichte je hervorgebracht hatte – ein Nährboden für zahlreiche Schriftenanbieter, die nun über das Web ihre Schriften anboten. Mit dem World Wide Web entstanden nun auch vermehrt »Screen- und Webfonts«, wie die uns allen bekannte »Verdana« (Matthew Carter), eigentlich eine Druckschrift, die speziell für das Lesen am Bildschirm adaptiert wurde.

2.6 Schriftklassifikation

Die vom DIN-Normen-Ausschuss 1964 festgelegte Schriftklassifikation wird auch heute noch als gültige Klassifikation unserer Druckschriften verwendet. Neben der DIN 16518 sei die Schriftenmatrix von Indra Kupferschmid und Hans-Peter Willberg erwähnt, die eine Klassifikation nach Formprinzip vornimmt.

Merkmale der Buchstaben

Ob groß, klein, gedrungen, rundlich, eckig, konstruiert – jeder Buchstabe besitzt sein eigenes Aussehen, das ihn von den anderen Buchstaben unterscheidet. So entwickelten sich in der Schriftgeschichte durch individuelle Schreibgewohnheiten und Schreibmaterialien unsere heute gängigen lateinischen Buchstaben. Will man Schriften inhaltlich sinnvoll einsetzen, ist es hilfreich, wenn man sich mit der Entwicklung und der Geschichte der jeweiligen Schrift auseinandergesetzt hat.

Abbildung 2.37: Merkmale von Buchstaben

Im Folgenden werden nun zusätzlich noch einige grundlegende Merkmale zur Unterscheidung und Einordnung von Buchstaben beziehungsweise Schriften aufgeführt:

+ Als Grundstrich, Abstrich oder Stamm bezeichnet man den nach unten führenden Strich eines Buchstabens, als Aufstrich den nach oben führenden.
+ Der Haarstrich ist die dünnste Linie des Buchstabens. Je nach Schriftart kann der Strichstärkenunterschied verschieden stark ausfallen.

Definition Duktus
Strichstärke (Strichführung) eines Zeichens

+ Serifen können gerade oder konkav geformt sein.
+ Halbserifen findet man nur bei Großbuchstaben.
+ Der Dachansatz, auch Nase genannt, tritt nur bei den Gemeinen auf und verläuft schräg oder waagerecht.

Definition Gemeine
Kleinbuchstaben

+ Als Kehlung, auch Serifenrundung genannt, bezeichnet man den inneren Bogen der Serife.
+ Als Punzen bezeichnet man die Buchstabeninnenräume. Man unterscheidet zwischen offen oder geschlossen.
+ Der Querstrich ist in der Regel horizontal wie beim A oder beim H. Beim kleinen e kann er auch schräg liegen.
+ Die Endstriche, auch als Abschluss bezeichnet, sind bei den Gemeinen schräg (wie beim u) oder rund (wie beim a).
+ Die Auslaufpunkte von Gemeinen (Endung eines Buchstabens) können unterschiedliche Formen aufweisen (Tropfen, Kugel).
+ Die Schattenachse, auch Rundungsachse oder Symmetrieachse genannt, ist die Achse zwischen den Stellen mit der geringsten Strichstärke. Sie steht senkrecht oder nach links geneigt.

Gruppe 1: Venezianische Renaissance-Antiqua

Sie hat ihren Ursprung in der humanistischen Minuskel des 15. Jahrhunderts, die mit der schräg angesetzten Breitfeder geschrieben wurde. Die humanistische Minuskel wurde zusammen mit der Capitalis monumentalis zum Vorbild der heute bekannten Antiqua. Merkmale der Venezianischen Renaissance-Antiqua sind:

+ deutliche Schrägstellung des Querstrichs im kleinen e
+ Achse der Rundungen nach links geneigt
+ geringer Strichstärkenunterschied der Haar- und Grundstriche
+ ruhiges, gleichmäßiges Gesamtbild
+ Kehlung horizontaler Serifen stark ausgeprägt
+ Serifen zumeist konkav gerundet

ITC Berkeley Old Style
Centaur
ITC Weidemann

Abbildung 2.38: Beispiele für die Gruppe 1: Schneider Mediaeval, ITC Berkeley Old Style, Centaur, aber auch die ITC Weidemann, Jenson, Stempel Schneidler

Palatino
Garamond
Minion

Abbildung 2.39: Beispiele für die Gruppe 2: Palatino, Garamond, Minion. Außerdem auch die Sabon, Bembo, Granjon, FF Quadraat, ITC Stone Serif, Plantin

Gruppe 2: Französische Renaissance-Antiqua

Sie gleicht in ihren Eigenschaften der Venezianischen Renaissance-Antiqua. Der bekannteste Vertreter dieser Schriftklasse ist die Garamond von Claude Garamond. Merkmale der Französischen Renaissance-Antiqua:

+ größere Unterschiede in der Strichdicke
+ waagrechte Stellung des Querstrichs im kleinen e

Gruppe 3: Barock-Antiqua

Die Barock-Antiqua verdankt ihr charakteristisches Aussehen der Breitfeder, allerdings nicht mehr durch Federzug, sondern durch Drehen, Verkanten und Auf-die-Spitze-Stellen der Feder. Merkmale der Barock-Antiqua:

+ größere Unterschiede in der Strichdicke zwischen Grund- und Haarstrichen
+ Serifen weniger oder gar nicht ausgerundet
+ Serifen der Kleinbuchstaben in der Regel oben schräg, unten aber waagrecht angesetzt
+ Kehlung der Serifen weniger stark ausgeprägt
+ Rundungsachsen stehen nahezu senkrecht
+ Querstrich des e liegt waagrecht

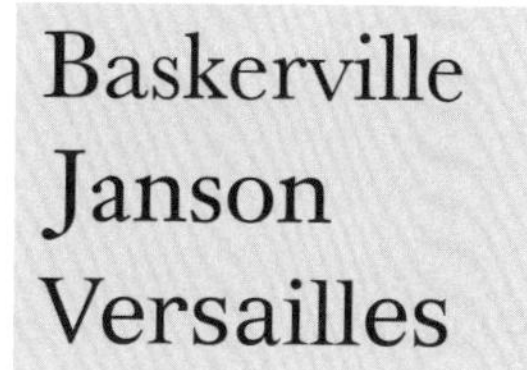

Abbildung 2.40: Beispiele für Gruppe 3: Baskerville, Janson, Versailles. Außerdem auch die Caslon, FF Celeste, ITC Slimbach, Times, Concorde

Gruppe 4: Klassizistische Antiqua

Die klassizistische Antiqua, die um 1800 entstand, verdankt ihr kontrastreiches, elegantes Aussehen der Spitzfeder, die je nach Druck feine oder fette Striche erlaubt. Die Buchstaben wirken eher statisch und konstruiert, und die dünnen Serifen waren aus technischer Sicht schlecht zu drucken. Merkmale der Klassizistischen Antiqua:

+ starke Unterschiede der Haar- und Grundstriche
+ Serifen waagrecht angesetzt
+ sehr feine Serifen
+ Rundungsachsen senkrecht
+ nahezu rechtwinklige Übergänge zwischen Serifen und Grundstrichen

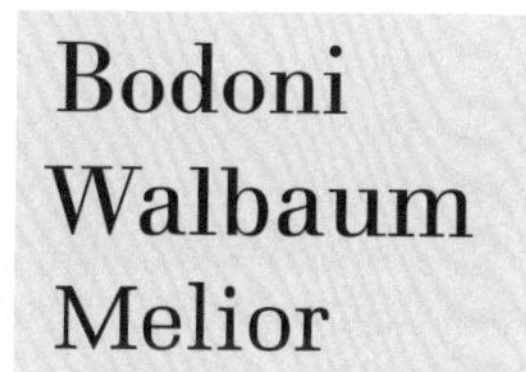

Abbildung 2.41: Beispiele für Gruppe 4: Bodoni, Walbaum, Melior, oder auch die Corporate A, Centennial, Fleischmann, Walbaum, Didot

Gruppe 5: Serifenbetonte Linear-Antiqua

Zu dieser Gruppe zählen jene Schriften, die eine mehr oder weniger starke Betonung der Serifen zeigen. Die Serifenbetonte Linear-Antiqua wird auch als Egyptienne bezeichnet. Die robusten und zum Teil statisch wirkenden Buchstaben eigneten sich hervorragend beim Zeitungsdruck auf ungestrichenem, holzhaltigen Papier. Merkmale der Serifenbetonten Linear-Antiqua:

+ kaum bis keine Unterschiede der Haar- und Grundstriche
+ Betonung der Serifen
+ rechtwinklige oder ausgerundete Serifen

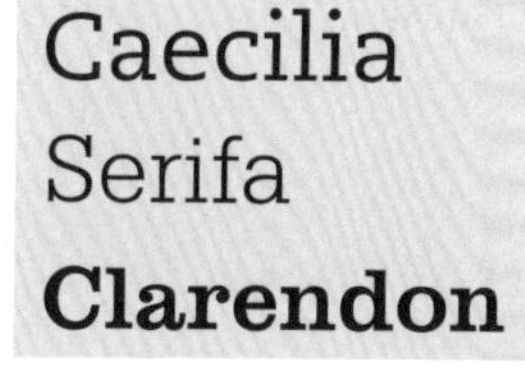

Abbildung 2.42: Beispiele für Gruppe 5: PMN Caecilia, Clarendon, Serifa, oder auch die Candida, Century, Excelsior, Rockwell, FF Scala

Gruppe 6: Serifenlose Linear-Antiqua

Die Serifenlose Linear-Antiqua, auch als Grotesk bezeichnet, entstand im ersten Drittel des 19. Jahrhunderts und wurde zunächst ausschließlich als Auszeichnungsschrift (Akzidenzschrift) eingesetzt. Mittlerweile haben sich Groteskschriften aber auch als Leseschriften für längere

Texte etabliert. Von gezeichnet bis geometrisch konstruiert ist in der Gruppe der Groteskschriften nahezu alles vertreten, was keine Serifen besitzt. Merkmale der Serifenlosen Linear-Antiqua:

+ sowohl optisch einheitliche als auch erheblich unterschiedliche Strichstärken
+ keine Serifen

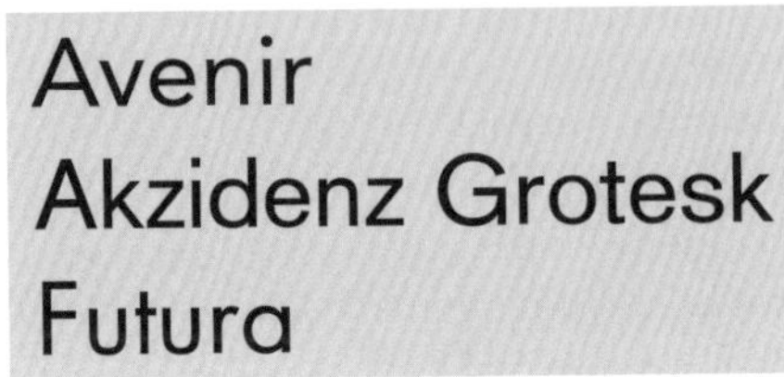

Abbildung 2.43: Beispiele für Gruppe 6: Avenir, Akzidenz Grotesk, Futura. Außerdem auch die Helvetica, Univers, Franklin Gothic, Avant Garde

Gruppe 7: Antiqua-Varianten

Zu dieser Gruppe gehören alle Antiquaschriften, die den anderen Gruppen nicht zugeordnet werden können, weil deren Strichführung abweicht. Hierzu gehören vor allem Versalschriften für dekorative Zwecke.

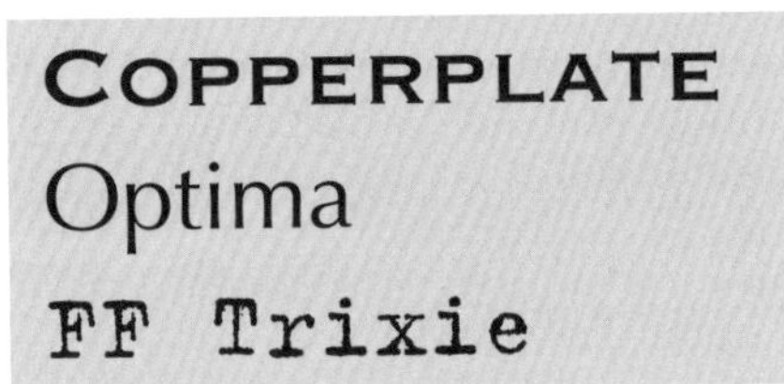

Abbildung 2.44: Beispiele für Gruppe 7: Copperplate, Optima, FF Trixie, auch die Fritz Quadrata

Gruppe 8: Schreibschriften

Diese Gruppe besteht aus den klassischen Schul- und Schreibschriften.

Abbildung 2.45: Beispiele für Gruppe 8: Mistral, Snell Roundhand, oder auch die Zapf Chancery, Künstler Script

Gruppe 9: Handschriftliche Antiqua

Zu dieser Gruppe zählen Schriften, die von der Antiqua in handschriftlicher Form abgewandelt sind.

Abbildung 2.46: Beispiele für Gruppe 9: FF Justlefthand, Papyrus

Gruppe 10: Gebrochene Schriften

Die Gebrochenen Schriften entstanden in der Zeit der Renaissance (15. und 16. Jahrhundert). Diese waren in Mittel- und Westeuropa lange Zeit eine ebenbürtige Alternative zur Gruppe der Antiquaschriften. Hierzu gehören folgende Untergruppen: Gotisch, Rundgotisch, Schwabacher, Fraktur und Fraktur-Varianten. Die bekannteste ist wohl die Fraktur, die lange Zeit für Lesetexte in Deutschland eingesetzt wurde. Unter anderem durch die Vereinnahmung der Fraktur durch die Nazis (»Deutsche Schrift«) wurden nach und nach alle gebrochenen Varianten aus der schriftlichen Kommunikation verdrängt.

Abbildung 2.47: Beispiele für Gruppe 10: Fette Fraktur, Kaiserzeit Gotisch, Westminster Gotisch. Außerdem die Caslon-Gotisch, Wilhelm-Klingspor-Gotisch

Gruppe 11: Fremde Schriften

In diese Gruppe werden alle Schriften eingeordnet, die nicht die lateinischen Zeichen verwenden, wie z. B. griechische, kyrillische, hebräische, arabische, indische, chinesische oder japanische Schriftsysteme.

2.7 Schriftwahl und Schriftwirkung

Täglich werden wir mit den unterschiedlichsten Schrifttypen konfrontiert. Da wir uns vor allem auf der Informationsebene bewegen und bewusst die durch Schrift vermittelten Fakten und Daten aufzunehmen versuchen, bemerken wir kaum, wie wir unbewusst von der Gestaltung der Schrift beeinflusst werden.

Wie schon eingangs erwähnt, ist Schrift immer auch Bild, und so wie Bilder auf uns wirken, so übt auch Schrift durch ihr Aussehen eine gewisse Wirkung auf uns aus.

2.7.1 Kriterien für die Schriftwahl

Neben dem subjektiven Empfinden, das für die Gestaltung nicht dienlich ist, spielt es in der Typografie vor allem eine Rolle, ob eine bestimmte Schrift für den Zweck des Textes, den Inhalt geeignet ist. Schließlich geht es primär um die Vermittlung von Information. Wie diese Informationen interpretiert werden, hängt ab

1. vom jeweiligen Medium,
2. vom Schriftcharakter (weich, rund, zart, hart, elegant, grob),
3. vom Schriftgedächtnis (verknüpfte Empfindungen) und
4. vom Einsatz der Schrift.

Primäres Ziel der Schriftwahl ist es, ein zweckmäßiges, harmonisches und lebendiges Verhältnis zwischen Text, Schrift, Form und Inhalt herzustellen.

Kriterien zur Schriftwahl

- + Botschaft/Aussage
- + Anwendungsgebiet (didaktisch, informativ, werberisch …)
- + Effizienz (Platzverbrauch, zum Beispiel Zeitungen, Beipackzettel)
- + Historischer und kultureller Bezug
- + Lesbarkeit (eindeutige Buchstabenformen, unmissverständliche Wortbilder)

Außerdem sind diverse technische Parameter von Bedeutung:

- + Ausbau der Schriftfamilie: verfügbare Schriftschnitte und Auszeichnungsmöglichkeiten
- + Produktionsqualität (Papier, Druckverfahren)
- + Eignung zur Schriftmischung
- + Schriftsatz mit internationalen Schriftzeichen
- + Schrift mit Mediävalziffern

Geschichten

Schriften haben das Potenzial, ganze Geschichten zu erzählen – jede Schrift eine völlig andere. Die geometrische Anmutung einer Schrift macht sie zur idealen Wahl für alles Technische und Konstruierte. Von Hand gezeichnete Schriften strahlen Persönlichkeit aus, wohingegen fette Schriften oft marktschreierisch etwas verkaufen wollen.

Abbildung 2.48: Schrift kommentiert den Inhalt oder kehrt dessen Wirkung um.

Schriftcharakter

So wie jeder Mensch einen eigenen Charakter besitzt, so spricht man auch bei der Anmutung einer Schrift vom sogenannten Schriftcharakter. Schreibschriften wirken zum Beispiel persönlich und vertraut, wohingegen Digitalschriften eher nüchtern und technisch anmuten. Das Wissen um diese Wirkung kann in der Gestaltung bewusst eingesetzt oder ins Gegenteil umgekehrt werden.

Der Charakter einer Schrift und deren Wirkung beruhen immer auf dem Zusammenhang von Inhalt (Text), Gestaltung (Typografie) und Erfahrungshintergrund des Konsumenten (Kultur, persönliche Erfahrungen).

Die wohl deutlichste Ausprägung und auch für den Laien sofort erkennbar ist der Unterschied zwischen Schrift mit Serifen und Schrift ohne Serifen. Traditionell wird die Antiqua für Lesetext eingesetzt und die Groteskschrift für sachliche und technische Informationen.

Die nebenstehenden Beispiele zeigen, wie Schrift mit unseren Sehgewohnheiten und dem zu erwartenden Inhalt verknüpft ist.

Merke: Nicht die einfachsten, sondern die eindeutigsten Buchstabenformen sind am besten lesbar.

Schriftgedächtnis

Die Wirkung von Schrift entsteht unter anderem dadurch, was eine Schrift erlebt hat oder mit welcher Bedeutung sie sich über die Jahre aufgeladen hat. Die Fraktur zum Beispiel ist durch die Beanspruchung der Nationalsozialisten im 20. Jahrhundert als »deutsche Schrift« unweigerlich mit dieser grausamen Zeit verknüpft. Solche Schriften können wir nicht mehr unbefangen erleben.

2.7.2 Schriftwahl und Effizienz

Ein bedeutendes Kriterium bei der Schriftwahl ist das der Effizienz. Damit ist gemeint, wie viel Platz eine Schrift einnimmt. Diese spielt vor allem in Medien eine Rolle, die nur über einen begrenzten Platz verfügen, so zum Beispiel Beipackzettel.

Mitunter können auch wirtschaftliche Aspekte dazu führen, dass zu viel Text auf nur wenigen Seiten untergebracht werden muss. Da **Condensed**-Schriften für längere Texte nicht empfehlenswert sind, muss die passende Schrift auf wenig Raum viel Text unterbringen, ohne dabei etwas von ihrer Lesbarkeit einzubüßen.

In diesem Fall sollten Sie eine Schrift verwenden, die weniger Platz einnimmt als ihre Konkurrenten. Nicht jede Schrift benötigt nämlich denselben Raum für dieselbe Menge Text. Verantwortlich dafür ist die x-Höhe oder auch Mittellänge einer Schrift. Schriften, die im Verhältnis zu ihren Großbuchstaben eine große x-Höhe aufweisen, können in einem kleineren Schriftgrad gesetzt werden und benötigen damit einen geringeren Zeilenabstand.

Abbildung 2.49: Condensed-Schriften sollten nur sparsam eingesetzt werden und eignen sich nicht für den Mengensatz. Das Wortbild ist zu ähnlich und muss nahezu analysiert werden. Bei Schriften mit normalen Proportionen sind die einzelnen Buchstaben eindeutiger zuzuordnen.

Schriften, die im Verhältnis zu ihren Großbuchstaben eine große x-Höhe aufweisen, können in einem kleineren Schriftgrad gesetzt werden und benötigen außerdem einen geringeren Zeilenabstand.
Stone Serif 9/11 pt

Schriften, die im Verhältnis zu ihren Großbuchstaben eine große x-Höhe aufweisen, können in einem kleineren Schriftgrad gesetzt werden und benötigen außerdem einen geringeren Zeilenabstand.
Garamond 9/11 pt

Schriften, die im Verhältnis zu ihren Großbuchstaben eine große x-Höhe aufweisen, können in einem kleineren Schriftgrad gesetzt werden und benötigen außerdem einen geringeren Zeilenabstand.
Stone Serif 7,5/9,5 pt

Schriften, die im Verhältnis zu ihren Großbuchstaben eine große x-Höhe aufweisen, können in einem kleineren Schriftgrad gesetzt werden und benötigen außerdem einen geringeren Zeilenabstand.
Garamond 9/10 pt

Abbildung 2.50: Die Garamond besitzt bei gleicher Punktgröße eine kleinere x-Höhe als die Stone Serif. Bei vergleichbarer optischer Größe kommt die Stone Serif mit geringerem Zeilenabstand aus und verbraucht somit weniger Platz.

2.7.3 Schriftmischung

Unter Schriftmischung versteht man die Kombination von zwei oder mehreren Schriftarten, die sich offensichtlich unterscheiden und dabei dennoch ein harmonisches Gesamtbild erzeugen. Ein ausreichender Kontrast ist zur Unterscheidung notwendig, immer jedoch auf der Basis ähnlicher Formensprache. So lassen sich zum Beispiel eine dynamische und eine statische Schrift nur schlecht miteinander mischen, auch wenn sie aus unterschiedlichen Schriftklassen stammen.

Reduziert

Je linearer und reduzierter die Form einer Schrift, desto weniger Probleme bereitet sie, wenn sie mit anderen Schriftarten gemischt wird.

Die Schriftmischung ist eine der häufigsten Formen typografischer Auszeichnung und ist vor allem für umfangreiche Druckerzeugnisse mit unterschiedlichen Textarten empfehlenswert. Eine gestalterische Arbeit besteht zum Beispiel aus einer Hauptschrift für Mengentexte und der Sekundärschrift, die für Überschriften, Zwischenüberschriften, Auszeichnungen, Bildunterschriften, aber auch für Infoboxen und Rubriken etc. eingesetzt wird.

Die Auswahl an Schriften ist riesig, und eine passende Kombination an Schriftarten für ein Projekt zu finden, ist vor allem für Laien eine schwierige Aufgabe. Der Blick auf die Schriftklassifikation kann helfen, ist aber keine Universallösung. Letztendlich sollten Sie sich auf Ihre Augen und Ihre Intuition verlassen. Mit ein bisschen Übung und genauem Hinsehen werden Sie schnell merken, was miteinander harmoniert. Da spielt es dann auch nur eine untergeordnete Rolle, aus welcher Epoche eine bestimmte Schrift stammt.

Tipps für die Schriftmischung

+ Die verwendeten Schriften sollten einem eindeutigen System folgen. Zum Beispiel: Groteskschrift für Überschriften, Antiqua für Fließtexte, der Italic-Schnitt der Antiqua für Bildunterschriften usw. Am besten definieren Sie diese Vorgaben gleich in den Absatz- und Zeichenformaten ganz zu Beginn des Layouts. Dies ermöglicht ein schnelles Austauschen von bestimmten Elementen.
+ Schriften, die sich sehr ähnlich sind, müssen sich eindeutig im Grauwert unterscheiden.
+ Eine einheitliche Schriftbreite ist bei Schriftmischungen innerhalb eines Mengentextes empfehlenswert. Bei der Schriftmischung ist auf das Formprinzip der Schriften zu achten. Mit der Zeit bekommen Sie ein Auge dafür, was zusammenpasst und was nicht. Eine statische Schrift mit einer sehr dynamischen Schrift zu mischen, sollte nur geübten Gestalter*innen überlassen werden.
+ Schriften mit unterschiedlichen Größenverhältnissen sollten Sie auf eine einheitliche x-Höhe bringen.
+ Eine Schrift mit großer Mittellänge sollte nicht mit einer Schrift mit kleiner Mittellänge gemischt werden.
+ Setzen Sie Schriftmischung sparsam ein.

Mittellänge beachten

Eine Schrift mit großer Mittellänge sollte nicht mit einer Schrift mit kleiner Mittellänge gemischt werden.

Neben dem visuellen Reiz fördern Schriftmischungen die Lesemotivation und ermöglichen ein schnelles Auffinden bestimmter Inhalte bzw. ein rascheres Querlesen. Dabei sollten, abgesehen von kreativen und ästhetischen, vor allem auch didaktische Ziele verfolgt werden. Eine gute Schriftmischung einer Schriftsatzarbeit gliedert demnach systematisch den Text und erhöht somit die Verständlichkeit des Inhalts, was vor allem bei Sach- und Lehrbüchern notwendig ist.

Überschrift
Dies ist ein Typoblindtext. An ihm kann man sehen, ob alle Buchstaben da sind und wie sie aussehen. Manchmal benutzt man Worte wie Hamburgefonts, Rafgenduks oder Handgloves, um Schriften zu testen.

Überschrift
Dies ist ein Typoblindtext. An ihm kann man sehen, ob alle Buchstaben da sind und wie sie aussehen. Manchmal benutzt man Worte wie Hamburgefonts, Rafgenduks oder Handgloves, um Schriften zu testen.

Abbildung 2.51: Univers und Bodoni passen aufgrund ihrer statischen Formensprache gut zusammen (links). Schreibschriften harmonieren meist problemlos mit Antiqua- und Groteskschriften. In diesem Fall: Edwardian Script und Sabon (rechts).

Überschrift
Dies ist ein Typoblindtext. An ihm kann man sehen, ob alle Buchstaben da sind und wie sie aussehen. Manchmal benutzt man Worte wie Hamburgefonts, Rafgenduks oder Handgloves, um Schriften zu testen.

Überschrift
Dies ist ein Typoblindtext. An ihm kann man sehen, ob alle Buchstaben da sind und wie sie aussehen. Manchmal benutzt man Worte wie Hamburgefonts, Rafgenduks oder Handgloves, um Schriften zu testen.

Abbildung 2.52: Die konstruierte Futura und die gezeichnete Kepler Duden vertragen sich nicht (links). PMN Caecilia und Walbaum passen durch ihre ausgeprägten Serifen schon besser zusammen (rechts).

Überschrift
Dies ist ein Typoblindtext. An ihm kann man sehen, ob alle Buchstaben da sind und wie sie aussehen. Manchmal benutzt man Worte wie Hamburgefonts, Rafgenduks oder Handgloves, um Schriften zu testen.

Überschrift
Dies ist ein Typoblindtext. An ihm kann man sehen, ob alle Buchstaben da sind und wie sie aussehen. Manchmal benutzt man Worte wie Hamburgefonts, Rafgenduks oder Handgloves, um Schriften zu testen.

Abbildung 2.53: Avenir und Gotham sind sich zu ähnlich, um eindeutig als Schriftauszeichnung wahrgenommen zu werden (links). Ebenso verhält es sich mit Times und Baskerville (rechts).

Faktoren für die Schriftmischung

+ Schriftmischung soll Kontrast schaffen. Zwei Schriften zu mischen, die sich ähnlich sind, macht wenig Sinn.
+ Das Mischen von Schriften einer Schriftfamilie oder Schriftsippe ist zu empfehlen, da sie in der Schriftgestaltung sorgfältig aufeinander abgestimmt wurden; zum Beispiel die TheSans für Überschriften und die TheSerif für den Fließtext.
+ Schriften aus derselben Schriftengruppe nach DIN 16518 sollten aufgrund ihrer ähnlichen Formensprache nicht gemischt werden.
+ Beim Mischen sind die Art der Strichführung und die Strichstärke der zu mischenden Schriften zu beachten. Eine fette Schrift lässt sich problemlos mit einem mageren Schriftschnitt mischen.
+ Grotesk- und Antiquaschriften sind einfacher zu mischen als Antiqua mit Antiqua.
+ Der geschichtliche Hintergrund zweier Schriften ist zwar nicht der wichtigste Faktor, trotzdem kann die Mischung zweier Schriften aus derselben Epoche problematisch sein und für zu wenig Kontrast sorgen.

2.7.4 Lesbarkeit

Bei der Lesbarkeit von Schriften ist grundsätzlich zu bedenken, dass je nach Medium unterschiedliche Gesetze gelten.

Zunächst einmal spielt die Fernwirkung eine Rolle. Eine Broschüre, die wir gemütlich in der Hand halten, lässt sich einfacher rezipieren als die Beschriftung für ein Orientierungssystem. Womöglich befinde ich mich auf der Suche nach dem richtigen Weg in Bewegung, was die Lesbarkeit zusätzlich beeinträchtigt. Während man bei Lesetexten davon ausgeht, dass Serifen die Wortbildung fördern und das Auge entlang der Zeilen von Lesetexten geführt wird, empfiehlt es sich, für eine Fernwirkung von Schriften auf Groteskschriften zurückzugreifen.

© Gerardo C. Lerner/shutterstock.com

Abbildung 2.54: Perfekte Fernwirkung: die DIN-Schrift von Ludwig Goller

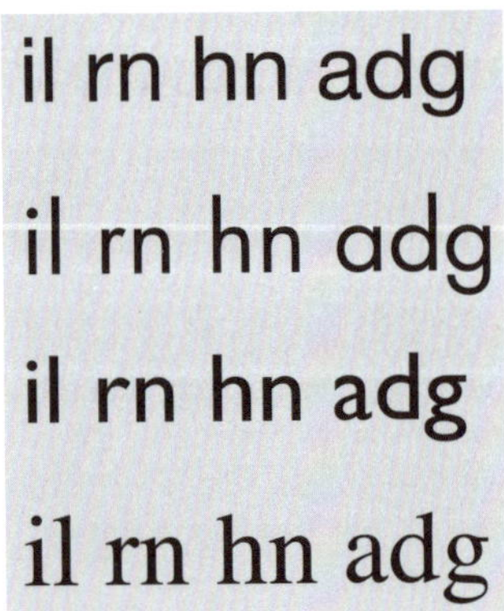

Abbildung 2.55: Es ist darauf zu achten, dass die einzelnen Buchstaben, vor allem in ihrer Kombination als Buchstabenpaar, eindeutig zu lesen sind. Problematische Buchstabenpaare sind zum Beispiel: rn, Il.

Die strikte Trennung von Antiqua als klassischer Leseschrift für längere Texte und Grotesk für kurze Texte oder als Headline-Schrift ist allerdings schon lange nicht mehr gültig. Ein gut gesetzter Text ist in einer serifenlosen Schrift gut lesbar. Dies ist möglicherweise auf unsere Lesegewohnheiten zurückzuführen, da unsere Augen mit der Zeit konditioniert wurden und lange Texte auch am Bildschirm problemlos lesen können. Kriterien für die Lesbarkeit sind:

- Buchstaben-, Wort-, Zeilenabstände
- Gliederung des Textes
- Zeilenlänge und Zeilenfall
- Schriftcharakter und Schriftbild
- Schriftgröße und Laufweite
- Wortzwischenräume
- Satzbreite und Satzart
- Schrifthintergrund und Schriftfarbe
- Druckverfahren und Papier

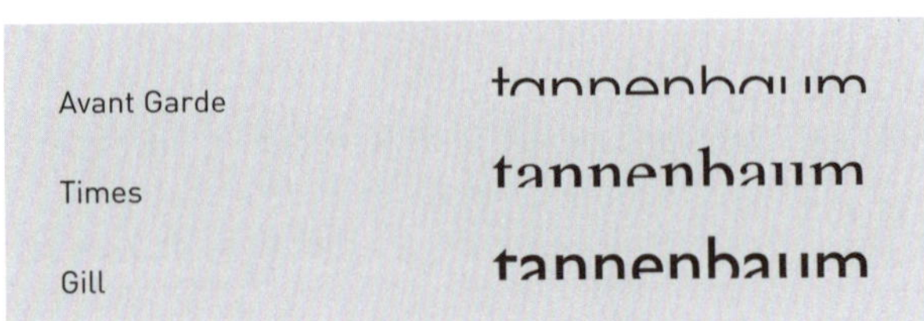

Abbildung 2.56: Wird das Wortbild halbiert, zeigt sich deutlich, wie charakteristisch eine Schrift ist und wie gut einzelne Buchstaben noch erkannt werden können.

	Verwechslung	Zusammenfließen	Charakteristik	Ähnlichkeit
Avant Garde	ll	rn	dbo	ag
Futura	ll	rn	dbo	ag
Helvetica	ll	rn	dbo	ag
Gill	ll	rn	dbo	ag
Avenir	ll	rn	dbo	ag
Times	Il	rn	dbo	ag
Serifa	Il	rn	dbo	ag
Melior	Il	rn	dbo	ag

Abbildung 2.57: Je eindeutiger und charakteristischer die einzelnen Buchstabenformen einer Schrift, desto bester lesbar ist sie.

Für die Lesbarkeit zu beachten

+ Schriftart: Gezeichnete Schriften sind meist besser lesbar als streng geometrisch konstruierte Schriften.
+ Der Dick/Dünn-Kontrast der Strichstärken sollte ausgewogen sein. Ist der Unterschied zwischen Haarlinien und Stämmen extrem, wie zum Beispiel bei der Bodoni, überstrahlt das Papier, und die Buchstaben lassen sich schlecht wahrnehmen.
+ Charakteristische Buchstabenformen: Eine klare Unterscheidbarkeit der Buchstabenformen kann die Lesbarkeit unterstützen. (Sind b und d oder q und p nur gespiegelt oder weisen sie deutliche Unterscheidungsmerkmale auf?)
+ Betont eine Schrift die Vertikale zu sehr, ist dies der Lesbarkeit nicht zuträglich, denn das Auge soll den Zeilen entlang der Horizontalen folgen.
+ Ausgeprägte Oberlängen verbessern die Lesbarkeit.
+ Ein ausgeglichenes Satzbild mit einem einheitlichen Grauwert ist anzustreben.
+ Auszeichnungsart
+ Hell-Dunkel-Kontrast
+ Papiersorte: Ungestrichenes Papier sorgt für eine bessere Lesbarkeit. Gestrichenes, hochweißes Papier neigt dazu, das Buchstabenbild zu überstrahlen.
+ Medium (Bildschirm, Buch, Orientierungssystem usw.)

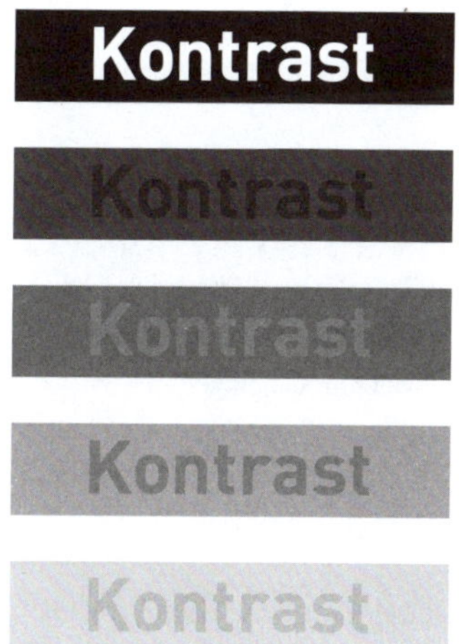

Abbildung 2.58: Ausreichend Kontrast ist wichtig für die Lesbarkeit. Ohne Kontrast kann ein Buchstabe sich nicht deutlich von seinem Untergrund abheben und gelesen werden.

2.8 Orthotypografie

Wichtig in der Mediengestaltung ist auch die korrekte Anwendung von Detailtypografie, die Orthotypografie. Unter Orthotypografie versteht man das korrekte Setzen eines Textes, so wie man unter Orthografie die korrekte Schreibweise desselben versteht. Dies betrifft vor allem die Verwendung »kleiner« typografischer Zeichen, denen der Laie kaum Beachtung schenkt, auch weil er nicht das nötige Hintergrundwissen besitzt, die aber im Sinne einer einheitlichen Rechtschreibung und Darstellung notwendig sind.

2.8.1 Gliederung von Zahlenreihen

Für die Gliederung von Zahlen werden feste Abstände, meist Achtelgevierte als einheitliches Maß, verwendet. Auch wenn das Gliedern mit Zeitaufwand verbunden ist, ist es sinnvoll, um die Lesbarkeit einer Kolonne zu verbessern, vor allem, wenn es um Zahlenreihen von Kontoinformationen geht. Die Gliederung von Zahlen wird in der DIN 5008 festgelegt. Im Folgenden werden die wichtigsten Regeln erläutert:

Zahlen

Zahlen von mehr als vier Stellen dürfen durch Achtelgevierte strukturiert werden: 30 000, 300 000, 3 000 000. In wissenschaftlichen Texten können auch Punkte zur Trennung verwendet werden.

Telefonnummern

Telefonnummern werden mit einem Leerraum zwischen Rufnummern und Vorwahl getrennt: 0561 36667. Eine Durchwahl wird mit Bindestrich an die Nummer angehängt: 06131 5060-316. Telefonnummern können zur besseren Übersicht auch in Zweiergruppen von rechts gegliedert werden, der letzte Block bleibt als Dreiergruppe bestehen: 0561-366 67 78. Die Landeskennung kann durch ein + ersetzt werden. Die Null der Vorwahl entfällt dann oder wird dann in Klammern gesetzt: +49 (0)561-366 67 78

IBAN

Die deutsche IBAN wird von links in fünf Vierergruppen und eine Zweiergruppe eingeteilt (DE36 7242 0000 0064 6046 27). Der BIC-Code wird ohne Abstand SOLADEST gesetzt.

Geld

Bei Geldbeträgen werden Cent- und Eurobeträge (19,99 €) durch ein Komma getrennt. Große Geldbeträge trennt man von hinten dreistellig mit einem Punkt: 10.124.500 €. Bei runden Beträgen kann ein Auslassungsstrich 1.234,– € die beiden Nullen ersetzen.

Postleitzahlen

Postleitzahlen werden nicht gegliedert.

Datum

Beim Datum unterscheidet man zwischen der alphanumerischen Schreibweise, bei der das Jahr immer vierstellig geschrieben und auf eine vorangestellte 0 aus ästhetischen Gründen verzichtet wird (5. April 1980), und der numerischen Schreibweise (05.04.1980) mit zweistelliger Tages- und Monatsangabe. Jahreszahlen werden nicht gegliedert.

Uhrzeit

Bei der Uhrzeit sollen nach DIN 5008 Stunden, Minuten und Sekunden zweistellig angegeben werden: 09:05 Uhr oder 23:34 Uhr. In der Regel wird als Gliederungszeichen der Doppelpunkt verwendet. Steht die Stundenzahl hingegen alleine, stellt man einstelligen Zahlen keine Null voran: 9 Uhr.

Einheiten

Physikalische Einheiten, zum Beispiel 10 m, können mit einem Achtelgeviert von der Zahl getrennt werden. Angaben wie Grad-, Minuten- und Sekundenzeichen (45°, 15', 30") werden ohne Abstand nach der Zahl gesetzt. Steht bei Gradangaben allerdings eine Maßeinheit, so rücken Gradzahl und Maßeinheit nach einem Abstand zusammen: 30 °C.

Prozentzeichen

Das Prozentzeichen wird mit einem festen Zwischenraum 25 % an die Zahl angefügt. Bei Ableitungen oder Zusammensetzungen mit Zahlen (25%ige) wird kein Zwischenraum verwendet.

2.8.2 Gliederung sonstiger Zeichen

Neben der Gliederung von Zahlenreihen gibt es noch Folgendes zu beachten:

Anführungszeichen

Deutsche Anführungszeichen dürfen nicht durch "Zollzeichen" ersetzt werden. Korrekt gesetzt, ergeben sie die Formen „99" und „66". Das Komma ist der Form nach identisch mit dem einfachen öffnenden Anführungszeichen. Um Verwechslungen auszuschließen, sind die »französischen Anführungszeichen in deutscher Verwendung« (Guillemets) eindeutiger in ihrer Form und fügen sich besser in den Text.

Die Geheimnisse der Anführungszeichen

„Deutsche Anführungszeichen, auch als 99 (unten) und 66 (oben) bezeichnet“

“Englische Anführungszeichen, 66 und 99 jeweils oben”

« Französische Anführungszeichen, auch ‹ Guillemets › genannt. Die Spitzen weisen vom Wort weg und werden mit einem Leerzeichen gesetzt. »

»Französische Anführungszeichen in deutscher Verwendung; sie werden dann auch als ›Chevrons‹ oder ›Möwchen‹ bezeichnet. Die Spitzen weisen ohne Leerraum immer zum Wort hin.«

«Schweizer Anführungszeichen. Wie in Frankreich, nur ohne Leerzeichen.»

Gedankenstrich

Der Gedankenstrich (Halbgeviertstrich) als – Denkpause – oder zur Abgrenzung von Einschüben darf auf keinen Fall durch das Divis - (Trennungs- bzw. Bindestrich) ersetzt werden. Der Gedankenstrich ist auch Bis-Strich (1998–1999), Streckenstrich (Stuttgart – München), Minuszeichen (–8°) und Auslassungszeichen (120,–) für Centbeträge. Der Geviertstrich — ist am längsten und hat dieselbe Funktion wie der Gedankenstrich. Wirkt der Gedankenstrich einer Schrift zu kurz, kann der Geviertstrich stattdessen zum Einsatz kommen. Der Bindestrich, auch als Divis bezeichnet, wird als Trennungsstrich und Bindestrich in Kopplungen wie DIN-A4-Format verwendet.

Apostroph

Der Apostroph markiert Auslassungen, wie zum Beispiel **’nen** fehlenden Buchstaben. Der Apostroph darf nicht mit dem Fuß- bzw. Minuten-Zeichen ' verwechselt werden.

Malzeichen

Als Malzeichen soll nicht der Buchstabe x verwendet werden; es gibt ein eigenes, typografisch korrektes Malzeichen: ×. Das korrekte typografische Malzeichen ist auf dem Mac nicht über die Tastatur abrufbar, unter Windows hingegen mit dem Shortcut [Alt]+[0][2][1][5].

Eszett

Das scharfe s ist eine Ligatur der Buchstaben s und z, woher auch die Bezeichnung Eszett kommt. Das ß existierte bislang nur als Kleinbuchstabe und durfte weder bei Versalsatz SCHLIEßLICH noch bei Kapitälchensatz verwendet werden. Die korrekte Schreibweise lautet: SCHLIESSLICH. Inzwischen wurden verschiedene Schriften mit einem Versal-Eszett ausgestattet. Wenn ein Schriftsatz über ein solches verfügt, sollte es eingesetzt werden.

Auslassungspunkte

Auslassungspunkte ... stehen für ein ganzes Wort oder mehrere Wörter zwischen zwei Wortabständen. Am Satzende folgt kein weiterer (das heißt vierter) Punkt ...

Abkürzungen

Abkürzungen wie z. B., u. v. m., d. h. und z. T. werden mit einem Viertel- oder Achtelgeviert-Abstand gesetzt, da ein Leerzeichen zum Beispiel meist zu groß ist. Dies ist natürlich je nach Schrift individuell zu überprüfen. »Das heißt« am Satzanfang muss wie jede Abkürzung ausgeschrieben werden.

2.9 Fonts – OpenType, TrueType, PostScript, Web

Bevor wir uns mit den verschiedenen Fontformaten auseinandersetzen, möchten wir kurz den Unterschied zwischen Schriftart und Font erläutern.

+ Eine Schriftart bezeichnet die reine Gestaltung, ergo das Aussehen, der Schriftzeichen.
+ Die digitalisierte Form jeder Schrift hingegen ist im sogenannten Font (englische Bezeichnung für einen Zeichensatz) gespeichert, den es – je nach Anwendung – in verschiedenen Dateiformaten gibt.

Es gibt drei Typen von Fonts, die sich in ihrem Aufbau und ihren technischen Details unterscheiden. Dazu gehören im Einzelnen:

Definition Glyphen
Die grafische Darstellung eines Buchstabens bzw. Schriftzeichens

OpenType

OpenType ist ein Dateiformat, das von Adobe und Microsoft gemeinsam entwickelt wurde. Dadurch kann für beide Plattformen dieselbe Datei (.otf) verwendet werden. Im Gegensatz zu PostScript Type 1 besteht das OpenType-Format nur aus einer Schriftdatei. OpenType verwendet zudem den Unicode-Standard, der auf 16 Bit pro Zeichen basiert. Dadurch können OpenType-Fonts technisch gesehen bis zu 65.553

Glyphen enthalten. Dies erlaubt nicht nur eine Vielzahl an Schriftschnitten und Sonderzeichen, wie zum Beispiel Ligaturen, sondern auch unterschiedliche Sprachversionen. Einziger Nachteil ist, dass OpenType-Fonts auf älteren RIPs Probleme verursachen können.

OpenType gibt es in zwei Ausprägungen: auf PostScript- und TrueType-Basis.

Definition Raster Image Processor (RIP)
Ein Rastergrafikprozessor ist eine spezielle Software, die beispielsweise PostScript in eine Rastergrafik umrechnet, um sie anschließend auf einem Drucker auszugeben.

PostScript Type 1

PostScript-Type-1-Dateien bestehen aus zwei Teilen, einem vektorbasierten Druckerfont, der die eigentliche Zeichenform berechnet, und einem auf Pixel basierenden Bildschirmfont, der neben der Anzeige für den Bildschirm noch Informationen über Zeichenbreite und Kerning enthält. Darüber hinaus enthält der Bildschirmfont noch Informationen darüber, durch welchen Druckerfont er beim Ausdrucken ersetzt werden muss. Mittlerweile erfolgt die Bildschirmdarstellung allerdings auch mit Druckerfonts.

PostScript-Schriften bestehen meist nur aus 8 Bit und können deshalb lediglich 256 Glyphen enthalten. Aus diesem Grund sind mehrere Fontdateien für die einzelnen Schriftschnitte notwendig. Jede zusätzliche Sprachversion benötigt zusätzliche Dateien. Die Unterstützung für PostScript Type-1-Schriften endete im Januar 2023 für alle Adobe-Produkte. Betreffende Schriften werden nicht mehr im Schriftmenü angezeigt und können nicht mehr aktualisiert werden. Beim Öffnen von Dateien, die Type-1-Schriften enthalten, werden diese im Dokument als »Fehlende Schriften« angezeigt.

SVG-Font
SVG steht für Scalable Vector Graphics. Dabei handelt es sich um Grafiken, die auf Mobilgeräten wiedergegeben werden. Heute kommen für dieses Format Webfonts zum Einsatz.

TrueType

TrueType-Fonts bestehen aus einer einzigen Datei und sind vollständig vektorbasiert. Bei der Ausgabe auf älteren RIPs kann es beim Aufrastern der Schrift durchaus zu Problemen kommen. Dies lässt sich beheben, indem Sie das Dokument zuvor als PDF speichern.

TrueType gibt es sowohl für Mac als auch für Windows. Ursprünglich wurde das Format aber im Jahre 1991 von Apple entwickelt. Die heutige Technologie ermöglicht zwar, dass TrueType-Schriften heute bis zu 6.000 Glyphen enthalten könnten, meistens werden aber auch hier nur 256 davon ausgenutzt.

Bitmap-Font
Als Bitmap-Font bezeichnet man eine digital erfasste Schriftart für den Computer, die im Gegensatz zu den vektorbasierten Zeichensätzen, wie PostScript und TrueType, nur geringfügig skalierbar ist.

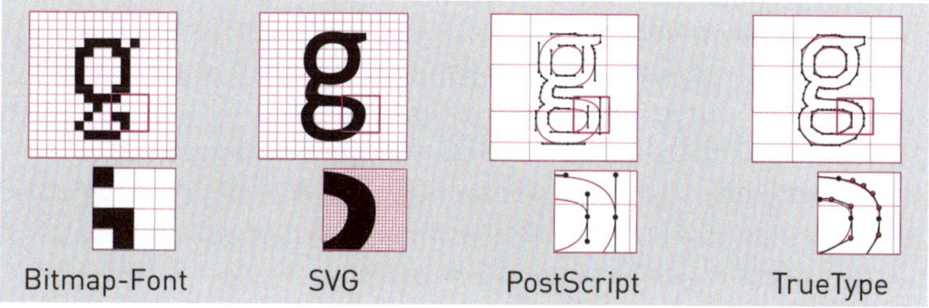

Abbildung 2.59: Im visuellen Vergleich: Bitmap-Font, SVG, PostScript und TrueType

Hinweise für die Textgliederung

- Gliedern Sie Fließtexte sinnvoll.
- Überschriften und Zwischenüberschriften helfen beim Lesen.
- Benutzen Sie Aufzählungen.
- Achten Sie auf ein zweckmäßiges Verhältnis zwischen Text und Schrift sowie Form und Inhalt.

Definition Witwen und Waisen

Waise: Bezeichnung für eine am Ende einer Textspalte stehende erste Zeile eines Textabsatzes aus der nachfolgenden Spalte. Verstößt gegen die Regeln der Typografie und sollte unbedingt vermieden werden. Dieser Umbruchfehler wurde früher in der Setzersprache auch als »Schusterjunge« bezeichnet.
Witwe: Erste Zeile einer Seite, die als letzte Zeile eines Absatzes der vorherigen Seite auf einer neuen Seite steht. Früher in der Setzersprache auch als »Hurenkind« bezeichnet.

Checkliste | **Typografie**

Schriftwahl

- Ist die Schrift gut lesbar?
- Passt der Schriftcharakter zum Inhalt?
- Welche Schrift wird die Zielgruppe erwarten?
- Beachten Sie den Platzverbrauch der Schrift.
- Verwenden Sie eindeutige Buchstabenformen
- Ist die Schrift gut ausgebaut?
- Werden mehr als zwei Schriften verwendet? Passen sie stilistisch zusammen?
- Zur Beurteilung einer Schriftgröße achten Sie auf die Mittellänge oder x-Höhe, da diese hauptsächlich die Zeile bildet.
- Achten Sie auf mögliche Buchstabenpaare, die unterschnitten werden müssen.

Gestaltung

- Bei einer schmalen Schrift sollte die Zeilenlänge kürzer sein.
- Auszeichnungen helfen, bestimmte Textteile zu hierarchisieren. Gehen Sie dennoch sparsam damit um!
- Bei der idealen Laufweite entspricht der Buchstabenraum dem Buchstabenzwischenraum.
- Die Länge der Zeilen und die x-Höhe der Schrift bestimmen den Zeilenabstand.
- Gleiche Texte sollten gleich behandelt werden
- Ist die Zeilenlänge überprüft worden? 60–80 Zeichen sind ideal.
- Sind alle orthotypografischen Regeln beachtet worden?
- Sind alle Witwen und Waisen eliminiert worden?
- Der Zeilenabstand muss größer sein als der Wortabstand.
- Kurze Zeilen sollten niemals im Blocksatz gesetzt werden.
- Schriftgrade ab 8 pt und kleiner müssen zwingend in der Laufweite erweitert werden.
- Große Schriftgrößen werden in ihrem Display-Charakter verstärkt, wenn sie etwas enger gesetzt werden.
- Die Buchstabenzwischenräume sollten ungefähr so groß sein wie ihre Innenräume, bei Serifenlosen je nach Voraussetzung auch etwas weniger.
- Negativ gesetzter Text benötigt mehr Laufweite, da die farbigen Zwischenräume optisch kleiner erscheinen.
- Magere Schnitte sollten in der Laufweite etwas gesperrt, fette Schnitte eher reduziert werden
- Verwenden Sie Mediävalziffern, wenn die Schrift welche besitzt. Diese fügen sich besser ins Schriftbild.

Kapitel 3

Das Layout

Themen des Kapitels:

- *Seitenformate und Seitenverhältnisse*
- *Goldener Schnitt und Fibonacci*
- *Satzspiegel aufbauen und Gestaltungsraster konstruieren*
- *Hilfsmittel für gutes Layout einsetzen: Formate, Musterseiten und Tabellen*

Als Layout bezeichnet man den Entwurf bzw. die Aufteilung und Verteilung der visuellen Elemente eines Designs, wie Überschriften, Textblöcke, Bilder, Illustrationen usw. Dabei vermittelt das Layout den ersten Eindruck vom Zusammenspiel der einzelnen Elemente. Bis sich ein eindeutiger Gestaltungsweg abzeichnet, wird in der Layoutphase häufig noch mit Blindtext gearbeitet, bis sich ein eindeutiger Gestaltungsweg abzeichnet.

Definition Blindtext
Neutraler Text, dient der Visualisierung für ein Layout, wobei es nicht um Inhalte, sondern um den ersten visuellen Eindruck eines Entwurfs geht

3.1 Seitenformate und Seitenverhältnis

Jede Gestaltungsfläche, sei sie noch so groß oder klein, besitzt immer ein bestimmtes Format. Dieses ergibt sich aus dem Seitenverhältnis von Breite und Höhe der Grundfläche. Das Seitenverhältnis folgt meist bestimmten Proportionsregeln, wie der DIN-Norm, dem Goldenen Schnitt oder der harmonischen Zahlenreihe Fibonaccis (gleich dazu mehr). Vor allem im Bereich von Geschäftsdrucksachen ist ein einheitliches System mit standardisierten Formaten, wie DIN A4 für Briefpapier, sehr nützlich. Die Wahl des Formats ist immer auch abhängig vom vorliegenden Bildmaterial. Manche Abbildungen können räumliche Proportionen benötigen, die für ein Querformat sprechen, so zum Beispiel Landschaftsbilder oder Gruppenfotos. Porträts hingegen verlangen eher ein Hochformat. Bereits die Wahl des geeigneten Formats ist ein stilistisch wichtiges Gestaltungsmittel. Die Formatwahl sollte daher nicht unbedacht geschehen.

Definition Seitenverhältnis
Das Seitenverhältnis beschreibt die Beziehung von mindestens zwei unterschiedlich langen Seiten eines Formats zueinander. In der Regel wird damit das Verhältnis der Breite eines Rechtecks zu seiner Höhe angegeben. Je nach Ausprägung dieser Proportionen können die Seitenverhältnisse eines Formats eher dynamisch oder statisch wirken.

Hoch oder quer?

Die meisten Druckerzeugnisse basieren auf einem Hochformat. Alles, was digital daherkommt, ist hingegen bedingt durch das Format des Displays quer angelegt, obwohl das Smartphone und responsive Webseiten diesen Umstand nach und nach auflösen.

Extreme Querformate

Vorsicht bei extrem breiten Querformaten: Die Gesamtbreite einer Doppelseite im Querformat erfordert eine weitaus größere Lesebewegung des Kopfes, um alle Inhalte vollständig erfassen zu können.

Hochformat

Hochformate sind praktisch in der Handhabung, unterstützen die vertikale Informationsführung und verhelfen damit z. B. in Broschüren oder Büchern zu einer besseren Lesbarkeit des Inhaltes. Hochformate wirken zudem dynamischer und eleganter als Querformate.

Querformat

Das Querformat entspricht der natürlichen Anordnung unseres Sehfelds. Unsere Augen sind nämlich auf einer horizontalen Achse angeordnet. Das führt zu einer eher querformatigen Wahrnehmung. Dadurch fällt es uns leichter, die Breite eines Raumes einzuschätzen als seine Höhe. Dieser Aspekt beeinflusst unbewusst, wie wir verschiedene Formate bewerten: So verbinden wir zum Beispiel Assoziationen wie Sicherheit, Ausgewogenheit und Beständigkeit mit dem Querformat. Das bedeutet nicht, dass ein Querformat immer die beste Wahl ist, denn ein extrem langes Querformat zeichnet sich wiederum eher durch eine erschwerte Lesbarkeit und Informationsvermittlung aus.

Bei allen Druckerzeugnissen ist das geschlossene Endformat ausschlaggebend für das ästhetische Empfinden.

Quadratisches Format

Das quadratische Format wirkt ausgeglichen und richtungslos. Aufgrund seiner Unentschlossenheit erscheint es statisch und passiv.

3.1.1 DIN-Formate

Die DIN-Formate wurden 1922 vom DIN-Institut als DIN-Norm 476 eingeführt. Das Besondere an der Entwicklung der DIN-Norm 476 ist, dass das größte Format der DIN A-Reihe (DIN A0) genau der Fläche von einem Quadratmeter entspricht. Unterschieden wird in

1. DIN-A-Reihe: Einsatzgebiet vor allem in Zeitschriften, Bücher, Prospekte, Geschäftsdrucksachen, Postkarten
2. DIN-B-Reihe: Einsatzgebiet: Ordner, Mappen, auch Versandtaschen
3. DIN-C-Reihe: Einsatzgebiet: Normumschläge, Versandtaschen

DIN-A-Reihe

Alle Formate der DIN A-Reihe haben ein Verhältnis 1 : √2. Das entspricht einem Seitenverhältnis von 1 : 1,414. Die Formate lassen sich übrigens ganz leicht errechnen. Wenn man die kürzere Seite verdoppelt, erhält man das nächstgrößere Format. Halbiert man die lange Seite, erhält man das nächstkleinere Format.

DIN-A-Reihe

Das Ausgangsformat DIN A0 beträgt 841 × 1.189 mm (= 1 m² Papier). Die Zahl hinter DIN A gibt übrigens jeweils an, wie oft das Ausgangsformat A0 geteilt wurde.

Die Entscheidung für ein DIN-Format hat Folgen für die Kosten und die Wirtschaftlichkeit des gesamten Produktionsprozesses. Genormte Formate sind im Druck oft preiswerter, da die Bogen und Papierrollen der Druckmaschinen auf die DIN-Norm zugeschnitten sind. Ergo können auf einem Druckbogen mehr Nutzen angeordnet werden, und es entsteht weniger Überschuss bzw. Abfall. Darüber hinaus lassen sich genormte Druckformate einfacher und kostengünstiger verschicken als Sonderformate.

Definition Nutzen

Als Nutzen bezeichnet man die Menge an Seiten, die auf einem Druckbogen Platz finden.

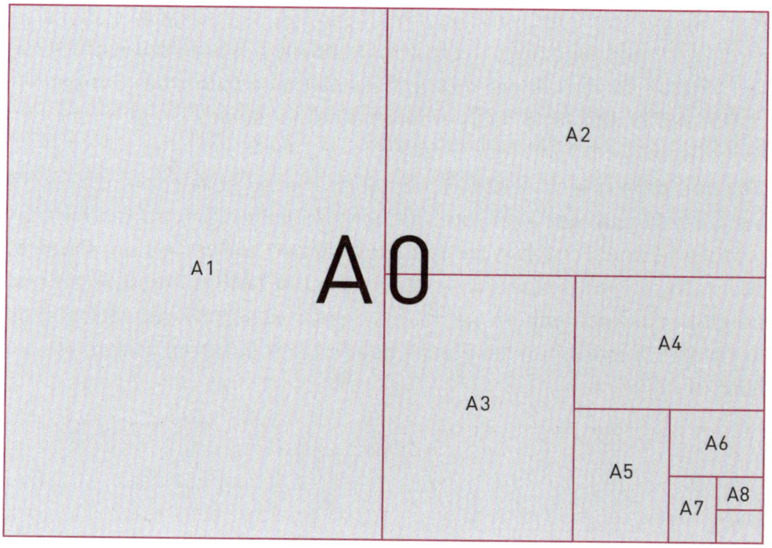

Abbildung 3.1: Visuelle Darstellung der DIN-A-Formate

DIN-Format	Größe
DIN A0	841 × 1.189 mm
DIN A1	594 × 841 mm
DIN A2	420 × 594 mm
DIN A3	297 × 420 mm
DIN A4	210 × 297 mm
DIN A5	148 × 210 mm
DIN A6	105 × 148 mm
DIN A7	74 × 105 mm

Tabelle 3.1: DIN-A-Formate

3.1.2 Goldener Schnitt

Neben der DIN-Reihe ist der Goldene Schnitt wohl das bekannteste Seitenverhältnis. Seit dem 19. Jahrhundert wurde er in künstlerischer, architektonischer und kunsthandwerklicher Praxis lange als ideales Prinzip ästhetischer Proportionen bewertet. Diese auch als göttliche Proportion bezeichnete Aufteilung übt schon seit Jahrtausenden eine besondere Anziehung auf die Menschen aus. Sie findet sich in zahlreichen antiken Bauwerken, Gemälden und auch in der Natur wieder. Ob der goldene Schnitt jedoch wirklich so eine besondere ästhetische Anziehungskraft hat, ist umstritten. Das Schema des Goldenen Schnitts bezeichnet man, auf Papierformate übertragen, auch als Goldenes Rechteck.

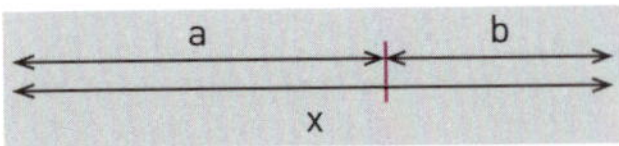

Abbildung 3.2: Das Verhältnis des Goldenen Schnitts: b verhält sich zu a wie a zu x.

Formel Goldener Schnitt

$$\text{Phi} = \frac{a}{b} = \frac{(a+b)}{a}$$

Als Goldenen Schnitt bezeichnet man das Teilungsverhältnis, das eine Strecke in zwei Teile teilt, so dass der kleinere Teil b sich zum größeren Teil a genauso verhält wie der größere Teil wiederum zum Ganzen x.

Daraus ergibt sich nach einer mathematischen Berechnung ein Verhältnis von 1:1,618 (gerundet). Diese Zahl (auch »Goldene Zahl«) wird mit dem griechischen Buchstaben Phi (φ) bezeichnet. Sie dient auch als Ausgangspunkt, um mit dem Goldenen Schnitt ein harmonisches Seitenverhältnis zu gestalten. Gehen wir von einem Quadrat aus, müssen wir einfach eine der Seiten mit 1,618 multiplizieren und erhalten ein Rechteck im Verhältnis des Goldenen Schnitts (Goldenes Rechteck). Wir können die Fläche aber auch reduzieren, indem wir sie durch 1,618 teilen.

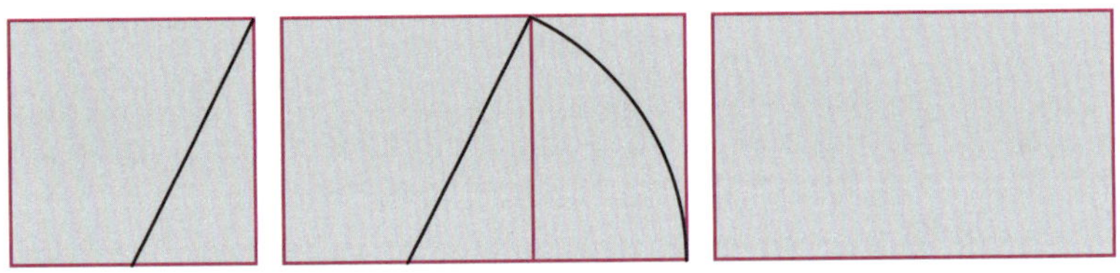

Abbildung 3.3: Konstruktion mit dem Zirkel: Eine Seite des Quadrats wird halbiert, und mit einem Zirkel wird von einer der gegenüberliegenden Ecken ein Bogen zur Verlängerung der Seite gezogen.

3.1.3 Fibonacci

Die Fibonacci-Folge ist eine unendliche Reihe von Zahlen, benannt nach dem italienischen Mathematiker Leonardo da Pisa (auch Fibonacci genannt), der mit dieser Zahlenreihe im Jahre 1202 das Wachstum einer Kaninchenpopulation beschrieb. Diese Zahlen-Folge kommt den Proportionen des Goldenen Schnitts relativ nahe. Das Prinzip der Fibonacci-Reihe lässt sich vor allem in der Natur beobachten. Hier weisen viele Pflanzen und Lebewesen in der Anordnung ihrer Blätter und anderer Teile Spiralen auf, deren Zahl sich in der Fibonacci-Folge findet, wie beispielsweise die der Samen in Blütenständen.

Die Fibonacci-Folge besagt, dass die Summe zweier aufeinanderfolgender Zahlen die unmittelbar nachfolgende Zahl ergibt: 0, 1, 1, 2, 3, 5, 8, 13, 21, 34, 55 usw. Daraus lässt sich das Verhältnis von 1,666 ableiten, das dem Verhältnis des Goldenen Schnitts relativ nahe kommt.

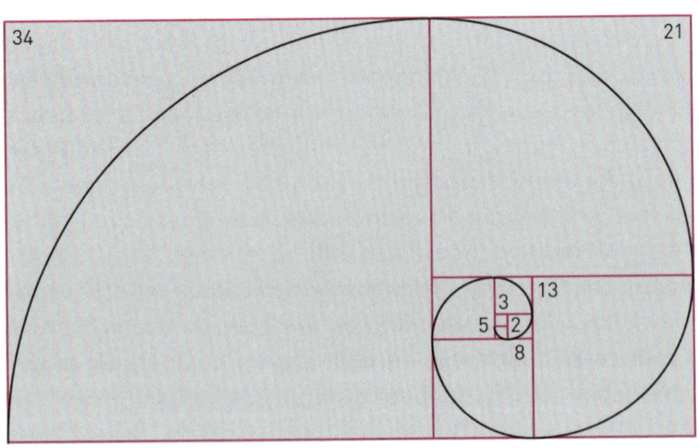

Abbildung 3.4: Wenn man der längeren Seite eines Rechtecks ein Quadrat anfügt, entsteht stets ein neuer Goldener Schnitt und somit eine logarithmische Spirale.

3.2 Satzspiegel

Der Satzspiegel definiert den bedruckten Bereich unseres Formats und wird begrenzt durch die Stege, also durch die unbedruckten Abstände zwischen dem Satzspiegel und dem Rand. Damit es nicht zu Verwechslungen zwischen den Rändern kommt, besitzt jeder Steg einen eigenen Namen:

+ Bundsteg (Innensteg) – Mitte des Buches, im Bund
+ Kopfsteg – oberer Seitenrand
+ Außensteg – äußere Blattkante
+ Fußsteg – unterer Seitenrand

Die Proportionen der Stege stehen in Wechselbeziehung zum Seitenformat und sollten deshalb harmonisch aufeinander abgestimmt werden.

Neben den Stegen ist der Satzspiegel vertikal in eine bestimmte Anzahl an Spalten geteilt. Jede Spalte besitzt einen bestimmten Abstand zur nächsten, auch als Spaltensteg bezeichnet. Die horizontale Einteilung entsteht durch den Grundlinienraster, auf dem, wie der Name schon sagt, die Grundlinie des Textes steht. Durch die Kombination von vertikalen und horizontalen Linien entstehen Rasterzellen in verschiedenen Größen, auch als Module bezeichnet.

Definition Satzspiegel
Als Satzspiegel oder Schriftspiegel wird in der Typografie die Nutzfläche auf der Seite eines Druckwerks bezeichnet.

Definition Stege
Seitenränder, die den Satzspiegel definieren. Es gibt Bundsteg, Kopfsteg, Fußsteg und Außensteg.

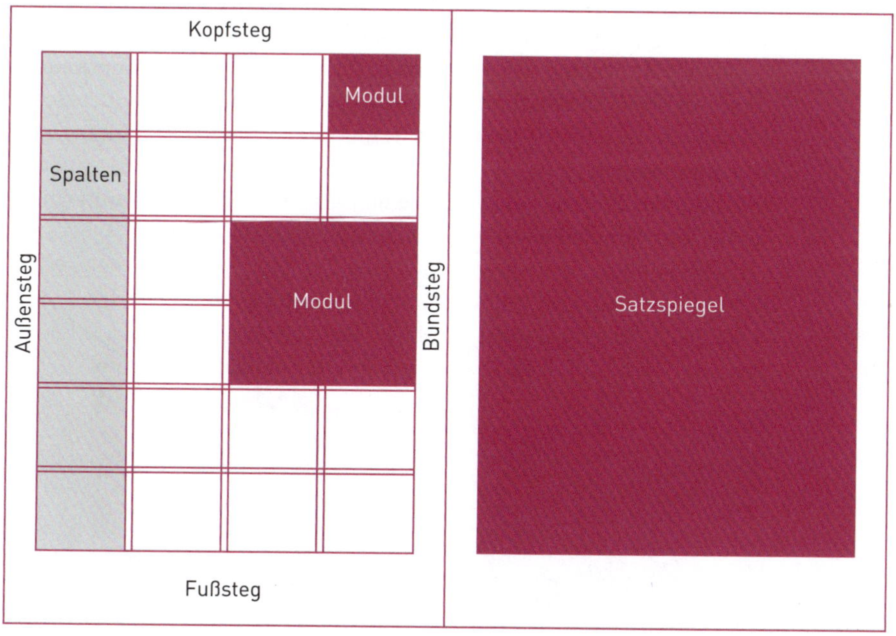

Abbildung 3.5: Exemplarischer Satzspiegel einer Doppelseite

Die Bestimmung des Satzspiegels ist abhängig von der Art der Drucksache:

+ Bei klassischen Büchern, wie zum Beispiel Romanen, steht der Satzspiegel enger zum Bund, besitzt dafür aber relativ breite Seitenränder. Ein breiter Rand lässt uns den Text stärker fokussieren und hebt diesen stärker von der Umgebung ab. Großzügige Außenstege sind außerdem notwendig, damit bei Büchern der Text nicht von unseren Daumen verdeckt wird.

+ Bei Broschüren oder Flyern ist dies meist umgekehrt. Da mehr Text und Bildmaterial untergebracht werden müssen, spielt die optimale Ausnutzung des Formats eine weitaus größere Rolle. Unterschiedliche Inhalte und viele Abbildungen erfordern ein anderes Ordnungsprinzip auf der Doppelseite. Anstelle des klassischen einspaltigen Satzspiegels mit großzügigen Rändern sollten Sie ein Spalten- oder Rastersystem wählen, bei dem der Rand weniger als Rahmen fungiert, sondern das vielmehr die unbedruckte Fläche bewusst in die Gestaltung miteinbezieht.

3.2.1 Diagonalkonstruktion des Satzspiegels

Der klassische Satzspiegel wird mithilfe von Diagonalen konstruiert. Durch die extrem breiten Seitenränder eignet sich dieser allerdings eher für Bücher. Bei Drucksachen wie Broschüren, Flyern oder Zeitschriften sollte der umgebende Rand klein gehalten werden, damit Bilder auch **randabfallend** platziert werden können.

Definition Randabfallend

Randabfallend sind alle Elemente, die bis zum Papierrand reichen (=im Anschnitt liegend). Um im Druck Blitzer zu vermeiden, muss eine Beschnittzugabe von 3 mm eingestellt werden (siehe Abschnitt 11.5.2).

Die Diagonalkonstruktion nach Jan Tschichold funktioniert so:

+ Zunächst werden die Doppel- und Einzelseiten mit Diagonalen durchzogen ❶.
+ An der Schnittstelle dieser Diagonalen ❸ zieht man eine Vertikale zur oberen Kante des Formats und verbindet diese durch eine weitere Diagonale mit der Schnittstelle ❷ auf der gegenüberliegenden Seite.
+ An der dadurch entstehenden Schnittstelle ❹ wird der Satzspiegel aufgehängt.

Diese Konstruktion hat den Vorteil, dass der Satzspiegel dieselben harmonischen Proportionen aufweist wie das Format selbst.

Jan Tschichold

Tschichold (1902–1974) war Typograf, Schriftenentwerfer, Plakatgestalter, Autor und Lehrer und einer der prominentesten Vertreter der »Neuen Typographie«, einer Stilrichtung, die besonders im Bereich der Buch- und Lesetypografie ihre Anwendung fand.

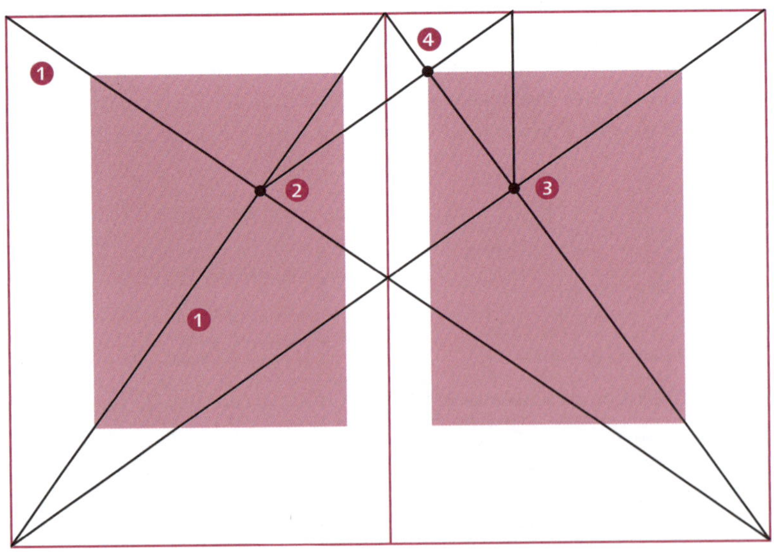

Abbildung 3.6: Konstruktion des Satzspiegels mit der Diagonalkonstruktion nach Jan Tschichold, besonders für den Buchsatz

3.2.2 Satzspiegel nach Neunerteilung

Eine andere Methode der Satzspiegelerstellung ist die Neunerteilung. Dabei wird die Seite senkrecht und waagerecht in neun Felder unterteilen. Die Nutzfläche wird so bestimmt, dass oben und im Bund je eine Rasterreihe frei bleibt, außen und unten je zwei Rasterreihen. Bei dieser Aufteilung ergeben sich folgende Stege:

+ Bund: 1/9 der Seitenbreite
+ Außensteg: 2/9 der Seitenbreite
+ Kopf: 1/9 der Seitenhöhe
+ Fuß: 2/9 der Seitenhöhe

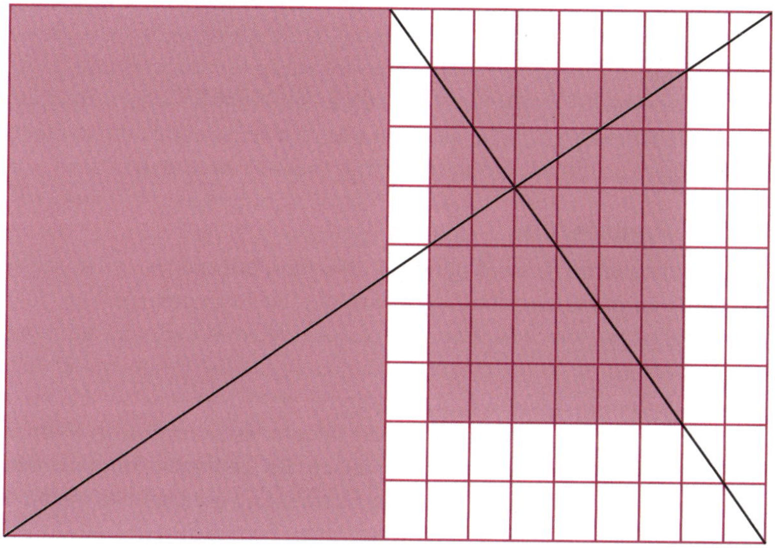

Abbildung 3.7: Festlegung des Satzspiegels nach der Neunerteilung

3.2.3 Die Spalten

Als Spaltenabstand oder Zwischenschlag wird der Abstand zwischen den einzelnen Spalten bezeichnet. Der ideale Spaltenabstand richtet sich nach der Satzart und der Schriftgröße: Der Zwischenschlag sollte größer sein als der maximale Wortabstand und der Zeilenabstand (als Richtwert für den Zwischenschlag gilt »mi« bei gleicher Schriftart und -größe).

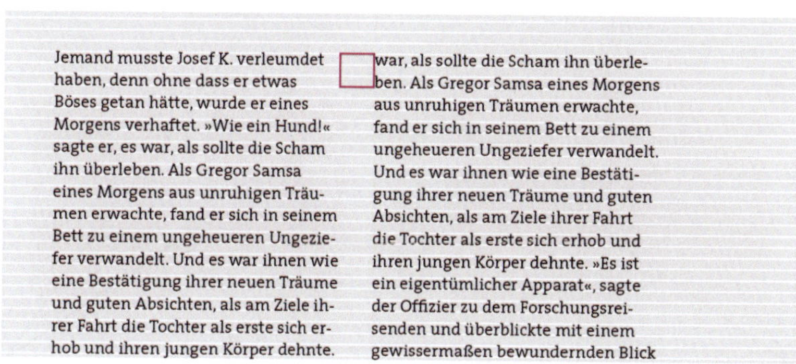

Jemand musste Josef K. verleumdet haben, denn ohne dass er etwas Böses getan hätte, wurde er eines Morgens verhaftet. »Wie ein Hund!« sagte er, es war, als sollte die Scham ihn überleben. Als Gregor Samsa eines Morgens aus unruhigen Träumen erwachte, fand er sich in seinem Bett zu einem ungeheueren Ungeziefer verwandelt. Und es war ihnen wie eine Bestätigung ihrer neuen Träume und guten Absichten, als am Ziele ihrer Fahrt die Tochter als erste sich erhob und ihren jungen Körper dehnte.

war, als sollte die Scham ihn überleben. Als Gregor Samsa eines Morgens aus unruhigen Träumen erwachte, fand er sich in seinem Bett zu einem ungeheueren Ungeziefer verwandelt. Und es war ihnen wie eine Bestätigung ihrer neuen Träume und guten Absichten, als am Ziele ihrer Fahrt die Tochter als erste sich erhob und ihren jungen Körper dehnte. »Es ist ein eigentümlicher Apparat«, sagte der Offizier zu dem Forschungsreisenden und überblickte mit einem gewissermaßen bewundernden Blick

Abbildung 3.8: Der Spaltenabstand entspricht hier einer gesetzten Zeile plus Zeilenabstand.

Merke: Auf keinen Fall sollte der Spaltenabstand kleiner als der Zeilenabstand sein, da Leerzeilen sonst den Text stärker gliedern als der Abstand zwischen den Spalten.

Spaltenbreite

Definition Marginalspalte
= Randspalte

Im Hinblick auf eine gute Lesbarkeit bei Printproduktionen sind etwa 60–80 Zeichen oder acht bis zwölf Wörter pro Zeile ideal. Bei mehrspaltigem Text sind 40–50 Zeichen angemessen. Für kurze Texte wie Marginalspalten sind kurze Zeilen von 30 bis 40 Zeichen gut lesbar. Mehr als 80 Zeichen pro Spalte sind zu lang, da wir beim Lesen den Kopf hin und her bewegen müssen.

Die genannten Angaben stellen lediglich Richtwerte dar. Die ideale Zeilenlänge ist stark abhängig von Schrift, Zeilenabstand und Satzart. Bei schmalen Spalten mit kurzen Zeilenlängen ist zum Beispiel Blocksatz zu vermeiden, da dieser zu Löchern im Satzbild und häufigen Worttrennungen führt. Dadurch wird der Text schwer lesbar.

3.2.4 Paginierung

Die Seitenzahl, auch als Pagina (lat. »Seite«) bezeichnet, wird meist im Kopf- oder Fußbereich außerhalb des Satzspiegels gesetzt und erleichtert das rasche Auffinden einer bestimmten Seite. Seltener zu beobachten ist die Platzierung im Bundsteg, da die Paginierung dort je nach Bindeart im Bund verschwinden könnte.

Meistens wird die Seitenzahl bündig mit der Satzkante platziert oder steht frei auf der Seite, zum Beispiel an den äußeren Rändern des Satzspiegels. Auf jeden Fall sollte die Paginierung gut sichtbar platziert sein. Die mittige Anordnung im Kopf- oder Fußsteg ist vor allem bei Büchern gängig.

Abbildung 3.9: Beispiele für die Platzierung der Seitenzahl. Alternativ kann die Paginierung auch auf einer Seite zusammengefasst werden (siehe letztes Beispiel).

3.2.5 Kolumnentitel

Zusammen mit dem Seitentitel bildet die Pagina den Kolumnentitel. Kolumnentitel dienen der Ordnung und Gliederung von Druckerzeugnissen.

Unterschieden wird zwischen einem »toten« und einem »lebenden« Kolumnentitel. Ein toter Kolumnentitel ist gleichbedeutend mit einer allein stehenden Seitenzahl in der Kopf- oder Fußzeile der Seite. Ein lebender Kolumnentitel hingegen enthält neben der Seitenzahl auch einen Hinweis auf das aktuelle Kapitel, Unterkapitel oder den Buchtitel. Er kann beispielsweise in einem neuen Kapitel seinen Inhalt ändern.

Die Seitenzählung beginnt immer mit der ersten Seite, in der Regel dem Schmutztitel. Abgedruckt werden die Seitenzahlen allerdings erst mit dem Beginn des Vorworts. Bei Druckobjekten mit Doppelseiten ist die linke Seite immer die mit der geraden Seitenzahl, die rechte Seite immer die ungerade.

Definition Kolumnentitel
Eine Textzeile, die den Kapitelnamen, die Seitenzahl oder ähnliche Informationen enthalten kann. Beschreibt der Kolumnentitel veränderliche Bestandteile, wie den Namen des Kapitels wird er als lebender, sonst als toter Kolumnentitel bezeichnet.

3.3 Gestaltungsraster

Der Gestaltungsraster ist ein Ordnungssystem, das als Hilfsmittel zur Organisation von grafischen Elementen auf einer Fläche dient. Er hilft dabei, grafische Elemente schneller und effizienter im Format zu platzieren. Umfangreiche Projekte können durch den Einsatz eines Gestaltungsrasters mit deutlich geringerem Zeitaufwand bewältigt und damit kostengünstiger umgesetzt werden.

Sinnvolle Einsatzgebiete eines Gestaltungsrasters sind alle Medien, die viele Seiten haben und in denen sich bestimmte Elemente wie Überschriften oder Abbildungen wiederholen. Auch bei der Gestaltung von komplexen Erscheinungsbildern werden typografische Raster eingesetzt, damit von der Visitenkarte über die Website bis hin zum Messestand eine einheitliche, aber flexible Gestaltung möglich ist.

3.3.1 Aufbau des Gestaltungsrasters

Der Raster besteht aus horizontalen und vertikalen Linien, die unser Format in gleich große Zellen (auch Units oder Module genannt) teilen.

+ Die horizontale Einteilung entspricht dabei dem Zeilenabstand des Fließtextes und lässt sich am einfachsten über ein Grundlinienraster definieren. Die einzelnen Rasterzellen sind im Allgemeinen ein Vielfaches des Grundlinienrasters hoch und orientieren sich an ihm.
+ Die vertikale Einteilung entspricht der Breite des kleinsten Moduls. Dies kann die Breite der Marginalspalte, der kleinsten Abbildung oder aber die Spaltenbreite des Mengentextes sein.

Im Idealfall sieht man der Gestaltung den Raster nicht an. Oft ist es so: Je freier und offener mit dem Raster umgegangen wird, desto spannungsvoller und einladender wirkt es auf den Leser. Aber andersherum gilt auch: Wer einen Raster zu offen interpretiert, macht damit möglicherweise den gewünschten Effekt der effektiven Informationsvermittlung durch klare Hierarchien und feste Platzierung von wiederkehrenden Elementen kaputt. Sie sehen, das Thema Raster ist durchaus komplex und bedarf einiges an Übung.

Schritt für Schritt | **Gestaltungsraster aufbauen**

1. Dokumentformat bestimmen

Legen Sie zunächst das Dokumentenformat fest.

2. Schriftgrad bestimmen und Spaltenbreiten abschätzen

Wir beginnen mit dem Fließtext, den wir frei in ein Textfeld fließen lassen. So erhalten wir einen ersten Überblick über den Umfang des Textes. Außerdem sehen wir gleich, in welcher Spaltenbreite der Text gesetzt werden sollte und ob wir diesen einspaltig setzen oder in mehrere Spalten aufteilen müssen. Die Spaltenbreite können Sie aber auch noch zu einem späteren Zeitpunkt definieren.

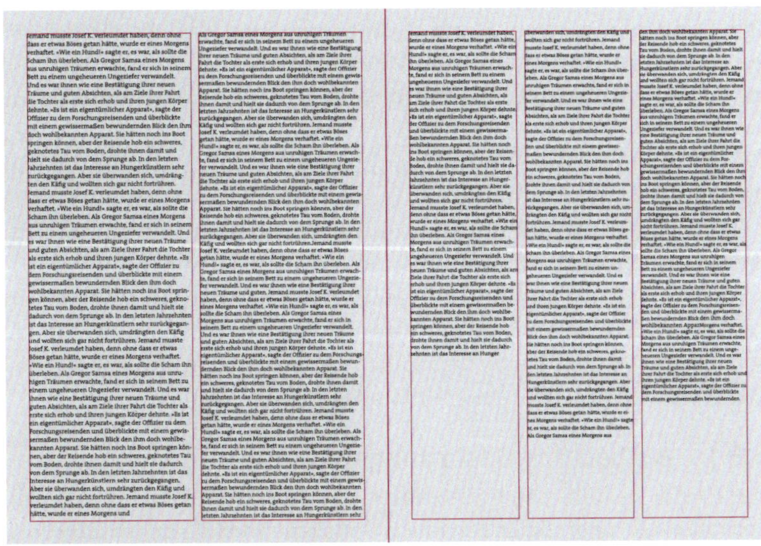

Abbildung 3.10: Wir definieren den Schriftgrad und mögliche Spaltenbreiten.

3. Zeilenabstand festlegen

Sobald die optimale Schriftgröße ermittelt ist, definieren wir einen angemessenen Zeilenabstand. Hierbei achten wir auf die **x-Höhe** der Buchstaben und die Zeilenlänge. Am besten vergleichen Sie mehrere Testdrucke mit unterschiedlichen Konfigurationen. Der Zeilenabstand wird von Grundlinie zu Grundlinie einer Schrift gemessen. Damit unsere Texte und Bilder jeweils auf derselben Grundlinie beginnen und enden, ist der Zeilenabstand das kleinste Maß unseres Grundlinienrasters und dient somit als Basis für Spaltenabstände und Zellenhöhe. Aus diesem Grund ist es hilfreich, mit Millimetern zu arbeiten statt in Punkt.

Definition x-Höhe

Höhe eines Kleinbuchstabens ohne Oberlänge

4. Grundlinienraster festlegen

Wir gehen über zur horizontalen Einteilung der Seite. Der Grundlinienraster bezieht sich auf das Maß des Zeilenabstands, so dass Raster- und Schriftlinien bündig sind. Ist der Zeilenabstand definiert, müssen wir noch den Grundlinienraster daran ausrichten. Dies geschieht in InDesign unter *Voreinstellungen • Raster*. Alternativ können Sie mit dem sogenannten Dokumentraster arbeiten, der die Doppelseite sowohl mit horizontalen als auch vertikalen Linien überzieht. Am Dokumentraster lassen sich jedoch nur Abbildungen und Textblöcke ausrichten, nicht aber die Grundlinie einer Schrift.

Wichtig ist auch die **Registerhaltigkeit**, damit von der Rückseite durchscheinende Elemente immer deckungsgleich mit Elementen der Vorderseiten liegen. Gleiches gilt dann natürlich auch für Doppelseiten.

Gerade Zahlen verwenden

Am besten arbeiten Sie immer mit geraden und leicht merkbaren Zahlen. Der Raster lässt sich dadurch weitaus leichter aufbauen.

Definition Registerhaltigkeit
Zeilen sind auf der Vorder- und Rückseite deckungsgleich und stehen auf der gleichen Höhe.

5. Satzspiegel definieren

Dieser wird begrenzt durch die Seitenstege, also durch die unbedruckten Abstände zwischen dem Satzspiegel und dem Seitenrand. Wir definieren den Satzspiegel in der Höhe so, dass er oben und unten genau mit dem Grundlinienraster abschließt. In unserem Beispiel sind das 4 × Versalhöhe à 2,25 mm = 9 mm am Kopfsteg und 5 × 2,25 mm = 11,25 mm am Fußsteg. Das Ganze geht wunderbar auf, da die Versalhöhe der Hälfte des Zeilenabstands von 4,5 mm entspricht.

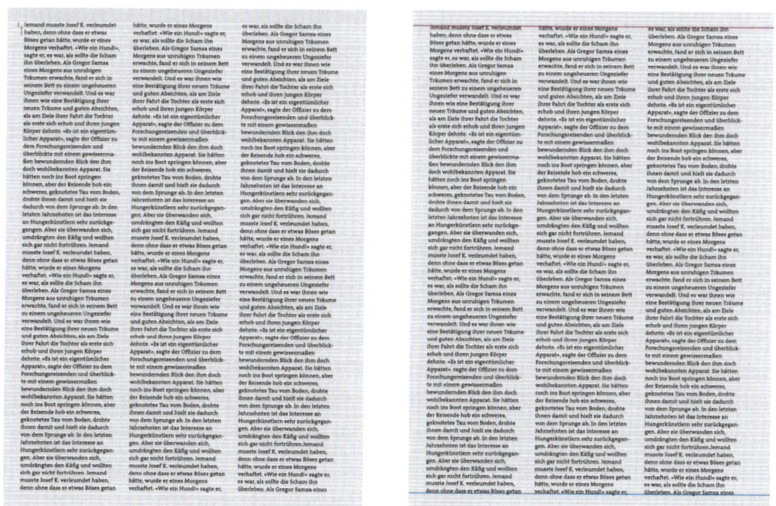

Abbildung 3.11: Als Nächstes legen wir einen geeigneten Zeilenabstand fest und richten den Grundlinienraster danach aus (links). Dann passen Sie den Satzspiegel in der Höhe an (rechts).

6. Anzahl der Spalten und deren Breite festlegen

Die Spalten dienen als eine Art Container für Texte, Abbildungen, Tabellen etc. Je mehr Spalten, desto lebendiger erscheint ein Layout, allerdings ist die Gefahr groß, sich zu verzetteln. Arbeiten Sie daher zunächst mit weniger Spalten und fügen gegebenenfalls später noch welche ein.

> **Schmaler oder breiter Rand**
> Schmale Zeilen oder geringer Zeilenabstand benötigen in der Regel weniger Rand, ist der Zeilenabstand aber großzügig gehalten oder sind die Zeilen sehr lang, ist ein eher breiter Rand notwendig.

Die Spaltenanzahl beeinflusst maßgebend die Spaltenbreite. Probieren Sie deshalb ruhig mehrere Varianten aus, und kontrollieren Sie dabei immer das Verhältnis von Zeilenlänge und optimaler Lesbarkeit. Schmale Spalten benötigen nämlich weitaus mehr Zeilentrennungen. Maximal sechs Spalten sollten bei einem Format von DIN A4 vollkommen ausreichen. Mehr Spalten sind kaum sinnvoll, da die Spaltenbreite dadurch sehr schmal wird. Raster mit einer ungeraden Spaltenzahl können die Asymmetrie und Lebendigkeit des Layouts betonen. Raster mit einer geraden Spaltenanzahl hingegen können symmetrisch und statisch erscheinen.

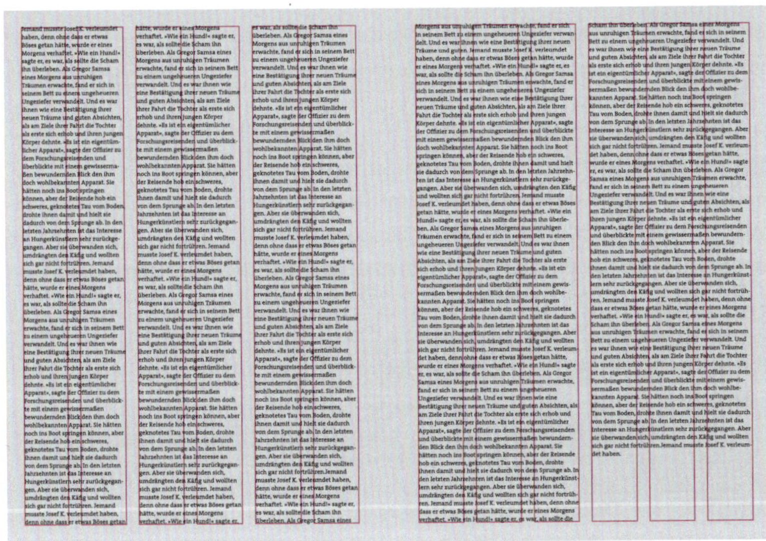

Abbildung 3.12: Einteilung des Satzspiegels in sechs Spalten. Dies ermöglicht den Satz des Textes über zwei oder drei Spalten.

3.4 Hilfsmittel für ein gutes Layout

Damit unser Layout homogen und in sich geschlossen wirkt, sollten sich bestimmte Parameter wiederholen und immer nach dem gleichen Prinzip behandelt werden. Gestalten heißt durchhalten: Dies betrifft wiederkehrende Elemente, wie Farbe, Schriftgröße, Zeilenabstand, Laufweite des Textes usw. Dabei helfen uns im Satzprogramm zuvor definierte Formatierungen, die uns den Gestaltungsprozess erleichtern.

3.4.1 Absatz- und Zeichenformate

Absatz- und Zeichenformate sind spezielle Formatierungen für Satzprogramme, die auch unter dem Begriff »Textformate« oder auch »Stilvorlagen« zusammengefasst werden. Mithilfe dieser Formatvorlagen können Absätze und Textabschnitte einheitlich formatiert und gestaltet werden. Zu finden sind diese in Adobe InDesign unter *Fenster • Formate • Absatz-* bzw. *Zeichenformate*.

- Ein Absatzformat enthält Eigenschaften für die Zeichen- und die Absatzformatierung und kann auf einen oder mehrere Absätze angewendet werden.
- Ein Zeichenformat verfügt über Eigenschaften zur Formatierung von Zeichen, die auf einen ganzen Text oder ein einzelnes Wort angewendet werden können.

Wenn die Attribute eines bestimmten Formats, wie Schriftgröße und -farbe, Laufweite, Zeilenabstand etc., geändert werden, wird auch der gesamte Text, auf den das Format angewendet wurde, mit dem neuen Format aktualisiert. Diese Formatierungen stellen vor allem bei umfangreichen Printprodukten mit wiederkehrenden Elementen eine enorme Zeitersparnis dar. Stellen Sie sich vor, Sie müssten aus Platzgründen alle Überschriften in einem Textdokument um einen Schriftgrad kleiner machen. Wenn das entsprechende Element in den Formatvorlagen hinterlegt ist, dann ist das kein Problem. Mit einem Klick werden alle formatierten Überschriften verkleinert.

Die Eigenschaften der Absatzformate werden in den Absatzformatoptionen festgelegt, die Eigenschaften der Zeichenformate in den Zeichenformatoptionen.

Benennung

Benennen Sie die einzelnen Formatierungen eindeutig, damit es nicht zu Verwechslungen kommt.

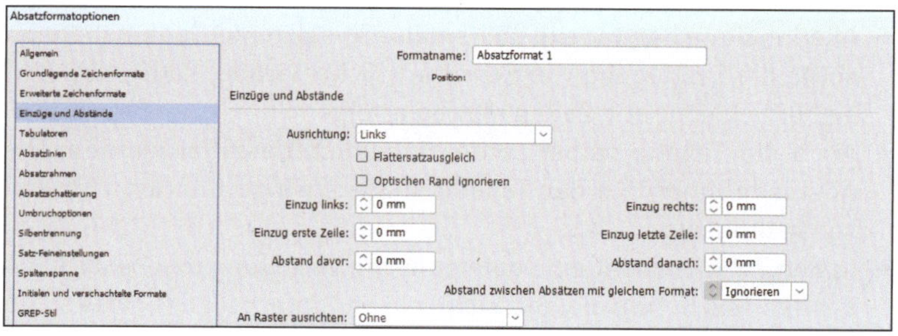

Abbildung 3.13: Absatzformatoptionen

Abbildung 3.14: Absatzformate dieses Handbuchs

3.4.2 Musterseiten

Musterseiten sind ebenso wie Textformate vor allem bei umfangreichen Projekten wie periodisch erscheinenden Magazinen, Broschüren, Büchern etc. hilfreich. Der Vorteil von Musterseiten liegt u. a. darin, dass bei nachträglichen Text- oder Objektänderungen an den Musterseitenelementen alle Layoutseiten automatisch aktualisiert werden. Ohne Musterseiten müssten Sie alle Layoutseiten einzeln und manuell aktualisieren. Ein zeitraubender Vorgang, der zudem die Gefahr von Fehlern birgt.

Wenn in InDesign ein neues Dokument angelegt wird, enthält dieses Dokument standardmäßig eine Musterseite. Bei einem doppelseitigen Layout sind zwei Musterseiten vorhanden: eine für die linken und eine für die rechten Seiten. Die grundlegenden Einstellungen einer Musterseite, wie Seitengröße, Seitenränder, Anzahl der Spalten und Beschnitt, werden bereits beim Erstellen des InDesign-Dokuments festgelegt.

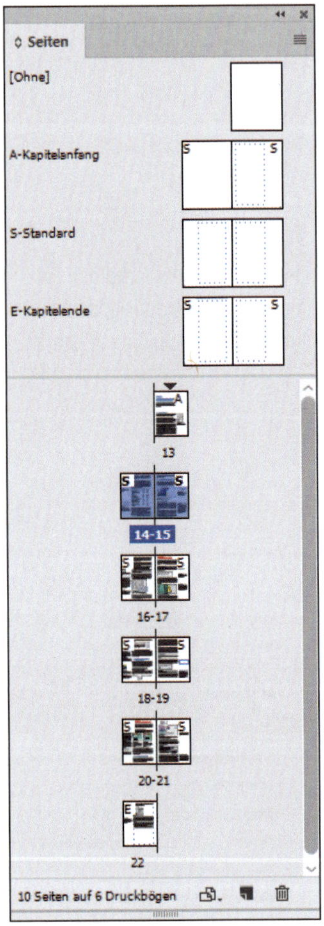

Abbildung 3.15: Das Musterseiten-Bedienfeld

Im nächsten Layoutschritt werden zusätzliche Standard-Seitenelemente wie zum Beispiel Kopf- und Fußzeilen, Seitenzahlen, Kolumnentitel und Textrahmen als Variable auf der Musterseite fixiert.

3.4.3 Tabellen

Sinn und Zweck einer Tabelle ist es, Datensätze optisch ansprechend und dadurch auch leicht verständlich und strukturiert für den Leser aufzubereiten. Inhalte dieser Datensätze sind beispielsweise numerische Informationen (wie Preise) oder Textinformationen (wie Produktinformationen) oder auch Zeitpläne wie Kalender oder Schichtpläne.

Eine Tabelle besteht aus folgenden Elementen:

1. **Zeilen:** die horizontalen Abschnitte einer Tabelle
2. **Spalten:** die vertikalen Abschnitte einer Tabelle, auch Kolonnen
3. **Zelle:** die Schnittpunkte von Zeilen und Spalten
4. **Kopfzeilen:** Zur besseren Strukturierung können Tabellen Kopfzeilen enthalten, die den Inhalt der jeweiligen Spalte beschreiben. Sie sollten sich optisch von der Tabelle abheben.
5. **Fußzeilen:** Das Zusammenfassen von numerischen Summen oder Textnotizen kann zum Beispiel in der Fußzeile einer Tabelle erfolgen.

Bei der Gestaltung einer Tabelle sind folgende Punkte zu beachten:

+ Alle Inhalte einer Tabelle sollten eine konsistente Optik haben. So sollte die Festlegung von Schriftart, Schriftgröße, Laufweite usw. einheitlich über alle Zellen hinweg erfolgen.
+ Auch die Tabelle selbst sollte einheitlich gestaltet werden. Die Abstände innerhalb der Tabelle sowie etwaige Konturen sollten konsistent sein.
+ In den Zellen erhöht eine gute optische Verteilung des Weißraums um den Text herum die Übersichtlichkeit. Unterhalb des Texts sollte optisch mehr Raum eingeplant werden als oberhalb des Texts.
+ Abhängig von der Größe der Tabelle und der Menge an Daten sollte eine gut lesbare Schrift gewählt werden. Meist wird hier dieselbe Schriftart wie im Fließtext des Dokuments verwendet. Die Schriftgröße kann etwas kleiner als der Fließtext sein, sollte aber nicht mehr als 2 Punkt abweichen und muss immer gut lesbar bleiben.
+ Ausreichend Kontrast zwischen Hintergrund und Text muss immer vorhanden sein. Zur besseren Strukturierung der Tabelle können die Zeilen eine Hintergrundfarbe erhalten, diese darf aber nicht zu intensiv sein, um den Kontrast zum Text weiterhin zu gewährleisten.
+ Zahlenkolonnen sollten immer rechtsbündig gesetzt werden, damit alle Maßeinheiten untereinanderstehen. Die Gliederung der Zahlenkolonnen erfolgt in Dreierschritten.
+ Text im Kopf über der Legende sollte linksbündig ausgerichtet sein.
+ Text im Kopf über Zahlenkolonnen sollte wie in den Zahlenkolonnen selbst rechtsbündig ausgerichtet sein.
+ Die einzelnen Zellen sollten durch Linien oder Flächen gegliedert werden. Dabei sollten Linien der Strichstärke der jeweiligen Schrift

angepasst werden, um nicht als Blickfang zu dienen. Farbige Flächen sollten ausreichend Kontrast zum Text aufweisen.

Eine Tabelle wird in Adobe InDesign unter *Tabelle • Tabelle erstellen* erstellt (ähnlich auch in Affinity Publisher). Im nun folgenden Dialogfeld haben Sie die Möglichkeit, die Voreinstellungen für die Tabelle zu treffen. Hier können Sie direkt die Anzahl der Zeilen und Spalten angeben sowie vordefinierte Formatierungen, ähnlich den Absatz- und Zeichenformaten, auswählen. Alle Einstellungen lassen sich natürlich während der Bearbeitung in Adobe InDesign nachträglich verändern.

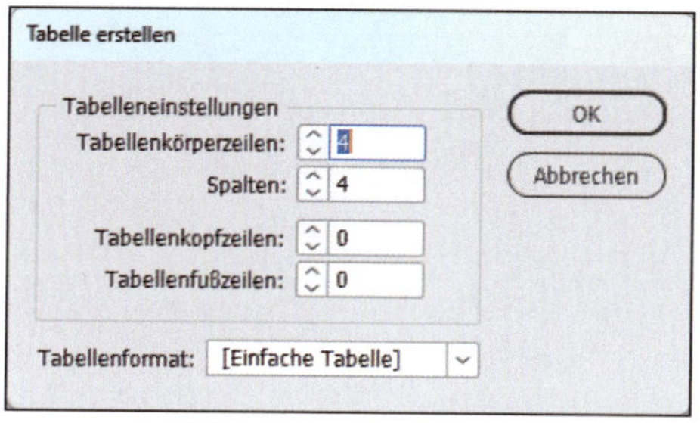

Abbildung 3.16: Eine Tabelle erstellen in Adobe InDesign

Im Anschluss können Sie über die Menüfelder *Tabelle • Tabellenoptionen* und über *Tabelle • Zellenoptionen* weitere optische Vorgaben für die Tabelle machen. In den Tabellenoptionen können Einstellungen für die Anzahl der Zeilen und Spalten sowie Tabellenrahmen, Tabellenabstände, Zeilen- und Spaltenkonturen, Flächen sowie Tabellenkopf und -fuß getroffen werden. In den Zellenoptionen wiederum finden Sie die Einstellungen für den Zellversatz (Abstand innerhalb der Zelle), für Ausrichtung, Grundlinie, Grafiken, Konturen und Flächen, Zeilen, Spalten und diagonale Linien.

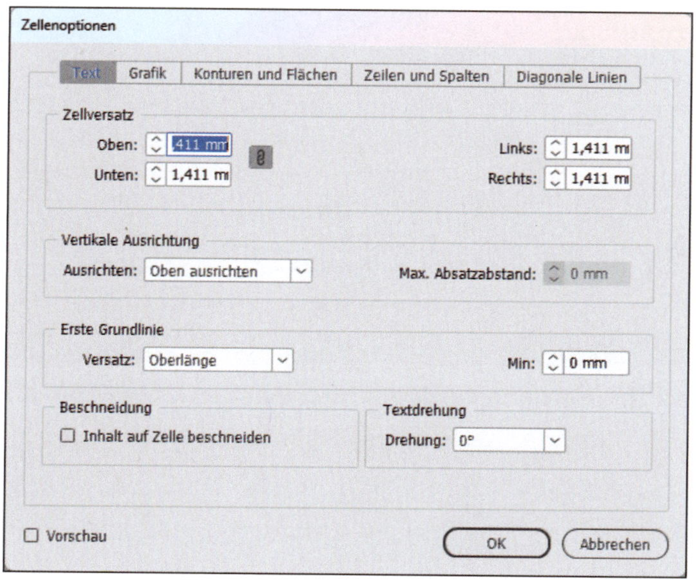

Abbildung 3.17: Zellenoptionen in Adobe InDesign

Nach Abschluss der optischen Gestaltung der Tabelle kann es hilfreich sein, die Formatierung der Tabelle in Tabellen- und Zellenformaten zu speichern, so dass Sie die Formate bei der nächsten Tabelle direkt im Dialogfeld *Tabelle erstellen* über *Tabellenformat* auswählen und so wiederverwenden können. Dadurch wird über das gesamte Dokument hinweg ein einheitliches Aussehen aller Tabellen gewährleistet, und nachträgliche Änderungen an den Tabellen sind direkt über die Formatvorlage möglich.

Kapitel 4

Farbgestaltung

Themen des Kapitels:

- *Eigenschaften von Farbe*
- *Farbtheorie nach Itten und Küppers*
- *Farbgestaltung*
- *Farbkontraste*
- *Farbharmonien*
- *Farbwirkung*

Gestalterinnen und Gestalter wissen um die Wirkung von Farben und nutzen sie gezielt, um bestimmte Inhalte zu kennzeichnen oder Stimmungen und Emotionen hervorzurufen: Farbe kann schmücken, gliedern, Aufmerksamkeit schaffen und mit Bedeutung aufgeladen werden. Kurz gesagt: Farbe kommuniziert. Dabei ist das Farbempfinden höchst subjektiv. So wie alle Sinneswahrnehmungen ist auch die Wahrnehmung von Farbe nicht eindeutig, und jeder Mensch hat eine andere Vorstellung davon, wie ein sattes Grün auszusehen hat. Die Emotionen und Bedeutungen, die wir einer Farbe zuordnen, sind jedoch nicht subjektiv.

Das Problem Farbe

Farbe ist vielseitig und schwer zu fassen, und es scheint kaum möglich, die physikalischen Aspekte mit der Empfindung in Einklang zu bringen. Dennoch brauchen wir Ordnungssysteme, um uns über Farbe unterhalten und austauschen zu können. Kunstschaffende suchen seit Jahrhunderten danach, um daraus Harmonien abzuleiten und das Mischverhalten besser zu verstehen. Die Industriegesellschaft benötigt Normen, um Farben mit möglichst geringen Abweichungen weltweit reproduzierbar zu machen. All das verlangt nach Vereinheitlichung; bislang ist es aber nicht gelungen, *ein* Modell zu entwickeln, das alle Aspekte erklärt und für alle Anwendungsbereiche geeignet ist.

4.1 Grundlagen

Farbe tritt niemals autonom auf, sondern wird immer in Relation zu benachbarten Farben und vor allem zum Untergrund gesehen, auf dem sie gedruckt ist. Aus diesem Grund ist es auch so wichtig, etwas über die Grundlagen von Farbe und ihre Beziehung zu anderen Farben zu wissen.

4.1.1 Definition Farbe

Um Farben zu sehen, benötigen wir Licht. Licht besteht aus elektromagnetischen Wellen unterschiedlicher Wellenlänge, die unterschiedliche Nervenreize in unserem Auge auslösen. Dadurch entsteht in unserem Auge und somit in unserem Kopf Farbe – also als optische Erscheinung in Form eines Farbeindrucks.

Licht sehen

Im Auge befinden sich lichtempfindliche Rezeptoren: 6 Millionen Zapfen übermitteln Farbeindrücke in den Farben Rot, Grün und Blau. Die Stäbchen (120 Millionen!) übertragen Hell- und Dunkel-Informationen und sind für Schattierungen zuständig.

Licht enthält alle Farben des Regenbogens, durch die Mischung aller Farben entsteht weißes Licht. Um das zu verstehen, muss man einen Lichtstrahl nur durch ein Prisma »brechen«. Da jede Farbe eine andere Wellenlänge hat, wird sie unterschiedlich gebrochen, wenn sie auf das Prisma trifft.

© Fotolia_Vasily_Yakobchuk

Abbildung 4.1: Lichtbrechung im Prisma

Wenn Licht auf ein Objekt scheint, werden Farben von diesem Objekt reflektiert oder absorbiert (= aufgesaugt). Unsere Augen sehen nur die Farben, die reflektiert werden. Zum Beispiel erscheint uns gewöhnliches Tageslicht als weißes Licht. Wenn dieses weiße Licht auf einen weißen Gegenstand fällt, erscheint er uns ebenfalls weiß, weil er keine Farbe absorbiert und alle Farben gleichmäßig reflektiert. Ein schwarzer Gegenstand dagegen absorbiert alle Farben gleichmäßig und reflektiert keine, so dass er für uns schwarz aussieht. Somit ist Schwarz eigentlich keine Farbe, weil es die Abwesenheit aller Farben bedeutet.

Abbildung 4.2: So »sieht« das menschliche Auge Weiß und Schwarz.

© udaix/shutterstock.com

Gegenstände sind also nicht farbig, ihre Farbigkeit wird erst durch Licht erzeugt. Dabei besteht Licht, wie bereits erwähnt, aus elektromagnetischen Wellen. Diese sogenannten Lichtwellen reisen mit enormer Geschwindigkeit (300.000 Kilometer pro Sekunde) durch die Atmosphäre. Verschiedene Farben haben dabei unterschiedliche Wellenlängen – das ist der Abstand zwischen zwei der Wellen. Das menschliche Auge kann aber nur innerhalb eines sehr engen Wellenbereichs Farbe sehen. Die längste Wellenlänge des Lichts, die Menschen sehen können, ist rot. Infrarot hat eine noch längere Wellenlänge, aber der Mensch kann es in Form von Infrarotlicht nur fühlen. Die kürzeste Wellenlänge ist violett. Ultraviolett hat eine noch kürzere Wellenlänge, aber Menschen können es mit dem bloßen Auge nicht wahrnehmen.

Definition Farbtemperatur
Farben haben unterschiedliche Temperaturen, die in der Maßeinheit Kelvin (K) gemessen werden. Wenn man von einer niedrigen Farbtemperatur spricht, ist das wärmere, gelbe bis rote Licht gemeint, während man mit einer hohen Farbtemperatur das kältere, blaue Licht meint.

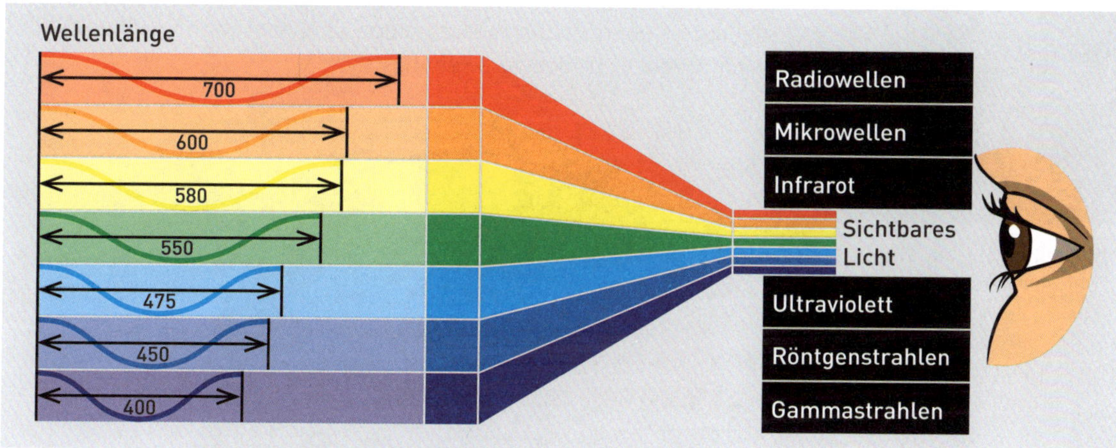

Abbildung 4.3: Wie das menschliche Auge Farben »sieht«

Klassische Farbtemperaturen

- Kerzen: 1.900 K
- Lampen: 2.500 K – 3.000 K
- Sonnenschein an einem klaren Tag: 6.000 K
- Bedeckter Himmel: 6.900 K – 7000 K

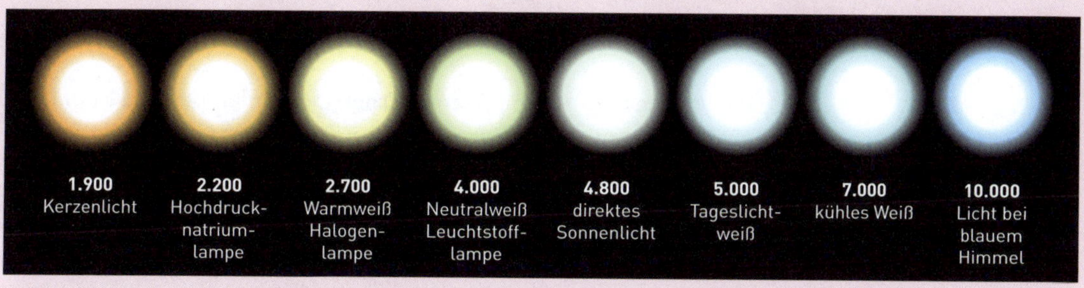

Abbildung 4.4: Verschiedene Kelvin-Werte mit entsprechenden Lichtanmutungen

4.1.2 Die Geschichte der Farbtheorie

Bereits in der Antike waren Philosophen wie Aristoteles von der Natur der Farben fasziniert. Aber erst die Renaissance brachte einen bedeutenden Fortschritt in der Farbenlehre mit sich, als Leonardo da Vinci die Prinzipien der Lichtbrechung untersuchte. Seine Erkenntnisse legten den Grundstein für das Verständnis von Farbmischungen und Licht.

Newtons Farbtheorie

Abbildung 4.5: Isaac Newton experimentiert mit Licht.

Unsere heutige Sichtweise von Licht und Farbe wurde mit Isaac Newton (1643–1727) und einer Reihe von Experimenten, die er 1672 veröffentlichte, geprägt. Er »verstand« den Regenbogen, brach weißes Licht mit einem Prisma und löste ihn somit in seine Farbkomponenten auf: Rot, Orange, Gelb, Grün, Hellblau, Blau und Violett.

Diese Grundfarben dienten ihm als Grundlage für sein Farbsystem: den aus sieben Farben bestehenden »newtonschen Farbkreis«, der weder Weiß noch Schwarz kennt.

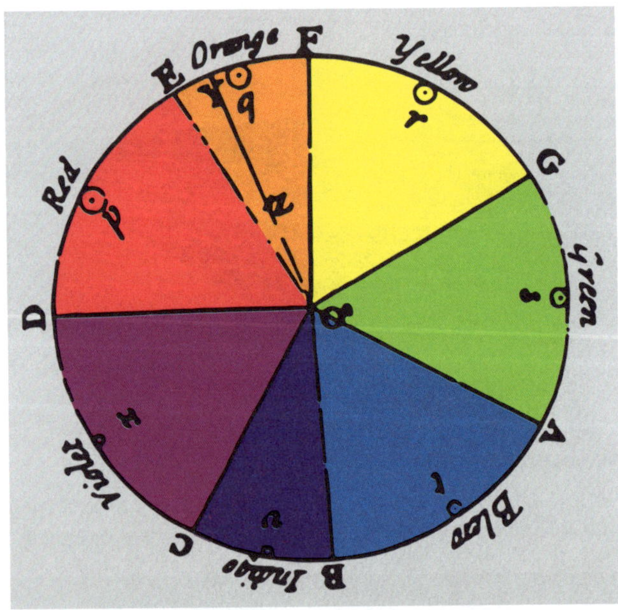

Abbildung 4.6: Newtons Farbkreis

Die von Newton »entdeckten« Farben dienten in der Kunst lange Zeit als sogenannte Grundfarben, um aus ihnen gemischt alle anderen Farben der Welt zu erhalten. Neben den Grundfarben gibt es noch die Sekundärfarben, die aus zwei Grundfarben gemischt werden können. Als Tertiärfarben beschreibt man demnach alle Farbtöne, die gemischt aus drei Grundfarben bestehen (siehe folgenden Abschnitt).

Farbkreise in der Gestaltung

Neben dem Farbsystem von Newton gibt es bis heute viele weitere Modelle und Farbkreise, aus denen sich Grundfarben ablesen lassen können. Berühmte deutsche Entwickler von weiteren Modellen sind zum Beispiel Johann Wolfgang von Goethe, Johannes Itten oder Harald Küppers. Ittens Farbkreis ist sicherlich bekannter, viele Grafiker und Grafikerinnen bevorzugen jedoch die sogenannte Farbensonne nach Küppers, die aus der Drucktechnik stammt und sich mit dem HSB-Farbmodell deckt (siehe Abschnitt 11.2). Als theoretisches Anschauungsmaterial sind beide Farbkreise durchaus geeignet, und Sie sollten den Aufbau beider kennen.

Ittens Farbtheorie

Johannes Itten, Maler und Kunstpädagoge, entwickelte von 1919 bis 1923 während seiner Lehrtätigkeit am Bauhaus Weimar die Grundlagen seiner Farbtheorie und den gleichnamigen Farbkreis, den die meisten sicher noch aus dem Kunstunterricht kennen werden. Farben, die im Farbkreis nebeneinanderliegen, lassen eine gewisse Verwandtschaft erkennen; sie ergeben in der Gestaltung ein Maximum an Harmonie. Farben, die sich im Farbkreis gegenüberliegen, sorgen für einen maximalen Kontrast und sind **Komplementärfarben**.

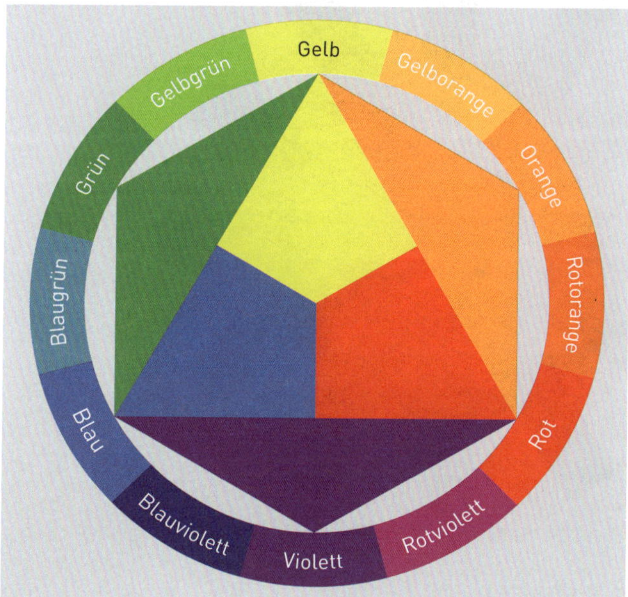

Abbildung 4.7: Primär-, Sekundär- und Tertiärfarben in Ittens Farbkreis

Ittens Modell basiert auf:

+ drei **Grundfarben** (Blau, Gelb, Rot)
+ drei **Sekundärfarben**, die aus der Mischung der drei Grundfarben entstehen: Grün (Gelb + Blau), Violett (Blau + Rot), Orange (Rot + Gelb)
+ **Tertiärfarben**, die durch die Mischung aus je einer Sekundärfarbe mit einer Grundfarbe entstehen: So entsteht aus der Primärfarbe Gelb und der Sekundärfarbe Grün zum Beispiel Gelbgrün, aus der Primärfarbe Rot und der Sekundärfarbe Orange ein Rotorange.

Bauhaus

Das Bauhaus war eine avantgardistische Kunstschule und Designbewegung, die von 1919 bis 1933 in Deutschland existierte. Gegründet von Walter Gropius, strebte das Bauhaus die Verschmelzung von Kunst, Handwerk und Industrie an. Es legte großen Wert auf Funktionalität, klare Formen und die Anwendung moderner Materialien. Das Bauhaus hatte einen bedeutenden Einfluss auf die Entwicklung von moderner Architektur, Kunst und Design. Zunächst ansässig in Weimar, zog die Schule später nach Dessau um. Das Bauhaus wurde im Nationalsozialismus 1933 geschlossen, sein Erbe prägt Architektur, Kunst und Design jedoch bis heute.

Farbwahl in der Praxis

Um schnell »passende« Farben für die Gestaltung zu finden, können Systeme wie Adobe Color hilfreich sein, das je nach Einsatzgebiet vorgefertigte Farbharmonien und sogar Farbdreiklänge etc. zusammenstellt (*color.adobe.com*). Neben digitalen Tools verlassen wir uns immer noch auf unsere Augen und einen passenden Farbfächer, um Farben auszuwählen. Mit ein bisschen Zeit und Reflexion des Gesehenen wird man schnell geübter darin, passende von unpassenden Farben zu unterscheiden.

Küppers' Farbenlehre

Der deutsche Farbentheoretiker Harald Küppers stellte in den 1970er Jahren eine Farbenlehre vor, die einen pragmatischen Ansatz sucht und auf seinen Erfahrungen in der Druckindustrie basiert. Er definiert in seiner Farbenlehre die sogenannten Urfarben (Orange-)Rot, Grün und (Violett-)Blau, die zusammen mit Cyanblau, Magentarot, Gelb und den unbunten Farben Schwarz und Weiß die acht Grundfarben ergeben. Küppers' Kritik an Ittens Modell richtet sich vor allem gegen Ittens Komplementärfarben, die in ihrer Mischung nicht Grau, sondern bunte Tertiärfarben ergeben. Außerdem fehlen laut Küppers Weiß und Schwarz, die bei Itten als Nichtfarben deklariert werden. In Küppers' Farbtheorie sind sie jedoch als gleichwertig zu den bunten Farben zu sehen.

Die Zusammenführung von Bildschirm- und Druckgrundfarben in einem einfachen, sich gegenseitig ergänzenden Modell macht Küppers' Farbenlehre für die Mediengestaltung besonders interessant.

Abbildung 4.8: Zwölfteiliger Farbkreis nach Küppers

4.1.3 Eigenschaften von Farben

Farben lassen sich durch drei Eigenschaften voneinander unterscheiden:

+ Farbton (Wellenlänge)
+ Helligkeit (Lichtintensität)
+ Sättigung (Reinheitsgrad)

Schwarz, Weiß und deren Mischungen in verschiedenen Grautönen werden als unbunte Farben bezeichnet, da sie keinen Farbton und keine Sättigung aufweisen. Unbunte Farben, also Schwarz, Grau und Weiß, unterscheiden sich nur durch ihre Helligkeiten voneinander.

- **Bunt- oder Farbton:** Farben mit eindeutiger Farbeigenschaft erhalten die Bezeichnung Buntton oder Farbton: Rot, Gelb, Grün ...
- **Helligkeit:** Farben können den gleichen Farbton haben, dabei aber unterschiedlich hell bzw. dunkel wirken. Der stärkste Unterschied besteht zwischen Schwarz und Weiß, bei den bunten Farben zwischen Violett und Gelb. Dunkle Farben erscheinen schwerer, hellere Farben leichter. Das Wissen um diese Wirkung hilft uns beim bewussten Einsatz von Farbe und bei der gestalterischen Arbeit.
- **Sättigung:** Jeder Buntton weist eine eindeutige Sättigung auf, die von 0 % bis 100 % reicht. Je farbiger bzw. reiner eine Farbe ist, desto mehr ist sie gesättigt. Im Gegensatz zur Helligkeit beeinflusst die Sättigung die subjektiv empfundene Leuchtkraft einer Farbe. Reine Farben wie Rot, Grün, Gelb und Blau weisen zum Beispiel eine maximale Sättigung von 100 % auf. Grau hingegen hat eine Sättigung von 0 %.

Abbildung 4.9: Farbton

Abbildung 4.10: Helligkeit

Abbildung 4.11: Sättigung von 0 bis 100 %

4.2 Farbgestaltung

Die Farbwahl ist höchst subjektiv, und allgemein werden den Geschlechtern und Altersgruppen bestimmte Farben zugeordnet: So lieben Kinder eher Grundfarben, je knalliger und bunter, desto besser. Ältere Menschen scheinen hingegen eher gedeckteren Farben zugetan. Auch je nach Kulturkreis kann eine Farbe unterschiedliche Bedeutungen haben. So bedeutet die Farbe Schwarz in China zum Beispiel Macht und Geld, wohingegen sie in vielen anderen Ländern mit Tod und Trauer assoziiert wird. Für den europäischen Raum gelten aber größtenteils dieselben Farbbedeutungen, und es kann nicht zu ungewollten Verwechselungen kommen.

Bei der Farbgestaltung bedient man sich in erster Linie zweier Elemente:

1. Farbkontraste
2. Farbharmonien

4.2.1 Farbkontraste

Die folgende Einteilung der Farbkontraste wurde von Johannes Itten festgelegt und gilt noch heute.

Der Farbe-an-sich-Kontrast

Er beschreibt die Kombination von mindestens drei sich klar voneinander unterscheidenden Farben. Der Farbe-an-sich-Kontrast, auch Farbtonkontrast genannt, entsteht zwangsläufig, sobald mindestens drei Farben zusammenkommen. Bei diesem Kontrast steht die Buntheit im Vordergrund. Primärfarben und Sekundärfarben haben dabei die stärkste Kontrastwirkung. Farbe-an-sich-Kontraste sind schon aus großer Entfernung gut wahrzunehmen, weshalb sie auch für Warnhin-

Abbildung 4.12: Farbe-an-sich-Kontrast: Werden die Farbflächen zusätzlich mit schwarzen oder weißen Linien getrennt, erhöhen sich Farbeigenschaften und Buntheit der Farben.

weise oder Verkehrszeichen eingesetzt werden. Durch ihre leuchtend bunte Signalwirkung sind Farbe-an-sich-Kontraste besonders gut für plakative Botschaften geeignet, können aber auch schrill wirken.

Abbildung 4.13: Hell-Dunkel-Kontrast. Helle Objekte im dunklen Umfeld wirken größer als dunkle Objekte in hellem Umfeld.

Der Hell-Dunkel-Kontrast oder Helligkeitskontrast

Er entsteht durch die unterschiedliche Farbhelligkeit zweier Farbtöne und kommt sowohl bei den unbunten Farben Schwarz, Weiß und Grau als auch bei den Buntfarben vor. Durch den Hell-Dunkel-Kontrast werden die Teile eines Bildes gewichtet, oder es wird Bewegung von Hell nach Dunkel suggeriert. Er dient der Betonung von Formen und erzeugt Körperlichkeit und Dreidimensionalität. Beim Einsatz von Helligkeitskontrasten ist zu beachten, dass ein helles Objekt im dunklen Umfeld größer wirkt als ein dunkles Objekt im hellen Umfeld.

Abbildung 4.14: Warm-Kalt-Kontrast

Warm-Kalt-Kontrast

Die Wahrnehmung von Farben löst in uns bestimmte Assoziationen aus, die grundlegend mit Warm (Farbraum Rot bis Gelb) und Kalt (Blau- und Grüntöne) beschrieben werden. Blaugrün wird zum Beispiel als die kälteste und Rotorange als die wärmste Farbe empfunden. Warme und kalte Farben stehen sich im Farbkreis gegenüber. Der Kalt-Warm-Kontrast besitzt vor allem in der Landschaftsmalerei große Bedeutung, um Räumlichkeit oder Perspektive zu erzeugen. Je weiter Objekte entfernt sind, desto blaustichiger erscheint die Farbe.

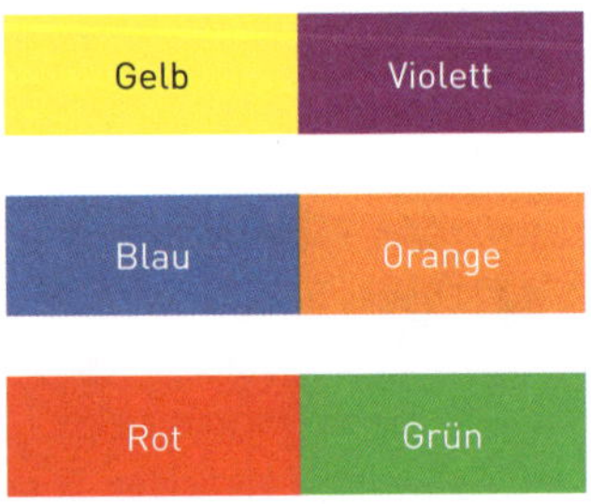

Abbildung 4.15: Jede Grundfarbe steht zur Mischung der beiden anderen Grundfarben in einem komplementären Verhältnis:
Gelb zu Rot + Blau = Violett,
Blau zu Rot + Gelb = Orange,
Rot zu Gelb + Blau = Grün.

Komplementärkontrast

Zu jeder Farbe gibt es nur eine komplementäre Farbe, die deshalb auch als Ergänzungsfarbe bezeichnet wird und sich auf dem Farbkreis nach Itten diametral gegenüber befindet, also Gelb zu Violett, Blau zu Orange, Grün zu Rot usw. Durch ihre gegensätzliche Anordnung im Farbkreis steigern sie sich zu höchster Farb- und Lichtwirkung, wenn sie nebeneinander platziert werden. Je ungetrübter die Farbpaare sind, desto stärker wirkt dabei der Komplementärkontrast. Der extreme Kontrast zwischen komplementären Farbenpaaren kann bewusst eingesetzt werden, um der Gestaltung Plakativität zu verleihen.

Quantitätskontrast

Der Quantitätskontrast beschreibt die Größenverhältnisse von zwei oder mehreren kontrastierenden Farbflächen. Aus diesem Grund könnte man den Quantitätskontrast auch als Proportionskontrast bezeichnen.

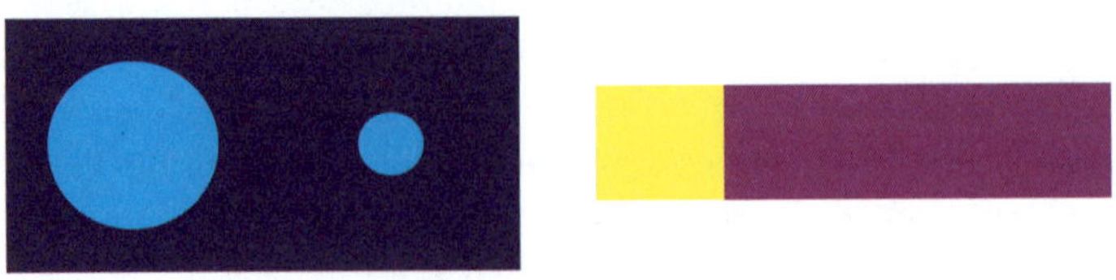

Abbildung 4.16: Quantitätskontrast

Qualitätskontrast

Der Qualitätskontrast, auch als Intensitätskontrast bezeichnet, ist der Kontrast, der zwischen gesättigten, leuchtenden Farben und gebrochenen, stumpfen, trüben Farben entsteht, also durch Unterschiede in der Farbqualität. Die Trübung der reinen Farben, also die Verminderung ihrer Intensität, wird erreicht durch das Mischen mit Schwarz, Weiß, Grau oder der entsprechenden Komplementärfarbe. Der Qualitätskontrast eignet sich eher für den Einsatz in einer zurückhaltenden Gestaltung.

Abbildung 4.17: Qualitätskontrast

Simultankontrast

Der Simultankontrast beschreibt die gleichzeitige Wechselwirkung von nebeneinanderliegenden Farbflächen. Im Zusammenspiel der Farben versucht der Sehsinn, zu einer dargestellten Farbe ihre Komplementärfarbe herzustellen. Ein reines Rot wird entsprechend mehr als Orange wahrgenommen, wenn man es vor einem blauen Hintergrund betrachtet, da das Blau unserem Sehsinn seine Komplementärfarbe Gelborange suggeriert.

Abbildung 4.18: Simultankontrast: der gleiche Grauton, jedoch ein anderer Farbeindruck

4.2.2 Farbharmonien

Farben treten meist im Zusammenhang mit anderen Farben bzw. mit dem Bedruckstoff auf. Im Zusammenspiel von mehreren Farben ist darauf zu achten, dass sie miteinander harmonieren, sonst wirkt die Gestaltung schnell willkürlich. Man spricht dabei auch von sogenannten Farbharmonien.

Diese Harmonien sorgen für eine spürbare Ordnung, die sich je nach Farbpalette entsprechend auf die betrachtende Person auswirkt. Dabei können diese Harmonien eher ruhig (harmonischer) oder plakativ (kontrastreich) sein. Die Kombinationsmöglichkeiten unterschiedlicher Farben sind unendlich, einige werden im Folgenden dargestellt.

Harmonischer Dreiklang

Ein Farbdreiklang wirkt harmonisch und lebhaft zugleich. Der harmonische Dreiklang mit Grundfarben sollte allerdings nur eingesetzt werden, wenn eine plakative Umsetzung gewünscht ist, da er sehr bunt wirkt. Etwas ruhiger und gedeckter wirkt der harmonische Dreiklang mit Mischfarben, wie Orange, Türkis und Violett.

Komplementärer Dreiklang

Der komplementäre Dreiklang besteht aus einer Basisfarbe und ihrer jeweiligen Komplementärfarbe, wobei nicht die Komplementärfarbe, sondern ihre beiden Nachbarn für den Dreiklang ausgewählt werden. Der komplementäre Dreiklang wirkt lebhaft, aber weniger schrill als der harmonische Dreiklang. Natürlich ist es immer auch eine Frage, wie die ausgewählten Farben eingesetzt werden.

Tipps zur Farbwahl

Man sollte sich bei der Farbwahl nicht den gängigen Klischees unterordnen. Primär muss Farbe für das Design funktionieren. Falls der Einsatz von Farbe keinen wirklichen Mehrwert erzielt, sollten Sie darauf verzichten. Wir beziehen uns bei der Farbgebung gerne auf die Gestaltung von Logos. Ist die Form eines Zeichens prägnant genug, sprich funktioniert es auch in Schwarz-Weiß, dann gilt dies auch für Farbe. Ob Farbe dann allerdings tatsächlich noch notwendig ist, ist sicherlich branchenabhängig und individuell mit dem Kunden oder der Kundin zu entscheiden.

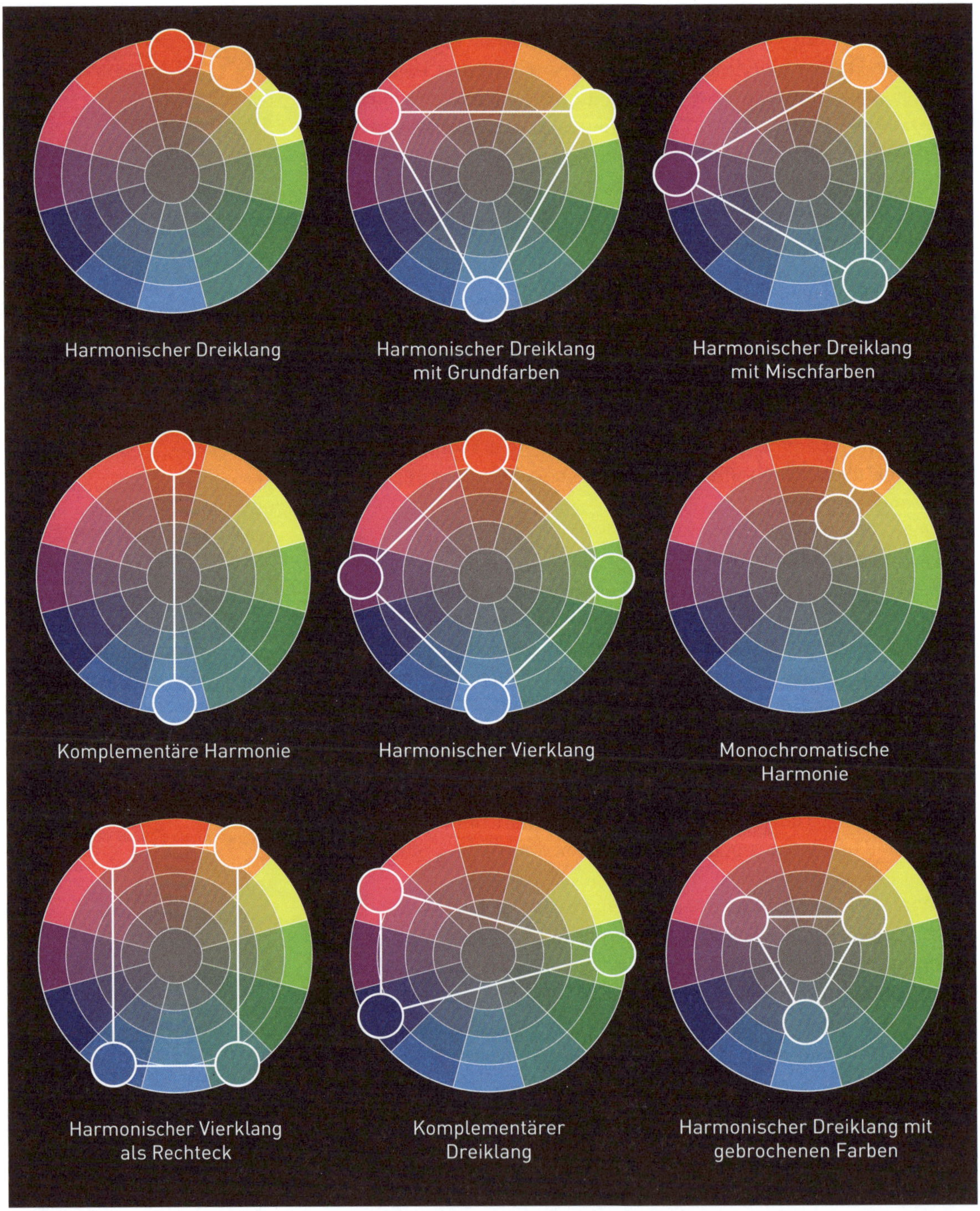

Abbildung 4.19: Farbharmonien

Harmonischer Vierklang

Am harmonischen Vierklang sind, wie der Name es schon vermuten lässt, vier Farben beteiligt. Diese können gleichmäßig verteilt sein, wie im Fall des quadratischen Vierklangs, oder auch unterschiedliche Entfernungen innerhalb des Farbkreises aufweisen, wie beim rechteckigen Vierklang. Beide Konstellationen können mitunter recht bunt wirken und sollten nur zum Einsatz kommen, wenn die Farben auch inhaltlich eine Rolle spielen, zum Beispiel als farbige Kennzeichnung für unterschiedliche Kapitel in einer Broschüre.

Monochromatische Farbharmonien

Wer es doch ruhiger möchte, sollte auf monochromatische Farbharmonien zurückgreifen. Monochrom bedeutet, dass nur eine Farbe und ihre verschiedenen Tonwerte an der Gestaltung beteiligt sind.

Wirkung von Farbharmonien

Für alle Farbharmonien gilt, dass sie immer mit reinen Tönen, helleren, dunkleren oder gedeckteren Varianten möglich sind. Was zählt, um Farbkombinationen harmonisch und nicht willkürlich zusammengewürfelt erscheinen zu lassen, ist ihr Verhältnis zueinander. Dies betrifft sowohl die Abstände der Farben am Kreis als auch, dass die beteiligten Töne eine Beziehung in Sachen Helligkeit und Sättigung aufweisen.

Farbharmonien entstehen aber nicht nur durch die Auswahl, sondern auch dadurch, wie diese im Layout eingesetzt werden. Hierbei helfen uns die zuvor angesprochenen Gestaltgesetze, um dynamische oder statische Farbwirkungen zu erzielen. So kann ein Verlauf von hellen zu dunklen Blautönen eine ruhige Wirkung erzeugen, wohingegen das Unterbrechen des Ordnungsprinzips mit einer weiteren Farbe für Spannung sorgen kann.

Abbildung 4.20: Der Verlauf von Blautönen wurde mit spannungsreichem Rot unterbrochen.

4.2.3 Farbwirkung

Die Wirkung von Farbe ist unbestritten. Dies beginnt schon im Babyalter, wenn Mädchen und Jungen bereits von der Konsumgütergesellschaft auf die bekannten Farbschemata reduziert werden. Dabei ist die Wirkung von Farbe höchst subjektiv, und jeder von uns wird eine andere Farbe vor Augen haben, wenn ich von einem roten Auto erzähle. Ob das Rot eher gedeckt ist, eher leuchtend oder mehr ins Rosa gehend, ist in der Wahrnehmung jedes Einzelnen verschieden.

Durch unsere Prägung, Wahrnehmung und Erfahrung entwickeln wir unbewusst bestimmte Assoziationen, wenn wir Farben sehen. Diese können sehr verschieden sein, und ein und dieselbe Farbe kann sehr unterschiedliche Emotionen auslösen. Dies geschieht meist auf verschiedenen Ebenen:

+ **Psychologische Farbwirkung:** Welche Attribute einer Farbe haben eine besondere Wirkung auf uns (Wärme, Kälte, Ruhe, Dynamik etc.)?

Farbe und Bedruckstoff

Aber nicht nur die Kombination verschiedener gedruckter Farbtöne ist ausschlaggebend für ein harmonisches Ergebnis. Farbe muss immer auf dem jeweiligen Bedruckstoff betrachtet werden. Selbst identische Druckfarben auf ein und demselben Papier sehen nicht unter allen Umständen gleich aus. Die subjektive Farbwirkung ist enorm, zumal das Licht, unter dem wir Drucksachen betrachten, eine große Rolle einnimmt. So können Farben im Tageslicht weitaus kontrastreicher und bunter erscheinen als unter herkömmlichem Normlicht.

+ **Symbolische Farbwirkung:** Eine symbolische Wirkung der Farbe entsteht dann, wenn Farben bestimmten Begriffen zugeordnet werden können. Das heißt, Farben können nicht nur bestimmte Gefühle und Stimmungen erzeugen, sondern Farben können auch Begriffen, Gegenständen oder Marken- oder Firmennamen zugeordnet werden. So sind abstrakte Begriffe mit Farben verknüpft, wie zum Beispiel in »sich schwarz ärgern« oder »grün hinter den Ohren sein«.
+ **Kulturelle Farbwirkung:** Je nach kulturellem Hintergrund besitzen die Menschen unterschiedliche Assoziationen zu einer bestimmten Farbe. Die Farbe Weiß symbolisiert in Japan zum Beispiel Trauer und Tod, wohingegen man sie in unseren Gefilden mit Reinheit assoziiert.
+ **Politische Farbwirkung:** Nicht nur Parteien präsentieren sich mit unterschiedlichen Farben, auch Länder tun das auf ihren Staatsflaggen.
+ **Traditionelle Farbwirkung:** Manche Farbassoziationen sind uns zwar geläufig, sind aber nicht mehr eindeutig nachvollziehbar, da sie schon sehr alt sind.

In unserem Kulturkreis lässt sich die Wirkung der Farben so verallgemeinern:

+ **Blau:** Autorität, Sympathie, Vertrauen, Seriosität, Freundlichkeit, Frieden, Treue, Sehnsucht, Entspannung, Stille, Genauigkeit, Pünktlichkeit, Konzentration, Kälte, Trunkenheit, Fantasie, Frieden ...
+ **Rot:** Gefahr, Aufmerksamkeit, Dynamik, Aktivität, Blut, Verbot, Macht, Wärme, Selbstvertrauen, Liebe, Krieg, Erotik, Hitze, Leidenschaft, Warnung, Schärfe, Feuer, in Ägypten Trauer, in China Glück ...
+ **Gelb:** Lebensfreude, Lebenskraft, Liberalismus, Neid, Hass, Reife, Blüte, Eifersucht, Sommer, Frische, Fröhlichkeit, Sonne, Gold, Optimismus, Lebendigkeit, Freundlichkeit, Schande, Geiz, Egoismus, Verlogenheit, Unsicherheit ...

Abbildung 4.21: Typisches Blau: das Meer

Abbildung 4.22: Beispiel Rot:- Tomaten

Abbildung 4.23: Beispiel Gelb: Sonnenblumen

+ **Grün:** Natur, Leben, Hoffnung, Zuversicht, Frische, Herbe, Jugend, Unreife, Gift, Erholung, Willenskraft, Natürlichkeit, Gesundheit, Nahrung, in Europa auch Sicherheit ...
+ **Orange:** Aktivität, Geselligkeit, Lebensfreude, Wandel, Jugend, Herbst, Frische, Reife ...

+ **Violett:** Religion, Individualität, Esoterik, Magie, Geheimnisvolles, Fantasie, Sexualität, Originalität, Einsamkeit, Gewalt, Extravaganz, Eitelkeit, Sünde, Trauer, Intimität, Verführung …

Abbildung 4.24: Beispiel Grün: Blätter

Abbildung 4.25: Beispiel Orange: Apfelsinen

Abbildung 4.26: Beispiel Violett: Kristall

+ **Rosa:** Charme, Höflichkeit, Sensibilität, Empfindlichkeit, Schwäche, Zärtlichkeit, Sanftheit, Liebe, Eitelkeit, Kindlichkeit, Niedlichkeit, Kleinheit, Romantik, Lieblichkeit …
+ **Braun:** Erde, Leder, Kaffee, Bier, Schokolade, Hässlichkeit, Dreck, Herbst, Faulheit, Dummheit, Rohstoff, Fäkalien, Nationalsozialismus, Tabak …
+ **Schwarz:** Tod, Nacht, Trauer, Zwang, Leere, Hass, Protest, Abgrund, Seriosität, Eleganz, Glaubwürdigkeit, Unglück, Schwere, Unbestechlichkeit, Erotik, Wahrheit, das Böse, Konflikt …

Abbildung 4.27: Beispiel Rosa

Abbildung 4.28: Beispiel Braun: Trockene Erde

Abbildung 4.29: Beispiel Schwarz: Kohle

+ **Weiß:** Frieden, Stille, Unschuld, Reinheit, Redlichkeit, Jungfräulichkeit, Hochzeit, Helligkeit, Leere, das Gute, Blässe …
+ **Grau:** Neutralität, Sorge, Langeweile, Gefühllosigkeit, Schwäche, Alter, Depression, Technik, Theorie, Bescheidenheit, Dämmerung …

Abbildung 4.30: Beispiel Weiß: Brautkleider

Abbildung 4.31: Beispiel Grau: Steine

Checkliste | **Farbwahl**

- Symbolcharakter einer Farbe beachten
- **Farbwirkung:** Gelb wird zum Beispiel als positiv empfunden, Grün steht für Hoffnung usw.
- **Farbtemperatur:** Blautöne wirken zum Beispiel kalt, Rottöne warm.
- **Größe der Farbfläche:** Große farbige Flächen wirken stärker als kleine farbige Elemente.
- **Farbhierarchie:** Kommen mehrere Farben im Layout vor, muss eine eindeutige Hierarchie definiert werden.
- **Farbkombination:** Eine Farbe kann im Umfeld einer anderen Farbe ihre Wirkung verändern.
- **Farbharmonien:** Mehrere Farben sollten in einem harmonischen Verhältnis zueinander stehen.
- **Farbkontraste:** Harmonie und Kontrast sind zwei Gestaltungselemente, die uns nicht nur in der Farbwahl begegnen.
- **Farbgruppen:** Farbe kann unterschiedliche Elemente als zusammengehörig definieren.

Kapitel 5

Bildgestaltung

Themen des Kapitels:

- *Bildauswahl*
- *Bildgestaltung*
- *Bildaufbau*
- *Bildpositionierung*
- *Licht und Schatten*
- *Bildauswahl*
- *Bildgestaltung mit künstlicher Intelligenz*

Neben Typografie sind Bilder ein wichtiges Element, das uns in der Gestaltung häufig begegnet. Wenn es darum geht, eine präzise Aussage zu kommunizieren, sind Bilder nicht unbedingt hilfreich, ist die Wirkung von Bildern doch recht subjektiv. Geht es allerdings um pure Emotion, sind Bilder Worten haushoch überlegen. Darin liegt auch die Kraft der Bilder: innerhalb von Sekunden ein bestimmtes Gefühl hervorzurufen.

5.1 Die Bildauswahl

Die Bildauswahl spielt eine wichtige Rolle in der Mediengestaltung, denn mit ihrer Hilfe kann die Kommunikation von Inhalten erfolgreich gestaltet werden. Besonders bedeutend ist die Beziehung zum weiteren Inhalt: Ein Bild sollte so gewählt werden, dass es den Inhalt unterstützt und nicht für Verwirrung sorgt. Außerdem sollte es von hoher Qualität sein und dem Stil aller bisherigen Bilder im Umfeld entsprechen. Gerade bei Bildern von Menschen sollte die Bildauswahl eine emotionale Wirkung auf die betrachtende Person haben. Bei Produktbildern sollte das Bild alle wichtigen Eigenschaften klar und deutlich aufzeigen. Schauen wir uns einmal an, was bei der Bildauswahl alles zu bedenken ist.

Aber fassen wir die verschiedenen Aspekte der Bildauswahl einmal systematisch zusammen.

1. **Zielgruppe:** Haben Sie bei der Bildauswahl immer Ihre Zielgruppe vor Augen. Bilder sollten die demografischen Merkmale und Inter-

essen der Zielgruppe ansprechen, um ihr Interesse zu wecken. Nicht zu unterschätzen ist dabei die Fähigkeit von Bildern, Emotionen zu wecken: Freude, Mitgefühl, Begeisterung, Verlangen ...

2. **Relevanz für das Thema:** Wie schon erwähnt, sollten die Bilder sehr eng mit dem Thema des Designs verbunden sein, um die Gestaltung zu stützen. Lesen Sie hierzu auch die Ausführungen zu den Bildmotiven.
3. **Einheitliches Design und Stil:** Bilder sollten sich in das Gesamtdesign integrieren und einen einheitlichen Stil wahren, und zwar in Farbe, Tonalität und Stimmung. Konsistenz in der Bildsprache trägt dazu bei, eine klare visuelle Identität zu schaffen. Lesen Sie hierzu alles zur Bildgestaltung und zum Bildaufbau.
4. **Authentizität:** Authentische Bilder können eine glaubwürdige Verbindung zur Zielgruppe herstellen. Vermeiden Sie stereotype oder unrealistische Darstellungen, um Authentizität zu wahren.
5. **Qualität und Auflösung:** Hochwertige Bilder mit ausreichender Auflösung und professioneller Aufnahmetechnik sind in Print und Web entscheidend, um Ihr Design überzeugend wirken zu lassen. Pixelige oder unscharfe Bilder beeinträchtigen die Qualität des gesamten Designs. Lesen Sie weiter in Abschnitt 5.3.1 zum Bildformat und in Abschnitt 34.8.2 zur Schärfentiefe.

Urheberrecht

Achten Sie unbedingt auf die Lizenzbedingungen der ausgewählten Bilder.

Feedback einholen

Holen Sie sich in jedem Fall kollegiales Feedback ein, und testen Sie verschiedene Bildauswahlen.

5.2 Bildmotive

Wenn wir in der Gestaltung von Bildern sprechen, sind damit natürlich nicht nur Fotografien gemeint, sondern auch Grafiken und Illustrationen. Dabei gilt: Das Bildmaterial sollte so professionell wie möglich sein. Ein laienhafter Schnappschuss in einer auflagenstarken Broschüre wäre unangebracht. Ein schlecht ausgeleuchtetes Bild oder ein unharmonisch wirkender Bildausschnitt fallen immer auf.

Professionelles Bildmaterial ist also das A und O in der Gestaltung. Gerade als Unternehmen mit vergleichbaren Produkten sollte man der Konkurrenz in Sachen Außendarstellung immer einen Schritt voraus sein. Dieser Aspekt ist vor allem bei der Fotografie von Produkten von großer Bedeutung. Eine laienhafte Aufnahme suggeriert nämlich, dass es sich hierbei auch um ein laienhaftes Produkt handeln muss. Die Präsentation eines Produkts mithilfe hochwertiger Abbildungen ist also unabdingbar.

Abbildung 5.1: Eine perfekte Ausleuchtung und eine gute Produktinszenierung können die Qualität eines Produkts maßgeblich unterstreichen.

Dabei muss das Produkt natürlich vorzeigbar sein, um es tatsächlich bewerben zu können. Klassische Produktkategorien, bei denen das üblich ist, sind Schmuck, Möbel, Kleidung, Immobilien, Autos und natürlich alle Produkte, bei denen ansprechendes Design einen wichtigen Kauffaktor darstellt.

5.2.1 Kreative Bildideen

Je individueller, desto besser, könnte die Subline zu diesem Absatz lauten. Wer will schon die immer gleichen Abbildungen sehen? Gerade die Bilderwelt von Business und Finanzen kann schnell abgedroschen wirken, und die immer gleichen Menschen in Business-Anzügen mit Handshake-Pose lassen ein Unternehmen und dessen Selbstdarstellung weder innovativ wirken, noch hebt es sie von der Masse der Mitbewerber ab. Besser ist es daher, die gängigen Klischees zu umgehen und Inhalte in Form von passenden Metaphern darzustellen, um mit dem Interesse der Leserschaft belohnt zu werden.

Bilder können Geschichten erzählen

In der Werbung gibt es zahlreiche Kampagnen, die durch witzige, emotionale, hintergründige und erinnerungswürdige Bildmotive eine Geschichte um das Produkt spinnen, um es interessant und erstrebenswert erscheinen zu lassen. Denn auch bei der Bildgestaltung ist Storytelling eine mögliche Option.

Abbildung 5.2: Zum Thema Vision könnte man zum Beispiel mit diesem Bild eine entsprechende Metapher kreieren.

Meist ist man gut beraten, beim Einsatz von Bildmotiven gegen den Strom zu schwimmen, neue Sichtweisen aufzuzeigen, die Leserinnen und Leser zu überraschen und vor allem bei der Wahrheit zu bleiben. Eine aufrichtige Kommunikation ist erstrebenswert. Wenn man es schafft, Konsumenten und Konsumentinnen nicht als solche zu betrachten, sondern mit ihnen in einem Boot zu sitzen und sie die Motivation für die eigene Arbeit beziehungsweise für das Produkt – sowohl aus Gestaltungssicht als auch aus Unternehmenssicht – spüren zu lassen, ist das schon die halbe Miete für erfolgreiche Kommunikation.

Können Bilder beeinflussen?

Auch wenn man sich in der Kommunikations- und Sozialwissenschaft darüber uneins ist, sind Bilder definitiv in einem gewissen Maß an unseren Kaufentscheidungen beteiligt, obwohl sie häufig eine Scheinwelt erzeugen. Jemanden zum Kauf eines bestimmten Produkts zu bewegen, ist schließlich eine Gestaltungsaufgabe, und daran ist auch nichts Verwerfliches, solange keine Unwahrheiten erzählt werden.

5.2.2 Bilder als Blickfang

Nichts zieht Blicke mehr an als ein Bild. Wirkt es dabei wie ein Magnet auf die betrachtende Person, spricht man auch von einem Blickfang oder neudeutsch: Eyecatcher.

Die besten Werbekampagnen sind immer noch die, die Sie vor ein Rätsel stellen oder eine Geschichte in Ihrem Kopf auslösen, weil ein Element fehlt oder sich der »Sinn« des Motivs erst auf den zweiten Blick erschließt. Sie werden dabei förmlich dazu gezwungen, sich mit dem Motiv auseinanderzusetzen und die »visuelle« Lücke mit Inhalt zu füllen. Sie bringen also nicht nur Zeit für das jeweilige Motiv auf, was zur Folge hat, dass Sie es verinnerlichen, Sie belohnen sich buchstäblich selbst dafür, des Rätsels Lösung entschlüsselt zu haben oder die Geschichte des Motivs in Ihrem Kopf selbst weiterzuspinnen.

Abbildung 5.3: FedEx-Logo mit versteckter Symbolik

Dies funktioniert aber nicht nur bei Abbildungen in der Werbung. Selbst manche Logos haben einen gewissen Twist, der die Betrachtenden um den Finger wickelt. Ein gutes Beispiel ist das FedEx-Logo. Hat man den Pfeil, der sich im Raum zwischen E und x versteckt, einmal entdeckt, fällt es schwer, ihn in Zukunft nicht mehr wahrzunehmen.

Bilder von Menschen funktionieren nahezu immer als Hingucker, denn nichts scheint uns mehr zu interessieren als unser Gegenüber. Am meisten gilt unsere Aufmerksamkeit dabei den Augen, dem Blick – liefert dieser doch am meisten Anhaltspunkte für das Befinden eines Menschen. Je größer die Augen und je geweiteter die Pupillen, desto attraktiver wirken sie auf uns.

Abbildung 5.4: Augen wirken wie ein Magnet auf uns, je größer, desto anziehender. Und wenn es sich dann noch um Kinderaugen handelt, können wir nicht anders, als hinzusehen.

Abbildung 5.5: Der Fokus in diesem Bild liegt eindeutig auf der Tasse. Leider können wir über den Gefühlszustand der Person nur munkeln: Ist sie besorgt, ist ihr kalt und sie wärmt ihre Hände an der Tasse, oder ist sie freundlich gestimmt? Wir würden es wissen, wenn wir das Gesicht sehen könnten. Wenn möglich, sollten Gesichter daher auch abgebildet werden. Das verleiht der Gestaltung eine persönliche Note, gibt der abgebildeten Person einen Charakter und lässt den Menschen, der das Bild betrachtet, an der Gefühlswelt teilhaben.

Abbildung 5.6: Je mehr das Gesicht das Bildformat füllt, desto stärker nehmen wir den Charakter der Person wahr. Man spricht in diesem Fall auch von einem hohen Faceism-Index.

Merke: Je mehr Gesicht abgebildet wird, desto deutlicher wird die Persönlichkeit der jeweiligen Person in den Fokus gerückt.

Checkliste | **Bildmotive**

+ Professionelle Gestaltung benötigt professionelles Bildmaterial.
+ Entwickeln Sie eigene kreative Bildideen, anstatt sich auf die Bildersuche zu verlassen. (Metaphern, visuelle Analogien usw. helfen dabei.)
+ Versuchen Sie, mit den Bildern eine interessante Geschichte zu erzählen.
+ Glaubhafte Motive unterstreichen die Glaubhaftigkeit eines Produkts.
+ Achten Sie auf den Bildstil: Ist er eher natürlich, künstlich, unterkühlt, gesättigt/ungesättigt usw.? Die Stimmung des Bildes wirkt sich auf die Stimmung der Gestaltung aus.
+ Der Bildstil sollte zum Produkt passen bzw. dem Produkt angemessen sein.
+ Menschen in Bildern erhöhen die Aufmerksamkeit der Betrachter und Betrachterinnen.
+ Blicke wirken wie ein Blickfang: Je höher der **Face-ism-Index**, desto mehr Persönlichkeit strahlt das Bild aus. Abgewandte Blicke machen neugierig. Blicke lenken die Aufmerksamkeit auf ein Produkt oder eine Headline.

Face-ism-Index

Der Begriff Face-ism wurde durch Archer, Iritani, Kimes und Barrios im Jahre 1983 definiert. Er besagt, dass Bilder, die sich auf das Gesicht einer Person konzentrieren, einen hohen Face-ism-Index besitzen. Dieser vermittelt den Betrachtenden ein hohes Maß an Intelligenz, Autorität, Kompetenz und Glaubwürdigkeit. Mit zunehmender Darstellung des Körpers reduziert sich diese Wirkung. Frauen werden generell eher nach dem Aussehen beurteilt und meist mit Oberkörper abgebildet, Männer hingegen nach ihren intellektuellen Fähigkeiten, weshalb sie meist nur bis zur Schulter zu sehen sind.

5.3 Aspekte der Gestaltung von Bildern

Für die Gestaltung von Bildern gilt zunächst das Gleiche wie für die Gestaltung selbst:

+ Fotos leben von einer klaren Ordnung.
+ Fotos sollten nicht überladen wirken.
+ Fotos sollten den Inhalt eindeutig darstellen.
+ Fotos sollten sich die Gesetze zu Harmonie, Kontrast, Proportion usw. zunutze machen.

Häufig wird in der ersten Entwurfsphase mit Grauflächen gearbeitet, da noch kein finales Bildmaterial vorhanden ist. Auch wenn in der Gestaltung gerne von Grauwerten und der Gewichtung von Farbflächen gesprochen wird, ist das Bild auf keinen Fall als bloßer Rahmen zu sehen, der mit unterschiedlichen Inhalten bespielt werden kann. Sobald die ersten Abbildungen mit dem Auftraggeber oder der Auftraggeberin ausgewählt wurden, müssen Sie bewusst darauf achten, was in dem Bild vorgeht: Wie ist das Bild aufgebaut? Folgt es harmonischen Proportionen? Was steht im Fokus des Bildes? Inwieweit darf

Gestaltungsgrundlagen

Das Wissen um Grundlagen der Wahrnehmung, aber auch um Aspekte der Formen- und Farbenlehre, hilft nicht nur bei der Gestaltung, sondern auch bei einem Fotoshooting und dem vorausgehenden Briefing.

es angeschnitten werden usw.? Sie müssen also darauf achten, welche Eigendynamik ein bestimmtes Motiv besitzt.

Ein gutes Bild allein bedeutet lange noch keine gute Gestaltung. Damit das Design eines Flyers oder einer Broschüre (siehe Kapitel 10) aus einem Guss erscheint, gilt es, das Bildmaterial gekonnt in Szene zu setzen.

5.3.1 Bildformate

Neben dem Format unseres Gestaltungsprodukts spielt ein weiteres Format eine nahezu ebenso wichtige Rolle, und zwar das sogenannte Bildformat (oder Seitenverhältnis) (siehe auch Abschnitt 5.3.1). Grafikerinnen und Grafiker suchen Bilder aus, bearbeiten und beschneiden sie, was sich maßgeblich auf die Bildaussage auswirkt. Auch wenn das Bildformat fein säuberlich bereits bei der Aufnahme eines bestimmten Motivs definiert wird, ist es nicht zu vermeiden, dass Bilder beschnitten werden, weil im Layout nur ein bestimmter Platz zur Verfügung steht – was allerdings bei Kunstwerken ein absolutes No-Go ist. Im Folgenden werden die gängigsten Bildformate kurz erläutert.

+ **3:2:** Das Format 3:2 entspricht mit 36 × 24 mm dem sogenannten Kleinbildformat, das als Standardformat in der analogen Fotografie verwendet wird. Im Vergleich zum eher quadratisch anmutenden Bildformat 4:3 scheint ein Bild in 3:2 eleganter zu wirken.
+ **4:3:** Dieses Format ist in der Regel Standard bei digitalen Kompaktkameras, wobei mittlerweile viele digitale Spiegelreflexkameras mit ihren Bildsensoren das 3:2-Format übernommen haben. 4:3 basiert auf einem vollen Quadrat und einem Drittel, was für die Arbeit mit einem quadratischen Raster weniger geeignet ist als 3:2.
+ **16:9:** Das Format 16:9 stammt ursprünglich aus dem Bereich des Kinofilms und eignet sich aufgrund seiner extremen Breite gut für Landschaftsaufnahmen, die mit einem weitwinkeligen Objektiv aufgenommen sind. Je breiter ein Bild ist, umso natürlicher wirkt es für das Blickfeld des menschlichen Auges. Für die meisten Printprodukte ist das Format 16:9 nur bedingt zu empfehlen, und es ist primär im Bereich der Kunstfotografie anzusiedeln.

Abbildung 5.7: Dasselbe Bild in den drei verschiedenen Bildformaten 3:2, 4:3 und 16:9. Mit der Wahl des Formats lässt sich oft auch die Bildaussage beeinflussen.

5.3.2 Bildaufbau

Kompositionsprinzipien wie Harmonie und Kontrast sind bei Bildern gleichermaßen von Bedeutung wie bei unserem Layout. Zentriert ausgerichtete Motive wirken meistens eher langweilig und spannungslos. In einer guten Fotografie ist das jeweilige Motiv nach entsprechenden harmonischen Gesichtspunkten komponiert.

Proportionen

Leider kommt es vor, dass das Bildmaterial nicht 1 : 1 übernommen werden kann und Bilder beschnitten werden müssen, weil im Layout nur ein bestimmter Platz zur Verfügung steht. Dadurch kann es passieren, dass die Wirkung der ursprünglichen Komposition verfälscht wird. In diesem Fall muss der Bildausschnitt nach harmonischen Gesichtspunkten definiert werden. Dabei hilft uns vor allem der **Goldene Schnitt** (siehe Abschnitt 3.1.2), der Strecken, Flächen oder Körper harmonisch gliedert und aufteilt.

Definition Goldener Schnitt
Unterteilung einer Strecke oder Fläche, so dass der kleinere Teil sich zum größeren Teil genau so verhält wie der größere Teil zum Ganzen. In Dezimalzahlen ausgedrückt, ergibt dies ein Verhältnis von 1 : 1,61803.

Abbildung 5.8: Bei der Komposition des Bildes folgt die Platzierung des Gipfels der Bergkette dem Prinzip des Goldenen Schnitts.

Eine weitere Möglichkeit, Bilder harmonisch zu komponieren, ist die **Drittelteilung**, eine vereinfachte Form des Goldenen Schnitts, die das Bild horizontal und vertikal in drei gleich große Abschnitte aufteilt. Dabei sollte der Horizont auf einer der beiden horizontalen Linien liegen und der Blickpunkt des Motivs auf einem der Linienschnittpunkte. Je nachdem, auf welcher Linie der Horizont liegt, wird die Aussage des Bildes erneut beeinflusst. Einmal vermittelt das Motiv Nähe, das andere Mal Weite.

Abbildung 5.9: Auch die Drittelteilung ermöglicht einen harmonischen Bildaufbau. Dabei kann die Bildaussage je nach Bildanschnitt eine andere sein. Durch das Verschieben der Horizontlinie in den unteren Bildteil (rechtes Bild) erscheinen Objekte im unteren Bildbereich näher.

Linienführung

Des Weiteren wird der Bildaufbau durch die Linienführung beeinflusst. Lineare Gestaltungsmittel wie Treppen, Kanten oder Flächen erzeugen Bewegung und beeinflussen die Wahrnehmung der Betrachtenden. Schräg verlaufende Linien wirken zum Beispiel dynamisch, wohingegen waagerecht verlaufende Linien Ruhe vermitteln.

Was auch schon bei unserer Leserichtung von links nach rechts als natürlich angesehen wird, trifft auch bei der Linienführung zu. Bei ausgeprägter Perspektive sollte die Flucht ebenfalls von links nach rechts in die Tiefe führen, da dies den Eindruck vermittelt, sie würde ins Bild hineinführen.

> **Gerade Linien**
>
> Ein weiterer wichtiger Punkt: Es ist grundsätzlich darauf zu achten, dass vertikale Linien immer gerade stehen. Das ist z. B. bei der Abbildung von Gebäuden wichtig, da ansonsten der Eindruck entsteht, das Gebäude wäre schief oder würde kippen.

Abbildung 5.10: Linien werden vor allem in der Architektur oder in Produkten deutlich, aber auch in Landschaften lässt sich eine eindeutige Linienführung erkennen.

Symmetrie oder Asymmetrie?

Grundsätzlich gilt, dass die symmetrische Komposition eher langweilig wirkt, während die asymmetrische Anordnung mehr Spannung und

Dynamik aufweist. Ebenso verhält es sich mit den Bildachsen innerhalb einer Abbildung:

+ Horizontale und vertikale Linien vermitteln einen statischen Eindruck.
+ Schräge und diagonale Linien sorgen für Dynamik.

Das bedeutet nicht, dass das Layout rein aus dynamischen oder rein aus statischen Bildern bestehen muss. Wie so häufig entsteht aus Gegensätzen die spannendste Gestaltung.

Störende Elemente

Störende Elemente an den Bildrändern sollten durch einen enger gefassten Bildausschnitt eliminiert werden.

Abbildung 5.11: Der symmetrische Bildaufbau wirkt eher langweilig auf uns, da das Motiv, der Arc de Triomphe, nahezu wie gespiegelt aussieht. Natürlich kann eine solche Ausrichtung des Bildmotivs auch gewünscht oder sinnvoll sein.

Abbildung 5.12: Dasselbe Motiv, nur in einer asymmetrischen Bildkomposition aufgenommen, wirkt dynamischer und interessanter.

Bildanschnitt

Im gleichen Maße, wie man in der Fotografie einen passenden Ausschnitt für seine Bilder definiert, muss man in der Gestaltung auch immer den ursprünglichen Zweck des Bildes, nämlich die Bildaussage und die Bildproportionen im Kopf behalten und das vorhandene Bildmaterial entsprechend komponieren und nicht willkürlich beschneiden.

Achten Sie auf interessante Bildausschnitte, anstatt das Bild 1:1 abzubilden. Der Fokus auf einem bestimmten Element kann ein zunächst langweiliges Element plötzlich interessant erscheinen lassen. Je größer der Ausschnitt, desto plakativer wirkt das Motiv. Selbst Gegenstände, die eigentlich klein sind, können stark vergrößert zu einem Hingucker werden.

Verändern Sie beispielsweise den Bildanschnitt bewusst, um Bildlinien direkt in den Ecken des Bildrahmens enden zu lassen. Dies erzeugt eine Beziehung zwischen Linie und Bild und lässt die Abbildung harmonisch erscheinen.

Abbildung 5.13: Oben und unten rechts führen Linien in die Bildecken und verbinden Motiv und Rahmen.

Merke: Eine Veränderung des Bildausschnitts verändert zwangsläufig die Aussage eines Bildes.

Checkliste | Anschnitt bei Porträtaufnahmen

+ Stehen mehrere Porträts im direkten Vergleich nebeneinander, sollte die Kopfgröße in etwa die gleiche sein, und die Augen sollten ungefähr auf derselben Höhe stehen.
+ Harmonisch ausgeglichen wirkt das Porträt, wenn die Augen auf einer imaginären Linie stehen, die das Bildformat in einem Verhältnis von 1/3 zu 2/3 teilt.
+ Wenn der Kopf oben angeschnitten wird, sollte dies immer konsequent geschehen. Das Gesicht erhält dadurch mehr Raum.
+ Bei Ganzkörperaufnahmen sollte der Kopf nicht angeschnitten werden. Dies lässt die Person nur gedrungen wirken.
+ Sie sollten keine Gliedmaßen »amputieren«.
+ Ein absolutes No-Go ist das Spiegeln von Porträts, da unser Gesicht nicht spiegelsymmetrisch ist.

Weißraum

Bei der Positionierung von Bildern spielt auch die Verwendung von genügend Weißraum eine wichtige Rolle, um dem Bild genug Raum zu geben und es hervorzuheben. Spielen Sie hier ruhig einmal verschiedene Varianten durch.

Abbildung 5.14: Stehen diese beiden Bilder neben- oder untereinander in einem Magazin, nehmen sie unweigerlich Bezug aufeinander. Der Bildinhalt unterstützt die Ironie der Positionierung.

5.3.3 Bildpositionierung

Bilder werden niemals autark betrachtet, sondern erzeugen Beziehungen – zum Fließtext, zu den Überschriften, zur Bildunterschrift und natürlich zu den anderen Abbildungen eines Produkts. Unser Gehirn verknüpft zwangsläufig die einzelnen Elemente. Dabei kann es durchaus passieren, dass neben- oder untereinanderstehende Abbildungen aufgrund des Gesetzes der Nähe als zusammengehörig gesehen werden und auch deren Inhalte als zusammengehörig interpretiert werden. Dies kann zu unerwünschten Verbindungen führen und ist daher im Gestaltungsprozess unbedingt zu überprüfen.

Wie schon mehrmals erwähnt, lesen wir von links nach rechts, und eine bedruckte Seite wird linear von links oben nach rechts unten gelesen. Betrachten Sie die Seite als realen Raum, in dem Abbildungen unserer Seherfahrung entsprechend angeordnet werden sollten, sofern es das Layout zulässt. Objekte, die in der Nähe auftreten, sollten möglichst unten stehen, normale Entfernungen zum Motiv eher in der Mitte und das Ferne oben. Das Bild einer Vogelschar am Himmel zum Beispiel kann durch die Positionierung in der oberen Hälfte des Layouts tatsächlich den Aspekt des Fliegens unterstützen. Wird das Bild jedoch in der unteren Hälfte platziert, wird unbewusst die Wirkung erzeugt, als würden sich die Vögel nahe über dem Grund bewegen.

Die erwähnten Bildeigenschaften wie Bildinhalt, Bildaufbau, Bildachsen müssen bei der Positionierung eines Bildes jedes Mal aufs Neue überprüft werden. Schließlich trifft das Bild je nach Anordnung und Größe auf unserer Seite eine ganz eigene Aussage. Bilder, die oben platziert werden, sind hierarchisch über denen einzuordnen, die unten stehen. Natürlich kann diese Hierarchie durch Bildgröße und Kontrast umgekehrt werden. So kann ein dunkles Bild, das unten steht, in entsprechender Größe für mehr Aufmerksamkeit sorgen als viele kleine Bilder, die im Layout oben stehen.

Beachten Sie auch, dass mit einer geschickten Platzierung eines Bildes die Aufmerksamkeit der Betrachtenden gelenkt werden kann: So kann man den Blickverlauf steuern und auf wichtige Informationen lenken.

Blickrichtung

Bei klassischer Buchgestaltung sollten Personen immer zum Bund blicken anstatt nach außen. So wird der Blick ins Buch hineingeführt.

5.3.4 Das Spiel mit Licht, Schatten und Tiefe

Wo Licht ist, spielt immer auch Schatten eine Rolle. Wäre dem nicht so, hätten alle Fotografen und Fotografinnen ein Problem, denn ihre Bilder würden leblos wirken, weil es ihnen an Kontrast und Plastizität mangelt. Eine treffende Formulierung ist folgende: »Fotografieren ist nichts anderes, als mit Licht zu malen.« Um also malen zu können, benötigen wir Licht. Licht ist aber nicht gleich Licht. Im Sommer wirken das Licht und somit die Farben wärmer, da die Sonne hoch am Himmel steht, im Winter hingegen kalt und gräulich. Tagsüber ist die Farbtemperatur eher neutral, wohingegen morgens, wenn die Sonne aufgeht, alles gelblich und in den Abendstunden eher bläulich wirkt. In der Mittagszeit sollten Sie aufs Fotografieren verzichten, da das Licht nur von oben kommt und es den Aufnahmen somit an Licht- und Schattenspiel mangelt.

Abbildung 5.15: Die Lichtstimmung beeinflusst die Stimmung des Bildes. Links: eher neutral; Mitte: warme Lichtstimmung; rechts: kalte Stimmung.

Wichtig ist, die Richtung, aus der das Licht kommt, im Blick zu behalten. Vom Standpunkt der Fotografin oder des Fotografen aus gesehen spricht man von Seitenlicht (rechts/links) oder Streiflicht (extremes Seitenlicht). Sollen bei Bauwerken Plastizität und Oberflächenstrukturen hervorgehoben werden, so gelingt dies am besten mit Seitenlicht oder Streiflicht.

Vorderlicht garantiert in der Architekturfotografie intensivere Farben, da das Bauwerk gleichmäßig ausgeleuchtet wird. Bei Porträtaufnahmen im Freien können unterschiedliche Lichtrichtungen zum Tragen kommen. Bei Gegenlicht sollte gegebenenfalls ein Aufheller zum Einsatz kommen, damit das Gesicht nicht im Dunkeln versinkt.

Belichtungsversuche

Belichtungsreihen sind ein probates Mittel, um herauszufinden, welches Licht am besten geeignet ist, denn oftmals entscheiden Nuancen.

Schärfentiefe

Schärfentiefe oder Tiefenschärfe ist die räumliche Tiefe, in der eine Aufnahme von der Kamera aus gesehen scharf dargestellt wird (siehe Abschnitt 34.8.2). In der Fotografie wird dieses Gestaltungsmittel häufig

Wahl des Schärfebereichs

Es ist ratsam, den Fokus- oder Schärfenbereich so zu wählen, dass er nach dem ersten Drittel der Gesamtentfernung liegt. Das heißt, das erste Bilddrittel ist unscharf, darauf folgt der fokussierte Bildbereich, und die letzten zwei Drittel sind wieder unscharf.

eingesetzt, um den Fokus der Betrachtenden innerhalb eines Bildes auf einen bestimmten Bereich zu lenken und je nach Motiv dem Bildinhalt zusätzliche Tiefe zu verleihen. Der Effekt der Schärfentiefe kommt vor allem bei Porträt- oder Detailaufnahmen wirkungsvoll zum Einsatz. Abhängig ist die Schärfentiefe von Brennweite, Entfernung, Blende und Aufnahmeformat.

+ Bei geringerer Distanz zwischen Kamera und Aufnahmeobjekt nimmt die Schärfentiefe ab.
+ Je größer die verwendete Brennweite, desto kleiner ist die Schärfentiefe.
+ Je kleiner die Blendenöffnung, desto größer ist die Schärfentiefe.

© asseny/shutterstock.com

Abbildung 5.16: Das erste Bilddrittel ist unscharf, gefolgt vom scharfen Bereich und dem letzten unscharfen Bereich.

Doppelseiten

Bei der Gestaltung von Druckerzeugnissen mit Doppelseiten ist der rechten Seite besondere Aufmerksamkeit zu schenken. Schließlich fällt der Blick beim Umblättern zuerst auf die rechte Seite, es sei denn, die linke Seite ist besonders auffällig gestaltet. Aus diesem Grund sind in Magazinen Werbeanzeigen meist auf einer rechten Seite platziert. Diesen Aspekt gilt es in der Gestaltung zu beachten, wenn Sie zum Beispiel mit besonders auffälligen Eyecatchern arbeiten.

Checkliste | **Bildgestaltung**

+ Tritt ein Bild einzeln auf oder gemeinsam mit anderen Bildern?
+ Stehen diese geordnet in einer Reihe, oder werden sie eher frei auf dem Format verteilt?
+ Zwei Bilder gleicher Größe, die nebeneinander platziert sind, werden zwangsläufig als zusammengehörig betrachtet.
+ Ein helles Bild wirkt leichter als ein dunkles Bild. Dunkle, kontrastreiche Bilder können zudem statisch wirken und sollten nicht über leichten, hellen Bildern oder Strichzeichnungen platziert werden.
+ Große Bilder wirken schwerer als kleine Bilder.
+ Größenverhältnisse der Bilder beachten! Gleich große Fotos auf einer Doppelseite wirken objektiv, aber oft auch langweilig.
+ Werden ein aktives und ein passives Bild gleich groß abgebildet, drängt sich das aktive Bild in den Vordergrund. Es ist daher bewusst kleiner zu halten oder in einen Verbund mit vielen kleinen Bildern zu stellen.

Checkliste | Bildgestaltung (Forts.)

+ Definieren Sie eine klare Bildhierarchie – es sein denn, es handelt sich explizit um eine Bilderserie.
+ Ein voll- oder großflächiges Bild erhält eine weitaus stärkere Aufmerksamkeit als ein kleines Bild und kann die Reihenfolge, in der die einzelnen Elemente wahrgenommen werden, beeinflussen.
+ Beachten Sie die formale und inhaltliche Aktivität des Bildes. Ein dynamisches Motiv sollte entsprechend dynamisch platziert werden.
+ Bild und Text sollten in einem ausgewogenen Verhältnis stehen. Weißraum bzw. unbedruckten Raum beachten!
+ Vorsicht bei zufälligen Bildergänzungen, zum Beispiel, wenn zwei Bilder nebeneinanderstehen, die sich visuell zu etwas Neuem ergänzen.
+ Setzen Sie Bildachsen und Blickrichtungen bewusst ein.
+ Beachten Sie Perspektiven im Bild (Vogelperspektive, Froschperspektive).
+ Bildebenen gliedern ebenso wie Linien das Bildmotiv. Beachten Sie die dadurch entstehende Raumwirkung.

5.4 Bilderstellung mit künstlicher Intelligenz

Seit einigen Jahren sehr stark in den Fokus gerückt ist das Thema künstliche Intelligenz, das uns gerade im Feld der Mediengestaltung in einigen Bereichen begegnet, besonders stark aber im Bereich der Bilderstellung. KI ermöglicht es, Bilder zu generieren, die von handgemalten Kunstwerken bis hin zu fotorealistischen Aufnahmen reichen können. Dabei werden Algorithmen und maschinelles Lernen genutzt, um aus Textbeschreibungen visuelle Kunstwerke zu erschaffen. Einfach ausgedrückt, man gibt einem KI-Programm eine verbale Anweisung oder Beschreibung (»Prompt«), und die KI »interpretiert« diese Anweisung, um ein entsprechendes Bild zu generieren. Sie greift dabei auf eine riesige Datenbank von Bildern und Mustern zurück, um ein neues Bild zu erstellen, das der Beschreibung entspricht.

Ein entscheidender Vorteil dieser Technologie ist die Geschwindigkeit und Effizienz, mit der die KI Bilder generieren kann. Was früher Stunden an manueller Arbeit erfordert hätte, kann nun in wenigen Minuten erreicht werden. Dies öffnet Türen für neue Möglichkeiten in der Werbung, im Grafikdesign und in der Unterhaltungsindustrie, wo Zeit und Kreativität von entscheidender Bedeutung sind.

Trotz dieser beeindruckenden Fähigkeiten ist die KI-Bilderstellung nicht ohne Kontroversen. Fragen bezüglich Urheberrecht, Originalität und der Rolle menschlicher Künstlerinnen und Künstler in einer zunehmend automatisierten Welt werden intensiv diskutiert. Und es gibt auch technische Herausforderungen, wie die Sicherstellung, dass die von der KI generierten Bilder ethischen und gesellschaftlichen Standards entsprechen.

Tools, die Sie für die Bilderstellung im Bereich der Mediengestaltung kennen sollten, werden nun kurz vorgestellt.

Midjourney

Midjourney erstellt mit einem Prompt (Anweisung) wirklich beeindruckende Bilder. Die Nutzung von Midjourney ist allerdings zurzeit noch kompliziert, da es über einen Discord-Server läuft. Eine Browserversion ist allerdings bereits angekündigt. Zuerst muss man ein Discord-Konto eröffnen, über das man dann Zugriff auf die Midjourney-KI hat. Hier befindet man sich dann in einer Art Chat-Room, in dem man mit dem Prompt `/imagine` die Erstellung von Bildern einleitet. Anschließend können Sie Ihrer Fantasie freien Lauf lassen, allerdings nur in englischer Sprache. Mit `/imagine a tiger on a volcano` erstellen Sie beispielsweise ein Bild von einem Tiger auf einem Vulkan.

Discord

Discord ist ein Online-Dienst für Messaging und Chat-Nachrichten, der ursprünglich für den Bereich Computerspiel erschaffen wurde. Mittlerweile hat Discord aber weltweit über 250 Millionen registrierte Nutzer und Nutzerinnen aus allen Themengebieten.

Midjourney: Kosten

Midjourney ist seit März 2023 nicht mehr kostenlos, die Nutzung kostet aktuell zwischen 10 und 60 US-Dollar im Monat.

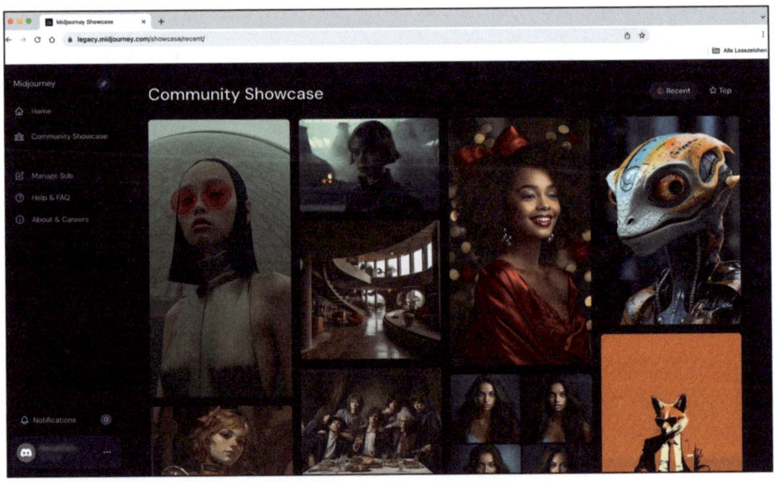

Abbildung 5.17: Midjourney, *www.midjourney.com*

Wichtig ist zu wissen, dass Midjourney sein Bildmaterial aus dem Internet bezieht. Das bedeutet, die erstellten Bilder beruhen nicht auf lizenziertem Bildmaterial. Aufgrund der Komposition durch die künstliche Intelligenz ist dies zwar kaum noch nachzuverfolgen, allerdings bewegt sich Midjourney hier in einer rechtlichen Grauzone, für die es vermutlich in naher Zukunft Gesetze geben wird. Und die greifen spätestens dann, wenn fremdes Bildmaterial in einem veröffentlichten Bild einmal nachweisbar zu erkennen ist.

Adobe Firefly

Adobe hat mit seiner künstlichen Intelligenz Adobe Firefly, die mittlerweile auch in Adobe Photoshop, Adobe Illustrator und Adobe Express integriert ist, eine eigene KI-Lösung für Bilder gebaut. Der große Unterschied zu Midjourney ist, dass Adobe seine künstliche Intelligenz nur auf lizenziertem Bildmaterial trainiert. Das bedeutet: Alle Bilder, die mit Adobe Firefly generiert werden, sind legal verwendbar.

> **Adobe Firefly: Kosten**
> Auch Adobe Firefly ist nicht kostenlos. Hier wird mit Credits gearbeitet, die bei jeder Nutzung des Tools verbraucht werden. Aktuell gibt es 25 Credits kostenlos, wenn man über einen Adobe-Account verfügt. Für alle weiteren Credits muss man entweder zahlen oder ein kostenpflichtiges Abonnement für die Adobe Creative Cloud abschließen.

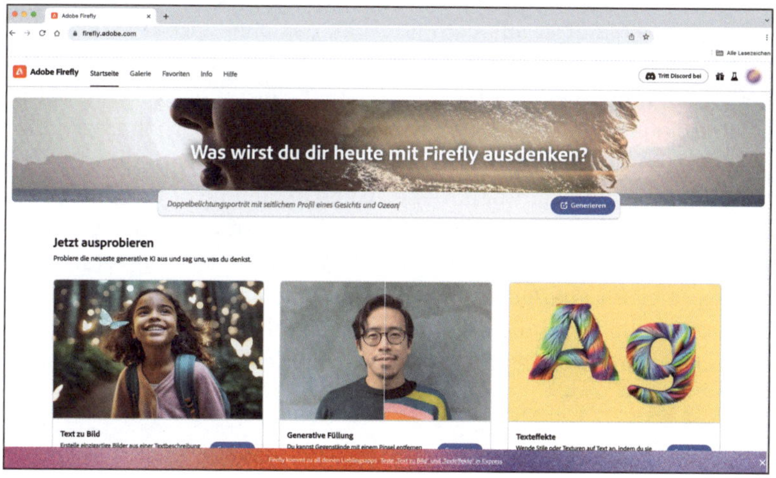

Abbildung 5.18: Adobe Firefly, *https://firefly.adobe.com*

DALL-E

Auch OpenAI hat neben ChatGPT ein KI-Tool für Bilderstellung im Programm, das sich DALL-E nennt. DALL-E bezieht ähnlich wie Midjourney all sein Bildmaterial aus dem Internet und befindet sich damit auch in einer rechtlichen Grauzone.

> **DALL-E: Kosten**
> Auch DALL-E ist nicht kostenlos, es arbeitet wie Adobe Firefly mit einem Credit-System. Aktuell kosten 115 Credits 15 US-Dollar.

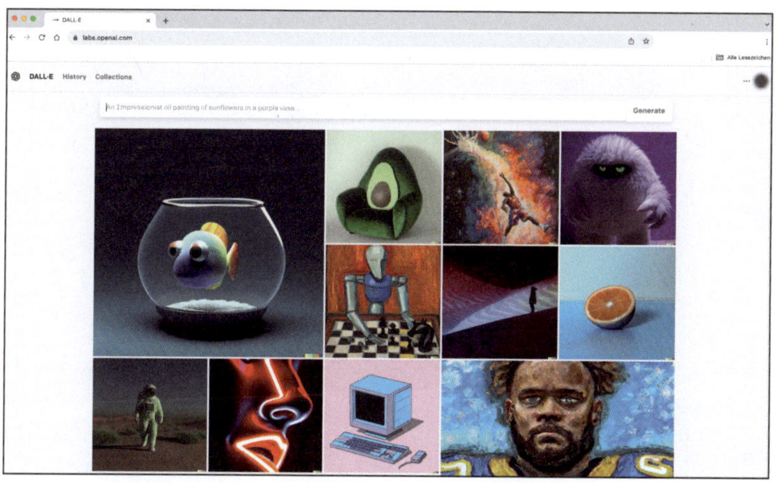

Abbildung 5.19: DALL-E, *https://openai.com/dall-e-2*

Da die generierten Bilder von DALL-E aktuell noch nicht so hochwertig wie die von Midjourney sind, aber auch nicht den Vorteil der

> **Authentizität von Inhalten**
>
> Da die KI-Tools immer besser werden, wird das Bildmaterial von künstlicher Intelligenz schon sehr bald nicht mehr von echten Fotos zu unterscheiden sein. Um diesem Problem entgegenzuwirken, wurde im November 2019 von Adobe, der New York Times und Twitter (heute X) die »Content Authenticity Initiative« (also die »Initiative zur Inhaltsauthentizität«) gegründet. Die Vereinigung macht es sich zum Ziel, die Herkunft digitaler Inhalte zu verifizieren und auf eine Nutzung von künstlicher Intelligenz bei der Erstellung hinzuweisen. Unter der Webadresse *https://contentcredentials.org/verify* können Bilder bereits jetzt kostenlos geprüft werden.

legalen Lizenzierung von Adobe Firefly haben, stellt DALL-E aktuell das Schlusslicht der KI-Tools dar. Allerdings kann sich dies durch neue Updates schnell ändern.

5.4.1 Rechtliche Nutzung von KI-Bildern

Wie schon in der Beschreibung der relevantesten KI-Tools zur Bildgenerierung erwähnt, ist der rechtliche Aspekt nicht abschließend geklärt. Viele KI-Tools verwenden für die Erstellung ihrer Bilder unterschiedliches Material aus dem Internet, das ohne Lizenzierung oder Erlaubnis genommen wurde. Durch die starke Veränderung des Materials kann meist sein Ursprung nicht mehr ermittelt werden. Sollte es allerdings doch einmal den Fall geben, dass ein urheberrechtlich geschütztes Werk in einem KI-Bild wiedererkannt wird, kann es zu hohen Geldstrafen kommen. Daher ist es aktuell nicht zu empfehlen, generierte Bilder von solchen Anbietern kommerziell zu nutzen, auch wenn sie eine kommerzielle Nutzung einräumen. Auf der anderen Seite gibt es Anbieter wie Adobe Firefly, bei denen die rechtliche Situation geklärt ist, allerdings die Ergebnisse noch nicht so beeindruckend wie bei anderen Anbietern sind – was aber sicherlich eine Frage der Zeit ist.

Teil II

Printprodukte konzipieren und gestalten

Kapitel 6

Technische Grundlagen für Printprodukte

Themen des Kapitels:

- *Daten für den crossmedialen Einsatz vorbereiten*
- *Eigenschaften von digitalen Bildern*
- *Farbmodi und Farbtiefe*
- *Dateiformate*
- *Bildgröße, Seitenverhältnis und Auflösung*
- *Metadaten*

Wir beginnen dieses Buch mit umfassenden Grundlagen für die professionelle Gestaltung von Printprodukten und behandeln zunächst die wesentlichen Aspekte der Vorbereitung digitaler Medien für den Druck und deren crossmediale Nutzung. Das Kapitel beginnt mit der crossmedialen Aufbereitung von Daten, um sicherzustellen, dass Inhalte über verschiedene Plattformen hinweg konsistent funktionieren. Die Eigenschaften digitaler Bilder, wie Farbmodi und Farbtiefe, werden erörtert, um die Qualität und Eignung dieser Bilder für unterschiedliche Medien zu verstehen. Zudem bildet das Verständnis und die Anwendung von technischen Spezifikationen wie Bildgröße, Dateiformaten und Metadaten die Grundlage für eine effiziente Bildbearbeitung und -verwaltung, was wiederum die Produktivität und Effektivität in der Medienproduktion steigert.

Crossmediale Aufbereitung
Die medienübergreifende (auch crossmediale) Aufbereitung von Bild- und Grafikdaten ist zu einer anspruchsvollen Aufgabe geworden, denn die Herausforderung besteht darin, die Medien sowohl für den Bildschirm auf verschiedenen Geräten und Größen als auch für verschiedene Druckmedien (Kataloge, Bücher, Werbetechnik, Büro- und Digitaldruck etc.) aufzubereiten.

6.1 Daten für den crossmedialen Einsatz vorbereiten

Es kommt heute ständig vor, dass Bild- und Grafikdateien für verschiedene Medien aufbereitet werden müssen. Grob gesagt handelt es sich dabei um Printmedien und Internetmedien. Bei den Printmedien ist streng zu unterscheiden zwischen Daten für Druckereien, für Werbetechnik, Büro- und Digitaldruck. Bei den Internetmedien wird zusätzlich zwischen sozialen Medien, Webpräsentationen, Online-Shops usw. unterschieden.

Aufgrund der unterschiedlichen Medien müssen Sie verschiedene Aspekte beachten, damit Sie die Bilder und Grafiken auf den verschiedenen Plattformen einheitlich und effektiv präsentieren können. Im Einzelnen wären dies:

1. **Farbmodus:** Farben werden auf verschiedenen Medien unterschiedlich wiedergegeben. Das Ziel sollte hier sein, Bilder in gedruckten Medien, aber auch auf Computerbildschirmen oder mobilen Geräten, farbgetreu wiederzugeben. Dies ist oft die größte Herausforderung bei der crossmedialen Bearbeitung.
2. **Ein geeignetes Format verwenden:** Die verschiedenen Medienplattformen erfordern unterschiedliche Dateiformate. Für den hochauflösenden Druck wird häufig das TIFF-Format verwendet. Im Internet wird häufig JPEG oder PNG verwendet. Auch das WebP-Format wird immer beliebter.
3. **Bildgröße anpassen:** Die Bildgröße in Höhe und Breite unterscheidet sich erheblich zwischen Print und Internet. Während man bei Print eine hohe Auflösung und große Bildgröße anstrebt, würde dies im Internet nur zu unnötig langen Ladezeiten führen.
4. **Seitenverhältnis:** Bilder, die in einem Seitenverhältnis von 3:2 oder 4:3 im Druck oder auf einer Website auf einem PC gut aussehen, sehen auf einem Smartphone nicht so gut aus, da dieses Gerät normalerweise im Hochformat gehalten wird. Das Bild muss eventuell beschnitten werden. Dies sollten Sie bei der Auswahl des Bildes berücksichtigen.
5. **Responsives Design:** Im Web ist es oft hilfreich, die Bilder an unterschiedliche Bildschirmgrößen anzupassen und gegebenenfalls in verschiedenen Seitenverhältnissen anzubieten. Webbrowser sind heute in der Lage, das richtige Bild für die richtige Auflösung und Bildschirmgröße anzubieten. Vorausgesetzt, dies wird in der Webentwicklung berücksichtigt.
6. **Hochwertige Auflösung für den Druck:** Im Gegensatz zum Bildschirm spielt beim Druck die Auflösung eine wichtige Rolle. Hier wird eine hohe Auflösung angestrebt, um beim Druck eine klare und scharfe Darstellung zu gewährleisten.
7. **Metadaten anpassen:** Um die Auffindbarkeit der Bilder in den verschiedenen Medien zu verbessern, ist es außerdem hilfreich, Metadaten wie Titel, Beschreibung, Stichwort-Tags usw. zu verwenden.

Schauen wir uns die einzelnen technischen Hintergründe hier einmal genauer an.

6.2 Eigenschaften von digitalen Bildern

Digitale Bilder sind für den Menschen zunächst nicht sichtbar, weil die Daten im Prinzip nur aus binär kodierten Zahlen bestehen. Um digitale Bilder sichtbar zu machen, ist ein Anzeigegerät wie Computermonitor,

Projektor oder Drucker nötig. Eine Software auf dem Computer wird hier ebenfalls als Vermittler zwischen dem digitalen Bild und dem Anzeigegerät benötigt, um die binär kodierte Datei auch entsprechend auf dem Gerät visualisieren zu können. In diesem Abschnitt sollen die essenziellen Eigenschaften von digitalen Bildern näher erläutert werden.

Definition Binärsystem
Das Binärsystem ist ein Zahlensystem, das nur zwei Ziffern verwendet: 0 und 1. Es ermöglicht die Darstellung jeder Zahl oder jedes Datenelements durch eine Kombination von Nullen und Einsen, was es ideal für digitale Schaltkreise und Computerprozesse macht, die mit zwei Zuständen (an/aus, wahr/falsch) arbeiten.

6.2.1 Rastergrafiken aus Pixeln

Herkömmliche digitale Bilder sind Rastergrafiken. Solche Rastergrafiken werden fotografisch mithilfe von Kameras oder Scannern bei der Digitalisierung erstellt. Sie können auch selbst Rastergrafiken mit Bildbearbeitungsprogrammen erstellen oder mathematisch errechnete Bilder in einer Software generieren lassen.

Pixel (Picture Element)

Digitale Rastergrafiken zur Darstellung von Farbwerten bestehen aus Pixeln (kurz für: Picture Elements). Sie werden aus einzelnen Pixeln wie Mosaiksteinchen zusammengesetzt. Ein Pixel ist somit die kleinste Flächeneinheit eines digitalen Bildes. Welche Informationen in einem Pixel gespeichert sind, hängt in der Regel von der Bildgröße und Bauart des Sensorchips der Kamera ab. In welcher Farbe ein Pixel kodiert werden kann, hängt vom Farbraum und der Farbtiefe ab. Neben Farbinformationen können Pixel auch weitere Informationen enthalten. So gibt es zum Beispiel Grafikformate, die neben Farbinformationen auch Transparenzinformationen (den Alphakanal) enthalten.

Definition Pixel
Picture Element, ein Bildpunkt, d. h. die kleinste Einheit eines digitalen Bildes.

Pixelmaße eines Bildes

Das Pixelmaß eines digitalen Bildes wird immer mit der Breite und Höhe angegeben. Bei digitalen Kameras werden häufig lediglich Megapixel angegeben. Die Anzahl der Megapixel errechnet sich aus dem Produkt der Pixelmaße in Höhe und Breite. Bei einem Bild mit 6.000 Pixeln Breite und 4.000 Pixeln in der Höhe enthält das komplette Bild 24 Millionen einzelne Pixel.

Abbildung 6.1: Erst wenn man tief in das Bild hineinzoomt, werden die einzelnen Pixel einer Rastergrafik sichtbar.

Abbildung 6.2: Pixelmaße eines Bildes

Bildauflösung
Anstelle von Pixelmaßen wird bei Rastergrafiken häufig auch von der Bildauflösung gesprochen. Allerdings wird der Begriff »Auflösung« in der Praxis mehrdeutig und in vielen Bereichen verwendet, wodurch es schnell zu Missverständnissen kommen kann.

Viele Digitalkameras bieten hierbei auch verschiedene Pixelmaßeinstellungen an. Mehr Megapixel bedeuten übrigens nur, dass Sie mehr Informationen bezüglich der geometrischen Größe (Höhe und Breite) in einem Bild speichern können – was nicht automatisch mit einer besseren Bildqualität gleichzusetzen ist. Mit höheren Pixelmaßen steigt proportional auch die Dateigröße des digitalen Bildes.

Seitenverhältnis

An der Stelle kommt neben den Pixelmaßen und der Pixelzahl noch das Seitenverhältnis ins Spiel, das häufig auch als Bildformat bezeichnet wird. Das Seitenverhältnis beschreibt, in welchem Verhältnis Breite und Höhe zueinander stehen.

Definition Seitenverhältnis
Verhältnis von Breite zu Höhe eines Bildes.

Bei dem Beispielbild von 6.000 × 4.000 Pixeln ist das Seitenverhältnis 6.000 zu 4.000. Aus diesen Werten erhält man durch Kürzen das Seitenverhältnis 3 : 2. Andere gängige Seitenverhältnisse sind 4 : 3, 16 : 9 oder 1 : 1. Gewöhnlich wird hierbei standardmäßig das Seitenverhältnis des Kamerasensors verwendet, aber viele Kameras bieten eine Einstellungsmöglichkeit, das Verhältnis zu ändern.

Punktdichte auf Computer eher unwichtig?

Definition dpi
Dots per Inch. Maßeinheit für die Auflösung eines Druckers, Monitors oder Scanners sowie eines Pixelbildes; auch ppi (Pixel per Inch).

Bei Rastergrafikdateien hängt die Wiedergabequalität immer noch hauptsächlich von den Pixelmaßen der Grafik ab. Eine Rastergrafik auf dem Computer selbst besitzt eigentlich gar keine qualitätsbestimmende Punktdichte. Zwar werden Sie in den Metadaten eine Auflösung in dpi (oder ppi) vorfinden, diese ändert aber gar nichts an dem Bild und der Qualität auf dem Computer oder der Anzeige auf dem Bildschirm. Diese Werte bekommen erst eine Bedeutung, wenn Sie die Datei drucken wollen.

Auflösung
In der Praxis wird die Punktdichte häufig auch als »Auflösung« oder »relative Auflösung« bezeichnet. Wobei »relative Auflösung« eher irreführend ist, weil die Punktdichte eine absolute physikalische Größe ist, die direkt gemessen werden kann.

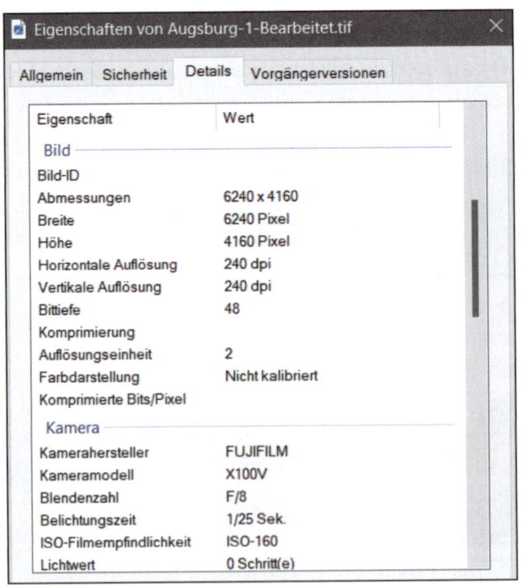

Abbildung 6.3: Die Punktdichte steht zwar mit dpi in den Metadaten der Bilddatei, hat aber keine Auswirkung auf die Anzeige des Bildes auf einem Computerbildschirm.

Pixelmaße und Monitorgröße

Sowohl digitale Bilder als auch die Anzeigegeräte haben eine bestimmte Anzahl von Pixeln zur Verfügung. Ein Bild, das 500 Pixel breit ist, wird auf dem Display mit einer Monitorauflösung von 1.024 × 768 Pixeln wesentlich größer wirken als auf einem Bildschirm mit der Monitorauflösung von 1.920 × 1.080 Pixeln. Die dargestellte Bildgröße ist immer abhängig von der eingestellten bzw. vorhandenen Monitorauflösung.

Abbildung 6.4: Das Bild mit 960 × 640 Pixeln auf der linken Seite bei einer Bildschirmauflösung von 1.920 × 1.080 Pixeln und das gleiche Bild mit 960 × 640 Pixeln auf der rechten Seite bei einer Bildschirmauflösung von 1.280 × 720 Pixeln

Sind die Pixelmaße von digitalen Bildern hingegen größer als die Monitorauflösung, sorgt gewöhnlich eine Software dafür, dass das komplette Bild verkleinert angezeigt wird, wodurch Sie trotzdem das komplette Bild sehen können. Wenn Sie zum Beispiel ein Bild auf einem Monitor mit einem Bildbearbeitungsprogramm mit 100 % (oder auch 1 : 1) betrachten, wird die Auflösung der Pixel eines Bildes im Verhältnis zu den Bildschirmpixeln angezeigt. Reduzieren Sie die Größe der Ansicht auf 50 %, können Sie nur noch jedes vierte und bei 25 % nur noch jedes achte Bildpixel auf dem Bildschirm sehen. Vergrößern Sie hingegen die Ansicht auf 500 %, verteilen Sie die Information eines Bildpixels auf lediglich 25 Bildschirmpixel (5 Pixel × 5 Pixel).

Abbildung 6.5: Bei der 100 %-Ansicht entspricht ein Bildpixel einem Bildschirmpixel.

In Abbildung 6.5 wird ein Bild mit 100 % in Photoshop betrachtet, und dies bedeutet, dass jedes Bildpixel mit einem Bildschirmpixel präsentiert wird.

Punktdichte beim Druck

Sie haben eben erfahren, dass die Pixeldichte bzw. Auflösung auf dem Monitor keine Rolle spielt. Erst wenn Sie vorhaben, ein Rasterbild zu drucken, dann kommt die Angabe dpi (Dots per Inch, Punkte pro Zoll) ins Spiel. In dem Fall nutzen Ihnen die Pixelmaße eines digitalen Bildes nichts mehr, weil Sie ein Bild beim Drucken auf eine bestimmte Größe in Zentimetern bzw. Zoll drucken wollen. Und hierfür benötigen Sie mit dpi eine andere Einheit, um ein digitales Bild mit Pixeln auf das Papier in Zentimeter zu bringen.

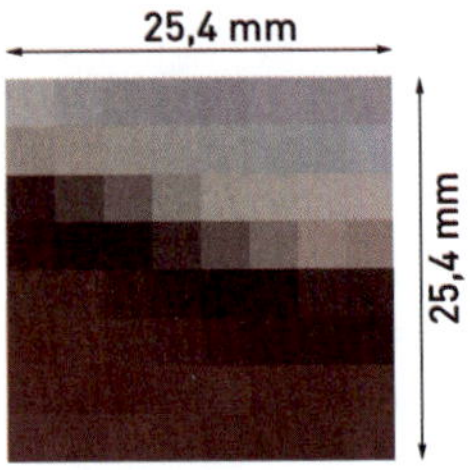

Abbildung 6.6: Um einen Eindruck von der Einheit dpi zu erhalten, finden Sie hier ein Bild mit 8 dpi. Jeder Bildpunkt entspricht hierbei einem Quadrat mit 3,2 mm Kantenlänge.

ppi oder dpi?

Die Einheiten der Pixeldichte sind recht vielfältig und sorgen häufig für Verwirrung. In der Praxis wird »dpi« eigentlich immer dann verwendet, wenn es darum geht, etwas auf das Papier zu bringen. »ppi« hingegen wird eher dann verwendet, wenn es um etwas Digitales wie einen Bildschirm oder eine Computermaus geht. Ebenso noch recht gängig ist »lpi« (für Lines per Inch), was beispielsweise gerne bei Tageszeitungen oder Zeitschriften verwendet wird. Das waren noch lange nicht alle: Gelegentlich wird auch das metrische System mit dpcm, ppcm oder L/cm verwendet.

Ein Inch/Zoll entspricht jeweils 25,4 × 25,4 mm bzw. 2,54 × 2,54 cm. Um ein Gefühl dafür zu bekommen, sind in Abbildung 6.6 auf einem Zoll 8 Dots dargestellt, daher beträgt die relative Auflösung hier 8 dpi.

Je mehr Pixel pro Inch/Zoll vorhanden sind, desto feiner und höher aufgelöst sind die einzelnen Bildpunkte beim Druck. Wichtig sind hierbei auch die Werte für die Pixelmaße (Höhe und Breite), denn je höher Sie hier die dpi-Auflösung setzen, desto kleiner und dafür besser ist das ausgedruckte Bild. Zwar können Sie auch ein Bild mit 640 × 480 Pixeln in sehr hoher dpi-Auflösung drucken, dann aber nur in Daumengröße. Ein Bild muss also für den Druck nicht nur über eine passend hohe dpi-Auflösung verfügen, sondern auch über eine entsprechend hohe Anzahl von Pixeln in Höhe und Breite.

Umrechnen zwischen Pixeln und Zentimeter

Vermutlich haben Sie schon das eine oder andere Bild in eine Druckerei gegeben und sind dabei aufgefordert worden, das Bild mit 300 dpi oder 150 dpi zu übergeben. Diese Angabe alleine macht allerdings wenig Sinn. Es nützt zum Beispiel nichts, ein Bild mit 640 × 480 Pixeln mit 300 dpi auf ein DIN-A3-Blatt mit 420 × 297 mm zu drucken. Daher ist eine alleinige dpi-Angabe ohne die Größenangabe recht nutzlos. Allerdings ist es nicht schwierig, die Größe in Pixeln, Zentimetern oder dpi zu errechnen, wenn man die anderen beiden Werte hat. In Tabelle 6.1 finden Sie einen Überblick, wie Sie die gesuchte Einheit errechnen können.

Sie suchen	Formel
Pixel	$\frac{\text{cm} \times \text{dpi}}{2{,}54\,\text{cm}}$
Zentimeter	$\frac{\text{Pixel}}{\text{dpi}} \times 2{,}54\,\text{cm}$
dpi	$\frac{\text{Pixel}}{\text{cm}} \times 2{,}54\,\text{dpi}$

Tabelle 6.1: Umrechnen zwischen Pixel, dpi und Zentimeter

Als Beispiel wählen wir ein 3.000 × 2.000 Pixel großes digitales Bild, das wir auf 150 × 100 cm drucken lassen wollen. Die Druckerei verlangt mindestens 150 dpi. Um zu berechnen, ob das Bild z. B. **in der Breite genügend Pixel hat**, benötigen wir die Formel

$$\frac{\text{cm} \times \text{dpi}}{2{,}54\ \text{cm}}, \text{ also } \frac{150\,\text{cm} \times 150\,\text{dpi}}{2{,}54\ \text{cm}} = 8.858\ \text{Pixel}$$

Sie sehen schon, das Bild erfüllt mit seinen 3.000 Pixeln in der Breite absolut nicht die Anforderungen.

Wollen Sie hingegen errechnen, **welche Bildgröße in Zentimeter** Sie maximal bei einer Anforderung von 150 dpi drucken lassen können, wenn Sie ein 3.000 × 2.000 Pixel großes Bild haben, benötigen Sie die Formel

$$\frac{\text{Pixel}}{\text{dpi}} \times 2{,}54\ \text{cm}$$

$$\text{Breite: } \frac{3.000\ \text{Pixel}}{150\ \text{dpi}} \times 2{,}54\ \text{cm} = 50{,}8\ \text{cm}$$

$$\text{Höhe: } \frac{2.000\ \text{Pixel}}{150\ \text{dpi}} \times 2{,}54\ \text{cm} = 33{,}86\ \text{cm}$$

Und eine letzte Frage könnte noch lauten, ob **das Bild auf genügend dpi kommt**. Hierzu ist nun die Vorgabe, dass ein Fotoabzug auf 30 × 20 Zentimeter mit 150 dpi erstellt werden soll. Ihnen liegt ein digitales Bild mit 4.000 × 3.000 Pixeln vor.

$$\text{Breite: } \frac{4.000\ \text{Pixel}}{30\ \text{cm}} \times 2{,}54\ \text{cm} = 338{,}6\ \text{dpi}$$

Hier kommen Sie locker auf genügend dpi und könnten sogar noch mit 300 dpi drucken.

Verschiedene Druckverfahren!

Das Thema »Druck« wird hier nur kurz angerissen. Hier spielt auch das Druckverfahren eine Rolle. Für einen Siebdruck zum Beispiel müssen Sie das (Halbton-)Bild erst rastern, weil im Siebdruck keine Farbverläufe verwendet werden können. Hierbei kommt dann auch noch die Rasterweiteneinheit lpi (Lines per Inch) zur Geltung. Das Thema »Print« wird in diesem Buch noch gesondert in Teil III behandelt.

Pixeldichte bei Bildschirmen

Wie »scharf« das Bild auf dem Bildschirm ausgegeben wird, hängt auch von der Pixeldichte des Monitors ab. Diese wird in der Einheit ppi (Pixel per Inch, also Pixel pro Zoll) angegeben. Je mehr Pixel somit auf einem Zoll vorhanden sind, desto weniger können Sie die einzelnen Pixel auf dem Bildschirm erkennen, wenn Sie ganz nah an ihn herangehen. Dies wirkt sich wiederum auf die »Schärfe« der Bilddarstellung aus. Ein Standardbildschirm hat zum Beispiel häufig 72, 96 oder 120 ppi, ein das aktuelle MacBook Pro bereits 254 ppi, und viele Smartphones haben noch eine viel höhere Pixeldichte.

Diese Pixeldichte in ppi bei Bildschirmen können Sie berechnen. In Abbildung 6.7 finden Sie die Formel dazu.

$$\text{ppi} = \frac{\sqrt{w^2+h^2}}{d}$$

Abbildung 6.7: Berechnungsformel für die Pixeldichte von Bildschirmen. Der Wert **w**(idth) steht für die horizontale und **h**(eight) für die vertikale Pixelanzahl des Bildschirms. Mit **d** wird die Diagonale des Bildschirms in Zoll angegeben.

Als einfaches Beispiel soll die Pixeldichte eines Bildschirms mit 1.920 × 1.080 Pixeln und 17 Zoll Bildschirmdiagonale errechnet werden.

$$\text{ppi} = \frac{\sqrt{1.920^2 + 1.080^2}}{17\ \text{Zoll}} = 129{,}58\ \text{ppi}$$

Dasselbe können Sie natürlich auch mit Smartphones oder Tablets machen. Nehmen wir mal das Apple iPhone 15 mit 15,5 Zoll Diagonale und 2.556 × 1.179 Pixeln:

$$\text{ppi} = \frac{\sqrt{2.556^2 + 1.179^2}}{15{,}5\ \text{Zoll}} = 181{,}60\ \text{ppi}$$

6.2.2 Halbtonbilder und Strichbilder

In der Mediengestaltung werden Sie früher oder später auch auf die Begriffe Halbtonbild und Strichbild stoßen. Bei Halbtönen handelt es sich um die Zwischenwerte zwischen den vollen Tönen Weiß und Schwarz. Ein Halbtonbild weist somit verschiedene Helligkeitsabstufungen auf. Daher ist jedes Schwarz-Weiß-Bild mit verschiedenen Graustufen und jedes farbige Foto auch ein Halbtonbild.

Definition Halbtonbild

Ein Graustufen- oder Farbbild, das verschiedene Helligkeitsabstufungen aufweist. Eigentlich jedes Schwarz-Weiß- und Farbbild.

Wenn Sie allerdings Halbtonbilder für den Offsetdruck oder Hochdruck weitergeben müssen, können dort technisch bedingt keine Halbtöne verwendet werden. In dem Fall muss die Vorlage bei der Reproduktion mithilfe eines Rasters in einzelne Rasterpunkte zerlegt werden.

In Abbildung 6.8 sehen Sie auf der linken Seite jeweils einen Verlauf in Farben und einen in Graustufen mit Halbtönen. Auf der rechten Seite sehen Sie die beiden Verläufe erneut, nur wurden diese jetzt für den Offsetdruck gerastert. Ganz besonders deutlich wird bei dem Graustufenverlauf, dass es hier nach der Rasterung eigentlich gar keine Töne mehr außer Schwarz und Weiß gibt und der Verlauf im Grunde nur mit einem Raster simuliert wird. Diese Rasterung mit der Reduktion der **Tonwerte** auf einige wenige wird auch Poster-Effekt (engl. Posterization) genannt.

Definition Strichbild
Es besteht nur aus den Volltönen Schwarz und Weiß.

Sind nur noch zwei Tonwerte vorhanden, dann handelt es sich um ein Strichbild, was zum Beispiel auch auf den gerasterten Graustufenverlauf zutrifft.

Abbildung 6.8: Links finden Sie zwei Halbtonverläufe und rechts die beiden Verläufe in ein Raster zerlegt.

Das ist der Übergang zu den Strichbildern. Als Strichbilder werden Bilder bezeichnet, die nur rein schwarze und rein weiße Bildbereiche aufweisen, ohne Tonabstufung dazwischen, wie dies bei einem Halbtonbild der Fall ist. Jedes Pixel bei einem Strichbild kann in einem Bit gespeichert werden und daher auch nur die zwei Zustände Schwarz oder Weiß annehmen. Ein Strichbild wird auch als Binärbild oder Bitmap bezeichnet. In Abbildung 6.9 sehen Sie links einen Verlauf in Farbe und einen in Graustufen mit Halbtönen. Auf der rechten Seite wurden diese beiden Verläufe in ein Strichbild umgewandelt. Im Gegensatz zu Halbtonbildern besitzen Strichbilder harte Kanten und keinen fließenden Übergang, daher benötigen diese beim Druck eine wesentlich höhere Auflösung, um Sägezahneffekte zu vermeiden.

Abbildung 6.9: Links finden Sie zwei Halbtonverläufe und rechts die beiden Verläufe in ein Strichbild bzw. Bitmap zerlegt.

6.2.3 Vektorgrafiken – errechnete Bilder

Vektorgrafiken werden nicht in einzelnen Pixelrastern, sondern mit mathematischen Funktionen beschrieben. Um beispielsweise einen Kreis zu zeichnen, benötigen Sie nur einen Radius, die Linienstärke und eventuell eine Farbe. Im Gegensatz zu Pixelgrafiken besteht eine Vektorgrafik aus Vektoren und Ankerpunkten. Der Vorteil dabei ist, dass sich eine solche Grafik beliebig skalieren lässt, ohne dass ein Qualitätsverlust entsteht. Und der Speicherverbrauch von Vektorgrafiken ist auch sehr bescheiden.

Auf fotorealistische Darstellungen müssen Sie bei Vektorgrafiken allerdings verzichten. Die Stärke von Vektorgrafiken liegt in der Erstellung von grafischen Primitiven (Linien, Kreise, Polygone, Kurven usw.), womit sich diese Grafiken bestens für die Erstellung von Diagrammen, Logos und natürlich kreativen Arbeiten eignen. Hier einige Fachbegriffe rund um die Vektorgrafik:

+ **Pfad:** Formbeschreibung von Vektorobjekten ❸
+ **Ankerpunkt:** Ansatzpunkte eines Pfades; sie definieren die Form des Pfades. Es gibt zwei Arten von Ankerpunkten ❶: Kurvenpunkte und Eckpunkte.

+ **Bézierkurve:** Den Namen verdanken die Bézierkurven ihrem Entwickler Paul Bézier, der sie für das computergestützte Automobildesign einführte. Sie werden in erster Linie dazu genutzt, gebogene Linien und Objekte zu erzeugen. Der Vorteil von Bézierkurven liegt in ihrer guten Kontrollmöglichkeit, denn die einzelnen Punkte sind mit Tangenten und sogenannten Anfassern ausgestattet, mit denen sich die Krümmung der Linien steuern lässt.

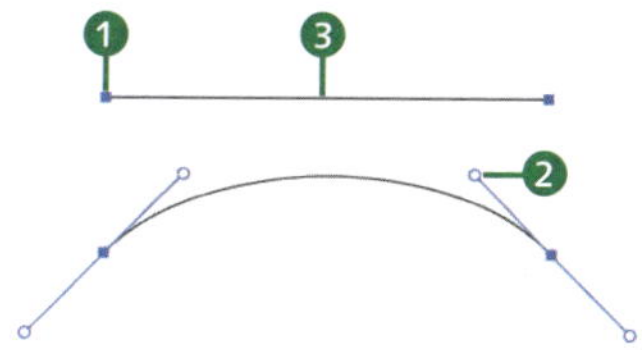

Abbildung 6.10: Ob Gerade oder Kurve – immer gibt es Ankerpunkte ➊, zwischen denen der Pfad ➌ entsteht, und Griffe zum Biegen des Pfades bei einer Kurve ➋.

Abbildung 6.11: Die linke Banane wurde als Vektorgrafik erstellt und größer skaliert. Beim Vergrößern entstanden hiermit keine Verluste. Das Gleiche wurde rechts mit der Banane als exportierte Pixelgrafik gemacht. Hierbei erkennen Sie, dass, je größer Sie skalieren, die Kanten auch umso pixeliger werden.

6.3 Farbmodi

Jedes Pixel bei einem digitalen Bild hat eine bestimmte Farbe. Um eine Farbe zu beschreiben, gibt es verschiedene Farbmodi. In Verbindung mit digitalen Bildern sind hierbei ganz besonders der RGB-Modus, der CMYK-Modus und der Lab-Modus von Bedeutung.

6.3.1 Voraussetzung: Additive und subtraktive Farbmischung verstehen

Für die Mediengestaltung ist es wichtig, zwei verschiedene Arten von Farbmischung als den ersten Schritt zum Verständnis des komplexen Themas Farbe zu definieren.

1. Man kann Farbe zum Beispiel anfassen wie die Haut eines Pfirsichs oder eine bemalte Wand. Diese Farben sind Teil der Oberfläche eines Objekts.
2. Dann gibt es noch Farbe, die man nicht anfassen kann, wie zum Beispiel einen roten Lichtstrahl und all die von einem Computermonitor erzeugten Farben.

Die greifbaren Farben, die sich auf der Oberfläche von Objekten oder auf der gedruckten Seite befinden, gehören zu einem Farbmodell, und die durch Licht erzeugten Farben sind Teil eines anderen Farbmodells. Hier kommen die beiden Begriffe additive und subtraktive Farbmischung ins Spiel.

Abbildung 6.12: Subtraktive Mischung: Magenta + Gelb = Rot, Magenta + Cyan = Violettblau, Cyan + Gelb = Grün

Subtraktive Farbmischung und das CMYK-Farbmodell

Die subtraktive Farbmischung hat ihren Ausgangspunkt beim Malen mit realen Pigmentfarben (auch Körperfarben). Subtraktiv bedeutet, dass Farben erzeugt werden, indem sie Licht absorbieren (= herausfiltern). Reale Farben werden miteinander gemischt, und wir wissen, dass eine Kombination von Gelb und Blau hier Grün ergibt.

Wenn wir also Farben in der Malerei oder Druckfarben beim Drucken mischen, verwenden wir die subtraktive Farbmischung. Hier starten wir bei Weiß und enden bei Schwarz: Wenn man alle Farben mehr und mehr mischt, wird das Ergebnis immer dunkler und irgendwann nahezu schwarz.

Auf der subtraktiven Mischung von Pigmentfarben basiert das CMYK-Farbmodell. Die Abkürzung CMYK steht für **C**yan (Türkis), **M**agenta (Fuchsinrot), **Y**ellow (Gelb) und Blac**k** (Schwarz) (oder auch **K**ey für »Schlüsselfarbe«). Es ist Grundlage des Vierfarbdrucks. Ausgehend vom unbedruckten Papier (Weiß) führen Mischungen dabei zu immer dunkleren Tönen. Vereinfacht ausgedrückt könnte man sagen: Je mehr Farben gemischt werden, umso mehr Licht wird geschluckt. Deshalb steht in CMYK ein höherer Tonwert für eine dunklere Farbe.

Beim Druck werden die drei Druckfarben Cyan, Magenta und Gelb (Yellow) (CMY) als Primärfarben gemischt, um weitere Farbtöne generieren zu können. Die Sekundärfarben, die entstehen, sind Rot, Grün und (Violett-)Blau.

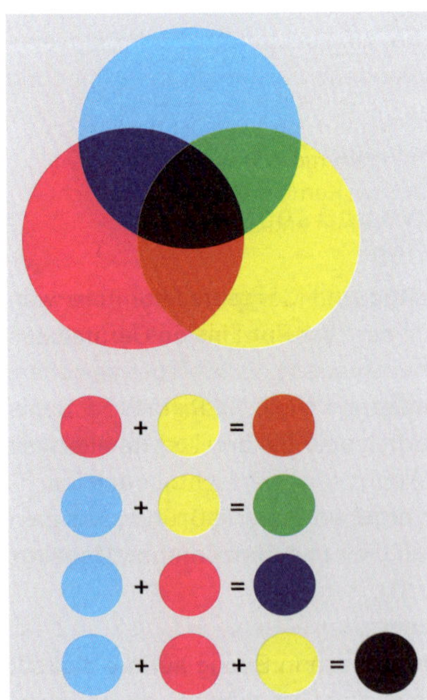

Abbildung 6.13: Primär- und Sekundärfarben des CMYK-Farbraums. Bei einer Mischung der drei Farben Cyan, Magenta und Yellow entsteht (nahezu) Schwarz.

Definition Körperfarbe
Reflektiertes Umgebungslicht, Farben absorbieren Teile des Lichts und reflektieren andere, was den Farbeindruck erzeugt, Mischung von Körperfarben ergibt subtraktive Farbmischung

Definition Subtraktive Farbmischung
Farbmodell mit den Grundfarben Cyan, Magenta und Gelb, in dem die Absorption von Wellenlängenbereichen des Spektrums beschrieben wird. Das Ergebnis einer Mischung ist immer dunkler als die Ursprungsfarbe.

Definition Primärfarbe
Grundlegende Farben eines Farbmodells, mit denen durch Mischung alle anderen Farben erzeugt werden können. Im CMYK-System sind die Primärfarben Cyan, Magenta und Gelb.

Definition Sekundärfarbe
Durch das Mischen zweier Primärfarben ergibt sich die Sekundärfarbe.

Additive Farbmischung und das RGB-Farbmodell

Wenn man an einem Computer arbeitet, werden die Farben, die man auf dem Bildschirm sieht, mit der additiven Farbmischung, d. h. mithilfe von Licht erzeugt (additiv = hinzufügen). Hier startet man im Schwarzen und endet mit Weiß: Wenn mehr und mehr Farbe hinzugefügt wird, wird das Ergebnis immer heller und irgendwann weiß. Das funktioniert, indem man die additiven Primärfarben Rot, Grün und Blau (RGB) in verschiedenen Kombinationen und in unterschiedlichen Intensitätsstufen mischt, um so alle Farben der Natur simulieren zu können. Wenn das reflektierte Licht eine Mischung aus reinem rotem, grünem und blauem Licht enthält, nimmt das Auge Weiß wahr. Wenn kein Licht vorhanden ist, nimmt das Auge Schwarz wahr. Deshalb steht in RGB ein höherer Tonwert für eine hellere Farbe (also umgekehrt als in CMYK). Grau entsteht bei identischer Intensität von Rot, Grün und Blau.

Abbildung 6.14: Die additive Farbmischung RGB mit den Primärfarben Rot, Grün und Blau. Hier entstehen die Sekundärfarben Cyan, Magenta und Gelb.

Abbildung 6.15: Bei einer Kombination von zwei Lichtfarben entstehen die Sekundärfarben – bei der Kombination von drei Lichtfarben entsteht Weiß.

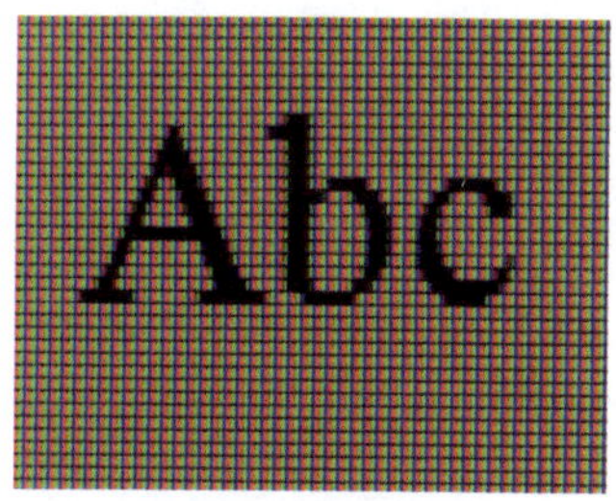

Abbildung 6.16: Eine stark vergrößerte Ansicht von Schrift auf einem Monitor, der aus Pixeln besteht. Da, wo der Text schwarz ist, leuchtet keines der Pixel, und würde man aus dem Bild herauszoomen, würde der Hintergrund der Schrift weiß erscheinen, weil alle Pixel mit allen Leuchtkörpern Rot, Grün und Blau gleichzeitig leuchten.

Handys, Kameras, Fernseher, Tablets und Computermonitore verwenden die additive Farbmischung, indem die Pixel in den Geräten aus je einem roten, einem grünen und einem blauen Leuchtkörper bestehen. Die Mischung dieser drei Lichtquellen ergibt die finale Pixelfarbe. Dabei werden unterschiedliche Töne erzeugt, indem die drei Lichtquellen mit unterschiedlicher Stärke leuchten. Wenn man zwei Lichtquellen leuchten lässt und die dritte ausschaltet, ergeben Rot und Grün zusammen Gelb, Blau und Grün ergeben Cyan, und Rot und Blau ergeben Magenta.

Problematik im Druck

Das Drucken von Farbe kann problematisch in Bezug auf die digitale Vorlage sein – denn was man am Display sieht, ist nicht das, was auch im

Druck 1:1 möglich ist. Obwohl ein Monitor möglicherweise 16.000.000 Farben anzeigen kann, liegen Millionen dieser Farben außerhalb des für Drucker verfügbaren Spektrums. Da die digitalen Vorlagen mit dem RGB-Farbmodell erstellt werden, müssen die Farben, die in dieser Vorlage verwendet wurden, auch Teil des CMYK-Spektrums sein, oder aber sie werden nicht mit der richtigen Farbwiedergabe reproduziert. Wenn man aber innerhalb des CMYK-Farbmodells arbeitet oder sogenannte Sonderfarben wählt, ist die richtige Farbwiedergabe gewährleistet, wenn man dabei das Thema Colormanagement berücksichtigt (siehe Kapitel 11, »Digitale Druckvorstufe«).

Verwirrung in CMY und RGB

CMY: Wird Magenta mit Gelb gemischt, entsteht Rot, Cyan mit Gelb führt zu Grün, und Magenta mit Cyan ergibt Blau (Violettblau). Cyan, Magenta und Gelb sind Grundfarben, Rot, Grün und Blau Mischfarben erster Ordnung. Damit verhält sich CMY entgegengesetzt zu RGB, wo Rot, Grün und Blau Grundfarben und Cyan, Magenta und Gelb Mischfarben erster Ordnung sind.

Es ist daher immer wichtig, das richtige Farbmodell für den jeweiligen Job zu wählen. Wenn man Bilder drucken möchte, sollte man sie spätestens vor dem Druck in CMYK umwandeln und sie so in den richtigen Farbraum (Gamut) bringen. Wenn Bilder »nur« digital angezeigt werden sollen, sollte man darauf achten, dass man im RGB-Gamut arbeitet, damit der gesamte RGB-Farbraum verfügbar ist.

6.3.2 Ganz wichtig: Die Unterscheidung von Farbmodell, Farbmodus und Farbraum

Leider führen die Begriffe Farbmodell, Farbmodus oder Farbsystem oft zu Verwirrung und werden nicht immer einheitlich verwendet. Der Einfachheit halber soll hier eine kurze Differenzierung vorgenommen werden.

Farbsystem

Alternativ wird auch der Begriff *Farbsystem* für das Farbmodell verwendet, wovon in diesem Buch allerdings kein Gebrauch gemacht wird.

Wenn vom **Farbmodell** die Rede ist, dann meint man die abstrakte mathematische Methode, mit der die Farben spezifiziert werden. Wenn Sie wollen, ist das Farbmodell so etwas wie der theoretische Teil. Bekannte Farbmodelle sind RGB, CMYK, Lab, CIELab, HSL oder HSV.

Der **Farbmodus** hingegen ist eine Einstellung für die Farben einer Bilddatei, die den Umfang der Farben von dieser Datei festlegt. Wenn Sie bei einer Bilddatei den Umfang der Farben vorgeben wollen, dann tun Sie dies mit einem der Farbmodi über eine Software. So finden Sie z. B. bei Photoshop diese Einstellung über das Menü *Bild • Modus* wieder. Wenn Sie Dateien crossmedial aufbereiten, dann ist für Sie ebendiese Einstellung des Modus entscheidend. Gängige Farbmodi sind z. B. der RGB-Farbmodus, CMYK-Farbmodus oder Lab/CIELab. Der Farbmodus ist also sozusagen der praktischere Teil der Farben.

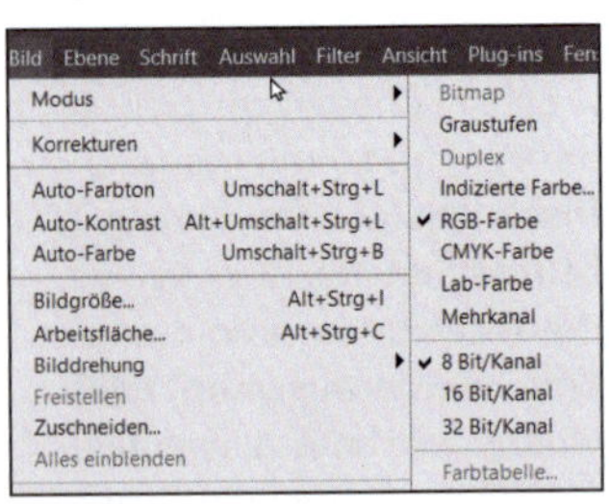

Abbildung 6.17: Den Farbmodus für eine Bilddatei auswählen (hier: Photoshop)

Dazu gibt es noch den Begriff **Farbraum**, der auf einem Farbmodell basiert. So sind die Farbräume sRGB und AdobeRGB Farbräume, die auf dem RGB-Farbmodell basieren. Mit diesen Farbräumen können Sie häufig nur einen Teil der definierten Farben des RGB-Farbmodells anzeigen. Der Farbraum umfasst die Farben, die mit dieser Methode dargestellt werden können. Ein Farbraum ist in der Regel auf eine bestimmte Anwendung beschränkt. So wurde beispielsweise sRGB so definiert, dass der Farbraum auf einer großen Anzahl von Geräten (z. B. Monitor, Kamera, Drucker) verwendet werden kann. Folglich ist sRGB ein relativ kleiner Farbraum, der jedoch für die meisten Zwecke ausreicht.

6.3.3 Farbmodus RGB

Der RGB-Farbmodus ist wohl der gängigste Modus und wird vorwiegend bei Digitalkameras, Bildschirmen, TV-Geräten und Scannern verwendet – also alles Geräte, die mit Licht arbeiten. Beim RGB-Modell handelt es sich, wie wir gerade gesehen haben, um eine additive Farbsynthese, eine Mischung von Lichtfarben. Noch einmal zusammengefasst:

+ Die **Primärfarben** dieser Farbmischung sind Rot, Grün und Blau.
+ Leuchten jeweils nur zwei der drei Farben, entstehen die **Sekundärfarben** Gelb (aus Rot und Grün), Magenta (aus Blau und Rot) und Cyan (aus Blau und Grün).
+ Wenn alle drei Farben mit maximaler Kraft auf einen Punkt strahlen, ergibt dies die Farbe Weiß.
+ Schwarz entsteht (logischerweise), wenn kein Licht strahlt.

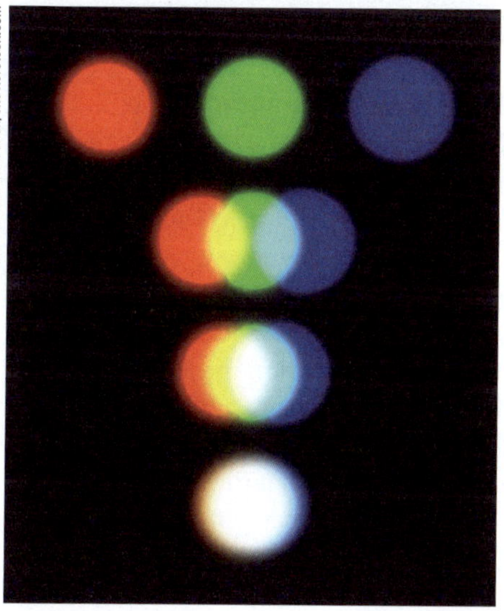

Abbildung 6.18: Primär- und Sekundärfarben des RGB-Farbraums

Jedes Pixel beim RGB-Farbmodell besteht aus den drei Kanälen Rot, Grün und Blau. Wenn alle drei Kanäle den Wert 0 haben, wird kein Licht verwendet, und das Pixel bleibt schwarz. Bei voller Leuchtstärke der Kanäle Rot, Grün und Blau (jeder Kanal besitzt den Wert 255) leuchtet das Pixel weiß. Je höher der Wert, desto größer also die Intensität. Über diese drei Kanäle lassen sich bei 8 Bit Farbtiefe somit 16,7 Millionen Farben (256 × 256 × 256) darstellen – weitaus mehr, als unser menschliches Auge unterscheiden kann. Die Darstellung eines digitalen Bildes hängt von der Hardware und der Software ab. Daher kann sich ein digitales Bild mit denselben RGB-Farbwerten auf den verschiedenen Geräten erheblich unterscheiden.

Dies soll als Einführung in das Thema genügen. Wenn Sie weitere Informationen benötigen, lesen Sie weiter in Abschnitt 11.2, »Farbräume für Fortgeschrittene«.

Definition Kanal
Farbkanäle speichern die Farbinformationen von Bildern. Für jede Grundfarbe eines jeweiligen Farbformats (RGB, CMYK, Lab etc.) wird ein Farbkanal benötigt.

Definition Farbmodus Graustufen
Der Graustufenmodus entspricht im Prinzip dem RGB-Modus, nur dass hier lediglich ein Farbkanal für die Graustufen vorhanden ist, anstelle der drei Farbkanäle beim RGB-Modus.

Abbildung 6.19: Ein Bild mit RGB-Farbkanälen

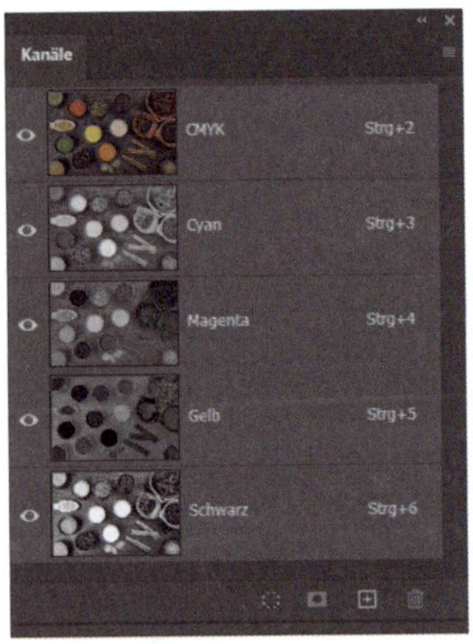

Abbildung 6.20: Unser Bild aus Abbildung 6.19 mit den einzelnen CMYK-Farbkanälen

Definition Lab

Geräteunabhängiger Farbmodus, bei dem Farben durch einen Kanal für die Helligkeit (L für Lightness) und zwei Buntheitskomponenten (Kanal a von Grün bis Magenta und Kanal b von Blau bis Gelb) dargestellt werden. Der Lab-Farbraum umfasst das gesamte Spektrum der sichtbaren Farben.

6.3.4 Farbmodus CMYK

Der CMYK-Farbmodus wird bevorzugt bei Druckverfahren eingesetzt. Er basiert, wie wir eben gesehen haben, auf der subtraktiven Farbmischung und beschreibt die Farbmischung von nicht selbst leuchtenden Farben (= Körperfarben).

Rein theoretisch würden Cyan, Magenta und Yellow ausreichen, um Schwarz zu erstellen. Hierfür müssten lediglich alle drei Werte auf 100 % gestellt werden (CMYK-Farben werden mit Prozentwerten definiert). Allerdings eben nur rein theoretisch und nicht praktisch, da Tiefe und Kontrast nicht ausreichen. Daher wird im Druck die vierte Druckfarbe Schwarz hinzugefügt. Sie wird mit dem Buchstaben K für Key Color abgekürzt.

6.3.5 Farbmodus Lab

Der Lab-Farbmodus beruht auf einem Farbmodell, das alle Farben abdeckt, die vom menschlichen Auge wahrgenommen werden können. Es besteht aus drei Kanälen: L für die Helligkeit (Luminanz) und a und b für die Farbkomponenten. Im Lab-Farbmodus werden Farben nicht durch das Mischverhältnis von Primärfarben wie in RGB oder CMYK beschrieben, sondern durch ihre Position zwischen den Gegenfarben Rot-Grün und Blau-Gelb.

Lab dient als Standard für Farbmanagement und Farbumrechnung in der digitalen Bildverarbeitung. Photoshop beispielsweise benutzt intern den Lab-Farbmodus für alle Farbumrechnungen. Wenn Sie zum Beispiel eine Umwandlung von RGB nach CMYK durchführen, wird zunächst in Lab konvertiert. Der Lab-Farbmodus ist geräteunabhängig, was bedeutet, dass die Farben unabhängig von der Erzeugung und Darstellung beschrieben werden. Siehe auch Abschnitt 11.2.3.

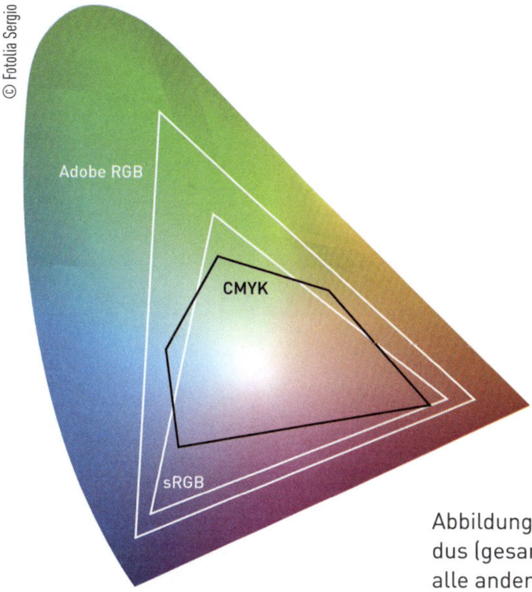

Abbildung 6.22: Der Lab-Farbmodus (gesamter Bereich) umfasst alle anderen Farbmodi.

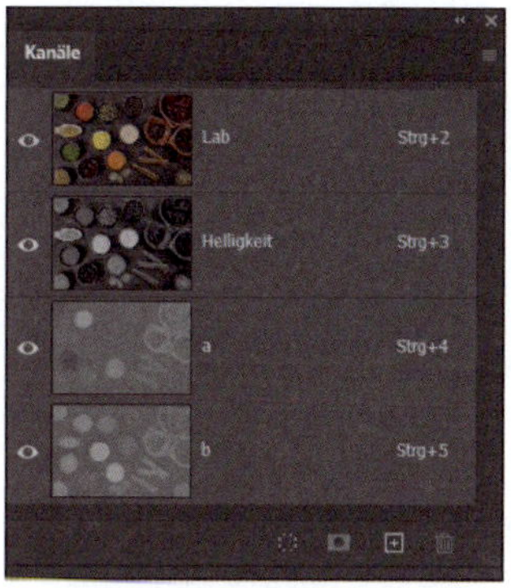

Abbildung 6.21: Unser Bild mit den einzelnen Lab-Kanälen

6.4 Farbtiefe bzw. Datentiefe

Die Farbtiefe beschreibt, wie viele unterschiedliche Farben ein einzelnes Pixel im Bild aufnehmen kann. Die Angabe erfolgt hierbei in Bits. Bei einem Strichbild (bzw. Bitmap), bei dem es nur die beiden Farben Schwarz und Weiß gibt, spricht man von 1 Bit Farbtiefe. Ein Bit ist auch die kleinste Datenmenge in der Informatik und kann entweder den Wert 0 oder 1 haben. Um Schwarz oder Weiß darzustellen, ist lediglich 1 Bit nötig: Hat das Bit den Wert 0, ist unser Bild schwarz, ist der Wert 1, dann haben wir die Farbe Weiß.

Besitzt ein Bild hingegen 8 Bit pro Kanal, wie es bei klassischen JPEG-Fotos aus der Kamera der Fall ist, ergeben sich daraus schon 256 Farben pro Kanal ($2^8 = 256$). Im Falle eines RGB-Bildes mit drei Kanälen (Rot, Grün und Blau) erhalten Sie insgesamt 24 Bit Farbtiefe. Somit stehen für ein einzelnes Pixel bei einem RGB-Bild 16,7 Millionen Farbmöglichkeiten (256^3) zur Verfügung.

8 Bit pro Farbkanal sind längst nicht das Ende der Fahnenstange. Mit höherwertigen Kameras können Sie Bilder mit einer höheren Farbtiefe aufnehmen. Zwar kann das menschliche Auge nichts mit den höheren Farbtiefen wie beispielsweise 16 Bit anfangen, aber mehr Farbinformationen und Tonwerte in einem Bild bedeuten mehr Informationen zum Nachbearbeiten von Farben, Belichtung, Kontrast, Helligkeit oder Sättigung. Bei einem Bild mit 8 Bit ist schnell das Ende erreicht, und ganz helle oder dunkle Informationen im Bild lassen sich nicht retten, weil sie gar nicht mehr vorhanden sind. Für die Ausgabe auf Digital- oder Printmedien oder die Weitergabe im Internet werden die Dateien dann aber in der Regel auf 8 Bit Farbtiefe pro Farbkanal heruntergesetzt.

Definition Bit

Abkürzung für Binary Digit. Ein Bit ist die kleinste digitale Einheit im binären System, mit der ein Computer arbeiten kann. Ein Bit kann nur zwei Werte darstellen, 0 und 1.

Bittiefe, Datentiefe

Statt des Begriffs »Farbtiefe« werden in der Praxis gelegentlich auch die Begriffe »Bittiefe« oder »Datentiefe« verwendet. Alle drei Begriffe meinen dasselbe.

Wie viel sehen wir?

Unser Auge vermag etwa 50–100 Helligkeitswerte zu unterscheiden. Ein Bild mit 8 Bit ist daher für unser Auge völlig ausreichend.

Farbtiefe	Anzahl darstellbarer Farben
1 Bit	$2^1 = 2$
8 Bit	$2^8 = 256$
12 Bit	$2^{12} = 4.096$
16 Bit	$2^{16} = 65.536$
32 Bit	$2^{32} = 4.294.967.296$

Tabelle 6.2: Übersicht einiger gängiger Farbtiefen

6.5 Dateiformate – Ein Überblick

Wie die Daten innerhalb einer Datei angeordnet werden, wird mit dem Dateiformat bestimmt. Solche Dateiformate werden gewöhnlich durch Softwarehersteller oder von einem standardisierten Gremium festgelegt:

+ Bezogen auf **digitale Bilder beim Fotografieren** sind ganz besonders die Datenformate JPEG und RAW von Bedeutung. Auch das HEIC-Format gewinnt hier immer mehr an Bedeutung, ist aber aufgrund der Inkompatibilität zwischen Systemen und Geräten (noch) nicht massentauglich.
+ In **Bildbearbeitungsprogrammen** kommen proprietäre (das heißt vom Hersteller festgelegte) Dateiformate wie beispielsweise PSD (Photoshop) oder XCF (GIMP) zum Einsatz. Aber auch das TIFF-Format wird hier häufig verwendet.
+ Für den **Druck** von Printmedien ist das TIFF-Format und das Vektorformat SVG als Austauschformat weit verbreitet. Für reine Arbeitsformate kommen auch hier proprietäre Formate wie AI (Adobe Illustrator, Vektorformat) oder PSD zum Einsatz.
+ Zur Weitergabe im **Internet oder in anderen Digitalmedien** spielen neben JPEG noch die Dateiformate GIF und PNG eine Rolle – obgleich hier, speziell für das Internet, das modernere WebP-Format allen drei Formaten vorzuziehen ist.

6.5.1 Das JPEG-Format

Die JPEG-Kompression wurde für Pixelbilder aus der Fotografie und computergenerierte Bilder (CGI) von der Joint Photographic Experts Group entwickelt (daher der Name). JPEG ist das beste Dateiformat für Fotos mit einer möglichst kleinen Dateigröße. Das Format ist auch das Standardformat zur Speicherung von Bildern in Digitalkameras oder mobilen Geräten und wird häufig als Bilddateiformat in Digitalmedien verwendet. Die entsprechenden Dateiendungen lauten ».jpeg«, ».jpg« oder auch ».jpe«. Beim Speichern von Bildern im JPEG-Format gehen viele erweiterte Funktionen (z. B. Ebenen) verloren.

JPEG als Arbeitsformat

Als Arbeitsformat ist das JPEG-Format weniger geeignet. Bei jedem Speichern wird mit Verlusten komprimiert (auch wenn Sie die Option »100 % verlustfrei« verwenden). Wenn Sie JPEG-Bilder des Öfteren überarbeiten und abspeichern, bemerken Sie irgendwann Qualitätsverluste im Bild.

Vorteile von JPEG	Nachteile von JPEG
+ Bis zu 16,7 Millionen Farben (8 Bit pro Farbkanal) sind darstellbar. + Ist sehr weit verbreitet und kann fast immer problemlos auf verschiedenen Plattformen, in Webbrowsern, Grafikprogrammen usw. angezeigt werden. + Qualität und Bildgröße lassen sich sehr flexibel einstellen (gutes Speicherplatz-Qualitäts-Verhältnis). + EXIF-Informationen (Metadaten) lassen sich in diesem Format sichern. + Speicherung im RGB- oder CMYK-Modus. + Speicherung von Farbprofilen.	– JPEG komprimiert immer mit Verlusten. Jedes weitere Abspeichern führt dabei zu weiteren Qualitätsverlusten. – Das Format ist nicht für den professionellen Druck geeignet. – Es können keine Ebenen und auch keine Alphakanäle (Transparenz) gespeichert werden.

Tabelle 6.3: Vor- und Nachteile von JPEG

JPEG ist der Algorithmus

Beachten Sie, dass JPEG eigentlich den **Algorithmus** bezeichnet, mit dem die Grafik verlustbehaftet komprimiert wird.

Die Kompression können Sie bei diesem Format unterschiedlich einstellen. Je stärker die Kompression, desto geringer ist der Speicherverbrauch, aber desto schlechter ist auch die Bildqualität. Bei zu starker Kompression entstehen **Kompressionsartefakte**.

Definition Algorithmus

Eine Folge von Anweisungen, die schrittweise ausgeführt werden, um ein bestimmtes Problem zu lösen.

Definition Artefakt

Sichtbare Effekte in Form von Mustern, die bei der JPEG-Kompression auftreten.

Definition Kompression

Verdichtung digitaler Daten.

Abbildung 6.23: Im Bild wurde zur Demonstration eine übertrieben starke Kompression verwendet. Die Kompressionsartefakte sind deutlich zu erkennen.

6.5.2 Proprietäre Dateiformate wie PSD oder XCF

Ein proprietäres Dateiformat wird vom Hersteller einer Software festgelegt. Weit verbreitet ist das PSD-Format von Adobe. Was für Photoshop das PSD-Format ist, ist für GIMP das XCF-Format. Aber auch GIMP kann mit PSD umgehen. Diese Formate sind Arbeitsformate und nicht zur Weitergabe in Digitalmedien oder Printmedien gedacht, auch wenn beispielsweise PSD-Dateien direkt in Adobe-eigenen Produkten weiterverarbeitet werden können.

Vorteile proprietärer Formate	Nachteile proprietärer Formate
+ Die Daten werden verlustfrei ohne Kompression gesichert. + Speicherung in verschiedenen Farbmodi und Farbtiefen. + Alle Informationen wie Ebenen, Masken, Alphakanäle, Hilfslinien usw. werden mitgespeichert.	– Eingeschränkte Weitergabe; die Software muss beim Laden mit dem proprietären Datenformat umgehen können. Und selbst wenn es gelesen werden kann, können nicht immer alle Informationen verwertet werden. Daher sind solche Formate häufig auf einzelne Anwendungen beschränkt. – Da die Daten ohne Verluste gesichert und auch sonst alle Informationen mitgespeichert werden, ist der Speicherplatz für solche Formate enorm.

Tabelle 6.4: Vor- und Nachteile proprietärer Formate

6.5.3 TIFF, das Standardformat für hohe Qualität

TIFF (Tagged Image File Format, manchmal auch TIF) ist eigentlich das Dateiformat schlechthin, wenn es um den Austausch von hochwertigen Bildern geht. Auch mit Transparenz bei voller Farbtiefe kann TIFF sehr gut umgehen. Dieses Format speichert die Dateien verlustfrei. Sie sind allerdings recht groß, da TIFF keine hohe Kompressionsrate besitzt. In der Praxis ist TIFF neben PDF, SVG und EPS das wichtigste Format zum Austausch von Daten in der Druckvorstufe, weil TIFF auch das für den Druck benötigte CMYK-Farbprofil unterstützt. Aber auch als Speicher- und Austauschformat in der Bildbearbeitung ist TIFF sehr gut geeignet. TIFF ist somit quasi ein Standardformat für Bilder mit hoher Qualität.

Vorteile von TIFF
+ Speicherung in fast jedem Farbmodus möglich. + Farbtiefe von 8 Bit, 16 Bit oder 32 Bit pro Farbkanal. + Speicherung von Farbprofilen. + Speicherung von Ebenen und Alphakanälen; allerdings können nicht alle Bildbearbeitungsprogramme TIFF mit Ebenen speichern – Photoshop kann, GIMP nicht. + Verlustfreie oder verlustbehaftete Komprimierung.

Tabelle 6.5: Vorteile von TIFF

6.5.4 Das GIF-Format

GIF mit der Dateiendung ».gif« ist ein richtiger Klassiker unter den Dateiformaten. Das Format bietet eine relativ gute, verlustfreie Komprimierung mit 256 Farben an. Es wird bei Grafiken mit wenigen Farbabstufungen, wie beispielsweise Buttons oder Logos, in Digitalmedien verwendet. Beliebt ist GIF auch, weil sich damit Animationen erstellen lassen. Zudem unterstützt GIF Transparenz durch Festlegung einer Transparenzfarbe. Für das Speichern von Fotos ist dieses Format allerdings ungeeignet. Mit dem WebP-Format wird allerdings GIF immer stärker obsolet und seltener eingesetzt.

Vorteile von GIF	Nachteile von GIF
+ Geringer Speicherumfang. + Es können Bild-für-Bild-Animationen erstellt werden. + Beherrscht Transparenz (aber ohne Alphakanal).	– Kennt keinen Alphakanal und daher nur vollständige oder keine Transparenz – sprich, es sind keine Abstufungen (teilweise durchsichtig) möglich. – Für den Druck überhaupt nicht geeignet, weil diese Informationen verworfen werden. – Beherrscht nur 256 Farben; 8 Bit Farbtiefe mit einem Kanal (indizierte Farben). – Keine Speicherung von Ebenen oder Farbprofilen.

Tabelle 6.6: Vor- und Nachteile von GIF

6.5.5 Das PNG-Format

Da es mit GIF früher Probleme bezüglich der Lizenzierung gab, haben fleißige Entwickler*innen das PNG-Format als freie Alternative entworfen. PNG hat dieselben Eigenschaften wie GIF, es ist damit jedoch nicht möglich, Animationen zu erstellen. Im Gegensatz zum JPEG-Format hat PNG den Vorteil, dass die Daten bis zu 100 % verlustfrei komprimiert abgespeichert werden. Zudem ist PNG weniger komplex als TIFF. Neben unterschiedlichen Farbtiefen (256 oder 16,78 Millionen Farben) unterstützt PNG auch Transparenz per Alphakanal. Auch hier können Sie beim Speichern die Kompression einstellen. PNG ist somit ein gutes Format für das Platzieren von Fotos und Grafiken in Digitalmedien. Auch für das PNG-Format bietet sich mittlerweile das moderne WebP-Format als bessere Alternative für das Web an.

Vorteile von PGN	Nachteile von PGN
+ Speicherung mit 8 Bit Farbtiefe (PNG-8) mit einem Farbkanal (= 256 Farben) oder drei Farbkanälen (PNG-24; 16,7 Millionen Farben). + Verlustfreie Komprimierung. + Speicherung von Farbprofilen. + Speicherung von Alphakanälen.	– Keine Speicherung von Ebenen.

Tabelle 6.7: Vor- und Nachteile von PNG

6.5.6 Das WebP-Format

Dateiformate wie JPEG, GIF oder PNG sind in den 90er Jahren und davor entstanden. Seitdem haben sich die Anforderungen an Bilder stark weiterentwickelt, vor allem in Bezug auf die Leistung. Kein Wunder also, dass es zahlreiche Initiativen zur Weiterentwicklung der Bildformate gibt. Formate wie JPEG 2000 oder JPEG XR waren vielver-

Das AVIF-Format

Mit AVIF steht der Nachfolger von WebP jedoch bereits in den Startlöchern. Das Bildformat ist ähnlich wie HEIC, aber etwas offener. Die Kompressionsrate ist sogar höher als die von WebP bei gleicher Qualität.

sprechend, haben sich aber nie wirklich durchgesetzt. Das von Google entwickelte WebP-Format wurde speziell für das Web konzipiert. Es liefert selbst bei starker Komprimierung eine bessere Qualität als das JPEG-Format. Im Vergleich zu JPEG-Bildern sind WebP-Bilder etwa 25–35 % kleiner. Auch die Unterstützung von Animationen wurde hinzugefügt.

Tabelle 6.8: Vor- und Nachteile von WebP

Vorteile von WebP	Nachteile von WebP
+ Kleinere Dateigrößen bei besserer Bildqualität als JPEG. + Transparenz und Animation und daher eine bessere Alternative für GIF und PNG.	– Wird noch nicht so weitgehend unterstützt wie JPEG. – Die Bildqualität wird trotzdem reduziert. – Es werden Werkzeuge zum Konvertieren in WebP benötigt.

6.5.7 Das HEIC-Format

Im Vergleich zum JPEG-Format hat das HEIC-Format eine deutlich kleinere Dateigröße, ohne dass hier die Qualität stark beeinträchtigt wird. Beim HEIC-Format handelt es sich um eine Variante von HEIF (High Efficiency Image Format), die Apple mit dem Smartphone populär gemacht, aber nicht erfunden hat. Mittlerweile bieten auch viele Digitalkameras das Format als Alternative zum JPEG-Format an. Beim Fotografieren für Digitalmedien bleibt derzeit JPEG wohl die erste Wahl, obwohl HEIC hier die bessere Wahl wäre, aber aufgrund der Inkompatibilität zwischen Systemen und Geräten noch nicht massentauglich ist.

Tabelle 6.9: Vor- und Nachteile von HEIC

Vorteile von HEIC	Nachteile von HEIC
+ Benötigt weniger Speicherplatz als das JPEG-Format bei besserer Qualität. + Unterstützt bis zu 16-Bit-Farbschema. + Unterstützt Transparenz. + Smartphones und neuere Kameras können direkt Bilder in diesem Format ausgeben.	– Immer noch sehr Apple-lastig und nicht mit allen Systemen kompatibel. – Muss für die Weitergabe häufig wieder in ein gängigeres Format (z. B. JPEG) konvertiert werden.

6.5.8 Das RAW-Format: Rohformat aus der Kamera

Viele gute Digitalkameras und auch Smartphones können Bilder auch im Rohformat speichern, was häufig auch als RAW-Format bezeichnet wird. Dabei handelt es sich nicht um ein hersteller- oder systemunabhängiges Datenformat, wie Sie dies von JPEG, TIFF oder PNG kennen, sondern um ein herstellereigenes Format. Das bedeutet auch, dass jeder Hersteller sein eigenes RAW-Format anbietet. Canon verwendet beispielsweise die Dateiendung ».cr2« dafür, Nikon verwendet ».nef« und Leica ».raw«, um nur einige zu nennen. Es gibt also nicht etwa *das* RAW-Format, sondern es sind eben *die* RAW-Formate.

Beim RAW-Format handelt es sich um ein in der Kamera unbehandeltes Bild, das zwar die drei Farbsignale Rot, Grün und Blau enthält, aber nicht in einen Farbraum konvertiert wurde. Es sind alle Informationen genau so enthalten, wie sie auf dem Sensor der Digitalkamera aufgenommen wurden. Jeder der drei Farbkanäle ist somit ein Graustufenbild. Für die Bearbeitung von RAW-Bildern ist eine spezielle RAW-Konverter-Software wie zum Beispiel Photoshop (mit Adobe Camera Raw), Lightroom, Capture One Pro oder Darktable nötig.

Vorteile von RAW	Nachteile von RAW
+ RAW-Dateien sind nicht komprimiert. + Sie können die maximale Qualität aus den Bildern herausholen.	– Benötigen immer eine Software zur Bearbeitung. – Bilder müssen nachbearbeitet werden. – Müssen erst in ein herkömmliches Format wie JPEG oder TIFF für die Weitergabe exportiert werden. – RAW-Dateien benötigen viel Speicherplatz.

Tabelle 6.10: Vor- und Nachteile von RAW

6.6 Welche Dateiformate und Farbräume wo einsetzen?

Die Auswahl des richtigen Dateiformats ist entscheidend für die Qualität und Effizienz von Medienprojekten. Jedes Format bietet spezifische Vorteile und Einschränkungen, die es für bestimmte Anwendungen besser geeignet machen. Verschaffen Sie sich einen Überblick, um fundierte Entscheidungen über die optimale Nutzung von Dateiformaten in verschiedenen Medienkontexten treffen zu können.

6.6.1 Dateiformate für die Bildbearbeitung

Welche Dateiformate werden bevorzugt in der rein pixelorientierten Bildbearbeitung mit Programmen wie z. B. Photoshop, Affinity Photo oder GIMP eingesetzt?

RAW und JPEG

Die Bildformate in der Fotografie sind für gewöhnlich entweder RAW oder JPEG. Mit dem RAW-Format können Sie aufgrund von mehr Bildinformationen mehr aus dem Bild herausholen. Allerdings muss ein RAW-Format für die Weitergabe bearbeitet werden, und sei es nur, das Bild ins JPEG-Format zu konvertieren. Ein JPEG-Bild ist gleich nach dem Fotografieren bereit für die Weitergabe und in der Nachbearbeitung etwas limitiert.

Immerhin bietet das RAW-Format Ihnen an, Bilder mit 10, 12 oder 14 Bit pro Farbkanal an Helligkeitsinformationen zu speichern. In der Praxis bedeutet das, dass Ihnen mit Camera Raw 1.024 bis 16.384 Helligkeitsstufen pro Farbkanal zur Verfügung stehen. Wenn Sie hierbei dunkle oder helle Bereiche nachbearbeiten wollen, dann stehen Ihnen also weitaus mehr Bildinformationen dafür zur Verfügung als beim JPEG-Format mit 8 Bit pro Farbkanal, was dann nur noch maximal 256 Helligkeitsstufen sind. Gerade bei Aufnahmen in schwierigen Lichtverhältnissen lässt sich damit bei in RAW fotografierten Bildern noch mehr aus den über- oder unterbelichteten Bereichen herausholen.

Abbildung 6.24: Die Details bei der JPEG-Version des Bildes mit den zu hellen und zu dunklen Bereichen lassen sich hier nicht mehr wiederherstellen. Der überstrahlte Himmel ist fast komplett weiß geblieben, und würden Sie die zu dunklen Bereiche im Vordergrund noch mehr aufhellen, würde dies nur ein hässliches Bildrauschen hervorbringen.

Abbildung 6.25: Bei der Camera-Raw-Version des Bildes hingegen haben Sie dank mehr Helligkeitsstufen noch etwas mehr Spielraum. In diesem Beispiel konnten aus dem zu hellen Himmel noch Details wie Wolken und wesentlich mehr Farbe herausgeholt werden. Auch in den Schatten ließen sich noch einige enthaltene Details sichtbar machen.

TIFF-Format

Wenn Sie Bilder vom RAW-Format an ein Bildbearbeitungsprogramm weitergeben, dann empfiehlt es sich, das verlustfreie TIFF-Format anstelle des JPEG-Formats zu verwenden. Damit geht, im Gegensatz zu komprimierten Formaten wie JPEG, am wenigsten Bildinformation verloren. Wenn die Bildbearbeitungssoftware außerdem in der Lage ist, ein TIFF mit 16 Bit zu bearbeiten, dann ist es ratsam, dies zu verwenden, weil Sie hiermit mehr Helligkeitsinformationen erhalten als beim TIFF mit 8 Bit. Für die allgemeine Weitergabe wie im Internet ist das TIFF-Format aber nicht gedacht, mal abgesehen vom Druck von Printmedien. Aber als universelles Arbeitsformat ist es perfekt geeignet, weil Sie es in höchstmöglicher Qualität mit jedem anderen Bildbearbeitungsprogramm öffnen und bearbeiten können.

Programmeigenes Format

Bei Bildkompositionen mit mehreren Ebenen, Ebenenmasken, Textebenen und Einstellungsebenen empfiehlt es sich, das programmeigene Format zu verwenden. Dieses Format speichert alle Details wie die einzelnen Ebenen, Hilfslinien usw., die Sie im Augenblick für die Arbeit an der Bildkomposition verwenden. Natürlich bedeutet das auch, dass dieses Format nur mit der Bildbearbeitungssoftware kompatibel ist, mit der es gespeichert wurde. Somit sind die programmeigenen Formate perfekt geeignet, um die laufenden Arbeiten an einer Bildkomposition zu sichern. Photoshop verwendet hier zum Beispiel das PSD-Format, GIMP das XCF-Format und Affinity Photo das AFPHOTO-Format.

> **PSD-Format öffnen**
>
> **Die meisten aktuellen Bildbearbeitungsprogramme können das PSD-Format öffnen. Allerdings ist hierbei nicht immer garantiert, dass alle Informationen so weiterverwendet werden können, wie sie mit Photoshop gespeichert wurden.**

Farbraum für die Bildbearbeitung

Als Farbraum für die digitale Bildbearbeitung wird entweder sRGB oder Adobe RGB verwendet. Wenn Sie Bilder im RAW-Format aufgenommen haben, können Sie häufig noch später entscheiden, ob Sie sRGB oder Adobe RGB verwenden wollen. Der Unterschied liegt in der Größe des Bereiches, über den sich die 16,7 Millionen Farben erstrecken (auch als Gamut bezeichnet). Und hier ist es richtig, dass Adobe RGB einen größeren Bereich (nicht mehr Farben) als sRGB hat. Durch den größeren Gamut von Adobe RGB werden auch mehr für das menschliche Auge unterscheidbare Farbtöne dargestellt als bei sRGB. Für die Auswahl des Farbraums ist der Anwendungszweck entscheidend und mit welchen Geräten Sie die Farben verwenden wollen.

In der Praxis dürften Sie wohl mit sRGB ganz gut zurechtkommen, weil dieser Farbraum von allen Bildschirmen unterstützt wird. Die Option Adobe RGB ist eher für die Weiterverarbeitung im Vierfarbdruck (CMYK) gedacht. Wenn Sie hierbei Adobe RGB verwenden wollen, müssen Sie sicherstellen, dass Sie einen (kalibrierten) Bildschirm verwenden, der Adobe RGB als Farbraum unterstützt.

6.6.2 Dateiformate für das Web

In der jüngeren Vergangenheit wurde im Webbereich noch das JPEG-Format bevorzugt. Dieses wird nun aber zunehmend durch das WebP-Format ersetzt. Alle modernen Webbrowser auf Computern und mobilen Geräten können es verarbeiten. WebP vereint alle Vorteile von JPEG und PNG, wie es in Tabelle 6.11 aufgelistet wurde.

Tabelle 6.11: Die gängigen Formate für das Web im Überblick

Format	Transparenz	Verlustfrei	Verlustbehaftet	Animierbar
JPEG	Nein	Nein	Ja	Nein
PNG	Ja	Ja	Nein	Ja
WebP	Ja	Ja	Ja	Ja

Animiertes WebP

WebP wird auch für animierte Bilder gegenüber GIF empfohlen, da die Qualität viel besser und die Dateigröße viel kleiner ist.

Ein weiterer wichtiger Vorteil von WebP gegenüber Formaten wie JPEG oder PNG ist die geringere Dateigröße, die eine kürzere Ladezeit gewährleistet und zudem nachhaltiger und von besserer Qualität ist.

Abbildung 6.26: JPEG-Dateigröße 247 KB

Abbildung 6.27: WebP-Dateigröße (verlustbehaftet) 64 KB

Abbildung 6.28: PNG mit Transparenz 1,14 MB

Abbildung 6.29: WebP mit Transparenz (verlustfrei) 797 KB

Abbildung 6.30: WebP mit Transparenz (verlustbehaftet) 104 KB

WebP sollte daher das ideale Bildformat für Produktbilder im Web und redaktionelle Bilder in einem Artikel sein. Bei der Weitergabe von Bildern im Web, z. B. per E-Mail, sollten Sie nach wie vor das herkömmliche JPEG-Format verwenden, da dies fast immer sicherstellt, dass der Empfänger die Datei auch ansehen kann. Mit WebP funktioniert das nicht immer. WebP ist bevorzugt eher ein Format für den Webbrowser.

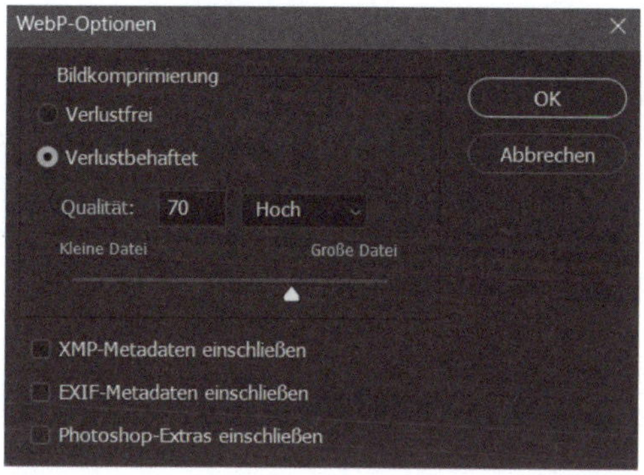

Abbildung 6.31: Ein Bild im WebP-Format speichern mit Adobe Photoshop

Um ein Bild als WebP zu speichern, können Sie Grafikprogramme wie Adobe Photoshop oder Affinity Photo verwenden und das WebP-Format beim Speichern auswählen. Alternativ dazu gibt es auch Online-Bildkonverter, mit denen Sie z. B. ein JPEG in ein WebP umwandeln können.

Für Bilder im JPEG- oder PNG-Format können Sie grundsätzlich jedes Bildbearbeitungsprogramm verwenden, da praktisch alle Bilder in diesen Formaten produzieren können.

AVIF-Format im Web?

Das neuere AVIF-Format übertrifft WebP nochmals mit besserer Qualität und mit reduzierter Dateigröße. AVIF wird ebenfalls bereits von allen aktuellen Webbrowsern unterstützt. Allerdings wird dieses Format noch nicht so aufgenommen wie WebP. Auch gibt es noch wenige Bildbearbeitungsprogramme, die das Format unterstützen.

Bekannte Online-Bildkonverter

- TinyIMG – *https://tiny-img.com/webp/*
- TinyPNG – *https://tinypng.com/*

Farbraum für das Web

Als Farbraum für das ICC-Profil (siehe Abschnitt 11.1.3) für digitale Medien wie das Internet wird immer sRGB empfohlen. Damit wird sichergestellt, dass die Farben auf den verschiedenen Geräten möglichst korrekt oder einheitlich wiedergegeben werden. Natürlich ist auch zu beachten, dass sRGB der kleinste gemeinsame Nenner in Bezug auf den Farbraum ist. sRGB wurde 1986 entwickelt, und der Farbraum aktueller Geräte wurde seitdem erheblich erweitert. Heute können aktuelle Bildschirme Farben darstellen, die in sRGB nicht verfügbar sind.

In vielen Programmen wird sRGB auch automatisch verwendet, wenn Sie die Bilddatei ohne ICC-Profil liefern, aber Sie sollten nicht davon ausgehen, dass jede Browser-Betriebssystem-Kombination ein nicht profiliertes Bild automatisch als sRGB interpretiert. Es gibt Fälle, in denen sRGB-Bilder mit den eingestellten Monitorfarben angezeigt werden und daher viel zu bunt erscheinen. Das mag zwar die Absicht mancher Hersteller von mobilen Geräten oder Bildschirmen sein, damit die Farben auf dem Bildschirm lebendiger und strahlender sind, aber wenn die Haut einer Person eher orangefarben ist, dann ist dies nicht sehr schön.

6.6.3 Dateiformate für den Druck

Das Thema Print wird zwar an anderer Stelle im Buch behandelt (Kapitel 11, »Digitale Druckvorstufe«), aber wenn Sie auch die Dateien dafür aufbereiten müssen, dann sollten Sie zumindest wissen, welche Dateiformate dafür allgemein verwendet werden.

Reine Arbeitsformate – AI und PSD

Dabei muss natürlich auch berücksichtigt werden, ob die Daten pixel- oder vektororientiert sind. Je nachdem sind die nativen Formate AI (Adobe Illustrator, für Vektorformate) und PSD (Adobe Photoshop, für Pixelformate) oft für den verlustfreien Datenaustausch geeignet. Die nativen Formate speichern alles verlustfrei ab. Natürlich sind diese nativen Formate nur so lange geeignet, wie Sie mit den Dateien arbeiten – also als reines Arbeitsformat. Auch andere Programme haben native Datenformate, die Sie als Arbeitsformat nutzen können. Die gemeinsame Nutzung und die Arbeit im Team erfordern jedoch, dass Sie auch konsequent mit dieser Software arbeiten.

Die Austauschformate – SVG und TIFF

SVG (für Vektorformate) und TIFF (für Pixelformate) werden dann als Austauschformate zur Weitergabe für den Druck (und auch als eingeschränkte Arbeitsdateien) empfohlen. Das SVG-Format kann auch nativ im Internet verwendet werden. Alle modernen Browser können es verarbeiten. SVG für Vektorformate eignet sich auch sehr gut als Austauschformat für die Druckvorstufe, da es z. B. in Illustrator leicht in eine native AI-Datei umgewandelt werden kann. Das TIFF-Format wird für den Austausch von Bildern in der Druckvorstufe in Verlagen oder Druckereien empfohlen, da es die Weitergabe der höchstmöglichen Qualität von Pixelbildern ermöglicht. Zusätzlich kann man mit TIFF bei Bedarf auch noch Ebenen, Masken und Transparenzen speichern.

> **TIFF mit/ohne Qualitätsverluste**
>
> Im Gegensatz zum PSD- oder AI-Format kann beim TIFF-Format auch komprimiert abgespeichert werden. Wenn Sie hierbei die JPEG-Komprimierung verwenden, kann dies zu sichtbaren Verlusten führen. Nur die Optionen LZW und ZIP arbeiten hierbei ohne Verluste. Natürlich kann man TIFF auch ohne Komprimierung speichern, aber das führt zu enorm großen Dateien.

Der Farbraum beim Druck

Bei der Definition des Farbraums für den Druck (insbesondere beim Vierfarbdruck) wird häufig CMYK verwendet. Es ist zwar möglich, die Bilder vor dem Druck in das gewünschte Profil zu konvertieren, z. B. wenn sie einer PDF-Datei hinzugefügt werden, doch kann dies zu Farbabweichungen führen. Es wird daher empfohlen, die Bilder sofort in CMYK zu konvertieren. Allerdings ist CMYK nicht immer das Maß aller Dinge. Heute werden auch andere Farbprofile wie z. B. Adobe RGB (1998), eciRGB v2 oder Forga 39 (für Bogenoffsetdruck) verwendet. Das macht ihre Verwendung nicht unbedingt einfacher, da auch die entsprechenden ICC-Profile benötigt werden. Wenn Sie also Bilder für den Druck vorbereiten müssen, aber (noch) nicht wissen, welcher Farbraum verwendet wird, kann eine Möglichkeit darin bestehen, ein profiliertes Bild zunächst im vorhandenen Farbraum zu belassen und es erst dann in den gewünschten Farbraum zu konvertieren, wenn dieser verwendet wird.

6.6.4 Formatänderungen durchführen

Sie können das Dateiformat in der Regel mit jedem Bildbearbeitungsprogramm über die Funktion »Speichern unter« oder »Exportieren« ändern. Sie sollten jedoch immer abwägen, ob Sie die Datei zur Weitergabe oder als Arbeitsformat verwenden wollen. Eine gute Strategie kann daher sein, das Format so lange wie möglich in einem Arbeitsformat wie TIFF mit maximaler Farbtiefe oder einem proprietären Format zu belassen und es dann in das gewünschte Format zu exportieren. Ein weiterer wichtiger Faktor, der beim Export in das endgültige Format zu berücksichtigen ist, ist die Bildgröße und -auflösung, die im nächsten Abschnitt behandelt wird.

6.7 Bildgröße, Seitenverhältnis und Auflösung korrekt einstellen

Ein wichtiger Faktor, der beim Export in das endgültige Format zu berücksichtigen ist, ist die Bildgröße und -auflösung, denn sie beeinflussen Druckqualität und Ladegeschwindigkeit im Internet.

6.7.1 Bildgröße

Die Bildgröße bezieht sich auf die Dimensionen eines Bildes in Pixeln. Moderne Kameras nehmen Bilder mit 6.000 × 4.000 Pixeln und mehr auf. Ein JPEG dieser Größe kann bis zu 10 bis 15 Megabyte groß sein. Würden Sie solche Bilder ins Web hochladen, würde das nur zu unnötig langen Ladezeiten führen und mehr Energie und Datenvolumen verbrauchen. Wir kennen das von Websites, bei denen der Text bereits lesbar ist, die Bilder aber noch nicht, da sie noch geladen werden müssen. Die Besucherinnen und Besucher sind meist schon wieder weg, bevor die Seite fertig geladen ist. Eine schlechte Ladezeit bedeutet auch, dass sich das Ranking bei Google verschlechtert und die Website bei einer Suche weiter hinten platziert wird.

Es ist schwierig, an dieser Stelle eine konkrete Empfehlung für die optimale Bildgröße im Web abzugeben, denn es kommt auf den Verwendungszweck an. Es macht einen Unterschied, ob das Bild als Produktfoto, als Foto in einem Beitrag oder nur als Thumbnail-Vorschau angeboten wird. Diese Empfehlung ist daher nur ein Richtwert:

+ Große Bilder, die sich über die volle Breite erstrecken sollen, sollten 150 KB bis maximal 300 KB groß sein.
+ Kleine Bilder für einen Beitrag oder kleinere Produktfotos sollten etwa 50 KB bis 75 KB groß sein.
+ Miniaturvorschauen und Icons sollten zwischen 10 KB und 20 KB groß sein.

Solche Datenmengen können Sie erreichen, indem Sie die Bildgröße entsprechend verkleinern und ein geeignetes Datenformat verwenden. Die Datenformate wurden bereits besprochen. Hier würden wir WebP oder JPEG empfehlen. Als Anhaltspunkt für die Pixelgröße von Bildern im Web können Sie die folgenden Angaben verwenden:

+ Bei Bildern, die in einem Beitrag eingebettet sind, reichen häufig 200 bis 300 Pixel in der Breite aus.

Bilder auf Social Media

Bilder, die Sie in soziale Medien hochladen, werden auf der Plattform oft automatisch in der Größe angepasst. Allerdings auf die Art und Weise, die die Plattform vorgibt. Dies führt in der Regel zu einem Verlust an Qualität und Schärfe. Deshalb ist es auch ratsam, das Bild in der gewünschten Größe vorzubereiten und es dann hochzuladen. In diesem Fall überlässt man nicht alles der Kontrolle einer externen Anwendung.

+ Für Bilder, die Sie per Klick vergrößern wollen, können Sie eine Breite zwischen 600 und 2.000 Pixeln verwenden.
+ Dasselbe gilt auch für Bilder, die über die gesamte Breite einer Website dargestellt werden sollen. Auch hier bieten sich 600 bis 2.000 Pixel an.

Abbildung 6.32: Die Bildgröße und Auflösung anpassen mit Adobe Photoshop über den Menübefehl *Bild • Bildgrösse*

Wenn Sie Bilder herunterskalieren, sollten Sie auch darauf achten, dass Sie das Seitenverhältnis beibehalten, damit Sie das Bild nicht verzerren. Wenn Sie Bilder herunterskalieren, ist es außerdem ratsam, sie anschließend zu schärfen, um den Schärfeverlust auszugleichen, der beim Herunterskalieren entsteht. Wenn Sie ein Bild beispielsweise von 6.000 × 4.000 Pixeln auf 800 × 600 Pixel verkleinern wollen, kann es eine gute Strategie sein, diese Skalierung in mehreren Schritten vorzunehmen. Eine gängige Methode ist zum Beispiel, das Bild immer 1,66-mal kleiner zu skalieren als die letzte Version. Außerdem schärfen Sie das Bild nach jedem Verkleinerungsschritt. Mit der schrittweisen Verkleinerung sollten Sie einen deutlichen Qualitätszuwachs feststellen können als ohne.

6.7.2 Seitenverhältnis

Ein weiteres Thema, mit dem Sie sich in der Mediengestaltung auseinandersetzen müssen, ist das Seitenverhältnis, in dem Sie das Bild aufbereiten sollten. Das Seitenverhältnis beschreibt das Verhältnis von Breite zu Höhe. Bilder aus der Kamera erzeugen Fotos mit einem Seitenverhältnis von 3 : 2 oder 4 : 3 (oder 2 : 3 oder 3 : 4 im Hochformat).

Wenn Sie nun Bilder zuschneiden müssen, hängt dies davon ab, wo Sie das Bild verwenden möchten. Ist es ein Produktfoto, ein Foto für einen Beitrag, ein Foto für soziale Medien usw.? Dann stellt sich auch die Frage, ob das Bild für ein Smartphone (im Hochformat) oder einen Computerbildschirm (im Querformat) optimiert werden soll.

Abbildung 6.33: Mit einem Freistellungswerkzeug (hier Adobe Photoshop) ist es problemlos möglich, Bilder auf ein festes Seitenverhältnis zuzuschneiden.

Es ist auch möglich, dass Sie mehrere Seitenverhältnisse für ein Bild anbieten. Ein moderner Webbrowser kann dann das <picture>-Element und mehrere <source>-Elemente verwenden, um das Bild im passenden Seitenverhältnis zu liefern. Dieser Vorgang wird als Art Direction bezeichnet.

Abbildung 6.34: In der Webentwicklung mit HTML ist es problemlos möglich, die Bilder passend für das Gerät auszuliefern.

6.7.3 Auflösung

Vieles von dem, was gerade beschrieben wurde, kann auch für den Druck verwendet werden. Die Bildgröße und -auflösung für den Druck sowie die Umrechnung zwischen Pixeln und Zentimetern wurden bereits in Abschnitt 6.2.1 in den entsprechenden Unterkapiteln besprochen. Welche Auflösung Sie für den Druck wählen, hängt natürlich auch vom Verwendungszweck ab. Es ist ein Unterschied, ob Sie ein Bild als Foto ausdrucken oder ob Sie es als Bild für ein Dokument z. B. in Adobe InDesign einbetten und später als PDF ausdrucken.

Die empfohlene Auflösung für das Internet beträgt 72 bis 125 dpi für normale Bildinhalte. In der Praxis können Sie den Unterschied schnell selbst herausfinden. Je weniger Pixel (dpi) ein Bild hat, desto weicher erscheint es auf dem Bildschirm. Bei Bildern auf einem größeren Bildschirm ist der Unterschied bei einer höheren Auflösung durchaus zu erkennen.

Für den Druck wird häufig eine Auflösung von 300 dpi verwendet, um eine hohe Qualität zu gewährleisten. Bei großformatigen Drucken weichen diese Werte jedoch oft ab. Es kommt auch darauf an, wie nah Sie das gedruckte Motiv betrachten. Je weiter Sie entfernt sind, desto geringer ist die Auflösung, die Sie verwenden können. Riesenposter aus der Ferne brauchen keine 300 dpi. In der Regel kommen Sie mit 150 dpi aus. Bei niedrigen Auflösungen sollten Sie jedoch vorsichtig sein. Wenn ein Bild mit 72 dpi beim Druck mit 300 dpi einfach hochgezogen wird, macht sich das in der Bildqualität deutlich bemerkbar. In der Regel sieht das Ergebnis dann weich und unscharf aus.

6.8 Metadaten von Bildern

Metadaten sind die Informationen zum Inhalt des Bildes. Es gibt Informationen, die nur mit Worten beschrieben werden können. Das können einfache Informationen sein, etwa wann und wo das Bild aufgenommen wurde. Oder wer sind diese Leute auf den Bildern? Und wer hat das Bild überhaupt gemacht, und darf ich es verwenden? Für solche und noch unzählige weitere Informationen gibt es Metadaten.

6.8.1 Metadaten in der Übersicht

Der Umgang mit und die Verwaltung von Metadaten für Bilder wird ein immer wichtigeres Thema. Metadaten liefern wichtige Informationen über das Bild, die zur Verwaltung und Strukturierung von Bildern auf dem lokalen Computer, im Netzwerk und auch im Web genutzt werden können. Eine gute Dokumentation von Bildern stellt sicher, dass Bilder überall und jederzeit gefunden werden können. In manchen Fällen kann es aber auch sinnvoll sein, Informationen vom Foto zu löschen. Insgesamt gibt es mittlerweile über 100 standardisierte Metadaten.

Kann man Exif-Daten ändern?

Es gibt nur wenige Exif-Daten, die Sie nachträglich ändern können (z. B. Sternebewertung, Benutzerkommentar oder Farbmarkierung). Auch die GPS-Daten über den Aufnahmeort lassen sich nachträglich in Anwendungen wie Adobe Lightroom nochmals anpassen bzw. hinzufügen oder eben auch löschen. Ebenso ist das nachträgliche Anpassen des Aufnahmedatums für eine verlässliche Sortierung der Bilder möglich.

Exif-Daten

Die Exif-Daten (Exchangable Image File Format) werden vorwiegend von der Kamera hinzugefügt. Auch Kameras von z. B. Mobiltelefonen oder Tablets fügen Exif-Informationen zum aufgenommenen Bild hinzu. In den Exif-Einträgen finden Sie zahlreiche Aufnahmeparameter wie Datum, Uhrzeit, Brennweite, Blendeneinstellung, ISO-Wert, die geografischen Koordinaten, Kameramarke, Bildausrichtung oder Bildgröße, um nur einige zu nennen.

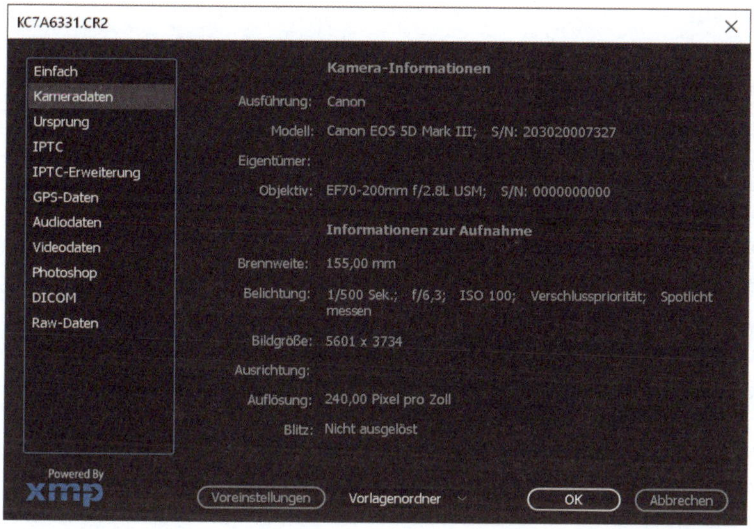

Abbildung 6.35: Die Kameradaten wurden hier in Photoshop mit *Datei • Dateiinformationen* angezeigt.

IPTC-Daten

Mit den IPTC-Daten (International Press Telecommunication Council) können Sie dem Bild weitere nützliche Informationen hinzufügen, z. B. eine Bildbeschreibung, den Autor, die Internetadresse Ihrer Website oder das Copyright. Besonders wenn Sie für Fotografen und Fotografinnen, Bild- und Nachrichtenagenturen arbeiten und Ihre Bilder verkaufen oder im Internet verteilen wollen, sollten Sie der Pflege der IPTC-Metadaten große Aufmerksamkeit schenken. Wenn Metadaten geändert oder hinzugefügt werden, bezieht sich dies in der Regel meistens auf die IPTC-Metadaten.

Schlüsselwörter/Stichwörter

Eine weitere Form von Metadaten, die ein Bild mit sinnvollen textuellen Informationen ausstatten, sind die Schlüsselwörter (oder auch Stichwörter), die streng genommen ebenfalls zu den IPTC-Daten gehören. Solche Schlüsselwörter können sehr hilfreich bei der Suche nach Bildern sein.

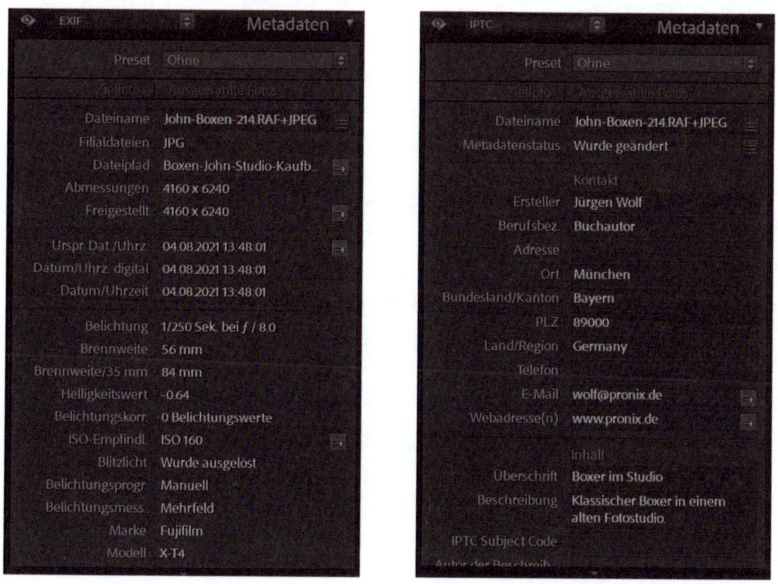

Abbildung 6.36: Die Exif-Daten (links) und die IPTC-Daten (rechts), jeweils in Adobe Lightroom

XMP-Daten

XMP steht für eXtensible Metadata Platform und wurde von Adobe für die Verwaltung von Metainformationen entwickelt. Es wird nicht nur für Bilddokumente verwendet. XMP ist ein Standard, daher können Sie sich darauf verlassen, dass die darin gesicherten Daten auch von anderen Anwendungen gelesen werden können, die diesen Standard unterstützen. Die Dateiendung für XMP-Dateien lautet ».xmp«. In einer XMP-Datei können neben IPTC- und Exif-Informationen auch Angaben enthalten sein, die von speziellen (RAW-)Programmen wie Lightroom oder Photoshop genutzt werden. Allerdings sind dann solche Daten nur mit den Programmen lesbar, mit denen sie hinzugefügt wurden.

XMP-(Sidecar-)Datei

Im Gegensatz zu den Exif- und IPTC-Daten werden die Metadaten in eine XMP-Datei (auch genannt »Sidecar«) häufig mit demselben Namen wie die Bilddatei (aber mit der Endung *.xmp) geschrieben. Einige der Vorteile dabei sind:

+ **Interpolarität**: Speicherung von Metadaten in verschiedenen Dateiformaten wie JPEG, TIFF, PNG usw.
+ **Lesbarkeit**: Da es sich um Textdateien handelt, sind diese mit vielen Anwendungen lesbar.
+ **Auffindbar**: Über die Textsuche kann sogar mit dem Betriebssystem nach z. B. Schlüsselwörtern gesucht werden.
+ **Informationen sicher**: Weil die Metadaten in der XMP-Datei gespeichert sind, bleiben sie auch bei der Übertragung oder der Kopie der Datei erhalten.

6.8.2 Metadaten lesen und bearbeiten

Metadaten wie Exif und IPTC können mit vielen Programmen wie IrfanView, Adobe Photoshop, Adobe Lightroom, Adobe Bridge, Capture One, ACDSee, XnView und sogar durch Rechtsklick auf der Bilddatei über die Eigenschaften gelesen und abhängig vom Programm auch bearbeitet werden.

6.8.3 Bilder verschlagworten

Unverzichtbar für die Bildverwaltung ist die Verschlagwortung von Fotos, um später aus unzähligen Bildern das gesuchte Bild zu finden. Dank solcher Schlüsselwörter werden Sie ein Bild von »Otto« zusammen mit »Hanna« bei einem »Vortrag« in »München« im Handumdrehen finden, ohne dass Sie Ordner durchsuchen oder öffnen müssen.

Wenn Sie beruflich mit vielen Bildern arbeiten oder es mit ganzen Bildarchiven zu tun haben, dann ist eine Verschlagwortung geradezu unverzichtbar, da Kundinnen und Kunden nach einem ganz bestimmten Bildmotiv fragen. Auch bei größeren Unternehmen, in denen mehrere Personen auf ein Bildarchiv zugreifen, macht sich eine Verschlagwortung mehr als bezahlt.

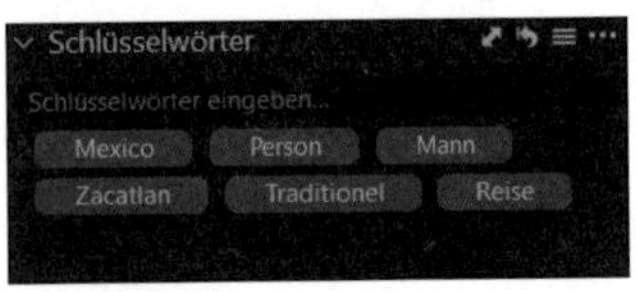

Abbildung 6.37: Bilder verschlagworten mit Capture One Pro

Persönliche Regeln zum Verschlagworten von Bildern

In der Praxis macht es allerdings wenig Sinn, die Bilder wie wild und mit möglichst vielen Begriffen zu verschlagworten. Es zahlt sich daher aus und spart eine Menge Zeit, sich vorher Gedanken über ein System zu machen. Zunächst sollten Sie Ihre persönlichen Regeln dafür aufstellen:

+ **Singular oder Plural:** Legen Sie von Anfang an fest, ob Sie die Schlüsselwörter im Singular oder Plural verwenden wollen. Ich verwende Nomen immer im Singular.
+ **Spezialbegriffe:** Wenn Sie nicht gerade eine Bilddatenbank für spezielle Themen erstellen müssen, dann sollten Sie es bei einem Oberbegriff belassen. So dürfte der Begriff »Auto« in der Regel besser geeignet sein, um nach Autos zu suchen, als die Begriffe »SUV«,

»Convertible« oder »Coupé«, um einige Unterbegriffe zu nennen. Wenn Sie Autofan sind oder Autos verkaufen, werden Sie mir da widersprechen, aber ich denke, Sie wissen, worauf ich hinauswill.

+ **Quantität:** Der wohl am häufigsten begangene Fehler ist es, Bilder mit unzähligen Schlüsselwörtern zu versehen. Schnell hat man in ein paar Wochen Tausende Schlüsselwörter angelegt, woraus sich aber kein Vorteil ziehen lässt. Viel wichtiger als die Quantität ist die Qualität der Schlüsselwörter, damit Sie ein gesuchtes Foto gut im Archiv wiederfinden.
+ **Synonyme:** Auch Synonyme können zu einem Problem werden, wenn Sie zum Beispiel »Fotokamera«, »Kamera« und »Fotoapparat« als Schlüsselwörter verwenden. Alle drei Schlüsselwörter bezeichnen dasselbe. Auch hier empfiehlt es sich, sich auf einen Begriff festzulegen.

Begriffe und Hierarchie beim Verschlagworten

Wenn Sie eine Schlagwortsammlung anlegen, sollten Sie sich Gedanken über die Begriffe machen, die Sie für Ihre Bilder verwenden wollen. Für mich hat es sich bewährt, eine gewisse Hierarchie zu verwenden. Fangen Sie mit Überbegriffen an, und arbeiten Sie sich dann in die Details vor. Dazu möchte ich noch einige weitere Empfehlungen aussprechen, die sich bei vielen Anwenderinnen und Anwendern bewährt haben.

+ **Anzahl der Schlüsselwörter:** Beschränken Sie die Anzahl der Schlüsselwörter pro Bild. Dies zwingt Sie, ein wenig genauer über die Schlüsselwörter nachzudenken. Ich beschränke mich auf fünf bis sechs Schlüsselwörter pro Bild.
+ **Themen klassifizieren:** Bauen Sie eine Schlagwortsammlung nach Themen oder auch Oberbegriffen auf. Dies können Begriffe wie »Landschaft«, »Architektur«, »Personen«, »Tiere«, »Pflanzen«, »Reise« oder »Feier« sein.
+ **Hierarchie verwenden:** Die Hierarchie der Schlagwortsammlung sollten Sie dann ebenfalls beschränken. Eine Hierarchie von drei bis vier Ebenen dürfte genügen, z. B. »Tiere« > »Insekten« > »Schmetterling«, »Personen« > »Frau« > »Heidi« oder »Modelshooting« > »Studio« > »Akt«.
+ **Die W-Fragen:** Wenn Ihnen keine Begriffe einfallen, versuchen Sie zumindest, das Bild, sofern es möglich ist, mit den W-Fragen Wer, Was, Wo und Wann zu betexten. Wer und Was werden ohnehin fast immer verwendet, und das Wann wird ja häufig auch in den Exif-Dateien gespeichert. Generell verwende ich auch immer ein Schlagwort für den Aufnahmeort. Mir reicht dabei in der Regel die Stadt aus. Wenn es detaillierter werden soll, dann verwende ich eine Struktur wie »München« > »Theresienwiese« oder »Mexico« > »Oaxaca« > »Juchitan«.
+ **Schlagwortsammlungen verwenden:** Verwenden Sie vorhandene Schlüsselwörter oder zumindest eine vorhandene Schlagwort-

Online-Tools zum Lesen und Bearbeiten

Es gibt aber auch viele Online-Tools wie *https://exifmeta.com/* oder *https://exif.tools/*, mit denen Sie alle vorhandenen Informationen aus einer Bilddatei ermitteln können.

Automatische Verschlagwortung

Bildverwaltungsprogramme wie Adobe Bridge, Adobe Lightroom oder Capture One bieten eigene Tools für die Verschlagwortung von Bildern, mit denen Sie einzelne oder mehrere Bilder auswählen und mit Schlagworten versehen können.

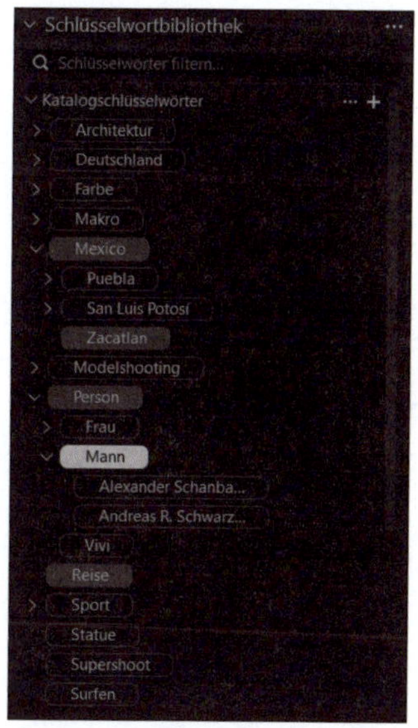

Abbildung 6.38: Nicht zu tiefe Hierarchien helfen beim Aufbau einer Schlagwortsammlung (hier mit Capture One Pro).

sammlung, und führen Sie nur dann neue Schlüsselwörter ein, wenn es wirklich nötig ist.

6.8.4 Welche Metadaten hinzufügen?

Wenn Sie Bilder mit Software wie Adobe Lightroom, Adobe Bridge oder Capture One organisieren, dann verwalten und bearbeiten Sie in der Regel gleichzeitig auch Metadaten wie Schlüsselwörter und die Betextung der Bilder. Während die Verschlagwortung für die Bildverwaltung unerlässlich ist, sind einige Metadaten unverzichtbar, sobald Sie die Bilder weitergeben oder im Internet verbreiten. Unverzichtbar sind die IPTC-Daten für den Kontakt und auch der IPTC-Status mit dem Quellen- und Copyright-Vermerk. Auch diese Einträge lassen sich leicht anpassen, zum Beispiel mit Adobe Lightroom, Adobe Bridge oder Capture One Pro.

IPTC-Daten und Google

Wenn Sie die IPTC-Metadaten angeben, werden diese auch bei der Google-Bildersuche bei den weiteren Informationen zum Bild angezeigt. Hier finden Sie den Urheber, die Nutzungsbedingungen und weitere Urheberangaben.

Abbildung 6.39: Vorbildliche IPTC-Pflege bei Getty Images. Hier wird unterhalb des Bildes bei einer Google-Suche nach Bildern das Copyright und die Lizenzierung eingeblendet. Auch wo dieses Bild lizenziert werden kann, ist dort zu finden.

Generell sollten Sie immer mindestens die IPTC-Felder Ersteller/Urheber, Attributionszeile und den Urheberrechtshinweis ausfüllen. Mit diesen Angaben ist sichergestellt, dass in einer Bildersuche sofort erkennbar ist, wer das Bild gemacht hat, wie es mit den Nutzungsrechten aussieht und wo man sich diesbezüglich melden kann. Die wichtigsten IPTC-Daten zum Ausfüllen nochmals in Stichpunkten:

+ **Urheberrechtshinweis** (Copyright Notice): Enthält alle erforderlichen Urheberrechtsvermerke für die Beanspruchung des geistigen Eigentums an diesem Foto und sollte die Person angeben, die derzeit über das Urheberrecht an dem Foto verfügt. Sie können in das entsprechende Feld eingetragen werden.
+ **Ersteller/Urheber** (Creator): Enthält den Namen des Fotografen oder der Fotografin, aber in Fällen, in denen die Person nicht identifiziert werden soll, kann der Name eines Unternehmens oder einer Organisation angemessen sein.
+ **Attributionszeile** (Credit Line): Die Nennung der Person(en) und/oder Organisation(en), die die Anbieterin oder der Anbieter des Bildes bei der Veröffentlichung verwenden möchte.
+ **Lizensierungs-URL (Licensor URL)**: Eine URL zu einer Seite, auf der Benutzer und Benutzerinnen Informationen über die Lizenzierung des Bildes finden können.
+ **Web Statements of Rights**: URL, die auf eine Webressource verweist, die eine Erklärung über das Urheberrecht und die Nutzungsrechte des Bildes enthält.

Kapitel 7

Bearbeiten von Bildern und Grafiken

Themen des Kapitels:

+ *Analoge Bilder scannen*
+ *Pixeldaten vektorisieren*
+ *Bildbearbeitung und benötigte Werkzeuge*
+ *KI bei der Bildverarbeitung*
+ *Bilderverwaltung und Stapelverarbeitung*

Dieses Kapitel bietet Einblicke und Anleitungen für alle, die mit der umfassenden Bearbeitung und Verwaltung von Bildern in verschiedenen Formaten betraut sind. Zunächst beschäftigen wir uns mit der Überführung und Verarbeitung von Bildmaterial von analogen zu digitalen Formaten sowie der effizienten Verwaltung dieser Daten. Der Prozess des Scannens analoger Bilder wird erläutert, durch den traditionelle Fotografien und Grafiken in digitale Dateien umgewandelt werden, die sich für weitere Bearbeitungen eignen. Anschließend behandeln wir die Vektorisierung von Pixeldaten, eine Technik, die es ermöglicht, aus rasterbasierten Bildern skalierbare Vektorgrafiken zu erstellen. Die folgenden Abschnitte konzentrieren sich auf eine Einführung in Bildbearbeitungstechniken, die sowohl die künstlerische Qualität als auch die technische Verwendbarkeit der Bilder verbessern. Abschließend wird die Bilderverwaltung und Stapelverarbeitung besprochen, um große Bildsammlungen effizient zu bearbeiten und zu organisieren.

7.1 Analoge Bilder scannen

Scanner werden eingesetzt, um Halbtonvorlagen, Strichvorlagen oder gerasterte Vorlagen zu digitalisieren. Ein Scanner nimmt hierbei die Vorlage mit Sensoren auf und übersetzt diese Informationen mithilfe eines Analog/Digital-Wandlers in ein digitales Bild.

In der Scannertechnologie unterscheidet man zwischen verschiedenen Scannertypen, wobei der Flachbettscanner wohl den größten

Marktanteil hat. Die beste Qualität dürfte man hingegen mit Trommelscannern erzielen; diese Bauart findet man aber eher selten vor, und wenn, dann nur bei auf Scannen spezialisierten Firmen. Bezogen auf digitale Bilder sollte man hier auch noch den Diascanner erwähnen. Es gibt reine Filmscanner, bei denen mit einer Vorrichtung die Diapositive und Negative eingeführt und digitalisiert werden. Alternativ gibt es aber auch für Flachbettscanner spezielle Durchlichtaufsätze, um sie zum Diascanner umzufunktionieren.

7.1.1 Verschiedene Vorlagearten scannen

Auf die Begriffe Aufsichtsvorlage, Durchsichtsvorlage und digitale Bilder werden Sie vermutlich schon häufiger gestoßen sein. Digitale Bilder dürften für jeden ein Begriff sein, aber wenn die Rede von einer Aufsichtsvorlage oder Durchsichtsvorlage ist, dann kommt schon mal die eine oder andere Frage auf, was genau dies nun ist.

Aufsichtsvorlage

Das Ausgangsmaterial, das nur unter Auflicht bzw. einfallendem Licht für den weiteren Arbeitsvorgang verwendet werden kann, wird als Aufsichtsvorlage bezeichnet. Somit gehören z. B. Fotoabzüge, Zeitungsausschnitte, Drucke, Buchseiten, Malereien oder Zeichnungen zu den Aufsichtsvorlagen.

Abbildung 7.1: Ein paar typische Aufsichtsvorlagen

Wenn es darum geht, Aufsichtsvorlagen zu digitalisieren, sind Scanner häufig die erste Wahl, um das von der Vorlage reflektierte Licht verwerten zu können. Aber auch mit einer Kamera können Sie eine Vorlage abfotografieren und verwerten. Hierbei ist dann allerdings auf eine gute Ausleuchtung zu achten, um störende Reflexionen oder Spiegelungen zu vermeiden.

Beim Scannen der Aufsichtsvorlage unterscheidet man dann allerdings noch zwischen Halbtonvorlagen, Strichvorlagen und gerasterten Vorlagen. Halbton- und Strichbilder und zum Teil auch gerasterte Bilder wurden bereits in Abschnitt 6.2.2 beschrieben. Hier kurz zur Erinnerung:

+ **Halbtonvorlagen** bestehen aus abgestuften oder verlaufenden Ton- und/oder Farbwerten, wie dies bei analogen Fotos der Fall ist.
+ **Strichvorlagen** enthalten nur Schwarz und Weiß und sind häufig Zeichnungen.
+ **Gerasterte Vorlagen** sind gewöhnlich Drucke oder Rasterfilme.

Abbildung 7.2: Klassische Durchsichtsvorlagen

Durchsichtsvorlage

Bei einer Durchsichtsvorlage wird die Vorlage nicht reflektiert, sondern durchleuchtet. Zu solchen lichtdurchlässigen Vorlagen gehört zum Beispiel ein Positiv (Dia, Filmabzug, Barcode) oder Negativ (S/W-Negativ, Farbnegativ). Bei der Durchleuchtung entstehen die Farb- und Helligkeitseindrücke durch die Absorption und Transmission des Lichts.

Auch für Durchsichtsvorlagen besteht die Möglichkeit, diese mit einem gewöhnlichen Scanner mit Durchsichtsaufsatz oder sogenannten Dia- und Negativscannern zu digitalisieren. Im Gegensatz zu Aufsichtsvorlagen werden hierbei allerdings etwas höherwertige Scanner benötigt, um ein zufriedenstellendes Ergebnis zu erzielen. Ein solcher Scanner rechnet sich jedoch erst, wenn man ganze Archive digitalisieren will. Für einzelne Dateien ist man mit einem Dienstleister ganz gut beraten. Für den Hausgebrauch hingegen reicht häufig ein herkömmlicher Scanner mit Durchsichtsaufsatz dafür aus.

7.1.2 Auflösung beim Scannen

Am meisten Verwirrung beim Einscannen von analogen Bildern zur Digitalisierung entsteht in der Regel bei der Auflösung des Scanners. Ein Scanner tastet die Vorlage zeilen- und punktweise nach einem Rasterverfahren ab. Hersteller von Scannern bewerben hierbei die Abtastdichte mit Bildpunkten pro Zoll (dpi). Dies ist allerdings historisch bedingt, da die Einheit dpi eigentlich eher im Druck verwendet wird. Beim Scannen bezieht man sich jedoch auf Pixel. Das Bild wird ja optisch erfasst und digitalisiert. Und diese Bilddaten werden eben, wie es für Bilder auf dem Computer üblich ist, in Pixel zerlegt. Daher wird häufig auch die Einheit ppi im Zusammenhang mit dem Scannen verwendet. Aber auch ppi ist falsch – beim Scannen lautet die Einheit für die Auflösung korrekterweise spi. Schließlich tastet der Scanner die Vorlage ab, und mit spi (Samples per Inch, also Abtastungen pro Zoll) wird genau Auskunft darüber gegeben, wie detailgetreu die Vorlage erfasst wird. Je höher der spi-Wert, desto mehr Informationen und umso größer die Auflösung des Scans.

Das SPI-Dilemma

Ich muss gestehen, dass ich selbst bis vor kurzem beim Scannen noch von »dpi« geschrieben habe statt von »spi«. Das verwundert natürlich nicht, weil ja selbst die Scannerhersteller und auch die Software dafür dpi als Einheit verwenden. Dass es trotz der Vermischung der Einheiten dpi, ppi und spi nicht zu Fehlern kommt, liegt daran, dass es zwischen diesen Einheiten zahlenmäßig keinen Unterschied gibt. Für Sie ist es trotzdem wichtig, zu wissen, dass es sich trotz der Zahlengleichheit um unterschiedliche Dinge handelt.

Optische und interpolierte Auflösungen

Früher haben Hersteller von Scannern ihre Produkte mit utopisch hohen interpolierten Auflösungen beworben. Interpoliert bedeutet vereinfacht nur, dass bei einem Scan zwischen zwei abgetasteten Werten praktisch ein weiterer Punkt hinzugerechnet wird, der einen Zwischenwert zwischen den beiden anderen Werten darstellt. Das heißt, es wird praktisch eine Information hinzugefügt, die in der Vorlage gar nicht vorhanden ist. Damit erhält man zwar ein digitales Bild mit einer höheren Auflösung (und Datenmenge), als die maximale optische Auflösung des Scanners es kann, aber die Datei erhält dadurch keine zusätzlichen echten neuen Informationen, die bei der höchsten optischen Auflösung hätten erfasst werden können. Das, was der Scanner somit wirklich abtasten kann, wird mit der optischen Auflösung angegeben.

Definition Interpolation
Erhöhung der Bildauflösung durch mathematische Formeln, z. B. durch Hinzufügen neuer Pixel, die aus den benachbarten Pixeln berechnet werden.

Scanauflösung festlegen

Es gibt viele Empfehlungen, welche Auflösung Sie beim Scannen wählen sollten. Auf keinen Fall allerdings sollten Sie eine interpolierte Auflösung nutzen, sondern immer eine optische Auflösung. Wir werden hierbei die Sprache der Hersteller sprechen und die Einheit dpi verwenden, obgleich Sie ja bereits wissen, dass es spi heißen sollte.

Vermeiden Sie krumme Werte

Hierbei gibt es häufig auch eine Empfehlung, keine krummen Werte beim Scannen zu verwenden. Wenn der Scanner zum Beispiel maximal 2.400 dpi optische Auflösung unterstützt, dann sollten Sie eine Auflösung wählen, die Sie teilen können, ohne dass sich ein Rest ergibt. So sind beispielsweise 1.200, 600 oder 300 gute Teiler für 2.400. Wenn der Wert nicht teilbar ist, wird die Scanauflösung auf- oder abgerundet, und es könnte dabei interpoliert werden. Lautet eine Empfehlung beispielsweise 350 dpi, dann empfehlen wir Ihnen, 400 dpi als minimale Auflösung zu verwenden.

Hier nun pauschale Empfehlungen zu geben, wird Ihnen nicht weiterhelfen, weil die Auflösung auch vom Verwendungszweck und der Qualität und Größe des Scans abhängt. Typische Vorgaben für Halbtonbilder in Farbe oder Graustufen reichen von 300 bis 600 dpi, für Strichbilder sind es 1.200 dpi und für Film ab 4.000 dpi. Bei gerasterten Vorlagen hängt es davon ab, ob der Scanner eine automatische Entrasterung anbietet. Ist dies nicht der Fall, dann empfiehlt es sich, mit einer höheren Auflösung wie etwa 600 dpi zu scannen und dann mit einem Weichzeichner das Bild in einer Bildbearbeitungssoftware selbst zu »entrastern«.

Bei Strichbildern mit 1 Bit erscheint zur Korrektur gewöhnlich ein Schwellenwertregler, mit dem Sie festlegen können, welches Pixel schwarz oder weiß eingescannt werden soll. Allerdings hängt auch dieser Arbeitsschritt vom Bildmaterial ab, weshalb sich dieser Vorgang besser nachträglich mit einem Bildbearbeitungsprogramm durchführen lässt. Eventuell ist es bei Strichbildern sogar noch besser, sie als Halbtonbild einzuscannen, um sie erst im Bildbearbeitungsprogramm in den Bitmap-Modus zu konvertieren und dort dann die Schwellenwertfunktion zu verwenden.

Weitere Infos zur genauen Berechnung der Ausgabeauflösung finden Sie in Abschnitt 12.2.6.

7.2 Pixeldaten vektorisieren

Vektorgrafik vs. Rastergrafik

Natürlich sollte auch klar sein, dass eine Vektorgrafik ein mathematisches Bild mit Pfaden in einem Koordinatensystem ist und niemals wie ein realistisches Bild aussehen wird. Je einfacher daher die Rasterdatei ist, desto besser lässt sich diese in ein Vektorformat umwandeln. Komplexe Fotos sind daher nicht so ideal für die Vektorisierung von Rastergrafiken geeignet.

Ein Thema, mit dem Sie früher oder später zu tun haben werden, ist die Umwandlung einer Rastergrafik in eine Vektorgrafik. Der Vorteil von Vektorgrafiken ist, dass Sie sie ohne Qualitätsverlust vergrößern oder verkleinern können. Selbst bei extremer Vergrößerung sehen Sie in einer Vektorgrafik nie einzelne Pixel wie in einer Rastergrafik.

Grundsätzlich können Sie jedes beliebige Dateiformat in eine Vektorgrafik umwandeln. Als Software bietet sich hier Adobe Illustrator, Affinity Designer oder das kostenlose Inkscape an. Aber auch mit Adobe Photoshop können Sie über einen kleinen Umweg eine Vektordatei aus einer Rastergrafik erzeugen.

Es gibt zwei grundlegende Möglichkeiten, eine Rastergrafik zu vektorisieren:

+ **Rastergrafik automatisch umwandeln:** Hierbei überlassen Sie es der Software, die Pixel automatisch in Punkte und Pfade umzuwandeln. Adobe Illustrator hat dafür den Bildnachzeichner, den Sie mit einem Klick ausführen können. Diese Automatik funktioniert am besten bei einfachen und kontrastreichen Motiven. Hierbei gibt es eine Menge an Optionen, mit denen Sie die Bildnachzeichner-Vorgabe anpassen können.
+ **Manuelles Nachzeichnen:** Bei komplexeren Grafiken oder wenn das automatische Vektorisieren kein sauberes Ergebnis liefert, dann gibt es als zweite Möglichkeit das manuelle Nachzeichnen der Grafik.

Sie pausen praktisch die darunterliegende Grafik von Hand mit den Objekt-, Zeichen- und Malwerkzeugen ab. Hier müssen Sie allerdings dann die Ankerpunkte manuell setzen oder komplett das Stiftwerkzeug verwenden. Dies ist natürlich erheblich aufwändiger, aber in der Regel sieht das Ergebnis dann deutlich besser aus.

Abbildung 7.3: Ein Rasterlogo wurde mit dem Bildnachzeichner in Illustrator vektorisiert. Das Ergebnis sehen Sie unten.

7.3 Grundlegende Vorgehensweisen bei der Bildbearbeitung

In diesem Abschnitt soll auf die grundlegende Bildbearbeitung eingegangen werden. Die Gründe dafür, ein Bild beispielsweise nach dem Fotografieren weiterzubearbeiten, können sehr vielfältig sein. Da wäre die Korrektur der Tonwerte oder der Farbe. Dann gibt es natürlich auch die Möglichkeit, ein Bild nachträglich aufzupeppen, es zu manipulieren oder kreativ komplett neu zu gestalten.

7.3.1 Die Monitorkalibrierung

Am besten beginnt man die Bildbearbeitung mit der Monitorkalibrierung. Im Bereich Grafik und Fotografie ist ein Kalibrieren des Monitors von enormer Bedeutung. Nur so wird sichergestellt, dass die Farben auf dem Monitor auch später beim Ausdruck oder auf einem anderen kalibrierten Monitor genauso wiedergegeben werden, wie Sie sie nach der Bearbeitung vor sich hatten. Hierbei können Sie sich nicht darauf verlassen, dass Ihr Bildschirm vom Hersteller schon mit korrekten Farben ausgeliefert wurde. Genauere Informationen zum Thema Kalibrierung und dem wichtigen Thema Colormanagement finden Sie in Abschnitt 11.1.

Software-Monitorkalibrierung

Die schnellste und zudem kostenlose Kalibrierung stellt Ihnen das Betriebssystem selbst zur Verfügung. Bei Windows finden Sie sie in den *Systemeinstellungen* unter *Farbverwaltung • Erweitert • Bildschirm kalibrieren*, bei macOS unter *Systemeinstellungen • Display • Farbprofil • Anpassen •* Plus-Symbol.

Solche Messungen mit Augenmaß wie mit der Software-Monitorkalibrierung sind allerdings nur beschränkt zuverlässig und für ambitionierte Fotografinnen oder Grafiker nicht geeignet, weil hiermit letztendlich doch eher ein Profil nach »Gefühl« erstellt wird.

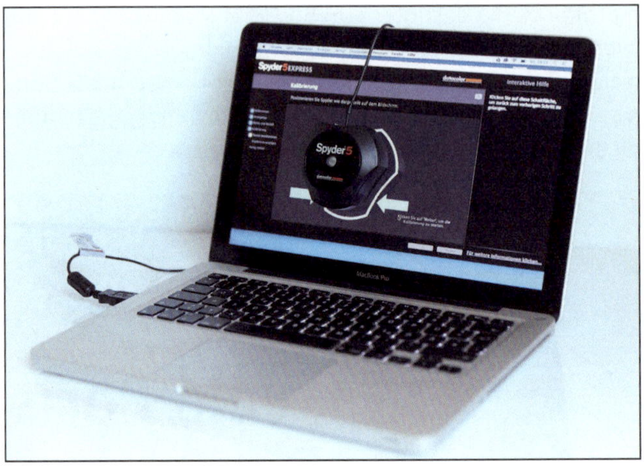

Abbildung 7.4: Ein MacBook wird hier kalibriert.

Alternative RAW-Konverter

Eine mindestens gleichwertige Alternative zu Lightroom ist Capture One Pro. Es gibt aber auch kostenlose RAW-Konverter wie zum Beispiel Darktable, das sich nicht hinter den kommerziellen Produkten verstecken muss.

Bildbearbeitungssoftware mit RAW-Konverter

Sie müssen sich nicht unbedingt eigens einen RAW-Konverter besorgen. Bildbearbeitungsprogramme wie Affinity Photo oder das kleine Photoshop Elements liefern Funktionen mit, um RAW-Bilder zu entwickeln und zu exportieren. Photoshop verfügt mit Adobe Camera Raw über ein eigenes Plug-in für die RAW-Entwicklung.

7.3.2 Software für die Bildbearbeitung

Beim Fotografieren stehen Sie früher oder später vor der Frage, ob Sie die Bilder im RAW- und/oder JPEG-Format aufnehmen wollen. Für das RAW-Format wird dann ein RAW-Konverter benötigt. Adobe Lightroom ist zum Beispiel ein solcher Konverter, der neben der RAW-Bearbeitung auch die Bildverwaltung beherrscht.

Ein typischer Workflow in der Fotografie ist, die RAW-Bilder in ein RAW-Konverter-Programm zu importieren, sie dort zu verwalten und zu bearbeiten. Die meisten RAW-Konverter können viel, aber eben nicht alles. So gibt es trotzdem noch Arbeiten am Bild wie komplexe Retuschen oder Ebenenkomposition, zu denen Sie ein Bildbearbeitungsprogramm wie z. B. Adobe Photoshop brauchen. Nach einer professionellen Bildretusche können Sie hiermit dann Ihrer Kreativität freien Lauf lassen. Auch zu Photoshop gibt es mittlerweile viele ebenbürtige Alternativen. Häufig verwendete und beliebte Alternativen sind Affinity Photo, das kleine Photoshop Elements oder das kostenlose GIMP.

Für die Weitergabe von bearbeiteten RAW-Bildern müssen diese in der Regel in ein herkömmliches Bildformat wie TIFF oder JPEG exportiert werden, weil Bilder in einem RAW-Format selbst nicht mit einer herkömmlichen Bildbearbeitungsanwendung bearbeitet werden können.

7.3.3 Destruktive und nichtdestruktive Bearbeitung

Bei der Bildbearbeitung gibt es destruktive und nichtdestruktive Bearbeitungsmöglichkeiten. Wenn die Rede von einer destruktiven Bildbearbeitung ist, dann bedeutet dies, dass die Pixel der Originaldatei unwiederbringlich verändert werden.

Nichtdestruktive Bildbearbeitung mit dem RAW-Konverter

Bearbeitungen von Bildern in einem RAW-Konverter sind immer nichtdestruktiv. Die Änderungen und Anpassungen, die Sie in der Vorschau des RAW-Konverters sehen können, dienen nur der Veranschaulichung und werden nicht auf die Pixel der Originaldatei angewendet, sondern gewöhnlich nur in einer Datei des Katalogs (oder einer Sitzung) des entsprechenden RAW-Konverters gespeichert. Sie müssen nichts Spezielles tun, um in RAW-Konvertern eine nichtdestruktive Bearbeitung durchzuführen. Das gilt unabhängig davon, ob Sie eine RAW-, JPEG- oder TIFF-Datei bearbeiten. Sie können alle vorhandenen Werkzeuge für jedes Format nichtdestruktiv verwenden.

Nichtdestruktive Bildbearbeitung in Bildbearbeitungsprogrammen

Auch reine Bildbearbeitungsprogramme bieten neben der destruktiven eine nichtdestruktive Bildbearbeitung an, mit der Sie die vorhandenen Bildinformationen schützen und unangetastet lassen können. Wichtig ist hierbei, dass Sie die Veränderungen mit Funktionen, Werkzeugen oder Filtern nicht sofort in das Originalbild einarbeiten, sondern auf einer eigenen Ebene ablegen. Einige gängige nichtdestruktive Funktionen sind etwa die folgenden:

+ **Einstellungsebenen:** Diese Ebenen werden häufig Korrekturebenen genannt. Sie können damit unterschiedliche Korrekturen in Bezug auf Farbe, Kontrast, Tonwerte usw. ausführen. Die Korrekturebenen werden einfach über das Originalbild gelegt und können jederzeit ausgeblendet, geändert oder gelöscht werden.
+ **Ebenenmasken:** Mit Ebenenmasken können Sie Bildteile einer Ebene ausblenden, um die darunterliegende Ebene sichtbar zu machen. Das Entfernen und Hinzufügen von Bildteilen geschieht nichtdestruktiv und findet nur auf der Ebenenmaske durch eine Maskierung statt. Bereiche werden hierbei entfernt, wenn Sie mit einer schwarzen Farbe auf der Ebenenmaske malen. Hinzufügen können Sie diese Bereiche jederzeit wieder mit weißer Farbe.

Auch mit den Malwerkzeugen können Sie unter Umständen nichtdestruktiv arbeiten, indem Sie einfach eine neue Ebene anlegen und die eigentlichen Änderungen auf der neuen Ebene durchführen. So könnten Sie beispielsweise ein Retuschewerkzeug verwenden, einen Bereich für die Retusche im Originalbild auswählen und die eigentliche Retusche auf der neu angelegten Ebene durchführen. Die Originalpixel der darunterliegenden Ebene bleiben unangetastet.

Weitere nichtdestruktive Techniken

Es gibt viele weitere Möglichkeiten, Bilder nichtdestruktiv zu bearbeiten. Allerdings hängen einige davon auch vom verwendeten Bildbearbeitungsprogramm ab. Photoshop bietet zum Beispiel noch Smartobjekte an. Smartobjekte lassen sich sehr gut verwenden, um einen Filter auf ein Bild anzuwenden. Auch hier wird nicht direkt auf den Pixeln des Bildes operiert, und Sie können jederzeit die Werte ändern oder den Vorgang rückgängig machen.

7.4 Werkzeuge für Bildkorrekturen und Optimierungen

In den folgenden Abschnitten soll auf die gängigen Werkzeuge eingegangen werden, die Sie in der Regel bei den meisten Bildbearbeitungsprogrammen (und auch RAW-Konvertern) vorfinden und die verwendet werden, um grundlegende Bildkorrekturen und Optimierungen durchzuführen.

Software

Die Bearbeitungsschritte, die in diesem Kapitel zwar meistens mit Adobe Photoshop abgebildet werden, lassen sich mit vielen anderen Programmen ebenfalls durchführen – mit einigen Abweichungen in Bedienung und Oberfläche. Die einzelnen angesprochenen Bildbearbeitungsbereiche sind auch nicht von der Software abhängig, und das Grundprinzip hat sich seit Beginn der digitalen Bildbearbeitung nicht geändert.

Ein erster Schritt ist häufig die Überprüfung oder Korrektur von Lichtern und Tiefen oder auch Weiß- und Schwarzpunkt. Wie immer sind solche Korrekturen abhängig vom Bild selbst. Selten müssen alle Werte auf einmal angepasst werden. Zwei essenzielle Werkzeuge in der Bildbearbeitung dafür sind die Tonwertkorrektur und die Gradationskurven. Doch zuerst lernen wir noch das Histogramm kennen.

7.4.1 Das Histogramm

Ein wichtiges Hilfsmittel in der Fotografie und besonders auch in der Bildbearbeitung ist das Histogramm, das Sie sich auf dem Bildschirm der Kamera einblenden lassen können, nachdem Sie ein Bild aufgenommen haben, bzw. das es in jeder Bildbearbeitungssoftware gibt. Denn wenn Sie bei einem Bild den **Tonwertumfang** anpassen wollen, kann es sehr nützlich sein, das Histogramm lesen zu können.

Definition Tonwertumfang
Bereich zwischen dem hellsten und dunkelsten Punkt in einer Bilddatei.

Das Histogramm zeigt die Häufigkeit und Verteilung der Helligkeitswerte oder auch Tonwerte im Bild an. Die einzelnen Balken oder Kurven im Histogramm bilden die Tonwerte aller im Bild vorhandenen Pixel ab. Ganz auf der linken Seite finden Sie die schwarzen und dunklen Pixel ❶, dazwischen die Mitteltöne ❷ und auf der rechten Seite die hellen bis weißen Pixel ❸. Die Höhe der einzelnen Balken zeigt, wie häufig dieser Tonwert im Bild vorhanden ist. Je höher der Balken, desto häufiger kommt dieser Tonwert im Bild vor; je niedriger der Balken, desto weniger ist der Tonwert im Bild enthalten.

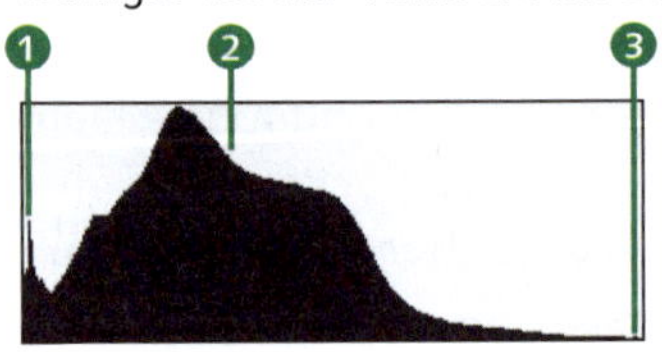

Abbildung 7.5: Ein Histogramm liefert weitere Informationen zum aufgenommenen Bild.

Das Histogramm kann eine Hilfe sein, das Bild besser zu kontrollieren, weil es eine genauere Angabe liefert als das Bild. Hierbei können Sie schnell typische Fehler wie Unter- oder Überbelichtung erkennen, welchen Kontrastumfang ein Bild hat und wie hell oder dunkel es ist.

Abbildung 7.6: Histogramm einer sehr hellen Aufnahme

In Abbildung 7.6 türmen sich die Balken des Histogramms vorwiegend auf der rechten Seite auf, was auf ein sehr helles Bild hindeutet. Der Großteil des Bildes ist somit hell und weiß. Bei einem zu hellen, überbelichteten Bild lässt sich nachträglich nichts mehr retten. Die Details und Strukturen, die ins Weiß abgerutscht sind, lassen sich nicht mehr wiederherstellen. Aber nur das Histogramm alleine sagt hier noch gar nichts aus. Im Beispiel wurde nämlich das Histogramm einer Studioaufnahme mit viel weißem Hintergrund verwendet, und das Bild war korrekt belichtet. Auch bei High-Key-Fotos werden Sie ein solches Histogramm sehen.

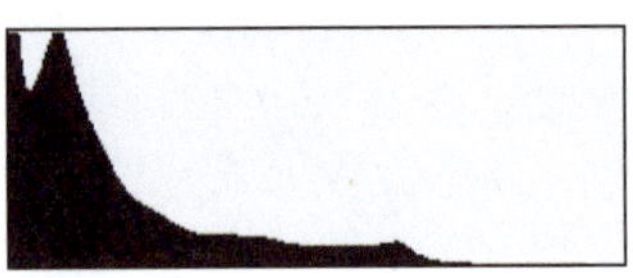

Abbildung 7.7: Histogramm einer dunklen Aufnahme

Das Histogramm in Abbildung 7.7 deutet auf ein etwas unterbelichtetes Bild hin, weil sich die meisten Tonwerte in den dunklen Bereichen bis hin zu Schwarz und darüber hinaus befinden. Es kann sein, dass dieses Bild unterbelichtet wurde und Sie es daher besser neu erstellen. Aber auch hier handelt es sich tatsächlich um das Histogramm einer Nachtaufnahme in der Langzeitbelichtung, wo es eben keine richtig hellen Stellen gab.

Histogramm gibt keine Wertung

Anhand dieser Beispiele dürfte klar geworden sein, dass ein Histogramm nur Informationen über die Helligkeitswerte der Fotos anzeigt und nichts darüber aussagt, ob eine Aufnahme gut ist oder nicht.

7.4.2 Tonwertkorrektur

So gut wie jedes gute Bildbearbeitungsprogramm hat ein Werkzeug für die Tonwertkorrektur. Das Werkzeug enthält ein Histogramm, das allerdings nicht nur zur Anzeige dient, sondern in dem sich auch direkt Korrekturen an den Tonwerten vornehmen lassen. Rund um das Histogramm herum finden Sie die Bedienelemente. Mithilfe dieser Bedienelemente können Sie festlegen, welcher Wertebereich für die Tonwerte auf dem dort angezeigten Histogramm verwendet werden soll. Wenn zum Beispiel ein Bild nicht den kompletten Tonwertumfang nutzt, können Sie diesen mit der Tonwertkorrektur ausdehnen, so dass es den größtmöglichen Tonwertumfang verwendet. Wie immer hängen solche Korrekturen vom Bildmotiv ab.

Definition Tonwertkorrektur

Verfahren zur Anpassung von Helligkeit und Kontrast.

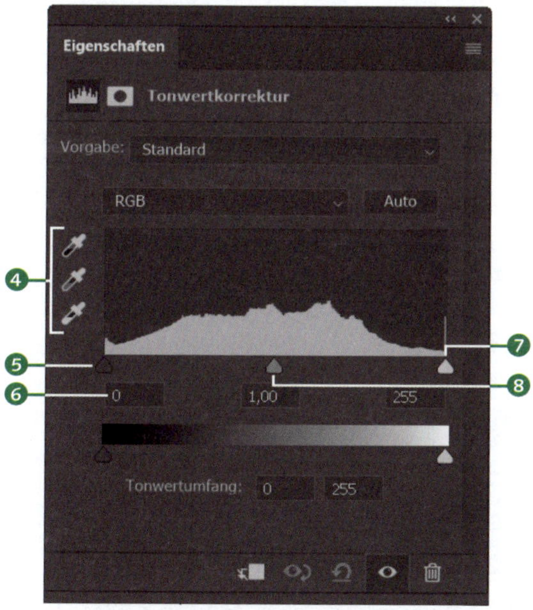

Abbildung 7.8: Hier wurde die Tonwertkorrektur von Photoshop als nichtdestruktive Einstellungsebene aufgerufen.

Tonwertumfang und Kontrast über Schwarzpunkt- und Weißpunktregler verbessern

Mit dem dunklen Regler ❺ auf der linken Seite unter dem Histogramm legen Sie den dunkelsten Wert des Bildes an. Häufig wird hier auch vom **Schwarzpunktregler** gesprochen. Mit ihm werden alle Tonwerte links von diesem Regler auf Schwarz korrigiert. Allerdings sollte man dies nicht zu wörtlich nehmen, weil es auch Bilder ohne echtes Schwarz gibt. Das Gegenstück dazu ist der helle Regler auf der rechten Seite ❼, mit dem Sie den hellsten Wert des Bildes angeben. Auch hier ist dann

Definition Schwarz- und Weißpunkt

Die Punkte auf einer Gradationskurve oder im Histogramm, die einem 100%igen Schwarz bzw. Weiß entsprechen.

häufig die Rede vom Weißpunktregler, der den **Weißpunkt** des Bildes festlegt. Alle Tonwerte rechts davon werden dann auf Weiß korrigiert. Auch hier gilt: nicht zu wörtlich nehmen, weil es auch Bilder ohne echtes Weiß gibt. Wichtig ist, dass Sie wissen, dass Sie mit ❺ und ❼ nun die dunkelsten und hellsten Stellen im Bild festlegen können.

Definition Gamma
Mittlere Helligkeit in einem Bild. Bei der Gammakorrektur verteilen sich die Tonwerte zwischen Schwarz- und Weißpunkt neu.

Tonwertkorrektur mit der Pipette

In vielen Bildbearbeitungsprogrammen gibt es zudem häufig noch Pipetten ❹ für den Schwarzpunkt, Gammawert und Weißpunkt, mit denen Sie eine Stelle im Bild bestimmen können, die als dunkelster oder hellster Bereich im Bild gelten soll.

Anpassung der Bildhelligkeit über den Gammaregler

Mit dem mittleren grauen Regler ❽ unterhalb des Histogramms hingegen legen Sie den **Gammawert** fest, weshalb dieser auch häufig als Gammaregler bezeichnet wird. Mit diesem Regler bestimmen Sie den Helligkeitsanstieg von Schwarz bis Weiß – oder vereinfacht, Sie regeln damit die Helligkeit im Bild. Ein Wert unter 1 bedeutet, es wird heller, und ein Wert über 1, das Bild wird dunkler.

Unterhalb dieser drei Regler finden Sie Eingabefelder ❻ für die entsprechenden Zahlenwerte zu diesen drei Reglern. Wenn Sie einen der Regler verschieben, ändert sich auch der Zahlenwert darunter. Andersherum können Sie die Werte auch manuell in die Eingabefelder eingeben, und die Regler darüber ändern sich dann entsprechend.

Tonwertumfang erweitern

In der folgenden Landschaftsaufnahme in Abbildung 7.9 ist das Bild sehr trüb, und ein Blick auf das Histogramm verrät auch den Grund dafür: Hier sind keinerlei Bildinformationen in den dunklen ❶ und hellen ❷ Bildbereichen vorhanden.

Abbildung 7.9: Das Bild ist sehr flau, und es fehlt an Kontrast, was sich im Histogramm widerspiegelt, in dem der Bereich der hellen und dunklen Bildbereiche quasi leer ist.

Mit der Tonwertkorrektur können Sie das flaue Bild der Landschaftsaufnahme verbessern, indem Sie den linken Regler ❸ für die dunkelsten Bereiche im Bild an den Anfang des Hügels ziehen. Dasselbe tun

Sie mit dem rechten Regler ❺ für die hellsten Bildbereiche, indem Sie diesen an den Anfang des Hügels auf der rechten Seite ziehen. Damit haben Sie praktisch den Tonwertumfang des Bildes erweitert bzw. haben genauer gesagt die Tonwerte auseinandergezogen, um den größtmöglichen Farbbereich der im Bild zur Verfügung stehenden Informationen zu nutzen. Ein Blick auf einen separat geöffneten Histogramm-Dialog zeigt diese **Tonwertspreizung** ❻ in Form von Lücken zwischen den Balken.

Zusätzlich können Sie mit dem Gammaregler ❹ noch die Bildhelligkeit für den neuen Tonwertumfang anpassen. Das Beispiel demonstriert außerdem sehr schön, wie Sie mit dem Schwarzpunkt- und Weißpunktregler den **Kontrast** des Bildes erhöhen können.

Definition Tonwertspreizung
Das Auseinanderziehen von Tonwerten.

Definition Kontrast
Das Verhältnis zwischen den hellsten und den dunkelsten Bereichen eines Bildes.

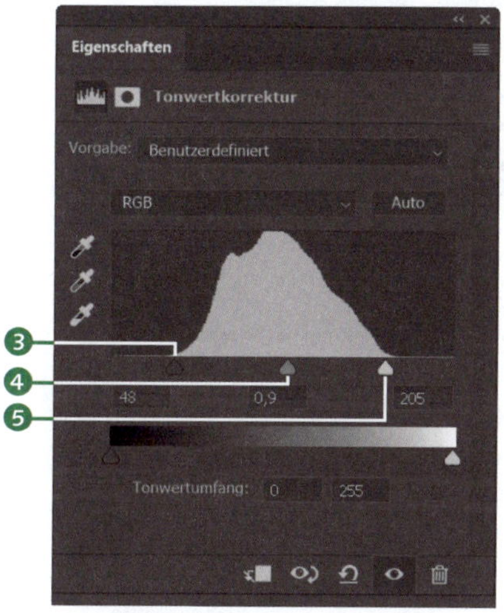

Abbildung 7.10: Den Tonwertumfang des Bildes ausdehnen

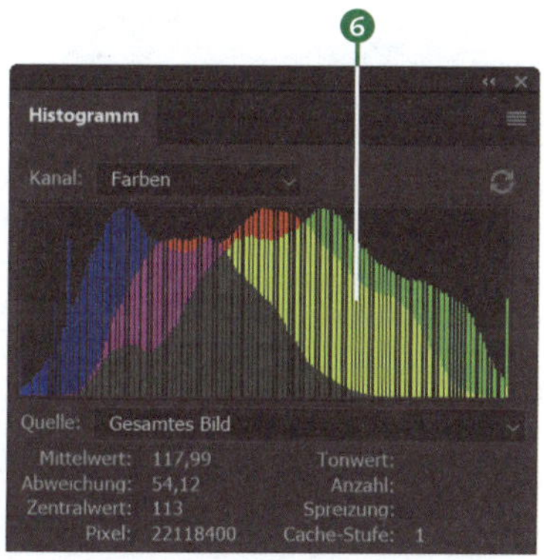

Abbildung 7.11: Hierbei findet eine Tonwertspreizung statt.

Weitere Werkzeuge

An der Stelle mag der eine oder andere einwenden, dass es ja auch Werkzeuge eigens für die Helligkeits- und Kontrastkorrektur gibt. Auch zur Anpassung eines Farbstichs gibt es Werkzeuge für die Farbbalance. Und auch für die hellsten Lichter und dunkelsten Tiefen finden Sie häufig separate Werkzeuge vor. Allerdings sind solche Werkzeuge eben weniger genau, und es wird häufig ein wenig nach »Gefühl« gearbeitet. Mithilfe der Tonwertkorrektur und des Histogramms weiß man sofort, was zu tun ist, wenn man ein wenig Erfahrung in der Bildbearbeitung mitbringt. Wozu soll man außerdem Tonwerte mit verschiedenen Werkzeugen bearbeiten, wenn man alles mit einem Werkzeug erledigen kann?

Abbildung 7.12: Das Endergebnis nach dieser Tonwertkorrektur

Tonwertumfang reduzieren

Des Weiteren können Sie mit der Tonwertkorrektur gewöhnlich auch den Tonwertumfang ❶ über den Schwarzpunktregler und Weißpunktregler reduzieren. Hiermit legen Sie fest, dass im Bild kein absolutes Schwarz oder Weiß vorkommt. Diese Bereiche erhalten dann einen entsprechenden Grauwert des neuen definierten Tonwertes. Als Ergebnis erhalten Sie ein Bild mit einem matten Look.

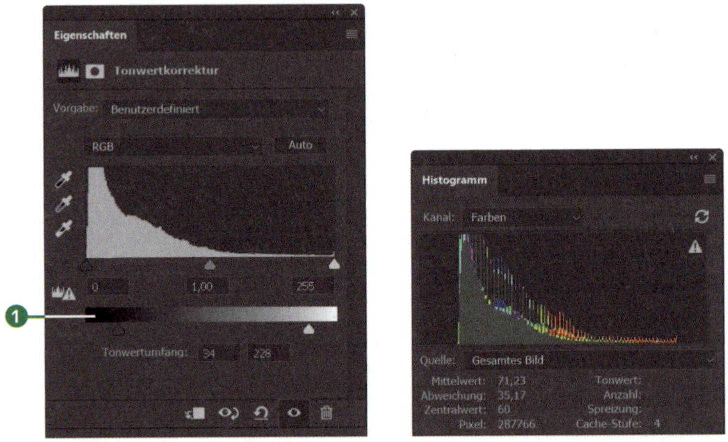

Abbildung 7.13: Über die beiden Regler für Schwarz- und Weißpunkt können Sie den Tonwertumfang reduzieren (links). Das Ergebnis einer Reduzierung des Tonwertumfangs ist eine Kontrastreduzierung (rechts).

Farbstich beheben

Sie können mithilfe der Tonwertkorrektur einen Farbstich beheben. Hierzu müssen Sie lediglich den entsprechenden Farbkanal ❷ (Rot, Grün oder Blau) auswählen und den Gammaregler ❸ in eine entsprechende Richtung schieben. Hier ist es essenziell, die Komplementärfarben von Rot, Grün und Blau zu kennen, um dann den Gammaregler in die entsprechende Richtung zu ziehen.

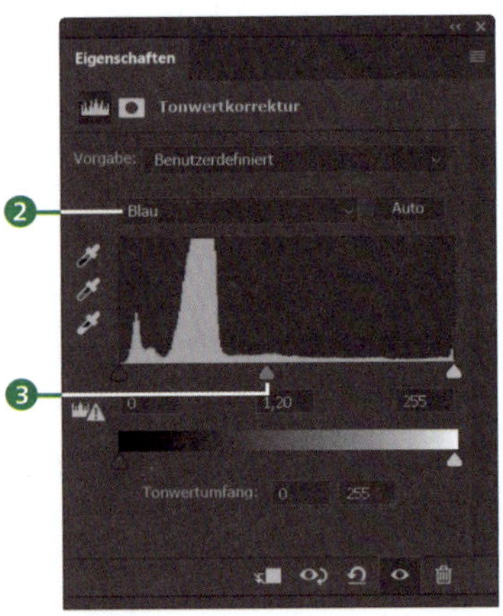

Abbildung 7.14: Hier wurde der blaue Farbkanal ❷ ausgewählt und der Gammaregler ❸ nach links gezogen, um einen Gelbstich zu beheben.

Abbildung 7.15: Eine Vorher-nachher-Ansicht mit und ohne Gelbstich. Der Gelbstich entstand übrigens durch einen Baustrahler.

Die Komplementärfarben sind:

+ Rot und Cyan
+ Grün und Magenta
+ Blau und Gelb

Im Beispielbild in Abbildung 7.15 ist der Blauanteil zu niedrig, und somit ist der Anteil der Gegenfarbe Gelb zu hoch. Erhöhen Sie also den Blauanteil des blauen Kanals, damit sich der Gelbanteil reduziert.

Abbildung 7.16: Die Gegenfarben von Rot, Grün und Blau sind Cyan, Magenta und Gelb.

7.4.3 Gradationskurve

Die Gradationskurve ist ein noch mächtigeres Werkzeug zur Tonwertkorrektur. Auch dieses Werkzeug finden Sie in fast jedem professionellen Bildbearbeitungsprogramm und gewöhnlich auch bei den RAW-Konvertern.

Wenn Sie die Gradationskurve öffnen, finden Sie auch hier links den Schwarzpunktregler ❺ und rechts den Weißpunktregler ❻ vor, wie schon bei der Tonwertkorrektur. Was sofort auffällt, ist die gerade Linie ❹, die in einem 45°-Winkel ansteigt.

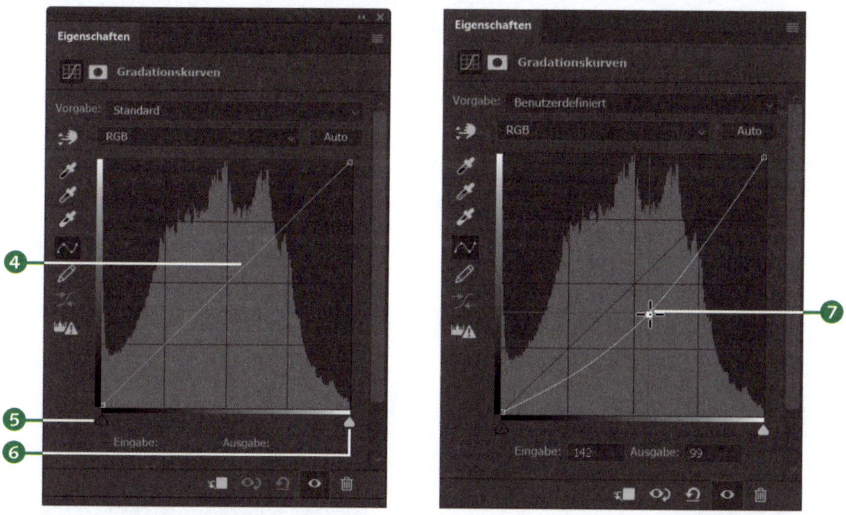

Abbildung 7.17: Eine noch nicht geänderte Gradationskurve (links). Durch das Verändern der diagonalen Gradationskurve werden die Tonwerte in einen anderen Tonwertebereich verschoben (rechts).

Wenn Sie durch Anklicken der Linie einen Punkt ❼ hinzufügen und diesen mit gedrückt gehaltener Maustaste verschieben, ändern Sie den Bereich der Eingabe und Ausgabe und somit auch die Tonwerte. Schieben Sie zum Beispiel die Linie zu einer Kurve nach unten, wird der ursprüngliche Tonwert auf einen niedrigeren Tonwert reduziert und das Bild insgesamt verdunkelt. Ziehen Sie hingegen die Kurve nach oben, wird das Bild aufgehellt. Ähnliches kennen Sie ja bereits von der Tonwertkorrektur mit dem Gammaregler. Nur muss es bei der Gradationskurve nicht bei einer einzelnen Veränderung bleiben, und es können weitere Punkte hinzugefügt und Kurven erstellt werden. Dadurch können Sie mit der Gradationskurve noch gezielter die Tonwerte anpassen als mit der Tonwertkorrektur.

Um das Thema überschaubar zu halten, finden Sie im Folgenden ein paar Beispiele zu typischen Kurven in der Bildbearbeitung und sehen, wie sie häufig im täglichen Gebrauch verwendet werden.

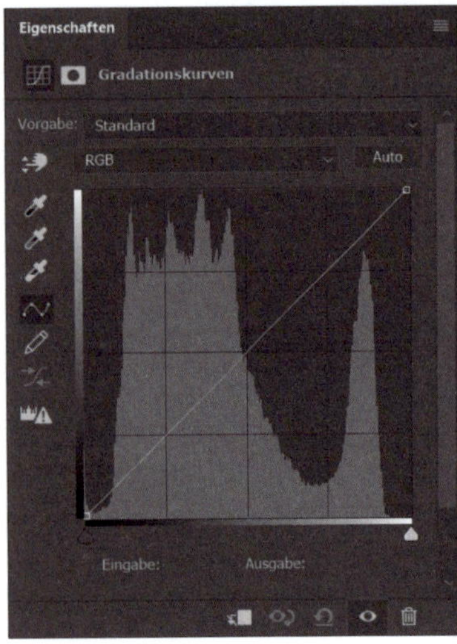

Abbildung 7.18: Dem Bild fehlen Lichter, und die Tiefen sind ebenfalls recht flach, weshalb es ein wenig kontrastarm wirkt.

Abbildung 7.19: Das Ausgangsbild für die Beispiele mit der Gradationskurve

Schwarz- und Weißpunkt festlegen (und Kontrastanhebung)

Das Anpassen des Schwarzpunktes und des Weißpunktes an den Anfang des jeweiligen Histogramm-Hügels sorgt für eine Tonwertspreizung und Kontraststeigerung.

Abbildung 7.20: Hier wurden Schwarzpunkt und Weißpunkt über den Anfangs- und Endpunkt der diagonalen Linie an den Anfang des Histogramms verschoben, um die Tonwerte zu spreizen und damit im vollen Umfang zu verwenden.

Kontrast anheben/reduzieren

Mit einer S-Kurve wird immer der Kontrast des Bildes verstärkt. Je steiler diese Kurve ist, umso mehr heben Sie den Kontrast an.

Abbildung 7.21: Kontrastanhebung mit der klassischen S-Kurve

Abbildung 7.22: Mit einer umgekehrten S-Kurve können Sie den Kontrast reduzieren.

Gezielter Tiefen oder Lichter anpassen

Um einzelne Bildbereiche in den Tiefen oder Lichtern anzupassen, müssen Sie nur die Bereiche der Linie mit weiteren Punkten gerade richten und nur eine Kurve zu dem Bereich hinzufügen, wo Sie die Tonwerte anpassen wollen.

Definition Tiefen und Lichter
Tiefen = die dunklen Tonwertbereiche.
Lichter = die hellen Tonwertbereiche.

Abbildung 7.23: Hier wurden gezielt die Tiefen verstärkt.

Maximalkontrast

Den Maximalkontrast erzielen Sie mit der steilstmöglichen Gradationskurve.

Abbildung 7.24: Maximalkontrast

Farbstich beheben/Farbbalance anpassen

Das Bild hatte ein wenig zu viele Grünanteile, die hier mit dem grünen Farbkanal reduziert wurden, indem eine Kurve nach unten gezogen wurde, wodurch der Grünanteil reduziert und der Magentaanteil erhöht wurde.

Abbildung 7.25: Farbstich beheben

Das waren nur einige Beispiele, was Sie mit der Gradationskurve machen können. Hier darf durchaus kühn behauptet werden, dass sich mit der Gradationskurve sämtliche grundlegenden Tonwertkorrekturen durchführen lassen. Aber auch für kreative Zwecke lassen sich Gradationskurven verwenden, um dem Bild einen gewissen Look zu verpassen, indem Sie zum Beispiel die Kurven der einzelnen Farbkanäle separat ändern.

7.4.4 Weißabgleich

Sofern Sie den Weißabgleich in der Kamera auf Auto bzw. AWB gesetzt haben und Ihre Bilder im RAW-Format fotografieren, ist es die beste Option, diesen auch in einem RAW-Konverter mit dem entsprechenden Werkzeug anzupassen. Gewöhnlich finden Sie hierbei typische Vorgaben ❶, die Sie aus einem Ausklappmenü wählen können, oder Sie können über Schieberegler ❸ die Farbtemperatur und Tönung selbst regeln. Der Regler für die Farbtemperatur wird zum Beispiel gerne verwendet, um die Stimmung im Bild zu ändern. Als dritte Option steht häufig noch eine Pipette ❷ zur Verfügung, mit der Sie im Bild eine neutrale Zielfarbe auswählen, um diesen Bereich zur Korrektur zu verwenden. Am besten eignen sich dafür neutrale Grauwerte.

Definition Weißabgleich
Anpassung der Farbtemperatur des Lichts.

Wenn Sie allerdings bei Bildern im JPEG- oder TIFF-Format nachträglich den Weißabgleich ändern wollen, dann ist das Ergebnis niemals so hochwertig wie im RAW-Format (auch wenn Sie das in einem RAW-Konverter tun). Fotografieren Sie ausschließlich im JPEG-Format, dann ist es schon etwas wichtiger, den Weißabgleich gleich vor der Aufnahme korrekt zu setzen.

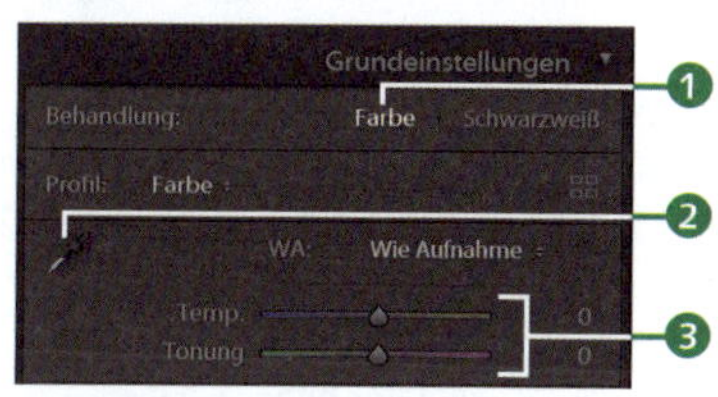

Abbildung 7.26: Das Werkzeug für den Weißabgleich von Lightroom Classic finden Sie bei den Grundeinstellungen.

7.4.5 Farbbalance

Wollen Sie die Farbstimmung eines Bildes ändern, verwenden Sie ein Farbbalancewerkzeug, das in vielen Bildbearbeitungsprogrammen zur Verfügung steht. Bei genauerer Betrachtung werden Sie dabei allerdings feststellen, dass Sie dasselbe auch mit der Tonwertkorrektur oder der Gradationskurve und den einzelnen RGB-Farbkanälen machen können.

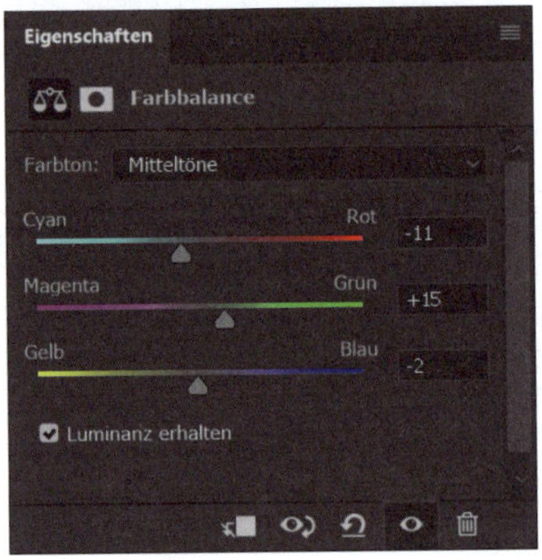

Abbildung 7.27: Mit der Farbbalance können Sie die Farbstimmung von Bildern anpassen, was dem Weißabgleich vielleicht noch am ähnlichsten ist.

7.4.6 Bildschärfe

Auch bei der Bildschärfe hängt es zunächst davon ab, ob Sie Bilder im RAW-Format oder JPEG-Format fotografieren. In einem RAW-Format werden sie nicht schon in der Kamera geschärft. Hier übernehmen Sie mit dem RAW-Konverter und dem entsprechenden Werkzeug zum Schärfen selbst die Kontrolle über die Schärfe.

Kameraseitig ist die Schärfe eines Bildes abhängig vom Objektiv, vom Bildsensor und vom Prozessor. Je leistungsfähiger diese Komponenten sind und je besser sie harmonieren, desto bessere Ergebnisse werden Sie erzielen. Der Schärfeeindruck beim Betrachten eines Bildes hängt im hohen Maße vom Kontrast ab. Je höher die Helligkeitsunterschiede bei feinen Details und Strukturen sind, desto schärfer wirkt das Bild für das Auge. Daher können Sie mit einer einfachen Kontrastanhebung mehr Details ans Licht bringen, die zuvor nicht wahrnehmbar waren. Somit ist diese Schärfung nichts anderes als eine Anhebung des Kontrasts, nur dass Sie die Grenzen zwischen den Kanten mit den Reglern steuern können. Schon durch eine Kontrastanhebung etwa mit einer S-Kurve in der Gradationskurve können Sie einen verbesserten Schärfeeindruck erzielen.

Was kann geschärft werden?

Auch wenn die Schärfungswerkzeuge gute Dienste leisten, zaubern können sie nicht – ein Bild zum Nachschärfen muss bereits bei der Aufnahme scharf gestellt gewesen sein. Wenn der Autofokus der Kamera beispielsweise eine Person nicht erfasst und stattdessen etwas anderes im Vorder- oder Hintergrund scharf gestellt bzw. fokussiert hat, dann können Sie dies nicht mehr nachträglich am Computer ausgleichen. Verwechseln Sie daher nicht das Scharfstellen per Autofokus der Kamera mit dem Nachschärfen in der Kamera oder einer Software. Beim Schärfen mit der Software kann nur ein gewisser Grad an Unschärfe verbessert werden. Eine falsche Fokussierung gehört nicht dazu.

Schärfen in RAW

Beim Fotografieren in JPEG übernimmt die Kamera die Arbeit der Schärfung des Bildes für Sie, beim RAW-Format übernehmen Sie die Kontrolle darüber. Standardmäßig verwenden allerdings die meisten RAW-Konverter schon beim Importieren der Bilder eine gewisse

Grundschärfe, sprich die Einstellungen dafür stehen gewöhnlich nicht auf 0. Reicht Ihnen hierbei die Grundschärfe nicht aus, können Sie über die entsprechenden Regler die Schärfe verbessern.

Unverzichtbar für eine Schärfung ist es, das Bild in einer 100 %- bzw. 1 : 1-Ansicht zu betrachten. Die meisten RAW-Konverter haben einen Regler *Betrag* bzw. *Stärke* und *Radius*, mit dem die Scharfzeichnung erfolgt. Während der Betrag- oder Stärkeregler vorgibt, wie stark scharfgezeichnet werden soll, kann mit dem Radius eingestellt werden, wie viele Pixel in einem bestimmten Umkreis von der Schärfung betroffen sind bzw. wie weit sich die Schärfung um eine Kontur ausdehnen darf. Häufig findet man noch einen weiteren Regler wie *Details* oder *Schwellenwert*, mit dem sich unschöne Effekte, die durch das Schärfen auftreten, wieder glattbügeln lassen. An der Stelle gibt es häufig noch weitere Funktionen wie Maskierungen oder Lichthofunterdrückung.

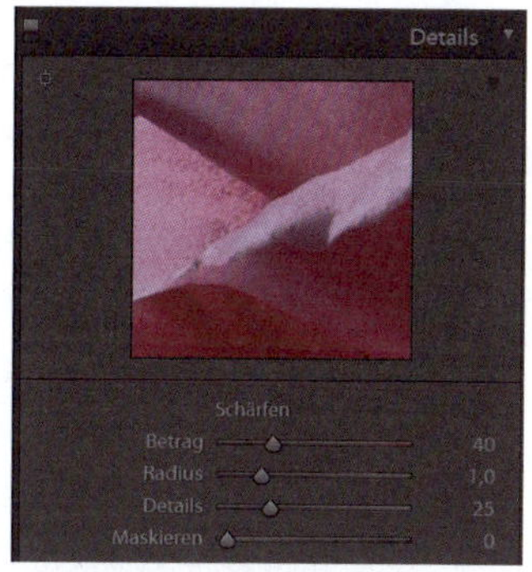

Abbildung 7.28: Beim Importieren von Bildern in einen RAW-Konverter wird in der Regel eine gewisse voreingestellte Grundschärfe verwendet – hier in Lightroom mit dem Regler »Betrag«.

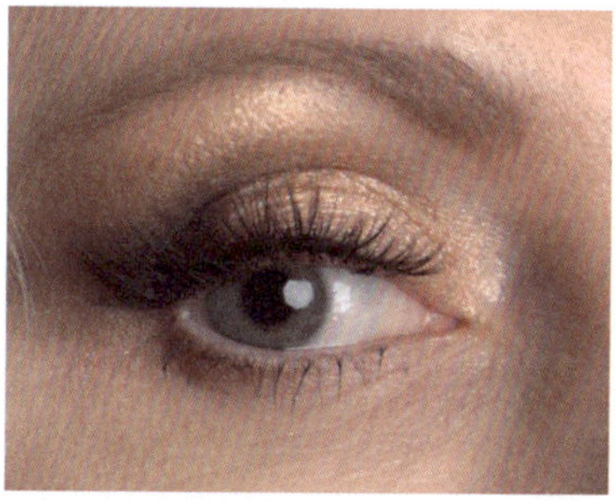

Abbildung 7.29: Hier wurde die Grundschärfung des RAW-Konverters auf 0 gesetzt.

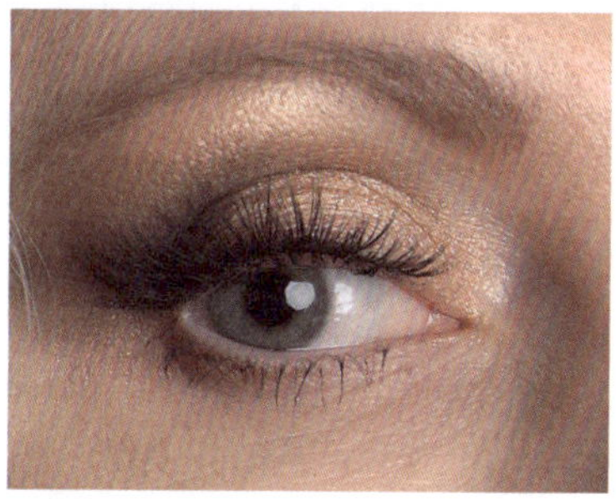

Abbildung 7.30: Standardschärfung des RAW-Konverters

Abbildung 7.31: Deutliches Nachschärfen mit dem RAW-Konverter

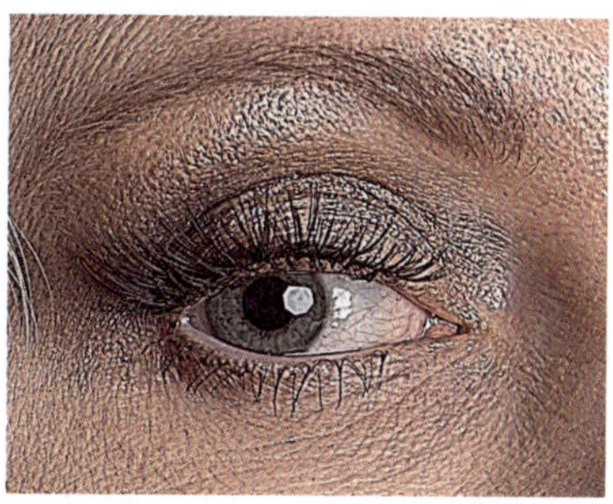

Abbildung 7.32: Beim übertriebenen Nachschärfen treten unschöne Stellen und Lichtsaum (Halo) auf.

Schärfen in Bildbearbeitungsprogrammen

Der Klassiker in der Bildbearbeitung, den fast alle Programme dabeihaben, ist *Unscharf maskieren* (oder kurz: USM). Aufbau und Funktion ähneln den eben beschriebenen Schärfungsfunktionen in RAW-Konvertern. Auch hier findet man die Regler *Stärke*, *Radius* und *Schwellenwert* mit denselben Bedeutungen vor.

Fortgeschrittene Techniken

In der klassischen Bildbearbeitung greift man häufig noch zu anderen Methoden, um ein Bild nachzuschärfen. Eine beliebte Methode ist es zum Beispiel, das Bild von RGB nach Lab zu konvertieren und dann nur gezielt den Helligkeitskanal mit USM zu schärfen und anschließend das Bild wieder in den RGB-Modus zurück umzuwandeln. Auch sehr beliebt ist das Schärfen mit dem Hochpass-Filter.

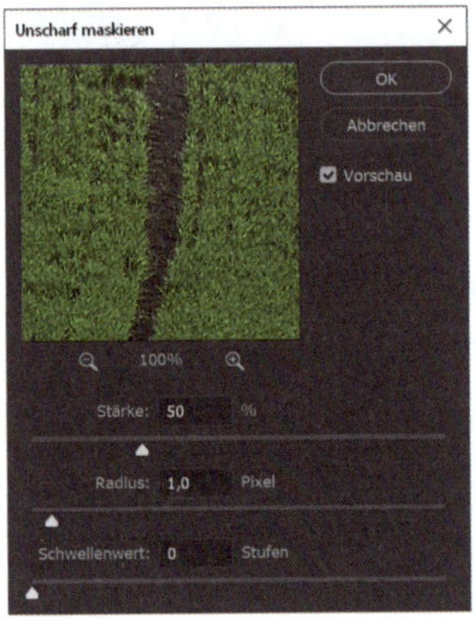

Abbildung 7.33: Der Klassiker zum Nachschärfen: *Unscharf maskieren*

Zusatzkapitel

Weitere Informationen zu Auswahlen, Ebenen und Ebenenmasken finden Sie unter *www.rheinwerk-verlag.de/5853* (»Auswahlen_Ebenen.pdf«).

Wie stark schärfen?

Die optimale Schärfung hängt hierbei immer vom Motiv selbst und von der Bildgröße ab. Wenn Sie Bilder in unterschiedlichen Größen exportieren, wirkt sich die Schärfung auf jede Größe anders aus. Hinzu kommen subjektive Ansichten und ob Sie für den Bildschirm oder Druck schärfen. Hier kommen Sie dann nicht um das Experimentieren für die richtige Schärfeeinstellung in der entsprechenden Bildgröße herum. Eine zu hohe Schärfeeinstellung führt bei Weitergabe von kleineren Bildgrößen schnell zu einer unnatürlichen Überschärfung.

Des Weiteren kann eine zu starke Schärfung die Bildqualität mindern. Klassische Fehler hierbei sind:

+ **Bildrauschen:** Vorhandenes Bildrauschen wird mit dem Nachschärfen gewöhnlich noch verstärkt und deutlicher betont, weil die Kanten der verrauschten Pixel stärker hervorgehoben werden. Etwas unterdrücken können Sie dies, wenn Sie einen Schärfefilter mit einem Schwellenwert verwenden. Mit dem Schwellenwert können Sie ein wenig Einfluss darauf nehmen.
+ **Farbverschiebung:** An den Kanten kann es beim Schärfen zu deutlichen Farbverschiebungen kommen. Häufig schärfen Filter wie der USM jeden der Farbkanäle Rot, Grün und Blau einzeln. Hierbei kann es je nach Schwellenwert passieren, dass eben nur der Rot-Kanal geschärft wird und nicht der Blau- und Grün-Kanal.
+ **Lichtsaum** (Halo): Das Problem tritt gerne auf, wenn man es mit der Schärfe übertreibt. Dabei entstehen deutliche Lichtsäume an den Bildkanten und fallen beim Betrachten gewöhnlich sofort auf. Das Problem lässt sich ganz einfach umgehen, indem Sie es mit der Schärfe nicht übertreiben und das Bild beim Schärfen immer in der 100%-Ansicht betrachten.

7.4.7 Retusche und Reparatur

Zwar bieten RAW-Konverter mittlerweile auch gute Reparatur- und Klonwerkzeuge an, mit denen es immer seltener nötig wird, für eine Retusche zu einem Bildbearbeitungsprogramm zu wechseln, sofern Sie im RAW-Format fotografieren. Dinge wie die Porträtretusche lassen sich mittlerweile fast komplett mit dem RAW-Konverter realisieren.

Bekannte Vertreter der Retusche- und Reparaturwerkzeuge von Bildbearbeitungsprogrammen und häufig auch RAW-Konvertern sind ein Bereichsreparatur-Pinsel, mit dem Sie fehlerhafte Stellen und Objekte entfernen können, und ein Reparatur-Pinsel, mit dem sich ebenfalls fehlerhafte Stellen beseitigen lassen. Für Letzteren verwenden Sie einen aufgenommenen Bereich oder ein Muster, mit dem Sie den zu bearbeitenden Bereich übermalen. Und fast immer gibt es auch noch ein Kopierstempel- oder Klonwerkzeug, mit dem Sie aufgenommene Bildbereiche malen bzw. klonen können.

7.5 Künstliche Intelligenz bei der Bildverarbeitung

Man kann zu künstlicher Intelligenz stehen, wie man will, aber sie wird die Zukunft, wie wir fotografieren und Bilder bearbeiten, verändern. Auch wenn das Thema noch nicht im Ausbildungsplan angekommen ist, wird es über kurz oder lang hinzugefügt werden müssen. In kreativen Berufen kann die künstliche Intelligenz dabei helfen, den Arbeitsprozess zu vereinfachen und zu verbessern. Wir möchten hier schon mal vorab ergänzend hinzufügen, wo uns die künstliche Intelligenz helfen wird bzw. dies bereits tut:

+ **Beim Aufnehmen von Fotos:** Beim Fotografieren mit der Kamera oder dem Smartphone hilft uns die KI, einzelne Szenen zu erkennen und die entsprechenden Kameraeinstellungen vorzunehmen. Der Autofokus kann auch zwischen Menschen, Tieren, Autos und Insekten unterscheiden und hilft uns beim Fokussieren.
+ **Bei der Bildbearbeitung:** Software wie Adobe Lightroom, Adobe Photoshop und Luminar Neo nutzen bereits künstliche Intelligenz. Das reicht von der automatischen Verbesserung der Bildqualität bis hin zur Automatisierung von Prozessen wie dem Entfernen von Staub, Sensorflecken oder Stromleitungen. Auch die Maskierung des Hauptmotivs, des Hintergrunds bis hin zu einzelnen Bildbereichen kann von der KI erkannt werden. Inzwischen kann die KI auch eingesetzt werden, um Objekte hinzuzufügen oder Teile des Bildes zu ergänzen, die nicht Teil des Originalfotos sind.
+ **Bei der Bildverwaltung:** KI hilft uns bereits bei der Bildverwaltung, indem sie Objekte wie Menschen, Tiere, Autos und Gebäude unterscheidet und herausfiltert. Auch einzelne Personen können benannt und leicht wiedergefunden werden. Die Suche nach Bildern mit einer bestimmten Farbe ist dank der KI ebenfalls möglich.
+ **Bei der Erschaffung neuer Bilder:** Die Erstellung von künstlichen Bildern, ohne überhaupt noch fotografieren zu müssen, ist ebenfalls schon möglich. Hierbei gibt man nur noch die Informationen an, was man erstellen will, und die KI tut ihre Arbeit. Die KI kann auf diese Weise die Ergebnisse immer mehr verfeinern. Hierbei ist die Rede von CGI (Computer Generated Imagery), die übrigens schon längst Einzug in die Werbefotografie gehalten hat, wo die Anzeigen häufig eine Verschmelzung von echter Fotografie und künstlichen Welten zeigt.

Abbildung 7.34: Noch nicht perfekt. Aber dafür, dass dieses Bild nur mit dem vorderen Auge als Information mit Adobe Firefly zu einem Gesicht generiert wurde, ist es schon beeindruckend.

7.6 Bilderverwaltung und Stapelverarbeitung

Wer mehrere Bilder medienübergreifend überarbeiten und exportieren muss, der kann dies auch mit einer Stapelverarbeitung erledigen. Bildverwaltungsprogramme wie z.B. Capture One Pro oder Adobe Light-

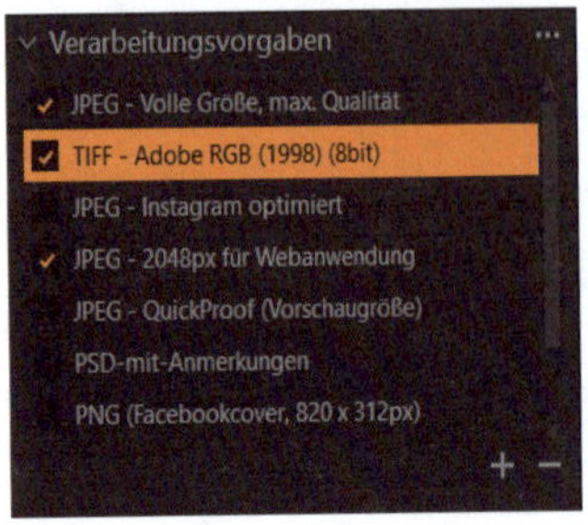

Abbildung 7.35: Stapelverarbeitung mit Capture One. Hier werden Bilder nach mehreren Vorgaben exportiert.

room bieten die Möglichkeit an, mehrere Rezepte oder auch Presets anzulegen, um so Bilder in verschiedenen Formaten, Seitenverhältnissen und Bildgrößen in verschiedenen Ordnern zu exportieren. Auch andere Programme wie Adobe Photoshop bieten entsprechende Funktionen an. Auch die Verwaltung der Metadaten ist hiermit in einem guten Maße gegeben.

Aber auch solche lokalen Bilddatenbanken haben ihre Grenzen. Bei einfachen Dingen wie der Konvertierung mehrerer Bilder in ein WebP-Format stößt man oft an Grenzen. Darüber hinaus haben größere Unternehmen eine beträchtliche Anzahl von Fotos und Videos, die verwaltet werden müssen. Wer die digitalen Assets nicht professionell und regelmäßig pflegt, läuft Gefahr, unnötig Zeit bei der Medienproduktion zu verlieren, was dann auch zu höheren Kosten führt.

DAM-Systeme

Sogenannte DAM-Systeme (Digital Asset Management System) sind für solche Zwecke ideal. Ähnlich wie Datenbanksysteme für Fotos bieten DAM-Systeme die Verschlagwortung, die Bearbeitung von Metadaten oder eine umfassende Suche nach Bildern. DAM-Systeme decken außerdem folgende Aspekte ab:

+ **Rechte- und Zugriffsmanagement:** Hiermit kann der Zugriff auf bestimmte Funktionen für einzelne Personen angepasst werden. Des Weiteren bieten solche Systeme häufig ein umfangreiches Lizenzmanagement, das sicherstellt, dass rechtliche Vorgaben eingehalten werden. All diese erhöht automatisch auch die Sicherheit.
+ **Konvertieren und Verteilen:** Die Verteilung an unterschiedliche Medientypen (Website, Online-Shop, Print) und Personen lässt sich hier mit einem Knopfdruck aufbauend auf bestimmten Voreinstellungen (Dateiformat, Dateigröße, Farbeinstellung, Seitenverhältnis) automatisieren. Hiermit wird auch der Datenaustausch wesentlich vereinfacht und beschleunigt. Umständliche und zum Teil auch unsichere Lösungen wie das Verteilen von Medien über E-Mail oder Clouddienste entfallen.
+ **Integration in andere Software:** Moderne DAM-Systeme bieten in der Regel auch eine Schnittstelle mit anderen Softwarelösungen wie Websites, Online-Shops oder auch Plug-ins für Adobe Photoshop oder Adobe InDesign an. Häufig gibt es auch noch eine weitere Schnittstelle mit der Option zum Datenaustausch mit anderen Systemen.

Kapitel 8

Der Ablauf eines Designprojekts

Themen des Kapitels:

- *Die Phasen eines Designprojekts*
- *Projektmanagement*
- *Analyse von Kundenaufträgen*
- *Recherche und Ideenfindung*
- *Planung und Strukturierung des Projekts*
- *Präsentation des Designprojekts*
- *Projektabschluss*

Die Konzeption und Organisation von Printprodukten erfordert ein sorgfältiges Projektmanagement und eine klare Strukturierung der verschiedenen Phasen vom Erstkontakt bis zur Realisierung. Dieser Prozess stellt sicher, dass das Endprodukt nicht nur kreativ und visuell ansprechend ist, sondern auch den spezifischen Anforderungen des Kunden oder der Kundin entspricht und pünktlich sowie budgetgerecht geliefert wird.

8.1 Der Aufbau eines Designprojekts

Der Prozess eines Designprojekts folgt in den allermeisten Fällen einem strukturierten Ablauf, der in verschiedene Phasen gegliedert ist. Obwohl sich jedes Projekt durch individuelle Anforderungen auszeichnet, lassen sich die Kernschritte in vier Hauptbereiche unterteilen:

1. Vorbereitung
2. Konzeption, Recherche und Ideenfindung
3. Gestaltung
4. Realisierung

Um jedoch eine tiefere Einsicht in die Komplexität und die spezifischen Anforderungen eines Designprojekts zu gewinnen, ist es sinnvoll, diesen Prozess weiter in insgesamt 13 detaillierte Phasen zu untergliedern:

- Phase 1: Kontaktaufnahme und erstes Gespräch mit grobem Zeitplan und Kostenvorstellung (Briefing)

- Phase 2: Angebotserstellung und Auftragsvergabe
- Phase 3: Planung und Vorbereitung
- Phase 4: Recherche und Analyse
- Phase 5: Ideenfindung und Konzeption
- Phase 6: Entwurf
- Phase 7: Präsentation
- Phase 8: Korrekturphase mit Anpassung und Überarbeitung
- Phase 9: Layout
- Phase 10: Reinzeichnung
- Phase 11: Freigabe
- Phase 12: Produktion: Lieferung an die Druckerei/Erstellung der Website
- Phase 13: Projektabschluss: Endabnahme, Abrechnung und Nachbesprechung

Durch diese detailliertere Unterteilung wird der gesamte Prozess greifbarer. Sie ermöglicht eine bessere Steuerung und Kontrolle der einzelnen Schritte.

Nicht immer strukturiert

Im wahren Gestalterleben laufen Designprojekte nicht immer strukturiert nach dem Wasserfallmodell ab. Oft ist ein Designprojekt ein iterativer Prozess. Iterativ? Das bedeutet: Gleiche Handlungen wiederholen sich, um sich einer Lösung oder einem Ziel anzunähern. Noch eine Korrektur, noch eine Präsentation, ein neuer Entwurf, eine neue Korrektur – das reale Leben …

8.2 Die Phasen eines Designprojekts

Jede Phase hat ihre spezifischen Aufgaben und Ziele, die aufeinander aufbauen und so zu einem erfolgreichen Designprojekt führen.

Diese Prozessphasen werden unter dem Begriff »Wasserfallmodell« zusammengefasst, was impliziert, dass diese Schritte in einer festen Reihenfolge umgesetzt werden. Bei einem strengen Wasserfallmodell werden die einzelnen Schritte vom beauftragenden Unternehmen freigegeben und können nachträglich nicht mehr abgeändert werden. Der Nachteil daran ist natürlich, dass sinnvolle Veränderungen, die in der Umsetzung auftreten, nicht mehr berücksichtigt werden können.

8.2.1 Phase 1: Kontaktaufnahme und erstes Gespräch mit grobem Zeitplan und Kostenvorstellung

Während der ersten Kontaktaufnahme teilen Kunden und Kundinnen ihre Gedanken und Wünsche zum Projekt mit. Im besten Fall gibt es bereits eine grobe Zeit- und Kostenvorstellung, meist ist allerdings nur eine Zeitvorstellung vorhanden, da ein Termin wie beispielsweise der Verkaufsstart eines neuen Produkts oder die Eröffnung einer Messe feststeht. Die Kosten sind für die Kundinnen und Kunden meist schwer einzuschätzen und werden erst im nächsten Schritt besprochen.

Sie als projektverantwortliche Person versuchen in diesem Gespräch, so viele Informationen wie möglich zu sammeln, um ein fundiertes Angebot erstellen zu können. Versuchen Sie hier in jedem Fall auch mithilfe von zielführenden Fragen, eine Hilfestellung zu geben und das Anliegen klar herauszuarbeiten. Inhalt der ersten Phase ist es also, den Projektumfang zu umreißen und das Ziel des Projekts zu verstehen.

Anschließend erfolgt ein schriftliches *Briefing*, das alle relevanten Informationen enthält.

Das Briefing

Das Briefing (= Anweisung) ist die Auftragsbeschreibung für eine grafische Arbeit, besonders im Bereich der Werbung, aber auch bei größeren Printprojekten. Es soll Ihnen dabei helfen, das Wesen, den Inhalt und die Ziele des Auftrags kennenzulernen. In der Mediengestaltung ist es eine wichtige Phase, in der es gilt, die Erwartungen des beauftragenden Unternehmens zu verstehen, um später ein adäquates Web- oder Printprodukt abliefern zu können.

Oft wissen Kunden und Kundinnen nicht, welches Printprodukt sie benötigen, oder sogar nicht einmal, was sie mit dem beauftragten Druckerzeugnis erreichen wollen. Dann gilt es, dies gemeinsam zum Beispiel in Form eines Workshops zu erörtern und in einem Briefing festzuhalten. Für digitale Projekte gibt es einen Sonderfall, das Lasten- und Pflichtenheft, zu dem wir gleich kommen. Aber was ist denn nun ein Briefing genau?

+ Ein Briefing ist eine Bestandsaufnahme, die schriftliche Fixierung der Aufgabenstellung.
+ Hier werden Wesen, Inhalte und Ziele des Auftrags festgelegt.
+ Es bildet die Grundlage für ein Angebot.
+ Es ist immer aus Sicht derjenigen verfasst, die den Auftrag erteilen!
+ Es ist oft sehr umfangreich, daher mit eigenen Worten zusammenzufassen.

Wichtig

Briefings immer schriftlich festhalten!

Das sind die wichtigsten **Elemente eines Briefings**, die in jedem Fall festgeschrieben werden sollten:

+ Informationen zum Profil des Unternehmens, Kommunikationsziele, Marketingstrategie
+ Informationen zu Produkt/Dienstleistung/Event, das/die verkauft werden soll
+ Aufgabenstellung, Ziele
+ Umfang des Auftrags
+ Zielgruppe
+ Mitbewerber, Marktanalyse
+ Informationen zum Corporate Design
+ Hinweise für die Gestaltung, Format, Umfang
+ Infos zu Text- und Bildmaterial
+ Auflage
+ Deadline
+ Ansprechpersonen

Briefing und Ideenfindung

Jedes gute Briefing gibt auch schon eine mögliche Lösung der Aufgabe vor. Arbeiten Sie mit dem Briefing, und Sie werden eine Idee für Ihre Gestaltung finden: Dazu sollten Sie Wichtiges anstreichen, das Briefing noch einmal mit eigenen Worten zusammenfassen und es immer mal wieder lesen.

Das Briefinggespräch ist ein entscheidender Moment, um die Erwartungen und Anforderungen des Auftraggebenden zu klären. Hier einige Tipps, um dieses Gespräch erfolgreich zu gestalten:

1. **Vorbereitung:** Bevor Sie in das Gespräch gehen, informieren Sie sich über den Kunden/die Kundin und die Branche. Dies zeigt Engage-

ment und Professionalität. Scannen Sie die Webseite, Social-Media-Kanäle und Kanäle des Unternehmens.

2. **Struktur:** Führen Sie das Gespräch in einem ruhigen Umfeld und stellen Sie sicher, dass genügend Zeit zur Verfügung steht. Beginnen Sie mit grundsätzlichen Fragen, um ein allgemeines Verständnis für das Projekt zu erhalten, und gehen Sie dann ins Detail.
3. **Fragen stellen:** Stellen Sie Fragen, um genau herauszufinden, was Kunde und Kundin möchte. Dies hilft, den Umfang und die Anforderungen des Projekts klar zu definieren.
4. **Notizen:** Machen Sie sich während des Gesprächs Notizen. Dies hilft nicht nur dabei, wichtige Punkte festzuhalten, sondern zeigt auch, dass Sie der Kundin bzw. dem Kunden aufmerksam zuhören.
5. **Klärung von Unklarheiten:** Wenn etwas unklar ist, fragen Sie nach. Es ist besser, von Anfang an Klarheit zu haben, als später Missverständnisse aufzuklären.
6. **Konkrete nächste Schritte definieren:** Am Ende des Gesprächs sollten klare Vereinbarungen darüber getroffen werden, was als Nächstes passiert, sei es ein weiteres Treffen, ein Entwurf oder eine andere Aufgabe.

Lasten- und Pflichtenheft

Um Unklarheiten beim Briefing zu vermeiden, ist es für einen größeren Auftrag oft sinnvoll, ein Lasten- und Pflichtenheft anzulegen. Das kommt besonders im Bereich der Softwareentwicklung und im Webdesign vor. Das Lastenheft enthält dabei die Anforderungen des beauftragenden Unternehmens, das Pflichtenheft beschreibt die Leistung durch die Person, die den Auftrag annimmt, also die Gestaltung durchführt.

Tabelle 8.1: Charakteristika eines Lasten- und Pflichtenhefts

Lastenheft	Pflichtenheft
+ Anforderungen und Wünsche des beauftragenden Unternehmens + Wie soll die finale Gestaltung aussehen, funktionieren, welche Anforderungen gibt es? + Basis für das Pflichtenheft + Beschreibt Ist-Zustand und Soll-Zustand, d. h. Voraussetzungen und Ziele + Zuständigkeitsbeschreibung + Zielgruppenbeschreibung + Gewünschte Funktionalitäten, z. B. bei einer Website	+ Grundlage für das Pflichtenheft ist das Lastenheft + Technische, inhaltliche und gestalterische Anforderungen an den Auftrag + Eigene Lösungsansätze + Zeit- und Kostenaufwand, Basis für die Kalkulation + Arbeitsgrundlage + Zieldefinition + Zielgruppen + Bei Website oder anderen interaktiven Medien z. B. Funktionalität, Produktionsumgebung, Software, Benutzeroberfläche, Interaktionsmöglichkeiten, Gestaltungshinweise zu Texten, Bildern u. a.

Zeitplan

Für die meisten größeren Aufträge empfiehlt es sich, einen Zeitplan zu erstellen, um die Deadlines nicht aus den Augen zu verlieren. Dabei sollte man immer auch Zeitpuffer einplanen, falls die Ideenfindung doch länger dauert oder kundenseitig eine Extrarunde benötigt wird. Unterteilen Sie den Zeitplan in drei Phasen:

1. Konzeption (Briefing, Recherchephase, Entwurf, Präsentation),
2. Gestaltung (Layout, Bildrecherche, Bildbearbeitung, Satz ...) und
3. Produktion (Proof, Reinzeichnung, PDF, Druck, Weiterverarbeitung).

Rechnen Sie bei der Erstellung Ihrer Timeline immer rückwärts vom Endtermin aus.

8.2.2 Phase 2: Angebotserstellung und Auftragsvergabe

Nach dem ersten Kundenbriefing muss ein Angebot kalkuliert werden, damit das Unternehmen entscheiden kann, ob es das Projekt durchführen möchte oder nicht. Hierbei wird zwischen Eigenleistungen (Beratung, Ideenfindung, Layoutarbeit, Reinzeichnung usw.) auf Gestaltungs- bzw. Agenturseite und den Kosten für die Produktion unterschieden, die meist durch ein drittes Dienstleistungsunternehmen ausgeführt wird. Das Angebot beinhaltet also eine Schätzung der gestalterischen Aufwände und zusätzlich die externen Kosten, sofern diese erforderlich sind.

Das Angebot kann entweder ein Festpreis sein oder einen Stundensatz festlegen, zu dem gearbeitet wird. In den meisten Fällen bevorzugen Kunden und Kundinnen einen Festpreis, was eine transparente Kalkulation natürlich schwer macht. Jedes Projekt kann schnell sehr komplex werden, deswegen ist es wichtig – gerade bei Festpreisen –, den Arbeitsumfang klar zu definieren. Bei einer Abrechnung auf Stundenbasis kann man daher flexibler auf neue Gegebenheiten eingehen. Je besser das Angebot ausformuliert ist, desto besser ist es für beide Seiten.

Das Angebot wird basierend auf den Informationen des ersten Briefings erstellt, daher ist es wichtig, auch das Ergebnis des Projekts genau zu definieren und auch, was explizit nicht Teil des Angebots ist (beispielsweise Kurierkosten usw.). So entstehen rückwirkend keine Missverständnisse zwischen den Beteiligten.

Außerdem wird ein grober Projektplan auf Basis des ersten Briefings erstellt, in dem die wichtigsten Meilensteine im Prozess mit einem Datum versehen sind und die jeweiligen Verantwortlichen auf Gestaltungs- und Kundenseite bestimmt werden. Dadurch kann während der folgenden Phasen überprüft werden, ob der Zeitplan noch eingehalten wird.

Definition Meilensteine

Meilensteine sind bedeutende Punkte innerhalb des Projektzeitplans, die den Abschluss wichtiger Phasen oder Aktivitäten kennzeichnen. Sie dienen als Wegweiser, die helfen, den Fortschritt zu überwachen, und sind wichtig für die erfolgreiche Fertigstellung des Projekts.

Das Re-Briefing

Nachdem das Angebot verschickt wurde, werden offene Fragen in Bezug auf Kosten, Umfang und Zeitplan besprochen. Hierbei handelt es sich um ein *Re-Briefing*, also das Nachbesprechen aller Punkte des vorherigen Briefings, um sicherzugehen, dass beide Seiten dasselbe Verständnis von den zu erledigenden Aufgaben und dieselben Erwartungen an das Projekt haben.

Definition Re-Briefing

Nachbesprechung des Briefings. Alle Punkte des Briefings werden hier noch einmal durchgesprochen, und die Projektanforderungen werden auftragnehmerseitig festgehalten, um Missverständnisse zu vermeiden.

Sollten sich in diesem Re-Briefing Missverständnisse zwischen den beiden Parteien auftun, muss das Angebot entsprechend angepasst werden. Nachdem beide Seiten sicher sind, dass alle elementaren Punkte im Angebot enthalten und korrekt sind, gibt der Kunde oder die Kundin das Angebot frei. Dies sollte zwingend schriftlich erfolgen.

8.2.3 Phase 3: Planung und Vorbereitung

Nach der Auftragsvergabe werden interne und externe Ressourcen geplant. Interne Ressourcen sind z. B. die Zeiteinteilung, wann die Gestaltung stattfinden soll, und bei der Arbeit im Team muss auch definiert werden, wann welche Layoutphase von wem übernommen wird.

Externe Ressourcen sind beispielsweise Druckereien, die den Druck sowie den Papiereinkauf planen müssen. Das benötigt eine enge Abstimmung und das Aufsetzen eines detaillierten Projektplans. Dieser Projektplan wird anschließend mit Auftraggeberin oder Auftraggeber abgestimmt, um sicherzugehen, dass man auch dort für Abstimm- und Freigabetermine verfügbar ist und das Endprodukt zeitgerecht geliefert werden kann. Sobald der Projektplan freigegeben wurde, werden alle Beteiligten informiert, und die Arbeit kann beginnen.

8.2.4 Phase 4: Recherche und Analyse

In dieser Phase arbeiten Sie sich tiefer in das Thema des Auftrags ein und sammeln alle nötigen Informationen für das Gelingen des Designprojekts. Eine gründliche Recherche ist stets die Basis für eine gelungene Ideenfindung. Mögliche Kanäle für die Recherche sind: Internetrecherche, Nutzerbefragungen, weiterer Austausch mit den Beteiligten auf Kundenseite ... So bekommen Sie ein Gespür für die Aufgabe, und erste Ideen entstehen.

Eckdaten, die in der Recherchephase festgelegt werden müssen, umfassen die folgenden Themen:

+ Das beauftragende Unternehmen und seine Ziele müssen verstanden werden.
+ Es gilt, die Marktsituation einzuschätzen (Konkurrenzanalyse und Marktbeobachtung).
+ Die Zielgruppe muss genau analysiert werden.
+ Trends der Branche sollten erhoben werden.

Zielgruppe

Bei jeglicher Printproduktion, sei es ein Flyer, eine Broschüre oder ein Plakat, müssen Sie sich zunächst die Frage stellen, für wen Sie gestalten. Nur so können Sie zielgerichtet kommunizieren und daraufhin Ihre Gestaltung ausrichten.

Ausgangspunkt für jedes Konzept sollte immer die Zielgruppe sein. Bevor Sie mit dem Entwurf beginnen können, müssen Sie festlegen, wen die Gestaltung ansprechen soll:

+ Wer gehört zur Zielgruppe?

+ Welche Motive, Bedürfnisse hat die Zielgruppe?
+ Wie denkt sie?
+ Was ist wichtig für die Zielgruppe?
+ Warum kauft sie ein Produkt?
+ Wie muss man sie ansprechen?
+ Ist das Interesse bereits vorhanden oder muss es geweckt werden?
+ Welches Vorwissen ist vorhanden? Und so weiter.

Die Zielgruppe sollte dabei so weit wie möglich eingeschränkt werden (auf die »Kernzielgruppe«).

Wichtig ist es vor allem, die Bedürfnisse, Vorlieben und Interessen der Zielgruppe zu definieren, und so ist das Zielgruppenprofil zu erstellen. Das geht bei größeren Projekten mithilfe einer **Zielgruppenanalyse.** Bei einer Zielgruppenanalyse lassen sich die Zielgruppen nach vier Merkmalen beschreiben:

1. Demografische Merkmale wie Alter, Geschlecht, Familienstand, Beruf, Einkommen
2. Psychografische Merkmale wie Persönlichkeit, Lebensstil, Einstellungen
3. Verhaltensmerkmale wie Kaufverhalten, Sparverhalten, Sicherheitsbedürfnis
4. Geografisch-regionale Merkmale wie Wohnort, in der Stadt oder auf dem Land, Wohneigentum oder Miete

Eine weitere Analysemethode sind die **Sinus-Milieus**. Sinus-Milieus sind eine vom Marktforschungsunternehmen Sinus Sociovision entwickelte Zielgruppenanalyse-Methode, die Personen zusammenfasst, die einander in Lebensauffassung und Lebensweise ähneln. Die Zielgruppen werden nach Alter, Geschlecht, Bildung, Einkommen, Familienstand, Beruf, Hobbys und Lebensstil erhoben und in zehn Milieus eingeteilt. Milieus sind dabei z. B. Etablierte, bürgerliche Mitte, moderne Performer, Konsum-Materialisten u. a.

Abbildung 8.1: Die Sinus-Milieus in Deutschland 2021. Wichtig sind auch die Einordnungen unter Soziale Lage (y-Achse) und Grundorientierung (x-Achse).

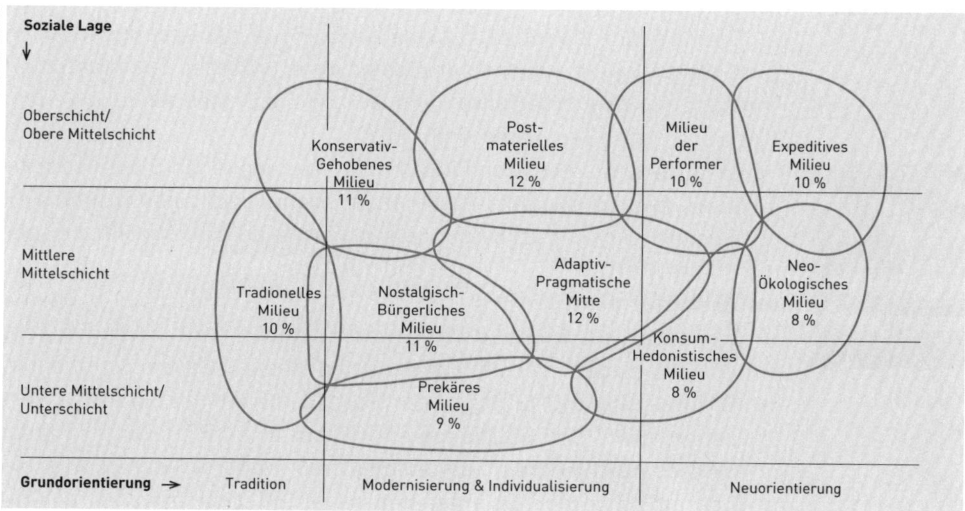

Ist die Zielgruppe umrissen, gilt es, sich als Gestalter und Gestalterin in ihre Wünsche hineinzuversetzen. Empathie ist dabei ein wichtiges Stichwort und beginnt schon beim beauftragenden Unternehmen. Je besser wir uns für die Gestaltung in dessen Wünsche hineinversetzen können, desto besser werden wir seine Ziele umsetzen können. Dasselbe gilt für die Zielgruppe: Wechseln Sie die Perspektive, und gestalten Sie aus der Sicht der Kundinnen und Kunden.

Konkurrenzanalyse

Um sich ein besseres Bild vom Unternehmen, den Anforderungen und Zielen zu machen, ist immer auch ein Blick auf die Konkurrenz von Vorteil. Beim Blick auf Unternehmen, die ein ähnliches Angebot haben, geht es vor allem darum, sich für die spätere Gestaltung einen Überblick über die Darstellung innerhalb eines bestimmten Marktsegments zu verschaffen. Die Ziele können unterschiedlich sein: Eventuell geht es darum, sich von einem bestimmten Konkurrenzunternehmen bewusst abzuheben, oder aber es gibt Elemente, die woanders gut funktionieren und adaptiert werden sollen.

Die Mitbewerberanalyse ist am besten in Zusammenarbeit mit dem beauftragenden Unternehmen zu erstellen. Denn in den meisten Fällen haben sich die Unternehmen bereits intensiver mit der Konkurrenz auseinandergesetzt und können viele der aufkommenden Fragen im Gespräch beantworten, Beispiele und wertvolle Hinweise liefern.

Schriftlich festhalten

Die Ergebnisse der Analysephase sollten für alle Beteiligten an einem zentralen Ort hinterlegt werden und jederzeit einsehbar sein.

8.2.5 Phase 5: Konzeption

Mit dem Wissen aus der Recherchephase geht es zur Ideenfindung.

Ideenfindung

Ziel dieser Phase ist es, allein oder im Team eine breite Palette möglicher Lösungen für die Designaufgabe zu finden, die in einem zweiten Schritt dann bewertet und verfeinert werden. Kreativität und Offenheit spielen bei der Ideenfindung eine große Rolle. Da Kreativität nur in den besten Fällen auf Knopfdruck und ohne größeres Zutun entsteht, müssen Kreativitätstechniken und Methoden zur Ideenfindung helfen. Die wichtigsten Techniken sind:

- **Mindmap:** Bei der Technik des Mindmapping legen Sie eine Assoziations- und Gedankenkarte an, ausgehend von einem zentralen Begriff, mit Querverbindungen in Form von Linien. Hilft bei der Strukturierung des Themas und der Ideen.
- **Brainstorming:** Am besten in der Gruppe, es wird zu einem Thema frei assoziiert, und alle Ideen werden gesammelt. Kritik ist nicht erlaubt, es geht hier um die Menge an Ideen, nicht um die Qualität.
- **Brainwriting 6-3-5:** Bei dieser Methode benötigen Sie sechs Personen, die je drei Startideen entwickeln, die dann jeweils fünfmal weitergereicht werden, um aufgegriffen, weiterentwickelt und verbessert zu werden. So entstehen bis zu 108 Ideen in kurzer Zeit.

Abbildung 8.2: Mindmap

+ **Morphologische Matrix:** Ein geordnetes, logisches Vorgehen, erfunden von Fritz Zwicky. Es eignet sich besonders, wenn bereits viele Ansätze vorhanden sind, die kombiniert werden sollen. Es werden Kategorien und Eigenschaften für das Thema festgelegt, die dann miteinander kombiniert werden. Das funktioniert beispielsweise bei der Logoentwicklung. Sinnvoll ist es, diese Methode in Gruppen durchzuführen, sie funktioniert aber auch allein.
+ **Osborn-Checkliste:** Alex Osborn von der berühmten Werbeagentur BBDO hat bereits 1957 eine Technik entwickelt, mit der Sie schon vorhandene Ideen, Produkte und Prozesse weiterentwickeln können. Anhand einer Checkliste geht man die Ideen durch und sucht nach neuen Lösungsansätzen. Dabei helfen verschiedene Fragen: Wie kann man die Idee anders nutzen/formulieren? Wie kann man die Idee anpassen, verändern, vergrößern, verkleinern, ersetzen, umstellen, umkehren, kombinieren und transformieren?

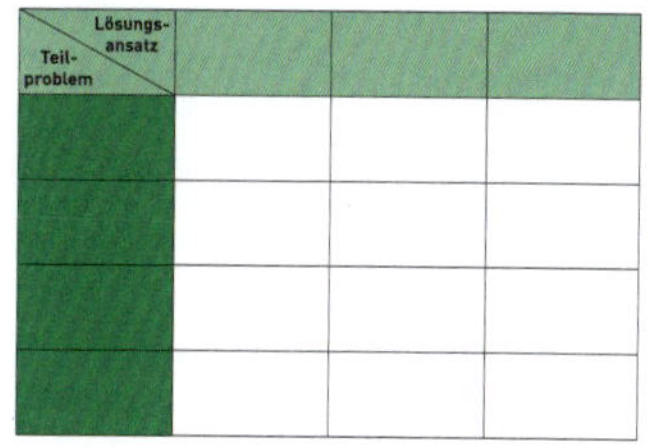

Abbildung 8.3: Morphologische Matrix – Vorlage

Bewertung

Nach der Ideenfindung gilt es, das gesammelte Material zu strukturieren und auf den Punkt zu bringen. In der Bewertungsphase geht es nicht mehr um Quantität, sondern um Qualität. Die Ideen werden geprüft: Welche Ideen können umgesetzt werden, weiterentwickelt werden? Die Ideen können in dieser Phase auch visualisiert, gescribbelt und skizziert werden; so lässt sich die Umsetzbarkeit bereits in dieser Phase prüfen.

Konzept

Die Ergebnisse dieser Phase werden mit den Kommunikationszielen zu einem schlüssigen Konzept zusammengefasst.

Gestaltung, die ein bestimmtes Konzept verfolgt, wirkt schlüssig, ist erklärbar und vermittelt Professionalität. Da scheint sich jemand Gedanken gemacht zu haben. Dies wird honoriert und sorgt für Interesse bei Menschen, die das Design betrachten, und wenn wir an etwas interessiert sind, dann setzen wir uns intensiver damit auseinander. Jedes Konzept sollte eine Idee beinhalten, die das Ganze trägt (»Konzeptidee«), ein roter Faden, der sich durch die Gestaltung zieht. Die Konzeptidee sollte einfach zu erfassen und vor allem neuartig sein. Falls etwas schon in ähnlicher Form existiert, schmälert dies das Alleinstellungsmerkmal.

Dies kann eine bestimmte Tonalität sein, ein ungewöhnliches Format, illustrative Elemente oder auch Zusatznutzen wie Druckveredelung; ein individualisiertes Anschreiben oder andere Response-Elemente können ebenfalls Teil des Konzepts sein. Überprüfen Sie immer wieder selbst, ob das Konzept verständlich ist und ob die grundlegenden Briefingfragen beantwortet werden. Die besten Konzepte sind die, die Sie in einem Satz formulieren können. Eine Idee, die lang und breit erläutert werden muss, ist zum Scheitern verurteilt.

Moodboards

Ein Moodboard, auf Deutsch »Stimmungsbild«, hilft dabei, dem Kunden oder der Kundin den Stil und die Emotionen eines Konzepts einfacher zu transportieren. Es besteht aus einer Kollage von unterschiedlichen Elementen, die ein Gesamtbild erzeugen, das das Konzept widerspiegelt. Gerade im Bereich der Fotografie kann ein Moodboard bereits vor dem kostspieligen Fotoshooting vermitteln, welchen Look und welche Ästhetik die später produzierten Fotos haben werden. Aber neben Fotos können auch andere Elemente Platz auf einem Moodboard finden, beispielsweise Grafiken/Illustrationen, Farben, Muster oder Schriften.

8.2.6 Phase 6: Entwurf

Die ersten Entwürfe für die Präsentation können sehr unterschiedlich sein, abhängig vom Endprodukt, aber auch unter Berücksichtigung der Erwartungshaltung des beauftragenden Unternehmens.

Skizzen

Skizzen sind eine erste, grobe Idee des späteren Layouts. Sie dienen während der Ideenfindung dazu, schnell und flexibel zu testen, in welche Richtung sich das Layout entwickeln könnte. Sie dienen eigentlich nicht zur Präsentation bei den Verantwortlichen auf Kundenseite, sondern eher als Basis für die erste grobe Layoutentwicklung. Bei der Gestaltung von Logos können Skizzen allerdings bereits mit dem Kunden oder der Kundin abgestimmt werden, da hier die Grundform schon einen sehr wichtigen Aspekt ausmacht.

Scribbles

Scribbles sind Verfeinerungen der ersten Skizzen. Bei Endprodukten, die aus mehreren Bildern bestehen, wie beispielsweise Werbespots, ist es üblich, dass ein Illustrator oder eine Illustratorin den Werbespot in einigen Scribbles zeichnet, um den Ablauf mit dem beauftragenden Unternehmen abzustimmen. Bei Anzeigen, die nur aus einem Motiv bestehen, ist ein Scribble für Kundenanforderungen jedoch meist zu unkonkret. Hier bedarf es etwas detaillierterer Ausarbeitung.

Groblayout

Gegenüber einem Feinlayout ist ein Groblayout erstmal nur eine erste Visualisierung, wie ein Konzept am Ende aussehen kann. Allerdings wird das Groblayout meist bereits in einem Grafikprogramm wie beispielsweise Adobe InDesign angelegt. Es ist noch ein ganz grober Aufriss, allerdings lässt sich bereits gut erkennen, in welche Richtung das Konzept geht. Heutzutage werden meist bereits Groblayouts des Konzepts präsentiert, um eine Freigabe durch die Kundin oder den Kunden zu erhalten.

8.2.7 Phase 7: Präsentation

Der große Tag ist gekommen, die Präsentation steht an. Um mit der Präsentation wirklich überzeugen zu können, muss sie sehr gut vorbereitet werden. Stellen Sie sich im Vorhinein folgende Fragen:

+ Wer sind die Teilnehmenden?
+ Wo findet die Präsentation statt?
+ Wie viel Zeit ist eingeplant?
+ Wie wird die Präsentation ablaufen?
+ Welche Technik soll angewandt werden?
+ Was ist meine Aussage?

Sicherlich sind Sie vor einem solchen Vortrag nervös. Das beste Mittel, die Nervosität so gering wie möglich zu halten, ist, alle Inhalte sehr gut

> **Programme für Präsentationen**
> Neben PowerPoint bieten sich noch Prezi, Google Drive oder auch eine PDF-Präsentation, erstellt aus InDesign, an.

vorzubereiten und die Präsentation mehrmals, auch vor anderen, zu proben. Wenn Sie dann noch einige Verhaltensregeln beachten, wird die Präsentation zu einem Erfolg werden:

+ aufrechte Haltung
+ Blickkontakt mit dem Publikum
+ dem Publikum zuwenden
+ lebendige Mimik und Gestik
+ Lächeln nicht vergessen

Das Wichtigste, um eine überzeugende Präsentation zu halten, ist die Struktur des Vortrags. Es sollte für die Zuhörenden immer ein roter Faden, ein Hauptthema, erkennbar bleiben. Folgender Ablauf der Präsentation ist sinnvoll:

1. Begrüßung
2. Einleitung: Aufgabenstellung wiederholen, Aufbau der Präsentation und Ziel erläutern, Analyse der Ausgangssituation geben, das Publikum mitreißen
3. Hauptteil: Entwicklung der Gestaltungsidee wiederholen, Weg zum finalen Werk erzählen, Präsentation der Ergebnisse
4. Abschluss: Zusammenfassung, eventuell Aufgaben verteilen, Diskussionsrunde, Verabschiedung

KISS

»Keep it short and simple« ist ein guter Rat für Präsentationsfolien: kurzer Text, klare Gliederung, gute Überschriften, große, gut lesbare Schrift, gute Textgestaltung, Interesse wecken durch Bilder.

Präsentationstechniken

Heutzutage finden die meisten Präsentationen digital statt, ob vor Ort oder in einem Video-Call: Das Präsentationsmedium ist fast immer ein Bildschirm oder ein Beamer. Daher ist es wichtig, die technischen Voraussetzungen vorab zu klären. Ein Bild sieht am eigenen Laptop-Bildschirm möglicherweise völlig anders aus als auf dem Beamer im Konferenzraum des Unternehmens. Bei wichtigen Projekten kann es daher von Vorteil sein, den eigenen Beamer oder Kontraktproofs mitzunehmen, um die Farben wirklich so zu zeigen, wie sie am Ende sein sollen.

Fragen

Außerdem sollte vor jeder Präsentation abgestimmt werden, ob während oder nach der Präsentation Fragen gestellt werden sollen. Bei langen Präsentationen bietet es sich an, nach jedem Kapitel oder Abschnitt Zeit für Rückfragen einzuplanen.

Bei zahlenintensiven Präsentationen kann es auch hilfreich sein, den Beteiligten die Präsentation vorab zu schicken, damit diese sich mit dem Inhalt vertraut machen können. Bei der Präsentation eines neuen Designkonzepts sollte dies allerdings nicht geschehen, um den Überraschungsmoment für die Präsentation zu nutzen.

Am Anfang einer jeden Präsentation sollte kurz erläutert werden, wo das Projekt gerade steht und was das Ziel (Feedback oder Freigabe) des jeweiligen Termins ist. Um die Informationen effektiv zu vermitteln, gibt es verschiedene Methoden. Hier ein paar Beispiele:

1. **Storytelling:** Das Konzept wird in Form einer Geschichte erzählt, in der beispielsweise die Probleme der Zielgruppe sowie die jeweiligen Lösungen für diese Probleme anhand einer Geschichte mit Einleitung, Höhepunkt und Schluss erzählt werden. Dadurch wird die Präsentation spannend, und die Emotionen des Publikums werden geweckt.

2. **Visualisierung:** Schwierige Sachverhalte werden durch eine gute Visualisierung vereinfacht und sind dadurch leichter zu erfassen. Optische Inhalte lassen sich leichter merken als Text und Zahlen. Auch muss bei einer guten visuellen Aufbereitung weniger erklärt werden, was es einfacher macht, der Präsentation zu folgen.
3. **Interaktivität:** Bei dieser Methode wird das Publikum durch Fragen, Diskussionen oder Umfragen aktiv in die Präsentation mit eingebunden. Dadurch wird die Aufmerksamkeit der Zuhörenden und deren Engagement erhöht. Außerdem identifizieren sie sich so stärker mit dem Ergebnis.

8.2.8 Phase 8: Korrekturphase mit Anpassung und Überarbeitung

Nach der ersten Präsentation erfolgt in den meisten Fällen keine direkte Freigabe, sondern erst einmal das Feedback des Kunden oder der Kundin. Basierend auf diesem Feedback wird dann das Konzept überarbeitet. Diese Überarbeitung kann aus minimalen Anpassungen oder umfangreichen Änderungen bestehen.

Sollte es in diesem Feedback gravierende Abweichungen vom ursprünglichen Briefing geben, kann mit den Verantwortlichen darüber gesprochen werden, diese Anpassungen erneut in Rechnung zu stellen. Ist das Feedback allerdings im Einklang mit dem ursprünglichen Briefing oder beruht auf einem falschen Verständnis in der Gestaltung, so sollte es im Zuge einer normalen Korrekturphase zügig umgesetzt werden.

Im Anschluss erfolgt dann eine zweite Präsentation, in der das überarbeitete Konzept vorgestellt wird. Anschließend wiederholt sich dieser Vorgang bis zur endgültigen Konzeptfreigabe durch das beauftragende Unternehmen.

8.2.9 Phase 9: Layout

Sollte es sich um ein umfangreiches Projekt mit mehreren Medien handeln, kann nun basierend auf dem freigegebenen Konzept die Werbemittelerstellung beginnen. Im besten Fall liegen bereits Groblayouts vor, die den letzten Feinschliff bekommen. So gibt es beispielsweise Outdoor-Plakate im Hoch- und Querformat oder Social-Media-Werbemittel im Verhältnis 16 : 9, 9 : 16 und 1 : 1, die basierend auf dem Konzept detailliert erstellt werden müssen.

In kleinen Projekten, bei denen das Konzept nur ein Werbemittel beinhaltet, das umgesetzt werden muss, ist diese Phase weniger umfangreich, da das freigegebene Groblayout nur noch verfeinert werden muss.

Die einzelnen Werbemittel müssen dann anschließend auch eine Kundenfreigabe erhalten, um in die Reinzeichnung zu kommen. Hier kommt es häufig nicht mehr zu einem Präsentationstermin, sondern zu einer digitalen Abstimmung der Layouts beispielsweise per E-Mail.

8.2.10 Phase 10: Reinzeichnung

Wurde ein Entwurf abgenickt und ist die Layoutphase beendet, findet als Letztes die Reinzeichnung statt. Reinzeichner war früher ein eigener Beruf. Heute machen Mediendesigner und Mediendesignerinnen die Reinzeichnung meistens selbst, nur noch die wenigsten großen Agenturen haben eine separate Abteilung. Die Reinzeichnung (siehe Abschnitt 11.5) ist vergleichbar mit einer visuellen Korrekturstufe. Das Ziel ist es, alle Gestaltungselemente auf ihre korrekte Druckbarkeit hin zu überprüfen: Alle Elemente erhalten ihren finalen Stand, die Bilder werden in der richtigen Auflösung verknüpft, Schriften überprüft, Sonderfarben umgewandelt oder angewendet, Farbprofile überprüft, Beschnittzugaben angelegt, und zum Abschluss wird die druckfertige PDF-Datei erzeugt.

8.2.11 Phase 11: Freigabe

Nach der Reinzeichnungserstellung kann es aufgrund der technischen Gegebenheiten noch zu optischen Abweichungen des Layouts kommen. Auch werden manche Elemente erst in der Reinzeichnung final eingesetzt (beispielsweise Barcodes oder Warnhinweise). Daher wird vor Produktionsbeginn der aktuelle Stand einmal kundenseitig freigegeben.

8.2.12 Phase 12: Produktion: Lieferung an die Druckerei/Erstellung der Website

Nach Freigabe des Druck-PDFs aus der Reinzeichnung oder dem Feinlayout der Website werden die Daten in die Produktion gegeben. Im Falle der Website wird der optische Stand des Layouts nachprogrammiert.

Im Falle von gedruckten Werbemitteln werden die Druckdaten an die Druckerei übergeben. Anschließend prüft die Druckerei die Daten noch einmal in ihrer eigenen Druckvorstufe auf eine technisch korrekte Anlage der Druckdaten hin. Sofern erforderlich, erhält die Druckerei parallel einen Kontraktproof, der als farbliche Referenz für den Druck gilt. Danach werden die Daten auf das Druckmaterial gedruckt und anschließend mit der Farbreferenz verglichen. In manchen Fällen sind Designer oder Designerin, selten sogar Verantwortliche von Kundenseite mit vor Ort, um den Druck zu begutachten und freizugeben.

8.2.13 Phase 13: Projektabschluss: Endabnahme, Rechnungsstellung und Nachbesprechung

Nach Zustellung des Endprodukts (Druck oder Digital) nimmt das beauftragende Unternehmen das Ergebnis final ab. Hier erfolgt eine letzte Prüfung, bevor das Ergebnis zum endgültigen Einsatz kommt. Sollte es beispielsweise während des Drucks zu Fehlern gekommen sein, wird dies hier reklamiert und muss ausgebessert werden. Nach der Endabnahme gilt das Projekt als abgeschlossen.

Nun wird das Projekt abgerechnet. Dies erfolgt normalerweise basierend auf dem Angebot zuzüglich aller Kosten, die nicht im Angebot enthalten waren. Die Rechnung inklusive Zahlungsziel wird dem Unternehmen entweder postalisch oder digital zugestellt.

De-Briefing

Definition De-Briefing
Der Austausch zwischen den beiden Parteien nach Erfüllung des Auftrags.

In manchen Fällen kommt es nach Abschluss des Projekts noch zu einem De-Briefing, auf Deutsch »Nachbesprechung«. Hier wird noch einmal über den Ablauf des Projekts gesprochen: Was lief gut, was lief schlecht und was könnte man beim nächsten Mal verbessern? Auch wenn dieser Termin nur selten stattfindet, ist er doch ein hilfreicher Ansatz, um die Zusammenarbeit für zukünftige Projekte zu verbessern und zu vereinfachen. Das De-Briefing sollte in angenehmer Atmosphäre stattfinden und ohne Vorwürfe mit dem reinen Ziel der Prozessverbesserung. Meist wird das De-Briefing allerdings nur durchgeführt, wenn es während des Projekts zu Problemen kam.

Kapitel 9

Corporate Identity und Corporate Design

Themen des Kapitels:

- *Definitionen*
- *Ziele und Elemente des Corporate Designs*
- *Das Logo*
- *Hintergrundwissen Semiotik*
- *Corporate Fonts und Corporate Colors*
- *Bildsprache und Gestaltungsraster im Corporate Design*
- *Corporate-Design-Manual*

9.1 Grundbegriffe

Corporate Design und Corporate Identity sind zwei Begriffe, die im Umfeld der Markenbildung und im Alltag vieler Gestalterinnen und Gestalter immer wieder auftauchen. Die Begrifflichkeiten in diesem Bereich werden häufig missverstanden, und ein Logo allein beschreibt noch kein Erscheinungsbild und schon gar nicht die Identität eines Unternehmens. Aus diesem Grund werden im Folgenden Begrifflichkeiten, Besonderheiten und Merkmale näher erläutert.

Die **Corporate Identity**, abgekürzt CI, bezeichnet die Identität bzw. Persönlichkeit eines Unternehmens bzw. einer Marke. Dabei geht es um die inhaltlichen Ziele, Werte und den Charakter eines Unternehmens sowie um die Markenstrategie. Die CI spiegelt sich im Verhalten, im Umgang mit Kunden und Kundinnen, in der Tonalität und im Erscheinungsbild (Corporate Design), also sowohl nach innen (z. B. auf Mitarbeitende) als auch nach außen (auf die Zielgruppe) wider.

Info

Der Begriff Corporate Identity tauchte erstmals in den 1970er Jahren auf.

Die Corporate Identity setzt sich aus den folgenden Bereichen zusammen:

1. **Corporate Design** (die visuelle Gestaltung eines Unternehmens)
2. **Corporate Communication** (der Außenauftritt und die Kommunikation nach innen und nach außen, hierzu zählt auch die sogenannte **Corporate Language** mit Tonalität und Stil von Botschaften)
3. **Corporate Behaviour** (das Verhalten gegenüber Mitarbeitenden, Kunden und Kundinnen, Geschäftspartnern und -partnerinnen)
4. **Corporate Philosophy** (das Leitbild)

5. **Corporate Culture** (die gelebten Werte und Einstellungen eines Unternehmens)

Abbildung 9.1: Hauptbestandteile einer Corporate Identity

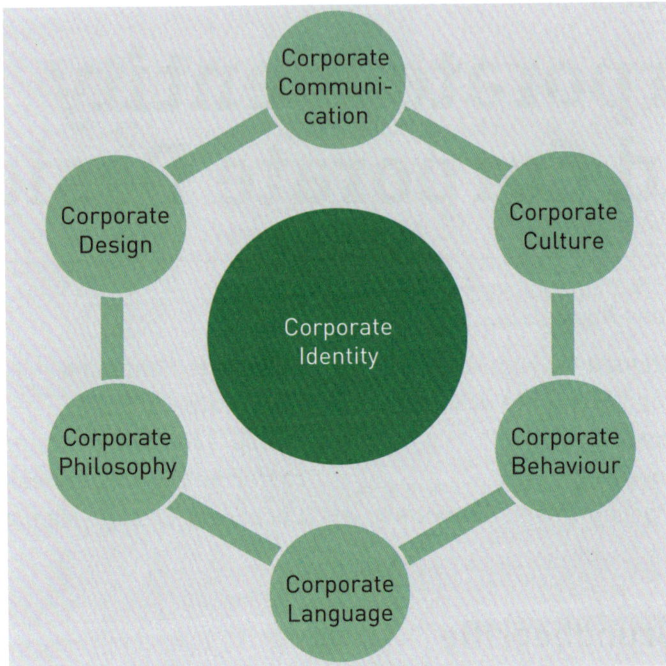

CI in der Geschichte

Mit dem Start der Massenproduktion von Konsumgütern Anfang des 20. Jahrhunderts begannen die Menschen damit, sich vermehrt über Statussymbole zu definieren, und kamen so immer häufiger mit Marken in Berührung. Mittlerweile gab es nicht mehr nur einen Hersteller bestimmter Produkte, sondern Wettbewerb bestimmte den Markt. Um sich von der aufkommenden Konkurrenz abzuheben und um eigene Konsumenten und Konsumentinnen besser an die eigenen Produkte binden zu können, begannen Unternehmen, ihre Güter mit sogenannten Trademarks (Markenzeichen) zu versehen oder auch zu »branden«, wie man auf Neudeutsch sagt, individuell abzupacken und zusätzlich individuelle Werbeaktionen durchzuführen.

Die Zielsetzung einer Corporate Identity ist es, das Selbstbild eines Unternehmens bestmöglich und konsistent in die Außenwahrnehmung (Image) zu transportieren. Ein konsequentes Corporate-Identity-Konzept stärkt die Wiedererkennbarkeit und hilft, das Vertrauen der Zielgruppe zu gewinnen und eine klare Positionierung in der Öffentlichkeit zu erreichen. Als wesentliches Element des Markenmanagements beeinflusst es maßgeblich den Erfolg einer Marke.

Ein weiterer wichtiger Begriff ist die **Brand Identity**. Mit der Zeit hat sich das Branding bzw. die Markenidentität zu einem immer komplexer werdenden Prozess weiterentwickelt und beinhaltet auch die Entwicklung bzw. Führung einer Marke als solches. Sie legt den Schwerpunkt auf die visuellen und verbalen Elemente, die eine Marke einzigartig machen, und bezieht sich auch darauf, herauszuarbeiten, was eine Marke von anderen unterscheidet. Hier wird der Fokus besonders auf die kundenorientierten Aspekte gelegt. Grundsätzlich ist Corporate Identity als Überbegriff zu sehen, der auch die Brand Identity umfasst.

Die Marke (Brand Identity) wird allerdings nicht immer als Teil der Identität des Unternehmens (Corporate Identity) wahrgenommen. Es gibt durchaus Fälle, in denen zwischen einer Brand Identity und einer Corporate Identity unterschieden wird: So etwas geschieht vorwiegend bei Unternehmen, die nicht nur eine, sondern mehrere Marken unterhalten, wie zum Beispiel Global Player wie Nestlé oder Coca-Cola.

9.2 Corporate Design

Das Corporate Design ist das visuelle Erscheinungsbild eines Unternehmens und damit auch die visuelle Umsetzung der Corporate Identity. Das Erscheinungsbild soll einerseits zur eindeutigen Differenzierung gegenüber den Wettbewerbern beitragen und andererseits dafür sorgen, dass Kunden und Kundinnen, Mitarbeitende und Geschäftspartner sich mit dem Unternehmen identifizieren. Eine solche Identifikation fällt sehr viel leichter, wenn ein prägnanter und unverwechselbarer Außenauftritt erkennbar ist. Ein professionelles und homogenes Erscheinungsbild trägt die Unternehmensphilosophie und Haltung nach innen und außen. Es schafft Vertrauen bei der potenziellen Zielgruppe, gibt Orientierung und die Sicherheit, bei der Auswahl von Produkten und Dienstleistungen die richtige Wahl getroffen zu haben.

Corporate Design ist daher keine »schöne Hülle«, sondern ein wichtiger Innovations- und Wettbewerbsfaktor für jedes Unternehmen.

Namensgebung

Die Wortschöpfung »Corporate Design« stammt vom amerikanischen Architekten und Designer Eliot Noyes, der von den Ideen des Bauhauses beeindruckt war.

Peter Behrens

Zwischen 1907 und 1914 führte Peter Behrens für die AEG ein einheitliches Erscheinungsbild ein. Er war Maler, Architekt und Mitbegründer des Deutschen Werkbundes und gilt als Erfinder des Corporate Designs.

Merke: Corporate Identity = beschreibt inhaltlich die Werte, Ziele und Visionen einer Marke/eines Unternehmen; Corporate Design = die visuelle Identität und sichtbarer Ausdruck der Werte und Ziele einer Marke/eines Unternehmens

9.2.1 Ziele eines CDs

Mit einem klaren, konsistenten Corporate Design kann sich eine Marke im Bewusstsein von Menschen verankern und dadurch auch Vorteile für das Unternehmen gegenüber Mitbewerbern erlangen. Die Abgrenzung von der Konkurrenz, die Erhöhung des Bekanntheitsgrades und der Wiedererkennung, Neukundengewinnung – über das Ziel sollten sich zu Beginn eines Corporate-Design-Projekts alle Beteiligten einig sein. Folgende mögliche Ziele von Corporate Design sollten Sie kennen:

+ Steigerung des Bekanntheitsgrades
+ einheitliches Erscheinungsbild
+ hoher Wiedererkennungswert
+ Transport der Unternehmenswerte
+ Ausstrahlung von Professionalität, Qualität und Leistung
+ korrekte Zielgruppenansprache
+ Gewinnung von Kundenvertrauen
+ Abgrenzung von der Konkurrenz
+ Änderung der Preisstruktur
+ Ausweitung des Produkt-/Dienstleistungsportfolios
+ Steigerung des Markenwertes

9.2.2 Elemente und Anwendungen des CDs

Zu den Hauptgestaltungselementen eines Corporate Designs zählen primär:

+ Logo
+ Hausfarben (Corporate Colors)
+ Hausschrift (Corporate Fonts) und weitere Typografie
+ Bildsprache (siehe Abschnitt 9.6)
+ Gestaltungsraster (siehe Abschnitt 9.7)
+ digitale Elemente wie Webseiten, Blogs, Social-Media-Accounts, Newsletter und Apps
+ eventuell auch Icons und Piktogramme

In der Umsetzung werden die Elemente des Corporate Designs (Logo, Corporate Color, Corporate Font usw.) häufig zunächst in einer Standardausstattung umgesetzt, um das Unternehmen in einem ersten Schritt visuell nach außen zu präsentieren: Das können beispielsweise Anwendungen wie Briefbogen, Briefumschlag und Visitenkarten sein. Aber auch digitale Vorlagen für PowerPoint-Präsentationen, E-Mail-Signaturen, Newsletter und vor allem eine professionelle Unternehmenswebsite sind frühe Schritte in der Anwendung des Corporate Designs.

Maximaler Umfang

Der Umfang eines Corporate-Design-Auftritts nimmt über die Zeit meistens zu. Das Ausmaß eines Corporate-Design-Projekts kann bei großen Marken oder Unternehmen bis hin zur Gestaltung von Sounds, Messeständen und Gebäuden reichen.

Folgende Anwendungen kann ein Corporate Design finden:

Zur **Geschäftsausstattung** zählen folgende Einzelanwendungen: Briefpapier und Briefumschläge, Visitenkarten, Karten, Rechnungsbogen, Lieferscheine, Quittungsbogen, Zeugnisse, Firmenstempel, Geschenke, Give-aways.

© Agentur Zeichen & Wunder

Abbildung 9.2: Hier die sehr konsequent gestaltete Geschäftsausstattung der Stadt Ismaning.

Zu den **digitalen Corporate-Design-Anwendungen** zählen:

+ Webseiten, Landingpages, Blogseiten
+ Apps, Buchungsplattformen
+ Social Media (Banner, Posts, Werbeanzeigen etc.)
+ digitale Werbeanzeigen
+ Newsletter
+ Imagefilme
+ Firmenprofile (LinkedIn, YouTube etc.)

+ digitale Boards, Plattformen etc. (zum Beispiel Miro)
+ Animationen

Im **Printbereich** wird Folgendes gestaltet:

+ Flyer, Postkarten
+ Geschäftsberichte, Imagebroschüren
+ Pressemappen
+ Preislisten, Infoblätter
+ Mailings
+ Bücher, Veröffentlichungen
+ Kundenzeitung, Mitarbeitermagazin

Die **Außenwerbung** umfasst Firmenschilder, Firmenfahrzeuge/-transportmittel, Transportverpackungen, Arbeitskleidung, Uniformen, Flaggen, Fahnen, Plakate, Banner, Werbetafeln.

Einen großen Bereich bilden auch **Produktpräsentation** und Verpackung – hier werden Kartons, Etiketten, Anhänger, Blister, Beipackzettel, Displays und Schaufensterpräsentationen gestaltet. Die wichtigsten Anwendungen hier sind Messestand, Leitsystem und Schilder.

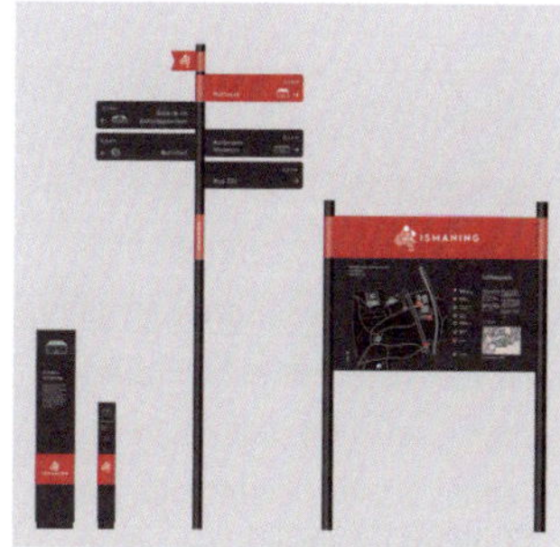

© Agentur Zeichen & Wunder

Abbildung 9.3: Für die Stadt Ismaning wurden auch Wegeleitsysteme gestaltet.

Workshops, Meetings und Präsentationen

Denken Sie auch an den Bereich der Workshops, Meetings und Präsentationen: Templates, Handouts, Workbooks, Diagramme und Infografiken, Teilnahmebestätigung, Zertifikat, Urkunde.

9.2.3 Der Projektablauf

Das Vorgehen beim Aufsetzen eines Corporate Designs ähnelt im Grunde jedem anderen größeren Designprojekt auch. Wichtig zu bedenken: Früher wurde in jedem CD-Projekt zunächst der Printbereich bedacht, heute liegt der Fokus häufig von vornherein auf der digitalen Umsetzung des Corporate Designs. Die Phasen sind:

+ Phase 1: Briefing und Rebriefing
+ Phase 2: Analysephase (Zielgruppe, Konkurrenz, Kommunikationskanäle, Trends ...)
+ Phase 3: Entwurfsphase: Ideensammlung, Ausarbeitung einer Idee, Rückmeldung und Präsentation vor dem beauftragenden Unternehmen
+ Phase 4: Gestaltungsphase: Anwendung des Corporate Designs und Adaption auf unterschiedliche Anwendungen wie Websites, Broschüren, Intranet, Unternehmensprofile, Veranstaltungen, Videos ...
+ Phase 5: CD-Manual erstellen

Mehr Informationen zum Projektablauf finden Sie in Kapitel 8.

Formate und Dateitypen

Denken Sie daran, das Logo in verschiedenen Dateiformaten bereitzustellen (Vektorgrafiken für Druck; PNG, JPEG oder WebP für Web).

9.3 Das Logo

Das Logo gilt allgemein als das Fundament des Erscheinungsbildes jedes Unternehmens und sollte deutlich Bezug auf den Rest der Gestaltung nehmen. Es repräsentiert in verdichteter Form die Identität. Natürlich muss ein Logo nicht unbedingt zuerst gestaltet werden, oft werden auch zuerst grundlegende Elemente wie Hausfarbe und Hausschrift konzipiert, aber das Logo bleibt dennoch ein zentraler Bestandteil.

Logo kurzgefasst

+ Visualisiert Kultur, Ziele und Image eines Unternehmens.
+ Visitenkarte eines Unternehmens.

9.3.1 Arten von Logos

Logo ist nicht gleich Logo: Besteht ein Firmenzeichen lediglich aus Schrift, so nennt man es Wortmarke. Besteht das Firmenzeichen nur aus einem Bild, bezeichnet man es als Bildmarke. Werden Text und Bild kombiniert (was häufig vorkommt), nennt man es Wort-Bild-Marke.

+ Die **Wortmarke** ist ein rein typografischer Entwurf, der meist Eigenheiten einer Schrift als individuelles Wiedererkennungsmerkmal stilisiert. Dabei kann der Einsatz von Schriften mit auffälligen Buchstabenformen hilfreich sein.

Abbildung 9.4: Wortmarken

+ Die **Bildmarke** besteht ausschließlich aus grafischen Gestaltungselementen und kann eine naturalistische oder abstrakte Darstellung sein. Idealerweise ist das Bildzeichen so prägnant, dass es ohne Text funktioniert.

Abbildung 9.5: Bildmarken

+ Die meisten Logos sind als **Wort-Bild-Marken** konzipiert, bei denen der Firmenname mit einem Bildzeichen gekoppelt wird. Die Grenzen zwischen Bildmarke, Wortmarke und Wort-Bild-Marke verlaufen fließend und können in unterschiedlichen Kombinationen auftreten.

Abbildung 9.6: Wort-Bild-Marken

Logos und Signets

Das ursprünglich erste grafische Zeichen, das aus heutiger Sicht als Logo angesehen werden kann, war das sogenannte Signet (»signum« = Zeichen). Das Signet stammt aus den Zeiten des klassischen Buchdrucks und wurde von Verlagen zur Kennzeichnung von Büchern verwendet. Signets besaßen keinen typografischen Zusatz, sondern waren reine Bildzeichen, deren Wurzeln in der Heraldik (Wappenkunde) wiederzufinden sind.

Logo für Profilbilder

Problematisch sind beim Einsatz von Logos im Bereich Social Media extrem rechteckige Logos, da diese in jedem Fall herunterskaliert werden müssen, damit sie den quadratischen Ansprüchen genügen – oder das Unternehmen benötigt ein konzeptionell neu durchdachtes Logodesign, das alle Anforderungen eines Logos im digitalen Zeitalter erfüllt. Ein sehr gutes Beispiel ist das Logo von Heidelberger Druckmaschinen.

Abbildung 9.7: Das Logo funktioniert als Schriftzug und als Brand Icon.

9.3.2 Was macht ein gutes Logo aus?

Ein Logo muss heutzutage auch mit Anwendungen kompatibel sein, von denen wir zum Zeitpunkt der Umsetzung nicht wissen, wie sie aussehen werden. Ein Beispiel dafür ist der Einsatzbereich Social Media: Oft wird mittlerweile eine quadratische Grundform des Logos gefordert, damit es sich als Profilbild der bekannten Plattformen einsetzen lässt.

Aber nicht nur die Sehgewohnheiten ändern sich, unaufhaltsam erweitern sich auch die Plattformen, auf denen sich Unternehmen präsentieren müssen. Auch die Unternehmen selbst verändern sich: Sie wachsen, verkleinern sich, erweitern ihre Geschäftsfelder usw. Corporate Design ist ein unaufhörlicher Prozess, der nie zu Ende geht. Das Logo sollte als Konstante im sich wandelnden Gesamtpaket des Erscheinungsbildes funktionieren. Aus diesem Grund sollte man diesen Prozess der Veränderung – soweit möglich – bereits bei der Gestaltung berücksichtigen. Ein Logo sollte aus all diesen Gründen folgende Eigenschaften aufweisen:

+ Es repräsentiert die Identität eines Unternehmens in einfachster visueller Form.
+ Es ist erkennbar, einprägsam und unverwechselbar.
+ Es verliert auch einfarbig nicht seine visuelle Wirkung.
+ Es ist in allen Formaten und Medien umsetzbar, von analog (gedruckt, gestickt, gestempelt usw.) bis digital (responsiv, als Signatur usw.).
+ Es funktioniert in allen Größen und positiv wie negativ.
+ Es ist langlebig und zeitlos.
+ Es beinhaltet eine nachvollziehbare Idee.

Das Logo präsentiert und repräsentiert zugleich: Wer öffentlich sichtbar ist, sollte erstens gewährleisten, dass das Logo von der potenziellen Zielgruppe ohne Probleme wiedererkannt wird und einprägsam ist, und zweitens, dass die Werte des Unternehmens verdeutlicht werden und sich die Mitarbeitenden mit dem Logo identifizieren können.

Vorwärts und rückwärts

Die in einem Zeichen oder einer Wortmarke dargestellte Bewegung von links nach rechts wird in aller Regel als positiv wahrgenommen. Das bedeutet nicht, dass eine Bewegung nach links zwangsläufig als negativ betrachtet wird. Diesen Aspekt sollten Sie bei der Logogestaltung dennoch im Hinterkopf behalten.

9.3.3 Anordnungsprinzipien für Logos

Im Folgenden werden Anordnungsprinzipien der Gestaltung von Wort-Bild-Marken näher erläutert.

+ **Lokprinzip:** Die Bildmarke steht vor der Wortmarke. Diese Anordnung ist bei den meisten Logos zu beobachten.
+ **Schubprinzip:** Die Bildmarke steht hinter der Wortmarke. Hierbei ist darauf zu achten, dass die Wortmarke eine Verbindung zur Bildmarke aufnimmt. In diesem Fall ist die Wortmarke rechtsbündig als Block ausgerichtet und wird optisch vom horizontalen Balken der Bildmarke aufgefangen.
+ **Starprinzip:** Das Starprinzip ist in letzter Zeit vor allem bei Logos im Fashion- oder auch Luxusbereich anzutreffen. Dabei steht die Bildmarke oberhalb der Wortmarke. Der Mittelsatz lässt die Bildmarke förmlich auf der Wortmarke thronen. Problematisch kann die Platzierung eines mittelachsigen Logos auf Print- und Geschäftsausstattung sein, da von ungeübten Gestaltern und Gestalterinnen hierbei alles auf Mittelsatz gesetzt wird, was schnell statisch und langweilig wirken kann.
+ **Ankerprinzip:** Dasselbe gilt für das Ankerprinzip, bei dem die Bildmarke unterhalb der Wortmarke steht. Der Mittelsatz wirkt statisch und richtungslos. Die Bildmarke sollte außerdem so beschaffen sein, dass diese nicht von der Wortmarke erdrückt wird.
+ **Triebwagenprinzip:** Hier steht die Bildmarke zwischen der Wortmarke. Dabei sollten beide Wörter möglichst gleich lang sein, damit das Logo nicht aus dem Gleichgewicht gerät.
+ **Inselprinzip:** Wort- und Bildmarke stehen optisch getrennt voneinander.

Abbildung 9.8: Anordnungsprinzipien am Beispiel eines imaginären Logos

9.3.4 Der Projektablauf

Die Arbeit beginnt mit der Erstellung eines Briefings und Re-Briefings; anschließend gibt es ein Brainstorming von Begriffen und Attributen, die versinnbildlichend für das Unternehmen stehen könnten. Idealerweise geschieht dies bei einem Workshop mit Vertretern und Vertreterinnen des Unternehmens, schließlich kennen diese ihr Unternehmen am besten.

Im Anschluss folgen schnelle Scribbles von Hand, die das Tun des Unternehmens oder bestimmte Assoziationen visualisieren. Aber auch eine Herangehensweise über den Namen ist denkbar. Vielleicht versteckt sich eine interessante typografische Umsetzung zwischen den Buchstaben, die man zum prägnanten Alleinstellungsmerkmal herausarbeiten kann?

Natürlich darf eine Marktrecherche nicht fehlen, um zu schauen, wie sich die Konkurrenz darstellt. Es ist wichtig, zu wissen, welche Logos in der Branche bereits existieren und geschützt sind, um hier markenrechtlich nicht in Konflikt mit der Konkurrenz zu geraten. Meistens wird die Marktrecherche zu Beginn der Arbeit an einem Logo durchgeführt, manche verschieben die Marktrecherche allerdings auch auf einen späteren Zeitpunkt, um möglichst freie Visualisierungen machen zu können und die Assoziationskette nicht schon ganz am Anfang zu durchbrechen.

Claim

Eng mit dem Logo verbunden ist der Claim. Der Claim ist eine zusätzliche Aussage zum Logo, die das Markenversprechen kurz und prägnant wiedergeben soll. Durch einen Claim bleibt die Marke länger im Gedächtnis und erleichtert die Merkfähigkeit für die Kundinnen und Kunden. Bekannte Claims sind *Wir lieben Lebensmittel* von Edeka oder *Freude am Fahren* von BMW. Einen Claim zu formulieren ist meist keine Aufgabe im Design, sondern im Copyrighting, oder er wird im Rahmen des Markenversprechens auf Unternehmensseite mit entwickelt.

9.3.5 Gestaltung von Logos

Bei der Logogestaltung müssen Form, Farbe und Schrift beachtet werden.

Form

Die Form des Logos sollte zunächst im Vordergrund stehen. Wichtige Fragen in diesem Zusammenhang: Ist die Form aussagekräftig und eigenständig genug, ist sie auch schützenswert und unterstreicht sie das Alleinstellungsmerkmal eines Unternehmens? Als Formen bieten sich natürlich die Grundformen Rechteck bzw. Quadrat, Kreis oder Ellipse, Dreieck, Stern, Kreuz, aber auch amorphe Formen an. Klassische Formen lassen sich auch »sprengen«, indem Elemente über den Formbereich hinausragen. Bedenken Sie bei der Auswahl der Form folgende Tipps:

+ Denken Sie daran: Symmetrie erzeugt generell Ruhe, Asymmetrie erzeugt eher Spannung.
+ Ungewöhnliche Formen und Proportionen steigern die Aufmerksamkeit.
+ Gedrehte Elemente sorgen für Bewegung.

Probieren Sie Varianten aus, indem Sie die Form des Logos in einen Zusammenhang mit Inhalt und Aussage des Unternehmens setzen.

Deutsche Post

BMW

ARAL

Abbildung 9.9: Logoformen am Beispiel

Farbe im Logo

Bei der Gestaltung der Farbe geht es vor allem darum, in welcher Farbwelt sich Logo und weitere Corporate-Design-Elemente abspielen. Die Auswahl der richtigen Farbe sollte sich darum drehen, ob sich die Zielgruppe von der Farbwahl angesprochen fühlt und ob sie diese mit dem Produkt in Verbindung bringen wird.

Meist beschränken sich die großen Unternehmen auf ein oder zwei Primärfarben als Hausfarbe, allen voran Blau als Liebling unter den Logofarben, gefolgt von Schwarz bzw. Grautönen; dann kommen Rot, Gelb, Orange, Grün und Lila. 64 % der Global Player verwenden nur eine Farbe, nur noch 30 % verwenden zwei Farben, und weniger als 6 % verwenden mehr als zwei Farben in ihrem Logo. Diese Statistik hat viel mit der Psychologie von Farben zu tun, und diesbezüglich strahlt Blau für die meisten Kundinnen und Kunden Seriosität und Sicherheit aus, wohingegen alles, was zu bunt und schrill daherkommt, unseriös auf die Zielgruppe wirkt. Wer also ein Logo entwickelt, sollte über die Wirkung der Farben Bescheid wissen (siehe Abschnitt 4.2.3).

Abbildung 9.10: Bunt, aber dennoch harmonisch, da die Farben gut aufeinander abgestimmt sind. Kunde: Praxis Kluterthöhle; Agentur: Weissheiten Design

Schrift im Logo

Für Schriften, die für ein Logo in Frage kommen, gelten dieselben Kriterien wie bei der Schriftwahl an sich. Wie bei allen Printerzeugnissen muss die Schrift zum Inhalt passen. Serifenschriften zum Beispiel besitzen eher eine klassische Ausstrahlung, die man sich gut für das Logo einer Anwaltskanzlei vorstellen kann. Serifenlose Schriften dagegen wirken modern und eignen sich zum Beispiel für Technikunternehmen. Hierbei muss weiter unterschieden werden zwischen Strichstärken, Buchstabenformen, kurz dem Charakter einer Schrift. Weitere Punkte, die bei der Wahl der Logoschrift eine Rolle spielen:

+ Passt die Schrift zu den Werten des Unternehmens und zu dessen Produkten?
+ Ist die Schrift gut lesbar?
+ Hebt sich die Schrift deutlich von der Schrift der Konkurrenzunternehmen ab?
+ Lässt sich die im Logo verwendete Schrift auch als Hausschrift einsetzen?
+ Lässt sich die Schrift gut mit zusätzlichen Schriften kombinieren?
+ Ist die Schrift eher modern oder klassisch, eher fein oder grob, eher konstruiert oder gezeichnet? Charakter der Schrift beachten!

Abbildung 9.11: Dieses Bürocenter zeigt sich in einem klassischen Dunkelblau und mit einer sachlichen Groteskschrift. Kunde: Nienhaus Bürocenter GmbH; Agentur: Weissheiten Design

Abbildung 9.12: In diesem Logo geht es um Sprache, der Verweis zu Antiqua und Grotesk ist somit gut gewählt. Kunde: Sprachgefühle, Dr. Ingo Piel; Agentur: Weissheiten Design

Auf klare Strukturen achten

Ein Logo mit klaren Linien und Formen ist einfacher zu reproduzieren. Zu viele Details können in kleinen Anwendungen verloren gehen oder zu Unschärfen führen.

Pantone oder HKS

Die bekanntesten Anbieter von Sonderfarben für den Druck sind PANTONE und HKS. Der Unterschied zwischen HKS und PANTONE besteht darin, dass HKS nur als fertige Farbe vom Hersteller verkauft wird, wohingegen PANTONE auch das Anmischen der Druckfarbe nach Rezepten und mit Pulvern des Herstellers zulässt. Dadurch hat sich PANTONE weltweit zwar stark verbreitet, unterliegt aber aufgrund der individuellen Anmischung höheren Farbschwankungen als HKS. Siehe hierzu auch Abschnitt 11.3.

Beispiel Telekom

Die Deutsche Telekom AG hat sich beispielsweise die Farbe Magenta als Farbmarke registriert und dadurch die Nutzung dieser Farbe für andere Unternehmen verboten. Dies war produktionstechnisch ein raffinierter Schachzug, da diese Farbe günstiger und farbkonstanter in der Produktion ist als beispielsweise eine Sonderfarbe.

Kosten im Blick behalten

Beim Einsatz von mehr als zwei Farben sollte man außerdem bedenken, dass in der Umsetzung ein Druck mit Sonderfarben (siehe Abschnitt 11.3) sehr kostenintensiv wird.

Reproduzierbarkeit

Die Reproduzierbarkeit von Logos ist ein entscheidender Aspekt bei ihrer Gestaltung. Wie schon gesehen, muss ein erfolgreiches Logo in verschiedenen Medien und Größen konsistent und klar dargestellt werden können, um eine konsistente Markenidentität zu gewährleisten. Dabei ergeben sich im Zusammenspiel von Print und digitaler Anwendung häufig Probleme.

Immer stärker muss beim Erstellen von digitalen Logos auf die Farbverbindlichkeit geachtet werden. Der digitale Farbraum RGB ist deutlich größer als der Vierfarbdruck-Farbraum CMYK. Dadurch ergeben sich neue Möglichkeiten, aber auch Fehlerquellen. Werden Farben für ein Logo beispielsweise *digital-first* entwickelt – also mit primärem Fokus auf den Einsatz im digitalen Bereich –, können knallige und auffällige Farben definiert werden, die dann aber im Druck selbst mit Sonderfarben so nicht umsetzbar sind. Es ist also wichtig, bereits vor der Definition der Logofarben festzulegen, auf welchem Medium das Logo primär eingesetzt wird. Meist ist eine Hybridlösung für Print und digital der beste Ansatz. Hierbei gilt es zu beachten, Bildschirmfarben so zu wählen, dass sie auch noch ansatzweise im Vierfarbdruck umsetzbar sind und wiedererkannt werden können.

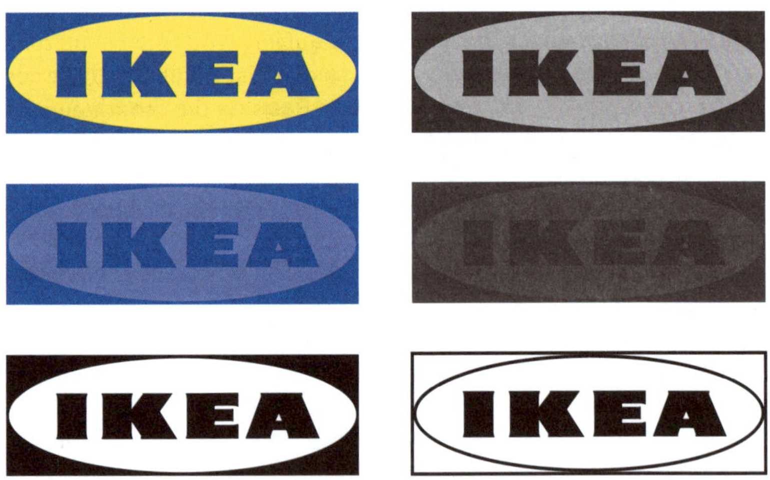

Abbildung 9.13: Ist der Kontrast zwischen den Farben nicht hoch genug, lassen sich die Tonwerte in der Graustufen-Variante kaum noch unterscheiden. In diesem Fall muss ein alternatives Logo in Schwarz-Weiß bzw. als Outline entwickelt werden.

Darüber hinaus muss berücksichtigt werden, dass es Anwendungen geben wird, in denen ein Logo nicht im Vierfarbmodus dargestellt werden kann und einfarbig reproduziert werden muss, wie zum Beispiel in einer Tageszeitung. Für diesen Fall sollte von jedem Logo eine aussagekräftige Graustufen- bzw. Schwarz-Weiß-Variante existieren. Und mit aussagekräftig ist eine eindeutige Unterscheidung der Graustufen mit ausreichendem Kontrast zueinander gemeint. Ist dies nicht der Fall, muss ein Alternativlogo entwickelt werden.

Im Printbereich ist besonders bei Verpackungen unter Verwendung des Druckverfahrens Flexodruck darauf zu achten, dass das Logo nur in einer Farbe vorliegt, da hier nur sehr grob ohne Rasterung gedruckt werden kann. Dies kann Schwarz, Weiß oder eine Sonderfarbe, alternativ aber auch eine der Basis-Druckfarben sein.

Der Vorteil von Sonderfarben (englisch »spot colors«) besteht darin, dass mit ihnen auch Farben gedruckt werden können, die im Vierfarbdruck nicht umsetzbar sind. Dadurch können sie besonders gegenüber anderen Druckfarben hervorstechen. Außerdem unterliegen sie nicht so großen Farbschwankungen, da sie nicht aufgerastert werden, sondern aus einem Vollton bestehen.

3D im Logo

Räumliche Anmutungen im Logo werden meistens nicht mit 3D-Programmen, sondern durch gestalterische Kniffe erzeugt. Zu den wichtigsten Elementen, die einen 3D-Effekt erzeugen, zählen dabei Schatten, Farbverläufe, Überlagerungen oder die Perspektive. Bedenken Sie aber, diese Elemente mit Maß einzusetzen, um die Reproduzierbarkeit und die Lesbarkeit des Logos nicht zu gefährden.

Schutzzonen

Damit ein Logo seine Wirkung auch voll entfalten kann, sollte um das Logo herum ein angemessener Freiraum (englisch »clear space«) durch eine sogenannte Schutzzone definiert werden. Diese Schutzzone ergibt sich meist entweder durch ein grafisches Element im Logo selbst oder durch eine mathematische Formel bezogen auf das Logo.

Bei der ersten Herangehensweise wird ein grafisches Element aus dem Logo herausgepickt, und basierend auf ihm wird eine Schutzzone definiert. Beim Logo von Pepsi wird beispielsweise durch die Breite des Buchstabens »E« des Wortes »Pepsi« die Basis für die Schutzzone um das Logo herum definiert. Innerhalb dieses nicht sichtbaren Schutzwalls dürfen keine Inhalte des zugehörigen Werbemittels stehen.

Abbildung 9.14: Schutzzone des Logos der Marke Pepsi

Der andere Ansatz ist eine mathematische Formel, die die Schutzzone festlegt. Bei dem 1972 von Anton Stankowski gestalteten Logo der Deutschen Bank wird beispielsweise 50 % der Breite des Logos als Schutzzone um alle Seiten herum definiert. Man teilt hier das Logo in der Mitte und legt diese Fläche dann der Breite nach an alle Außenseiten des Logos. Diese Bereiche dürfen später im Endprodukt natürlich nicht zu sehen sein.

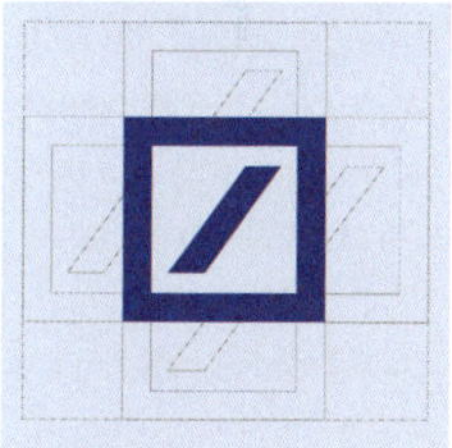

Abbildung 9.15: Schutzzone des Logos der Deutschen Bank

Schutzzonen sind wichtig, damit das Logo die nötige Autorität bekommt und aus dem Inhalt herausstechen kann. Hintergrundfarben sowie unkonkrete Hintergründe können sich natürlich auch in der Schutzzone des Logos befinden.

9.3.6 Schutzrechte für ein Logo

Das Urheberrecht eines Logos liegt immer beim Designer oder bei der Designerin selbst.

Allerdings können Sie, wenn Sie die Verwendungsrechte eines Logos besitzen, zusätzliche Schutzmaßnahmen ergreifen, indem Sie das Logo markenrechtlich schützen. Hierfür gibt es in Deutschland eine Datenbank, die man kostenlos einsehen kann. Die Hauptgründe für eine Eintragung sind:

Urheberrechtsbeweis

Es gibt in Deutschland keine Datenbank für das Urheberrecht. Sollte es daher zu einem Streit über das Urheberrecht kommen, ist dieser sehr individuell vor Gericht auszutragen. Als Beweise für den Besitz des Urheberrechts sind beispielsweise die Bearbeitungsdateien eines Logos inklusive Zeitstempel möglich.

Markenregister

Die kostenlose Datenbank zur Recherche von Marken, die möglicherweise geschützt sind, wird vom Deutschen Patent- wund Markenamt (DPMA) zur Verfügung gestellt und befindet sich unter folgender Webadresse: *https://register.dpma.de/DPMAregister/marke/uebersicht*

1. **Markenschutz:** Durch das Anmelden der Marke entsteht rechtlicher Schutz davor, dass andere Unternehmen das identische oder ein sehr ähnliches Logo in den geschützten Branchen verwenden. Dadurch besteht für Kunden und Kundinnen der Marke keine Verwechslungsgefahr.
2. **Vermögenswert:** Eine erfolgreiche Marke mit einem Logo mit hoher Wiedererkennung verleiht der Besitzerin oder dem Besitzer der Verwendungsrechte des Logos auch einen Vermögenswert.
3. **Lizenzierungsmöglichkeiten:** Durch den Besitz der exklusiven Verwendungsrechte eines Logos eröffnet sich auch die Möglichkeit, die Verwendung des Logos an Dritte kostenpflichtig zu lizenzieren.

Der Markenschutz erfolgt in Deutschland durch das *Deutsche Patent- und Markenamt (DPMA)*. Ein Schutz kann national oder international erfolgen und muss alle zehn Jahre erneuert werden. Aufgrund der komplexen Beantragung empfiehlt es sich, dies durch eine auf Markenrecht spezialisierte Anwaltskanzlei durchführen zu lassen. Die Anmeldung kann allerdings rechtlich von jedem vorgenommen werden.

Checkliste | **Logos**

+ Das Logo soll zum Unternehmen passen.
+ Das Logo soll einzigartig und unverwechselbar sein.
+ Das Logo soll einfach sein.
+ Das Logo soll ästhetisch ansprechend sein.
+ Das Logo soll auch in einer Farbe reproduzierbar sein.
+ Das Logo soll auch als kleines Format funktionieren.
+ Das Logo soll die Zielgruppe emotional ansprechen.
+ Das Logo muss für alle Anwendungen problemlos darstellbar sein, auch für zukünftige Anwendungen, die bislang noch unbekannt sind.
+ Das Logo muss als Teil eines Gestaltungskonzepts funktionieren.
+ Das Logo soll eine nachvollziehbare Idee beinhalten.

9.3.7 Hintergrundwissen: Zeichen und semiotische Analyse

Wortherkunft

Altgriechisch »Semeion« bedeutet »Zeichen«

Im Zusammenhang mit Logos und generell der visuellen Sprache der Gestaltung ist auch immer wieder von Semiotik bzw. semiotischer Analyse die Rede. Die Semiotik ist die Lehre von den Zeichen. Sie analysiert die Zeichen hinsichtlich ihrer Form, Bedeutung und Wirkung.

Eigentlich sind die meisten Dinge, die wir wahrnehmen, Zeichen. Zeichen sind Träger einer bestimmten Information. Sie finden sich in verschiedensten Bereichen. Es müssen nicht immer grafische Zeichen sein, denn selbst Schrift, Sprachen, Bilder, Gesten und Verhalten können Zeichen sein. Zeichen sind aber immer Träger einer Information!

Drei Zeichenkategorien

Zeichen an sich lassen sich (nach Charles Sanders Peirce, 1839–1914) in drei Gruppen einteilen:

+ **Die Ikone:** Sie zeigt genau das, was sie bedeutet, und ist damit selbsterklärend. (Vorsicht, nicht zu verwechseln mit dem Icon mit »c«, zu dem wir gleich noch kommen.) Hierzu zählen auch die Piktogramme, aber auch Fotos.
+ **Das Symbol:** Es steht für etwas anderes, als es zeigt. So steht beispielsweise das Kleeblatt für Glück. Die Bedeutung ist hierbei nicht selbsterklärend, sondern muss erlernt werden. Beispiel: Icons.
+ **Der Index:** Ein Hinweis. Der Index macht auf etwas aufmerksam; hierzu zählen z. B. Verkehrsschilder. Auch der Index hat eine übertragene Bedeutung, aber immer einen Bezug zu dieser Bedeutung. Beispiel: Flamme, die auf brennbare Flüssigkeiten hinweist.

Merke: Ikone = Ähnlichkeit, Symbol = Konvention, Index = Hinweis

Wir unterscheiden drei grafische Zeichenarten: Piktogramme, Icons und Logos. Die Logos haben wir uns ja schon ausführlich angesehen, mehr zu Icons und Piktogrammen in Abschnitt 9.6.

Signet

Als letzten Begriff gibt es noch das Signet, ursprünglich ein Zeichen, mit dem Setzer und Drucker die von ihnen erstellten Bücher kennzeichneten.

Die Semiotik

Kommen wir nun zu einer etwas wissenschaftlicheren Sichtweise: Die Semiotik als Wissenschaft teilt sich (nach einer Definition von Charles Morris, 1938) in drei Bereiche auf, in die Semantik, die Syntaktik und die Pragmatik. Das muss etwas ausgeführt werden:

+ Syntaktik: Beschäftigt sich mit der Form des Zeichens. Bezogen auf die Gestaltung beschäftigt sich die Syntaktik mit der Analyse der Gestaltungsmittel (Perspektive, Komposition, Schrift, Formen, Farbe ...).
+ Semantik: Beschäftigt sich mit der Bedeutung, dem Inhalt des Zeichens. Auf den Designbereich übertragen, behandelt die Semantik die Aussage, die wir mit einer Gestaltung treffen wollen. Worauf weisen die Farben des Zeichens hin? Worauf die Form? Welche Bedeutung haben die Elemente?
+ Pragmatik: Beschäftigt sich mit der Wirkung des Zeichens auf den Benutzer, dem Ziel oder Zweck, der damit erreicht werden soll. Sie ist immer von der Zielgruppe abhängig.

Für eine semiotische Analyse im Bereich Mediengestaltung untersucht man also zuerst das wirkliche Zeichen, seine Machart und die verwendeten Mittel. Dann analysiert man seine Bedeutung und anschließend die Wirkung, die es auf die Zielgruppe hat.

Übertragen wir diese theoretischen Erklärungen mal auf ein Beispiel, ein Notausgangsschild:

+ Syntaktik des Zeichens: Es ist rechteckig, grün, man sieht einen Mann, einen Pfeil, ein Rechteck.

+ Semantik des Zeichens: Der Mann bewegt sich in die Richtung des Pfeils auf eine Tür hin.
+ Pragmatik des Zeichens: Zeigt die Richtung des Notausgangs an; man soll sich im Falle von Gefahr dorthin bewegen.

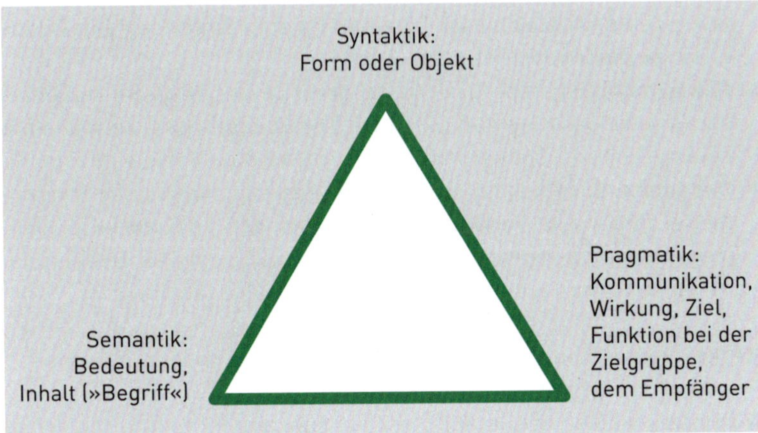

Abbildung 9.16: Semiotisches Dreieck

Die semiotische Analyse ist im grafischen Bereich besonders auch auf die Analyse von Anzeigen und Logos anwendbar. Kennen sollte man in diesem Zusammenhang besonders die Farbwirkung, zum Beispiel Rot für Gefahr. Mehr dazu in Abschnitt 4.2.3.

9.4 Corporate Fonts

In ihrem Alltag kommen Menschen an vielen verschiedenen Stellen mit Marken in Berührung, und dabei transportiert Schrift einen Großteil der Markenkommunikation. Auch wenn sie oft nicht bewusst wahrgenommen wird, hat die Auswahl der Schrift einen großen Einfluss auf die Wahrnehmung und Wiedererkennbarkeit der Marke. Dabei geht es darum, Inhalte gut lesbar, strukturiert und verständlich wiederzugeben und ein glaubhaftes Gesamtbild zu erzeugen. Schrift (und auch Farbe) ruft Emotionen hervor und transportiert die Identität einer Marke/eines Unternehmens.

Schrift hat im Corporate Design verschiedene Einsatzbereiche:

+ Sie bildet bei Wort- und Wort-Bild-Marken ein wichtiges Element des Logos.
+ Sie ist Fließtextschrift in Printmedien.
+ Sie wird in Überschriften verwendet, um Aufmerksamkeit zu erregen.
+ Sie muss im Print und gleichzeitig im digitalen Umfeld funktionieren (Web und App).
+ Sie muss in der Geschäftsausstattung wirken und bei Formularen, aber auch bei Messeauftritten und Leitsystemen.

Eine Schrift allein kann meist all diese Aufgaben nicht erfüllen. Daher arbeiten viele Unternehmen mit Schriftkombinationen bzw. mit unterschiedlichen Schnitten einer Schrift. Große Unternehmen leisten sich in besonderen Fällen auch die Gestaltung einer eigenen Hausschrift, die auf alle Bedürfnisse der Markenkommunikation zugeschnitten ist.

Was macht einen guten Corporate Font aus? Hier finden sich ähnliche Aspekte wie bei der Logogestaltung:

1. Er muss gut lesbar sein und die Regeln der Barrierefreiheit erfüllen.
2. Ein guter Corporate Font sollte wiedererkennbar und möglichst identitätsstiftend sein (z. B. Mercedes, Nivea).
3. Er sollte dem Charakter der Marke entsprechen.
4. Er sollte sich von der Konkurrenz abheben.
5. Er sollte dauerhaft funktionieren.
6. Er sollte in Print und digital funktionieren.
7. Er sollte sowohl als Lesetext als auch plakativ einsetzbar sein.
8. Er enthält alle notwendigen Schriftsätze (Zeichen, OpenType-Funktionen, Sprachen), Schriftschnitte und alle nötigen Formate (.otf, .ttf, Webfont).
9. Und ein letzter wichtiger Punkt: Beachten Sie unbedingt die Lizenzkosten der Schrift!

Um all diese Aspekte erfüllen zu können, arbeitet man im Corporate Design häufig mit Schriftfamilien oder mit der Kombination verschiedener Schriftschnitte. Achten Sie dabei vor allem darauf, dass die gewählte Schrift auch die Werte des Unternehmens transportiert (seriös, trendy, elegant, traditionell ...). Machen Sie sich auch Gedanken darüber, ob die Schrift in Print und digital funktioniert. Für den Einsatz im digitalen Bereich eignen sich Webfonts (siehe Abschnitt 30.1.2).

Immer wieder der Blick auf das Briefing

Bei der Schriftwahl sollten Sie sich noch einmal das Briefing vor Augen halten! Denn auch die Schrift muss dem Markenimage und der Zielgruppe entsprechen.

Lizenzierung beachten!

Es ist wichtig, sicherzustellen, dass die ausgewählte Schriftart ordnungsgemäß lizenziert ist und für die beabsichtigte Verwendung (Verbreitung, Benutzerzahl ...) verfügbar ist.

Displayfonts

Mit der Kombination aus einer guten Leseschrift und einem Displayfont können Sie Spannung und Aufmerksamkeit erzeugen.

9.4.1 Die eigene Hausschrift

Eine eigene Hausschrift ermöglicht es, dass unterschiedliche Medien wie Prospekte, Flyer und Geschäftsberichte einheitlich gestaltet werden können und damit der visuelle Charakter innerhalb aller Kommunikationsmaßnahmen erhalten bleibt.

Bis Mitte der 1980er Jahre gab es noch relativ wenige Schriften, die den Ansprüchen einer unternehmens- bzw. markeneigenen Hausschrift gerecht wurden. Dies hatte zur Folge, dass einige wenige Schriften von sehr vielen Unternehmen und Marken weltweit gleichzeitig verwendet wurden – sogar innerhalb derselben Branche. Helvetica, die Univers oder die Futura dominierten die damalige Markenlandschaft.

Erst mit dem Aufkommen der ersten individuell angefertigten Hausschriften änderte sich das. Am Beispiel von Nivea oder Mercedes wird offensichtlich, wie effektiv der konsequente Einsatz einer charakteristischen Hausschrift für die visuelle Identität einer Marke sein kann. Es ist verblüffend, dass bereits ein Wort – geschrieben in einem Corporate Font – ausreicht, um die dazugehörige Marke in den Köpfen der Menschen hervorzurufen. Dabei muss eine Hausschrift nicht unbedingt komplett neu gestaltet werden, man kann auch auf bereits bestehende Schriften zurückgreifen. So basiert beispielsweise die Schrift von »fritz-kola« auf der Futura.

Abbildung 9.17: Drei Marken, die mit charakteristischen Hausschriften arbeiten

Die Vorteile einer Hausschrift sind:

- umfangreiches Zeichenrepertoire
- Schriftschnitte je nach Einsatzgebiet auswählbar
- internationaler Einsatz möglich
- Ausbau einer Schriftsippe mit Hybridschriften (Corporate A-S-E)
- Schriften einer Schriftsippe problemlos mischbar; im Fall der Corporate A-S-E die Grotesk für die Geschäftsausstattung, die Antiqua für Geschäftsliteratur und die Egyptienne für Werbematerial
- keine Lizenzkosten

Corporate A-S-E

Corporate A-S-E ist eine Schriftsippe von Kurt Weidemann, die von 1985 bis 1989 entstand. Sie umfasst insgesamt 47 Schriftschnitte und besteht aus den folgenden drei Schriftfamilien: Corporate A (für Antiqua), Corporate S (für Sans) und Corporate E (für Egyptienne).

Corporate A
Corporate S
Corporate E

Abbildung 9.18: Die Daimler-Benz-Hausschrift Corporate A-S-E von Kurt Weidemann

9.4.2 Schrift für Print und Web

Besonders bei Schriften gibt es einige Möglichkeiten der Optimierung für eine Darstellung am Bildschirm. Der Abstand zum Bildschirm, Hintergrundbeleuchtung und Reflexionen sind besondere Umstände, die die Wahrnehmung beeinflussen. Zu starke und Komplementärkontraste sollten vermieden werden, um die Lesbarkeit nicht zu erschweren. Die Schriftgröße sollte so gewählt werden, dass der Text gut erfassbar ist. Bei der Auswahl der Schrift ist zu beachten, ob es sich um eine für den Bildschirm optimierte Schrift handelt, die auch für den Einsatz im Printbereich vorhanden ist – und umgekehrt.

9.5 Corporate Colors

Der Einsatz von Corporate Colors hilft nicht nur dabei, Marken visuell einprägsamer zu gestalten, mit Farbe kann man auch Emotionen hervorrufen und Identität transportieren. Wie mächtig der Einsatz von Farbe sein kann, zeigen Beispiele, in denen eine Farbe sofort mit einer gewissen Marke in Verbindung gebracht wird; zum Beispiel das Telekom-Magenta oder das Milka-Lila.

Abbildung 9.19: Prägnante Hausfarben: Telekom-Magenta und Milka-Lila

Hausfarben begleiten den öffentlichen Auftritt der jeweiligen Unternehmen bei allen Marketingmaßnahmen. Gerade intensive, leuchtende Farben, die zudem positive Assoziationen wecken, sind sehr beliebt. Man denke nur an die Signalwirkung von Coca-Cola und Ferrari. Ich muss hier noch nicht einmal erwähnen, dass es sich dabei um ein leuchtendes Rot handelt. Der Markenname lässt die Farbe vor unserem inneren Auge erscheinen – ein Zeichen dafür, dass das Farbenbranding erfolgreich war. Aber auch das Gelb von Yello Strom oder der Deutschen Post sorgt für Aufmerksamkeit.

An die Farbwahl im Corporate Design werden nahezu die gleichen Anforderungen gestellt wie an die Wahl der passenden Hausschrift:

+ Die Farbe muss das gesamte CD unterstützen und die Werte und Ziele des Unternehmens widerspiegeln.
+ Die Corporate Color soll den Wiedererkennungswert der Marke stützen.
+ Sie muss in Bezug zur Konkurrenz funktionieren (abgrenzen oder angleichen?).
+ Die Wirkung der Farbe muss mit dem Unternehmensziel und der Zielgruppe (Alter, Geschlecht) übereinstimmen.
+ Barrierefreiheit spielt bei der Wahl der Farbe eine wichtige Rolle, besonders für den digitalen Bereich (ausreichender Kontrast, muss auch in Graustufen funktionieren; siehe Abschnitt 32.4.1).
+ Sie muss in allen Medien verfügbar sein und gleich aussehen.
+ Die Farbe muss in allen kulturellen Bereichen, in denen die Marke auftritt, gleich funktionieren (bedenken Sie das Beispiel zur Farbe der Trauer in unterschiedlichen Kulturen – Schwarz/Weiß).

Abbildung 9.20: Farbklima einer Natursteinfirma aus »erdigen« Farbtönen. Als Primärfarbe kommt ein Braunton zum Einsatz. Hierzu addieren sich die Sekundärfarben, bestehend aus einem Orangeton, Dunkelrot, Dunkelgrün und einem hellen Türkiston, und die jeweiligen Tonwertabstufungen von 10 % bis 100 %.

Hausfarben bestehen meist aus Primärfarben und Sekundärfarben und den dazugehörigen Farbtonabstufungen. Die Primär- oder Hausfarbe setzt den Hauptakzent des Unternehmensauftritts. Diese wird ergänzt von den Sekundärfarben, die farblich mit der Primärfarbe harmonieren bzw. von dieser abgeleitet sind und zum Beispiel als Ergänzung für Auszeichnungen, Infoboxen oder Farbflächen zum Einsatz kommen. Heute ist es allerdings nahezu unmöglich, sich rein über eine Farbe von seiner Konkurrenz abzusetzen. Bei der Wahl der Hausfarben sollten Sie deshalb nicht nur RGB und CMYK beachten, sondern auch Sonderfarben wie PANTONE, HKS, RAL usw.

9.5.1 Farben für Print und Web

Beim Umgang mit den Markenfarben ist es unabdingbar, fortwährend darauf zu achten, dass die Farben medienübergreifend gleich eingesetzt werden können und ein sorgfältiger, genauer Umgang mit den festgelegten Farbwerten sichergestellt ist. Die Corporate Colors müssen in beiden Farbräumen CMYK und RGB als Referenzwerte definiert werden. Bei der Verwendung im Web sollten Sie darauf achten, websichere Farben zu verwenden, damit die Farben auf allen Bildschirmen korrekt dargestellt werden. Bedenken Sie dabei unbedingt, dass einige Farben, z. B. besonders leuchtende, zwar am Bildschirm in RGB dargestellt werden können, aber nicht im Druck in CMYK. Es wäre dann eine kostenintensive Sonderfarbe vonnöten, um die Farbverbindlichkeit zu gewährleisten. Auch der Umgang mit farbigen Hintergründen und Transparenzen muss hier bedacht werden.

9.5.2 Subjektive Wirkung von Farbe

Die allgemeine Wirkung von Farben ist subjektiv, und jeder von uns hat eine andere Vorstellung von einem knalligen Rot. Es gibt also durchaus gewisse Abweichungen bei der Farbwahrnehmung, die in Kauf zu nehmen sind. Dabei sind Farben dennoch einprägsamer als Schriften.

Wie schon erwähnt, wecken Farben bestimmte Assoziationen: So steht zum Beispiel Blau für Seriosität und Offenheit und Grün für Hoffnung und Natur. Aspekte, die sich große Marken zunutze machen. So sind gewisse Farben unweigerlich mit bestimmten Branchen verknüpft, oder wie würden Sie es sich erklären, dass Versicherungs- und Bankunternehmen primär auf Blau als Hausfarbe setzen?

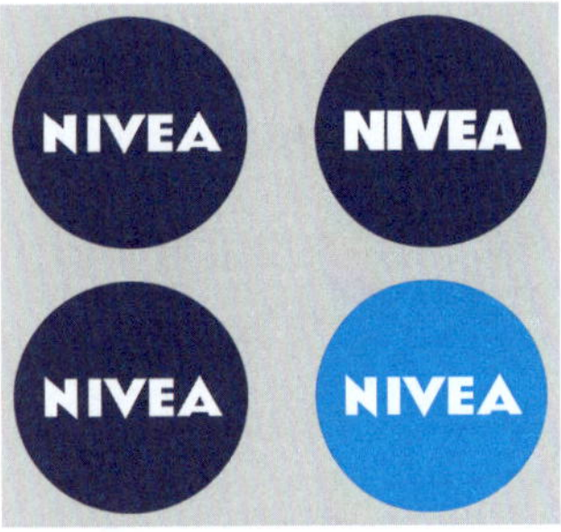

Abbildung 9.21: Irgendwas stimmt hier nicht: Genau, das klassische Nivea-Blau ist durch einen Cyanton ersetzt worden. Bei Schrift verhält sich das schon anders, und so wird besonders Laien der typografische Eingriff wohl erst auf den zweiten Blick auffallen.

> **Farbwahl**
> Warme Farben fallen eher auf als kalte Farben, reine mehr als gemischte.

9.6 Bildsprache

Auf die Bildsprache und die Bildauswahl sind wir bereits ausführlich in Kapitel 5 eingegangen. Da die Bildsprache aber im Corporate Design einen hohen Stellenwert hat, wollen wir die wichtigsten Aspekte hier noch einmal straff zusammenfassen.

Die Bildsprache bezieht sich auf den Einsatz von Fotos, Grafiken, Illustrationen und anderen visuellen Elementen wie Icons und Piktogrammen. Wie bei den anderen Elementen des CDs gibt es hier auch die gleichen Ziele: Markenidentität gestalten, Zielgruppe konkret ansprechen, Wiedererkennung fördern. Starke Bilder können all diese Ziele erreichen und dazu beitragen, dass eine Marke im Gedächtnis bleibt. Denken Sie beispielsweise an die Bilderwelten von Coca-Cola, Hornbach oder Edeka.

Authentizität und Einheitlichkeit sind in der Bildsprache von großer Bedeutung und wirken vertrauensbildend. Bilder sollten glaubwürdig sein und die Realität oder die gewünschte Markenerfahrung widerspiegeln.

Bei der Bildauswahl ist es natürlich entscheidend, die Erwartungen der Zielgruppe zu treffen. Beachten Sie auch hier Alter, Geschlecht und vorherrschende Themen Ihrer Zielgruppe.

Zusammenfassend hier noch einmal die Merkmale, die eine Bildsprache formen können. Lesen Sie mehr dazu in Kapitel 5.

+ Auswahl der Motive
+ Farbe und Farbtemperatur
+ Perspektiven und Bildausschnitte
+ Schärfe/Unschärfe
+ Helligkeit/Kontrast

All diese Aspekte zusammen erschaffen einen Bildstil, der einen typischen Markenlook erzeugen kann.

9.6.1 Illustrationen

Auch grafische Elemente können aufgrund ihrer Gestaltung und Emotionalität die Wiedererkennbarkeit einer Marke stützen. Wichtig dabei ist ein Stil, der zur jeweiligen Marke/dem Unternehmen, zur Zielgruppe und zum Gesamtdesign passt. Illustrationen können klassisch und modern, jugendlich, verspielt oder nüchtern gestaltet werden. Neben den Farben und Kontrasten kommen auch Formensprache, Komposition und typische Bildelemente zum Tragen. Wichtig: Die Illustrationssprache soll einheitlich gestaltet sein und die Hausfarben des Unternehmens verwenden. Besonders interessant an Illustrationen ist, dass sie die Möglichkeiten zum Storytelling eröffnen, was die Marke stützt.

Keyvisual
Ein wiederkehrendes Gestaltungselement, das eine eindeutige Zuordnung zur Marke hervorruft. Hierbei steht die emotionale Bindung zur Marke im Vordergrund. Beispiele: der Fuchs von Schwäbisch Hall, die Milka-Kuh, der Duracell-Hase, der Marlboro-Mann ...

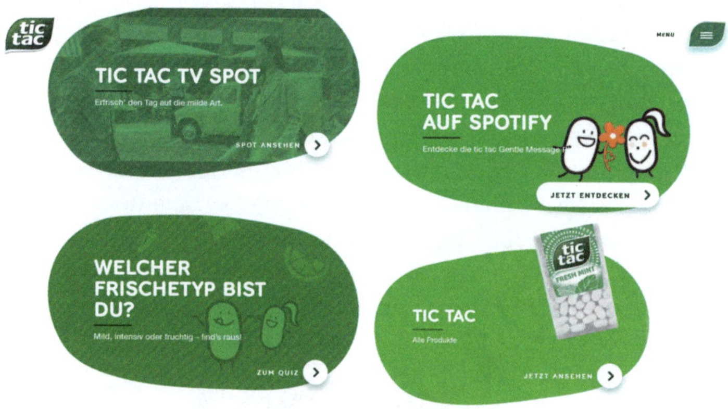

Abbildung 9.22: Die Marke tic-tac arbeitet auf ihrer Website mit Illustrationen.

9.6.2 Icons im Corporate Design

Die Verwendung von Icons kann Informationen veranschaulichen und den Blick lenken. Dabei sind sie sprachenunabhängig und können über einen hohen Wiedererkennungswert ein Erscheinungsbild formen. Besonders in digitalen Medien helfen sie auch, Platz zu sparen. Nicht zu vergessen: Mit einem hohen Aufforderungscharakter animieren sie gerade in digitalen Medien dazu, aktiv zu werden (zu klicken).

Definition Icon
Zeichen, das für Benutzeroberflächen erstellt wurde. Seine Bedeutung und Funktion muss erlernt werden.

Icons bieten bei der Arbeit mit dem Computer einen entscheidenden Vorteil: Sie werden mit einem Blick erkannt und im Idealfall sofort richtig verstanden. Eine Zeitlang wurde im Icon-Design deshalb die realistische und sehr detailreiche Darstellung bevorzugt. Mittlerweile liegt der Trend aber wieder beim Flat Design.

Bei der Verwendung und Gestaltung von Icons sollten Sie Folgendes beachten:

+ Icons müssen klar und verständlich gestaltet werden.
+ Icons in einem Iconset sollten einheitlich gestaltet sein, d. h. dieselbe visuelle Sprache sprechen.
+ Icons müssen skalierbar sein.
+ Icons sollten einen ausreichenden Farbkontrast besitzen, um auch auf einem farbigen Hintergrund zu funktionieren.
+ Weißraum um die Icons hilft.
+ Es sollten nur relevante Icons verwendet werden, um die Zielgruppe nicht zu verwirren.

Abbildung 9.23: Iconset der DEVK

+ Icons müssen sprach- und kulturkreisunabhängig verstanden werden.
+ Auch Icons müssen bei großen Projekten den Corporate-Design-Regeln folgen.
+ Icons müssen in Print und Web gleichermaßen funktionieren.

9.6.3 Piktogramme

Definition Piktogramm
Zeichen, international verständlich, schnell erfassbar

Der Begriff Piktogramm setzt sich zusammen aus »pictum« (gemalt) und »graphein« (schreiben) und bedeutet Bildzeichen. Das Vorteil des Einsatzes von Piktogrammen ist, dass sie weltweit über Sprach- und Kulturgrenzen hinweg präzise und schnell verstanden werden.

Die meisten Piktogramme sind Teil eines einheitlichen Bildzeichensystems, das in der Regel auf einem Gestaltungsraster basiert, so dass die einzelnen Elemente dieselbe visuelle Sprache (Strichstärken, Winkel, Rundungen etc.) sprechen. Bekanntestes Beispiel sind die Piktogramme der Olympischen Spiele in München 1972, entworfen von Otl Aicher. Mit mehr als 700 Bildzeichen sind die Piktogramme Aichers das umfassendste System dieser Art. Aber auch Verkehrszeichen, Gefahrsymbole oder Hinweistafeln, z. B. auf Flughäfen, sind Piktogramme.

Abbildung 9.24: Piktogramme in einer Broschüre zum Thema Herz. Kunde: Herz7; Agentur: SEMdesign

Semiotische Beschreibung

Piktogramme werden unterteilt in:

+ Ikonische Piktogramme: schematische Abbildung von Gegenständen, beispielweise Messer und Gabel für Restaurant, Duschkopf für Sanitärbereich.
+ Symbolische Piktogramme: Das sind Piktogramme, die von Symbolen geprägt sind, wie zum Beispiel das Strahlungszeichen oder auch das Zeichen für Hochspannung.
+ Hybride Piktogramme: Mischform aus ikonischen und symbolischen Piktogrammen.

Relativ einheitlich lassen sich Gestaltungsanforderungen für Piktogramme definieren. Das sind in erster Linie:

+ einheitlicher Aufbau
+ eindeutige Grundformen wie Kreis, Quadrat, Rechteck, Dreieck
+ gleiche Größendarstellung
+ reduzierte und schnell zu erfassende Bildaussage
+ eindeutiger Figur-Grund-Kontrast
+ international lesbar und verständlich
+ kontrastreiche Farbgebung
+ skalierbar (von der Visitenkarte bis zum Plakat muss Klarheit und Lesbarkeit gewährleistet sein)
+ einheitliche Linienstärke

- Positiv-/Negativdarstellung möglich
- eventuell Signalfarben, je nach Einsatzgebiet können aber auch unbunte Farben in Frage kommen

Abbildung 9.25: Hybride Piktogramme

Abbildung 9.26: Symbolisches Piktogramm für Strahlung bzw. Radioaktivität

Abbildung 9.27: Ikonische Piktogramme

9.7 Gestaltungsraster im Corporate Design

Unverzichtbar für ein Corporate Design ist ein einheitliches Gestaltungsraster, das allen Elementen ihre Position zuordnet (siehe auch Abschnitt 3.3). Gestalten heißt Durchhalten, was im Bereich des Corporate Designs besonders sinnvoll ist. Nur wenn die visuellen Stilelemente immer wieder in derselben »Form« auftreten, können sie von den Kundinnen und Kunden eindeutig zugeordnet werden.

Abbildung 9.28: Die runde Formensprache des Logos findet sich in Gestaltungselementen wieder, z. B. in den runden Bildformaten. Agentur: Schiel Design; Kunde: NIC

Ziele für den Einsatz eines Rasters
+ Wiedererkennbarkeit
+ Aufmerksamkeit lenken
+ Arbeit erleichtern und Kosten sparen
+ Vereinheitlichung

Das Gestaltungsraster schafft Konsistenz in der visuellen Markenidentität. Dabei hilft das Gestaltungsraster nicht nur, die Position der einzelnen Elemente festzulegen, sondern regelt auch, welche Schriften, Schriftschnitte und Schriftgrößen zum Einsatz kommen. Durch den Einsatz eines Gestaltungsrasters kann durch die Hierarchie und Ordnung von Texten und Bildern eine sinnvolle Struktur geschaffen werden. Gestaltungsraster sollten sowohl für Printmedien als auch für den digitalen Bereich angelegt werden (zu Printrastern siehe Abschnitt 3.3, zu digitalen Rastern Abschnitt 29.4).

9.8 Corporate-Design-Manual

Allgemein verständlich!

Die Erklärungen in einem Design-Manual sollten so verfasst sein, dass auch Laien verstehen, worum es geht. Denn ein Manual wird von vielen unterschiedlichen Berufsgruppen benutzt, nicht nur von den vom Unternehmen beauftragten Designern und Designerinnen. Falls Fachbegriffe verwendet werden, sollten sie kurz und leicht verständlich erklärt werden. Je nach Unternehmensgröße sind diese Elemente bis ins letzte Detail festgelegt. Bei kleineren bzw. mittelständischen Unternehmen genügen meist Vorgaben zu Logopositionierung, Farbe und Schrift für die Anwendung in Print und digital.

Brandportal

Manche Unternehmen stellen ihre Guidelines sogar frei im Internet zur Verfügung. Diese Brandportals können Ihnen auch als Inspiration dienen! Interessante Brandportals sind beispielsweise zu finden bei *zdf.de*, der Firma Merck, der Stadt Berlin oder der Bundesregierung.

Zum Abschluss jedes Corporate-Design-Projekts werden die gestalterischen Richtlinien des CDs in einem Corporate-Design-Manual (auch Style Guide oder Brand Guidelines) festgeschrieben. Es richtet sich an Mitarbeitende in den Bereichen Design und Marketing und fungiert als Regelwerk, um die Einheitlichkeit und Konsistenz der Markengestaltung zu gewährleisten.

In einem Manual wird die Verwendung aller Elemente des Corporate Designs anhand von Beispielen erklärt. Es beschreibt:
+ das Logo und seine unterschiedlichen Einsatzmöglichkeiten (Platzierung, Variationen, Größe, Abstände ...)
+ typografische Elemente (Schriftwahl, Schriftgrößen, Abstände ...)
+ Corporate Colors (Farbwahl, Hinweise für Print und Web)
+ die Bildsprache und die Verwendung von Icons
+ Gestaltungsraster mit Proportionen
+ Formate und die Verwendung in den unterschiedlichen Medien
+ rechtliche Hinweise zu Markenzeichen, Urheberrechten und Lizenzen
+ weiterführende Hinweise zum Beispiel zur Papierwahl

Fallstudien und Best Practices und sogar Beispiele zur richtigen und falschen Anwendung können in einem Manual enthalten sein, die alle Anwendungsbereiche des Corporate Designs beachten (von Geschäftsausstattung über Website bis hin zu Leitsystemen und Verpackungen). Immer enthalten sein müssen in einem CD-Manual auch Kontaktdaten für eventuelle Rückfragen.

In der Vergangenheit wurde ein Corporate-Design-Manual in gedruckter Form vorgehalten. Moderne CD-Manuals sind meistens digital verfügbar, was eine flexiblere Anpassungsmöglichkeit mit sich bringt. Ein weiterer Vorteil ist, dass die digitalen Manuals auch multimediale Inhalte wie Videos, Animationen und interaktive Grafiken enthalten können, um Designrichtlinien besser zu erklären bzw. konkrete Anwendungsfälle von Bewegtbildern, Imagefilmen u. a. gleich am Beispiel zu zeigen. Außerdem ist es möglich, das CD-Manual auf einfache Art und Weise auch international vorzuhalten. Auch eine spätere Erweiterung ist bei digitalen CD-Manuals ein Leichtes.

Abbildung 9.29: Beispiel Corporate-Design-Manual.
Agentur: Schiel Design; Kunde: Halemeier

Abbildung 9.30: Das Brandportal der Bundesregierung wirkt strukturiert und aufgeräumt.

Checkliste | **Corporate Design**

+ Mitarbeitende können sich eindeutig mit dem Erscheinungsbild identifizieren.
+ Das Erscheinungsbild ist flexibel genug, um auf Veränderungen im Unternehmen reagieren zu können.
+ Alle Elemente des Corporate Designs können eindeutig dem Unternehmen zugeordnet werden.
+ Das Corporate Design transportiert die wichtigsten Eigenschaften und Werte des Unternehmens.
+ Das Erscheinungsbild ist zeitlos.
+ Das Corporate Design ist auf allen erdenklichen Werbemitteln und Medien anwendbar.
+ Das Erscheinungsbild hebt sich von dem der Konkurrenz ab.
+ Das Alleinstellungsmerkmal des Unternehmens ist für Außenstehende klar definiert und wird durch das Corporate Design visuell unterstützt.
+ Mitarbeitenden und Dienstleistungsunternehmen liegt ein CD-Manual (Print oder digital) mit Gestaltungsrichtlinien vor.

Kapitel 10

Gestaltungsprojekte

Themen des Kapitels:

+ *Geschäftsausstattung*
+ *Plakate*
+ *Flyer*
+ *Broschüren*
+ *Buchgestaltung*
+ *Infografik*

Das Schöne an den Berufen im Bereich Gestaltung ist, dass wir mit den unterschiedlichsten Kundenkreisen in Kontakt kommen. Die Palette reicht dabei vom Architekturbüro über den Bäcker an der Ecke bis zum Kunstmuseum, für die wir von der Visitenkarte bis zum Plakat alle Elemente des Corporate Designs gestalten dürfen. Zu den häufigsten Gestaltungsprojekten gehören sicherlich Flyer und Plakate, gefolgt von Geschäftsdrucksachen, Broschüren und Büchern. Im Folgenden werden wir auf die einzelnen Printprodukte näher eingehen und ihre Besonderheiten herausstellen.

10.1 Geschäftsdrucksachen

Im Allgemeinen zählen zu einer Geschäftsausstattung:

+ Briefbogen
+ eventuell Zweitbogen
+ eventuell Faxbogen
+ Visitenkarten
+ Grußkarten/Kurzmitteilungen
+ Briefumschläge
+ eventuell Formulare, Firmenstempel und Firmenschild

Alle Elemente sollten durchgängig gestaltet sein, sei es durch ein Erkennungsmerkmal wie das Logo, sonstige Gestaltungselemente wie Balken, Linien oder durch ein einheitliches Papier, eine Hausschrift, ein bestimmtes Farbklima usw. Nur so wird eine Zugehörigkeit erkennbar und das Erscheinungsbild des Unternehmens geprägt.

Abbildung 10.1: Einheitliche Farbgebung, wiederkehrende gestalterische Elemente, wie der schwarze Balken und eine einheitliche Typografie, lassen das Erscheinungsbild homogen erscheinen.

Geschäftsdrucksachen sollten sich immer nach den DIN-Formaten richten, damit sie sich problemlos verschicken und abheften lassen. Bei Rechnungsbogen ist es von Vorteil, wenn sich Datum und Rechnungsnummer eher am rechten Rand befinden, damit sie in einem Ordner beim Durchblättern schneller aufgefunden werden. Gleiches gilt auf Briefbogen für Kontakt- und Absenderangaben wie Name, Telefonnummer oder E-Mail-Adresse. Dies ist aber auch schon die einzige Einschränkung. Ansonsten sind der gestalterischen Freiheit in Sachen Druckveredelung oder Sonderfarben zunächst keine Grenzen gesetzt.

10.1.1 Briefbogen

Der Briefbogen besteht aus zwei verschiedenen Textsorten:

+ den vorgedruckten Firmeninformationen, immer gesetzt in der Hausschrift des Unternehmens, und
+ dem sogenannten Korrespondenztext. Dieser wird meist in Word mit dem Office-Drucker eingedruckt.

Der Korrespondenztext kann, muss aber nicht in derselben Schriftart wie die Firmeninformationen gesetzt sein. Hierfür eignen sich serifenbetonte Schriften wie Officina oder Glypha oder sogenannte Monospace-Schriften wie Courier, OCR A oder auch Letter Gothic.

Monospace-Schriften schaffen einen spannenden Kontrast zur Hausschrift und lassen sich hervorragend für Rechnungsschreiben einsetzen. Wer hingegen klassische Satzschriften für Geschäftsbriefe verwendet, muss diese auch nach satztechnischen Regeln typografisch korrekt einsetzen, was meist mit mehr Zeitaufwand verbunden ist.

Definition Monospace-Schriften

Monospace-Schriften, auch als nichtproportionale Schriften bezeichnet, besitzen eine feste Zeichenbreite (Dickte). Das bedeutet, dass alle Buchstaben untereinanderstehen, was vor allem dem Satz mit Ziffern zugutekommt.

Abbildung 10.2: Gestaltungselemente des Corporate Designs finden sich auch auf dem Briefbogen wieder. Kunde: Praxis Kluterthöhle; Agentur: Weissheiten Design

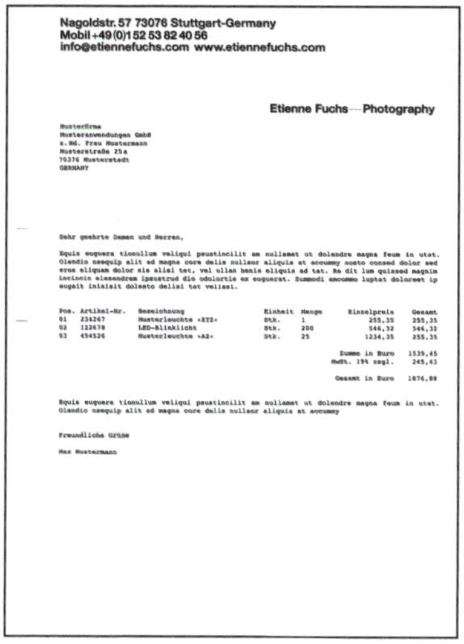

Abbildung 10.3: Briefbogen aus eingedruckten Firmeninformationen und dem Korrespondenztext, in diesem Fall gesetzt in der Courier.

Briefbogen – Form A oder Form B

Nach DIN 5008 unterscheidet man zwischen Geschäftsbriefen mit kleinem (Form A) und mit erweitertem Briefkopf (Form B). Die beiden Formen unterscheiden sich nur durch die Position des Adressfensters. Bei Form A beginnt das Adressfenster schon bei 27 mm vom oberen Rand gemessen, wohingegen bei Form B die Anschrift erst bei 45 mm beginnt.

Form A kommt vor allem dann zum Einsatz, wenn zusätzliche Schreibzeilen benötigt werden. Außerdem wird bei Form A der Bogen von unten nach oben gefalzt. Durch die Falzung verschieben sich Text, Falzmarken und Anschriftenfeld um 18 mm nach oben. Gebräuchlicher ist der Geschäftsbriefbogen in Form B.

DIN-Formate

Zur Erinnerung: Die DIN-Formate sind eingeteilt in die DIN-A-, DIN-B- und DIN-C-Reihe. Die Formate der Vorzugsreihe DIN A (beschnitten) werden für Zeitschriften, Bücher, Broschüren, Flyer, Geschäftsdrucksachen und andere Drucksachen benutzt. Die Zusatzreihe DIN B beschreibt die von der DIN-A-Reihe ausgehenden unbeschnittenen Druckbogenformate. In der C-Reihe finden sich alle Normumschläge wie Briefumschläge und Versandtaschen wieder, die beim Postversand zum Einsatz kommen.

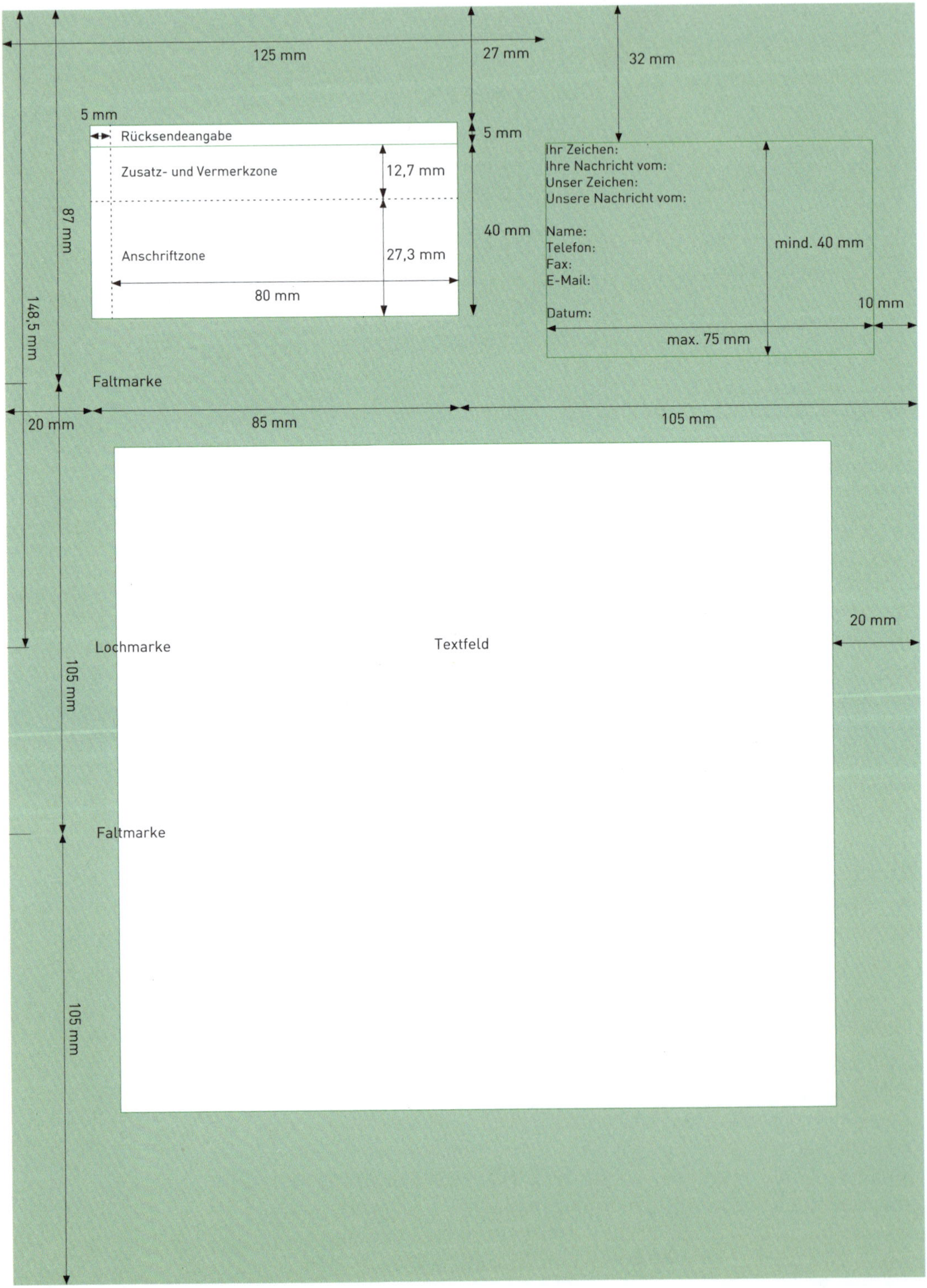

Abbildung 10.4: Briefbogen, Form A

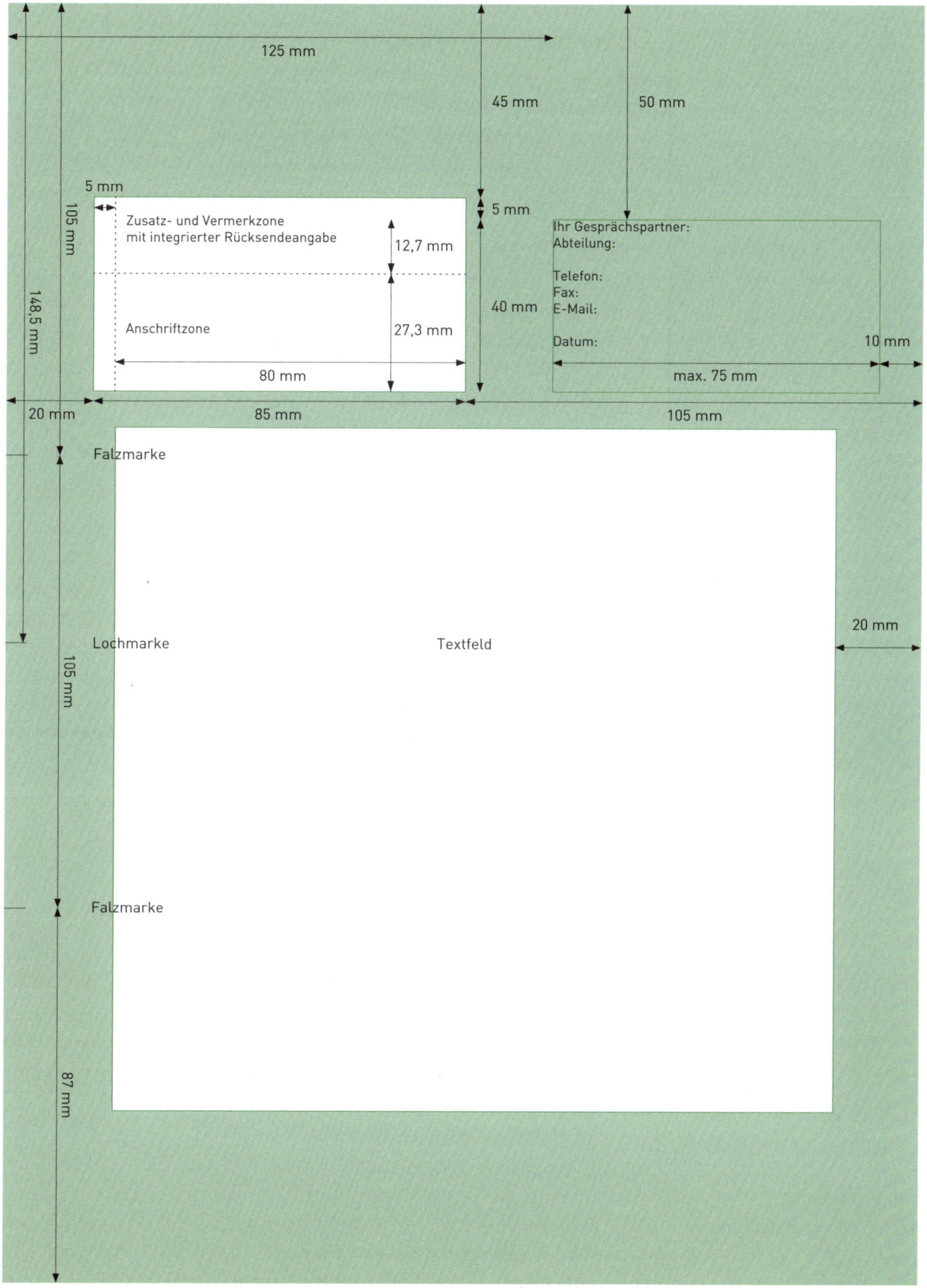

Abbildung 10.5: Briefbogen, Form B

Checkliste | **Briefbogen**

- + DIN A4
- + Maße nach DIN 676
- + Firmeninformationen (Schrift frei wählbar)
- + Brieftext (ideal sind Monospace-Schriften, vor allem bei Rechnungsbogen, da die Zahlenkolonnen die gleiche Breite einnehmen)
- + Falzmarke 87 mm (Form B 105 mm)
- + Falzmarke 105 mm von unten (Form B 87 mm)
- + idealerweise Zeilenbreite zwischen 120 und 140 mm
- + Pflichtangaben: Anschrift, Absender mit Telefon, E-Mail; Datum, Bankverbindung, Vor- und Nachname des Einzelunternehmers oder der Gesellschafter, Steuer- oder Umsatznummer, Rechtsform

10.1.2 Visitenkarte

Es gibt keine Vorschriften, wie eine Visitenkarte auszusehen hat bzw. welche inhaltlichen Angaben zu machen sind. Die Visitenkarte kann sowohl im Hochformat als auch im Querformat angelegt werden, je nachdem, was der Formensprache von Logo und sonstigen Gestaltungselementen entspricht. Ob eine einfache einseitig bedruckte Visitenkarte, eine Klappkarte oder sogar eine mehrseitige Visitenkarte zum Einsatz kommt, hängt davon ab, welche Informationen der Kunde oder die Kundin unterbringen möchte.

Abbildung 10.6: Die Visitenkarte dient zur Kontaktaufnahme oder zur Terminvereinbarung. Kunde: Praxis Kluterthöhle; Agentur: Weissheiten Design

Die Größe ist in Deutschland standardmäßig:

- 85 × 55 mm bzw. 55 × 85 mm
- Hochformat oder Querformat

Definition Grammatur

Flächengewicht von Papier in g/m²

Zu beachten ist die Papierstärke einer Visitenkarte: Die übliche Grammatur liegt bei 300 g/m², möglich ist aber auch eine Verwendung von 400 g/m² oder von noch dickerem Karton (bis 600 g/m²). Der Wahl von Papier und Veredelung sind hier keine Grenzen gesetzt.

Abbildung 10.7: Beispiele für Visitenkarten: Bei Bartz Consulting fungiert das Logo als zusammenfügendes Element von Vorder- und Rückseite. Bei der Schreinerei Wolf sehen Sie, dass farbige Schrift die Wirkung des Erscheinungsbilds verstärken kann. Und Büro Südwind arbeitet mit einem dynamischen Logo und entsprechendem Aufbau.

Checkliste | **Geschäftsausstattung**

+ Das Logo ist leicht zu erfassen, einprägsam und passt zum Unternehmen.
+ Briefbogen und Visitenkarte enthalten alle relevanten Informationen.
+ Es gibt eine einheitliche Hausschrift und eventuell begleitende Schriften.
+ Hausfarben sind als Primär- und Sekundärfarben definiert.
+ Grafische Elemente (Linien, Flächen, Formen) werden durchgängig eingesetzt.
+ Alle Kommunikationsmedien basieren auf einem einheitlichen Gestaltungsraster.

10.2 Plakate

Bei der Gestaltung eines Plakats geht es primär darum, Aufmerksamkeit zu generieren und Informationen schnell zu vermitteln. Wie ein Flyer benötigt ein Plakat nicht unbedingt einen Satzspiegel oder strenge Rastersysteme, es sei denn, es ist Teil einer Reihe oder muss Corporate-Design-Richtlinien einhalten. In diesem Fall können Raster und fest definierte Gestaltungsparameter häufig eine enorme Zeitersparnis darstellen. Als Ziele eines Plakats sollten wir die folgenden Aspekte formulieren:

+ Kontakt mit der Zielgruppe aufnehmen
+ Aufmerksamkeit erregen
+ auf einen Blick erfassbar sein
+ zu einer Aktion führen (Kauf, Museumsbesuch ...)
+ möglichst einen Erinnerungswert haben
+ oft zu einer Interaktion auffordern (QR-Code)

Merke: Plakate sollen informieren, mobilisieren, interpretieren oder provozieren.

10.2.1 Plakatformat

Plakate werden in Standardformaten gedruckt, die in Deutschland aus der DIN-Norm 476 entwickelt wurden. Ausgangsformat in Hoch- oder Querlage ist das DIN-A1-Format (594 × 841 mm), das auch als 1/1-Bogen bezeichnet wird. Durch Teilung oder Vervielfachung des Grundformats entstehen alle anderen Plakatformate. Die gebräuchlichsten Plakatformate in Deutschland sind:

+ **18/1-Plakat**, auch als Großfläche bezeichnet (356 × 252 cm)
+ **City-Light-Poster:** hinterleuchtete und hinter Glas geschützte Werbeflächen, in einem Stück gedruckt (119 × 175 cm)
+ **Mega Lights:** großformatige City-Lights mit Hinterleuchtung (Größe wie Großfläche: 356 × 252 cm)
+ **Allgemeinstelle oder Litfaßsäule:** klassisches Anschlagsmedium für Plakate im Format A1, aber auch bis 8/1-Bogen, mehrere Anbieter präsentieren sich gemeinsam
+ **Ganzsäule:** Litfaßsäule, die nur von einem Werbetreibenden belegt wird; auch als City-Light-Säule hinterleuchtet vorhanden
+ **Superposter:** 40/1-Plakat mit Fernwirkung (526 × 372 cm)
+ **Blow-up:** Riesenposter, gedruckt auf einer Netzfolie, oft an Baugerüsten zu sehen (120 m^2, 144 m^2 oder 225 m^2)

Die Vorteile eines Plakats	Die Nachteile eines Plakats
+ komprimierte und auf den Punkt gebrachte Informationsvermittlung + aufmerksamkeitsstarke Wirkung + Zugang für jeden jederzeit möglich + Informationsvermittlung im öffentlichen Raum	– unbewusste und kurze Wahrnehmung – Text und Bild auf das Notwendige reduziert – Ablenkung und Störung durch den öffentlichen Raum – direkte Konkurrenz mit anderen Plakatstellen – kurze Anschlagsperiode – mitunter hohe Kosten für Plakatstellen

Viele Plakate werden nicht in einem Stück gedruckt, sondern aus mehreren Teilen zusammengesetzt. Diese Teilung muss bereits in der Konzeptionsphase berücksichtigt werden, damit die Schnittstellen zum Motiv passen (keine Schrift oder Personen in der Schnittkante). In der Praxis ist eine Vierer-, Sechser-, Achter- und Neunerteilung üblich. Dabei müssen die Schnittstellen Überlappungsränder von mindestens 5 mm aufweisen. Die genauen Vorgaben sollten Sie im Zweifelsfall immer beim jeweiligen Hersteller abfragen.

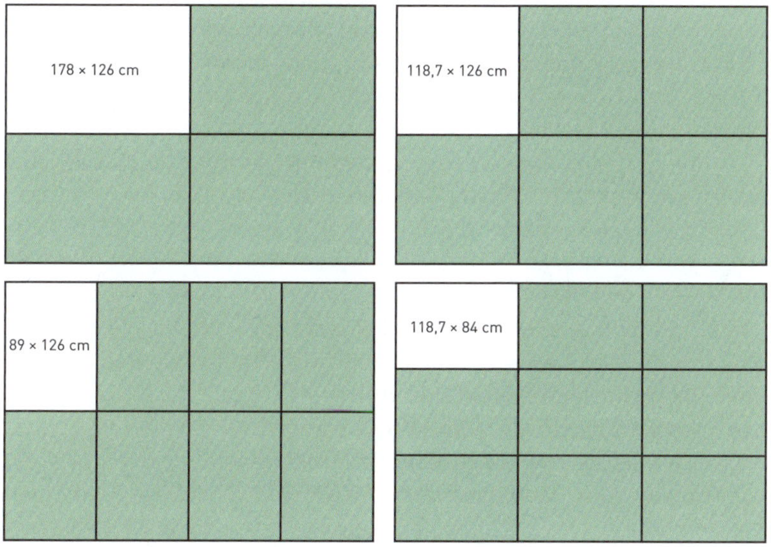

Abbildung 10.8: Vierer-, Sechser-, Achter- und Neunerteilung bei einer Großfläche

10.2.2 Gestaltung eines Plakats

Im Gegensatz zum Flyer steht uns für die Gestaltung eines Plakats nur eine Fläche zur Verfügung. Diese sollte so gestaltet sein, dass sie eine gute Fernwirkung besitzt und binnen Sekunden die Aufmerksamkeit von Menschen gewinnt. Ist das Interesse geweckt, wird die Person nähertreten und kann sich dann die übrigen Informationen, die sich auf dem Plakat befinden, erschließen.

Das Medium Plakat ist kein Roman, und so sollten die Informationen, die es unterzubringen gilt, kurz gehalten werden.

- Große Schrift sagt das Wesentliche, wie Titel oder Namen der Veranstaltung, Datum, Veranstaltungsort.
- In kleinerer Schrift steht das, was sonst noch wichtig ist, wie zum Beispiel Eintrittspreise, Öffnungszeiten usw.

Oberste Regel bei der Gestaltung von Plakaten: Plakate müssen wirklich plakativ sein. Das Plakat ist kein Flyer und auch kein Buch, es ist ein statisches Medium, das heißt, es muss im Moment funktionieren und in Kürze die wichtigsten Informationen übermitteln. Und immer muss einem Plakat eine (gute) Idee zugrunde liegen, die gestalterisch umgesetzt wird. Erst dann kann es sein volles Potenzial ausschöpfen.

Abbildung 10.9: Das Plakat zeigt eine Hierarchie der Informationen: Titel, Datum und Veranstalter sind plakativ dargestellt. Alle weiteren Informationen werden erschlossen, sobald man sich dem Plakat nähert. Agentur: labor b; Kunde: pact Zollverein

Plakat und Schrift

Für ein Plakat im Format DIN A1 können folgende Schriftgrade als Anhaltspunkt dienen:

+ Hauptüberschrift/Titel: ca. 100 pt
+ Zwischenüberschriften: 48 pt
+ Text: 24 pt

Verwenden Sie eine Schrift mit eindeutigen Buchstabenformen, damit das Plakat auch auf Distanz und im Vorbeigehen lesbar ist. Hierfür eignen sich vor allem formale und schnörkellose Groteskschriften mit ausgeprägter Strichstärke, wie Futura, Helvetica oder Franklin Gothic.

In Werbeplakaten sollte die Schrift mindestens 5 % der Plakathöhe ausmachen. Generell gilt: Der Plakattext sollte noch aus 30 bis 50 m Entfernung gut lesbar sein.

Große Schriftgrößen ab 18 pt sollten mit geringer Laufweite, also etwas enger gesetzt werden. Dadurch werden sie in ihrem plakativen Charakter noch verstärkt.

Gliederung des Plakats

Um ein Plakat für die Betrachtenden schnell erfassbar zu machen, sollten wichtige Elemente in der Bildmitte positioniert werden. Produkt und Titel müssen prominent präsentiert sein. Beachten Sie unbedingt auch den hierarchischen Motivaufbau: Was soll zuerst gelesen werden, was als Nächstes usw.? Dabei können Farbkontraste zur Hervorhebung von Produkt, Text und Logo eingesetzt werden. Bedenken Sie immer, dass Plakate aus verschiedenen Blickwinkeln erkennbar sein müssen.

Eine **Lichtkante** kann das Plakat deutlich abgrenzen, wenn es an einer Litfaßsäule neben seinen Konkurrenten aufgehängt wird.

Definition Lichtkante
Eine Lichtkante ist ein weißer Rahmen von mindestens 10 bis 15 mm Breite, der das Plakat umgibt. Dadurch hebt sich das Plakat eindeutig von anderen Plakaten ab.

Abbildung 10.10: Die meisten Plakate besitzen zwei Ebenen. Was am wichtigsten ist, steht oben oder ist am größten dargestellt.

10.2.3 Papierwahl für das Plakat

Bei der Entscheidung für das geeignete Papier (siehe Kapitel 14) müssen Sie zunächst das **Plakatierverfahren** kennen. Dabei unterscheiden wir folgende Verfahren:

+ den **Trockenaushang**, das heißt die Plakatierung in Leuchtvitrinen oder an Orten, die vor Wind und Wetter geschützt sind
+ den **Nassanschlag**, das heißt die Plakatierung an Plakatsäulen und anderen Outdoorflächen

Für den Trockenaushang eignen sich sowohl gestrichene als auch ungestrichene Papiere. Für die Außenplakatierung hingegen empfiehlt es sich, das nach DIN 6730 definierte Affichenpapier zu verwenden. Affichenpapier, auch Blaurückenpapier genannt, ist ein weißes, holzfreies, einseitig glattes Druckpapier, das sich durch seine hohe Reißfestigkeit auszeichnet. Die raue Rückseite ist meistens blau, was ein Durchscheinen von Altplakaten verhindern bzw. reduzieren soll. Kunstdruckpapiere sind für das Nassklebeverfahren ungeeignet, da sie beim Falzen unschöne Falzbrüche erleiden.

Neben den beiden Plakatierverfahren spielen folgende **Papiereigenschaften** bei der Produktion des Plakats eine Rolle:

+ **Nassreißfestigkeit:** Für das Bekleben im Nassanschlag wird das Plakat zunächst in Wasser getränkt und dann über Nacht gelagert. Daher muss es auch in nassem Zustand reißfest bleiben.
+ **Nassdehnung:** Durch das erforderliche Wässern und den Einweichprozess darf sich das Papier nur geringfügig ausdehnen.
+ **Papiergewicht:** Für den Nassanschlag sollte das Plakatpapier zwischen 100 und 120 g pro Quadratmeter wiegen. Leichtere Papiere scheinen zu sehr durch und reißen schneller. Schwerere Papiere hingegen lassen sich nicht gut verarbeiten.
+ **Holzfrei oder holzhaltig:** Holzhaltiges Papier vergilbt unter Sonneneinstrahlung und lässt die Druckfarben verblassen.
+ **Opazität:** Hat das Papier eine hohe Opazität, scheint der Untergrund durch.
+ **Laufrichtung:** Da sich Papiere quer zur Laufrichtung in feuchtem Zustand stärker ausdehnen, müssen mehrteilige Plakate grundsätzlich auf Papierbogen mit der gleichen Laufrichtung gedruckt werden.

10.3 Flyer

Flyer begegnen uns in allen möglichen Ausprägungen und Formaten. Die am häufigsten verwendete Form ist der DIN-lang-Flyer als Leporello und der DIN-A6-Flyer im Postkartenformat. Neben diesen beiden Formaten sind grundsätzlich alle Formen, Größen und Papierausrichtungen möglich.

Im Bereich der Werbung soll der Flyer den Lesern und Leserinnen ein bestimmtes Angebot näherbringen – Inhalt und Schrift müssen sie

Definition Leporello
Ein ziehharmonikaartig zusammengelegtes Heft

Definition Response-Element
Ein Element in einer Werbekommunikation, das die Zielgruppe zum Dialog und zum Feedback auffordert, wie Antwortkarte oder -coupon, Gewinnspiel etc.

überzeugen. Hier geht es mehr um Auffälligkeit und Originalität als um detailtypografische Feinheiten.

Der Aufbau eines Flyers ist im Allgemeinen folgendermaßen:

+ Titelseite: aufmerksamkeitsstarkes Keyvisual, Headline und Logo
+ Einleitung: Vorstellung von Unternehmen, Dienstleistung etc.
+ Hauptteil: Vorstellung von Produkt/Produktnutzen
+ Schlussteil: Angabe der Kontaktdaten, eventuell ein Response-Element

10.3.1 Flyergestaltung

Das Hauptproblem bei der Gestaltung eines Flyers ist das begrenzte Format. Sie müssen sich daher gut überlegen, was und in welchem Umfang kommuniziert werden soll. Die Abfolge der Seiten muss stimmig und aufmerksamkeitsstark sein. Die wichtigsten Informationen müssen auf den ersten Blick erkennbar sein. Achten Sie daher auf eine gut lesbare Schrift und eine klare und eindeutige Gliederung der Inhalte. Überschriften und Zwischenüberschriften helfen beim Lesevorgang und geben Orientierung. Vor allem beim Wickelfalz (siehe Abschnitt 15.3.1) kann es vorkommen, dass die Abfolge der Seiten beim Lesen verwechselt wird.

Muss viel Text untergebracht werden, sollte er in Form von Aufzählungen gestaltet werden, da diese leichter und schneller zu verstehen sind. Bilder sollten als Blickfang dienen und im Zusammenspiel mit dem Text Leseanreize schaffen. Grundsätzlich gilt bei der Gestaltung des Flyers: Weniger ist mehr, allein schon aufgrund des limitierten Umfangs.

Abbildung 10.11: Der Blickfang auf der Titelseite des Flyers macht eindeutig klar: Hier geht es um Gesundheit.

Abbildung 10.12: Sind Personen auf einem Titel abgebildet, fühlt man sich beim Betrachten sofort angesprochen. Kunde: Sprachgefühle, Dr. Ingo Piel; Agentur: Weissheiten Design

10.3.2 Verteilung

Die Art der Verteilung beeinflusst Format und Gestaltung des Flyers und umgekehrt. Die meisten Flyer basieren auf einem DIN-Format, das sich am besten für den Versand und zum Auslegen in Displays eignet.

+ **Briefsendung:** Die Haushaltsverteilung von Flyern macht besonders dann Sinn, wenn möglichst viele Menschen von einem Angebot erfahren sollen. Der Flyer kann entweder flächendeckend oder selektiv an Haushalte geschickt werden.
+ **Promotion:** Promotion-Agenturen übernehmen die Hand-zu-Hand-Verteilung zum Beispiel an belebten Orten der Innenstädte, auf Messen oder Ausstellungen. Auf diesem Weg kann in relativ kurzer Zeit eine hohe Anzahl potenzieller Kunden und Kundinnen erreicht werden.
+ **Flyerkonfektion:** Eine breite Streuung des Flyers ist durch Einlegen oder Konfektionieren in eine Zeitung, Zeitschrift oder einen Katalog möglich. Falls das beauftragende Unternehmen über das entsprechende Budget verfügt, ist auch eine Flyerkonfektionierung in Kombination mit einer Anzeige denkbar. Dies sorgt für doppelte Aufmerksamkeit. Eine Direktmarketingagentur kann Ihnen detailliert Auskunft über Auflagenhöhe, Reichweite und Preise geben.

Gliedern von Fließtexten

Überschriften und Zwischenüberschriften helfen beim Lesevorgang.

+ Benutzen Sie Aufzählungen.
+ Setzen Sie Bilder begleitend zum Text ein oder als Blickfang, um Aufmerksamkeit zu erlangen.
+ Passen Inhalt und Zweck zum Format?

Falzarten für Flyer

Die häufigsten Falzarten (siehe Abschnitt 15.3.1) sind:

+ Einbruch- oder Parallelfalz
+ Wickelfalz
+ Leporello- oder Zickzackfalz

Checkliste | **Flyergestaltung**

+ Passt das Flyerformat zu Inhalt und Zweck?
+ Ist die Seitenaufteilung funktional und unterstützt sie den Lesefluss? Beachten Sie die Hierarchie!
+ Stehen bedruckte Fläche und unbedruckte Flächen in einem ausgewogenen Verhältnis? Beachten Sie den Weißraum!
+ Besteht ein ausgewogenes Verhältnis zwischen Text und Bild?
+ Passen Schrift und Typografie zu Inhalt und Konzept?
+ Erzeugen Kontraste ein spannungsvolles Layout?
+ Existiert ein wirkungsvolles Farbkonzept?
+ Überzeugt das Konzept der Fotografien?
+ Wird das Produkt mit sinnvollen Abbildungen präsentiert?
+ Erzeugt ein Blickfang Aufmerksamkeit?
+ Stehen die Elemente konkret in Beziehung zueinander?

10.4 Broschüren

Broschüren begegnen uns in den unterschiedlichsten Formen und Ausführungen. Die Palette reicht dabei von Geschäftsberichten und Imagebroschüren über Produkt- und Dienstleistungsbroschüren bis hin zu Informations- und Werbebroschüren. Eine Broschüre ist branchenunabhängig, und durch ihren Umfang lassen sich auch umfangreiche und komplexe Themen behandeln.

Vorsicht Inhalt

Der Inhalt bestimmt die Verpackung. Das Format sollte sich an der Ausrichtung der Abbildungen orientieren. Umso seltener muss das Bildmaterial beschnitten werden.

Klassische Broschürenformate

- DIN lang: 105 × 210 mm
- DIN A4: 210 × 297 mm
- DIN A5: 148 × 210 mm
- DIN A6: 105 × 148 mm
- quadratische Formate und Sonderformate

Grundsätzlich sind dem Format einer Broschüre keine Grenzen gesetzt, dennoch macht es Sinn, sich bei der Formatwahl am Inhalt, an der Funktion, an der Qualität des Bildmaterials, am Textumfang, an den Leseerwartungen der Zielgruppe und an der Druckweiterverarbeitung zu orientieren. Gerade ein relativ bildlastiger Inhalt verlangt ein entsprechendes Format, damit Abbildungen und Fotos ihre Wirkung entfalten können. Natürlich ist die Wahl des Formats auch eine Frage des Budgets. Sonderformate mögen zwar auffallen, praktisch sind sie aber nicht. So lassen sie sich nur aufwändig weiterverarbeiten, produzieren überschüssigen Papiermüll in der Produktion und sind nur gegen Aufpreis postalisch zu versenden. Im Zuge der Standardisierung unserer Druckerzeugnisse empfiehlt es sich daher, auf DIN-Formate zurückzugreifen.

10.4.1 Gliederung einer Broschüre

Klassischerweise gliedert sich eine Broschüre in die folgenden fünf Teile:

1. Titelseite: Keyvisual, Headline und Logo
2. Inhaltsverzeichnis (je nach Umfang)
3. Einleitung: Vorstellung von Unternehmen, Dienstleistung etc.
4. Hauptteil: Vorstellung von Produkt/Produktnutzen
5. Schlussteil: Kontaktdaten, Impressum, eventuell Response-Element

Impressum

Das Impressum ist übrigens gesetzlich vorgeschrieben und muss bei jeder periodischen Druckschrift klar ersichtlich aufgeführt werden, um die presserechtlich für den Inhalt verantwortlichen Personen kenntlich zu machen. Neben den Kontaktdaten können auch zusätzliche Informationen, wie der Name der Druckerei, Erscheinungsweise, Erscheinungsjahr, Erscheinungsort, Auflage und Gestaltung, aufgeführt werden.

Abbildung 10.13: Die ersten Seiten der Broschüre sind in der Regel einem Inhaltsverzeichnis und/oder einem Vorwort vorbehalten. Mitunter kann zu Beginn auch das Impressum auftauchen, üblicherweise wird es auf die letzte Seite der Broschüre gesetzt. Kunde: Handwerkskammer Ostwestfalen-Lippe zu Bielefeld; Agentur: deteringdesign

Abbildung 10.14: Auf der Titel- und Rückseite sollten Sie das Thema erläutern und den Absender nennen. Auf einen Blick muss ersichtlich sein, wer der Absender ist und was er mitzuteilen hat. Kunde: Handwerkskammer Ostwestfalen-Lippe zu Bielefeld; Agentur: deteringdesign

Nutzen Sie die Aufteilung der Doppelseite sinnvoll, und achten Sie auf ein ausgewogenes Verhältnis von Text und Abbildungen. Dabei darf die Doppelseite niemals autonom betrachtet werden, sondern immer als **Sequenz** mit ihren voranstehenden Seiten und Folgeseiten. Blättern Sie deshalb immer wieder vor und zurück, und überprüfen Sie den Ablauf jeder einzelnen Seite. Auf eine Seite mit vielen Abbildungen folgt eine Seite mit viel Weißraum, dann eine vollflächige Abbildung, gefolgt von einer Textseite usw. Das Layout sollte sich in einem gleichmäßigen Rhythmus von Spannung und Ruhe befinden. Dabei sollten Sie darauf achten, dass ähnliche Inhalte nicht aufeinanderfolgen, sondern die Seitenabfolge genügend Variation aufweist. Die Abbildungen sollten dabei den Text begleiten bzw. ergänzen und als Blickfang die Aufmerksamkeit der Leserinnen und Leser auf sich lenken.

Dummy

Um die Sequenz zu überprüfen, kann es sinnvoll sein, einen Dummy zu bauen.

Abbildung 10.15: Ein ausgewogenes Verhältnis von Text- und Bildmaterial kennzeichnet diese Broschüre. Kunde: prolog GmbH; Agentur: SEMdesign

Abbildung 10.16: Auf eine Doppelseite mit vielen Abbildungen folgt eine Seite mit großzügigem Weißraum, die das Auge zum Verweilen einlädt. Kunde: prolog GmbH; Agentur: SEMdesign

Seitenplanung

Die Seitenplanung einer Broschüre kann mit der eines Storyboards für einen Film verglichen werden. Der berühmte rote Faden sollte sich dabei von Seite zu Seite durch die Broschüre ziehen. Erzählen Sie nie die ganze Geschichte auf den ersten Seiten. Ein bewusst aufgebauter Spannungsbogen muss bis zum Schluss aufrechterhalten werden, damit man beim Lesen am Ball bleibt.

Falls ein Abschnitt sehr textlastig ist, kann er mit Abbildungen aufgelockert werden. Oder wenn der Text zum Beispiel nur halb so viele Seiten benötigt, könnten Abbildungen vollflächig eingesetzt werden.

Text und Tonalität

Ist die Broschüre sehr textlastig, hilft es, den Text hierarchisch zu gliedern, damit sich die Lesenden zurechtfinden. Auch das Textmanuskript sollte einer klaren Struktur folgen und in Einleitung, Hauptteil und Schluss eingeteilt sein. Inhalte sollten nach Themen gegliedert sein: Was zusammengehört, sollte auch zusammenstehen.

Schaffen Sie zudem Leseanreize in Form von Überschriften und Zwischenüberschriften, die den Text gliedern, sowie Aufzählungen, Infoboxen usw. Typografische Auszeichnungen helfen dabei, das Leseinteresse zu wecken und auf wichtige Stellen hinzuweisen. Gehen Sie jedoch sparsam damit um.

Abbildung 10.17: Überschriften, einleitende Textelemente, Zitate und Initialen schaffen Leseanreize und führen den Blick beim Lesen. Kunde: Goldbeck; Agentur: detering-design

10.4.2 Das Layout der Broschüre

In unserem Kulturkreis überfliegen wir eine Seite von links oben über eine Diagonale nach rechts unten. Aus diesem Grund sollten im unteren Bereich keine Headlines oder andere wichtige Elemente auftauchen. Ähnlich verhält es sich mit linker und rechter Hälfte bzw. linker und rechter Seite. Beim Umblättern fällt unser Blick zuerst auf die rechte Seite, es sei denn, die linke Seite ist besonders auffällig gestaltet. Deshalb werden in Magazinen die meisten Anzeigen auch auf einer rechten Seite platziert. Dieses Wissen kann uns helfen, den Blick der Betrachtenden gezielt zu beeinflussen. So können wir dramaturgisch Spannung aufbauen und bestimmte Bereiche mit einem Blickfang gestalten und andere wiederum in den Hintergrund rücken. Wir können das Lesepublikum also in gewissem Maße beeinflussen, wie es die Seite lesen soll.

Abbildung 10.18: Verfügt man über hochauflösendes Bildmaterial, dient es als Blickfang und sorgt gleichzeitig als Ruhepol. Kunde: Handwerkskammer Ostwestfalen-Lippe zu Bielefeld; Agentur: deteringdesign

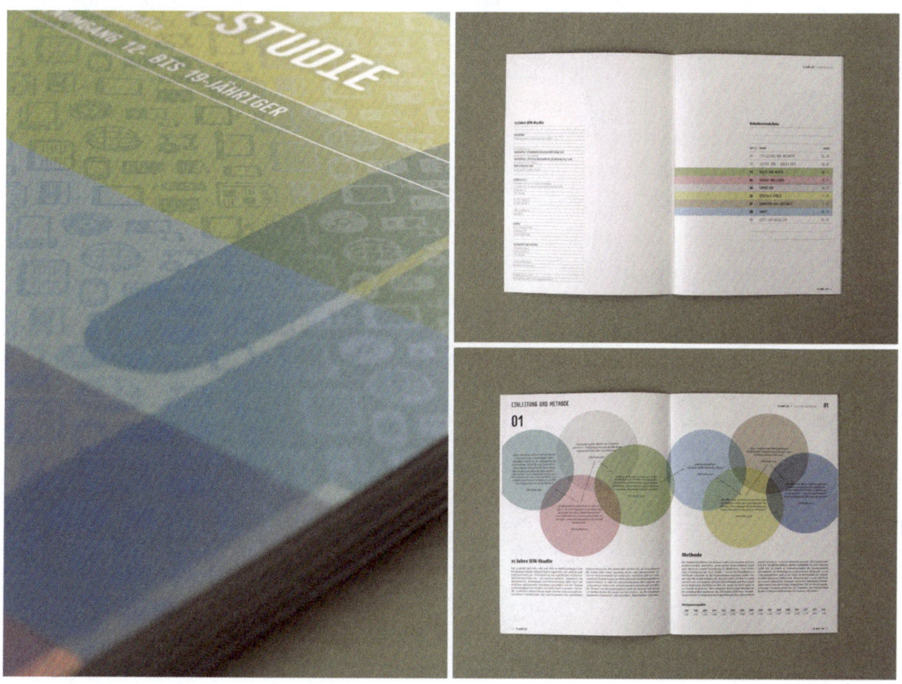

Abbildung 10.19: Farbige Kreise schaffen Leseanreize und gliedern zugleich die Informationen. Kunde: Medienpädagogischer Forschungsverband Südwest, JIM-Studie, *www.mpfs.de*; Agentur: Andreas Tesch Design

Abbildung 10.20: Der quadratische Raster ist zwar erkennbar, dennoch sind die einzelnen Elemente so auf der Doppelseite verteilt, dass das Layout nicht statisch wirkt. Kunde: prolog GmbH; Agentur: SEMdesign

10.4.3 Bindearten

Für die Bindung einer Broschüre gibt es unterschiedliche Verfahren, die im Folgenden kurz erläutert werden. Die Wahl der geeigneten Bindeart hängt vom Einsatzgebiet der Broschüre, dem Inhalt und nicht zuletzt von der gewünschten Haltbarkeit ab.

Klebebindung

Bei der Klebebindung wird der Papierblock rundum aufgeschnitten, der Broschürenrücken aufgeraut, eingekerbt, mit Klebstoff bestrichen und ohne Umwege in den Umschlag eingehängt. Als Klebstoff kommen Schmelzkleber (Hotmelts), Dispersionskleber (Kaltleime) oder Polyurethan (PUR-Kleber) zum Einsatz.

Abbildung 10.21: Klebebindung

Damit die Klebebindung sich nicht in ihre Einzelteile auflöst, müssen Papiergewicht, Papierart, Klebstoff und Format sorgfältig aufeinander abgestimmt sein. Es empfiehlt sich daher, primär ungestrichenes Papier mit hohem Volumen zu verwenden, da dieses den Kleber besser aufnehmen kann als gestrichenes Papier. Das Klebebindeverfahren ist sehr preiswert, und es lassen sich große Auflagen in kürzester Zeit herstellen. In Sachen Haltbarkeit ist die Klebebindung nicht mit der Fadenheftung zu vergleichen.

Bundsteg

Kommt Schmelzkleber zum Einsatz, sollte der Bundsteg mindestens 15 mm betragen, beim PUR- und Dispersionskleber mindestens 10 mm. So ist gewährleistet, dass keine Elemente im Bund verschwinden.

Abbildung 10.22: Broschüre mit Klebebindung

Fadenheftung

Bei der Fadenheftung werden die gefalzten Bogen ineinandergesteckt, mit einem Faden am Rücken miteinander verbunden und anschließend dreiseitig beschnitten. Der Umschlag sollte an den Kanten des Rückens genutet oder gerillt werden, damit er beim Aufschlagen der Broschüre nicht bricht. Die Fadenheftung zeichnet sich durch eine hohe Haltbarkeit und ein gutes Aufschlageverhalten aus. Allerdings ist es auch das teuerste Bindeverfahren.

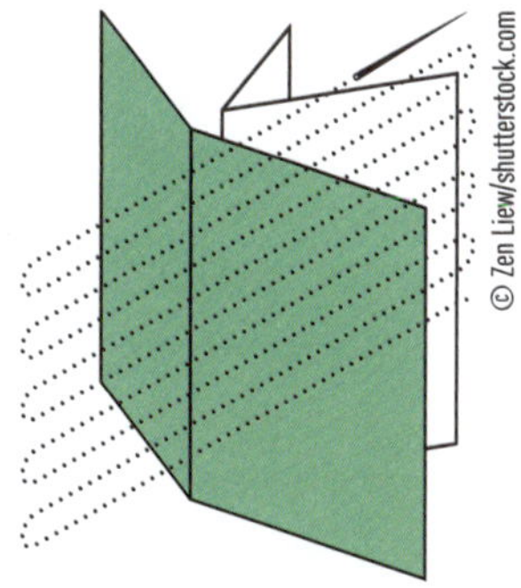

Abbildung 10.23: Fadenheftung

Rückstichheftung

Eine kostengünstige Variante ist die Rückstichheftung, auch als Klammerheftung oder Sattelstich bezeichnet. Die Papierbogen werden gefalzt, ineinandergesteckt und direkt mit einem Umschlag von außen durch die Rückseite mit Metallklammern zusammengeheftet. Es gibt Klammern und auch Ringösen, so dass die Broschüre eingeheftet werden kann. Aufgrund der Papierverdrängung beim Ineinanderstecken ist der Seitenumfang begrenzt, da die Broschüre sonst nicht geschlossen werden kann.

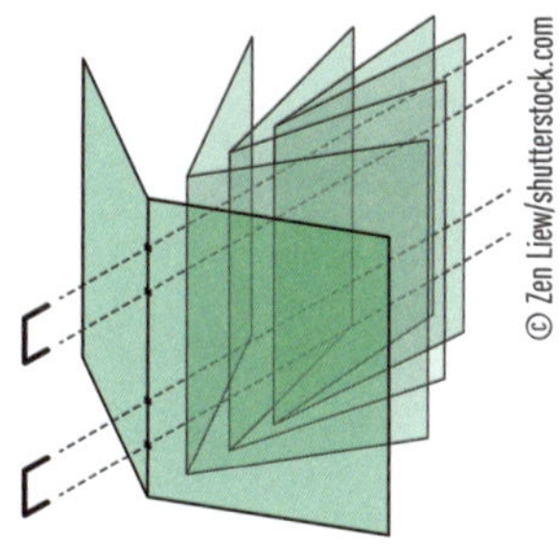

Abbildung 10.24: Rückstichheftung

Abbildung 10.25: Broschüre mit Rückstichheftung. Kunde: Herz7; Agentur: SEMdesign

10.4.4 Ausschießen

Um den Druckbogen ökonomisch und ökologisch optimal auszunutzen, werden so viele Endformate der Broschüre wie möglich auf einem sogenannten Montagebogen angelegt. Die Seiten werden so angeordnet, dass sie nach dem Falzen in der korrekten Reihenfolge stehen. Weiterhin beeinflussen das Format des Druckbogens, das Format und der Umfang der Broschüre, die Laufrichtung des Papiers, die Zusammentragemethoden der Druckbogen und die Art der buchbinderischen Weiterverarbeitung (Bindearten), wie die einzelnen Seiten angeordnet werden.

Definition Ausschießen
Anordnen der einzelnen Seiten auf einem Druckbogen, so dass diese nach dem Falzen in der richtigen Reihenfolge stehen

Das Ausschießen spart nicht nur Papier und Geld, sondern auch Zeit, in der die Druckmaschine bedient werden muss. Der Vorgang des

Ausschießens erfolgt durch die jeweilige Druckerei, die mit speziellen Programmen die Seiten in digitaler Form per Ausschießvorlage auf dem Druckbogen platziert (siehe Abschnitt 12.3).

Checkliste | Broschürengestaltung

+ Nutzen Sie die Aufteilung der Doppelseite sinnvoll.
+ Das Format und die Seitenanzahl beeinflussen die Struktur. Mehr Seiten bedeuten mehr Raum für die einzelnen Kapitel.
+ Achten Sie auf eine stimmige Abfolge der Seiten.
+ Gliedern Sie Inhalte nach Themen: Was zusammengehört, sollte auch zusammenstehen.
+ Überschriften und Zwischenüberschriften helfen beim Lesevorgang.
+ Gliedern Sie Fließtexte sinnvoll.
+ Benutzen Sie Aufzählungen.
+ Gehen Sie sparsam mit Auszeichnungen um.
+ Text und Abbildungen sollten in einem ausgewogenen Verhältnis stehen.
+ Setzen Sie Bilder begleitend zum Text ein oder als Blickfang, um Aufmerksamkeit zu erlangen.
+ Titel- und Rückseite sollten das Thema erläutern und den Absender nennen.

10.5 Buchgestaltung

Das Buch ist die älteste Form der Dokumentation und das Druckerzeugnis mit der längsten Halbwertszeit. Schließlich finden die meisten Bücher ihren Platz im Bücherregal.

Zur Buchgestaltung gehören

+ die äußere Art des Buches, sprich Format, Einband und Bindung sowie
+ die innere Gestaltung mit Aspekten wie Satzspiegel, Seitenlayout und die Schriftwahl.

Bücher beinhalten jede Menge unterschiedlicher Informationen, die es dem Leser zu vermitteln gilt. Neben dem Text müssen Bilder, Seitenzahlen, Legenden, Inhaltsverzeichnis, Kapitelüberschriften, Bildunterschriften usw. auf dem Seitenformat sinnvoll organisiert werden.

Die Gestaltung eines Buches geschieht meist vom kleinsten Element, dem Buchstaben, zum größten Element, dem Buchformat. Der einzelne Buchstabe beschreibt dabei den Beginn der Gestaltungsphase. In der Buchgestaltung ist der Schriftgrad nämlich ein zentrales Element, da dieser nicht nur den Grundlinienraster und somit den Satzspiegel, ergo das Buchformat, sondern auch den Umfang des Buches bestimmen kann.

Papierwahl
Literarische Bücher benötigen meist weiches Papier, Illustrierte und Bildbände sind in der Regel mit gestrichenem Papier gut beraten, um eine möglichst ideale Darstellung des Bildmaterials zu gewährleisten.

Die Sequenz ist ein integraler Bestandteil bei der Gestaltung eines Buches. Schließlich nimmt der Text Bezug auf die Bilder und umgekehrt. Diesbezüglich ist bei einem Buch vor allem die Gestaltung der aufeinanderfolgenden Doppelseiten zu beachten. Dabei sollte sich ein stimmiges Bild ergeben, das die Leser und Leserinnen bewusst leitet und sie zum Lesen bzw. Umblättern reizt. Dies kann unter anderem durch die spannungsvolle Platzierung von Bildern im **Beschnitt** erreicht werden.

Definition Beschnitt
Ein Bereich, der das eigentliche Seitenformat um 3 bis 5 mm vergrößert. Seitenelemente werden in diesen Bereich hinausgezogen, um Blitzer zu vermeiden (siehe Abschnitt 11.5.2).

Abbildung 10.26: Bildsequenz in einem Kunstkatalog. Hoch- und Querformate wechseln sich ab.

10.5.1 Gestaltungsraster in der Buchgestaltung

Der Raster ist das Grundgerüst der Buchgestaltung. Kein anderes Medium ist mehr auf einen Raster angewiesen als das Buch. Ein Gestaltungsraster hilft, Inhalte zu organisieren, und sorgt für Konsistenz in der Gestaltung. Der Raster teilt die Seite in vertikale Spalten, die die Text- und Bildbreite bestimmen, und schafft horizontal Bezugspunkte zwischen Schrift und Abbildungen. Der Raster darf niemals zur Einschränkung werden, sondern soll als modulares Hilfsmittel dienen; gute Gestaltung macht den Raster für die Lesenden unsichtbar.

Tipp

Zu kleine Rastermodule lassen den Raster wenig hilfreich sein.

Seitenzahlen und Bundstege sollten die Seite optisch umrahmen und gleichzeitig in Spannung versetzen.

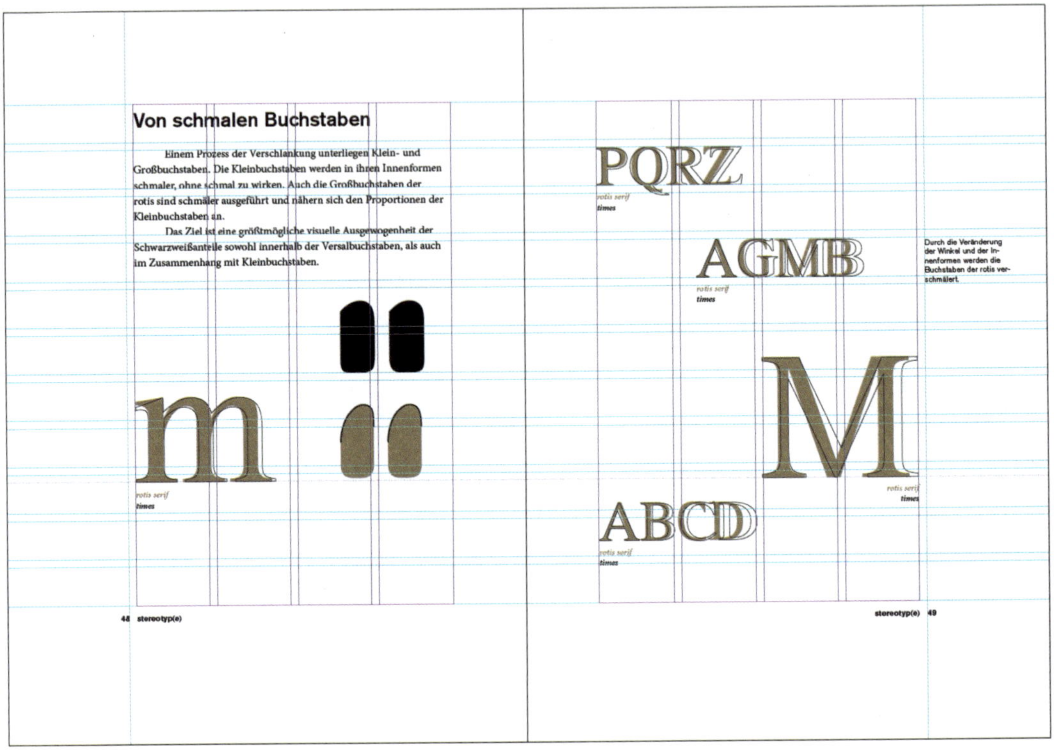

Abbildung 10.27: Buchraster mit vier Spalten und einer Marginalspalte. Der Grundtext ist in Minion 10 pt und einem ZAB von 5 mm gesetzt. Der Zwischenschlag ist mit 2,5 mm bemessen.

10.5.2 Schriftwahl

Wichtigste Grundlage für die Gestaltung eines Buches ist die optimale Lesbarkeit, denn für kein anderes Medium bringen wir so viel Zeit auf. Damit die Augen nicht so schnell ermüden, gilt es, eine geeignete Schrift für Fließtexte zu finden. Für klassische Belletristik, wie Romane oder Erzählungen etc., erwarten die meisten aufgrund ihrer Leseerfahrung Antiquaschriften, hierbei vor allem die Schriften der Gruppen 1 bis 3 der DIN-Klassifikation (siehe Abschnitt 2.6). Für Sach- und Fachbücher sind vor allem gut ausgebaute Groteskschriften, wie TheSans oder Univers, eine gute Wahl.

Grundsätzlich kann gesagt werden, dass die Schrift zum Inhalt des Werks passen sollte bzw. nicht im extremen Widerspruch dazu stehen sollte.

Doppelseite

Behalten Sie bei der Buchgestaltung immer die Doppelseite im Auge. Ergibt sich daraus ein stimmiges Bild mit ausgewogenem Anteil von bedruckter und unbedruckter Fläche, ist das schon die halbe Miete.

10.5.3 Layout

Die häufigste Satzart bei Büchern ist der Blocksatz. Vor allem wenn mehrere Spalten aufeinandertreffen, trennt der Blocksatz die einzelnen

Textkolonnen am saubersten. Bei sehr schmalen Spalten kann mitunter auch der Rausatz verwendet werden. Flattersatz ist keine gute Wahl, da er mehr Platz einnimmt.

Bei Romanen wird der Text fast immer einspaltig gesetzt. Die Seitenränder sind sehr großzügig gewählt und stehen in einem harmonischen Verhältnis zueinander. Die breiten Randproportionen haben den Zweck, dass man beim Lesen den Text mit den Fingern nicht verdeckt; ursprünglich – als der Text noch mit Tinte und Tusche geschrieben wurde – sorgten sie auch dafür, dass er nicht verschmierte. Sachbücher und Nachschlagewerke werden aufgrund ihrer komplexeren Struktur meist zwei- oder auch dreispaltig gesetzt.

Merke: Im einspaltigen Satz sollten nicht mehr als 60, maximal höchstens 70 Zeichen stehen.

Ausgehend vom Bildmaterial werden Format und Größe des kleinsten Rastermoduls bestimmt. Für quadratische Bilder sollte ein quadratischer Raster gewählt werden, für rechteckige Abbildungen ein rechteckiger, um so wenig wie möglich vom Bildmaterial beschneiden zu müssen. Die Bild-Text-Anordnung sollte abwechslungsreich sein, dabei aber dennoch Konstanten beinhalten, an denen man sich beim Lesen orientiert. Bilder sollten sich ins Layout eingliedern und nicht wie Fremdkörper wirken.

Abbildung 10.28: Weißraum und Abbildungen stehen in einem kontrastreichen Verhältnis. Kunde: Goldbeck; Agentur: deteringdesign

Die Gliederung bei Büchern erfolgt meist über Absätze, die den Beginn eines neuen Abschnitts verdeutlichen. Zusätzlich kann dabei die erste Zeile eingezogen werden, meist in der Größe eines Gevierts. Nach Überschriften oder Zwischenschlägen sollte der Absatz ohne Einzug gesetzt werden.

Definition Zwischenschlag
Der freie Raum ober- und unterhalb von Abbildungen, Überschriften etc. Aber auch: der waagrechte Abstand zwischen zwei Textspalten.

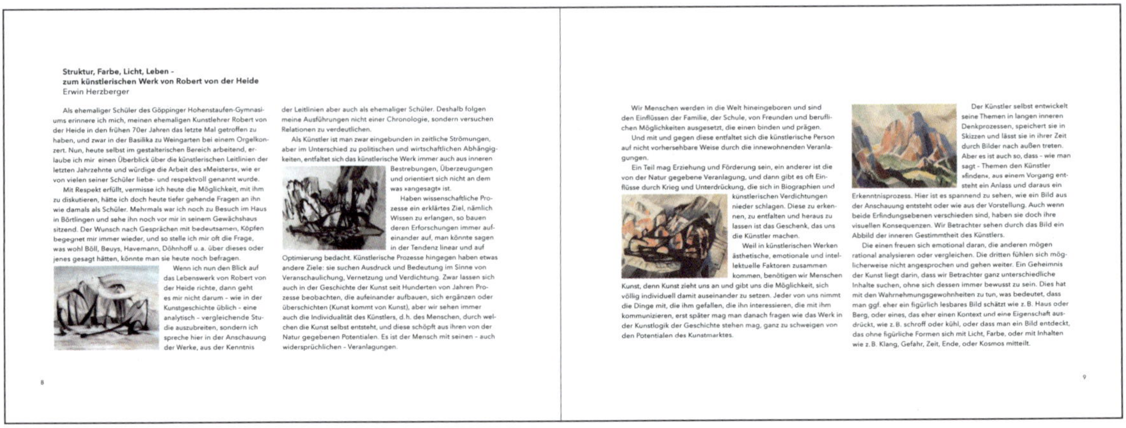

**Struktur, Farbe, Licht, Leben -
zum künstlerischen Werk von Robert von der Heide**
Erwin Herzberger

Als ehemaliger Schüler des Göppinger Hohenstaufen-Gymnasiums erinnere ich mich, meinen ehemaligen Kunstlehrer Robert von der Heide in den frühen 70er Jahren das letzte Mal getroffen zu haben, und zwar in der Basilika zu Weingarten bei einem Orgelkonzert. Nun, heute selbst im gestalterischen Bereich arbeitend, erlaube ich mir einen Überblick über die künstlerischen Leitlinien der letzten Jahrzehnte und würdige die Arbeit des »Meisters«, wie er von vielen seiner Schüler liebe- und respektvoll genannt wurde.

Mit Respekt erfüllt, vermisse ich heute die Möglichkeit, mit ihm zu diskutieren, hätte ich doch heute tiefer gehende Fragen an ihn wie damals als Schüler. Mehrmals war ich noch zu Besuch im Haus in Börtlingen und sehe ihn noch vor mir in seinem Gewächshaus sitzend. Der Wunsch nach Gesprächen mit bedeutsamen, Köpfen begegnet mir immer wieder, und so stelle ich mir oft die Frage, was wohl Böll, Beuys, Havemann, Döhnhoff u. a. über dieses oder jenes gesagt hätten, könnte man sie heute noch befragen.

Wenn ich nun den Blick auf das Lebenswerk von Robert von der Heide richte, dann geht es mir nicht darum - wie in der Kunstgeschichte üblich - eine analytisch - vergleichende Studie auszubreiten, sondern ich spreche hier in der Anschauung der Werke, aus der Kenntnis der Leitlinien aber auch als ehemaliger Schüler. Deshalb folgen meine Ausführungen nicht einer Chronologie, sondern versuchen Relationen zu verdeutlichen.

Als Künstler ist man zwar eingebunden in zeitliche Strömungen, aber im Unterschied zu politischen und wirtschaftlichen Abhängigkeiten, entfaltet sich das künstlerische Werk immer auch aus inneren Bestrebungen, Überzeugungen und orientiert sich nicht an dem was »angesagt« ist.

Haben wissenschaftliche Prozesse ein erklärtes Ziel, nämlich Wissen zu erlangen, so bauen deren Erforschungen immer aufeinander auf, man könnte sagen in der Tendenz linear und auf Optimierung bedacht. Künstlerische Prozesse hingegen haben etwas andere Ziele: sie suchen Ausdruck und Bedeutung im Sinne von Veranschaulichung, Vernetzung und Verdichtung. Zwar lassen sich auch in der Geschichte der Kunst seit Hunderten von Jahren Prozesse beobachten, die aufeinander aufbauen, sich ergänzen oder überschichten (Kunst kommt von Kunst), aber wir sehen immer auch die Individualität des Künstlers, d.h. des Menschen, durch welchen die Kunst selbst entsteht, und diese schöpft aus ihren von der Natur gegebenen Potentialen. Es ist der Mensch mit seinen - auch widersprüchlichen - Veranlagungen.

8

Wir Menschen werden in die Welt hineingeboren und sind den Einflüssen der Familie, der Schule, von Freunden und beruflichen Möglichkeiten ausgesetzt, die einen binden und prägen.

Und mit und gegen diese entfaltet sich die künstlerische Person auf nicht vorhersehbare Weise durch die innewohnenden Veranlagungen.

Ein Teil mag Erziehung und Förderung sein, ein anderer ist die von der Natur gegebene Veranlagung, und dann gibt es oft Einflüsse durch Krieg und Unterdrückung, die sich in Biographien und künstlerischen Verdichtungen nieder schlagen. Diese zu erkennen, zu entfalten und heraus zu lassen ist das Geschenk, das uns die Künstler machen.

Weil in künstlerischen Werken ästhetische, emotionale und intellektuelle Faktoren zusammen kommen, benötigen wir Menschen Kunst, denn Kunst zieht uns an und gibt uns die Möglichkeit, sich völlig individuell damit auseinander zu setzen. Jeder von uns nimmt die Dinge mit, die ihm gefallen, die ihn interessieren, die mit ihm kommunizieren, erst später mag man danach fragen wie das Werk in der Kunstlogik der Geschichte stehen mag, ganz zu schweigen von den Potentialen des Kunstmarktes.

Der Künstler selbst entwickelt seine Themen in langen inneren Denkprozessen, speichert sie in Skizzen und lässt sie in ihrer Zeit durch Bilder nach außen treten. Aber es ist auch so, dass - wie man sagt - Themen den Künstler »finden«, aus einem Vorgang entsteht ein Anlass und daraus ein Erkenntnisprozess. Hier ist es spannend zu sehen, wie ein Bild aus der Anschauung entsteht oder wie aus der Vorstellung. Auch wenn beide Erfindungsebenen verschieden sind, haben sie doch ihre visuellen Konsequenzen. Wir Betrachter sehen durch das Bild ein Abbild der inneren Gestimmtheit des Künstlers.

Die einen freuen sich emotional daran, die anderen mögen rational analysieren oder vergleichen. Die dritten fühlen sich möglicherweise nicht angesprochen und gehen weiter. Ein Geheimnis der Kunst liegt darin, dass wir Betrachter ganz unterschiedliche Inhalte suchen, ohne sich dessen immer bewusst zu sein. Dies hat mit den Wahrnehmungsgewohnheiten zu tun, was bedeutet, dass man ggf. eher ein figürlich lesbares Bild schätzt wie z. B. Haus oder Berg, oder eines, das eher einen Kontext und eine Eigenschaft ausdrückt, wie z. B. schroff oder kühl, oder dass man ein Bild entdeckt, das ohne figürliche Formen sich mit Licht, Farbe, oder mit Inhalten wie z. B. Klang, Gefahr, Zeit, Ende, oder Kosmos mitteilt.

9

Abbildung 10.29: In diesem Fall steht die Überschrift auf der Linie der Einzüge. Die Spalten erscheinen dadurch kompakter.

Fußnoten

Fußnoten werden vor allem in wissenschaftlichen Werken verwendet, wenn es darum geht, Querverweise und Quellenangaben aufzuführen. Sie stehen am Fuß des Satzspiegels, meist durch einen Absatz oder eine Linie getrennt. Die Schrift ist in der Regel dieselbe wie im Fließtext, allerdings etwa 2 pt kleiner.

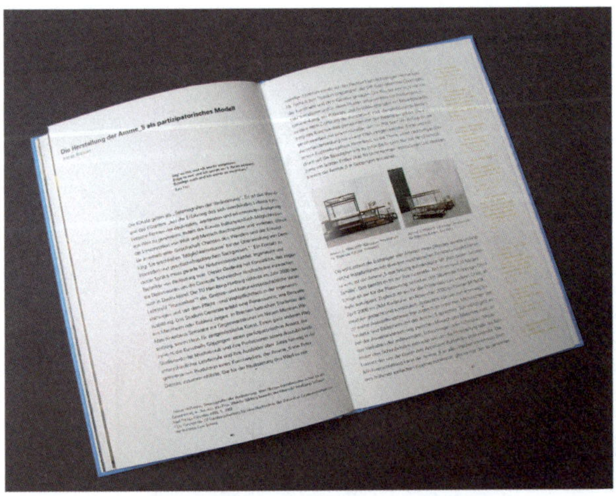

Abbildung 10.30: Fußnoten am Fuße des Satzspiegels, die auf den einspaltig gesetzten Haupttext verweisen

10.5.4 Titelei und Impressum

Auf dem Titelbogen, auch Titelei genannt, werden folgende relevanten Informationen des Buches aufgeführt:

+ Seite 1: Schmutztitel (Verfassernamen, Buchtitel, Logo des Verlags)
+ Seite 2: Leerseite/Vakatseite
+ Seite 3: Haupttitel: Buchtitel, Untertitel, Autor, Verlag, Erscheinungsjahr
+ Seite 4: Impressum
+ Seite 5: Dedikationstitel (falls ein Nachruf erforderlich ist)
+ Seite 6: Vorwort (auch oft hinter dem Inhaltsverzeichnis)

+ Seite 7 ff.: Inhaltsverzeichnis
+ Abkürzungsverzeichnis

Abbildung 10.31: Schmutztitel. Kunde: Goldbeck; Agentur: deteringdesign

Aus presserechtlichen Gründen muss das Impressum auf jeden Fall den Verlag, Verlagsort und den Namen der Druckerei/den Druckort enthalten, da sowohl Verlag als auch Druckerei haften, falls Rechte, zum Beispiel an Bildern oder Illustrationen, verletzt werden. Das Impressum steht entweder auf der Rückseite des Haupttitels (Seite 4) oder auf der letzten Seite des Buches. Folgende Angaben sollten im Impressum aufgeführt sein:

+ Verlag und Verlagsort
+ Copyright-Vermerk
+ Firma und Ort der Herstellung (Satz, Druck, Binden)
+ Erscheinungsjahr
+ Nachdruck und Auflage
+ ISBN
+ eventuell Illustratoren
+ eventuell Setzer und Layouter
+ eventuell Übersetzer

Index

Das Register, auch Index genannt, steht am Schluss eines Buches, damit es leicht auffindbar ist. Es dient zum schnellen Nachschlagen von Begriffen, Personen- oder Ortsnamen.

10.6 Infografik

Infografiken erfreuen sich immer größerer Beliebtheit. Das hat vielerlei Gründe:

+ Sie vermitteln Wissen visueller als der geschriebene Text.
+ Sie bringen die einzelnen Aspekte auf den Punkt.
+ Sie lockern Texte auf.
+ Und sie sind oft leichter verständlich.
+ Vergleiche und Größenverhältnisse können verständlich dargestellt werden.

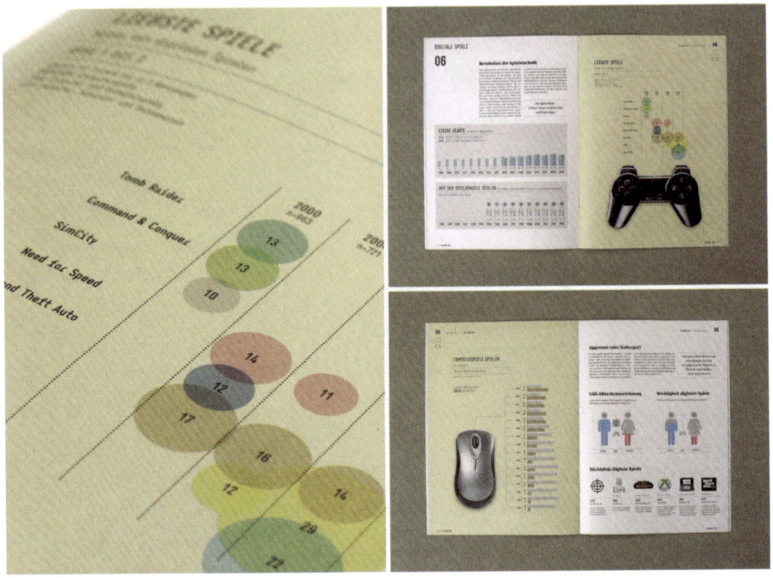

Abbildung 10.32: Diverse Infografiken zum Thema Computerspiele. Kunde: Medienpädagogischer Forschungsverband Südwest, JIM-Studie, *www.mpfs.de*; Agentur: Andreas Tesch Design

10.6.1 Aufgaben von Infografik

Infografiken haben primär eine Aufgabe: wesentliche Informationen über komplexe Sachverhalte verständlich und schnell zu vermitteln. Ebenso wie Bilder und Texte sind Infografiken ein Teil der visuellen Kommunikation. Dabei können sie jedoch mittels Diagrammen und Illustrationen die Fakten kürzer und präziser darstellen, als ein geschriebener Text oder ein Bild dies vermag.

Infografiken schaffen es, Zahlenmengen vergleichbar zu machen. Mit ihrer Hilfe lassen sich auch technisch komplexe Systeme vereinfacht darstellen.

Merke: Eine Infografik muss vor allem schnell erfassbar sein.

Die Aufbereitung und Darstellung einer Infografik muss möglichst objektiv bleiben. Schnell kann die Darstellung eines Diagramms verfälschend wirken. Im Idealfall sind Infografiken sprachunabhängig und werden einzig aufgrund der Darstellung verstanden bzw. korrekt interpretiert. Infografiken müssen von ihrem Umfeld unabhängig zu verstehen sein. Dennoch sind in den meisten Fällen eine entsprechende Legende, vor allem bei kartografischen Darstellungen, und ein kurzer erläuternder Text für das Gesamtverständnis notwendig.

Für welche Zwecke werden Infografiken nun eingesetzt?

1. Etwas zeigen, was nicht sichtbar ist oder nicht fotografiert werden kann (zum Beispiel die Konstruktion eines Motors)
2. Zahlen und ihr Verhältnis zueinander abbilden
3. Zusammenhänge und Abläufe aufzeigen
4. Orte genau anzeigen (dann sind die Infografiken Karten)

10.6.2 Die Planung einer Infografik

Vor der Erstellung einer Infografik sollten in der Planungsphase folgende Punkte geklärt werden:

+ Wer ist die Zielgruppe der Infografik? Die genaue Kenntnis der Zielgruppe hilft bei der Einschätzung darüber, wie viel Vorwissen erwartet werden kann.
+ Wo soll sie eingesetzt werden (Print oder digital, Messestand oder Flyer?).
+ Welches Format soll die Infografik haben (hoch oder quer)? In erster Linie bestimmen die Daten das Format, aber auch der zur Verfügung stehende Platz.
+ Soll sie farbig oder schwarz-weiß sein?
+ Wie soll die Gestaltung sein? Das heißt, ist die Infografik sequenziell oder nicht?
+ Gibt es CI-Vorgaben (Farben, Logos usw.)?

Die Beschaffung von Informationen und Daten vorab ist ebenso wichtig wie die korrekte Auswertung der Daten. Erst wenn dieser Prozess sinnvoll ausgeführt wurde, kann ein passgenaues Konzept erstellt und mit der Umsetzung der Infografik begonnen werden.

10.6.3 Gestaltungsregeln für Infografiken

Auch der Gestaltung von Infografiken liegen die ganz klassischen Gestaltgesetze zugrunde, zum Beispiel das Gesetz der Nähe. Es gibt aber auch einige spezielle Aspekte zu bedenken:

+ Die Infografik muss auch ohne Zusammenhang verständlich sein.
+ Die Infografik darf keinen Interpretationsspielraum lassen.
+ Was eine Infografik immer benötigt, ist eine klassische Überschrift, damit die Leserinnen und Leser ans Thema herangeführt werden.
+ Die Lesenden sollte den Einstiegspunkt zur Infografik selbst finden können.
+ Die Hierarchie der Infografik muss deutlich werden (was muss unbedingt angesehen werden, was sind Zusatzinformationen?). Hierzu ist es sinnvoll, sich eines Hauptelements zu bedienen.
+ Sie sollte von links nach rechts und von oben nach unten aufgebaut sein.
+ Nutzen Sie bekannte Symbole!
+ Sagen Sie alles, was nötig ist, den Rest lassen Sie weg.
+ Infografiken arbeiten oft mit den klassischen Grundelementen Punkt, Linie, Fläche und Körper.
+ Farbe wird zur Hervorhebung von wichtigen Aspekten eingesetzt.
+ Auch die Platzierung der Elemente und ihre Größe helfen bei der Hierarchisierung der Infografik.

Wichtig ist auch die **Beschriftung** von Infografiken:

+ Jedes Element, das nicht intuitiv verständlich ist, muss beschriftet sein.
+ Die Texte müssen gut lesbar und so kurz wie möglich sein.

Software

Mit welcher Software Sie eine Infografik gestalten, bleibt Ihnen überlassen: Print-Infografiken entstehen meistens in Adobe Illustrator oder InDesign, digitale Infografiken mit Photoshop oder Sketch.

+ Die Beschriftung kann innerhalb der Grafik stehen oder außerhalb. Die Beschriftung kann mit Zuordnungslinien oder Zuordnungsnummern außerhalb stehen oder in der Nähe des beschrifteten Elements.
+ Vergessen Sie nicht, alle Copyrights und Quellenangaben anzubringen!

10.6.4 Arten von Infografiken

Infografiken setzen sich im Grunde aus den immer gleichen Elementen zusammen: Diagrammen, grafischen Elementen, Zahlen, Legenden. Doch welche Arten von Infografiken kann man unterscheiden?

Statistiken als Infografik

Statistiken bestehen zumeist aus Diagrammen und visualisieren in erster Linie Zahlen.

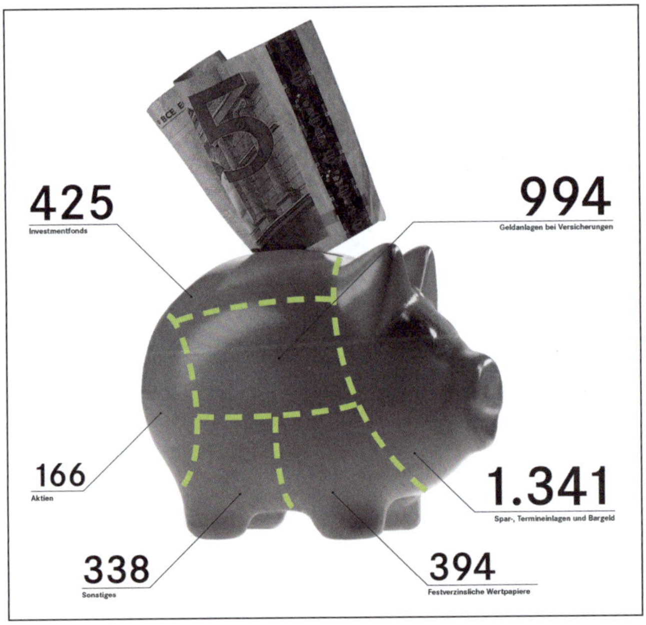

Abbildung 10.33: Wie legen die Deutschen ihr Geld an? Die Beschriftung steht hier außerhalb mit Zuordnungslinien.

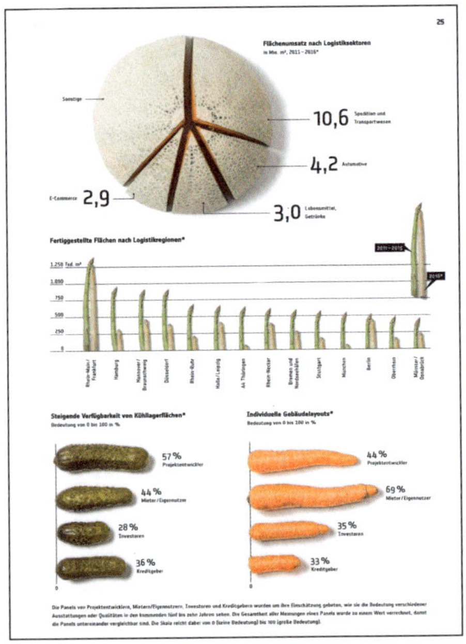

Abbildung 10.34: Auch eine Form der Infografik: Statistik anschaulich gemacht mithilfe von Bildmaterial. Kunde: Goldbeck; Agentur: deteringdesign

Prozessvisualisierungen

Prozessvisualisierungen werden allermeist mithilfe von Ablaufdiagrammen verdeutlicht. Sie zeigen eine Abfolge von zum Beispiel technologischen Schritten, Prozessen oder den Fortschritt in einem Projekt an.

Technische Illustrationen als Infografik

Eine weitere populäre Infografik ist die Darstellung technischer Systeme, wie zum Beispiel eines Automotors. Diese Form der Infografik begegnet uns auch bei Bedienungsanleitungen von Geräten oder Maschinen. Häufig treten dabei Fotografien in Kombination mit Grafiken auf. Gerade bei technischen Zeichnungen werden häufig Explosionsdarstellungen verwendet.

Karten als Infografiken

Kartografische Infografiken kennen wir alle aus dem Erdkundeunterricht. Karten spielen eine wichtige Rolle in der Infografik. Mit ihnen werden räumliche Zusammenhänge dargestellt.

Besonders wichtig bei der kartografischen Darstellung ist der Maßstab. Dieser ist ausschlaggebend dafür, wie detailreich eine Karte dargestellt wird. Liegt der Fokus auf den Großstädten, ist alles andere in diesem Moment unwichtig. Die Darstellung von Flüssen oder Gebirgen würde nur ablenken, wenn es um die Mietentwicklung in Deutschland geht, zumal es auch keinen Platz für alle Informationen gäbe.

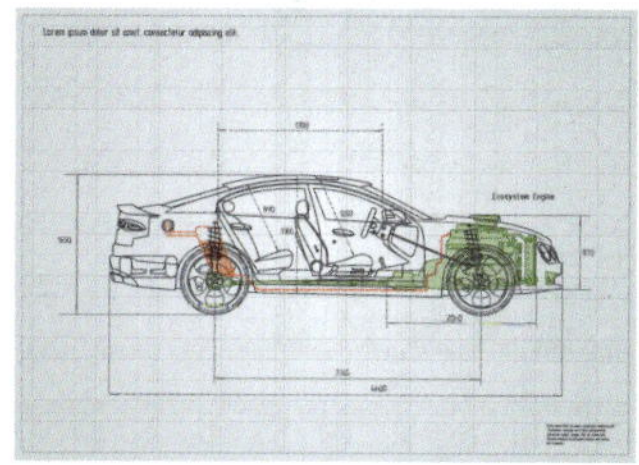

Abbildung 10.35: Seitenansicht zur Funktionsweise eines Automotors

Merke: Reduktion und Fokussierung auf das Wesentliche!

Kartografische Infografiken werden in mehrere Kategorien unterteilt:

+ Lage- oder Orientierungskarte (Rennstrecken, Sportveranstaltungen usw.)
+ thematische Karte (Arbeitslosenquote, Renten usw.)
+ Wetterkarte (Niederschlag, Sonnenstunden usw.)

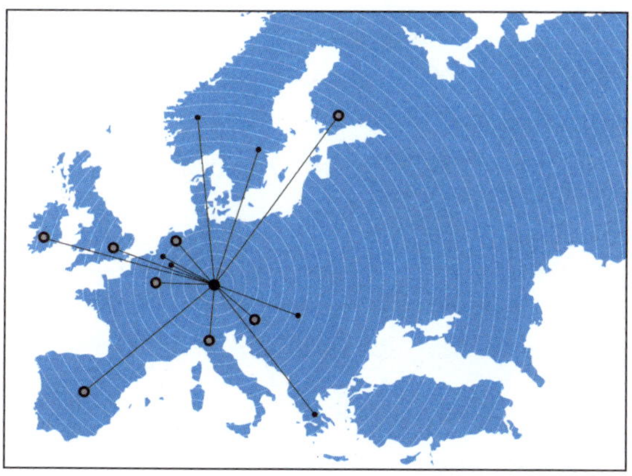

Abbildung 10.36: Diese Infografik zeigt den börslichen Handelsplatz der Frankfurter Wertpapierbörse mithilfe einer Karte.

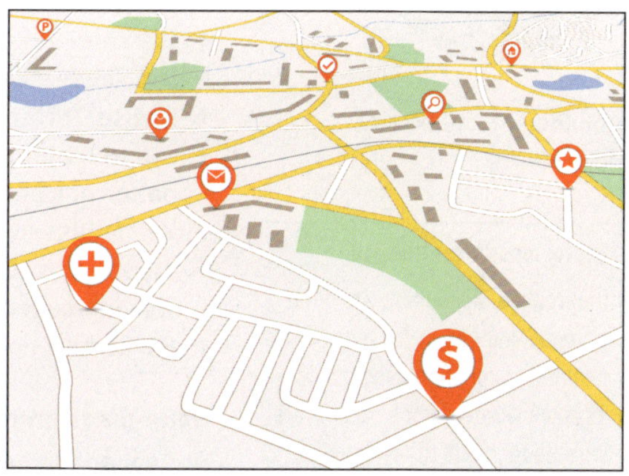

Abbildung 10.37: Mix aus zwei- und dreidimensionaler Darstellung einer Roadmap

Problematisch ist die Übertragung der dreidimensionalen Realität auf eine zweidimensionale Karte. Das heißt für uns in jedem Fall: Karten bilden die Realität nur unvollkommen ab.

10.6.5 Diagramme

Bei den Diagrammen lassen sich die folgenden Arten unterscheiden:

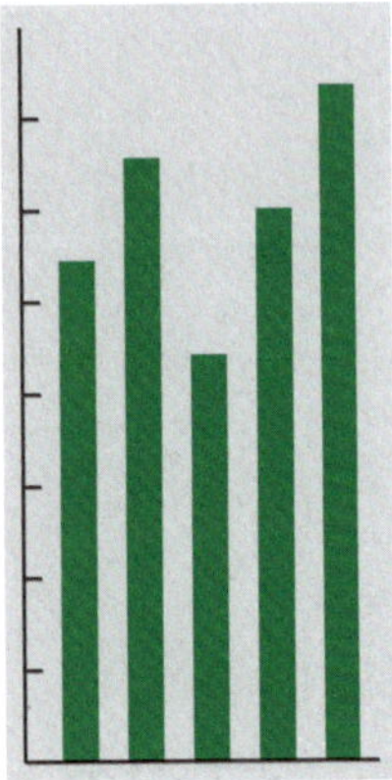

Abbildung 10.38: Ein vereinfachtes Säulendiagramm

Säulen- und Balkendiagramme

Säulen- und Balkendiagramme haben folgende Charakteristika:

- Sie werden eingesetzt, um Werte darzustellen (Geld, Umsatzzahlen ...).
- Sie machen Wertunterschiede gut sichtbar.
- Sie sollten waagerecht von links nach rechts (Balken) oder senkrecht von unten nach oben (Säulen) aufgebaut sein.
- Die Beschriftung steht auf oder neben dem Balken; bei Säulen ist es schwieriger – dabei sollten Sie am besten mit Zuordnungslinien arbeiten.

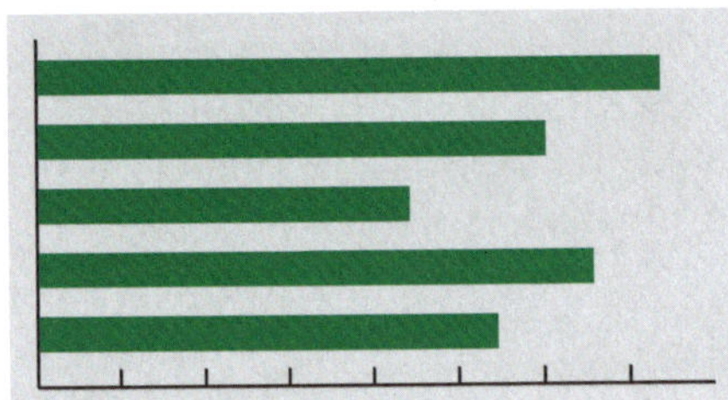

Abbildung 10.39: Ein vereinfachtes Balkendiagramm

Torten- oder Kreisdiagramm

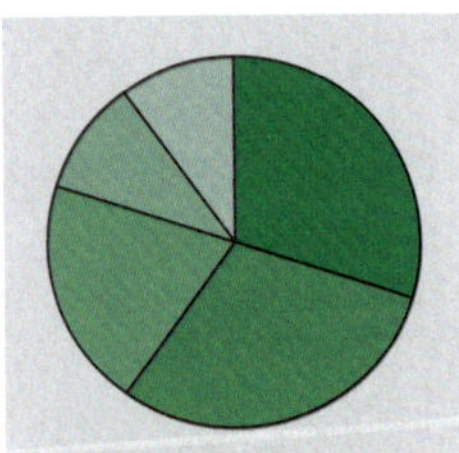

Abbildung 10.40: Kreisdiagramm

Bei Torten- und Kreisdiagrammen ist zu beachten:

- Torten stellen die Aufteilung eines Ganzen in Form eines Kreises dar. Als Kreisdiagramm wird dabei die 2D-, als Tortendiagramm die 3D-Darstellung bezeichnet.
- Sie können keine Negativwerte darstellen.
- Die Teilstücke müssen sich zu 100 % addieren.
- Kreise/Torten sollten immer bei 12 Uhr beginnen.
- Sie machen kleine Wertunterschiede nicht gut sichtbar und sind daher nur bei wenigen Werten sinnvoll.
- Werte lassen sich nicht gut vergleichen.
- Sie können auch mit einem Loch in der Mitte gestaltet werden, dann werden sie auch Donuts oder Meisenringe genannt.
- Farbe hilft bei der Unterscheidung der einzelnen Teilstücke.

> **Explosionsdarstellungen**
>
> **Diagramme, besonders Kreisdiagramme, können durch eine sogenannte Explosion auseinandergezogen werden, um eine bessere Verständlichkeit zu erreichen.**

Baumdiagramme

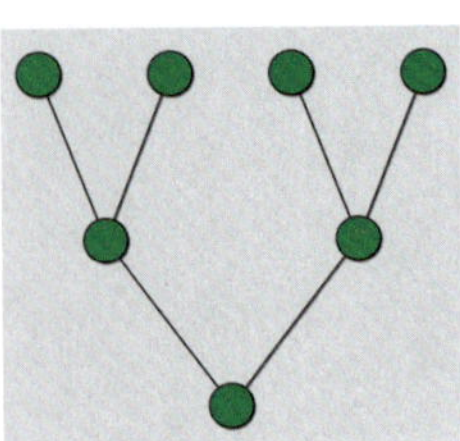

Abbildung 10.41: Baumdiagramm

Bedenken Sie bei Baumdiagrammen:

- Klassisches Beispiel sind Stammbäume.
- Sie machen Zusammenhänge sichtbar, zeigen, wie sich etwas entwickelt hat.
- Baumdiagramme können von oben oder unten starten.

Liniendiagramme

Liniendiagramme haben folgende Eigenschaften:

- Sie zeigen Werte, die sich mit der Zeit verändern, zum Beispiel Aktienkurse.
- Die Werte werden auf einer Skala eingetragen und dann verbunden.

+ Auf der x-Achse läuft meistens die Zeitleiste.
+ Auf der y-Achse werden die Werte abgetragen.

Flächendiagramm

Ein Sonderfall des Liniendiagramms ist das Flächendiagramm. Dabei wird die Fläche unterhalb der Linie farbig gefüllt.

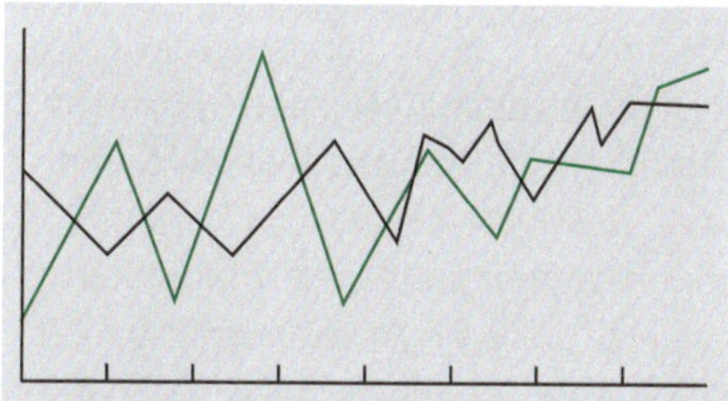

Abbildung 10.42: Liniendiagramm

Sonderformen

Bei Balken- und Säulendiagrammen gibt es noch einige Sonderformen, zum Beispiel gestapelte Balkendiagramme (bei denen in einem Balken unterschiedliche Werte abgetragen werden) oder gruppierte Diagramme (bei denen mehrere Werte nebeneinander angezeigt werden).

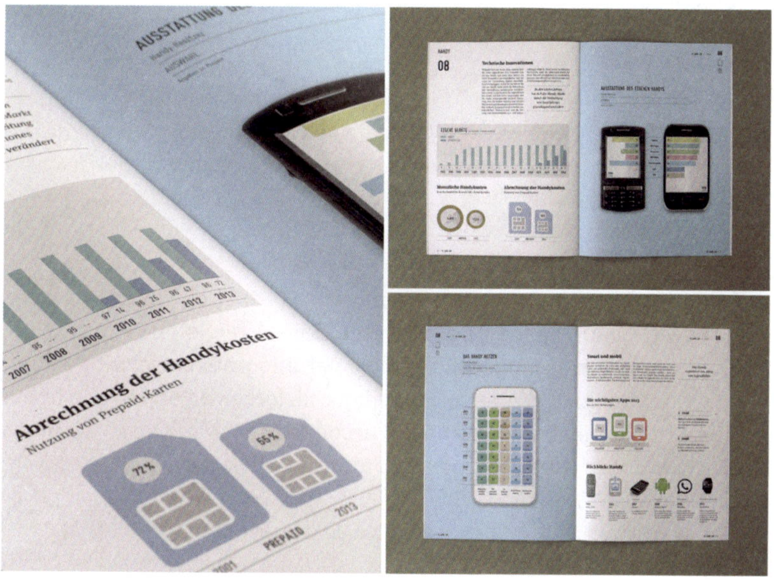

Abbildung 10.43: Kombination aus diagrammartigen Darstellungen und Bildmaterial. Kunde: Medienpädagogischer Forschungsverband Südwest, JIM-Studie, *www.mpfs.de*; Agentur: Andreas Tesch Design

10.6.6 Digitale Infografiken

Digitale Infografiken unterliegen zwar grundsätzlich den gleichen Regeln wie Print-Infografiken, wir wollen aber dennoch einen Blick auf die Besonderheiten werfen, denn Informationen werden auf dem Bildschirm anders aufgenommen als auf Papier.

Eine digitale Infografik verfolgt meistens den Zweck, so viele Menschen wie möglich auf die Website aufmerksam zu machen, zu erreichen und möglichst lange auf einer Website zu halten. Diese Infografiken-Arten gibt es digital:

+ statische Infografiken
+ animierte Infografiken
+ interaktive Infografiken

Statische Infografiken

Statische Infografiken sind in den allermeisten Fällen Print-Infografiken, die für den Bildschirm aufbereitet werden. Zu beachten ist hier:

+ Auf dem Bildschirm liest man anders!
+ Für welche Art von Bildschirm soll die Infografik optimiert sein? Wo wird die Infografik betrachtet (Website, App ...)?
+ Passen Sie die Größe der Infografik für den Bildschirm an.
+ Passen Sie die Farben für den Bildschirm an (Farbraum, Farbwahl). Farbverläufe und Hintergrundmuster sollten vermieden werden.
+ Achten Sie auf gute Kontraste.
+ Stellen Sie die Infografik auf eine webgeeignete Schrift und Schriftgröße um.
+ Bauen Sie die Infografik um: Eine Anordnung von oben nach unten ist sinnvoll und folgt der Leseführung in Apps.

Animierte Infografiken

Animierte Infografiken können die Verständlichkeit eines Themas erhöhen: Farben ändern sich, Teile bewegen sich. Aber Vorsicht: Die Animation muss eine Funktion erfüllen und sollte nicht nur dekorativen Charakter haben.

Interaktive Infografiken und interaktive Karten

Sie sind klickbar, man interagiert mit der Grafik per Fingertipp oder Mouseover, kann Teile vergrößern usw. Der Vorteil ist, dass sich Nutzerinnen und Nutzer länger mit solch einer Infografik beschäftigen und auch länger auf einer Website verweilen. Die Infografiken werden übersichtlich, weil Zusatzinformationen erst durch ein Mouseover sichtbar gemacht werden. Beliebt sind auch interaktive Karten.

Teil III

Printprodukte realisieren: Druckvorstufe und Druck

Kapitel 11

Digitale Druckvorstufe

Themen des Kapitels:

- *Colormanagement*
- *ICC-Profile*
- *Farbräume, Sonderfarben und die Separation*
- *Reinzeichnung*
- *Preflight*
- *Überfüllen und Überdrucken*
- *Beschnitt, Druckmarken*
- *PDF und PostScript*

Bei der Herstellung eines Druckerzeugnisses folgt nach Konzeption und Gestaltung nun die Realisierung, die sich in drei aufeinanderfolgende Teilprozesse aufteilen lässt, denen wir uns in den nächsten drei Kapiteln widmen wollen:

1. die Druckvorstufe
2. den Druck
3. die Druckweiterverarbeitung

In der Druckvorstufe werden die zu druckenden Texte, Grafiken und Bilder geprüft, entsprechend aufbereitet und dann zu einer druckfähigen Datei zusammengeführt. Die einzelnen Prozessschritte sind dabei maßgebend für ein gutes Printergebnis und sollten somit stets mit Bedacht geplant und durchgeführt werden.

Definition Druckvorstufe
Die Druckvorstufe (auch Premedia genannt) umfasst alle Vorgänge zur Vorbereitung eines perfekten Drucks. Dazu zählen die Datenaufbereitung, die Erstellung von Druckdaten und die Prüfung derselben. Die Druckvorstufe erfolgt nahezu komplett digital.

Damals, vor der Zeit der digitalen Medien, kannte man diese Phase vor dem eigentlichen Drucken als Reproduktionstechnik, deren Arbeitsschritte Satz, Reproduktion und Druckformherstellung weitestgehend analog und somit handwerklich ausgeführt wurden. Damals erfolgte die klassische und analoge Druckvorstufe lange Zeit mithilfe von Setzmaschine, Reprokamera und Film – bis sie nach und nach von der digitalen Computertechnik abgelöst wurde. Heute werden fast alle Arbeiten der damals gängigen Einzelprozesse wie Satz, Reproduktion und Druckformherstellung mithilfe modernster Techniken an einem Computer erledigt. Daher gibt es heute auch den Begriff »Digitale Druckvorstufe«.

Druckvorstufen-Handwerk

Vor nicht einmal 70 Jahren galten die Arbeiten, die noch in den einzelnen Prozessen ausgeführt wurden, als Handwerk. Wer früher in einem der Berufe als Schriftsetzer, Reproduktionsfotograf, Chemigraf oder Lithograf ausgebildet wurde (hier absichtlich nur in der männlichen Form verwendet, es gab keine Frauen in diesen Berufen), war demnach ein klassischer Handwerker. Mit den technologischen Entwicklungen haben sich auch die heutigen Berufsbilder für die Druckvorstufe geändert. Heute können alle Arbeiten von nur einer Fachkraft ausgeführt werden, dem Mediengestalter bzw. der Mediengestalterin.

11.1 Das Colormanagement

Effizienz und Kosteneinsparung

Durch die Optimierung des Farbmanagements können Druckfehler, Fehldrucke und notwendige Nachbearbeitungen reduziert werden, was Zeit und Ressourcen spart. Das frühe Integrieren von Colormanagement verhindert spätere teure Korrekturen.

Der erste Schritt, um eine wirklich konsistente Produktion zu gewährleisten, Farben korrekt wiederzugeben, und Industriestandards einzuhalten, ist die Einführung eines Colormanagements. Denn damit eine Layoutdatei, die man am Monitor sieht, »farb- und tonwertrichtig« gedruckt werden kann – der Druck also der Vorlage hinsichtlich der Tonwerte und der Farben möglichst gleicht –, müssen innerhalb der digitalen Druckvorstufe und der Farbanpassung einige wichtige Schritte beachtet werden. Und das am besten von Anfang an – also noch bevor mit der Gestaltung begonnen wird.

11.1.1 Technischer Hintergrund des Colormanagements

Jedes digitale Gerät, mit dem man arbeitet, erzeugt einen etwas anderen Farbbereich. Das Colormanagement hilft dabei, Dateien von verschiedenen Geräten farblich konsistent zu halten (»Farbtreue«), wenn beispielsweise die Datei vom Scanner zum Monitor, zu einem anderen Monitor oder zum Drucker übertragen wird.

Definition Farbraum/Gamut

Die praktische Anwendung eines Farbmodells: Er umfasst alle Farben, die in einem Farbmodell erzeugt werden können. Daher gibt es wiederum den RGB-Farbraum, CMYK-Farbraum, Lab-Farbraum, HSL-Farbraum usw.

Obwohl das Colormanagement innerhalb der Adobe Creative Cloud gut funktioniert, kann es trotzdem noch zu Problemen kommen. Hintergrund ist, dass Farben zum Beispiel im Computer digital mit Licht erstellt werden und auf dem Bedruckstoff mit Druckfarben. Dass es dabei zu Abweichungen im Aussehen kommen kann, ist selbsterklärend. Dazu kommt, dass zum Beispiel Kameras, Monitore oder Scanner mit anderen **Farbräumen** arbeiten, als es Druckmaschinen tun. Dabei kann man sich einen Farbraum als eine Küche mit begrenzten Zutaten vorstellen. Beim Colormanagement geht es darum, dass man mit einem Rezept in beiden Küchen mit verschiedenen Zutaten dasselbe Ergebnis »kocht«.

Rufen wir uns noch einmal die Unterscheidung zwischen RGB und CMYK in Erinnerung: Der RGB-Farbraum verwendet Licht in den Farben Rot, Grün und Blau, um ein sichtbares Farbspektrum zu erzeugen.

Unsere Augen arbeiten auch mit drei Rezeptoren zur Farbwahrnehmung. Somit bedienen sich technische Geräte wie Scanner, Kameras und Monitore, die mit dem RGB-Farbraum arbeiten und Licht zum Erstellen von verschiedenen Farben nutzen, dieser Eigenschaft des menschlichen Auges. Der RGB-Farbraum kann allerdings nicht alle Farben der realen Welt anzeigen, hierfür wäre der Lab-Farbraum eher geeignet. Dieser wiederum ist nicht vollständig auf Monitoren abbildbar.

Wenn es aber um das Bedrucken von Papier oder anderen Bedruckstoffen geht, befinden wir uns in einem anderen Farbraum: dem CMYK-Farbraum. Hier werden anstelle von Licht Pigmente in Druckfarben genutzt, um durch Cyan, Magenta, Gelb und Schwarz die Farben zu reproduzieren, die wir im realen Leben oder digital auf einem Display sehen.

Die Kommunikationen zwischen den Farbräumen übernimmt der CIELab-Farbraum, auch vereinfacht nur Lab genannt (siehe Abschnitt 11.2.3). Er ist ein geräteunabhängiger Farbraum zur Darstellung beinahe aller sichtbaren Farben. Beim Colormanagement gilt er als Referenzfarbraum für die Farbmanagement-Systeme. Unabhängig von der Art ihrer Erzeugung oder Wiedergabetechnik werden Farben im Lab-Farbraum so definiert, wie sie unter Normalbeobachtung bei einer Standard-Lichtbedingung wahrgenommen werden.

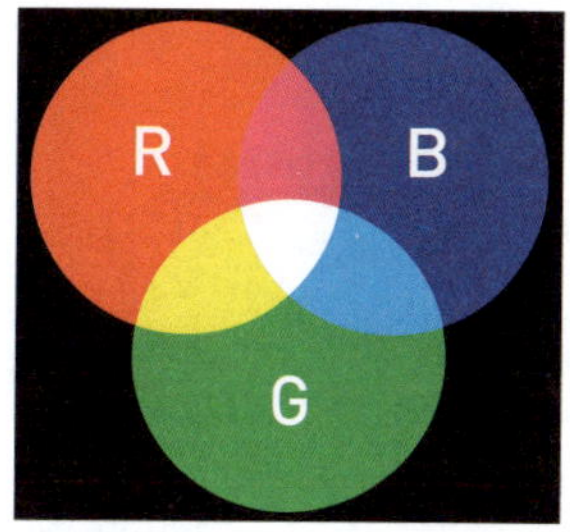

Abbildung 11.1: Das RGB-Farbmodell

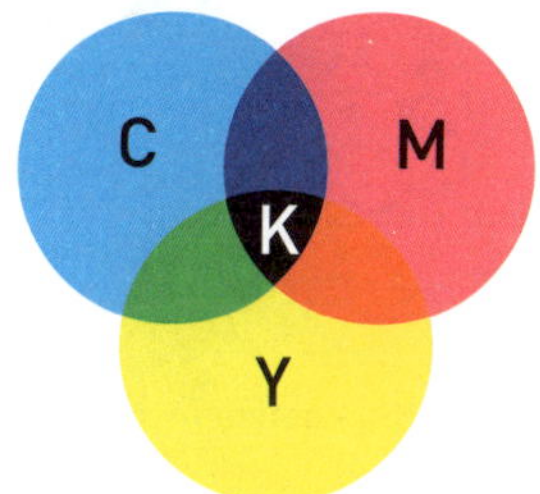

Abbildung 11.2: Das CMYK-Farbmodell

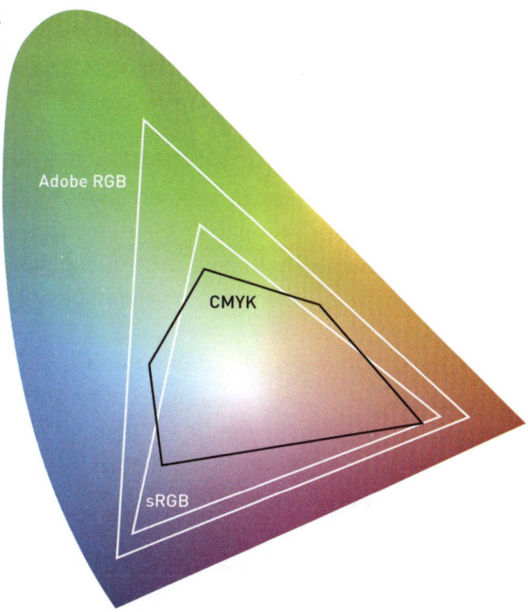

Abbildung 11.3: Der Lab-Farbraum mit allen wahrnehmbaren Farben, darin enthalten der kleinere RGB-Farbraum und der noch viel kleinere CMYK-Farbraum.

Dadurch, dass der CIELab-Farbraum der größte Farbraum ist, wird er als Profile Connection Space (PCS) verwendet, er verbindet also den Quellfarbraum mit dem Zielfarbraum. Wandelt man also einen Farbwert aus dem CMYK-Farbraum in einen RGB-Wert um, wird diese Umwandlung mithilfe des Lab-Farbraums vorgenommen.

Umwandlung von CMYK-Profilen über Lab

Interessant ist dies auch, wenn von einem CMYK-Profil zu einem anderen CMYK-Profil umgewandelt wird (siehe Abschnitt 11.1.3). Denn in den Grafikprogrammen der Adobe Creative Cloud wird auch hier der Weg über den Lab-Farbraum gewählt, und der Aufbau eines 100%-Schwarz in CMYK wäre durch die Konvertierung verfälscht, da der Lab-Farbraum einen eigenen Kanal für Schwarz hat.

11.1.2 Voraussetzung: Monitor kalibrieren und profilieren

Definition Kalibrieren
Eichen von Geräten auf Standardmaße, um zuverlässige Ergebnisse zu produzieren. Ein Beispiel sind auf bestimmte Standardeinstellungen kalibrierte Farbmonitore.

Colormanagement ist eine Möglichkeit, die Arbeitsumgebung so einzurichten, dass alle Geräte die gleiche Sprache sprechen, so dass Sie genaue und vorhersehbare Ergebnisse erhalten. Dazu sollte man alle am Prozess beteiligten Geräte kalibrieren (einstellen auf Weißpunkt, Helligkeit und Tonwertkurve) und linearisieren (d. h. auf farbneutrale Graustufen hin optimieren). Dazu wird das Farbwiedergabeverhalten eines jeden Geräts messtechnisch mit einem Kalibrierungsgerät (Fotospektrometer) erfasst und mit einem Soll-Zustand verglichen.

Besonders wichtig ist es hierbei, den Monitor, auf dem gearbeitet wird, zu kalibrieren. Denn selbst wenn das richtige Farbprofil hinterlegt ist, der Monitor aber nicht kalibriert ist, kann das optische Erscheinungsbild vom Endergebnis abweichen. Nicht jeder Monitor kann kalibriert werden, daher ist beim Monitor vorab auf diese Eigenschaft zu achten. Anschließend wird entweder manuell oder automatisch eine Kalibrierung am Monitor vorgenommen.

+ Bei der manuellen Kalibrierung wird ein Messgerät mit dem Monitor verbunden und anschließend das entsprechende Programm gestartet, in dem der Monitor bestimmte Farben anzeigt. Diese werden dann durch das Messgerät gelesen, das händisch an den Monitor gehalten wird.
+ Bei der automatischen Kalibrierung zählt eine Software im Hintergrund die Betriebsstunden und kalibriert sich automatisch nach einer festgelegten Anzahl von Stunden neu. Hierbei klappt sich ein kleines Messgerät aus dem Monitor aus und misst die vom Monitor angezeigten Farben. Eine manuelle Unterstützung ist hier nicht nötig.

Abbildung 11.4: Die Kalibrierung aller am Prozess beteiligten Geräte ist wichtig für ein gutes Farbmanagement während der Druckvorstufe.

Definition Farbprofil
Beschreibungsdateien des Farbverhaltens von Eingabe-, Betrachtungs- und Ausgabegeräten, um durchgehend eine einheitliche Farbdarstellung zu erreichen.

Anschließend wird der Monitor dann **profiliert**. Hierbei wird nach der Kalibrierung das nun angepasste Monitorprofil ausgemessen. Dieses neue Profil wird dann im Betriebssystem für den zugehörigen Monitor hinterlegt und kann durch das entsprechende Grafikprogramm, wie beispielsweise aus der Adobe Creative Cloud, genutzt werden, um die eingestellten Farben richtig darzustellen.

Die farbmetrischen Abweichungen können dann mittels eines **ICC-Profils** beschrieben werden. Ein ICC-Profil ist im Prinzip nichts anderes als eine Tabelle mit genormten Datensätzen, die geräteabhängige Farbwerte vom Quellfarbraum (zum Beispiel dem RGB-Farbraum des Scanners) auf den medienneutralen Lab-Farbraum und von diesem auf den ausgabeabhängigen Zielfarbraum abbildet. Erst durch diese nach ISO genormten ICC-Profile wird Farbe unter Berücksichtigung der Ausgabe eindeutig definierbar.

Definition ICC-Profil
Korrekturtabellen, anhand derer man die Qualität und Einstellungen von Geräten wie Monitoren, Scannern und Druckmaschinen aufeinander abstimmen kann; besonders hilfreich beim Farbmanagement.

Hat man nicht die Möglichkeit, jeden einzelnen am Prozess beteiligten Monitor oder Drucker zu kalibrieren, funktioniert das Colormanagement auch, indem man vorgefertigte **Ein- und Ausgabeprofile** für alle Daten verwendet. Die Bilder müssen an einem gut kalibrierten Monitor im richtigen Farbprofil abgespeichert werden. Sitzt man dann an einem nicht kalibrierten Monitor und arbeitet trotzdem mit den Bildern, die zuvor an dem kalibrierten Monitor gesichert wurden, steht auch hier einer korrekten Ausgabe (zum Beispiel mit dem richtigen Ausgabeprofil über InDesign) nichts mehr im Wege.

11.1.3 ICC-Profile

Sehen wir uns diese enorm wichtigen ICC-Profile nun genauer an. Wenn man ohne die exakten ICC-Profile arbeitet, interpretiert jedes Gerät im Prozess die verwendeten Farben anders. Dann erscheinen Farben auf dem Bildschirm beispielsweise leuchtend und farbecht, verlieren beim Drucken aber plötzlich ihre Wirkung.

ICC?

Das »ICC« im Namen ist die Abkürzung für das International Color Consortium, eine Vereinigung, die aus einflussreichen Herstellern und Unternehmen der Druckindustrie besteht. Sie stehen mit ihrem Namen für die Entwicklung und Definition der einzelnen Themen des Colormanagements. Zum Beispiel legen sie Regeln und Normen für den Aufbau von Farbprofilen fest. Das Thema Colormanagement soll so weitgehend unabhängig für alle Geräte, Programme und Systeme innerhalb der Druckvorstufe standardisiert werden. Passende Informationen zum ICC und seinen Arbeitsweisen findet man im Netz unter *www.color.org*.

ICC-Profile sind nach ISO genormte Dateien, die Informationen enthalten, die es dem Drucker ermöglichen, auf dem jeweiligen Bedruckstoff eine exakte Farbwiedergabe zu erzeugen. Das Farbverwaltungssystem konvertiert dabei die Farben intern mithilfe des vorhandenen ICC-Profils, so dass sie beim Drucken nahezu exakt so aussehen wie im Original bzw. wie man sie auf dem kalibrierten Bildschirm wahrgenommen hat. Abhängig vom Konvertierungsprozess (Rendering Intent, siehe Abschnitt 11.2.4) werden Farben, die der Drucker vielleicht nicht reproduzieren kann, so verschoben, dass sie bezogen auf die Vorlage so ähnlich wie möglich gedruckt werden können. Da jeder Bedruckstoff unterschiedliche Stärken, Schattierungen und Oberflächen aufweist, ist es wichtig, dass man immer das passende ICC-Profil verwendet.

Die aktuellen ICC-Profile kann man auf der Seite der ECI (**E**uropean **C**olor **I**nitiative) *www.eci.org* herunterladen. Um ICC-Profile nach dem Herunterladen nutzen zu können, gehen Sie wie folgt vor:

+ Windows: Klicken Sie mit der rechten Maustaste auf das entpackte ICC-Profil, und wählen Sie dann die Option *Profil installieren*, oder verschieben Sie es manuell in den Ordner *C:\Windows\System32\spool\drivers\color*.

Definition Rendering Intent
Ein Rendering Intent steuert als Umrechnungsalgorithmus die Umsetzung der Farben vom Quell- in den Zielfarbraum.

> **Hinweis**
> Das Grafikprogramm sollte neu gestartet werden, wenn es während der Installation geöffnet war.

+ macOS: Verschieben Sie das entpackte ICC-Profil in den Ordner */Library/ColorSync/Profiles* oder in den Ordner */Benutzer/Benutzername/Library/ColorSync/Profiles*.

Jetzt sind die Profile nutzbar. Wenn Sie mit Adobe-Programmen arbeiten, können Sie die Profile jetzt in den einzelnen Programmen über *Bearbeiten • Farbeinstellungen* oder *Bearbeiten • Profil zuweisen* verwenden. Möchte man, dass alle Programme der Creative Cloud mit den neuen Farbprofilen arbeiten und somit mit einem konsistenten Colormanagement, empfiehlt es sich, die Einstellungen mit allen Programmen zu synchronisieren. Dazu gehen Sie in Adobe Bridge über das Menü *Bearbeiten • Farbeinstellungen* in den dafür zuständigen Dialog und wählen das gewünschte Profil aus.

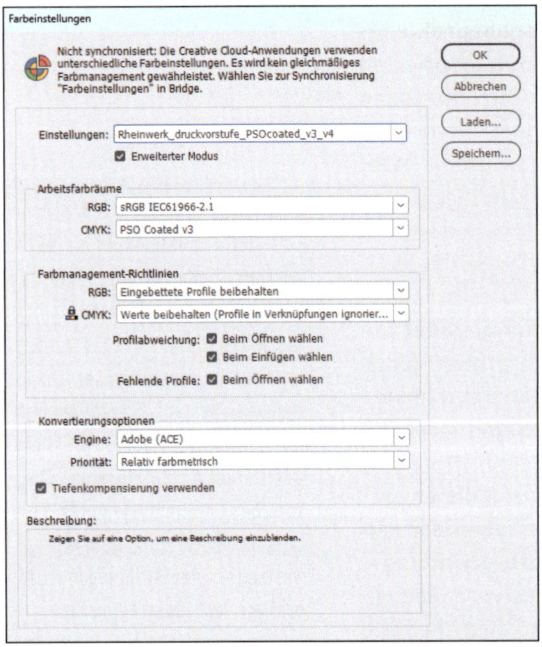

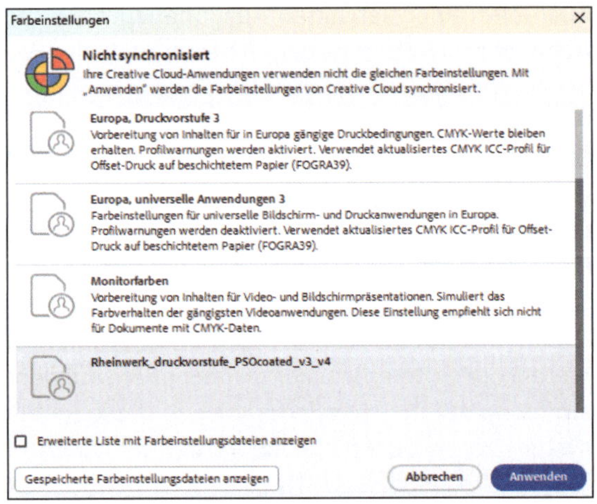

Abbildung 11.5: Links das Dialogfenster *Farbeinstellungen* für ein Dokument in Adobe InDesign und rechts für Adobe Bridge, das sich auf die komplette Creative Cloud bezieht

Merke: Fragen Sie immer in der Druckerei nach, welches CMYK-Farbprofil Sie verwenden sollen.

11.2 Farbräume für Fortgeschrittene

Ein Farbraum ist im Grunde eine mathematische Darstellung, die festlegt, wie Farben durch Zahlenwerte beschrieben und interpretiert werden können. Ein Farbraum wird aus einem Farbmodell erzeugt, indem die Gesamtheit der Farben definiert wird, die innerhalb des Raumes reproduziert werden können. Dieser Farbumfang/Gamut hängt vom »Gerät« ab, das für die Farbdarstellung verwendet wird (Monitor/Drucker/Druckfarben ...). Anschließend wird für diesen Farbraum ein Farbprofil erstellt, damit die Farben konsistent wiedergegeben werden können. Dabei unterscheidet man zwei Arten von Farbräumen:

+ Farbräume, die sich auf ein Gerät beziehen (und wir sprechen dann von ICC-Profilen)
+ Die ingenieurtechnisch erstellten Farbräume, die auf den Farbmodellen RGB und CMYK basieren. Sie sind nicht von einem Gerät abhängig. Die bekanntesten Farbräume sind sRGB, Adobe RGB (1998) oder auch ProPhoto RGB. Der größte Farbraum, der beinahe alle Farben repräsentiert, die ein Mensch sehen kann, heißt Lab-Farbraum. Alle anderen Farbräume sind kleiner, weil die Geräte bis heute technisch nicht dazu in der Lage sind, so viele Farben zu reproduzieren.

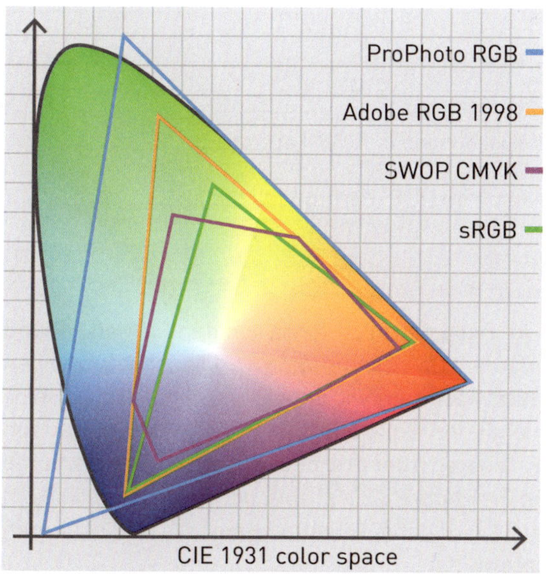

Abbildung 11.6: Der CIELab-Farbraum und einige kleinere Farbräume im Vergleich

11.2.1 Farbräume im RGB-Farbmodell

Das RGB-Modell bildet seinen Gamut (= Farbumfang) aus den primären Farben Rot, Grün und Blau. Wenn rotes, grünes und blaues Licht zusammen angezeigt wird, bildet es Weiß. Computer zeigen in der Regel RGB mit 24-Bit-Farbe an. Im 24-Bit-RGB-Farbmodell gibt es 256 Variationen für jede der additiven Farben Rot, Grün und Blau. Daher gibt es im 24-Bit-RGB-Farbmodell 16.777.216 mögliche Farben (256 Rottöne × 256 Grüntöne × 256 Blautöne).

Die Farben werden durch unterschiedliche Intensitäten von rotem, grünem und blauem Licht dargestellt. Die Intensität jeder der roten, grünen und blauen Komponenten wird auf einer Skala von 0 bis 255 dargestellt, wobei 0 die niedrigste Intensität ist (kein emittiertes Licht)

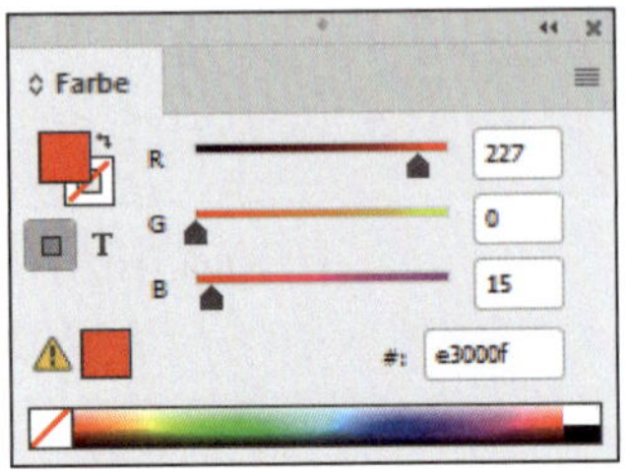

Abbildung 11.7: Einstellung von RGB in InDesign

und 255 die maximale Intensität. Zum Beispiel würde man dann Rot mit R = 255 G = 0 B = 0 angeben und Schwarz mit R = 0 G = 0 B = 0 (vollständige Abwesenheit von Licht).

Farbe	Rot-Wert	Grün-Wert	Blau-Wert
Rot	255	0	0
Grün	0	255	0
Blau	0	0	255
Gelb	255	255	0
Magenta	255	0	255
Cyan	0	255	255
Weiß	255	255	255
Schwarz	0	0	0
Grau	127	127	127

Tabelle 11.1: Einige Farbmischungen im RGB-Farbmodus

Die wichtigsten Farbräume im RGB-Farbmodell sollen kurz vorgestellt werden.

sRGB

Der sRGB-Farbraum ist Ende der 90er Jahre von den Firmen HP und Microsoft entwickelt worden. Da er somit von zwei branchenführenden Unternehmen unterstützt wurde, entwickelte er sich schnell zum Standard für die meisten digitalen Geräte auf dem Markt. sRGB hat den geringsten Ton- und Farbbereich der drei beliebtesten RGB-Farbräume (sRGB, Adobe RGB und ProPhoto RGB), ist aber der vielseitigste und am weitesten verbreitete. Er wird dabei von allen Kameras, Bildschirmen und jeder Software unterstützt.

Adobe RGB (1998)

Ebenfalls Ende der 90er Jahre wurde von Adobe der Adobe-RGB-Farbraum entwickelt. Er wird innerhalb der Adobe-Produkte genutzt. Der Adobe-RGB-Farbraum ist ein größerer Farbraum, der etwa 50 Prozent aller sichtbaren Farben umfasst (wie von der Commission Internationale de l'Éclairage definiert). Man nutzt ihn hauptsächlich für die Bearbeitung im 8-Bit- oder 16-Bit-Modus. Es kann während der Nutzung jedoch zu Schwierigkeiten kommen, denn Adobe RGB wird nicht von allen Browsern unterstützt. Wenn man also zum Beispiel Bilder im Adobe-RGB-Modus online gestellt hat, werden diese höchstwahrscheinlich von verschiedenen Personen mit unterschiedlichen Browsern auch mit unterschiedlichen Farben gesehen.

Bit-Farbtiefe

Die Bittiefe eines Bildes gibt an, wie viele Farbabstufungen für jede Farbe verfügbar sind. Ein »Bit« ist ein Begriff der Datenspeicherung und kann nur zwei Werte annehmen: 0 (aus) oder 1 (an).

Eine Farbtiefe von 8 Bit würde demnach bedeuten, dass für jeweils einen Farbkanal (RGB) 256 Farbabstufungen möglich wären. Man rechnet dazu $2^8 = 256$. Das entspräche dann insgesamt $256 \times 256 \times 256 = 16{,}7$ Millionen Farben.

Bei einem 16-Bit-Bild wären das entsprechend $2^{16} = 65.536$ Farbabstufungen pro Farbe = 281 Billionen mögliche Farben insgesamt.

Definition Commission Internationale de l'Éclairage

Die Internationale Beleuchtungskommission beschäftigt sich in Kunst und Wissenschaft mit Licht und Beleuchtung und damit auch mit den Farbräumen. Die Abkürzung CIE wird Ihnen öfter begegnen.

Außerdem komprimiert Adobe RGB Farben, und so kann es passieren, dass Bilder mitunter nicht kräftig genug erscheinen. Wenn man Bilder also außerhalb der Adobe-Programme nutzt oder teilt, sollte man sie besser in sRGB umwandeln.

ProPhoto RGB

Dieses System oder dieser Farbraum wurde von Kodak für die erweiterte Bildwiedergabe im Druck (vor allem für hochwertige Fotos) erstellt. Er deckt dabei die größte Farbpalette ab und geht sogar über das hinaus, was unsere Augen wahrnehmen können. Um Bilder in diesem Farbraum bearbeiten zu können, sollten die Fotos allerdings zuvor im RAW-Format aufgenommen worden sein. Dann kann man sie als digitales Negativ mit dem ProPhoto-RGB-Farbraum im 16-Bit-Modus öffnen. Wenn Sie in Farbräumen mit einem so großen Farbumfang arbeiten, empfiehlt es sich, in 16-Bit-Farbtiefe statt in 8 Bit zu arbeiten, um Posterisationseffekte (Tontrennung) zu vermeiden. Daher wird dieser Farbraum nur für Fotografen und Fotografinnen empfohlen, die einen sehr speziellen Workflow haben und auf speziellen High-End-Tintenstrahldruckern drucken, die eine so hohe Farbpalette nutzen können.

Posterisation (Banding)

Der Effekt tritt auf, wenn die scheinbare Bittiefe eines Bildes so stark verringert wurde, dass es eine visuelle Auswirkung hat, wenn also die verfügbare Auswahl der Farben oder Grautöne nicht ausreicht, um ein Bild richtig darzustellen – vor allem wenn es Farbverläufe aufweist. Statt sanfter Farbübergänge kommt es dann zu abrupten Tonbereichsübergängen oder sogenannten »Banden«. Der Effekt kann aber auch absichtlich eingesetzt werden, wie zum Beispiel in der Pop-Art-Kunst.

HSB-Farbraum

Im Farbraum HSB werden Farben nach den Parametern Hue (Buntton), Saturation (Sättigung) und Brightness (Helligkeit) beschrieben.

11.2.2 Farbräume im CMYK-Farbmodell

Wie Sie bereits wissen, nutzt man die subtraktiven Mischungen der Farben aus dem CMYK-Farbmodell für alle Druckverfahren. Alle Farben des CMYK-Gamuts können durch Überlappen von verschiedenen Cyan-, Magenta-, Gelb- und Schwarztinten-Tönen erreicht werden. Wenn man Cyan-, Magenta- und Gelb-Tinten alle übereinanderdruckt, bildet sich in der Theorie Schwarz. Aufgrund der Verunreinigungen in der Tinte wird jedoch eher ein schlammiger Braunton erzeugt. Daher wird im Druck noch Schwarz (K) als Farbe ergänzt.

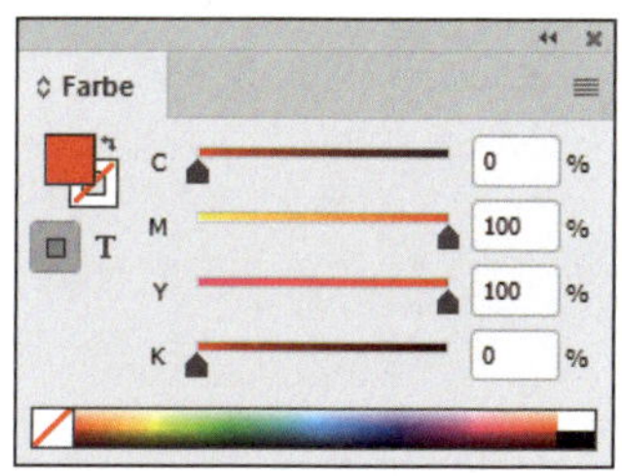

Abbildung 11.8: Einstellung von CMYK in InDesign in Prozent

Farbe	Cyan	Magenta	Yellow	Black
Rot	0	100	100	0
Grün	100	0	100	0
Blau	100	100	0	0
Gelb	0	0	100	0
Magenta	0	100	0	0
Cyan	100	0	0	0
Weiß	0	0	0	0
Schwarz	0	0	0	100
Grau	0	0	0	50

Tabelle 11.2: Einige Farbmischungen im CMYK-Farbmodell

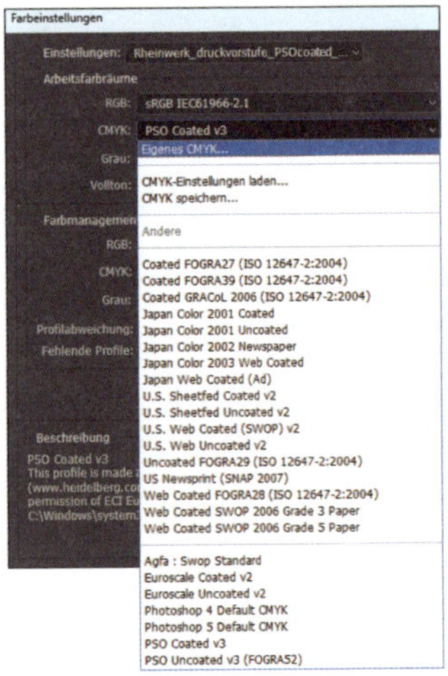

Abbildung 11.9: CMYK-Farbraumeinstellungen unter Photoshop

Genau genommen dient Schwarz vorwiegend dazu, die Helligkeit der CMY-Farben einzustellen. Jede dieser vier Farben kann Werte von 0 (keine Farbe) bis 100 % (Vollfläche) haben. Allerdings fehlt den Druckfarben die notwendige Reinheit, um besonders leuchtende Bunttöne und neutrale Grautöne zu erzielen. Hinzu kommen das Absorptionsverhalten und die Tönung des Papiers: Zusammen führt dies dazu, dass der Farbraum, der sich mit CMYK erzielen lässt, relativ klein ist.

Im CMYK-Farbmodell gibt es unzählige Farbräume, die speziell für die Druckindustrie entwickelt wurden und unterschiedliche Arten von Drucktechniken, Druckern und Papierarten berücksichtigen. Hier verwischen die Begriffe CMYK-Farbraum und CMYK-Farbprofil, da es quasi für jeden Bedruckstoff einen eigenen CMYK-Farbraum gibt. Um dies aber zu standardisieren, werden im Druck eine Auswahl an Standardprofilen angeboten, mit denen man gestrichene oder ungestrichene Papiere ansteuert. So ist beispielsweise ISO Coated c2 (ECI) ein Farbraum, der für den Offsetdruck auf gestrichenem Papier verwendet wird – er wird aber noch in verschiedene Profile wie ISO Coated c2 300 % für einen 300%igen Farbauftrag unterteilt.

11.2.3 CIELab-Farbraum

Der CIELab-Farbraum (auch L*a*b*-, Lab-Farben, CIEL*a*b*) ist ein geräteunabhängiger Farbraum zur Darstellung beinahe aller sichtbaren Farben. Er wurde 1976 von der Commission Internationale de l'Éclairage (CIE) definiert und repräsentiert ein dreidimensionales, rechtwinkliges Koordinatensystem und ist als EN ISO 11664-4 standardisiert. Dabei gibt die vertikale Koordinate L die Helligkeit einer Farbe an, die mit einem Wert von 0 bis 100 festgelegt wird. Die zwei horizontalen Koordinaten a und b repräsentieren den Farbton und die Sättigung auf den Achsen Rot/Grün bzw. Blau/Gelb. Auf der a-Achse stehen sich die Farben Rot und Grün gegenüber und auf der b-Achse die Farben Blau und Gelb. Die Werte der beiden Achsen gehen von –128 bis +127.

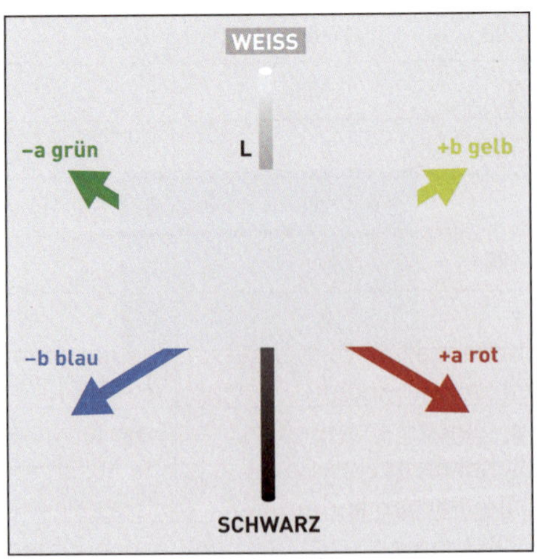

© petroudny43/shutterstock.com

Abbildung 11.10: Schematische Darstellung der CIELab-Achsen

Merke: Der CIELab-Farbraum ist das Referenzfarbmodell für die Grafik- und Druckindustrie. Dabei bildet es die Grundlage des Farbmanagements und ist der ICC-Profilverbindungsraum.

11.2.4 Farbraumtransformation (Gamut Mapping)

Weil alle Systeme mit unterschiedlichen Techniken der farbmetrischen Darstellung arbeiten, muss man oft mithilfe des Gamut Mappings Dateien von einem Farbraum in den anderen Farbraum umrechnen. Dabei werden in der Regel Quellfarbräume mit einem höheren Informationsumfang (CIELab) in einen Zielfarbraum mit niedrigerem Umfang (RGB oder CMYK) transformiert. So werden Farben als Ersatz für solche Farben gesucht, die das Ausgabegerät nicht reproduzieren kann.

In Photoshop finden Sie die Möglichkeit dazu, indem Sie über das Menü *Bearbeiten • Farbeinstellungen • Konvertierungsoptionen • Priorität* die entsprechende Auswahl treffen. Die vier unterschiedlichen Verfahren dazu sind nicht genormt, wurden vom ICC – ebenso wie die ICC-Profile zum Colormanagement – festgelegt und werden **Rendering Intents** genannt. Folgende Rendering Intents gibt es:

- Perzeptiv (Wahrnehmungsorientiert)
- Sättigungsorientiert
- Relativ farbmetrisch
- Absolut farbmetrisch

Definition Rendering Intent
Ein Rendering Intent steuert als Umrechnungsalgorithmus die Umsetzung der Farben vom Quell- in den Zielfarbraum.

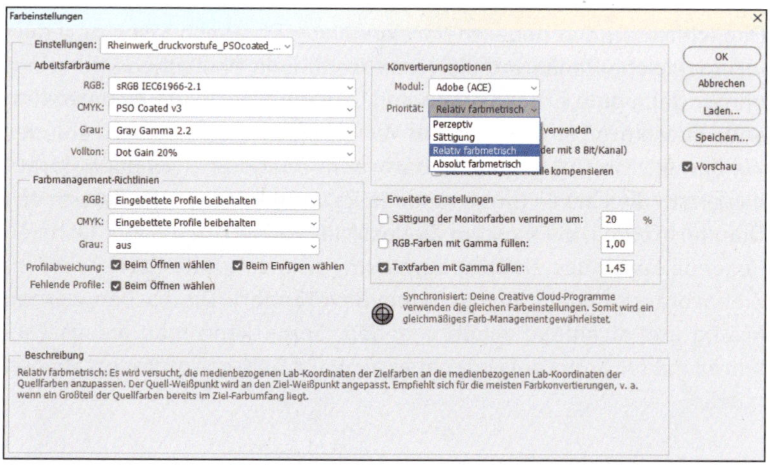

Abbildung 11.11: Die Rendering Intents sind in den Adobe-Programmen unter *Farbeinstellungen* wählbar.

Perzeptiv

Das wahrnehmungsorientierte Rendering verwendet man häufig dann, wenn man Bilder auf Papier drucken möchte. Es wird auch das fotografische Rendering genannt, weil es so arbeitet, dass Farbverläufe erhalten werden und es möglichst nicht zum Banding (siehe Abschnitt 11.2.1) kommt. Dazu werden alle Farben komprimiert, um sie so nahe wie möglich ans Original zu bekommen – bis die Quellfarben in den

Zielfarbraum eingepasst sind. Dabei wird nichtlinear umgewandelt, somit werden größere Farbabweichungen bei neutralen oder wenig gesättigten Farbtönen verhindert. Gesättigte Farben werden hier also stärker komprimiert als ungesättigte. Dadurch können Bilder nach der Umwandlung leicht blass wirken. Das sollte man durch entsprechende Bildbearbeitung wieder ausgleichen. Das wahrnehmungsorientierte bzw. perzeptive Rendering eignet sich gut für das Umrechnen von RGB in CMYK.

ICC-Profile und Rendering Intents

Unabhängig vom Rendering Intent, den man für die Farbkonvertierung wählt, erhält man unterschiedliche Ergebnisse – auch wenn man dasselbe ICC-Profil verwendet. Wie bereits detailliert beschrieben, sind ICC-Profile neben der Farbraumtransformation (Gamut Mapping) essenziell innerhalb des Colormanagements. Die Verwendung von Rendering Intents geht dabei Hand in Hand mit der Verwendung von ICC-Profilen. Durch ICC-Profile lassen sich Umrechnungen der Farben zwischen verschiedenen Farbräumen realisieren. Unter welchen Aspekten die Umrechnung geschieht, definiert der jeweilige Rendering Intent.

Sättigungsorientiert

Auch dieses Verfahren eignet sich gut für den Druck und damit für die Umwandlung von RGB in CMYK. Allem voran werden hier kräftige Farben gut wiedergegeben, da das Verfahren (wie der Name schon sagt) die Farben insbesondere im Bereich der Sättigung gut umrechnet, wobei die anderen Werte wie Helligkeit zum Beispiel verändert werden. Das ist meist nicht gut für die Farbtöne, aber die Farben im Druck werden dafür kräftig und strahlend. Daher sollte man diese Methode für Bilder wählen, deren Farbtöne nicht unbedingt sehr wichtig in der Wiedergabe sind, wie zum Beispiel für Bilder in Präsentationen oder Diagrammen oder aber auch für Vektorgrafiken.

Relativ farbmetrisch

Dieses Verfahren der Umrechnung nutzt man in der Regel für die Ausgabe von Softproofs oder einfach zur Ansicht von Dateien am Bildschirm. In den neueren Versionen von Photoshop ist das relativ farbmetrische Rendering die Voreinstellung in Photoshop und bringt immer dann gute Ergebnisse, wenn Quellfarbraum und Zielfarbraum etwa gleich groß sind. In diesem Verfahren wird vom System erst der Weißpunkt von Quell- und Zielfarbraum analysiert, um dann darauf basierend die Farben umzuwandeln. Es werden dabei alle Farben des Quellfarbraums, die nicht im Zielfarbraum liegen, in die am nächsten liegende Farbe des Zielfarbraums umgewandelt. Alle Farben, die im Zielfarbraum liegen, bleiben dabei unverändert. Die Farben werden kräftig und strahlend wiedergegeben. Somit kann man dieses Verfahren gut für Softproofs oder aber auch für Bildschirmpräsentationen nutzen.

Absolut farbmetrisch

Möchte man ein Bild auf einem Digitaldrucker (auch als Proof) ausdrucken, wählt man am besten dieses Verfahren. Es berechnet dabei sowohl das Weiß des Bedruckstoffes als auch die absoluten Farbwerte. Das Verfahren wirkt sich ähnlich aus wie die Umrechnung für den finalen Druck selbst und weist nur selten Qualitätsverluste auf. Auch deshalb ist es heute in den meisten Bildbearbeitungsprogrammen voreingestellt.

Checkliste | **Farbmanagement**

- + Sind die Farbeinstellungen der Adobe Bridge mit allen Adobe-Produkten synchronisiert?
- + Wurden die Profilmeldungen bei Profilabweichungen und fehlenden Profilen aktiviert?
- + Wurde der Farbauftrag beim CMYK-Arbeitsfarbraum berücksichtigt (beispielsweise »ISO Coated v2 300%«)?
- + Wurden die korrekten Arbeitsfarbräume für RGB und CMYK definiert? Falls keine Informationen vorliegen: eciRGB v2, ISO Coated v2.
- + Gab es beim Platzieren von Bildern und Grafiken Profilmeldungen?
- + Sind alle Verknüpfungen im richtigen Farbraum?
- + Gibt es Verknüpfungen mit dem ICC-Profil »Dokument-CMYK« oder »Dokument-RGB«?
- + Bietet sich ein medienneutraler Workflow an?

11.3 Sonderfarben

Sonderfarben, die sogenannten Schmuck- oder Volltonfarben, setzt man ein, wenn man sichergehen will, dass eine bestimmte Farbe bei jedem Druck identisch aussieht (z. B. für ein Logo). Denn würde die gewünschte Farbe für das Logo im Vierfarbdruck mit CMYK (Cyan, Magenta, Gelb und Schwarz) erzeugt, könnte es innerhalb des Druckverfahrens zu Farbabweichungen kommen, die es zu vermeiden gilt.

Bei der Verwendung einer Sonderfarbe wird die Farbe vorgemischt und über eine eigene Druckplatte aufgetragen. Somit wird der gewünschte Farbton nicht über CMYK erzeugt, sondern vorab mittels eines sogenannten Farbfächers oder einer Tabelle ausgewählt und der Druckdatei als Sonderfarbe angegeben. Da Sonderfarben einzeln hergestellt und eben nicht gemischt werden, gibt es ein viel breiteres Farbspektrum als bei CMYK. Beispielsweise hat man die Möglichkeit, mit metallischen oder fluoreszierenden Farben zu arbeiten.

Die Verwendung von Sonderfarben ist kostspielig, da sie zum Beispiel eine zusätzliche Druckplatte nötig machen, das Umrüsten der Druckmaschinen ist extrem zeitaufwändig, und beim Farbwechsel gibt es viel Abfall. Dieser Punkt ist vor dem Hintergrund der Nachhaltigkeit bei der Verwendung von Sonderfarben zu beachten. Außerdem sind die Farben auch im Einkauf schon teurer als die herkömmlichen CMYK-Prozessfarben. Wenn man jedoch eine genaue Farbe benötigt, die mit CMYK nicht erstellt werden kann, ist die Wahl einer Sonderfarbe die beste Option.

Dabei gibt es mehrere Hersteller von Sonderfarben, besonders wichtig in der Druckindustrie sind Pantone, HKS und RAL.

Definition Sonderfarben
Auch als Schmuckfarben oder Volltonfarben bezeichnet. Diese Farben werden als gesonderte, vorgemischte Farben über ein separates Farbwerk aufgetragen. Man benötigt sie zum Drucken von Farben, die sich nicht durch die Prozessfarben darstellen lassen.

Abbildung 11.12: Das Gelb im Lufthansa-Logo hat den Pantone-Wert 1235C.

> **Pantone LLC**
>
> Pantone LLC ist ein amerikanisches Unternehmen mit Sitz in Carlstadt, New Jersey, und heute wohl der bekannteste Hersteller für Sonderfarben im Druck. Mittlerweile gehört es zum Konzern X-Rite Inc. Im Jahre 1963 entwickelte die Firma Pantone das erste Farbabstimmungssystem, das aus einer großen Anzahl von kleinen Kartonblättern bestand, die auf einer Seite mit einer Reihe verwandter Farbmuster bedruckt und dann in ein kleines »Fächerdeck« eingebunden wurden. Dieses System wurde als »Pantone Matching System« oder »PMS-System« bezeichnet. Ziel war es, allen Designern, Designerinnen und Kreativen zu ermöglichen, Farben gezielt auszuwählen, zu vergleichen und anzupassen. Dieses System wurde im Laufe der Zeit zum Standard und sowohl im Grafikdesign als auch von Reproanstalten und Druckereien genutzt – bis heute!

11.3.1 Pantone

Pantone gilt als ein standardisiertes Farbabstimmungssystem, welches das Pantone-Nummerierungssystem innerhalb ihrer Farbfächer und in den Layoutprogrammen zur Identifizierung von Farben verwendet. Durch die Standardisierung der Farben können verschiedene Hersteller an verschiedenen Standorten auf eine nummerierte Pantone-Farbe verweisen und sicherstellen, dass die Farben übereinstimmen.

Die am häufigsten referenzierten Farben befinden sich in der »Pantone-Solid-Palette«. Diese besteht aus 1.114 Farben, die durch drei- oder vierstellige Zahlen gekennzeichnet sind, gefolgt von einem C-, U- oder M-Suffix (coated/uncoated/matte). Als Beispiel kann Pantone 199 Red als Pantone 199C (C = coated/gestrichenes Papier), Pantone 199U (U = uncoated/ungestrichenes Papier) oder Pantone 199M (M = matte/mattes Papier) identifiziert werden. Dabei unterliegen die numerischen Codes keiner mathematischen Logik. Die Reproduzierbarkeit ermöglicht die genaue Farbrezeptur, die auf den Farbfächern unter den Farbcodes angegeben ist. Ursprünglich für die grafische Industrie entwickelt, wird die Pantone-Solid-Palette mittlerweile auch von vielen anderen Branchen verwendet. Sie ist dabei die am häufigsten verwendete Palette.

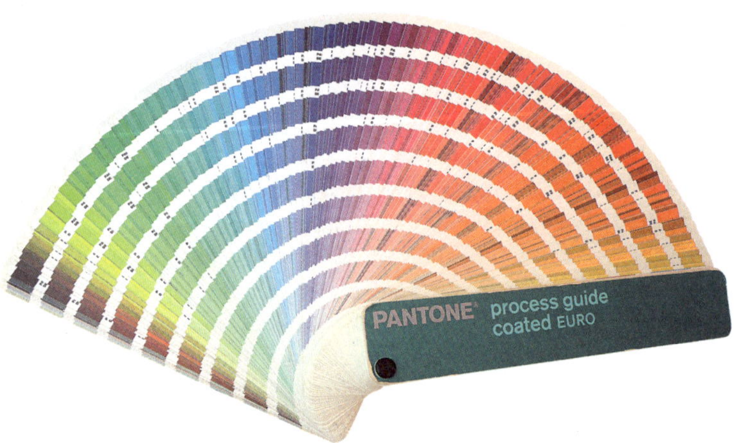

Abbildung 11.13: Ein typischer Pantone-Farbfächer

Mit dem von Pantone entwickelten und patentierten Sechsfarb-Prozessdruckverfahren **Pantone Hexachrome** kann man kräftige und leuchtende Farben, realistische Hauttöne und elegante Pastelltöne reproduzieren, ohne weitere Sonderfarben einsetzen zu müssen. Dabei nutzt man neben den ursprünglichen Primärfarben CMYK noch Orange und Grün zusätzlich. Auch die Grundfarben Cyan, Magenta, Gelb und Schwarz wurden verändert. Somit ist der Farbraum mit zwei zusätzlichen Primärfarben größer als der von CMYK, so dass man im Druck nahezu so helle und leuchtende Farben erhält, wie man sie zuvor am

Computer gesehen hat. Das Verfahren hat sich leider nie richtig durchgesetzt, ist es doch in der Umsetzung sehr kostspielig und aufwändig.

11.3.2 HKS

Das HKS-Farbmodell umfasst 120 Sonderfarben und 3.520 Farbtöne für gestrichenes und ungestrichenes Papier. Ähnlich wie Pantone-Farben können diese in jeder Art von Druckpublikation verwendet werden. Das System basiert dabei auf dem Euroskala-Farbraum, folgt den ISO-Richtlinien 12647-2:2002 und den FOGRA-Standards. Es gibt insgesamt vier verschiedene HKS-Farbfächer, die der unterschiedlichen Farbwiedergabe in Abhängigkeit vom verwendeten Bedruckstoff mit unterschiedlichen Kennungen gerecht werden (siehe Kasten).

Die HKS-Sonderfarben werden, im Gegensatz zu der international bekannten Marke Pantone, hauptsächlich in Deutschland vertrieben. Dazu kommt, dass sie günstiger als Pantone-Farben sind.

Kennungen der HKS-Farbfächer

- HKS K für Kunstdruck-/Bilderdruckpapiere
- HKS N für Naturpapiere
- HKS Z für Zeitungsdruckpapier
- HKS E für Endlosdruckpapier

HKS?

HKS ist die Abkürzung für die Druck- bzw. Künstler-Farbenhersteller Hostmann-Steinberg Druckfarben, Kast & Ehinger Druckfarben und H. Schmincke & Co. und somit auch deren Markenname. Der Verband dieser Firmen definiert Sonderfarben seit 1968 – also fünf Jahre nachdem Pantone 1963 seine ersten Sonderfarben herausgebracht hatte.

Abbildung 11.14: Ein typischer HKS-Farbfächer

Abbildung 11.15: Das bekannte »Sparkassen-S« von Otl Aicher hat ein festgelegtes Rot mit dem Namen HKS 13.

11.3.3 RAL

In Europa ist neben HKS und Pantone noch RAL als europäisches Farbabstimmungssystem mit der Herkunft Deutschland wichtig. RAL umfasst eigentlich Farbtöne für Anstreicherfarben, Lacke und Kunststoffe und ist weniger für den Einsatz in der klassischen Druckindustrie gedacht.

Das gesamte Farbsystem beinhaltet eine organisch gewachsene Sammlung von aktuell 2.328 Farben. Diese Farbtonsammlung beinhaltet aktuell 213 Farben, die mit einer vierstelligen Nummer gekennzeichnet werden, zum Beispiel RAL 5014. Zusätzlich hat jede Farbe

RAL-Institut

Der RAL-Farbstandard wird vom unabhängigen »RAL Deutsches Institut für Gütesicherung und Kennzeichnung e. V.« verwaltet. Dabei ist »RAL« die Abkürzung für »Reichsausschuss für Lieferbedingungen«, der 1925 gegründet wurde und damit seinen Ursprung in der Weimarer Republik hat.

einen Namen. Diese werden ergänzt durch die 213 RAL-Classic-Farben, die 490 RAL-Effect-Farben sowie die 1.625 farbmetrisch definierten RAL-Design-Farben.

In der klassischen Druckindustrie wird aber bei dem Druck auf Papier nicht mit RAL-Farben gearbeitet, hier sind HKS-Farben oder Pantone-Farben die erste Wahl. Denn RAL-Farben sind keine angemischten Farben für den Druck auf Papier, sondern eher für Lacke und Folien bestimmt. In der Mediengestaltung kommt man im Bereich Messebau, Produktdesign und Möbel häufig damit in Berührung.

Abbildung 11.16: Ein typischer RAL-Farbfächer

11.4 Separation: bunt oder unbunt?

Definition Gesamtfarbauftrag
Die Summe der Farbwerte für einen Bildpunkt.

Definition Separation
In der elektronischen Druckvorstufe: Umrechnung eines RGB-Bildes in ein CMYK-Bild. Im Druck: Trennung der im Layout verwendeten Farben in die Farbauszüge der Prozessfarben und der gegebenenfalls verwendeten Sonderfarben. Die Separation kann entweder durch das jeweilige Grafik- oder Layoutprogramm erfolgen oder bei modernen Geräten auch direkt im RIP (In-RIP-Separation).

Im klassischen Vierfarbdruck geht es immer darum, wie man die jeweiligen Farben CMY und K am sinnvollsten miteinander kombiniert, um kräftige und leuchtende Farben zu erhalten. Gerade wenn man mit »schwierigen« Papieren, wie zum Beispiel mit saugstarkem Zeitungspapier, arbeitet, ist es wichtig, das Verhältnis von Mischung und Farbauftrag genau abzuwägen. Damit wird nicht nur die Druckqualität erhöht, sondern auch die Druckkosten können gesenkt werden.

In der Regel übernehmen die zuvor ausgewählten ICC-Profile die passenden Einstellungen, die auf den jeweiligen Bedruckstoff abgestimmt sind. In dem Profil ist also immer auch die Art des Farbaufbaus definiert. Wenn man bei der Umrechnung von Bildern also ein ICC-Profil verwendet, muss man sich nicht weiter um die Einstellungen des Farbaufbaus kümmern. Auch in den Farbseparationseinstellungen der verschiedenen Anwendungsprogramme ist beim Arbeitsfarbraum bereits einiges vorab richtig eingestellt.

In manchen Spezialfällen jedoch ist es die Aufgabe der Druckvorstufe, die Möglichkeiten des Farbaufbaus manuell abzuwägen und zu mischen. Generell unterscheidet man dabei den Unbunt- und den

Buntaufbau. Wichtig: Schwarz ist eine Unbuntfarbe, die restlichen drei Farben sind Buntfarben.

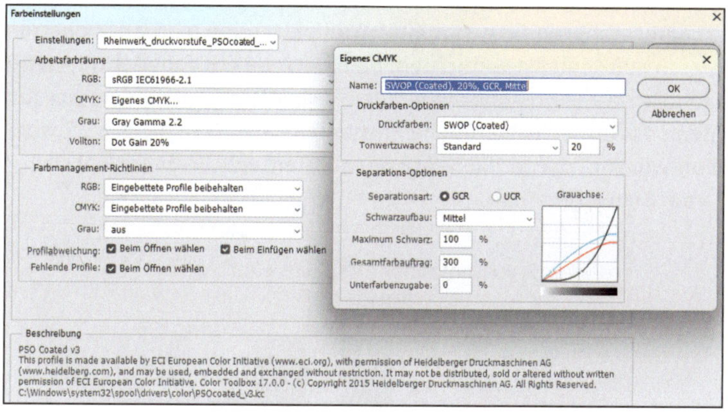

Abbildung 11.17: Separationseinstellungen in den Farbeinstellungen von Adobe Photoshop aufzurufen über das Anlegen eines eigenen Arbeitsfarbraums

11.4.1 UCR (Under Color Removal): Unterfarbenreduktion/Buntaufbau

Das Verfahren UCR verwendet man in der Regel für Bilder, die scharfe Linien oder Buchstaben (beispielsweise aus Screenshots) beinhalten – und die man möglichst scharf und leserlich gedruckt haben möchte. Dazu wird ein Teil der Schwarzanteile im Bereich der 3/4-Töne bis in die Tiefen ersetzt. Primär- und Sekundärfarben, also die Farben, die nur aus einer oder zwei der Grundfarben bestehen, sind davon nicht betroffen. Nur bei den Tertiärfarben, die sich aus der Mischung von CMY zusammensetzen, kann man die dabei entstehende Verschwärzlichung der Mischfarbe durch reines Schwarz ersetzen. Um ein mittleres Grau zu drucken, braucht es ohne UCR erhebliche Mengen der drei Grundfarben und mit UCR ausschließlich K (= Schwarz). UCR findet also nur in den dunklen Bildbereichen statt, was zu einem sogenannten Skelettschwarz bzw. einem kurzen Schwarz führt.

Die Farbe, die man durch einen reinen Buntaufbau von CMY erzielen würde, würde zum Verschwimmen der feinen Linien und Buchstaben führen. Wenn man viel mit derartigen Bildern arbeitet, sollte man bei der Umwandlung beim Punkt UCR also immer die Option *Max. Schwarz* verwenden, damit das Grau von Linien und Buchstaben (beispielsweise aus Screenshots) nur aus Schwarz besteht.

Definition UCR
Under Colour Removal. Mit dieser Technik werden die drei Farbkomponenten, mit denen die Grauwerte an dunklen oder schwarzen Stellen in Farbseparationen durch Mischung erzeugt werden, durch Schwarz ersetzt.

Skelettschwarz/kurzes Schwarz

Da beim reinen Buntaufbau mit CMY die dunklen Bildbereiche flau und kontrastarm wirken, wird mit »Skelettschwarz« K unterstützend mehr Tiefe in die Bilder gebracht. Wird dieses Schwarz mitgedruckt und dadurch keine Buntfarbe ersetzt, spricht man von Skelettschwarz oder kurzem Schwarz.

11.4.2 GCR (Grey Component Replacement): Unbuntaufbau/Schwarzaufbau

Beim GCR reduziert man den Farbauftrag nicht wie beim UCR nur dadurch, dass Grautöne ersetzt werden, sondern es werden auch einzelne Buntfarben durch Schwarz ersetzt. Dadurch wirken aber viele Bilder nach dem Verfahren grau und »unbunt«. Daher sollte man das Verfahren immer mit Bedacht wählen und nur in den mittleren Bereichen arbeiten.

Definition GCR
Abkürzung für Grey Component Replacement, Unbuntaufbau. Separationsart, die den Gesamtfarbauftrag verringert. Beim Unbuntaufbau werden die Anteile der Buntfarben reduziert und dann durch Zugabe von Schwarz ausgeglichen.

Definition Schwarzaufbau
Anteil der Schwarzkomponente in CMYK-Bildern. Je nach Separationseinstellung (GCR oder UCR) werden gleiche Farbanteile der Buntfarben Cyan, Magenta und Gelb ganz oder teilweise durch die Farbe Schwarz ersetzt.

Der Unbuntaufbau führt dazu, dass einzig der Schwarzauszug vollständig ist und dafür die bunten Farben als Skelettauszüge vorliegen.

Die Vorteile des GCRs liegen in dem reduzierten Gesamtfarbauftrag und in einer höheren Graustabilität. Vielfach muss man aber dann in den Tiefen auf Kontrast verzichten. Man nutzt das GCR daher oft, wenn beispielsweise aus Kostengründen der Farbauftrag vermindert werden soll, denn es werden ja sämtliche Farbanteile aus CMY, die ein Schwarz ergeben würden, durch 100 % Schwarz (K) ersetzt. Man spricht daher auch vom Schwarzaufbau.

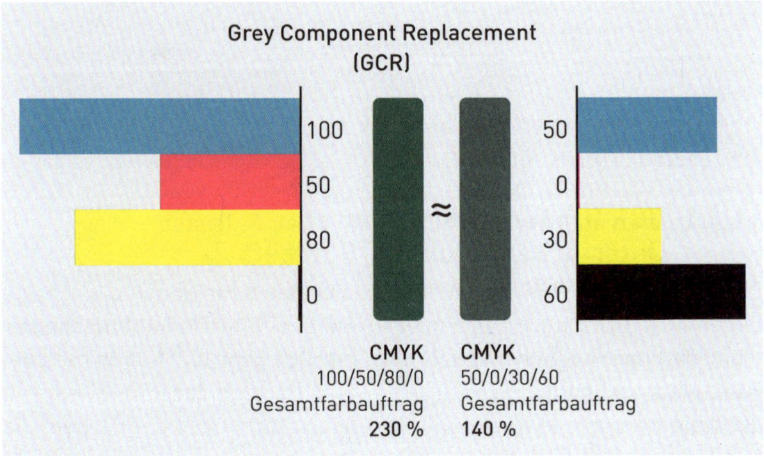

Abbildung 11.18: Schematische Darstellung eines GCR-Aufbaus

Separierte Daten

Gibt es schon vorab für jede Farbe eine einzelne Datei, so liegen »separierte Daten« vor. Aber keine Reproanstalt oder Druckerei arbeitet heute noch mit vorseparierten Daten. Vor der Digitalisierung hatten sie den Vorteil, dass man dadurch kleinere Datenmengen zur Weiterverarbeitung hatte. Heute wird die Datei erst in den Druckereien separiert.

11.4.3 Farbauszüge

In industriellen Druckverfahren, wie beispielsweise Offset-, Tief- und Flexodruck, lässt sich mit jeder Druckform in der Druckmaschine nur eine Farbe drucken. Um ein mehrfarbiges Druckbild zu erhalten, muss der Bedruckstoff mehrmals nacheinander bedruckt werden. Dazu müssen vorab alle Farben, die in der zu druckenden Datei vorkommen, separiert ausgegeben werden. Und für jeden Auszug wird anschließend eine Druckplatte hergestellt. Durch das Übereinanderdrucken dieser einzelnen Farben entsteht dann das fertige Druckbild der Vorlage/Datei. In der Regel wird im Vierfarbdruck (CMYK) mit der subtraktiven Farbmischung gedruckt. Für jede Sonderfarbe ist aber eine weitere Druckplatte erforderlich (beispielsweise auch, wenn Teillackierungen vorgenommen werden).

Abbildung 11.19: CMYK-Farbauszüge

Wenn alle vier Farben CMYK in einer gemeinsamen Datei vorliegen, nennt man das »Composite-Daten«. Diese Art der Datei wird im heutigen PDF-Workflow bevorzugt. Die Druckerei gibt das Composite-PDF anschließend separiert als Farbauszüge auf Film (jeder einzelne Farbauszug erhält somit eine eigene Druckplatte/Film) oder aber direkt auf Druckplatte (Computer to Plate) mit den gewünschten Rastereinstellungen aus.

11.5 Reinzeichnung

Aufgrund der fortschreitenden Digitalisierung innerhalb der Druckvorstufe hat sich der Workflow in den letzten Jahren so stark verändert, dass es kaum noch »standardisierte« Prozesse gibt, die sich gleichen. Das Thema Satz ist nur noch rudimentär in der Druckvorstufe zu finden und erfolgt mittlerweile in den Agenturen und Büros selbst (Premedia). Genauso liegt der Fall bei der Reproduktion von Bildern, die mithilfe modernster Scanner nahezu von jedem durchgeführt werden kann. Nur bei starken Vergrößerungen oder dem Einscannen von Dias wandert dieser Prozess noch in die Reprounternehmen. Mediengestalterinnen und -gestalter führen die Bilder und Texte in den Agenturen selbst zusammen und senden sie digital als Seite direkt in die Vorstufe der Druckerei oder die entsprechende Abteilung innerhalb der Agentur. In der Druckvorstufe oder den wenigen Reproanstalten, die es noch gibt, ist es die Hauptaufgabe geworden, sich auf die Ausgabetechniken zu spezialisieren und hier möglichst gute Arbeit zu leisten.

11.5.1 Erstellung korrekter Druckvorlagen

Was aber gilt es in der Reinzeichnung und bei der Erstellung perfekter Druckvorlagen zu beachten? Lassen Sie uns die Schritte einmal nach und nach abarbeiten:

Arbeiten im richtigen Farbprofil

Bevor Sie mit der Arbeit starten, sollten Sie sich vergewissern, dass die Grafikprogramme im richtigen Farbprofil eingestellt sind (siehe Abschnitt 11.1, »Das Colormanagement«).

Dokument und Beschnitt prüfen

Als Nächstes sollte geprüft werden, ob das Dokument sich im richtigen Format befindet. Sind Höhe und Breite korrekt? Anschließend sollte der Beschnitt überprüft werden (Anforderung der Druckerei meist 3 mm) und auch, ob alle Bilder und Grafiken den Beschnitt komplett ausfüllen.

Verknüpfungen aktualisieren

Prüfen Sie auf jeden Fall noch einmal alle Verknüpfungen der verwendeten Bilder und Grafiken in Ihrem Dokument. Sollten beim Erstellen der Druckunterlagen Verknüpfungen fehlen, können diese nicht mitgedruckt werden, das gilt es natürlich unbedingt zu vermeiden.

In Adobe InDesign gehen Sie dazu über *Fenster • Verknüpfungen* und prüfen zunächst, welche Daten fehlen oder aktualisiert werden müssen. Dazu erscheint entweder ein rotes Fragezeichen (Verknüpfung fehlt) oder aber ein gelbes Warndreieck (Verknüpfung muss aktualisiert werden). Gehen Sie anschließend über die Optionen des Verknüpfungsfensters, und wählen Sie die entsprechende Funktion. Die Vorgehensweise ist in allen grafischen Programmen ähnlich.

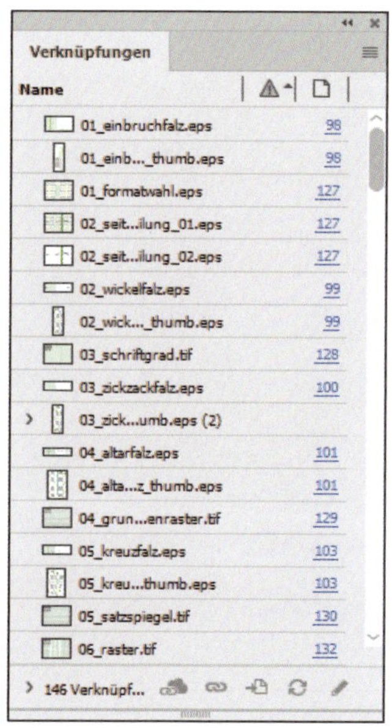

Abbildung 11.20: Verknüpfungen

> **Verzerrung**
>
> Achten Sie auch darauf, dass alle Bilder nicht verzerrt (Höhe und Breite bei 100 %) sind. Das passiert schnell beim Vergrößern oder Verkleinern eines Bildes.

Bilder: Layoutbilder ersetzen, Auflösung überprüfen

Sollten in Ihrem Dokument noch Skizzen oder Layoutbilder (Stockbilder gegebenenfalls mit Wasserzeichen) vorhanden sein, sollten diese vor dem Druck durch finale Bilddateien ausgetauscht werden. Stockbilder müssen gekauft, Skizzen final ausgearbeitet und auch alle anderen Dateien entsprechend zum Druck aufgearbeitet werden.

Beachten Sie dazu, dass alle Bilder eine Druckauflösung von mindestens 300 ppi aufweisen sollten. Hierbei ist es wichtig zu prüfen, dass die **effektive PPI** und nicht die **originale PPI** den Anforderungen entspricht. Durch das Vergrößern oder Verkleinern des vorhandenen Bildmaterials kann die Auflösung effektiv nämlich größer oder kleiner werden. Die für den Druck benötigte Auflösung verändert sich je nach Druckprodukt. Für digitale Druckerzeugnisse oder gar großformatige Plakate und Poster reichen geringere Auflösungen. Hier sollten Sie die entsprechenden Angaben der Druckereien beachten!

RGB oder CMYK? (Farbraum prüfen)

Wenn Sie im Vierfarbdruck drucken möchten, überprüfen Sie am Ende noch einmal die Farben aller Objekte in Ihrem Dokument. Es besteht zwar die Möglichkeit, eine Datei als Druck-PDF so auszugeben, dass alle Objekte während der Umwandlung in das PDF automatisch in CMYK (auch in ein gewünschtes ICC-Profil) umgewandelt werden, aber dann riskieren Sie Farbabweichungen im Druck und Druckergebnisse, die Sie am Ende nicht mehr beeinflussen können. Daher empfiehlt es sich, vorab alle Bilder noch einmal in einem Bildbearbeitungsprogramm wie beispielsweise Adobe Photoshop zu öffnen und manuell in das gewünschte Farbprofil umzuwandeln, um hier noch einmal Farbänderungen entgegenwirken und bestimmte Bearbeitungen (Filter, Farbkorrekturen etc.) vornehmen zu können.

Was muss bei Vektorgrafiken beachtet werden?

Achten Sie bei der Verwendung von Vektorgrafiken darauf, dass diese als ».eps« oder ».ai« verknüpft sind, sofern sie nicht direkt im Programm erstellt wurden. Eine »richtige« Auflösung ist hier nicht wichtig, da die Grafiken mathematisch durch Bézierkurven und nicht durch Pixel aufgebaut sind. Durch diese Art des Aufbaus ist es möglich, Vektorgrafiken ohne jeglichen Verlust beliebig zu skalieren, denn durch das Skalieren ändert sich nur die Position der Anker- und Kurvenpunkte. Sollten Sie ausschließlich Vektordateien zum Druck geben, wandeln Sie vorher besser alle Schriften und Texte in Kurven um.

Linienstärken

Die feinsten gerasterten Linien in Ihrem Dokument sollten im Offsetdruck eine Stärke von 0,25 pt nicht unterschreiten. Dabei gilt die Regel: dunkle Linien auf hellem Grund mindestens 0,25 pt, helle Linien auf dunklem Grund mindestens 0,5 pt. Das gilt auch für Schriften! Nur so ist garantiert, dass die Linien im Druck aufgrund des Druckrasters nicht unterbrochen, unruhig oder verschwommen erscheinen.

Farbprofile

Bei der Umwandlung Ihrer Bilder und Grafiken in CMYK (bei einem Vierfarbdruck) sollten Sie darauf achten, die von der entsprechenden Druckerei angegebenen Farbprofile (siehe Abschnitt 11.1.3) zu berücksichtigen. Je nach Druckprodukt und Druckerei kann das immer ein anderes Profil sein. Das richtige Profil kann unter *www.eci.org* heruntergeladen werden.

Schriften

Wie Sie die Verknüpfungen aller Bilder überprüfen, so sollten Sie auch die verwendeten Schriften auf ihre Vollständigkeit hin testen. In Adobe InDesign geht dies über *Schriften • Schriftart suchen*. Fehlen Schriften? Dann sollten diese unbedingt gekauft, heruntergeladen und installiert werden, damit sie im Druck später nicht fehlen. Wer ganz auf Nummer sicher gehen will, kann am Ende alle Schriften und Texte in Pfade umwandeln (vektorisieren), damit in der Druckerei später wirklich nichts fehlt. Im Normalfall werden aber alle vorhandenen Schriften bei der Ausgabe in eine Druck-PDF mit eingebettet.

Separationsvorschau

Um zu vermeiden, dass beispielsweise Texte in einem Vierfarb-Schwarz gedruckt werden, können Sie zur Sicherheit zum Beispiel in Adobe InDesign über die Separationsvorschau im Menü *Fenster • Ausgabe • Separationsvorschau* prüfen, wie Ihre Datei farblich separiert aufgebaut ist. So können Sie ganz einfach sichergehen, dass beispielsweise alle Fließtexte in einem reinen Schwarz angelegt sind – um später durch Passerungenauigkeiten im Druck verwackelte Schriftbilder zu vermeiden.

Hier können Sie auch den Farbauftrag prüfen und so schauen, ob Ihr Dokument beispielsweise den Gesamtauftrag von 300 % überschreitet (variiert von Druckerei zu Druckerei und je nach verwendetem Papier.

Außerdem darf der Text auf keinen Fall im Passermarken-Schwarz angelegt sein, dieses besteht aus 100 % Cyan, Magenta, Gelb und Schwarz und ist daher mit seinem Farbauftrag von 400 % nicht druckbar.

In der Separationsvorschau können Sie außerdem die Überdrucken-Einstellungen Ihres Dokuments prüfen. Soll beispielsweise eine Volltonfarbe die CMYK-Farben überdrucken, können Sie dies hier prüfen, indem Sie die Volltonfarbe ausblenden. Bleibt ein weißer Umriss zurück, steht das Objekt nicht auf Überdrucken. Bleibt das Druckbild darunter jedoch unverändert, überdruckt das Objekt.

Schwarzdarstellung

Es gibt Gestaltungsaufgaben, bei denen das im Vierfarbdruck gedruckte 100%-Schwarz nicht dunkel bzw. »tief« genug ist. In solch einem Fall ist die empfohlene ISO-Norm, dem 100%-Schwarz noch 60 % Cyan beizumischen oder alternativ 50 % Cyan und 50 % Magenta. Für Fließtext darf eine Mischung allerdings nicht verwendet werden, da es zu Passerungenauigkeiten kommen kann.

In InDesign können Sie unter *Bearbeiten • Voreinstellungen* die Schwarzdarstellung anpassen, indem Sie *Alle Schwarztöne korrekt anzeigen* auswählen.

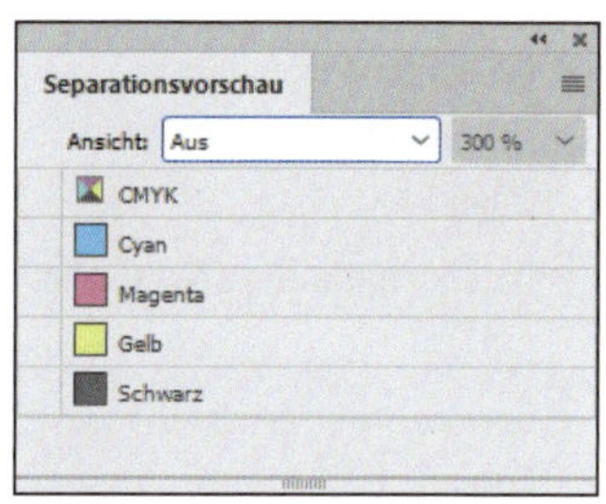

Abbildung 11.21: Separationsvorschau

Transparenzen

Sollten Sie in Ihrem Dokument mit Transparenzen in Form von Schriften oder Bildern/Grafiken mit geringer Deckkraft, Schlagschatten oder weichen Kanten arbeiten, müssen Sie bei der Reinzeichnung darauf achten, dass Sie diese beim Erstellen eines PostScript-PDFs reduzieren müssen. Transparenz bedeutet, dass der Text und/oder das Objekt nicht mit 100 % Deckkraft gedruckt wird. Bei der Reduzierung werden dazu im Programm wie Adobe InDesign die Flächen mit den Transparenzen aufgeteilt und auf eine Ebene reduziert. Dazu müssen Sie über das Menü *Fenster • Ausgabe • Reduzierungsvorschau* einfach *Transparente Objekte* auf *Automatisch aktualisieren* stellen.

Wenn es bei der Ausgabe in ein Druck-PDF keine Beanstandungen gibt, werden in der Regel auch die Transparenzen richtig ausgegeben. Eine Reduzierung der Transparenzen geschieht dann automatisch, wenn Sie ein PDF/X-1a oder X-3 ausgeben. Achten Sie nur immer darauf, dass im Druck- und Exportmenü die Transparenzreduzierung mit »hoher Auflösung« ausgewählt ist.

Bei der Erstellung eines PDF/X-4 kommt es aufgrund der Adobe PDF Print Engine (APPE) nicht zu einer Transparenzreduzierung, und es wird mit echten Transparenzen gearbeitet.

Leider weiß man vorher nie, wie die Druckerei die Datei noch verändert oder zum Druck bearbeitet. Daher sollte man gegebenenfalls noch einmal bei der Druckerei nachfragen, wie es sich mit Transparenzen verhält. Heute stellen sie generell keine großen Probleme mehr dar.

Checkliste: Bestandteile eines Druckauftrags

+ Name des Druckobjekts
+ Auflage
+ Endformat
+ Seitenumfang
+ Farben Vorderseite/Rückseite (z. B. 4/4-farbig ISO-Skala)
+ Papiersorte und Grammatur
+ Weiterverarbeitung
+ Zeitpunkt der Datenanlieferung
+ Art der Datenanlieferung (E-Mail, FTP-Server, Datenträger)
+ Dateiformat (offene Datei oder PDF/X3)
+ Gewünschter Fertigstellungstermin
+ Lieferung/Abholung
+ Rechnungs- und Lieferanschrift

Checkliste | **Druckvorstufe**

Bilder:

+ Handelt es sich um das finale Druckdokument?
+ Stimmt die Größe des Dokuments?
+ Sind alle Bilder korrekt verknüpft?
+ Bilder sollten im CMYK-Modus vorliegen, nie in RGB.
+ Bilder sollten eine Auflösung von 300 dpi haben (beim Digitaldruck genügen oft auch 150 dpi).
+ Bilder sollten nicht im Layoutprogramm gedreht, skaliert oder beschnitten werden, sondern besser im Bildbearbeitungsprogramm.
+ Bilder sollten das jeweils richtige Profil für den Druck aufweisen.

Farben:

+ Bei reinem Vierfarbdruck sollten Sie Schmuckfarben entfernen (siehe Abschnitt 0).
+ Definieren Sie alle Farben richtig.
+ Achten Sie auf gleichmäßige Farbgebung.

Schrift:

+ Prüfen Sie alle verwendeten Schriften, und liefern Sie sie mit bzw. betten Sie sie ein.
+ Bei Schriftschnitten wählen Sie nie **fett** und *kursiv* über die Programmfunktion aus.
+ Drucken Sie Texte nicht in Vierfarbschwarz, besser in 100 % K.

Sonstiges:

+ Stehen randabfallende Elemente im Beschnitt (mindestens 3 mm Beschnittzugabe)?
+ Wurden keine Haarlinien und Linienstärken unter 0,25 pt verwendet?
+ Prüfen Sie die Registerhaltigkeit der Druckbogen.
+ Überprüfen Sie Passerungenauigkeiten.
+ Überprüfen Sie die Überdrucken-Einstellung (Schwarz muss auf »Überdrucken« stehen).
+ Richten Sie die Schwarzdarstellung ein.
+ Mehrfarbige Linien können im Druck zu Passerungenauigkeiten führen und sollten vermieden werden.
+ Kennzeichnen Sie alle Elemente, die druckveredelt werden, auf einer separaten Ebene.
+ Machen Sie einen Seitenzahlen-Check, löschen Sie leere Seiten aus dem Dokument.

11.5.2 Passerungenauigkeiten im Druck vermeiden

In der digitalen Druckvorstufe gilt es, alle Bereiche zu überprüfen, in denen mehrere Farben übereinander oder aneinandergrenzend gedruckt werden. Wenn man hier bestimmte Einstellungen (zu denen wir gleich kommen) nicht beachtet, können während des Druckens durch Passerungenauigkeiten oder Papierverzug sogenannte weiße **Blitzer** entstehen.

Definition Blitzer
Blitzer entstehen durch Passerungenauigkeit zweier Farbflächen. Um dies zu vermeiden, kann man Flächen überdrucken, über- bzw. unterfüllen.

Blitzer sind weiße Zwischenräume, die zwischen aneinandergrenzenden, unterschiedlich farbigen Flächen oder Bereichen auftreten können, wenn während des Druckens durch Passerungenauigkeiten oder Papierverzug die nacheinander auf das Papier gedruckten unterschiedlichen Farben nicht exakt aufeinander- oder aneinandergedruckt wurden. Da reichen wenige tausendstel Millimeter, und es kommt zum Blitzer – das Papierweiß wird sichtbar.

Blitzer können aber auch nach dem Zuschneiden der Seiten nach dem Drucken auftauchen, wenn zuvor alle Fotos und Farbflächen, die bis an den Dokumentenrand reichen, nicht mindestens 3 mm über den Dokumentenrand »in den Beschnitt« gesetzt wurden. Schneidemaschinen schneiden nicht zu 100 % am Rand der Seiten entlang. Man kann sich das so vorstellen, als würde man ein Bild mit einer Schere ausschneiden. Auch hier schafft man es nicht immer, exakt und sauber am Bildrand entlangzuschneiden.

Blitzer sind für jeden am Herstellungsprozess Beteiligten der Worst Case – sie gilt es im gedruckten Dokument unbedingt zu vermeiden. Dazu sind mehrere Prüfungen und Einstellungen möglich. Um Blitzer zu vermeiden, gibt es folgende Methoden:

1. Überdrucken und Aussparen
2. Über- und Unterfüllen
3. Beschnitt

Überdrucken und Aussparen

Definition Überdrucken
Farben werden nicht ausgespart, sondern übereinandergedruckt.

Definition Aussparen
Der Bereich der Vordergrundfarbe wird nicht in der Hintergrundfarbe gedruckt – es bleibt ein Loch.

Eine Möglichkeit, Blitzer zu vermeiden, ist das Überdrucken. Normalerweise wird beim Druck eines Elements auf einem andersfarbigen Hintergrund das Element in der Hintergrundfarbe ausgespart, damit die Farbe nicht verfälscht wird. Beim Überdrucken werden aber beide Farben quasi gemischt. Schwarzer Text wird generell automatisch überdruckt. Wenn man nichts anderes im Layoutprogramm angibt, wird automatisch mit Aussparung gearbeitet. Zur Prüfung kann man später zum Beispiel in Adobe Acrobat die *Vorschau für Überdrucken* aktivieren.

Abbildung 11.22: Links Überdrucken, rechts Aussparen

Überfüllen und Unterfüllen (Trapping)

Definition Überfüllen/Unterfüllen
Zur Vermeidung von Blitzern zwischen angrenzenden Farben, die durch Ungenauigkeiten beim Druck entstehen können, lässt man die Objekte sich etwas überlagern. Dann entsteht zwar ein farbiger Saum, der vom Auge aber weniger wahrgenommen wird als das durchscheinende weiße Papier. Überfüllt wird, wenn der Hintergrund dunkler ist als die vordere Fläche, unterfüllt wird, wenn der Hintergrund heller ist als die vordere Fläche. Die Überfüllungen werden von Grafik- und Layoutprogrammen automatisch berechnet, oder man erstellt sie mithilfe darauf spezialisierter Programme.

Um die Blitzer zu vermeiden, sollte man alle Farbflächen, die aneinandergrenzend gedruckt werden sollen, **überfüllen**. Das bedeutet, dass man die Farbflächen etwas größer macht – was in den meisten Fällen automatisch durch eine Software in der Druckerei vorgenommen wird. Generell wird immer nur die hellere Farbfläche überfüllt.

Dazu legen die Programme eine dünne Linie um das Objekt. Die Linienstärke ist dabei von der späteren Papiersorte und vom verwendeten Druckraster abhängig. Wenn zum Beispiel ein gelber Buchstabe auf einem hellblauen Hintergrund steht, wird der Buchstabe überfüllt.

Achtung beim Überfüllen von Texten! Gemischte Prozessfarben oder Sonderfarben (siehe Abschnitt 11.3) sollten besser nicht für kleine Schriftgrade genutzt werden, da bereits kleinste Passerungenauigkeiten die Lesbarkeit beeinträchtigen können. Genauso kann das Überfüllen von kleinen Schriftgraden die Lesbarkeit beeinträchtigen, da die Buchstaben »zulaufen« können, wenn sie eine zusätzliche Kontur bekommen.

Unterfüllt wird dagegen, wenn der Hintergrund heller ist als die Fläche, die davorliegt. Um zum Beispiel Blitzer bei einem dunkelblauen Buchstaben auf einer hellblauen Fläche vermeiden zu können, wird der Buchstabe unterfüllt. Das heißt, dass die Aussparung der hellblauen Fläche unter dem Buchstaben vom Programm etwas kleiner gemacht wird.

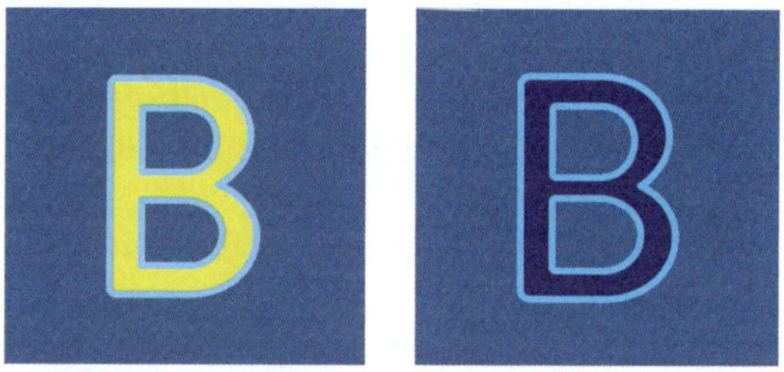

Abbildung 11.23: Links Überfüllen: Der Hintergrund ist dunkler als das Objekt. Das B muss etwas größer angelegt werden als die Aussparung. Rechts Unterfüllen: Der Hintergrund ist heller als das Objekt: Die Aussparung im Hintergrund muss etwas kleiner sein als das Objekt.

Beschnitt anlegen

Damit ein Dokument nach dem Beschneiden der einzelnen Seiten keine Blitzer aufweist, sollte man eine Druckdatei immer mit Beschnitt ausgeben. Dabei wird von Beginn an in der Layoutdatei beim Anlegen des Dokuments der Beschnitt ausgewählt und angegeben. Dieser vergrößert den eigentlichen Bereich der zu gestaltenden Seite rundum um die üblichen 3 mm (variiert von Druckerei zu Druckerei). In diesen Bereich sollten alle angrenzenden Farbflächen und Fotos gezogen werden. So ist gewährleistet, dass es an den Seitenrändern nach dem Druck beim Beschneiden der Seiten nicht zu Blitzern kommt.

Definition Beschnitt

Ein Bereich, der das eigentliche Seitenformat um 3 bis 5 mm vergrößert. Seitenelemente werden in diesen Bereich hinausgezogen, um Blitzer zu vermeiden. Wird alternativ auch Druckerweiterung genannt.

Abbildung 11.24: Einmal mit Beschnitt und einmal ohne. Ohne Beschnitt entstehen Blitzer.

11.5.3 Druckmarken setzen

Druckmarken sind Hilfsmarkierungen in Form von Zeichen und Informationen, die im Prozess der Druckvorstufe und während des Druckens dazu dienen, das Druckmedium hinsichtlich der wichtigen Parameter Farbe, Position und Qualität kontrollieren zu können. Sie werden dazu in der Regel direkt auf die zu druckende Seite an den Rand gesetzt und nach dem finalen Druck weggeschnitten. Dabei unterscheidet man die wichtigsten klassischen Druckmarken wie:

+ Beschnittzeichen

Dateiname

Dieser wird in jedem Programm automatisch mit ausgegeben, wenn man die Druckmarken bei der Ausgabe aktiviert.

+ Passmarken
+ Farbkontrollstreifen
+ Beschnittzugabemarken

Jedes DTP-Programm kann diese Druckmarken selbst ausgeben, wenn man im Druckdialog (zum Beispiel beim Ausgeben einer PDF-Datei) die entsprechenden Funktionen aktiviert. Manchmal müssen sie dazu einzeln ausgewählt werden, andere Programme geben sie direkt alle gesammelt aus.

+ **Beschnittzeichen/Schnittmarken ❶:** Diese werde in Form von 0,25 pt breiten und ca. 5 bis 10 mm langen Linien an den Rand der Seite gesetzt und stellen dabei die Verlängerung der Endformatkanten dar. Sie können an den Ecken durchgängig oder unterbrochen sein und dienen dem Zuschnitt der Bogen, zeigen also an, wo genau das Blatt zugeschnitten werden muss.

Abbildung 11.25: Beschnittzeichen, zwei unterschiedliche Passmarken und Farbkontrollstreifen

Definition Fadenzähler

Eine kleine Lupe, mit der man in der Druckvorstufe Raster oder Passergenauigkeit überprüft.

Abbildung 11.26: Der Fadenzähler

+ **Passmarken/Passkreuze ❷:** Sie werden als kreuzförmige, 0,25 pt starke Linien oder Kreise bei jeder Farbe an die identische Position außerhalb des am Ende sichtbaren Bereichs gedruckt. Mit ihnen kann man prüfen, ob alle Teilfarben passgenau übereinandergedruckt wurden. Zur Prüfung der Passergenauigkeit kann ein Fadenzähler hinzugezogen werden: eine Lupe, die es erlaubt, die Druckmarken genau zu überprüfen.
+ **Druckkontrollstreifen ❸:** Diese Bildstreifen enthalten alle Druckfarben und werden ebenfalls an den Rand der Seiten gesetzt. Sie dienen zur Kontrolle des Farbauftrags. Es gibt viele verschiedene Arten von Kontrollstreifen. In Deutschland werden in der Regel die der UGRA/FOGRA genutzt. Dabei bestehen sie aus verschiedenen Teilbereichen wie Tonwertelementen, Messelementen und Linienelementen. Ausgelesen werden diese Streifen mit einem Densitometer und/oder einem Spektralphotometer (siehe Abschnitt 12.1.4).
+ **Beschnittzugabemarken ❹:** Sie sind eigentlich überflüssig, wenn die Schnittmarken mit ausgegeben wurden. Die Beschnittzugabemarken sollen die angelegte Beschnittzugabe anzeigen.

Name des Farbauszugs

Diese Information zeigt an, mit welchen Prozess- oder Schmuckfarben der Farbauszug zu drucken ist, zum Beispiel mit Cyan, Magenta, Yellow, Black oder HKS 45.

11.6 Der Preflight

Definition Preflight

Prüfen von Dokumenten für den Druck

Um der Druckerei oder den Reproanstalten gute Ausgangsdateien für den späteren Druck übermitteln zu können, wird nun ein sogenannter Preflight durchgeführt, bevor die Datei zur Druckerei geht.

Hintergrundinfo | **Jobticket**

Als Jobticket bezeichnet man die digitale »Auftragstasche«, die relevante Informationen des zu druckenden Mediums für die Abläufe innerhalb der Druckvorstufe, des Druckens und der Weiterverarbeitung enthält. Das können Informationen sein wie zum Beispiel Kundenname, Auflagenhöhe, Papierwahl, Bindeart oder/und Terminierungen.

Idealerweise begleitet dieses Jobticket das zu druckende Produkt durch den ganzen Herstellungsprozess von Anfang an bis hin zur finalen Verarbeitung in der Druckerei. Dabei können ihm stets alle wichtigen produktionstechnisch wie auch betriebswirtschaftlich relevanten Informationen entnommen, aber auch zugeführt werden.

Das Jobticket kann direkt zu Beginn der Layoutphase angelegt werden. Hierzu gibt es verschiedene Möglichkeiten – je nachdem, mit welchen Programmen man arbeitet und wie man mit dem Prozess vertraut ist. Sogenannte Jobticket-Editoren können bereits in den vorhandenen Layoutprogrammen eingebettet sein, oder aber man arbeitet zum Beispiel mit der von der CIP4 entwickelten Lösung, die man unter *confluence.cip4.org* downloaden kann. Denn ein JDF (Job Definition Format, das Format, in dem Spezifikationen des Jobtickets abgespeichert werden) kann mittlerweile jeder im Druckprozess anlegen und einsetzen. Einmal erstellt, kann man dann selbst alle Daten in das für die Druckerei vorbereitete Dokument eintragen. So haben Gestalter und Gestalterinnen oder Agenturen die Sicherheit, dass das fertige Druckprodukt genau den Anforderungen entspricht, die sie vorab festgelegt haben. Am Ende des Druckprozesses ist das JDF-Dokument dann mit allen relevanten Informationen gefüttert worden und kann von den verschiedensten Druck- und Weiterverarbeitungssystemen ausgelesen werden. Viele Hersteller bieten dazu gezielt entsprechende Erweiterungen für die Druckereien an. Die aktuelle Liste aller Anwendungen und Erweiterungen, die das JDF-Format verstehen können, kann man auf der Homepage *cip4.org* nachlesen.

CIP3

Vorläufer der aktuellen CIP4 (International Cooperation for the Integration of Processes in Prepress, Press and Postpress). Ein Zusammenschluss von Experten aus der Druckindustrie mit dem Ziel, auf Basis allgemein anerkannter Standards die Prozessautomatisierung in der grafischen Industrie voranzubringen.

So wie auch Pilotinnen und Piloten ihr Flugzeug vor dem Flug ganz genau durchchecken, beinhaltet der Preflight-Check innerhalb der Druckvorstufe die Prüfung der zu druckenden Datei durch ein bestimmtes Programm, bevor diese auf Film oder Druckplatte ausgegeben wird. In diesem Prozess wird in der Datei anhand bestimmter Parameter Schritt für Schritt geprüft, ob alle Bild- und Textinformationen vollständig und richtig angelegt sind. So können schon vorab Fehlerquellen ausfindig gemacht werden, die es zu vermeiden gilt.

Viele Layoutprogramme bieten heute schon einen integrierten Preflight an, der es jedem erlaubt, eine solche Prüfung durchzuführen. Das kann Kosten und Mühen sparen, die entstehen, wenn ein Fehler erst beim Erstellen des Films oder der Druckplatte festgestellt wird – oder

Wann wird der Preflight durchgeführt?

Ein Preflight kann schon in der Agentur während oder nach der Gestaltung durchgeführt werden – oder aber erst in der Druckvorstufe der Druckerei selbst.

aber erst im Druck selbst. Druckereien arbeiten dagegen mit spezieller und kostenintensiver Software, die auch weiter unten genannt wird.

Man unterscheidet verschiedene Möglichkeiten, einen Preflight durchzuführen. Es gibt für jeden Dateityp ein spezielles Preflight-Programm, aber im Grunde läuft der Prozess der Prüfung immer gleich ab: Das Preflight-Programm (ob in einem Layoutprogramm integriert oder eigenständig) überwacht immer den jeweiligen Job-Ordner (siehe die Hintergrundinfo) der zu druckenden Datei. Werden in diesem Ordner Änderungen vorgenommen, werden sie sofort geprüft und nach fehlerfreien und fehlerhaften Dateien sortiert. Passend dazu wird ein Fehlerbericht erstellt. Zur Prüfung ist es möglich, vorab ein jeweiliges Profil anzulegen, das vorgibt, wonach die Dateien im Einzelnen untersucht werden sollen, denn nicht immer sind alle möglichen Prüfparameter sinnvoll oder nötig. Dabei ist auch zu beachten, welche Dateitypen geprüft werden sollen.

11.6.1 Prüfung im Layoutprogramm

Was melden Preflight-Programme?

- Fehlerhafte Farben
- Fehlende Schriften
- Fehlende oder zu niedrig aufgelöste Bilder
- Sonderfarben, Transparenz
- Manuelles Überfüllen
- Überhangtext
- Zu geringe Linienstärken

In den gängigen Layoutprogrammen wie Adobe InDesign oder auch QuarkXPress gibt es integrierte und einfache Preflight-Funktionen oder aber entsprechende Programmerweiterungen, um eine Qualitätsprüfung der Datei vornehmen zu können. Keine dieser Prüfungen ist zwar so detailliert und professionell wie die späteren Preflights in den Druckereien, aber schon ein guter Anfang. In Adobe InDesign findet man dazu die Preflight-Funktion unter *Fenster • Ausgabe • Preflight*. Hier lassen sich über das Benutzermenü auch die jeweiligen Preflight-Profile individuell anpassen.

In QuarkXPress besteht die Möglichkeit, anhand von sogenannten Job Jackets (*Hilfsmittel • Job Jackets Manager*) bestimmte Einstellungen vorzudefinieren. Diese Vorgaben lassen sich anschließend mit dem Befehl *Ablage • Job Jackets • Layout evaluieren* überprüfen.

In den Preflight-Einstellungen der Layoutprogramme sollten die im Folgenden aufgeführten Einstellungen aktiviert werden, um Daten für den Druck zu prüfen, hier am Beispiel von Adobe InDesign.

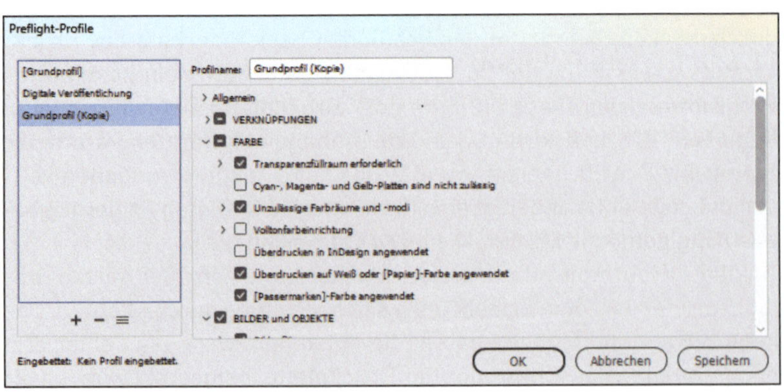

Abbildung 11.27: Einstellung der eigenen Preflight-Profile über InDesign

Sie können die Einstellungen über den Befehl *Profile definieren* im Bedienfeldmenü des Preflight-Bedienfelds anpassen.

+ **Verknüpfungen:** Fehlende oder aktualisierte Verknüpfungen anzeigen. Auch nicht verfügbare URL-Verknüpfungen und OPI-Verknüpfungen sollten angezeigt werden.
+ **Farbe:** Die Einstellung *Transparenzfüllraum* ist erforderlich, da bei der Transparenzreduzierung gegebenenfalls ein Farbraum benötigt wird. Auch unzulässige Farbräume und -modi können aktiviert werden, beispielsweise RGB und Lab für den Vierfarbdruck. Außerdem sollte zwingend das Überdrucken von Weiß oder Papierfarbe aktiviert werden, damit keine Objekte im Druck verloren gehen. Auch die Verwendung von Passermarkenfarbe sollte gemeldet werden.
+ **Bilder und Objekte:** Die Bildauflösung sollte den Vorgaben der Druckerei entsprechen. Auch die nicht proportionale Skalierung von Objekten (Verzerren) sollte direkt angemerkt werden. Auch Vorgaben zu Mindestkonturstärke (bei Konturen mit mehreren Druckfarben oder Weiß) und Problemen beim Anschnitt/Zuschnitt helfen regelmäßig dabei, Fehler zu vermeiden.
+ **Text:** Übersatztext sowie fehlende Schriftarten und Glyphen sollten gemeldet werden. Auch nicht proportionale Schriftskalierung und Mindestschriftgrößen (beispielsweise 6 pt) können eine Hilfe sein.
+ **Dokument:** Es sollten sich keine leeren Seiten im Dokument befinden. Außerdem sollte überprüft werden, ob alle Seiten im Dokument das gleiche Format und die gleiche Ausrichtung haben. Gegebenenfalls können Vorgaben zu Beschnitt und Infobereich getroffen werden.

Check in der Druckerei

Unabhängig von den Prüfungen, die noch innerhalb der Agenturen, von Grafikerinnen, Designern und Mediengestalterinnen vorgenommen werden, erfolgt ein professioneller Datencheck auf jeden Fall auch immer noch einmal in der Druckvorstufe der (Offline-)Druckereien selbst. Dieser Service ist im Laufe der Jahre immer wichtiger geworden, einfach auch deshalb, weil sich daraus ein lukratives Zusatzgeschäft entwickelt hat: gefundene Fehler ausbessern und dies dem Auftraggeber oder der Auftraggeberin in Rechnung stellen können.

Bei einigen Online-Druckereien muss man einen ausführlichen Datencheck jedoch gesondert dazubuchen. Davon sollte man, je nach Auflagenhöhe, Druckmedium und Berufserfahrung, Gebrauch machen.

11.6.2 Externe Preflight-Programme

Um detailliertere und professionellere Prüfungen durchführen zu können, gibt es gute externe Programme wie zum Beispiel die gängige Software Flightcheck von Markzware oder PitStop von Enfocus für PDF-Dateien. Letzteres Programm kann sogar Fehler innerhalb einer PDF beheben. Auch ermöglicht es, Änderungen selbst vorzunehmen: Bilder zu verschieben und zu skalieren, Farbänderungen oder Texte zu korrigieren und vieles mehr.

Preflight-Programme

+ Markzware Flightcheck
+ Enfocus PitStop Pro
+ Callas PDF Toolbox u. a.

11.6.3 Eigene Prüfung

Um sich gegen die häufigsten Fehler abzusichern, sollten Sie Ihre Datei vor dem Druck auch stets selbst überprüfen. Dazu hilft die Checkliste aus Abschnitt 11.5.1.

Nach erfolgreicher Prüfung der Layoutdatei werden im nächsten Schritt nun alle Elemente zu einer druckfähigen PDF-Datei zusammengeführt.

11.7 PDF

Im Jahr 1993, also vier Jahre bevor PostScript 3 herauskam, stellte Adobe das Dateiformat PDF vor. Anders als die Seitenbeschreibungssprache PostScript ist PDF ein Dateiformat bzw. ein Dokumentenaustauschformat, das möglichst unabhängig von Computern und Programmen funktionieren sollte, mit denen es erstellt wurde.

Ein PDF kann viele Daten speichern, einschließlich formatierten Texts, Vektorgrafiken und Rasterbildern. Es enthält darüber hinaus Informationen zum Seitenlayout, die auch den Speicherort jedes Elements auf der Seite sowie die Größe und Form der Seiten im Dokument definieren. Diese Informationen werden alle in einem Format gespeichert; somit sieht das Dokument immer gleich aus, unabhängig davon, welches Gerät oder Programm zum Öffnen verwendet wird. Wenn man zum Beispiel eine PDF-Datei auf einem Mac speichert, wird sie auch in Windows, Android und iOS immer gleich angezeigt. Man kann die Datei somit mit der entsprechenden Software (z. B. Adobe Acrobat Reader) auf allen iOS- und Android-Geräten wie Tablets oder Smartphones und auf Computern öffnen, ansehen und sogar bearbeiten.

Weitere Möglichkeiten

PDFs unterstützen auch Metadaten wie Dateiname, Autor, Betreff und Schlüsselwörter. Außerdem können sie Schriftarten einbetten – so müssen beim Betrachten nicht die jeweiligen Schriftarten installiert sein. PDF-Dokumente können zur Sicherheit auch verschlüsselt sein, dann können sie nur von autorisierten Personen geöffnet werden.

11.7.1 PDF/X: Variante für die Druckvorstufe

Definition ISO
International Organization for Standardization, Gremium zur Festlegung internationaler Industriestandards, unter anderem in der Computertechnologie.

PDF/X ist ein ISO-Standard, der die Übermittlung digitaler Druckvorlagen auf der Grundlage von PDF regelt. Das »X« im Namen steht für eXchange, also für den Austausch zwischen denen, die die Daten erzeugen und weiterverarbeiten. PDF/X funktioniert genauso wie eine normale PDF-Datei. Sie wird aber auf grafische Fehler oder PDF-Funktionen hin untersucht, die zu Problemen bei der Bearbeitung durch ein RIP oder beim Druck führen könnten. Mithilfe PDF/X-konformer Dateien werden demnach Fehler bei der Dateivorbereitung vermieden, wie zum Beispiel nicht eingebettete Schriften, falsche Farbräume oder fehlende Bilder. Auch wenn die Druckerei nicht explizit nach einem PDF/X verlangt, ist es ratsam, für den Druck immer ein solches auszugeben. Dieses Format ist die beste Methode, um sicherzustellen, dass eine Datei nach Industriestandards für den High-End-Druck vorbereitet wird und damit druckbereit ist.

Aktiver Inhalt ist in einer PDF/X-Datei nicht möglich. Somit sind die einfachen PDF-Standardfunktionen wie Formulare, Signaturen, Kommentare und eingebettete Sounds und Filme in PDF/X nicht zulässig.

Für die Ausgabe stehen mehrere Versionen von PDF/X zur Verfügung, die jeweils für ein spezielles Ergebnis entwickelt wurden:

+ **PDF/X-1a** ist für den Austausch gedacht, bei dem alle Dateien in CMYK (und/oder Volltonfarben) geliefert werden.
+ **PDF/X-3** wird verwendet, wenn alle Dateien auf geräteunabhängigen Daten basieren; zusätzlich zu X-1a sind RGB-, Lab- und ICC-basierte Farbräume erlaubt. PDF/X-3 ist aktuell das am häufigsten eingesetzte Standard-Datenformat für die Druckproduktion.

- **PDF/X-4** unterstützt Ebenen und Transparenzen ohne Transparenzreduzierung. Es basiert auf der Adobe PDF Print Engine (APPE).
- **PDF/X-5** basiert auf PDF/X-4 und unterstützt zusätzlich XObjects sowie externe Farbprofile.

Fragen Sie immer in Ihrer Druckerei, welchen PDF-Standard Ihre Druckdatei haben soll.

Neben PDF/X, das für den Einsatz im grafischen Gewerbe und Druckvorstufenbereich entwickelt wurde, gibt es noch weitere Varianten von PDF.

Definition XObjects

XObjects sind PostScript-Grafikobjekte. Mit ihnen ist es möglich, dasselbe Element an verschiedenen Stellen in einem PDF abzubilden, ohne es mehrfach speichern zu müssen. Auf diese Weise wird der Inhalt einmal definiert und mehrmals verwendet. Dies kann helfen, Dateien (und somit das PDF) kleiner zu machen.

11.7.2 PDF/A

PDF/A steht für »Portable Document Format Archivable«, also die Langzeitarchivierung von elektronischen Dokumenten. Es wurde durch die International Organization for Standardization (ISO) genormt und stellt sicher, dass Dokumente zuverlässig aufbewahrt und abgerufen werden können.

11.7.3 PDF/UA

PDF/UA steht für »Portable Document Format Universal Accessibility«, also universeller Zugang. Es unterliegt auch einer ISO-Norm und stellt die technischen und inhaltlichen Anforderungen für Barrierefreiheit an das PDF-Dokument.

PDF ist wie ein Koffer

Das PDF kann man sich dabei wie einen Koffer vorstellen: Was brauche ich, was nehme ich mit, was macht ihn »leichter«? Was benötige ich am Ziel und was nicht?

11.7.4 Erstellung von PDF-Dateien

Normalerweise werden einfache PDF-Dateien und auch die PDF/X-Dateien aus einem vorhandenen Dokument generiert. Dazu kann man zum Beispiel eine Layoutdatei aus Adobe InDesign oder ein Word-Dokument als PDF speichern bzw. als PDF ausgeben. Man kann auch eingescannte Daten als PDF speichern. Fast alle Programme bieten heute Optionen wie *Als PDF speichern* oder *Als PDF exportieren* an. Auch im Dialogfeld *Drucken* steht eine solche Funktion zur Verfügung. Jedes druckbare Dokument ist somit auch als PDF speicherbar.

Die direkte Erzeugung einer druckfertigen PDF/X-Datei aus einem Programm heraus spart Zeit und Geld und ist die beste Voraussetzung für einen fehlerfreien Druck.

Die Basiseinstellungen

Die im Folgenden dargestellten Basiseinstellungen reichen für ein einfaches Druck-PDF/X-3 ohne besondere Einstellungen oder Sonderwünsche. Außerdem gelten sie speziell für die Adobe Creative Suite und InDesign. Man kann PDF-Dateien auch direkt aus Adobe Photoshop und Illustrator erstellen. Wenn man eine andere Desktop-Anwendung wie beispielsweise QuarkXPress, Microsoft Word oder Excel verwenden möchte, funktioniert das PDF-Ausgeben ähnlich, aber die entsprechenden Fenster sind eventuell an anderen Orten zu finden.

Schritt für Schritt | **Ein druckfähiges PDF erstellen**

Sofern Sie davon ausgehen können, dass das zu druckende Dokument in der Druckerei nicht mehr geändert oder bearbeitet werden muss, können Sie vereinfacht wie folgt vorgehen:

1. PDF sichern

Wählen Sie *Datei • Exportieren*: Dann wählen Sie unten im Dialogfenster für Format *Adobe PDF (Druck)* und sichern die Datei. Alternativ gehen Sie im Menü *Datei* direkt auf den Punkt *Adobe PDF-Vorgabe auswählen* und dann auf *Adobe PDF/X3: 2002*. Es ist in einem ersten Schritt nämlich nicht nötig, ein PDF zu speichern.

2. PDF exportieren – Eigenschaften

Im Dialogfenster *Adobe PDF exportieren* starten Sie mit der Registerkarte *Allgemein*. Oben im Menü wählen Sie *Adobe PDF-Vorgabe [Adobe PDF/X3: 2002]* ❶ aus. Dadurch werden bereits die wichtigsten Einstellungen vorgenommen, die Sie zum Erstellen einer druckfertigen Datei benötigen.

3. Schnittmarken

Die Registerkarte *Komprimierung* können Sie überspringen. Dann folgt die Registerkarte *Marken und Anschnitt*. Hier aktivieren Sie im Bereich *Marken* das Kontrollkästchen für *Schnittmarken* ❷ und lassen die anderen Kontrollkästchen deaktiviert. Unabhängig davon, ob das Dokument eine Beschnittzugabe aufweist oder nicht, sollte der Bereich *Anschnittseinstellungen des Dokuments verwenden* ❸ aktiviert werden. Weitere Informationen dazu finden Sie in Abschnitt 11.5.3.

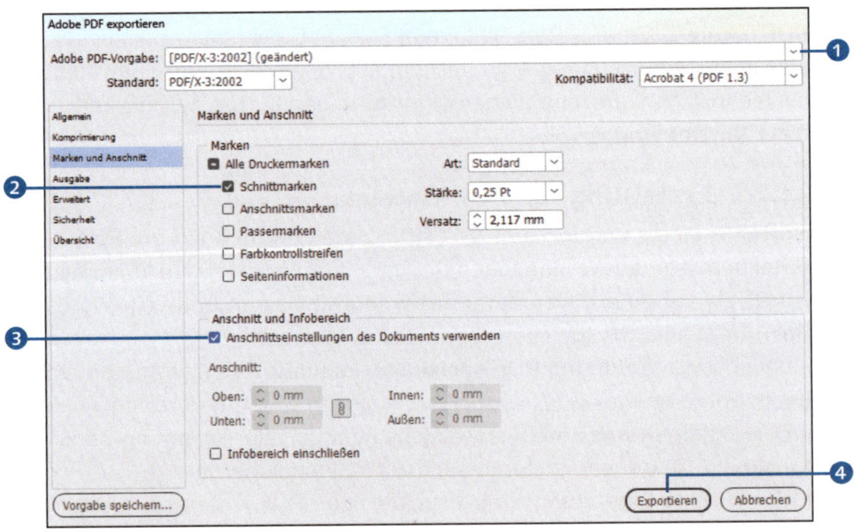

Abbildung 11.28: Einstellungen zu den Schnittmarken

Nun klicken Sie auf *Exportieren* ❹. Fertig ist eine einfache PDF/X-Datei für den Druck.

PDF Joboptions

Bei wiederkehrenden Einstellungen für die PDF-Erstellung bietet es sich an, in den Grafikprogrammen wie beispielsweise Adobe InDesign mit PDF-Vorgaben, sogenannten Joboptions, zu arbeiten. Hierbei werden die Einstellungen für die PDF-Erstellung in einer externen Datei abgespeichert, die anschließend für die Erstellung neuer PDF-Dateien wieder abgerufen werden kann. So müssen die Einstellungen nicht jedes Mal erneut getroffen werden, sondern einfach nur die Vorgaben aus den Joboptions geladen werden. In Adobe InDesign können die Vorgaben ganz einfach mit dem Button *Vorgaben speichern...* gespeichert werden und sind beim Erstellen eines neuen PDFs über das Dropdown-Menü *Adobe PDF-Vorgabe* zukünftig immer wieder auswählbar.

11.7.5 PDF bearbeiten

Damit man sich eine PDF-Datei auf dem Computer anschauen kann, benötigt man die Software Adobe Acrobat Reader oder ein anderes Programm, das das PDF-Format unterstützt. Bearbeitet werden können PDF-Dateien mit Adobe Acrobat Pro oder einem geeigneten PDF-Editor einer anderen Firma. Es gibt zum Beispiel Funktionen, mit denen man Felder ausfüllen und das Dokument signieren kann.

Einige Programme, die OCR unterstützen, können das PDF-Dokument digital nach Text scannen und den Text anschließend bearbeiten oder löschen. Auch kann man der PDF-Datei Bilder, Textblöcke oder ganze Seiten hinzufügen, sie löschen oder auch mehrere PDF-Dateien zu einer Datei zusammenführen. Heute sind der einfachen Bearbeitung fast keine Grenzen mehr gesetzt. Zur professionellen Bearbeitung einer Seite sollten Sie jedoch immer in der Layoutdatei arbeiten, da das PDF ursprünglich nur als Austauschformat entwickelt wurde und auch so genutzt werden sollte.

Definition OCR
Optical Character Recognition, d.h. optische Zeichenerkennung. Ein Verfahren, um gescannte Textvorlagen elektronisch wieder in editierbare Texte zu verwandeln.

11.7.6 PostScript vs. PDF

PostScript ist eine Seitenbeschreibungssprache und PDF ein Dateiformat. Für Laien, die nicht unbedingt alles über die digitale Dateibearbeitung wissen, ist es unter Umständen schwierig, Unterschiede zwischen PDF und PostScript zu erkennen. PDF gilt heute als der Ersatz für PostScript. Dazu muss man allerdings wissen, was PDF und PostScript in der Basis gemeinsam haben.

PostScript beschreibt Seiten, aber PDF geht ein paar Schritte weiter und kann nicht nur sagen, wie die Seite aussieht, sondern auch, wie sie sich verhält und welche Arten von Informationen in den Dateien enthalten sind. PDF ist somit um einiges »intelligenter«, enthält detaillierte Informationen wie Schriftarten, Druckanweisungen, Bilder, Jobtickets, Schlüsselwörter, Filme, interaktive Hyperlinks und vieles mehr. PDF gilt außerdem als fortgeschrittener. Eine PDF-Datei ist eigentlich eine PostScript-Datei, die nur weiterentwickelt, in einem RIP gelesen und in klare Objekte aufgeteilt wurde.

Um eine PDF-Datei drucken zu können, muss der Drucker die PDF-Elemente auf der Seite darstellen können. Der beste Weg dazu ist die Verwendung eines PostScript-Druckers. Viele dieser Drucker verstehen PDF-Dateien neben der PostScript-Sprache. Es gibt aber auch Drucker, die jeden einzelnen Job vor dem Drucken in eine PDF-Datei konvertieren. Dies geschieht mithilfe einer Technologie, die »Extreme« genannt wird. Kodak Creo, Agfa, Scitex und Heidelberg haben derartige Druck-Workflows deklariert und Geräte entwickelt, die auf dieser Technologie basieren.

Checkliste: PDF und Druckdaten

- Wurde die richtige PDF/X-Version ausgewählt?
- Exportieren Sie als Doppel- oder Einzelseiten?
- Wurden bei der Neuberechnung der Bilder die von der Druckerei genannten DPI hinterlegt?
- Wurde die Komprimierung deaktiviert?
- Wurden alle relevanten Druckmarken gesetzt?
- Findet eine Farbkonvertierung statt? Falls ja, ist die Einstellung *Werte beibehalten* aktiviert?
- Wurde die Vorgabe für die Transparenzreduzierung richtig gesetzt? (Nur bei PostScript.)
- Wurde das PDF in Adobe Acrobat Pro sorgfältig geprüft?

Obwohl gute Geräte und Profis in der Regel PostScript- Prozessoren für die bestmöglichen Ergebnisse verwenden, können auch Nicht-PostScript-Drucker verwendet werden. Adobe Acrobat ist dann das wichtigste Programm und somit Werkzeug zum Ändern und Verbessern von PDF-Dateien, mit dessen Hilfe man PDF-Dateien auf Geräten drucken kann, die keine PostScript-Prozessoren integriert haben.

PDF-Erstellung über PostScript

Noch bis vor ungefähr 15 Jahren wurden PDF-Dateien klassisch so erzeugt, dass man aus der Layoutdatei eine PostScript-Datei erzeugte und abspeicherte, um diese anschließend in einem Programm wie beispielsweise Adobe Acrobat Distiller in ein PDF umzuwandeln. Das war sehr zeitaufwändig und vor allem anfällig für Fehler. Oft hat man minutenlang auf die Umwandlung in ein PDF gewartet, um dann kurz vor Fertigstellung eine Fehlermeldung zu erhalten und sich auf die Fehlersuche begeben zu können. Dank der heutigen Möglichkeit, ein PDF aus den Programmen direkt exportieren zu können, ist dieser Prozess viel einfacher und vor allem schneller geworden – und mittlerweile auch hochprofessionell.

Neuerung

Ab dem PDF-Standard 1.6 basiert das PDF/X-4 nicht mehr auf PostScript, sondern auf der Adobe PDF Print Engine (APPE). Diese beinhaltet echte Transparenzen – die Transparenzreduzierung entfällt daher. PDF/X-4 bietet außerdem ein Colormanagement, das ein medienneutrales Arbeiten erleichtert. Da allerdings noch nicht alle Druckereien ein PDF/X-4 verarbeiten können, werden auch heute noch viele PDFs auf PostScript-Basis verschickt.

Hintergrundwissen | **PostScript**

Objektbasis

PostScript gilt als Seitenbeschreibungssprache auf Objektbasis. Das bedeutet, dass eine Seite mit verschiedenen Objekten beschrieben wird. Alle Objekte in einer PostScript-Datei werden dabei mithilfe mathematischer Kurven dargestellt.

PostScript wurde in den 80er Jahren von Adobe entwickelt. Es übersetzt Dokumente in den Druck – und hat damit eine Schlüsselrolle in der Desktop-Publishing-Revolution übernommen. Es war die erste geräteunabhängige Seitenbeschreibungssprache und gleichzeitig auch eine Programmiersprache. Als Programmkodierung beschreibt PostScript den kompletten Aufbau und die Gestaltung einer Seite. Dabei liefert PostScript alle Informationen darüber, wo sich die einzelnen Elemente wie Bilder, Texte oder Illustrationen auf der Seite befinden, damit diese größen- und systemunabhängig in einer relativ verlustfreien Qualität ausgegeben werden können. Es gilt als Vorläufer des PDF-Formats, von dem es nahezu komplett abgelöst wurde.

Um den Code lesen und ausführen zu können, benötigt man entsprechende Prozessoren. Für PostScript ist dieser Prozessor ein RIP- oder

Rasterbildprozessor (siehe die folgende Hintergrundinfo). Dies ist eine Kombination aus Hardware und Software, die normalerweise in einem Drucker vorhanden ist. Das RIP nimmt den Code auf und rendert ihn in eine Reihe von Punkten auf einer Seite. Für jede Farbe wird dabei eine 1-Bit-Tiff-Datei erstellt. Eine Layoutdatei muss vor dem Druck so umgerechnet werden, dass dieses RIP – wie zum Beispiel das eines Druckers – die Daten lesen und anschließend als gerastertes Bild ausgeben kann. PostScript rechnet diese Layoutdatei zuvor um und übermittelt die Informationen über die Gestaltung und das Aussehen der zu druckenden Seite über das RIP an das Gerät.

1-Bit-Tiff

Das RIP (Raster Image Processor) rechnet im Plattenbelichtungsprozess alle ankommenden Druckdaten für den Druck in 1-Bit-Tiffs um (für jede verwendete Farbe ein 1-Bit-Tiff). 1 Bit Farbtiefe bedeutet, dass man Farbinformationen von nur einem Bit im Bild hat.

Das PostScript-System besteht aus drei Hauptkomponenten:

1. dem Übersetzen in den PostScript-Code,
2. dem Senden von Daten und
3. dem Rastern des Codes.

Eine Seite oder Layoutdatei wird also zunächst in den Code übersetzt. Dieser wird an das Ausgabegerät gesendet, das die Seite dann rastert und somit ausgeben kann. Dabei ist die reine PostScript-Datei für den Laien nicht zu öffnen und auch nicht zu bearbeiten. Dies bedeutet auch, dass eine Datei jedes Mal, wenn sie aus einem Layoutprogramm heraus ausgedruckt wird, zunächst in eine PostScript-Datei umgewandelt werden muss, bevor sie an die Ausgabeeinheit geschickt wird. Das geschieht in den Programmen automatisch, wenn man in den Druckmenüs die passenden Drucker und somit Druckertreiber auswählt.

Es gibt drei Versionen von PostScript, die alle miteinander kompatibel sind und von allen RIPs interpretiert werden können: PostScript Level 1, PostScript Level 2 und PostScript 3.

+ **PostScript Level 1:** Dieses Level ist 1984 von Adobe als erste Version der Seitenbeschreibungssprache entwickelt worden. Alle folgenden Levels basieren auf dieser Basis und sind stetig weiterentwickelt worden. Im Level 1 sind zum Beispiel keine Farbbearbeitungen möglich.
+ **PostScript Level 2:** Das zweite Level ist im Jahre 1991 veröffentlicht worden, gilt als schneller und zuverlässiger als Level 1. Es unterstützt verschiedene Seitengrößen, Composite-Schriften, In-RIP-Separationen und erweiterte Farbbearbeitungen. Trotz der Verbesserungen wurde es aber nur langsam durch die Druckindustrie angenommen.
+ **PostScript 3:** PostScript 3 ist die letzte und aktuellste Version der drei Levels, wobei nun die Bezeichnung »Level« von Adobe nicht mehr angegeben wurde. Im Jahre 1997 entwickelt, ist diese ausgefeilte Version bis heute das Standard-Level, mit dem gearbeitet wird. Es bietet eine konstant hochwertige Ausgabe und eine bessere Grafikverarbeitung als die anderen beiden Levels. Dabei unterstützt es transparente Grafiken, mehr Schriftarten und beschleunigt das Drucken. Auch Internetfunktionalitäten wurden eingeführt, werden aber nur selten genutzt.

Prüfung bei PostScript-Dateien

Bei der Qualitätsprüfung von PostScript-Dateien wird von den Programmen wie Flightcheck von Markzware oder PostScript von Cutting Edge gecheckt, ob der PostScript-Code korrekt ist und ob die Datei später bei der Ausgabe auf Film, Platte oder beim Digitaldruck gelesen werden kann. Auch können die Programme die komplex aufgebauten Dateien interpretieren und in »einfachere« Dateien umsetzen, die wiederum besser gelesen werden können. Die Software PostScript erlaubt es sogar, die Datei direkt am Monitor ansehen und prüfen zu können, was ansonsten eine kompliziertere Angelegenheit ist.

Mehr zu den Prüfverfahren in der Druckerei lesen Sie in Abschnitt 12.5.

Die Konsequenz wäre die Weiterentwicklung in PostScript 4, aber laut Adobe wird es diese Version nicht mehr geben. PostScript hat über die letzten Jahre den Weg für die Entwicklung von Adobe PDF (Portable Document Format) geebnet. PDF hat die Funktionen von PostScript 3 aufgegriffen und um eine verbesserte Verarbeitung von allen Komponenten erweitert, wodurch die Verarbeitungszeit für eine Datei drastisch verkürzt wurde – und Zeitersparnis gilt heute als einer der wichtigsten Faktoren im Druckprozess.

Hintergrundwissen | **Raster Image Processor (RIP)**

RIP ist die Abkürzung für Raster Image Processor und – wie bereits beschrieben – eine Hard- oder Software, die als Prozessor fungierend ankommende Daten in eine Rastergrafik umrechnet, um diese danach per Drucker ausgeben zu können. Ein RIP wandelt also digitale Bildschirmdateien aus Layoutprogrammen in druckbare Informationen um. Aus der digitalen Druckvorstufe sind diese Prozessoren daher nicht mehr wegzudenken.

Als Hardware arbeitet ein RIP als eine Art eigenständiger Spezialcomputer, als Software ist es auf einem Rechner installierbar. Beide Arten arbeiten gleich, indem sie die Daten in den Maschinencode des ausgebenden Zielsystems umrechnen, die zuvor in Form einer höheren Programmiersprache wie PostScript oder PDF angeliefert wurden. RIPs sind beispielsweise als Kombination aus Hard- und Software in Druckern zu finden.

Je detaillierter eine ankommende Datei aufgebaut ist, desto länger dauert der Prozess der Umrechnung durch das RIP. Wenn also viele verschiedene Schriften, vielschichtige Farbverläufe, komplexe Vektorgrafiken oder transparente und multiplizierte Bilder verwendet wurden, bedeutet das auch viel Arbeit in der Berechnung dieser Details.

Bei der Umrechnung wird von jeder Dokumentenseite ein Bitmap (1-Bit-Tiff) für jede Farbe (CMYK) erstellt. Dazu wird die zu belichtende Fläche zunächst vom RIP als »Bitmap« gelesen, also in kleinste quadratische Flächen unterteilt, die »Belichtermatrix«. Diese steuern dann die Belichtungseinheit in der Satzmaschine und erhalten Informationen darüber, welche Maschinen- und Belichtungspunkte belichtet oder nicht belichtet werden. Vereinfacht gesagt stellt die sogenannte Belichtermatrix somit eine Art Landkarte dar, die den Laser »führt«, ihm den Weg weist und ihm sagt, wann er seinen Lichtstrahl ein- oder ausschalten kann. Ein einzelner dieser Belichtungspunkte wird »Recorderelement« (REL) genannt. Ein REL entspricht somit dem kleinstmöglichen belichtbaren Punkt eines Belichters. Mehrere RELs zusammen bilden die Rasterzelle (siehe dazu Abschnitt 12.2.2 – Rasterpunkt und Rasterzelle).

Kapitel 12

In der Druckerei

Themen des Kapitels:

- *Daten prüfen*
- *Druckraster*
- *Tonwertzunahme*
- *Ausschießen*
- *Papierbedarf und Nutzenrechnung*
- *Druckformerstellung*
- *Prüfverfahren*

12.1 Druckdaten proofen

Nach der Qualitätsprüfung durch den Preflight, der Ausbesserung eventuell aufgetretener Fehler und der finalen Ausgabe der Datei folgt nun die Proofphase. Während der Layoutphase genügen normale Ausdrucke auf einem Laser- oder Tintenstrahldrucker. Wenn es dann aber in den Druck geht, ist das Prüfen der Drucke die letzte Möglichkeit, um eventuelle Farbabweichungen oder sonstige Fehler so schnell wie möglich zu beheben. Dieser Prozess gilt als Generalprobe vor dem finalen Druck. Der Proof dient als Referenz für alle Beteiligten: Von den Verantwortlichen freigegeben, dient er im Druck bei der Druckabstimmung als Referenz und sollte demnach so nah wie möglich an den späteren Originaldruck heranreichen.

Prozessstandard Offsetdruck

Der Prozessstandard Offsetdruck (PSO) ist eine speziell für den Offsetdruck erstellte Referenz für eine standardisierte Druck-Produktion basierend auf ISO-Normen. Er definiert nicht nur die Druckmaschineneinstellungen, sondern auch den gesamten Ablauf des Druckprozesses wie Farbmanagement, Bedruckstoff, u.a. Sein Ziel ist die Sicherstellung einer konsistenten Druckqualität sowie eines effizienten Produktionsablaufs unter Berücksichtigung der Standards.

12.1.1 Proofarten

Je nach Auflage, Qualitätsanspruch und Zeit stehen unter anderem folgende Methoden zur Überprüfung des Druckbildes zur Verfügung: Softproof, Digitalproof und Andruck.

Softproof

Der Softproof simuliert die Ausgabe am Monitor und wird von den Mediengestalter*innen direkt durchgeführt. Mit einer entsprechenden Bildschirmkalibrierung und dem korrekten **ICC-Profil** für den Drucker lässt sich eine hohe Übereinstimmung zwischen Monitor und Ausdruck erreichen.

Softproof vs. Hardproof

Softproofs werden nur am Bildschirm ausgegeben, Hardproofs dagegen in gedruckter Form. Ein Softproof erreicht daher niemals die Verbindlichkeit eines Hardproofs, kann aber eine schnelle Alternative sein – und ist beispielsweise per E-Mail versendet schnell von mehreren Personen an unterschiedlichen Orten einsehbar.

Digitalproof

Der Digitalproof ist ein Ausdruck auf einem speziellen Digitaldrucksystem. Dafür kommen spezielle Tintenstrahldrucker zum Einsatz, die eine relativ hohe Farbverbindlichkeit erreichen. Leider gibt es nur eine geringe Menge an auswählbaren Papieren. Dennoch ist der Digitalproof oft zuverlässiger als der Softproof.

Andruck

Die aufwändigste, aber auch verbindlichste Methode ist der Andruck in der Druckerei. Dafür wird das Originalpapier verwendet, das auch für die komplette Auflage zum Einsatz kommt. Er erfolgt auf einer Maschine, die der Technologie der Enddruckmaschine gleicht.

12.1.2 Selbst proofen oder proofen lassen?

Bevor eine Datei geprooft wird, sollten vorab wichtige Parameter geklärt werden. Dann kann man entscheiden, ob ein Softproof, Digitalproof oder Andruck vorgenommen werden soll.

Die Bedienung und Einstellungen von Prooflösungen sind nicht mehr so komplex wie noch vor einigen Jahren. Somit ist es mittlerweile auch für einen Laien möglich, mit hochwertigen Tintenstrahldruckern Druckdateien farbverbindlich zu simulieren. Dazu muss man aber vorab in das erforderliche Equipment investieren und sich in den Prozess einarbeiten. Das kann und möchte nicht jeder leisten.

Definition Contract Proof

Ein Contract Proof (oder Kontraktproof) ist ein farbverbindlicher und rechtsverbindlicher Proof nach ISO 12647-7. Diese Art von Proof ist der derzeit höchste Proof-Standard.

Checkliste | Vor dem Proof zu bedenken

+ Wie hoch ist mein Budget?
+ Soll der Proof rechtsverbindlich sein? (»Contract-Proof«?)
+ Soll die komplette Datei geprüft werden?
+ Soll der Proof farbverbindlich sein oder nur ähnlich?
+ Soll der Bedruckstoff ähnlich dem Original sein?
+ Wie viel Zeit steht zur Verfügung?

Abbildung 12.1: Der Proof wird geprüft.

12.1.3 Der Digitalproof-Prozess

Der Prozess des Proofens ist – ob selbst durchgeführt oder extern vergeben – nahezu identisch: Erstellt werden sollte ein Proof erst dann, wenn wirklich alle Arbeiten an der Datei abgeschlossen sind, damit er auch wirklich verbindlich ist und zum finalen Druck freigegeben werden kann. Der Proof sollte möglichst in Originalgröße gedruckt werden. Ist dies jedoch nicht umsetzbar, sollte man nur die wichtigen Ausschnitte im Maßstab 1:1 proofen lassen. Oftmals wirken Farben, Schriften und Muster in der verkleinerten Darstellung am Monitor ganz anders als in Originalgröße!

Während einfache Satzfehler bereits am Bildschirm (Softproof) oder im einfachen Ausdruck erkennbar sind, gibt es einen Bereich, in dem es ganz besonders auf die speziellen Qualitäten von Proofsystemen ankommt: die Farbigkeit. Gedruckt wird der professionelle Proof also in der Regel auf einem hochwertigen Tintenstrahldrucker, der über ein RIP (siehe dazu Abschnitt 11.7.6) mit eingebautem Farbmanagementsystem angesteuert wird. Dazu wird die Farbanpassung über Farbprofile gesteuert. ICC-Farbprofile (siehe dazu Abschnitt 11.1.3) sind hier die gebräuchlichsten Systeme.

Für den Druck werden spezielle Proofpapiere genutzt, die der Beschaffenheit des finalen Papiers ähnlich sind. Sonderfarben werden grundsätzlich immer nur simuliert, aber das mittlerweile sehr präzise. Schwierig sind jedoch nach wie vor Neonfarben und Metallictöne.

Die zugehörige Software liest die zu druckenden Daten aus, um sie anschließend in das druckerspezifische Format umzuwandeln.

12.1.4 Fogra-Medienkeil

Damit der Proof letztendlich farbverbindlich (und rechtsverbindlich) als Grundlage für den finalen Druck dienen kann, ist der Aufdruck eines Fogra-Medienkeils zum Abgleich der Farben erforderlich. Das gilt auch international. Der Kontrollkeil kann bei der Fogra erworben werden.

Der »Medienkeil« ist eine Datei mit festgelegten Farbwerten und gilt als der Standard zur Kontrolle der Farbtransformation von der Datei zum digitalen Prüfdruck oder zum Druck. Er dient zur Kalibrierung des jeweiligen Ausgabegeräts.

Dabei besteht er aus mittlerweile 73 Feldern, die mit Flächendeckungsgraden der Prozessfarben Cyan, Magenta, Gelb und Schwarz definiert sind. Zu jedem Farbfeld sind, abhängig vom Druckverfahren und vom Bedruckstoff, farbmetrische Sollwerte nach ISO 12647 und die Toleranzen für den Prüfprozess von digitalen Daten, wie diese in der ISO 12647-7 festgelegt wurden, definiert.

Fogra

Der Name Fogra steht für »Deutsche Gesellschaft zur Förderung der Forschung im graphischen Gewerbe«, der Name, unter dem die Gesellschaft gegründet wurde. Heute heißt sie aber »Fogra Forschungsgesellschaft Druck e. V.«. Als Verein setzt sich die in München ansässige Institution für die Weiterentwicklung der Drucktechnik ein.

Abbildung 12.2: Der Fogra-Medienkeil CMYK V3.0 mit Prüfprotokoll

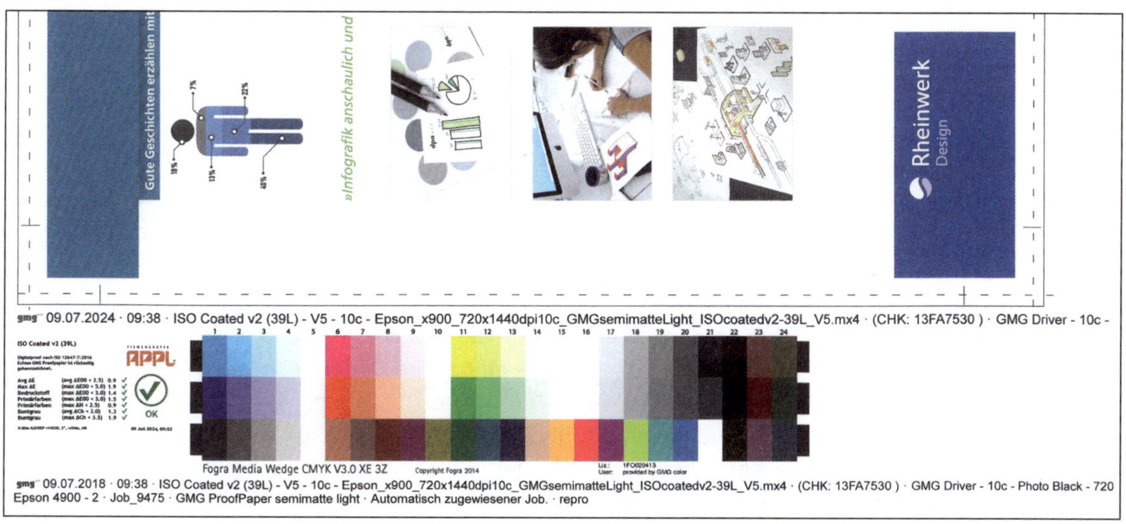

Spektralphotometer

Ganz exakt bestimmt man eine Farbe mit einem Spektralphotometer. Anders als ein Densitometer (siehe Abschnitt 12.2.7) beleuchtet es die Messfläche über das gesamte Spektrum des sichtbaren Lichts und berechnet so die Remissionswerte. So kann der exakte Farbort der Farbe bestimmt werden, und Farbabweichungen lassen sich berechnen.

Medienstandard Druck

Der Medienstandard Druck ist eine Norm der deutschen Druckindustrie, welche die Beschaffenheit von Proofs und deren Daten vorgibt. Sein Ziel ist es, dass Daten überall gleich gedruckt werden können. Er basiert auf dem ISO-genormten Prozessstandard Offsetdruck und stützt die Zusammenarbeit von Kundenseite Druckvorstufe und Druckerei. Ein Proof nach Medienstandard Druck muss u.a. einen Fogra-Medienkeil enthalten.

Definition Rasterweite

Maßeinheit, die angibt, wie viele Rasterzellen ein Ausgabegerät pro gewählter Strecke ausgeben kann. Verwendet werden entweder die Einheiten Lines per Inch (lpi) oder Linien pro Zentimeter (lpc).

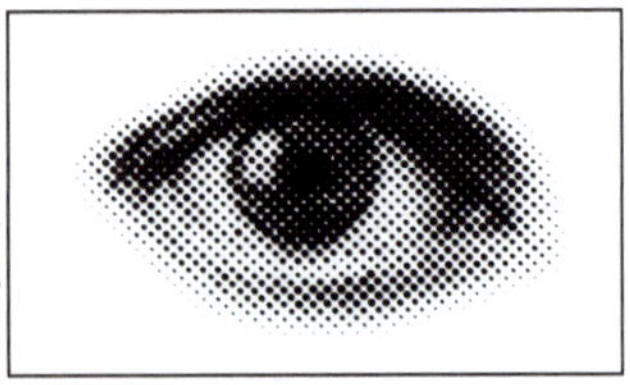

Abbildung 12.3: Ein aufgerastertes Auge im Detail

Die genormten Werte des Medienkeils werden auf dem Proof mittels eines Spektralphotometers vermessen. Wenn die Abweichungen innerhalb der vorgegebenen Grenzen der ISO-Norm liegen, wird ein Prüfprotokoll aufgedruckt oder aufgeklebt, das die Genauigkeit des Proofs innerhalb der Toleranzen dokumentiert. Dokumentiert werden zusätzlich zu den Farbwerten noch das Drucksystem und die verwendete Tinte, die Papiersorte, das Datum und die Uhrzeit.

Je aktueller die Systeme und die verwendete Software sind und je kürzer die Kalibrierung aller Systeme zurückliegt, desto zuverlässiger ist der Proof. Der Medienkeil ist außerdem wichtiger Bestandteil des Medienstandard Druck.

12.2 Druckraster

Der Raster als Grundlage für alle Ausdruck- und Drucktechniken beschreibt das Verfahren, wie Druckmaschinen Farbe auf einen Bedruckstoff bringen. Eine Druckmaschine kann entweder Farbe drucken oder eben nicht. Sie ist nicht dazu in der Lage, stufenlose Farbübergänge zu drucken wie beispielsweise ein Foto. Somit müssen alle Vorlagen, die gedruckt werden sollen, zuvor aufgerastert werden (siehe auch Abschnitt 11.7.6, RIP). Dabei überlistet der Raster das Auge, die gedruckte Rasterfläche als kontinuierliche Farbfläche wahrzunehmen. Somit wird aber auch deutlich, dass die Farben eines Drucks nur dann fließend wahrgenommen werden, wenn der Raster möglichst fein und detailliert ist!

Ein Raster besteht aus kleinen Punkten, den Rasterpunkten. Einige davon sind größer, andere kleiner – je nach Farbe, die simuliert werden soll. Helle Bereiche weisen dabei kleinere Punkte auf, dunkle Bereiche größere Punkte. Dabei liegen alle Punkte auf vordefinierten Linien.

12.2.1 Rasterweite

Die Rasterweite (auch Rasterfrequenz genannt) gibt an, wie viele Rasterpunkte sich linear auf einer Strecke von einem Zentimeter oder einem Inch befinden. Mit der Rasterweite wird also die jeweilige Dichte der Rasterpunkte angegeben und somit die Feinheit eines Druckrasters.

Je enger die Rasterlinien beieinanderliegen, desto höher ist die Rasterweite. Eine höhere Rasterweite steht also dafür, dass das zu druckende Bild in ganz viele Rasterpunkte und somit viele Details aufgerastert wurde. Somit sind diese Bilder höher aufgelöst, schärfer im Detail und feiner in den Farbabstufungen.

Die gängige Einheit der Rasterweite ist lpi. Das kommt aus dem Englischen und bedeutet »Lines per inch«: also wie viele Rasterlinien pro Inch (1 Inch = 2,54 cm) verwendet wurden. Man kann auch mit L/cm (Linien pro cm) arbeiten. Mit »lines« ist die Rasterlinie, also die Zeile gemeint, auf der sich die einzelnen Rasterzellen mit den Rasterpunkten darin befinden.

Mit welcher Rasterweite man druckt, hängt von dem Bedruckstoff und den jeweiligen Maschinen ab. Auf Zeitungspapieren kann man zum Beispiel nur mit einem Raster von 30 L/cm arbeiten. Da das feine Papier Druckfarbe sehr stark aufsaugt, würden bei einer größere Rasterweite die Punkte zu eng beieinanderliegen und könnten eventuell »zulaufen«, also miteinander verschmelzen. Schaut man sich die Bilder in einer Zeitung genau an, erkennt man daher schon mit bloßem Auge den gedruckten Raster.

Die gängige Rasterweite für Druckmedien im Offsetdruck ist 70 L/cm, auch 70er Raster genannt. Dabei wird das Bild in 70 × 70 waagrechte und senkrechte Rasterpunkte aufgeteilt. Um etwas Verwirrung zu stiften, wird die Rasterweite oder Rasterfrequenz wie oben beschrieben auch oft in lpi (Lines per Inch) angegeben. Bei einem 70er Raster wären das dann 70 × 2,54 = ca. 170 lpi.

Definition Raster
Im Druck werden die Grundfarben bei der Herstellung der Farbauszüge gerastert ausgegeben. Die sogenannten Halbtonraster bestehen aus vielen kleinen Rasterpunkten, deren Abstand zueinander durch die Rasterweite festgelegt wird. Der Anteil einer Druckfarbe an der entstehenden Mischfarbe wird über die Größe der Rasterpunkte gesteuert.

Gängige Rasterweiten
+ Offset: 25–120 L/cm
+ Tiefdruck: 50–80 L/cm
+ Siebdruck: 20–40 L/cm
+ Flexodruck: 35–48 L/cm

12.2.2 Rasterpunkt und Rasterzelle

Um zu verstehen, wie sich eine Rasterlinie zusammensetzt, muss man wissen, wie ein Rasterpunkt aufgebaut ist und wie sich dieser auf der Linie verhält. Dabei muss man sich den Punkt weniger wie einen Punkt vorstellen, sondern eher wie ein Zusammenschluss einzelner RELs (Recorderelemente/Belichterpunkte) in einer quadratischen Hülle. Innerhalb dieser Rasterzellen werden je nach Rasterart (siehe folgenden Abschnitt) die RELs entweder von innen nach außen hin gefüllt (belichtet) oder in zufälliger Reihenfolge und bilden dann zusammen den Rasterpunkt. Ein belichtetes REL heißt dann Dot.

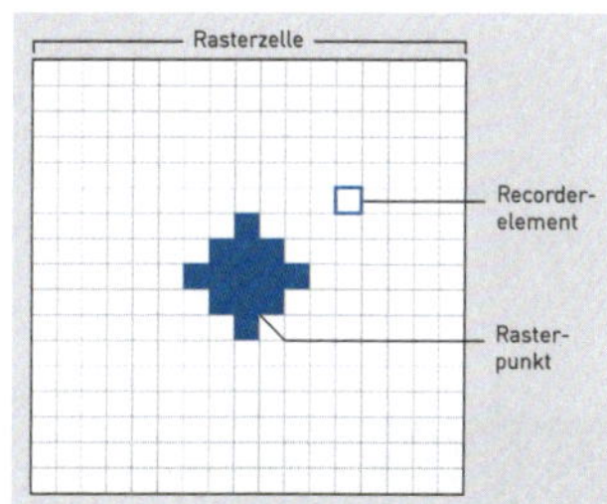

Abbildung 12.4: REL, Rasterpunkt und Rasterzelle

Aus einer Rasterzelle mit beispielsweise 16 × 16 möglichen RELs wird durch deren Belichtung ein Rasterpunkt zusammengesetzt. Je mehr RELs also in dieser Rasterzelle durch Belichtung einen Rasterpunkt bilden, um so dunkler wirkt die Stelle. Besteht der Rasterpunkt jedoch nur aus wenigen RELs (belichtet: Dots), wirkt die Stelle aus der Entfernung heller. Dabei sind die Rasterpunkte aber nicht immer rund (auch wenn sie Rasterpunkte heißen). Sie können je nach Anforderung und Einsatzbereich auch elliptisch oder quadratisch sein.

Erzeugt werden die Rasterpunkte auf Rasterfilmen oder Druckplatten im Belichter mittels Laser. Dabei wird immer ein REL (Belichterpunkt) belichtet. Wie viele RELs in der Rasterzelle belichtet werden sollen, hängt von dem Tonwert ab, den der Rasterpunkt wiedergeben soll. Wie groß ein REL dabei ist und wie fein die Kanten der Rasterpunkte dabei werden, hängt von der Belichterauflösung ab. Je größer ein REL, um so niedriger die Auflösung.

Formel Belichterauflösung
Rasterweite × Rasterzellengröße

Damit eine Rasterzelle in der Lage ist, z. B. 256 Tonwerte zu erzeugen, müsste sie aus 16 × 16 = 256 RELs bestehen.

Für die Belichtung eines Rasters mit 60 L/cm benötigt man folglich einen Belichter mit 60 × 16 = 960.

12.2.3 Rasterarten

Beim Rastern unterscheidet man in der Regel zwei Arten von Rastertechniken: amplitudenmodulierte (AM) Raster und frequenzmodulierte (FM) Raster. Das aktuellste Verfahren ist das Hybrid-Raster-Verfahren (crossmodulierter Raster), das als dritte Variante die beiden anderen Rasterarten vereint.

Abbildung 12.5: AM-Raster

Abbildung 12.6: FM-Raster

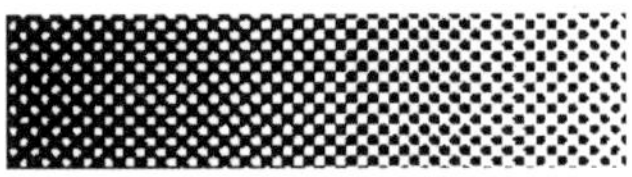

Abbildung 12.7: Crossmodulierter Raster

+ **Amplitudenmodulierter Raster (AM):** Bei dieser Art von Raster sind alle Rasterpunkte mit dem gleichen Mittelpunktabstand angeordnet. Dabei variiert jedoch der Durchmesser der Punkte, und somit wird der Flächendeckungsgrad (der Tonwert) des Rasterpunktes bestimmt. Sein Vorteil liegt u. a. in der guten Darstellung und dem ruhigen Verlauf von Mitteltönen. Außerdem geben sie große Farbflächen homogener wieder.
+ **Frequenzmodulierter Raster (FM):** Diese Art des Rasterns ist quasi das Gegenteil vom AM-Raster. Die Größe der an sich kleineren Rasterpunkte bleibt dabei immer gleich, aber die Abstände variieren. Die Rasterpunkte werden dabei nach dem Häufigkeitsprinzip verteilt – daher auch der Begriff »stochastisches« Raster.
  Durch die zufällige Verteilung der Rasterpunkte kann man auf eine gezielte Winkelung der Farbauszüge verzichten, und somit ist der FM-Raster weniger anfällig für Moiré-Bildung (siehe unten). Das ist ein großer Vorteil gegenüber dem AM-Raster.
  Außerdem verhindern die kleineren Rasterpunkte, dass Farbverläufe stufig wirken (Banding), somit können zum Beispiel alle Arten von Farbübergängen besser dargestellt werden. Man wählt den FM-Raster also gerne für sehr hochwertige oder moiréanfällige Drucke.
+ **Crossmodulierter Raster:** Die beiden klassischen Rasterarten kombiniert bilden den crossmodulierten Raster. Dabei greift diese Art von Raster im Mitteltonbereich auf die Vorteile des AM-Rasters zurück, um sich dann in den Lichtern und Tiefen die Vorteile des FM- Rasters zunutze zu machen. So werden alle Vorteile vereint und die Nachteile beider Verfahren eliminiert.

12.2.4 Rasterpunktformen

Für den AM-Raster können zusätzlich unterschiedliche Punktformen gewählt werden: quadratische, runde oder elliptisch geformte Punkte. Außerdem gibt es noch Effektraster, wie Linienraster oder Rautenraster. Für den Siebdruck sollte die elliptische Punktform gewählt werden, da Hell-Dunkel-Verläufe im Druck präziser wiedergegeben werden als beispielsweise mit quadratisch geformten Punkten. Elliptische Punkte eignen sich vor allem für Bilder mit unterschiedlichen Inhalten und feinen Abstufungen, wie zum Beispiel für Verläufe in Hauttönen. Quadratische Punkte sind vor allem für sehr detaillierte Darstellungen mit hohem Kontrast geeignet. Runde Punkte wiederum sind für helle Bildmotive geeignet.

Abbildung 12.8: Rasterpunkte: Ellipse, quadratisch und rund

12.2.5 Rasterwinkelung und Moiré

Mit der Winkelung von Rastern wird dieser für das Auge so unauffällig wie möglich gemacht. Das bedeutet, dass ein Raster in einem Winkel von 0 und 90 Grad am auffälligsten ist und vom Auge als »störend« empfunden werden kann. Daher werden Raster in der Regel um 45 Grad gedreht.

Definition Rasterwinkel
Die Linien mit den Rasterzellen der Druckfarben werden in unterschiedlichen Winkeln zueinander gedruckt, damit keine unerwünschten Muster (Moiré) auf dem Ausdruck erscheinen.

Wenn mit vier Farben gedruckt wird, muss man die unterschiedlichen Raster gezielt winkeln, damit kein störendes Moiré entsteht – also ein regelmäßiges Muster, das deutlich wahrgenommen wird und somit beim Betrachten des Drucks stört. Gefährlich wird das immer bei Mustern wie zum Beispiel einem Karo.

Abbildung 12.9: Moiré, bei dem das Muster aus dem Bild (Backsteine) mit dem Druckraster kollidiert: ein Objektmoiré

12.2.6 Ausgabeauflösung

In welcher Auflösung Bilder für den Druck vorliegen müssen, lässt sich leicht berechnen. Dabei legt die Rasterweite (siehe Abschnitt 12.2.1) diese Auflösung fest.

Um sicherzugehen, dass die Auflösung eines Bildes auch wirklich ausreichend ist, wird immer zusätzlich ein Qualitätsfaktor berücksichtigt und in die Rechnung mit aufgenommen. Dieser liegt für den

Begrifflichkeiten

Die verschiedenen Begriffe und Abkürzungen im Zusammenhang mit Auflösungen von Bildern und Ausgabegeräten in der Druckvorstufe sind oft verwirrend, daher noch einmal kurz zusammengefasst:

+ dpi – diese Abkürzung und Einheit steht für »Dots per Inch« (Punkte pro Zoll). Sie wird auch als Punktdichte bezeichnet. Angegeben wird sie im Zusammenhang mit Ausgabesystemen wie Belichtern oder Druckern.
+ ppi – diese Abkürzung und Einheit steht für »Pixel per Inch« (Pixel pro Zoll). Sie wird auch als Pixeldichte bezeichnet. Angegeben wird sie im Zusammenhang mit digitalen Geräten wie Scannern oder Monitoren. Diese können nicht wie beispielsweise ein Drucker Punkte (Dots) ausgeben, sondern nur digital erstellte Pixel. Auch Digitalfotos werden in Pixel angezeigt. In diesem Zusammenhang sollte man also nicht mit dpi arbeiten.
+ lpi – diese Abkürzung und Einheit steht für »Lines per Inch« (Linien pro Zoll). Sie bezeichnet die Rasterweite im Druck. Bei einem 70er Raster im Druck handelt es sich (im deutschsprachigen Raum) um 70 L/cm (Linien pro Zentimeter). Das entspricht nach der Rechnung für die Rasterweite oder Rasterfrequenz ca. 175 lpi (70 × 2,54) (siehe auch Abschnitt 12.2).

Offsetdruck zwischen 1,5 und 2. Wenn für die Berechnung kein Wert angegeben wurde, wird immer vom Qualitätsfaktor 2 ausgegangen. Die Formel wäre also

Rasterweite × 2,54 (Umrechnung/Inch) × 2

(Die »2« steht dabei für den Qualitätsfaktor).

Für einen 60er Raster wäre die Rechnung demnach wie folgt:

60 × 2,54 × 2 = 304,8 ppi

Es würde daher auf jeden Fall ausreichen, Bilder mit der Auflösung von 300 ppi für den Druck anzulegen, um auf Nummer sicher zu gehen.

12.2.7 Tonwertzunahme

Tonwertzunahme, auch Punktzuwachs/Tonwertzuwachs, beschreibt die Veränderung der Rasterpunkte zwischen der Vorlage und dem fertigen Druck. Das bedeutet, dass die (wie es die Bezeichnung vermuten lässt) gedruckten Rasterpunkte im Vergleich zur Vorlage auf dem Bedruckstoff (verfahrensbedingt) vergrößert gedruckt wurden und somit das gesamte Druckbild dunkler erscheint. Diese Tonwertzunahme in Form von veränderten Rasterpunkten kann während der Druckplattenbelichtung sowie beim Offsetdruck durch die Verbreiterung des Rasterpunktes bei der Gummituchübertragung erfolgen.

Das bedeutet vereinfacht, dass ein Bild, das nicht für die Tonwertzunahme eingestellt wurde, beim Drucken zu dunkel erscheinen kann.

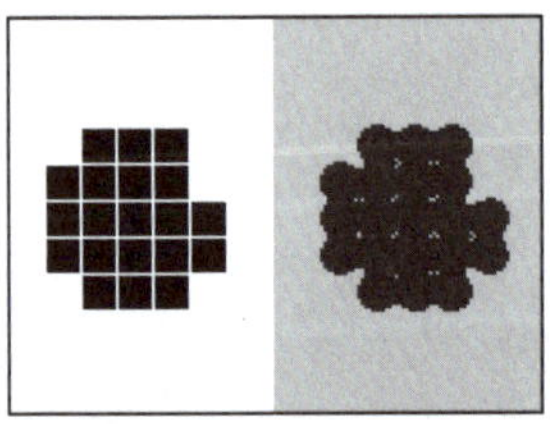

Abbildung 12.10: Bei der Tonwertzunahme veränderter Rasterpunkt

Tonwertzunahme vorbeugen

Anwendungsprogramme wie auch beispielsweise Adobe Photoshop kompensieren die Tonwertzunahme automatisch, wenn man beispielsweise Bilder von RGB nach CMYK konvertiert. Dies geschieht basierend auf den ausgewählten Voreinstellungen, die man zuvor trifft. Alle am Druckprozess Beteiligten sollten sich dessen bewusst sein und sicherstellen, dass ihre Software ordnungsgemäß für den Druckprozess konfiguriert ist.

Man sollte sich außerdem auch darüber im Klaren sein, dass vektorbasierte Anwendungen wie Adobe Illustrator die Tonwertzunahme nicht kompensieren.

Wie entsteht die Tonwertzunahme?

Tonwertzunahme kommt zustande, wenn sich zu viel Farbe auf den Druckplatten befindet oder die Rasterpunkte ineinander verlaufen, weil die Farben nicht genügend Bindekraft haben. Je zähflüssiger eine

Farbe, desto weniger Punktzuwachs entsteht. Zu viel Farbe hingegen verschmiert und führt zu Trocknungsproblemen. Zu wenig Farbe führt zu kontrastarmen und flauen Bildern.

Die Größe der Rasterpunkte verändert sich aber nicht nur beim Kopieren auf die Druckplatte, sondern auch wenn die Farbe von der Druckplatte auf das Gummituch und dann auf das Papier übertragen wird. Dabei wird die Farbe förmlich ausgewalzt, was eine Vergrößerung der Rasterpunkte und somit einen Punktzuwachs zur Folge hat.

Damit ein Bild optimal dargestellt wird, muss beim Konvertieren des Bildes in den CMYK-Farbmodus ein Ausgleich für den Punktzuwachs vorgenommen werden. Dazu müssen folgende beiden Punkte berücksichtigt werden:

1. **Art des Papiers:** Punktzuwachs kann durch die Verwendung von gestrichenem Papier reduziert werden. Gestrichenes Papier nimmt die Druckfarbe weniger stark auf als ungestrichenes Papier. Das Druckbild erscheint detaillierter und schärfer. Aus diesem Grund ist es auch möglich, mit hohen Rasterauflösungen auf gestrichenem Papier zu drucken. Zum Teil verfügen bestimmte Papiersorten über Empfehlungen für eine optimale Schichtdicke der Druckfarbe. Sicherer ist der Abgleich mit Andrucken oder Proofs, die für den Auflagendruck übernommen werden.
2. **Druckverfahren:** Neben dem Papier wirkt sich auch das Druckverfahren auf den Grad der Tonwertzunahme aus. Rollenoffset erzeugt zum Beispiel eine stärkere Tonwertzunahme als Bogenoffset, da die Rasterpunkte beim Rollenoffset stärker platt gewalzt werden.

Kontrollstreifen

Rastertonfelder auf dem Druckkontrollstreifen verraten durch ihre grobe, mittlere und feine Rasterung, ob bei den einzelnen Prozessfarben ein Punktzuwachs vorliegt.

Wie misst man die Tonwertzunahme?

Die Dichte von Druckfarbenschichten und Rastertonwerten wird mit einem sogenannten Densitometer gemessen. Vor dem eigentlichen Messvorgang wird dieses zunächst auf einer unbedruckten Stelle auf null kalibriert. Das Papierweiß entspricht somit einer Dichte von 0,00.

Die Messung der Druckfarben CMYK erfolgt durch komplementärfarbige Filter: Rot zur Messung von Cyan, Grün für Magenta und Blau für Yellow. Sind die gemessenen Dichten nahezu gleich, handelt es sich bei dem Messwert um Schwarz.

Da trockene Farbe das einfallende Licht in einem anderen Grad reflektiert als feuchte, verfügt das Densitometer zusätzlich über einen Polarisationsfilter, der die Dichteunterschiede zwischen trockener und feuchter Farbe bis auf ein Minimum reduziert. Bei der Messung der Dichte ist darauf zu achten, dass verschiedene Farben und unterschiedliche Papiere auch unterschiedliche Dichtegrade erzeugen. Das heißt, die Menge des Farbauftrags ist nicht allein ausschlaggebend für die Farbdichte.

In der Regel werden die 40 %-Töne, mitunter auch die 80 %-Töne, als Referenzwerte gemessen. Ein Volltonfeld mit 40 % ergibt bei einem Punktzuwachs von 16 % im Druck 56 %. Der Punktzuwachs wird immer

Abbildung 12.11: Der Punktzuwachs wird mit einem Densitometer gemessen.

Densitometer

Ein kalibriertes Densitometer wird im Druck eingesetzt zur Messung der Farbdichte (Volltondichte) und der optischen Dichte von Druckerzeugnissen.

in ganzzahligen Prozentwerten gemessen. Allgemein ist eine Toleranz von plus/minus 4 % in den Mitteltönen laut der ISO akzeptabel, wobei die Tonwertzunahme der Farben Cyan, Magenta und Gelb identisch sein sollte und Schwarz 3 % über den Buntfarben liegen darf.

Um die optimale Farbmenge zu ermitteln, wird der relative Druckkontrast nach folgender Formel errechnet:

$$\frac{D100 - D80}{D100}$$

D100 entspricht dabei der Volltondichte, D80 der Dichte des 80 %-Tons derselben Farbe.

Der optimale Druckkontrast ist erreicht, wenn die Dichtedifferenz zwischen den beiden Farbtönen am größten und die Volltondichte so hoch wie möglich ist und der Punktzuwachs nicht zu groß ausfällt.

12.3 Ausschießen

Definition Nutzen
Die Exemplare eines Druckprodukts, die auf einem Druckbogen Platz haben.

Um den Druckbogen ökonomisch und ökologisch perfekt auszunutzen, legt man vor dem Übertragen der Vorlage auf die eigentliche Druckplatte möglichst viele Seiten auf einem Montagebogen an. Diese Seiten heißen dann **Nutzen**. Der Druck ist der teuerste Vorgang des gesamten Produktionsprozesses. Durch die perfekte Ausnutzung können nicht nur die Papierkosten und der Papierabfall gespart, sondern auch die Druckzeit minimiert werden.

Nach dem Druckvorgang werden die großen Bogen gefalzt und dann in die kleineren Seiten geschnitten. Die Seiten werden auf dem Druckbogen so angeordnet, dass sie nach dem Falzen in der korrekten Reihenfolge stehen. Dabei können die Nutzen entweder stehend oder liegend ausgerichtet sein. Bei stehender Platzierung befindet sich der Bund senkrecht zur Bogenvorderkante, bei liegender Platzierung wiederum parallel.

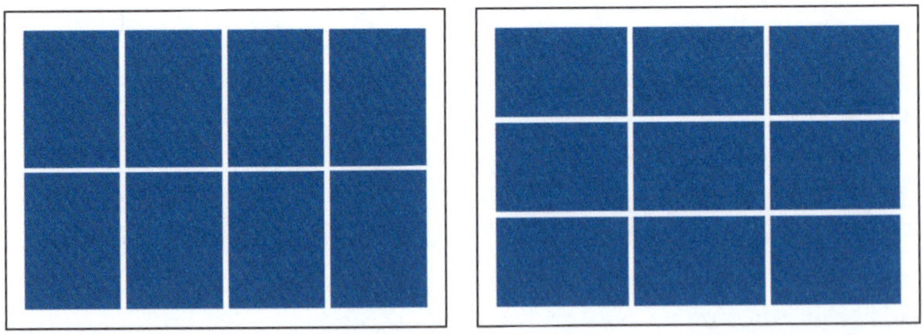

Abbildung 12.12: Stehende und liegende Seitenordnung

Definition Ausschießen
Anordnen der einzelnen Seiten auf einem Druckbogen, so dass diese nach dem Falzen in der richtigen Reihenfolge stehen.

Damit dieser Vorgang funktioniert und später alle Seiten in der richtigen Reihenfolge liegen, müssen diese vorher in einem bestimmten Schema auf den Bogen gesetzt werden. Dieses System der bestimmten Anordnung nennt man Ausschießen oder auch Bogenmontage. Dieser

Vorgang ist auch in den Layoutprogrammen möglich, findet aber in der Regel innerhalb der Druckvorstufe in den Druckereien statt.

Rohbogen, Druckbogen, Falzbogen?

Begrifflich wird zwischen Rohbogen, Druckbogen und Falzbogen unterschieden.

Beim Rohbogen handelt es sich um Papier im Format, wie es beim Papierhersteller bestellt wird. Das Rohbogenformat beschreibt die Größe des eigentlichen Druckbogens. Diese Formate sind jeweils um 5 % größer als die DIN-A-Reihe, um Schnittmarken, Falzmarken, Passkreuze, Farbkontrollstreifen und Elemente, die im Beschnitt liegen, drucken zu können. Der Rohbogen ist ursprünglich eine Bezeichnung aus der Buchherstellung. Ist das Rohbogenformat zu groß, um in der Druckmaschine verarbeitet zu werden, muss es auf das erforderliche Druckbogenformat geschnitten werden.

Wird das Papier nach dem Druck noch in der Falzmaschine verarbeitet, spricht man vom Falzbogen. Das Format des Falzbogens ist abhängig von der Auftragsart entweder kleiner oder genauso groß wie der Druckbogen.

Definition Druckformat
Bogenbreite × Bogenlänge

Digitales Ausschießen

Gängiger als das manuelle Ausschießen und in der digitalisierten Druckvorstufe eigentlich die Regel ist das digitale Ausschießen, das durch entsprechende Software vorgenommen wird. Dadurch wird auch Personal und Zeit eingespart – ein wichtiger Faktor bei der ansonsten sehr aufwändigen Montage, die bei einem Produkt von vielen Seiten sehr viel Zeit fressen kann.

Programme zum Ausschießen heißen zum Beispiel »Apogee Impose« von AGFA Graphics oder »PlugAUTOIMPOSEin« von OneVision. Diese Programme müssen lediglich mit den Daten für die Blattgröße, der Seitenzahl und der verfügbaren Ausstattung gefüttert werden und spucken dann quasi das jeweils passende Ausschießschema aus. Nach dem Ausschießen und Montieren erfolgt dann der Versand an den Belichter, der daraufhin einen Film für den finalen Druck ausgibt, auch CtF (Computer to Film) genannt. Siehe dazu Abschnitt 12.4.1.

Manuelles Ausschießen

Wenn man das Ausschießen manuell vornehmen möchte, muss zunächst von jeder zu druckenden Seite ein separater Film angefertigt werden. Diese Seiten werden dann nach einem bestimmten Ausschießschema angeordnet und anschließend auf eine transparente Montagefolie geklebt. Mit dieser Montage wird dann die Druckplatte für den finalen Druck belichtet.

12.3.1 Allgemeines Vorgehen

Ein Druckmedium kann auf unterschiedliche Arten ausgeschossen werden. Das Ausschießschema ist abhängig von:

+ dem Format des Druckbogens
+ dem Format und dem Umfang der Broschüre
+ der Laufrichtung des Papiers (siehe Abschnitt 14.3.7)
+ der Zusammentragemethode der Druckbogen
+ der Art der buchbinderischen Weiterverarbeitung (Bindeart). Wird das Druckobjekt geheftet oder geklebt, müssen die Seiten mit unterschiedlichen Abständen montiert werden.

Und hier noch einige Tipps:

- Bei vielen Volltonflächen besser nicht so viele Seiten pro Druckbogen ausschießen, sie könnten sich gegenseitig beeinträchtigen, indem sie sich gegenseitig Farbe »stehlen«.
- Die Art der Weiterverarbeitung im Blick haben, um die Laufrichtung der Bogen festlegen zu können.
- Durch das spätere Falzen der Seiten kommt es zur Steigung, daher darauf achten, wie das Druckbild im Verhältnis zum Bund steht.

Definition Steigung
Mit »Steigung« ist der Effekt gemeint, der eintritt, wenn sich durch das spätere Falzen der Druckseiten die Seiten so verschieben, dass die mittleren Seiten letztlich beim Stapel herausragen. Beim Ausschießen sollte man daher darauf achten, dass man das Druckbild gegebenenfalls im Verhältnis zum Bund verschiebt und dann die Außenkanten beschneidet.

Durch 4 teilbar

Für alle Formen des Ausschießens gilt, dass die meisten Druckmaschinen mit Papierformaten arbeiten, auf denen 4, 8, 16 oder 32 Seiten im DIN-A4-Format passen. Also ist für das Druckmedium eine Seitenzahl nötig, die im Idealfall immer durch vier teilbar ist.

Es gibt dazu einige unterschiedliche Ausschießschemata – aber ein paar Dinge sind immer identisch:

- Die erste und letzte Seite eines jeden Bogens stehen im Bund nebeneinander (hier: 1 und 16).
- Die Summe der sich im Bund gegenüberstehenden Seitenzahlen (hier: z. B. 8 und 9) entspricht der Summe der ersten und letzten Seite eines jeden Bogens (hier: 16 und 1 = 17).

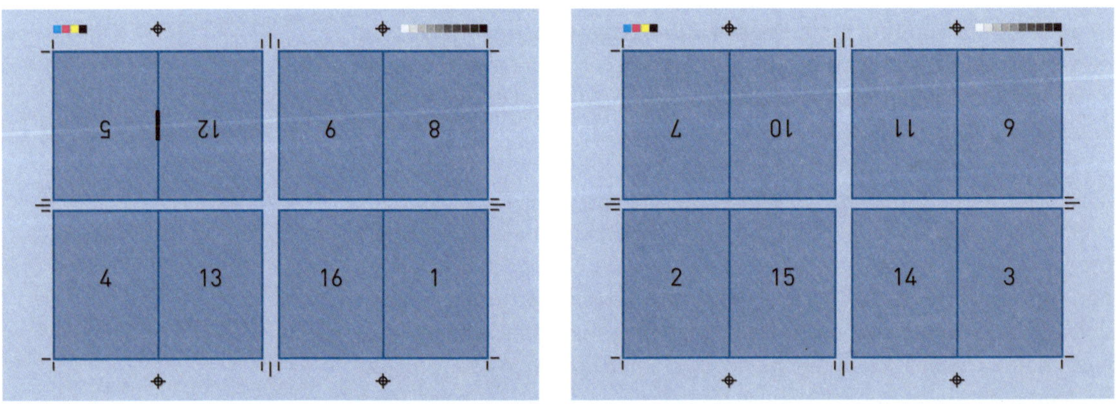

Abbildung 12.13: Beispiel eines 16-Seiters nach dem Ausschießen (Vorderseite links, Rückseite rechts). Nach dem Druck wird das Papier zuerst vertikal gefaltet (Seite 2 fällt auf Seite 3), dann horizontal (Seite 4 fällt auf Seite 5) und schließlich nochmals vertikal (Seite 9 fällt auf Seite 8).

Mehrfachnutzen

Wenn man nur eine oder zwei Seiten drucken möchte, empfiehlt sich der Mehrfachnutzen. Dann platziert man auf einem Druckbogen mehrere Seiten des Druckprodukts und spricht – je nachdem, wie viele Seiten man platziert hat – von einem doppelten, dreifachen oder vierfachen Nutzen. Wenn man zum Beispiel eine DIN-A4-Seite drucken möchte, die auf einer DIN-A2-Maschine gedruckt werden soll, dann kann man sie mit vierfachem Nutzen ausschießen, da man vier DIN-A4-Seiten auf einen DIN-A2-Bogen gesetzt bekommt.

Schön- und Widerdruck

Der Druckbogen wird aber nicht nur einseitig bedruckt, sondern beidseitig. Die zuerst bedruckte Papierseite wird als Schöndruckbogen bezeichnet. Darauf folgt die Papierseite, die als Widerdruck bezeichnet wird.

Nach dem Schöndruck, also nach dem erstmaligen Bedrucken der Bogen, können diese für den Widerdruck gedreht werden. Dabei kann dieselbe Druckform auf die Rückseite abgedruckt werden, so dass man zwei Drucknutzen bekommt, oder es wird nach dem Umdrehen für den Widerdruck eine zweite Druckform eingerichtet. Für das Drehen des Druckbogens gibt es zwei verschiedene Drehmöglichkeiten:

1. **Umschlagen:** Beim Umschlagen wird der Druckbogen nach dem Schöndruck senkrecht zur Greiferkante gewendet. Die Vorderanlage bleibt unverändert; die Seitenanlage wechselt auf die andere Seite.
2. **Umstülpen:** Beim Umstülpen wird der Druckbogen nach dem Schöndruck parallel zur Greiferkante gewendet. Die Vorderanlage wechselt, die Seitenanlage bleibt gleich. Wird in zwei Druckgängen gedruckt, müssen für eine präzise Registerhaltigkeit alle Druckbogen gleich groß sein. Dies stellt besonders hohe Anforderungen an die Formatgenauigkeit der kürzeren Seite und auch an die Winkelgenauigkeit, weshalb die Anlagewinkel zur Weiterverarbeitung markiert werden.

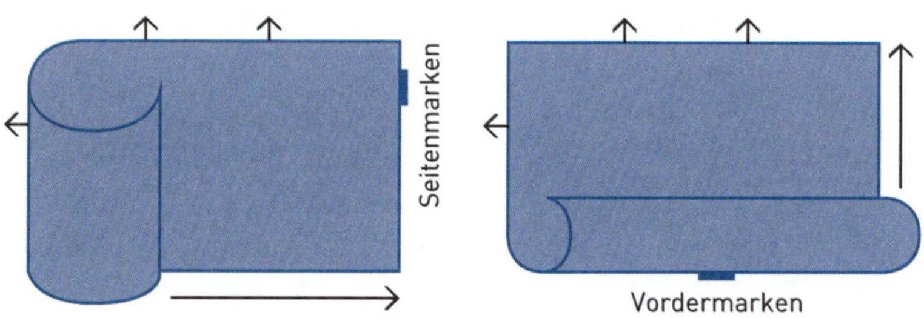

Abbildung 12.15: Schematische Darstellung des Umschlagens (links) und Umstülpens (rechts)

Ausschießmuster

Damit man die Seitenverteilung zum Ausschießen auf einem Druckbogen nachvollziehen kann, hilft zur Kontrolle das Anlegen eines Falzmusters, des Spickers. Für eine 8-seitige Broschüre nimmt man dazu ein DIN-A4-Blatt, faltet es einmal in der Mitte, dann noch einmal und beschriftet die Seiten unten rechts folgend mit den Ziffern 1 bis 8. Dabei ist darauf zu achten, dass die Seiten nach unten hin offen sind. Wenn man das Blatt dann wieder auffaltet, erschließt sich einem das nötige Ausschießschema, das heißt, welche Seite wo auf dem Druckbogen platziert werden sollte.

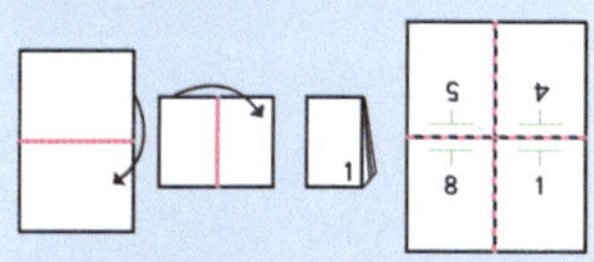

Abbildung 12.14: DIN-A4-Ausschießmuster mit acht Seiten

Definition Registerhaltigkeit

Die Grundlinien eines Textes liegen auf Vorder- und Rückseite des Papiers jeweils auf der gleichen Linie.

12.3.2 Papierbedarf und Nutzenberechnung

Wie aber stellt man nun fest, wie viele Nutzen man aus einem Bogen gewinnen kann?

Wenn es sich beim Druckbogenformat und dem Endformat um DIN-Formate handelt, ist die Berechnung einfach. Auf einen DIN-A0-Bogen passen zwei DIN-A1-Endformate, 4 DIN-A2-Endformate und so weiter. Ein toller Trick ist es, einfach die Differenz zwischen Druckbogenformat und Endformat zu bilden (auf einen DIN A1-Bogen sollen DIN

Druckbogenmontage

- Bei direktem Druckverfahren: seitenverkehrte Montage
- Bei indirektem Druckverfahren: seitenrichtige Druckbogenmontage

A4-Endformate gerechnet werden: Differenz = 3) und diese Zahl dann als Exponent von 2 zu nutzen: $2^3 = 2 \times 2 \times 2 = 8$ Nutzen würden auf den Druckbogen passen.

Tool-Tipp
Mit diesem Tool lassen sich die Nutzen je Druckbogen auf Druckknopf berechnen: *www.print-assistant.de/tools_press_berechnung_nutzen_druckbogen.html*

Komplizierter wird es, wenn das Endformat (oder sogar das Druckbogenformat) nicht dem DIN-Format entspricht. In diesem Fall schreiben Sie sich dann das Ausgangsformat des Rohbogens und das gewünschte Endformat untereinander:

In unserem Beispiel ist das Ausgangsformat 70 cm breit × 100 cm lang, das Endformat 15 breit × 18 lang cm. Schreiben Sie also:

70 × 100
15 × 18

Nun müssen Sie berechnen, wie oft die untere Breite in die obere Breite hereinpasst: 15 passt 4,66-mal in die 70, also 4-mal komplett, 18 passt 5,55-mal in 100, also 5-mal. Multipliziert man die Ergebnisse miteinander, erhält man die mögliche Nutzenzahl: 4 × 5 = 20 Nutzen.

70 × 100
15 × 18
4 × 5 = 20 Nutzen

Das ist jedoch noch nicht ausreichend. Eventuell wäre es ja sinnvoller, die Nutzen nicht stehend, sondern liegend anzuordnen? Wir drehen Breite und Länge des Endformats einmal um. Also bei 70 × 100, dann 18 × 15. Rechnen wir erneut: 18 passt in 70 3,88-mal, also 3-mal. Die 15 passt in 100 aber 6,66-mal, also 6-mal. 3 × 6 = 18.

70 × 100
18 × 15
3 × 6 = 18 Nutzen

Liegend erhalten wir also nur 18 Nutzen, eine stehende Anordnung ist in diesem Fall sinnvoll.

12.4 Druckformerstellung

Bevor ein Druckmedium in den Druck geht, erfolgt nach der Prüfung, dem Proofen, dem Ausschießen und der finalen Freigabe des Kunden die Druckformherstellung. Dabei wird – je nach Druckverfahren – verschieden vorgegangen (zu den Druckverfahren siehe Abschnitt 13.2).

12.4.1 Im Flachdruckverfahren

Definition Computer to Film
(CtF) Verfahren, bei dem von einem Computer gesendete Daten direkt auf einen Offsetfilm belichtet werden.

Im Flachdruckverfahren werden für den Offsetdruck in der Regel Druckplatten als Druckform hergestellt. In der ersten Zeit der Digitalisierung wurde dazu noch auf Film belichtet, der dann als Kopiervorlage für die konventionelle Belichtung der Druckplatten diente. Das Verfahren nennt man **Computer to Film** (CtF); es ist sehr arbeits- und zeitintensiv. Heute hat sich die **Computer-to-Plate-Technologie** (CtP) durchgesetzt. Mit einem speziellen Druckvorstufensystem lassen sich ohne zeitaufwändige Zwischenschritte die Druckplatten direkt vom

Computer aus mit den digitalen Daten bebildern. Bei dem Verfahren **Computer to Press** (CtPress) wird ähnlich vorgegangen wie bei der CtP-Technologie. Allerdings befindet sich die Druckplatte hier bei der Bebilderung bereits in der Druckmaschine. Computer to Press hat also den Vorteil, dass das manuelle Einspannen der Druckplatte entfällt.

Computer to Plate
(CtP) Verfahren, bei dem vom PC aus direkt Druckplatten hergestellt werden.

Definition Computer to Press
Die Druckseite wird vom Computer direkt an die Druckmaschine gesendet.

12.4.2 Im Tiefdruckverfahren

Im Tiefdruck (siehe Abschnitt 13.2.5) besteht die Druckform aus einem Stahlzylinder mit einer Kupferbeschichtung. Hier lässt sich mit einem Diamantstichel das Druckbild mechanisch hineingravieren, ätzen oder lasern. Dann wird der fertig bebilderte Stahlzylinder zusätzlich noch mit einer schützenden Chromschicht überzogen, damit er unempfindlich wird und somit der Druck von hohen Auflagen möglich wird.

Tiefdruckzylinder können auch mehrmals verwendet werden. Die Chrom- und Kupferschichten werden dazu erst abgetragen, anschließend wird wieder eine neue Kupferbeschichtung aufgebracht.

Abhängig von der Größe und der Tiefe der Näpfchen unterscheidet man zwischen dem konventionellen, dem halbautotypischen und dem autotypischen Verfahren. Im konventionellen Verfahren sind die Näpfchen gleich groß, aber unterschiedlich tief. Im halbautotypischen Verfahren sind die Näpfchen unterschiedlich groß und tief. In beiden Verfahren liegt über der gesamten Form ein Raster. Dieser bildet Stege, die dem Rakelmesser ein besseres Schaben ermöglichen. Im autotypischen Verfahren variieren die Näpfchen in der Fläche, aber nicht in der Tiefe. Für jede Druckfarbe wird eine eigene Montage vorgenommen.

Mit dem CtC-Verfahren (Computer to Cylinder) ist es sogar mittlerweile möglich, die Zylinder elektromechanisch mit Laserstrahlen zu gravieren.

Computer-to-Verfahren

Im Zuge der Digitalisierung innerhalb des Druckwesens lassen sich mit den »Computer-to-Techniken« viele Druckverfahren schneller und kostengünstiger abwickeln. So ist es mittlerweile möglich, Druckplatten für den Offsetdruck direkt digital auszubelichten. Auch dann, wenn sie schon in der Druckmaschine eingespannt sind. Mit »Computer to Print« (CtPrint) kann man beispielsweise im einfachen Digitaldruck Andrucke schnell und ohne viele Zwischenschritte anfertigen. Dabei wird direkt auf den Bedruckstoff gedruckt. Weitere »Computer-to-Verfahren« sind die Belichtung auf Film (CtF), auf die Druckplatte (CtP), auf eine Siebdruckform (CtS) oder auf eine geschlossene, zylinderförmige Druckform, beispielsweise im Tiefdruck (CtCylinder).

12.4.3 Im Hochdruckverfahren

Im Flexodruck (Abschnitt 13.2.4) werden die Druckplatten (auch Klischee genannt), bestehend aus einer Fotopolymerplatte aus UV-empfindlichem Kunststoff oder aus Gummi, plan liegend oder rund in entsprechenden Belichtern aufgespannt, anschließend bebildert und nach der Fertigstellung standgenau auf den Druckformzylinder montiert. Auch hier kann mittlerweile die CtP-Technologie eingesetzt werden, indem entweder per Laser direkt eine Schablone auf die Druckplatten erzeugt wird, die den Film ersetzt, oder aber der Laser das Material an den bildfreien Stellen verdampft.

12.4.4 Im Siebdruck

In diesem Druckverfahren (Abschnitt 13.2.7) gibt es bei der Herstellung der Druckform im Gegensatz zu den anderen Verfahren mehrere Möglichkeiten. Diese sind abhängig von den unterschiedlichen Gewe-

Compter to Screen

Neben direkter und indirekter Methode gibt es noch die digitale Vorgehensweise, das Computer-to-Screen-Verfahren. Hier wird das Sieb bzw. das Gewebe zunächst mit der Kopierpaste beschichtet und anschließend in das CTS-Gerät eingelegt. Entweder wird nun wie bei einem Inkjet-Drucker mit UV-undurchlässiger Tinte gearbeitet oder per Laserbelichtung. Beim InkJet-Verfahren werden all jene Stellen abgedeckt, an denen die Druckfarbe durchkommen soll. Im Anschluss findet die Belichtung statt. Bei der Lasertechnik wird keine Tinte aufgedruckt, sondern im Negativverfahren werden die Bereiche belichtet und jene ausgelassen, an denen das Gewebe durchlässig bleiben soll.

befeinheiten, von den Techniken zur Schablonenerstellung und der Beständigkeit gegenüber den Druckfarben.

In der Regel unterscheidet man aber zwei grundsätzliche konventionelle Vorgehensweisen:

+ die direkte Methode (Direktschablone)
+ die indirekte Methode (Indirektschablone)

Bei ersterer Methode wird das Sieb bzw. das Gewebe direkt mit einer Kopierpaste beschichtet. Dann deckt man mit Film die Bereiche ab, die später für Farbe durchlässig sein sollen. Anschließend wird mit UV-Licht die Paste gehärtet, und die Bereiche, die mit einem Film abgedeckt waren, können nun einfach ausgewaschen werden. Dieses Verfahren ist sehr preisgünstig und vergleichsweise schnell. Ein Nachteil ist aber, dass die Kopierschicht etwas uneben sein kann.

Bei der Indirektschablone belichtet man erst die Kopierschicht, die sich auf einer Trägerfolie befindet, mit dem zuvor abgedeckten Muster zusammen. Anschließend wird die Kopierschicht auf das Gewebe gebracht und dann die Folie abgezogen. Da man hier die Kopierschicht schon vorher und nicht erst auf dem Gewebe entwickelt, spricht man von einer Indirektschablone. Hier ist der Vorteil, dass die Oberfläche nahezu glatt, aber die Auflagefestigkeit nicht sehr gut ist.

12.4.5 Linearisierung (Kalibrierung)

Neben der Kalibrierung des eingesetzten Belichters ist es für eine sichere, automatisierbare Plattenproduktion zusätzlich sehr wichtig, auch eine sogenannte Linearisierung der Druckplatte vorzunehmen. Dazu wird eine 1:1-Ausgabe der gewünschten Tonwerte garantiert. Das heißt, dass zum Beispiel ein Tonwert von 20 % im Datensatz dann auch 20 % auf der Druckform beträgt. Dadurch können unterschiedliche Plattenmaterialien oder verschiedene Produktionsbedingungen durch einfache Messvorgänge auf den Druckformen ausgeglichen werden.

Zur Linearisierung belichtet man einen Graukeil (Stufenkeil) mit den entsprechenden Tonwertstufen, entwickelt ihn und misst ihn dann mit einem Densitometer oder Spektralfotometer aus. Die dabei entstandenen Messwerte werden dann in eine passende Software eingetragen. Die übernimmt dann auch die Berechnung der Korrekturen.

Abbildung 12.16: Prüfen der Drucke unter Normlicht

12.5 Prüfen der Drucke in der Druckerei

Während des Drucks werden in jeder Druckerei verschiedenste Parameter überprüft. Das Prüfen der Drucke geschieht unter genormtem Licht (5.000 Kelvin) mithilfe des Druckkontrollstreifens. Dieser ermöglicht es, die Qualität des Druckbildes zu beurteilen, zu messen und für Fortdrucke mit entsprechenden Korrekturzeichen anpassen zu können.

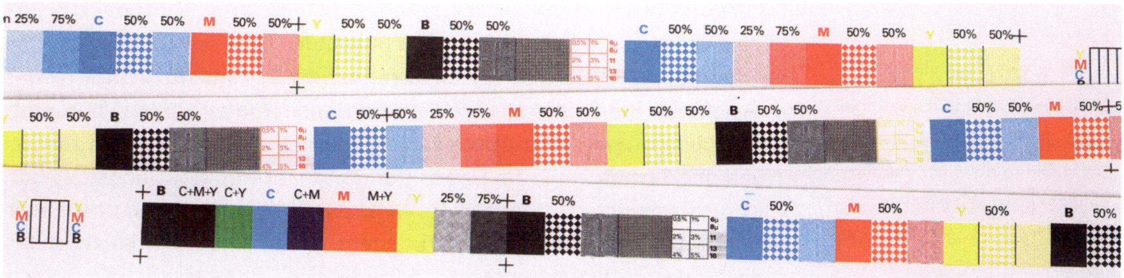

Abbildung 12.17: Druckkontrollstreifen

Dieser Bildstreifen enthält alle Druckfarben und wird an den Rand der Seiten (außerhalb des Beschnitts) gesetzt. Er dient zur Kontrolle des Farbauftrags. Es gibt viele verschiedene Arten von Kontrollstreifen. In Deutschland werden in der Regel die der UGRA/FOGRA genutzt. Dabei bestehen sie aus verschiedenen Teilbereichen wie Tonwertelementen, Messelementen und Linienelementen (Volltonfelder, Rasterfelder, Graubalancefelder und Schiebe- und Dublierfelder). Ausgelesen werden diese Streifen mit einem Densitometer und/oder einem Spektralphotometer.

✓	Druckfreigabe
△	Rüge
□	Kontrast reduzieren
■	Kontrast erhöhen
□■	Detail verbessern
U	Weicher gestalten
V	Härter gestalten
◐	Ungleichmäßiger Tonwert
X	Farbton verbessern
⧉	Registerhaltigkeit verbessern
C+	Cyan erhöhen
M–	Magenta reduzieren

Abbildung 12.18: Korrekturzeichen für den Druck

Abbildung 12.19: Das Spektralphotometer beleuchtet die Messfläche über das gesamte Spektrum des sichtbaren Lichtes und berechnet so die Remissionswerte.

12.5.1 Prüfung des Andrucks

Neben der Farbrichtigkeit der Bilder sollte der Andruck auf folgende Punkte hin kontrolliert werden:

Gleichmäßige Farbgebung

Jede Farbe muss mit gleich großem Anteil auf das Papier gedruckt werden. Andernfalls entstehen Farbabweichungen, die besonders bei Abbildungen mit ähnlichen Farbtönen auffallen. Über Rasterfelder auf dem Druckkontrollstreifen wird die Tonwertzunahme (40 %, 80 %) im Druck ermittelt. Auf dem Volltonfeld wird die Farbdichte der Volltonfläche gemessen.

Definition Tonwertzunahme

Punktvergrößerung des Rasterpunkts im Druck gegenüber dem in der Druckvorstufe definierten Rastertonwert. Auch Punktzuwachs, Tonwertzuwachs.

Farbdichte

Die Dichte beschreibt, wie viel Licht von der bedruckten Papierfläche reflektiert wird. Je weniger Licht reflektiert wird, desto dichter ist das Druckbild. Die Dichte wird mit einem Densitometer an den Volltonfeldern des Druckkontrollstreifens gemessen. Mit der Dichte wird zusätzlich der Farbauftrag, die Überfüllung und der Punktzuwachs geprüft. Ist die Farbdosierung zu gering, wirkt das Druckbild flau. Zu viel Farbe weitet die Rasterpunkte, was zu einem schlechten Kontrast zwischen den Farben führt.

Farbmenge/Farbdichte

Farbtöne werden unter anderem dadurch erzeugt, dass nur prozentuale Anteile einer entsprechenden Volltonfarbe gedruckt werden.

Maximale Farbmenge

Die maximale Farbmenge (= **Gesamtfarbauftrag**) beschreibt, wie viel Farbe maximal auf das Papier gedruckt werden kann. Würde man alle vier Druckfarben mit 100 % drucken, würde die Farbe auf dem Papier verschmieren. Dieser Effekt ist von Papier zu Papier verschieden. Die maximale Farbmenge bei gestrichenem Papier beträgt circa 340 %. Siehe hierzu auch GCR und UCR in Abschnitt 11.4.

Definition Gesamtfarbauftrag

Die Summer der Farbwerte für einen Bildpunkt.

Farbannahme (Ink Trapping)

Farbannahme oder Ink Trapping (nicht zu verwechseln mit Trapping = Überfüllen) bezeichnet die Annahme einer Druckfarbe im Nass-in-Nass-Druck auf einer bereits gedruckten Druckfarbe. Da die Druckfarben in nassem Zustand nicht vollständig aufeinander haften, verstärkt sich dieser Effekt mit jeder zusätzlichen Farbe, die auf die vorige gedruckt wird. Um diese Farbdifferenzen zu vermeiden, druckt man in der Regel zuerst die dunkleren Farbtöne und im Anschluss die helleren.

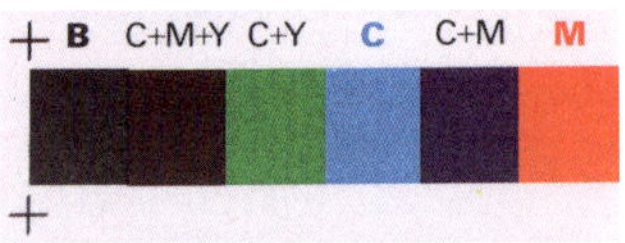

Abbildung 12.20: Das Ink Trapping wird auf dem Druckkontrollstreifen anhand zweier übereinandergedruckter Volltonfarben geprüft.

Definition Überfüllung

Geringfügiges Überlappen der Ränder von Flächen und Schriften mit direkt anschließenden Rändern anderer Formen, um Passungenauigkeiten und Blitzer zu vermeiden. Dadurch entsteht ein farbiger Saum, der vom Auge jedoch weniger wahrgenommen wird als das durchscheinende weiße Papier.

Graubalance

Druckt man C, M und Y in gleicher Menge, müsste man ein neutrales Grau erhalten. In den meisten Fällen wirkt das Grau allerdings farbstichig. Dies kann außer an der Farbigkeit des Papiers oder an Abweichungen im Punktzuwachs vor allem daran liegen, dass die Farben nicht richtig ausbalanciert sind. Dazu muss man in der Druckvorstufe die Farben entsprechend anpassen und anschließend ein ICC-Profil erstellen, das als Referenz für zukünftige Drucke dient, vorausgesetzt, man benutzt dasselbe Papier und dieselben Druckfarben.

Punktdeformation

Bei der Punktdeformation ändern die Rasterpunkte ihre ursprünglich runde Form. Dies führt im Druck zu einem Punktzuwachs (= Tonwertzunahme) und somit zu einer stärkeren Farbdeckung. Die Deformation entsteht in der Regel durch Abrollprobleme im Druckprozess, zum Beispiel bei zu hohem Druck oder bei unterschiedlicher Rotationsgeschwindigkeit zwischen Gummituchzylinder und Gegendruckzylinder. Bei der Verzerrung werden die Rasterpunkte, wie der Name vermuten lässt, zu Ovalen verzerrt.

Rasterpunktgröße

Die Größe der Rasterpunkte erhöht sich bei negativen Filmen und Platten. Bei positiven Filmen hingegen verkleinert sich die Größe.

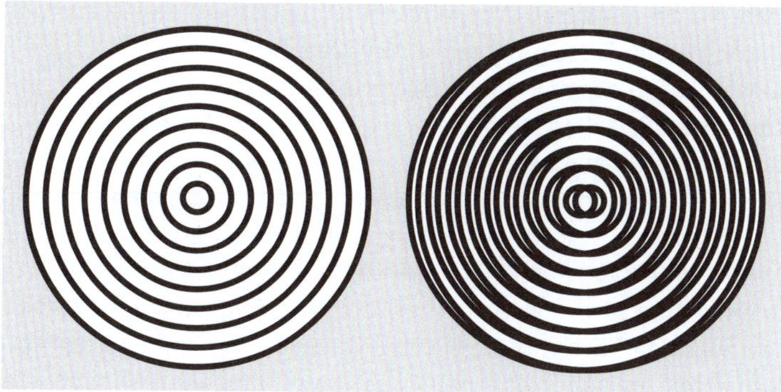

Abbildung 12.21: Verzerrungen werden am Kontrollstreifen anhand dieser Grafik kontrolliert. Bei verzerrten Rasterpunkten entsteht ein Sanduhrmuster (rechts).

Passerungenauigkeit

Werden einzelne Farben nicht passgenau übereinandergedruckt, erscheinen die Bilder farbstichig oder verschwommen. Zum Prüfen der Passergenauigkeit helfen die Passermarken. Es sei jedoch erwähnt, dass niemals eine hundertprozentige Passergenauigkeit erreicht werden kann, da sich das Papier während des Druckprozesses minimal verformt. Beim Bogenoffset ist die Passerdifferenz so gering, dass sie kaum auffällt. Der Passerungenauigkeit kann mit der Überfüllung im Grafikprogramm vorgebeugt werden.

Abbildung 12.22: Passermarke

Registerhaltung

Beim Schön- und Widerdruck, also dem Bedrucken der Vorder- und Rückseite eines Druckbogens, muss der Satzspiegel passgenau gedruckt sein, damit Text und Bilder Register halten. Dies prüft man am besten, indem man den Bogen gegen eine starke Lichtquelle hält. Auch hier helfen die Passermarken.

> **Tonen**
>
> Tonen tritt auf, wenn nicht druckende Flächen auf der Druckplatte dennoch Farbe annehmen und ans Papier weitergeben, was vor allem darauf zurückzuführen ist, dass die Wasserführung nicht passend eingestellt ist. Das Ergebnis ist ein Farbschleier auf den Druckflächen.

Ablegen

Bedrucktes Papier muss nach dem Druck ausreichend lange getrocknet werden, damit sich die Druckfarbe nicht auf den aufliegenden Bogen abdrückt.

12.5.2 Farbmessungen

Unser menschliches Auge kann mehr als eine Million Farben differenzieren. Alleine die Tatsache macht es uns schwierig, Farbunterschiede verbal zu beschreiben. Die Farbempfindung ist eine subjektive Sinneswahrnehmung, die von einer ganzen Reihe unterschiedlicher Parameter abhängig ist, wie beispielsweise unserem Alter oder unserer Umgebung.

Wenn gedruckte Farben von den vereinbarten Farben aus der Druckvorlage abweichen, kann dies bei Kunden und Dienstleistern zu Unstimmigkeiten führen. Darum benötigt man Farbmessungen, die dazu verwendet werden, Farben zu erfassen, zu kommunizieren und auszuwerten. Die Messungen helfen dabei, sicherzustellen, dass die gedruckte Farbe auch der ursprünglich angegebenen Farbe aus der Vorlage entspricht. Dazu gibt es drei Verfahren:

+ das Helligkeits- oder Dreibereichsverfahren,
+ das Spektralverfahren- und
+ das Gleichheitsverfahren,

die man mit entsprechenden Messgeräten durchführen kann.

Das Dreibereichsverfahren (Tristimulus-Methode)

Definition Tristimuluswert
Beschreibt in der Farbmessung die variierenden Anteile der drei Grundfarben Rot, Grün und Blau, die zur Erzeugung anderer Farbtöne gemischt werden.

Diese Methode orientiert sich am menschlichen Auge und dem Vorbild des dreikanaligen Farbsehens. Hierbei wird das von einer Farbprobe transmittierte Licht über drei der Augenempfindlichkeit angepasste Farbfilter in seine Rot-, Grün- und Blauanteile zerlegt und dann die jeweilige Intensität gemessen.

Die Messungen werden mit einem sogenannten Dreibereichsmessgerät, dem Kolorimeter vorgenommen. Dabei leuchtet es mit einer internen Lichtquelle auf die Oberfläche der Farbprobe. Wenn das Licht zum Gerät zurückreflektiert wird, passiert es die drei Filter: Rot, Grün und Blau. Diese Filter destillieren dann die sogenannten RGB-Tristimuluswerte. Die häufigste Verwendung dieses Verfahrens findet in Form der klassischen Monitorkalibrierung statt.

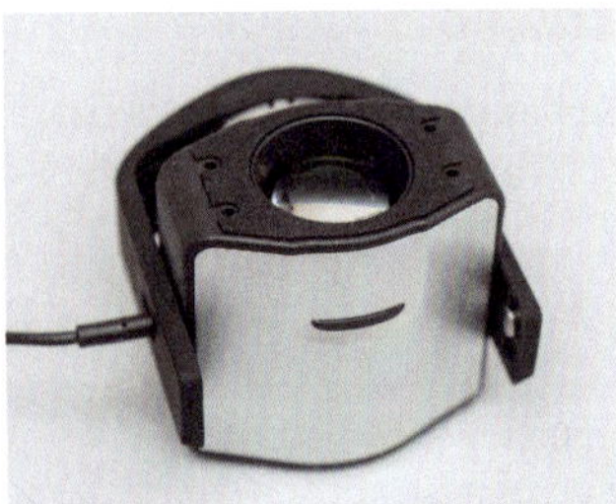

Abbildung 12.23: Tristimulus-Messgerät

Das Spektralverfahren

Zu den besten Verfahren der Farbmessung gehört das Spektralverfahren, das in zwei Schritten abläuft. Zunächst ermittelt man anhand der spektralphotometrischen Messung die spektrale Strahlungsfunktion, anschließend nutzt man deren rechnerische Bewertung zur Ermittlung der Farbmaßzahlen.

Zur Messung wird ein sogenanntes Spektralphotometer benutzt. Das funktioniert fast auf die gleiche Weise wie das im Dreibereichsverfahren genutzte Kolorimeter, abgesehen von einem wichtigen Unterschied – den drei Filtern. Spektralphotometer arbeiten dagegen mit 31 Filtern, um das ganze Farbspektrum messen zu können. Diese Filter messen Licht in jeder von 31 verschiedenen Wellenlängen, um die Farbe der Probe zu bestimmen. Im Gegensatz zum Dreibereichsverfahren bietet das Spektralphotometer somit eine genauere Messung.

Arten von Spektralphotometern
Spektralphotometer gibt es in vielen Formen und Größen, von kleinen Handgeräten über große Tischarbeitsgeräte bis hin zu Geräten, die während der Produktion verwendet werden.

Das Gleichheitsverfahren

Bei diesem Verfahren wird mithilfe eines Dreifarbenmessgeräts oder rein visuell mit dem Auge des Prüfers die Farbprobe so lange mit Standard-Farbmustern verglichen, bis die Gleichheit der Proben festgestellt ist. In der Regel nutzt man mit dieser Methode das Gleichheitsurteil des »normalsichtigen« menschlichen Auges, sie erfolgt also subjektiv. Die Weiterentwicklung teurer technischer Dreifarbenmessgeräte ist zugunsten der beiden anderen Methoden eingestellt worden.

Kapitel 13

Der Druck

Themen des Kapitels:

- *Geschichte des Drucks*
- *Druckverfahren*
- *Offsetdruck*
- *Hochdruck*
- *Flexodruck*
- *Tiefdruck*
- *Digitaldruck*
- *Siebdruck*

Neben der Druckweiterverarbeitung ist die Auswahl eines geeigneten Druckverfahrens essentiell für die Qualität des finalen Druckerzeugnisses und sollte daher so früh wie möglich erfolgen. Dabei ist der Gesichtspunkt der Gestaltung selbst, aber auch Aspekte wie Seitenumfang, Papier oder bestimmte Druckveredelungen zu beachten. Im Folgenden werden die gängigen Druckverfahren und ihre Einsatzgebiete näher erläutert und die jeweiligen Vor- und Nachteile aufgezeigt.

13.1 Entstehung und Entwicklung des Drucks

Das Prinzip des Drucks lässt sich bis in die Frühzeit zurückverfolgen, da auf den damaligen Grabstätten eingeprägte Inschriften gefunden wurden. Der eigentliche Grundstein wurde jedoch erst mit der Erfindung des Buchdrucks in China im Jahre 581 n. Chr. gelegt. Damals wurde noch jede einzelne Seite komplett in einen Druckstock aus Holz geschnitten und im Anschluss abgezogen. Dieses Verfahren ist nicht mit dem eigentlichen Buchdruck vergleichbar, der sich erst sehr viel später, im 15. Jahrhundert, in Deutschland durchsetzte. Verantwortlich dafür war Johannes Gutenberg, der den Druck mit beweglichen Metalllettern erfand und somit die Massenproduktion und die problemlose Verbreitung von Informationen ermöglichte. In wenigen Jahrzehnten konnte sich der Buchdruck somit in ganz Europa und in den Jahrhunderten danach sogar auf der ganzen Welt ausbreiten.

Definition Letter
Das Wort Letter stammt aus dem Englischen und bedeutet Drucktype. Damit sind die einzelnen Buchstaben, Zahlen, Satz- und Sonderzeichen gemeint, die Johannes Gutenberg erfand, um damit Schrift zu setzen.

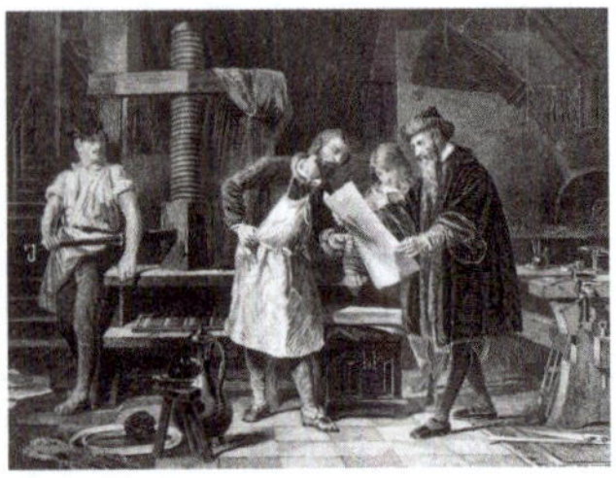

Abbildung 13.1: Johannes Gutenberg in seiner Druckwerkstatt

Linotype und Monotype

Neben der wichtigen Erfindung der »Linotype« sei auch die »Monotype« genannt. Sie wurde um 1897 von Tolbert Landton erfunden. Die Linotype-Setzmaschine wurde hauptsächlich für den Zeitungssatz genutzt, die Monotype dagegen meist für den Satz von Büchern. Daraus sollten sich im Laufe der Jahre immer weitere Maschinen entwickeln.

In der Entwicklung des Buchdrucks lösten dampfgetriebene Schnellpressen ab dem frühen 19. Jahrhundert die handbetriebenen Druckerpressen Gutenbergs ab. Die ersten Bleisetzmaschinen wurden um 1886 von Ottmar Mergenthaler konstruiert, darunter auch die bis heute berühmte Linotype-Setzmaschine – das mühselige Zusammenfügen der Lettern von Hand gehörte damit der Vergangenheit an.

Abbildung 13.2: Arbeit an der Linotype-Setzmaschine

Kupferstich und Holzschnitt

Neben dem Verfahren des Buchdrucks gab es noch die Möglichkeit, Bilder durch Kupferstich oder Radierung zu reproduzieren. Beim Kupferstich (Tiefdruckverfahren) wird das zu druckende Bild in eine Kupferplatte geritzt oder geätzt (Radierung). Die dabei entstandenen linienförmigen Vertiefungen nehmen die Farbe auf, die mit einer Walzenpresse auf das Papier gedruckt wird. Aus dem Prinzip des Kupferstichs entwickelte sich Anfang des 19. Jahrhunderts das Rakel-Tiefdruckverfahren, das erste Massenauflagen von Katalogen oder auch Verpackungen ermöglichte.

Später wurden illustrative und bildliche Darstellungen mittels Holzschnitt (Hochdruckverfahren) gedruckt. Um 1880 entwickelte Georg Meisenbach die ersten Halbtonbilder, die sich aus vielen kleinen Rasterpunkten zusammensetzten, um Verläufe mit nur einer Druckfarbe zu simulieren.

Definition Halbtonbild

Hiermit werden Bilder mit unendlich vielen Farben und Farbtönen beschrieben, die weich ineinander übergehen, um eine möglichst realistische Reproduktion von natürlichen Bildern zu erzeugen.

Lithografie und Offsetdruck

Den Grundstein für den Offsetdruck, wie wir ihn heute kennen, hat allerdings ein anderer gelegt, und zwar Alois Senefelder. Dieser erfand 1796 den Steindruck, auch Lithografie genannt. Da druckende und nicht druckende Stellen auf einer Ebene liegen, wird dieses Verfahren auch als Flachdruck bezeichnet, dasselbe Prinzip, auf dem auch der Offsetdruck basiert.

Lithografie

Die Bezeichnung leitet sich von altgriechisch: lithos, »Stein« und graphein, »schreiben« ab. Bei diesem Prozess dient ein Stein als Druckplatte.

Anfang 1904 entwickelten die beiden Amerikaner Ira W. Rubel und Caŝpar Hermann – unabhängig voneinander – den Offsetdruck weiter und erfanden das indirekte Offsetdruckverfahren, bei dem die Druckfarbe erst von der Druckform auf ein Gummituch und dann aufs Papier übertragen wird.

13.2 Die verschiedenen Druckverfahren

Die Entscheidung für ein bestimmtes Druckverfahren wird meist zu Beginn der Konzeptionsphase oder spätestens während des Entwurfsprozesses getroffen. Ausschlaggebend ist hierfür zunächst das Ziel, das mit dem jeweiligen Druckerzeugnis verfolgt wird. Ein Flyer, der zum Beispiel ein Produkt verkaufen soll, benötigt ein anderes Druckverfahren und eine andere Weiterverarbeitung als ein Buch, das in der Regel informiert oder unterhält. So müssen Layout, Typografie, Bilder und Papier entsprechend auf das jeweilige Druckverfahren abgestimmt werden.

Bei der Wahl eines geeigneten Druckverfahrens ist Folgendes zu beachten:

+ Um welche Art von Printprodukt handelt es sich?
+ Welches Format besitzt es?
+ Wie viele Seiten hat das Printprodukt?
+ Welche Qualitätsanforderungen werden an das Printprodukt gestellt?
+ Auf welches Material soll gedruckt werden?

Ein Prinzip
Alle Druckverfahren basieren grob gesagt auf demselben Prinzip: dem Zusammenwirken von Druckform, Druckfarbe, Bedruckstoff und Anwendung von Druck.

Je nach Auflage sind folgende Druckverfahren zu wählen:

+ 1 bis 500 Exemplare: Digitaldruck
+ 500 bis 50.000 Exemplare: Bogenoffset
+ 15.000 bis 1.000.000 Exemplare: Rollenoffset
+ ab 100.000 Exemplare: Tiefdruck

13.2.1 Druckprinzip

Fast alle heutigen Druckmaschinen basieren auf dem Prinzip »rund – rund«, das sich über die Jahre hinweg als das effektivste erwiesen hat, was Druckbelastung und einen streifenfreien Druck anbelangt – so auch der Offsetdruck. Dabei werden zwei Zylinder gegeneinandergepresst. Die Druckform muss seitenverkehrt aufgelegt werden. Es handelt sich um einen sogenannten »direkter Druck«.

Im Gegensatz zum Prinzip »flach – flach«, bei dem sehr hoher Druck auf die gesamte Druckfläche aufgebracht werden muss, waren mit dem Prinzip »flach – rund« schon größere Energieeinsparungen möglich, doch noch immer mussten schwere Blei- oder Steinformen in Rotation gebracht werden. Erst die Konstruktion runder Druckzylinder in Kombination mit einem elastischen Gegendruckzylinder ermöglichte es durch die Abrollvorgänge nicht nur Kraft zu sparen, sondern auch

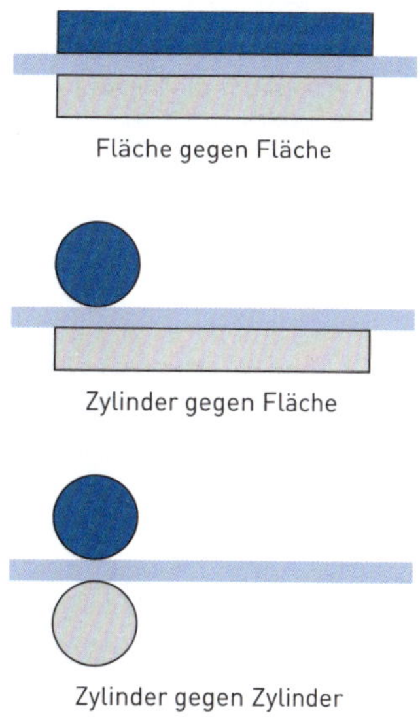

Abbildung 13.3: Die gängigen Druckprinzipen:
oben: »flach – flach«,
Mitte: »flach – rund«;
unten: »rund – rund«

entsprechend weitaus größere Formate zu bedrucken. Bei »flach – flach« und »flach – rund« muss die Druckform jeweils seitenverkehrt aufgebracht werden.

13.2.2 Offsetdruck

Einsatz von Offsetdruck

Der Offsetdruck ist immer noch das verbreitetste Druckverfahren. Je höher die Auflage, desto günstiger wird der Offsetdruck, da die Kosten für das Einrichten der Maschine nur einmal anfallen.

Der Offsetdruck ist im Gegensatz zum Hoch- und Tiefdruck ein Flachdruckverfahren, das heißt, dass druckende und nicht druckende Flächen auf einer Ebene liegen. Der Offsetdruck basiert auf dem Prinzip der gegenseitigen Abstoßung von Fett und Wasser. Die Druckplatten werden zunächst mit einer lichtempfindlichen Substanz versehen, die nach der Belichtung zum Teil wieder abwaschbar ist. Nun wird das Druckbild auf die Druckplatten belichtet. Die Druckplatten haben nun zwei verschiedene Oberflächen: Die nicht druckenden Flächen ziehen Wasser an, während es von den druckenden Flächen abgestoßen und stattdessen die fettige Druckfarbe angenommen wird.

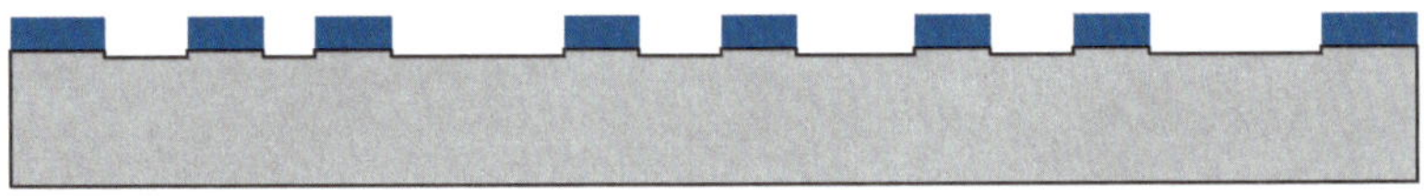

Abbildung 13.4: Druckende und nicht druckende Elemente liegen beim Flachdruck auf einer Ebene.

In der Druckmaschine gibt das Farbwerk die Druckfarbe auf den Druckplattenzylinder ab, der wiederum das Druckbild zunächst auf eine Gummiwalze und dann erst auf das Papier überträgt. Deshalb wird der Offsetdruck auch als **indirektes Druckverfahren** bezeichnet. Gedruckt wird auf Papier und Karton, meistens 4-farbig oder mit speziellen Volltonfarben wie HKS oder Pantone.

Definition indirektes Druckverfahren

Ein Druckverfahren, bei dem die Farbe nicht direkt, sondern über einen Zwischenträger auf das Papier übertragen wird. Beispiel: Offsetdruck.

Merke: Offsetdruck = indirektes Druckverfahren

© giocalde/shutterstock.com

Abbildung 13.5: Vierfarbdruck-Offsetdruckmaschine

Bogenoffset

Im Bogenoffset druckt man auf einzelne Papierbogen zu verschiedenen Formaten. Bogenoffset wird für die Herstellung von Broschüren,

Plakaten und Büchern bei einer Auflage von 100 bis 50.000 Stück verwendet. Die größte Gefahr im Bogenoffset ist das Aufeinanderliegen der einzelnen Druckbogen, wodurch Farbe auf die Bogenunterseiten abschmieren kann. Um dies zu verhindern, werden Druckbogen gepudert. Hierfür müssen die Puderkörner größer sein als die Farbschicht, damit genügend Luft zwischen die Druckbogen gelangt und die Farbe somit schneller aushärten kann.

Definition Bogenoffset
Offsetdruckverfahren, bei dem auf Papierbogen gedruckt wird. Siehe auch Rollenoffsetdruck.

Rollenoffset

Im Rollenoffset kommt, wie der Name schon vermuten lässt, das Papier von der Rolle. Rollenoffsetdruck kommt bei hohen Auflagen (ab 15.000 bis zu einer Million) für Tageszeitungen, Prospekte und andere Massendrucksachen zum Einsatz. Im Vergleich zum Bogendruck ist die Zufuhr des Bedruckstoffs problemloser. Beim Rollendruck wird die Papierbahn unter stetigem Zug bis zur Weiterverarbeitung im Falzwerk durch das Druckwerk hindurchgeführt. Aus dem stetigen »Ziehen« am Bedruckstoff resultiert das größte Problem des Rollenoffset, die Passer- und Registerungenauigkeit.

Definition Rollenoffset
Ein Druckverfahren, bei dem keine Bogen, sondern Rollenpapier verwendet wird. Der Rollenoffsetdruck ist schneller als der Bogendruck, so dass er sich besonders für große Auflagen eignet.

Abbildung 13.6: Bogenoffset

Abbildung 13.7: Rollenoffset

Offsetdruck: Vor- und Nachteile

Vorteile:

+ brillantes Druckbild
+ gleichmäßiger Farbauftrag bei vollflächigen Motiven
+ randscharfe Wiedergabe auch von sehr feinen Schriften
+ je höher die Auflage, desto günstiger
+ ermöglicht sehr feine, flächenvariable Raster
+ Oberflächen können strukturiert sein

Nachteile:

- hohe Einrichtungskosten
- längere Produktionszeiten
- keine Personalisierungsmöglichkeiten

Druckprodukte Offset
Im Offsetdruck werden Prospekte, Zeitungen, Zeitschriften, Bücher, Plakate, Verpackungen etc. hergestellt.

Aufbau einer Offsetdruckmaschine

Das Offsetdruckverfahren basiert, wir fassen es noch einmal zusammen, auf einer Interaktion zwischen Farbe, Wasser und Druckplatte. Dieses Verfahren wird auch als lithografisches Prinzip bezeichnet. Dies bedeutet, dass druckende und nicht druckende Bereiche sich durch ihre chemischen Eigenschaften unterscheiden. Dort, wo nicht gedruckt werden soll, wird Wasser angezogen, während es an den druckenden Flächen abperlt.

Im wasserfreien Trockenoffset werden die nicht druckenden Flächen mit einer fettabstoßenden Lösung versehen. Der Vorteil des wasserfreien Trockenoffset ist, dass die Druckpunkte weitaus schärfer sind, da mit einer höheren Rasterweite gedruckt werden kann.

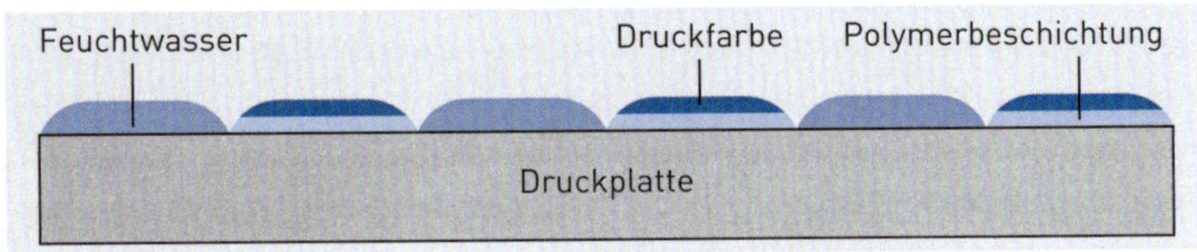

Abbildung 13.8: Die Polymerschicht nimmt Druckfarbe an. Dort, wo die Druckplatte befeuchtet ist, wird die Farbe abgestoßen.

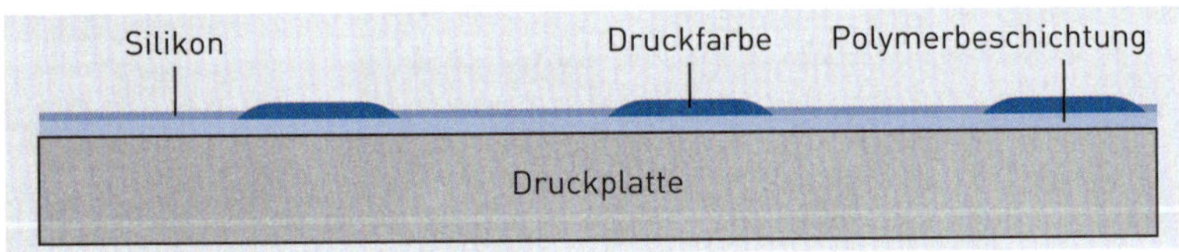

Abbildung 13.9: Für das Trockenoffsetverfahren sind die nicht druckenden Stellen mit Silikon (anstelle von Wasser) beschichtet.

Im Bogenoffset werden am häufigsten Dreizylinder-Druckwerke eingesetzt. Diese bestehen hauptsächlich aus Zylindern und Walzen.

+ Die Farbwalzen bilden das sogenannte Farbwerk, das die Druckfarbe vom Farbkasten zur Druckplatte befördert.
+ Hinzu kommt ein mit Gummi beschichteter Zylinder, der sich im Kontakt mit dem Gegendruckzylinder befindet und auf den das seitenverkehrte Druckbild mit Farbe übertragen wird.
+ Der Gegendruckzylinder hat einzig die Funktion, den Druckbogen gegen den Gummituchzylinder zu pressen.

Das seitenverkehrte Bild auf dem Gummituchzylinder wird schließlich seitenrichtig auf den Bogen gedruckt und für alle weiteren Farben passgenau fortgeführt.

Die Papierzuführung geschieht beim Bogenoffset über einen sogenannten Anleger, der den Druckbogen mit kleinen Saugköpfen in das Druckwerk anhebt, von wo aus er mithilfe von Walzen weiterbefördert wird.

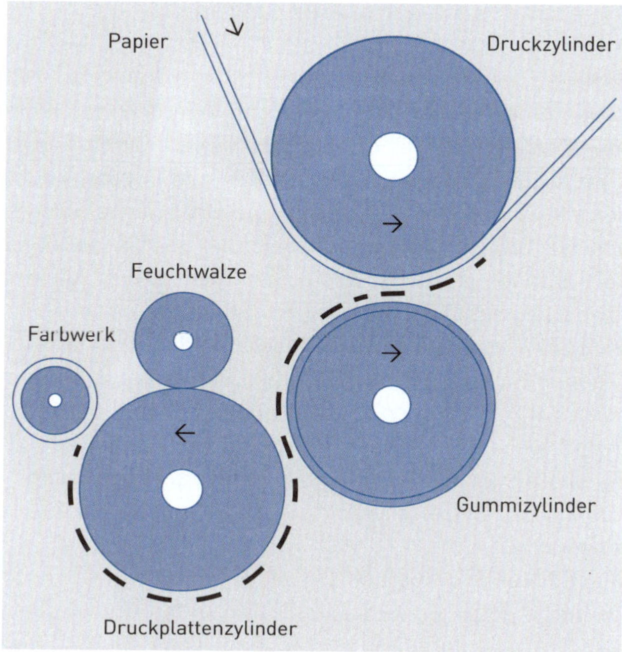

Abbildung 13.10: Offsetdruckprinzip

Bei einer Bogendruckmaschine ist die Papierzuführung eines der wichtigsten Elemente, sowohl für die Druckqualität als auch die exakte Weiterverarbeitung. Sind die Druckbogen beim Anlegen nicht exakt platziert, resultieren Passerprobleme und der Druck auf Vorder- und Rückseite ist nicht deckungsgleich oder das Druckbild verspringt nach dem Falzen. Am Eingang der Papierzuführung wird der Druckbogen erst an der Vorderkante und dann an den Seiten ausgerichtet. Dies geschieht nur an zwei Kanten, da das Papierformat innerhalb eines Stapels minimal variieren kann.

Definition Anlagekante
Kante des Papierbogens, die in die Druckmaschine eingeführt wird.

Abbildung 13.11: Papierzuführung im Anleger

Exkurs | **Offsetdruckmaschine im Detail**

Druckvorgang im Offsetdruck

1. Feuchtwasser wird aufgetragen. Dies haftet nur auf den nicht druckenden Flächen der Druckplatte.
2. Im nächsten Schritt wird die Druckfarbe aufgebracht. Diese haftet entsprechend nur auf den zu druckenden Flächen.
3. Das Druckbild wird von der Druckplatte auf das Gummituch übertragen.
4. Das Gummituch wird nun auf das Papier gepresst, das zwischen Gummizylinder und Gegendruckzylinder geführt wird.

Das Feuchtwerk

Vor dem Einfärben müssen die Platten befeuchtet werden, damit die nichtdruckenden Flächen die Druckfarbe abstoßen. Für eine gute Druckqualität müssen sich Farb- und Wasseranteile in einem ausgewogenen Verhältnis befinden, bevor sich die Druckfarbe auf der Druckplatte absetzt. Um die Oberflächenspannung des Wassers und die Feuchtigkeitsaufnahme des Papiers zu reduzieren, wird Alkohol beigemischt, was zu einem gleichmäßigen Film führt.

Dabei müssen das Wasser-Alkohol-Gemisch und die Druckfarbe in einer ausgewogenen Balance stehen. Zu wenig Gemisch aus Wasser und Alkohol sorgt dafür, dass die nichtdruckenden Flächen die Farbe annehmen, anstatt diese abzustoßen. Gelangt zu viel Wasser auf die Platte, wird die überschüssige Feuchtigkeit vom Druckbogen aufgenommen, woraufhin sich dieser ausdehnt, was zu kleinen Punkten im Druckbild führen kann.

Neben dem optimalen Druckergebnis spielt das Feuchtwasser noch eine andere wichtige Rolle: Es kühlt die Druckplatten und säubert diese von Staub. Dabei ist darauf zu achten, dass das Feuchtwasser einen bestimmten pH-Wert besitzt. Ist dieser zu niedrig, führt dies zu Trocknungsproblemen und das Papier rupft. Ist der pH-Wert zu hoch, wird auf Dauer die Druckmaschine beschädigt. Hartes Wasser enthält zusätzlich eine hohe Konzentration von Mineralsalzen, die die Farbpigmente schädigen. Dadurch nehmen die nicht druckenden Flächen doch Farbe an, und es kommt zum sogenannten **Tonen**.

Definition Tonen
Tonen tritt auf, wenn nicht druckende Flächen auf der Druckplatte dennoch Farbe annehmen und ans Papier weitergeben, was vor allem darauf zurückzuführen ist, dass die Wasserführung nicht passend eingestellt ist. Das Ergebnis ist ein Farbschleier auf den Druckflächen.

Das Gummituch

Der Offsetdruck ist ein indirektes Druckverfahren, sprich die Farbe wird nicht direkt aufs Papier übertragen, sondern über Umwege, im Fall des Offsetverfahrens zuerst an den Gummituchzylinder. Wichtig ist, dass das Gummituch die Farbe leicht von der Druckplatte aufnehmen kann und diese sauber ans Papier abgibt. Geschieht dies nicht, weil das Gummituch zum Beispiel abgenutzt ist, spricht man von »Rupfen«, wodurch kleine Flecken im Druckbild entstehen. Weitere Folgen der Abnutzung eines Gummituchs sind:

+ Schwache Farbübertragung: Folglich wird der Drucker mehr Farbe auf die Druckplatte auftragen, was zu einer Störung der Farbbalance führt.
+ Unzureichender Druckkontakt zum Papier: Das Druckbild erscheint fleckig.
+ Punktzuwachs: Das führt zu einem dunkleren Druckergebnis.

Das Farbwerk

Innerhalb des Farbwerks wird die Farbschicht von Walze zu Walze weitergegeben, um die Druckform einzufärben. Bildfreie Stellen benötigen keine Farbe, wohingegen Volltonflächen eine maximale Färbung benötigen. Dazwischen befinden sich zu druckende Flächen, die aus unterschiedlichen Druckdichten bestehen. Um die einlaufende Farbmenge entsprechend regulieren zu können, ist das Farbwerk in Farbzonen eingeteilt. Ein sogenanntes Farbmesser, meist eine dünne Metallplatte, die an der Oberfläche einer Stahlwalze, dem Duktor, anliegt, wird über die Zonenschrauben auf- und zugedreht und definiert so die Menge der Farbe, ergo die Dicke der Farbschicht. Ziel dieser Farbprofileinstellung ist es, einen einheitlichen, homogenen Farbauftrag über den gesamten Fortdruck zu erreichen. Ziel: Der einzelne Rasterpunkt soll also mit derselben Menge an Druckfarbe beschichtet werden wie auch die Vollfläche.

Die Voreinstellungen der Farbregulierung werden heute meist über elektronische Daten definiert. Dafür ist der sogenannte Plattenscanner zuständig, der ähnlich einem Auflagenscanner die Druckplatten abscannt und dabei in den einzelnen Farbzonen den prozentualen Anteil der zu druckenden Stellen errechnet. Die ermittelten Messwerte werden dann für die Justierung der Zonenschrauben in der Druckmaschine verwendet.

Wichtige Eigenschaften der Druckfarbe

- Reinheit
- Farbstandardisierung
- Lichtechtheit
- Fließverhalten
- Farbsättigung

13.2.3 Hochdruck

Beim Hochdruck liegen die druckenden Teile erhaben, d. h. höher, und die Farbe wird durch Gegendruck auf das dazwischenliegende Papier gepresst. Dabei arbeitet die Hochdruckmaschine wie ein Stempel. Das Druckbild befindet sich in spiegelverkehrter Form auf dem Druckträger, dessen erhabene Flächen eingefärbt und direkt aufs Papier gepresst werden. Es bestehen also nur zwei Arbeitsgänge: Einfärben und Drucken. Deshalb ist der Hochdruck auch ein **direktes Druckverfahren**. Beim indirekten Verfahren, wie zum Beispiel dem Offsetdruck, wird die Druckfarbe zunächst an ein Gummituch abgegeben und dann erst aufs Papier.

Definition direktes Druckverfahren
Ein Druckverfahren, beim dem die Farbe direkt von der Druckform auf den Bedruckstoff (meistens das Papier) übertragen wird. Beispiel: Hochdruck, Siebdruck, Flexodruck.

Merke: Hochdruck = direktes Druckverfahren

Abbildung 13.12: Traditionelle Hochdruckmaschine mit beweglichen Lettern, auch Letterpress oder Bostonstyle genannt, liegt wieder voll im Trend.

Der Hochdruck wird aufgrund seiner Druckgeschwindigkeit und der weniger guten Qualität in industriellen Anwendungsbereichen nur noch selten eingesetzt. Buchdruckmaschinen werden heute vielmehr für Präge- und Stanzarbeiten verwendet.

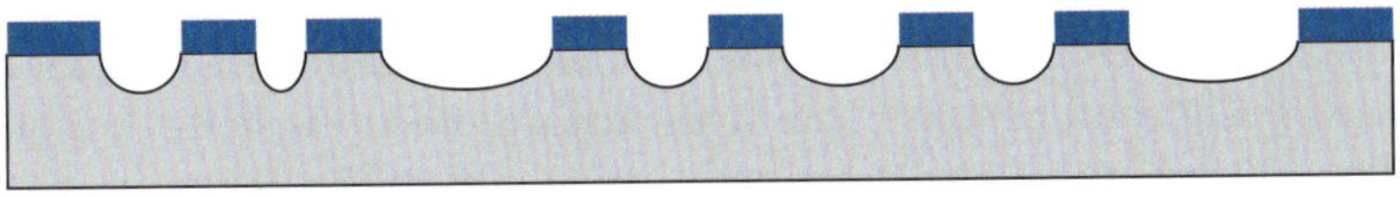

Abbildung 13.13: Druckende Stellen sind erhaben, während nicht druckende Stellen vertieft sind.

Hochdruck: Vor- und Nachteile

Vorteile:

+ Druckerzeugnisse fortlaufend nummerierbar
+ Fast jedes Papier verwendbar
+ Hoher Farbauftrag möglich (tieferes Schwarz als im Offsetdruck möglich)
+ Prägedruck erzeugt haptisches Erlebnis (Visitenkarten)

Nachteile:

- Feine Schriften können im Druck Probleme bereiten
- Durch den Pressvorgang kann die Druckform unerwünschte Vertiefungen auf dem Druckprodukt hinterlassen

13.2.4 Flexodruck

Abbildung 13.14: Flexodruckmaschine

Der Flexodruck verfolgt das Prinzip des Hochdrucks, ist also ein Direktdruckverfahren, und wird ausschließlich im Rollendruck betrieben. Er ist heute das am häufigsten gebräuchliche Hochdruckverfahren. Hierbei trifft eine runde elastische Farbwalze auf einen harten, runden Gegendruckzylinder. Beim Flexodruck sind die spiegelverkehrt angeordneten druckenden Stellen erhaben, damit die Farbe problemlos aufgenommen werden kann, während die nicht druckenden Stellen vertieft sind.

Die Rasterwalze, die aus Keramik oder Chrom besteht, wird mit der Druckfarbe überflutet, wobei die Rakel, die sich im sogenannten Kammerrakelsystemen befinden, überschüssige Farbe abstreifen, sodass nur noch die Näpfchen der Rasterwalze Farbe beinhalten. Dabei bestimmt das Volumen der Näpfchen, wie viel Farbe an die Druckform übergeben wird. Diese besteht entweder aus Gummi oder aus Kunststoff.

Sobald die Näpfchen auf die erhabenen druckenden Stellen der Druckform treffen, entleeren sie sich. Bei der nächsten Umdrehung werden sie wieder mit Farbe befüllt, und das nächste Objekt wird bedruckt. Die Tonwertzunahme ist beim Flexodruck im Gegensatz zu allen anderen Druckverfahren am größten, was zu Quetschrändern führt (erkennbar vor allem bei Schriften).

Im Flexodruck wird genau die Farbmenge übertragen, die sich in den Näpfchen auf der Rasterwalze befindet. Eine Veränderung der Dosierung ist im Fortdruck nicht möglich. Wie im Tiefdruck wird auch hier mit gleichbleibenden Farbschichtdicken gedruckt.

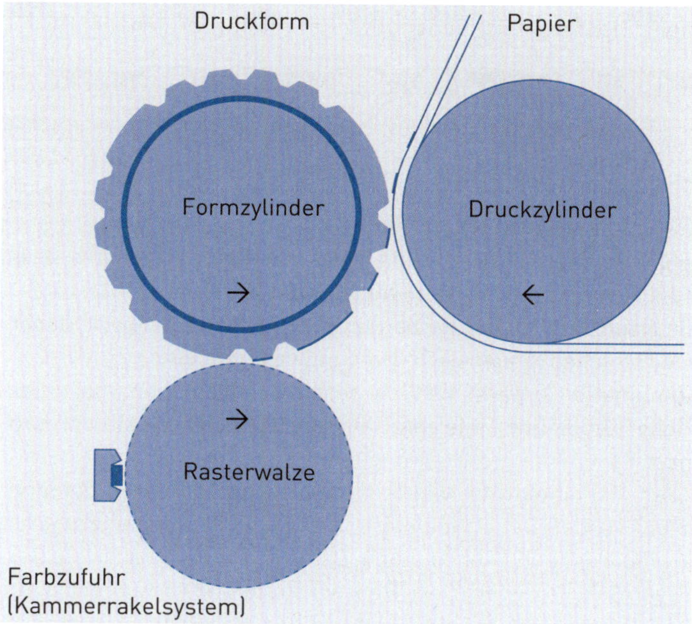

Abbildung 13.15: Funktionsweise einer Flexodruckmaschine

Flexodruck: Vor- und Nachteile

Vorteile:

+ variables Druckformat
+ geringe Produktionszeiten
+ flexible Bedruckstoffe

Nachteile:

– Probleme bei der Wiedergabe von feinen Tonwertabstufungen
– relativ schlechte Textwiedergabe

Druckprodukte Flexodruck

Im Flexodruck werden primär Verpackungen, Tapeten oder Tragetaschen gedruckt. Die Erstellung der Druckformen ist schnell und preisgünstig.

13.2.5 Tiefdruck

Beim Tiefdruck liegen die druckenden Teile, auch als Näpfchen bezeichnet, vertieft, wie bei einem umgekehrten Stempel. Die Näpfchen werden in die Druckform eingeätzt (chemische Herstellung) oder eingraviert (mechanische Herstellung). Die Druckform ist in der Regel eine Stahlwalze, die mit einer Kupferschicht überzogen ist. Dadurch entsteht ein Halbtonraster aus Näpfchen. Vor jedem neuen Druckvorgang muss eine neue Kupferschicht auf den Druckzylinder aufgetragen werden.

Im nächsten Schritt wird dünnflüssige Farbe von einer Farbwalze in die Näpfchen gedrückt, und das zu druckende Motiv wird durch Gegen-

Definition Halbton

Farbwerte, die zwischen 0 und 100 % liegen, werden als Halbtöne bezeichnet und können nur durch Aufrastern dargestellt werden.

Abbildung 13.16: Rakel

druck auf das Papier übertragen. Dabei werden überflüssige Farbanteile mithilfe eines Rakelmessers abgestreift und fließen zurück in die Farbwanne. Im Gegensatz zum Offsetdruck, wo die Farbe durch Aufspaltung zwischen Gummituch und Papier geringer wird, sollen sich im Tiefdruck die Druckform-Näpfchen vollständig entleeren. Der industrielle Tiefdruck wird daher auch Rakeltiefdruck genannt.

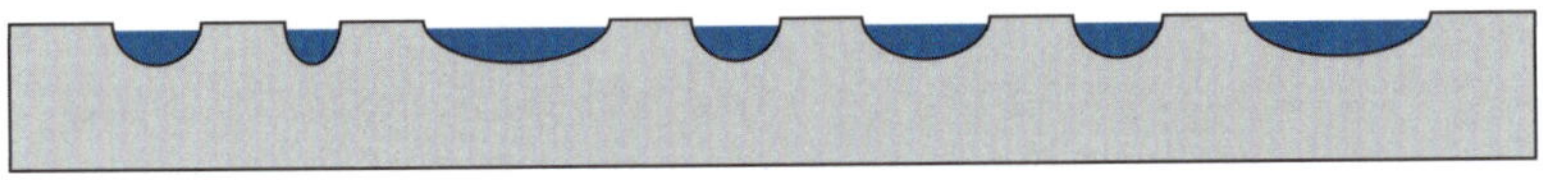

Abbildung 13.17: Druckende Stellen liegen vertieft.

Papierwahl bei Tiefdruck

Für den Tiefdruck eignet sich nur Papier mit glatter Oberfläche, da die Näpfchen die Farbe einer rauen Oberfläche nur schlecht annehmen können.

Die Näpfchen variieren in Größe und Tiefe. Je tiefer das Näpfchen, desto größer die Farbmenge und desto dunkler der Farbton.

- Große Näpfchen = satter Farbauftrag, kaum Rasterung erkennbar
- Kleine Näpfchen = nuancierte Halbtonwiedergaben

Eine Kombination unterschiedlich geformter Näpfchen von unterschiedlicher Größe und Tiefe sorgt für sehr nuancierte Halbtonreproduktionen.

Tiefdruck

Der Tiefdruck ist wegen der kostenintensiven Druckformherstellung nur für Massenauflagen ab ca. 300.000 Drucken geeignet. Dafür ist es möglich, mit der Druckform unendlich viele Abzüge herzustellen. Tiefdruck gehört zur Gruppe der Direktdruckverfahren.

Für den Rakeltiefdruck werden vorwiegend Rollenrotationsmaschinen verwendet. Der Rakeltiefdruck ermöglicht eine nahezu echte Halbtonwiedergabe von Abbildungen. Dadurch erscheint auch die Darstellung von Schrift aufgerastert. Bedruckstoffe sind vorwiegend glatte Papier- und Kartonsorten, Folien und Textilien. Das Papier für den Tiefdruck muss satiniert oder gestrichen sein, da die Halbtonpunkte sonst vom Papier nicht angenommen werden können.

Abbildung 13.18: Gravurprozess für den Tiefdruck

Neben dem industriellen Rakeltiefdruck gibt es ein weiteres Tiefdruckverfahren, den Stichtiefdruck. Er kommt für Banknoten, Wertpapier und Briefmarken zum Einsatz. Linien und Schrift, selbst in kleinsten Größen, werden randscharf wiedergegeben.

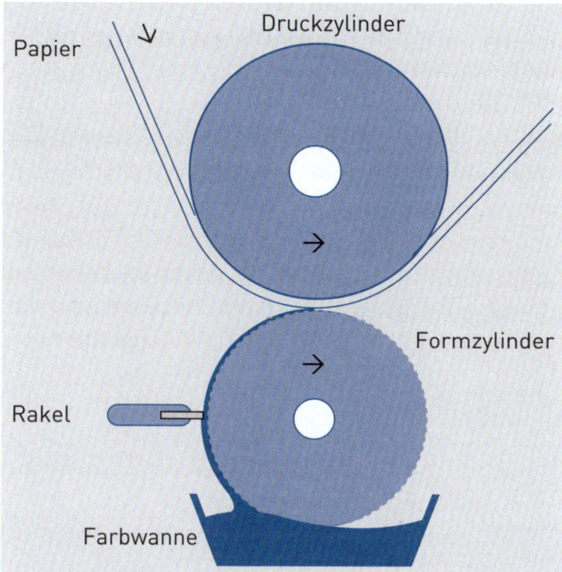

Abbildung 13.19: Druckende Stellen liegen vertieft.

Tiefdruck: Vor- und Nachteile

Vorteile:

+ große Auflagenhöhe möglich
+ hohe Druckgeschwindigkeit
+ geringe Stückkosten bei hoher Auflage
+ gute Bildwiedergabe durch exakte Rasterpunkte

Nachteile:

– kleine Auflagen nicht rentabel
– hohe Einrichtungskosten der Druckmaschine
– Text, Bilder und Volltonflächen müssen aufgerastert werden
– nur auf Papieren mit glatter Oberfläche verwendbar

Druckprodukte Tiefdruck

Im Rollenrotationstiefdruck werden vor allem Druckerzeugnisse in Massenauflage, wie Zeitschriften oder Kataloge mit vielen Farbabbildungen gedruckt.

13.2.6 Digitaldruck

Beim Digitaldruck wird direkt vom Druckdokument, zum Beispiel einer PDF-Datei, auf das Papier gedruckt. Die Druckmaschine ist mit der Technik eines herkömmlichen Officedruckers zu vergleichen. Allerdings können weitaus höhere Auflagen produziert werden. Die Vorteile des Digitaldrucks liegen darin, dass der Inhalt von Blatt zu Blatt ein anderer sein darf und dass keine hohen Vorbereitungs- und Einrichtungskosten anfallen, da weder Film noch Druckplatten produziert werden müssen. Das heißt, es werden ebenso wie beim Officedrucker zu Hause alle Farben aus CMYK gemischt und direkt auf das Papier übertragen.

Die Druckfarbe ist bereits trocken, wenn das Papier aus der Maschine kommt, und lässt sich sofort weiterverarbeiten. Der Digitaldruck eignet sich daher bestens für kleine Auflagen mit kurzen Produktionszeiten.

Abbildung 13.20: Digitaldruckmaschine

Xerografisches Verfahren
Aufladen der Trommel, Belichtung durch die Lasereinheit, Übertragung des Toners auf das Papier und Fixierung unter Hitze.

Abbildung 13.21: Da die Tonerpartikel nicht immer exakt an der richtigen Stelle landen, erscheint das Druckbild unscharf. Dies fällt vor allem bei feiner Schrift auf, sie wirkt ausgefranst und schwammig.

Der Druckprozess

Der Digitaldruck arbeitet nach dem **xerografischen Prinzip**: Laserstrahl trifft auf Trommel, die mit einer elektrostatischen Schicht überzogen ist, die auf Licht reagiert. Der Laserstrahl wird unterbrochen, wenn er einen Bereich erreicht, der nicht belichtet bzw. gedruckt werden soll. Der Laserstrahl erzeugt ein seitenverkehrtes, statisch aufgeladenes Bild, das durch die Bestäubung mit Toner sichtbar wird. Wenn das Papier an der Trommel vorbeigeführt wird, wird der Toner auf das stärker geladene Papier übertragen. Damit der Toner dauerhaft auf dem Papier haften bleibt, wird dieser mithilfe von Hitze eingebrannt. Dieser Prozess wird für jede weitere Farbe separat durchgeführt.

Digitaldruck: Vor- und Nachteile

Vorteile:
+ geringe Kosten bei geringer Auflage
+ kurze Produktionszeiten
+ Personalisierungsmöglichkeit der Drucke

Nachteile:
- kein Druck von Sonderfarben möglich
- hohe Kosten bei hoher Auflage
- schlechter vollflächiger Farbauftrag (Streifenbildung)
- ungenaue Darstellung von feiner Typografie (vor allem bei strukturiertem Papier)

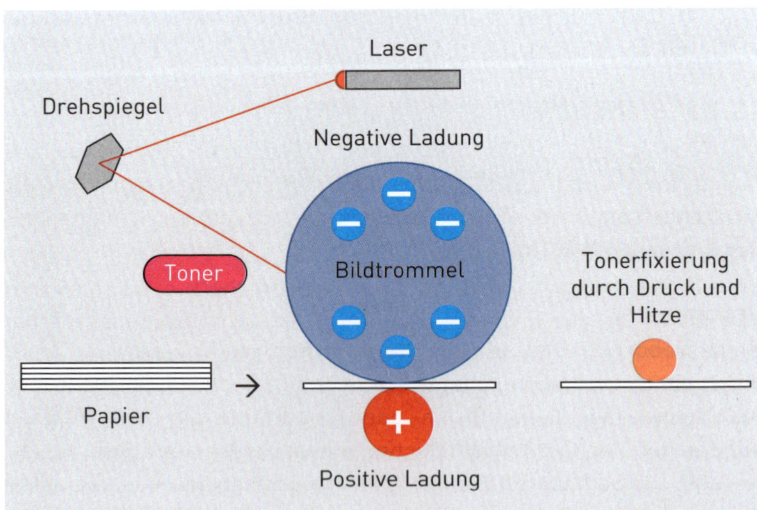

Abbildung 13.22: Das Prinzip des Laserdrucks

Die Auflösung eines Laserdruckers ist abhängig von:
+ dem Belichtungspunkt des Laserstrahls.
+ der Schrittgröße des Motors.
+ der Feinheit der Tonerpartikel. Je kleiner, desto höher logischerweise die Auflösung.

Das Papier

Das Papier für den Digitaldruck sollte nicht zu glatt sein, da der Toner sonst nur schlecht haftet. Gestrichenes Papier hingegen kann sich bei starker Erhitzung ablösen und die Trommel beschädigen. Zu dick sollte das Papier allerdings auch nicht sein, da sich dies auf die Laufeigenschaften im Drucker auswirkt.

Wichtig ist auch die Papierfeuchte. Da das Papier unter ständiger Wärmeeinwirkung steht, nimmt die Feuchtigkeit des Papiers schrittweise ab, und es kommt zum Papierstau. Dieses Problem tritt verstärkt bei minderwertigen Office-Papieren auf.

Es gilt also, ein Papier zu finden, das sich im Offsetdruck mit Logo und Büroinformationen bedrucken lässt und sich gleichzeitig für die weitere Bedruckung mit dem Laserdrucker eignet.

Druckprodukte Digitaldruck

Es werden primär Flyer, Broschüren und Plakate in Kleinauflagen gedruckt. Der Produktionsprozess erfolgt kurzfristig, da keine Druckplatten belichtet werden müssen und die Farben schnell trocknen. Dadurch ist eine schnelle Weiterverarbeitung problemlos möglich.

Großformatiger Digitaldruck

Mit der passenden Druckmaschine können im Digitaldruck gerade für den Outdoor-Bereich auch besonders große Werbemittel bedruckt werden, die die gängigen DIN-Formate weit überschreiten. Da für diese Werbemittel meist eine kleine Stückzahl benötigt wird, bietet sich der Digitaldruck hier doppelt an. Beispiele für den großformatigen Digitaldruck sind:

+ **Flaggen/Fahnen:** Auf einem speziellen Textilstoff werden lange Bahnen bedruckt, die besonders UV- und wetterbeständig sind.
+ **PVC-/Mesh-Banner:** Hier wird das Druckbild entweder auf einer großen, robusten Plane mittels Digitaldruck aufgebracht oder aufgrund von Wetterverhältnissen alternativ ein perforiertes Mesh-Gewebe verwendet, das winddurchlässig ist.
+ **Alu-Dibond-Platten:** Auch große Alu-Dibond-Verbundplatten können im Digitaldruck direkt bedruckt werden. Hierbei wird häufig mit UV-Druckfarben gearbeitet, die unter UV-Licht ausgehärtet werden. Sie eignen sich besonders gut für Außenbereiche.

13.2.7 Siebdruck

Das Grundprinzip des Siebdrucks gleicht dem einer Druckschablone. Das Verfahren wird deshalb auch als Durchdruck bezeichnet, da die druckenden Stellen des Siebes farbdurchlässig sind, die nicht druckenden farbundurchlässig.

Druckprozess

Beim Siebdruck wird, wie der Name schon verrät, Farbe mit einer Rakel durch ein feinmaschiges Sieb auf den Bedruckstoff gedrückt. Als Druckvorlage dienen Strich- oder Rasterfilme, die unter UV-Licht auf das mit einer lichtempfindlichen Schicht präparierte Sieb kopiert werden. Die belichteten Stellen härten als Schablone aus, die unbelichteten Stellen lassen sich mit Wasser auswaschen. An diesen Stellen ist das Sieb für die Druckfarbe durchlässig. Je Farbe wird ein eigenes Siebgewebe benötigt.

Das Sieb

Im Gegensatz zu den anderen Druckverfahren wird nicht mit einer Druckform gedruckt, sondern mit einem feinen Siebgewebe, das auf einen Rahmen gespannt ist.

Beim Bedrucken von flachen Materialien liegen Bedruckstoff und Siebrahmen still, nur die Rakel bewegt sich über das Sieb. Werden allerdings dreidimensionale Objekte, wie zum Beispiel Tassen,

Abbildung 13.24: Verschiedene Siebe in einer Siebdruckwerkstatt

Fäden

Die Fäden eines 120er Siebgewebes (120 Fäden pro cm) sind im Vergleich nur etwa halb so dick wie der Durchmesser eines menschlichen Haares.

bedruckt, bewegen sich Druckträger und Siebrahmen, wohingegen die Rakel stillsteht.

Ein großer Vorteil des Siebdrucks besteht darin, dass der Farbauftrag durch die Feinheit des Siebes variiert und hohe Farbschichtdicken erreicht werden können. Der Farbauftrag reicht von dünn bis reliefartig, von tiefschwarz bis phosphoreszierend und von matt bis hochglänzend. Selbst Druckveredelungen sind im Siebdruck möglich.

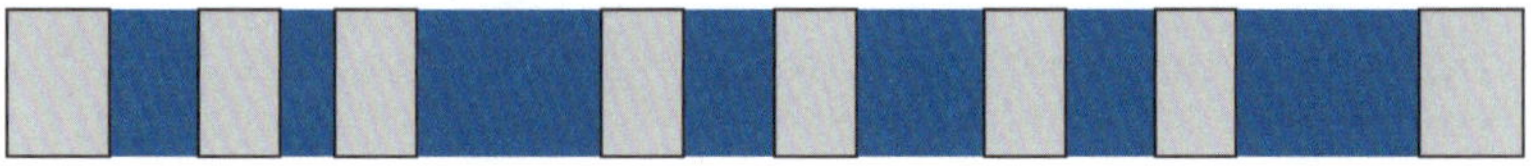

Abbildung 13.23: Die Farbe wird durch die Siebmaschen gedrückt.

Das Siebgewebe besteht aus einem sehr feinmaschigen Netz aus Naturseide, Metall- oder Kunststofffäden, das auf einem Siebdruckrahmen aus Aluminium, teilweise aber auch aus Stahl oder aus Holz aufgezogen ist. Die verschiedenen Siebgewebe werden unterschieden in Fadenstärke (dünn, mittel, dick und extradick), Gewebefeinheit (10–200 Fäden pro cm sind normal) und Anteil der nicht druckenden Fläche.

Der Farbauftrag wird über die Fadenstärke und Gewebedichte variiert. Für einen hohen Farbauftrag kommen Gewebe mit geringer Siebfeinheit zum Einsatz. Für Motive mit dünnen Linien oder Raster verwendet man ein Sieb mit hoher Feinheit.

Abbildung 13.25: Die Siebdruckrakel besteht aus einem Gummi mit einer scharf- oder rundgeschliffenen Kante, das in eine Halterung eingespannt ist.

Im Siebdruck wird fast nur der AM-Raster eingesetzt, da er eine ruhigere Gesamtwirkung des Druckbildes aufweist. Zusätzlich können quadratische, runde oder elliptische Punktformen gewählt werden

Es empfiehlt sich, die elliptische Grundform zu verwenden, da Hell-Dunkel-Verläufe dadurch im Druck präziser wiedergegeben werden als beispielsweise mit quadratisch geformten Punkten. Elliptische Punkte eignen sich vor allem für Bilder mit feinen Abstufungen. Quadratische Punkte eignen sich hingegen für sehr detaillierte Darstellungen mit hohem Kontrast. Runde Punkte sind besonders für helle Bildmotive geeignet (siehe Abschnitt 12.2.4).

Siebdruck: Vor- und Nachteile

Vorteile:

+ brillante Farben durch hohen Farbauftrag
+ lichtecht und wetterfest
+ Effekte jeder Art können verwirklicht werden (Gold, Silber, matt oder glänzend, Rubbelfarbe oder Gummierungen)
+ fast alle Materialien bedruckbar
+ besonders für große Formate geeignet

Nachteile:

- Text kann an den Kanten unscharf werden
- ungleichmäßige Verteilung von Rasterpunkten, was sich auf die Qualität von Bildern auswirkt
- ungeeignet für feine Raster
- Probleme bei Darstellung von feinen Tonwertabstufungen

Druckprodukte Siebdruck

Das Siebdruckverfahren wird vor allem für das Bedrucken von dreidimensionalen Objekten und gewölbten Flächen eingesetzt. Zusätzlich können nahezu alle Arten von Papieren, Metallen und Textilien bedruckt werden. Für höhere Auflagen kommen dreiviertel- oder vollautomatische Siebdruckpressen mit vier hintereinander geschalteten Druckwerken zum Einsatz.

Siebdruckfarbe

Im Siebdruck kommt es vor allem auf ein schnelles Trocknen der Druckfarbe an. Der nächste Farbauftrag kann erst erfolgen, wenn der vorherige getrocknet ist. Je dicker die aufgetragene Farbschicht, desto länger dauert dieser Vorgang. Siebdruckfarbe wird unterschieden in

+ Lösemittelfarbe (physikalisch trocknend) und
+ chemisch-reaktiv trocknende Farbe (Aushärtung der Farbe durch einen chemischen Vorgang).

Lösemittelfarbe ist umweltschädlich, und daher sollte vorwiegend umweltfreundliche Siebdruckfarbe auf Wasserbasis verwendet werden. Diese kann ohne Rückstände problemlos unter UV-Licht trocknen.

Autotypische Farbmischung

Im Bereich des Druckens wird für großformatige Produkte oder aber im Siebdruck meist die autotypische Farbmischung als eine Kombination aus der additiven und der subtraktiven Farbmischung angewendet. Hierbei werden die Rasterpunkte der Farben Cyan, Magenta und Gelb teilweise nebeneinander und teilweise übereinander gedruckt. Da die Druckfarben durchscheinend sind, werden in den Bereichen des Übereinanderdruckens durch die subtraktive Farbmischung die Farben Rot, Grün, Schwarz und Blau erzeugt. Wenn man die einzelnen Rasterpunkte mit einer Lupe betrachtet, kann man die subtraktiv erzeugten Farben sehen. Ohne eine Lupe lösen unsere Augen die Rasterpunkte nicht auf, und man sieht Farben, die durch eine additive Farbmischung entstehen und die von den Rasterpunkten reflektiert werden.

13.2.8 Besondere Eigenschaften der Druckverfahren

Die verschiedenen Druckverfahren haben auch unterschiedliche Qualitäten. Vor- und Nachteile haben wir uns ja schon angesehen, hier noch einmal die Zusammenfassung:

+ **Offsetdruck:** Text wird im Offsetdruck scharf und mit deutlichen Konturen selbst bei feinen Schriften dargestellt. Die Textwiedergabe ist somit besser als beim Tief- oder Digitaldruck. Die Bildqualität ist hingegen etwas schlechter als im Tiefdruck, da die Rasterpunkte auf dem Papier platt gewalzt werden. Dadurch können Abbildungen unscharf wirken.
+ **Tiefdruck:** Im Tiefdruck werden Bilder und auch Text gerastert. Dadurch kann das Druckbild unscharf erscheinen und Schriftkonturen ausgefranst wirken. Da die Rasterpunkte aber nicht platt gewalzt werden, ist die Bildwiedergabe besser als im Offsetdruck.
+ **Flexodruck:** Im Flexodruck verschmieren die Rasterpunkte aufgrund des Stempels leicht. Dies ist vor allem an den Konturen von

> **Rasterweiten**
> Im Gegensatz zu Druckern, deren Auflösung in dpi (Dots per Inch) angegeben wird, spricht man bei Druckmaschinen von lpi (Lines per Inch) bzw. Linien pro Zentimeter. 1 Inch entspricht dabei 2,54 cm.

Schriften deutlich zu erkennen. Für die Textwiedergabe ist daher das Offsetdruckverfahren besser geeignet.

+ **Siebdruck:** Die Textwiedergabe, vor allem in kleinen Schriftgraden, kann im Siebdruck unscharf wirken und eignet sich daher nur für plakative Aussagen. Die Rasterpunkte werden sehr ungleichmäßig aufgetragen, was sich auf die Bildqualität auswirkt.
+ **Digitaldruck:** Im Digitaldruck erhalten sowohl Rasterpunkte als auch Text etwas Unschärfe, da der Toner nicht immer an der richtigen Stelle landet und zersplittert wirkt. Feine Schriften wirken meist fetter und ausgefranst. Die Bildwiedergabe ist schlechter als im Offset- oder Tiefdruck.

	Bogenoffset	Rollenoffset	Hochdruck	Tiefdruck	Flexodruck	Digitaldruck	Siebdruck
Bildträger	Platte	Platte	Klischee	Zylinder	Klischee	keiner	Sieb
Auflage	500–50.000	15.000–1.000.000	50–500	ab 100.000	ab 50	1–1.000	10–200
Rasterweite	bis 120er	bis 64er	bis 70er	bis 70er	bis 54er	bis 1.200 dpi	bis 30er
Material	Papier	Papier	Papier	Tiefdruckpapier	Papier/Kunststoff	Papier	Textilien, Glas, Metall

Tabelle 13.1: Zusammenfassung der Eigenschaften der Druckverfahren

Unterschiedliche Druckfarben für unterschiedliche Druckverfahren

Je nach Druckverfahren sind bei der subtraktiven Mischung Druckfarben von der Konsistenz und ihren Eigenschaften her unterschiedlich aufgebaut. Im Offsetdruck beispielsweise sind die Druckfarben sehr fest und benötigen demnach viele Walzenumdrehungen, damit sie sich gut verteilen und gleichmäßig über die gesamte Druckfläche verteilt werden können. Dabei sind sie sehr farbintensiv, da die Drucke meist sehr fein und die Farbschichten dünn aufgetragen werden. Im Vergleich zu anderen Druckverfahren wird im Offsetdruck nur knapp die Hälfte an Farbe benötigt.

Die Farben im Tiefdruck sind sehr flüssig und schnelltrocknend. So können sie gut und gleichmäßig in den Näpfchen verteilt werden.

Im Hochdruck bzw. Flexodruck werden sehr schnell trocknende und eher dünnflüssige Farben verwendet. Dabei sind sie so zusammengestellt, dass sie für möglichst viele Bedruckstoffe wie beispielsweise Plastik, Papier oder Textilien in Frage kommen.

Die Farben im Siebdruck sind ähnlich der Farben, die man zum Anstreichen kennt. Auch hier müssen sie so aufgebaut sein, dass sie – ähnlich wie im Flexodruck – möglichst auf vielen Bedruckstoffen angewendet werden können. Damit die feinen Siebe nicht verstopfen, trocknen diese Farben langsamer.

Abbildung 13.26: Siebdruckfarbe

Kapitel 14

Papier

Themen des Kapitels:

- *Geschichte des Papiers*
- *Die Papierherstellung*
- *Die Papiermaschine*
- *Papiereigenschaften*
- *Laufrichtung bestimmen*
- *Papierberechnung, Papierkostenberechnung*
- *Papierveredelungen*
- *Papierwahl*

14.1 Geschichte des Papiers

Dem Papier kommt eine bedeutende Rolle zu als Bewahrer des Wissens, als Informationsträger. Wenn man den Überlieferungen Glauben schenken darf, waren die Ägypter die Ersten, die vor etwa 5.000 Jahren Schriftträger in Form von Palmenblättern herstellten. Einige Zeit später verwendeten sie zusätzlich das Mark der Papyrusstaude, um daraus einen Stoff zu weben, der mit herkömmlicher Tinte beschreib-, aber nicht faltbar war. Umfangreiche Papyrusbogen wurden aufgrund der Brüchigkeit auf Rollen archiviert.

Die einzige Alternative zu Papyrus war das, was wir heute als Pergament bezeichnen. Dieses wurde in der kleinasiatischen Stadt Pergamon erschaffen, wo man getrocknete Tierhäute auf ihre Beschreibbarkeit hin untersuchte. Durchgesetzt hat sich Papyrus, das während des Altertums das meistgenutzte Material war, um Informationen festzuhalten.

Unser heute bekanntes Papier, abgeleitet von Papyrus, wurde rund 200 Jahre v. Chr. in China entwickelt, wo man aufgeweichte Rindenfasern mit anderen textilen Geweben (Lumpen oder Seidenabfälle) mischte und anschließend presste, glättete und trocknete. Dieser innovative Beschreibstoff breitete sich aber nur langsam aus, und so dauerte es fast eineinhalbtausend Jahre, bis es sich bei uns im mitteleuropäischen Raum etablierte.

Abbildung 14.1: Kaum wegzudenken: die Tageszeitung auf klassischem Zeitungspapier. Die meisten Tageszeitungen werden auf Papier aus 100 Prozent Altpapier gedruckt.

Definition Zellstoff
Als Zellstoff bezeichnet man die beim chemischen Aufschluss von Pflanzenfasern entstehende faserige Masse, die vorwiegend aus Zellulose besteht. Zellulose ist die eigentliche, qualitativ hochwertige Fasergrundlage eines jeden Papiers.

Definition Hadern
Hadernpapier ist ein baumwollhaltiges Papier, das besonders langlebig ist und sich sehr weich anfühlt.

Laubhölzer (Kurzfasern)
Ideal für spezifisches Volumen, Opazität, Glätte und Bedruckbarkeit.

Nadelhölzer (Langfasern)
Ideal für Festigkeit und gute Laufeigenschaften des Papiers.

14.2 Papierherstellung

Das Prinzip der Papierherstellung hat sich in den vergangenen zwei Jahrtausenden kaum verändert: Das Holz von Laub- und Nadelbäumen wird in seine Faserstruktur zerlegt. Die Fasern werden in Wasser aufgeschwemmt und anschließend entwässert, wodurch die Fasern ein zusammenhängendes Vlies bilden.

Hauptrohstoff für die Papierherstellung sind Holzfasern oder Altpapier (Recycling), das mittlerweile einen großen Anteil an der Gesamtpapierherstellung besitzt. Außerdem werden Wasser, Pigmente (Füllstoffe) und einige Zusatzstoffe benötigt. Zur Beschichtung (Streichen) des Papiers werden Bindemittel und Pigmente, hauptsächlich Mineralien, benötigt.

Notwendige Ausgangsstoffe für die Papierherstellung

+ Faserstoffe: Holzschliff, Halbzellstoffe, Zellstoffe, Altpapier, Textilien (Hadern)
+ Leimung und Imprägnierung mithilfe von tierischem Leim, Harz, Paraffin, Wachs
+ Füllstoffe, wie Talkum, Gips, Bariumsulfat, Kreide und Titanweiß füllen Hohlräume im Papier und machen dieses schwerer, glatter und auch weißer.
+ Hilfsstoffe: Farbstoffe, Entschäumer, Dispergiermittel, Retentionsmittel, Flockungsmittel, Netzmittel

14.2.1 Faserstoffe

Holz besteht aus Zellulose, Hemizellulose und Lignin. Verarbeitet werden hauptsächlich Nadelhölzer wie Fichte und Kiefer sowie Laubhölzer wie Birke. Die Bäume werden gefällt, entrindet, zersägt und in Stücke gehackt.

Nun wird das Holz zerfasert, wobei man zwischen zwei Hauptmethoden der Stoffaufbereitung unterscheidet,

+ dem mechanischen Aufschluss und
+ dem chemischen Aufschluss.

Die Fasermischung ist ausschlaggebend für die Festigkeit und andere Eigenschaften des Papiers. Welches Verfahren zum Einsatz kommt, richtet sich nach dem Holz und dem späteren Verwendungszweck des Papiers.

Mechanisch aufgeschlossener Halbstoff (Holzstoff)

Beim mechanischen Aufschluss geschieht die Zerfaserung des Holzes auf mechanischem Wege. Es gibt dazu zwei Grundverfahren:

1. Das entrindete Holz wird zu Fasern verschliffen, indem sie gegen einen rotierenden Schleifstein gepresst werden (Holzschliff).

2. Hackschnitzel werden im Refiner zwischen zwei rotierenden Scheiben zerfasert. Die Qualität des Papiers hängt stark davon ab, ob die Fasern glatt geschnitten oder an ihren Enden ausgefranst werden. Ausgefranste Fasern (fibrilliert) können sich leichter miteinander verbinden und verleihen dem Papier Festigkeit, erhöhen jedoch auch die Transparenz. Glatte Fasern erhöhen hingegen die Saugfähigkeit des Papiers.

Der mechanische Aufschluss ermöglicht eine sehr gute Faserausbeute, das bedeutet, das Papier verfügt über eine hohe Opazität und eine gute Bedruckbarkeit. Leider vergilbt es auch schneller, da es mehr Holz beinhaltet. Papier aus mechanisch gewonnenem Halbstoff wird daher vor allem für Printprodukte verwendet, die nicht archiviert werden, wie zum Beispiel Zeitungen und Zeitschriften.

Definition Refiner
Maschine, die zur Mahlung von Fasern verwendet wird.

Definition Opazität
Die Opazität gibt die Dichte von Papier an. Hohe Opazität bedeutet, dass das Papier kaum durchscheinend ist. Bei geringer Opazität ist es durchscheinend.

Chemisch aufgeschlossener Halbstoff (Zellstoff)

Bei der chemischen Zellstoffgewinnung werden die Zellulosefasern durch Einkochen mit chemischen Zusätzen aus dem Holz gelöst. Man unterscheidet zwei Hauptverfahren:

1. Beim Sulfatverfahren wird eine Kochlauge verwendet, die sich für fast alle Holzarten eignet.
2. Beim Sulfitverfahren ist der pH-Wert der Kochflüssigkeit sehr niedrig, also säurehaltig. Dieses Verfahren eignet sich am besten für Fichtenholz, wird heute allerdings weniger häufig angewandt.

Beim chemischen Aufschluss wird im Gegensatz zum mechanischen Aufschluss zusätzlich das Lignin entfernt, das im Holz als natürliches Bindemittel zwischen den Holzfasern fungiert. Dadurch gewinnt das Papier an Lebensdauer und Archivbeständigkeit.

Nun wird der Zellstoffbrei verfeinert und für die Papiermaschine vorbereitet. Dem Zellstoff werden Wasser, Füllstoffe, Leimstoffe und gegebenenfalls Farbstoffe zugesetzt. Füllstoffe sind Marmor oder Kalkstein (CaCO3) und Ton. Diese Zusätze verbessern die Opazität und verleihen dem Papier Glätte und Spannung.

Stoffzusammensetzung

Als Z80 wird ein Papier bezeichnet, das zu 80 Prozent aus Zellstoff und zu 20 Prozent aus Holzstoff besteht.

14.2.2 Funktionsweise der Papiermaschine

Hauptaufgabe der Papiermaschine ist es, dem aufgetragenen Faserbrei durch Pressen und Trocknen Wasser zu entziehen. Die Hauptbestandteile einer Papiermaschine sind

+ der Stoffauflaufkasten,
+ die Siebpartie,
+ die Pressenpartie,
+ die Trockenpartie und
+ der Aufroller.

Neben der in der Abbildung erläuterten Langsieb-Papiermaschine werden auch Rundsieb-Maschinen eingesetzt, die primär für die Herstellung von mehrlagigen Pappen Verwendung finden.

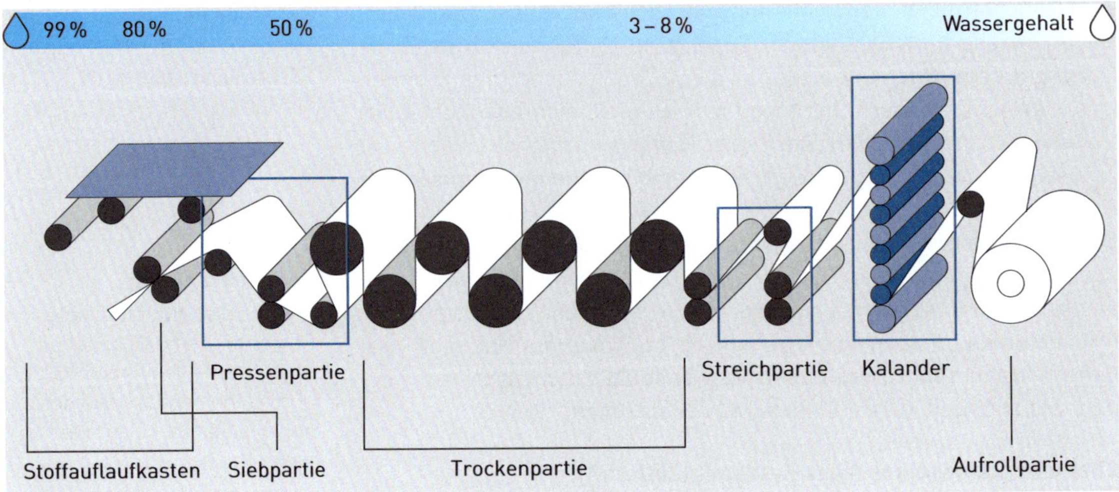

Abbildung 14.2: Funktionsweise einer klassischen Papiermaschine

- **Stoffauflaufkasten:** Die Papierherstellung beginnt am Stoffauflauf, wo der Papierstoff zwischen zwei sich bewegenden Sieben eingespritzt wird. Der Ganzstoff erhält noch ungefähr 99 Prozent Wasser und besteht nur zu 1 Prozent aus Fasern und Füllstoffen. In der Siebpartie wird die Fasersuspension zur Papierbahn geformt. Das Sieb ist dabei so breit wie die spätere Papierbahn.
- **Siebpartie:** Überschüssiges Wasser fließt durch die Siebpartie ab. Das Sieb muss bewegt werden, so dass sich die Fasern möglichst dicht über- und aneinanderlegen und ein Vlies, das sogenannte Papierblatt, bilden. Aus dieser Bewegung heraus entsteht auch die sogenannte **Laufrichtung** des Papiers. Die Laufgeschwindigkeit bestimmt das Flächengewicht des Papiers. Eine Siebwalze, auch Egoutteur genannt, verdichtet die noch nicht verfestigte Papierbahn unter leichtem Druck von oben. Bei Langsiebpapiermaschinen wird das Wasser des Papiers auf dem Sieb immer nach unten abgeführt. Dies hat zur Folge, dass sich ebenfalls Faserteilchen lösen. Dadurch erhält das Papier auf Vorder- und Rückseite eine unterschiedliche Oberflächenbeschaffenheit. Diesem Effekt wird mit zwei synchron laufenden Sieben, die auf Ober- und Unterseite verlaufen, entgegengewirkt.
- **Pressenpartie:** Von der Siebpartie gelangt das Papier in die Pressenpartie. Zum jetzigen Zeitpunkt enthält die Papierbahn noch 80 Prozent Wasser. Das Papier wird nun mit einer Walzenpresse aus Filzen zusätzlich getrocknet. Durch diesen Vorgang verringert sich der Wassergehalt auf 50 Prozent, und die Faserbindung des Papiers wird verbessert. Am Ende der Pressenpartie hat das Papier genügend Wasser verloren, so dass es fest genug ist, um frei geführt zu werden. In der Pressenpartie lassen sich Volumen, Opazität und Glätte des Papiers beeinflussen.

Definition Laufrichtung
Richtung, in der die Fasern bei der Herstellung von Papier ausgerichtet wurden.

Egoutteur
Diese Vorpresswalze in der Papiermaschine dient sowohl zur Verbesserung der Papierstruktur als auch zur Herstellung von Wasserzeichen.

Definition Volumen
Dicke des Papiers.

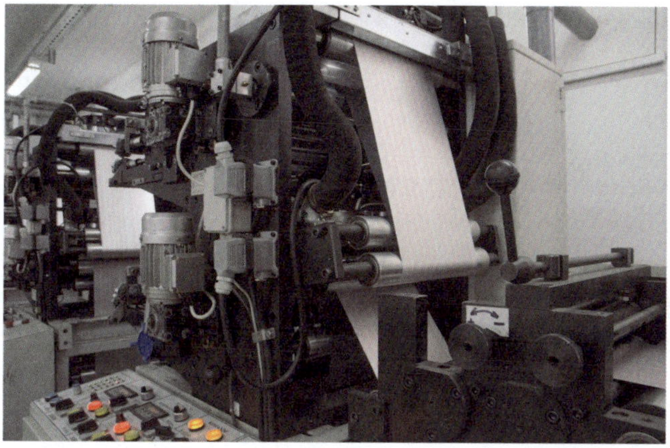

Abbildung 14.3: Papiermaschine

- **Trockenpartie:** Als Nächstes folgt die Trockenpartie, die aus dampferhitzten Hohlzylindern besteht, in denen das Papier erneut getrocknet wird. Nach dieser Behandlung liegt der Wassergehalt des Papiers bei noch 3 bis 8 Prozent. Je nach Trocknungsgrad entsteht Bogenoffset, Rollenoffset oder Kopierpapier.
- **Aufrollpartie:** Die Aufrollpartie, bildet den letzten Teil der Papiermaschine. Hier wird die Papierbahn zu Maschinenrollen (Tambouren) aufgewickelt, die einen Durchmesser von 4 m haben und jeweils 100 km Papierbahn enthalten. Das Papier wird je nach Kundenwunsch längs oder quer geschnitten und anschließend für die Lagerung verpackt.

Abbildung 14.4: Aufrollpartie

14.3 Papiereigenschaften

Papier ist nicht gleich Papier. Es kann gestrichen oder ungestrichen sein, matt oder glänzend, holzhaltig oder holzfrei, gelblich oder weiß … Die Eigenschaften von Papier ließen sich beliebig fortsetzen und sind letztendlich ausschlaggebend für das finale Druckergebnis. Aus die-

Definition holzfrei
Papier, das primär aus Zellstoff und Hadern besteht und weniger stark vergilbt.

Definition holzhaltig
Papier, das mindestens 90 Prozent Holzschliff enthält und durch den natürlichen Alterungsprozess des Holzes schneller vergilbt.

Definition ungestrichen
Ungestrichenes Papier, auch als holzfrei ungestrichenes Feinpapier, Naturkunstdruck- oder Offsetpapier bezeichnet, ist ein natürliches Papier. Es zeichnet sich dadurch aus, dass es keinen »Strich« auf der Oberfläche hat. Die meisten ungestrichenen Papiere werden oberflächengeleimt, um die Festigkeit zu verbessern.

Definition gestrichen
Gestrichenes Papier wird auf beiden Seiten mit einem Aufstrich aus Kreide oder anderen Bindemitteln versehen. Die Veredelung sorgt für eine glatte und geschlossene Oberfläche. Dadurch kann man mit feineren Rasterweiten drucken, was eine bessere Auflösung ermöglicht.

Definition Satinierung
Oberfläche mit dem Kalandar glätten.

Gestrichenes Papier

Gestrichenes Papier lässt Bilder kontrastreicher und glänzender erscheinen, da das Papier die Farbe schneller und gleichmäßiger annimmt. Je dicker der Strich, desto besser die Druckqualität der Bilder.

sem Grund sollte die Entscheidung für ein bestimmtes Papier im Gestaltungsprozess so früh wie möglich erfolgen.

Papiereigenschaften lassen sich am besten in technische und optische Eigenschaften unterteilen.

14.3.1 Technische Papiereigenschaften

Die technischen Eigenschaften beziehen sich auf physische Merkmale des Papiers und hängen von zahlreichen Faktoren wie Fasertyp, Füllstoffe und Oberflächenbehandlung ab.

+ **Flächengewicht:** Das Flächengewicht, meist als Grammatur oder auch als Flächenmasse bezeichnet, gibt das Gewicht einer Papiersorte in g/m^2 an.
+ **Volumen:** Das Papiervolumen beschreibt das Verhältnis zwischen Papierdicke und Flächengewicht. Trotz gleicher Flächenmasse können Papiere unterschiedlich dick sein, also ein voneinander abweichendes Volumen besitzen. Je höher das Volumen eines Papiers, desto höher ist seine Steifigkeit. Das Papiervolumen wird immer als Vielfaches oder Bruchteil von 1 ohne Maßeinheit angegeben (z. B. 0,75-faches Volumen; 2-faches Volumen).
+ **Papierdicke:** Die Papierdicke wird berechnet aus Flächenmasse und Papiervolumen. Sie lässt sich mit einem Dickenmessgerät ermitteln. Bei normalen Papieren mit einfachem Volumen entspricht die Flächenmasse in etwa der Papierdicke in tausendstel Millimetern. Die Papierdicke ist relevant, um bei Büchern oder Broschüren die Rückendicke zu bestimmen.
+ **Dichte:** Die Dichte beschreibt das spezifische Gewicht eines Materials. Eine hohe Dichte bedeutet eine gute Glätte.
+ **Festigkeit:** Die Festigkeit eines Papiers wird durch Messung von Zug-, Reiß-, Biege- und Oberflächenfestigkeit ermittelt.
+ **Rauigkeit:** Die Rauigkeit eines Papiers hängt von der Stoffzusammensetzung, der Blattbildung und der Satinierung ab. So sind etwa bei ungestrichenem Papier zwischen den Fasern Vertiefungen zu erkennen, während die Oberfläche von gestrichenem Papier weniger Unregelmäßigkeiten aufweist und sich deshalb glatter anfühlt. Der Terminus Rauigkeit wird gewöhnlich nur in Bezug auf ungestrichenes Papier verwendet.
+ **Faserlaufrichtung:** Im Papierherstellungsprozess richten sich die Fasern in Maschinenrichtung aus. Dies muss beim Drucken, Heften und Binden berücksichtigt werden. Die Faserlaufrichtung hat Auswirkungen auf Druck, Weiterverarbeitung und Steifigkeit sowie auf die Zug- und Reißfestigkeit eines Papiers.
+ **Saugfähigkeit** des Papiers: Leimungsstoffe verleihen dem Papier Saugfähigkeit und sorgen für eine gute Beschreibbarkeit und Steifigkeit.
+ **Alterungsbeständigkeit:** Die chemische Zusammensetzung (Holz, saurer Leim bei hohem Holzschliffanteil) beeinflusste in Kombina-

tion mit Hitze, Kälte und Luftfeuchtigkeit den Alterungsprozess von Papier extrem. Deshalb werden Papiere heute pH-neutral gefertigt. Sie sind alterungsbeständig, d. h., sie haben einen Gebrauchswert von mehreren hundert Jahren. Recyclingpapiere und Papiere mit hohem Holzschliffanteil sind weniger haltbar als holzfreie oder sogar hadernhaltige Papiere.

14.3.2 Optische Papiereigenschaften

Die optischen Eigenschaften eines Papiers können im Gegensatz zu den technischen Eigenschaften vom menschlichen Auge wahrgenommen werden. Dazu zählen die Anmutung der Papieroberfläche und die Opazität des Papiers.

+ **Helligkeit:** Die Helligkeit ist die Reflexion des Lichts an der Papieroberfläche. Zwischen holzhaltigen und holzfreien Papiersorten sind Unterschiede in der Helligkeit am deutlichsten auszumachen.
+ **Weißgrad:** Der Weißgrad ist eine Kombination der Farbtönung (bläulich, gelblich, rötlich usw.) und der Helligkeit (schwarz/weiß) der Papieroberfläche.
+ **Opazität:** Opazität ist die Lichtundurchlässigkeit des Papiers. Das einfallende Licht wird vom Papier teilweise reflektiert und teilweise absorbiert.
+ **Oberflächenbeschaffenheit:** Ist das Papier gestrichen oder ungestrichen, eher matt oder eher glänzend, eher rau oder glatt?
+ **Zweiseitigkeit:** Das Papier hat eine unterschiedliche Ober- und Unterseite. Dieser Effekt entsteht beim Entwässerungsprozess. Die Unterseite des Papiers ist meist rauer und auch dunkler.

Definition Weißgrad

Der Weißgrad ist ein technischer Kennwert für die Reflexionsfähigkeit von weißem Licht. Dieser Wert gibt an, ob das Papier ein neutrales Weiß hat oder farbstichig ist. Der Weißgrad ist wichtig, um einen möglichst hohen Druckkontrast zu erzielen.

14.3.3 Gestrichen oder ungestrichen

In der grafischen Produktion wird Papier primär in gestrichen (coated) und ungestrichen (uncoated) unterschieden.

Gestrichenes Papier

Wie der Name schon sagt, besitzt gestrichenes Papier eine gestrichene, glatte Papieroberfläche. Diese wird beidseitig mit einem Aufstrich aus Kreide oder anderen Bindemitteln versehen. Die Veredelung sorgt für eine glatte und geschlossene Oberfläche. Dadurch kann man mit feineren Rasterweiten drucken, was eine bessere Auflösung von Bildern und Grafiken ermöglicht.

Durch die glatte Oberfläche gibt es einen geringeren Druckzuwachs als bei ungestrichenem Papier, das heißt, der einzelne Druckpunkt breitet sich weniger stark aus, und Abbildungen wirken präziser. Dieser Effekt lässt sich ganz einfach veranschaulichen, indem wir mit einem Tintenfüller zuerst auf gestrichenem und dann auf ungestrichenem Papier schreiben. Auf gestrichenem Papier sinkt die Tinte weniger stark ins Papier als auf ungestrichenem. Auf ungestrichenem Papier breitet sich die Tinte, ähnlich wie die Druckfarbe, stärker aus.

Definition Druckzuwachs

Punktvergrößerung des Rasterpunkts im Druck gegenüber dem in der Druckvorstufe definierten Rastertonwert. Auch Punktzuwachs, Tonwertzuwachs, Tonwertzunahme.

Gestrichene Papiere wirken für die meisten Leser hochwertiger, dennoch müssen Abstriche in der Haptik gemacht werden. Schnell werden auf hochglänzendem Papier Fingerabdrücke sichtbar, vor allem bei vollflächigem dunklen Farbauftrag. Außerdem führt die gestrichene Papieroberfläche bei ungünstigem Lichteinfall zu Reflexionen, was den Lesefluss stören kann. Große Textmengen sollten daher vorzugsweise auf ungestrichenem bzw. matt gestrichenem Papier gedruckt werden. Gestrichenes Papier wird außer für Flyer auch für Broschüren, Kunstbücher, Zeitschriften und überall dort eingesetzt, wo Bilder den Vorrang vor Text besitzen.

Bei der drucktechnischen Weiterverarbeitung ist darauf zu achten, dass sich gestrichenes Papier weniger gut klebebinden lässt als ungestrichenes Papier. Gestrichenes Papier lässt sich weiter in matt, halbmatt, glänzend oder mehrfach gestrichenes Bilderdruckpapier unterteilen.

Ungestrichenes Papier

Ungestrichenes Papier, auch als holzfrei ungestrichenes Feinpapier, Naturkunstdruck- oder Offsetpapier bezeichnet, ist ein natürliches Papier. Es zeichnet sich dadurch aus, dass es keinen »Strich« auf der Oberfläche hat. Die meisten ungestrichenen Papiere werden oberflächengeleimt, um die Festigkeit zu verbessern. Eine weitere Oberflächenbehandlung ist das Satinieren im Kalandar.

Definition Kalandar
Ein System aus mehreren aufeinander angeordneten Walzen.

Ungestrichenes Papier wird primär für Druckerzeugnisse eingesetzt, bei denen die Abbildung von Text und Haptik eine übergeordnete Rolle spielen, so zum Beispiel Taschenbücher, Briefpapier, Broschüren und Geschäftsberichte. Vor allem im Bereich der Geschäftsdrucksachen kommen nur ungestrichene Papiere zum Einsatz, da diese beschreibbar sind und in der Regel keine Probleme mit den Officedruckern verursachen.

Dabei muss ungestrichenes Papier aufgrund des fehlenden Veredelungsvorgangs nicht zwangsläufig preiswerter sein als gestrichenes Papier.

14.3.4 Papier oder Karton

Definition Grammatur
Flächengewicht von Papier in g/m².

Wird eine Grammatur von 170 g/m² überschritten, spricht man nicht mehr von Papier, sondern von Karton. Ebenso wie bei den verschiedenen Papiersorten bieten die Papierlieferanten ungestrichene und gestrichene Kartonsorten an. Papier, das es sowohl mit niedrigem als auch mit hohem Flächengewicht gibt, wird auch als Feinkarton bezeichnet.

Viele Druckereien bieten zudem in ihrem Sortiment Chromokarton an. Chromokarton lässt sich gut im Offset bedrucken und ist sowohl in mehrlagiger ungestrichener Ausführung als auch in gestrichener homogener Ausführung verfügbar. Chromokarton gibt es in Grammaturen von 170 g/m² bis 600 g/m². Ab einer Grammatur von 600 g/m² wird Papier als Pappe bezeichnet.

14.3.5 Holzfrei oder holzhaltig

Ein weiteres Kriterium, das es bei der Papierwahl zu beachten gilt, ist, ob ein Papier holzhaltig oder komplett holzfrei ist.

+ **Holzhaltiges Papier** besteht aus mehr als 10 Prozent mechanisch aufgeschlossenem Holzschliff und weniger als 90 Prozent chemisch aufgeschlossenem Zellstoff.
+ **Holzfreies Papier** besteht aus weniger als 10 Prozent mechanisch aufgeschlossenem Holzschliff und mehr als 90 Prozent chemisch aufgeschlossenem Zellstoff.

Der Hauptnachteil von holzhaltigem Papier ist die geringere Lebensdauer. Aufgrund des Holzanteils im Papier vergilbt es sehr schnell. Es eignet sich daher besser für Druckprodukte, die eine kurze Halbwertszeit besitzen, so zum Beispiel Flyer oder auch Tageszeitungen und Telefonbücher. Dafür sind holzhaltige Papiere preiswerter als holzfreie und besitzen eine bessere Opazität und ein höheres Papiervolumen.

Im Gegenzug ist holzfreies Papier stabiler als holzhaltiges Papier, was insbesondere bei Veredelungstechniken von Vorteil ist. Holzfreies Papier hat eine hohe Weiße und wird für fast alle Arten von Druckerzeugnissen eingesetzt.

14.3.6 Opazität

Wenn wir Papier gegen das Licht halten und dieses mehr oder weniger transparent erscheint, spricht man von Opazität. Opazität bezeichnet dabei das Gegenteil von Transparenz! Besitzt ein Papier also eine hohe Opazität, sprich lässt es wenig Licht durchscheinen, ist es wenig durchsichtig, Papier mit niedriger Opazität ist dagegen eher durchsichtig. Ein Beispiel für ein Papier mit geringer Opazität ist Butterbrotpapier.

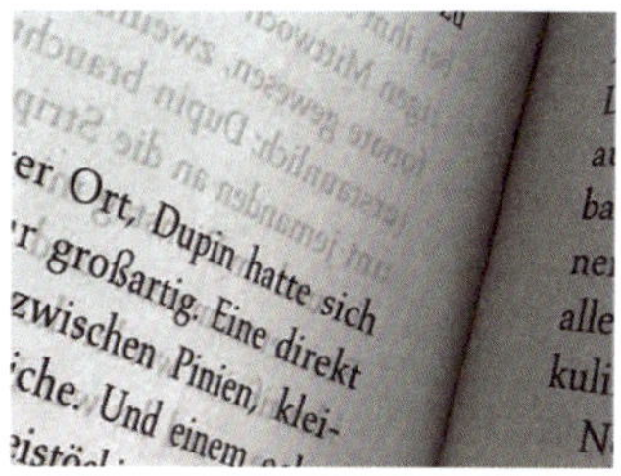

Abbildung 14.5: Papier mit niedriger Opazität lässt den Text der vorangehenden Seiten durchscheinen.

Die Opazität spielt vor allem dann eine Rolle, wenn ein Druckerzeugnis beidseitig bedruckt wird. Ist dies der Fall, sollte man darauf achten, dass das Papier eine hohe Opazität besitzt. Andernfalls scheinen Texte und Bilder auf der Rückseite durch. Wenn dann zusätzlich noch die Registerhaltigkeit des Textes nicht übereinstimmt, sieht dies nicht nur unschön aus, sondern stört auch noch erheblich den Lesefluss.

14.3.7 Laufrichtung

Achtung

Die Opazität bedruckten Papiers ist niedriger als die von unbedrucktem Papier. Wenn also Druckfarbe aufgebracht wird, versinkt der Ölanteil in das Papier, und die Druckfarbe scheint durch.

In der industriellen Fertigung von Papier wird der Zellstoff auf ein Sieb aufgebracht. Dabei richten sich die Fasern in der Richtung aus, in der das Papier die Papiermaschine durchläuft. Man spricht von der Laufrichtung des Papiers. Diese Eigenschaft ist bei der Weiterverarbeitung, wie zum Beispiel dem Falten von Flyern, wichtig, da sich Papier in Richtung der Fasern leichter biegen oder falten lässt als gegen die Laufrichtung. Falzt man quer zur Laufrichtung, können die Papierfasern brechen und das Druckbild beschädigen. Ein weiterer Negativeffekt ist, dass das Papier »aufsteht«. Dies ist bei Büchern oder Broschüren zu beobachten. Die Laufrichtung muss daher parallel zum Buchrücken verlaufen, sonst wellen sich die Seiten und würden beim Aufschlagen nicht liegenbleiben.

Bei Rollenpapier liegt die Laufrichtung immer in Rollenlänge. Im Gegensatz dazu spricht man beim Bogenpapier zusätzlich von Quer- oder Dehnrichtung, die durch mechanischen Zug oder Feuchtigkeit ausgelöst wird und immer senkrecht zur Laufrichtung liegt.

Reißprobe	Man reißt ein Stück Papier quer zur langen und quer zur kurzen Seite ein. Der glatteste Riss zeigt die Laufrichtung an.	
Feuchtprobe	Bei der Feuchtprobe werden Längs- und Querseite befeuchtet. Parallel zur Laufrichtung rollt sich das Papier, quer dazu wird es wellig.	
Falz- oder Biegeprobe	Bei der Falz- oder Biegeprobe ist der Biegewiderstand in Laufrichtung geringer als der quer zur Laufrichtung.	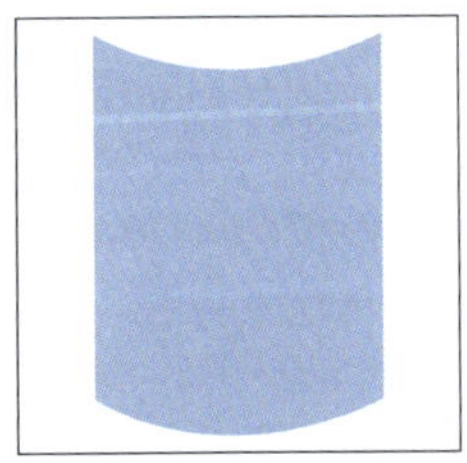
Fingernagelprobe	Beide Seiten eines Bogens werden zwischen dem Daumen- und dem Mittelfingernagel durchgezogen. Die glatte Papierkante läuft parallel zur Laufrichtung. In Querrichtung dehnt und wellt sich das Papier.	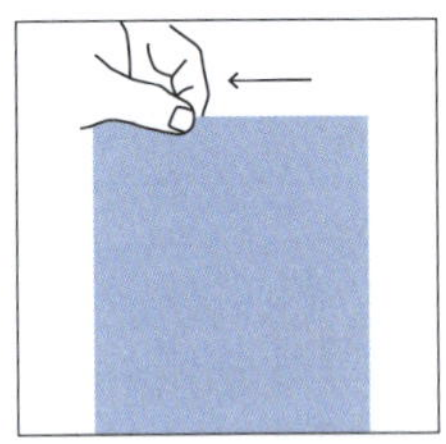

Tabelle 14.1: Bestimmung der Laufrichtung von Papier

Kennzeichnung der Laufrichtung

Angaben zur Laufrichtung finden sich außerdem auf den Verpackungsetiketten der Papierlieferanten.

+ 70 × **100** SB (Schmalbahn: Der Papierbogen liegt schmal in der Papierbahn. Laufrichtung parallel zur 100-cm-Längsseite.)
+ **70** × 100 BB (Breitbahn: Der Papierbogen liegt breit in der Papierbahn. Laufrichtung parallel zur 70-cm-Seite.)

Folgen falscher Laufrichtung

+ Falzbruch
+ Bei klammergehefteten Druckerzeugnissen spreizen sich die Seiten.
+ Seiten biegen sich beim Aufschlagen in die verkehrte Richtung.

Wenn der Falz bricht

Falzbruch kann vermieden werden, indem man das Papier längs zur Faserrichtung falzt oder es zuvor rillt. Dabei sollte es in Laufrichtung gerillt werden, da es leichter bricht, wenn es quer zur Laufrichtung bearbeitet wird.

Anmerkung

Die gefettete Zahl bezieht sich auf die Kante, in deren Richtung die Fasern verlaufen. Bei alternativen Angaben wird die jeweilige Formatseite einfach nach hinten gestellt: 70 × 100 cm entspricht der Schmalbahn und 100 × 70 cm folglich der Breitbahn.

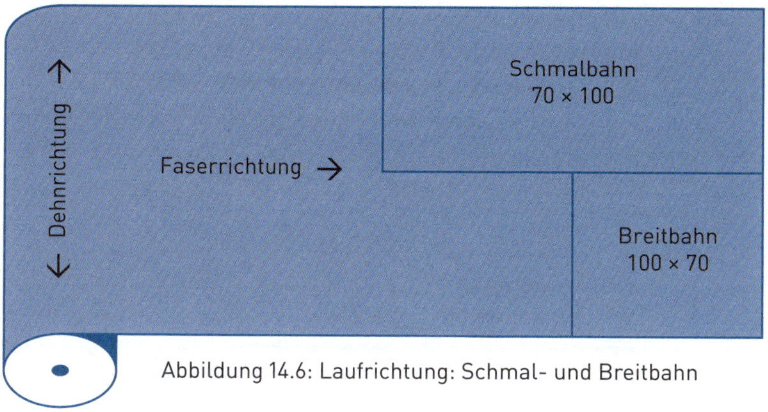

Abbildung 14.6: Laufrichtung: Schmal- und Breitbahn

Definition Schmalbahn
Der Papierbogen liegt schmal in der Papierbahn. Die Laufrichtung von Schmalbahnpapieren läuft parallel zur langen Seite.

Definition Breitbahn
Der Papierbogen liegt breit in der Papierbahn. Die Laufrichtung von Breitbahnpapieren läuft parallel zur kurzen Seite.

14.4 Papierberechnung

Papier spielt in der grafischen Produktion eine übergeordnete Rolle. Damit Druck- und Weiterverarbeitung nicht zum Glücksspiel werden, sollte man in der Mediengestaltung einige Formeln zur Berechnung unterschiedlicher Parameter kennen. Diese werden nun näher erläutert.

14.4.1 Berechnung von Papiergewicht/Grammatur/Flächengewicht/Flächenmasse

Neben der Oberflächenbeschaffenheit ist die Grammatur ein wichtiger Aspekt bezüglich Haptik und Anmutung eines Papiers. Mit der Grammatur wird das Flächengewicht des Papiers und damit die Papierstärke bezeichnet. Diese wird in Gramm pro Quadratmeter (g/m²) angegeben.

USA
Das Papiergewicht wird in Europa und dem Rest der Welt in Gramm pro Quadratmeter angegeben. In den USA wird es in »Pounds per Ream« (Gewicht von 500 Blatt in Pfund) ermittelt.

Gewicht	Bezeichnung
25–30 g/m²	Durchschlagpapiere
40 g/m²	Dünndruckpapiere
50 g/m²	Prospekt- und Zeitungspapiere
60–70 g/m²	Plakatpapiere
70–80 g/m²	Abzugpapiere, Schreibpapiere, Werkdruckpapiere
80–90 g/m²	Dickdruckpapiere
80–100 g/m²	maschinengestrichene Papiere
90 g/m²	Buchungspapiere
90–135 g/m²	Kunstdruckpapiere
130–190 g/m²	Postkarten
190–300 g/m²	Karteikartenkarton, Umschlagkarton

Tabelle 14.2: Papierbezeichnungen bezüglich ihres Gewichts

Ein 80-g/m²-Papier wiegt 80 g pro Quadratmeter. Ein DIN-A4-Bogen aus 80-g-Papier wiegt damit 5 g, da er 16-mal in einen DIN-A0-Bogen (841 × 1.189 mm = 1 m²) passt: 80 g dividiert durch 16 ergibt 5 g.

Formel für die Berechnung des Papiergewichts

$$\text{Papiergewicht} = \frac{\text{Papierdicke (mm)} \times 1000}{\text{Papiervolumen (m}^3\text{/g)}}$$

Tabelle 14.3: Übersicht über die Papiergewichte in den unterschiedlichen Formaten

Papiergewicht	A0	A1	A2	A3	A4	A5	A6
30 g/m²	30,0 g	15,0 g	12,5 g	6,3 g	3,2 g	1,6 g	0,8 g
60 g/m²	60,0 g	30,0 g	15,0 g	7,5 g	3,8 g	1,9 g	1,0 g
70 g/m²	70,0 g	35,0 g	17,5 g	8,8 g	4,4 g	2,2 g	1,1 g
80 g/m²	80,0 g	40,0 g	20,0 g	10,0 g	5,0 g	2,5 g	1,3 g
90 g/m²	90,0 g	45,0 g	22,5 g	11,3 g	5,7 g	2,9 g	1,5 g
100 g/m²	100,0 g	50,0 g	25,0 g	12,5 g	6,25 g	3,2 g	1,6 g
110 g/m²	110,0 g	55,0 g	27,5 g	13,8 g	6,9 g	3,4 g	1,7 g
115 g/m²	115,0 g	57,5 g	28,8 g	14,4 g	7,2 g	3,6 g	1,8 g
135 g/m²	135,0 g	67,5 g	33,8 g	16,9 g	8,5 g	4,3 g	2,2 g
150 g/m²	150,0 g	75,0 g	37,5 g	18,8 g	9,4 g	4,7 g	2,4 g
170 g/m²	170,0 g	85,0 g	42,5 g	21,3 g	10,7 g	5,4 g	2,7 g
220 g/m²	220,0 g	110,0 g	55,0 g	27,5 g	13,8 g	6,9 g	3,5 g
250 g/m²	250,0 g	125,0 g	62,5 g	31,3 g	15,7 g	7,9 g	4,0 g
280 g/m²	280,0 g	140,0 g	70,0 g	35,0 g	17,5 g	8,8 g	4,4 g
300 g/m²	300,0 g	150,0 g	75,0 g	37,5 g	18,8 g	9,4 g	4,7 g
350 g/m²	350,0 g	175,0 g	87,5 g	43,8 g	21,9 g	11,0 g	5,5 g
500 g/m²	500,0 g	250,0 g	125,0 g	62,5 g	31,3 g	15,7 g	7,9 g

14.4.2 Berechnung des Papiervolumens

Vor uns auf dem Tisch liegen zwei Papiere, die sich in Aussehen, Oberflächenbeschaffenheit und Grammatur gleichen. Dennoch fühlen sie sich unterschiedlich dick an. Woran das liegt? Am Volumen der Papiere.

Definition Papiervolumen
Verhältnis zwischen Papierdicke und Flächengewicht. Volumen kleiner 1: hart und wenig saugfähig; Volumen größer 1: weicher und saugfähiger.

Unter Volumen versteht man den Rauminhalt eines Körpers. Im Fall von Papier bezeichnet das Volumen das Verhältnis von Papierdicke zum Papiergewicht in g/m². Dabei geht man von einem einfachen Volumen (1/1) aus: Das ist das normal gearbeitete Papier mit normaler Glätte.

Unterschieden wird dann in ein-, eineinhalb-, zwei- und zweieinhalbfaches Volumen. Das Volumen wird in m^3/g angegeben.

Das Volumen spielt vor allem dann eine Rolle, wenn zum Beispiel eine Broschüre nur aus wenigen Seiten besteht oder man das Papiergewicht reduzieren muss. In diesem Fall greift man gerne zu einem voluminöseren Papier, damit die Broschüre gewichtiger erscheint und somit wertiger wirkt.

Info

Voluminöses Papier ist schwerer zu bedrucken als Papier mit einfachem Volumen.

Formel für die Berechnung des Papiervolumens in m^3/g

$$\text{Papiervolumen } (m^3/g) = \frac{\text{Papierdicke (mm)} \times 1000}{\text{Papiergewicht } (g/m^2)}$$

14.4.3 Berechnung der Papierdicke

Aus Papiergewicht und Papiervolumen kann man die Papierdicke berechnen. Das ist u. a. wichtig für die Bestimmung der Buchrückenstärke oder für die Berechnung von Platzbedarf bei der Papierlagerung. Die Papierdicke wird in mm angegeben.

Formel für die Berechnung der Papierdicke in mm

$$\text{Papierdicke} = \frac{\text{Volumen} \times \text{Papiergewicht } (g/m^2)}{1000}$$

Papierdicke bei einem Gewicht von 100 g/m^2

Einfaches Volumen = 0,100 mm Dicke
1¼-faches Volumen = 0,125 mm Dicke
1½-faches Volumen = 0,150 mm Dicke
1¾-faches Volumen = 0,175 mm Dicke
Zweifaches Volumen = 0,200 mm Dicke
2,2-faches Volumen = 0,220 mm Dicke

Bogenformat

Das Rohbogenformat beschreibt die Größe des eigentlichen Druckbogens. Diese Formate sind jeweils um 5 Prozent größer als die DIN-A-Reihe, um Schnittmarken, Falzmarken, Passkreuze, Farbkontrollstreifen und Elemente, die im Beschnitt liegen, drucken zu können. Der Rohbogen ist ursprünglich eine Bezeichnung aus der Buchherstellung. Wie viele Nutzen auf das jeweilige Bogenformat passen, hängt vom Dokumentformat ab. Hierbei gilt es, den Druckbogen bestmöglich auszunutzen, damit keine überschüssigen Papierabfälle entstehen. Gebräuchliche Bogenmaße sind:

44 × 63 cm
50 × 70 cm
64 × 90 cm
70 × 100 cm
100 × 140 cm

Beispielrechnung

Das Papiergewicht ist 100 g/m^2 für einen DIN-A0-Bogen. Aufgabe: Broschüre mit 32 Seiten A4 gefalzt, bedruckt von vorne und hinten = 8 A3-Seiten auf eine Bogenseite = 1 Bogen für ein Nutzen (A3 passt 8-mal auf A0).

100 g/m^2 : 8 = A3 = 12,5 g oder
100 g/m^2 : 16 = A4 = 6,25 g
6,25 g × 32 = 200 g die gesamte Broschüre
12,5 g × 16 = 200 g die gesamte Broschüre

14.4.4 Berechnung Papierkosten

Für die Papierberechnung ist es notwendig, Format, Gewicht, Preis und eventuell Volumen eines Papiers zu kennen. Mit diesen Angaben können Papierbedarf, Nutzenzahl pro Bogen, Dicke des Druckobjekts (Werkumfang) sowie Papiergewicht des Printprodukts und Gesamtpapierpreis berechnet werden.

Berechnung des Papierbedarfs

Der Gesamtpapierbedarf für ein Werk wird nach folgender Formel berechnet.

Formel für den Papierbedarf

$$\text{Papierbedarf} = \frac{(\text{Auflage} + \text{Zuschuss}) \times \text{Seitenzahl}}{\text{Seitenzahl pro Bogen}}$$

Definition Planobogen

Großformatiger, nicht gefalzter, flachliegender Einzelbogen.

Definition Zuschuss

Das Mehr an Papier, das zum Einrichten der Druckmaschine nötig ist.

Berechnung des Papierpreises

Zur Ermittlung des Papierpreises benötigt man entweder das Gewicht mit dem Kilogramm-Preis oder die Bogenzahl in Verbindung mit dem 1.000-Bogen-Preis.

Formel für den Papierpreis

$$\text{Papierpreis} = \frac{\text{Gesamtbogenzahl} \times \text{1.000-Bogen-Preis}}{1000}$$

Alternativ können Sie, wenn Sie das Gewicht und den Kilogramm-Preis des Papiers kennen, folgende Formel verwenden:

Gesamtgewicht (kg) × Kilopreis

Beispielrechnung

8-seitige Broschüre A4 (geschlossen), Auflage 1.000 Stück, Papiergewicht: 100 g/m^2

500 A2-Bogen kosten 600 Euro
Ein A2-Bogen beidseitig bedruckt für ein Nutzen
1.000 A2-Bogen für gesamte Auflage = 600 × 2 = 1.200 Euro

Nun berechnen wir den Papierumfang.

Format des Druckprodukts: 21 × 29,7 cm
Auflagenhöhe: 1,8 Mio.
Druckbogengröße: 65 × 86 cm
Zuschuss: 1,2 %

Wie viele Nutzen passen auf den Druckbogen? Teilen Sie die Druckbogenbreite durch die Breite des Druckprodukts und die Druckbogenlänge durch die Länge des Druckprodukts.

$$\frac{65 \times 86\,\text{cm Druckbogengröße}}{21 \times 29{,}7\,\text{cm Druckprodukt querformatig}} \quad \frac{65 \times 86\,\text{cm Druckbogengröße}}{29{,}7 \times 21\,\text{cm Druckprodukt hochformatig}}$$

3 × 2 = 6 Nutzen   2 × 4 = 8 Nutzen

Auf einen Bogen passen also 8 Nutzen im Hochformat, aber nur 6 Nutzen im Querformat. Wie viele Bogen brauche ich für gesamte Auflage?

1.800.000 : 8 = 225.000 Bogen

Zum Einrichten der Druckmaschine und wegen Druckfehlern wird ein Zuschuss berechnet: 225.000 : 100 × 1,2 = 2.700 (1,2 % der Druckbögen, die auf den Umfang noch draufgerechnet werden müssen).

225.000 + 2700 = 227.700

14.5 Papierveredelungen

Papierveredelung bezeichnet eine Veränderung der porigen Oberfläche von Papier durch eine zusätzliche Beschichtung. Durch diese wird das Papier vor Abnutzung geschützt oder bekommt einen bestimmten Glanz, eine Struktur oder vorab definierte Effekte, die es in seiner ursprünglichen, unbearbeiteten Form nicht besitzt und die das Printprodukt optisch und haptisch aufwerten sollen.

Durch die Oberflächenbehandlung wird das Papier präzise auf seinen Verwendungszweck abgestimmt, indem Bedruckbarkeit, Lesbarkeit und Druckbildwiedergabe verbessert werden. Mehr zu den Druckveredelungen finden Sie auch in Abschnitt 15.8.

14.5.1 Arbeitsschritte in der Papiermaschine

Einige dieser Arbeitsschritte können bereits auf der Papiermaschine durchgeführt werden.

Maschinenglatt

Papier verlässt die Papiermaschine mit einer rauen, matten Oberfläche und wird als maschinenglatt bezeichnet. In diesem Zustand wird es als Werkdruckpapier primär für den Buchdruck ohne Bildmaterial eingesetzt. Damit es sich für Bücher mit Abbildungen eignet, muss es zusätzlich behandelt werden.

Vorbereitende Arbeit: Leimen

Papier erhält seine Oberflächenleimung in der sogenannten Leimpresse, die in die Trockenpartie der Papiermaschine integriert ist. Man unterscheidet dabei zwischen Stoffleimung und Oberflächenleimung. Bei der Stoffleimung wird der Leim in der Trockenpartie durch Schmelzen flüssig gemacht und dem Faserbrei zugefügt. Bei der Oberflächenleimung hingegen wird der Leim auf das Papier aufgetragen. Die Oberflächenleimung verbessert die Reißfestigkeit des Papiers. Diese Behandlung bereitet das Papier auch auf spätere Veredelungsschritte vor, wie z. B. das Streichen.

Satinage

Ein Veredelungsverfahren, das noch in der Papiermaschine erfolgt, ist die Satinierung oder das Glätten im Kalandar.
Dieser besteht aus zehn bis zwölf sich abwechselnden übereinander angeordneten elastischen papierbezogenen Walzen und Stahlwalzen, die Unebenheiten im Papier sprichwörtlich glatt bügeln und durch Hitze, Druck, Feuchtigkeit und Reibung dem Papier einen leichten Glanz verleihen. Dadurch werden zwar Bilder und Farben kontrastreicher und detaillierter dargestellt, jedoch wird im selben Zug Opazität und Steifigkeit reduziert. Satinierte Papiere nennt man auch Naturdruckpapiere. Papiere, die mehrmals den Kalander durchlaufen und dadurch eine sehr glatte Oberfläche erhalten, nennt man hochsatinierte Papiere. Zeitungspapier ist zum Beispiel nur sehr schwach satiniert, ungestrichenes Druckpapier hingegen weist eine hohe Glätte auf.

Abbildung 14.7: Kalandar

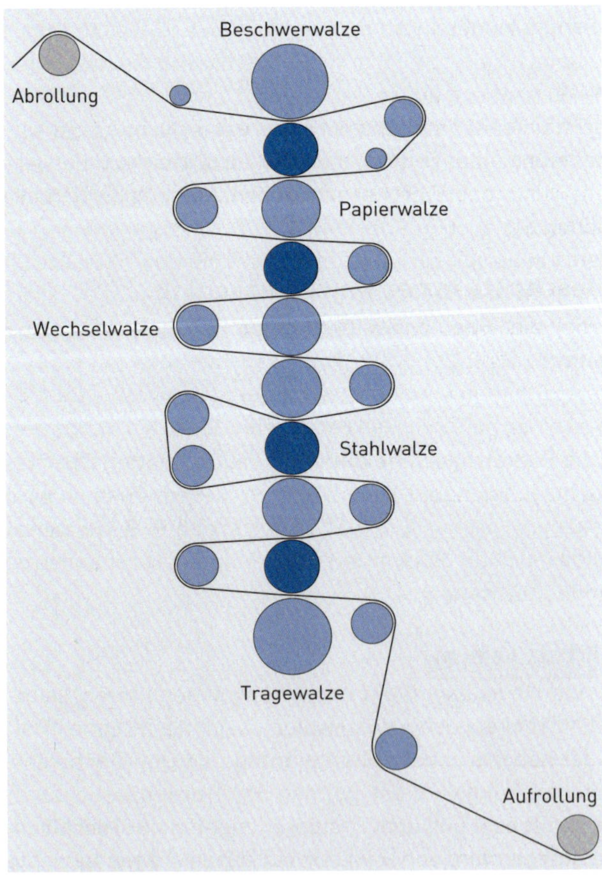

Streichen

Durch das Streichen bekommt das Papier eine hellere, glattere und vor allem geschlossenere Oberfläche und verleiht dem Papier Festigkeit und Steifigkeit. Gestrichenes Papier wird auch als Kunstdruckpapier bezeichnet. Es lässt sich mit feineren Rasterweiten arbeiten, was die Druckqualität vor allem bei Bildern erheblich verbessert. Gestrichenes Papier kann matt, seidenmatt oder glänzend verarbeitet sein.

Die Streichfarbe enthält Pigmente (Kaolin, Talkum, Kalziumkarbonat), Bindemittel (Stärke, Latex) und andere Zusatzstoffe. Diese wird außerhalb der Papiermaschine durch Walzen, Rakel oder Luft auf die Papieroberfläche aufgetragen. Beim anschließenden Trocknen mit Heißluft entsteht eine matt gestrichene Oberfläche. Wünscht man eine glänzende Oberfläche, muss das Papier im Anschluss noch in den Kalandar.

Soll das Papier hochglänzend sein, was vor allem für Foto- oder Kunstbände erwünscht ist, muss die noch nasse Papierbahn nach dem Auftrag der Streichmasse an einem beheizten Stahlzylinder vorbeigeleitet werden. Dabei trocknet die Streichfarbe und hinterlässt eine glänzende, spiegelnde Oberfläche. Wird das Papier nur einseitig bestrichen, erhält man sogenannte Chromopapiere, die primär für Verpackungen verwendet werden.

Abbildung 14.8: Gestrichenes Papier

14.5.2 Prägung

Das Prägen des Papiers ist eine beliebte und haptisch eindrucksvolle Variante zur Veredelung einer Geschäftsausstattung und geschieht rein aus ästhetischen Gründen. Geprägt wird in der Regel mit traditionellen Buchdruckmaschinen.

Definition Prägen
Reliefdruckverfahren, das unter hohem Druck in den Bedruckstoff gepresst wird.

Der Bedruckstoff kann so geprägt werden, dass die Oberfläche erhaben (Hochprägung) oder eingedrückt (Tiefprägung) erscheint. Beim Prägevorgang wird das Papier zwischen einer Prägeform (Matrize) und einer Gegenform (Patrize) unter Anpressdruck und Temperatur verdichtet. Dabei sollte man langfaserige Papiersorten verwenden, da es beim Prägen zu einer Dehnung des Fasergefüges an den Kanten des Motivs kommt und Risse entstehen können.

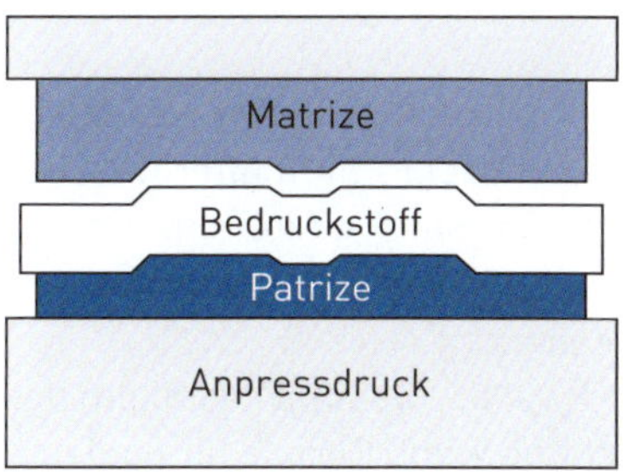

Abbildung 14.9: Der Prägevorgang

Eine Prägung ohne Farbe heißt auch Blindprägung. Bei der Heißfolienprägung wird die Beschichtung von (Farb-)Folien auf das Papier gepresst.

Abbildung 14.10: Buchcover mit edler Heißfolienprägung. Kunde: Goldbeck; Agentur: deteringdesign

14.5.3 Lackierung

Lack wird in einem zusätzlichen Druckgang auf das Papier gedruckt. Neben dem dekorativen Effekt versiegelt der Drucklack die Farben auf der Papieroberfläche und schützt somit vor Gebrauchsspuren. Drucklacke werden sowohl matt als auch glänzend angeboten und lassen sich sowohl vollflächig als auch partiell auf den Druckbogen aufbringen, was Farbflächen kräftiger und kontrastreicher wirken lässt. Partiell aufgetragene Drucklacke werden auch als Teillackierung bezeichnet.

14.5.4 Laminierung/Kaschierung

Definition Laminierung
Mit wasserlöslichem Leim und Hitze wird das Papier in einer speziellen Laminierungsmaschine mit einer Kunststofffolie bezogen. Diese dient dem Schutz vor Schmutz und Abnutzung.

Definition Kaschierung
Die Oberfläche eines Druckobjekts wird mit einer Kunststoff- oder Metallfolie überzogen.

Das Laminieren dient sowohl dem Schutz als auch der Veredelung von Drucksachen. Dabei werden dünne transparente Kunststofffolien auf das Papier aufgebracht oder kaschiert (Folienkaschierung). Dadurch erhält das Papier eine matte oder glänzende Oberflächenstruktur. Das Aufbringen der Folie geschieht vollflächig und kann je nach Ausführung den Farbeindruck des Motivs beeinflussen.

14.6 Papierwahl

Papier ist integraler Bestandteil der Gestaltung und kommuniziert ebenso eine Botschaft wie der Rest des Druckerzeugnisses. Ein Geschäftsbogen auf einem handgeschöpften Papier vermittelt Seriosität und Exklusivität, wohingegen Recyclingpapiere von Umweltbewusstsein zeugen.

Das Spektrum der Papiersorten ist enorm, und so gibt es für jeden Produktionsanspruch das passende Papier. Die Entscheidung für ein bestimmtes Papier sollte so früh wie möglich geschehen. Dieses beeinflusst nämlich nicht nur die Ästhetik des Druckerzeugnisses, sondern auch das Druckverfahren, die Bildbearbeitung und die Weiterverarbeitung und damit auch die Erstellung der Reinzeichnung und Druckvorlage.

Abbildung 14.11: Papiermusterfächer bieten die meisten Druckereien oder Papierhersteller kostenfrei an.

14.6.1 Lesbarkeit vs. Bildqualität

Grundsätzlich sollte bei der Papierwahl auf zwei Aspekte geachtet werden: Lesbarkeit und Bildqualität.

+ Enthält das Druckerzeugnis primär Text, ist ungestrichenes Papier vorzuziehen. Am lesefreundlichsten ist Papier mit matter Oberfläche und ganz leicht gebrochenem Weiß. Stark geglättetes Papier oder gestrichenes Papier mit glänzender Oberfläche neigt dazu, zu spiegeln. Dies beeinträchtigt die Lesbarkeit.
+ Liegt hingegen das Hauptaugenmerk auf der Qualität des Bildmaterials, ist gestrichenes Papier die richtige Wahl. Gerade für opulente Fotobände ist gestrichenes, hochglänzendes Papier ideal, um Kontrast und Schärfe der Bilder herauszuarbeiten.

Ist die Gestaltungsaufgabe Teil eines Corporate Designs, haben Designerin und Designer nicht immer freie Hand bei der Papierwahl. Hierbei ist vor allem die Haptik eines Papiers ein entscheidender Faktor. Wie fühlt sich das Papier an, wie liegt es in der Hand, wie verhält sich die Farbigkeit unter verschiedenen Lichtquellen? Aber nicht nur visuelle Faktoren spielen eine Rolle, sondern ebenso die Erwartungen der Zielgruppe.

14.6.2 Papierkosten

Neben ökologischen Aspekten spielen aber natürlich auch die ökonomischen Aspekte eine große Rolle. Bei einer hohen Auflage kann ein geringer Preisunterschied zweier favorisierter Papiere die Gesamtkosten deutlich be- oder entlasten. Zusätzlich können durch das Papiergewicht Einsparungen beim Porto gemacht werden. Neben Auflage und Umfang des Druckobjekts spielt das Format eine weitere große Rolle. Weicht dieses von den Standardformaten ab, lässt sich der Druckbogen nicht optimal ausnutzen, und es entstehen neben zusätzlichen Kosten auch noch jede Menge Papierabfälle.

Papierwahl und Nachhaltigkeit

Sehr wichtig für die Papierwahl sind auch Nachhaltigkeitsaspekte, die wir ausführlich in Kapitel 16 betrachten.

Papierfrage ist Preisfrage

+ Bogenpapiere sind teurer als Rollenpapiere.
+ Holzfreies Papier ist teurer als holzhaltiges.
+ Glänzende Papiere sind teurer als matte Papiere.
+ Farbige Papiere sind teurer als weiße.
+ Kunstdruckpapiere sind teurer als ungestrichene Papiere.
+ Hadernhaltige Papiere (enthalten mindestens 25 Prozent Baumwollfasern) sind teurer als nicht hadernhaltige.
+ Je höher die Auflage, desto mehr fällt der Preis des Papiers ins Gewicht.

14.6.3 Papierwahl je Druckverfahren

Aber nicht nur die Papierkosten sollten bei der Wahl des Papiers bedacht werden, sondern auch das Druckverfahren.

+ So erfordert Offsetdruck zum Beispiel ein Papier mit einer stabilen Oberfläche.
+ Tiefdruck erfordert eine sehr glatte und saugfähige Papieroberfläche.
+ Für den Hochdruck muss das Papier sehr elastisch sein, damit es sich der prägenden Druckform anpasst.
+ Für den Flachdruck muss das Papier gut geleimt sein.
+ Für den Rollendruck sollte das Papier besonders reißfest sein, da bei der Farbübertragung und durch die Rotation der Druckmaschine eine Zugbelastung auf das Papier ausgeübt wird. Außerdem muss die Papieroberfläche sauber und knotenfrei sein, andernfalls könnte es zu Problemen im Druckwerk kommen. Ist die Oberfläche eines Papiers nicht stabil genug, können sich beim Druckvorgang Partikel lösen (Butzenbildung), die im Druckbild weiße Partikel entstehen lassen, was vor allem bei einfarbigen Flächen und Volltonfeldern besonders ins Auge sticht.

14.7 Andere Bedruckstoffe

Obwohl Papier der gängigste Bedruckstoff ist, gibt es neben Papier auch eine Reihe weiterer Bedruckstoffe, die regelmäßig zum Einsatz kommen. Die Gründe hierfür sind verschieden, so kann beispielsweise aufgrund von Wetterbedingungen Papier ein zu instabiles Material sein. Die Wahl eines anderen Bedruckstoffs kann aber auch rein optischer Natur sein.

+ **Kunststofffolien:** Kunststofffolien bestehen meist aus Polyvinylchlorid (PVC) oder Polypropylen (PP). Sie sind in den Bereichen Außenwerbung und Fahrzeugbeklebung, aber auch bei Verpackungen ein verbreitetes Material. Sie sind besonders robust, wasserfest und auch extrem wetterbeständig. Dies macht sie im Innen- und Außenbereich vielseitig einsetzbar. Allerdings sind sie meist nicht beson-

Alternatives Papier: Graspapier

Aus ökologischen Gründen steigt die Nachfrage nach Graspapieren in den letzten Jahren stetig an. Diese Papiere versuchen den Zellstoff Holz im Papier so stark wie möglich zu reduzieren. Bei Graspapier können bis zu 50% des Zellstoffs aus Grasfasern bestehen, ohne die Qualität und die Funktionalität des Materials zu schmälern. Außerdem soll hierbei sowohl CO_2 als auch Wasser eingespart und dadurch die Umwelt geschont werden. Sie lassen sich für die gängigen Druckerzeugnisse und für Verpackungen bestens verwenden.

ders gut biologisch abbaubar und daher unter Berücksichtigung von Nachhaltigkeitsaspekten nicht immer gut geeignet.

+ **Textilien und Gewebe:** Diese Materialien sind leicht, atmungsaktiv, flexibel und bieten eine vergleichsweise gute Druckqualität. Ihre Haupteinsatzgebiete sind Innen- und Außenwerbung, Bekleidung und Veranstaltungen. Im Textildruck gibt es unterschiedliche Druckverfahren, die in der Qualität ihres Druckbildes teilweise schwanken. Mesh-Gewebe ist im Outdoor-Bereich aufgrund seiner Winddurchlässigkeit sehr beliebt.
+ **Metall:** Auch erfreut sich das Bedrucken von Metall immer größerer Beliebtheit. Grund hierfür ist der besondere Look von Metall und seine Widerstandsfähigkeit. Die Anwendungsgebiete reichen von Schildern und Plaketten bis zu großen Aluminiumplatten. Besonders beliebt sind hier Alu-Dibond-Verbundplatten, die sich hervorragend direkt bedrucken lassen. Ein Nachteil von Metall sind seine hohen Materialkosten.
+ **Glas:** Auch Glas kann bedruckt werden. Der Vorteil ist hier natürlich an erster Stelle seine Transparenz. Allerdings bietet Glas auch eine langlebige, hochwertige Oberfläche. Allerdings besteht bei Glas natürlich auch eine Bruchgefahr, die immer berücksichtigt werden muss. Seine Hauptanwendungsgebiete sind Dekoration sowie Kunst- und Werbetafeln.

Die Wahl des richtigen Bedruckstoffs hängt von unterschiedlichen Faktoren wie seiner Haltbarkeit, der Nachhaltigkeit, der Umgebung des Anwendungsbereichs, seiner Ästhetik und natürlich seinen Kosten ab.

Checkliste | **Papier**

+ Papier drückt sich primär über seine Haptik aus. Wie liegt das Papier in der Hand? Wie fühlt es sich an?
+ Welches Druckverfahren kommt zum Einsatz?
+ Kommt nur Schrift zum Einsatz, Schrift und Bildmaterial oder nur Bildmaterial?
+ Wird in Graustufen oder farbig gedruckt?
+ Ist das Papier Teil eines Corporate Designs?
+ Entspricht das Papier den Erwartungen der Zielgruppe?
+ Welche Grammaturen besitzt das Papier?
+ Wie viel darf das Papier kosten?
+ Wie wichtig sind Umweltaspekte?
+ Welche Farbigkeit haben die gestalterischen Elemente?
+ Welche Anmutung soll das Papier vermitteln?

Weiterführendes

Weitere Informationen gibt es beim Bundesverband Druck und Medien, unter anderem Kalkulationsunterlagen für die Aus- und Weiterbildung in der Druckindustrie (*www.bvdm-online.de*).

Weiterführende Infos zur FSC-Zertifizierung hier: *www.fsc-deutschland.de*

Kapitel 15

Druckweiterverarbeitung

Themen des Kapitels:

- *Schneiden*
- *Falzen*
- *Nuten, Rillen*
- *Einstecken*
- *Binden, Heften*
- *Produktionsprozess eines Buches*

Die Druckweiterverarbeitung ist der letzte Schritt in der Herstellung unseres Druckerzeugnisses. Das bedeutet nicht, dass diese auch als Letztes geplant wird. Die Weiterverarbeitung hat nämlich großen Einfluss auf das finale Druckprodukt. Deshalb sollte man sich so früh wie möglich Gedanken darüber machen, welche Weiterverarbeitungsschritte für das finale Druckobjekt notwendig sind. Dieses Handbuch zum Beispiel dient als Nachschlagewerk. Es wäre ärgerlich, wenn es nicht aufgeschlagen flach auf dem Tisch liegen bliebe. Bei einem Roman hingegen, der als Broschur verarbeitet ist, wäre das nicht weiter schlimm, schließlich halten wir diesen beim Lesen in unseren Händen.

Merke: Der spätere Gebrauch des Druckprodukts bestimmt die Wahl der Weiterverarbeitung.

Wichtig für die Mediengestaltung

In der Mediengestaltung ist es wichtig, produktionstechnische Kenntnissen zu besitzen, denn so ist es möglich, frühzeitig ein Konzept in eine visuelle Form zu übersetzen und zu wissen, welche Vorlagen dabei die Produktionsbetriebe für die jeweiligen Arbeitsschritte benötigen.
Vor allem ist es auch hilfreich, abschätzen zu können, welche Kosten und welcher Zeitaufwand mit einer Produktionsmethode verbunden sind.

15.1 Arten der Weiterverarbeitung

Der Prozess der Weiterverarbeitung lässt sich in drei Bereiche unterteilen:

1. Oberflächenbehandlung und -veredelung (Lackieren, Laminieren, Kaschieren und Prägen); siehe Abschnitt 14.5.
2. Bearbeitungsvarianten des Druckbogens (Beschneiden, Einstecken und Zusammentragen, Falzen, Stanzen, Perforieren, Rillen)
3. Binde- bzw. Klebetechniken (Spiralbindung, Klebebindung, Fadenheftung)

> **Fließende Arbeitsschritte**
> Die einzelnen Verarbeitungsschritte sind fließend und so kann ein Lack einerseits die Oberfläche schützen und andererseits partiell aufgetragen das Druckobjekt veredeln und optisch aufwerten.

Im Folgenden werden die wichtigsten Bereiche näher erläutert. Kommen wir zunächst zu den Bearbeitungsvarianten des Druckbogens.

15.2 Schneiden

Der Produktionsschritt Schneiden tritt vor allem an zwei Stellen auf: ganz zu Beginn der Produktion, wenn die Druckbogen beschnitten werden, oder ganz zum Schluss, wenn das Druckerzeugnis auf Endformat geschnitten wird. Wahrscheinlich ist es Ihnen schon aufgefallen: Wir sprechen einerseits von Beschneiden und andererseits von Schneiden.

+ Beschneiden heißt, den Druckbogen oder das Druckobjekt auf ein bestimmtes Format zu bringen.

Abbildung 15.1: Beschneiden eines Druckbogens

> **Info**
> Beim Schneiden kann es zu Schneidetoleranzen kommen, weshalb immer mindestens 3 mm für den Beschnitt zugegeben werden.

Definition Nutzen
Als Nutzen bezeichnet man die Anzahl der auf dem Druckbogen befindlichen Exemplare eines Druckprodukts. In der Regel wird der Druckbogen optimal genutzt, um so wenig Papierabfälle wie möglich zu produzieren.

+ Der Begriff »Schneiden« hingegen wird benutzt, wenn Nutzen voneinander getrennt werden, auch als Trennschnitt bezeichnet. Liegen Abbildungen im Beschnitt, müssen die Nutzen förmlich rausgeschnitten werden, auch als Rausschnitt oder Zwischenschnitt bezeichnet, da zwischen den Nutzen ein nicht genutzter Streifen zurückbleibt.

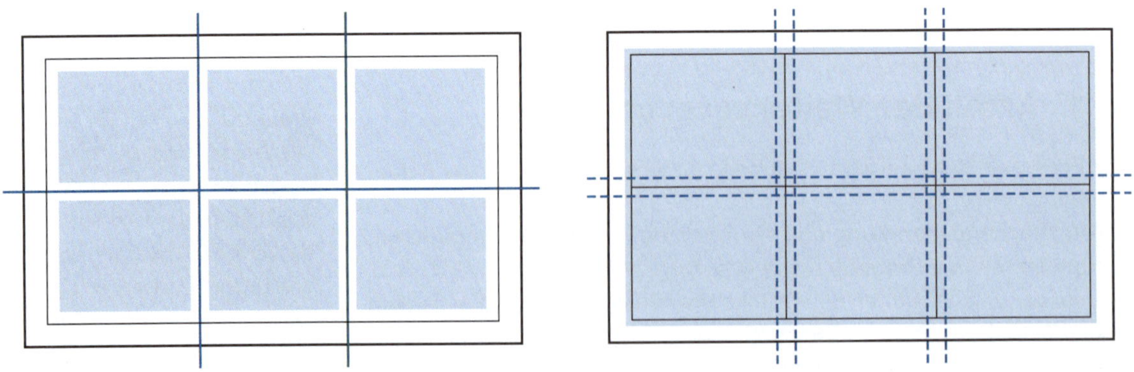

Abbildung 15.2: Trennschnitt (links) und Rausschnitt (rechts)

15.2.1 Schneidemaschinen

Es gibt zwei grundlegende Schneidetechniken:

+ Beim Messerschnittprinzip ist ein Messer für den Schneidevorgang zuständig. Das Schneidgut liegt dabei auf einer Schneideunterlage und wird von einem Werkzeug »Pressbalken« fixiert, das mit einem Druck von mehreren Tonnen auf den Papierstapel gepresst wird.
+ Beim Scherschnittprinzip kommen zwei Messer zum Einsatz, eines von oben und eines von unten.

Das Messerschnittprinzip wird für vergleichsweise dicke Produkte oder Materialstapel eingesetzt, so z. B. zum dreiseitigen Beschneiden von Broschuren und Büchern. Industriell erfolgt dies im sogenannten Dreischneider, um an Kopf, Fuß und Vorderkante des Produktes gleichmäßige Schnittkanten zu erzeugen.

Einlagige Produkte werden nach dem Scherschnittprinzip im Trimmer ebenfalls an Kopf, Fuß und Vorderkante beschnitten. Eine Seite bleibt unbeschnitten, da die Lagen später an dieser miteinander verbunden werden.

Definition Bundzuwachs
Beim Vorgang des Falzens und des Einsteckens werden die inneren Lagen nach außen gedrückt. Dadurch würden sich beim Schneiden unterschiedlich breite Papierränder ergeben.

Trimmer

Der Trimmer eignet sich nur für einzelne Hefte oder Broschuren mit einer maximalen Stärke von 2–3 cm.

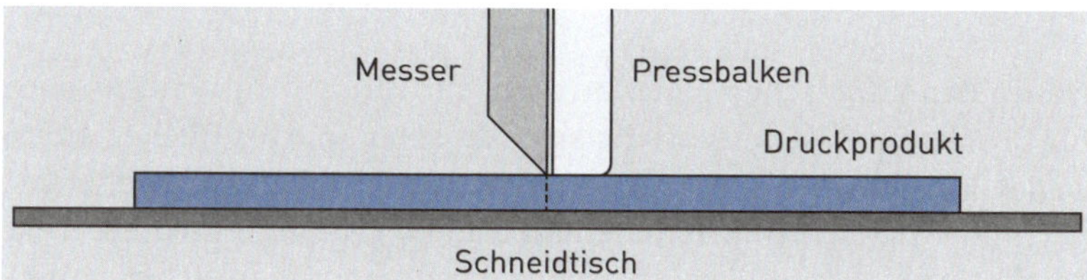

Abbildung 15.3: Messerschnittprinzip

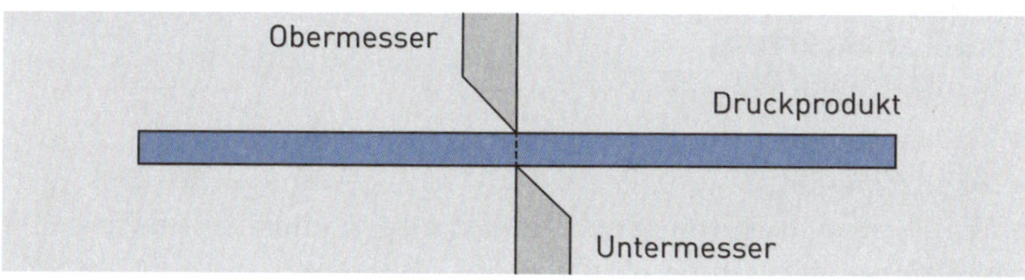

Abbildung 15.4: Scherschnittprinzip

Voraussetzung für eine gute Schneidequalität sind folgende Faktoren:

1. die Beschaffenheit des zu schneidenden Objekts (lackierte und laminierte Papiere lassen das Messer der Schneidemaschine schnell stumpf werden),
2. die Messerqualität und
3. die Presskraft.

Wenn alle Komponenten perfekt harmonieren, erhalten wir einen sauberen und präzisen Schnitt. Darüber hinaus ist natürlich wichtig, dass die Bogen an der Schneidanlage akkurat übereinanderliegen. Hierzu werden die Druckbogen mit einem sogenannten Rütteltisch auf einen schrägen Tisch gelegt, der so lange eine Rüttelbewegung ausführt, bis die Bogen alle in einen rechten Winkel hineinfallen.

Abbildung 15.5: Druckbogen in der Schneidemaschine

15.3 Falzen

Definition Falzen
Ein unter Druck vorgenommenes, scharfkantiges und positionsgenaues Umbrechen von Papier. So werden z. B. Druckbogen mit mehreren Seiten zu Falzbogen verarbeitet.

Der nächste Schritt in der Druckweiterverarbeitung ist das maschinelle Falzen des Druckprodukts. Von Hand, mit dem sogenannten Falzbein, wird heute kaum noch gefalzt und wenn, dann nur für aufwändige Sonderanfertigungen in minimalen Auflagen. In der industriellen Fertigung gibt es spezielle Falzmaschinen, die die fertigen Druckbogen mit hoher Leistung falzen.

Beim Falzen ist darauf zu achten, immer mit der Laufrichtung des Papiers zu falzen. Wird entgegen der Laufrichtung gefalzt, brechen die Papierfasern und können den Druck beschädigen. Dies kommt vor allem bei gestrichenen Papieren und Karton ab 170 g/m² vor. Es empfiehlt sich daher, dickeres Papier vor dem Falzen zu rillen oder ungestrichenes Papier zu verwenden, da dieses weniger leicht bricht. Die beim Falzen entstehende Linie bezeichnet man als Falzlinie oder Falzbruch.

Merke: Gestrichenes, bedrucktes Papier bricht beim Falzen gegen die Laufrichtung leichter als ungestrichenes Papier.

Neben den klassischen Falzflyern wird der Vorgang des Falzens auch für Druckprodukte, wie zum Beispiel Broschüren oder Bücher, angewandt. Hierfür werden die Seiten auf dem Druckbogen angeordnet und nach dem Ausschießschema entsprechend gefalzt. Gefalzte Druckbogen sind nicht nur besser zu binden, sondern lassen sich auch einfacher zusammentragen als Einzelseiten.

Abbildung 15.6: Gefalzte Druckbogen

15.3.1 Falzarten

Der Prozess des Falzens wird zunächst in
+ Parallelbrüche
+ Kreuzbrüche

unterschieden, wobei diese auch miteinander kombiniert und abwechselnd eingesetzt werden können.

Parallelfalzungen sind üblich, wenn das Druckprodukt nicht gebunden wird. Dieses Verfahren kommt vor allem bei Faltblättern und Landkarten zum Einsatz. Dabei liegen die Falzbrüche parallel. Zu den Parallelfalzen gehören der Wickelfalz, der Altarfalz, der Leporello- oder Zickzackfalz und der Parallelmittenfalz.

Kreuzbrüche hingegen werden primär bei der Herstellung von Heften, Broschüren oder Büchern verwendet. Hierbei liegen die Falzbrüche rechtwinklig zueinander. Jede Falzung verdoppelt die Seitenzahl. Sehen wir uns nun die Falzarten im Detail an.

Abbildung 15.7: Einbruchfalz

Einbruchfalz

Beim Einbruchfalz oder auch Parallelfalz, den man von Flugblättern her kennt, teilt der meist mittig ausgeführte Falzbruck das Produkt in vier Seiten auf.

Wickelfalz

Der Wickelfalz ist eine Form des Parallelfalzes, bei der zwei oder mehrere gleich breite Teile des Falzbogens ohne Richtungswechsel um ein Bogenteil gefalzt werden. Bei dieser Falzart wird das Papier förmlich »eingewickelt«, wobei eine Seite verkürzt ist, damit diese beim Einwickeln nicht verknickt und sich das gefalzte Objekt leicht öffnen lässt.

Abbildung 15.8: Zweibruch-Wickelfalz

Leporello- oder Zickzackfalz

Der Leporellofalz ist eine Form des Parallelfalzes, der aus einer zickzackartigen Falzung, einer Ziehharmonika gleich, besteht. Dabei werden zwei oder mehrere Teile des Falzbogens in wechselnden Richtungen gefalzt. Bei zwei parallelen Falzungen ergeben sich somit aus einem Falzbogen 6 Seiten. Man spricht in diesem Fall von einem Zweibruch-Zickzackfalz. Ein Dreibruch-Leporellofalz ergibt 8 Seiten usw.

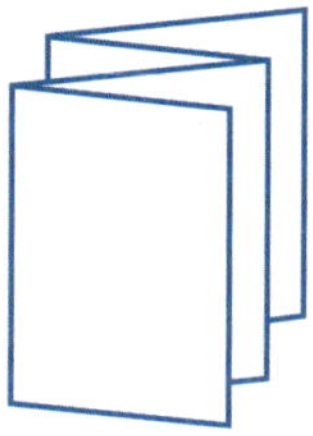

Abbildung 15.9: Dreibruch-Zickzackfalz

Altar- oder Fensterfalz

Der Altarfalz oder Fensterfalz, verdankt seinen Namen der Ähnlichkeit mit dreiteiligen Flügelaltären in Kirchen. Bei dieser Form des Parallelfalzes werden die äußeren Teile des Falzbogens ohne Überlappung nach innen gefalzt, so dass sich die Flügel in der Mitte berühren.

Abbildung 15.10: Zweibruch-Altarfalz

Parallelmittenfalz

Eine Form des Parallelfalzes ist der Parallelmittenfalz. Bei dieser Falzart wird der Druckbogen immer in der Mitte in der gleichen Richtung gefalzt, wodurch ein V-förmiger Falz entsteht. Diese V-Form hat den Vorteil, dass man das Druckobjekt wie bei einem Buch öffnen kann und die Innenseiten anschließend ausgewickelt werden können. Dadurch erscheint das Druckerzeugnis in sich kompakt und fest.

Abbildung 15.11: Parallelmittenfalz

Kreuzfalz

Beim Kreuzfalz wird der Bogen mehrfach im rechten Winkel gefalzt. Die Brüche verlaufen, wie der Name schon sagt, über Kreuz. Beim Kreuzfalz existiert keine eindeutige Leseführung. Er wird daher meistens nur als Zwischenprodukt bei der Herstellung von Broschuren und Büchern verwendet (s. S. 361). Durch den dreiseitigen Beschnitt des Endproduktes lassen sich anschließend dann einzelne Seiten blättern. Als eigenständiges Produkt wird der Kreuzfalz oft für das Verschicken von Plakaten oder für einfaches Kartenmaterial eingesetzt. Der Seitenumfang beim Kreuzfalz muss immer ein Mehrfaches von vier betragen, da dies das Ergebnis einer üblichen Kreuzbruchfalzung ist – also 8, 16 oder 32 Seiten. 64 oder 128 Seiten sind in reinem Kreuzfalz aus einem Bogen nicht herstellbar.

Abbildung 15.12: Zweibruch-Kreuzfalz

15.3.2 Falzmaschinen

Die beiden wichtigsten Techniken, die beim Falzen zum Einsatz kommen, sind das Schwert- oder Messerfalzprinzip und das Taschen- oder Stauchfalzprinzip.

Taschenfalz

Beim Taschenfalz wird der Druckbogen in die sogenannte Falztasche, eine Konstruktion aus Metall, bis zum Anschlag eingeschossen, bis die Bogenvorderkante am Taschenanschlag anstößt. Der hintere Bogenteil wird weitertransportiert, so dass sich dieser zwischen den Walzen durchwölbt. Diese Wölbung (Stauchfalte) wird vom nächsten Walzenpaar erfasst und gefalzt. Die Position des Falzbruchs wird dabei von der Lage des Taschenanschlags bestimmt. Der Taschenfalz ist im Gegensatz zum Schwertfalz nicht taktgebunden, das heißt, der Druckbogen kann schneller weiterverarbeitet werden. Um mehrere Falzungen an einem Bogen durchzuführen, muss dieser auch mehrere Falztaschen durchlaufen. Üblicherweise haben Taschenfalzmaschinen Falzwerke mit vier oder sechs Taschen, manchmal auch noch mehr. Taschenfalzwerke können nur Parallelfalzungen ausführen. Für einen Kreuzfalz müssen zwei oder mehr Taschenfalzwerke hintereinander jeweils im rechten Winkel zueinander angeordnet werden.

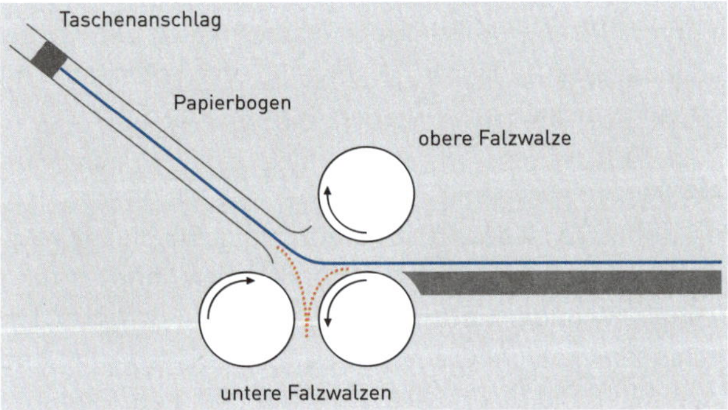

Abbildung 15.13: Schematische Darstellung des Taschenfalzprinzips

Schwertfalz

Der Bogen wird durch Transportbänder in das Falzwerk befördert und mithilfe von Anschlägen in die richtige Position gepresst. Das Falzschwert stößt den Bogen von oben zwischen zwei darunterliegende Walzen, die ihn erfassen und falzen. Im Anschluss befördern dieselben Walzen den Bogen aus dem Falzwerk heraus. Wichtig ist, dass das Falzmesser im richtigen Moment ausgelöst wird, damit der Bogen an der korrekten Stelle gefalzt wird. Es gibt auch kombinierte Falzmaschinen, die beide Mechanismen beinhalten.

Kombifalzmaschinen

In der Praxis werden oft Falzmaschinen eingesetzt, die sowohl Schwert- als auch Taschenfalzwerke besitzen. Diese sogenannten Kombifalzmaschinen vereinigen bei kompakter Bauweise die Vorteile beider Falzprinzipien.

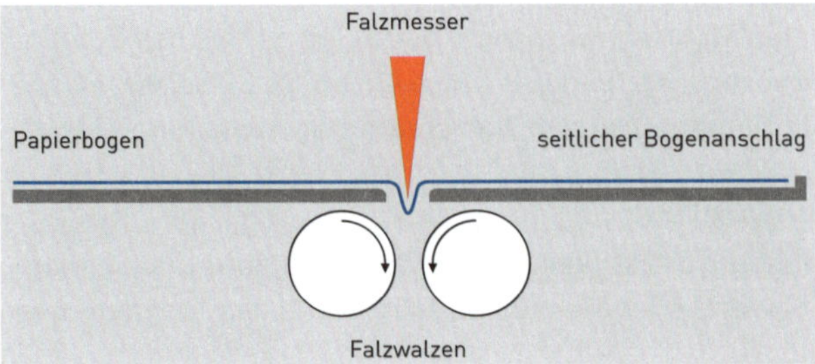

Abbildung 15.14: Schematische Darstellung des Schwertfalzprinzips

15.4 Nuten und Rillen

Um bei Papier, Karton und Pappe Biegestellen vorzubereiten, wird das Material genutet oder gerillt. Auch beim Falzen kann es erforderlich sein, den Bogen unmittelbar vor dem Falzvorgang zu rillen, wenn die Falzwalzen bei mehreren übereinanderliegenden Bogenteilen oder sehr dickem Papier ansonsten keinen sauberen Falzbruch erzeugen könnten.

Beim Rillen wird das Material durch das Eindrücken einer wulstartigen Linie verdrängt. Dies ist neben den Anwendungen beim Falzen insbesondere bei Karton notwendig, wenn dieser beispielsweise als Umschlag für eine Broschur an definierten Stellen sauber umgeklappt sein muss.

Pappe hingegen ist so dick, dass das Rillen hier nicht mehr eingesetzt werden kann. Stattdessen wird das Material genutet. Dabei wird an der zu erzeugenden Biegestelle Material entfernt, die Pappe dort also ausgedünnt, um die Biegestelle zu erzeugen.

Nuten

Das Papier wird genutet, um den Widerstand der Papierfasern zu reduzieren. Dadurch lässt es sich leichter in die gewünschte Richtung biegen, und Falzbruch wird vermieden. Papier mit mehr als 160 g Flächengewicht sollte vor dem Falzen auf jeden Fall genutet werden, ansonsten reißt die Oberfläche.

Definition Nuten
Nuten bedeutet das Heraustrennen eines Materialspans aus einer Pappe.

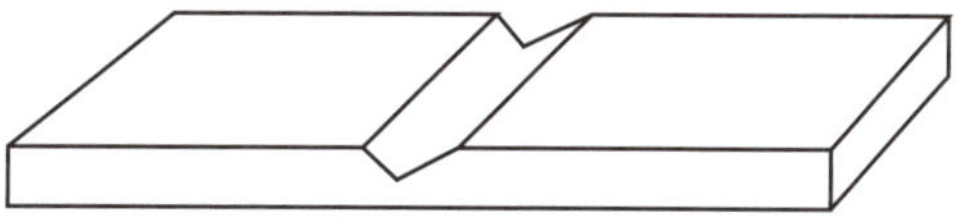

Abbildung 15.15: Darstellung einer Nut

Rillen

Dickes und sehr steifes Papier muss in jedem Fall gerillt werden, bevor man es falzt. Eine Regel sagt, dass gestrichenes Papier von mehr als 150 g/m² und ungestrichenes von mehr als 200 g/m² immer zuvor gerillt werden muss. Ab einem Papiergewicht von 600 g/m² muss doppelt genutet oder gerillt werden. Je stärker das Material gefalzt werden soll, desto tiefer muss gerillt werden. Beim Vorgang des Rillens werden die Papierfasern mithilfe eines stumpfen Werkzeugs in einer glatten Linien zusammengequetscht bzw. verdrängt.

Definition Rillen
Entfernung von Material aus einer Pappe entlang einer Linie, um eine Biegestelle zu erzeugen.

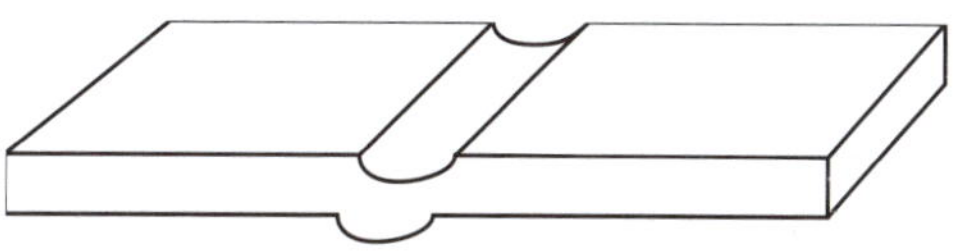

Abbildung 15.16: Darstellung einer Rille

Info
Bei beiden Verfahren ist darauf zu achten, dass alle Bogen genau einmal vorhanden und in der richtigen Reihenfolge angeordnet sind.

Buchumschläge werden sogar bis zu vierfach gerillt, damit sich der Umschlag nicht vom Rücken abhebelt. Ein zusätzlicher Kostenfaktor in der Druckweiterverarbeitung, der durch eine entsprechende Papier- und Grammaturwahl vermieden werden kann.

15.5 Einstecken und Zusammentragen

Besteht ein Druckerzeugnis aus mehreren Falzbogen, müssen diese nach dem Falzen in der richtigen Reihenfolge zusammengefügt werden, damit die korrekte Seitenreihenfolge beim fertigen Produkt gewährleistet ist. Dabei wird zwischen zwei Verfahren unterschieden:

+ dem Zusammentragen und
+ dem Einstecken.

Zusammentragen

Zusammentragen bezeichnet das manuelle oder maschinelle Aufeinanderlegen einzelner Lagen oder Blätter, um sie anschließend miteinander zu verbinden. Das Zusammentragen findet bei sogenannten mehrlagigen Broschuren und bei Büchern Anwendung, die anschließend fadengeheftet oder klebegebunden werden. Das Zusammentragen hat zur Folge, dass sich die innen liegenden Bogen durch die Seitenverdrängung nach außen schieben, was man auch als Bundzuwachs bezeichnet. Beim Einstecken ist dieser Effekt noch stärker wahrzunehmen, weil die Seiten von innen nach außen geschoben werden. So werden die Seiten wieder deckungsgleich.

Definition Lagen
Gefalzte Druckbogen werden auch als Lagen bezeichnet.

Abbildung 15.17: Zusammentragen und Einstecken

Einstecken

Beim Einstecken (auch als Sammeln bezeichnet) werden, wie der Name schon vermuten lässt, die Lagen ineinander gesteckt. Durch das Einstecken können einlagige Broschuren hergestellt werden, die anschließend meistens drahtgeheftet, seltener auch fadengeheftet werden.

Ausschießschema

Beide Varianten erfordern ein unterschiedliches Ausschießschema. Beim Einstecken zum Beispiel müssen sich die erste und die letzte Seite des Produktes auf derselben (äußeren) Lage befinden, wohingegen beim Zusammentragen jede einzelne Lage einen zusammenhängenden Abschnitt des Produktes umfasst.

15.5.1 Bundzuwachs

Insbesondere beim Einstecken kann man beobachten, dass die inneren Lagen nach außen verschoben sind. Dieser Effekt ist umso größer, je mehr Lagen vorhanden sind und je dicker das Papier ist.

Dieser Effekt wird als Bundzuwachs bezeichnet. Er ist insoweit bedeutsam, als dass die Registerhaltigkeit hierdurch mehr oder weniger stark verringert wird. Ohne einen entsprechenden Ausgleich wären die Seitenränder im gleichmäßig beschnittenen Endprodukt unterschiedlich breit, je nachdem, wie weit die einzelne Lage oder der einzelne Bogenteil hervorstand.

Der Ausgleich wird erzeugt, indem man bereits beim Ausschießen den Bundsteg für jeden Bogen entsprechend der Verdrängung verbreitert. Dieser Trick funktioniert jedoch nicht bei Abbildungen oder Elementen, die sich über eine komplette Doppelseite erstrecken bzw. über den Bund gehen, da diese sonst nicht mehr nahtlos ineinander übergehen.

Bundzuwachs in der Praxis

Der Effekt des Bundzuwachses betrifft insbesondere recht umfangreiche einlagige Broschuren. Je geringer die Seitenzahl, desto eher kann man den Bundzuwachs vernachlässigen. Auch bei zusammengetragenen Produkten spielt der Bundzuwachs meistens keine Rolle, da die einzelnen Falzbogen ja nicht ineinander gesteckt sondern aufeinander gelegt werden.

15.5.2 Flattermarke

Auch in der Druckweiterverarbeitung müssen in allen Teilschritten Maßnahmen für die Qualitätskontrolle erfolgen. Die Flattermarke ist in diesem Sinne eine einfache optische Kontrolle: Bei zusammengetragenen Produkten wird sie auf jedem Falzbogen (jeweils um ein kleines Stück versetzt) als kleiner schwarzer Balken mitgedruckt. Wenn diese Flattermarke auf dem Rücken der zusammengetragenen Falzbogen treppenförmig erscheint, signalisiert dies, dass alle Lagen vollständig und in der richtigen Reihenfolge sind.

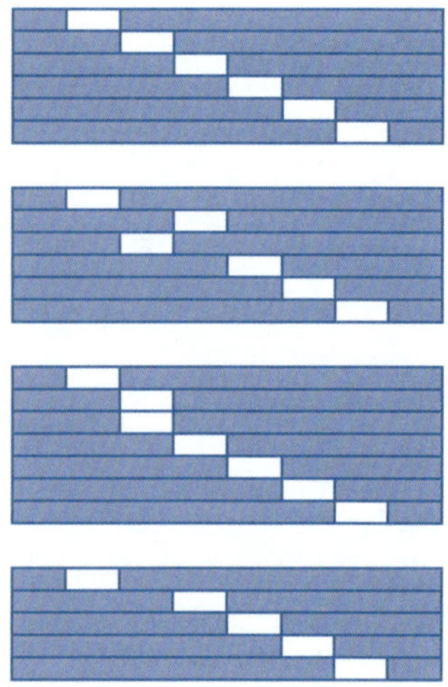

Abbildung 15.18: Rückseitig mitgedruckte Flattermarken. Nur wenn die Flattermarken eine Treppe bilden, ist die Reihenfolge korrekt (siehe oben, darunter vertauschte, doppelte und fehlende Falzbogen).

Abbildung 15.19: Bilden die Flattermarken eine Treppe, befinden sich alle Lagen in der richtigen Reihenfolge.

15.5.3 Berechnung der Rückenstärke

Der Bundzuwachs steht in unmittelbarem Verhältnis zur Rückenstärke unseres Druckerzeugnisses. In den meisten Fällen wird Text auf selbigem platziert. Ob und in welchem Umfang dies möglich ist, ist davon abhängig, wie breit der Rücken ausfällt. Um diesen zu berechnen, gibt es eine Formel, die relativ exakte Ergebnisse liefert.

Wenn man jedoch ganz sichergehen will, auch was Haptik, Steifigkeit und Aufschlagverhalten des Druckerzeugnisses anbelangt, lässt man

Definition Blindband

Gebundenes Probeexemplar mit unbedruckten Seiten, das einen Eindruck von Format, Bindung und Papier geben soll.

sich einen Blindband mit den Originalmaterialien, auch als Dummy bezeichnet, herstellen.

Formel für die Berechnung der Rückenstärke

$$\frac{\text{Anzahl Seiten}}{2} \times \frac{\text{Papiergewicht} \times \text{(ggf.) Volumen}}{1000}$$

Addiert wird nun noch der Umschlag:

$$\frac{\text{Anzahl Umschlagseiten}}{2} \times \frac{\text{Papiergewicht} \times \text{(ggf.) Volumen}}{1000}$$

+ ca. 4 mm bei rundem Rücken

Beispielrechnung

Ein Buch mit 400 Seiten wird auf 90-g/m^2-Papier mit 1,2-fachem Volumen gedruckt. Für den Umschlag wird ein einfaches Volumenpapier mit 300 g/m^2 verwendet.

400 Seiten : 2 = 200 Blatt

200 Blatt × 90 g/m^2 × 1,2 g/m^3 : 1.000

+ 4 Seiten Umschlag : 2 × 300 g/m^2 × 1 g/m^3 : 1.000 = 22,2 mm

Info

Wenn man Bogen zuerst klammert und anschließend falzt, schließt das Druckerzeugnis nicht richtig. Deshalb immer zuerst falzen und dann klammern.

15.6 Binden und Heften

Soll das Druckerzeugnis nicht nur aus losen Blättern bestehen, so dass es beim Umblättern auseinanderfällt, werden die gefalzten Druckbogen auf unterschiedlichste Art und Weise miteinander verbunden (siehe auch Abschnitt 10.4.3).

Abbildung 15.20: Fadenheftung

Fadensiegeltechnik

Neben der Fadenheftung gibt es noch die Fadensiegeltechnik, eine Mischung aus Fadenheftung und Klebebindung, die aber in der Regel nur bei Büchern zum Einsatz kommt.

Fadenheftung

Die qualitativ haltbarste, aber auch teuerste Bindung ist die Fadenheftung. Ähnlich wie bei der Rückstichdrahtheftung werden die gefalzten Bogen ineinandergesteckt, mit einem am Rücken verknoteten Faden fixiert und anschließend dreiseitig beschnitten.

Es werden dabei keine Einzelblätter, sondern nur am Rücken geschlossene Falzbogen verarbeitet, durch die der Faden gefädelt werden kann. Dabei wird Lage für Lage gearbeitet, das heißt, der Herstellungsprozess benötigt deutlich mehr Zeit als bei einer Klebebindung. Die Fadenheftung zeichnet sich durch eine hohe Haltbarkeit und gute Planlage beim Aufschlagen aus. Ein angeklebtes Stück Gaze, das vor allem bei Büchern eingesetzt wird, kann dem Rücken noch zusätzliche Stabilität verleihen.

Ein Buchblock mit vielen dünnen Lagen sollte unbedingt versetzt geheftet werden, um einer Rückensteigung entgegenzuwirken. Wenn man versetzt heftet, liegen die Fäden nur bei jeder zweiten Lage übereinander.

Rückstichheftung

Die Rückstichheftung kommt vor allem für Zeitschriften oder Broschüren zum Einsatz. Dabei werden gefalzte und ineinandergesteckte Bogen direkt mit einem Umschlag aus Papier oder Karton von außen durch die Rückseite mit Metallklammern zusammengeheftet. Dieser Vorgang wird auch als Sattelstich bezeichnet. Die Metallklammern müssen gut anliegen, dürfen das Druckobjekt aber nicht quetschen oder einschneiden. Dies könnte das Druckbild und die Handhabung beeinträchtigen.

Alternativ zu gefalzten Druckbogen können Einzelblätter an einer Seite mit Heftklammern zusammengeheftet werden, auch als Blockheftung oder seitliches Drahtheften bezeichnet. Die Blockheftung wird vor allem bei mehrlagigen Druckerzeugnissen durchgeführt.

Aufgrund der Papierverdrängung beim Zusammenstecken der Falzbogen ist der Seitenumfang bei der Rückstichheftung je nach Papierstärke begrenzt, da das Druckerzeugnis sonst nicht geschlossen werden kann.

Definition Rückstichheftung
Für Broschüren wird häufig die kostengünstige Rückstichheftung, auch als Klammerheftung oder Sattelstich bezeichnet, verwendet. Die Papierbogen werden gefalzt, ineinandergesteckt und direkt mit einem Umschlag von außen durch die Rückseite mit Metallklammern zusammengeheftet.

Abbildung 15.21: Broschüre mit Rückstichheftung

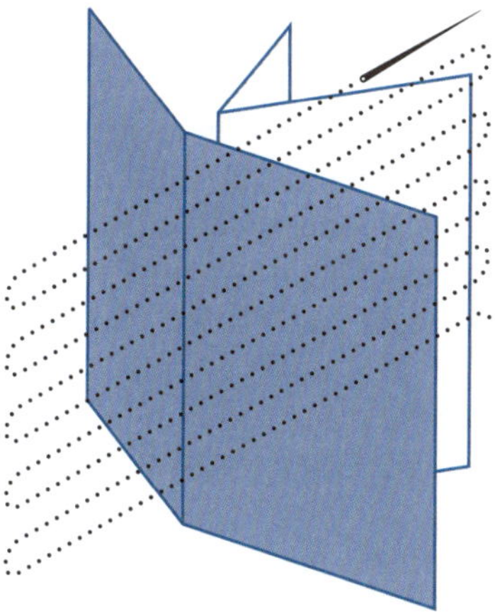

Abbildung 15.22: Rückstichheftung

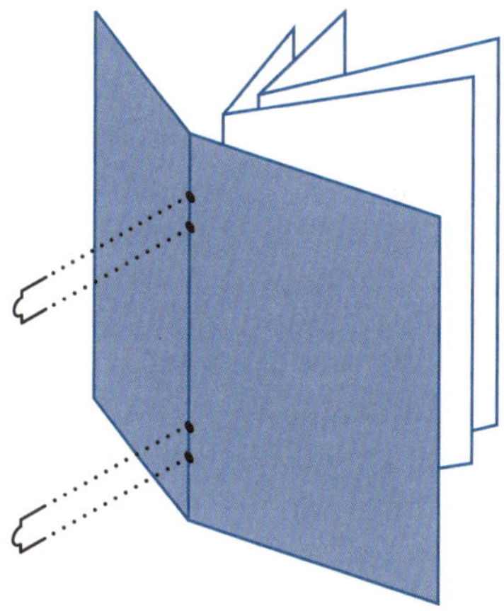

Abbildung 15.23: Rundklammerheftung

Klebebindung

Ist der Seitenumfang des Druckerzeugnisses zu groß oder besteht dieses aus Einzelblättern, lassen sich diese nicht per Klammerheftung verbinden. Man verwendet deshalb das Verfahren der Klebebindung, für die Schmelzkleber (Hotmelts), Dispersionskleber (Kaltleime) oder Polyurethan (PUR-Kleber) zum Einsatz kommen.

Bei Klebebindungen sind Papiergewicht, Papieroberfläche, Klebstoff und Format sorgfältig aufeinander abzustimmen, damit das Druckerzeugnis nicht vorzeitig auseinanderfällt. Bei der Klebebindung werden zwei Verfahren unterschieden:

+ Bei der Blockklebebindung werden die zusammengetragenen Lagen rundum aufgeschnitten, dann der Rücken abgefärbt, aufgeraut und mit Klebstoff bestrichen. Die Blockklebebindung kommt bei Bro-

PUR-Klebstoff
PUR steht für Polyurethan und funktioniert ähnlich wie Sekundenkleber, der sich durch Abkühlen verfestigt und durch eine innere chemische Reaktion vernetzt. Einmal ausgehärtet, lässt er sich im Gegensatz zum Hotmelt nicht mehr aufschmelzen.

Schmelzkleber (Hotmelts)

Schmelzkleber wird durch Hitze flüssig und erstarrt durch Abkühlung. Der Abkühlungsprozess erfolgt sehr schnell, und das Druckobjekt kann schnell weiterverarbeitet werden. Nachteil ist, dass der Kleber nicht elastisch genug ist, was sich vor allem durch die Versteifung des Buchrückens bemerkbar macht.

Dispersionskleber

Dispersionskleber bleibt nach dem Aushärten relativ elastisch, wodurch er sich gut zur Klebebindung von Buchblocks eignet.

Lumbeckverfahren

Das nach Emil Lumbeck benannte Klebeverfahren beschreibt das Klebebinden von Einzelblättern, die vor dem Leimauftrag aufgefächert werden, um dadurch die Leimauftragsfläche zu vergrößern.

Bundsteg in der Klebebindung

Beim Einsatz von Schmelzkleber sollte der Bundsteg mindestens 15 mm betragen, beim PUR- und Dispersionskleber mindestens 10 mm, damit keine Elemente im Bund verschwinden.

schüren, Taschenbüchern und Katalogen zum Einsatz, die vorwiegend auf Naturpapier gedruckt werden.

+ Bei der Fächerklebebindung wird der Buchblock zusammengepresst, zu beiden Seiten aufgefächert und mit Leim bestrichen. Der Leim dringt zwischen die Blätter und verbindet diese miteinander. Das Fächerklebeverfahren gewährleistet eine sehr gute Haftung der einzelnen Blätter.

Durch Aufrauen der Papierfläche kann die Oberfläche den Kleber besser aufnehmen. Zusätzlich sorgen Einkerbungen, quer zum Rücken, für eine höhere Angriffsfläche des Leims. Je größer die Fläche, auf der Kleber aufgebracht werden kann, desto wirksamer kann die Adhäsion des Klebstoffes die beiden Flächen zusammenfügen. Je nach Kleber härtet dieser irgendwann aus und wird fest. Dieses Aushärten wird als Kohäsion bezeichnet.

Die Festigkeit der Klebebindung kann zusätzlich verbessert werden, wenn man ein Papier mit hohem Volumen wählt. Dadurch erhält der Kleber zum einen mehr Oberfläche, und zum anderen ist voluminöses Papier poröser, wodurch sich der Klebstoff besser mit den Zwischenräumen auf der Oberfläche des Papiers verbinden kann.

Bei der Entscheidung für einen bestimmten Klebstoff ist darauf zu achten, welches Papier eingesetzt wird und welche Anforderungen an die Haltbarkeit und Benutzbarkeit des Druckerzeugnisses gestellt werden. Natürlich sind dabei auch immer die Kosten für eine entsprechende Weiterverarbeitung zu berücksichtigen. Gestrichene und glänzende Papiere lassen sich zum Beispiel nur schlecht mit der Klebebindung weiterverarbeiten, da gestrichenes Papier den Leim nicht so gut aufnimmt wie ungestrichenes Papier. Sollte es aus Kosten- oder Layoutgründen dennoch notwendig sein, gestrichenes Papier zu verwenden, sollte man die Grammatur des Papiers erhöhen und PUR-Kleber einsetzen. Außerdem ist darauf zu achten, dass bedruckte Elemente nicht bis in den Bund ragen, was die Klebefestigkeit zusätzlich beeinflussen kann.

Im Gegensatz zur Fadenheftung ermöglicht das Klebeverfahren sehr hohe Maschinengeschwindigkeiten und einen nahtlosen Übergang der Produktionsschritte. Die Klebebindung ist sehr preiswert, und es lassen sich sehr schnell große Auflagen herstellen. Dennoch ist die Klebebindung hinsichtlich der Qualität und Haltbarkeit nicht mit einer Fadenheftung zu vergleichen. Ein weiterer Nachteil ist, dass bei umfangreichen Druckerzeugnissen das Format nicht bis zum Bundsteg nutzbar ist, da der Klebstoff die Seiten am Bund zusammenpresst, was sich auf das Aufschlagverhalten der Broschüre auswirkt (Druckerzeugnisse mit Klebebindung lassen sich nicht plan aufschlagen). Eine Abbildung zum Thema Klebebindung finden Sie in Abschnitt 10.4.3.

Zusammenfassend ist zu beachten:

+ Gestrichene Papiere nehmen den Leim schlecht an. Sie eignen sich deshalb weniger gut für Klebebindungen als Naturpapiere.

+ Farbflächen, die sich über den Bund erstrecken, erschweren ebenfalls die Haftung. Diese sollten mit ausreichend Spielraum zum Bund montiert werden.
+ Klebebindung hält am längsten bei ungestrichenen Papieren.
+ Für gestrichenes Papier sollte außerdem nur PUR-Kleber verwendet werden.

15.7 Produktionsprozess eines Buches im Überblick

Bei der Herstellung eines Buches gestaltet sich der Produktionsprozess wie folgt:

1. Falzen der Seite und Einstecken einzelner Bogen und Seiten
2. Zusammentragen der Druckbogen
3. Kollation = Überprüfung des Buchblocks auf Vollständigkeit und korrekte Reihenfolge der Lagen
4. Fadenheftung: Einsägen, Pressen
5. Beschneiden
6. Leimen
7. Beziehen des Einbandes

Deckenband

Buchblock und Buchdecke werden getrennt hergestellt und durch Einhängen miteinander verbunden.

15.7.1 Broschur

Als Broschuren werden Druckprodukte bezeichnet, die keinen Deckenband besitzen. Je nach Umfang wird die Broschur in Einzelblatt, einlagig oder mehrlagig unterteilt. Bei der Einzelblattbroschur werden die Blätter nicht fest miteinander verbunden. Die wohl bekannteste Variante einer Einzelblattbroschur ist der Spiralblock.

Das klassische Taschenbuch besitzt übrigens einen Broschurenumschlag aus Karton mit einem Schutzumschlag, der am Rücken verklebt ist. Dies wird auch als Englische Broschur bezeichnet.

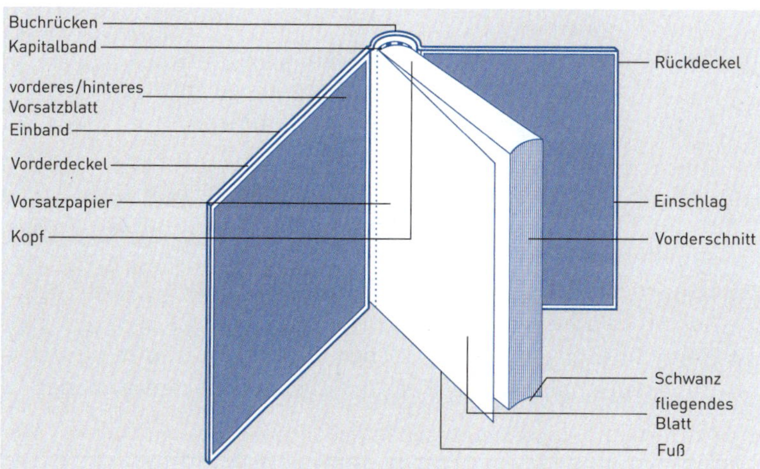

Abbildung 15.24: Anatomie eines Buches

Weitere Broschurvarianten sind die Schweizer Broschur und die Otabind-Broschur, die der Gruppe der Lay-Flat-Broschuren angehören und sich durch ihre Flexibilität und ihr gutes Aufschlagverhalten auszeichnen.

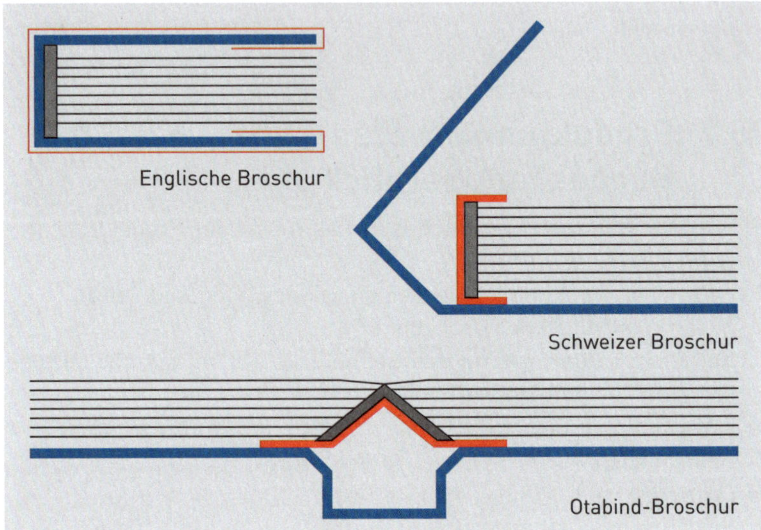

Abbildung 15.25: Englische Broschur, Schweizer Broschur, Otabind-Broschur

Abbildung 15.26: Hardcover mit rundem Rücken.

Druckersprache

Wikipedia hat ein sehr hilfreiches Wörterbuch der Druckersprache integriert: *https://de.wikipedia.org/wiki/Druckersprache*

Englisch – Deutsch

Ein toller Tipp für alle, die im Druckbereich auch schon einmal englisch sprechen oder schreiben müssen, ist das Fachlexikon der TU Chemnitz: *https://dict.tu-chemnitz.de/de-en/lists/print.html*

15.7.2 Hardcover

Man spricht von einem Hardcover, wenn der Einband aus einer zusammenhängenden Decke besteht. Dafür wird Karton in verschiedenen Stärken und Überzugsmaterial (Papier, Textilien) verwendet.

Checkliste | **Druckweiterverarbeitung**

+ Die Druckweiterverarbeitung entspricht den Anforderungen des Druckobjekts.
+ Der Druckbogen wurde in Laufrichtung gefalzt.
+ Das Aufschlagverhalten des Druckobjekts ist ideal.
+ Es wurde zuerst gefalzt und dann geklammert.
+ Welche Bindeart passt zum Druckobjekt?
+ Sind eventuelle Druckveredelungen sauber verarbeitet?
+ Ragen Elemente über die Doppelseite und könnten im Druck den Kleber lösen?
+ Bei einer Klebebindung sollte ungestrichenes Papier mit hohem Volumen verwendet werden.
+ Beim Einsatz von Schmelzkleber mindestens 15 mm für den Bundsteg einplanen. Bei PUR- und Dispersionskleber mindestens 10 mm.

15.8 Druckveredelung

Druckveredelungen haben das Ziel, ein Druckprodukt nach dem eigentlichen Druck im Aussehen weiter aufzuwerten, seine Haptik zu verbessern oder die Langlebigkeit und Funktionalität zu erhöhen. Auch aus Marketinggründen wird oft auf Druckveredelungen besonders bei Verpackungen zurückgegriffen. Sie sollten bereits während der Gestaltungsphase im Layout eingeplant werden, und auch in den Druckdaten müssen in den meisten Fällen die Druckveredelungen bereits angelegt werden. Bei der Druckveredelung sollte immer auch an Nachhaltigkeitsaspekte gedacht werden, die wir kurz in Abschnitt 16.4 besprechen. Druckveredelungen lassen sich in drei Bereiche aufteilen: Lackierung, Prägung und Kaschierung.

15.8.1 Lackierung

Bei einer Lackierung wird glänzender, matter oder strukturierter Lack aufgetragen, um das Druckbild zu schützen oder optisch zu verstärken. Lacke können vollflächig (Flächenlackierung) oder partiell (Spotlackierung) aufgetragen werden. Es gibt verschiedene Lacke, die häufig in der Druckveredelung eingesetzt werden:

Dispersionslack

Dispersionslack wird zum Schutz des Druckprodukts nach dem Druck selbst auf das Papier aufgetragen. Er kann matt oder glänzend sein und hat eine relativ kurze Trocknungszeit, die durch Wärmezufuhr noch weiter beschleunigt werden kann. Er schützt das Papier auch vor dem Vergilben und die Druckfarbe vor dem Ablegen. Sein einziger Nachteil ist, dass das Papier nach dem Veredeln mit Dispersionslack nicht mehr gut mit einem Stift beschrieben werden kann.

UV-Lack

Der UV-Lack basiert hauptsächlich auf polymerisierbaren Bindemittelbestandteilen. Dadurch kann mithilfe von UV-Licht eine sehr schnelle Trocknungszeit erreicht werden. So sind auch dicke Lackschichten möglich, die glänzend oder matt wirken können. Durch seine harte Oberfläche schützt der UV-Lack auch die Papieroberfläche und gibt ihr Stabilität.

Abbildung 15.27: UV-Lack auf farbigem Fond. Agentur: Büro Alba, Kunde: The network

Relieflack

Mithilfe von Relieflack kann ohne Verformung des Papiers eine Optik ähnlich einer Hochprägung erzeugt werden. So lassen sich Schriftzüge oder Logos dreidimensional hervorheben. Es werden mehrere Schichten eines speziellen UV-Lacks aufgetragen, die anschließend abrupt ausgehärtet werden.

Farbschnitt

Beim Farbschnitt werden die Schnittkanten beispielsweise eines Buchs oder einer Visitenkarte eingefärbt und so ein Farbakzent gesetzt.

Duftlack

Der Geruchssinn ist neben dem Tastsinn einer der stärksten Sinne des Menschen. Solche Lacke enthalten Duftstoffe, die durch Reiben aktiviert werden und so den Geruchssinn des Menschen ansprechen. Zu den möglichen Düften zählen Blumen, Kräuter, Gewürze, Früchte, Hölzer u.v.m.

Soft-Touch-Lack

Durch den Soft-Touch-Lack wird dem Papier eine samtige, weiche Oberfläche verliehen. Dies geschieht durch eine besondere Lackmischung und Trocknungsverfahren. Der Soft-Touch-Lack hat eine matte Wirkung auf das Druckbild.

15.8.2 Prägungen

Beim Prägen wird mithilfe eines Prägestempels das Papier durch hohen Druck dreidimensional verformt. Prägungen sind in beide Richtungen möglich, das Papier kann also entweder erhaben oder vertieft werden. Es gibt unterschiedliche Arten von Prägungen:

Heißfolienprägung

Abbildung 15.28: Kupferfarbene Heißfolienprägung. Agentur und Kunde: Bräutigam & Rotermund

Die Heißfolienprägung bezieht neben dem Prägewerkzeug auch eine farbige Trägerfolie mit in den Prägeprozess ein. Hierbei werden die Farbpigmente durch Hitze an den gewünschten Stellen auf das Papier übertragen. Hier werden häufig metallische Farben wie Gold, Silber oder Kupfer verwendet. Diese Veredelung ist besonders hochwertig, aber auch relativ teuer in der Produktion.

Blindprägung

Bei der Blindprägung wird das Papier mithilfe des Prägestempels verformt, und es entsteht eine haptisch spürbare Prägung. Dies kann in beide Richtungen geschehen: Bei der Hochprägung wird das Papier hervorgehoben, bei der Tiefprägung wird es vertieft. Bei der Reliefprägung besteht das Prägewerkzeug selbst aus einer mehrdimensionalen Form, die Prägung bekommt also eine Art 3D-Effekt.

Perforation

Perforationen werden vor allem bei Response-Elementen verwendet und dienen als Abreißanweisung. Durch das Stanzen einer gepunkteten Linie erleichtert man so das einfache Abtrennen eines Gutscheins oder einer Antwortkarte.

15.8.3 Folienkaschierung

Bei der Folienkaschierung (auch Cellophanierung) wird eine Folie flächig mit dem Papier verklebt. Durch sie wird das Druckprodukt geschützt und seine Lebenszeit verlängert. Die verwendete Folie ist meist glänzend, matt oder in Soft-Touch-Ausführung. Sie kann die Farben auf dem bedruckten Papier allerdings leicht dunkler erscheinen lassen.

Kapitel 16

Nachhaltigkeit im Druck

Themen des Kapitels

- *Eine nachhaltige Druckerei finden*
- *Druckfarben und Umweltfreundlichkeit*
- *Papier und Nachhaltigkeit*
- *Papierzertifikate*
- *Nachhaltigkeit bei Veredelungen*

Ein Gastbeitrag von Pia Weißenfeld

Das Thema Nachhaltigkeit gewinnt auch in der Druckbranche immer mehr an Bedeutung. Um nachhaltige Praktiken erfolgreich etablieren zu können, ist es wichtig, das Thema frühzeitig in den Designprozess zu integrieren und dauerhaft zu verankern. Wer sich erst spät mit den Anforderungen einer nachhaltigen Druckproduktion beschäftigt, läuft Gefahr, dass beispielsweise die Wahl der Druckerei oder des Papiers nicht mehr beeinflusst werden kann. Folgende Punkte sind u. a. für eine nachhaltige Druckproduktion zu beachten:

- Es muss eine nachweisbar nachhaltige Druckerei gefunden werden.
- Es sollten nur Ökodruckfarben eingesetzt werden.
- Den sicherlich wichtigsten Einfluss übt die Papierwahl aus. Achten Sie darauf, möglichst Recyclingpapier zu verwenden.
- Bei der Druckveredelung sollte ebenfalls auf Nachhaltigkeit geachtet werden.
- Es sollte darauf geachtet werden, dass das Endprodukt recycelbar bleibt. Der Blaue Engel UZ 195 zertifiziert Druckprodukte, die solche und weitere Kriterien erfüllen

16.1 Eine nachhaltige Druckerei finden

Woran erkennt man eine nachhaltige Druckerei? Hier sind fünf Zertifikate bzw. Label hilfreich, nach denen man Ausschau halten kann:

- der Blaue Engel UZ 195
- EMAS

+ das Österreichische Umweltzeichen
+ DIN ISO EN 14001 bzw. DIN ISO EN 50001

Sie alle weichen leicht in ihrem Fokus ab, sonst müsste es sie auch nicht in der Varianz geben, alle stellen aber hohe Ansprüche an die zu erfüllenden Maßnahmen seitens der Unternehmen.

Blauer Engel UZ 195

Abbildung 16.1: Label Blauer Engel UZ 195

Die Auszeichnung Blauer Engel UZ 195 zertifiziert, dass das gesamte Druckerzeugnis nach den Vorgaben des Blauen Engels produziert wurde. Es ist also nicht nur sichergestellt, dass das Papier recycelt und umweltfreundlich ist, sondern auch das fertige Druckprodukt mit all seinen Weiterverarbeitungen noch recycelbar und umweltfreundlich bleibt.

Es ist jedoch darauf zu achten, dass das Zertifikat dabei nicht die allgemeine Nachhaltigkeit des gesamten Standorts einer Druckerei belegt. Mit dem Blauen Engel UZ 195 wird die Produktionsstrecke von ausgewählten Produkten geprüft und zertifiziert. Zu den geprüften Kriterien gehören u. a. der Einsatz von Blauer-Engel-zertifiziertem Papier und Karton, die Vermeidung von Materialien, die die Recyclingfähigkeit behindern, die Vermeidung von gesundheits- und umweltschädlichen Substanzen, die Verringerung von Abfall und Energieverbrauch durch Papier- bzw. Energiemanagement und vieles mehr. Der Blaue Engel gilt als die wichtigste Auszeichnung für nachhaltige Druckprodukte. Zudem lässt sich davon ausgehen, dass Druckereien mit dieser Auszeichnung auch im Bereich Nachhaltigkeit beraten können.

Unterstützende Institutionen

Der Blaue Engel ist ein Umweltzeichen, das in Deutschland von vier Institutionen getragen wird:

+ dem Bundesumweltministerium als Zeicheninhaber
+ dem Umweltbundesamt mit seiner fachlichen Expertise
+ einer unabhängigen, unparteiischen und ehrenamtlichen Jury, die sich aus Vertreterinnen und Vertretern verschiedener Interessengruppen wie Umwelt- und Verbraucherverbänden, Industrie, Handel, Handwerk, Kommunen, Wissenschaft, Medien, Kirchen und Gewerkschaften zusammensetzt
+ der RAL gGmbH, die Anträge prüft und Auszeichnungen vergibt

EMAS

Abbildung 16.2: Label EMAS-Umweltmanagementsystem

Die Abkürzung EMAS steht für das Eco-Management and Audit Scheme, welches weltweit als das anspruchsvollste System für nachhaltiges Umweltmanagement gilt. Obwohl EMAS lediglich ein Standortzertifikat und kein Umwelt-Gütesiegel für einzelne Druckprodukte ist, lässt sich dennoch annehmen, dass von EMAS zertifizierte Druckereien Druckerzeugnisse produzieren, die sehr hohen Umweltstandards genügen.

Österreichisches Umweltzeichen (ÖUZ)

Das Österreichische Umweltzeichen zertifiziert Produkte und Dienstleistungen nach festen Richtlinien entlang des gesamten Lebenszyklus eines Produkts.

Abbildung 16.3: Label Österreichisches Umweltzeichen

DIN ISO EN 14001 (Umwelt) und DIN ISO EN 50001 (Energie)

Die Norm DIN ISO EN 14001 definiert strenge Kriterien für Umweltmanagementsysteme. In der praktischen Anwendung konzentriert sich dieses System vorwiegend auf die Verbesserung des Managements in Bezug auf Produktionsoptimierung und Abfallreduzierung. Es ist zu beachten, dass es sich hierbei um ein Zertifikat für Standorte handelt und nicht um ein Umwelt-Gütesiegel für Produkte.

DIN ISO EN 50001 bestätigt den verantwortungsbewussten Umgang mit wertvollen Ressourcen. Das Hauptziel dieser Norm ist es, Organisationen bei der Entwicklung eines ganzheitlichen Energiemanagementsystems zu unterstützen und ihre Energieeffizienz kontinuierlich zu verbessern.

Der Umweltindex Druck listet nachhaltige Druckereien

Um einen guten Überblick zu bekommen, welche Druckereien die genannten Zertifikate aufweisen und welche Kriterien erfüllt werden, bietet *UmDEX,* der Umweltindex Druck, Abhilfe. Die UmDEX-Tabelle findet sich unter *www.umdex.de/umwelt-index-druck*.

Abbildung 16.4: Label DIN ISO EN 50001 und DIN ISO EN 14001

16.2 Druckfarben und Umweltfreundlichkeit

Als Druckfarben sind heute Offsetfarben, Trockentoner, Tiefdruckfarben, Inkjet/Tintenstrahl, Flexodruckfarben, UV-härtende Farben und Flüssigtoner gängig. Die verschiedenen Druckfarben bestehen aus unterschiedlichen Komponenten. Druckfarben für den Offsetdruck setzen sich zum Beispiel aus Farbpigmenten, Bindemitteln (Ölen, Harzen, Wachs), Lösungsmitteln und Hilfsmitteln (zum Beispiel Trockenstoffen) zusammen. Trockentoner aus dem Digitaldruck hingegen bestehen aus Kunstharz, Pigmenten und magnetisierbaren Metalloxiden.

Problem Mineralöl

Der Einsatz von Mineralöl trägt erheblich zur Klimakrise bei. Bereits die Erdölgewinnung fügt der Umwelt irreversible Schäden zu. Auch die Nutzung von Mineralöl führt zu weiteren Umweltschäden, da die Verbrennung von Erdöl zur globalen Erwärmung beiträgt und Naturkatastrophen verstärkt. Zudem ist Erdöl eine begrenzte Ressource, deren Vorkommen bereits stark ausgeschöpft sind. Daher ist es entscheidend, dass Druckfarben frei von Mineralöl sind.

16.2.1 Mineralölfreie Druckfarben wählen

Das Hauptproblem bei konventionellen Druckfarben liegt in den Bindemitteln, die Mineralöle enthalten.

Ökodruckfarben ersetzen Mineralöle durch pflanzliche Öle. Das ist gut, und man könnte annehmen, dass die Farben dadurch unbedenklich seien. Diese Annahme wird durch die Bezeichnung *Ökodruckfarbe* zusätzlich unterstützt. Aber es gibt ein Problem: Während in Ökodruckfarben die Mineralöle in den Bindemitteln vermieden werden, werden die Pigmente sowohl bei konventionellen als auch bei Ökodruckfarben weiterhin synthetisch hergestellt. Dabei kommt u.a. auch Mineralöl zum Einsatz. Leider werden organische Pigmente bisher den Ansprüchen der Druckprozesse noch nicht gerecht, so dass 100 % Öko auch bei Ökodruckfarben nicht gegeben ist.

Zusätzlich führt auch Sojaöl, das als Alternative zu Mineralöl angewendet wird, zu Problemen im Deinking.

Dennoch stellen Ökodruckfarben in Bezug auf den Ressourceneinsatz eine zu bevorzugende Alternative dar. Sie sind allerdings nur ein Aspekt eines nachhaltigen Druckprodukts. Zudem sind Ökodruckfarben bzw. mineralölfreie Farben heutzutage fast in jeder Druckerei zu finden und kein Alleinstellungsmerkmal mehr, mit dem sich Druckereien brüsten können.

Was bedeutet Deinking?

Deinking ist die englische Bezeichnung für das industrielle Verfahren zur Entfernung von Druckfarbe aus Altpapierfasern, um daraus Zellstoff für die Recyclingpapierproduktion zu gewinnen. Dabei wird das Altpapier zerkleinert. Anschließend werden die Papierfasern in einer Wasserlauge von Farben, Klebern etc. getrennt. Die nicht gewünschten Stoffe werden an die Wasseroberfläche geschwemmt und dort abgetragen. Damit hochwertiges Recyclingpapier entstehen kann, müssen sich Farbe, Kleber usw. problemlos vom Papier trennen, also deinken, lassen.

16.2.2 Deinkbarkeit von Druckfarben

Während es für den Schutz unserer Ressourcen wichtig ist, auf den Einsatz von Bestandteilen wie Mineralölen zu verzichten, ist zusätzlich darauf zu achten, dass der Papierrecyclingkreislauf nicht negativ beeinflusst wird. Leider gibt es nicht immer eine Lösung, die sowohl die Reduktion von z.B. Mineralöl als auch eine hohe Deinkbarkeit ermöglicht.

Dabei sind einige Farben wie Offsetfarben, Trockentoner und Tiefdruckfarben besser für den Prozess im Deinking geeignet als andere. Das heißt, sie lassen sich besser von den Papierfasern trennen. Aber warum bereiten einige Druckfarben mehr Probleme im Deinking als andere? Das hängt zum einen damit zusammen, dass Farben je nach ihrer Zusammensetzung und der Wahl des Papiers unterschiedlich stark in die Fasern eindringen. Zum anderen bestehen Druckfarben nicht immer nur aus Farbe, wie man dem Namen entnehmen würde, sondern können auch Kunststoff enthalten.

Wenn Sie einen Druck in Auftrag geben, sollten Sie darauf achten, dass Sie auf Inkjet- und Flüssigtoner sowie UV-härtende Farben verzichten, da bei ihnen eine Deinkbarkeit nicht oder nur schwer gegeben ist. Ihre Druckerei sollte Sie hier beraten können, vor allem, wenn diese auf Nachhaltigkeit ausgerichtet ist und eine Zertifizierung Blauer Engel UZ 195 ausweisen kann.

Blauer Engel bietet Sicherheit bei Deinking

Wenn Sie ganz sicher sein möchten, dass Ihr ganzes Druckprodukt, inklusive Druckfarben, problemlos recycelt werden kann, ist die Zertifizierung mit dem Blauen Engel UZ 195 für Druckprodukte hilfreich. Diese garantiert vollständige Recyclingfähigkeit und demnach auch Deinkbarkeit aller Fremdstoffe.

16.3 Papier und Nachhaltigkeit

Die Papierwahl hat einen entscheidenden Einfluss auf die Nachhaltigkeit eines Produkts, wenn nicht sogar *den* entscheidenden Einfluss. Daher ist es das A und O, auf das richtige Papier zurückzugreifen. In Sachen Nachhaltigkeit ist hier ganz klar Recyclingpapier das Stichwort. Dabei gehört gräulich anmutendes Ökopapier der Vergangenheit an. Denn heutzutage gibt es auch viele Recyclingpapiere mit einem hohen Weißgrad. Im Folgenden erhalten Sie einen Überblick über die Papierarten, die Sie zur Auswahl haben, und erfahren, wie sich diese unterscheiden. So wissen Sie genau über Papier Bescheid und können künftig die richtige Entscheidung treffen. Zum Papier siehe auch Kapitel 14.

16.3.1 Frischfaserpapier versus Recyclingpapier

Auch wenn Holz ein nachwachsender Rohstoff ist, ist es besser, auf Frischfaserpapier zu verzichten. Der Rohstoff für Frischfaserpapier wird aus Holz gewonnen und zu Zellstoff verarbeitet, der dann für die Papierproduktion aufbereitet und schließlich zu Papier verarbeitet wird. Da es weltweit einen hohen Bedarf an Papier gibt, ist auch die Papierindustrie an der starken Belastung unserer Wälder beteiligt. Aber auch über diese Problematik hinaus wird unsere Umwelt bei der Produktion von Papier durch einen erhöhten Bedarf an Wasser, Energie und den Einsatz von Chemikalien stark belastet. Recyclingpapier sollte immer die erste Wahl sein. Da, wo Frischfaserpapier nicht vermeidbar ist, sollte auf zertifiziertes Papier geachtet werden. Aber auch das ist leider nicht immer eine Garantie dafür, dass das nötige Holz aus vertrauensvollen Quellen stammt.

Wer auf Recyclingpapier setzt, umgeht viele Probleme, die durch die Verwendung von Frischfaserpapier aufkommen. Dadurch, dass in der Produktion von Recyclingpapier ein beachtlicher Teil der energieintensiven Arbeitsschritte wegfällt, sieht die Umweltbilanz von Recyclingpapier wesentlich besser aus als die von Frischfaserpapieren: In der Produktion von Recyclingpapier wird im Vergleich zu Frischfaserpapier bis zu 68 % weniger Energie verbraucht. Neben der Energieersparnis wird zudem bis zu 78 % Wasser eingespart, da das Wasser, das für das Herauslösen von Cellulosefasern aus dem Holz nötig ist, in der Produktion von Recyclingpapier entfällt. Es wird lediglich Wasser im Prozessschritt der Druckfarbenentfernung benötigt. Zudem werden durch die Verwendung von Recyclingpapier Wälder entlastet, wodurch ihre Bäume länger als CO_2-Speicher verfügbar sind. Insgesamt ergibt sich durch die Produktion von Recyclingpapier eine CO_2-Ersparnis von bis zu 15 % im Vergleich zu Frischfaserpapieren.

16.3.2 Papierzertifikate

Wie für viele andere Dinge gibt es auch für Papier diverse Zertifikate, die die Umweltfreundlichkeit bzw. den Grad des Recyclinganteils abbilden sollen. Die wichtigsten darunter sind:

+ FSC-Label
+ PEFC-Label
+ EU Ecolabel
+ der Blaue Engel
+ Cradle to Cradle

FSC

Abbildung 16.5: FSC-Siegel

FSC steht für »Forest Stewardship Council«. Es ist eine internationale Zertifizierung für nachhaltige Forstwirtschaft. FSC-Zertifikate bestätigen nicht die ökologische Nachhaltigkeit eines Produkts. Der Einsatz von zum Beispiel toxischen Stoffen in der Papierproduktion ist bei FSC nicht reguliert. Ziel des FSC ist es, die Wälder der Erde zu schützen, wenn auch das Label immer wieder mit Korruptionsvorwürfen aufgefallen ist.

Tabelle 16.1: FSC-Papiere

FSC-Papier	Eigenschaft
FSC 100 %	Dieses Papier besteht ausschließlich aus FSC-zertifizierten Wäldern.
FSC-Mix	Mix aus zertifiziertem und nicht zertifiziertem Papier, allerdings aus kontrollierten Quellen.
FSC-Recycling	Dieses Label entspricht der Verwendung von 100 % kontrolliertem Altpapier.

Das PEFC-Label

Abbildung 16.6: PEFC-Label für nachhaltige Forstwirtschaft

Das PEFC-Label ist ein weiteres Label für die Zertifizierung von nachhaltig bewirtschafteten Wäldern. PEFC steht für »Programme for the Endorsement of Forest Certification Schemes« und ist ebenso wie FSC ein international anerkanntes Zertifikat. Auch hier gab es immer wieder Korruptionsvorwürfe, die das Label nicht bedingungslos vertrauenswürdig wirken lassen.

Tabelle 16.2: PEFC-Papiere

PEFC-Papier	Eigenschaft
PEFC-zertifiziert	70 % PEFC-zertifiziertes Material aus anerkannten Wäldern oder Recyclingmaterial
PEFC recycelt	mindestens 70 % PEFC-zertifiziertes Material aus Recyclingquellen
PEFC Regional	PEFC-zertifiziertes Material wird lokal bezogen

EU Ecolabel

Abbildung 16.7: Das EU Ecolabel

Das EU Ecolabel ist ein Umweltzeichen der Europäischen Union, das Produkte und Dienstleistungen auszeichnet, die bestimmte Umweltstandards erfüllen. Das EU Ecolabel berücksichtigt den gesamten Lebenszyklus eines Produkts oder einer Dienstleistung, einschließlich der Rohstoffbeschaffung, Herstellung, Verwendung und Entsorgung.

Der Blaue Engel UZ 14a

Das Label Blauer Engel UZ 14a ist speziell für Produkte aus Recyclingpapier vorgesehen. Es garantiert, dass das Papier zu 100 % aus Altpapier besteht. Der Einsatz von optischen Aufhellern, Bleichmitteln, Farbstoffen oder Duftstoffen ist verboten.

Abbildung 16.8: Das Umweltzeichen Blauer Engel

16.3.3 Der Cradle-to-Cradle-Standard

Cradle to Cradle (kurz C2C) bedeutet übersetzt *von der Wiege bis zur Wiege*. Denn bei C2C geht es genau darum: durchgängig und konsequent geschlossene Kreisläufe bei der Produktentwicklung mitzudenken. Nach dem C2C-Prinzip werden also Produkte nicht erst ab ihrer Benutzung betrachtet. Die gesamte Wertschöpfungskette wird beleuchtet, so auch die Ressourcengewinnung vor und die Ressourcenverwertung nach der Nutzung. Ziel ist es, wertvolle Rohstoffe nicht am Ende der Nutzung zu verlieren, sondern diese im Kreislauf zu behalten.

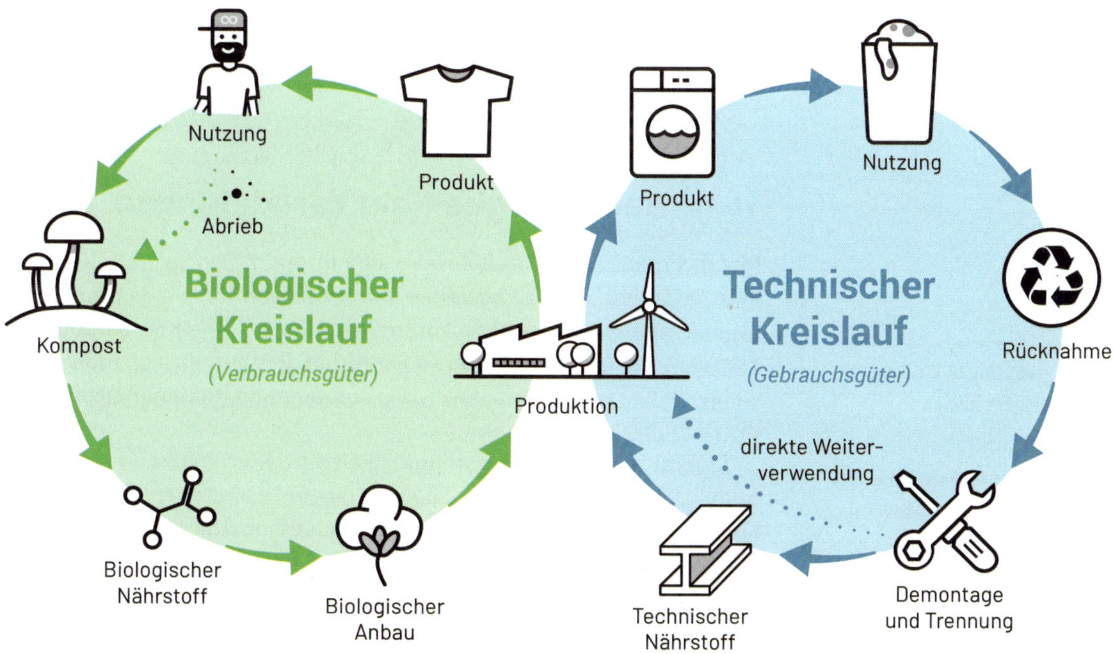

Abbildung 16.9: Kreisläufe und Prinzipien des Cradle-to-Cradle-Konzeptes nach Prof. Michael Braungart und Prof. William McDonough

Der C2C-Standard berücksichtigt fünf wesentliche Kriterien:
1. Materialgesundheit
2. Kreislauffähigkeit
3. Auswirkungen auf Luftqualität und Klima
4. Auswirkungen auf Wasser- und Bodenqualität
5. Sozialstandards

Produkte und Materialien, die den C2C-Standard erfüllen, können mit einer der vier Zertifizierungsstufen ausgezeichnet werden: Bronze, Silber, Gold und Platin. Die höheren Stufen setzen dabei eine stärkere Umsetzung der Zertifizierungsstandards voraus. Nun kommen wir zu

Papierzertifikate im Vergleich

Um noch einmal alle Zertifikate im direkten Vergleich zu sehen, können Sie diese nach den verschiedenen Aspekten in der Tabelle vergleichen, die sich auf der Website der Initiative Pro Recyclingpapier befindet: *www.papiernetz.de/informationen/material*. Dort gibt es auch einen interessanten Nachhaltigkeitsrechner: *www.papiernetz.de/informationen/nachhaltigkeitsrechner*

einem Kritikpunkt: Die niedrigeren Level garantieren keine hundertprozentige Kreislauffähigkeit. Die Zertifizierungslevel setzen folgende Anteile der Kriterien gemessen am Gewicht des Endprodukts voraus:

+ Bronze: ≥ 50 %
+ Silber: ≥ 70 %
+ Gold: ≥ 90 %
+ Platin: ≥ 99 %

Auch C2C-Papier gewinnt zunehmend an Bekanntheit und Beliebtheit. Hierbei zielt der C2C-Ansatz darauf ab, die Umweltauswirkungen von Papierprodukten zu verbessern, die Ressourceneffizienz zu erhöhen und eine nachhaltige Nutzung von Papierressourcen zu fördern, indem der biologische und technische Kreislauf optimiert wird.

Das volle Potenzial entwickelt eine C2C-Zertifizierung dann, wenn sie in Kombination mit dem Blauen Engel UZ 195 vergeben wird, da die Stärken beider Zertifikate zusammenwirken können, anstatt sich gegenseitig im Weg zu stehen.

16.4 Nachhaltigkeit bei Veredelungen

Möchte man die Umweltverträglichkeit einer Druckveredelung beurteilen, muss man sich immer den jeweiligen Einzelfall anschauen. Bei manchen Veredelungen kommt es auch auf eine Kombination von zum Beispiel Lack und Farbe an. Während der Lack an sich möglicherweise deinkbar ist, kann durch die Kombination mit einer Druckfarbe die Deinkbarkeit wiederum nicht mehr gegeben sein.

Eine gute Orientierungsmöglichkeit ist daher auch hier der Blaue Engel UZ 195. Veredelungen, die mit diesem Label zertifizierbar sind, können als weitestgehend unbedenklich eingestuft werden und sind in jedem Fall deinkbar.

Komplett unbedenklich in puncto Nachhaltigkeit sind Prägungen, Stanzungen inklusive Laserstanzung und Lasergravur, da hier keine zusätzlichen Materialien zum Einsatz kommen, die das Recycling behindern können. Einsetzbar ist auch ein Farbschnitt, wenn die verwendeten Druckfarben ökologisch unbedenklich und deinkbar sind.

Jeweils separat betrachtet und je nach Herstellung und verwendeten Inhaltsstoffen bewertet werden müssen Veredelungen mit Dispersionslacken, Neon- oder Metallicfarben sowie Folienkaschierung und Cellophanierung. Auch Transferveredelungen können prinzipiell deinkt werden. Diese sollten allerdings immer über den Blauen Engel UZ 195 geprüft werden.

Von UV-Lacken muss im Hinblick auf die Nachhaltigkeit abgeraten werden, da sie nicht deinkbar sind.

Die umfangreiche Welt des nachhaltigen Designs

Dieser Gastbeitrag hat die nötigsten Aspekte einer nachhaltigen Druckproduktion aufgeführt. Das Thema umfasst jedoch noch viele weitere Aspekte: Die Kommunikation mit Kunden und Kundinnen, die Etablierung von Nachhaltigkeit in Designprozessen, Methoden, vegane Printmedien, digitale Nachhaltigkeit und vieles mehr können und sollten beachtet werden. Möchten Sie tiefer in diese Themen einsteigen? Dann ist das Buch »Nachhaltiges Grafikdesign – Das umfassende Handbuch« genau das Richtige für Sie.

Teil IV

Grundwissen Digitale Medienprodukte

Kapitel 17

EDV-Grundlagen

Themen des Kapitels:

+ *Daten und Dateien*
+ *Grundlagen von Datenbanken und Blockchain*
+ *Datenkompression*
+ *Verschlüsselung*

17.1 Daten

Daten sind die Arbeitsgrundlage in der Mediengestaltung – egal, ob Printprodukte oder digitale Werke erschaffen werden sollen. Bevor in den folgenden Abschnitten auf Computer- und Kommunikationstechnologien eingegangen werden kann, muss daher ein solides Grundwissen rund um Daten und Digitalisierung geschaffen werden.

17.1.1 Analoge und digitale Daten

Analoge und digitale Daten sind grundlegend verschieden. In der Natur haben sämtliche Informationen eine analoge Form. Das bedeutet, sie bestehen aus einer physikalischen Größe – beispielsweise einer Schallwelle, die sich durch die Luft fortbewegt. Die Form dieser physikalischen Größe verändert sich entsprechend der dargestellten Information: Ein lauteres Signal erzeugt eine Schallwelle mit größerer Amplitude, ein höheres Signal bewirkt eine Schallwelle mit höherer Frequenz. Analog bedeutet demnach auch »entsprechend«. Analoge Medien sind kontinuierlich (unterbrechungsfrei) und stufenlos.

Digitale Daten hingegen sind nicht stufenlos. Der Begriff kommt vom lateinischen »digitus«, also Finger – mit einem Finger wird gezählt. Digitale Signale sind daher abgestuft dargestellt – es gibt eine feste Anzahl von Einheiten, mit denen Informationen dargestellt werden können. Man spricht daher von einer »diskreten Menge« an Informationen, da es zwischen Werten immer einen Mindestabstand gibt.

Wenn wir heute von digitalen Signalen sprechen, meinen wir eigentlich binäre Signale. Computer speichern und verarbeiten Daten als elektrische Impulse, die genau zwei Zustände kennen: Es fließt Strom (1) oder es fließt kein Strom (0). Binärsignale kennen also zwei Zustände – auf dieser einfachen Grundlage beruht die gesamte digitale Revolution.

Digitalisierung

In diesem Abschnitt soll es um die Umwandlung analoger in digitale Signale gehen, also um die erste Bedeutung des Begriffs »Digitalisierung«. Alle Informationen in der Natur sind analog, alle Informationen im Computer sind digital. Informationen müssen also digitalisiert werden, um von der Welt der Atome in die Welt der Bits zu wechseln. Dabei kommt es immer zu einem Informationsverlust – bei ausreichender Qualität ist es allerdings fragwürdig, ob dieser Informationsverlust wahrgenommen werden kann.

Definition Digitalisierung

Der Begriff »Digitalisierung« wird in verschiedenen Bedeutungen verwendet:

Im engen Sinne bezeichnet er die Umwandlung von analogen in digitale Daten.

»Digitalisierung« kann aber auch bedeuten, dass digitale Techniken eingeführt werden, beispielsweise beim Umstieg von der Filmprojektion in Kinos auf digitalen Film.

Weit gefasst kann »Digitalisierung« aber auch als Alternative zum Begriff der »digitalen Transformation« genutzt werden. Sie meint dann alle Auswirkungen, die mit der zunehmenden Nutzung von digitaler Technologie einhergehen.

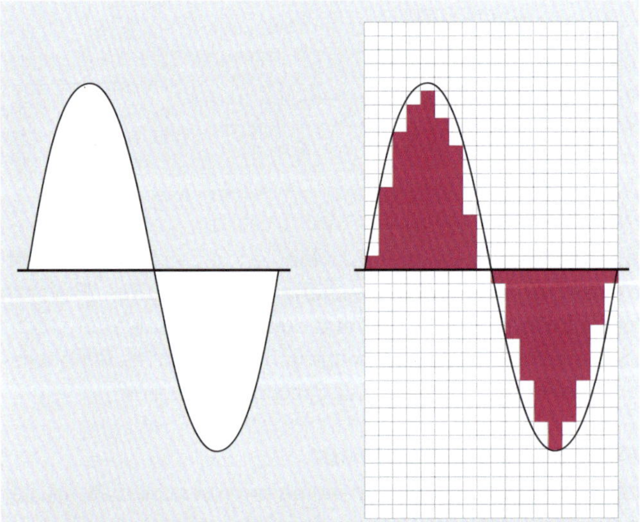

Abbildung 17.1: Analoge und digitale Daten

Im ersten Schritt werden die analogen Signale mithilfe von Sensoren gemessen und in eine elektrische Spannung umgewandelt. Je nachdem, welches Ausgangsmaterial digitalisiert werden soll, kommen unterschiedliche Sensoren zum Einsatz – beispielsweise CCD-Sensoren (Bild- und Videoaufnahmen) oder Mikrofone (Schallaufnahmen).

Die elektrische Spannung wird anschließend abgetastet und in eine digitale Form umgewandelt. Worauf es dabei besonders ankommt, hängt stark von der Natur des analogen Signals ab. In der Mediengestaltung sind Bild-, Audio-, Bewegtbild- und Textdaten besonders wichtig. Digitalisierung ist jedoch nicht auf diese Daten beschränkt: Beispielsweise können auch Formen mithilfe von 3D-Scannern digitalisiert werden.

Digital-Analog-Wandlung

Das Gegenstück dieser Analog-Digital-Wandlung (A/D-Wandlung) ist die Digital-Analog-Wandlung, bei der die digitalen Daten wieder in ein wahrnehmbares analoges Signal umgewandelt werden.

Digitalisierung von Texten und OCR

Die meisten gescannten Vorlagen werden als Rastergrafiken in Bilddateien abgespeichert. Für Textdokumente ist dies jedoch meist nicht gewünscht – der Text kann in diesem Fall nicht durchsucht, kopiert oder bearbeitet werden.

Eine Lösung für diesen Fall ist die optische Zeichenerkennung, die mit OCR (Optical Character Recognition) abgekürzt wird. Sie hat die Aufgabe, die als Pixel dargestellten Zeichen zu erkennen und als Text zu kodieren.

Definition OCR

Optical Character Recognition. Optische Zeichenerkennung. Verfahren, um gescannte Textvorlagen elektronisch wieder in editierbare Texte zu verwandeln.

Abbildung 17.2: OCR-A ist eine Schrift mit bewusst unterschiedlichen Buchstabenformen (vgl. O und Q), die eine Zeichenerkennung vereinfachen sollte.

Ursprünglich wurden für die Zeichenerkennung spezielle Schriftarten wie die OCR-A eingesetzt, bei denen sich die Buchstaben- und Ziffernformen bewusst deutlich voneinander unterscheiden. Durch verbesserte Algorithmen ist es heute jedoch möglich, auch übliche Schriften und teilweise sogar Handschriften mit einiger Zuverlässigkeit zu erkennen. OCR arbeitet dafür heute nicht mehr nur mit reiner Zeichenerkennung, sondern auch mit Rechtschreibprüfungen und Kontextanalyse. Viele Zeichen ähneln sich – beispielsweise »B« und »8« oder »1« und »l«. Eine intelligente Analyse hilft der Software jedoch, unwahrscheinliche Kombinationen auszuschließen – es ist beispielsweise sehr unwahrscheinlich, dass ein Dokument die Zeichenfolge »8aum« statt »Baum« enthält.

17.1.2 Dateien

Dateien sind inhaltlich zusammengehörige Daten, die auf einem Datenträger gespeichert werden und eine definierte Form haben. Ein Programm oder das Betriebssystem nutzt diese formellen Angaben, um die Daten zu interpretieren und zu verarbeiten – sei es als ausführbares Programm, Bild, Tondokument oder Text. Solche Metadaten zu Dateien sind beispielsweise:

+ Dateiname: Dateinamen müssen innerhalb eines Verzeichnisses eindeutig sein. Darüber hinaus können weitere Regeln für Dateinamen festgelegt sein, die vom Dateisystem abhängen.
+ Dateiattribut: Dateiattribute sind Metadaten von Dateien. Einige von ihnen sind durch die Datei selbst festgelegt, beispielsweise die Dateigröße oder das Änderungsdatum. Einige andere Attribute können vom Anwender selbst festgelegt werden – dazu zählen beispielsweise Zugriffsberechtigungen.

Metadaten zu Dateien werden in einem Bereich der Datei abgelegt, der als Dateiheader bezeichnet wird. Der eigentlich nutzbare Inhalt der Datei steht im Dateibody.

Dateiformate

Es gibt unterschiedliche Typen von Dateien, die durch das Dateiformat festgelegt werden. Einige dieser Dateiformate sind standardisiert, also durch Gremien festgelegt. Ein Beispiel dafür sind die verschiedenen Bildformate, die in Abschnitt 6.5 behandelt werden. Es gibt jedoch auch

Dateiformate, die von einzelnen Herstellern für die eigene Software festgelegt werden. Sie werden als proprietär bezeichnet.

Woran erkennt man Dateiformate? Häufig greift man dafür auf Dateiendungen zurück. Eine Dateiendung ist eine meist dreistellige Erweiterung des Dateinamens, die durch einen Punkt abgetrennt wird – ein Beispiel wäre »roboter.jpg« für ein Bild im JPEG-Format. Über die Dateiendung lässt sich festlegen, welches Anwendungsprogramm die Datei öffnen soll.

Dateiformat erkennen

Allerdings sind Dateiendungen keine hundertprozentig zuverlässige Methode, um Dateiformate zu erkennen. So ist es beispielsweise möglich, eine Dateiendung manuell zu überschreiben. Dies führt meist zu einem Datensalat, der selten sinnvoll genutzt werden kann – es gibt digitale Kunstformen, die diese Methode einsetzen, um unvorhersehbare Ergebnisse zu erzielen und in ihre Werke einzuarbeiten. Sicherer ist daher, das Dateiformat über Metadaten abzufragen.

Vorsicht bei Änderung der Dateiendung

Das Ändern einer Dateiendung kann die Datei praktisch nicht mehr nutzbar machen. Zahlreiche Betriebssysteme haben sich daher entschlossen, die Dateiendung standardmäßig nicht mehr anzuzeigen. Sie lässt sich dann zwar nicht mehr ohne Weiteres ändern, allerdings führt dies zu Problemen anderer Art – beispielsweise nutzen einige Viren dieses Verhalten, um sich als »harmlose« Datei zu tarnen (»virus.jpg.exe«).

Dateisysteme

Betriebssysteme arbeiten mit einem Dateisystem, das sich um die Verwaltung von Dateien kümmert. Es gibt unterschiedliche Dateisysteme, und die meisten Betriebssysteme können mit verschiedenen Dateisystemen umgehen – teilweise sind diese Dateisysteme auch zwischen verschiedenen Betriebssystemen kompatibel. Die meisten Dateisysteme arbeiten mit einer Verzeichnisstruktur, die sich dem Anwender in Form von Ordnern präsentiert.

Dateisysteme unterscheiden sich im angebotenen Funktionsumfang. Einige Dateisysteme kennen beispielsweise Sicherheitsmechanismen, die verhindern, dass zwei Programme gleichzeitig den gleichen Teil einer Datei schreiben möchten.

Ein wichtiger Mechanismus ist auch das Journaling. Dabei wird ein Bereich des Speichers reserviert (Journal). Speichert ein Anwender oder eine Software eine Datei, werden die Änderungen zunächst nicht in der Datei selbst, sondern im Journal abgelegt. Kommt es während des Speicherns zu einem Systemabsturz, kann das System einen konsistenten Zustand der Dateien rekonstruieren. Außerdem gibt es Dateisysteme, die für bestimmte Speichermedien optimiert sind, beispielsweise optische Speichermedien oder SSD-Festplatten.

17.1.3 Maßeinheiten für Datenmengen: Bit, Byte etc.

Wie erläutert, basiert die heutige Digitaltechnik auf binären Daten, die einen von zwei Zuständen (0 oder 1) einnehmen können. Die grundlegende Einheit dafür ist das Bit (Binary Digit, also binäres Zeichen). Ein Bit ist entweder 0 oder 1 und kann physikalisch beispielsweise durch die Zustände »an« und »aus« eines Schalters, durch eine Magnetisierung an einer bestimmten Stelle (positiv oder negativ) oder durch eine Spannung realisiert werden.

Ein Bit ist für die meisten Daten zu wenig. Ein 1-Bit-Farbsystem könnte beispielsweise nur Schwarz oder Weiß darstellen. Meistens möchte man jedoch mehr als zwei Werte darstellen, so dass man mehrere Bits zusammenfasst. Während 1 Bit zwei Werte ausdrücken kann, sind es bei 2 Bit schon vier (2^2), bei 3 Bit acht (2^3) und bei 4 Bit bereits 16 Werte (2^4). Bit wird abgekürzt mit einem kleinen »b«.

Bytes, Kilobytes, Megabytes und Co.

Eine Folge von 8 Bit wird als 1 Byte bezeichnet. 16 Bit sind dementsprechend 2 Byte, 24 Bit wären 3 Byte. Die Abkürzung für Byte ist ein großes »B« – nicht zu verwechseln mit dem kleinen »b« für Bit.

Moderne Rechner sind jedoch so leistungsfähig, dass man mit riesigen Zahlen hantieren müsste, würde man alle Angaben in Byte machen. Man arbeitet daher mit Vielfachen dieser Werte, normalerweise in 1.000er-Schritten (z. B. Kilobyte, Megabyte, Gigabyte).

An dieser Stelle geht die Verwirrung los. Wie viele Gramm hat ein Kilogramm? Richtig, 1.000 – so sagt es die internationale Definition der Vorsilbe »Kilo«. Diese Angaben beruhen auf dem Dezimalsystem auf Basis der Zahl 10. Diese Denkweise bezeichnet man als SI-Präfix (nach dem französischen »Système international d'unités«, internationales Einheitensystem).

Die Digitaltechnik basiert jedoch wie erläutert auf dem Binärsystem, also auf Vielfachen der Zahl 2. Viele Anwender bevorzugten daher, diese binäre Rechenweise auch auf die Byte-Präfixe zu übertragen – ein Kilobyte entspräche dann nicht mehr 1.000 Bit, sondern 1.024 Bit. Das mag auf den ersten Blick trivial erscheinen – was sind schon 24 Bit? Allerdings summieren sich die Unterschiede schnell auf, wie die folgende Tabelle zeigt. Weitere Info finden Sie in Zusatzkapitel »Byte.pdf« unter *www.rheinwerk-verlag.de/5853*.

Einheit	Abkürzung	Entsprechung nach SI	Entsprechung nach IEC
Kilobyte	kB	1.000 B = 8.000 Bit	2^{10} B = 1.024 B = 8.192 Bit
Megabyte	MB	1.000 kB = 1.000.000 B = 8.000.000 Bit	2^{20} B = 1.048.576 B = 8.388.608 Bit
Gigabyte	GB	1.000 MB = 1.000.000.000 B	2^{30} B = 1.073.741.824 B = 8.589.934.592 Bit
Terabyte	TB	1.000 GB = 1.000.000.000.000 B	2^{40} B = 1.099.511.627.776 B = 8.796.093.022.208 Bit

Tabelle 17.1: Bytes mit Präfixen. Die nächsten Präfixe wären Petabyte (1 PB = 1.024 TB) und Exabyte (1 EB = 1.024 PB).

Ausgewählte Dateisysteme

- Apple setzte viele Jahre lang auf das Dateisystem HFS+ (Hierarchical File System, unter macOS selbst als Mac OS Extended bezeichnet).
- Im Juni 2016 stellte Apple den Nachfolger von HFS+ vor: APFS (Apple File System). Es wird seit iOS 10.3 auf iPhones sowie iPads und seit macOS High Sierra auf Macs verwendet.
- Windows 95 und seine Nachfolger nutzten das Dateisystem FAT32 (File Allocation Table).
- Ab Windows XP hört das Standard-Dateisystem von Windows auf den Namen NTFS (New Technology File System).
- UFS steht für Unix File System.
- UDF (Universal Disc Format) ist ein fortgeschrittenes Dateisystem für optische Speichermedien.
- ZFS (Zetta File System) ist ein Dateisystem, das von Sun Microsystems entwickelt wurde.

Datenrate

Häufig interessiert uns jedoch nicht nur die Größe der Daten, sondern die Datenrate, auch Datenübertragungsrate oder Datentransferrate oder auch Bitrate genannt. Damit ist gemeint, wie viele Daten pro Sekunde verarbeitet werden können. Solche Angaben finden sich häufig bei Mobilfunk- oder Festnetzverbindungen sowie bei Festplatten (Lese- und Schreibgeschwindigkeit) oder bei Videos. Bei Netzwerkverbindungen spricht man oft auch von Verbindungs- oder Übertragungsgeschwindigkeit sowie Bandbreite.

Definition Datenrate
Die Datenmenge, die innerhalb einer bestimmten Zeit übertragen wird.

Brutto- und Netto-Datenrate

Außerdem unterscheidet man zwischen einer Brutto- und einer Netto-Datenrate. Jedes Protokoll hat einen sogenannten Overhead. Das bedeutet, es werden nicht nur die eigentlichen Nutzdaten übertragen, sondern auch noch Steuerdaten. Dabei handelt es sich um Informationen, die man zur Steuerung der Kommunikation selbst benötigt. Das bedeutet, dass man von der angegebenen Brutto-Datenrate noch einen Teil abziehen muss. Diese Netto-Datenrate wird auch als Datendurchsatz bezeichnet.

Datenwort

Ein Datenwort oder auch nur Wort ist die grundlegende Einheit, die ein Computer verarbeitet. Sie wird meist in Bit angegeben. Ein 32-Bit-Rechner nutzt beispielsweise Wörter in der Größe von 32 Bit – man sagt auch, er hat eine Wortbreite von 32 Bit.

Man misst die Datenrate, indem man die übertragenen Bits pro Sekunde zählt – die Einheit ist somit Bit/s (Bit pro Sekunde), manchmal auch b/s (kleines »b«, also Bit, nicht Byte!) oder englisch bps für »bits per second« abgekürzt. Auch hier kann mit Vielfachen gearbeitet werden, beispielsweise kBit/s oder MBit/s. Üblicherweise verwendet man bei Datenraten 1.000er-Schritte nach dem Dezimalsystem.

Bandbreite

Der Begriff »Bandbreite« hat unterschiedliche Bedeutungen. Er wird oft als Synonym für die Datenrate verwendet. In der Signalverarbeitung hingegen definiert »Bandbreite« den Bereich innerhalb eines Frequenzspektrums, in dem das genutzte Signal liegt. Bei Frequenzen wird die Bandbreite in Hertz (Hz) oder einem seiner Vielfachen (kHz, MHz) gemessen.

Bei der Übertragung digitaler Daten besteht natürlich ein Zusammenhang zwischen den beiden Bedeutungen: Je breiter der Bereich ist, der zur Übertragung von Daten genutzt werden kann, desto schneller kann die Übertragung sein. Es passen also sozusagen mehr Daten in das Band hinein.

17.1.4 Zeichensatz

Der Zeichensatz legt fest, welche Zeichen in einem Text vorkommen können – man kann ihn sich wie einen Vorrat an darstellbaren Zeichen vorstellen. Ein Zeichensatz enthält beispielsweise Buchstaben und Ziffern, aber auch Sonderzeichen, Symbole oder auch Lettern aus fremden Sprachen. Es gibt eine Vielzahl von Zeichensätzen. Die wichtigsten sind ASCII und Unicode.

ASCII (American Standard Code for Information Interchange) ist ein Zeichensatz aus dem Jahr 1963 mit einem Umfang von 7 Bit, also 126 Zeichen – das erste und das letzte Zeichen bleiben ungenutzt. ASCII umfasst Groß- und Kleinbuchstaben, Ziffern und einige wichtige Satzzeichen. Hinzu kommen 32 Steuerzeichen – deutsche Umlaute fehlen komplett.

Natürlich ist es ein Nachteil für den internationalen Austausch von Daten, wenn ein Zeichensatz nur über einen eingeschränkten Umfang verfügt. Aus diesem Grund entstand der **Unicode-Standard**. Er hat das ehrgeizige Ziel, möglichst alle Zeichen zu umfassen – und zwar in allen Sprachen. Die Zeichen sind dabei in unterschiedliche Blöcke gegliedert, beispielsweise für lateinische, japanische, chinesische oder koreanische Zeichen.

Unicode-Zeichen können auf verschiedene Art und Weise gespeichert und kodiert werden:

+ UTF-8 (Universal Transformation Format) ist am weitesten verbreitet – es ist beispielsweise der Standard im Internet. Hier wird jedes Zeichen mit einer unterschiedlichen Anzahl von Bytes gespeichert. Während die klassischen ASCII-Zeichen mit jeweils einem Byte auskommen, benötigen Zeichen aus anderen Sprachen je zwei bis vier

Byte. Ein Vorteil ist, dass UTF-8 mit ASCII abwärtskompatibel ist, da die ersten 128 Zeichen deckungsgleich mit ASCII sind.

+ UTF-16 ist etwas älter als UTF-8 und arbeitet bei jedem Zeichen mit einem oder zwei 16-Bit-Blöcken.
+ UTF-32 schließlich arbeitet mit vier Byte (32 Bit) für jedes Zeichen. Demnach ist der Platzbedarf für UTF-32-kodierte Daten am höchsten.

17.2 Datenbanken

Datenbanken (DB) sind eine weitere Möglichkeit, Daten strukturiert zu verwalten. Datenbanken sind sehr gut darin, die Beziehungen zwischen Daten darzustellen. Ein Datenbankmanagementsystem (DBMS) übernimmt die Verwaltung der Datenbank.

Kriterien für Datenbanken

Wenn man Datenbanken einsetzt, verfolgt man dabei zwei besonders wichtige Ziele: Datenkonsistenz und Redundanzfreiheit.

+ Datenkonsistenz bedeutet, dass jeder Datensatz vollständig und widerspruchsfrei sein sollte. Jeder Eintrag sollte also eindeutig zu identifizieren sein.
+ Unter Redundanzfreiheit versteht man, dass gleiche Daten nach Möglichkeit nicht mehrfach gespeichert werden sollten – dies würde nicht nur mehr Speicherplatz erfordern, sondern kann auch zu Inkonsistenzen bei Änderungen führen.

Weitere wichtige Kriterien können Flexibilität (mehrfache Nutzung der Daten zu unterschiedlichen Zwecken), Sicherheit und Datenschutz (Schutz vor Datenverlust oder unerlaubten Zugriffen), Fehlerfreiheit (automatische Korrektur von Datenbankfehlern), Unabhängigkeit (Trennung von Datenbank und Datenbankmanagementsystem, so dass man auch dann noch auf die Daten zugreifen kann, wenn man ein anderes System einsetzen möchte) oder gleichzeitige Zugriffe mehrerer Nutzer oder Nutzerinnen sein.

17.2.1 Arten von Datenbanken

Im einfachsten Fall hat eine Datenbank nur eine einzige Tabelle, in die alle Informationen eingetragen werden. Das ist allerdings eher für sehr einfache Anwendungsfälle geeignet. Daneben gibt es eine ganze Reihe von Datenbankarten.

+ Hierarchische Datenbanken sind das älteste Datenbankmodell und legen Daten in einer Baumstruktur ab – Daten stehen also in einer Eltern-Kind-Beziehung. Dieses Modell erinnert stark an die Verzeichnisstruktur von Dateisystemen, weshalb diese auch näherungsweise als hierarchische Datenbanken gesehen werden können.
+ In Datenbanken im Netzwerkmodell werden Einträge netzwerkartig miteinander verbunden. So kann ein Datensatz beispielsweise auch

mehrere Eltern haben. Auf diese Weise lassen sich ebenfalls n:n-Beziehungen abbilden.

+ Relationale Datenbanken stellen aus heutiger Sicht die wichtigste Art dar. Auf sie wird daher im Folgenden im Detail eingegangen.
+ Objektorientierte Datenbanken greifen auf Einflüsse aus der objektorientierten Programmierung zurück.
+ Dokumentenorientierte Datenbanken ohne SQL basieren auf den Dokumenten selbst. Diese enthalten einige frei definierbare Datenfelder für Metadaten, die durchsuchbar sind. Dieser Ansatz wurde bereits in Lotus Notes angewendet. Größere Aufmerksamkeit erhielt er in den letzten Jahren durch NoSQL-Datenbanken (zum Beispiel MongoDB), die bewusst mit der relationalen Tradition brechen.
+ Außerdem gibt es verschiedene Mischformen dieser Typen.

Relationale Datenbanken

Datenbankpraxis

Beispiele für die praktische Arbeit mit Datenbanken enthält Kapitel 25.

Am weitesten verbreitet sind relationale Datenbanken. Eine Datenbank dieser Art besteht aus mehreren Tabellen. Jeder Datensatz (Record) wird mit einer Zeile (Tupel) innerhalb einer Tabelle dargestellt. Die Eigenschaften (Attribute) von Datensätzen werden in Spalten dargestellt.

Eines der Attribute ist ein eindeutiger Primärschlüssel, meist eine ID – der Primärschlüssel darf in jeder Tabelle nur einmal vorkommen, damit jeder Datensatz zweifelsfrei identifiziert werden kann. Außerdem wird jedem Attribut ein Datentyp zugewiesen, der festlegt, welche Werte erlaubt sind.

Der Clou von relationalen Datenbanken besteht nun darin, dass sich die Einträge über die Schlüssel auf flexible Weise miteinander verknüpfen lassen. So könnte es in einem Shop beispielsweise zwei Tabellen geben – eine für Kundendaten, eine für Artikel.

Kunden-ID	Name	Vorname	Strasse	Hausnr.	PLZ	Ort
1	Beispielmüller	Heinz	Ackerweg	4	64331	Weiterstadt
2	Beispielschmidt	Mareike	Flurstraße	17	60284	Frankfurt

Tabelle 17.2: Beispielhafte Kundendaten

Artikel-ID	Name	Preis	MwSt.	Beschreibung
1	USB-Stick	7,99	19	32 GB Speicherkapazität
2	Buch »Sprechblasen gestalten«	16,99	7	10., überarbeitete Auflage
3	Mauspad aus Aluminium	29,99	19	Glatte Oberfläche
4	Lautsprecher aus Ahorn-Holz	109,99	19	Mit Ständer aus Edelstahl

Tabelle 17.3: Beispielhafte Artikeldaten

Nun könnte eine Tabelle »Einkäufe« auf die Daten aus diesen beiden Tabellen zugreifen, indem sie Relationen über die IDs herstellt. Die folgende Tabelle stellt beispielsweise zweifelsfrei dar, dass Kundin 2 am 31. März 2024 einen USB-Stick und ein Buch gekauft hat, während Kunde 1 am 2. April 2024 einen USB-Stick sowie zwei Lautsprecher erworben hat. Dies mag für Menschen nicht unbedingt intuitiv zu lesen sein – eine Datenbank stellt jedoch über entsprechende Abfragen sämtliche benötigten Informationen bereit.

Kauf-ID	Artikel-ID	Anzahl	Kunden-ID	Datum
1	1	1	2	2024-03-31
2	2	1	2	2024-03-31
3	1	1	1	2024-04-02
4	4	2	1	2024-04-02

Tabelle 17.4: Beispielhafte Käufe

Hintergrundwissen | **Normalisierung**

Wie erläutert, versucht man in relationalen Datenbanken, Redundanzen weitgehend zu vermeiden. Oft können Daten dazu aber nicht einfach in eine Datenbank importiert werden, sondern müssen aufbereitet werden. Dieser Vorgang wird Normalisierung genannt.

Bei der Normalisierung bringt man die Daten in sogenannte Normalformen. Man hat unterschiedliche Arten von Normalformen definiert, die aufeinander aufbauen – die zweite Normalform setzt beispielsweise voraus, dass die erste Normalform erreicht ist. In der Praxis arbeitet man häufig mit den ersten drei Normalformen, Normalform 4 und 5 werden lediglich der Vollständigkeit halber erwähnt.

Linktipp

Andreas Kelz hat unter *www.hdm-stuttgart.de/~riekert/lehre/db-kelz/chap4.htm* ein gutes Tutorial zu den Normalformen veröffentlicht.

Die erste Normalform besagt, dass jedes Datenfeld nur eine Information enthält und nicht mehr in untergeordnete Datenfelder teilbar ist. Man sagt dazu auch, dass jedes Feld der Datenbank atomar ist. Beispielsweise werden verschiedene Artikel in einer Tabelle mit Bestellungen in unterschiedlichen Datenreihen gespeichert, auch wenn sie zusammen bestellt wurden. Und statt einem Datenfeld »Adresse« werden die einzelnen Informationen in Datenfelder wie »Straße«, »Hausnummer«, »PLZ«, »Ort« und »Land« eingeteilt.

Die zweite Normalform besagt, dass alle Felder nur vom Primärschlüssel der Tabelle abhängen (funktionale Abhängigkeit) – kompliziert ausgedrückt. Einfacher verständlich wird es mit einem Beispiel: Nehmen wir einmal an, ein Kunde hat zwei Wohnsitze. Beide Wohnsitze in eine Datenspalte zu schreiben, würde nicht der ersten Normalform entsprechen. Man kann ihn aber auch nicht einfach doppelt in einer Kundentabelle ablegen. Eine Lösung wäre also, die Wohnorte

Joins

Ein Join-Befehl verbindet die Spalten von einer oder mehreren Tabellen miteinander. Im Abschnitt 25.3.6 erfahren Sie mehr über verschiedene Arten von Joins.

getrennt von den Personendaten zu speichern und über Relationen zu verknüpfen.

Die dritte Normalform legt fest, dass alle Datenfelder funktional voneinander unabhängig sein sollten (sofern sie keine Primärschlüssel sind). Ein Beispiel: In einer Personaltabelle wird in einer Datenspalte vermerkt, in welcher Abteilung ein Mitarbeiter arbeitet. Der Name der Abteilungsleiterin hat nach der dritten Normalform in dieser Tabelle nichts zu suchen – wer Abteilungsleiter ist, hängt von der Abteilung ab, nicht von den Mitarbeitern. Eine besonders strenge Variante der dritten Normalform hört auf die Bezeichnung »Boyce-Codd-Normalform« (nach Raymond Boyce und Edgar Codd).

Vierte Normalform

Die vierte Normalform bezieht sich auf Abhängigkeiten zwischen mehreren Werten (mehrwertige Abhängigkeiten). Es sollen keine mehrwertigen Abhängigkeiten vorkommen, die nichts miteinander zu tun haben. Nehmen wir als Beispiel an, in der Datenbank soll neben den Mitarbeitern auch gespeichert werden, welche Projekte sie betreut und welche Fortbildungen sie besucht haben. Natürlich können jeder Person mehrere Projekte und Fortbildungen zugewiesen sein (1:n-Beziehung). Nach der vierten Normalform kann man nicht einfach beide Informationen in eine Tabelle schreiben – Projekte und Fortbildungen sind nicht voneinander abhängig. Man arbeitet also mit zwei Tabellen (»Projekte« und »Fortbildungen«), bei denen jeweils die Personalnummer als Primärschlüssel dient.

Fünfte Normalform

Die fünfte Normalform ist so definiert, dass die Join-Abhängigkeit trivial sein sollte. Unter Join-Abhängigkeit versteht man, dass eine Tabelle in mehrere Einzeltabellen aufgeteilt werden kann, die denselben Primärschlüssel nutzen. Eine triviale Join-Abhängigkeit bedeutet, dass keine doppelten Datensätze entstehen dürfen, wenn man diese Tabellen wieder zusammenlegt. Stellen Sie sich vor, eine Tabelle ordnet einer Person einen Wohnort zu, während das Bundesland der Person in einer anderen Tabelle gespeichert ist. Dieses Beispiel wäre nach der fünften Normalform in Ordnung – legen Sie beide Tabellen wieder zusammen, wird weiterhin jeder Person genau ein Wohnort und ein Bundesland zugewiesen. Anders sähe es jedoch aus, wenn Sie eine andere Tabelle hinzufügen (Join), in der die Telefonnummern von Personen gespeichert sind. Menschen können mehrere Telefonnummern haben – das Join würde also zu doppelten Einträgen führen, so dass die Daten weiterhin in zwei Tabellen getrennt bleiben müssen.

17.2.2 Entity-Relationship-Modell

Das Entity-Relationship-Modell (ERM) von Peter Chen ist ein Verfahren, den Aufbau einer Datenbank zu beschreiben und zu entwerfen. ERM arbeitet mit drei grundlegenden Komponenten:

+ Entitäten (Entities) sind die individuellen Objekte und werden durch Rechtecke dargestellt.
+ Beziehungen (Relationships) zeigen die Zusammenhänge zwischen Objekten und werden mit Rauten dargestellt.
+ Attribute (Attributes) sind Eigenschaften von Objekten. Runde Formen dienen ihrer Visualisierung.

Es gibt außerdem unterschiedliche Beziehungstypen zwischen Entitäten:

+ 1:1-Beziehungen sind eindeutige Zusammenhänge zwischen zwei Entitäten. Meist werden sie innerhalb einer Tabelle dargestellt. Beispiel: Jeder Artikel hat eine eindeutige Artikelnummer.

- In 1:n-Beziehungen bestehen Zusammenhänge zwischen einer Entität eines Typs mit mehreren Entitäten eines anderen Typs. Oft werden dabei zwei Tabellen einer Datenbank miteinander verbunden. Beispiel: Bestellungen enthalten mehrere verschiedene Artikel.
- m:n-Beziehungen liegen vor, wenn mehrere Entitäten eines Typs mit mehreren Entitäten eines anderen Typs verbunden sind. Man spricht auch von Viele-zu-viele-Beziehungen. Ein Beispiel wären Verknüpfungen zwischen einer Tabelle mit Kundendaten und einer Tabelle mit Artikeln – jeder Kunde kann mehrere Artikel gekauft haben, und jeder Artikel kann von mehreren Kunden gekauft worden sein. Relationale Datenbanken versuchen m:n-Beziehungen zu vermeiden, indem Zwischenstufen (z. B. eine Tabelle mit Kaufvorgängen) eingeführt werden, um die Daten eindeutig zu machen.

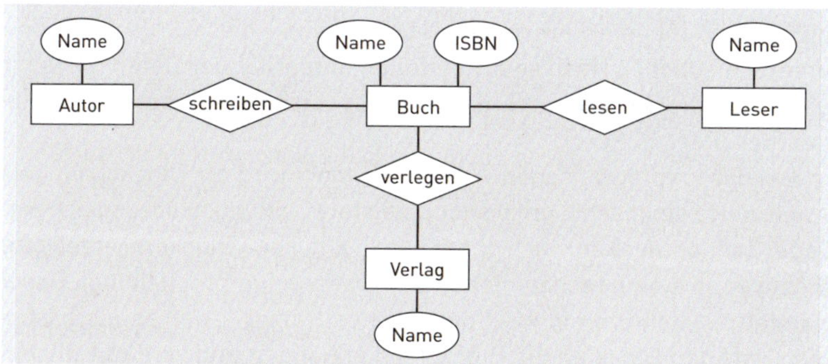

Abbildung 17.3: Beispiel für ein einfaches Entity-Relationship-Modell

17.2.3 Database Publishing

Mithilfe von Datenbanken können einige Arbeitsschritte in der Medienproduktion automatisiert werden, was als Database Publishing bezeichnet wird. Typische Beispiele für Database Publishing sind Printprodukte wie Preislisten oder Kataloge, bei denen große Mengen ähnlicher Daten verarbeitet werden sollen.

Über eine Schnittstelle nimmt die Anwendung nun Kontakt zu einer Datenbank auf. Von dort zieht sie die definierten Informationen an die gewünschten Stellen im Layout (z. B. Preise, Texte oder Pfade zu Bilddateien). Als Schnittstelle kommen Austauschformate wie XML oder JSON (vgl. Kapitel 28) zum Einsatz.

> **Layout**
> Das Layout wird im Layoutprogramm meist über ein Template festgelegt. Statt konkreter Inhalte enthält es Platzhalter mit Informationen zu Art und Position der Daten. Sehr häufig kommen dabei Anwendungen wie InDesign mit Erweiterungen zum Einsatz.

Ein großer Vorteil von Database Publishing liegt in der Arbeitserleichterung und Geschwindigkeit – ein Preis kann beispielsweise zentral in der Datenbank geändert werden und wird automatisch an allen relevanten Stellen verändert. Im Idealfall lässt sich auf diese Weise nicht nur der Katalog, sondern gleich auch die Website, die App und jeder weitere Kanal mit Informationen bestücken.

In der Praxis sind die notwendigen Informationen jedoch häufig im ganzen Unternehmen verstreut – die Preise liegen in einem Warenwirtschaftssystem, Produktdaten hat der Produktmanager als Excel-Listen auf dem Rechner, Bilddaten sucht das Marketing händisch

Systeme, die Daten sammeln

In der Industrie spricht man oft von PIM-Systemen (Product Information Management), in der Druck- und Werbeindustrie von Cross Media Publishing. Der Begriff Media Asset Management wird häufig genutzt, wenn das System vorrangig Mediendaten wie Bilder, Video- oder Tondokumente verwaltet. Häufig werden auch mehrere Systeme miteinander verzahnt.

zusammen. Damit die automatisierte Medienproduktion funktioniert, müssen die relevanten Informationen daher zunächst zentral gesammelt werden. Dafür gibt es unterschiedliche Systeme und Ansätze – oft ähneln sich die Systeme oder überlappen sich, legen allerdings leicht andere Schwerpunkte oder konzentrieren sich auf die Anforderungen bestimmter Branchen.

17.2.4 Blockchain

Eine der spannendsten digitalen Entwicklungen der letzten Jahre ist die Blockchain. Darunter versteht man eine verteilte (also dezentrale) Kette von Blöcken, die mit jedem neuen Datensatz einen Hashwert (vgl. Abschnitt 17.4.4) vom Header des vorangehenden Datensatzes speichert. Es reihen sich also wie in einer Kette Einträge an Einträge, die aufeinander aufbauen. Das bedeutet, dass ein Eintrag im Nachhinein nicht mehr unbemerkt verändert werden kann – dies würde durch den unterschiedlichen Hash sofort auffallen. Integrität der Daten ist damit gesichert. Die Blockchain wird verteilt gespeichert, also bei jedem Teilnehmer (Peer to Peer).

Bei der kryptografischen Währung Bitcoin wird die Blockchain beispielsweise eingesetzt, um bisher geleistete Zahlungen abzuspeichern. Jeder Teilnehmer kann sich daran beteiligen, neue Blöcke zu erzeugen, indem er an einem rechenintensiven Prozess teilnimmt (Mining). Dabei handelt es sich um ein kryptografisches Rätsel – wer es als Erster löst, darf den Block an die Blockchain anhängen und wird mit Bitcoin belohnt.

Die Blockchain, ob in öffentlicher oder privater Form, gilt als Zukunftstechnologie mit großem Potenzial, die neue Einsatzmöglichkeiten für dezentrale Datenspeicherung verspricht. So können Blockchains genutzt werden, um Programme auf allen Nodes auszuführen und dabei festgelegte Abläufe zu automatisieren. Auch ist es über Blockchains möglich, Anteile eines Unternehmens zu erwerben – eine neue Art der Startup-Finanzierung.

Quellen und Lesetipps

An dieser Stelle kann die Blockchain nur angeschnitten werden, allerdings lohnt ein genauer Blick auf die junge Technologie. Das Whitepaper »Mythos Blockchain: Herausforderung für den öffentlichen Sektor« von Christian Welzel, Klaus-Peter Eckert, Fabian Kirstein und Volker Jacumeit (*https://rohl.es/mythos-blockchain*) oder die Folge »Blockchains und Smart Contracts« des omega-tau-Podcasts (*http://omegataupodcast.net/264-blockchains-und-smart-contracts*) sind ein sehr guter Start. t3n beleuchtet Blockchain (und andere Technologien) regelmäßig. Und schließlich: Den Klassiker »Bitcoin: A Peer-to-Peer Electronic Cash System« von Satoshi Nakamoto findet man hier: *https://bitcoin.org/bitcoin.pdf*

17.3 Datenkompression

Obwohl Speichergrößen und Transferraten stetig zunehmen, wird die Dateigröße immer ein Kostenfaktor bleiben. Es ist daher wenig verwunderlich, dass sich unterschiedliche Verfahren entwickelt haben, um Daten so zu komprimieren, dass sie möglichst wenig Platz einnehmen. Dieser Prozess wird als Datenkompression (auch Datenkomprimierung) bezeichnet. Dekompression oder Dekomprimierung bedeutet, die Daten wieder in eine unkomprimierte Form umzuwandeln.

Es lassen sich zwei Arten der Kompression unterscheiden:

+ Verlustbehaftete Kompression (genannt »lossy«) bedeutet, dass während der Kompression Informationen verloren gehen, die sich anschließend nicht wiederherstellen lassen. Dieser Prozess führt dazu, dass bestimmte Details und Daten irreversibel entfernt werden.

+ Verlustfreie Kompression (»lossless«) liegt hingegen vor, wenn alle Informationen nach der Dekompression weiterhin verfügbar sind.

In den folgenden Abschnitten werden wichtige Verfahren beider Kompressionsarten grundlegend beschrieben. Welche Möglichkeiten die unterschiedlichen Datenformate anbieten, wird später an geeigneter Stelle erläutert.

17.3.1 Verlustbehaftete Kompression

Verlustbehaftete Kompressionsverfahren gehen mit einem Verlust von Informationen einher. Allerdings versuchen sie natürlich, dies möglichst unauffällig zu machen. Sie nutzen dazu Grenzen des menschlichen Wahrnehmungsvermögens aus. Die Theorie dahinter ist, Informationen wegzulassen, die wir sowieso nicht wahrnehmen können – man spricht daher auch von Irrelevanzreduktion. Bild, Film und Ton sind klassische Einsatzgebiete für verlustbehaftete Kompression.

Sehr oft lässt sich die Intensität der Komprimierung einstellen – hohe Einstellungen erreichen größere Einsparungen, steigern jedoch auch das Risiko wahrnehmbarer Verschlechterungen der Qualität.

Abbildung 17.4: Zu starke Komprimierung kann zu sichtbaren Artefakten führe.

Verlustbehaftete Kompressionsverfahren werden für Bild-, Video- und Tondokumente verwendet. Einige Beispiele für Verfahren sind:

+ Verlustbehaftete Bildkompression basiert auf der Erkenntnis, dass kleine Farbvariationen vom menschlichen Auge nicht wahrgenommen werden können. Auch reagieren wir stärker auf Helligkeit als auf Farbe – Farbinformationen können daher stärker komprimiert werden als Helligkeitswerte. Wie stark diese Änderungen bzw. Abweichungen vom Original sind, hängt von der Stärke der Kompression und dem Kompressionsverfahren ab. Die wohl bekannteste verlustbehaftete Kompression für Fotos und Grafiken dürfte das JPEG-Verfahren sein, das natürlich unter anderem auch vom JPEG-Format verwendet wird.
+ Ein wichtiger Faktor bei verlustbehafteter Audiokompression (etwa bei MP3-Dateien) ist die Tatsache, dass das menschliche Ohr nicht alle Frequenzen gleich gut wahrnehmen kann (Psychoakustik). Beispielsweise können leise Frequenzen durch gleichzeitig auftretende laute Frequenzen überdeckt sein, oder Frequenzen am Rande des Hörbereichs werden stärker komprimiert als andere.
+ Der erste Ansatz für verlustbehaftete Videos bestand darin, jedes Bild mit dem JPEG-Algorithmus zu komprimieren, was zu Motion JPEG (MPEG-1) führte. Um Videos aber noch effizienter zu komprimieren, werden ähnliche Teile von aufeinanderfolgenden Bildern berücksichtigt. Das Bild wird in kleine Quadrate zerlegt (in der Regel zwischen 4 × 4 und 16 × 16 Pixel), und ähnliche Quadrate in zuvor übertragenen Bildern werden als Referenz verwendet. Anstatt das

gesamte Bild zu übertragen, werden nur die Unterschiede zwischen den ähnlichen Quadraten übertragen, was Speicherplatz spart. Darüber hinaus werden die Richtung und der Abstand der Bewegungen zwischen aufeinanderfolgenden Bildern bestimmt und als Vektor gespeichert, was die Datenmenge weiter reduziert.

17.3.2 Verlustfreie Kompression

Verlustfreie Kompression sucht nach Redundanzen in den Daten, also sich wiederholenden Informationen. Statt diese Informationen mehrmals abzuspeichern, werden sie nur noch einmal gespeichert und an anderer Stelle mittels eines Verweises referenziert. Man spricht daher auch von Redundanzreduktion.

Merke: Verlustfreie Kompressionsverfahren verringern Redundanzen in der Dateimenge.

Beispiel zur Redundanzreduktion

Schauen wir uns als Beispiel einmal den folgenden Satz an: »Wenn du denkst, dann denkst du nur, du denkst.« (45 Zeichen)

In diesem Satz gibt es mehrere Redundanzen. Statt nun alle mehrfach vorkommenden Wörter erneut zu speichern, könnte man einfach eine Positionsangabe speichern – immer relativ zur aktuellen Position in der Zeichenkette:

»Wenn du denkst, dann -2 -3 nur, -4 -3.« (39 Zeichen)

Beim Dekomprimieren müsste man nur noch wissen, wie diese Positionsangaben zu lesen sind (z. B. »gehe zwei Stellen zurück und wiederhole das Wort, das du dort findest«). Auf diese Weise würde man über 17 Prozent der Zeichenlänge sparen, ohne dass Information verloren geht.

Wie viel Platz sich auf diese Weise einsparen lässt, hängt vom verwendeten Verfahren ab sowie natürlich von den Daten selbst – in Dateien mit wenigen Redundanzen lässt sich naturgemäß auch wenig Platz einsparen. Einige der bekanntesten Verfahren verlustfreier Kompression sind:

+ Das **Huffman-Verfahren** ist eine sehr alte Methode, die häufig mit anderen Kompressionsverfahren kombiniert wird. Der Wissenschaftler David Huffman publizierte seine Ideen schon 1952. Seine Methode analysiert die Wörter eines Texts und ordnet ihnen nach ihrer Häufigkeit mehr oder weniger lange Codewörter zu. Auf diese Weise benötigen häufige Zeichen weniger Platz als seltene – die gesamte Dateigröße sinkt.
+ Das **RLE-Verfahren** (für »Run Length Encoding«, deutsch Lauflängenkodierung) sucht nach Stellen, an denen sich identische Zeichen mehrmals wiederholen. Statt nun jedes Zeichen einzeln zu speichern, speichert man nur noch die Veränderungen. Aus der Zeichenkette »0000000111000011« könnte auf diese Weise beispielsweise »7 3 4 2« werden (sieben 0, dann drei 1, dann vier 0, dann zwei 1).
+ Das **LZW-Verfahren** ist nach seinen Erfindern Abraham Lempel und Jacob Ziv (Erfindung des Algorithmus 1978) sowie Terry Welche (Verbesserungen aus dem Jahr 1983) benannt. LZW legt häufige Zeichenfolgen in einer Indextabelle ab und referenziert sie mit Spalten- und Zeilennummern, statt die Zeichenfolgen explizit zu speichern. LZW hat sich besonders bei der verlustfreien Kompression von Bilddaten bewährt.
+ Der **Deflate-Algorithmus** (englisch für »die Luft herauslassen«) von Phil Katz kombiniert den Lempel-Ziv-Storer-Szymanski-Algorithmus (LZSS) mit dem Huffman-Verfahren. Bei der Kompression werden zunächst sich wiederholende Zeichenketten ersetzt. Das Ergebnis wird anschließend noch einmal nach der Huffman-

Methode verarbeitet. Deflate kommt im sehr populären Zip-Format zum Einsatz.

17.4 Verschlüsselung

Ob durch kriminelle Handlungen, immer neue Spionage- und Abhörprogramme oder aus Versehen liegengelassene USB-Sticks: Digitale Daten und internetbasierte Kommunikation sind einer ständigen Bedrohung ausgesetzt. Es werden daher verschiedene Anstrengungen unternommen, die Sicherheit von Daten zu gewährleisten. Insbesondere geht es dabei um drei Aspekte:

+ Authentizität: Die Datensendung stammt auch tatsächlich vom angegebenen Absender.
+ Integrität: Die Datensendung ist nicht verfälscht worden.
+ Vertraulichkeit: Die Datensendung wurde unterwegs nicht mitgelesen.

17.4.1 Kryptografie und Kryptoanalyse

Die Kryptografie ist ein Teilgebiet der Informatik und der Mathematik, das sich mit Verschlüsselungsverfahren beschäftigt. Kryptografie bezeichnet demnach Verfahren, die die Vertraulichkeit von Informationen sicherstellen.

Das Gegenstück ist die Kryptoanalyse: Sie versucht, Verschlüsselungsverfahren rückgängig zu machen und somit zu knacken. Beide Teilgebiete zusammen bilden die Kryptologie. Kryptoanalyse ist die notwendige Kehrseite der Kryptografie – nur durch Angriffsversuche lässt sich herausfinden, ob eine Verschlüsselung wirklich sicher ist.

Verschlüsselungsverfahren werden unterschieden in:

+ symmetrische Verschlüsselung
+ asymmetrische Verschlüsselung
+ hybride Verfahren

Von zentraler Bedeutung in all diesen Verfahren ist der Schlüssel.

Merke: Kryptologie besteht aus Kryptografie (Verschlüsselung von Inhalten) und Kryptoanalyse (Testen der Verschlüsselung durch gezielte Angriffsversuche).

Schlüssel

Bei der Verschlüsselung werden Nachrichten im Klartext durch einen Schlüssel in einen geheimen Text verändert. Ein Schlüssel ist eine möglichst lange Zeichenfolge ohne erkennbare Struktur. Alice verwendet ihn, um eine Nachricht so zu chiffrieren, dass sie beim Mitlesen keinen Sinn mehr ergibt. Je länger ein Schlüssel ist und je mehr Zeichen ein Schlüssel verwenden kann, desto mehr mögliche Schlüssel gibt es – damit steigt die Sicherheit.

Who the f… is Alice?

Die Namen »Alice« und »Bob« stehen in der Informatik für den Sender bzw. den Empfänger einer Nachricht. »Trudy« ist der fiktive Name für einen Angreifer (von engl. »intruder« = Eindringling). Andere Namen für Angreifer sind Mallory (»malicious« = bösartig), Eve (»eavesdropper« = Lauscher) oder Oscar (»oponent« = Gegner).

Man verwendet diese Namen, da es recht schnell unübersichtlich würde, wenn man die ganze Zeit von Sender und Empfänger oder sogar nur von »A« und »B« sprechen würde.

Der Empfänger Bob wiederum kann den Schlüssel verwenden, um die verschlüsselten Daten zu entschlüsseln und somit lesbar zu machen. Damit dies funktioniert, müssen die Schlüssel geheim sein. Gelangt ein Angreifer in den Besitz des Schlüssels, kann er alle Nachrichten ohne Mühe entschlüsseln.

Je länger der Schlüssel ist, umso stärker ist die Kryptografie. Der Aufwand, den Mallory betreiben müsste, um den Schlüssel aus allen möglichen Kombinationen zu erraten (Brute Force), wird bei langen Schlüsseln schnell astronomisch hoch. Die Grenze zwischen schwacher und starker Kryptografie ist jedoch immer relativ, da sie sich mit zunehmender Rechenleistung immer weiter verschiebt. Außerdem erhöht sich bei langen Schlüsseln auch die Rechenzeit während des Verschlüsselns.

Einwegverschlüsselung

Übrigens gibt es auch Fälle, in denen Daten zwar verschlüsselt werden sollen, aber nicht mehr (oder zumindest nicht mit vertretbarem Aufwand) zu entschlüsseln sind. Man spricht in diesem Fall von Einwegverschlüsselung. Das Verfahren wird beispielsweise beim Speichern von Passwörtern in einer Datenbank angewandt. Statt des Passworts wird das Chiffrat gespeichert, so dass auch ein Administrator das Passwort nicht mehr rekonstruieren kann. Bei jedem Login-Versuch des Anwenders wird das Passwort erneut nach demselben Algorithmus verschlüsselt – stimmen das eingegebene und das gespeicherte Chiffrat überein, ist der Login erfolgreich.

Symmetrische Verschlüsselung

Bei symmetrischen Verfahren nutzen sowohl Sender als auch Empfänger den gleichen Schlüssel, der zuvor getauscht oder gemeinsam festgelegt worden ist. Dieses System kann natürlich nur sicher sein, wenn der Schlüssel geheim bleibt – würde ein Angreifer in den Besitz des Schlüssels gelangen, könnte er alle Nachrichten ohne Schwierigkeiten mitlesen. Symmetrische Verschlüsselung bezeichnet man daher auch als Secret Key Encryption. Wichtige symmetrische Verschlüsselungsverfahren sind DES, Triple DES und AES.

Symmetrische Verschlüsselung ist die älteste Variante der Kryptografie. Die große Herausforderung ist die sichere Weitergabe des Schlüssels. Eine Möglichkeit wäre es, den Schlüssel persönlich auszutauschen. Eine andere Variante ist es, auf ein vertrauenswürdiges Schlüsselverteilzentrum (Key Distribution Center, KDC oder Trustcenter) zurückzugreifen. Die bekannteste Technologie dafür dürfte das Kerberos-System sein. Allerdings lässt sich eine symmetrische Verschlüsselung in Netzwerken in der Praxis kaum realisieren, so dass hier asymmetrische Verfahren vorherrschen.

Data Encryption Standard (DES)

Anfang der 1970er Jahre entwickelte IBM das symmetrische Verschlüsselungsverfahren Data Encryption Standard (DES). Es entwickelte sich zu einem sehr einflussreichen Verschlüsselungsstandard, wurde allerdings von Anfang an für seine kurze Schlüssellänge von nur 56 Bit kritisiert. Im Jahr 1997 wurde DES zum ersten Mal öffentlich geknackt – damals noch mit einer Rechenzeit von 96 Tagen, die aber schon zwei Jahre später auf überschaubare 22 Stunden fiel. Heute kann DES nicht mehr als sicher betrachtet werden.

Eine Variante von DES hört auf den Namen »Triple DES« und wendet den Verschlüsselungsalgorithmus dreimal auf jeden Datenblock an. Sie gilt nach heutigem Kenntnisstand als sicher.

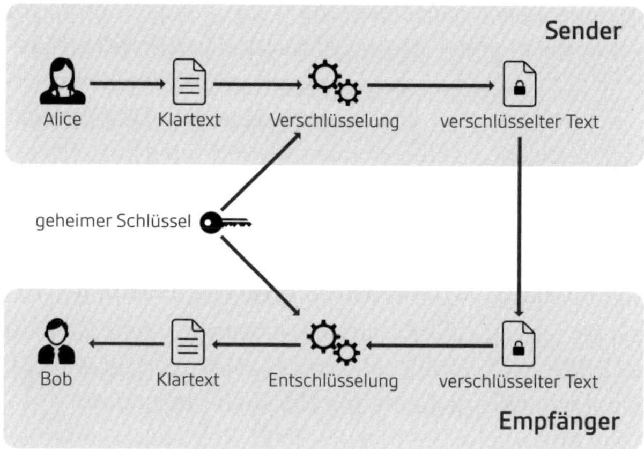

Abbildung 17.5: Symmetrische Verschlüsselung (nach Meinel & Sack, »Digital Communication«, 2014)

Advanced Encryption Standard (AES)

Als die Schwächen von DES 1997 endgültig aufgedeckt wurden, schrieb die amerikanische Standardisierungsbehörde NIST (National Institute of Standards and Technology) einen Wettbewerb aus, um einen sicheren Nachfolger zu finden. Der Gewinner: Advanced Encryption Standard (AES), auch bekannt unter dem Namen »Rijndael« (nach seinen beiden belgischen Erfindern Vincent Rijmen und Joan Daemen). Es ist ein Blockchiffre mit 128 Bit Blocklänge, wobei die Schlüssel 128, 192 oder 256 Bit lang sein können.

17.4.2 Asymmetrische Verschlüsselung

Asymmetrische Verfahren verwenden stets zwei verschiedene Schlüssel, von denen einer öffentlich und einer geheim ist. Bezugnehmend auf den öffentlichen Schlüssel spricht man auch von Public Key Encryption.

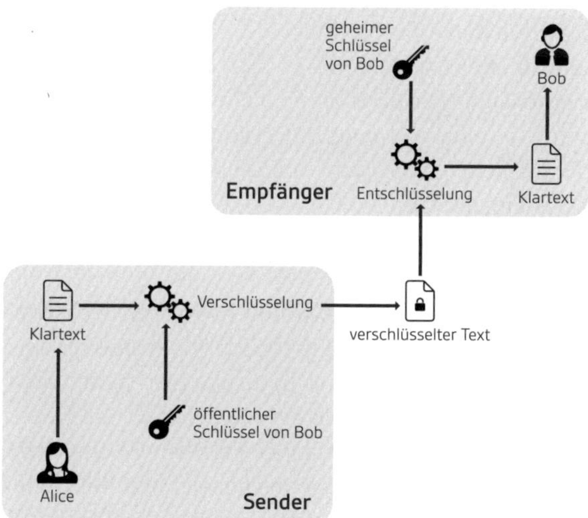

Abbildung 17.6: Asymmetrische Verschlüsselung (nach Meinel & Sack, »Digital Communication«, 2014)

Der geheime Schlüssel (Private Key) darf dabei niemandem außer dem Empfänger selbst bekannt sein. Basierend auf diesem geheimen Schlüssel wird ein öffentlicher Schlüssel erzeugt – das Verfahren dazu muss so gestaltet werden, dass es nicht mehr rückgängig gemacht werden kann, so dass sich aus dem öffentlichen nicht mehr auf den geheimen Schlüssel schließen lässt. Geheimer und öffentlicher Schlüssel sind also voneinander abhängig: Daten, die mit dem öffentlichen Schlüssel verschlüsselt worden sind, können nur noch mit dem geheimen Schlüssel wieder entziffert werden.

RSA

Das bekannteste Verfahren für asymmetrische Verschlüsselung hört auf den Namen RSA (nach seinen Erfindern Ronald Rivest, Adi Shamir und Leonard Adleman vom amerikanischen MIT).

Der öffentliche Schlüssel wird anschließend frei zugänglich gemacht (beispielsweise über die eigene Website) und von Alice zur Verschlüsselung einer Nachricht verwendet. Zur Entschlüsselung der Nachricht kann jedoch ausschließlich der geheime Schlüssel von Bob genutzt werden. Solange Bob diesen Schlüssel nicht verliert oder mit vertretbarem Aufwand nicht vom öffentlichen auf den geheimen Schlüssel zurückgerechnet werden kann, gilt die Kommunikation als sicher.

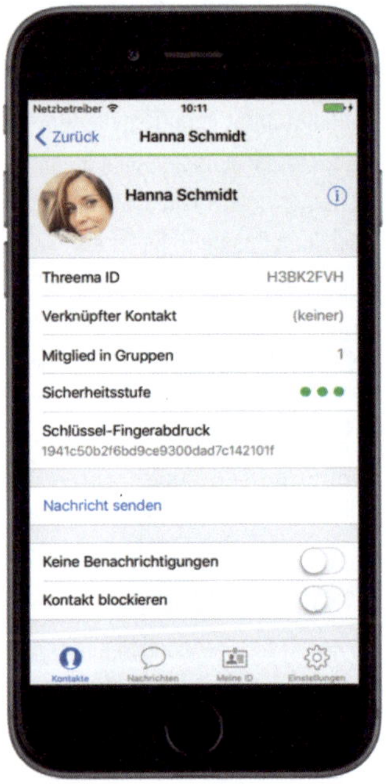

Abbildung 17.7: Der Messenger Threema symbolisiert das Sicherheitslevel mithilfe von Farben – drei grüne Punkte erhält nur, wer das Smartphone des Gegenübers persönlich über einen QR-Code bestätigt hat (Pressefoto von Threema).

Herausforderungen bei der asymmetrischen Verschlüsselung

Bei asymmetrisch verschlüsselter Kommunikation muss sichergestellt werden, dass der öffentliche Schlüssel einer Person auch tatsächlich zu ihr gehört. Dabei gibt es eine Reihe von Herausforderungen:

+ Wem gehört der öffentliche Schlüssel? Stellt Bob seinen öffentlichen Schlüssel beispielsweise auf die eigene Website, kann Alice nicht sicher sein, ob Trudy sich Zugang dazu verschafft und den Schlüssel ausgetauscht hat.
+ Wie ersetzt man einen öffentlichen Schlüssel? Nehmen wir einmal an, Bobs öffentlicher Schlüssel wurde von Trudy kompromittiert und Bob findet dies heraus. Er möchte daher das unsichere Schlüsselpaar für ungültig erklären und durch ein anderes ersetzen. Wie aber stellt er sicher, dass Alice dies auch mitbekommt?

Die einfachste Lösung für diese Fragen hört auf den Namen »Direct Trust« und beruht darauf, dass Alice und Bob sich persönlich kennen und ihre Schlüssel untereinander über einen sicheren Kanal austauschen. Das funktioniert in einem kleineren Personenkreis hervorragend. Je größer jedoch eine Gruppe wird, umso schwieriger ist dieses Verfahren in der Praxis einzusetzen.

In der Praxis haben sich zwei weitere unterschiedliche Lösungsansätze herausgebildet: Entweder man verlässt sich auf eine vertrauenswürdige Instanz (Certificate Authority), oder aber man bildet ein dezentral ausgebautes vertrauenswürdiges Netz (Web of Trust).

Zertifikate

Vertrauenswürdige Instanzen (Trustcenter) und Zertifizierungsstellen (Certificate Authority, CA) können es übernehmen, die Identität eines öffentlichen Schlüssels sicher und überprüfbar zu gewährleisten. Als Zertifizierungsstellen treten meist bekannte Unternehmen wie Comodo, Verisign oder Thawte auf. Allerdings werden auch Behörden, Non-Profit-Organisationen wie Let's Encrypt oder die IT-Abteilungen von Unternehmen genutzt, um entsprechende Dienstleistungen anzubieten. Das Vertrauen beruht also darauf, dass man sich auf eine externe, übergeordnete Stelle verlässt. Man spricht daher auch von »Hierarchical Trust«.

Zertifizierungsstellen prüfen nun die Identität eines Kunden und stellen diesem meist gegen Gebühr ein digitales Zertifikat aus. Dieses Zertifikat enthält den öffentlichen Schlüssel der Person oder des

Unternehmens, persönliche Angaben zu seiner Identität sowie weitere Informationen, z. B. eine Gültigkeitsdauer. Es ist mit der Signatur der Zertifizierungsstelle digital signiert, um seine Echtheit zu gewähren.

Abbildung 17.8: Let's Encrypt (*https://letsencrypt.org*) ist eine Zertifizierungsstelle, die im Jahr 2019 über 10 Millionen kostenlose Zertifikate ausgestellt hat.

Vertrauenswürdig ist ein Zertifikat natürlich nur, wenn diese digitale Signatur der Zertifizierungsstelle echt ist. Browser enthalten beispielsweise schon in der Standardkonfiguration eine Liste vertrauenswürdiger CAs, die vom Nutzer und von der Nutzerin individuell angepasst werden kann.

17.4.3 Web of Trust

Ein anderer Ausweg ist das öffentliche »Web of Trust«, auf dem beispielsweise die Technologie Pretty Good Privacy (PGP) basiert.

Das Web of Trust funktioniert nach dem Prinzip »Man kennt einen, der einen kennt«: Alice kennt Bob, Bob kennt Charlotte. Alice möchte mit Charlotte kommunizieren. Alice signiert Bobs öffentlichen Schlüssel und drückt damit aus, dass sie ihm vertraut. Bob wiederum signiert Charlottes öffentlichen Schlüssel – für Alice ein Zeichen, dass Bob Charlotte vertraut. Alice kann nun Bobs Signatur an Charlottes Schlüssel überprüfen und somit darauf vertrauen, dass es sich wirklich um ihren Schlüssel handelt.

Key Signing Partys

In der Praxis haben sich sogenannte »Key Signing Partys« etabliert, bei denen sich Menschen gegenseitig ihre Schlüssel signieren. Auf diese Weise entsteht ein Netzwerk des Vertrauens, das auch innerhalb größerer Gruppen ein gutes Maß an Sicherheit bietet.

17.4.4 Digitale Signatur

Wie aber kann Bob sicher sein, dass die Nachricht auch wirklich von Alice stammt? Dazu dient eine digitale Signatur, die analog einer Unterschrift die Korrektheit eines Dokuments und seinen Urheber unzweifelhaft nachweist. Sie muss daher überprüfbar, fälschungssicher und verbindlich sein.

Grundlegende Funktionsweise digitaler Signaturen

Technisch kommen für digitale Signaturen asymmetrische Verschlüsselungsverfahren zum Einsatz. Alice nutzt ihren geheimen Schlüssel, um ihre Nachricht digital zu signieren – diese Signatur kann Bob dann mit ihrem öffentlichen Schlüssel wieder entziffern und so die Echtheit verifizieren. Zusätzlich verschlüsselt Alice die Nachricht selbst mithilfe des öffentlichen Schlüssels von Bob – Bob kann sich nun sicher sein, dass ihr Inhalt nicht verändert worden ist.

Hashfunktionen

Wie aber errechnet Alice ihre digitale Signatur? Aus Gründen der Performance wird dazu meist nicht die gesamte Nachricht, sondern nur ein Fingerabdruck (Message Digest) genutzt. Sie nutzt dazu eine Hashfunktion: Hashfunktionen erzeugen aus der großen Datenmenge eines Dokuments ein wesentlich kleineres, aber immer noch eindeutiges Abbild – analog einem menschlichen Fingerabdruck. Kryptografische Hashfunktionen stellen dabei sicher, dass aus einem Hash nicht mehr auf den Originaltext zurückgeschlossen werden kann:

Abbildung 17.9: Digitale Signatur und Message Digest (nach Meinel & Sack, »Digital Communication«, 2014)

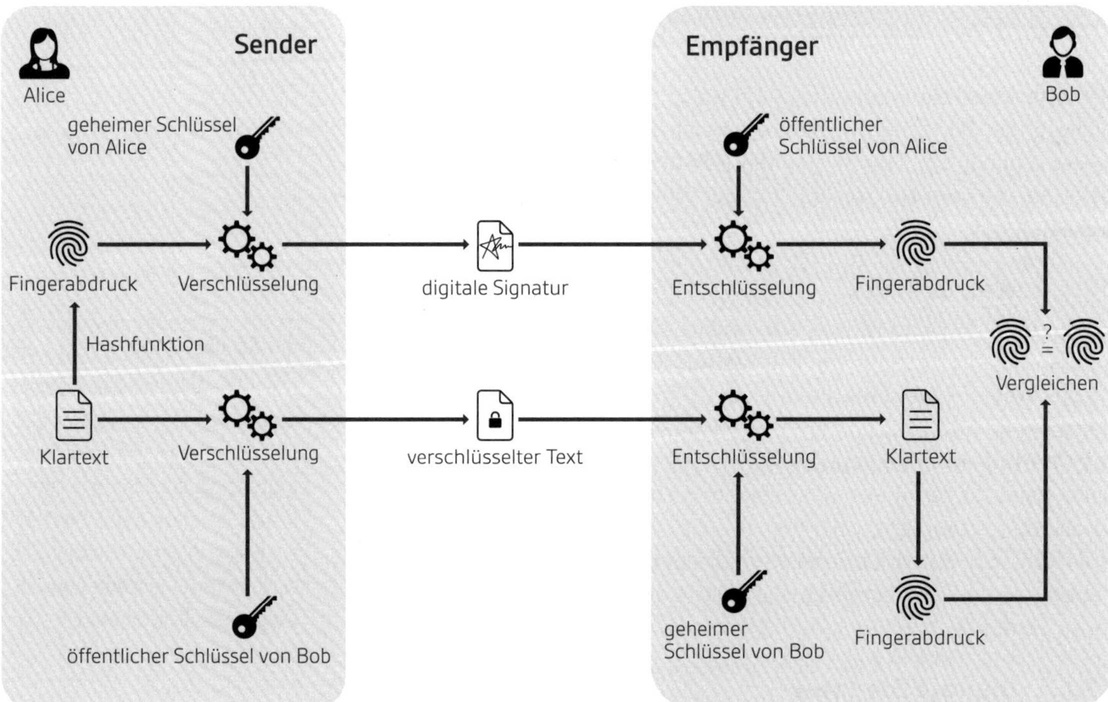

- Alice erzeugt zunächst den Fingerabdruck des Dokuments und errechnet daraus mithilfe ihres geheimen Schlüssels eine eindeutige digitale Signatur. Sie schickt diese an Bob.
- Bob kann nun mithilfe des öffentlichen Schlüssels von Alice prüfen, ob dieser Fingerabdruck wirklich von ihr stammt.
- Alice möchte außerdem, dass nur Bob ihre Nachricht lesen kann. Dazu nutzt sie seinen öffentlichen Schlüssel, um die Nachricht zu verschlüsseln.
- Bob wiederum kann seinen geheimen Schlüssel nutzen, um die Nachricht wieder zu entziffern.

+ Wie aber stellt das Verfahren sicher, dass eine Nachricht nicht unterwegs abgefangen und verändert worden ist? Bob erzeugt mittels derselben Hashfunktion wie Alice einen zweiten Fingerabdruck der Originalnachricht. Er hat nun zwei Fingerabdrücke: einen selbst errechneten und einen aus der digitalen Signatur von Alice. Sind beide identisch, kann er sicher sein, dass die Nachricht nicht manipuliert wurde.

Voraussetzung für die zweifelsfreie Feststellung der Identität einer Datei ist die Verwendung einer sicheren Hashfunktion. Besonders wichtig ist die Vermeidung von Kollisionen – als Kollisionen bezeichnet man bei Hashfunktionen, wenn zwei verschiedene Dateien den gleichen Hash erzeugen. Die Identität einer Datei lässt sich somit nicht mehr zweifelsfrei nachweisen – man könnte beispielsweise ein nachträglich verändertes Dokument als das Original ausgeben, ohne dass diese Veränderung im Hashwert nachweisbar wäre.

Hashalgorithmen

Beliebte Hashfunktionen wie MD-5 (»Message Digest Algorithm«, 1991 von Ronald Rivest entwickelt) und SHA-1 (Secure Hash Algorithm, 1991 von der National Security Agency, NSA, entwickelt) können heute nicht mehr als sicher betrachtet werden, da Kollisionen bereits mit überschaubarem Aufwand nachgewiesen wurden. Als Alternativen zu SHA-1 stehen beispielsweise seine Nachfolger SHA-2 oder SHA-3 bereit.

17.4.5 Hybride Verschlüsselung

Hybride Verschlüsselungsverfahren versuchen, das Beste aus den beiden Welten »symmetrische Verschlüsselung« und »asymmetrische Verschlüsselung« zu vereinen:

+ Sender und Empfänger verschlüsseln die Daten mittels eines identischen, zufällig erzeugten Schlüssels (symmetrische Verschlüsselung).
+ Um den Schlüssel auszutauschen, wird er beim Versand mit dem öffentlichen Schlüssel des Empfängers verschlüsselt (asymmetrische Verschlüsselung).

Im Netz kommt hybride Verschlüsselung bei der häufig genutzten SSL-/TLS-Verschlüsselung sowie bei der E-Mail-Verschlüsselung mit PGP oder S/MIME zum Einsatz.

17.4.6 SSL- und TLS-Verschlüsselung

Secure Socket Layer (SSL) wurde bereits 1994 von der Firma Netscape entworfen. Sein Nachfolger ist das Protokoll Transport Layer Security (TLS), das ab 1999 auf den SSL-Standard aufsetzte. In der Praxis wird heute noch immer oft von SSL gesprochen, obwohl eigentlich das jüngere TLS gemeint ist.

Abbildung 17.10: Viele Browser (hier Chrome) zeigen in der Adresszeile deutlich an, ob die Kommunikation verschlüsselt erfolgt.

Vorteile von SSL/TLS

Wie der Name TLS bereits erahnen lässt, handelt es sich dabei um eine Verschlüsselung auf der Transportschicht im TCP/IP-Modell (vgl. Abschnitt 20.1). Das hat den Vorteil, dass SSL und TLS nicht nur für

Transportverschlüsselung

Bei SSL und TLS handelt es sich um eine Transportverschlüsselung. Die Protokolle sitzen im TCP/IP-Schichtenmodell auf der Transportschicht.

IPsec

Neben TLS gibt es ein weiteres wichtiges Sicherheitsprotokoll im Netz: IPsec. IPsec arbeitet jedoch auf einer anderen Schicht im TCP/IP-Modell. Es wird in Abschnitt 20.1 behandelt, weil es mit Grundkenntnissen zum Routing von IP-Paketen einfacher zu verstehen ist.

Was bedeutet HTTPS
Hypertext Transfer Protocol over SSL

die Übertragung von Daten im Web, sondern beispielsweise auch beim Versenden und Empfangen von E-Mails eingesetzt werden können.

Das Hypertext Transfer Protocol over SSL (HTTPS) fügt dabei zwischen der Anwendungsschicht und dem Transportprotokoll TCP eine weitere Schicht ein, die sich um die Absicherung der Datenübertragung kümmert.

Für den Anwender bietet SSL/TLS eine Reihe von Vorteilen, um seine Privatsphäre sowie die Datenintegrität zu schützen:

+ Schutz gegen Abhören: Am Anfang der Verbindung handeln beide Seiten einen geheimen Schlüssel (Handshake) für die symmetrische Verschlüsselung der Daten aus. Die Schlüssel sind für jede Verbindung einzigartig. Ein Angreifer kann den Schlüssel nicht durch Abhören der Verbindung herausfinden und erhält keinen Zugriff auf die übermittelte Kommunikation.
+ Schutz vor Veränderung der Daten: Mittels einer kryptografischen Prüfsumme stellt SSL/TLS sicher, dass die Daten während der Übertragung nicht verändert worden sind.
+ Authentifikation: Öffentliche Verschlüsselungsverfahren (Public Key Encryption) ermöglichen die zuverlässige Identifikation des Urhebers einer verschlüsselten Nachricht mittels asymmetrischer Kryptografie. So verfügt nur der echte Server über den notwendigen privaten Schlüssel, um die Verbindung aufzubauen – ein Angreifer kann sich daher nicht als der angefragte Server ausgeben.

Mehr über die Funktionsweise von SSL/TLS lesen Sie in einem Zusatzkapitel »SSL-TLS.pdf« unter *www.rheinwerk-verlag.de/5853*.

17.4.7 Steganografie

Definition Steganografie
Steganografie ist das Verstecken von Informationen in anderen Informationen mit dem Ziel der Vertraulichkeit.

Abgrenzung Stegano- und Kryptografie

Obwohl beide Verfahren mit Verschlüsselung arbeiten, unterscheiden sich Stegano- und Kryptografie in wesentlichen Aspekten. Bei der Steganografie werden Informationen verborgen, so dass sie für einen Außenstehenden nicht sichtbar sind. Im Gegensatz dazu geht es der Kryptografie darum, eine Information unlesbar zu machen – ein Außenstehender weiß also um ihre Existenz, kann sie aber dank der kryptografischen Verfahren nicht entschlüsseln. In der Praxis werden Stegano- und Kryptografie häufig miteinander kombiniert.

Außerdem gibt es noch die Steganografie. Das Wort geht auf die griechischen Begriffe »steganós« (»bedeckt«) und »gráphein« (»schreiben«) zurück und bedeutet wörtlich »verdeckt schreiben«. Das beschreibt sehr gut, worum es bei der Steganografie geht: Informationen sollen verdeckt in ein anderes Medium eingebettet werden, damit sie von außen nicht ohne weiteres sichtbar sind. Das Gegenstück zur Steganografie ist die Steganalyse, bei der es darum geht, steganografische Inhalte wieder aufzudecken.

Steganografie kommt beispielsweise bei digitalen Wasserzeichen zum Einsatz. Dabei werden Informationen zu Urhebern oder Käufern innerhalb von Dateien untergebracht. Anders als bei reinen Metadaten geschieht dies meist so, dass sie nicht zu sehen oder zu löschen sind. Damit kann die Authentizität einer Datei sichergestellt und nachvollzogen werden, woher sie stammt. An erster Stelle steht dabei meist die Robustheit gegenüber Angriffen – digitale Wasserzeichen sollen sich nicht entfernen lassen, ohne das Medium selbst schwer zu beschädigen. Sie werden daher gerne im Bereich des Digital Rights Managements (DRM) eingesetzt.

Kapitel 18
Informationstechnik

Themen des Kapitels:

- *Aufbau und Komponenten von Computern*
- *Betriebssysteme*
- *Schnittstellen*
- *Ausgabeeinheiten*
- *Speichermedien*

18.1 Computerhardware

»Ich glaube, dass es auf der Welt einen Bedarf von vielleicht fünf Computern geben wird.« Dieser Satz wird Thomas Watson zugeschrieben, dem späteren Vorstandsvorsitzenden von IBM. Er soll ihn 1943 gesagt haben – ob das stimmt, weiß man nicht so genau. Wie auch immer, der Satz ist falsch – Computer haben die Geschichte wie kaum eine andere Technologie der vergangenen Jahre verändert. Ohne Computer ist die Mediengestaltung nicht vorstellbar – es lohnt sich also, einen ausführlichen Blick auf diese bedeutsame Technologie zu werfen.

18.1.1 EVA-Prinzip (Eingabe, Verarbeitung, Ausgabe)

Ein Computer besteht aus den Komponenten Hardware (Geräte und technische Bauteile) und Software (ausführbare Programme). Das Grundprinzip der Datenverarbeitung wird EVA (Eingabe, Verarbeitung, Ausgabe) genannt oder im Englischen IPO (Input, Process, Output). Nach diesem Prinzip erhält ein Computersystem seine Daten durch Eingaben – beispielsweise in Form von Nutzer-Input über Geräte wie Tastatur und Maus. Die Datenverarbeitung erfolgt dann in der Zentraleinheit des Rechners. Das System gibt das Ergebnis anschließend über Ausgabeeinheiten wie Monitore oder Lautsprecher zurück.

Geräte, die an die Zentraleinheit angeschlossen werden, werden Peripheriegeräte genannt (Peripherie = Umgebung). Sie werden durch Treibersoftware angesteuert.

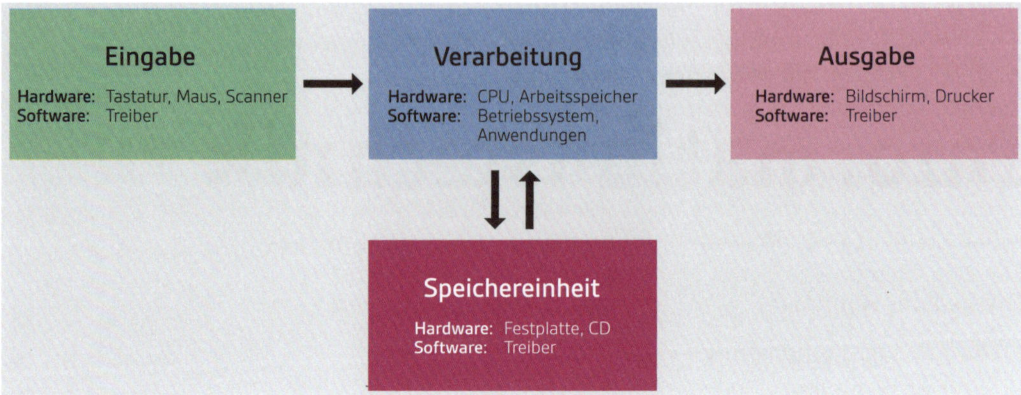

Abbildung 18.1: EVA-Prinzip

18.1.2 Aufbau eines Computers

Zusatzkapitel

Wer mehr über das riesige Spektrum von Computern erfahren möchte, liest das Zusatzkapitel »Computer.pdf« unter *www.rheinwerk-verlag.de/5853*.

Die Chips sind im Inneren des Rechners auf einer Platine untergebracht, die man Mainboard, Motherboard oder Hauptplatine nennt. Sie ist der Grundbaustein eines Computers.

Auf dem Motherboard befinden sich Leitungen, mit denen die Bauteile untereinander verbunden werden – sie werden als »Busse« bezeichnet. Außerdem bietet das Motherboard Schnittstellen und Controller, über die Peripheriegeräte angeschlossen werden können.

Abbildung 18.2: Motherboard Raspberry Pi 3 Model B

Erweiterungsmöglichkeiten

Besonders bei Desktop-Computern bietet das Motherboard häufig Steckplätze, mit denen das Gerät erweitert werden kann – beispielsweise, wenn Schnittstellen nachgerüstet werden sollen. Mobile Computer wie Laptops bieten diese Möglichkeit selten – hier spielen Faktoren wie eine kompakte Bauform eine wichtigere Rolle. Zudem sind in den letzten Jahren viele ehemals eigenständige Steckkarten direkt in den Chipsatz gewandert. Man bezeichnet diese dann als »onboard« – typische Beispiele sind Sound- und Grafikkarten sowie Schnittstellen.

Schon beim bloßen Anschauen eines Motherboards kann man viel über dessen Funktionsweise lernen. Die Abbildung zeigt als Beispiel den Raspberry Pi 3 Model B – einen Rechner, der aus einer einzigen Platine besteht. Kernstück ist die CPU ❷, die beim Raspberry Pi als

»System-on-a-Chip« (SoC) ausgeführt ist. Das bedeutet, dass Bauteile wie Arbeitsspeicher, Grafikeinheit, USB-Controller sowie viele weitere in einem einzigen Chip verbaut sind. In manchen Systemen sind diese Bauteile jedoch als separate Einheiten ausgeführt – die folgenden Abschnitte werden ausführlich auf die einzelnen Aufgaben eingehen.

Gut zu erkennen ist, wie alle anderen Teile mit diesem Herz verbunden sind – beispielsweise die Stromversorgung ❶ oder verschiedene Schnittstellen ❹ – ❿. Gut zu sehen ist auch der zusätzliche SMSC-LAN9514-Chip ❸, der sich um das Netzwerk und USB kümmert. Es verwundert daher wenig, dass die Ethernet- und USB-Anschlüsse ❺ und ❹ direkt mit ihm verbunden sind.

CPU

Die Central Processing Unit (CPU) ist das Herz eines Computers und wird deswegen auch Hauptprozessor genannt. Sie verfügt über Millionen von Schaltkreisen und ist für den größten Teil der Rechenarbeiten verantwortlich. Ein Bussystem verbindet den Prozessor mit dem internen Speicher sowie mit weiterer Hardware.

Obwohl eine CPU hochkomplex ist, gibt es einige Grundelemente, mit denen man ihren Aufbau und ihre Funktionsweise erklären kann.

Kern

Ein Mikroprozessor besitzt immer mindestens einen Kern (Core), der das Herzstück darstellt. Ein Prozessor ist ein komplexes System von Funktionseinheiten. Die wichtigsten Bauteile sind das Rechenwerk sowie das Steuerwerk:

+ Im Rechenwerk werden die eigentlichen Operationen ausgeführt. Zentrale Komponente des Rechenwerks ist die ALU (Arithmetic Logic Unit), von der die wichtigsten Rechenbefehle ausgeführt werden – häufig wird der Begriff auch synonym mit dem Rechenwerk gebraucht. Es gibt allerdings auch weitere Einheiten, beispielsweise die FPU (Floating Point Unit) für Gleitkommaberechnungen oder weitere Hilfsprozessoren (Koprozessoren) etwa zur Grafik- oder Soundberechnung.
+ Das Steuer- oder Leitwerk (engl. CU, Control Unit) kümmert sich um die Kontrolle der Ausführung von Befehlen. Programme kommunizieren über Maschinenbefehle mit dem Prozessor. Das Steuerwerk übersetzt diese Befehle in Anweisungen, die es in sehr schnellen Speicherbausteinen (Register) direkt im Prozessor ablegt.

Bus

Als Bus oder Bussystem werden die Verbindungen zwischen den verschiedenen Teilen eines Mainboards bezeichnet. Sie sind für den Transport von Daten verantwortlich.

Ein wichtiges Kriterium für Busse ist die Busbreite. Sie wird in Bit angegeben. Busbreite beschreibt, wie viele Leitungen ein Bus hat. Je

Begriffe

+ CPU (Central Processing Unit) = zentraler Prozessor
+ Zentraleinheit = Prozessor und interner Speicher (RAM, ROM, Cache)
+ RAM (Random Access Memory) = Arbeitsspeicher
+ Hauptspeicher = RAM und ROM
+ Mikrocontroller = Mikroprozessor mit zusätzlichen Ein- und Ausgängen in digitaler Form

Hersteller

Die bekanntesten Prozessorhersteller sind die Unternehmen Intel, Qualcomm und AMD. Sie fertigen ihre Prozessoren in verschiedenen Generationen, die mit Codenamen oder -nummern (beispielsweise »Ryzen« bei AMD) bezeichnet werden.

Zusatzkapitel

Mehr zu Mikroprozessoren erfahren Sie im Zusatzkapitel, das Sie von der Website herunterladen können: *www.rheinwerk-verlag.de/5853*.

höher die Busbreite, desto mehr binäre Daten können parallel verarbeitet werden. Außerdem werden – wie schon bei der CPU – die Busverbindungen über einen Bustakt synchronisiert.

18.1.3 Arten von Speicher

Speicher kommt immer dann zum Einsatz, wenn Informationen in der Computertechnik aufbewahrt werden müssen – sei es dauerhaft oder temporär.

Speicher sind aus Zellen oder Speicherstellen aufgebaut – in jede dieser Stellen kann eine Informationseinheit geschrieben werden. Jede Zelle kann mit einer eindeutigen Speicheradresse angesprochen werden. Über diesen Weg können Programme auf die gespeicherten Informationen zugreifen.

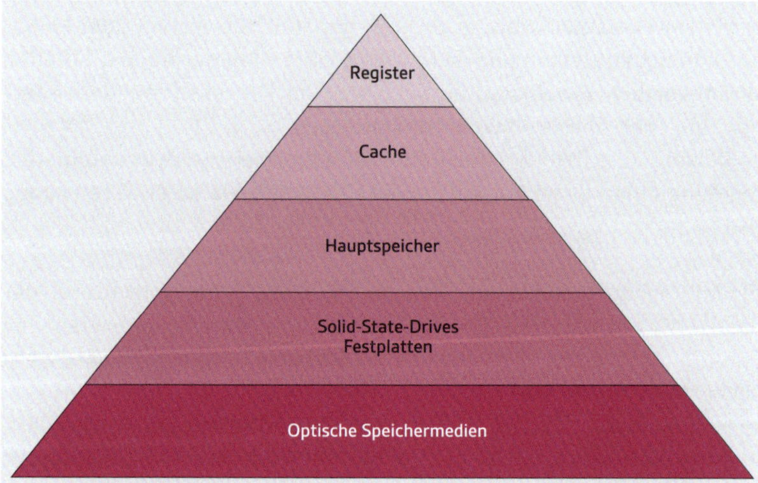

Abbildung 18.3: Speicherhierarchie (nach Andrew Tanenbaum & Todd Austin, »Rechnerarchitektur«, 6. Auflage)

Moderne Computersysteme haben große Ansprüche, was Speicher angeht. Ideal wäre ein Speicher, der a) sehr schnell ist sowie b) möglichst viele Daten für c) einen unbegrenzten Zeitraum aufnehmen kann. Keine der Speichertechnologien wird allen diesen Anforderungen gleichermaßen gerecht. Computer setzen daher auf eine ausgereifte Speicherarchitektur, um an jeder Stelle den am besten geeigneten Speicher einsetzen zu können.

Cache

Cache ist ein sehr schneller Speicher, der zwischen dem Prozessor und dem Arbeitsspeicher liegt. Seine Aufgabe ist es, Daten aus dem Arbeitsspeicher vorzuhalten, die eine CPU für eine Aufgabe benötigt. Cache ist also ein Pufferspeicher, der dazu gedacht ist, dass ein Prozessor nicht durch langsamer getaktete Speicherarten ausgebremst wird.

Es gibt unterschiedliche Arten von Bussen

- Über Datenbusse werden Daten zwischen verschiedenen Bestandteilen des Rechners übertragen.
- Der Adressbus dient der Kommunikation zwischen CPU und Speicher. Muss eine CPU etwas aus dem Speicher auslesen oder hineinschreiben, übermittelt sie dazu die physische Speicheradresse – also die Stelle im Speicher, an der die gewünschte Information zu finden ist. Je höher die Adressbusbreite, desto mehr Speicherstellen kann ein System während eines Takts ansprechen.
- Über den Steuerbus werden die Operationen auf dem Bussystem kontrolliert. Hier wird beispielsweise festgelegt, ob etwas geschrieben oder gelesen wird. Der Steuerbus teilt den angesprochenen Bauteilen also mit, was sie zu tun haben.

Faustformel

Die Faustformel bei der Speicherhierarchie lautet: Speicher sollte umso schneller sein, je näher er am Mikroprozessor sitzt.

Schneller Registerspeicher

Es gibt noch den Registerspeicher einer CPU, der als kleiner, sehr schneller Speicherbereich direkt in die CPU integriert ist. In den Registern werden temporäre Daten und Anweisungen gespeichert, die die CPU während der Programmausführung benötigt.

Daher lädt der Cache ganze Befehlsblöcke aus dem Arbeitsspeicher – auf diese Weise wird vermieden, dass eine CPU jeden Befehl einzeln aus dem Arbeitsspeicher ziehen muss.

Meistens arbeiten Prozessoren mit mehreren Arten von Caches. Diese werden in Stufen (engl. Level, abgekürzt mit L) unterteilt:

+ Der First-Level-Cache (L1) sitzt direkt im Mikroprozessor. Er speichert Daten und Befehle, die der Prozessor gerade verarbeitet. Meist ist er jedoch nicht besonders groß.
+ Der Second-Level-Cache (L2) sitzt in unmittelbarer Nähe zum Kern und beliefert den L1-Cache mit Daten aus dem Arbeitsspeicher.
+ Bei Prozessoren mit mehreren Kernen kommt häufig ein zusätzlicher Third-Level-Cache (L3) zum Einsatz. Bei Mehr-Kern-Prozessoren hat jeder Kern seinen eigenen L1- und L2-Cache. Die Kerne müssen jedoch untereinander abstimmen, welcher Kern gerade welche Daten cachen soll. Sie teilen sich daher einen L3-Cache, über den die Daten in den anderen Caches abgeglichen werden können.

Der Prozessor ist jedoch nicht die einzige Technologie, die mit Caches arbeitet. Auch Hardware wie beispielsweise Festplatten, Drucker oder Grafikkarten verwenden Caches. Zum Einsatz kommt das Verfahren auch bei einigen Softwarelösungen, etwa Webbrowsern oder Suchmaschinen.

Begriff

Der Begriff »Cache« entstammt dem französischen »cache« (Versteck) – der Name deutet darauf hin, dass die Daten im Cache meist im Verborgenen bleiben.

Chipsatz

Auf dem Motherboard findet sich der Chipsatz (engl. Chipset). Dabei handelt es sich um einen integrierten Schaltkreis (engl. Integrated Circuit, IC), der als Bindeglied zwischen den Komponenten des Rechners dient. Klassischerweise besteht der Chipsatz aus zwei Teilen (daher auch der Begriff »Satz«), die man als Northbridge und Southbridge bezeichnet. Die Namen leiten sich von ihrer Position ab: Montiert man das Motherboard wie bei einem Towergehäuse üblich senkrecht, liegt die Northbridge oben (also »im Norden«). Mehr dazu in einem Zusatzkapitel »Chipsatz.pdf« unter *www.rheinwerk-verlag.de/5853*.

Arbeitsspeicher, RAM

Die Abkürzung RAM steht für »Random Access Memory« und bezeichnet den Arbeitsspeicher eines Rechners. Alle Daten, die ein Rechner aktuell benötigt, werden dort abgelegt. Während ich diese Zeilen schreibe, werden z. B. sowohl die Textverarbeitungssoftware als auch dieses Dokument selbst im Arbeitsspeicher meines Rechners ausgeführt – alles, was ein Rechner in einem Augenblick für seine Arbeit benötigt, landet in seinem Arbeitsspeicher.

Arbeitsspeicher ist sehr schnell, aber auch flüchtig: Schaltet man den Rechner aus, sind alle Daten im Arbeitsspeicher verloren. Erst das Speichern einer Datei auf einen Datenträger sichert sie dauerhaft.

Es gibt unterschiedliche Arten von Arbeitsspeicher. In den meisten Fällen kommt dynamischer RAM zum Einsatz:

+ Beim DRAM (Dynamic RAM) wird jedes Bit in einem separaten Transistor gespeichert. Der Vorteil ist, dass sich viele dieser Speicherzellen auf geringem Platz unterbringen lassen, allerdings entladen sich diese Bauelemente auch schnell. Die Folge: Die Information muss ständig aufgefrischt (Refresh) werden. Dafür wird jedoch eine gewisse Zeitspanne benötigt, so dass sich die Zugriffszeit auf den Speicher selbst verlängert.
+ Beim SDRAM (Synchronous Dynamic RAM) kommt eine feste Taktfrequenz zum Einsatz, die vom Systembus abhängt. SDRAM wurde bis etwa 2001 als Arbeitsspeicher eingesetzt und seitdem von der Weiterentwicklung DDR-SDRAM verdrängt.

ROM oder Nur-Lese-Speicher

Es ist allerdings nicht in allen Fällen nötig, Daten schreiben zu können. Die Abkürzung ROM (Read Only Memory) bezeichnet eine Speicherart, bei der man zwar lesen, aber eben nicht schreiben kann. Großer Vorteil von Nur-Lese-Speichern: Ihre Daten sind nichtflüchtig – sie bleiben also auch erhalten, wenn man den Rechner ausschaltet.

Abbildung 18.4: Arbeitsspeicher hat meist die Form von Steckmodulen, die in freie Plätze auf dem Mainboard eines Rechners eingesteckt werden können.

Definition Virtueller Speicher

Auslagerung von Inhalten aus dem Arbeitsspeicher auf die langsamere Festplatte

UEFI

Bei früheren Windows-Versionen (bis Windows 7) hörte der Bootloader auf den Namen BIOS (Basic Input/Output System). Beim Mac und unter Linux sowie seit Windows 8 kommt hingegen das (U)EFI (United Extensible Firmware Interface) zum Einsatz – BIOS ist damit heute weitgehend abgelöst.

+ Die Abkürzung DDR-SDRAM, oft auch DDR-RAM genannt, steht für »Double Data Rate Synchronous Dynamic RAM« – er konnte mit doppeltem Tempo schreiben und lesen. Weiterentwicklungen mit höherer Geschwindigkeit und geringerem Stromverbrauch sind DDR2, DDR3, DDR4 und DDR5. Besonders energiesparende RAM-Varianten werden mit der Vorsilbe LP (für »Low Power«) bezeichnet.

Anders als bei diesen dynamischen RAM-Arten nutzt SRAM (Static RAM, statischer RAM) zum Speichern nicht einen einzigen Transistor, sondern eine Schaltung. Dafür braucht SRAM natürlich mehr Platz als DRAM und ist auch etwas teurer, allerdings entfallen die Refresh-Zyklen – SRAM ist daher noch etwas schneller als DRAM. SRAM kommt deshalb besonders als Cache zwischen Arbeitsspeicher und Prozessor zum Einsatz, wo es auf jede Millisekunde ankommt.

Zudem gibt es weitere Arbeitsspeichervarianten, die teilweise nichtflüchtig sind.

Manche Computer können über Steckmodule mit Arbeitsspeicher aufgerüstet werden. Heute werden meist DIMMs eingesetzt (Dual Inline Memory Module), die sich in der Zahl ihrer Kontakte unterscheiden. Es gibt unterschiedliche Kapazitäten, die meist in GB angegeben werden. Sie werden auf das Mainboard des Rechners aufgesteckt. Größe und Geschwindigkeit des Arbeitsspeichers bestimmen maßgeblich über die Leistung eines Rechners.

Wenn dem System nicht mehr ausreichend Arbeitsspeicher zur Verfügung steht, lagert es Teile der aktuell laufenden Programme auf die Festplatte aus. Dieses Verfahren wird **virtueller Speicher** genannt und ist wesentlich langsamer als der Einsatz richtigen Arbeitsspeichers.

Bootloader (BIOS und EFI)

Beim Booten (Hochfahren) eines Rechners wird ein Dilemma gelöst: Einerseits braucht der Rechner Zugriff auf die Festplatte, denn dort liegt das Betriebssystem, das er laden soll. Andererseits aber braucht der Rechner das Betriebssystem, denn es steuert den Zugriff auf die Festplatte. Anders formuliert: Das Ei braucht die Henne, die Henne braucht das Ei. Was aber, wenn weder Ei noch Henne zur Verfügung stehen?

Die Antwort lautet: Bootloader. Dabei handelt es sich um das Startprogramm eines Rechners, das direkt beim Hochfahren geladen wird. Es liegt in einem speziellen Bereich der Hardware, genannt Firmware. Firmware liegt meist in ROM-Speichern, die nicht oder nur mittels spezieller Techniken (Firmware-Aktualisierung, »Flashen«) ausgetauscht werden können.

Im Bootloader liegen die wichtigsten Komponenten des Betriebssystems wie Festplatten und Eingabegeräte. Von dort können sie in den Arbeitsspeicher geladen werden. Das Ganze ist so konfiguriert, dass das Betriebssystem nun starten und den gesamten Rest übernehmen kann. Eine Alternative ist ein Bootmanager, der beim Hochfahren startet und den Benutzern und Benutzerinnen die Wahl lässt, welches Betriebssystem gestartet werden soll. Auf diese Weise ist es z. B. möglich, Windows auf Mac-Systemen zu installieren.

18.2 Betriebssysteme

Jeder Computer, jedes Smartphone oder Tablet benötigt ein Betriebssystem (engl. Operating System, OS), das sich zwischen Hardware und Anwendungen hängt. Ohne Betriebssystem ist die Verwendung eines Computers nicht möglich:

+ Es verwaltet die einzelnen Aufgaben (Prozesse) und weist ihnen die benötigten Ressourcen zu, beispielsweise Arbeitsspeicher.
+ Es steuert die Hardware und bietet Möglichkeiten zur Eingabe und Ausgabe von Daten.
+ Es verwaltet Dateien und Benutzer.
+ Es bietet den Nutzerinnen und Nutzern Interaktionsmöglichkeiten mithilfe einer Benutzeroberfläche, beispielsweise eines GUI (Graphical User Interface).

18.2.1 PC-Betriebssysteme

Bei PCs spielen heute drei Betriebssysteme eine besonders wichtige Rolle: Windows, macOS sowie das freie Linux. Diese Betriebssysteme unterscheiden sich in ihrer grundlegenden Programmierung – so lässt sich eine Windows-Software beispielsweise nicht auf einem Mac installieren (es sei denn, das Betriebssystem wird virtualisiert). macOS und Linux sind Teil der großen Familie auf Unix basierender Betriebssysteme. Diese folgenden Abschnitte erläutern einige wichtige Grundlagen zu diesen Systemen. Auf mobile Betriebssysteme wie Android und iOS wird in Kapitel 31 eingegangen.

+ **Windows:** Der Begriff »Windows« bezeichnet eine Familie von Betriebssystemen aus dem Hause Microsoft, die seit geraumer Zeit Marktführer unter den Betriebssystemen für Desktops sind. Seit der Einführung von Windows 1.0 im Jahr 1985 hat sich das Betriebssystem ständig weiterentwickelt und zahlreiche Versionen wie Windows 95, XP, 7, 8, 10 und 11 hervorgebracht. Es unterstützt eine breite Palette von Anwendungen und Hardware, von Desktops und Laptops bis hin zu Servern und mobilen Geräten.
+ **Unix:** Unix ist eine Familie von Betriebssystemen mit Unterstützung von Multitasking und mehreren Benutzern. Unix hat eine lange Geschichte: Es geht zurück auf das Betriebssystem »Multics« (Multiplexed Information and Computing System), das bereits in den 1960er Jahren in den Bell Laboratories entwickelt wurde. Ab 1969 wurde das System unter dem Namen »Unics« (Uniplexed Information and Computing System) neu entwickelt, 1973 schließlich wurde es unter dem Namen »Unix« komplett in der Programmiersprache

DOS

Der Begriff DOS (Disk Operating System) bezeichnet kommandozeilenbasierte Betriebssysteme, die in den 1980er und frühen 1990er Jahren sehr verbreitet waren. Das bekannteste DOS-System ist MS-DOS von Microsoft – allerdings gibt es auch diverse andere Systeme von anderen Herstellern.

MS-DOS läuft ausschließlich auf x86-Prozessor-Architekturen. Es kam 1981 mit dem ersten IBM-PC auf den Markt und wurde in der Folge für zahlreiche weitere Hersteller lizenziert – MS-DOS bildet damit den Grundstein für Microsofts Erfolg. Es bildete später die technische Basis für Windows 95, 98 sowie Millennium Edition und blieb somit bis ungefähr 2001 in Verwendung. Heute ist MS-DOS weitgehend bedeutungslos geworden.

Weitere Varianten

Weitere Varianten, die besonders bei mobilen und preisgünstigen Notebooks eingesetzt werden, sind das quelloffene Chromium OS sowie das davon abgeleitete kommerzielle Chrome OS. Chrome OS wird von Google entwickelt und beruht auf Linux. Es ist eng mit der Cloud verzahnt und in der Lage, Android-Apps auszuführen.

Derivate

Wie erwähnt, bezeichnet Unix mittlerweile eine ganze Familie von Betriebssystemen, die davon abgeleitet sind – sogenannte Unix-Derivate. Eine wichtige Entwicklungslinie von Unix hört auf den Namen BSD (Berkeley Software Distribution). Sie hat ihren Ursprung an der Universität Berkeley (Kalifornien) und steht unter der freien BSD-Lizenz: Es ist explizit erlaubt, die Software zu kopieren, zu verbreiten und zu überarbeiten – sicherlich einer der Hauptgründe dafür, dass BSD der Ursprung zahlreicher weiterer Derivate wie der sehr stabilen FreeBSD ist. Wichtige Unix-Derivate sind Linux (und damit auch Android) und macOS.

Definition Open Source

Der Begriff Open Source bezeichnet einen offen einsehbaren Quelltext mit freier Lizenz. Programmiererinnen und Programmierer können sich den Quellcode anschauen und daran arbeiten.

C neu geschrieben. Als geistige Väter des Systems gelten die Informatiker Ken Thompson und Dennis Ritchie.

+ **Linux:** Das freie Betriebssystem Linux geht zurück auf den Entwickler Linus Benedict Torvalds, der es 1991 (noch als Student an der finnischen Universität Helsinki) entwickelte. Linux gibt es in unterschiedlichsten Anpassungen, die als Linux-Distribution bezeichnet werden. Neben dem Linux-Kernel zeichnen sich diese Distributionen durch unterschiedliche Oberflächen oder Tools aus. Bekannte Linux-Distributionen sind derzeit MX Linux, Linux Mint, EndeavourOS, Debian, Manjaro Linux, Ubuntu, Fedora, Pop!_OS OpenSUSE und Zorin. Der Quellcode von Linux ist Open Source.
+ **Apple/Mac:** Apple gehört zu den wertvollsten Unternehmen der Welt. Sein heutiger Erfolg beruht zu großen Teilen auf dem iPhone sowie seinen Macintosh-Rechnern. Apple zeichnet sich dadurch aus, dass der Hersteller sowohl Hardware als auch Software kontrolliert. Die Betriebssysteme von Apple haben im Laufe der Jahre eine bemerkenswerte Entwicklung durchgemacht und sind ein fester Bestandteil der Produktpalette des Unternehmens. Alles begann mit dem klassischen Mac OS, das in den 1980er Jahren eingeführt wurde und auf Macintosh-Computern lief. Im Jahr 2001 revolutionierte Apple die Branche mit der Einführung von Mac OS X, das auf der stabilen und leistungsstarken Unix-Architektur basiert. Dieses Betriebssystem wurde später in macOS umbenannt und ist auch heute noch die Plattform für alle Mac-Computer. Zur gleichen Zeit wurde das mobile Betriebssystem iOS entwickelt, das 2007 mit dem iPhone debütierte und später auf das iPad und den iPod Touch ausgeweitet wurde. iPads haben allerdings mittlerweile ein eigenes, stark an iOS angelehntes OS,

18.2.2 Server-Betriebssysteme

Windows, macOS und Linux sind Betriebssysteme für Heimcomputer (PCs). Die Ansprüche an Betriebssysteme für Server sind höher, weil Server stark auf Performance und Stabilität angewiesen sind. Es gibt daher speziell dafür angepasste Versionen, beispielsweise von Windows.

Außerdem gibt es verschiedene weitere Server-Betriebssysteme. Beispiele sind:

+ Apache ist ein quelloffenes, freies Server-Betriebssystem von der Apache Software Foundation. Apache ist der am weitesten verbreitete Webserver.
+ nginx (ausgesprochen »engine-ex«) ist eine modular aufgebaute Software für Server, die seit einigen Jahren dank ihrer hohen Leistung immer beliebter wird.
+ Google nutzt auf seinen eigenen Websites ein Server-System auf Basis von Linux, den Google Web Server.

Virtualisierung

Betriebssysteme erlauben normalerweise nicht, dass ein zweites Betriebssystem gleichzeitig läuft. Ein Betriebssystem verlangt exklusive Kontrolle über die Ressourcen eines Rechners und würde sich daher mit einem anderen System ins Gehege kommen. Möchte man mehrere Betriebssysteme parallel laufen lassen, muss man auf Virtualisierung zurückgreifen. Vorteile der Virtualisierung sind:

+ sichere Trennung unterschiedlicher Prozesse
+ bessere Auslastung der Hardware
+ geringerer Stromverbrauch
+ Testen von Software und Medienprodukten auf anderen Systemen

Die Informatik kennt unterschiedliche Verfahren der Virtualisierung. Bei einer virtuellen Maschine wird beispielsweise mithilfe einer Spezialsoftware eine Laufzeitumgebung hergestellt, in der ein Gast-Betriebssystem laufen kann. Virtualisierung wird insbesondere bei Servern eingesetzt. Bekannte Anbieter für Virtualisierungssoftware sind VMWare, ThinApp, Citrix XenAapp und Microsoft App-V.

18.3 Schnittstellen

Ein Computer kann mittels Schnittstellen (Interfaces, Ports) Verbindung mit anderen Geräten aufnehmen. Dazu ist jeder Rechner mit einer Reihe von Schnittstellen ausgestattet. Je nach Aufbau können außerdem über Steckkarten weitere Schnittstellen eingebaut werden. Während die Computerindustrie in der Vergangenheit oft verschiedene Schnittstellen für unterschiedliche Anwendungsfälle entwickelt hat, geht der Trend heute klar in Richtung universeller Schnittstellen, die unterschiedlichste Aufgaben übernehmen können.

Schnittstellen können sowohl intern (also im Computergehäuse selbst) als auch extern (vom Computer nach draußen) angelegt sein. Interne Schnittstellen werden meist in Form von Slots oder Sockeln direkt auf dem Motherboard angeboten. Externe Schnittstellen erkennt man an Buchsen, die vom Computer nach außen geführt werden. Mittels passender Kabel und Stecker können Peripheriegeräte angeschlossen werden.

Schnittstellen und Steckverbinder

Prinzipiell muss man unterscheiden zwischen der eigentlichen Schnittstelle und dem Steckverbinder. Eine Schnittstelle definiert, welche Steckverbinder eingesetzt werden können. Es gibt daher Schnittstellen, die mehrere verschiedene Steckverbinder erlauben. Auch gibt es unterschiedliche Schnittstellen, die mit identischen Steckverbindern genutzt werden können.

Bridge

Manchmal kommt es vor, dass Systeme miteinander inkompatibel sind und es keine Schnittstellen gibt. In diesen Fällen kommt bisweilen eine Bridge zum Einsatz. Sie kümmert sich um die Konvertierung von Signalen zwischen den beiden Systemen.

18.3.1 Serielle und parallele Schnittstellen

Es gibt prinzipiell zwei Arten von Schnittstellen:

+ Serielle Schnittstellen übertragen Daten nacheinander über eine Leitung, also Bit für Bit.
+ Parallele Schnittstellen arbeiten hingegen mit mehreren Leitungen gleichzeitig.

Plug and Play

Moderne Betriebssysteme arbeiten meist nach dem Prinzip »Plug and Play«. Es soll dafür sorgen, dass Peripheriegeräte automatisch vom System erkannt werden und direkt genutzt werden können. Dazu bringen Betriebssysteme von Hause aus eine Reihe von Treibern mit, die häufige Anwendungsfälle abdecken. Alternativ dazu ist es möglich, die Treiber für die Peripheriegeräte manuell zu installieren.

Heute herrschen serielle Schnittstellen wie USB vor, die mit hohen Datenübertragungsraten aufwarten. Parallele Schnittstellen haben das Problem, dass zeitgleich verschickte Datenpakete nicht genau gleichzeitig ankommen (Signallaufzeit).

USB

Die Abkürzung USB steht für »Universal Serial Bus« – und das trifft die Anwendung von USB gut: Es ist der Allrounder unter den Schnittstellen. USB war von Anfang an als Standard unter den Ports konzipiert. Mittlerweile arbeiten die unterschiedlichsten Geräte wie Kameras, Smartphones oder Festplatten mit USB. USB ist außerdem in der Lage, Endgeräte mit Strom zu versorgen, und erlaubt es, Geräte im laufenden Betrieb an- und abzustecken (Hot Plug & Play). Mithilfe eines USB-Hubs können weitere Schnittstellen eingerichtet werden.

USB gibt es in verschiedenen Versionen und mit verschiedenen Steckern. Versionen werden dabei mit Nummern, Stecker hingegen mit Buchstaben angegeben. Diese Unterscheidung ist wichtig, denn ein Stecker sagt nichts über die dahinterstehende Verbindung aus! Es gibt unterschiedliche Versionen von USB. Die erste Version USB 1.0 erschien 1995. Die weiteren Versionen USB 2.0 (April 2000) und USB 3.0 (November 2008) boten immer höhere Datenübertragungsraten. Derzeit ist USB 3.2 mit 20 GBit/s die fortgeschrittenste Form, aber die Spezifikation zu USB 4 2.0 steht seit 2019 fest und würde 80 GBit/s (synchron) oder 120 GBit/s (asynchron) bieten. Zur Drucklegung hat allerdings noch kein Hardwarehersteller USB 4 im Programm. USB ist explizit abwärtskompatibel angelegt – ein Gerät mit USB 2.0 sollte weitgehend auch an einem USB-3.0-Port betrieben werden können.

FireWire

FireWire ist eine Hochgeschwindigkeitsschnittstelle für die Datenübertragung zwischen digitalen Geräten, die hauptsächlich zum Anschluss von Videokameras, externen Festplatten und anderen Multimedia-Geräten verwendet wird. Informationen zur FireWire-Schnittstelle finden Sie im Zusatzkapitel »Firewire.pdf«, das unter *www.rheinwerk-verlag.de/5853* zum Download zur Verfügung ist.

Stromversorgung über USB

USB ist auch in der Lage, angeschlossene Geräte mit Strom zu versorgen. Dabei gibt es unterschiedliche Standards:

+ USB 1.1 liefert maximal 500 mW Leistung – das reicht selten aus.
+ USB 2.0 erlaubt eine Leistung von 2,5 W. Das ist ausreichend für Tastaturen und Mäuse, jedoch nicht für alle Festplatten – aus diesem Grund arbeiten viele Festplatten auch mit einem Y-Stecker, der zwei USB-Ports belegt.
+ Bei USB 3.0 sind es 4,5 W, was in vielen Fällen ausreichend ist.
+ Bei USB 4 wird USB PD mit bis zu 100 W unterstützt, bzw. bis zu 240 W mit »Extended Power Range«.
+ Mit »USB Battery Charging« (USB-BC) gibt es einen weiteren Modus, der 7,5 W liefert und somit geeignet ist, Tablets und Smartphones aufzuladen.
+ Mit der Technologie »USB Power Delivery« (USB-PD) kann ein Gerät bis zu 100 W Leistung liefern – genug etwa, um einen Laptop zu laden.

Steckertypen

Neben diesen Versionen gibt es unterschiedliche Steckertypen von USB-Kabeln:

+ Der flache Standard-Port hört auf den Namen USB Typ A.
+ USB Typ B ist eine höhere Bauform des Kabels – typischerweise wird dieses Ende in das externe Gerät gesteckt, etwa eine Festplatte oder einen Drucker.
+ Für kleine Geräte stehen Micro- und Mini-USB-Anschlüsse zur Verfügung.
+ Die Spezifikation für USB-C wurde 2014 abgeschlossen. Der Stecker mit 24 Pins ist so angelegt, dass er in beiden Richtungen und an beiden Enden eingesteckt werden kann. Zum Anschluss älterer Geräte sind Adapter notwendig. USB-C-Anschlüsse haben eine niedrige Bauhöhe – der Standard ist daher sehr gut für dünne Laptops oder Smartphones geeignet.
+ Kompliziert wird die Situation jedoch durch die sogenannten »Alternate Modes«, die USB-C unterstützt. Dabei werden an Stelle des USB-Signals alternative Protokolle wie Thunderbolt, DisplayPort oder HDMI über einen USB-C-Anschluss übertragen. Dies macht den Anschluss sehr flexibel, allerdings ist es in der Praxis nicht immer einfach, zu erkennen, welches Kabel für den gewünschten Anwendungsfall geeignet ist.

Thunderbolt

Thunderbolt ist eine gemeinsame Entwicklung von Apple und IBM aus dem Jahre 2011 mit Transferraten von 10 GBit/s. Der Standard nutzt zwei bidirektionale, seriell arbeitende Kanäle (für Daten und Display). Thunderbolt 2 wurde 2013 von Intel vorgestellt, und die Datenrate wurde verdoppelt. Zudem wurde damit auch 4K-Video unterstützt. Sowohl Thunderbolt 1 als auch Thunderbolt 2 nutzen einen modifizierten Mini-DisplayPort-Stecker. Thunderbolt 3 (2015) erhöht die Transferrate auf 40 GBit/s und setzt nun auf den Anschluss USB-C. Die nächste Version ist Thunderbolt 4 (2020) und bietet noch mehr Anschlussmöglichkeiten. Mit Thunderbolt 5 erhöht sich die Datenrate auf 120 GBit/s, und es können Geräte mit bis zu 240 W geladen werden.

Abbildung 18.5: Thunderbolt-Kabel (Stecker von Generation 1 und 2)

Für die Technologie spricht, dass sie unterschiedliche Protokolle gleichzeitig unterstützt und somit eine große Flexibilität verspricht – Thunderbolt ist beispielsweise abwärtskompatibel mit Mini DisplayPort und kann somit auch Monitore ansprechen. Außerdem können bis zu sechs Geräte hintereinander gekoppelt werden (Daisy Chain). Auch enthält Thunderbolt einen vollwertigen PCIe-Kanal – extern über Thunderbolt angeschlossene Geräte sind also genauso schnell wie interne PCIe-Steckkarten.

Die Zukunft

Thunderbolt-Kabel sind aktiv, enthalten also Chips und sind technisch aufwändig – dies bedingt einen relativ hohen Anschaffungspreis für Kabel und Peripheriegeräte. Es ist aktuell noch nicht abzusehen, ob sich Thunderbolt auf breiter Basis durchsetzen wird.

SATA

SATA, S-ATA oder »Serial ATA« wird vorrangig zum Anschluss von Massenspeichern (z. B. Festplatten) verwendet. SATA arbeitet seriell und wurde im Jahr 2003 in seiner ersten Version vorgestellt. Version 1 erzielte bereits hohe Datenraten von 1,5 GBit/s (Nettodatenrate 150 MB/s) – Version 2 (2004, 3,0 GBit/s, Nettodatenrate 300 MB/s) und 3 (2008, 6,0 GBit/s, Nettodatenrate 600 MB/s) legten da noch einmal etwas drauf. SATA-3 ist jedoch eher unter der Bezeichnung »SATA 6G« bekannt – die Abkürzung spielt auf die Datenrate von 6 GBit/s an. SATA wird sowohl intern als auch extern zum Anschluss von Festplatten genutzt – die externe Variante hört auf den Namen eSATA (»external SATA«). Außerdem gibt es unterschiedliche Anschlussvarianten, beispielsweise den kompakteren mSATA (»mini-SATA«).

EIDE

Der Vorgänger von SATA ist eine Schnittstelle namens EIDE (»Enhanced Integrated Drive Electronics«), die mit paralleler Datenübertragung arbeitete und daher bisweilen auch »P-ATA« (von »parallel ATA«) genannt wird. Die Abkürzung ATA steht dabei für »Advanced Technology Attachment« und meint ein Übertragungsprotokoll, das bei EIDE und SATA zum Einsatz kommt. Manchmal wird EIDE/P-ATA auch einfach als ATA bezeichnet, obwohl Schnittstelle und Protokoll eigentlich nicht dasselbe sind.

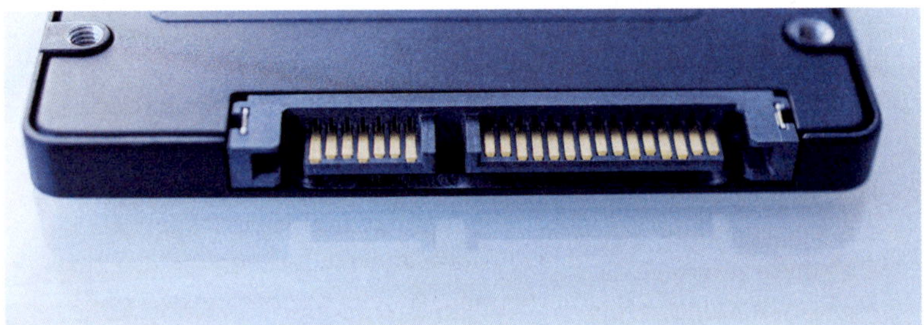

Abbildung 18.6: SSD mit SATA-6-Anschluss

PCIe

PCIe oder PCI Express ist ein interner Bus, mit dem sich Erweiterungskarten in den Rechner einbauen lassen und der sich durch hohe Geschwindigkeit auszeichnet. Die Abkürzung steht für »Peripheral Component Interconnect«.

PCIe wurde im Jahr 2004 eingeführt und löste eine Reihe früherer Schnittstellen wie beispielsweise PCI und AGP (Accelerated Graphics Port, zur Ansteuerung von Grafikkarten genutzt) ab. Während das frühere PCI noch auf parallele Datenübertragung setzte, handelt es sich bei PCIe um eine serielle Verbindung (vgl. Abschnitt 18.3.1). Dazu setzt PCIe auf jeweils ein Leitungspaar für Übertragung und Empfang von Daten, die »Lanes« genannt werden. Um die Übertragungsrate zu erhöhen, können mehrere Lanes gleichzeitig verwendet werden. Außerdem unterstützt der Standard Hot-Plug – Steckkarten können also im laufenden Betrieb angesteckt und abgezogen werden.

PCIe setzt sich zunehmend auch als Anschluss für Massenspeicher durch. Der Grund dafür ist die immer größer werdende Verbreitung von SSDs mit ihren gestiegenen Anforderungen. Der Festplattenstandard SATA 6G ist alles andere als langsam. Allerdings reicht seine Datenrate von 6 GBit/s nur für langsame SSDs – es gibt jedoch auch SSDs, die Daten mit 10 GBit/s lesen und schreiben können. SATA 6G stößt bei ihnen an seine Grenzen. Viele SSDs werden daher über PCIe angeschlossen. Es gibt verschiedene Standards mit unterschiedlichen Steckern:

PCIe 7.0

Die PCI-SIG, das Konsortium zur Spezifikation von PCI, hat bereits die Spezifikationen für PCIe 7.0 vorgelegt. Der aktuelle Zeitplan sieht eine Veröffentlichung 2025 vor.

- Mit SATAe oder SATA Express (nicht zu verwechseln mit eSATA, das für externes SATA steht) wurde 2013 ein Nachfolger von SATA 6G vorgestellt. SATA Express ist eine Kombination aus SATA und PCIe.
- Hinter dem Begriff m.2 (»m dot two«, auch Next Generation Form Factor oder NGFF genannt) verbirgt sich eine kompakte, streifenartige Bauform von SSDs, die 2012 von Intel vorgestellt wurde. Sie bietet sich besonders für Laptops an und basiert ebenfalls auf PCIe. Sie löst den mSATA-Anschluss ab.
- Andere SSDs werden direkt über PCIe angeschlossen.

Abbildung 18.7: SSD in m.2-Bauform

18.3.2 Grafikschnittstellen

Ob Thunderbolt oder USB – der Trend geht in der Schnittstellentechnologie ganz klar dahin, unterschiedliche Peripheriegeräte über eine identische Schnittstelle anzuschließen. Dennoch gibt es eine Reihe von Schnittstellen, die für den Anschluss von Monitoren gedacht sind und noch heute oft verwendet werden:

- **VGA:** Die Abkürzung VGA steht für »Video Graphic Array« und bezeichnet einen analogen Standardanschluss für Monitore und Beamer. IBM führte VGA im Jahr 1987 als Standard für Grafikkarten ein, der auch eine Standardauflösung von 640 × 480 Pixeln definierte. Die Abkürzung »VGA« meint also eigentlich drei verschiedene Dinge – einen Anschluss, einen Grafikkartenstandard und eine Auflösung. VGA nutzt meistens einen D-Sub-Stecker mit 15 Stiften. Gerade bei alten Monitoren und Beamern kommt er auch heute immer noch zum Einsatz.
- **DVI:** VGA ist wie erwähnt ein analoger Anschluss – lange oder minderwertige Kabel können also zu einem sichtbaren Qualitätsverlust führen. Der Nachfolger von VGA hört auf den Namen DVI (»Digital Visual Interface«). Visuelle Daten werden dabei (meist) digital übertragen, um den möglichen Qualitätsverlust der analogen Übertragung zu vermeiden. Dadurch muss die Grafikkarte die digitalen Signale nicht zuerst in analoge umwandeln, bevor sie zum Monitor geschickt werden – der Verzicht auf diese Wandlung verspricht ebenfalls eine höhere Qualität.
- **HDMI:** HDMI steht für »High Definition Multimedia Interface«, eine digitale Schnittstelle, die neben Videosignalen auch Audiosignale übertragen kann. HDMI hat seine Wurzeln insbesondere in der Unterhaltungsindustrie und wurde 2002 von einem Konsortium entwickelt, dem Hitachi, Panasonic, Philips, Silicon Image, Sony, Thomson, RCA und Toshiba angehörten. Es gibt verschiedene Versionen von HDMI, die unterschiedliche Auflösungen unterstützen.
- **DisplayPort:** Eine weitere Schnittstelle zur digitalen Übertragung von Audio- und Videosignalen hört auf den Namen »DisplayPort«. Der Standard wurde 2006 von der VESA (Video Electronics Standards Association) entwickelt, einer Vereinigung verschiedenster Hersteller aus der Computerindustrie. Im Vergleich zu DVI unterstützt Dis-

playPort höhere Auflösungen wie beispielsweise 5.120 × 2.880 Pixel (5K). DisplayPort ist mit VGA, DVI und HDMI kompatibel – meist reicht ein technisch einfach aufgebauter Adapter, und die Grafikkarte schickt automatisch das passende Signal.

18.3.3 Audioschnittstellen

Tonsignale können über viele der beschriebenen Schnittstellen übertragen werden, beispielsweise HDMI oder USB. Es gibt auch einige Schnittstellen, die speziell für diesen Signaltyp geschaffen wurden.

Bei Audioschnittstellen ist die Steckverbinder-Situation wesentlich unübersichtlicher als bei anderen Signaltypen. Es lohnt sich daher, zunächst einen Blick auf die häufigsten Stecker zu werfen:

Abbildung 18.8: Klinkenstecker

Abbildung 18.9: Cinch-Kabel

Abbildung 18.10: XLR-Kabel

+ Der Klinkenstecker ist der Klassiker unter den Audio-Steckverbindern. Sie unterscheiden sich zunächst in ihrer Größe. Am häufigsten sind 3,5 mm (Miniklinke) sowie 6,35 mm (große Klinke), allerdings gibt es auch viele weitere Größen. Klinkenstecker können unterschiedlich viele Pole haben, die an der Zahl der Zwischenringe zu erkennen sind. Neben der Zahl der übertragenen Kanäle können auf diese Weise auch Zusatzfunktionen realisiert werden, beispielsweise bei Headsets (linkes und rechtes Tonsignal sowie Mikrofon).
+ Cinch oder RCA (nach der amerikanischen Radio Corporation of America) ist ein weiterer Klassiker, der vor allem im Heimbereich verwendet wird. Die Stecker werden für unterschiedliche Signale verwendet und daher meist farbkodiert. Im Audiobereich sind dies die Farben Weiß (analoges Audio, linker Kanal), Rot (analoges Audio, rechter Kanal), Orange (S/PDIF) und Schwarz (Subwoofer oder Center-Kanal). Bei Video handelt es sich um Gelb (Composite Video) oder Grün, Blau und Rot (Component Video).
+ XLR ist ein Steckverbinder, der für analoge Mikrofone und Lautsprecher sowie für digitale AES-Signale verwendet wird.
+ Der Name TOSLINK ist eine Kreation aus »Toshiba«, dem Entwickler, und »Link«. TOSLINK wird in Lichtwellenleitern zur optischen Signalübertragung eingesetzt.

Soundkarte und Audioschnittstellen

Audiotechnik ist ein weites Feld, das neben dem Computer auch die Bereiche Heimelektronik und Studiotechnik umfasst. Dieser Abschnitt konzentriert sich auf Soundkarten und Schnittstellen, mit denen Audiosignale in den Computer übertragen werden können.

Die Soundkarte ist im Computer für die Verarbeitung analoger und digitaler Audiosignale zuständig. Die meisten Hauptplatinen haben heute eine Soundkarte mit eingeschränkten Möglichkeiten an Bord (On-Board Sound). Weiterreichende Möglichkeiten bieten jedoch spezialisierte Soundkarten, die entweder intern (meist über PCI bzw. PCI Express) oder als externe Geräte angeschlossen werden. Diese Geräte werden auch *Audio-Interfaces* genannt und über Schnittstellen wie USB,

Thunderbolt oder FireWire angeschlossen. Soundkarten bieten je nach Qualität eine Reihe von Schnittstellen wie den 3,5-mm-Klinkenstecker, einen Line-in-Anschluss (auch Aux-Eingang), Miniklinkenstecker für Lautsprecher, Anschluss für ein Mikrofon (als Miniklinke oder als hochwertigen XLR-Anschluss).

Neben diesen analogen Ein- und Ausgängen gibt es natürlich auch Schnittstellen für digitale Tonsignale:

+ Bei S/PDIF (*Sony/Philips Digital Interface Format*) kommen Cinch- oder optische TOSLINK-Stecker zum Einsatz, selten auch Klinkenstecker.
+ AES3 ist eng mit S/PDIF verwandt. Das Format wurde gemeinsam von der Audio Engineering Society (AES) und der European Broadcasting Union (EBU) entwickelt und wird daher manchmal auch AES/EBU genannt. AES3 nutzt einen XLR-Stecker oder den Koaxialstecker BNC.
+ Hin und wieder finden sich auch die digitalen Schnittstellen ADAT (Alesis Digital Audio Tape) und TDIF (TASCAM Digital Interface).
+ Einen Sonderfall stellt die MIDI-Schnittstelle dar (Musical Instrument Digital Interface). MIDI überträgt keine Audiosignale, sondern Steuerinformationen. Damit können elektronische Instrumente kontrolliert werden.

18.4 Ausgabeeinheiten

Ausgabegeräte dienen dazu, Ergebnisse von Rechenoperationen des Computers auszugeben. Wichtige Ausgabeeinheiten sind Drucker, Monitore (mit Grafikkarten) und Lautsprecher (mit Soundkarten).

Eingabegeräte

Eingabegeräte sind Maus, Tastatur, Grafiktablett, Touchscreen, aber auch Spracherkennung und Sprachsteuerung.

18.4.1 Drucker

Drucker haben die Aufgabe, digitale Dokumente auf analogem Papier auszugeben. Sie arbeiten dazu mit kleinen Punkten (Dots) – Farben und Graustufen werden bei fast allen gebräuchlichen Druckern durch Rasterpunkte erzeugt.

Drucker unterscheiden sich in der Auflösung, die sie verarbeiten können. Sie wird in der Einheit dpi (dots per inch) in horizontaler und vertikaler Richtung getrennt angegeben. Ein Drucker mit 4.800 × 2.400 dpi kann z. B. 4.800 Druckpunkte horizontal und 2.400 dpi vertikal ausdrucken. Drucker arbeiten meist im CMYK-Modus – bei einigen Modellen kommen weitere Farben zum Einsatz.

Unterschiedlich ist auch das Format des Papiers, das ein Drucker unterstützt – es wird in unserem Sprachraum mit DIN-Formaten angegeben. Einige Drucker verfügen auch über die Möglichkeit, randlos auf das Papier zu drucken. Als Schnittstelle kommt heute meist USB zum Einsatz, einige Drucker sind jedoch auch netzwerkfähig oder können über WLAN angesprochen werden.

Es gibt unterschiedliche Verfahren, von denen die wichtigsten in den folgenden Abschnitten behandelt werden sollen.

Drucker	Vorteile	Nachteile
Tintenstrahldrucker	+ günstig + hohe Qualität der Farbwiedergabe	– Druckkosten meist relativ hoch – Geschwindigkeit eher niedrig – fehlende Lichtbeständigkeit
Laserdrucker	+ sehr gutes Schriftbild + hohe Druckgeschwindigkeit + relativ geringe Verbrauchskosten	– relativ hohe Anschaffungskosten – eher großer Platzbedarf – Emissionen
Nadeldrucker	+ Erzeugung von Durchschlägen möglich + robust + zuverlässig	– laut – langsam – geringe Druckqualität

Tabelle 18.1: Wichtige Druckertypen mit zentralen Vor- und Nachteilen

+ **Tintenstrahldrucker:** Tintenstrahldrucker arbeiten mit flüssiger Tinte, die durch kleine Düsen auf das Papier gespritzt wird. Die meisten Tintenstrahldrucker arbeiten heute mit vier Farben im CMYK-Verfahren. Es gibt allerdings auch hochwertige Fotodrucker mit weiteren Farben, beispielsweise einem hellen Magenta und hellen Cyan. Dadurch ist besonders in den hellen und pastellfarbenen Bereichen eine bessere Farbwiedergabe möglich. Tintenstrahldrucker bieten eine gute Druckqualität für den Heim- und Bürogebrauch. Sie sind relativ erschwinglich in der Anschaffung und bieten eine schnelle Druckgeschwindigkeit für kleinere Druckaufträge.
+ **Laserdrucker:** Ein Laserdrucker ist ein Hochleistungsdrucker, der mithilfe von Laserlicht Text und Bilder auf Papier überträgt. Das Druckverfahren basiert auf der elektrostatischen Aufladung und der thermischen Fixierung von Tonerpartikeln auf dem Papier. Mithilfe eines sich schnell bewegenden Laserstrahls wird das Bild oder der Text auf die fotoleitende Trommel im Drucker projiziert, wodurch ein elektrostatisches Muster entsteht. Der Toner, ein feines Pulver aus Kunststoffpartikeln und Farbpigmenten, wird dann auf das Papier übertragen und durch Hitze fixiert. Laserdrucker zeichnen sich durch hohe Druckgeschwindigkeit und präzise Druckqualität aus und sind ideal für den Einsatz im Büro. Sie sind besonders effizient beim Druck großer Mengen von Textdokumenten und zeichnen sich durch niedrige Betriebskosten aus.

LED-Drucker

Nach einem ähnlichen Prinzip wie der Laserdrucker arbeiten LED-Drucker. Hier kommt jedoch statt des Lasers eine Reihe von Leuchtdioden zum Einsatz.

+ **Nadeldrucker:** Nadeldrucker oder auch Matrixdrucker basieren auf einem sehr alten Prinzip, sind jedoch aus der Mode gekommen. Diese Technologie beruht auf einem Druckkopf mit einer Reihe von Nadeln – bei Schwarz-Weiß-Druckern meist neun, bei Farbdruckern häufig 24 Stück. Während des Ausdrucks wird Papier an einem Farbband vorbeigeführt, und die Nadeln drucken die Farbe von hinten an den gewünschten Stellen auf das Papier. Die einzelnen Nadelpunkte sind im Druckbild deutlich zu erkennen – das Verfahren kommt somit qualitativ nicht an Tintenstrahl- oder Laserdrucker heran. Hinzu kommt eine hohe Geräuschentwicklung während des Ausdrucks. Allerdings können Nadeldrucker auf Endlospapier drucken und Durchschläge erstellen. Es gibt daher immer noch Bereiche in der Industrie, in denen sie eingesetzt werden.

+ **Thermodrucker:** Ein Thermodrucker ist ein spezieller Drucker, der mithilfe von Wärme Bilder oder Text auf thermosensitivem Papier erzeugt. Anstelle von Tinte oder Toner verwendet ein Thermodrucker eine wärmeempfindliche Beschichtung auf dem Papier, die durch den Druckkopf erhitzt wird. Wenn der Druckkopf über das Papier fährt, erzeugt die Hitze schwarze oder farbige Markierungen auf dem Papier. Thermodrucker werden häufig in Anwendungen eingesetzt, die ein schnelles und geräuschloses Drucken erfordern, wie z. B. bei Quittungen, Versandetiketten oder medizinischen Unterlagen. Sie zeichnen sich durch ihre einfache Handhabung, niedrige Betriebskosten und hohe Druckgeschwindigkeiten aus.

Typenraddrucker

Der Typenraddrucker oder auch Kugelkopfdrucker arbeitet nach einem Prinzip, das von der Schreibmaschine bekannt ist. Auf einem Typenrad befinden sich alle druckbaren, erhabenen Lettern – das ist der Grund, warum Typenraddrucker ausschließlich in einer Schriftart drucken können und das Ausdrucken von Grafiken unmöglich ist.

Während des Ausdrucks dreht ein Motor das Typenrad, bis das gewünschte Zeichen erreicht ist. Das Papier wird an einem Farbband vorbeigeführt, und ein Hammer drückt das ausgewählte Zeichen von hinten gegen das Farbband. Auf diese Weise wird die Farbe auf das Papier übertragen. Typenraddrucker erreichen auf diese Weise eine hohe Qualität, sind jedoch für heutige Anwendungsfälle zu unflexibel.

18.4.2 Plotter

Anders als Drucker setzen Plotter keine einzelnen Druckpunkte, sondern zeichnen ganze Linien. Sie werden daher manchmal auch Kurvenschreiber genannt. Plotter sind durch ihre hohe Präzision gut für Bau- und Konstruktionszeichnungen geeignet, können jedoch prinzipbedingt keine Rastergrafiken ausgeben. Je nach Konstruktion wird entweder ein Wagen über das Papier geführt, oder aber das Papier wird unter dem Wagen verschoben, während der Plotter die Linien zeichnet.

Außerdem gibt es Schneide- und Laserplotter, die ihre Linien nicht zeichnen, sondern mittels eines Messers bzw. eines Laserstrahls in das Material schneiden.

18.4.3 Monitor

Ein Monitor gehört fest zur Ausstattung jedes Computers. Die Geräte sind entweder fest eingebaut (etwa bei Laptops) oder werden über Schnittstellen angeschlossen (etwa VGA, DVI, HDMI oder DisplayPort).

Grafikkarten

Die Ansteuerung erfolgt über die Grafikkarte – dort befindet sich dafür ein spezialisierter Prozessor namens GPU (Graphic Processing Unit). Häufig finden sich Grafikkarten heute auch fest auf dem Motherboard (»onboard«) verbaut oder sogar direkt in die CPU integriert. Onboard-Grafikkarten nutzen einen Teil des Arbeitsspeichers (Shared Memory) und erreichen daher meist nicht die Performance von dedizierten Grafikkarten. Für anspruchsvolle Anwendungen wie Spiele, 3D- und Videoberechnung gibt es besonders leistungsfähige Grafikkarten. Viele

Rechner bringen auch die Möglichkeit mit, je nach Bedarf zwischen dedizierter Grafikkarte und Onboard-Grafik umzuschalten.

Bilddiagonale und Format

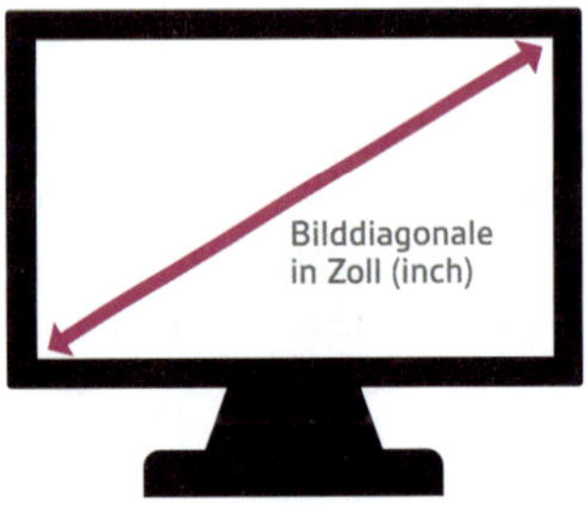

Abbildung 18.11: Monitorgröße als Bilddiagonale

Ein wichtiger Kennwert von Monitoren ist ihre Größe, die als Bilddiagonale meist in Zoll (inch) wiedergegeben wird. Ein Zoll entspricht 2,54 cm. Ein 30"-Monitor hat demnach eine Bilddiagonale von 76,2 cm (30 × 2,54 cm).

Die meisten Monitore haben heute ein Breitbildformat im Seitenverhältnis von 16 : 9 oder 16 : 10. Das entspricht unseren Sehgewohnheiten, denn unsere Augen nehmen horizontal einen größeren Bereich wahr als vertikal. Auch breitere Monitore mit dem Seitenverhältnis von 21 : 9 sind relativ beliebt als Alternative zu zwei Monitoren nebeneinander. Ältere Monitore haben eher ein 4 : 3-Format.

Auflösung

Auswahl an Auflösungen

+ VGA: 640 × 480 px
+ NTSC (analoges Fernsehen in den USA): 640 × 480 px
+ PAL (analoges Fernsehen in Europa): 768 × 576 px
+ Super-VGA: 800 × 600 px
+ XGA: 1.024 × 768 px
+ WXGA (Breitbild): 1.280 × 800 px
+ SXGA: 1.290 × 1.024 px
+ Full-HD: 1.920 × 1.080 px
+ Ultra-HD: 3.840 × 2.160 px
+ 4K: 4.096 × 2.160 px
+ 5K: 5.120 × 2.880 px
+ 8K: 7.680 × 4.320

Ein wichtiger Faktor bei der Beurteilung von Monitoren ist ihre Auflösung. Der Begriff führt immer wieder zu Verwirrung, weil er in mehreren Zusammenhängen genutzt wird. An dieser Stelle sollen zwei Angaben zur Bildschirmauflösung behandelt werden – weitere Verwendungen des Begriffs werden zu gegebener Zeit behandelt.

+ Die Auflösung eines Bildschirms bezeichnet die Anzahl an Bildpunkten in horizontaler und vertikaler Richtung. Sie wird in Pixel angegeben, beispielsweise 800 × 600 px. Im Laufe der Zeit wurden mehrere Standards definiert.
+ Unter Auflösung im physikalischen Sinn versteht man die Anzahl der Bildpunkte pro Inch – gemessen in Pixel pro Inch (ppi). Man spricht auch von Punkt- oder Pixeldichte. Die physikalische Auflösung eines Monitors in ppi sollte nicht mit dem Raster beim Drucken in dpi verwechselt werden. Wie hoch die physikalische Auflösung ist, hängt von der Bildschirmgröße sowie der Bildschirmauflösung ab. Noch immer hält sich die Vorstellung, dass Apple-Rechner mit 72 und Windows-Rechner mit 96 ppi arbeiten – dies trifft jedoch nicht mehr zu. Vielmehr ist die Pixeldichte in den vergangenen Jahren sehr stark angestiegen (beispielsweise kommt ein iPhone 15 auf 460 ppi) und erreicht von der Schärfe her die Druckqualität.

Flachbildschirme

Jeder handelsübliche Monitor ist in der heutigen Zeit ein Flachbildschirm. Die folgenden Technologien sind derzeit besonders wichtig:

+ **LCD-Bildschirme** (Liquid Crystal Display) arbeiten mit Flüssigkristallen zwischen zwei Polarisationsfiltern. Im Hintergrund befindet sich eine Lichtquelle. Von dort gelangt das Licht in den ersten Polarisationsfilter, der nur horizontales Licht in die Flüssigkristallschicht lässt. Durch eine elektrische Spannung kann beeinflusst werden, wie die Kristalle ausgerichtet sind. Trifft der Lichtstrahl nun auf einen Flüssigkristall, verändert sich die Richtung des Lichts – und zwar in Abhängigkeit davon, wie der Kristall ausgerichtet ist. Nun trifft das Licht auf den zweiten Polarisationsfilter, der nur noch vertikal ausgerichtete Lichtstrahlen durchlässt. Je nachdem, wie viel Licht durch die Flüssigkristalle umgelenkt wurde, wird an einigen Stellen mehr, an anderen weniger Licht hindurchgelassen – es entstehen unterschiedliche Darstellungsstufen. Auf farbigen LCD-Displays befindet sich ein Farbfilter in der oberen Glasschicht.

+ Die **TFT-Technologie** (Thin Film Transistor) ist eine Weiterentwicklung von LCD und dominiert derzeit den Markt. Diese Monitore arbeiten mit drei Transistoren pro Pixel (je einer für jede Farbe des RGB-Modells). Damit lässt sich jedes Pixel individuell ansteuern – man spricht daher auch von Aktiv-Matrix-Displays. TFT-Monitore erreichen auf diese Weise bessere Kontrastwerte, kürzere Ansprechzeiten und eine höhere Pixeldichte.
+ **LED-Displays** (Light-Emitting Diode) nutzen Leuchtdioden, um die Pixel darzustellen. Diese LEDs leuchten direkt in unterschiedlichen Farben – eine zusätzliche Lichtquelle ist also überflüssig. Ein großer Vorteil ist ihre große Helligkeit – LED-Displays werden daher gerne für öffentliche Anzeigentafeln verwendet. Es gibt aber auch LCD-Monitore, bei denen LEDs als Lichtquelle zum Einsatz kommen. Umgangssprachlich werden diese Modelle auch bisweilen als »LED-Monitore« bezeichnet, obwohl dies nicht ganz richtig ist.
+ Bei **OLED-Displays** (Organic Light-Emitting Diode) kommen organische, auf Kohlenstoff basierende Halbleiter zum Einsatz. Häufig werden sie in Kombination mit einer Aktiv-Matrix eingesetzt (AMOLED). Wird an die OLED eine Spannung angelegt, wandern negativ sowie positiv geladene Teilchen von zwei verschiedenen Seiten in die organischen Schichten. Dort treffen sie aufeinander und binden sich. Dabei entsteht Energie, und Licht wird erzeugt. OLED-Technologie kommt häufig bei Smartphones und Tablets zum Einsatz, bietet jedoch auch viele weitere interessante Möglichkeiten – OLEDs sind beispielsweise biegsam. OLED-Displays sind selbstleuchtend, benötigen also keine zusätzliche Lichtquelle. Außerdem sind OLEDs schnell und erreichen sehr hohe Kontrastwerte. Allerdings altern sie schneller (noch dazu in verschiedenen Farben unterschiedlich), so dass im Laufe der Zeit Farbveränderungen auftreten können.
+ Insbesondere bei großen Bilddiagonalen kommt die **Plasmatechnologie** zum Einsatz. Es gibt dabei zahlreiche kleine Kammern zwischen zwei Glasplatten – jeweils drei Kammern für ein Pixel. In diesen Kammern befindet sich Gas, das durch einen Transistor kurzzeitig angeregt wird. Dadurch wird aus dem Gas ionisiertes Plasma, das ultraviolettes Licht abgibt. Außerdem befindet sich einer von drei verschiedenen Leuchtstoffen aus Phosphor in der Kammer. Diese Leuchtstoffe wandeln das ultraviolette Licht in sichtbare Farben um. Je länger eine Kammer gezündet wird, desto heller leuchtet sie.

Tandem OLED und Mini-LED

Weitere Entwicklungen sind Tandem OLED und Mini-LED. Tandem-OLED ist eine Technologie, bei der mehrere Schichten organischer Leuchtdioden auf einem Display gestapelt werden, um Helligkeit, Effizienz und Lebensdauer im Vergleich zu herkömmlichen OLED-Displays zu erhöhen. Mini-LED hingegen ist eine Technologie, bei der Tausende von winzigen LEDs als Hintergrundbeleuchtung eingesetzt werden, um im Vergleich zu herkömmlichen LED-Anzeigen eine höhere Helligkeit, einen besseren Kontrast und eine präzisere Steuerung der Bildbereiche zu ermöglichen.

Quantenpunkt-Leuchtdioden

QLEDs (Quantum Dot Light Emitting Diodes) sind eine Art von Anzeigetechnologie, die in Monitoren verwendet wird. Sie verwenden Quantenpunkte, winzige Nanokristalle, um Licht zu erzeugen. Wenn diese Quantenpunkte mit einer Lichtquelle angeregt werden, können sie Licht in verschiedenen Farben aussenden, was zu einer breiteren und genaueren Farbwiedergabe führt. Im Vergleich zu herkömmlichen LEDs bieten QLEDs mehr Helligkeit, Kontrast und Farbgenauigkeit. Sie werden häufig in High-End-Monitoren und -Fernsehern eingesetzt, um ein beeindruckendes visuelles Erlebnis zu bieten.

18.4.4 Beamer

Begriff

Der Begriff »Beamer« (von engl. »beam« für »Strahl«) ist umgangssprachlich, hat sich aber im Sprachgebrauch durchgesetzt.

Besonders beim Präsentieren vor Publikum werden gerne Beamer eingesetzt. Sie erzeugen ein Bild mithilfe einer Lichtquelle und projizieren es auf eine helle Fläche – korrekterweise müsste man also vom Projektor sprechen.

Beamer unterscheiden sich darin, welche Helligkeiten sie erreichen können – man spricht hier vom sogenannten Lichtstrom, der in Lumen gemessen wird. Je heller und größer ein Raum ist, desto höher sollte der Wert in Lumen sein. Allerdings lässt die Leuchtstärke einer Lampe mit der Zeit nach, und irgendwann ist ein Austausch notwendig. Der Preis für Ersatzlampen sollte also bei der Entscheidung für ein Modell nicht vernachlässigt werden. Während des Betriebs eines Projektors entsteht große Wärme, die durch Lüfter gekühlt werden muss. Es ist daher wichtig, nach dem Ausschalten der Lampe zu warten, bis auch der Lüfter seine Arbeit verrichtet hat.

Projektionsverhältnis

Zu beachten ist auch, welchen Abstand der Beamer zur Leinwand haben muss. Man spricht hier von »Projektionsverhältnis«, weil die Größe des dargestellten Bilds sich natürlich mit dem Abstand verändert. Da die meisten Beamer mit einem Zoomobjektiv ausgerüstet sind, wird hier meist ein Bereich angegeben. Es gibt auch spezielle Beamer, die auch auf kurze Distanzen ein großes Bild erzielen können.

Beamer werden über Grafikschnittstellen wie DVI oder HDMI an einen Rechner angeschlossen. Sie unterscheiden sich außerdem darin, welche Auflösung sie unterstützen und in welchem Format sie projizieren – ältere Geräte nutzen 4 : 3, neuere 16 : 9 oder 16 : 10. Außerdem geben die Hersteller meist an, welches Kontrastverhältnis ein Beamer erreichen kann – hier gibt es allerdings auch bauartbedingte Unterschiede.

Beamer werden in unterschiedlichen **Technologien** hergestellt. Die wichtigsten sind LCD, DLP und LED:

+ LCD-Beamer erzeugen das Bild mithilfe von Flüssigkristallen, die mit Transistoren angesteuert werden (Aktiv-Matrix). Moderne Geräte nutzen dazu drei LCD-Matrizen (3LCD-Beamer), also für jede Farbe eine – hochwertige Geräte ergänzen sie bisweilen um eine vierte für Gelbtöne. LCD-Beamer sind verhältnismäßig preiswert.
+ DLP-Beamer (Digital Light Processing) hingegen arbeiten mit winzigen Spiegeln. Diese Spiegel können in hoher Geschwindigkeit gekippt werden und leiten Licht auf diese Weise nach Bedarf in die Optik. Ein rotierendes Farbrad ist für die Farberzeugung zuständig. DLP-Beamer erreichen tendenziell einen besseren Kontrast als LCD-Beamer.
+ LCoS-Beamer (Liquid Crystal on Silicon) sind eine Kombination aus DLP- und LCD-Technologie. Sie verwenden einen Chip aus Flüssigkristallen und Silizium, um das Licht zu steuern und das Bild auf den Bildschirm zu projizieren. Diese Technologie bietet eine gute Bildqualität mit hoher Helligkeit und gutem Kontrast.
+ Auch LEDs lassen sich für Beamer verwenden. Sie sind tendenziell lichtschwächer als andere Projektoren, können allerdings sehr klein und transportabel konstruiert werden.

18.4.5 Lautsprecher

Lautsprecher wandeln elektrische Signale in hörbare Schallschwingungen um. Dazu wird eine Membran in Schwingung versetzt.

Diese Schwingung breitet sich als Schallwelle aus und wird somit hörbar. Das Lautsprecherprinzip ist damit das Gegenteil des Mikrofons.

Hochtöner, Tieftöner, Mehrwegebox

Ein einzelner Lautsprecher ist nur bedingt geeignet, das gesamte Hörspektrum der menschlichen Ohren wiederzugeben. Lautsprecher mit kleinen Membranen (Hochtöner) können hohe Frequenzen viel besser wiedergeben, während tiefe Töne am besten von Lautsprechern mit großer Membran (Tieftöner) abgebildet werden können.

Oft kombiniert man daher mehrere Lautsprecher in einer Lautsprecherbox. Das Signal wird dabei zunächst von einer Frequenzweiche in mehrere Teile aufgespalten. Die unterschiedlichen Teile des Frequenzspektrums können nun an die richtigen Lautsprecher weitergereicht werden.

Man kann Lautsprecherboxen nach Anzahl der eingebauten Lautsprecher unterscheiden. Eine Zweiwegebox hat beispielsweise zwei Lautsprecher (meist Hoch- und Tieftöner), eine Dreiwegebox drei (Hoch-, Mittel- und Tieftöner). Sehr tiefe Frequenzen werden meist mithilfe von speziellen Subwoofern wiedergegeben.

Abbildung 18.12: Zweiwegeboxen

Aktive und passive Lautsprecherboxen

Eine Lautsprecherbox kann so konstruiert sein, dass sie ohne eigene Stromversorgung auskommt. Sie wird dann als »Passivbox« bezeichnet. Das Audiosignal muss jedoch mit einem externen Verstärker verstärkt werden.

Aktivboxen haben hingegen bereits einen Verstärker eingebaut. Sie benötigen daher eine eigene Stromversorgung.

Stereo- und Surround-Sound

Lautsprechersysteme unterscheiden sich darin, wie viele Signale sie wiedergeben – davon ist der Raumeindruck unmittelbar abhängig. Im Minimalfall sind dazu zwei Boxen notwendig (Stereo). Echter Raumklang wird als Surround bezeichnet. Es gibt Systeme mit unterschiedlich vielen Boxen. Ein typisches 5.1-Surround-System besteht aus fünf Boxen und einem Subwoofer. Auch gibt es verschiedene Varianten wie Dolby Surround, Dolby Digital oder Dolby Atmos, um Surround-Sound zu erzeugen.

18.5 Speichermedien

Die ersten Computer speicherten ihre Daten und Programme auf Lochkarten. Das waren Datenträger aus Karton, in die in fest definierten Abständen Löcher gestanzt wurden. Die Lochkarten wurden gestapelt (engl. Batch) und der Reihe nach abgearbeitet (daher der Begriff »Stapelverarbeitung«, der noch heute für automatisierte Prozesse gebräuchlich ist).

18.5.1 Speicherprinzip

Heute sind Lochkarten lange veraltet. Es gibt drei wichtige Verfahren, die für externe Speicher zum Einsatz kommen: magnetische, elektronische sowie optische Speicherung von Daten.

+ **Magnetische Speicherverfahren:** Magnetische Speicher arbeiten mit einer Schicht aus feinen Elektromagneten. Beim Speichern werden diese Magnetteilchen von einem Schreib- und Lesekopf entsprechend der binären Information ausgerichtet. Beim Lesen kann die Ausrichtung der Magnete erfasst werden. Zum Einsatz kommt dieses Verfahren bei Disketten, Festplatten und Bandlaufwerken.

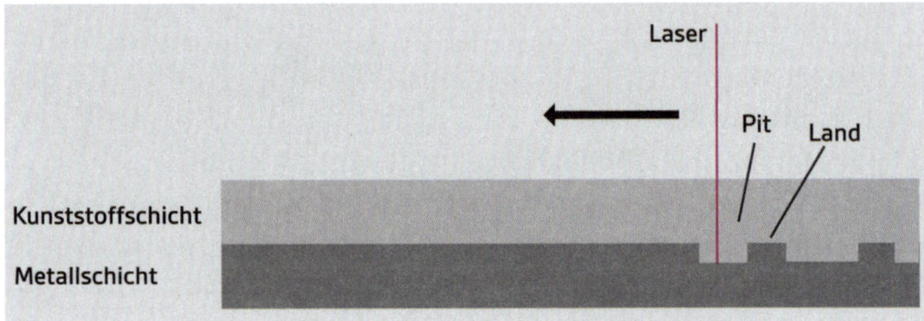

Abbildung 18.13: Magnetisches Speicherprinzip

Vor- und Nachteile

Magnetische Speichermedien haben den Vorteil, dass sie einfach gelöscht und neu beschrieben werden können – es genügt, die Anordnung der Magnete neu auszurichten. Andererseits sind diese Medien auch ziemlich empfindlich gegenüber äußeren Einflüssen, besonders magnetischer und thermischer Natur. Daten können daher aus Versehen gelöscht werden, wenn die Speichermedien falsch gelagert werden.

+ **Elektronische Speicher:** Seit einigen Jahren setzt sich die elektronische Speicherung zunehmend als Massenspeicher durch. Man arbeitet dabei mit wiederbeschreibbaren Flash-EEPROMs (Electrical Erasable and Programmable Read Only Memory), kurz Flashspeicher genannt.

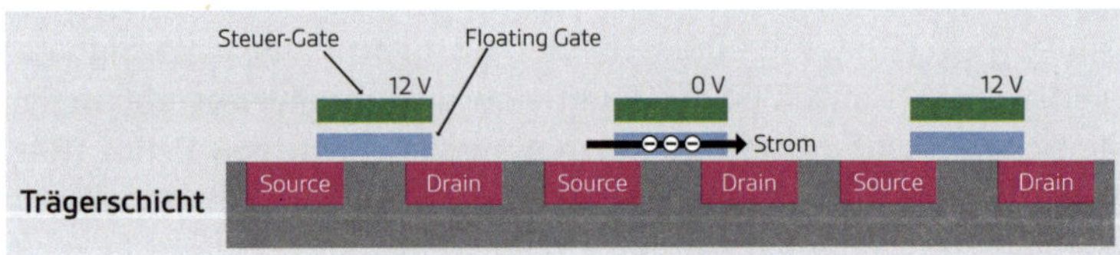

Abbildung 18.14: Elektrisches Speicherprinzip (nach Patrick Schnabel, »Computertechnik-Fibel«, 2015)

Aufbau einer elektronischen Speicherzelle

Die beiden Seiten einer Speicherzelle werden als Source und Drain bezeichnet. Darüber befindet sich ein Steuer-Gate, dazwischen ein Floating Gate. Dieses Gate kann ungeladen oder geladen sein. Eine Oxidschicht isoliert das Floating Gate und sorgt dafür, dass die Ladung über einen sehr langen Zeitraum erhalten bleibt.

Wenn das Floating Gate nicht geladen ist, kann Strom ungehindert zwischen Source und Drain fließen. Wird jedoch über das Steuer-Gate eine Spannung angelegt (geladenes Floating Gate), kann kein Strom mehr zwischen Source und Drain fließen. Über dieses unterschiedliche Verhalten können Informationen als binäre Daten gespeichert werden. Um die Daten zu löschen, wird die Spannung auf dem Floating Gate wieder entfernt.

Flashspeicher kommt bei SSDs, USB-Sticks und Speicherkarten zum Einsatz. Dieser Speicher hat zahlreiche Vorteile: Er ist schnell und geräuschlos, durch den Verzicht auf mechanische Teile unempfindlich und bietet große Speicherkapazität auf geringer Fläche. Als Nachteil schlägt sein höherer Preis zu Buche.

+ **Optische Speicherverfahren:** Optische Speicherverfahren kommen bei Medien wie CDs, DVDs und Blu-rays zum Einsatz. Die digitalen Informationen sind als Muster aus Erhöhungen (Lands) und Vertiefungen (Pits) auf dem Datenträger dargestellt. Bei industriell hergestellten Datenträgern wird ein Master verwendet, nach dessen Vorbild die Datenträger gepresst werden. Bei Brennern hingegen brennt ein Laserstrahl die Pits und Lands in ein leeres Medium hinein (vgl. Abbildung 18.15). Beim Lesen tastet ein Laserstrahl die Oberfläche des Datenträgers ab. Er wird bei Pits und Lands unterschiedlich reflektiert. Ein Sensor fängt die Reflexion des Laserstrahls auf und wandelt die Art der Reflexion wieder in binäre Daten um, so dass die Informationen wieder ausgelesen werden können.

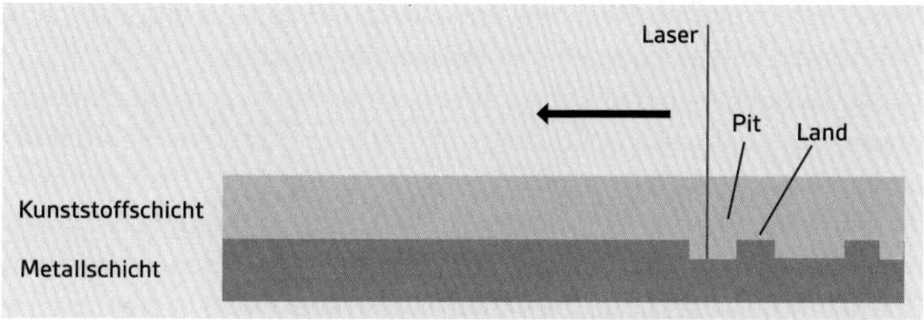

Abbildung 18.15: Optisches Speicherprinzip

Auf der Haben-Seite optischer Speichermedien steht ihre hohe Unempfindlichkeit – selbst kleine Kratzer können korrigiert werden. Auch nutzen sich optische Medien durch das Lesen nicht ab. Allerdings weisen optische Medien keine optimale Haltbarkeit auf, denn die reflektierenden Eigenschaften des Materials lassen im Laufe der Zeit nach – irgendwann sind die Datenträger damit unlesbar. Wann genau dies geschieht, hängt von Art, Lagerung und Qualität des Datenträgers ab.

18.5.2 Festplatten

Festplatten beruhen auf einem magnetischen Datenträger, auf dem Daten auch ohne aktive Stromversorgung gespeichert bleiben. Festplatten werden auch »Harddisk« bzw. »Hard Density Disc«, HDD, genannt – alle diese Begriffe kommen daher, dass Festplatten meist fest in einen Computer eingebaut werden. Allerdings gibt es auch Systeme mit Wechselfestplatten oder externe Festplatten, die nach Bedarf an den Rechner angeschlossen werden. Anders als Festwertspeicher (ROM) können Daten auf Festplatten jederzeit geändert oder gelöscht werden. Die erste Festplatte wurde 1956 von IBM auf den Markt gebracht.

Partitionieren

Festplatten und andere Datenträger können in unterschiedliche Teile untergliedert werden, die man Partitionen nennt. Diese Bereiche sind voneinander unabhängig und können beispielsweise auch unterschiedliche Dateisysteme haben. Auf diese Weise können verschiedene Betriebssysteme nebeneinander installiert werden. Ein weiterer Vorteil ist, dass man eine Partition löschen kann, ohne die andere zu beeinflussen. Im Betriebssystem tauchen Partitionen als eigene Laufwerke auf.

Aus aktueller Sicht lassen sich die folgenden Eigenschaften von Festplatten festhalten:

+ gutes Preis-Leistungs-Verhältnis (geringe Kosten pro Byte)
+ hohe Speicherkapazität
+ große Auswahl an unterschiedlichen Festplattentypen für verschiedene Anforderungen (etwa in Bezug auf Zuverlässigkeit, Geschwindigkeit, Einbaugröße oder Energiebedarf)
- Anfälligkeit gegenüber äußeren Einflussfaktoren wie Stößen, Druck und Magnetismus
- Geschwindigkeit geringer als bei SSD-Technologie

Aufbau von Festplatten

Festplatten bestehen aus mehreren Komponenten, die sich in einem geschlossenen Metallgehäuse befinden. Eine Schnittstelle nimmt Kontakt zum Rechner auf – bei internen Festplatten ist dies beispielsweise SATA (vgl. Abschnitt 18.3.1), bei externen oft USB, FireWire oder Thunderbolt. Die gängigsten Baugrößen von Festplatten betragen 3,5" (klassische Desktop-Rechner) und 2,5" (Laptops) – es gibt auch andere Baugrößen, die jedoch seltener verwendet werden.

Als Datenspeicher dienen eine oder mehrere Aluminiumscheiben, die sich drehen und mittels eines Schreib- und Lesekopfes abgetastet werden können. In diesem Kopf befinden sich winzige Elektromagnete. Je mehr Scheiben zum Einsatz kommen, umso höher ist die Speicherkapazität der Festplatte. Mehrere Scheiben benötigen auch mehrere Schreib- und Leseköpfe. Zwischen Kopf und Scheibe besteht ein minimaler Abstand – viel weniger als ein Staubkorn oder gar ein Haar. Dies ist jedoch wichtig, denn der Kopf darf die Scheibe nicht berühren. Tut er dies doch, spricht man von einem »Head-Crash« – Daten gehen dabei verloren, die Festplatte ist zerstört.

Abbildung 18.16: Lesekopf einer Festplatte

Umdrehungen

Die Scheiben sind in ständiger Rotation, während die Festplatte in Betrieb ist. Je schneller die Platten sich drehen, desto geringer ist die Zugriffszeit auf die Daten. Schnellere Platten benötigen mehr Energie und erzeugen auch mehr Geräusche und Wärme. Die Umdrehungsgeschwindigkeit wird in Umdrehungen pro Minute (UPM oder U/Min) angegeben. Typische Werte sind 10.000, 7.200 und 5.400 UPM. In normalen Rechnern sind meist Festplatten mit 7.200 UPM oder (besonders in Laptops) 5.400 UPM zu finden.

Funktionsweise von Festplatten

Beim Speichern von Daten werden die Schreibköpfe über die Aluminiumscheiben bewegt. Dabei magnetisieren sie die winzigen Teilchen auf der Scheibe. Beim Lesen hingegen werten sie die Ausrichtung der magnetischen Teilchen auf der Scheibe aus und wandeln sie in ein elektrisches Signal um, das der Computer verarbeiten kann.

Die magnetischen Teilchen auf der Festplatte können entweder waagerecht oder senkrecht ausgerichtet werden. Beim waagerechten Verfahren (Longitudinal Magnetic Recording, LMR) befindet sich eine Spule im Schreibkopf. Sie magnetisiert die Teilchen auf der Scheibe. Auf diese Weise können etwa 120 GBit pro Quadratzoll geschrieben werden – mehr ist nicht möglich, denn ansonsten könnten schon geringe Umwelteinflüsse (z. B. Temperaturschwankungen) die Speicherbereiche beeinflussen und die Daten verändern.

Das senkrechte Verfahren (Perpendicular Magnetic Recording, PMR) ist technisch etwas komplexer. Das magnetische Feld muss tiefer in das Schreibmedium eindringen, was eine zusätzliche Schicht unter der Scheibe notwendig macht. Ein Vorteil ist, dass jeder Speicherbereich beim PMR weniger Platz benötigt, so dass mehr Daten auf die Festplatte passen (etwa 1 Terabit pro Quadratzoll). Das Verfahren ist allerdings auch technisch schwieriger zu beherrschen.

Defragmentieren

Während eine Festplatte genutzt wird, kommt es automatisch vor, dass zusammenhängende Dateien nicht an einem Stück auf die Festplatte gespeichert werden können – sie liegen dann verstreut über verschiedene Segmente der Platte. Diesen Prozess bezeichnet man als Fragmentierung. Mit der Zeit wirkt er sich negativ auf die Datentransferrate aus, da der Lesekopf mehrmals die Position wechseln muss. Mithilfe spezieller Programme kann die Festplatte defragmentiert werden. Dabei werden zusammengehörende Daten wieder zusammengelegt.

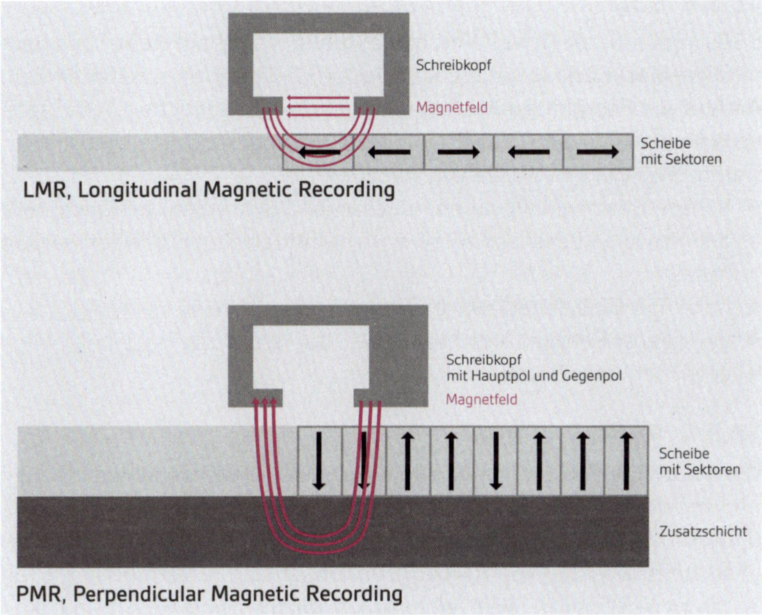

Abbildung 18.17: Schreibverfahren LMR und PMR (nach Klaus Lipinski, *www.itwissen.info*)

Beide Methoden sind an ihre Leistungsgrenzen gestoßen. Höhere Speicherkapazitäten werden daher erreicht, indem zusätzliche Scheiben eingebaut werden.

Beim Schreiben sind die Daten also in Form unterschiedlich ausgerichteter magnetischer Teilchen auf die Platte gewandert. Wie findet man sie nun wieder? Die magnetische Scheibe wird dazu in kreisförmige Spuren eingeteilt. Jede Spur enthält wiederum eine definierte Anzahl von Sektoren. Diese Sektoren waren jahrelang auf 512 Bytes festgelegt. In den letzten Jahren gibt es zunehmend Festplatten mit dem sogenannten »Advanced Format«, das mit Sektorengrößen von 4.096 Bytes (4K) arbeitet. Der Vorteil: Neben den Nutzdaten enthält jeder Sektor zusätzliche Informationen, beispielsweise Steuer- und Korrekturblöcke. Mit größeren Blöcken lässt sich ein Teil dieses Overheads einsparen. Wichtig ist jedoch, dass auch Dateisystem und Betriebssystem dies unterstützen.

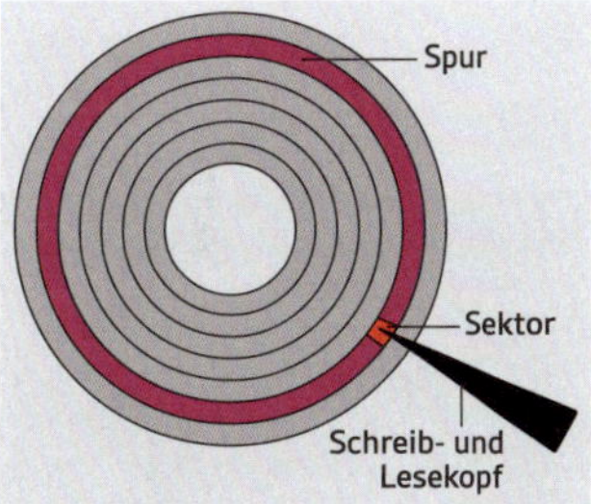

Abbildung 18.18: Aufteilung der Festplatte in Spuren und Sektoren

Ausfallwahrscheinlichkeit

Die Ausfallwahrscheinlichkeit von Festplatten wird in MTBF (Mean Time Between Failures) angegeben. Sie basiert auf hochgerechneten Stichproben und bezeichnet die durchschnittliche Betriebszeit, die von einer Festplatte zu erwarten ist, ohne dass mit einem Ausfall zu rechnen ist. Dennoch gilt: Die Lebenszeit einer Festplatte hängt von einer Reihe von Faktoren ab, und Backups sind unverzichtbar.

18.5.3 SSD

SSDs (Solid State Drive) sind der aktuelle Trend auf dem Speichermedien-Markt und lösen die klassischen Festplatten zunehmend ab. Anders als Festplatten besitzen SSDs keine beweglichen Teile, sondern nutzen Flashspeicher (Halbleitertechnologie) zur Speicherung von Daten. Dies hat eine Reihe von Vorteilen:

+ höhere Geschwindigkeit beim Lesen und Schreiben, weil nicht erst der Schreib-/Lesekopf zu einer bestimmten Stelle bewegt werden muss
+ hohe Toleranz gegenüber äußeren Einflüssen
+ geringerer Energieverbrauch
+ geräuschloser Betrieb

Zusatzkapitel SSD

Nachteilig schlägt eine begrenzte Zahl von Schreibvorgängen zu Buche. Mehr zu SSD erfahren Sie im Zusatzkapitel »SSD.pdf« unter *www.rheinwerk-verlag.de/5853*.

18.5.4 RAID-Systeme

Die Abkürzung RAID steht für »Redundant Array of Independent Disks« und bezeichnet damit schon recht gut, worum es geht: Mehrere Festplatten oder SSDs werden über einen RAID-Controller zusammengeschaltet. Das Ziel von RAID-Systemen ist es, die Verfügbarkeit von Daten zu verbessern. Sie erreichen dies, indem sie die Geschwindigkeit erhöhen und/oder die Datensicherheit verbessern.

RAID fasst mehrere physikalische Festplatten zu einer logischen Einheit zusammen. Es gibt unterschiedliche Arten von RAID-Systemen, die als Level bezeichnet werden. In der Praxis sind nur drei von Bedeutung, RAID Level 0, RAID Level 1 und RAID Level 5.

Zusatzkapitel RAID

Mehr zu RAID erfahren Sie im Zusatzkapitel »RAID.pdf« unter *www.rheinwerk-verlag.de/5853*.

18.5.5 USB-Sticks

USB-Sticks sind kleine Wechseldatenträger auf Basis von Flash-Technologie. Durch ihre hohe Geschwindigkeit und große Speicherkapazität haben sie anderen Wechseldatenträgern wie beschreibbaren optischen Medien oder gar Disketten heute weitgehend den Rang abgelaufen.

Abbildung 18.19: USB-Stick – gut zu erkennen sind USB-Anschluss, Controller sowie Speicherbaustein

18.5.6 Speicherkarten

Ähnlich wie SSDs und USB-Sticks setzen auch Speicherkarten auf Flashspeicher. Sie kommen häufig als wiederbeschreibbare Wechseldatenträger in kleineren mobilen Geräten wie Kameras oder Smartphones zum Einsatz.

Es gibt viele unterschiedliche Speicherkarten auf dem Markt – lange Jahre führten unterschiedliche Hersteller einen regelrechten Formatkrieg. Die meisten Formate haben sich jedoch nicht dauerhaft durchgesetzt: Die Formate MMC (Multimedia Card), xD und Memory Stick wurden mittlerweile zugunsten der SD-Karte fallen gelassen. Es bleiben somit zwei wichtige Formate übrig: SD und Compact Flash.

+ Die SD-Karte (Secure Digital) gilt als Branchenstandard und wird als universales Speichermedium besonders für Digitalkameras eingesetzt. Mit der microSD-Karte gibt es auch eine sehr kleine

Variante, die besonders für Smartphones verwendet wird. Hin und wieder trifft man außerdem auf die miniSD-Karte, die größenmäßig zwischen SD und microSD angesiedelt ist. Außerdem sind Adapter verfügbar. Die SD-Karte wurde 2001 von SanDisk entwickelt. Der Name »Secure Digital« spielt auf die technische Möglichkeit eines hardwareseitigen Kopierschutzes an. SD-Karten gibt es in unterschiedlichen Geschwindigkeiten, die als Klassen bezeichnet werden. Class-10-Karten erreichen beispielsweise Datenraten von 10 MB/s. Zudem gibt es Varianten mit WLAN-Unterstützung.

+ CompactFlash wurde ebenfalls von SanDisk entwickelt, kam jedoch wesentlich früher auf den Markt (1994). Es verwundert somit wenig, dass der Formfaktor von CompactFlash größer ist als von SD. Das Format kommt insbesondere bei professionelleren Kameras zum Einsatz, beispielsweise bei digitalen Spiegelreflexkameras von Canon und Nikon.

Abbildung 18.20: Compact-Flash- (unten) und SD-Karten (oben)

18.5.7 CD und DVD

CDs oder »Compact Discs« gehören zu den ehemals wichtigsten, heute immer seltener genutzten optischen Speichermedien. Sie haben einen Durchmesser von 12 cm oder seltener 8 cm. Es gibt unterschiedliche Arten von CDs, die sich nach den gespeicherten Daten unterscheiden. Die Spezifikationen wurden in den sogenannten Rainbow Books festgelegt – jede Farbe entspricht einem anderen Medientyp.

Mit fortschreitender Computertechnologie wuchs jedoch auch der Speicherbedarf schnell an, so dass die CD als Datenträger immer seltener ausreichte. Als Antwort auf diese Herausforderung wurde 1995 die DVD (Digital Versatile Disc) eingeführt. DVDs sind optische Datenspeicher, die sich äußerlich nicht von CDs unterscheiden. Sie bietet die 25-fache Speicherkapazität, litt jedoch von Anfang an daran, dass sich die Industrie nicht auf einen Standard einigen konnte.

DVDs speichern Daten ebenfalls nach dem optischen Speicherprinzip mithilfe von Pits und Lands in einer Reflexionsschicht. Um die höhere Speicherkapazität zu erreichen, sind die Spuren wesentlich verkleinert, und der Laser arbeitet mit einer verkürzten Wellenlänge.

Ähnlich wie CDs können auch DVDs mit mehrfacher Geschwindigkeit gelesen bzw. geschrieben werden. Bei einfacher Geschwindigkeit entspricht die Datenrate 11,08 MBit/s und damit rund dem 9-Fachen einer CD. Interessant sind auch die Varianten DVD-Video und die beschreibbare DVD, siehe Zusatzkapitel.

Zusatzkapitel CD

Mehr zu den Typen von CDs und DVDS in den Zusatzkapiteln »CD.pdf« und »DVD.pdf« unter *www.rheinwerk-verlag.de/5853*.

18.5.8 Blu-ray

Die Blu-ray-Disc (BD) bietet im Vergleich zur DVD eine nochmals erhöhte Speicherkapazität (25 GB als »Single-Layer« und 50 GB als »Double-Layer«), hat allerdings den gleichen Formfaktor von 12 cm Durchmesser. Um mehr Daten auf die gleiche Fläche zu packen, ist die Struktur der Oberfläche wesentlich verkleinert worden. Dies macht eine andere Lesetechnologie notwendig: Zum Einsatz kommt ein blauvioletter Laser in einem geringeren Abstand zum Medium, denn blaues Licht ist kurzwelliger (405 nm) und lässt sich feiner fokussieren. Diesem Umstand verdankt die Blu-ray ihren Namen: »blue ray« bedeutet »blauer Strahl« – das »e« wurde weggelassen, da Farbnamen nicht als Marken eingetragen werden können. Die Datenrate beim Lesen einer Blu-ray beträgt 36 MBit/s.

Die Blu-ray findet besonders für Videos Verwendung, wo sie sogar das Full-HD-Format mit 1.920 × 1.080 Pixeln erlaubt. Auch hierbei gibt es unterschiedliche Regionalcodes – anders als bei der DVD jedoch nur drei, und viele Filmstudios verzichten auf ihre Verwendung.

Blu-rays können auch zur Speicherung von Daten verwendet werden – es gibt sie als BD-ROM (nur lesen), BD-R (einmalig beschreibbar) und BD-RE (Recordable Erasable, mehrmalig beschreibbar).

18.5.9 Cloud

Die Cloud (»Wolke«) oder Cloud Computing basiert auf der Idee, IT-Infrastruktur nicht zentral in eigenen Gebäuden vorzuhalten, sondern ins Internet auszulagern. Clouds werden häufig zum Speichern von Daten und/oder als Backups genutzt – aus diesem Grund werden sie auch an dieser Stelle behandelt. Allerdings lassen sich auch viele weitere Prozesse über Cloud Computing abbilden.

Argumente für und gegen Cloud Computing

Vorteile

+ Kostenersparnis durch nutzungsbasierte Abrechnung
+ Einfachere Skalierung von Projekten (z. B. durch Schutz bei Lastspitzen)
+ Ortsunabhängigkeit
+ Höhere Sicherheit, beispielsweise bei Backups an mehreren Orten
+ Bessere Nutzung von Ressourcen
+ Hohe Ausfallsicherheit

Nachteile

- Daten liegen auf externen Servern – häufig wird daher mit Verschlüsselung gearbeitet
- Datenschutz oft unübersichtlich, da Daten auf Servern im Ausland liegen können
- Verfügbarkeit der Daten kann nicht gewährleistet werden (beispielsweise bei Störungen oder Insolvenz des Anbieters)

Formen von Cloud Computing

Es gibt verschiedene Formen von Cloud Computing. Sie unterscheiden sich darin, welche Arten von Services in der Cloud angeboten werden – allerdings ist die Trennung nicht immer einfach.

+ IaaS (Infrastructure as a Service) bedeutet, Rechnerinfrastruktur zu mieten, anstatt sie zu kaufen. Ein großer Vorteil ist die Flexibilität und gute Skalierbarkeit dieses Ansatzes – Ressourcen können nach Bedarf (»on demand«) angemietet werden, beispielsweise um Lastspitzen aufzufangen. Sehr bekannte Vertreter von IaaS sind EC3 (Rechenleistung) sowie S3 (Speicher) von Amazon Web Services (AWS).
+ Bei PaaS (Platform as a Service) steht die Entwicklungs- und Laufzeitumgebung für Anwendungen in der Cloud bereit. Dies ermöglicht es Teams beispielsweise, ortsunabhängig zu arbeiten. Bekannte Beispiele sind Google App Engine und Microsoft Azure.
+ Immer häufiger trifft man auf das Modell SaaS (Software as a Service). Dabei handelt es sich um ein Vertriebsmodell von Software, das mit einer Miete (statt einer Lizenzierung) vergleichbar ist. Häufig handelt es sich bei SaaS um Webservices (z. B. das Customer-Relationship-Management-System Salesforce). Es gibt jedoch auch Lösungen wie beispielsweise Adobe Creative Cloud oder Microsoft Office 365, bei denen die Anwendungen wie gewohnt auf dem Rechner installiert werden. Sie verbinden sich dann in definierten

Abständen mit dem Server des Softwareanbieters und prüfen, ob das Abo noch gültig ist. Ein Vorteil für die Kunden und Kundinnen ist die konstante Verfügbarkeit von Updates und die Möglichkeit, Software flexibel und projektabhängig zu mieten. Anbieter freuen sich hingegen über konstante und kalkulierbare Einnahmen. Allerdings stößt das Modell SaaS durchaus auch auf Kritik, und zahlreiche Kundinnen und Kunden nehmen es nicht an.

+ Die Cloud kann auch verwendet werden, um nur einzelne Funktionsinhalte (Function as a Service, FaaS) anzubieten. Damit können bestimmte Funktionen mit hohen Rechenleistungen ausgelagert werden. Adobe Photoshop bietet z. B. bei einigen Funktionen optional an, diese auf dem Rechner oder in der Cloud auszuführen.

Außerdem unterscheidet sich Cloud Computing nach den Zugangsmöglichkeiten. So ist es beispielsweise möglich, eine private Cloud mit Software wie OwnCloud oder NextCloud auf eigener Server-Infrastruktur aufzubauen. Alternativen dazu sind öffentliche Clouds (Public Cloud), die allen offenstehen (meist gegen eine Gebühr), sowie Community-Clouds mit einem kleineren Nutzerkreis. Hybrid-Clouds kombinieren schließlich private und öffentliche Clouds. Mit Multi Cloud gibt es zudem eine Bündelung von verschiedenen Cloud-Diensten.

18.5.10 Backups

Eine Datensicherung (engl. Backup) dient dem Ziel, Daten nach einem Verlust wiederherstellen zu können. Ein typisches Beispiel ist, wenn die Festplatte eines Computers ausfällt – ohne Backup sind alle darauf befindlichen Daten verloren. In einigen Fällen ist es möglich, Daten auch von einer defekten Festplatte wieder zu rekonstruieren – eine Sicherheit ist dies jedoch nicht, so dass gilt: Nur regelmäßige Backups schützen zuverlässig vor Datenverlust.

Gerade im privaten Umfeld wird häufig vernachlässigt, dass ein Festplattenausfall nicht der einzige Grund für einen Datenverlust ist. Solange sich die Backup-Medien am gleichen Ort wie die Originale befinden, schützen auch externe Festplatten oder RAID-Systeme nicht vor Bränden oder Diebstahl. Eine zusätzliche Sicherung an einem anderen Ort, beispielsweise verschlüsselt in der Cloud, ist daher dringend anzuraten.

Arten von Backups

Backups lassen sich nach Umfang und Art der Sicherung unterscheiden:

+ Vollständige Backups (Vollsicherung, Komplettsicherung) kopieren alle Daten (nicht selten ganze Festplatten) auf ein zweites Medium. Eine besondere Form des vollständigen Backups ist das Speicherabbild oder Image. Dabei wird das gesamte Dateisystem kopiert, inklusive aller Dateien des Betriebssystems und der Benutzereinstellungen.

+ Inkrementelle Backups speichern immer nur die Änderungen im Vergleich zur letzten Sicherung. Der Speicherbedarf ist daher wesentlich geringer als bei mehreren vollständigen Backups.
+ Differenzielle Backups ähneln den inkrementellen zunächst sehr – auch hier werden die Änderungen im Vergleich zur letzten vollständigen Sicherung gespeichert. Differenzielle Datensicherung setzt jedoch immer auf dem letzten vollständigen Backup auf, während inkrementelle Backups fortlaufend sind. Bei inkrementellen Backups müssen die wiederherzustellenden Dateien also aus mehreren aufeinanderfolgenden Backups zusammengesucht werden. Bei differenziellen Backups genügen die erste Komplettsicherung sowie die letzte differenzielle Sicherung.

Backup-Strategien

In der Praxis ist der Speicherplatz auf Backup-Medien begrenzt, so dass es irgendwann notwendig wird, ältere Backups zu löschen.

+ Im einfachsten Fall (FIFO, First In – First Out) wird immer das älteste Backup entfernt.
+ Das Großvater-Vater-Sohn-Prinzip rotiert Backups basierend auf ihrem Alter. Das Sohn-Backup wird beispielsweise jeden Tag erneuert, das Vater-Backup einmal in der Woche, das Großvater-Backup schließlich einmal im Monat.
+ Eine komplexere Strategie basiert auf den Türmen von Hanoi. Dabei handelt es sich um ein mathematisches Puzzle, bei dem verschieden große gelochte Scheiben zwischen Stäben verschoben werden müssen. Eine Scheibe darf nur dann auf einen Stab geschoben werden, wenn dort entweder gar keine oder nur größere Scheiben liegen. Wendet man dieses Puzzle auf seine Backups an, kann man mit *n* Backup-Medien Sicherungen von 2^{n-1} Tagen anlegen. Medium 1 wird dabei jeden zweiten Tag genutzt, Medium 2 jeden vierten, Medium 3 jeden achten usw.

Kapitel 19

Netzwerke

Themen des Kapitels:

- *Aufgaben von Netzen*
- *Grundlegende Eigenschaften von Netzwerken*
- *Wichtige Komponenten und Technologien wie Ethernet, Bluetooth und WLAN*
- *Mobilfunknetz*

Bisher haben wir uns angeschaut, welche Komponenten und Technologien für einen einzelnen Rechner von Bedeutung sind. Die Zeiten, in denen Rechner in sich geschlossene Einheiten waren, sind jedoch schon lange vorbei. Heute gibt es kaum noch Rechner, die nicht in irgendeiner Form mit anderen Computern vernetzt sind. Es lohnt sich daher, Netzwerke im Detail anzuschauen. In diesem Abschnitt geht es daher zunächst um die Netzwerktechnologien. Das Netz der Netze – Internet – wird in einem eigenen Kapitel behandelt.

19.1 Aufgaben von Netzen: ISO/OSI-Referenzmodell

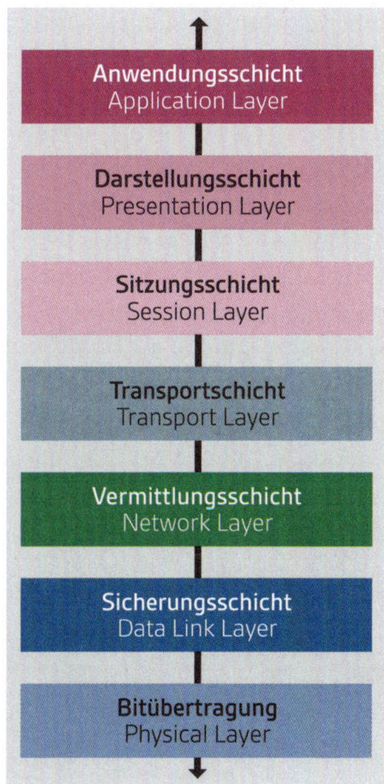

Abbildung 19.1: ISO/OSI-Referenzmodell

Die Funktionsweise eines Netzwerks ist komplex. Es gibt ganz unterschiedliche Technologien und Anwendungsfälle. Es macht beispielsweise einen Unterschied, ob ein Netzwerk kabelgebunden oder drahtlos ist. Auch ist der Vorgang nicht identisch, ob es sich um eine E-Mail oder eine Dateiübertragung handelt. Damit dies alles funktioniert, ist eine Menge Know-how erforderlich, das auf verschiedenen Ebenen spielt. Das kann schnell unübersichtlich werden.

Man arbeitet daher mit Referenzmodellen, um dieses Know-how einheitlich erfassen und darstellen zu können. Ihr Sinn besteht darin, die vielen Prozesse in einem Netzwerk in verschiedene Ebenen zu unterteilen – jede Ebene ist auf eine bestimmte Art von Aufgaben spezialisiert. Die Regeln, nach denen diese Aufgaben ausgeführt werden, heißen Protokolle. Jede Schicht muss sich nur um die Protokolle kümmern, die ihr zugewiesen sind – für alle anderen Aufgaben kann sie sich auf die anderen Ebenen verlassen.

Die International Standardization Organisation (ISO) hat 1977 begonnen, ein Referenzmodell für Netzwerkprotokolle zu entwickeln, das sie 1983 veröffentlichte. Es hört auf den Namen OSI-Modell (Open Systems Interconnection) oder auch ISO/OSI-Referenzmodell. Es ging also darum, offene und für jeden dokumentierte Standards festzulegen, nach denen eine vernetzte Kommunikation funktionieren kann.

Das ISO/OSI-Modell ist in der Theorie entstanden – das ist auch der Grund, warum es manchmal als akademisch kritisiert wird. Mit dem TCP/IP-Referenzmodell gibt es daher ein weiteres Modell, das auf TCP/IP zugeschnitten ist und in der Praxis eine größere Rolle spielt (siehe Abschnitt 20.1). Dennoch ist es wichtig, das ISO/OSI-Referenzmodell zu kennen – es hilft sehr dabei, die unterschiedlichen Aufgaben zu verstehen, die in einem Netzwerk gelöst werden müssen.

Media Access Control (MAC) und Logical Link Control (LLC)
Neben dem beschriebenen ursprünglichen Modell gibt es eine erweiterte Version des ISO/OSI-Referenzmodells. Die zweite Ebene (Sicherungsschicht) wird dabei in zwei Unterschichten untergliedert, Mac und LLC. Beide sind im Standard IEEE 802 festgelegt.

Media Access Control (MAC)
In einem Netzwerk teilen sich mehrere Rechner das Medium der Kommunikation. Das muss nicht immer reibungslos ablaufen – senden beispielsweise zwei Rechner gleichzeitig Daten, kommt es zu Datenkollisionen. Bei der Technologie Media Access Control (englisch für Medienzugriffssteuerung) geht es darum, zu regeln, wie das gemeinsam genutzte Medium verwendet werden soll. Ein wichtiger Teil von MAC ist die sogenannte MAC-Adresse. Jedes netzwerkfähige Gerät erhält bei der Herstellung eine eindeutige Bezeichnung in einer Länge von 48 Bit, die in Netzwerktechnologien wie Ethernet, Bluetooth oder WLAN eingesetzt wird. Sie wird auch Hardware-Adresse, Ethernet-Adresse oder physikalische Adresse genannt.

Das ISO/OSI-Referenzmodell besteht aus sieben Schichten. Die unteren vier Schichten werden als Transportsystem bezeichnet, weil sie sich vorrangig um die Datenübertragung kümmern. Die oberen drei Schichten fasst man zum Anwendungssystem zusammen, weil hier eher allgemeine Aspekte der Kommunikation geregelt sind.

Die verschiedenen Schichten sind im Detail:

1. **Bitübertragung (Physical Layer):** Die unterste Schicht regelt die physikalische Übertragung von Daten. Dazu zählen die Kabel- und Funkstandards oder die Übertragungsgeschwindigkeit.
2. **Sicherungsschicht (Data Link Layer):** Die Sicherungsschicht kümmert sich um die fehlerfreie Übertragung von Daten, beispielsweise indem sie Fehler erkennt und darauf reagiert. Dazu zählen beispielsweise MAC (Media Access Control) und LLC (Logical Link Control (siehe Kasten)).
3. **Vermittlungsschicht (Network Layer):** Diese Schicht regelt den Datenverkehr. Dazu zählt beispielsweise das Zuweisen von Adressen sowie das Routing der Daten, also die Festlegung, welchen Weg die Datenpakete vom Sender zum Empfänger nehmen. Das IP-Protokoll ist auf dieser Ebene angesiedelt (vgl. Abschnitt 20.1).
4. **Transportschicht (Transport Layer):** Auf der Transportschicht wird der Auf- und Abbau von Verbindungen organisiert. Dabei werden die Daten beim Sender in kleinere Pakete zerlegt und beim Empfänger auf Vollständigkeit geprüft und zusammengesetzt. Hier ist das wichtige TCP-Protokoll angesiedelt (vgl. Abschnitt 20.1).
5. **Sitzungsschicht (Session Layer):** Die Sitzungsschicht steuert die Kommunikation. Dazu zählt beispielsweise die Regelung, welcher Kommunikationsteilnehmer wann senden oder empfangen darf.
6. **Darstellungsschicht (Presentation Layer):** Auf der Darstellungsschicht werden Datenstrukturen aneinander angepasst, beispielsweise indem für eine einheitliche Kodierung gesorgt wird. Auch

Komprimierung und Verschlüsselung der Daten fallen in den Zuständigkeitsbereich dieser Schicht.

7. **Anwendungsschicht (Application Layer):** Die oberste Schicht stellt eine Schnittstelle für die eigentlichen Anwendungsprogramme zur Verfügung. Darunter fallen beispielsweise Protokolle zum Senden und Empfangen von E-Mails oder zur Übertragung von Websites.

Das ISO/OSI-Referenzmodell ist also gut geeignet, um einen grundlegenden Überblick über verschiedene Bereiche zu erhalten, die in einem Netzwerk eine Rolle spielen. Was aber ist das genau – ein Netzwerk?

Logical Link Control (LLC)
Logical Link Control (LLC) ist die Schnittstelle zwischen MAC und der dritten Schicht, dem Network Layer. Sie steuert den Datenfluss und die Datenübertragung. Außerdem sorgt sie dafür, dass unterschiedliche Protokolle gleichzeitig genutzt werden können (Multiprotokollfähigkeit).

19.2 Grundlegende Eigenschaften von Netzwerken

Netzwerke können nach unterschiedlichen Kriterien eingeteilt werden: Reichweite, Zentralisierung und Topologie.

19.2.1 Reichweite

Im einfachsten Fall werden zwei Rechner dabei direkt miteinander verbunden (Punkt-zu-Punkt-Verbindung). Häufiger ist jedoch, dass Rechner sich ein Übertragungsnetzwerk teilen und somit indirekt vernetzt sind. Netzwerke unterscheiden sich dabei grundlegend in ihrer Reichweite:

+ Global Area Networks (GAN) wie das Internet umspannen den gesamten Planeten.
+ Wide Area Networks (WAN) sind Fernnetze, die mehrere Städte oder Regionen miteinander verbinden.
+ Metropolitan Area Networks (MAN) umfassen eine Stadt, eine Gemeinde oder eine Region.
+ Local Area Networks (LAN) sind Netzwerke in einem zusammenhängenden Areal, beispielsweise einem Unternehmen oder einer Wohnung.
+ Manche fügen dieser Aufstellung außerdem das Personal Area Network (PAN) hinzu. Dies sind Netze innerhalb eines Raums, die meist von den Geräten einer einzelnen Person untereinander genutzt werden. Bluetooth dürfte das häufigste Beispiel für ein PAN sein.

Anwendung

Allerdings verschwimmen die Grenzen zwischen den Netzwerktypen zunehmend. Während LANs zumeist von ihren Eigentümern auf dem eigenen Grundstück oder in der eigenen Wohnung betrieben werden, sind weitläufigere Netzwerke wie etwa Wide Area Networks (WAN) meist auf einen Netzbetreiber (Carrier) angewiesen, der die Infrastruktur unterhält. Der Zugang wird meist von einem Internet-Service-Provider gegen Entgelt gewährt.

19.2.2 Zentralisierung

Zudem unterscheiden sich Netzwerke darin, wie stark sie zentralisiert sind.

Intranet

Eine Besonderheit ist das Intranet. Anders als das Internet sind Intranets nicht öffentlich, sondern meist auf ein Unternehmen beschränkt. Sie nutzen dazu die gleiche Technologie wie das Internet und werden auch mithilfe von Browsern aufgerufen.

Client-Server-Konzept

Am häufigsten wird das Client-Server-Konzept verwendet. Dabei gibt es einen zentralen Server (deutsch »Diener«), der bestimmte Leistungen zur Verfügung stellt. Die Rechner der Anwender und Anwenderinnen greifen anschließend als Clients (deutsch »Kunde«) auf diese Dienste zu. Ein Server kann beispielsweise:

+ Dateien vorhalten (Fileserver)
+ E-Mails verwalten (Mailserver)
+ Websites hosten (Webserver)
+ Drucker ansteuern (Printserver)
+ häufig angesteuerte Websites zwischenspeichern, damit sie aus dem Netzwerk schneller aufgerufen werden können (Proxyserver)
+ Anwendungen starten, auf die Clients zugreifen können (Application Server)

Jeder Rechner ist in der Lage, Server-Funktionen zu übernehmen – das ist beispielsweise bei der Entwicklung von Webanwendungen wichtig, um sie lokal testen zu können. Allerdings sprechen Performance und Sicherheit eher für dedizierte Server – das sind Server, die keine anderen Aufgaben übernehmen. Es ist außerdem möglich, die Belastung auf mehrere Server zu verteilen (Load Balancing).

Server stellen besondere Anforderungen an Hard- und Software, um ihre Aufgaben bewältigen zu können. Es gibt daher spezielle Versionen von Betriebssystemen, die besonders auf Stabilität und Performance ausgelegt sind (»Server-Betriebssysteme«). Auch verwendet man für Server meist die beste und teuerste Hardware und konstruiert die Infrastruktur so, dass auch ein Ausfall einzelner Server verkraftet werden kann.

Peer-to-Peer

Im Gegensatz zum Client-Server-Prinzip beruht Peer-to-Peer (P2P) auf gleichberechtigten Rechnern. Filesharing-Technologien wie BitTorrent setzen beispielsweise häufig auf dieses Konzept, da es den gegenseitigen Austausch von Daten ermöglicht.

19.2.3 Topologie

Außerdem ist noch wichtig, in welcher Struktur die Rechner physikalisch innerhalb eines Netzwerks miteinander verbunden sind. Der Fachbegriff dafür lautet Netzwerktopologie. Die Topologie ist vor allem im LAN von Bedeutung – Fernnetze werden meist nicht zwischen einzelnen Rechnern, sondern zwischen ganzen Netzwerken aufgebaut.

+ Bei der **Bus-Topologie** (siehe auch die Abbildung 19.2) sind alle Rechner über eine zentrale Leitung (Bus) verbunden. Die Enden des Busses sind nicht verbunden, sondern mit Widerständen (Terminatoren) versehen. Sie verhindern, dass Signale am Ende wieder reflektiert werden und ein zweites Mal durch den Bus laufen. Bus-Topologien sind einfach und mit geringem Aufwand zu realisieren, allerdings ist die Leitungslänge begrenzt. Es kann zu Datenkollisionen kommen (alle Daten laufen über ein einziges Kabel), und wenn der Bus ausfällt, steht das gesamte Netz.

> **VPN**
> Ein weiterer Sonderfall ist das Virtual Private Network (VPN). Ein VPN nutzt öffentliche Netze wie das Internet zur Übertragung privater Daten. Dabei werden die Daten getunnelt, sind also von außen nicht mehr zu entschlüsseln. Ein typischer Anwendungsfall für ein VPN ist es, Mitarbeitenden von außen Zugang zu Dokumenten aus dem unternehmensinternen Netzwerk zu geben.

> **Zentralrechner**
> Als Computersysteme in den 1970er Jahren Einzug in Industrie und Wirtschaft hielten, setzten die Unternehmen häufig auf das Konzept eines Zentralrechners, auf den über Terminals mit Bildschirm und Tastatur zugegriffen wurde. Die Terminals selbst waren dabei eher »dumm« – die Rechenoperationen wurden auf dem Zentralrechner ausgeführt. Mit der zunehmenden Verbreitung von Computern sanken die Preise jedoch so stark, dass Anwenderinnen und Anwender heute eigene Rechenmaschinen haben. Zentralrechnernetze kommen jedoch noch immer für einige spezialisierte Anwendungsfälle zum Einsatz, in denen sehr hohe Rechenleistungen benötigt werden.

+ **Ring-Topologien** verbinden alle vernetzten Rechner mithilfe eines zentralen Strangs in einem Ring. Dort wandern die Daten von Rechner zu Rechner – jeder Rechner spielt somit eine aktive Rolle und leitet die Datenpakete weiter, sofern sie nicht für ihn bestimmt sind. Datenkollisionen werden dadurch vermieden, die Länge des Rings ist unbegrenzt, und man kann einen zweiten Ring hinzuschalten, der die Ausfallsicherheit erhöht. Allerdings sind Ring-Topologien recht aufwändig zu verkabeln und setzen auf teure Komponenten.
+ In einer **Stern-Topologie** werden alle Rechner mit einem Switch oder Hub im Zentrum verbunden. Er schaltet zwischen Sender und Empfänger eine direkte Verbindung – auf diese Weise vermeidet er Datenkollisionen, denn die Verbindung wird immer nur bei Bedarf geöffnet. Große Netzwerke erweitern die Stern-Topologie zu einer Baum-Topologie. Dabei gibt es einen Haupt-Switch, der mit mehreren Sub-Switches verbunden wird, an denen wiederum die Rechner selbst hängen. Das Netzwerk wird somit in mehrere Teilnetze untergliedert. Auf diese Weise lassen sich auch sehr große Netzwerke realisieren.
+ Schließlich gibt es das vermaschte Netzwerk (**Mesh-Topologie**). Bei dieser Struktur werden Rechner direkt, also von Punkt zu Punkt, miteinander verbunden – entweder teilvernetzt oder auch vollvernetzt. Das Internet ist in weiten Teilen ein vermaschtes Netzwerk, wobei es auch Hauptadern (Backbones) in Ringform gibt. Ad-hoc-Netzwerke, die eine Punkt-zu-Punkt-Verbindung zwischen zwei oder mehr Geräten aufbauen, basieren ebenfalls auf dem Mesh-Prinzip.

Name der Topologie	Vorteile	Nachteile
Bus-Topologie	+ einfache Erweiterbarkeit + preiswert	– beschränkte Ausdehnung, da unbeteiligte Rechner die Signale nicht verstärken – fällt der Bus aus, ist das Netzwerk nicht mehr funktionsfähig – Gefahr der Datenkollision
Ring-Topologie	+ Datenkollisionen werden vermieden + einfache Erweiterbarkeit + größere Distanzen möglich, da die einzelnen Rechner die Signale verstärken	– aufwändige Verkabelung – ein defektes Kabel legt das gesamte Netz lahm (daher redundante Ringe empfehlenswert)
Stern-Topologie und Baum-Topologie	+ Datenkollisionen werden vermieden + geringe Anfälligkeit für Störungen durch Ausfall einzelner Rechner	– Hub bzw. Switch muss eine hohe Belastung aushalten – aufwändige Verkabelung
Mesh-Topologie	+ sehr hohe Ausfallsicherheit + gute Lastverteilung	– sehr hoher Verkabelungsaufwand

Tabelle 19.1: Vor- und Nachteile von Netzwerktopologien

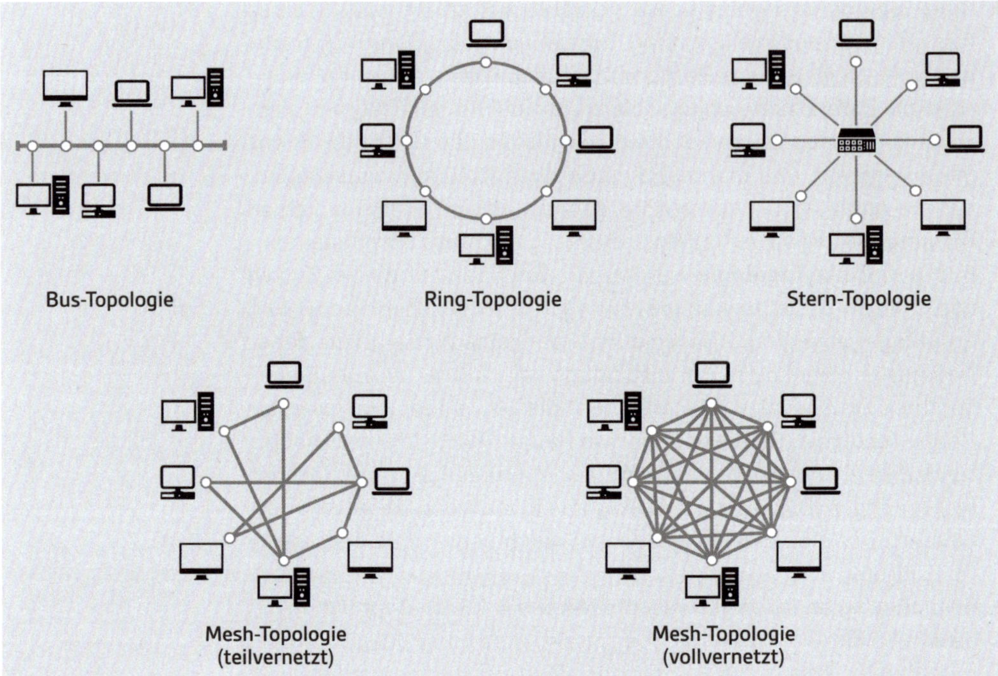

Abbildung 19.2: Netzwerktopologien

Unterschieden werden muss außerdem zwischen physikalischer und logischer Topologie. Physikalisch bedeutet in diesem Zusammenhang, wie die Rechner in der Realität verkabelt sind. Logisch hingegen besagt, wie sie vom Betriebssystem administriert werden. So könnte man beispielsweise eine physikalische Stern-Topologie so konfigurieren, dass sie wie eine logische Ring-Topologie funktioniert.

19.3 Netzwerkkomponenten

Netzwerke lassen sich jedoch nicht nur nach den grundlegenden Aufgaben (ISO/OSI-Referenzmodell) oder ihren Eigenschaften (Reichweite, Zentralisierung, Topologie) einteilen. Eine wichtige Rolle spielt auch, welche Komponenten eigentlich verwendet werden, um Netzwerke aufzubauen.

+ **Netzwerkkarten und Netzadapter:** Grundvoraussetzung für die Vernetzung eines Rechners ist, dass er über entsprechende Schnittstellen verfügt – entweder in Form von Anschlüssen und/oder über drahtlose Technologien. Solche Schnittstellen werden entweder mit Netzwerkkarten in Erweiterungssteckplätzen realisiert oder sind – heute wesentlich häufiger geworden – direkt auf der Hauptplatine des Rechners integriert. Meist unterstützen heutige Rechner von Haus aus WLAN. Außerdem gibt es Adapter, beispielsweise von USB auf LAN.

+ **Repeater:** Repeater haben die Aufgabe, das Signal zu verstärken. Sie erlauben somit den Aufbau von Netzen mit größerer Reichweite.
+ **Hubs:** Ein Hub ist ein zentraler Verteiler, der Rechner in einer Stern-Topologie miteinander verbindet. Ein Hub arbeitet nur auf Ebene 1 des ISO/OSI-Referenzmodells – das bedeutet, er analysiert das Signal nicht, sondern leitet es an alle anderen Rechner im Netzwerk weiter. Häufig arbeiten Hubs zugleich als Repeater.
+ **Switches:** Ein Switch wird ebenfalls als zentraler Knoten in einer Stern-Topologie verkabelt. Im Gegensatz zu einem Hub arbeitet ein Switch jedoch auf Ebene 2 des ISO/OSI-Referenzmodells – er analysiert also die Header der Datenpakete und leitet sie an den Rechner weiter, für den sie bestimmt sind (Punkt-zu-Punkt-Verbindung). Auf diese Weise vermeidet ein Switch Datenkollisionen und hilft, die Performance in einem Netz zu verbessern. Moderne Switches übernehmen häufig auch Funktionen eines Routers.
+ **Router:** Ein Netzwerk-Router oder auch nur Router übernimmt die Weiterleitung von Datenpaketen zwischen verschiedenen Netzwerken. Seine zentrale Aufgabe ist meist die Verbindung eines lokalen Netzwerks mit dem Internet. Von außen ist nur die IP-Adresse des Routers zu erkennen, der sich anschließend um die Weiterleitung der IP-Pakete an die vernetzten Rechner kümmert. Dazu hat er entweder eine fest eingetragene Liste von IP-Adressen (statische Router) oder verwaltet diese automatisch (dynamische Router). Ein Router arbeitet auf Schicht 3 des ISO/OSI-Referenzmodells.
  Häufig übernehmen Router weitere Funktionen. So kann ein DSL-Router die Anbindung ans Telefonnetz übernehmen, während ein WLAN-Router gleichzeitig ein drahtloses Netz aufbaut. Es gibt auch Router, die unterschiedliche Protokolle miteinander verbinden können. Sehr häufig fungiert ein Router auch als Firewall.
+ **Gateway:** Ein Gateway dient dem Zweck, vollkommen unterschiedliche Netze zu überbrücken. Gateways können dazu auf allen Schichten des ISO/OSI-Referenzmodells ansetzen. So war es beispielsweise notwendig, ein Gateway zu verwenden, um Netze auf Basis von TCP/IP mit anderen Technologien zu verbinden. Allerdings sorgt die Vorherrschaft von TCP/IP-Netzen dafür, dass Gateways heute oft nicht mehr notwendig sind und oft Router eingesetzt werden.

Bridges

Eine Bridge sitzt ebenfalls auf Schicht 2 des ISO/OSI-Referenzmodells. Sie verbindet physikalisch unterschiedliche Netze, beispielsweise Ethernet und Token Ring. Aufgrund der hohen Dominanz von Ethernet werden Bridges heute eher selten verwendet.

Abbildung 19.3: Switch in einem Ethernet

Abbildung 19.4: Router verbinden Endgeräte mit dem Internet, meist über Ethernet oder WLAN.

19.4 Netzwerktechnologien

Neben den Netzwerkkomponenten ist ebenfalls entscheidend, welche Art Netzwerk eigentlich aufgebaut werden soll. Die mit Abstand wichtigsten Protokollstandards für LAN-Technologien sind:

+ das kabelgebundene Ethernet mit den Schnittstellen,
+ das drahtlose Bluetooth für kleine, persönliche Netzwerke
+ sowie WLAN als drahtlose Variante des Ethernets.

Wir werden diese Technologien nun erläutern. Anschließend werden Möglichkeiten behandelt, lokale Netze mit dem Internet zu verbinden.

19.4.1 Ethernet

Ethernet ist seit seiner Einführung das wichtigste Protokoll für lokale Netzwerke. Es hat alternative Technologien wie Token Ring heute weitgehend abgelöst.

Ethernet wurde Anfang der 1970er Jahre von den Wissenschaftlern Robert Metcalfe und David Boggs am Palo-Alto-Forschungszentrum von Xerox PARC entwickelt. Sie orientierten sich dabei stark am ALOHAnet, dem ersten Funknetzwerk, das die Inseln Hawaiis drahtlos miteinander verband. Noch heute kann man diesen Ursprung am Namen Ethernet ablesen – er lehnt sich an den Äther an, den man historisch als das Medium betrachtete, in dem sich Funkwellen ausbreiten. In ähnlicher Weise leitet auch beim Ethernet das Medium (also das Kabel) die Daten an alle angeschlossenen Rechner weiter.

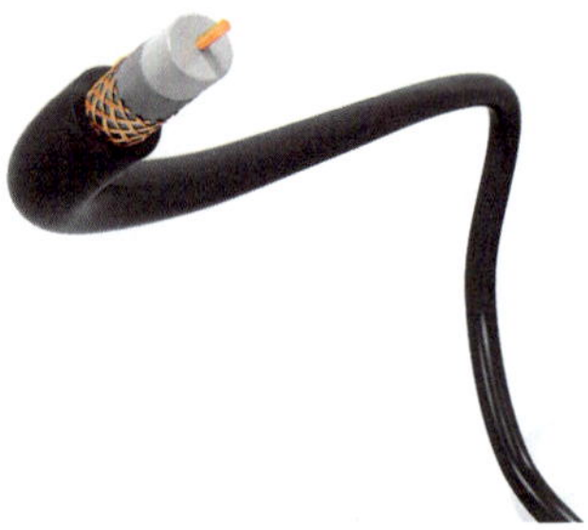

Abbildung 19.5: Koaxialkabel

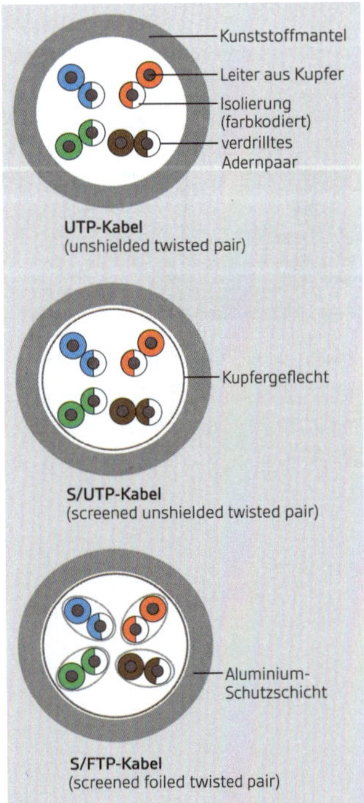

Abbildung 19.6: Aufbau verschiedener Twisted-Pair-Kabel (Vorlage von Uwe Schwöbel, Wikimedia, GFDL-Lizenz, bearbeitet)

Netzwerkkabel

Ethernet ist ein kabelbasiertes Netzwerk. Heute kommen entweder Kabel auf Basis verdrillter Kupferadern (Twisted-Pair) oder Lichtwellenleiter zum Einsatz. Mit Koaxialkabeln gibt es einen weiteren Typ, der eher historische Bedeutung hat.

Früher wurden Koaxialkabel für das Ethernet verwendet, wie sie beispielsweise auch als Antennenkabel für den Fernseher zum Einsatz kommen. Bei einem Koaxialkabel gibt es im Inneren einen Innenleiter aus Metall, der von einer isolierenden Schicht umgeben ist. Um diese Schicht herum ist ein weiterer hohler Außenleiter aus Metall angebracht, der wiederum von einem Schutzmantel umschlossen wird.

Ethernet über Koaxialkabel setzte eine Bus-Topologie mit den entsprechenden Problemen voraus. So war es beispielsweise gar nicht so einfach, einen Kabelbruch festzustellen – man schickte dazu einen Impuls durch das Kabel, der an einem Hindernis abgestoßen wurde. Durch eine Messung des Echos und der Laufzeit konnte man errechnen, an welcher Stelle des Ethernet-Busses die Störung vorliegt.

Letztendlich wurden Koaxialkabel und die Bus-Topologie jedoch fallengelassen. Heute verwendet man Twisted-Pair-Kabel. Bei diesen Kabeln werden je zwei isolierte Kupferleitungen verdrillt. Sie sind im Vergleich zu den älteren Koaxialkabeln wesentlich günstiger und einfacher zu verlegen. Es gibt verschiedene Arten von Twisted-Pair-Kabeln. Sie werden danach unterschieden,

+ ob die Kunststoffadern direkt in einem Kunststoffmantel liegen (Unshielded Twisted Pair, UTP),
+ ob es ein Kupfergeflecht zwischen Kunststoffmantel und Kupferadern gibt (Screened Unshielded Twisted Pair, S/UTP)
+ oder ob es eine zusätzliche Schutzschicht aus Aluminium um jedes Kupferadern-Paar gibt (Screened Foiled Twisted Pair, S/FTP).

Außerdem werden Twisted-Pair-Kabel nach ihrer Geschwindigkeit in verschiedene Kategorien eingeteilt (vgl. »Ethernet-Standards«). Als Stecker kommt RJ45 zum Einsatz, den man auch von ISDN-Leitungen kennt. Außerdem arbeitet Ethernet mit Twisted-Pair-Kabeln mit einer Stern-Topologie.

Abbildung 19.7: Switch mit gelben RJ45-Kabeln

Neben Twisted-Pair-Kabeln können auch Lichtwellenleiter eingesetzt werden, um ein Ethernet aufzubauen. Der Name leitet sich von der großen Bedeutung des Lichts bei der Datenübertragung ab. Da Lichtwellenleiter meist aus Glasfasern bestehen, werden sie oft auch als Glasfaserkabel bezeichnet.

Lichtwellenleiter nutzen Licht, um Signale zu übertragen – Licht ist wesentlich schneller als Elektroden. Dabei werden die elektrischen in optische Signale umgewandelt, die von einer Leucht- oder Laserdiode in den Lichtwellenleiter eingespeist werden. Am anderen Ende des Kabels befindet sich ein Empfänger, der das Licht wieder in elektrische Signale umwandelt.

Abbildung 19.8: Glasfaserkabel

Wie aber kann es sein, dass sich Daten mithilfe von Licht übertragen lassen? Das Funktionsprinzip beruht auf den Brechungsgesetzen von Licht. Im Kern des Kabels befinden sich die eigentlichen Leiter, oft in Form von einem Bündel aus Glasfasern. Sie sind von einem Glasmantel umhüllt, der einen niedrigeren Brechungsindex als der Kern hat – dies führt dazu, dass Lichtstrahlen am Mantel nahezu vollständig reflektiert werden und sich entlang der Glasfasern fortbewegen. Schließlich gibt es einige Schutzschichten, die das empfindliche Glas vor Umwelteinflüssen bewahren.

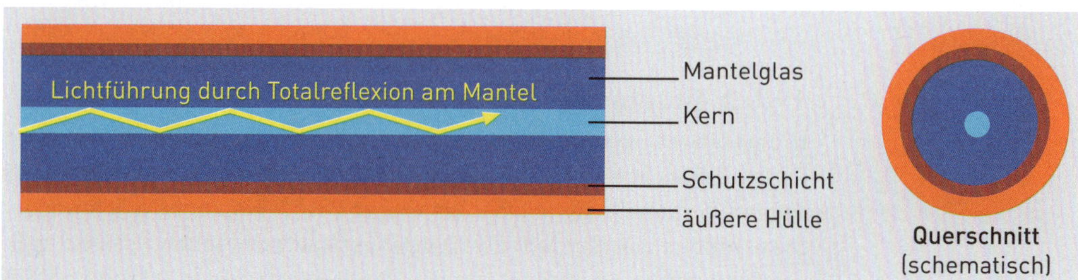

Abbildung 19.9: Prinzip von Lichtwellenleitern (nach Patrick Schnabel, *www.elektronik-kompendium.de*)

Lichtwellenleiter haben viele Vorteile im Vergleich zu Kupferkabeln. Sie erreichen sehr hohe Übertragungsgeschwindigkeiten über große Entfernungen, sind gegenüber äußeren Einflüssen unempfindlich (sie können daher beispielsweise problemlos mit anderen Versorgungsleitungen verlegt werden) und sind schwerer abzuhören. Gegen den Einsatz von Glasfaser sprechen daher nur noch die höheren Kosten und die Tatsache, dass weite Teile der bestehenden Infrastruktur noch auf Kupfer beruhen – dennoch dürften Lichtwellenleiter in Zukunft das vorherrschende Übertragungsmedium werden.

Ethernet-Standards

Ethernet ist in der internationalen Norm IEEE 802.3 standardisiert. Es sind unterschiedliche Geschwindigkeiten spezifiziert – neue, noch schnellere Standards befinden sich in Arbeit:

Ethernet	Geschwindigkeit	Kabel
Ethernet	10 MBit/s	Twisted Pair (Kategorie 3 und 5)
Fast Ethernet	100 MBit/s	Twisted Pair (Kategorie 5), Lichtwellenleiter
Gigabit-Ethernet	1 GBit/s	Twisted Pair (Kategorie 5), Lichtwellenleiter
10-Gigabit-Ethernet	10 GBit/s	Twisted Pair (Kategorie 6a und 7), Lichtwellenleiter
40-Gigabit-Ethernet	40 GBit/s	Lichtwellenleiter
100-Gigabit-Ethernet	100 GBit/s	Lichtwellenleiter

Tabelle 19.2: Ethernet-Standards

In jeder Stufe sind unterschiedliche Verkabelungen möglich, die mit eigenen Abkürzungen bezeichnet werden. »10BaseT« steht beispielsweise für ein Ethernet mit einer Geschwindigkeit »10 MBit/s«, Basisband (»Base« = Daten werden direkt übertragen und nicht wie beim Breitband auf eine hohe Frequenz aufmoduliert) und die Verwendung von Twisted-Pair-Kabeln (»T«).

19.4.2 Bluetooth

Bluetooth ist eine Funktechnologie zur Übertragung verschiedenster Daten über kurze Entfernungen. Sie eignet sich besonders zur Anbindung kabelloser Mäuse, Tastaturen oder Freisprecheinrichtungen. Sie ermöglicht außerdem den Datenaustausch zwischen Geräten, z. B. vom Smartphone zum Rechner. Bluetooth ist im Industriestandard IEEE 802.15.1 spezifiziert und zählt zu den Personal Area Networks.

Abbildung 19.10: Bluetooth-Logo

Bluetooth arbeitet wie viele andere Funktechnologien auch auf dem lizenzfreien Band von 2,4 GHz. Dabei wechselt Bluetooth in jeder Sekunde bis zu 1.600-mal den Kanal, um Störungen aus dem Weg zu gehen (Frequenzsprungverfahren oder Frequency Hopping). Die Technologie bietet zwei Datenkanäle:

+ Sprache wird über die synchrone Verbindung übertragen, die auf den Namen »Synchronous Connection-Oriented« (SCO) hört. Dabei wird mit festen Zeiteinheiten gearbeitet, um die Qualität der Verbindung möglichst hoch zu halten.
+ Daten hingegen werden asynchron übertragen – man spricht hier vom »Asynchronous Connectionless Link« (ACL). Diese Über-

tragungen sind nicht zeitkritisch – es ist jedoch wichtig, dass die Daten auch sicher ihr Ziel erreichen.

Die Reichweite von Bluetooth ist von der Qualität der Antennen bei Sender und Empfänger sowie von der Umgebung abhängig. Bluetooth definiert drei Leistungsklassen: Klasse 1 (100 mW Leistung, bis zu 100 m Reichweite), Klasse 2 (2,5 mW Leistung, bis zu 50 m Reichweite) und Klasse 3 (1 mW Leistung, bis zu 10 m Reichweite).

Außerdem kennt die Technologie drei Sicherheitsmodi:

+ Non-Secure Mode (Modus 1): keine Sicherungsmechanismen
+ Service-Level Enforced Security (Modus 2): Sicherheit wird durch die benutzten Dienste festgelegt (Application Layer)
+ Link-Level Enforced Security (Modus 3): Verbindungsaufbau nur mit Authentifikation (Link Layer), optional Verschlüsselung

Bluetooth-Profile regeln, welche Art Daten auf welche Weise übertragen werden. Sie regeln beispielsweise, wie Adressbuchdaten ausgetauscht werden oder wie sich Geräte mit der SIM-Karte eines Telefons verbinden können. Um einen bestimmten Dienst anzubieten, müssen sowohl Sender als auch Empfänger das entsprechende Profil unterstützen.

BlueBorne

Im September 2017 veröffentlichten Sicherheitsforscher von Armis Informationen über eine Reihe von Sicherheitslücken, mit denen Angreifer Bluetooth ausnutzen können, um Geräte zu übernehmen. Aktuelle Betriebssysteme wurden von ihren Herstellern gegen den Angriff abgesichert (*www.armis.com/blueborne*), aber nicht mehr unterstützte Versionen bleiben angreifbar.

Bluetooth-Standards

Bluetooth liegt in einer Reihe von Standards vor, die mit Versionsnummern bezeichnet werden:

+ Bluetooth 1.0, 1.1 und 1.2: frühe Versionen des Standards mit eingeschränkter Datenrate (732,2 kBit/s – ausreichend beispielsweise für Mäuse und Tastaturen, nicht aber für Musik)
+ Bluetooth 2.0 und 2.1: verbesserte Datenrate (Enhanced Data Rate, EDR) mit maximal 2,1 MBit/s, einfacheres Koppeln von Geräten
+ Bluetooth 3.0 HS: Integration eines zusätzlichen Kanals auf Basis des WLAN-Standards IEEE 802.11g (Highspeed, HS)
+ Bluetooth 4.0, 4.1 und 4.2: Fokus auf niedrigen Energiebedarf (daher »Bluetooth LE« für »Low Energy«)
+ Bluetooth 5.0, 5.1, 5.2, 5.3 und 5.4: höhere Reichweite und Datenrate, niedrigerer Energiehunger

19.4.3 WLAN

Die Abkürzung WLAN steht für »Wireless LAN« und bezeichnet die Bereitstellung der gewohnten LAN-Funktionalitäten ohne Kabel. Im Gebrauch ist außerdem der Begriff »Wi-Fi«, der besonders für WLAN-Hotspots verwendet wird.

Wireless Access Points

Am häufigsten werden WLANs über eine Stern-Topologie realisiert. Dabei kommt eine zentrale Basisstation zum Einsatz. Sie wird als Wireless Access Point oder auch nur Access Point (AP) bezeichnet. In den meisten Fällen dient der Wireless Access Point als Brücke (Bridge) zu anderen kabelgebundenen Netzwerken (Ethernet) sowie dem Internet. Diese Funktionalitäten sind oft direkt in den Router integriert (WLAN-Router).

Um eine drahtlose Verbindung ins Netzwerk aufzubauen, melden sich die Clients mit ihrer MAC-Adresse (Abschnitt 19.1) beim Wireless Access Point an. Ein Client kann dabei immer nur mit einer Basisstation gleichzeitig verbunden sein. Mehrere Access Points können zu einem Extended Service Set zusammengeschlossen werden. Bewegt sich ein Client im Netz und kommt dabei in einen Bereich, der durch einen anderen Access Point besser abgedeckt ist, kann er Verbindung zu ihm aufnehmen, ohne dass die laufende Datenübertragung unterbrochen werden muss (Roaming). So sind konstante Verbindungen gewährleistet, und die Reichweite des Netzwerks wird vergrößert. Auf diese Weise werden an öffentlichen Plätzen zunehmend Hotspots eingerichtet.

Neue Namen für WLAN-Standards

Im Oktober 2018 hat die Wi-Fi-Alliance entschieden, zukünftig Versionsnummern statt kryptischer Buchstaben für ihre Standards zu verwenden: Wi-Fi 4 (802.11n), Wi-Fi 5 (802.11ac), Wi-Fi 6 (802.11ax) und das für 2024 geplante Wi-Fi 7 (802.11be).

Die Abkürzung WLAN steht eigentlich nur für ein schnurloses lokales Netzwerk – losgelöst von der konkreten technischen Realisierung. In der Praxis folgen jedoch alle WLAN-Netze einem der Standards aus der IEEE 802.11.

IEEE 802.11

WLAN-Standards sind in der Spezifikation IEEE 802.11 standardisiert. »IEEE« (oft »I Triple E« ausgesprochen) steht für »Institute of Electrical and Electronics Engineers« und ist ein Berufsverband von Ingenieuren und Ingenieurinnen aus der Elektro- und Informationstechnik. IEEE 802.11 ist eine Familie von Normen, die sich in verschiedenen Versionen um die technischen Hintergründe von WLAN kümmern. Die aus heutiger Sicht wichtigsten Normen sind:

Tabelle 19.3: WLAN-Standards

Standard	Jahr	Frequenz	Datenrate (brutto)	Antennentechnik
802.11	1997	2,4 GHz	2 MBit/s	FHSS und DSSS
802.11b	1999	2,4 GHz	11 MBit/s	HR/DSSS
802.11a/h/j	1999	5 GHz	54 MBit/s	OFDM
802.11g	2002	2,4 GHz	bis zu 54 MBit/s	OFDM
802.11n	2006	2,4 und 5 GHz	bis zu 600 MBit/s	MIMO
802.11ac	2013	5 GHz	bis zu 6,9 GBit/s	MU-MIMO
802.11ad	2012	60 GHz	bis zu 7 GBit/s	Beamforming
802.11ax	2019	2,4; 5 und 6 GHz	bis zu 9,6 GBit/s	OFDMA
802.11be	2024	2,4; 5 und 6 GHz	bis zu 46 GBit/s	OFDMA

2,4-GHz-, 5-GHz- und 6-GHz-Band

WLAN überträgt also je nach Standard auf zwei Trägerfrequenzen (2,4 und 5 GHz), die beide im Bereich der Mikrowellen liegen. Das 2,4-GHz-Band ist nicht lizenzpflichtig – sicherlich einer der Hauptgründe für seine häufige Verwendung. Der Frequenzbereich wird in 14 Kanäle eingeteilt, wobei nicht alle Kanäle in jedem Land verwendet werden können – meist dürfen 13 Kanäle genutzt werden. Das Band erstreckt sich im Bereich von 2,402 bis 2,480 GHz – pro Kanal stehen somit rund 5 MHz zur Verfügung. Für eine Funkverbindung ist jedoch eine Bandbreite von 20 MHz notwendig. Der Frequenzbereich sollte dabei so gewählt werden, dass sie sich nicht überlappen – damit können Störungen vermieden werden. Es hat sich in der Praxis daher eingebürgert, vorzugsweise die Kanäle 1, 5, 9 und 13 zu verwenden.

Das 2,4-GHz-Band ist weit verbreitet und wird von allen WLAN-fähigen Geräten unterstützt. Allerdings ist dort auch einiges los – hier funken beispielsweise auch Bluetooth, Mikrowellen und Babyfone. Dies kann zu Störungen führen. Das 5-GHz-Band ist wesentlich weniger überlaufen, bietet 19 nicht überlappende Kanäle und erlaubt zudem höhere Übertragungsraten. Allerdings reicht es auch nicht so weit – oft sind einfache Wände schon große Hindernisse. Moderne Router und IEEE-Standards erlauben beide Varianten.

Wi-Fi 6E und 7

Unter dem Begriff Wi-Fi 6E und Wi-Fi 7 kann zudem der Frequenzbereich 6 GHz genutzt werden. Diese Frequenz ist nur für kurze Entfernung und ohne viele Hindernisse gedacht, sorgt aber für mehr Kapazitäten. Der Vorteil hierbei ist, dass mit 24 Kanälen x 20 MHz, insgesamt 480 MHz, mehr Platz zur Verfügung steht. Ähnliches konnte man zwar schon mit 5 GHz erzielen, aber da es bei 6 GHz noch weniger Störquellen gibt, dürfte man mehr Geschwindigkeit und auch eine tiefere Latenz erreichen.

Mesh-WLAN

Ein Mesh-WLAN (vermaschtes WLAN) steht für ein drahtloses WLAN, bei dem mehrere Zugangspunkte (beispielsweise Repeater) so verbunden werden, dass ein möglichst gleichbleibender und flächendeckender Empfang möglich ist. Mesh-Systeme sind gerade in den letzten Jahren zunehmend beliebt geworden, weil es immer mehr mobile Clients in den Netzen gibt. Bewegt man sich beispielsweise mit einem Smartphone, das mit einem WLAN verbunden ist, verschlechtert sich die Verbindung mit zunehmender Entfernung zum Access Point. Selbst wenn es einen anderen, näheren Access Point geben sollte, würde die Suche und Verbindung danach ein bisschen dauern – dabei ließe es sich kaum vermeiden, dass Pakete verloren gehen und die Verbindung abreißt.

Mesh-WLAN baut daher ein Netz mit mehreren Zugangspunkten auf, die sich untereinander synchronisieren. Alle Access Points sind über den identischen Netzwerknamen (SSID) zu erreichen. Das Mesh-Netz weist jedem Gerät automatisch und dynamisch den Zugangspunkt zu, der die beste Verbindung gewährleistet (Access Point Steering). Verbindungsabbrüche werden damit weitgehend vermieden.

Sicherheit im WLAN

Keine Frage: WLAN ist praktischer als kabelgebundene Netzwerke. Diesem erhöhten Komfort stehen allerdings erhöhte Sicherheitsmaßnahmen entgegen: Für einen Angriff muss sich jemand nicht mehr notwendigerweise physischen Zugriff auf das Netzwerk verschaffen.

Eine erste wichtige Gegenmaßnahme ist es, das Netz gegen unbefugte Zugriffe zu schützen und Verschlüsselungsmethoden zu verwenden, um den Netzwerkverkehr abzusichern:

+ Das älteste in IEEE 802.11 implementierte Protokoll dafür ist das Wired Equivalency Protocol (WEP) auf Basis des Verschlüsselungsalgorithmus RC4. Heute ist es mit einfachen technischen Mitteln möglich, WEP-Schlüssel zu knacken – das Protokoll sollte daher nicht mehr verwendet werden.
+ Als Reaktion auf die Schwächen von WEP wurden mit IEEE 802.11i erweiterte Sicherheitsmechanismen eingeführt: Wi-Fi Protected Access, WPA. WPA ist allerdings nur eine Teilmenge der geplanten Sicherheitsmaßnahmen, die man gewissermaßen vorweggenommen hat, weil sich die Verabschiedung von IEEE 802.11i verzögerte. WPA setzt noch immer auf den angreifbaren RC4-Algorithmus und damit

auf eine ähnliche Architektur wie WEP. Allerdings erhöhte man die Sicherheit durch eine Reihe von Maßnahmen, beispielsweise die Verwendung dynamischer Schlüssel. Seit dem Jahr 2008 gilt jedoch auch WPA als angreifbar.

+ Im Jahr 2004 veröffentlichte die IEEE den 802.11i-Standard. Die neuen Sicherheitsmaßnahmen hören auf den Namen Wi-Fi Protected Access 2 (WPA2) – unverkennbar der Nachfolger vom unvollständigen WPA. WPA2 basiert auf dem Verschlüsselungsalgorithmus AES (vgl. Abschnitt 17.4.1) und gilt als Standard, um drahtlose Netzwerke gegen unbefugte Zugriffe zu schützen. Allerdings gibt es bereits Berichte über erfolgreiche Angriffe auf WPA2, etwa den Angriff Key Reinstallation Attack (KRACK).
+ Die Wi-Fi Alliance hat im Juni 2018 den neuen Standard WPA3 eingeführt, der auf höhere Sicherheit und einfachere Handhabung ausgelegt ist.

Weitere Maßnahmen zu Sicherheit

Darüber hinaus gibt es eine Reihe weiterer Maßnahmen, die ein WLAN-Netzwerk sicherer machen können. So sollten das voreingestellte Passwort sowie der Name des Netzwerks (Service Set Identifier, SSID) verändert werden – dabei ist natürlich auch ein sicheres Passwort zu verwenden. Der SSID kann bei einigen Basisstationen außerdem verschleiert werden – ein Angreifer müsste nun nicht mehr nur das Passwort, sondern auch den Namen des Netzwerks kennen und manuell eingeben. Wenn klar ist, welche Geräte in einem Netzwerk angemeldet sein werden, kann der Zugriff auf das WLAN auch explizit auf diese Geräte beschränkt werden. Dazu dient eine Hardwarekennung namens MAC-Adresse, über die jeder Netzwerkadapter eindeutig identifiziert werden kann (vgl. Abschnitt 11.1).

19.4.4 Netzzugang

In den Anfangstagen des Internets erfolgte die Verbindung häufig über ein Modem. Diese Geräte wurden an einen analogen Telefonanschluss sowie an den Computer angeschlossen und sorgten dafür, dass er zum Empfang digitaler Daten genutzt werden konnte. Dazu mussten sie digitale Daten in analoge Tonsignale umwandeln. Beim Empfang analoger Signale mussten diese wieder in digitale Daten umgewandelt werden. Das Modem verdankt seinen Namen dieser doppelten Funktion – es ist ein Kunstbegriff aus den Vorgängen »Modulation« und »Demodulation«.

Standards für analoge Modems

Es gibt verschiedene Standards für analoge Modems, die unterschiedliche Übertragungsgeschwindigkeiten erreichen. Modems nach dem aktuellen V.90-Standard erreichen typischerweise Übertragungsgeschwindigkeiten von bis zu 56,6 kBit/s. Prinzipbedingt ist es nicht möglich, gleichzeitig zu telefonieren und im Netz zu sein – die Leitung ist buchstäblich besetzt. Heutigen Ansprüchen genügen Modemverbindungen mit Abstand nicht mehr.

ISDN

Die Abkürzung steht für »Integrated Services Digital Network« und weist auf die größte Neuerung von ISDN hin: Die Leitung konnte gleichzeitig für mehrere Dienste genutzt werden, etwa Telefonieren und den Zugang zum Netz. Das liegt daran, dass ISDN in seiner Basisform zwei getrennte Kanäle zur Verfügung stellte – sie werden B-Kanäle genannt und boten eine Übertragungsrate von 64 kBit/s. Hinzu kam ein Steuerkanal (D-Kanal) für Funktionen wie die Rufnummernanzeige. Neben dem Basisanschluss gibt es auch Multiplexanschlüsse mit einer höheren Zahl von Kanälen.

ISDN setzt auf das bestehende Telefonnetz auf Basis von Kupferleitungen auf, überträgt die Daten jedoch digital. Dies brachte eine Reihe von Vorteilen, die heute selbstverständlich scheinen:

+ Die Rufnummer einer anrufenden Person konnte schon beim Klingeln angezeigt werden.
+ Ruft während eines Telefonats eine weitere Person an, macht sich dies durch »Anklopfen« bemerkbar.
+ Bestehende Verbindungen können unterbrochen werden, um einen Anruf anzunehmen. Auch Dreierkonferenzen sind möglich.

ISDN ermöglichte höhere Datenraten als die Modemtechnologie – auch wenn der Unterschied zwischen 56 und 64 kBit/s nicht so hoch scheint, sollte bedacht werden, dass die 56K-Modems noch nicht weit verbreitet waren, als sich ISDN durchsetzte. Die meisten Modems erreichten damals nur wesentlich geringere Übertragungsraten. ISDN wird zunehmend durch IP-basierte Telefonie (IP, VoIP) ersetzt.

NTBA

Zur Nutzung von ISDN war es notwendig, ein Endgerät namens NTBA (Network Termination for ISDN Basic Access) an die normale Telefonsteckdose anzuschließen. Der NTBA ermöglichte den Anschluss ISDN-fähiger Geräte, beispielsweise Telefone oder Computer.

DSL

Wesentlich wichtiger ist heute die DSL-Technologie (Digital Subscriber Line). Der Name bedeutet so viel wie »digitale Teilnehmerleitung« und sollte verdeutlichen, dass DSL-Kunden sich nicht mehr ins Netz einwählen mussten, sondern im Prinzip eine Standleitung haben. DSL erreicht wesentlich höhere Datenraten als ISDN – meist werden sie bereits im Tarif angegeben. So bringt ein DSL-50000-Anschluss beispielsweise bis zu 50 MBit/s. Angegeben werden dabei stets die Maximalwerte – wie viel es in der Praxis tatsächlich sind, hängt von verschiedenen Faktoren ab, besonders der Netzinfrastruktur, der Entfernung zum nächsten Netzverteiler sowie der Auslastung des Netzes.

Breitbandatlas

Das Bundesministerium für Verkehr und digitale Infrastruktur (*www.bmvi.de*) stellt mit dem Breitbandatlas unterschiedliche Daten zur Netzwerkgeschwindigkeit bereit.

DSL nutzt die bestehende Infrastruktur auf Basis von Kupferleitungen – in den letzten Jahren kommen vermehrt Anschlüsse über Lichtwellenleiter (auch LWL, Glasfaser oder Fibre) hinzu. DSL verwendet hohe Frequenzbereiche, die für Telefonsignale nicht genutzt werden.

+ **Splitter und DSL-Modem:** Ein spezielles Gerät namens »Splitter« trennt die DSL-Signale beim Kunden von den herkömmlichen Telefonsignalen – es ist also auch bei DSL möglich, gleichzeitig zu telefonieren und im Netz zu sein. DSL unterscheidet dabei zwischen ankommenden (Downstream) und abgehenden Signalen (Upstream). An den Splitter können ein DSL-Modem oder ein DSL-Router angeschlossen werden. Neuere DSL-Router haben den Splitter direkt mit eingebaut.
+ **DSLAM:** Auf Seiten des Anbieters gibt es ein Gerät namens DSLAM (Digital Subscriber Line Access Multiplexer). Hier laufen mehrere Anschlussleitungen der Teilnehmenden zusammen – meist befindet sich das DSLAM in einer Vermittlungsstelle, oft in Form von grauen Kästen am Straßenrand. Es ist dafür zuständig, die Datenströme zwischen den Kundinnen und Kunden und dem Internet auf örtlicher Ebene zu verteilen. Dazu handelt das DSLAM mit dem DSL-Modem aus, welche Frequenzen zur Übertragung genutzt werden. Die erreichbare DSL-Geschwindigkeit hängt maßgeblich davon ab, wie weit der Empfänger vom DSLAM entfernt ist.
+ **ADSL und SDSL:** DSL wird in asymmetrische und symmetrische Varianten unterteilt: Im privaten Bereich wird DSL häufig in der Variante ADSL eingesetzt. Die Abkürzung steht für »asymmetrisches DSL« und bezieht sich darauf, dass zum Download wesentlich mehr Bandbreite zur Verfügung steht als zum Upload. Meist wird heute auf die Weiterentwicklung ADSL2+ zurückgegriffen, die höhere

Übertragungsraten ermöglicht. Besonders im Business-Umfeld ist symmetrisches DSL verbreitet (SDSL), bei dem Up- und Downlink gleich hoch sind.

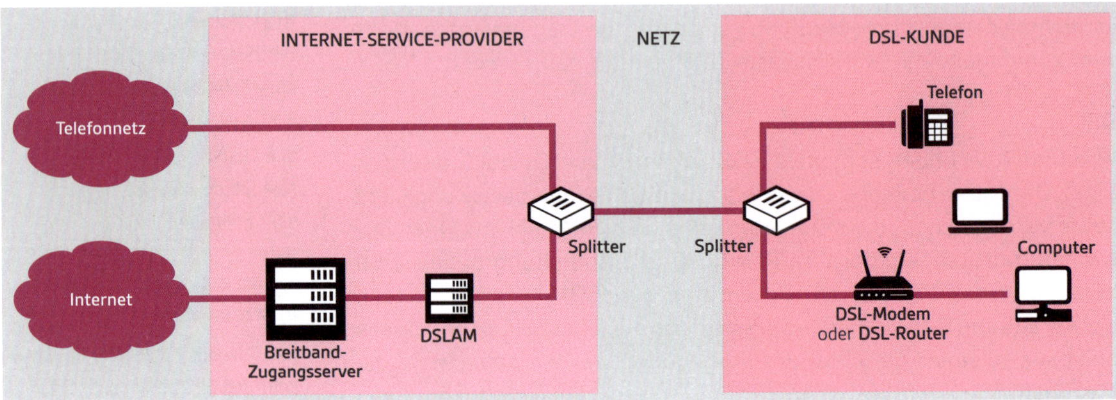

Abbildung 19.11: Funktionsweise von DSL (nach Meinel & Sack, »Internetworking«, 2012)

> **Quelle**
> Die Bertelsmann-Studie zum Vergleich des Breitbandausbaus in mehreren Ländern finden Sie unter *https://rohl.es/bertelsmann-studie-breitband*.

Seit einigen Jahren finden sich vermehrt kombinierte Anschlusspakete, die Telefon, DSL und Fernsehen über eine gemeinsame Telefonleitung anbieten. Dies wird als »Triple-Play« bezeichnet.

Breitbandausbau und VDSL

Neue digitale Anwendungen erfordern immer größere Bandbreiten, so dass der Ausbau der Infrastruktur vorangetrieben wird. Große Hoffnungen ruhen dabei auf VDSL. VDSL (Very High Speed DSL) erreicht wesentlich höhere Datenraten als das gebräuchliche ADSL. Streng genommen handelt es sich bei den hierzulande angebotenen VDSL-Varianten um VDSL2, also den Nachfolger des ursprünglichen VDSLs – dies hat sich jedoch in Deutschland nie durchgesetzt, so dass man heute eher allgemein von »VDSL« spricht.

Das heutige VDSL ist ein Hybridnetz – es arbeitet also mit einer Kombination aus Kupfer- und Lichtwellenleitern. Dabei werden die Kabelverzweiger (KVz) mit Lichtwellenleitern (meist Glasfaser) angesteuert, um hohe Übertragungsraten zu erreichen. In den Kabelverzweigern befinden sich Vermittlungsstellen (DSLAM), die über Kupferleitungen mit den Haushalten verbunden sind. Solange nur kurze Strecken über Kupferleitungen überbrückt werden müssen, können hier deutlich höhere Geschwindigkeiten als mit ADSL erreicht werden. Man spricht daher auch von »Fibre to the Curb«, also »Glasfaser bis zum Bordstein« – dort steht üblicherweise der Kabelverzweiger.

Neben »Fibre to the Curb« gibt es weitere Modelle des Ausbaus mit Lichtwellenleitern. Die wichtigsten sind:

+ Fibre to the Building: Lichtwellenleiter werden bis in den Keller des Gebäudes geführt – man spricht daher auch von »Fibre to the Basement«. Von dort aus werden sie über hausinterne Kupferleitungen in die Wohnungen verteilt.

- Fibre to the Home: Lichtwellenleiter laufen bis in die einzelnen Wohnungen.
- Fibre to the Desk: Hier sind auch die Endgeräte selbst mit Lichtwellentechnologie angeschlossen.

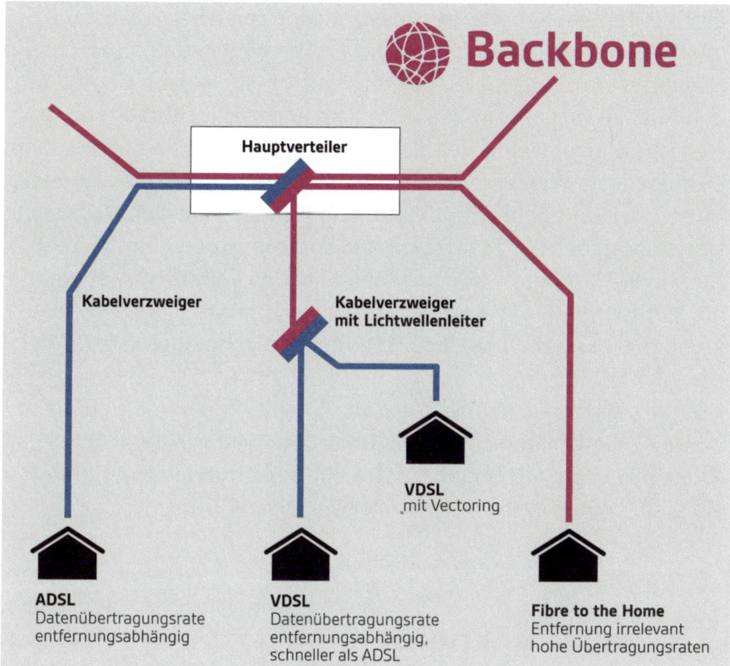

Abbildung 19.12: Funktionsprinzip von VDSL – Lichtwellenleiter sind violett, Kupferleiter blau (Bertelsmann-Studie, siehe Kasten)

Anschlüsse wie VDSL setzen also voraus, dass der Ausbau der Lichtwellenleiter-Infrastruktur weiter vorangetrieben wird. Allerdings stellte Bernd Beckert in einer Studie der Bertelsmann-Stiftung fest, dass Deutschland beim Ausbau im Vergleich zu anderen Ländern weit zurückliegt. Da der Ausbau mit Lichtwellenleitern mit hohen Investitionen verbunden ist, wird ergänzend ein weiteres Verfahren eingesetzt, um auch auf Kupferleitungen höhere Geschwindigkeiten zu erreichen: Vectoring.

Vectoring

Seit einigen Jahren wird der Umbau des bestehenden Kupferkabelnetzes vorangetrieben. Dies ist unter dem Stichwort »Vectoring« bekannt und funktioniert wie folgt: Normalerweise liegt eine große Zahl voneinander unabhängiger Anschlussleitungen in Hauptkabeln zusammen. Die Übertragungsrate hängt dabei von zwei Faktoren ab. Der erste ist die Dämpfung und wird vorrangig durch die Länge der Leitung beeinflusst. Der andere Faktor ist das

Kabelnetze

Neben dem Telefon-Festnetz gibt es mit dem TV-Kabelnetz eine weitere Netzinfrastruktur. Durch eine umfassende Modernisierung wurde das Kabelnetz so ausgebaut, dass es einen Rückkanal bietet – heute stellt Kabel somit eine ernstzunehmende Alternative zum DSL-Anschluss dar. Internet über das Kabelnetz funktioniert über eine zusätzliche Buchse am Kabelanschluss – die Umrüstung wird im Zweifel vom Kabelnetzbetreiber vorgenommen. An diese Buchse wird das Kabelmodem angeschlossen.

Es ist wichtig zu wissen, dass es sich bei einem Kabelanschluss um ein geteiltes Medium handelt. Alle Teilnehmer in einem Netzsegment teilen sich somit die Gesamtbandbreite.

Übersprechen: Signale von benachbarten Leitungen beeinflussen sich gegenseitig. Vectoring bezeichnet nun ein Verfahren, dieses Übersprechen zu reduzieren.

Damit dies funktioniert, muss ein DSLAM die Kontrolle über alle Einzelleitungen haben – er muss zu jeder Zeit wissen, welches Signal auf welcher Leitung liegt, um auf die gegenseitigen Störungen reagieren zu können. Dies bedeutet jedoch auch, dass ein Anbieter den Ausbau vornehmen muss und ein anderer nicht mehr ohne weiteres eine einzelne Kupferleitung zu einer Kundin mieten kann – er müsste als Wiederverkäufer des bestehenden VDSLs auftreten.

Auch auf Seiten der Kundinnen und Kunden erfordert VDSL eine Umstellung des Netzes. Damit das Vectoring an einem DSLAM funktioniert, müssen alle angeschlossenen Teilnehmer ebenfalls auf VDSL umgestellt werden. Dies bewirkt, dass beispielsweise kombinierte Anschlüsse aus DSL und analogen oder ISDN-Telefonen nicht mehr möglich sind.

Es wird derzeit unter Fachleuten, Politikerinnen und Politikern sowie Anbietern kontrovers diskutiert, ob Vectoring eine echte Alternative zum Breitbandausbau auf Basis von Lichtwellenleitern darstellt.

19.5 Mobilfunknetze

Mobilität ist der Trend der Netzwerktechnologie in den vergangenen Jahren – das sieht man nicht nur an der Beliebtheit von WLAN-Technologien, sondern auch an der stetig wachsenden Beliebtheit mobiler Datennutzung.

Mobilfunknetze werden in verschiedene Generationen eingeteilt. Die erste Generation des Mobilfunks arbeitete auf analoger Basis und ist besser unter den Namen A-Netz, B-Netz und C-Netz bekannt. Diese Netze sind mittlerweile abgeschaltet und spielen keine Rolle mehr.

Bandbreite bei GSM

GSM wurde hauptsächlich für Telefonie und SMS genutzt – prinzipiell ermöglichte es auch Datenverbindungen, allerdings waren die Geschwindigkeiten dabei zu niedrig. Die Bandbreite einer Datenverbindung über GSM liegt bei überschaubaren 9,6 kBit/s (bei optimalen Bedingungen 14,4 kBit/s). Es wurden unterschiedliche Verfahren wie HSCSD, GPRS oder EDGE entwickelt, um die Datenraten zu erhöhen.

19.5.1 Die zweite Generation: GSM, GPRS und EDGE

Die Abkürzung GSM steht für »Global System for Mobile Communications« und bezeichnet das zweite wichtige Mobilfunknetz – daher wird GSM auch manchmal »2G« (für zweite Generation) genannt. Es arbeitet digital und löste ab 1992 die analogen Vorgänger ab, wie in Deutschland beispielsweise das C-Netz. Das GSM-Netz wurde in Deutschland in zwei Bereiche unterteilt: das D-Netz von 800 bis 960 MHz (auch GSM 900 genannt) sowie GSM 1800 von 1.710 bis 1.880 MHz, das von D- und E-Netz genutzt wurde.

Mobilfunkkunden und -kundinnen erhalten vom Netzbetreiber eine SIM-Karte (Subscriber Identity Module), um sich gegenüber dem Netz zu authentifizieren. GSM nutzt eine Verschlüsselung, die allerdings bereits mehrfach erfolgreich angegriffen wurde. GSM ist verbindungsorientiert – das heißt, dass anders als bei einer Standleitung immer eine explizite Verbindung zwischen Sender und Empfänger aufgebaut werden muss.

19.5.2 Die dritte Generation: UMTS

UMTS steht für »Universal Mobile Telecommunications System« und gilt als Mobilfunkstandard der dritten Generation (3G). UMTS ist abwärtskompatibel zu GSM, arbeitet jedoch mit einem zusätzlichen Frequenzband um 2 GHz, das für die Datenraten zuständig ist. Im Jahr 2000 verkaufte die Bundesrepublik die 20-jährigen Nutzungsrechte an diesen UMTS-Frequenzen für hohe Summen und nahm auf diese Weise rund 50 Milliarden Euro ein (98,8 Milliarden DM).

UMTS benötigt kleinere Funkzellen als GSM, da höhere Frequenzen mit größerer Dämpfung zu kämpfen haben. Man arbeitet daher mit unterschiedlich großen Funkzellen, die verschieden hohe Datenraten erreichen – das macht es möglich, flexibel auf unterschiedliche Anforderungen zu reagieren. Die kleinsten Einheiten sind die Pikozellen mit wenigen hundert Metern Durchmesser. Sie werden typischerweise an zentralen Knotenpunkten mit hoher Teilnehmerzahl eingesetzt, beispielsweise an Flughäfen. Mikrozellen erstrecken sich über wenige Kilometer und werden meist in Städten eingerichtet. Makrozellen können größere Bereiche von mehreren Kilometern Ausdehnung abdecken und bieten geringere Datenraten. Schließlich existieren noch Weltzellen von mehreren hundert Kilometern Durchmesser für dünn besiedelte Regionen wie beispielsweise Wüsten oder Ozeane. Sie werden meist über Satellitenanbindung realisiert.

Bandbreiten UMTS

UMTS erreichte zunächst Bandbreiten von 2 MBit/s – in der Praxis lag die Geschwindigkeit jedoch deutlich darunter (384 kBit/s Downlink, 64 kBit/s Uplink) und genügte vielen Anwendern und Anwenderinnen nicht. UMTS wurde daher mehrmals überarbeitet. Wichtige Stufen waren HSDPA, HSUPA und HSPA.

WiMAX

Eine weitere Möglichkeit der Anbindung ist die Technologie WiMAX (Worldwide Interoperability for Microwave Access). WiMAX ist in einigen asiatischen und afrikanischen Ländern verbreitet, hat sich allerdings in Deutschland nicht durchgesetzt.

19.5.3 Die vierte Generation: LTE

LTE erhöht die Datenrate erneut und erreicht Downlinks bis zu 300 MBit/s. Der Fachbegriff für diese Technologie lautet Long Term Evolution (LTE), manchmal auch »Next Generation Mobile Networks« (NGMN) genannt. LTE ist eine Weiterentwicklung von UMTS mit HSPA. Es ist streng genommen die Mobilfunkgeneration 3,9. Erst die Weiterentwicklung LTE Advanced gilt offiziell als vierte Generation. Im allgemeinen Sprachgebrauch wird dies jedoch meist nicht so genau genommen. LTE Advanced erreicht derzeit etwa 300 MBit/s im Downlink und 50 MBit/s im Uplink.

Satelliten

Satelliten können einspringen, wenn keine andere Möglichkeit des Zugangs zur Verfügung steht. Eine Satellitenverbindung wird außerdem häufig als Redundanz für Infrastruktur eingesetzt, die vor Ausfällen in besonderer Weise geschützt werden soll. Durch die großen Entfernungen ergeben sich lange Signallaufzeiten und dementsprechende Latenzen.

Prinzipiell gibt es zwei Varianten der Satellitenverbindung. Bei der 2-Wege-Verbindung wird ausschließlich auf Satelliten gesetzt – sowohl Downlink als auch Uplink erfolgen über die extraterrestrischen Geräte. Eine 1-Weg-Verbindung hingegen nutzt Satelliten nur für den Downlink, während der Rückkanal über ein anderes Verfahren realisiert wird.

19.5.4 Die fünfte Generation: 5G

5G ist der fünfte Mobilfunkstandard und bietet eine erhebliche Verbesserung gegenüber seinen Vorgängern. Er ermöglicht extrem hohe Datenübertragungsraten von bis zu 10 GBit/s, was eine nahezu verzögerungsfreie Datenübertragung und ein nahtloses Streaming von hochauflösenden Inhalten ermöglicht. 5G zeichnet sich auch durch eine extrem niedrige Latenz aus, womit die Daten fast in Echtzeit übertragen werden können, was für Anwendungen wie autonomes Fahren oder ferngesteuerte medizinische Eingriffe entscheidend ist. Darüber hinaus unterstützt 5G im Vergleich zu früheren Standards eine viel größere Anzahl von Geräten pro Quadratkilometer und ermöglicht so das Internet der Dinge (IoT) und die Vernetzung von Milliarden von Geräten. Es gibt jedoch auch Bedenken hinsichtlich der Sicherheit und der potenziellen Auswirkungen von 5G auf die Gesundheit, die weiter erforscht werden.

Kapitel 20

Internet

Themen des Kapitels:

- *TCP/IP*
- *IP-Routing*
- *URLs/DNS*
- *WWW*
- *E-Mail*
- *FTP*

Die wichtigste Triebkraft bei der Durchsetzung schneller Netzzugänge – ob auf Basis von Kabeln oder Mobilfunk – ist ohne Frage das Internet. Es gibt kaum einen Bereich des wirtschaftlichen, privaten oder öffentlichen Lebens, der in den vergangenen Jahren nicht grundlegend durch das Internet verändert wurde – und ein Ende dieser Transformation ist noch nicht abzusehen. In der Mediengestaltung sind Sie an der vorderen Linie und gestalten das Web in digitaler Pionierarbeit entscheidend mit. Damit Sie für diese Aufgabe gerüstet sind, sollten Sie über eine solide Wissensbasis über die Technologien verfügen, ohne die das Internet in seiner heutigen Form nicht denkbar wäre. Besonders wichtig dabei ist der Protokollstapel, auf dem fast alles aufsetzt: TCP/IP.

Zusatzkapitel
Wenn Sie sich für die Geschichte des Internets interessieren – hier geht es um die Anfänge, Web 2.0 und Social Media usw. –, lesen Sie das Zusatzkapitel »Geschichte_des_Internets.pdf« unter *www.rheinwerk-verlag.de/5853*.

20.1 TCP/IP

TCP/IP (Transmission Control Protocol/Internet Protocol) ist eine Protokollfamilie, die von den Wissenschaftlern Vinton Cerf und Robert Kahn entwickelt wurde. Protokolle regeln die Kommunikation über Computernetzwerke. Bei TCP/IP kommen mehrere Protokolle zum Einsatz. Gemeinsam regeln sie die Kommunikation der unterschiedlichen Geräte im weltweiten Internet. Die genutzten Protokolle werden in Schichten organisiert, wobei Dienste aus höheren Schichten auf solche von tieferen Schichten zurückgreifen können. Vier Schichten werden bei TCP/IP zusammengefasst: Netzzugangsschicht, Internetschicht, Transportschicht und Anwendungsschicht.

TCP = Transmission Control Protocol
IP = Internet Protocol

Hintergrund: Netzwerkbetriebssysteme

Computernetzwerke kodieren Informationen auf Hardwareebene in Form von Bits, die sie zwischen ihren einzelnen Komponenten übertragen können. Daraus entsteht eine Maschinensprache, die nur aus 0 und 1 besteht, für den Menschen jedoch in der Praxis nicht benutzbar ist. Würden wir alle Informationen im Internet in dieser Maschinensprache kodieren wollen, wäre dies eine sehr zeitraubende Aufgabe.

Aus diesem Grund übernehmen Netzwerkbetriebssysteme diese Aufgabe. Sie arbeiten dabei in unterschiedlichen Schichten oder Abstraktionsgraden der Kommunikation: Je höher eine Schicht im Schichtenmodell liegt, desto komplexer sind ihre Aufgaben. Dies hat zudem den Vorteil, dass die Kommunikation in unterschiedliche Teilprobleme untergliedert werden kann – jedes davon wird von spezialisierten Protokollen gelöst. Die Zusammenarbeit dieser Protokolle wird in einer Protokollfamilie (auch Protokollstapel oder Protocol Suite) geregelt.

IP-Routing

Das IP-Routing wird ausführlich in Abschnitt 20.2 erläutert.

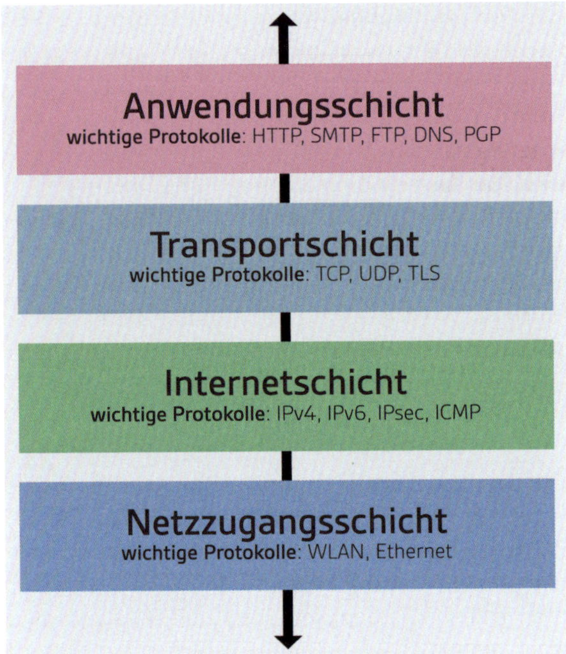

Abbildung 20.1: TCP/IP-Referenzmodell, auch DoD-Schichtenmodell (nach dem amerikanischen Verteidigungsministerium, Department of Defense, das es entwickelt hat)

Netzzugangsschicht

Die Netzzugangsschicht regelt die Übertragung der einzelnen Datenpakete zwischen den Systemen: »Wie werden die Pakete übertragen?« Dazu werden Protokolle wie Ethernet oder WLAN genutzt, die in Kapitel 19 beschrieben wurden. indeutige MAC-Adresse spendiert – damit melden sich Clients im Netzwerk an. Die Kommunikation mit dem Internet findet jedoch nicht mithilfe dieser MAC-Adressen statt. Dafür wird das IP-Protokoll genutzt, das sich auf der nächsten Schicht im TCP/IP-Modell befindet. IP-Adressen werden nach einem bestimmten Schema aufgebaut, so dass zu erkennen ist, in welchem Netzwerk sich das Ziel befindet – das wäre bei MAC-Adressen nicht der Fall.

Kommt ein IP-Datenpaket in einem Netzwerk an, muss die physische Adresse des Ziels bekannt sein, um es zustellen zu können. **ARP** (Address Resolution Protocol) erlaubt es innerhalb eines lokalen Ethernets, die physische MAC-Adresse (Netzzugangsschicht) zu ermitteln, die zu einer IP-Adresse (Internetschicht) gehört. Dabei werden alle Clients im Netzwerk gefragt, wer die gesuchte IP-Adresse hat. Die Clients vergleichen die gesuchte IP-Adresse mit ihrer eigenen. Der gesuchte Client schickt daraufhin eine Antwort mit seiner MAC-Adresse zurück – die Kommunikation kann nun starten. Um solche ARP-Anfragen nicht jedes Mal neu stellen zu müssen, können die Einträge in ARP-Tabellen gespeichert werden.

Ein anderes wichtiges Protokoll auf der Netzzugangsschicht ist **PPP** (Point-to-Point Protocol). Wie der Name andeutet, wird es bei Punkt-zu-Punkt-Wählverbindungen eingesetzt. PPP ist heute das Hauptprotokoll, das von Internet-Service-Providern genutzt wird, um eine Verbindung ins Internet aufzubauen:

+ Der Router eines Kunden baut eine Verbindung zum Einwahlknoten des Internet-Service-Providers auf. Dabei authentifiziert er sich (meist mit Benutzername und Passwort).
+ Der Einwahlknoten überprüft, ob es sich um einen legitimen Kunden handelt. Ist das der Fall, handelt er mit dem Router die erforderlichen Netzwerkparameter aus. Heute ist dies nahezu ausschließlich TCP/IP.

NDP

Bei IPv6 wird ARP nicht verwendet. Die entsprechenden Aufgaben übernimmt das Protokoll NDP (Neighbor Discovery Protocol).

PPPoE

PPP kommt in Deutschland meist in der Variante PPPoE zum Einsatz. Die Abkürzung steht für »PPP over Ethernet«, also PPP auf Basis eines Ethernets. Der Hintergrund ist, dass PPP für die früher üblichen Wählverbindungen über Modems oder ISDN von vielen Internet-Service-Providern genutzt wurde. ADSL-Verbindungen hingegen sind keine Wählverbindungen, sondern Standleitungen. PPPoE stellt eine virtuelle »Punkt-zu-Punkt-Wählverbindung« zwischen zwei Ethernet-Ports her.

Internetschicht

Auf der Internetschicht wird die Zustellung der Datenpakete geregelt – sie liefert die Antwort auf die Frage: »Wohin werden die Pakete geschickt?« Das IP-Protokoll ist das wichtigste Protokoll auf dieser Schicht und hat die folgenden Hauptfunktionen:

+ Zerlegung der Daten in kleine Datenpakete (genauer: Datagramme), um die Leitung nicht konstant stark zu belasten.
+ Adressierung der Datagramme über IP-Adressen, damit diese eindeutig einem Sender und Empfänger zugeordnet werden können.
+ Routing der Datagramme, wo jedes Datenpaket unabhängig voneinander einen anderen Weg durch das Netz nehmen kann. Eine Kontrolle, ob ein Paket beim Empfänger ankommt, findet hierbei nicht statt. Dies ist die Aufgabe des TCP-Protokolls.
+ Zusammensetzung der Datagramme zur Datei: Am Zielort werden die Datenpakete dann wieder zusammengesetzt.

Versionen

Es gibt zwei Versionen des IP-Protokolls: IPv4 und IPv6. Details zum Routing auf der Internetschicht werden in Abschnitt 20.2 erläutert.

Transportschicht

Die Transportschicht kümmert sich um den Aufbau und die Pflege einer Kommunikationsverbindung. Sehr häufig wird hier das Transport Control Protocol (TCP) verwendet.

TCP ermöglicht Übertragungen in beide Richtungen, fordert bei der Übertragung verloren gegangene Datenpakete automatisch erneut an und vermeidet Überlastungen. TCP hat vorwiegend drei Aufgaben:

+ **Verbindungsaufbau:** TCP ist verbindungsorientiert, d. h., es stellt eine direkte Verbindung zwischen Sender und Empfänger her. Dabei benötigt es die IP-Adresse und den Port des Empfängers. Wichtige Ports sind 20 und 21 (FTP-Datenübertragung und Kontrollsteuerung), 25 (SMTP für E-Mail-Versand), 80 (HTTP für Webseiten-Abruf) und 443 (HTTPS für verschlüsselte Übertragung). TCP ermöglicht Übertragungen nur zwischen zwei Endpunkten, wobei Zwischensysteme lediglich Datenpakete weiterleiten.
+ **Übertragung:** TCP ist ein zuverlässiges Protokoll, garantiert also eine fehlerfreie Übertragung. Dazu überprüft es, ob alle verschickten

Port

Der Port wirkt wie eine Art »Zugangstür« zu einem Empfänger. Es handelt sich dabei um eine 16 Bit lange Identifikationsnummer. Ports werden dabei in folgende Gruppen eingeteilt:

+ Well-Known Ports: Ports mit den Nummern 0 bis 1.023 sind für Standardanwendungen von TCP/IP (Portnummern 0 bis 255) oder UNIX (Portnummern 256 bis 1.023) reserviert.
+ Registrierte Ports: Ports von Nummer 1.024 bis 49.151 müssen bei der Organisation IANA (Internet Assigned Numbers Authority) registriert werden.
+ Private, dynamische Ports: Ports zwischen Nummer 49.152 und 65.635 stehen zur freien Verfügung.

Portnummern werden durch Doppelpunkte nach der IP-Adresse angegeben, beispielsweise 89.49.91.30:80. Eine der wichtigsten Aufgaben von Firewalls ist es, Ports zu schließen oder zu kontrollieren, um das Eindringen von Schädlingen zu verhindern.

Weitere Protokolle

Es gibt zahlreiche weitere wichtige Protokolle, die in eigenen Abschnitten in diesem Kapitel behandelt werden: Hypertext Transfer Protocol (HTTP, vgl. Abschnitt 20.5.1), Simple Mail Transfer Protocol (SMTP, vgl. 20.6.2), File Transfer Protocol (FTP, vgl. Abschnitt 20.7) sowie das Domain Name System (DNS, vgl. Abschnitt 20.4).

Datenpakete auch tatsächlich beim Empfänger angekommen sind. TCP kann außerdem Datenpakete erneut anfordern, wenn sie unterwegs verloren gegangen sind.

+ **Verbindungsabbau:** TCP kümmert sich außerdem um den Abbau der Verbindung, wenn alle Datenpakete fehlerfrei versendet wurden.

Weitere wichtige Protokolle auf dieser Ebene sind das weniger zuverlässige User Datagram Protocol (UDP, siehe Kasten) sowie das kryptografische Protokoll Transport Layer Security (TLS, vgl. Abschnitt 17.4.6).

User Datagram Protocol (UDP)

UDP ist ein weiteres prominentes Protokoll auf der Transportschicht. Es überträgt Einheiten von Daten (Datagramme) zwischen Rechnern. UDP ist allerdings wesentlich unzuverlässiger als TCP – es kann nicht sichergestellt werden, dass Datenpakete auch wirklich beim Empfänger ankommen. Anders als TCP ist UDP außerdem eine sogenannte verbindungslose Schnittstelle: Sie erlaubt es, jederzeit Datenpakete an jedes Ziel zu senden, ohne dass explizit eine Verbindung hergestellt werden muss.

Anwendungsschicht

Die Anwendungsschicht schließlich arbeitet in Form von Schnittstellen mit den Anwendungen zusammen, die sich außerhalb des TCP/IP-Modells befinden. Zu dieser Schicht gehören eine Vielzahl von Protokollen, beispielsweise Telnet und SSH.

Telnet dient der Fernsteuerung entfernter Computer über TCP-Port 23. Es spielt eine wichtige Rolle in der Systemadministration: Mit seiner Hilfe lassen sich räumlich entfernte Computer warten. Admins melden sich dazu am Zielcomputer mit Benutzername sowie Passwort an und können ihn nun mithilfe von Textbefehlen fernsteuern. Ein großes Problem von Telnet ist jedoch, dass die Daten unverschlüsselt gesendet werden – das gilt auch für Passwörter.

Als Lösung für diese Problematik wurde SSH (Secure Shell) entwickelt. Es arbeitet auf TCP-Port 22 und ermöglicht eine verschlüsselte und authentifizierte Verbindung zwischen zwei Rechnern. In der neueren Version 2 von SSH wurden zahlreiche weitere Sicherheitsfunktionen eingeführt, z. B. sichere Dateiübertragungen mit SFTP. SSH spielt daher in vielen Bereichen sicherer Kommunikation eine wichtige Rolle.

20.2 IP-Routing

Das Routing von IP-Paketen auf Schicht 2 des TCP/IP-Referenzmodells (Schicht 3 des OSI-Referenzmodells) ist für das Internet von zentraler Bedeutung. Hier lohnt es sich, einen Blick auf die Details zu werfen.

20.2.1 Adressierung in Netzen

Eine der ersten Fragen ist, mit welcher Adressierungs- oder Routing-Methode ein Datenpaket geschickt werden soll. Es gibt verschiedene Verfahren, die sich darin unterscheiden, wer sich in einem Netzwerk von einem Paket angesprochen fühlt:

+ **Unicast** bedeutet so viel wie »von einem Knoten zu einem anderen Knoten«, also eine 1:1-Beziehung. Das ist der häufigste Fall.
+ **Multicast** kann man übersetzen mit »von einem Knoten zu mehreren anderen Knoten«. Eine Besonderheit des Multicast ist der Geocast, bei dem Datenpakete an mehrere Rechner in einem geografisch abgegrenzten Gebiet geschickt werden.
+ **Broadcast** ist ein Spezialfall von Multicast: »von einem Knoten zu allen anderen Knoten«. Broadcast wurde bei IPv6 gestrichen.
+ **Anycast** ähnelt dem Unicast: »von einem Knoten zu einem anderen Knoten, aber zu irgendeinem«. Das wird beispielsweise zur Lastverteilung bei DNS-Rootservern genutzt.

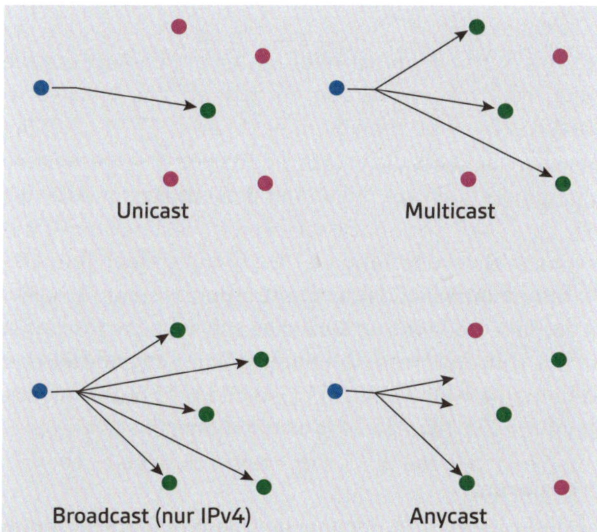

Abbildung 20.2: Wichtige Routing-Methoden

20.2.2 IPv4

Routing-Methoden reichen für die Kommunikation im Netz nicht aus – man muss natürlich auch noch wissen, wo die Pakete eigentlich hinsollen. Diese Aufgabe löst das IP-Protokoll mit seinen IP-Adressen.

Bei IPv4 besteht jede IP-Adresse aus 4 Bytes (32 Bit), die durch Punkte getrennt werden. Das kann zum Beispiel so aussehen:

11000000.10101000.00000000.00010111

Das ist natürlich eine ziemlich unübersichtliche Darstellung. Statt dieser binären Schreibweise nutzt man daher lieber eine Punkt-Dezimal-Notation: 192.168.0.23.

Im Grunde genommen hat man sich also entschieden, die ans Internet angeschlossenen Geräte durchzuzählen. Das Internet ist aber ein

IP4-Adressen reichen nicht aus

Die IP4-Adresse mit ihren vier Stellen mit einer Größe von 1 Byte reichen in der heutigen Zeit, in der jeder Mensch gleich mehrere Geräte im Netz betreibt, nicht aus. 256^4 oder 4,29 Milliarden mögliche Adressen sind zu wenig. Als Lösung für dieses Problem wurde das Nachfolgerprotokoll IPv6 entwickelt, das in Abschnitt 20.2.3 behandelt wird.

riesiger Verbund von Rechnern – es ist also durchaus komplex, zu identifizieren, wo ein Paket genau hingeschickt werden soll.

Netzwerk- und Host-ID

Zur Vereinfachung hat man sich ein System überlegt, dem IP-Adressen folgen. Eine IP-Adresse besteht nämlich aus zwei Teilen. Mit dem Netzwerkpräfix oder der Netz-ID wird identifiziert, in welchem Netzwerk sich das Ziel befindet – man kann dies mit einer Vorwahl beim Telefon vergleichen. Den Rechner selbst identifiziert der zweite Teil einer IP-Adresse, die Host-ID oder Geräte-ID.

Nun stellt sich natürlich eine Frage: Woher weiß man, welcher Teil einer IP-Adresse Netzwerk- und welcher Host-ID ist? Früher war die Länge des Netzwerkpräfixes durch die Netzklassen definiert, die in große, mittlere und kleinere Netzwerke eingeteilt waren. Heute wird sie frei über das Verfahren CIDR (Classless Inter-Domain Routing) festgelegt. Damit man aber nun weiß, welcher Teil der IP-Adresse Netzwerkpräfix und welcher Host-ID ist, muss man dies angeben. Dazu gibt es verschiedene Notationen:

+ CIDR-Notation mit Suffix: Man schreibt hinter die IP-Adresse die Anzahl der Bits, die (von vorne aus gerechnet) das Netzwerkpräfix umfassen. Als Trennzeichen dient ein Slash. »172.17.0.0/24« bedeutet beispielsweise, dass die ersten 24 Bits der IP-Adresse zum Netzwerkpräfix gehören. 8 Bits bleiben in diesem Beispiel für die Host-ID übrig.
+ Teilnetzmaske: Eine andere Notation ist die Angabe einer Teilnetzmaske (auch Subnetzmaske, Netzmaske oder Netzwerkmaske genannt). Für die Bits des Netzwerkpräfixes schreibt man in dieser Notation 1, für die Bits der Host-ID hingegen 0. Im obigen Beispiel wäre die Notation also »11111111.11111111.11111111.00000000« (binär notiert) oder »255.255.255.0« (dezimal notiert).

Reservierte und private IP-Adressen

Es gibt einige IP-Adressen, die für besondere Aufgaben reserviert sind. Sie werden im Internet nicht geroutet. Beispiele sind:

+ Das aktuelle Netz wird mit 0.0.0.0/8 angesprochen – es umfasst den Adressbereich 0.0.0.0 bis 0.255.255.255.
+ Private IP-Adressen sind nur zur Verwendung innerhalb eines lokalen Netzwerks gedacht. Reserviert sind für diesen Zweck die Bereiche 10.0.0.0/8 (Adressen 10.0.0.0 bis 10.255.255.255), 172.16.0.0/12 (Adressen 172.16.0.0 bis 172.31.255.255) und 192.168.0.0/16 (Adressen 192.168.0.0 bis 192.168.255.255).
+ Der eigene Rechner (localhost) antwortet unter 127.0.0.0/8 (Adressen 127.0.0.0 bis 127.255.255.255).
+ Multicast-Adressen liegen im Bereich 224.0.0.0/4 (Adressen 224.0.0.0 bis 239.255.255.255) und Broadcast auf 255.255.255.255.

Die gesamte Liste reservierter IP-Adressen kann im Standard RFC 6890 (*https://tools.ietf.org/html/rfc6890*) eingesehen werden.

Statische IP-Adressierung

Es bleibt nun noch die Frage, wie ein Rechner überhaupt seine IP-Adresse erhält. Eine Möglichkeit wäre es, sie fest in die Netzwerkkonfiguration hineinzuschreiben (statische IP-Adressierung). Dabei ist jedoch darauf zu achten, dass jede IP-Adresse auch wirklich nur einmal im Netzwerk vergeben wird – ansonsten entsteht ein IP-Adressen-Konflikt, und die Datenpakete können nicht mehr zuverlässig geroutet werden.

DHCP

Eine manuelle Festlegung von IP-Adressen erzeugt in großen Netzwerken jedoch einiges an Aufwand. Eine Alternative kann daher das dynamische Vergeben von IP-Adressen mithilfe des Dynamic Host Configuration Protocol (DHCP) sein:

+ Dabei gibt es einen DHCP-Server, der über einen definierten Fundus an IP-Adressen verfügt.

- Möchte sich nun ein neuer Client mit dem Netzwerk verbinden, schickt er eine Broadcast-Nachricht mit Angabe seiner MAC-Adresse in das gesamte Netzwerk.
- Der DHCP-Server empfängt diese Nachricht, wählt eine IP-Adresse aus seinem Repertoire aus und schickt sie als Angebot in das Netz.
- Der Client empfängt die Nachricht – oder, falls es mehrere DHCP-Server gibt, auch mehrere Angebote. Er wählt eine der IP-Adressen aus und schickt einen entsprechenden Hinweis per Broadcast an das gesamte Netz.
- Der DHCP-Server empfängt diese Botschaft und prüft noch einmal, ob die IP-Adresse noch frei ist. Wenn ja, bestätigt er sie dem Client und vermerkt, dass er sie nicht noch einmal vergeben darf. Wenn nein, zieht er das Angebot mit einem entsprechenden Hinweis zurück.
- Ein Client prüft meist noch einmal zur Sicherheit, ob auch wirklich kein anderer Client die IP-Adresse verwendet.

Ohne DHCP wäre die Grenze möglicher IPv4-Adressen schon wesentlich früher erreicht worden. Statt also für jede Kundin und jeden Kunden eine eigene IP-Adresse zu reservieren, vergeben Internet-Service-Provider ihnen temporäre Adressen per DHCP. Auf diese Weise können sie sich IP-Adressen »sparen«, denn es sind niemals alle gleichzeitig online.

Kunden und Kundinnen erhalten also von ihrem Provider per DHCP eine IP-Adresse, über die sie Daten mit dem Internet austauschen können. Wie aber können sich in einem Netzwerk mehrere Geräte gleichzeitig im Internet bewegen, wenn es nur eine einzige IP-Adresse gibt?

Adressknappheit bei IPv4

IPv4 hat viele Jahre lang hervorragend funktioniert, bietet jedoch viel zu wenige Adressen für die heutige digital vernetzte Welt. IPv4 ermöglicht mit seinen 32 Bit 2^{32} mögliche Adressen – das macht etwas über 4 Milliarden. Schon lange gibt es mehr Menschen als IP-Adressen – und viele Menschen haben sogar mehrere Geräte, die mit dem Internet verbunden sein sollen. Am 3. Februar 2011 vergab die IANA die letzten IPv4-Adressen an die regionalen Registrys. Das heißt nichts anderes als: Die internationale Vergabestelle für IPv4-Adressen hat keine mehr, neue IPv4-Adressen kann es nicht geben. Ein neuer Standard muss her, der wesentlich mehr Spielraum für Adressen bietet.

NAT

Die Antwort hört auf den Namen NAT (Network Address Translation). NAT bedeutet, dass eine IP-Adresse vom Router umgeschrieben wird. Jeder Client hat dabei nach innen (also innerhalb des eigenen Netzes) eine andere Adresse als nach außen.

Innerhalb eines Netzes bekommen die Clients dabei eine IP-Adresse aus dem Bereich des privaten Bereichs (oft 192.168.x.x), über die sie untereinander kommunizieren können.

Sobald sie jedoch mit einem Rechner außerhalb des eigenen Netzwerks kommunizieren möchten, muss der Router ihre privaten IP-Adressen umschreiben – private IP-Adressen werden wie erwähnt im Internet nicht geroutet, weil sie nicht eindeutig sind. Der Router setzt daher die ihm zugewiesene öffentliche IP-Adresse in den IP-Header der Datenpakete ein und leitet sie ins Internet weiter. Empfängt er eine Antwort, ersetzt er die öffentliche IP-Adresse der Pakete mit der privaten IP-Adresse des Clients und leitet die Pakete weiter. Clients bekommen davon normalerweise nichts mit und denken, sie wären direkt mit dem Internet verbunden.

NAT hat den Vorteil, dass mehrere Netze denselben privaten IP-Bereich verwenden können, ohne dass es untereinander zu Konflikten kommt – der Router übernimmt das Umschreiben interner in externe

NAPT

In den meisten Fällen wird heute nicht nur die IP-Adresse, sondern auch die Portnummer umgeschrieben – dies wird manchmal auch als NAPT (Network Address Port Translation) beschrieben.

IP-Adressen, sobald eine Verbindung nach außen aufgebaut wird. Außerdem wird die Struktur des internen Netzes nach außen verborgen – zu sehen ist nur die IP-Adresse des Routers, nicht jedoch die Clients dahinter. Andererseits erschwert NAT die Kommunikation – manchmal ist der Zugriff auf einen bestimmten Client von außen eben auch gewünscht (etwa um auf eine eigene private Cloud zuhause zuzugreifen). IPv6 bietet genügend Adressen, um auf NAT zu verzichten.

20.2.3 IPv6

IPv6 nutzt statt der bisherigen 32 satte 128 Bit: 8 Blöcke mit je 2 Byte, insgesamt also 2^{128} Adressen (340 Sextillionen). Damit kann man jedem internetfähigen Gerät eine eigene Adresse geben und Netzwerke von beliebiger Größe aufbauen. Auch bei IPv6 arbeitet man mit einem Netzwerkpräfix sowie einer Host-ID.

Notation

Um IPv6-Adressen aufzuschreiben, verwendet man eine andere Notation als bei IPv4.

+ Man nutzt acht Blöcke mit je vier Ziffern, getrennt durch Doppelpunkte. Die Schreibweise erfolgt dabei hexadezimal. Jede Stelle kann also Zahlenwerte von 0000 bis FFFF annehmen: z. B. 2AFE:66A8:0031:0000:0000:0092:FD6C:3394
+ Um diese Notation noch etwas zu vereinfachen, kann man führende Nullen in einem Block weglassen. Bestehen zusammenhängende Blöcke nur aus Nullen, dürfen sie durch zwei aufeinanderfolgende Doppelpunkte dargestellt werden, allerdings nur einmal innerhalb einer Adresse. Daraus ergibt sich für unser Beispiel: 2AFE:66A8:31::92:FD6C:3394
+ Innerhalb von URLs wird mit eckigen Klammern gearbeitet, um die Portnummer eindeutig von der IP-Adresse unterscheiden zu können. Im Beispiel http:// [2AFE:66A8:31::92:FD6C:3394]:8080/ wäre :8080 die Portnummer, nicht Teil der IP-Adresse.

Netzwerkpräfix und Interface Identifier

Ähnlich wie IPv4-Adressen bestehen auch IPv6-Adressen aus einem Netzwerkpräfix und einer Host-ID (Interface Identifier genannt). Beide Teile haben bei IPv6 in der Regel eine Länge von 64 Bit.

Adressbereiche

Wie kommt ein Client nun zu seiner IPv6-Adresse? Zunächst einmal ist wichtig zu wissen, welche IP-Adresse eigentlich gemeint ist – IPv6 sieht explizit vor, dass jeder Client mehrere IP-Adressen hat. IPv6 unterscheidet dabei zwischen verschiedenen Gültigkeitsbereichen, beispielsweise die Link-Local Address (verbindungslokal, also innerhalb des jeweiligen Netzwerksegments) oder die Global Address (innerhalb des Internets). Jeder Client erzeugt sich diese Adressen selbst (SLAAC, Stateless Address Autoconfiguration) – das Verfahren wird direkt im Anschluss erläutert. Das macht IPv6 wesentlich vielschichtiger und flexibler als IPv4 – beispielsweise kann ein Client über eine seiner IP-Adressen jederzeit erreichbar sein, beim Surfen im Internet jedoch aus Datenschutzgründen jeden Tag eine andere verwenden.

Link-Local-Adresse

Jedes IPv6-fähige Gerät besitzt eine eigene Link-Local-Adresse. Mit dieser Adresse kann jeder IPv6-Client schon einmal innerhalb seines lokalen Netzwerks kommunizieren.

Abbildung 20.3 erläutert die einzelnen Schritte beim Aufbau einer Link-Local-Adresse. Sie basiert auf der MAC-Adresse mit 48 Bit, die jedes Netzwerkinterface von Werk aus erhält. Ein Teil der 48 Bit legt den Hersteller fest, der andere den individuellen Netzwerkadapter. Mit dieser MAC-Adresse kann man ein einzelnes Gerät eindeutig identifizieren – sie ist daher wunderbar geeignet, um sich daraus einen Interface Identifier zu basteln. Weil Interface Identifier in IPv6 jedoch 64 Bit lang sind und MAC-Adressen nur 48 Bit, füllt der Client sie einfach in der Mitte mit 16 fest definierten Bits (ff:fe) auf. Außerdem muss der Client eines der Bits im Herstellerteil der MAC-Adresse umdrehen – es legt fest, ob die Adresse vom Hersteller stammt (0) oder ob sich das Gerät selbst eine ausgedacht hat (1).

Mit diesen Schritten steht der 64 Bit lange Interface Identifier fest. Es fehlt noch das Netzwerkpräfix, um auf eine volle 128-Bit-IPv6-Adresse zu kommen. Bei Link-Local-Adressen ist dieses Präfix immer fest und lautet »fe80:0000:0000:0000«.

Weitere Vorteile von IPv6

Der größere Adressraum ist sicherlich das wichtigste Kriterium hinter der Einführung von IPv6, aber nicht das einzige. Unter anderem sind hier zu nennen:

+ Der IP-Header wurde bei IPv6 vereinfacht, so dass von Routern ein geringerer Rechenaufwand verlangt wird.
+ Die Sicherheit ist durch die standardmäßige Aktivierung von IPsec größer.
+ IP-Datenpakete dürfen bis zu 4 GB groß sein.

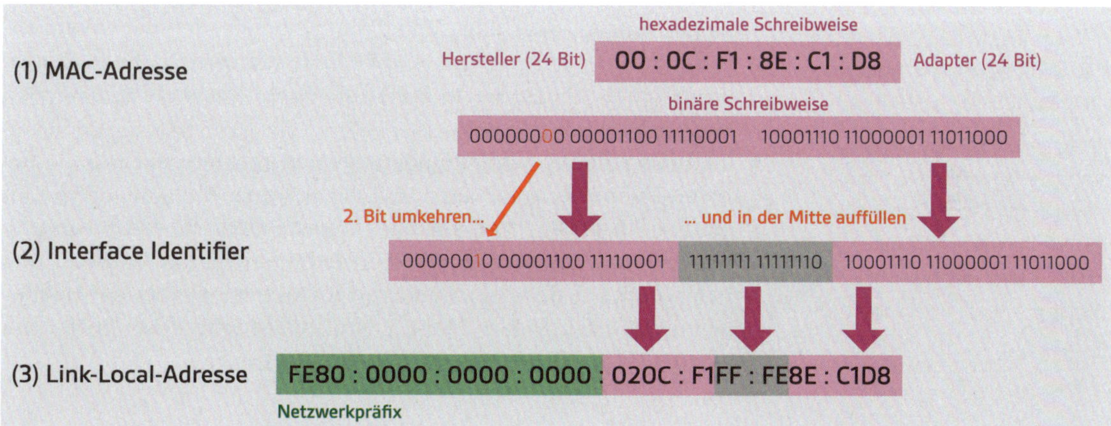

Abbildung 20.3: Aufbau einer IPv6-Link-Local-Adresse (nach Patrick Schnabel, *www.elektronik-kompendium.de*)

Globale Adressen

Globale Adressen sind weltweit eindeutige IPv6-Adressen. Die Link-Local-Adressen mit ihrem festen Netzwerkpräfix reichen nicht aus, um im globalen Internet zu kommunizieren. Ein Client kann mittels seiner Link-Local-Adresse im lokalen Netz nachfragen, ob ein Router anwesend ist, der ein globales Netzwerkpräfix hat – außerdem kommuniziert auch der Router selbst immer wieder, dass er existiert und ein Netzwerkpräfix hat. Das Netzwerkpräfix ist 64 Bit lang – um die restlichen Bits kümmert sich der Client. Er hängt dazu seinen Interface Identifier an das Netzwerkpräfix an und hat wieder eine vollständige IPv6-Adresse, mit der er nun auch nach außen kommunizieren kann.

20.2.4 IPsec

IP-Pakete hatten ursprünglich keinerlei Security-Mechanismen – es gibt keine Möglichkeit, zu prüfen, ob der angebliche Absender tatsächlich der wahre Absender ist (Authentizität). Auch ist nicht zu erkennen, ob die Datenpakete unterwegs von jemandem mitgelesen (Vertraulichkeit) oder gar verändert (Integrität) worden sind.

Im Zuge der Entwicklung von IPv6 entstand die Idee, diese Probleme durch Einführung von zusätzlichen Sicherheitsmechanismen in das IP-Protokoll zu lösen: IPsec (Internet Protocol Security). Das Protokoll ist fester Bestandteil von IPv6, allerdings nachträglich auch für IPv4 spezifiziert. Anders als TLS (vgl. Abschnitt 17.4.6) arbeitet IPsec auf der Internetschicht im TCP/IP-Modell.

IPsec kann je nach Konfiguration die Authentizität und Integrität der Daten belegen und/oder Vertraulichkeit durch Verschlüsselung sicherstellen. Es kann dazu die Verfahren Authentification Header (AH, Authentizität und Integrität) oder Encapsulating Security Payload (ESP, Authentizität, Integrität und Vertraulichkeit) verwenden. Mithilfe dieser Verfahren erzeugt es einen zusätzlichen IPsec-Header, den das Protokoll zum ursprünglichen IP-Header hinzufügt. IPsec kennt dabei zwei Modi:

+ Im Transportmodus werden die übertragenen Daten, also der Inhalt des IP-Pakets, geschützt. IPsec fügt seine Header-Informationen dabei zwischen IP-Header und TCP-Header ein. Es handelt sich dabei um eine gesicherte Punkt-zu-Punkt-Verbindung zwischen zwei einzelnen Knoten.
+ Im Tunnelmodus wird hingegen das gesamte IP-Paket durch den IPsec-Header umschlossen. Auf diese Weise ist es möglich, zwei Netzwerke gesichert miteinander zu verbinden. Hat das gekapselte IPsec-Paket das Zielnetzwerk erreicht, wird es ausgepackt und basierend auf den Informationen im ursprünglichen IP-Header weitergeroutet. Dieser Modus wird insbesondere bei VPNs verwendet.

20.3 URLs

Wie bereits erläutert, identifiziert TCP/IP die angefragten Inhalte mittels IP-Adressen (IPv4 oder IPv6). Dadurch kann zwar jedes Dokument eindeutig zugeordnet werden, allerdings können sich Menschen diese Zahlenfolgen nur sehr schwer merken. Schnell wurde klar: Soll sich das Internet auf breiter Front durchsetzen, muss eine einfachere Lösung her. Gefunden wurde diese Lösung in Form symbolischer Namen – der E-Mail-Adressen und URLs (Uniform Resource Locator), wie wir sie heute kennen.

Die Startseite (Homepage) einer Website hört immer auf den Namen index.html oder index.htm – oder der entsprechenden Dateien bei Websites, die von einem CMS gesteuert werden (z. B. index.php). Browser erkennen diese Dateien automatisch als die Startseiten und laden sie, wenn eine URL ohne genaue Angabe der Seite eingetragen wird – man muss also nicht immer »index.htm« dazuschreiben.

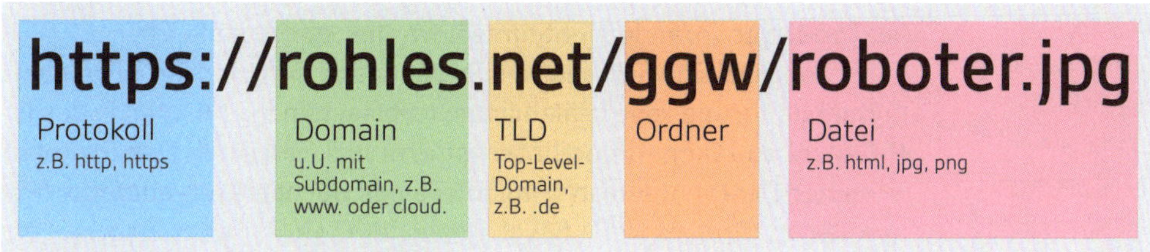

Abbildung 20.4: Struktur einer URL

20.4 DNS

Nun existieren also für Menschen lesbare URLs neben den maschinenlesbaren IP-Adressen – es muss also eine Möglichkeit geschaffen werden, URLs in IP-Adressen zu übersetzen. Dafür wird heute das DNS verwendet.

Das Domain Name System (DNS) wurde 1983 von Paul Mockapetris entwickelt. DNS setzt auf dezentral verteilte Datenbanken (DNS-Server), die URLs in binäre IP-Adressen auflösen.

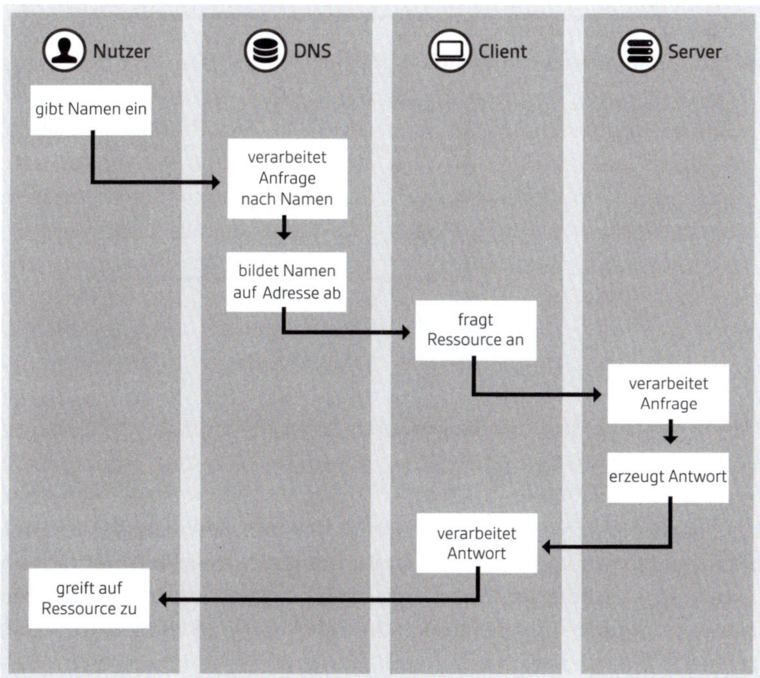

Abbildung 20.5: Funktionsweise von DNS

Exkurs: URI vs. URL

Die Begriffe Uniform Resource Identifier (URI) und Uniform Resource Locator (URL) werden häufig synonym verwendet, sind es jedoch streng genommen nicht.

Der Unterschied wird im Grunde genommen schon durch den Namen klar: URIs identifizieren, URLs lokalisieren. Ein URI ist vergleichbar mit einem Namen – »Heinz Schmidt« sagt Ihnen zwar eindeutig, wer gemeint ist, aber nicht, wie Sie zu dieser Person gelangen.

URLs hingegen sind vergleichbar mit Adressen und sagen aus, wo ein Dokument zu finden und wie es zu bekommen ist. Eine URL verwendet dazu Protokollbezeichnungen wie http:// oder ftp://. URLs sind also eine Untergruppe von URIs.

Der hierarchische Aufbau des Domain Name Systems lässt sich an jeder Domain ablesen, und zwar von hinten nach vorne. Punkte dienen dabei als Trennzeichen.

Top-Level-Domain oder First-Level-Domain

Die Top-Level-Domain steht hinten, ist aber die höchste Ebene:

+ Länderspezifische Domains wie .de, .fr oder .ch sind als Top-Level-Domain für die jeweiligen Länder vorgesehen.
+ Generische Domains wie .com waren ursprünglich für Unternehmen gedacht, .net für Einrichtungen aus der Netzwerkverwaltung.

Abbildung 20.6: Struktur des Domain Name Systems

Vergeben werden Top-Level-Domains durch die Organisation ICANN (Internet Corporation for Assigned Names and Numbers).

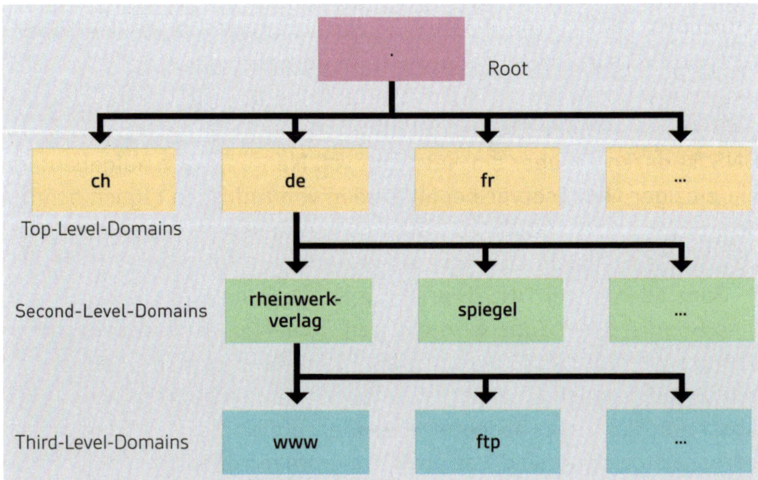

Abbildung 20.7: Hierarchische Struktur des Domain Name Systems

Second-Level-Domain

Unterhalb der Top-Level-Domain folgt die Second-Level-Domain, oft auch einfach Domain genannt. Die Regeln für Domain-Namen hängen von der Top-Level-Domain ab. Die Verwaltung und Vergabe von Domains innerhalb einer Top-Level-Domain übernehmen Registrierungsbehörden (Domain Name Registry), mit denen die Anbieter von Webhosting zusammenarbeiten. Bei .de-Adressen ist das beispielsweise die DENIC (Deutsches Network Information Center).

Domain Name System in der Praxis

Das System der Top-Level-Domains wird in der Praxis jedoch nicht so streng gehandhabt und unterliegt einem gewissen Wandel. Ein Beispiel ist .eu für die Europäische Union, die kein eigenständiger Staat ist. Einige generische Domains wie .com oder .net sind mittlerweile für jeden zugänglich, und seit 2013 erweitert die ICANN die Zahl verfügbarer generischer Top-Level-Domains mit Endungen wie .club oder .media enorm. Beispiele wie .es oder .fr zeigen, dass die verschiedenen Behörden die Vergabe ihrer Domains in den letzten Jahren unterschiedlich streng gehandhabt und im Laufe der Zeit liberalisiert haben – so ist es heute für jede natürliche Person möglich, .es- oder .fr-Domains zu registrieren, unabhängig von einem Wohnsitz in Spanien oder Frankreich. Endungen wie .tv (eigentlich Tuvalu) oder .fm (eigentlich Föderierte Staaten von Mikronesien) sind bei Medienunternehmen sehr beliebt, die nichts mit den Staaten selbst zu tun haben. Und schließlich können Top-Level-Domains für sprechende Domain-Namen wie rohl.es oder jim.do genutzt werden.

Third-Level-Domain oder Subdomain

Streng genommen sagt der Begriff »Subdomain« einfach nur aus, dass eine Domain unterhalb einer anderen liegt – im Beispiel rheinwerk-verlag.de wäre »rheinwerk-verlag« also eine Subdomain von »de«. Umgangssprachlich nutzt man den Begriff jedoch nur für Subdomains unterhalb der Second-Level-Domain. Sie können von jedem Domain-Besitzer selbstständig verwaltet werden. Feste Regeln gibt es nicht, aber es haben sich einige Konventionen herausgebildet:

+ www. für Webserver im World Wide Web – mittlerweile wird häufig die Second-Level-Domain direkt (ohne www.) genutzt
+ mail., smtp., pop3. oder imap. für Mailserver
+ ftp. für FTP-Server

DNS Records

Im DNS hat jede Domain eine Vielzahl von Einträgen (DNS Resource Records). Häufig genutzte Typen sind:

+ A-Record (Address): IPv4-Adresse des Servers, der auf eine Anfrage antworten soll
+ AAAA-Record (Address): IPv6-Adresse des Servers, der auf eine Anfrage antworten soll
+ MX-Record (Mail Exchange): Mailserver, der E-Mails an die angegebene Domain annehmen soll – es ist möglich, mehrere Mailserver mit unterschiedlichen Prioritäten anzugeben

Aufbau des Domain Name Systems

DNS ist dezentral über ein Netzwerk von Nameservern aufgebaut, da ein einziger Nameserver bei Milliarden von Anfragen täglich schnell überfordert wäre. Daher wird DNS in verschiedene DNS-Zonen aufgeteilt, die sich nicht überlappen.

Ganz oben in der DNS-Hierarchie ist die Zone / (ein leerer String, also Root) – diese Zone wird von den Root-Nameservern verwaltet. Auf der Welt gibt es 13 verschiedene Root-Nameserver – allerdings arbeiten die meisten von ihnen nach der Anycast-Adressierung (vgl. Abschnitt 20.2.1). Das bedeutet, dass mehrere Nameserver unter einer Adresse erreichbar sind – es antwortet immer irgendeiner, der gerade Luft hat. Die Root-Nameserver wissen, welche Nameserver für die einzelnen Zonen verantwortlich sind.

Jede Zone enthält mindestens einen autoritativen Nameserver, der für seine Zone verantwortlich ist und dessen Informationen als gesichert gelten. Aus Gründen der Lastverteilung wird auch hier meist ein ganzes Cluster von Servern eingesetzt. Zudem gibt es eine Reihe nichtautoritativer Nameserver, die ihre Informationen aus zweiter Hand von anderen Nameservern beziehen und daher als nicht gesichert gelten. Um den Aufwand zu minimieren, legen sowohl Nameserver als auch Client ermittelte IP-Adressen in einem Zwischenspeicher ab (DNS Cache), damit sie nicht jedes Mal erneut angefragt werden müssen.

Umlaute in Domains

Da die Entwicklung des Internets maßgeblich in den Vereinigten Staaten geschah, konnten lange Zeit nur die Zeichen verwendet werden, die im ASCII-Standard (American Standard Code of Information Interchange) vorkommen. Umlaute (oder auch etwa griechische oder kyrillische Zeichen) sind in Domain-Namen erst seit März 2004 erlaubt. In der Praxis muss man von ihnen abraten: Einige Anwendungsprogramme unterstützen Umlaute in Domain-Namen nicht, und Nutzerinnen und Nutzer können sie je nach Tastaturlayout nur umständlich eingeben. Bei Bedarf können Umlaut-Domains in die ASCII-Darstellung umgewandelt werden. Die DENIC bietet unter *www.denic.de/service/tools/idn-web-converter* ein entsprechendes Tool an.

Definition Nameserver

Server, der die Auflösung von Namen (Domains) in IP-Adressen anbietet

DNSSEC

Um zu verhindern, dass Daten über nicht autorisierte Server geroutet werden können, wurde ein Protokoll namens DNSSEC geschaffen. Damit wurde DNS um einen Internetstandard erweitert, um die Authentizität und Integrität zu gewährleisten. Ein DNS-Teilnehmer kann damit überprüfen, ob die empfangenen DNS-Zonendaten tatsächlich mit den vom Zonenersteller autorisierten identisch sind.

Jedes ans Internet angeschlossene Gerät enthält in seiner Netzwerkkonfiguration einen Verweis auf mindestens einen lokalen Nameserver. Alle Nameserver sind miteinander verknüpft: Jeder Nameserver weiß, wie er die Rootserver erreichen kann, und kennt die Adressen der Nameserver unterhalb seiner Hierarchiestufe im DNS-Adressraum.

Erhält einer der nichtautoritativen Nameserver nun eine Anfrage, die er nicht selbst beantworten kann, so kann er sie an einen anderen Nameserver innerhalb seiner Zone übergeben (Delegierung) – vielleicht weiß der ja mehr. Das ist tatsächlich öfters der Fall, denn Subdomains werden häufig von eigenen Nameservern verwaltet. Liegt der angefragte DNS-Namensraum jedoch außerhalb seiner Zone, so wird der Nameserver die Anfrage an einen anderen, fest definierten Nameserver geben (Weiterleitung oder Forwarding). Gelingt auch das nicht, fragt er den Root-Nameserver.

20.5 World Wide Web

Trotz der Etablierung des Internets stellte der digitale Austausch von Informationen über die bestehenden Protokolle technisch unbedarfte Nutzer und Nutzerinnen noch vor große Hürden. Seinen Durchbruch im Massenmarkt verdankt das Internet daher vorwiegend dem World Wide Web (WWW) mit seiner einfachen grafischen Benutzeroberfläche – es gilt heute als Synonym für das Internet als Ganzes. Es basiert zu großen Teilen auf Ideen des Wissenschaftlers Tim Berners-Lee am Schweizer Kernforschungsinstitut CERN, der ab 1989 die Aufgabe übernahm, Forschungsergebnisse des Instituts an den beiden Standorten in Frankreich und der Schweiz miteinander zu verknüpfen. Grundlage ist dafür die Verkettung (Hyperlink) von Dokumenten (Hypertext) mittels der Auszeichnungssprache HTML (Hypertext Markup Language).

Das junge Netzwerk erhielt nach der Inbetriebnahme des ersten Servers im November 1990 den Namen »World Wide Web« (WWW), wurde bereits 1991 von Wissenschaftlern außerhalb Europas aufgegriffen und ermöglichte über Mosaic, den ersten WWW-Browser mit grafischer Benutzeroberfläche, ab 1991 auch Nichtfachleuten die Nutzung der verknüpften Dokumente.

HTTP-Versionen

Die wichtigsten Versionen von HTTP sind:

- HTTP/1.1 aus dem Jahr 1999, das heute noch der häufigste Standard ist.
- HTTP/2 aus dem Jahr 2015, das die Übertragung beschleunigen und optimieren wird – es wird bereits von den meisten aktuellen Browsern unterstützt.
- HTTP/3 ist das große Upgrade für HTTP/2 und verbessert u. a. auch die Performance von mobilen Geräten im Web wenn diese vom WiFi auf Mobilfunkdaten wechseln. Auch die Sicherheit, Performance generell und ein schnellerer Verbindungsaufbau werden dabei verbessert.

20.5.1 HTTP

Das Hypertext Transfer Protocol (HTTP), das auf der Transportschicht im TCP/IP-Modell angeordnet ist, dient zur Kommunikation im World Wide Web. Es zählt zu den wichtigsten Protokollen innerhalb der Protokollfamilie TCP/IP. HTTP arbeitet nach dem Client-Server-Prinzip.

Der Browser sendet beim Aufruf einer Webseite zunächst eine HTTP-Anfrage (HTTP-Request). Meistens wird dazu das GET-Verfahren eingesetzt, um Daten von einem Server abzurufen. Die Anfrage enthält neben der URL Angaben dazu, welche HTTP-Version verwendet wird. Eine Alternative zum GET-Verfahren von HTTP ist die Methode POST. Bei POST werden nicht nur Daten von einem Server abgerufen, sondern gleichzeitig Daten an den Server übertragen. Ein typisches Beispiel ist ein Webformular, bei dem Eingaben der Nutzerinnen und Nutzer an den Server übermittelt und dort weiterverarbeitet werden sollen. Eine Übertragung von Daten ist jedoch auch beim GET-Verfahren möglich. In diesem Fall werden die Parameter an den URI angehängt und dabei mittels eines ?-Zeichens getrennt. Über das Zeichen & sind auch mehrere Parameter gleichzeitig möglich:

```
https://www.example.com/shop.php?id=12756&ansicht=details
```

Listing 20.1: Beispiel einer GET-Abfrage mit zwei Parametern

Für sensible Daten ist GET jedoch nicht geeignet, denn die übertragenen Daten sind im URI jederzeit sichtbar. Dieser Nachteil existiert bei POST nicht. Mehr zu GET und POST enthält Abschnitt 30.5.2.

Sobald der HTTP-Request den Server erreicht hat, beginnt dieser mit der Bearbeitung. Er schickt dem Client eine Antwort (HTTP-Response), die neben dem Inhalt und einigen Meta-Informationen einen Statuscode enthält (siehe Kasten).

HTTP-Statuscodes

HTTP-Statuscodes werden in 100er-Gruppen gegliedert und bedeuten:

+ 1xx: Zwischenantwort des Servers (Bearbeitung dauert noch)
+ 2xx: Anfrage erfolgreich, z. B. 200 (Anfrage erfolgreich bearbeitet, Ergebnis wird geliefert)
+ 3xx: Umleitung, Dokument befindet sich an einem anderen Ort, z. B. 301 (Dokument dauerhaft verschoben)
+ 4xx: Fehler des Clients, z. B. 404 (Dokument nicht gefunden)
+ 5xx: Fehler des Servers, z. B. 501 (Server verfügt nicht über die notwendigen Funktionen)

20.5.2 Browser

Der Begriff »Browser« bezeichnet Programme, die HTML-Seiten im World Wide Web in visueller Form darstellen können. Der größte Teil des User Interfaces wird zur Darstellung der Inhalte genutzt. Hinzu kommen eine Zeile zum Eintippen einer URL und zahlreiche weitere Funktionalitäten, beispielsweise das Anlegen von Favoriten, das gleichzeitige Öffnen mehrerer Seiten mithilfe von Tabs, Erweiterungsmöglichkeiten über Plug-ins, Druckfunktionen oder das Anlegen eines Browserverlaufs.

Beliebtheit

Weltweit gesehen ist Chrome der beliebteste Browser, gefolgt von Firefox und dem immer beliebter werdenden Edge-Browser von Microsoft. Den Rest teilen sich etwas abgeschlagen der Safari von Apple und Opera. Allerdings ist diese Situation regional unterschiedlich. Weltweit liegen Google Chrome und der Safari von Apple recht dicht zusammen mit je ca. 40 % Marktanteil. Der Internet Explorer wurde am 15. Juni 2022 eingestellt und spielt keine Rolle mehr. Wichtig zu bedenken ist, dass die Browser-Präferenzen sich nach Zielgruppen unterscheiden. Auf mobilen Geräten z. B. sieht die Situation schon ganz anders aus.

Zusatzkapitel

Mehr zur Browsergeschichte im Zusatzkapitel »Browsergeschichte.pdf« unter *www.rheinwerk-verlag.de/5853*.

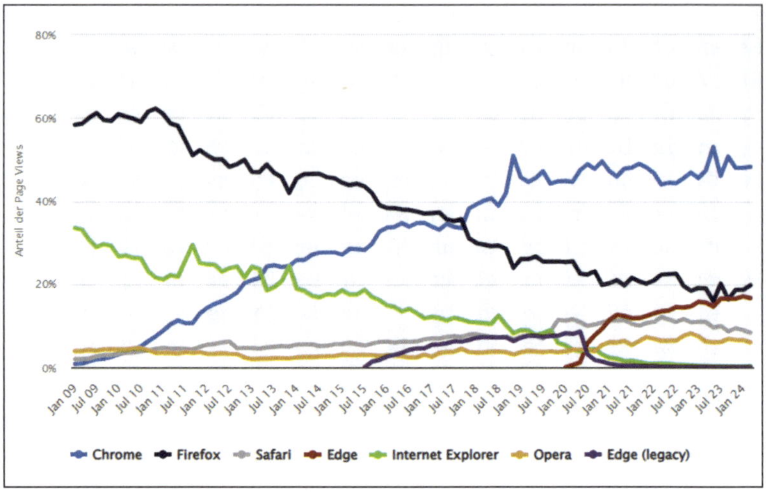

Abbildung 20.8: Browser-Marktanteile in Deutschland im Januar 2024 (Statistik: https://de.statista.com)

Vorteile von Blink

Dass viele Browserhersteller den von Google zur Verfügung gestellten Blink als HTML-Renderer verwenden, macht Ihnen die Sache mit dem Testen etwas einfacher: Sie können davon ausgehen, dass eine Webseite, die in einem Browser mit Blink als Renderer gut aussieht, auch in den anderen in der Regel gut aussieht. Ähnliches gilt auch beim Webkit von Apple.

Browser- oder Rendering-Engines

Oft hört man den Ratschlag, dass man Websites und Web-Apps in unterschiedlichen Browsern testen sollte. Das ist auch richtig so, allerdings ein bisschen ungenau. Im Grunde genommen geht es bei den Tests nämlich nicht um den Browser selbst, sondern darum, was er aus dem Quelltext einer Website oder Web-App macht.

Dies ist die Aufgabe der Rendering-Engine oder Browser-Engine. Dies ist der Teil des Browsers, der für die Interpretation und Ausführung des Quelltexts zuständig ist. Mehr zum Thema »Rendering von Websites« lesen Sie in Abschnitt 23.1. Die zur Drucklegung aktuellen HTML-Renderer sind in Tabelle 20.1 aufgelistet.

Tabelle 20.1: Verschiedene Webbrowser und die von ihnen verwendete HTML-Rendering-Engine

Renderer	Browser
Quantum	Firefox
Webkit	Safari und alle Webbrowser auf iOS
Blink	Chrome, Edge, Samsung Internet, Opera etc.

20.6 E-Mail

E-Mail dürfte gemeinsam mit dem World Wide Web der beliebteste Dienst im Internet sein. Als Erfinder gilt der Ingenieur Ray Tomlinson – die erste E-Mail verschickte er 1971 an seine Kollegen. Bis die Erfindung dann nach Deutschland kam, verging noch eine ganze Weile: Michael Rotert von der Universität Karlsruhe empfing am 3. August 1984 um 10:14 Uhr die erste E-Mail in Deutschland. Heute ist E-Mail als Kommunikationsmittel nicht mehr wegzudenken.

20.6.1 E-Mail-Adressen

Eine E-Mail-Adresse setzt sich zusammen aus einem Benutzernamen, dem Zeichen @ sowie der IP-Adresse oder Domain des empfangenden Systems.

+ Der Benutzername vor dem @-Zeichen definiert den lokalen Teil der E-Mail-Adresse. Er muss eindeutig sein, d. h., innerhalb einer Domain darf jeder Benutzername nur einmal vorkommen. Erlaubt sind Buchstaben, Zahlen und einige Sonderzeichen.
+ Hinter dem @-Zeichen steht fast immer der Name einer Domain. Er muss den Regeln des Domain Name Systems folgen.

Zudem bietet E-Mail die Möglichkeit, mehrere Personen anzuschreiben sowie Kopien der E-Mail an andere zu schicken. Letzteres kann entweder sichtbar (Carbon Copy, CC) oder unsichtbar für die anderen Empfänger und Empfängerinnen (Blind Carbon Copy, BCC) erfolgen.

E-Mails bestehen aus einem Body, der den eigentlichen Text enthält, sowie einem Header mit Meta-Informationen. Ursprünglich enthielt der Header Angaben wie das Datum, den Absender und den Empfänger. E-Mail ist ein sehr altes Protokoll im Internet und war ursprünglich zum Versand von einfachen Textnachrichten gedacht – noch dazu in englischer Sprache, weswegen man ursprünglich auf die ASCII-Zeichenkodierung setzte. Schnell wurde klar: Mit dieser Idee stößt man an Grenzen, und das E-Mail-Protokoll muss für neue Anwendungsfälle erweitert werden.

Dementsprechend nannte man die Erweiterungen auch Multipurpose Internet Mail Extensions (MIME). MIME ermöglichen die Verwendung von erweiterten Zeichensätzen (etwa für deutsche Umlaute) und Multimedia (etwa bei E-Mail-Anhängen).

Mit MIME wurden weitere Header-Informationen eingeführt. Die wichtigste davon ist der Content-Type, mit dem die Art des Inhalts beschrieben wird. So bewirkt der MIME-Typ »text/html« beispielsweise, dass der Inhalt einer E-Mail als HTML interpretiert und verarbeitet wird.

E-Mail-Postfächer

Neben einer E-Mail-Adresse ist ein E-Mail-Postfach notwendig, um E-Mails empfangen zu können. Jedem Postfach ist eine primäre E-Mail-Adresse (Hauptadresse) zugeordnet. Es können jedoch auch weitere Adressen auf ein Postfach zeigen – diese werden Alias-Adressen genannt. Es ist dann möglich, über jede dieser Adressen zu kommunizieren. E-Mail-Postfächer haben eine begrenzte Speicherkapazität (Quota), häufig wird auch ein Spamfilter oder ein Virenschutz aktiviert.

20.6.2 E-Mail-Software, Mailserver und Webmail

Mit einem E-Mail-Programm ist jeder von uns schon einmal in Berührung gekommen. Diese Programme ermöglichen es uns, E-Mails zu empfangen, zu lesen, zu schreiben und zu versenden.

Die E-Mail-Software wird als Client oder Mail User Agent (MUA) bezeichnet. Das Gegenstück zum Client ist der Mailserver.

+ Der Client kann E-Mails mit den beiden Protokollen POP3 oder IMAP vom Server abholen. Er legt sie dann als lokale Kopien auf dem Rechner ab.
+ Beim Versenden einer E-Mail verbindet sich der Client mit dem Server (SMTP) und authentifiziert sich mit seinem Benutzernamen und seinem Passwort. Anschließend übergibt er die zu versendende E-Mail an seinen Server.

Webmail

Alternativ und ergänzend zum eigenen Mail User Agent gibt es Webmail. Der Begriff bezeichnet Dienste, mit denen die Verwaltung von E-Mails in einem Webbrowser möglich ist.

LMPT

Innerhalb einer lokalen Organisation kommt an Stelle von SMTP oft das Local Mail Transfer Protocol (LMTP) zum Einsatz. LMTP ist von SMTP abgeleitet und funktioniert sehr ähnlich. Ein Unterschied ist, dass LMTP keine Warteschlange hat – wenn der Server die E-Mail nicht sofort zustellen kann, weist er sie temporär ab. Für den Versand von E-Mails über das Internet ist LMTP nicht gedacht.

+ Die Verbindung zwischen E-Mail-Client und -Server beginnt zunächst unverschlüsselt. Mithilfe eines Verfahrens namens STARTTLS kann auf Anweisung eine Verschlüsselung mit TLS aktiviert werden.
+ Der Mailserver überprüft nun mittels DNS den MX-Record der Domain (also den Teil hinter dem @-Zeichen), baut eine SMTP-Verbindung zu diesem Server auf und gibt die E-Mail weiter.

Austausch von E-Mails über SMTP

Die Abkürzung SMTP steht für Simple Mail Transfer Protocol und erläutert damit schon ganz gut, worum es geht: den Austausch von E-Mails innerhalb von Computernetzen. SMTP nutzt traditionellerweise TCP-Port 25, der allerdings auch immer wieder zum Versand von Spam missbraucht worden ist. Um den Spam-Versand ein bisschen schwerer zu machen, ist Port 25 in vielen Fällen für das Versenden von E-Mails gesperrt. Alternativ wird der Port 587 genutzt.

Im Gegensatz zu SMTP-Servern nutzen E-Mail-Clients das SMTP-Protokoll nur zum Senden von E-Mails. Zum Empfangen kommen POP3 oder IMAP zum Einsatz.

Abruf von E-Mails über POP3 und IMAP

Der Abruf von E-Mails erfolgt clientseitig über das Post Office Protocol (POP3) oder über das Internet Message Access Protocol (IMAP).

+ POP3 meldet den Empfänger mit seinem Passwort beim Server an und ruft die E-Mails über TCP-Port 110 ab. Meistens löscht das Protokoll die E-Mails anschließend vom Server – dies kann jedoch auf Wunsch auch anders konfiguriert werden. POP3 ist gegenüber IMAP in seiner Funktionalität wesentlich beschränkter – das Protokoll kann E-Mails nur auflisten, abrufen und löschen. Bei POP3 ist eine permanente Internetverbindung nicht notwendig, da die E-Mails auf den eigenen Rechner kopiert werden.
+ Komplexere Aufgaben sind mithilfe von IMAP möglich. Anders als bei POP3 arbeiten die Clients hier direkt auf dem Server. Das Protokoll bietet eine Reihe von Vorteilen. So ist es mit IMAP beispielsweise möglich, unterschiedliche Clients gleichzeitig mit dem Server zu verbinden oder E-Mails in Ordnern zu verwalten. Außerdem synchronisiert IMAP den Gelesen-/Ungelesen-Status von E-Mails – insbesondere bei der Arbeit mit mehreren Clients (Rechner, Tablet, Smartphone) eine enorme Erleichterung. IMAP nutzt den TCP-Port 143.

20.6.3 E-Mail-Verschlüsselung

Die Verschlüsselung der E-Mail-Kommunikation ist ein gutes Beispiel dafür, wie kryptografische Verfahren zur Sicherung der Kommunikation verwendet werden können. Derzeit herrschen zwei Verfahren der E-Mail-Verschlüsselung vor: PGP und S/MIME. Beide basieren auf der hybriden Verschlüsselung mit einem öffentlichen und einem privaten Schlüssel. Sie sind jedoch nicht miteinander kompatibel.

PGP und GPG

PGP (Pretty Good Privacy, »ziemlich gute Privatsphäre«) ist eine kommerzielle Software von Phil Zimmerman. Da die Rechte- und Lizenzsituation einige Jahre lang unsicher war, entstand aus PGP heraus der offene Standard OpenPGP. Das Programm GPG (Gnu Privacy Guard) implementierte dieses Protokoll und gilt heute als freie Alternative zu PGP. Sowohl PGP als auch GPG folgen dem OpenPGP-Standard und sind somit miteinander kompatibel.

PGP arbeitet nach dem Verfahren der hybriden Verschlüsselung. Die Anwenderinnen und Anwender nutzen dazu jeweils einen öffentlichen und einen privaten Schlüssel. PGP erlaubt sowohl das Signieren als auch das Verschlüsseln der Nachrichten – oft wird beides kombiniert. Gehen wir im folgenden Beispiel einmal davon aus, dass Alice gerne mit Bob kommunizieren möchte.

+ Eine digitale Signatur kann genutzt werden, um sicherzustellen, dass die Nachricht wirklich von Alice stammt (Authentizität) und nicht verändert wurde (Integrität). Dazu wird auf die Nachricht eine kryptografische Hashfunktion angewandt (vgl. Abschnitt 17.4.4) und mit dem privaten Schlüssel von Alice verschlüsselt.
+ Vor dem Versand einer Nachricht erzeugt Alice zunächst einen neuen Schlüssel nach dem Zufallsprinzip.
+ Der zufällige Schlüssel wird verwendet, um die Nachricht nach dem symmetrischen Verfahren zu verschlüsseln.
+ Dieser symmetrische Schlüssel wird schließlich mithilfe des öffentlichen Schlüssels von Bob verschlüsselt und gemeinsam mit der Nachricht verschickt.
+ Bob empfängt die Nachricht, kann ihre Integrität und Authentizität mithilfe der Signatur sicherstellen und mit seinem privaten Schlüssel wieder lesbar machen.

PGP basiert auf dem Vertrauensmodell »Web of Trust« (vgl. den gleichnamigen Abschnitt 17.4.3).

S/MIME

Der zweite gebräuchliche Standard für sichere E-Mail-Kommunikation ist S/MIME. S/MIME steht für Secure MIME und ist sozusagen die Erweiterung der Erweiterung. S/MIME erlaubt das Verschlüsseln und/oder Signieren von Nachrichten. Technisch funktioniert das über die Einführung von neuen Content-Types.

> **Vorteil**
> Ein großer Vorteil von S/MIME im Vergleich zu PGP ist, dass das Verfahren von vielen E-Mail-Programmen bereits von Haus aus unterstützt wird – die Installation von zusätzlicher Software ist daher häufig nicht notwendig.

S/MIME arbeitet mit Zertifikaten, die S/MIME- oder E-Mail-Zertifikate genannt werden – sie werden immer nur auf eine einzige E-Mail-Adresse ausgestellt. Es gibt kostenlose und kommerzielle Anbieter derartiger Zertifikate. Diese Zertifizierungsstellen beglaubigen, zu welcher E-Mail-Adresse ein öffentlicher Schlüssel gehört.

Bei S/MIME gibt es – anders als bei PGP – kein öffentliches Verzeichnis mit Schlüsseln. Schlüssel und Zertifikat werden mit jeder E-Mail mitgeschickt. Wer also verschlüsselte E-Mails austauschen möchte,

Klassen von S/MIME

S/MIME-Zertifikate werden in verschiedene Klassen eingeteilt:

+ Klasse 1 bedeutet, dass nur die E-Mail-Adresse verifiziert wurde. Diese Klasse wird am häufigsten angeboten, besonders von kostenlosen Zertifizierungsstellen.
+ Klasse 2 prüft zusätzlich Name und Organisation des Absenders bzw. der Absenderin.
+ Bei Klasse 3 wird sogar der Ausweis geprüft.
+ Bei Zertifikaten der Klasse 4 muss man sich zusätzlich persönlich ausweisen.

HTTP als Ersatz

FTP ist inzwischen ziemlich veraltet, und seit den modernen Cloud-Lösungen, die mit Dropbox begonnen haben, wird zunehmend HTTP für die Übertragung verwendet. Dennoch sind immer noch unzählige FTP-Server im Einsatz, und es wird noch eine ganze Weile dauern, bis FTP vollständig ersetzt wird.

Anonymous FTP

Für die Übertragung sicherheitsunkritischer Daten hat sich der Standard »Anonymous FTP« durchgesetzt, der für Verbindungen mit den Benutzernamen »guest«, »anonymous« oder »ftp« kein Passwort verlangt. Damit können FTP-Server so konfiguriert werden, dass bestimmte Bereiche öffentlich ohne Registrierung zugänglich sind.

muss das Zertifikat zunächst persönlich anfordern oder erhält es automatisch mit einer vorherigen unverschlüsselten Nachricht.

20.7 File Transfer Protocol

Das File Transfer Protocol (FTP) ist, wie der Name schon sagt, ein Protokoll für den Austausch von Dateien (Senden und Empfangen). FTP ist ein sehr altes Protokoll: Es wurde bereits 1971 zu Zeiten des ARPANET spezifiziert und 1985 zuletzt angepasst.

FTP arbeitet mit zwei separaten TCP-Verbindungen gleichzeitig: Befehle werden über eine Kontrollverbindung ausgetauscht, während die Dateiübertragung mittels einer separaten Datenverbindung erfolgt. Während die Kontrollverbindung über die gesamte Dauer einer Sitzung aufrechterhalten wird, werden die Datenverbindungen nach Bedarf auf- und abgebaut. Serverseitig werden die Verbindungen stets mit den gleichen TCP-Ports aufgebaut (21 für die Kontroll- und 20 für die Datenverbindung), während auf Seiten des Clients beliebige freie TCP-Ports gewählt werden können. Die Datenverbindung kann dabei auf zwei Wegen erfolgen:

+ Im aktiven Modus schickt der Client über die Kontrollverbindung die Nummer eines freien Ports (normalerweise oberhalb der Nummer 1023) mittels des Befehls *PORT* an den Server. Im Anschluss daran nimmt der Server aktiv die Datenverbindung zum angegebenen Port auf. Dieser Modus kann nicht in allen Fällen genutzt werden: Wenn der FTP-Server den Aufbau der Datenverbindung übernimmt, handelt es sich aus Sicht des Clients dabei um ein fremdes System, das eine Verbindung zum eigenen System aufbauen möchte. Dies kann von einer Firewall blockiert werden. Zudem gibt es Systeme hinter sogenannten NAT-Gateways (Network Address Translation, siehe »NAT« in Abschnitt 20.2.2), bei denen die IP-Adresse des Clients maskiert wird und somit nicht angesprochen werden kann.
+ Als Lösung für diese Fälle bietet sich der passive Modus an. Dabei teilt der Client dem Server zunächst über die Kontrollverbindung mittels des Befehls *PASV* mit, dass er gerne eine passive Datenverbindung aufbauen möchte. Der Server öffnet anschließend einen Port und schickt dessen Nummer an den Client zurück. Danach ist es Aufgabe des Clients, zu diesem Port eine Datenverbindung aufzubauen – Probleme mit der Firewall werden so vermieden.

FTP unterstützt einen Authentifizierungsmechanismus über Benutzername und Passwort, die allerdings unverschlüsselt übertragen werden. FTP ist somit für Angriffe wie beispielsweise das Abhören des Netzwerkverkehrs anfällig. Es gibt daher zwei Verfahren, das FTP-Protokoll abzusichern. Die Namen ähneln sich, aber den beiden Verfahren liegen andere Sicherheitstechnologien zu Grunde:

+ FTPS: Die erste Variante ist FTP over SSL bzw. FTP over TLS (FTPS), also eine FTP-Kommunikation über eine gesicherte SSL/TLS-Verbindung (vgl. Abschnitt 17.4.6).
+ SFTP: Als Alternative bietet sich das SSH File Transfer Protocol (SFTP) an, bei dem alle Übertragungen über Secure Shell (SSH) getunnelt werden.

20.8 Suchhilfen im Internet

Wie groß ist das Internet? Wie viele Webseiten gibt es? Was nach einfachen Kinderfragen klingt, lässt sich seriös kaum beantworten. Welchen Maßstab soll man ansetzen? Wie soll man abschätzen, wie viele neue Informationen in einer Sekunde hinzukommen? Sicher ist: Es gibt unfassbar viel Wissen im Internet (und verschiedene andere Dinge natürlich auch). Wie aber soll man sich in diesem Kosmos zurechtfinden?

Quelle und Lesetipp

Viel Wissenswertes zu Suchmaschinen enthält Sebastian Erlhofers Werk »Suchmaschinen-Optimierung: Das umfassende Handbuch« (Rheinwerk-Verlag).

20.8.1 Suchmaschinen

Eine der Möglichkeiten, diese enorme Informationsvielfalt zu kategorisieren, ist die Suchmaschine.

Die meisten Suchmaschinen basieren auf einem Index. Er wird meist automatisch mithilfe von Webcrawlern (auch Spider, Searchbot oder Robot genannt) angelegt – das sind Programme, die das World Wide Web durchsuchen und die analysierten Webseiten in den Index einfügen. Die Regeln, nach denen die Inhalte analysiert werden, sind durch Hinweise von Seiten der Suchmaschinen oder auf Basis von Experimenten namhafter Suchmaschinen-Experten und -Expertinnen teilweise bekannt – allerdings nicht bis ins letzte Detail, denn der Index und seine Zusammenstellung ist das Erfolgsgeheimnis hinter dem Geschäftsmodell von Suchmaschinen. Zudem werden die Regeln immer wieder überarbeitet. Der Prozess, Inhalte für die Erfassung durch Suchmaschinen fortwährend zu optimieren, wird Suchmaschinenoptimierung genannt.

XML

Mehr zu XML erfahren Sie in Abschnitt 25.5.

Neue Webseiten werden automatisch über vorhandene Verlinkungen oder über eine XML-Sitemap (eine Art Inhaltsverzeichnis mit Links zu den Inhalten) gefunden, bekannte Webseiten nach definierten Zeitplänen neu untersucht.

In selteneren Fällen wird der Index nicht durch Webcrawler erstellt, sondern redaktionell gepflegt. Ein Beispiel dafür ist die Kinder-Suchmaschine »Frag Finn« (*www.fragfinn.de*).

Arten von Suchmaschinen

Wie erwähnt arbeiten die meisten Suchmaschinen heute mit einem Index – allen voran Google. Es gibt aber auch andere Arten von Suchmaschinen, z. B.:

Suchmaschinen und KI

KI-Technologien wie ChatGPT verändern auch die Art und Weise, wie wir im Internet nach Informationen suchen. Viele Nutzer und Nutzerinnen verwenden bereits einen Chatbot anstelle einer Suchmaschine. Auch die Suchmaschinenhersteller haben dies erkannt und kombinieren bereits die Suchmaschine mit KI, um das Beste aus beiden Welten zu erhalten. KI kann komplexe Fragen verstehen und genaue Ergebnisse liefern. Es ist nicht mehr nötig, das Web oder eine Website zu durchsuchen. Und das funktioniert in jeder erdenklichen Sprache. Ein Nachteil ist allerdings, dass derzeit noch nicht jede Antwort mit zuverlässigen Quellen untermauert werden kann. Auch die Aktualität der Antworten ist oft begrenzt. Doch die Technologie steckt noch in den Kinderschuhen und entwickelt sich rasch weiter.

- Metasuchmaschinen leiten eine Anfrage an mehrere andere Suchmaschinen weiter und legen die Ergebnisse zusammen. Die bekannteste Metasuchmaschine in Deutschland dürfte MetaGer (*https://metager.de*) sein.
- Semantische Suchmaschinen versuchen die Bedeutung hinter einer Suchanfrage zu erfassen. Dabei kommen Technologien wie Ontologien, Sprachanalyse oder Text Mining zum Einsatz. Eine sehr bekannte semantische Suche ist WolframAlpha (*www.wolframalpha.com*). Große Suchmaschinen wie Google oder Bing integrieren derartige Prozesse zunehmend in ihre Suchalgorithmen.
- Verteilte Suchmaschinen verzichten auf zentrale Server und setzen stattdessen auf das Peer-to-Peer-Prinzip. Ein Beispiel dafür ist die Suchmaschine YaCy (*www.yacy.net*).

Bearbeitung von Suchanfragen

Denen, die die Suchmaschine nutzen, präsentiert sie sich als einfaches Eingabefeld für eine Suchanfrage. Im Hintergrund geschieht jedoch wesentlich mehr.

- Ist eine Suchanfrage eingegeben worden, muss sie in eine Form gebracht werden, die für den Suchalgorithmus verständlich ist. Dabei werden Stoppwörter entfernt (vor allem häufig vorkommende Begriffe wie beispielsweise Präpositionen) – übrig bleiben eines oder mehrere Keywords, die weiterverarbeitet werden können.
- Bei der Verarbeitung der Keywords werden verschiedene Optimierungen durchgeführt, beispielsweise die Suche nach Synonymen. Gefundene Inhalte werden sortiert dargestellt – über die Reihenfolge entscheidet dabei ein Algorithmus, dessen Funktionsweise geheim ist.
- Viele Suchmaschinen erlauben die Arbeit mit Operatoren. Auf diese Weise lässt sich das Ergebnis verfeinern. Tabelle 20.2 zeigt einige bekannte Operatoren im Überblick. Es gibt jedoch viele weitere Suchoptionen, die sich zwischen den Suchmaschinen unterscheiden.
- Außerdem verwenden viele Suchmaschinen Hintergrundinformationen, die nicht explizit eingegeben wurden – Beispiele dafür können der Standort oder die Suchhistorie einer Person sein.

Tabelle 20.2: Bekannte Suchoperatoren

Bezeichnung	Erläuterung	Beispiel
AND, Leerzeichen oder +	Jeder Begriff muss mindestens einmal vorkommen (Standard-Suchoperator bei Google)	mediengestaltung buch mediengestaltung AND buch mediengestaltung +buch
OR oder | (Pipe)	Einer der Begriffe muss vorkommen	mediengestaltung OR buch mediengestaltung | buch
NOT oder -	Der markierte Begriff darf nicht vorkommen	mediengestaltung NOT buch mediengestaltung -buch

Bezeichnung	Erläuterung	Beispiel
" "	Phrase muss in der angegebenen Form vorkommen	"mediengestaltung buch" (findet nur Seiten, in denen die beiden Begriffe direkt hintereinander vorkommen)
* (Wildcard)	Suche mit Platzhalter	medien* buch (findet »mediengestaltung buch«, aber auch »mediendesign buch«)

Tabelle 20.2: Bekannte Suchoperatoren (Forts.)

20.8.2 Webkataloge

Einen anderen Ansatz wählen Webkataloge wie »Gelbe Seiten« (*www.gelbeseiten.de*). Webkataloge sind Sammlungen von Websites, die nach Themen sortiert sind und redaktionell kuratiert werden. Neben der reinen Sortierung werden häufig zusätzliche Informationen zusammengetragen, beispielsweise kurze Beschreibungen von Websites und Kategorien oder Querverweise zu verwandten Themen. Am häufigsten im Einsatz sind Webkataloge als Branchenverzeichnis wie Gelbe Seiten oder als Telefonauskunft wie 11880.

Webkataloge versprechen durch die redaktionelle Auswahl eine höhere Qualität, haben aber auch mit vielen Problemen zu kämpfen. Mit der Vielzahl neuer und sich ständig verändernder Webangebote können sie nur schwer Schritt halten, und der Aufwand hinter einem gut gepflegten Webkatalog ist nicht zu unterschätzen. Viele Webkataloge konzentrieren sich daher auf einen ausgewählten Themenbereich.

Kapitel 21

Sicherheit von Computern, Daten und Netzwerken

Themen des Kapitels:

- *Welche wichtigen Gefahren für Computer, Daten und Netzwerke gibt es (z. B. Viren, Trojaner, Würmer)?*
- *Wie schützt man sich dagegen?*

Nicht jede Software führt Gutes im Schilde – einige Programme versuchen, Nutzer und Nutzerinnen auszuspionieren, Geld zu erpressen oder seinem Rechner Schaden zuzufügen. Der Fachbegriff dafür lautet Malware (abgeleitet von »malicious software«, bösartige Software).

Quellen und Lesetipps

- Hacking & Security – Das umfassende Handbuch (Rheinwerk Verlag)
- IT-Sicherheit: Technologien und Best Practices für die Umsetzung im Unternehmen (Hanser Verlag)

21.1 Malware

Malware umfasst unterschiedliche Arten:

- Computerviren sind die bekanntesten Schädlinge. Sie verhalten sich ähnlich wie organische Viren: Werden sie einmal aktiviert (beispielsweise durch Doppelklick), reproduzieren sie sich selbst und hängen sich an einen Wirt (etwa eine andere Software).
- Würmer brauchen hingegen keinen Wirt – sie sind eigenständige Programme. Würmer verbreiten sich von alleine, indem sie Sicherheitslücken und andere Schwachstellen ausnutzen. Häufig geht es Würmern jedoch nicht nur darum, sich zu verbreiten – sie haben weiteren Code an Bord, den sie nach dem Motto »Wenn ich schon mal da bin …« ausführen und den man Payload nennt.
- Ein Trojaner erinnert an das berühmte Trojanische Pferd aus der griechischen Sage. Er tut so, als sei er ein nützliches Programm, führt im Hintergrund jedoch schädlichen Code aus.

Definition Payload
Bezeichnet in der Computer-Security den Teil einer Malware, der die bösartigen Aktionen ausführt.

21.1.1 Computerviren

Computerviren gibt es in den unterschiedlichsten Formen. Sehr häufig gehört ein Virus zu mehreren der unten beschriebenen Gruppen gleichzeitig oder zeigt Verhaltensweisen, die man auch von Würmern oder Trojanern kennt.

+ Bootsektorviren oder Bootviren infizieren den Master Boot Record einer Festplatte oder den Bootsektor. Das Virus wird daher schon beim Hochfahren des Rechners ausgeführt.
+ Eine neue Variante Bootsektorviren sind VMBRs (Virtual Machine Based Rootkit), die beim Starten des Rechners eine virtuelle Maschine starten und das vorhandene Betriebssystem in diese laden. Der VMBR bleibt von außerhalb des Betriebssystems zugänglich, ohne das Betriebssystem zu beeinflussen. Er ist daher auch für Virenscanner im laufenden Betrieb nur schwer zu erkennen.
+ Häufiger sind Dateiviren. Diese Viren befallen ausführbare Programme und werden mit der Software ausgeführt.
+ Makroviren nutzen Software, die mit eingebetteten Makros arbeitet. Ein Makro ist ein Programm, das in einem Dokument eingebettet ist – sehr häufig kommt dies beispielsweise bei Office-Dokumenten zum Einsatz.
+ Skriptviren nutzen Skriptsprachen. Oft findet man sie beispielsweise als JavaScript-Viren auf Websites.
+ Stealth- oder Tarnkappen-Viren versuchen, sich besonders gut zu tarnen. Teilweise können sie sich sogar vor Antivirenprogrammen verbergen oder ein Verzeichnis manipulieren, damit sie schwer zu erkennen sind.

Ganz besonders gefährlich sind polymorphe Viren. Sie verändern ihre Gestalt, indem sie sich selbst modifizieren (beispielsweise durch Verschlüsselung). Auf diese Weise hat jede Kopie des Virus eine andere Form – eine Infizierung mit polymorphen Viren ist daher äußerst schwer zu erkennen.

Info
In der griechischen Mythologie spielt Troja eine große Rolle. Die Griechen versuchten viele Jahre lang, die Stadt einzunehmen, scheiterten aber an ihren hohen Mauern und tapferen Soldaten. Nach einer langen Belagerung wählten die Griechen eine List: Sie zogen sich zurück, und eine besonders mutige Gruppe von Griechen versteckte sich in einem riesigen Holzpferd. Die Trojaner dachten, das Pferd sei ein Geschenk zur Kapitulation, und schoben es gleich in die Stadt. Der Rest ist Geschichte: In der Nacht verließen die Griechen ihr Versteck, überwältigten die Wachen und öffneten die Stadttore, damit die restliche Armee in die Stadt einfallen konnte. Troja war gefallen.

21.1.2 Würmer

Anders als Viren benötigen Würmer keinen Wirt. Sobald sie einmal ausgeführt wurden, wandern Würmer selbstständig von einem Rechner zum anderen. Als die ersten Computerwürmer gelten der Tannenbaum-Wurm von 1987, der einen Tannenbaum auf den Bildschirm zeichnete, während er sich an alle E-Mail-Adressen im Adressbuch weiter verschickte, sowie der Morris-Wurm von 1988, der sich als erster Wurm über das Internet verbreitete. In den meisten Fällen ist es notwendig, einen Wurm aktiv auszuführen – gerne hängen sich Würmer daher als Dateianhänge in E-Mails, um neugierige Empfänger zum Öffnen zu bewegen. Oft wird dabei verschleiert, dass es sich um eine ausführbare Datei handelt, indem eine harmlose Dateiendung wie .jpg oder .txt in den Dateinamen geschrieben wird (doppelte Dateiendung). Aber auch Instant-Messaging-Programme oder USB-Sticks werden häufig als Ziele von Würmern auserkoren. Einige Würmer schaffen es sogar, durch bloßes Anzeigen der Nachricht aktiv zu werden.

21.1.3 Trojaner

Ein Trojaner tarnt sich als witziges oder nützliches Programm. Ist er einmal installiert, übernimmt er Teile des Betriebssystems. Normalerweise vervielfältigen sich Trojaner nicht, sondern manipulieren den Rechner des Opfers. Dazu zählen beispielsweise das Ausspähen von sensiblen Daten oder des gesamten Datenverkehrs sowie das Versenden von Spam. Sehr häufig enthalten Trojaner Backdoors.

21.1.4 Payload: Was tut Malware eigentlich?

Es gibt unterschiedliche Ziele, die mit Malware verfolgt werden – oft ist es auch gar nicht so einfach, herauszufinden, was ein Schädling eigentlich genau anstellt.

Oft versucht Malware, einen Zugang zum Rechner von außen zu schaffen. Sie installiert dazu eine sogenannte »Backdoor« (Hintertür), die offen steht, ohne dass Nutzer und Nutzerin davon etwas mitbekommt. Über diese Backdoor kann der Angreifer seiner Malware Befehle erteilen. Möglich ist auch, dass Malware alle Eingaben der Tastatur mitschneidet (Key-Logger) und an den Angreifer überträgt.

Hat eine Malware es erst einmal geschafft, einen Rechner zu infizieren, möchte sie natürlich möglichst unentdeckt bleiben. Sie verwendet dazu sogenannte »Rootkits«. Auf Unix-Systemen bezeichnet man mit »root« Nutzer*innen mit Administratorrechten.

Botnetze

Manchmal versucht Malware, den Rechner in ein Botnet zu integrieren. Der Begriff »Bot« stammt vom englischen »robot« (Roboter) und bezeichnet ein eigenständig agierendes Programm. Die Rechner in einem Botnet agieren wie »Zombie-Rechner« und verschicken beispielsweise illegale Dateien oder Spam-Mails, ohne dass die Computerbesitzer etwas davon merken. Häufig erhalten solche Bots Anweisungen über Backdoors – auf diese Weise entstehen ganze Netzwerke infizierter Rechner, die von Kriminellen für ihre Zwecke gebucht werden können. Botnetze sind allerdings keinesfalls auf Computer beschränkt – gerade einfachere Geräte wie vernetzte Drucker, Staubsauger, Smart-TVs und Ähnliches sind häufig viel einfacher zu infiltrieren.

> **Bots**
> Bots gehören nicht immer zur Malware. Sie können ganz verschiedene Ziele verfolgen. Während die Bots von Suchmaschinen die Inhalte im Internet absuchen und indexieren, kommunizieren Chatbots selbstständig mit Menschen.

Botnetze werden sehr häufig für Angriffe eingesetzt, bei denen Websites, Shops oder andere Infrastruktur des Opfers durch häufige Anfragen überlastet werden soll. In den meisten Fällen erfolgt dies mit der geballten Power mehrerer Teilnehmer auf einmal (DDoS-Angriff, Distributed Denial of Service). Botnetze werden jedoch auch zum Anklicken von Anzeigen (und damit zum Einkassieren der Prämien) oder in sozialen Netzwerken eingesetzt, um Propaganda und Falschinformationen zu verbreiten oder die Stimmung anzuheizen.

Cryptojacking

Cryptojacking (ein Kunstwort aus Crypto-Mining und Browser-Hijacking) ist ein relativ neues Phänomen, bei dem JavaScript auf Websites eingesetzt wird, um die CPU-Leistung von Besuchern zum Errechnen neuer Blöcke in den Blockchains von Kryptowährungen auszunutzen (»Mining«, vgl. Abschnitt »Blockchain« in Abschnitt 17.2.4). Anbieter wie Coinhive argumentieren, der Einsatz der Mining-Skripte sei dank der hohen Kurse von Kryptowährungen ein alternatives Finanzierungsmodell für Inhalte im Netz. Cryptojacking kann allerdings auch heimlich ohne Einwilligung der Nutzer und Nutzerinnen oder sogar der Seitenbetreiber erfolgen (etwa über Advertising).

Ransomware

Es kommt auch vor, dass Malware-Betreiber die betroffenen Nutzer*innen erpressen (»Ransomware«, von engl. »ransom«, Lösegeld). Ransomware verbreitet sich typischerweise über Trojaner, allerdings gibt es auch andere Angriffsarten, beispielsweise indem gezielt Unternehmen angegriffen oder Sicherheitslücken ausgenutzt werden. Manchmal versucht die Malware, den Nutzer*innen durch eine schockierende Warnung zur Zahlung zu bringen (»Scareware«), indem sie etwa behauptet, die installierte Windows-Version sei eine Raubkopie und man müsse sofort eine Strafe zahlen. Es gibt jedoch auch Ransomware, die das System sperrt oder sogar die Dateien verschlüsselt. Einige Angreifer fordern ein Lösegeld, um die Dateien wieder zu entschlüsseln. Es gibt aber keine Garantie, dass sie das nach Zahlung des geforderten Betrags auch wirklich tun. Ein wirkungsvoller Schutz ist daher nur, regelmäßig funktionierende Backups seines Systems anzulegen.

Spy- und Adware

Spy- und Adware verhält sich wie ein Spion (daher auch der Name) auf dem Rechner. Ihr Ziel ist weniger, möglichst viel Schaden anzurichten. Spyware geht es darum, das Verhalten von Nutzerinnen und Nutzern auszuspionieren. Adware blendet Werbeanzeigen ein, um Umsatz zu generieren. Manchmal werden diese Programme als »Grayware« bezeichnet, um auszudrücken, dass sie zwischen den Stühlen »normale Software« und »Malware« sitzen.

21.1.5 Schutz vor Malware

Wie kann man sich vor Malware schützen? Es gibt einige Ratschläge, die sich jeder Anwender im Netz zu Herzen nehmen sollte:

+ **Anti-Viren-Software:** Ein aktuelles Anti-Viren-Programm ist unabdingbar, insbesondere auf Windows-Rechnern. Es muss regelmäßig aktualisiert werden und den Datenträger regelmäßig überwachen, um Gefahren zu erkennen.
+ **Updates und Patches:** Keine Software ist ohne Fehler – das gilt auch für Betriebssysteme, Browser und E-Mail-Programme. Sicherheitsupdates sollten umgehend eingespielt werden. Allerdings läuft die Versorgung von Software mit Aktualisierungen nicht ewig – die Ressourcen von Softwareanbietern sind begrenzt. Ältere Software, die nicht mehr mit Sicherheitsupdates versorgt wird, sollte daher auf keinen Fall verwendet werden.
+ **Vorsicht bei E-Mail-Anhängen:** Eine große Gefahr für eine Infektion sind E-Mails, denn in Anhängen kann sich ausführbarer Code befinden. Unerwartete Anhänge sollten daher grundsätzlich nicht geöffnet werden. Dabei ist es auch kein Kriterium, dass der Absender bekannt ist, denn ein Wurm kann sich selbstständig verbreiten.

+ **Firewall:** Der Begriff Firewall steht ursprünglich für eine Brandschutzmauer, die das Übergreifen eines Feuers auf ein anderes Gebäude verhindern soll. Die Firewall von Netzwerken funktioniert ähnlich und schließt offene Ports. Sie versucht also, Angriffe von außen auf ein Computersystem zu blockieren. Umgekehrt überwacht die Firewall auch den ausgehenden Netzwerkverkehr, so dass Anwender nachvollziehen können, welche Programmteile versuchen, nach außen zu kommunizieren.
+ **Vorsicht bei USB-Sticks:** Schadcode lässt sich auch von USB-Sticks ausführen.
+ **Nutzerrechte einschränken:** Bei vielen alltäglichen Arbeiten ist es nicht notwendig, einen Account mit Administratorrechten zu verwenden.
+ **Backups:** Regelmäßige Backups schützen vor Datenverlusten, wenn Malware ein System unbenutzbar macht. Im Idealfall sind nicht alle Backup-Medien dauerhaft am Rechner angeschlossen (dann könnte ein Ransomware-Trojaner einfach Backup und Rechner verschlüsseln).
+ **Vorsicht bei Programmen:** Eine gründliche Prüfung der Quelle einer Software ist unbedingt erforderlich. Die offiziellen Kanäle sind zu empfehlen – allerdings bieten auch sie keinen hundertprozentigen Schutz, denn es ist auch schon vorgekommen, dass Angreifer Zugang zu den offiziellen Download-Verzeichnissen erhalten konnten. Manchmal werden auf den offiziellen Downloadseiten auch Hashwerte angegeben. Rechnet man den Hash der heruntergeladenen Datei aus und vergleicht ihn mit dem angegebenen Wert, kann man die Integrität des Downloads überprüfen (vgl. Abschnitt 17.2.4) – sollte sie während des Downloads verändert worden oder unvollständig sein, stimmen die Hashwerte nicht mehr überein.
+ **Schädliche Onlinewerbung:** Vorsicht ist auch bei Bannerwerbung von zweifelhafter Herkunft im Internet geboten – hier kann ein Ad-Blocker helfen.
+ **Sicherheitseinstellungen überprüfen:** Browser erlauben es außerdem, verschiedene individuelle Sicherheitseinstellungen vorzunehmen. Beispielsweise kann die Ausführung von JavaScript auf vertrauenswürdige Websites beschränkt werden.

21.2 Passwörter

Passwörter sind aus unserem digitalen Leben nicht mehr wegzudenken – kaum vorstellbar, dass jemand nicht in Dutzenden Onlineshops, Portalen, Social Networks oder anderen digitalen Services angemeldet ist. Kein Wunder also, dass Passwörter zu den beliebtesten Zielen von Angreifern gehören.

21.2.1 Brute-Force-Angriffe

Eine Möglichkeit ist es, zu versuchen, das Passwort durch Ausprobieren zu erfahren. Dieses Verfahren wird als »Brute Force« (rohe Gewalt) bezeichnet. Je länger das Passwort ist und je mehr unterschiedliche Zeichen es enthält, desto schwerer ist es durch Brute Force zu knacken. Bei ausreichender Komplexität des Passworts wird die benötigte Zeit zum Ausprobieren schnell so hoch, dass sich ein Brute-Force-Angriff in der Praxis nicht lohnt.

Eine Variante von Brute Force ist der Wörterbuchangriff. Dabei werden Wortlisten verwendet, statt nacheinander verschiedene Zeichenkombinationen auszuprobieren. Wörterbuchangriffe basieren auf der Tatsache, dass Wörter für Menschen einfacher zu merken sind als zufällige Zeichenketten – und genau das ist der Grund, warum man sie nicht für Passwörter verwenden sollte.

Ein weiterer Brute-Force-Angriff ist das Passwort-Spraying, womit der Angreifer eine Auswahl von gängigen Passwörtern auf eine große Anzahl von Konten anwendet, um so mehrere Konten auf einmal zu hacken.

Sind erstmal Passwörter von einem Nutzer gestohlen, wird auch noch auf anderen Plattformen versucht, ob das Passwort dort auch gültig ist. Der Vorgang wird als Credential Stuffing bezeichnet. Ein guter Grund also, niemals mehrfach dasselbe Passwort zu verwenden.

Wer einen Dienst im Internet anbietet, kann Brute Force erschweren, indem er die Zahl erfolgloser Anmeldeversuche begrenzt. So könnte beispielsweise festgelegt werden, dass in einer Minute maximal dreimal das falsche Passwort eingegeben werden darf – bis zum Ablauf dieser Zeitspanne ist ein Anmelden nicht mehr möglich.

Social Engineering

Phishing gehört zu einer größeren Gruppe von Taktiken, die Social Engineering genannt werden. Gemeinsam ist diesen Taktiken, dass sie über zwischenmenschliche Beziehungen versuchen, an sensible Informationen zu gelangen oder andere Menschen zu gewünschten Handlungen zu animieren. Phishing ist dabei noch eine eher unpersönliche Variante. Andere Strategien umfassen das Ausspähen persönlicher Informationen (beispielsweise in sozialen Netzwerken) oder das Vortäuschen einer anderen Identität. So könnte ein Angreifer beispielsweise die Mitarbeiter eines Unternehmens recherchieren, sie dann anrufen und sich als Administrator oder Techniker ausgeben, der unbedingt vertrauliche Informationen zum Abschließen wichtiger Arbeiten benötige – »nein, Sie müssen jetzt nicht den Vorgesetzten fragen, er hat doch sicher Wichtigeres zu tun ...«.

21.2.2 Phishing

Mit dem Begriff Phishing bezeichnet man den Versuch, Zugangsdaten auszuspionieren. Sehr häufig geschieht dies über Mails: Die Angreifer imitieren das Erscheinungsbild anderer Unternehmen, etwa einer Bank, und versuchen mit einem möglichst plausibel klingenden Inhalt, die Empfänger zum Klick auf einen Link zu bewegen. Dieser führt dann auf eine Seite, auf der sich die Empfänger vermeintlich in ihrem Account anmelden sollen – in Wahrheit dient sie jedoch ausschließlich dazu, die Zugangsdaten abzugreifen.

Die weiter unten erwähnten Passwort-Manager bieten einen hohen Schutz gegenüber Phishing – sie erkennen anhand der URL, dass es sich nicht um die offizielle Website eines Unternehmens handelt. Zahlreiche Browser bauen Warnhinweise ein, sobald eine Phishing-URL bekannt wird. Schließlich empfiehlt es sich, selbst penipel auf die URL im Browserfenster zu achten und Vorsicht walten zu lassen. Tippen Sie die URL einer Website lieber selbst in den Browser ein, wenn Sie unsicher sind, ob eine E-Mail berechtigt ist, oder nehmen Sie aktiv Kontakt mit dem Support oder Ihrem Kundenberater auf.

21.2.3 Andere Angriffe auf Passwörter

Es gibt natürlich noch viele weitere Arten von Passwortangriffen. Noch zu erwähnen sind hierbei folgende:

+ Bei sogenannten **Keylogger-Angriffen** wird eine bösartige Software auf einem Computer installiert, um Tastatureingaben aufzuzeichnen. Dieser Angriff ermöglicht es Angreifern, heimlich Passwörter und andere vertrauliche Informationen zu stehlen, indem sie die Tastenanschläge des Opfers überwachen. Die beste Schutzmaßnahme dagegen ist die Verschlüsselung mit einem Verschlüsselungsalgorithmus.
+ Ein **Man-in-the-Middle-Angriff** auf Passwörter findet statt, wenn ein Angreifer die Kommunikation zwischen einem Benutzer und einer Website abfängt und manipuliert, um vertrauliche Informationen wie Passwörter zu stehlen. Der Angreifer positioniert sich zwischen den beiden Parteien, so dass alle Daten über ihn laufen, ohne dass die Opfer dies bemerken.
+ Ein **Denial-of-Service-Angriff** (DoS) auf Passwörter zielt darauf ab, die Verfügbarkeit eines Dienstes oder einer Website zu beeinträchtigen, indem eine große Anzahl von Anfragen an die Anmeldeseite gesendet wird, um diese zu überlasten. Dies führt dazu, dass legitime Benutzer den Dienst nicht mehr nutzen können oder Schwierigkeiten haben, sich anzumelden. Durch die Überlastung des Systems versucht der Angreifer, die Authentifizierung zu verlangsamen oder zu verhindern, wodurch Sicherheitsmaßnahmen umgangen und Passwörter kompromittiert werden können.

21.2.4 Passwortsicherheit

Es gibt einige Grundregeln für sichere Passwörter:

+ Einfache und naheliegende Zeichen- und Ziffernfolgen wie »12345« oder »passwort« können als offenes Tor betrachtet werden.
+ Vermieden werden sollten Eigennamen wie »Berlin«, die durch Wörterbuchangriffe leicht zu knacken sind. Auch persönliche Begriffe wie beispielsweise die Vornamen der eigenen Kinder sind einfach herauszufinden.
+ Ungünstig sind auch das Geburtsdatum oder eine Jahreszahl – auch wenn sie an einen Begriff angehängt wird.
+ Vermeiden Sie es, identische Passwörter bei mehreren Diensten zu verwenden.
+ Ein aufgeschriebenes Passwort ist ein Sicherheitsrisiko, besonders wenn es direkt am Rechner klebt.

Ideale Passwörter sind möglichst lang, kombinieren Groß-, Kleinbuchstaben, Satzzeichen sowie Ziffern und werden immer nur für einen Dienst verwendet. In der Praxis ergibt sich durch die Bedeutung von Passwörtern ein großes Dilemma: Ist ein Passwort kompliziert, kann man es sich nicht merken. Ist das Passwort einfach zu merken, ist es unsicher. Allerdings wird diese Situation zunehmend besser:

+ Eine Variante ist die Arbeit mit einem Passwortsystem. Dabei arbeitet man mit einem Grundpasswort, das möglichst lang und kompliziert sein sollte – beliebt sind beispielsweise die Anfangsbuchstaben eines Satzes, der große und kleine Wörter, Satzzeichen sowie Zahlen enthält. Anschließend fügt man für jeden Login ein individuelles Element an, beispielsweise den ersten und letzten Buchstaben des Namens (etwa E und y für Ebay). Die Sicherheit dieses Systems steht und fällt natürlich mit dem System – ist es einmal geknackt, lassen sich die einzelnen Passwörter einfach erraten.
+ Viele Onlinedienste bieten mittlerweile 2-Faktor-Authentifizierung an – es empfiehlt sich sehr, diese Möglichkeit zu nutzen. Dabei ist zum Einloggen neben dem Passwort ein weiterer Faktor notwendig – beispielsweise ein zufällig generierter und für wenige Minuten gültiger PIN-Code, der an ein Mobiltelefon geschickt wird. Ein Angreifer müsste nun sowohl Passwort als auch den zweiten Faktor besitzen, um sich in ein fremdes Konto einloggen zu können.
+ Sehr zu empfehlen ist außerdem die Verwendung eines Passwort-Managers. Solche Programme erzeugen und verwalten zufällig generierte Passwörter – oft bieten sie eine Integration in den Browser, so dass man sich komfortabel einloggen kann. Die Passwörter liegen dann mit starker Kryptografie verschlüsselt auf dem Rechner und sind mit einem Master-Passwort geschützt, das sich der Anwender merken muss – im Grunde genommen bietet also ein gemerktes (möglichst starkes) Passwort Zugang zu allen anderen Passwörtern. Backups der Passwort-Datei sollten nicht vergessen werden!

Have I been pwned?

Bei »Have I been pwned?« (*https://haveibeenpwned.com*) kann man überprüfen, ob der eigene Account bei einem der bekannten Datenlecks betroffen war. Dann heißt es: Passwörter ändern!

21.3 Spam

Günstige Medikamente aus der Online-Apotheke, erfolgversprechende Aktienanlagen und nigerianische Prinzen auf der Suche nach einer bequemen Möglichkeit, ihr Vermögen auf einem europäischen Konto zu parken – es sind schon unglaubliche Angebote, die täglich im Spam (englisch für »Abfall«) landen. Spam-Mails sind äußerst lästig – und extrem weit verbreitet. Je nach Schätzung sind bis zu 97 Prozent des Mail-Aufkommens Spam. Das ist eine enorme Verschwendung von Bandbreite und Arbeitszeit.

Eine der wichtigsten Maßnahmen zum Schutz vor Spam ist es, seine E-Mail-Adresse nach Möglichkeit gar nicht in Spamlisten auftauchen zu lassen. Das ist allerdings leichter gesagt als getan. Eine Möglichkeit ist es, Wegwerf-Mail-Adressen für einmalige Anmeldungen zu nutzen oder mehrere Postfächer für unterschiedliche Anwendungsfälle einzurichten. Wer sich auf diese Weise für jede Anmeldung zusätzliche Alias-Adressen einrichtet, kann später beispielsweise prüfen, wer die eigene Adresse an die Spamversender verkauft oder durch einen Angriff verloren hat.

Wer eine E-Mail-Adresse auf einer Website angeben möchte, wird schnell Opfer von Adress-Harvestern – diese automatischen Programme durchforsten das Web nach E-Mail-Adressen und schreiben diese in eine Spamliste. Um dies zu erschweren, können E-Mail-Adressen verschleiert werden, beispielsweise als beispiel(at)domain.com. Allerdings erschweren solche Maßnahmen es auch den menschlichen Besuchern, eine E-Mail zu schreiben.

Auf gar keinen Fall sollten Links in Spammails angeklickt werden – nicht selten führen sie zu mit Viren oder Trojanern verseuchten Websites. Das gilt auch für den Abbestellen-Link, den man in so mancher Spammail findet – hier wird garantiert nichts abbestellt, sondern nur die eigene E-Mail-Adresse bestätigt und somit noch wertvoller für die Spamversender. Spam sollte als unerwünscht markiert und gelöscht werden. Viele E-Mail-Programme und Server enthalten Spamfilter, die sich mit diesen Maßnahmen trainieren lassen – auf diese Weise können sie Spam immer besser von erwünschten Mails unterscheiden. Dennoch sollte der Spam-Ordner immer wieder überprüft werden, denn nicht selten landen hier erwünschte Mails.

Eine weitere Möglichkeit ist das Greylisting. Empfängt ein Mailserver eine E-Mail von einem unbekannten Absender, weist er sie zunächst ab. Er teilt dem Absender dabei mit, es handele sich um einen temporären Fehler. Ein normaler Mailserver wird nach einiger Zeit einen neuen Zustellversuch vornehmen und dabei zum Empfänger durchgestellt. Viele Spamversender halten sich nicht an dieses Verfahren und werden durch Greylisting effektiv herausgefiltert, bevor ihre Mails das Postfach erreichen. Allerdings verzögert Greylisting den E-Mail-Empfang, und auch die Mailserver von gewünschten Absendern könnten falsch konfiguriert sein. Zudem gibt es Verfahren, bekannte Mailserver von Spamversendern auf schwarze Listen zu setzen.

SEO-Spam

SEO-Spam (von Search Engine Optimization, Suchmaschinenoptimierung) ist eine weitere Spamvariante. Hierbei werden gehackte Websites dazu genutzt, oftmals versteckte Links zu Websites aus zwielichtigem Umfeld unterzubringen, damit sich deren Ranking verbessert.

21.4 Entwenden von Datensätzen

Ein immer häufiger auftauchendes Problem ist das großflächige Abgreifen von Nutzerdaten durch Einbrechen in die Netzwerke großer Dienste.

+ Erbeutete Daten werden auf dem Schwarzmarkt angeboten.
+ Sofern die Passwörter nicht ausreichend gegen Auslesen geschützt sind und ausgelesen werden können, werden sie garantiert auch bei anderen Services ausprobiert und in Wörterbücher für Angriffe (siehe Abschnitt 21.2, »Passwörter«) eingetragen.
+ Es sind auch Fälle von Erpressung bekannt, etwa nach dem Hack des Seitensprungportals Ashley Madison.

Der Schutz von Nutzerdaten ist auch in der Mediengestaltung ein sehr wichtiges Thema – besonders auch für Anbieter. So muss ein Anbieter beispielsweise die Passwörter seiner Nutzer und Nutzerinnen gar nicht kennen, um ihnen Dienstleistungen zu bieten. Wie das funktioniert? Passwörter werden keinesfalls im Klartext in Datenbanken gespeichert, sondern gehasht (vgl. Abschnitt 17.4.4). Diesen Hash speichert der Anbieter in seiner Datenbank, im Idealfall ergänzt um eine zufällige Zeichenkette (Salt) – dann würden sogar verschiedene Hashs erzeugt, wenn zwei Nutzer dasselbe Passwort verwenden sollten. Möchte sich ein Nutzer nun einloggen, berechnet die Anwendung erneut den Hash auf dem eingegebenen Passwort und prüft, ob der errechnete Hash mit dem gespeicherten Wert übereinstimmt.

Kapitel 22

Grundlagen der Programmierung

Themen des Kapitels:

- *Konzepte der Programmierung*
- *Variablen, Datentypen, Operatoren*
- *Bedingungen, Schleifen*
- *Objektorientierte Programmierung*
- *Vererbung*
- *Reguläre Ausdrücke*

HTML und CSS sind, wie wir gleich noch sehen werden, wichtige Grundpfeiler im Webdesign. Und doch gibt es immer wieder Anwendungsfälle, die mit diesen Technologien nicht realisiert werden können. In diesem Fall greift man auf Programmiersprachen zurück – in diesem Buch werden die Beispiele JavaScript und PHP behandelt, die häufig eingesetzt werden.

In einem Buch über die Mediengestaltung können natürlich nicht alle Aspekte der Programmierung behandelt werden – unser Ziel ist jedoch, Ihnen zu jeder Sprache genügend Grundlagen und einige Beispiele zu vermitteln, so dass Sie bei Projekten relativ zügig in die verwendeten Technologien einsteigen können. Zum besseren Verständnis müssen jedoch zunächst einige grundlegende Konzepte der Programmierung erläutert werden.

22.1 Konzepte der Programmierung

Es gibt eine Reihe wichtiger Grundkonzepte, die sich in vielen Programmiersprachen finden. Haben Sie diese einmal verstanden, können Sie immer wieder darauf zurückgreifen – egal, ob Sie eine Webanwendung, App oder Software programmieren.

22.1.1 Variablen und Konstanten

Oft kommt es in der Programmierung vor, dass man Daten vorübergehend festhalten muss, um später etwas mit ihnen machen zu können.

Definition Variablen
Variablen sind Behälter von Daten, die man belegen und verändern kann.

Man speichert sie daher in **Variablen**. Die Bezeichnung ist sehr sinnvoll gewählt, denn die Werte in einer Variablen können sich tatsächlich ändern. Eine Variable ist also wie ein Container oder eine Verpackung, die symbolisch für ihren Inhalt steht:

+ Variablen haben einen eindeutigen Namen, damit man später auf sie zugreifen kann. Der Name muss bestimmten Regeln folgen, die sich zwischen Programmiersprachen unterscheiden.
+ In den meisten Fällen weist man Variablen direkt einen Wert zu, damit man ihn speichern kann. Variablen können jedoch auch leer sein, beispielsweise bevor man ihnen einen Wert zugewiesen hat.

Es gibt auch Container für Werte, die sich nach der Zuweisung nicht mehr ändern können. Man bezeichnet sie dann als Konstanten.

22.1.2 Datentypen

Eine Variable hat eine bestimmte Art von Inhalt – in der Programmierung bezeichnet man das als Datentyp. In manchen Programmiersprachen muss man den Datentyp einer Variablen immer angeben, in anderen erkennt die Programmiersprache den Datentyp anhand des Inhalts einer Variablen. Auch unterscheiden sich Programmiersprachen darin, welche Datentypen sie kennen.

Typische Datentypen sind beispielsweise:

+ ganze Zahlen ohne Kommastellen
+ Gleitkommazahlen mit Kommastellen
+ Zeichenketten (Strings), also Folgen von Buchstaben und anderen Zeichen
+ Wahrheitswerte, genannt boolesche Variablen – sie können entweder `true` (wahr) oder `false` (falsch) sein

Definition Array
Arrays sind Sammlungen von miteinander in Beziehung stehenden Werten. Der Zugriff erfolgt über eine Indexnummer.

Diese Datentypen sind einfach strukturiert – es gibt immer nur einen Wert in einer Variablen. Es gibt aber auch komplexere Datentypen, beispielsweise die sogenannten **Arrays**. Ein Array, manchmal auch »Feld« genannt, ist eine Sammlung mehrerer Werte in einer Liste. Sinnvollerweise sollten die Werte in einem Array miteinander in Verbindung stehen – Sie können beispielsweise alle Ihre Elektrogeräte in einem Array namens »elektrogeraete« ablegen, sollten dann aber nicht Ihre Spülschwämme und Füllfederhalter hinzufügen. Arrays haben den Vorteil, dass sie in vielen Sprachen beliebig viele Inhalte aufnehmen können – das ist sehr praktisch, wenn man vorher nicht weiß, wie viele Ergebnisse es eigentlich geben wird. Der Zugriff auf einen Inhalt erfolgt meistens über eine Nummer, die Index heißt – manche Programmiersprachen beginnen beim Zählen mit der 0, andere mit der 1, bei wieder anderen kann man den Index selbst festlegen.

Assoziative Arrays

Außerdem gibt es assoziative Arrays, die statt einer Indexnummer einen Schlüssel verwenden. Möchte man die Daten eines Buchs in einem assoziativen Array speichern, würde man unter Schlüsseln wie »autor«, »isbn« oder »erscheinungsjahr« die entsprechenden Informationen ablegen. Der Zugriff auf die Daten erfolgt dann über den Schlüssel.

22.1.3 Operator

Es gibt unterschiedliche Operatoren, mit denen man in der Programmierung arbeiten kann, beispielsweise um Werte einer Variablen zuzuweisen oder miteinander zu vergleichen:

- Ein Zuweisungsoperator weist einer Variablen einen Wert zu – meist handelt es sich um das Gleichheitszeichen =.
- Arithmetische Operatoren führen Rechenoperatoren aus, z. B. Additionen (+).
- Zeichenkettenoperatoren fügen Zeichenketten zusammen, machen also zum Beispiel aus den beiden Strings »Hallo« und »Robert« »Hallo Robert«.
- Vergleichsoperatoren werden genutzt, um zwei Werte miteinander zu vergleichen oder in Beziehung zu setzen, beispielsweise ob ein früherer Preis höher ist als ein aktueller Preis.
- Logische Operatoren prüfen, ob eine Aussage wahr oder falsch ist.

22.1.4 Bedingungen

Sehr oft kommt es vor, dass man in der Programmierung Bedingungen prüfen muss – beispielsweise, ob 50 % der möglichen Punkte erreicht wurden. An dieser Stelle wird das Programm unterbrochen und die Bedingung geprüft: Trifft sie zu, werden bestimmte Befehle ausgeführt, beispielsweise ein Hinweis ausgegeben (»Falls 50 % der Punkte erreicht wurden, dann gib einen Hinweis aus«). Oft ergänzt man einen alternativen Codeblock, der ausgeführt wird, wenn die Bedingung nicht zutrifft (»Ansonsten gebe einen anderen Hinweis aus«).

Fallunterscheidung

Manchmal möchte man auch mehrere Möglichkeiten auf einmal prüfen (Fallunterscheidung): Prüfe die Nationalität des Benutzenden. Ist er deutsch (Fall 1), schreibe »Hallo«. Ist er französisch (Fall 2), schreibe »Bonjour«. Ist er spanisch (Fall 3), schreibe »Hola«. Ansonsten (Standard) schreibe »Hello«. Diesen Fall werden wir in Form der `switch`-Anweisung sowohl für JavaScript als auch für PHP kennenlernen.

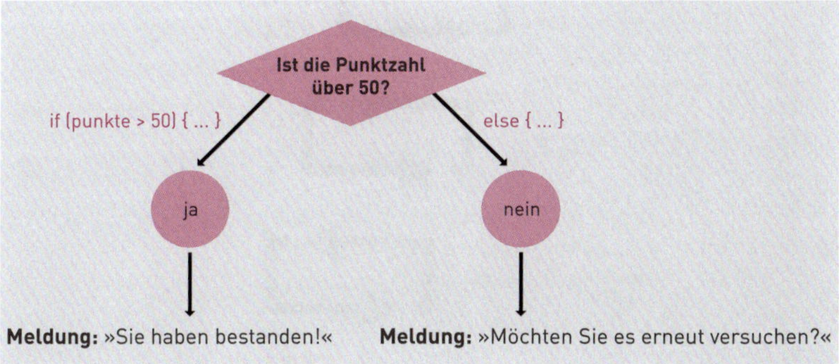

Abbildung 22.1: Prüfen einer Bedingung

Bei der Prüfung kommen Operatoren zum Einsatz: Man kann auf Gleichheit, Ungleichheit, Beziehung (größer oder kleiner) oder true/false prüfen. Es ist auch möglich, mehrere Bedingungen gleichzeitig zu prüfen oder zu kombinieren, beispielsweise über logische Operatoren.

22.1.5 Schleifen

Manchmal möchte man einen Codeblock mehrmals durchlaufen. Nehmen wir an, wir möchten einen virtuellen Läufer programmieren, der drei Runden über einen Kurs läuft. Es wäre ziemlich unsinnig, den gesamten Streckenverlauf dreimal einzeln zu programmieren. Besser ist es, ihn nur einmal zu programmieren und dreimal auszuführen – in der Programmierung spricht man gerne vom DRY-Prinzip (Don't Repeat Yourself).

Definition Schleife
Schleifen enthalten Codeblöcke, die so lange wiederholt werden, bis eine Bedingung erreicht ist. Es muss darauf geachtet werden, dass diese Bedingung auch erreicht werden kann – ansonsten entsteht eine Endlosschleife.

Eine Lösung dafür sind **Schleifen**, bei denen eine Anweisung definiert wird. Solche Anweisungen bestehen aus drei Teilen:

+ Starte bei Runde 0 (Initialisierung des Startwerts).
+ Laufe drei Runden (Abbruchbedingung).
+ Erhöhe den Rundenzähler nach jeder Runde um 1 (Aktualisierung des Zählwerts).

For-Schleifen

Abbildung 22.2 erläutert diesen Zusammenhang. Das Programm durchläuft die Schleife so lange, bis die Abbruchbedingung erreicht ist – dann beendet es die Schleife. Es ist sehr wichtig, darauf zu achten, dass diese Abbruchbedingung auch irgendwann erfüllt wird – ansonsten haben Sie eine Endlosschleife programmiert, aus der das Programm nicht mehr herauskommen kann. Normalerweise stürzt es dann irgendwann ab oder wird vom Betriebssystem geschlossen. Ach ja, und keine Sorge: Jeder von uns hat schon einmal aus Versehen eine Endlosschleife programmiert.

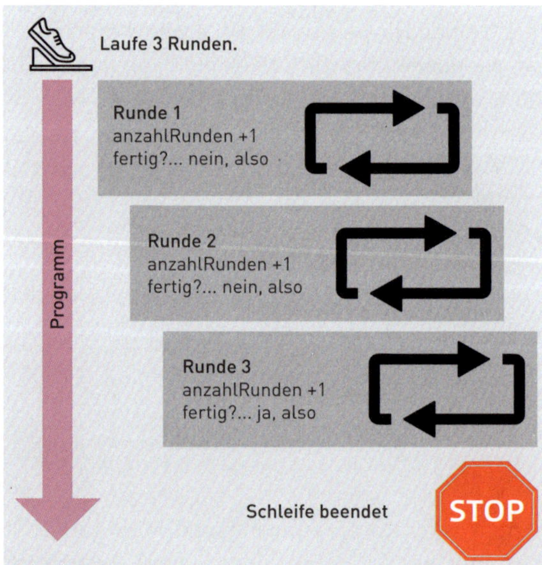

Abbildung 22.2: Durchlaufen einer Schleife

Diese Schleifen werden `for`-Schleifen genannt – Beispiele in JavaScript und PHP behandeln Abschnitt 23.3.5 und Abschnitt 24.2.5.

While-Schleifen

Es gibt aber noch eine zweite Art von Schleifen: `while`. Manchmal kann man sowohl eine `for`- als auch eine `while`-Schleife verwenden – es ist dann eher Geschmackssache, welche Schreibweise man bevorzugt. Es gibt aber auch Situationen, die nur mit `while`-Schleifen realisiert werden können: wenn im Vorfeld nicht bekannt ist, wie oft eine Schleife durchlaufen werden muss.

Abbildung 22.3 zeigt ein Beispiel. Für einen Kuchen müssen 350 Gramm Zucker abgewogen werden. Die Schleife wird so lange ausgeführt, bis diese Bedingung erreicht ist. Dazu wird zunächst geprüft, ob 350 g erreicht sind. Wenn nein, wird weiterer Zucker eingefüllt. Wenn ja, bricht die Schleife ab.

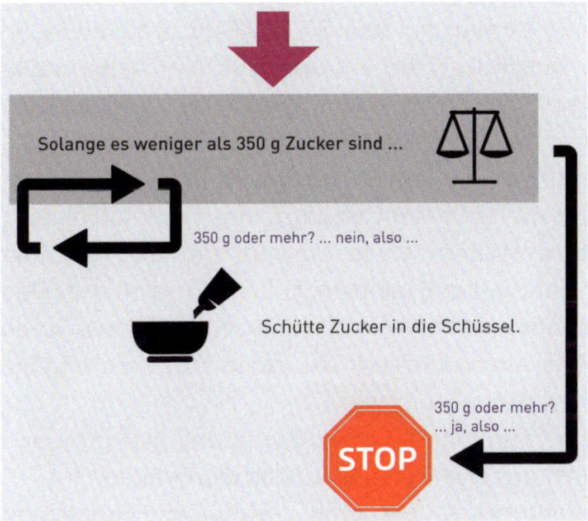

Abbildung 22.3: `while`-Schleifen

Do-while-Schleifen

Neben den `while`-Schleifen gibt es auch die `do-while`-Schleifen. Beide laufen eine vorher nicht bekannte Zahl von Durchläufen, bis eine Bedingung erreicht ist. Der Unterschied liegt aber darin, wann die Prüfung stattfindet. Eine `while`-Schleife prüft ganz am Anfang, ob die Bedingung erfüllt ist, eine `do-while`-Schleife jedoch erst am Ende. Es kann also vorkommen, dass eine `while`-Schleife gar nicht durchlaufen wird – beispielsweise, weil Ihr Nachbar schon zuvor 350 g Zucker in die Schüssel gefüllt hatte. Bei einer `do-while`-Schleife wird hingegen auf jeden Fall ein bisschen Zucker eingefüllt, bevor die Prüfung erfolgt.

> **Wann wird die Bedingung geprüft?**
>
> **Schleifen mit `while` setzt man ein, wenn man im Vorfeld nicht weiß, wie oft die Schleife durchlaufen werden muss. `while`-Schleifen prüfen zuerst die Bedingung (werden also vielleicht gar nicht durchlaufen), `do-while`-Schleifen durchlaufen die Schleife mindestens einmal und prüfen die Bedingung erst danach.**

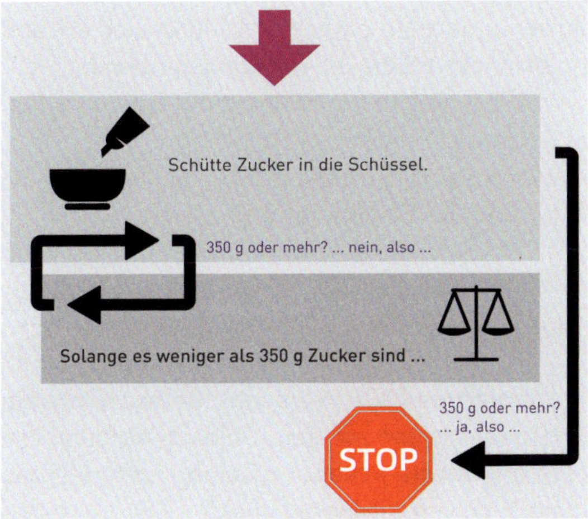

Abbildung 22.4: `do-while`-Schleifen

22.1.6 Funktionen

Stellen Sie sich vor, Sie lernen gerade Autofahren und müssen am Berg anfahren. Es ist Ihre erste Fahrstunde, aber zum Glück sitzt Ihr Fahrlehrer neben Ihnen und erläutert Schritt für Schritt, was Sie tun müssen: Handbremse anziehen, den ersten Gang einlegen, Gas geben, Kupplung langsam kommen lassen ... Einige Fahrstunden später fahren Sie wieder eine Steigung entlang, und wieder lässt Sie der Fahrlehrer anhalten und am Berg anfahren. Diesmal erklärt er Ihnen jedoch nicht mehr alle Schritte einzeln – Sie haben gelernt, was »Am Berg anfahren« bedeutet, und diese Anweisung genügt, um die Aufgabe zu erfüllen.

In der Programmierung würde man in diesem Fall von einer Funktion sprechen, sagen wir mal `amBergAnfahren()`. Eine Funktion ist also ein Block von wiederverwertbarem Code. Sie wird einmalig mit allen notwendigen Schritten definiert und kann anschließend so oft wie nötig aufgerufen werden. Bei jedem Aufruf wird sie einmal ausgeführt. Durch Funktionen wird der Programmcode sehr viel übersichtlicher, und Sie vermeiden viele unnötige Wiederholungen.

+ Oft definiert man eine Funktion an einer Stelle und gibt ihr einen Namen, der möglichst gut erklären sollte, was die Funktion tut.
+ Es gibt aber auch Funktionen ohne Namen, die anonyme Funktionen genannt werden. Sie werden direkt ausgeführt.
+ Manche Funktionen müssen mit Informationen versorgt werden – ein Beispiel wäre eine Funktion zum Berechnen eines rabattierten Preises, die natürlich den Ausgangspreis kennen muss. Man übergibt solche Informationen in Form von Argumenten – sie sind ungemein praktisch, weil sie Code wiederverwendbar machen.
+ Manchmal möchte man, dass eine Funktion eine Antwort zurückgibt. Man bezeichnet dies als Rückgabewert.

22.1.7 Gültigkeitsbereich von Variablen

Jetzt, wo wir Variablen und Funktionen eingeführt haben, können wir einen weiteren Aspekt betrachten: den Gültigkeitsbereich von Variablen.

+ Lokale Variablen werden innerhalb einer Funktion deklariert und können daher auch nur innerhalb dieser Funktion verwendet werden. Versucht man, von außerhalb der Funktion darauf zuzugreifen, produziert das einen Fehler im Programm.
+ Globale Variablen hingegen stehen im ganzen Programm zur Verfügung. Sie werden außerhalb von Funktionen deklariert.

22.2 Objektorientierte Programmierung

Objektorientierte Programmierung (OOP) versucht, Software als ein Zusammenspiel kooperierender Komponenten (Objekte) aufzufassen und zu entwickeln. Objektorientierte Programmierung ist heute das am häufigsten verwendete Programmierparadigma.

Definition Programmierparadigma
Der Begriff Programmierparadigma bezeichnet einen grundlegenden Stil der Programmierung. Diese Stile unterscheiden sich darin, wie die Anforderungen an eine Software angegangen werden.

Wie kann man sich diese abstrakte Sichtweise in der Praxis vorstellen? In Abbildung 22.5 sind symbolische Darstellungen verschiedener Objekte zu sehen. Für Menschen ist es relativ einfach zu verstehen, wofür die einzelnen Symbole stehen. Wir haben im Laufe unseres Lebens eine Vorstellung davon entwickelt, was Hotels, Autos und Häuser sind, welche Eigenschaften sie auszeichnen und was sie tun. Auch wissen wir intuitiv, in welchem Verhältnis sie zueinander stehen und zwischen welchen der Objekte es Beziehungen gibt.

Abbildung 22.5: Drei Modelle von Objekten

Für einen Computer (und damit auch ein Programm) ist das alles nicht ersichtlich. Um also eine Anwendung zu schreiben, müssen wir dem Computer ein Modell dieser Realität mitgeben. Wir schreiben diese Modelle in einer Programmiersprache. Keines dieser Modelle umfasst alle Aspekte, die theoretisch denkbar sind – und das ist auch gar nicht notwendig. Es kommt nur darauf an, ob die Modelle detailliert und flexibel genug sind, damit der Computer seine Aufgabe erfüllen kann.

Objektorientierte Programmierung versucht nun, Software basierend auf solchen Modellen (Objekten) aufzubauen. Die folgenden Abschnitte erläutern die wichtigsten Ideen und Aspekte, die dieser sehr häufigen Herangehensweise zu Grunde liegen.

22.2.1 Objekt

Ein Objekt ist eine Repräsentation der Dinge, beispielsweise ein `Haus` oder ein `Auto`. In der Programmierung würde man sagen: Bei einem Haus und einem Auto handelt es sich um zwei verschiedene Typen von Objekten. So unterscheiden sich Objekte in ihren Eigenschaften – ein `Haus` hat eine Adresse, ein `Auto` jedoch nicht. Außerdem kann man Objekte in charakteristischer Weise nutzen – ein `Auto` kann beschleunigen oder bremsen, ein `Haus` jedoch nicht.

22.2.2 Klasse, Eigenschaften und Methoden

Ein Objekt kann man sich also als etwas Reales vorstellen. Es basiert jedoch auf einer abstrakten Struktur, die man Klasse oder Objekttyp nennt. So kann es beispielsweise verschiedene ähnliche Objekte vom Typ `Auto` geben – einen Sportwagen, einen Kleinwagen und einen Kombi beispielsweise. All dies sind einzelne Objekte, die aber einem Bauplan folgen – der Klasse `Auto`. Eine Klasse definiert, welche Eigenschaften und welche Methoden den Objekten zur Verfügung stehen.

- Eigenschaften sind die Merkmale eines Objekts. Jede Eigenschaft besteht aus einem Namen und einem Wert.
- Methoden sind Funktionen innerhalb von Klassen. Sie stehen für alle Möglichkeiten, die für ein Objekt ausgeführt werden können.

Ein großer Vorteil der objektorientierten Denkweise ist, dass man bei der Programmierung gar nicht so genau wissen muss, was eine Methode tut, die eine fremde Klasse bereitstellt. Das ist ganz analog zur realen Welt. Stellen Sie sich vor, Sie buchen ein Hotelzimmer:

- Für Sie als Gast ist nur wichtig zu wissen, dass ein `Hotel` Zimmer hat (Eigenschaften) und eine Methode `buchen()` bereitstellt, mit der Sie ein Zimmer buchen können.
- Im Hintergrund laufen jedoch eine ganze Reihe weiterer Prozesse ab, die ein Mitarbeiter des Hotels erledigen muss: Jemand muss nachschauen, ob zum gewünschten Zeitpunkt noch Zimmer frei sind, die Buchung in eine Software eintragen, die Software von Zeit zu Zeit aktualisieren ... Die Liste könnte man sicher noch lange weiterführen, aber das ist nur für das Hotel intern von Bedeutung, nicht aber für die Gäste.
- In der objektorientierten Programmierung lässt sich sehr flexibel steuern, wer auf Daten und Methoden einer Klasse zugreifen kann. Man nennt dies Datenkapselung: Eine Klasse verbirgt ihre internen Mechanismen vor Blicken oder gar Zugriffen von außen. Nach außen hin bestimmt sie selbst, welche Eigenschaften und Methoden nutzbar sind.

Diese Datenkapselung gehört zu den großen Vorteilen der objektorientierten Programmierung. So könnte man beispielsweise den internen Mechanismus des Buchens jederzeit verändern, ohne dass die Außenwelt sich damit beschäftigen muss. Auch kann man sich die Arbeit aufteilen – wer beispielsweise eine App oder ein Programm schreibt, greift immer wieder auf Eigenschaften und Methoden von Klassen des Betriebssystems zurück. Bei der Programmierung des Betriebssystems kann man auf diese Weise Funktionalitäten bereitstellen, die Anwendungsentwickler*innen nutzen können – es wäre unsinnig, wenn man in der Entwicklung immer wieder dieselben Funktionalitäten schreiben müsste.

22.2.3 Instanz

Ein weiterer wichtiger Begriff in der Programmierung ist die Instanz. In Abbildung 22.6 sehen Sie ein `Haus`, aber zwei `Autos`. Sowohl das Haus als auch die beiden Autos kommen jedoch nicht aus dem Nichts – ein Architekt hat das Haus entworfen, und dann ist es an einer vorgesehenen Stelle gebaut worden, und auch das Auto wurde nach einem Konstruktionsplan gefertigt. In der Programmierung geht man ähnlich vor. Er definiert zuerst die Klasse `Haus` bzw. `Auto`. Anschließend kann er beliebig viele Instanzen, also einzelne Objekte von dieser Klasse erzeugen – man spricht davon, ein Objekt zu instanziieren.

Obwohl beide Autos Instanzen von `Auto` sind, unterscheiden sie sich. Sie sind unterschiedlich schnell, haben verschiedene Farben und sind von unterschiedlichen Herstellern. Während also die Klasse festlegt, welche Eigenschaften es gibt, bestimmt die Instanz, welchen Wert die Eigenschaften haben.

22.2.4 Vererbung

Ein weiterer wichtiger Aspekt von objektorientierter Programmierung ist, dass Klassen miteinander in Beziehung stehen können. Ein `Auto` und ein `Hotel` haben nicht allzu viel miteinander zu tun. Ein `Hotel` und ein `Haus` allerdings schon, denn ein `Hotel` ist eine Art `Haus`. So gibt es Eigenschaften wie `adresse` und `zimmer`, die für beide Klassen relevant sind. In der Programmierung bezeichnet man die Klasse `Haus` als Basisklasse (oder auch Super- bzw. Elternklasse) von Hotel, die mittels Vererbung ihre Eigenschaften oder Methoden an Hotel weiterreicht. Eine abgeleitete Klasse kann weitere Eigenschaften oder Methoden definieren – es ist auch möglich, Methoden der Basisklasse zu überschreiben.

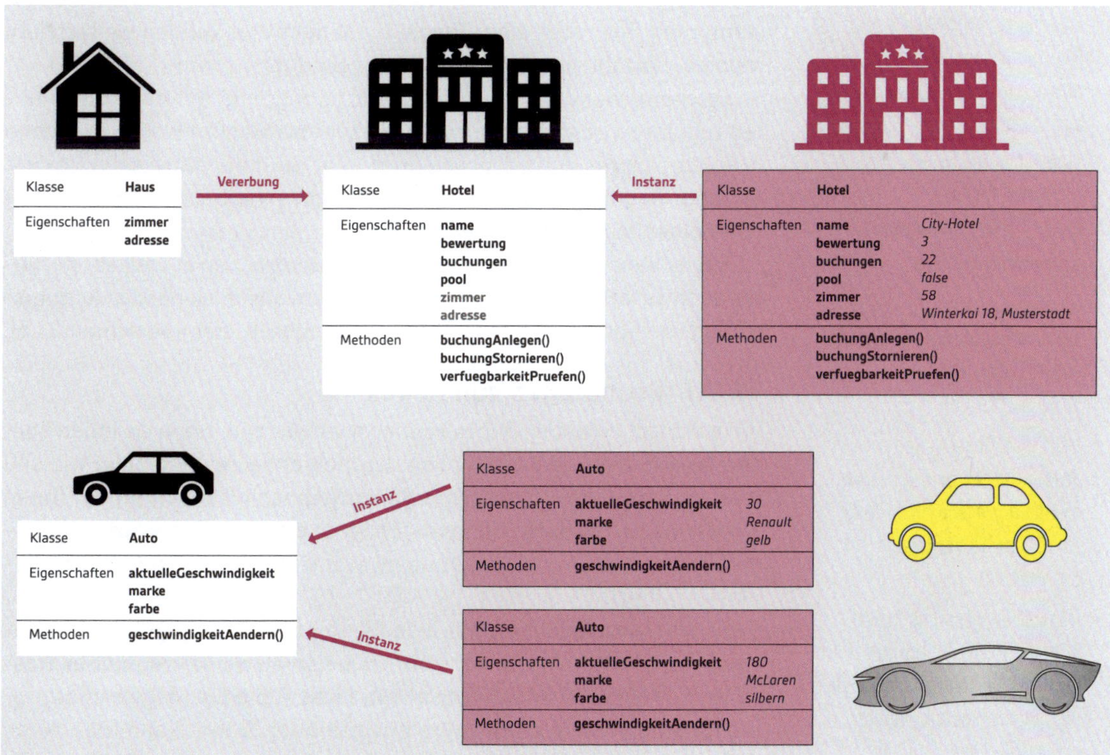

Abbildung 22.6: Prinzipien objektorientierter Programmierung

Vererbung ist ein wichtiges Konzept in der objektorientierten Programmierung, weil es die Architektur der Software flexibel macht. So könnten Sie beispielsweise nach Bedarf eine von `Auto` abgeleitete Klasse `Sportwagen` oder `Kleinwagen` einfügen.

Abbildung 22.6 erläutert den Zusammenhang zwischen den bisher beschriebenen Aspekten der objektorientierten Programmierung. Zur Verdeutlichung der Vererbung sind die vererbten Eigenschaften in der Abbildung grau formatiert – normalerweise wiederholt man sie in der Darstellung nicht.

22.3 Reguläre Ausdrücke

Beim Programmieren kommt es häufig vor, dass man bei einem Textausdruck überprüfen möchte, ob bestimmte Kriterien zutreffen. Das kann beispielsweise bei Eingaben (»Sind nur Zahlen von 1 bis 6 eingegeben worden?«, »Gibt es Sonderzeichen in der Eingabe?«) oder URLs (»Wurde der Domainname mit oder ohne www eingegeben?«) der Fall sein. Manchmal möchte man auch einen Teil des Ausdrucks speichern und später weiterverwenden, z. B. eine Produktnummer aus einer URL extrahieren. Oder aber man möchte Zeichenketten verändern (z. B., wenn man Besucher einer Website auf die https-Version weiterleiten möchte, obwohl sie eine http-URL eingegeben haben).

Solche Anwendungsfälle sind sehr häufig, und mit den sogenannten regulären Ausdrücken, meist kürzer als »Regex« (vom Englischen »regular expressions«) bezeichnet, gibt es dafür eine sehr flexible Lösung. Reguläre Ausdrücke sind Muster, mit denen man nach Zeichenfolgen in Strings suchen kann.

Regex kann man in vielen Programmiersprachen einsetzen, darunter auch JavaScript und PHP. Sie begegnen uns auch bei der Administration von Servern (etwa in Form der .htaccess, siehe Abschnitt 24.5).

Quellen und Lesetipps

Dieser Abschnitt enthält Grundlagen zu Regex, die für die Arbeit besonders wichtig sind. Wenn Sie tiefer in das Thema einsteigen möchten, gibt es hier viele hilfreiche Informationen:

+ Tutorial zu Regex von Daniel Fett (*www.danielfett.de/de/tutorials/tutorial-regulare-ausdrucke*)
+ Tutorial zu Regex von Ryan Chadwick (*https://ryanstutorials.net/regular-expressions-tutorial*)
+ Umfangreiche Informationsseite zu Regex von Jan Goyvaerts (*www.regular-expressions.info*)
+ MDN Web Docs zu Regex in JavaScript (*https://developer.mozilla.org/en-US/docs/Web/JavaScript/Guide/Regular_Expressions*)
+ Regular Expressions in PHP über die PCRE-Bibliothek (Perl Compatible Regular Expressions, *https://secure.php.net/manual/en/book.pcre.php*)

22.3.1 Grundlagen von Regex

Viele Menschen finden Regex zunächst verwirrend, wenn sie ihnen über den Weg laufen – eine kompliziert scheinende Zeichenfolge, wie soll man sich da zurechtfinden? In diesem Abschnitt möchten wir Ihnen jedoch die Scheu davor nehmen. Es lohnt sich sehr, Regex zu lernen – und so schwer sind sie auch nicht, wenn man sich ihnen Schritt für Schritt nähert.

Es gibt verschiedene Online-Tools, mit denen Sie reguläre Ausdrücke ausprobieren und lernen können, beispielsweise »regular expressions 101« (*https://regex101.com*) von Firas Dib oder »regexr« (*https://regexr.com*) vom Team der Agentur gskinner. Damit kann man einen regulären Ausdruck auf einen Teststring anwenden. Eine Dokumentation mit vielen Beispielen gibt es auch.

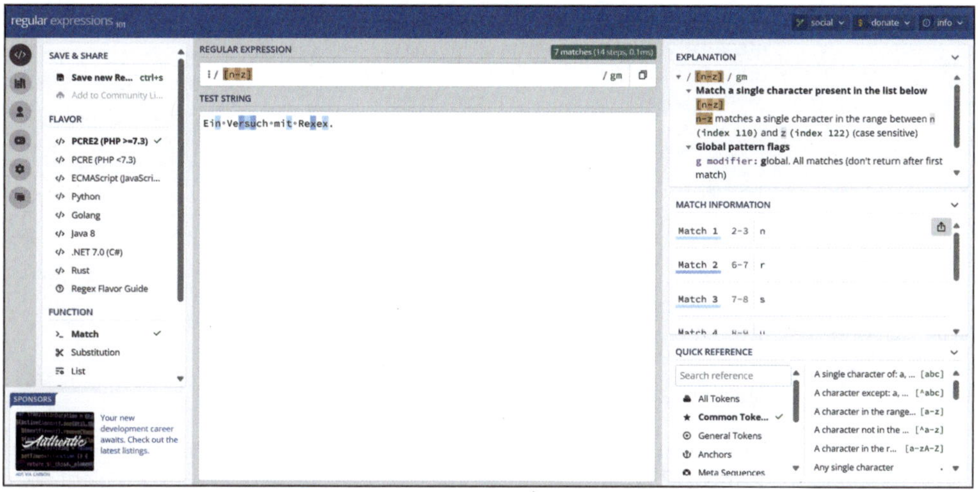

Abbildung 22.7: Mithilfe von Online-Tools wie »regular expressions 101« (Bild: *https://regex101.com*) kann man reguläre Ausdrücke live und anschaulich erleben und erlernen.

Damit ausgestattet können wir nun einige Grundregeln von Regex lernen:

+ Reguläre Ausdrücke bestehen aus normalen Zeichen und/oder Metazeichen.
+ Normale Zeichen stehen in regulären Ausdrücken für sich selbst, Metazeichen haben hingegen eine besondere Bedeutung.
+ Was aber, wenn man ein normales Zeichen verwenden möchte, das gleichzeitig auch eine Meta-Bedeutung hat? Oder umgekehrt? In diesem Fall muss man einen Backslash \ voranstellen.
+ Gruppen von Zeichen kann man mithilfe von Klammern bilden. Die eckigen Klammern [und] enthalten beispielsweise eine Auswahl von Zeichen, nach denen gesucht werden soll.

Schauen wir uns das an einem Beispiel an. Wir gehen dies hier zunächst einmal Schritt für Schritt durch, damit Sie sehen, wie Sie Regex mithilfe der oben erwähnten Online-Tools erlernen können. Wir möchten prüfen, ob eine Zahl in den Bereich der deutschen Schulnoten von 1 bis 6 fällt. Unser Teststring ist »2«, unser Regex auch »2«. Das ergibt natürlich einen Treffer:

Delimiter

Wenn man Regex in JavaScript oder PHP einsetzt, muss man sie vom Rest des Codes abgrenzen. Dazu nutzt man einen sogenannten Delimiter – ein Zeichen, das vor und nach dem Regex steht, beispielsweise / (/regex/). Wir verzichten in den folgenden Beispielen darauf, den Delimiter jedes Mal einzufügen, weil er nicht zum eigentlichen Regex gehört.

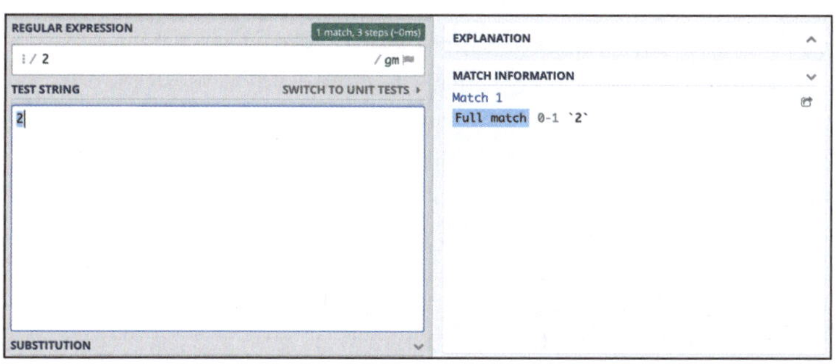

Abbildung 22.8: Ein Regex »2« trifft den Teststring »2« natürlich.

Nun sind aber nicht alle Noten eine 2 – wir möchten also auch auf die anderen Noten prüfen:

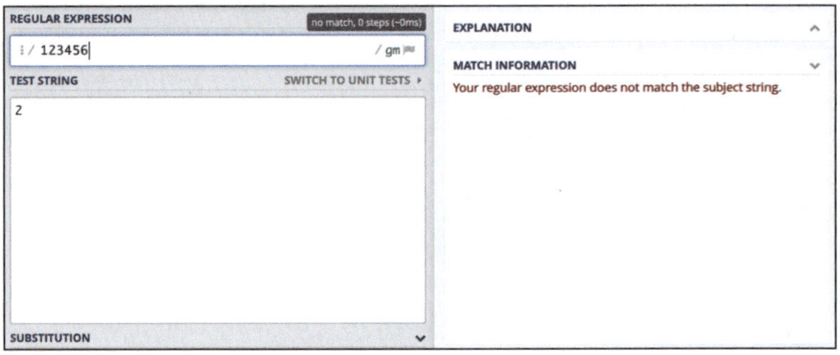

Abbildung 22.9: Der Regex »123456« trifft den Teststring »2« jedoch nicht.

Warum trifft dieser Regex nicht? Nun, wir suchen nach der Zeichenfolge »123456«, und die gibt es in unserem String natürlich nicht. Was wir aber eigentlich tun möchten, ist, nach irgendeiner der angegebenen Zahlen zu suchen – und dafür brauchen wir die eckigen Klammern:

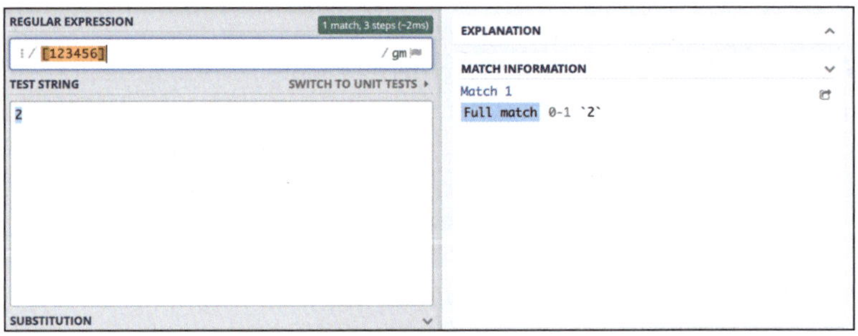

Abbildung 22.10: Suche nach einer Zeichenauswahl in einem Regex

Nun klingt [123456] genauso umständlich wie es ist – kann man da nicht einfach [1-6] schreiben? Doch, das kann man. Der Bindestrich - legt nämlich einen Bereich aufeinander folgender Zeichen fest. Was aber, wenn wir explizit nach einem Bindestrich suchen möchten, beispielsweise weil wir auch wissen möchten, ob es ein - innerhalb unseres Teststrings gibt? In diesem Fall müssen wir mit dem Backslash \ arbeiten:

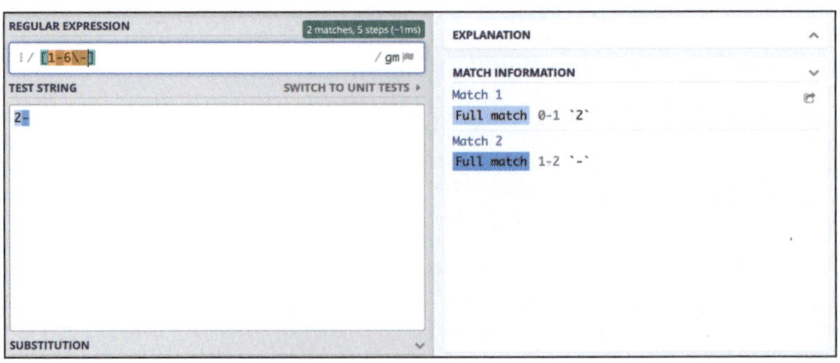

Abbildung 22.11: Arbeiten mit dem Backslash \ in Regex

22.3.2 Wichtige Metazeichen in Regex

Mit einem Online-Tool ist es also recht einfach, reguläre Ausdrücke zu erlernen oder zu überprüfen. Wir möchten daher nun einige weitere wichtige Metazeichen erläutern, die Sie mithilfe eines der Tools in Aktion erleben können:

+ ^ kennzeichnet den Anfang eines Ausdrucks. ^d trifft also nur zu, wenn d am Anfang des Ausdrucks steht (z. B. bei »das ist gut«, nicht bei »ist das gut«).
+ $ kennzeichnet analog das Ende eines Ausdrucks.
+ Schreibt man * hinter ein Zeichen, so trifft der Regex null oder beliebig viele Wiederholungen davon. bo* findet also »b«, »bo«, »boo«, »booo«, »boooo« ... (das könnte man jetzt beliebig weiterführen).
+ + hingegen besagt, dass das vorhergehende Zeichen mindestens einmal vorkommen muss. bo+ trifft also »bo«, »boo« und »booo«, nicht aber »b«.
+ Das Fragezeichen ? schließlich bedeutet »keinmal oder einmal«. So trifft der Ausdruck ba? (also ein b sowie kein oder ein a) sowohl »ba«, »aba« als auch »b«, nicht aber »a«.
+ Mithilfe von runden Klammern lassen sich Gruppen von Ausdrücken bilden. Damit ist es auch möglich, eine bestimmte Anzahl von Wiederholungen von Zeichen festzulegen. Dazu dient eines der bereits erwähnten Metazeichen wie *, + und ? oder der Ausdruck {n,m}. So trifft (ge){1,2} alle Zeichenketten, in denen mindestens ein und höchstens zwei ge vorkommen (also »gehen«, »dagegen«, und zweimal in »dagegegen«), (ge){2,3} nur Folgen mit mindestens zweimal ge (»dagegen« und zweimal »dagegegen«), und (ge){3} nur noch »dagegegen« (dreimal ge in Folge). Mindestangaben gehen natürlich auch: (ge){3,} trifft alle Zeichenfolge mit drei oder mehr ge in Folge.
+ Vorsichtig sollten Sie bei Regex mit den Quantifikatoren (*, + und { }, weil sie die Anzahl der vorherigen Zeichen festlegen) allerdings sein, denn sie sind gierig. Das wird wirklich so genannt (greedy) und bezieht sich darauf, dass sie immer so viel wie möglich treffen wollen – sie hören also nicht beim ersten Treffer auf, sondern wandern so lange nach rechts wie möglich. Ein Beispiel soll das verdeutlichen. Stellen Sie sich vor, Sie möchten alle öffnenden und schließenden HTML-Elemente in folgendem Abschnitt auswählen:

```
<p>Das hier ist ganz viel Text, dann folgt ein
<a href="http://example.org">Link zu einem anderen
Thema</a>, dann wieder ganz viel Text, und ein bisschen
<strong>Betonung</strong> darf auch noch sein.</p>
```

Listing 22.1: HTML-Beispiel

Wie Sie sehen, stehen die HTML-Elemente zwischen eckigen Klammern < und >, innerhalb derer sich ein oder mehrere Buchstaben befinden. Ein möglicher Regex wäre also dies: <.+> – erst spitze Klammer auf, dann ein beliebiges Zeichen mindestens einmal oder öfter, dann spitze Klammer zu. Klingt gut, aber probieren Sie es aus: Der Ausdruck wählt nicht die einzelnen HTML-Elemente, sondern alles auf einmal aus. Warum? Nun, weil + gierig ist: Es fängt vorne bei der spitzen Klammer an und hört bei der letzten spitzen Klammer auf (nicht bei der nächsten, die es findet) – und da liegt nun einmal der gesamte Text dazwischen.

Im Zaum halten kann man gierige Ausdrücke übrigens mit einem ?: Der Ausdruck <.+?> trifft nur noch so wenige Zeichen wie möglich, also in diesem Fall immer nur die Zeichen zwischen den öffnenden und schließenden spitzen Klammern. Man spricht daher auch von einem faulen (lazy) Quantifikator.

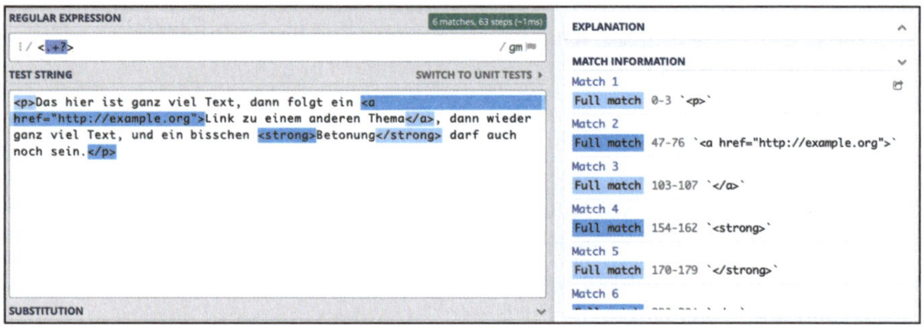

Abbildung 22.12: Faul statt gierig

+ Der senkrechte Strich | steht für »oder«. a(b|n) trifft also »ab« und »an«.
+ Runde Klammern erzeugen nicht nur Gruppen, sondern bewirken auch, dass man auf die Treffer wieder zugreifen kann. Die folgende Abbildung 22.13 erläutert dies: Zunächst suchen wir mit (denke) nach der Zeichenfolge »denke« und speichern sie. Anschließend ersetzen wir den Treffer mit einem neuen Inhalt. Dabei greifen wir mit $1 wieder auf die Inhalte aus der Klammer zurück und ergänzen sie um einige weitere Zeichen. $1 bedeutet, dass wir uns auf den Inhalt der ersten Klammer in unserem Regex beziehen. $2 würde sich auf die zweite Klammer beziehen, $3 auf die dritte usw.

Nicht-speichernde Klammern

Wenn Sie Zeichenfolgen in einem Regex gruppieren möchten, ohne ihren Inhalt zu behalten, können Sie dies mit (?: und) tun.

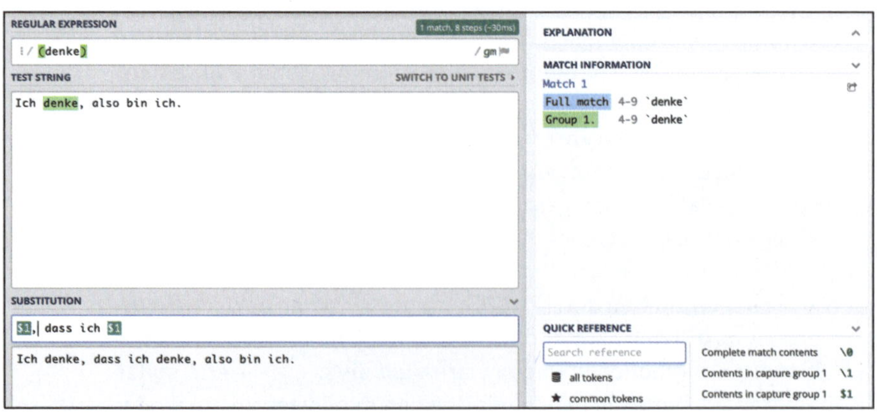

Abbildung 22.13: Zugreifen auf gespeicherte Treffer in Regex

- Der Punkt . ist ein Platzhalter und trifft ein beliebiges Zeichen (mit Ausnahme des Zeilenumbruchs). `Kla..e` trifft also »Klause«, »Klasse« und »Kladde«.
- Schließlich kann man Ausdrücke auch verschachteln. `(Intel (i5|i7)|Snapdragon (805|810))` trifft »Intel i5«, »Intel i7«, »Snapdragon 805« und »Snapdragon 810«, nicht aber »Intel i9«.

22.3.3 Zeichenauswahl mit Regex

Etwas anders sieht es jedoch innerhalb einer Zeichenauswahl aus, die Sie mit eckigen Klammern [und] kennzeichnen. Hier gelten viele Metazeichen als normale Zeichen und müssen nicht mit Backslash versehen werden. Das gilt für den Punkt ., das Sternchen *, das Pluszeichen + ... nicht aber für - (Zeichenbereich), wie Sie oben gesehen haben.

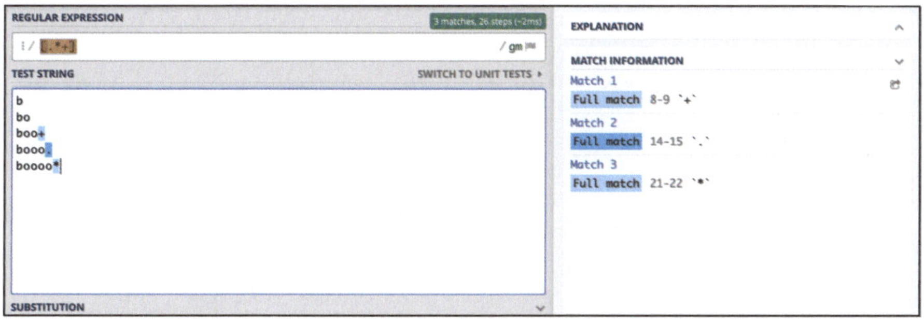

Abbildung 22.14: Eine Zeichenauswahl arbeitet nach anderen Regeln als ein Regex ohne eckige Klammern.

Mithilfe von ^ innerhalb der eckigen Klammern ist es auch möglich, Zeichen zu negieren. `[^qz]` trifft alle Zeichen außer q und z.

22.3.4 Zeichenklassen

Es gibt in Regex außerdem definierte Zeichenklassen. Tabelle 22.1 liefert einige wichtige Beispiele.

Zeichen	Beschreibung	Beispiel
\d	Ziffer	trifft alle Ziffern, aber keine Buchstaben
\D	keine Ziffer	trifft Zeichen, die keine Ziffern sind
\b	Wortgrenze	`Karl\b` trifft »Karl«, aber nicht »Karlsruhe«
\B	keine Wortgrenze	`Karl\B` trifft »Karlsruhe«, aber nicht »Karl«
\w	Wortzeichen	trifft Buchstaben und Ziffern
\W	kein Wortzeichen	trifft Zeichen, die keine Buchstaben oder Ziffern sind (z. B. Satzzeichen)

Tabelle 22.1: Einige Zeichenklassen in Regex

Kapitel 23
Webstandards

Themen des Kapitels:

- *HTML*
- *CSS*
- *JavaScript*
- *Ajax*
- *Fetch-API*

23.1 Kerntechnologien

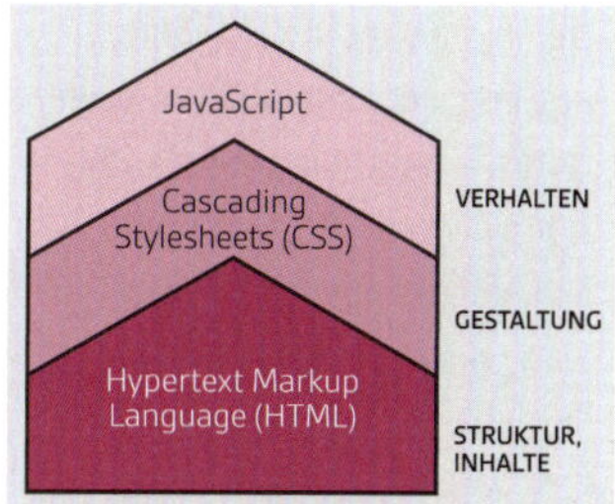

Abbildung 23.1: Webstandards

Im Web gibt es unterschiedliche Technologien, die ineinandergreifen – man bezeichnet sie als Webstandards. Die drei Kerntechnologien sind HTML, CSS und JavaScript.

- HTML steht für Hypertext Markup Language und beschreibt den Inhalt selbst, der auf einer Webseite zu finden ist. Ein wichtiges Kennzeichen ist, dass dieser Inhalt durch HTML strukturiert wird – beispielsweise in Überschriften, Absätze oder Listen.
- CSS ist die Abkürzung für Cascading Stylesheets und definiert das Aussehen.
- JavaScript ist eine Programmiersprache, mit der das Verhalten einer Webseite gesteuert wird. Man reagiert damit beispielsweise auf Interaktionen und liefert ein Ergebnis zurück.

»Kerntechnologie« bedeutet in diesem Zusammenhang, dass alles, was in der Webentwicklung geschieht, letztlich in Form dieser drei Technologien an den Browser zurückgespielt wird. Klassischerweise liegen die entsprechenden Dateien auf einem Webserver, von dem sie bei Bedarf abgerufen werden können – man nennt dies statische Webseiten, weil sie fix und fertig bereitliegen.

Allerdings ist dieses Vorgehen für größere und häufig aktualisierte Auftritte kaum praktikabel. In diesem Fall setzt man daher auf dynamische Websites. Sie liegen nicht fertig auf dem Webserver, sondern werden durch ein Programm erzeugt, sobald eine Besucherin sie aufruft. Letztlich entsteht dadurch jedoch wieder HTML, CSS und JavaScript,

Progressive Enhancement

Als »Progressive Enhancement« bezeichnet man eine Strategie im Webdesign, bei der man zunächst von grundlegenden Basistechnologien ausgeht und dann mehr und mehr ausgefallene Funktionen und Gestaltungstechniken hinzufügt. Die Grundidee dahinter ist, dass alle Nutzer*innen auf die Inhalte zugreifen können soll – auch dann, wenn sie einen älteren Browser oder ein weniger leistungsfähiges Gerät verwendet.

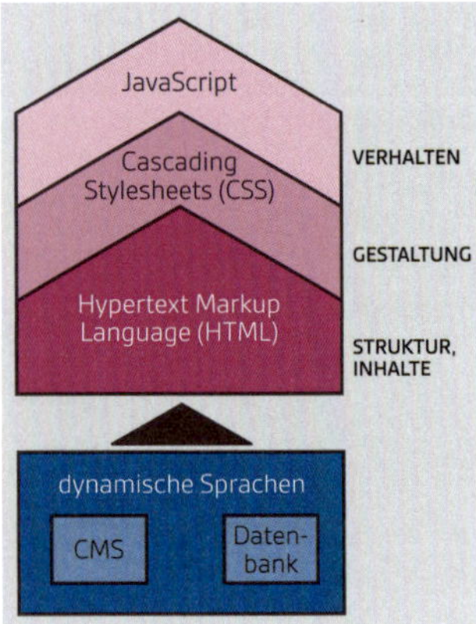

Abbildung 23.2: Dynamische Website-Erstellung

das an den Browser geschickt wird. Die vorherige Verarbeitung mithilfe einer serverseitigen Programmiersprache bringt jedoch eine ganze Reihe von Vorteilen, beispielsweise nutzergenerierte Inhalte wie Kommentare oder individuelles Zusammenstellen von Inhalten (z. B. nach einer Suchanfrage).

Dynamische Websites werden serverseitig über eine dynamische Sprache wie beispielsweise PHP (Hypertext Preprocessor) oder Python erzeugt, meist mithilfe eines auf dem Server laufenden Content-Management-Systems und einer Datenbank.

Ein Vorteil bei der Arbeit mit Webstandards ist die konsequente Trennung von Inhalten und Layout. Das gibt dem Netz eine ungeahnte Flexibilität, denn jede Technologie kann sich darauf konzentrieren, was ihre Stärken sind. So lassen sich Gestaltungsvorlagen in CSS beispielsweise zentral definieren und anschließend einheitlich auf alle Inhalte anwenden.

Static Site Generatoren

Static Site Generatoren sind Werkzeuge, die Websites generieren, indem sie HTML-Seiten aus Vorlagen und Inhalten vorbereiten, anstatt sie bei jeder Anfrage dynamisch zu erstellen. Sie kombinieren Quellinhalte, oft in Form von Markdown-Dateien, mit Vorlagedateien, um eine statische HTML-Seite zu erstellen, die dann auf einem Webserver bereitgestellt wird. Das Ergebnis sind schnellere Ladezeiten und mehr Sicherheit, da keine Skripte auf dem Server ausgeführt werden müssen. Beliebte Generatoren sind Jekyll, Hugo und Gatsby.

Browser-Rendering

Mit diesem grundlegenden Verständnis der wichtigsten Webtechnologien ist es möglich, tiefer in die Materie einzutauchen. Von zentraler Bedeutung für ein Verständnis ist dabei die Frage, in welcher Reihenfolge ein Browser diese Technologien eigentlich verarbeitet und etwas Sichtbares auf dem Bildschirm anzeigt (Rendering).

1. Zunächst empfängt der Browser ein HTML-Dokument, wenn er eine URL aufruft.
2. Er interpretiert nun den Quelltext und baut daraus das DOM auf. DOM steht für »Document Object Model« und enthält alle Elemente (»Objekte«) einer Webseite in einer baumartigen Struktur. Damit weiß der Browser schon einmal, was überhaupt alles dargestellt werden könnte. Den Prozess des Interpretierens bezeichnet man als Parsen.
3. In den meisten Fällen wird der Browser beim Durchforsten des Quelltexts auf Stilangaben in CSS oder externe CSS-Angaben stoßen. Auch diese Angaben interpretiert er und baut ein abstraktes Modell auf: das CSSOM (CSS Object Model). Dieses Modell sagt ihm, wie er die Inhalte einer Seite darstellen soll. Daher bezeichnet man CSS auch als render-blocking – die Anzeige von Inhalten wird so lange blockiert, bis das CSS abgearbeitet wurde.
4. Sofern JavaScript in einer Seite enthalten ist, muss der Browser seine Strategie ändern. Mit JavaScript könnte man sowohl den Inhalt (HTML) als auch die Darstellung (CSS) ändern – ein Browser muss also zuerst sicher sein, was das Skript macht. JavaScript schaltet sich also in den Prozess des Interpretierens ein und wird daher als parser-blocking bezeichnet: Sobald der Browser ein Skript findet, unterbricht er die DOM-Erstellung und führt zunächst das Skript aus. Ist er damit fertig, kann er mit dem Parsen fortfahren.
5. Im nächsten Schritt führt der Browser DOM und CSS zusammen und baut den sogenannten Render Tree auf. Beispielsweise könnte

es sein, dass ein Inhalt, der im DOM ist, per CSS ausgeblendet wird – der Browser müsste ihn also aus dem Render Tree entfernen.

6. Schließlich errechnet der Browser die Größenverhältnisse, mit denen er die Inhalte darstellen soll. Unter Umständen muss er das mehrmals pro Seite machen – beispielsweise wenn ein Nutzer oder eine Nutzerin gescrollt hat oder sich durch eine andere Interaktion nachträglich etwas ändert.

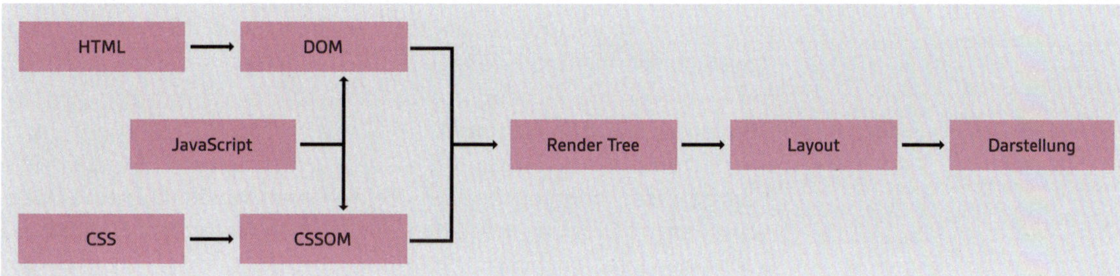

Abbildung 23.3: Rendering von Websites. Die Abbildung zeigt diesen Rendering-Prozess in seiner grundlegenden Form. Mithilfe von asynchroner Programmierung ist es möglich, ihn zu beeinflussen – wir werden darauf noch zurückkommen.

23.2 HTML

Die Abkürzung HTML steht für »Hypertext Markup Language«. Hypertext steht für die Netzwerkstruktur im Web, Markup Language bedeutet »Auszeichnungssprache«. Dies ist eine erste wichtige Lektion: HTML ist keine Programmiersprache – hier wird nichts programmiert, sondern geschrieben. Ziel von HTML ist es also, Inhalte und deren Struktur darzustellen.

Quellen und Lesetipps

- Jürgen Wolf, »HTML und CSS – Das umfassende Handbuch«, Rheinwerk, Bonn 2023
- Peter Müller, »Einstieg in HTML und CSS«, Rheinwerk, Bonn 2022

HTML ist demnach eine Sprache zur Auszeichnung von Inhalten. Betrachten wir zunächst einige Grundregeln, um besser zu verstehen, was das bedeutet. Wie würde man strukturelle Informationen in einem Text unterbringen? Man würde unterschiedliche Bausteine benötigen:

- Zum einen den Inhalt selbst: »Nudeln mit Pesto. Bitte kochen Sie die Nudeln und öffnen Sie das Pesto-Glas. Lesen Sie das ganze Rezept.«
- Anschließend müsste man einen Weg finden, zu unterscheiden, welcher der Sätze eine Überschrift, welcher ein normaler Absatz ist und welcher ein Link ist: »Überschrift: Nudeln mit Pesto. Absatz: Bitte kochen Sie die Nudeln und öffnen Sie das Pesto-Glas. Link: Lesen Sie das ganze Rezept.«
- Schließlich wäre es sinnvoll, einige weiterführende Angaben zu diesen Strukturen machen zu können, z. B. wo der erwähnte Link überhaupt hinführen soll.

In HTML hat man diese Überlegungen mit Elementen und Attributen umgesetzt.

23.2.1 Grundlagen von HTML-Elementen und Attributen

HTML-Elemente, auch »Tags« genannt, legen fest, um welche Art von Inhalten es sich handelt. Sie werden mit spitzen Klammern geschrieben. In diese spitzen Klammern kommt die Bezeichnung des Elements. Es folgt der eigentliche Inhalt. Anschließend wird das Element wieder geschlossen – der Browser weiß damit, wo die Überschrift, der Absatz oder der Link zu Ende ist. Zum Beenden wird der Name des Elements wiederholt, diesmal mit einem Schrägstrich / vorne. HTML unterscheidet nicht zwischen Groß- und Kleinschreibung bei den Elementen, aber meistens schreibt man sie klein.

Listing 23.1: Grundlegende Struktur von HTML-Elementen

```
<element>… Inhalt …</element>
```

Hier ist unser theoretisches Beispiel von eben. h1 steht für eine Überschrift erster Ordnung (heading 1), p für einen Absatz (paragraph) und a für einen Link (anchor).

Listing 23.2: Beispiele für HTML-Elemente

```
<h1>Nudeln mit Pesto</h1>
<p>Bitte kochen Sie die Nudeln und öffnen Sie das Pesto-Glas.</p>
<a>Lesen Sie das ganze Rezept.</a>
```

Einige HTML-Elemente müssen nicht explizit geschlossen werden und können auch keine Inhalte enthalten. Man bezeichnet diese Elemente daher auch als »leer«. Ein Beispiel ist das <hr>:

Listing 23.3: <hr> muss nicht geschlossen werden.

```
<p>Sarah lenkte den VW die Einfahrt hinauf und stellte ihn unter
einem Ahornbaum ab. Sie stieg aus und eilte über den Parkplatz,
ohne zu bemerken, dass sich ihr Haustürschlüssel beim Aussteigen
von ihrem Schlüsselbund gelöst hatte.</p>
<hr>
<p>Tom wachte mit Kopfschmerzen auf. Wie lange war er bewusstlos
gewesen? Er konnte sich an nichts erinnern, das nach jenem omi-
nösen Treffen in der Bar geschehen war.</p>
```

hr steht für horizontal rule und erzeugt einen logischen Abschluss, visualisiert durch einen horizontalen Strich.

Wichtig an dieser Stelle: <hr> wird zwar in der Standardeinstellung als Strich dargestellt, darf jedoch nicht verwendet werden, um eine rein visuelle Linie zu erzeugen! Wie erläutert dient HTML der Strukturierung von Inhalten – und <hr> bedeutet eben, dass sich das Thema eines Texts ändert. Gestaltung wird über CSS geregelt – das ist auch viel flexibler.

HTML-Attribute

Das Element <a> erzeugt wie erläutert einen Link. Das alleine ist jedoch noch nicht abendfüllend: Ein Link ist nur dann sinnvoll, wenn er irgend-

Wichtig bei HTML-Elementen

HTML-Elemente stehen in spitzen Klammern. Sie umschließen den Inhalt. Beim Beenden wird dem Element ein Schrägstrich / vorangestellt.

Einige HTML-Elemente sind leer – sie enthalten keine Inhalte und müssen nicht geschlossen werden.

wohin führt. Für derartige Meta-Informationen zu einem Element gibt es die Attribute. Sie werden mit Leerzeichen getrennt direkt in das öffnende Element geschrieben. Die meisten Attribute brauchen einen Wert, der in Anführungszeichen angegeben wird.

Wichtig bei HTML-Attributen

HTML-Attribute enthalten Meta-Informationen zu den Elementen und werden mit Leerzeichen getrennt in das öffnende Element geschrieben. Werte folgen mit Gleichheitszeichen und in Anführungszeichen.

```
<element attribut="wert">…</element>
```

Listing 23.4: Grundlegende Schreibweise von HTML-Attributen

Bei unserem Link hört das richtige Attribut auf den Namen href, gefolgt von einem Pfad oder einer URL, z. B. <a **href="rezept-nudeln-pesto.html"**>Lesen Sie das ganze Rezept.</a>.

Einige Attribute dürfen auch leer sein. Ein Beispiel ist disabled, das ein Texteingabefeld deaktiviert:

```
<input disabled>
```

Listing 23.5: Leeres Attribut

Einige Attribute können nur auf spezielle HTML-Elemente angewendet werden – sie werden zu gegebener Zeit vorgestellt. Andere Attribute hingegen sind globaler Natur und daher für alle Elemente verfügbar. Die wichtigsten globalen Attribute sind class und id. IDs (von »Identität«) sind eindeutige Bezeichnungen – jede ID darf in einer Seite nur einmal vorkommen, sonst ist das HTML nicht valide. Gruppen von Elementen hingegen können mit Klassen eingeteilt werden. Klassen und IDs werden in CSS häufig verwendet, um die betreffenden Elemente mit besonderen Gestaltungen zu versehen.

ID versus Klasse

IDs (Attribut id) müssen innerhalb eines Dokuments einmalig sein, Klassen (Attribut class) dürfen mehrmals vergeben werden.

Das folgende Beispiel zeigt einen typischen Anwendungsfall von Klassen und IDs:

```
<article id="aufmacher">
 <h2>Erstmals mehr als 1.000 Downloads im Shop</h2>
 <p class="intro">…</p>
 <p>…</p>
</article>
```

Listing 23.6: Beispiel für die Arbeit mit IDs und Klassen in HTML

Verschachtelung von HTML-Elementen

Mit Ausnahme der leeren Elemente können HTML-Elemente ineinander verschachtelt werden. So enthält der Beitrag (article) in Listing 23.6 beispielsweise eine Überschrift (h2) sowie mehrere Absätze (p). Tatsächlich ist die Verschachtelung von HTML-Elementen eine der ganz zentralen Eigenschaften der Auszeichnungssprache.

Achten Sie beim Verschachteln unbedingt auf die Reihenfolge. Elemente umschließen einander und müssen daher in umgekehrter Reihenfolge geschlossen werden, wie sie geöffnet wurden – was zuerst geöffnet wurde, muss zuletzt geschlossen werden. Ein Springen in dieser Verschachtelungsreihenfolge macht ein HTML-Dokument ungültig und kann zu Layoutproblemen führen.

```
<p>                                                  1. Element: <p>
    Es beginnt mit einem Text,
        <strong>                                     2. Element: <strong>
            es folgt eine fette
            <em>                                     3. Element: <em>
                und kursive
            </em>                                    3. Element-Ende: </em>
            Hervorhebung
        </strong>                                    2. Element-Ende: </strong>
    und es endet wieder mit normalem Text.
</p>                                                 1. Element-Ende: </p>
```

Abbildung 23.4: Beispiel für richtige Reihenfolge bei der Verschachtelung

> **Groß- oder Kleinschreibung?**
>
> HTML unterscheidet nicht zwischen Groß- und Kleinschreibung – ob Sie `<HTML>` oder `<html>` schreiben, ist also egal. Es hat sich allerdings die Kleinschreibung eingebürgert.

Es hat sich außerdem eingebürgert, die Verschachtelung von HTML-Elementen im Quelltext mit Einrückungen darzustellen. Der Browser ignoriert diese Einrückungen, aber für den Menschen sind sie beim Lesen des Codes eine große Erleichterung. Listing 23.7 gibt dafür ein Beispiel – dank der Einrückungen ist sofort ersichtlich, dass `h2` und der zweite Absatz innerhalb des Kastens `div` sitzen und alle Inhalte gemeinsam Teil des `article` sind:

Listing 23.7: Beispiel für Einrückungen

```
<article>
 <h1>Eine Überschrift</h1>
 <p>Ein Absatz.</p>
 <div>
  <h2>Ein Kasten mit einer Unterüberschrift</h2>
  <p>Ein Absatz im Kasten.</p>
 </div>
</article>
```

Einrückungen können einerseits mit Tabulator, andererseits auch mit Leerzeichen realisiert werden. Man kann vortrefflich darüber streiten, was nun besser ist. Texteditoren mit HTML-Unterstützung sind eine große Hilfe bei der Arbeit – sie können ganze Blöcke auf Knopfdruck einrücken und übernehmen Einrückungen während des Schreibens sogar automatisch.

> **Kommentare**
>
> Kommentare können in HTML zwischen den Zeichen `<!--` und `-->` eingegeben werden. Es ist eine gute Angewohnheit, den Quelltext so zu kommentieren, dass er für andere und das zukünftige Ich verständlich ist. Der Inhalt von Kommentaren ist in der Browser-Darstellung nicht zu sehen, wohl aber im Quelltext – vertrauliche Informationen gehören hier also nicht hinein.

Block- und Inline-Elemente

HTML kennt zwei verschiedene Arten von Elementen: Block- und Inline-Elemente.

- Ein Block-Element nimmt immer die maximal zur Verfügung stehende Breite ein. Sie erzeugen damit immer einen neuen Absatz. `<h1>` und `<p>` sind Beispiele dafür – mit HTML ist es unmöglich, einen Absatz neben eine Überschrift zu stellen, weil die Überschrift automatisch den gesamten Raum einnimmt und den Absatz nach unten drückt.

+ Die Breite von Inline-Elementen richtet sich ausschließlich nach ihrem Inhalt. Sie bleiben innerhalb einer Zeile und sind nur so groß, wie es ihr Inhalt verlangt.

Merke: Manche HTML-Elemente sind Block-, andere sind Inline-Elemente. Block-Elemente nehmen den maximalen Raum ein, Inline-Elemente sind nur so groß wie ihr Inhalt.

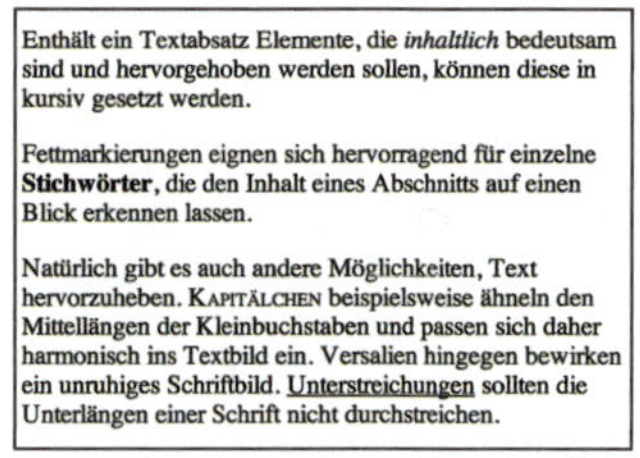

Abbildung 23.5: Block- und Inline-Elemente

Abbildung 23.5 zeigt das Verhalten von Blockelementen und Inline-Elementen an einem Beispiel. Alle drei Absätze `p` sind Blockelemente – Sie sind so breit wie möglich und drücken die folgenden Absätze nach unten. Der Begriff »Stichwörter« beispielsweise ist jedoch mit dem Inline-Element `<strong>` hervorgehoben – hier wird kein neuer Absatz erzeugt.

Ändern lässt sich dieses Verhalten mit HTML nicht – das ist eine Aufgabe von CSS. Wir werden in Abschnitt 23.2 noch einmal darauf zurückkommen.

23.2.2 Aufbau eines HTML-Dokuments

Ein gültiges HTML-Dokument folgt dem hier anschließend beschriebenen, klar definierten Aufbau:

1. Ganz oben in einem HTML-Dokument steht die Definition des Dokumenttyps, kurz DOCTYPE. Er teilt dem Browser mit, welche Version von HTML verwendet wird ❶ (siehe das folgende Listing).
2. Es folgt das Stamm- oder Wurzelelement `html` ❷.
3. Es ist sinnvoll, die Sprache des Dokuments mithilfe des `lang`-Attributs zu spezifizieren. Sie kann von Browsern genutzt werden, um Regeln für Aussprache oder Silbentrennung festzulegen. `lang` ist ein globales Attribut – es kann also auf jedem Element angewendet werden. Auf diese Weise ist es beispielsweise möglich, ein englisches Zitat in einem deutschen Text richtig auszuzeichnen.
4. Ein HTML-Dokument besteht aus einem Kopf (head) und einem Körper (body). Innerhalb von head ❸ werden Informationen über die Webseite abgelegt. Sie erscheinen zwar nicht direkt sichtbar im Browser (Ausnahmen sind das Favicon und der `title`, siehe weiter unten), sind jedoch für Suchmaschinen sowie die korrekte Darstellung von großer Bedeutung.
5. Der Zeichensatz des Dokuments (vgl. Abschnitt 17.1.4) wird über das `charset`-Attribut als `meta`-Wert festgelegt. Meist nutzt man heute UTF-8 ❹.
6. `title` ❺ legt einen Seitentitel fest, der in den Suchergebnissen (sofern die Suchmaschine dies möchte) sowie als Überschrift im Browser-Tab erscheint. Außerdem wird `title` beim Anlegen von Favoriten als Namensvorschlag ausgewählt.
7. Mithilfe von `<meta name="description" content="…">` ist es möglich, eine Kurzbeschreibung des Inhalts anzugeben, die von Suchmaschinen in den Ergebnislisten angezeigt werden kann ❻.

Weitere meta-Angaben

Natürlich gibt es eine ganze Reihe weiterer `meta`-Angaben, die man verwenden kann. Aus Platzgründen kann ich in diesem Kapitel nur die wichtigsten erläutern – eine gute Übersicht finden Sie jedoch in den Mozilla Developer Docs unter *https://developer.mozilla.org/de/docs/Web/HTML/Element/meta*.

HTML validieren

Um zu überprüfen, ob der HTML-Code korrekt ist, und um aus Fehlern zu lernen, lohnt es sich, den HTML-Code oder die Webseite zu validieren. Am einfachsten geht dies mit dem Onlinewerkzeug vom W3C, das Sie unter *http://validator.w3.org* finden.

8. Die eigentlichen Inhalte der Webseite gehören in den body-Bereich ❼.

```
<!DOCTYPE html> <!-- ❶ Doctype -->
<html lang="de"> <!-- ❷ html-Element mit lang -->
 <head> <!-- ❸ Seitenkopf -->
  <meta charset="utf-8"> <!-- ❹ Zeichensatz -->
  <title>Titel der Webseite</title> <!-- ❺ Seitentitel -->
  <meta name="description" content="Beschreibung des Inhalts
  der Seite"> <!-- ❻ Kurzbeschreibung -->
 </head>
 <body>
  <!-- ❼ Hier folgen die Inhalte -->
 </body>
</html>
```

Listing 23.8: Grundgerüst einer HTML-Datei

9. Speichert man diese Datei mit der Endung .htm oder .html ab, kann sie in einem Browser geöffnet werden. Die Startseite einer Website hört immer auf den Namen *index.htm* oder *index.html* – sie wird automatisch geladen, sobald man die URL aufruft, die auf ein Verzeichnis verweist.

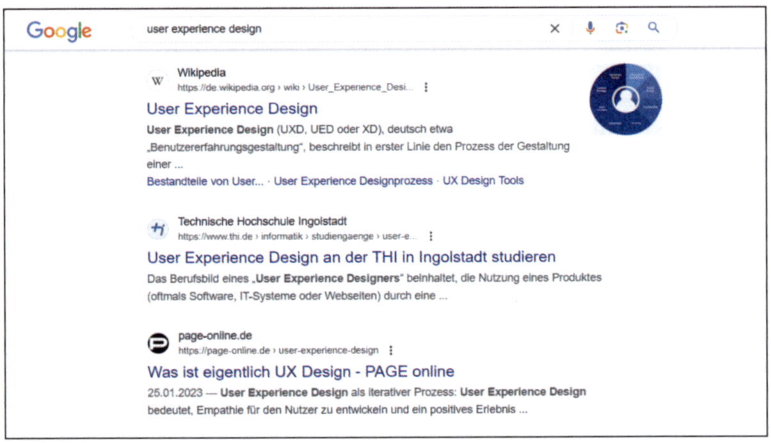

Abbildung 23.6: Der Inhalt von title kann in den Suchergebnissen und als Tab-Überschrift erscheinen, die description kann als Beschreibungstext von Ergebnissen genutzt werden.

23.2.3 Wichtige Elemente und Attribute in HTML

Nach diesem Überblick sollen einige wichtige HTML-Elemente und Attribute erläutert werden. Im zweiten Teil dieses Kapitels werden weitere Elemente angesprochen, die sich auf Gestaltungsmittel wie Bilder, Videos oder Audio-Inhalte beziehen.

Texte und Inhalte

Für die Auszeichnung von Texten gibt es eine ganze Reihe von Elementen. Die wichtigsten sind:

+ Überschriften werden mit den Elementen h1, h2, h3, h4, h5 und h6 realisiert. h2 ist dabei eine Unterüberschrift von h1, h3 wiederum von `h2` usw. Aus diesen Überschriften-Ebenen leitet sich die Gliederung eines Dokuments ab: Es ist daher nicht sinnvoll, auf eine `h2` eine `h4` folgen zu lassen – diese Gliederung würde keinen Sinn ergeben. Eine Überschriften-Ebene sollte auch nicht aufgrund der Schriftgröße gewählt werden – wie groß eine Überschrift erscheint, lässt sich flexibel über CSS einstellen.

+ Fließtext wird in Absätze unterteilt, die mit `p` (paragraph) erzeugt werden.
+ Mithilfe von `br` (break) kann auch ein Zeilenumbruch innerhalb eines Textblocks erzeugt werden. `br` ist ein leeres Element und kommt somit ohne ein End-Tag aus. `br` sollte sparsam eingesetzt werden, denn in den meisten Fällen ist es besser, den Zeilenumbruch durch den Browser bestimmen zu lassen – wo eine Zeile umbricht, ist von Schriftgröße, Viewport sowie vielen anderen Faktoren abhängig und nicht von einem Redakteur vorauszusehen. Auf keinen Fall sollte `br` genutzt werden, um Abstände zwischen Textblöcken herzustellen – dafür ist CSS zuständig.
+ Inhaltliche Hervorhebungen von Textpassagen lassen sich in HTML mithilfe von `strong` (standardmäßig fett dargestellt) und `em` (für emphasis, standardmäßig kursiv dargestellt) realisieren. Rein optische Formatierungen ohne inhaltliche Betonung sollten jedoch über CSS vorgenommen werden.
+ Als inhaltlich neutrales Element steht `span` bereit. Es hat keine semantische Bedeutung und eignet sich somit für Fälle, in denen eine inhaltlich relevante Auszeichnung fehl am Platz wäre – beispielsweise bei der Nutzung eines fremdsprachigen Begriffs innerhalb eines Textes. Hier ist ein Beispiel mit einem `span`, das die Sprache des eingeschlossenen Begriffs auf »englisch« stellt (und damit Aussprache und Silbentrennung festlegt) sowie eine Klasse enthält, mit der man es später gestalten kann:

Weitere Elemente

Außerdem gibt es eine ganze Reihe weiterer Elemente, die hin und wieder verwendet werden – Beispiele sind `abbr` für Abkürzungen, `code` für Quelltext oder `dt` für Definitionslisten. Aus Platzgründen können hier nur die wichtigsten Elemente aufgeführt werden. Eine sehr gute HTML-Referenz mit vielen Beispielen und Erläuterungen zu diesen und vielen weiteren Elementen findet sich im SelfHTML-Wiki unter *https://wiki.selfhtml.org/wiki/* Referenz:HTML.

```
<p>Die Startseite wird auch als <span lang="en">Homepage</span>
bezeichnet.</p>
```

Listing 23.9: Verwendung des semantisch neutralen `span`

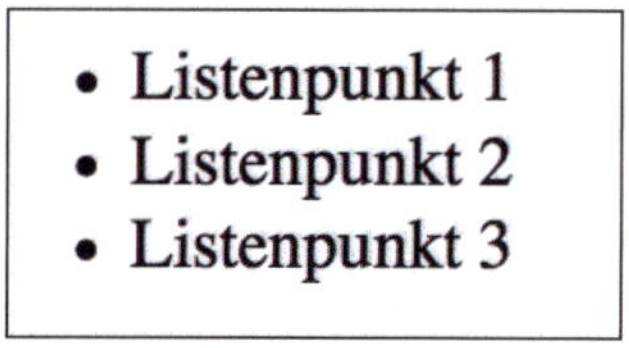

Abbildung 23.7: Ungeordnete Liste

+ Listen gibt es in den Geschmacksrichtungen »ungeordnet« (`ul`, unordered list) und »geordnet«, also durchnummeriert (`ol`, ordered list) – ein Beispiel für das HTML-Markup sehen Sie in Listing 23.10 ❶. Geordnete Listen werden dabei automatisch durchnummeriert, ungeordnete erhalten ein Auflistungszeichen.
+ Die Listenpunkte selbst werden mit `li` (list item) ausgezeichnet ❷.
+ Listen können auch ineinander verschachtelt werden, wie das Beispiel in Listing 23.10 zeigt ❸.

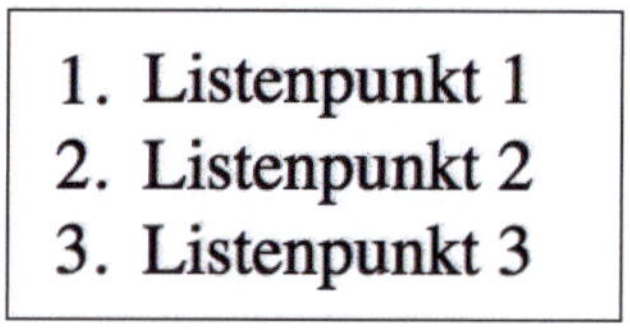

Abbildung 23.8: Geordnete Liste

```
<ul> <!-- ❶ Start der Liste -->
  <li>Listenpunkt 1</li> <!-- ❷ Listenpunkt -->
```

```
    <li>Listenpunkt 2 <!-- ❸ Verschachtelung -->
    <ul>
      <li>Listenpunkt 2.1</li>
      <li>Listenpunkt 2.2</li>
    </ul>
    </li> <!-- ❸ Ende der Verschachtelung -->
    <li>Listenpunkt 3</li>
</ul>
```

Listing 23.10: Verschachtelte ungeordnete Liste

+ Für Bilder gibt es die Elemente img mit unterschiedlichen Attributen sowie picture. Details dazu sind in Abschnitt 30.3.5 ausführlich erläutert.

Sonderzeichen, Entitäten und Zeichensätze

Die Maskierung von Zeichen hilft, wenn ein Zeichen genutzt werden soll, das im gewählten Zeichensatz nicht vorkommt oder in HTML eine besondere Bedeutung hat. Diese Maskierungen beginnen in HTML stets mit einem kaufmännischen Und &, gefolgt von einem Code sowie einem abschließenden Semikolon ;. Sie werden beim Interpretieren des Quelltexts durch das entsprechende Zeichen ersetzt.

Drei Möglichkeiten der Maskierung sind wichtig: die HTML-Entitäten sowie die numerische Zeichenreferenz nach Unicode oder in hexadezimaler Codierung. Tabelle 23.1 listet einige besonders wichtige Maskierungen in den drei Verfahren auf.

Zeichenreferenz
Eine sehr gute Zeichenreferenz mit vielen weiteren Maskierungen finden Sie im SelfHTML-Wiki (*https://wiki.selfhtml.org/wiki/Referenz:HTML/Zeichenreferenz*).

Zeichen	HTML-Entität	Unicode	hexadezimal	Beschreibung
<	<	<	<	öffnende spitze Klammer
>	>	>	>	schließende spitze Klammer
"	"	"	"	Anführungszeichen
&	&	&	&	kaufmännisches Und
'	'	'	'	einfaches Anführungszeichen
				geschütztes Leerzeichen (verhindert Umbruch)
				bedingter Trennstrich (erlaubt Trennungen innerhalb des Worts)

Tabelle 23.1: Ausgewählte Sonderzeichen in verschiedenen Maskierungen

Maskierungen
Sonderzeichen auf diese Art und Weise zu maskieren, ist natürlich sehr aufwändig, besonders für technisch wenig versierte Redakteure. Man arbeitet daher meist, wie in Abschnitt 17.1.4 erläutert, mit dem Zeichensatz UTF-8, der einen großen Zeichenumfang aufweist. In der Entwicklung werden Sie den Maskierungen jedoch an der einen oder anderen Stelle über den Weg laufen.

Links

Links werden in HTML über das a-Element (anchor) erzeugt. Innerhalb des href-Attributs wird das Linkziel angegeben – entweder in Form einer absoluten URL oder als relativer Pfad zu einer anderen Datei.

a darf in HTML5 Inline- und Block-Elemente gleichermaßen umschließen. Inhalt zwischen den Elementen <a> und </a> wird zur aktiven Fläche – wer hier klickt, wird zum Linkziel weitergeleitet.

```
<p>Ich bin ein Absatz, der einen <a href="http://spiegel.de">
Link</a> enthält.</p>
```

Listing 23.11: Der vollständige Link

Innerhalb von href darf auch eine Sprungmarke auf einen anderen Bereich innerhalb des gleichen Dokuments gesetzt werden. Dazu wird zunächst mit id="bezeichnung" ❶ das Ziel der Sprungmarke definiert. Anschließend kann sie mit <a href="#bezeichnung"> ❷ angesprungen werden. Es ist unerheblich, ob das Sprungziel ober- oder unterhalb der Sprungmarke liegt.

```
<!-- ❶ Ziel der Sprungmarke definieren -->
<h1 id="anfang">Ich bin eine große Überschrift</h1>
<p>Ich bin ein erster Absatz.</p>
<p>Ich bin ein weiterer Absatz.</p>
<!-- ❷ Sprungmarke einbauen -->
<p>Ich bin ein Absatz, der eine <a href="#anfang">Sprungmarke
an den Anfang</a> enthält.</p>
```

Listing 23.12: Link innerhalb einer Webseite

Neues Fenster bzw. Tab öffnen

Mit dem Attribut target="_blank" (mit Unterstrich) kann der Link so ausgezeichnet werden, dass er beim Aktivieren ein neues Fenster bzw. einen neuen Tab öffnet. Dies sollte allerdings sparsam eingesetzt werden, denn dadurch funktioniert der Zurück-Button im Browser nicht mehr. Außerdem können Nutzer und Nutzerinnen selbst entscheiden, ob sie einen neuen Tab öffnen möchten oder nicht.

Struktur und Bedeutung von Inhalten und Seiten

Zur Definition der Struktur einer Seite oder der Art eines Inhalts gibt es eine ganze Reihe von Elementen. Tabelle 23.2 zeigt einige besonders häufig genutzte Elemente:

Tabelle 23.2: Semantische HTML-Elemente zur Strukturierung von Dokumenten

Element	Funktion
<section>…</section>	Unterteilung von Dokumenten in Sinnabschnitte
<header>…</header>	Definition des Kopfbereichs, z. B. der gesamten Seite oder auch eines einzelnen Artikels
<footer>…</footer>	Definition des Fußbereichs, z. B. der gesamten Seite oder auch eines einzelnen Artikels
<main>…</main>	Hauptinhalt der Seite
<nav>…</nav>	Definition der Bereiche einer Seite, die Navigationselemente enthalten
<aside>…</aside>	Definition ergänzender Informationen zu einem Bereich, z. B. einer Randspalte
<article>…</article>	Definition sinntragender Einheiten, die in sich geschlossen sind, z. B. von einzelnen Artikeln
<address>…</address>	Kontaktinformationen zum Autor eines Artikels oder der Webseite (sollte nicht für normale Adressen genutzt werden, die keinen Bezug zum Autor haben)

Element	Funktion
<blockquote cite="url"> …</blockquote>	**Auszeichnung von Zitatblöcken (auf Wunsch kann innerhalb des** cite-**Attributs die URL der Quelle angegeben werden)**
<q cite="url">…</q>	**Auszeichnungen von kurzen Zitate (**quote**) – meist werden Anführungszeichen durch die Browser automatisch eingefügt, z. B.** <p>Nach Angaben der Polizei haben <q>1.000 Demonstranten und sehr viel mehr Gegendemonstranten</q> teilgenommen.</p>
<cite>…</cite>	**Auszeichnung einer Quelle als Inline-Element, z. B.** <p>Mehr Informationen sind im <cite>UX Book</cite> verfügbar.</p>
<time>…</time>	**Zeitangaben** <p>Das Spiel startet um <time>20:00</time> Uhr.</p>, **auf Wunsch mit Angabe einer maschinenlesbaren Alternative im** datetime-**Attribut:** <p> Der Unfall ereignete sich <time datetime="2017-01-21 12:58-0100">gestern um 12:58</time> Uhr in Berlin.</p>
<meter>…</meter>	**Angabe einer Skala in maschinenlesbarer Form, z. B.** Erreichte Punkte: <meter min="200" max="500" value="350">350 Punkte</meter>
<progress>…</progress>	**Auszeichnung eines Fortschrittsbalkens, z.B.** <progress value="70" max="100"> 70 %</progress> **(oft mithilfe von JavaScript fortwährend aktualisiert)**
<mark>…</mark>	**Hervorhebung von Textstellen, die aufgrund einer Nutzerinteraktion wichtig sind, z.B.** <p>Ihre Suche nach <mark>Webdesign</mark> lieferte 500 Ergebnisse:</p>

Tabelle 23.2: Semantische HTML-Elemente zur Strukturierung von Dokumenten (Forts.)

Neben diesen inhaltlich bedeutsamen Elementen gibt es noch das semantisch neutrale div. Es wird genutzt, um einen Block ohne inhaltliche Bedeutung zu erzeugen.

23.3 CSS

CSS steht für Cascading Stylesheets und ist für die visuelle Gestaltung im Web verantwortlich. Dieser Abschnitt erläutert einige grundlegende Aspekte. In Kapitel 30 werden dann unterschiedliche Gestaltungselemente detailliert erklärt.

23.3.1 Einbindung von CSS

Wie in Abschnitt 23.1 erläutert, ruft ein Browser beim Öffnen einer Website zunächst das HTML ab, das jedoch keine Stilangaben zur Gestaltung enthält. Das CSS muss also irgendwie in das HTML-Dokument eingebunden werden, damit der Browser die Stilangaben finden kann. Dazu gibt es drei Verfahren: über das style-Attribut, im head der Website oder als externe CSS-Dateien.

Einbindung über das style-Attribut

Im einfachsten Fall werden Stilangaben direkt zu dem HTML-Element geschrieben, zu dem sie gehören. Dazu dient das Attribut `style`. Es kann beliebig viele CSS-Deklarationen enthalten:

```
<h1 style="color: blue; text-decoration: underline;">Ich bin
eine blaue und unterstrichene Überschrift.</h1>
<div style="width:100px;">Und ich 100px breit.</div>
```

Listing 23.13: CSS über das HTML-Attribut `style`

Stilangaben, die über das `style`-Attribut eingebunden werden, gelten nur für dieses eine Element, und überschreiben etwaige andere Stilangaben, die das Element betreffen könnten (vgl. Abschnitt 23.2.4 über Spezifität für Details und Ausnahmen).

Einbindung im head der Webseite

Alternativ können Stilangaben im `head` einer Webseite innerhalb des Elements `style` eingebunden werden. Diese Angaben sind dann für das gesamte Dokument gültig.

```
<!DOCTYPE html>
<html>
  <head>...
   <style>
     h1 { color: blue; }
     div { width: 100px; }
   </style>
  </head>
  <body>
   <h1>Ich bin eine blaue Überschrift</h1>
   <div>Und ich bin 100px breit.</div>
  </body>
</html>
```

Listing 23.14: CSS-Angaben im Kopf einer Webseite

Einbindung von externen CSS-Dateien

Eine dritte Möglichkeit ist es, CSS-Angaben in eine externe Datei mit der Endung .css auszulagern und im `head` der Webseite zu referenzieren. Dazu dient das `link`-Element mit einem `href`-Attribut. Der Pfad zur CSS-Datei wird dabei meistens relativ zum HTML-Dokument angegeben werden – Details dazu finden Sie im Abschnitt 30.3.4, weil dort die Pfadangaben analog auszusehen haben. Das Attribut `rel="stylesheet"` legt die Art der Beziehung zwischen den Dokumenten fest – in diesem Fall also, dass es sich um ein Stylesheet handelt.

```
<!DOCTYPE html>
<html>
  <head>...
   <link rel="stylesheet" href="style.css" />
  </head>
  <body>
   <h1>Ich bin eine blaue Überschrift</h1>
   <div>Und ich bin 100px breit.</div>
  </body>
</html>
```

Listing 23.15: Verweis auf ein externes CSS-Dokument

Innerhalb der `style.css` stehen dann die normalen CSS-Deklarationen:

```
h1 { color: blue; }
div { width: 100px; }
```

Listing 23.16: Inhalt einer externen CSS-Datei

In der Praxis ist die Arbeit mit externen Dateien am häufigsten zu finden.

Tabelle 23.3: Überblick über Einbindungsmöglichkeiten von CSS

Verfahren	Vorteile	Nachteile
`style`-Attribut bei einzelnen Elementen	`style`-Attribute haben Vorrang gegenüber anderen Methoden (vgl. Abschnitt 23.2.4 über Spezifität)	hoher Aufwand
`style`-Element im `head`	kein zusätzlicher Request notwendig	Stile müssen mehrmals heruntergeladen werden, wenn sie auf mehreren Webseiten verwendet werden
externe Datei mithilfe von `link` im `head`	zentrale Verwaltung aller Stile in einer Datei CSS muss nur beim ersten Aufruf heruntergeladen werden, danach kann es gecacht werden	zusätzlicher Request notwendig
`@import`	erlaubt die Aufteilung von CSS in verschiedene Dateien, ohne alle diese Dateien einzeln in jeder Webseite referenzieren zu müssen	zusätzliche Requests notwendig

@import

Eine Alternative innerhalb von CSS ist die Anweisung `@import`. Sie importiert den Inhalt der referenzierten Datei in die aufrufende Datei – `@import` steht daher innerhalb der CSS-Datei, und zwar immer am Anfang, bevor die anderen Stilangaben folgen. `@import` erlaubt die Angabe des Namens der zu importierenden Datei oder eine URL, auf Wunsch auch mit Angabe einer Media Query (vgl. Abschnitt 28.3.1) wie beispielsweise `print`:

```
@import "style.css";
@import "print.css"
print;
@import url("http://
example.com/stylesheet.
css");
/* weitere Stile folgen */
```

23.3.2 Syntax von CSS

CSS verfügt über eine sehr einfache Syntax: Zunächst wird mittels eines sogenannten Selektors ausgewählt, auf welches HTML-Element oder welche HTML-Elemente sich die Stilangaben beziehen sollen.

Anschließend folgen die Stile innerhalb von geschweiften Klammern { und }. Die einzelnen Stilangaben, Deklarationen genannt, bestehen aus der CSS-Eigenschaft sowie einem Attribut, getrennt durch einen Doppelpunkt :. Ganz am Ende folgt ein Strichpunkt ;, der die Deklaration abschließt. Es können beliebig viele Deklarationen eingefügt werden – meist werden sie aus Gründen der besseren Lesbarkeit mit einem Zeilenumbruch getrennt, aber eine Pflicht ist das nicht.

```
selektor { eigenschaft: attribut; }
```

Listing 23.17: Rein schematischer Aufbau einer CSS-Angabe

Als Attribut werden entweder fest definierte Keywords genutzt (z. B. `text-decoration: underline;` für eine Unterstreichung), oder es wird mit Werten und Einheiten gearbeitet (vgl. Abschnitt 23.2.3). Bei einigen Eigenschaften sind auch spezielle Regeln zu beachten, beispielweise bei der Angabe von Farben – sie werden zu gegebener Zeit behandelt.

CSS-Eigenschaften
Es gibt unterschiedliche CSS-Eigenschaften, beispielsweise für Abstände, Schriften, Farben oder Layoutaspekte. Kapitel 29 geht ausführlich auf diese Eigenschaften ein.

Kommentare sind in CSS zwischen den Zeichenfolgen /* und */ möglich. Alles, was zwischen diesen Markierungen steht, wird vom Browser nicht interpretiert.

Selektoren lassen sich auch mithilfe des Kommas , verketten. Die folgenden Deklarationen sind dann für beide HTML-Elemente gültig:

```
h1, p { font-weight: bold; }
```

Listing 23.18: Auswahl mehrerer Selektoren

Im einfachsten Fall ist ein Selektor ein einzelnes HTML-Element oder eine Liste von HTML-Elementen, die mit Kommas getrennt sind. In der Praxis reicht das jedoch selten aus:

Kombinatoren

Kombinatoren verketten Selektoren miteinander. So ist es mit `article p` beispielsweise möglich, alle Absätze auszuwählen, die sich innerhalb von einem Artikel befinden. Tabelle 23.4 erläutert die wichtigsten Kombinatoren.

Download
Sie finden die Beispiele unter *www.rheinwerk-verlag.de/5853* im Ordner »CSS > 1 Elemente selektieren«.

Kombinator	Beispiel	Ergebnis
Leerzeichen	`article ul`	Nachfahre wird ausgewählt = alle Listen `ul` innerhalb eines `article`
>	`article > ul`	Direkter Nachfahre wird ausgewählt = alle Listen `ul`, die direkt von einem `article` abstammen

Tabelle 23.4: Kombinatoren in CSS

Kombinator	Beispiel	Ergebnis
+	ul + p	»Adjacent Sibling Combinator«, direkt aufeinander folgende Geschwisterelemente werden ausgewählt = der erste Geschwister-Absatz p, der direkt auf eine Liste ul folgt
~	ul ~ p	»General Sibling Combinator«, Geschwisterelemente werden ausgewählt = alle Geschwister-Absätze p, die auf eine Liste ul folgen

Tabelle 23.4: Kombinatoren in CSS (Forts.)

Attributselektoren

Attributselektoren wählen Elemente basierend auf ihren HTML-Attributen aus. Tabelle 23.5 nennt die wichtigsten Vertreter.

Attributselektor	Beispiel	Ergebnis
[]	input[checked]	Auswahl aller Eingabefelder input, die ausgewählt sind
=	input[type="text"]	Auswahl aller Eingabefelder input, deren Attribut type genau dem Typ text entspricht
~=	p[class~="intro"]	Auswahl aller Absätze p, deren class-Attribut **unter anderem** den Eintrag »intro« enthält (also auch Absätze, denen weitere Klassen zugeordnet sind)
^=	p[class^="intro"]	Auswahl aller Absätze p, deren class-Attribut mit »intro« beginnt
$=	p[class$="intro"]	Auswahl aller Absätze p, deren class-Attribut mit »intro« endet
*=	p[class*="intro"]	Auswahl aller Absätze p, deren class-Attribut die Zeichenkette »intro« enthält

Tabelle 23.5: Attributselektoren in CSS

IDs und Klassen

Sehr häufig werden zur Selektion auch die IDs sowie Klassen verwenden. Sinnvollerweise sollten IDs und Klassen nachvollziehbare Bezeichnungen erhalten, die ihrer Bedeutung entsprechen. IDs werden mit einer Raute #, Klassen mit einem Punkt . selektiert:

```
#intro { font-weight: bold; }
.special { color: red; }
```

Listing 23.19: IDs und Klassen in CSS selektieren

Pseudoklassen

Pseudoklassen sind ebenfalls dazu bestimmt, Elemente auszuwählen, werden jedoch nicht explizit im HTML-Quelltext angegeben. Stattdessen stellt der Browser sie automatisch zur Verfügung. Das macht sie zu ungemein praktischen Werkzeugen, die universell einsetzbar sind. Pseudoklassen werden in CSS mit einem Doppelpunkt : gekennzeichnet. Tabelle 23.6 erläutert die wichtigsten Pseudoklassen.

Download
Beispiele zu den Pseudoklassen in CSS finden Sie unter *www.rheinwerk-verlag.de/5853* im Ordner »CSS > 2 Pseudoklassen«.

Bei den Pseudoklassen vom Typ `nth-` gilt: Erlaubt sind als x-Werte entweder bestimmte Zahlen (z. B. `p:nth-child(4)` für jeden vierten Absatz), die Keywords `odd` (ungerade) und `even` (gerade, z. B. `p:nth-child(even)` für jeden geraden Absatz) oder an+b-Ausdrücke (`p:nth-child(3n+4)` steht für: 3 × 0 + 4, 3 × 1 + 4, 3 × 2 + 4 usw. – ausgewählt werden also die Elemente 4, 7, 10, 13 usw.).

Pseudoklasse	Beispiel	Erläuterung
`:hover`	`a:hover`	Maus befindet sich über dem Element
`:focus`	`a:focus`	Tastaturfokus befindet sich auf einem Element (bei der Bedienung über die Tastatur statt die Maus)
`:active`	`a:active`	aktivierter, angeklickter Link
`:link`	`a:link`	(noch) nicht besuchter Link
`:visited`	`a:visited`	besuchter Link
`:last-child`	`p:last-child`	letztes Kindelement innerhalb seines Elternelements
`:first-child`	`p:first-child`	erstes Kindelement
`:only-child`	`p:only-child`	Elemente, die innerhalb ihres Elternelements keine Geschwister haben
`:empty`	`p:empty`	leere Elemente (also weder Kindelemente noch Inhalte)
`:first-of-type`	`ul:first-of-type`	alle ersten Elemente dieses Typs innerhalb ihrer Elternelemente
`:last-of-type`	`a:last-of-type`	alle letzten Elemente dieses Typs innerhalb ihrer Elternelemente

Tabelle 23.6: Pseudoklassen in CSS

Pseudoklasse	Beispiel	Erläuterung
`:only-of-type`	`p:only-of-type`	Elemente, die innerhalb ihres Elternelements die einzigen von diesem Typ sind
`:not(x)`	`p:not(.abc) { … }`	alle Elemente, auf die x nicht zutrifft (Beispiel: alle Absätze, die nicht die Klasse `.abc` haben)
`:nth-child(x)`	`li:nth-child(3)`	x. Element von allen Elementen
`:nth-last-child(x)`	`li:nth-last-child(3)`	x. Element von allen Elementen, gemessen von unten aus
`:nth-of-type(x)`	`li:nth-of-type(3)`	x. Element von allen Elementen diesen Typs
`:nth-last-of-type(x)`	`li:nth-last-of-type(4)`	x. Element von allen Elementen diesen Typs, gemessen von unten
`:target`	`#menu:target`	Ankerlink (hier `#menu`) aktiviert

Tabelle 23.6: Pseudoklassen in CSS (Forts.)

Pseudoelemente

Pseudoelemente sind mit den Pseudoklassen eng verwandt, beziehen sich jedoch auf andere HTML-Elemente. Sie werden mit zwei Doppelpunkten `::` geschrieben.

Pseudoelement	Beispiel	Erläuterung
`::before`	`article::before { content: "The beginning."; font-weight: bold; }`	per CSS Inhalt vor den Inhalt des Elements einfügen (in diesem Beispiel vor den Inhalt von `article`, aber innerhalb von `article`)
`::after`	`article::after { content: "The end."; font-weight: bold; }`	per CSS Inhalt hinter den Inhalt des Elements einfügen (in diesem Beispiel hinter den Inhalt von `article`, aber innerhalb von `article`)
`::first-letter`	`p::first-letter`	erster Buchstabe des Elements (bei Block-Elementen, nicht alle CSS-Eigenschaften unterstützt)
`::first-line`	`p::first-line`	erste Zeile des Elements (bei Block-Elementen, nicht alle CSS-Eigenschaften unterstützt)

Tabelle 23.7: Pseudoelemente in CSS

23.3.3 Einheiten in CSS

Viele CSS-Eigenschaften verlangen die Angabe von Werten und Einheiten. Wichtige Grundregel: Zwischen Wert und Einheit steht in CSS keine Leerstelle – es heißt 12px oder 50%, nicht 12 px oder 50 %. Eine Ausnahme ist der Wert 0, der immer ohne Einheit stehen darf.

CSS unterstützt absolute Maßeinheiten wie cm, mm oder pt. Für die Arbeit am Bildschirm sind sie nicht geeignet und sollten daher nicht verwendet werden. Eine Ausnahme bilden Print-Stylesheets, die eine Website beim Ausdruck optimieren – hier dürfen Sie ruhig mit absoluten Einheiten arbeiten. Eine Ausnahme davon ist Pixel (px).

Vorsicht

Die absoluten Einheiten werden in CSS nur für Print-Stylesheets verwendet (Ausnahme: px). Die offizielle Dokumentation mit vielen weiteren Informationen und Einheiten findet sich unter *www.w3.org/TR/css-values-3*.

Anders sieht es mit den relativen Einheiten aus, die sich sehr gut für digitale Medien am Bildschirm eignen. Besonders häufig werden die folgenden Einheiten verwendet:

+ Prozentwerte (%) sind immer relativ zu ihren Elternelementen. Geben Sie einem Element die Deklaration `width: 50%`, so ist es immer halb so breit wie sein Container – egal, ob dies nun das Browserfenster oder ein definierter Elterncontainer ist.
+ Die Einheiten vw (für »viewport width«) und vh (für »viewport height«) sind immer relativ zum Browserfenster. 50vw entsprechen der Hälfte des Browserfensters. Weitere Viewport-Einheiten sind `vmin` (`1vmin` = 1/100 der kürzesten Seite) und `vmax` (`1vmax` = 1/100 der längsten Seite).
+ `em` und `rem` sind typografische Einheiten, die relativ zur Basisschriftgröße sind. Die Basisschriftgröße entspricht 16 px – sofern nichts in den Browser-Einstellungen geändert wurde, gilt also: `1em = 16px`. Historisch geht em auf die beweglichen Metall-Lettern und den Buchstaben M zurück. Die Breite dieses Letters (nicht des Buchstabens!) entsprach genau der Schriftgröße. Das ist auch der Grund, warum unterschiedliche Schriften bei gleicher Schriftgröße verschieden groß sein können, wenn der Buchstabe weniger von der em-Box einnimmt.

  Auch als Webdesigner können Sie die Basisschriftgröße global verändern, z. B. über die Deklaration `html { font-size: 125%; }`. Das ist ein großer Vorteil gegenüber der Arbeit mit px-Werten – wenn man sich im Nachhinein entscheidet, die Schriftgröße überall etwas zu vergrößern, muss man nur an einer einzigen Stelle eine Anpassung vornehmen (statt in jeder Deklaration einzeln).

  Die Einheit rem bezieht sich immer nur auf die Basisschriftgröße, em hingegen auch auf den aktuellen Kontext. Listing 23.20 liefert ein Beispiel: Zunächst wird die Schriftgröße im ganzen Dokument auf einen Standardwert von 20 px gesetzt. Anschließend erhält die Hauptüberschrift eine Größe von 1,75 em – entspricht 35 px. Ein Link innerhalb von `h1`-Überschriften bezieht sich nun auf diese 35 px Schriftgröße, nicht mehr auf die 20 px von `html`.

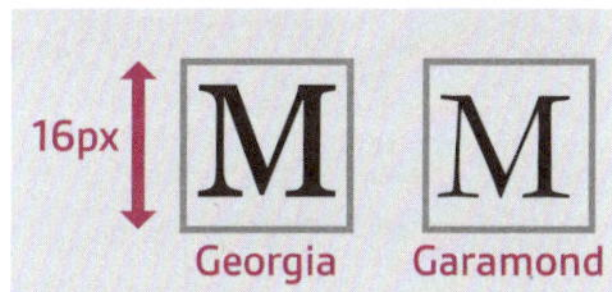

Abbildung 23.9: em-Box bei zwei verschiedenen Schriften

```
html { font-size: 125%; /* 20px */ }
h1 { font-size: 1.75em; /*1,75 * 20 = 35px */}
h1 a { font-size: 0.8em; /* 0,8 * 35 = 28px */ }
```

Listing 23.20: Die Einheit em im aktuellen Kontext

23.3.4 Kaskade, Vererbung und Standardwerte

In Abschnitt 23.2.2 über Selektoren in CSS haben Sie bereits gelernt, wie Stilangaben in CSS mithilfe von Selektoren zugeordnet werden. Dabei kommt es jedoch immer wieder zu Konflikten. Nehmen wir an, die Schrift in allen Absätzen `p` ist schwarz formatiert, in der Klasse `.intro` jedoch rot. Was geschieht nun, wenn ein Absatz die Klasse `.intro` erhält? Gilt dann die schwarze Farbe vom Absatz oder die rote Farbe von der Klasse? Für diese Fragen lohnt ein Blick auf die Kaskade, die der CSS-Technologie (Cascading Stylesheets) ihren Namen gegeben hat.

Wie bereits erläutert, hat HTML eine baumartige Struktur mit Elementen, die in mehreren Ebenen ineinander verschachtelt sind. Nehmen wir nun einmal an, der Browser trifft auf einen Absatz `p` und möchte ihn auf dem Bildschirm darstellen. Er muss dazu alle Eigenschaften sammeln, die auf den Absatz zutreffen, und sich entscheiden, welche davon gültig sein soll. Die Abbildung erläutert, welche Möglichkeiten er dazu hat:

Abbildung 23.10: Schematische Darstellung der Kaskade (nach Peter Müller, »Einstieg in CSS«)

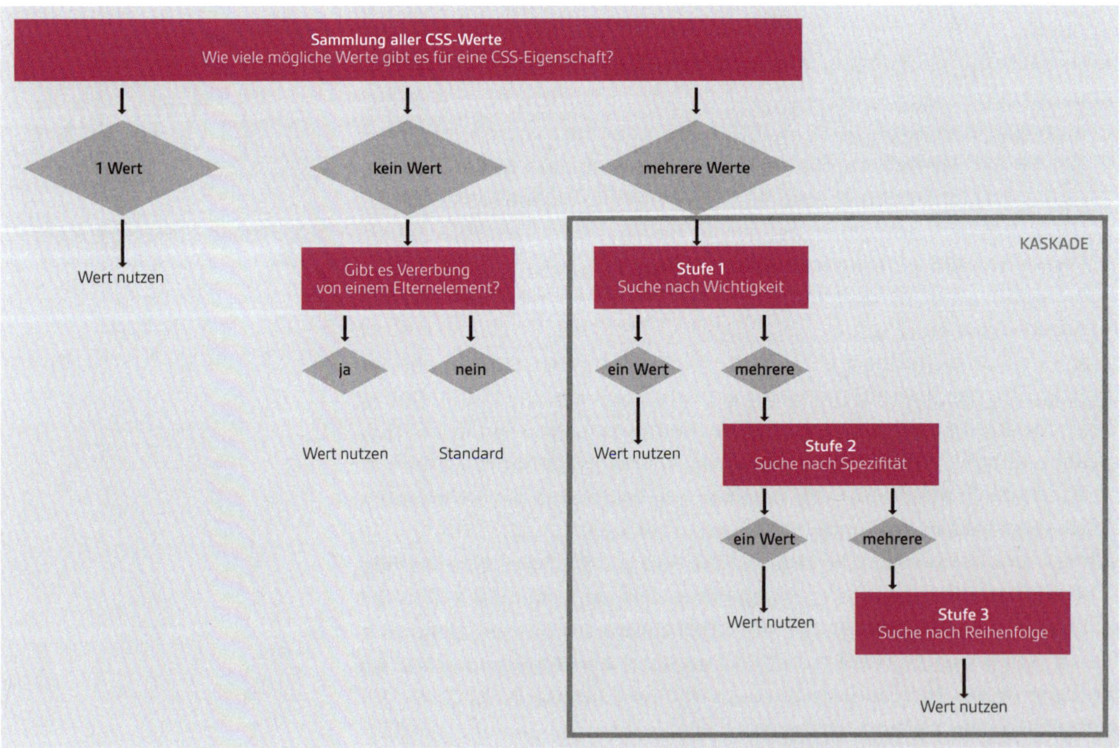

- Er findet genau eine Angabe zu einer Eigenschaft. Dieser Fall ist einfach, denn er kann sie übernehmen.
- Er findet keine Angabe. In diesem Fall gibt es zwei Möglichkeiten. Einige Eigenschaften werden vererbt – sie werden also vom Eltern-

element übernommen. Gibt es keine vererbten Eigenschaften, kann der Browser auf einen Standardwert zurückgreifen. Jeder Browser enthält solche Defaults.

+ Er findet mehrere Angaben zur jeweiligen CSS-Eigenschaft. Mithilfe der Kaskade entscheidet er dann, welche dieser Regeln angewendet wird. Mit diesem Algorithmus wird die Gültigkeit gefundener CSS-Angaben berechnet. Die Kaskade wird in den folgenden Abschnitten Schritt für Schritt erläutert.

Wichtigkeit mit !important

Die erste Stufe in der Kaskade ist die Wichtigkeit. Deklarationen können in CSS mithilfe des Keywords `!important` als besonders wichtig markiert werden:

```
p { color: red !important; }
```

Listing 23.21: `!important` in CSS

Findet ein Browser mehrere CSS-Eigenschaften, die für ein Element gelten könnten, sortiert er sie nach ihrer Reihenfolge. Dabei gilt in aufsteigender Reihenfolge:

1. Standardangaben der Browser
2. Normale Stilangaben des Nutzenden (ohne `!important`)
3. Normale Stilangaben von Webdesigner oder Webdesignerin (ohne `!important`)
4. Als wichtig markierte Stilangaben (mit `!important`)
5. Als wichtig markierte Stilangaben des Nutzenden (mit `!important`)

Aus dieser Sortierung nach Wichtigkeit ergeben sich zwei wichtige Aspekte. Der erste ist die Tatsache, dass Nutzerinnen und Nutzer in ihren Browsern die Gestaltung kontrollieren und alle Stilangaben überschreiben können. Das ist gut so, denn wenn eine Besucherin zu diesem Mittel greift, hat sie dafür sicherlich einen guten Grund.

Der zweite wichtige Aspekt ist, dass Webdesigner `!important` nur äußerst sparsam verwenden sollten. Die Arbeit damit wird nämlich schnell unübersichtlich – wenn irgendwo `!important` steht, überschreibt das alle späteren Deklarationen. In den meisten Fällen ist es besser, mit der leichter zu kontrollierenden Spezifität zu arbeiten. Damit ist die zweite Stufe gemeint, auf die der Browser zurückgreifen kann, wenn am Ende der Sortierung nach Wichtigkeit noch immer mehrere konkurrierende Angaben übrig bleiben.

```
.intro p { color: black; }
p { color: red !important; } /* !important überschreibt alle
anderen Angaben, auch die Spezifität */
.intro p { color: blue; }
```

Listing 23.22: Sortierung nach Wichtigkeit – `p` ist in diesem Fall rot.

> **@scope**
>
> @scope ist eine neuere CSS-Regel, mit der CSS-Stile auf einen bestimmten Teil des Dokumentbaums beschränkt werden können. Diese Regel kapselt Stile innerhalb eines bestimmten Bereichs, was bedeutet, dass sie nur auf Elemente innerhalb dieses Bereichs und nicht auf Elemente außerhalb dieses Bereichs angewendet werden. Auf diese Weise lassen sich Namenskonflikte vermeiden und Stile auf bestimmte Komponenten oder Abschnitte einer Webseite beschränken, was die Verwaltung großer und komplexer CSS-Dateien erleichtert.

Spezifität

In der zweiten Stufe sortiert der Browser die in Frage kommenden CSS-Angaben nach ihrer Spezifität. Spezifität ist eine Matrix mit drei Stellen (Hunderter, Zehner und Einer):

+ Einfache Elementselektoren und Pseudo-Elemente wie `p` oder `h1` stehen in der Matrix an den Einer-Stellen.
+ Klassenselektoren, Attributselektoren und Pseudoklassen wie `.intro` bzw. `:visited` werden in den Zehner-Stellen notiert.
+ ID-Selektoren wie `#top` stehen in den Hunderter-Stellen.

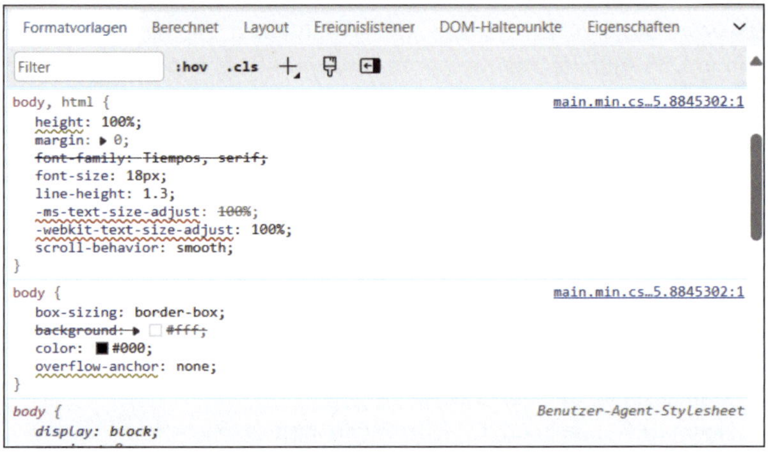

Abbildung 23.11: Die Webentwickler-Werkzeuge der Browser (hier: Chrome) zeigen an, welche CSS-Angaben aufgrund höherer Spezifität gültig sind.

Für jeden Selektor wird die entsprechende Matrix-Stelle um 1 erhöht. Ein Selektor wirkt allerdings nur innerhalb seiner Position: Zehn Einträge an den Zehner-Stellen ergeben nicht einen Eintrag an der Hunderter-Stelle.

Stile mit der höchsten Spezifität »gewinnen« und werden vom Browser angewendet.

In Aktion erleben kann man die Spezifität mithilfe der Entwickler-Werkzeuge in den Browsern. Markiert man dort ein Element, zeigen die Tools an, welche CSS-Angaben gefunden wurden. Angaben mit niedrigerer Spezifität werden von anderen überschrieben (meist mit durchgestrichenem Text dargestellt).

Besonders für Einsteiger in der Webentwicklung ist die Spezifität oft etwas komplex zu verstehen. Tabelle 23.8 zeigt daher zunächst einige Beispiele, wie sich die Spezifität berechnet.

Der Browser berechnet nun anhand dieser Regelung die Spezifität aller CSS-Regeln, die auf ein Element zutreffen können, und wählt diejenige mit der höchsten Spezifität aus. Listing 23.23 gibt ein Beispiel für dieses Vorgehen. Welche Farbe hätte ein Absatz mit der Klasse `.intro`, der sich innerhalb eines Bereichs mit der ID `#header` befindet?

Selektor	Beschreibung	Tausender	Hunderter	Zehner	Einer	Gesamt-Spezifität
`h1`	Elementselektor	0	0	0	1	0001
`h1 span`	2 Elementselektoren	0	0	0	2	0002
`#navigation`	ID	0	1	0	0	0100
`<p style="color: blue;">`	`style`-Attribut	1	0	0	0	1000
`.intro`	Klasse	0	0	1	0	0010
`#header .top a`	ID, Klasse und Elementselektor	0	1	1	1	0111
`#header a:visited`	ID, Elementselektor und Pseudoklasse	0	1	1	1	0111
`#header #top a`	2 IDs und ein Elementselektor	0	2	0	1	0201
`#header .intro a:visited`	ID, Klasse, Pseudoklasse und Elementselektor	0	1	2	1	0121
`p.intro`	Elementselektor mit Klasse	0	0	1	1	0011
`div#top`	Elementselektor mit ID	0	1	0	1	0101

Tabelle 23.8: Beispiele für die Spezifität

```
p { color: black; } /* Spezifität: 0001 */
p.intro { color: blue; } /* Spezifität: 0011 */
#header p.intro { color: green; } /* Spezifität: 0111 */
#header { color: yellow; } /* Spezifität: 0100 */
```

Listing 23.23: Sortierung nach Spezifität – ein Absatz `p` mit Klasse `.intro` innerhalb von `#header` ist grün.

Reihenfolge

Am Ende der Kaskade steht die Reihenfolge, in der CSS-Deklarationen angelegt werden. Haben mehrere Angaben die gleiche Wichtigkeit und die gleiche Spezifität, gilt die zuletzt gemachte Angabe.

```
.intro p { color: black; }
.intro p { color: red; }
.intro p { color: blue; } /* letzte Angabe gewinnt */
```

Listing 23.24: Sortierung nach Reihenfolge – `p` ist in diesem Fall blau

23.3.5 Custom Properties in CSS

Seit einigen Jahren kennt CSS auch Custom Properties für spezifische Werte. Ein typisches Beispiel für Custom Properties ist die Arbeit mit Farben. Oft werden die Farben zu Beginn eines Projekts festgelegt (beispielsweise durch ein Corporate Design) und an verschiedenen Stellen im CSS verwendet – man muss dann immer wieder die spezifizierten Werte nachschlagen, und falls sie sich doch einmal ändern, natürlich auch an jeder Stelle ändern.

Custom Properties vereinfachen diese Arbeit ungemein. Zunächst definiert man die benötigten Custom Properties, meist auf dem Wurzelelement (erreichbar mit `html` oder `:root`), damit sie auch überall zur Verfügung stehen:

Listing 23.25: Definition von Custom Properties innerhalb von `:root`

```
:root {
 --main-green: #95BE24;
 --dark-green: #506726;
 --main-blue: #1D9CC3;
 --link-blue: #0E657E;
}
```

Zugreifen kann man auf die Werte dann mithilfe der `var`-Funktion:

Listing 23.26: Zugreifen auf Custom Properties

```
h2 { border-bottom: 3px solid var(--main-green); }
mark { background-color: var(--main-green); }
```

Es ist auch möglich, Fallback-Werte anzugeben, falls ein Wert einer Custom Property doch nicht definiert sein sollte. Sie werden einfach mit Komma getrennt angegeben:

Listing 23.27: Fallback-Werte von Custom Properties

```
h1 { color: var(--corporate-red, red); }
```

23.4 JavaScript

Definition JavaScript
JavaScript ist eine Programmiersprache und gehört neben HTML und CSS zu den Kerntechnologien des Webs. Sie ist für Interaktivität auf Websites zuständig.

JavaScript ist eine mächtige Programmiersprache und bildet mit HTML und CSS die dritte Kerntechnologie im Web. Sie wird oft als »JS« abgekürzt und sollte auf keinen Fall mit der anderen Programmiersprache Java verwechselt werden.

23.4.1 Was ist JavaScript?

ECMAScript

Kennen sollten Sie auch den Begriff ECMAScript. Die Ecma International (ECMA für »European Computer Manufacturers Association«, *www.ecma-international.org*), eine Standardisierungsorganisation, veröffentlicht unter dem Namen ECMAScript die offiziellen Spezifikationen der Sprache.

Man kann JavaScript als die interaktive Schicht der Webtechnologien verstehen. Sie steuert das Verhalten von Websites, sofern dieses über die Standardfunktionalitäten hinausgeht, die bereits in die Browser eingebaut sind. Mit JavaScript ist es also möglich, eine wesentlich reichhaltigere User Experience zu entwickeln – und zahlreiche Webanwendungen sind ohne die Technologie überhaupt nicht denkbar.

In den meisten Fällen wird JavaScript in den Browsern ausgeführt. Man bezeichnet dies als clientseitiges JavaScript. Es gibt allerdings auch serverseitiges JavaScript, beispielsweise die Technologie node.js (*https://nodejs.org*). In diesem Abschnitt werden wir uns jedoch auf clientseitiges JavaScript konzentrieren. Wer etwas zur Geschichte von

JavaScript erfahren möchte, schaut in mein Zusatzkapitel »JavaScript.pdf« unter *www.rheinwerk-verlag.de/5853*.

Einbindung von JavaScript in einer Seite

Es gibt prinzipiell zwei Möglichkeiten, JavaScript in eine Website einzubinden.

1. Direkt im Quelltext: Zunächst einmal kann JavaScript wie CSS auch direkt in den Quelltext einer Seite eingebunden werden, und zwar sowohl im head als auch im body. Dazu dient das HTML-Tag script:

```
<html>
 <head>
  ...
  <script>
    // Skript-Code
  </script>
 </head>
...
</html>
```

Listing 23.28: Einbindung von JavaScript in einem script im head

2. Als externe Datei: Eine Alternative ist es, die JavaScript-Befehle in einer externen Datei mit der Endung .js anzulegen, die mithilfe von script und einem src-Attribut referenziert wird:

```
<html>
 <head>
  ...
  <script src="js/script.js"></script>
 </head>
...
</html>
```

Listing 23.29: Einbindung von externen JavaScript-Dateien

Die Arbeit mit externen JavaScript-Dateien hat den Vorteil, dass HTML und JavaScript nicht vermischt werden. Sie ist daher meist vorzuziehen. Es gibt aber noch etwas zu beachten: Wo bringen Sie die JavaScript-Datei eigentlich unter – und was sind die Folgen davon?

Synchrone und asynchrone Ausführung von JavaScript

<script> darf prinzipiell überall im Quelltext stehen. Läuft der Browser einem Skript über den Weg, hält er inne, lädt das Skript und schaut, ob er irgendetwas damit tun muss. Man sagt daher, dass JavaScript render-blocking ist – die Darstellung einer Website kann erst weitergehen, nachdem das Skript überprüft wurde. Dieser Rendering-Prozess des Browsers ist am Anfang von Kapitel 22 detailliert beschrieben.

Das bedeutet jedoch auch, dass Skripte, die weit vorne im Quelltext stehen, den Seitenaufbau verlangsamen – besonders jene im head der

JavaScript-Compiler

Wie bei HTML und CSS ist man auch bei JavaScript von der Browser-Unterstützung neuer Funktionalitäten abhängig, bevor man sie verwenden kann – und natürlich davon, ob die eigenen Anwender auch die Updates ihrer Browser installieren. Wer nicht warten möchte, kann einen Blick auf JavaScript-Compiler wie beispielsweise Babel (*https://babeljs.io*) werfen. Diese Tools wandeln modernen Code in eine Version um, die auch in älteren Browsern funktioniert (beispielsweise, indem ECMAScript-2015-Code in ECMAScript-5-Code konvertiert wird).

Quellen und Lesetipps

+ Selfhtml.org: *https://wiki.selfhtml.org/wiki/JavaScript/Tutorials*
+ JavaScript – Das umfassende Handbuch, von Philip Ackermann, Rheinwerk Computing
+ MDN Web Docs: *https://developer.mozilla.org/en-US/docs/Learn/Getting_started_with_the_web/JavaScript_basics*
+ The Modern JavaScript Tutorial: *https://javascript.info*

Seite, denn sie werden ganz am Anfang ausgeführt, bevor der Browser irgendetwas vom Inhalt der Seite mitbekommen hat. In einigen Fällen ist das unbedingt erforderlich – dann nämlich, wenn das Skript irgendetwas tun soll, ohne das der Seitenaufbau nicht funktioniert.

Allerdings ist so etwas eher selten. In den meisten Fällen bietet es sich daher an, die Skripte erst am Ende vor dem schließenden `</body>` einzufügen. In diesem Fall kann der Browser nämlich zuerst das DOM aufbauen und danach das Skript herunterladen – sehr wichtig ist das besonders dann, wenn JavaScript versucht, auf das DOM zuzugreifen. Mithilfe von Event Listenern (vgl. Abschnitt 23.3.6) ist es möglich, mit der Ausführung von JavaScript zu warten, bis die Seite vollständig geladen wurde. Alternativ gibt es zwei Attribute, die das Verhalten von `<script>` beeinflussen: `async` und `defer`.

+ `async`: Das `async`-Attribut teilt dem Browser mit, dass er mit dem Rendering einer Seite nicht aufhören soll. `<script src="js/script.js" async>` heißt also übersetzt: Lade das Skript herunter, fahre in der Zwischenzeit mit dem Parsing fort, und führe das Skript aus, sobald du es heruntergeladen hast.
+ »Führe das Skript aus, sobald du es heruntergeladen hast« – dieser letzte Aspekt ist sehr relevant. Wir wissen nämlich nicht, wann genau der Browser das Skript ausführt.
  Es könnte sein, dass er mit dem Parsing noch gar nicht fertig ist – versucht unser Skript nun, auf einen Teil des DOMs zuzugreifen, der noch gar nicht aufgebaut ist, schlägt es fehl.
  Werden mehrere Skripte gleichzeitig asynchron geladen, kann es passieren, dass sie in einer anderen Reihenfolge ausgeführt werden, als sie im Quelltext auftauchen.
+ `defer`: Eine Alternative ist das Attribut `defer`. `<script src="js/script.js" defer>` stellt sicher, dass die Skripte erst nach Abschluss des DOM-Aufbaus und außerdem in der Reihenfolge wie im Quelltext angegeben ausgeführt werden.

JavaScript blockiert den Rendering-Prozess. Sofern möglich, sollten Skripte daher vor `</body>` eingefügt oder asynchron geladen werden.

JavaScript ist eine mächtige Programmiersprache, die vielfältige Möglichkeiten asynchroner Programmierung bietet. Auf einige Grundlagen davon kann in diesem Kapitel eingegangen werden, aus Platzgründen können allerdings nicht alle Möglichkeiten mit der ihnen gebührenden Aufmerksamkeit behandelt werden. Insbesondere sind hier Promises (seit ECMAScript 2015) und Async-Funktionen (seit ECMAScript 2017) zu nennen. Es lohnt sich, sich in diese Möglichkeiten einzuarbeiten und mit ihnen zu experimentieren – Lesetipps dazu finden sich im Kasten »Quellen und Lesetipps« oben.

Bibliotheken auf Basis von JavaScript

Neben reinem JavaScript (auch Vanilla-JavaScript genannt) gibt es unterschiedlichste Bibliotheken auf Basis der Technologie. Diese Bibliotheken bieten häufig genutzte Funktionen, die JavaScript von Haus aus nicht zur Verfügung stellt – auf diese Weise spart man sich viel Eigenentwicklung. Andererseits bringen die Bibliotheken natürlich auch Code mit sich, der auf der eigenen Website überhaupt nicht verwendet wird. Hier ist also eine Abwägung zwischen nötigem Aufwand und dem zusätzlichen Overhead sinnvoll.

Im Rahmen dieser Einführung kann ich nicht auf die JavaScript-Bibliotheken eingehen – es gibt eine Vielzahl davon, beispielsweise React (*https://react.dev*). Allerdings ist die Einarbeitung mit solidem Grundwissen über JavaScript meist recht einfach, und viele Bibliotheken bieten sehr gute Dokumentationen.

23.4.2 Grundregeln von JavaScript

Bevor wir in die Tiefen von JavaScript eintauchen, sollten einige Grundlagen bekannt sein:

+ JavaScript ist case sensitive. Das bedeutet, dass Groß- und Kleinschreibung einen Unterschied machen. `einevariable` ist also etwas anderes als `eineVariable`.
+ Die meisten eingebauten Methoden beginnen mit Kleinschreibung, und der erste Buchstabe jedes folgenden Wortes ist großgeschrieben – der Fachbegriff dafür lautet Camel Case. Ein Beispiel ist die Methode `getElementsByTagName`.
+ Ein JavaScript-Ausdruck endet meist mit einem Semikolon ;. In manchen Fällen kann man auch einfach einen Absatz machen, weil das Semikolon vom JavaScript-Parser automatisch eingefügt wird. Besonders für den Einstieg ist es am einfachsten, jeden Ausdruck mit ; zu beenden.
+ Kommentare werden in JavaScript mit // (einzeiliger Kommentar) begonnen oder zwischen /* und */ (mehrzeilige Kommentare) geschrieben.

Ausgabe in der JavaScript-Konsole

An vielen Stellen werde ich mit der Methode `console.log()` arbeiten – sie schreibt eine Ausgabe in die Konsole. Die Konsole ist in den Entwicklerwerkzeugen der Browser verfügbar. Öffnen Sie daher die Konsole des entsprechenden Webbrowsers. Sie finden diese bei den Entwicklertools bzw. Entwicklungswerkzeugen des Webbrowsers, die Sie häufig mit [Strg]/[cmd]+[⇧]+[I] aufrufen können. Dort finden Sie dann gewöhnlich auch den Reiter *Console* oder *Konsole* vor.

In der Konsole können JavaScript-Befehle eingegeben und durch Drücken von [↵] ausgeführt werden – viele der Beispiele in diesem Kapitel sind auf diese Weise unmittelbar nachvollziehbar.

Neben dem einfachen `console.log()` gibt es auch die Methoden `console.info()` für allgemeine Informationen, `console.warn()` für Warnungen und `console.error()` für Fehler. Auf diese Weise lässt sich verdeutlichen, von welcher Art die eingeblendeten Informationen sind.

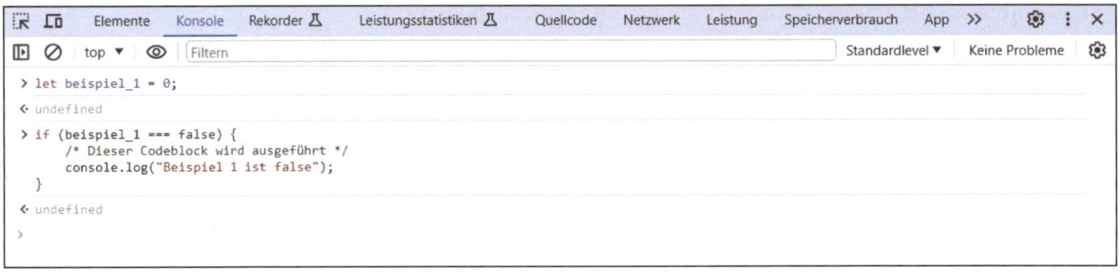

Abbildung 23.12: In der Konsole lässt sich JavaScript-Code komfortabel ausführen und debuggen.

23.4.3 Variablen und Datentypen

> **Schwach typisiert?**
>
> JavaScript ist eine sogenannte schwach typisierte Sprache. Das bedeutet, dass JavaScript den Datentyp einer Variablen aus ihrem Kontext erschließt – anders als in manchen anderen Programmiersprachen müssen wir also nicht explizit angeben, welchen Datentyp eine Variable haben soll. Schreiben wir `let menge = 5`, geht JavaScript automatisch davon aus, dass wir eine Zahl meinen (und nicht etwa das Zeichen »5«).

Betrachten wir zunächst einige Grundregeln beim Deklarieren und Zuweisen von Variablen in JavaScript:

+ Eine Variable kann mit dem Schlüsselwort `let` deklariert werden: `let menge;` deklariert eine Variable mit der Bezeichnung `menge`.
+ Das Gleichheitszeichen `=` ist der Zuweisungsoperator – er sorgt dafür, dass eine Variable den angegebenen Wert erhält. `menge = 5;` weist unserer gerade eben deklarierten Variablen also den Wert 5 zu.
+ Oft werden Variablen in Kurzschreibweise gleichzeitig deklariert und zugewiesen: `let menge = 5;`
+ Variablen werden in JavaScript entweder mit dem Begriff `let` oder ohne definiert. `preis = 4;` und `let preis = 4;` erzeugen also eine Variable `preis` mit dem Wert 4. Für JavaScript ist diese Variable damit gleichbedeutend mit der Zahl 4. Es ist allerdings nicht egal, ob Sie `let` schreiben oder nicht – das Keyword ändert die Gültigkeit der Variablen.
+ Man muss den Wert aber nicht immer sofort zuweisen. `let preis;` erzeugt eine Variable `preis` mit dem Datentyp `undefined`.
+ Man kann auch mehrere Variablen auf einmal deklarieren. Sie werden dann einfach mit Komma voneinander getrennt. `var preis = 4, menge = 5, rabatt = 25;` erzeugt beispielsweise drei Variablen `preis`, `menge` und `rabatt` mit den ihnen zugewiesenen Werten.
+ Alternativ kann man Variablen auch mit dem Keyword `var` erzeugen. Das prinzipielle Vorgehen ist dabei identisch wie bei `let` (z. B. `var farbe = "blue";`). Mit `let` deklarierte Variablen sind nur innerhalb ihres Blocks gültig, während mit `var` deklarierte Variablen so behandelt werden, als würden sie am Anfang einer Funktion stehen.

  Das wollen wir uns einmal an einem Beispiel anschauen. Wir greifen hier ein bisschen vor und zeigen ein Code-Beispiel mit einer Funktion und einer Bedingungsprüfung (mehr zu Funktionen erfahren Sie in Abschnitt 23.3.4, mehr zu Bedingungen in Abschnitt 23.3.5). An dieser Stelle genügt es, zu wissen: Am Anfang der Funktion prüfen wir eine Bedingung, die immer zutrifft (`if(true) {}`), und führen

> **Vermeiden Sie `var`**
>
> `var` wurde hier nur zu Demonstrationszwecken gezeigt. In der Praxis sollten Sie immer `let` (und `const`) anstelle von `var` verwenden. `var` ist veraltet und unsicher, da `var` eine `Variable` im globalen Kontext erzeugt und daher von überall darauf zugegriffen werden kann. Mit `let` hingegeben beschränken Sie die Gültigkeit nur auf einzelne Codeblöcke.

dann den Codeblock innerhalb der geschweiften Klammern aus, in dem eine Variable `farbe` (mit `var`) und eine Variable `form` (mit `let`) erzeugt werden. Es macht natürlich nicht wirklich Sinn, auf eine Bedingung zu prüfen, die immer zutrifft – wir tun dies hier aber sehr bewusst, damit wir einen neuen Codeblock zwischen den geschweiften Klammern erzeugen. Am Ende der Funktion geben wir dann mithilfe von `console.log()` den Inhalt der beiden Variablen als Text in die Konsole aus. Hier ist der Code:

```
function testeVarUndLet() {
 if(true) {
  var farbe = "blue";
  let form = "square";
 }
 console.log(farbe); // gibt "blue" zurück
 console.log(form); // gibt einen Fehler zurück
}
testeVarUndLet();
```

Listing 23.30: `let` und `var`

Wenn Sie diesen Code in der Konsole Ihres Browsers testen, geschieht etwas Seltsames: `console.log(farbe)` (definiert mit `var`) gibt den Wert »blue« zurück, `console.log(form)` (definiert mit `let`) wirft einen Fehler:

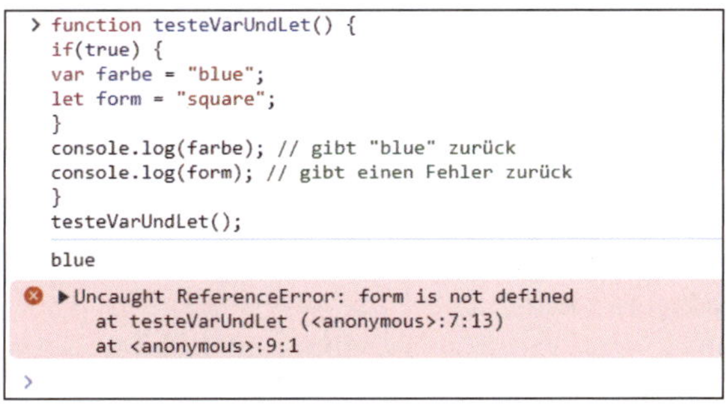

Abbildung 23.13: Das Ausgeben von `let` in diesem Beispiel wirft einen Fehler.

Der Grund dafür liegt im unterschiedlichen Verhalten von `let` und `var` begründet. `let`-Variablen existieren nur innerhalb ihres Blocks – das heißt in diesem Fall innerhalb der geschweiften Klammern der `if`-Prüfung. `var`-Variablen hingegen werden hinter den Kulissen an den Anfang der Funktion gezogen (dieses Verhalten wird Hoisting genannt), so als ob sie außerhalb des Blocks definiert worden wären.

Variablennamen in JavaScript

Die Namen von Variablen müssen in JavaScript einigen Regeln folgen:

+ Sie dürfen nicht mit einer Zahl anfangen. Erlaubt sind Buchstaben, Unterstriche oder Dollarzeichen.
+ Sie dürfen keine Leerzeichen enthalten.

- Es sind keine Zeichen erlaubt, die in der Sprache schon anderweitig genutzt werden (! . , / \ + - * =).
- Außerdem sind die Keywords von JavaScript tabu, beispielsweise `boolean`, `class` oder `break`.

Konstanten

Ähnlich wie Variablen dienen auch Konstanten dazu, einen Wert zu speichern. Der Unterschied: Während eine Variable jederzeit geändert werden kann, steht eine Konstante nach ihrer Zuweisung unveränderbar fest. Konstanten werden mit dem Schlüsselwort `const` erstellt: **const** `pi = 3.1415926;`. Ähnlich wie `let` sind auch Konstanten mit `const` nur innerhalb ihres Blocks gültig.

Zuweisungsoperatoren

> **Weitere Operatoren**
>
> An dieser Stelle können nur einige besonders häufig genutzte Operatoren genannt werden. Eine Übersicht über einige weitere Möglichkeiten bietet Mozilla unter *https://developer.mozilla.org/en-US/docs/Web/JavaScript/Guide/Expressions_and_Operators#Operators.*

Den Zuweisungsoperator = haben Sie bereits kennengelernt – er wird mit Abstand am häufigsten verwendet. Es gibt jedoch noch einige weitere, die Sie kennen sollten:

Zuweisungs-operator	Beschreibung	Beispiel
++	Erhöht den Wert der Variablen um 1	`let i = 5;` `i++; // 6`
--	Verringert den Wert der Variablen um 1	`let i = 5;` `i--; // 4`
+=	Erhöht den Wert der Variablen um den folgenden Wert	`let i = 15, z = 5;` `i += z; // 15 + 5 = 20`
-=	Verringert den Wert der Variablen um den folgenden Wert	`let i = 15, z = 5;` `i -= z; // 15 - 5 = 10`
*=	Multipliziert den Wert der Variablen mit dem folgenden Wert	`let i = 15, z = 5;` `i *= z; // 15 * 5 = 75`
/=	Teilt den Wert der Variablen durch den folgenden Wert	`let i = 15, z = 5;` `i /= z; // 15 / 5 = 3`
%=	Modulo, gibt den Rest zurück	`let i = 15, z = 2;` `i %= z; // 1`
**=	Exponentialoperator	`let i = 5, z = 2;` `i **= z;` // 5^2 = 25;

Tabelle 23.9: Zuweisungsoperatoren in JavaScript

Arithmetische Operatoren und Stringoperatoren

Neben den Zuweisungsoperatoren, mit denen Werte einer Variablen zugewiesen werden, gibt es noch arithmetische Operatoren, mit denen sich Rechenoperationen durchführen lassen. Sie lassen sich natürlich nur auf Daten vom Typ Zahlen anwenden: Addition +, Subtraktion -, Multiplikation *, Division / , Exponent ** sowie Modulo % (Rest). JavaScript geht beim Rechnen von links nach rechts vor, beachtet jedoch Klammern sowie Punkt- vor Strichrechnung – ganz so, wie Sie es aus dem Mathematik-Unterricht gewöhnt sind.

Bei Strings ist es etwas einfacher: + verkettet Zeichenketten. Wenn Sie `let begruessung = "Hallo" + " " + "Leser";` ausführen, hat `begruessung` den Wert »Hallo Leser«. Falls Sie bei einer Operation Zahlen und Zeichenketten mischen, wird die Zahl ein Teil der Zeichenkette: `let ausgabe = "Das Ergebnis ist " + 5;` ist also vom Datentyp String.

Datentypen in JavaScript

Weitere Operatoren

Außerdem kennt JavaScript vergleichende und logische Operatoren, auf die in Abschnitt 23.3.5 eingegangen wird.

JavaScript unterscheidet zwischen verschiedenen Datentypen:

+ **Zahlen (Number)** werden in JavaScript ohne Anführungszeichen eingegeben, und mit ihnen können mathematische Operationen durchgeführt werden. Kommawerte werden dabei mit Punkten notiert:

```
let preis = 4;
let mehrwertsteuer = 0.76;
console.log(preis + mehrwertsteuer); // Ergebnis: 4,76
```

Listing 23.31: Zahlen in JavaScript

Ein Sonderfall ist der Wert `NaN` – das steht für »not a number« und bedeutet, dass JavaScript eine mathematische Operation nicht ausführen kann, weil einer der Werte keine Zahl ist. Das folgende Beispiel definiert eine Zeichenkette und versucht anschließend, damit zu rechnen, als ob es eine Zahl wäre:

Infinity

Ein weiterer Sonderfall ist `Infinity` für »unendlich« – in der Praxis stößt man allerdings selten darauf.

```
let titelString = "Fluch der Karibik";
console.log(titelString * 2); // Ergebnis: NaN
```

Listing 23.32: NaN (»not a number«)

+ **Zeichenketten (String)** werden in JavaScript mit Anführungszeichen angegeben. Es spielt keine Rolle, ob einfache ' oder doppelte Anführungszeichen " genutzt werden. Sollte man Anführungszeichen innerhalb eines Strings benötigen, müssen diese entweder maskiert werden (Zeichen \ vor dem Anführungszeichen), oder es muss auf die andere Variante zurückgegriffen werden:

```
console.log("Hallo, Welt"); // Ergebnis: Hallo, Welt
console.log('Hallo, Welt'); // Ergebnis: Hallo, Welt
console.log('Hallo, "Welt"'); // Ergebnis: Hallo, "Welt"
console.log("Hallo, \"Welt\""); // Ergebnis: Hallo, "Welt"
```

Listing 23.33: Strings in JavaScript

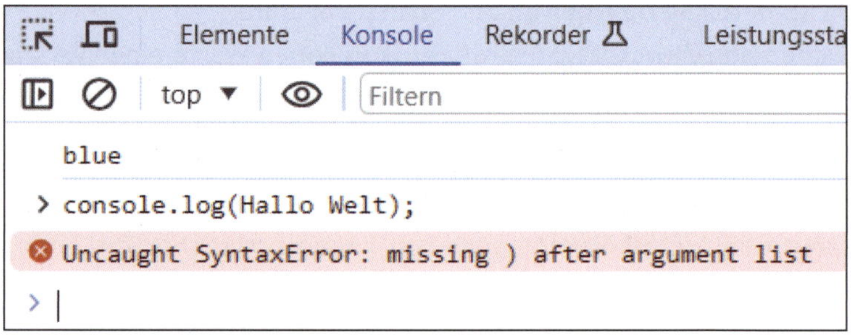

Abbildung 23.14: Vergessen sollte man die Anführungszeichen nicht, denn sonst interpretiert JavaScript die Eingabe nicht als String.

+ **Boolesche Datentypen** können wahr (true) oder falsch (false) sein. Sie werden häufig eingesetzt, um einen Zustand innerhalb einer Programmierung zu speichern oder ein Ergebnis zu überprüfen:

```
let downloadFinished = false;
console.log(downloadFinished); // Ergebnis: false
5 + 4 == 9; // Ergebnis: true
5 + 4 == 8; // Ergebnis: false
```

Listing 23.34: Boolesche Datentypen in JavaScript

Arrays

Arrays werden in JavaScript mit eckigen Klammern oder mit dem Aufruf von `Array()` und dem Keyword `new` erzeugt und können unterschiedliche Datentypen enthalten. Der Zugriff auf die Inhalte erfolgt über die Position im Array (Index), beginnend mit 0. Mit der Eigenschaft `.length` lässt sich herausfinden, wie viele Einträge ein Array hat:

```
let array = [ "Inhalt 1", "Inhalt 2", 3];
console.log(array[0]); // Ergebnis: "Inhalt 1"
let array2 = new Array("Inhalt 1", "Inhalt 2");
console.log(array2.length); // Ergebnis: 2
```

Listing 23.35: Arrays in JavaScript

Sets und Maps

Ein Set ist ebenfalls eine geordnete Liste, darf jeden Wert jedoch (anders als ein Array) nur einmal enthalten. Das folgende Listing zeigt dies: Obwohl ein unaufmerksamer Programmierer den Läufer mit der Startnummer 16 gleich mehrmals in die Ergebnisliste eingetragen hat, wird er nur einmal (korrekterweise als Sieger) ausgegeben. Außerdem zeigt das Listing, wie man auf einen Wert innerhalb eines Sets prüfen oder Werte wieder entfernen kann.

```
// Set mit einigen Werten erzeugen
let laufergebnis = new Set([16, 18, 16, 1567, 2489]);
// weitere Werte hinzufügen
laufergebnis.add(16);
laufergebnis.add(29);
laufergebnis.add(256);
```

```
// Wert wieder entfernen
laufergebnis.delete(256);
// Set anschauen
laufergebnis; // Output: 16, 18, 1567, 2489, 29
// auf einen Wert prüfen
if (laufergebnis.has(145)) {
 console.log("Der Läufer mit Startnummer 145 ist im Ziel
 angekommen.");
} else {
 console.log("Der Läufer mit Startnummer 145 hat unterwegs
 aufgegeben."); // Dies wird ausgegeben
}
```

Listing 23.36: Sets in JavaScript

Eine Map ist ebenfalls geordnet, enthält jedoch Schlüssel-Wert-Paare:

```
// Map erzeugen (Variante 1)
let schuelerin1 = new Map();
schuelerin1.set('name', 'Maike');
schuelerin1.set('alter', 16);
// Map erzeugen (Variante 2)
let schuelerin2 = new Map([['name', 'Hilda'], ['alter', 17]]);
```

Listing 23.37: Maps in JavaScript erzeugen

Maps bringen einige sinnvolle Möglichkeiten mit, darunter das Auslesen von Werten mithilfe von `get` (`schuelerin1.get('name');`), das Entfernen einzelner Schlüssel-Wert-Paare mit `delete` (`schuelerin2.delete('alter');`) oder aller Schlüssel-Wert-Paare mit `clear` (`schuelerin2.clear();`) oder das Überprüfen, ob es einen Eintrag gibt, mithilfe von `has` (`schuelerin1.has('alter');`).

23.4.4 Funktionen, Objekte und Methoden

JavaScript-Anweisungen können schnell Hunderte von Codezeilen umfassen. Um den Code übersichtlich zu gliedern und wiederverwerten zu können, wird er oft in Funktionen, Objekte und Methoden unterteilt.

Funktionen deklarieren und ausführen

Funktionen können in JavaScript mit dem Keyword `function` deklariert werden. In eckigen Klammern folgt der Code, der in der Funktion ausgeführt werden soll. Aufrufen kann man eine Funktion über ihren Funktionsnamen mit Klammern (und):

```
/* Reine Deklaration der Funktion (wird an dieser Stelle noch
 nicht ausgeführt) */
function beantworteFragen() {
 console.log("42");
}
```

```
/* Ausführen der Funktion durch Nennung ihres Namens mit
 Klammern ( und ) */
beantworteFragen(); // Aufruf, Ergebnis: 42
```

Listing 23.38: Funktionen in JavaScript deklarieren und aufrufen

Innerhalb der Klammern können beliebig viele Argumente (Parameter) übergeben werden, so dass die Funktion darauf reagieren kann:

```
function beantworteFragen( thema ) {
 console.log("Die Antwort auf die Frage nach " + thema + " ist:
 42");
}
beantworteFragen("dem Leben, dem Universum und dem ganzen Rest"
); // Aufruf, Ergebnis: Die Antwort auf die Frage nach dem Le-
ben, dem Universum und dem ganzen Rest ist: 42
```

Listing 23.39: Funktionen in JavaScript deklarieren und aufrufen

Hoisting von Funktionen

JavaScript zieht die Deklaration von Funktionen in einigen Fällen bei der Ausführung nach oben (sogenanntes Hoisting) – das bedeutet, man kann eine Funktion an einer Stelle im Code auch dann verwenden, wenn man sie erst später im Code deklariert. Das funktioniert aber nicht bei anonymen Funktionen – sie müssen immer erst deklariert werden, bevor man sie verwenden kann!

JavaScript erlaubt es, Standardwerte für Funktionsparameter festzulegen, indem man sie mit Gleichheitszeichen in der Deklaration angibt:

```
function multipliziere(a, b = 1) {
 return a * b;
}
multipliziere(10, 10); // Output: 100;
multipliziere(10); // Output: 10
```

Listing 23.40: Standardwerte für Parameter in JavaScript

Bei den bisher behandelten Funktionen handelt es sich um sogenannte benannte Funktionen – sie haben einen Namen wie beispielsweise `beantworteFragen()`, mit dem man sie aufrufen kann. Alternativ lässt sich eine Funktion auch als Variable angeben. In diesem Fall spricht man von einer anonymen Funktion, weil sie keinen expliziten Namen erhält. Sie lassen sich aber natürlich noch über die Variable aufrufen, der sie zugewiesen sind:

```
let flaeche = function(breite, hoehe) {
 return breite * hoehe;
}
let groesse = flaeche(9, 8);
console.log(groesse);
```

Listing 23.41: Anonyme Funktion in JavaScript

In diesem Beispiel spricht man auch von einem Funktionsausdruck, denn die Funktion erscheint dort, wo JavaScript einen Ausdruck erwartet – in diesem Fall hinter dem Zeichen `=`.

Mit den sogenannten Pfeil- oder Arrow-Funktionen gibt es eine weitere, kürzere Syntax für Funktionen in JavaScript. Dabei schreibt man zunächst die Parameter der Funktion in Klammern. Gibt es nur einen

Parameter, kann man die Klammern auch weglassen, und falls es gar keine Parameter gibt, schreibt man zwei leere Klammern (). Es folgen der Pfeil => und der Funktionskörper. Möchte man das Ergebnis einer einfachen Operation zurückgeben, kann man die geschweiften Klammern weglassen, bei komplexeren Funktionen mit mehreren Ausdrücken muss man sie jedoch schreiben. Das folgende Listing gibt einige Beispiele:

```
// Arrow-Funktion mit zwei Parametern
let summe = (zahl1, zahl2) => zahl1 + zahl2;
// Arrow-Funktion ohne Parameter
let antwort = () => 42;
// Arrow-Funktion mit einem Parameter und komplexem Funktions-
körper
let zinsen = betrag => {
 console.log("Vielen Dank für Ihre Anfrage. Hier sind die Zinsen
 für diesen Betrag:");
 return betrag * 0.2;
}
summe(5, 12); // Output: 17
antwort(); // Output: 42
zinsen(500); // Output: "Vielen Dank für Ihre Anfrage. Hier sind
die Zinsen für diesen Betrag:" & 100
```

Listing 23.42: Arrow-Funktion in JavaScript

Es gibt aber noch eine Möglichkeit, die häufig genutzt wird: die IIFE.

Immediately Invoked Function Expressions (IIFEs)

Oft möchte man eine Funktion nur einmalig ausführen und dafür sorgen, dass Variablen nur in definierten Kontexten verwendet werden können. Natürlich könnte man nun eine Funktion, wie im vorherigen Abschnitt erläutert, deklarieren und sie anschließend einmal aufrufen. Allerdings könnte man damit nicht verhindern, dass sie aus Versehen doch ein zweites Mal aufgerufen wird. Selbst wenn man sie eindeutig benennen würde – technisch gibt es nichts, was uns daran hindert, sie immer wieder aufzurufen und James Bond wie eine hängende Schallplatte klingen zu lassen:

> **Lesetipp zu IIFEs**
> Detaillierte Hintergründe zu IIFEs beschreiben Ben Alman unter *http://benalman.com/news/2010/11/immediately-invoked-function-expression/* sowie Joshua Clanton unter *http://adripofjavascript.com/blog/drips/an-introduction-to-iffes-immediately-invoked-function-expressions.html.*

```
/* Funktion deklarieren */
function vorstellen() {
 console.log("Mein Name ist Bond. James Bond.");
}
/* Funktion aufrufen */
vorstellen();
/* Funktion noch einmal aufrufen */
vorstellen();
```

Listing 23.43: Normale Funktionen in JavaScript können beliebig oft aufgerufen werden.

In JavaScript verwendet man daher gerne ein Konstrukt, das auf den Namen Immediately Invoked Function Expressions (IIFE, »unmittelbar aufgerufene Funktionsausdrücke«, gesprochen »iffy«) hört. Listing 23.45 zeigt einen solchen Ausdruck, den wir im Anschluss erläutern werden.

```
(function() {
 console.log("Mein Name ist Bond. James Bond.")
}());
```

Listing 23.44: IIFE in JavaScript

Puh, das sind ganz schön viele Klammern. Schauen wir uns nun einmal diese ganzen runden Klammern an. Wenn der JavaScript-Parser auf das Keyword `function` trifft, geht er erst einmal davon aus, dass wir eine Funktion deklarieren möchten, um sie später ausführen zu können. In diesem Fall möchten wir sie aber direkt ausführen, also als Funktionsausdruck behandelt wissen. Mit den beiden Klammern ganz am Anfang und ganz am Ende teilen wir dies dem Parser mit.

Es folgt ein Codeblock mit den Angaben, was das Skript eigentlich tun soll (in diesem Fall James Bond vorstellen). Nach wie vor müssen wir es jedoch noch ausführen. Wir tun dies über die beiden Klammern (und) direkt hinter dem Codeblock.

Abbildung 23.15 erläutert die Funktion der einzelnen Teile innerhalb einer IIFE. Es ist übrigens auch möglich, die Position der schließenden Klammern zu verändern: `(function() { … }`**)()** statt `(function() { … }` **())**. Beide Schreibweisen funktionieren, aber es lässt sich vortrefflich darüber streiten, was nun der bessere Stil ist.

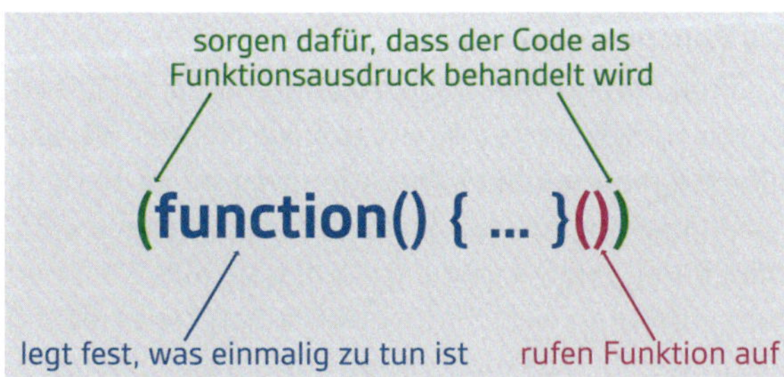

Abbildung 23.15: Erläuterung der Immediately Invoked Function Expressions

Variablen innerhalb einer IIFE sind (wie bei anderen Funktionen auch) nur innerhalb dieses Kontexts verfügbar.

Rückgabewerte in Funktionen

Eine Funktion kann auch einen Rückgabewert haben, der mit `return` definiert wird. Dieser Wert steht auch außerhalb der Funktion zur Verfügung:

```
function addiereZahlen(zahl1,zahl2) {
 return zahl1 + zahl2;
}
```

```
let summe = addiereZahlen(5, 4);
console.log(summe); // Ergebnis: 9
```

Listing 23.45: Funktion mit Rückgabewert in JavaScript

Soll eine Funktion mehrere Werte zurückgeben, können Sie diese Werte in ein Array zusammenfassen, das Sie anschließend zurückgeben. Wichtiges Detail: `return` beendet die Funktion. Sollte dahinter noch Code folgen, wird dieser niemals ausgeführt.

Objekte

Wie Arrays können auch Objekte in JavaScript mehrere Werte enthalten. Allerdings werden diese nicht durchnummeriert, sondern explizit benannt. Die Werte werden als Eigenschaften bezeichnet, jede Eigenschaft besteht aus einem Schlüssel und einem Wert (Key/Value) – erlaubt sind hier alle Datentypen. Eine Möglichkeit, Objekte zu erzeugen, ist die Verwendung geschweifter Klammern:

```
/* Objekt definieren */
let katze = {
 "name": "Minka",
 "alter": 4,
 "farbe": "graumeliert",
 "gerneDraussen": false
}
```

Listing 23.46: Objekterzeugung mit geschweiften Klammern in JavaScript

Ähnlich wie bei Arrays können auch Objekte alternativ mit dem Keyword `new` und dem Aufruf von `Object()` erzeugt werden. Während es bei der Notation mit geschweiften Klammern jedoch möglich ist, Eigenschaften eines Objekts direkt bei seiner Erzeugung zu definieren, muss das bei der Verwendung von `new Object()` in einem zweiten Schritt erfolgen. Dazu kann entweder mit einem Punkt (Dot Notation) oder mit eckigen Klammern (Bracket Notation) gearbeitet werden. Auf diese Weise kann man auch auf eine Eigenschaft zugreifen:

```
/* Objekt erzeugen */
let katze = new Object();
/* Eigenschaften zuweisen */
katze.name = "Pete"; // Dot Notation
katze["alter"] = 7; // Bracket Notation
/* Zugriff auf Eigenschaften: */
console.log(katze.name); // Ergebnis: Pete
console.log(katze["alter"]); // Ergebnis: 7
```

Listing 23.47: Objekte mit `new Object()` erzeugen, Eigenschaften zuweisen und aufrufen

In den meisten Fällen ist es egal, ob Sie beim Zugreifen auf Objekteigenschaften mit Punkten oder Klammern arbeiten. Das folgende Listing zeigt eine der wenigen Ausnahmen. Hier wird der Schlüssel `"smartphone2"` in einer Variablen `schluessel` gespeichert. Mit Bracket

Notation smartphones[schluessel] findet JavaScript den gewünschten Eintrag. Mit Dot Notation smartphones.schluessel hingegen sucht JavaScript nach einer Eigenschaft namens »schluessel«, wird nicht fündig und gibt undefined zurück:

Listing 23.48: Einer der wenigen Fälle, in denen Punkt- und Klammernnotation zu unterschiedlichen Ergebnissen führen.

```
let smartphones = {
 "smartphone1": "Galaxy S8",
 "smartphone2": "iPhone 7",
 "smartphone3": "OnePlus 3"
}
let schluessel = "smartphone" + 2;
console.log(smartphones.schluessel); // Ergebnis: undefined
console.log(smartphones[schluessel]); // Ergebnis: iPhone 7
```

Methoden

Eine Methode ist eine Funktion, die Teil eines Objekts ist. Sie wird innerhalb des Objekts definiert. Das folgende Listing zeigt ein Beispiel, wie in einem Objekt konzert eine Methode pruefeVerfuegbarkeit definiert wird. Das Schlüsselwort this gibt an, dass die Eigenschaften plaetze und gebucht von diesem Objekt genutzt werden sollen. Schließlich wird die Methode aufgerufen, und ihr Ergebnis wird in einer Variablen namens freiePlaetze gespeichert:

> **this**
>
> Das Schlüsselwort this ändert seinen Wert je nach Situation, in der es auftaucht. Mehr dazu erfahren Sie im Artikel »Understand JavaScript's this« unter *https://rohl.es/javascript-this*.

Listing 23.49: Methoden in JavaScript

```
let konzert = {
 name: "Arcade Fire",
 plaetze: 450,
 gebucht: 378,
 pruefeVerfuegbarkeit: function() {
  return this.plaetze - this.gebucht;
 }
};
let freiePlaetze = konzert.pruefeVerfuegbarkeit();
console.log(freiePlaetze);
```

23.4.5 Bedingungen prüfen

JavaScript kennt mehrere Konstrukte, mit denen Bedingungen geprüft werden können.

if, if else und else

if prüft, ob eine Aussage zutrifft, und führt dann einen Codeblock aus. Die zu prüfende Aussage wird in runden Klammern angegeben, der auszuführende Block in geschweiften Klammern dahinter:

```
let getraenk = "kaffee";
if ( getraenk == "kaffee" ) {
```

```
 console.log("Möchten Sie Milch dazu?");
}
```

Listing 23.50: if-Statement in JavaScript

Mit else kann man einen alternativen Codeblock angeben, der immer ausgeführt wird, wenn die Aussage innerhalb von if nicht zutrifft:

```
let getraenk = "Mate";
if ( getraenk == "kaffee" ) {
 console.log("Möchten Sie Milch dazu?");
} else {
 console.log("Sonst haben wir nichts.");
}
```

Listing 23.51: if-else-Statement in JavaScript

Mehrere if-Statements lassen sich mit else if aneinanderreihen. Sie werden nacheinander geprüft:

```
let getraenk = "mate";
if ( getraenk == "kaffee" ) {
 console.log("Möchten Sie Milch dazu?");
} else if ( getraenk == "mate") {
 console.log("Clubmate oder 1337Mate?");
} else {
 console.log("Sonst haben wir nichts.");
}
```

Listing 23.52: if-else-Statement in JavaScript

Vergleichsoperatoren

if und else würden uns relativ wenig bringen, wenn wir nicht auf irgendeine Weise angeben können, was überhaupt geprüft werden soll. Diese Aufgabe übernehmen Vergleichsoperatoren:

+ == und === werden für einen Vergleich genutzt. == prüft den Wert einer Variable. === ist demgegenüber genauer – dieser Operator prüft Wert und Typ. Ein Beispiel: 2 == "2" gibt true zurück (obwohl eine Zahl mit einem String verglichen wird), 2 === "2" hingegen false. = macht übrigens eine einfache Zuweisung bei einer Variablen.
+ ! steht für »ungleich« – auch hier gibt es die Geschmacksrichtungen != sowie !== (ohne und mit Typengleichheit).
+ Die Operatoren > (größer als), < (kleiner als), >= (größer oder gleich) sowie <= (kleiner oder gleich) vergleichen Zahlenwerte miteinander.

Wichtig ist außerdem die Tatsache, dass sich logische Operatoren verketten lassen. ! negiert beispielsweise den folgenden Ausdruck (logisches Nicht): aus true wird false und aus false wird true. && steht für das logische Und – das bedeutet: Alle Bedingungen müssen wahr sein. || schließlich bezeichnet das logische Oder – eine der Bedingungen muss wahr sein.

Das folgende Skript prüft die beiden Variablen zeit und punkte. Sind beide Werte in einem guten Bereich, gibt es ein Lob (&&, logisches Und).

Ist nur einer der Werte in einem guten Bereich, wird das Teilergebnis gelobt (||, logisches Oder):

```
let zeit = 30; // gerne mit anderen Werten ausprobieren
let punkte = 15; // gerne mit anderen Werten ausprobieren
if (punkte > 10 && zeit < 45) {
 console.log("Gutes Ergebnis in kurzer Zeit, super!");
} else if (punkte > 10 || zeit < 45) {
 console.log("Gutes Teilergebnis.");
} else {
 console.log("Hier besteht Verbesserungsbedarf.");
}
```

Listing 23.53: Verkettete Operatoren in JavaScript

Mit Klammern können Operatoren gruppiert werden. Die Ausdrücke in den Klammern genießen dann die höchste Priorität und werden zuerst bearbeitet.

Ein Sonderfall ist der ternäre Operator ?, der eine Zuweisung basierend auf dem Ergebnis einer Kondition vornimmt. Ein Beispiel sehen Sie im folgenden Listing: Bevor JavaScript die Variable groessereZahl bestimmt, wird in der Klammer geprüft, ob a größer ist als b. Ergibt die Aussage true, erhält groessereZahl den Wert nach dem ?; ist sie false, wird der Wert nach dem : zugewiesen.

```
let a = 5, b = 10;
let groessereZahl = (a > b) ? a : b;
console.log("Die größere Zahl ist " + groessereZahl);
```

Listing 23.54: Ternärer Operator

Implizite Typumwandlung

JavaScript arbeitet beim Vergleichen von zwei Werten mit sogenannter impliziter Typumwandlung. Wer mehr dazu erfahren will, findet ein Zusatzkapitel »ImpliziteTypumwandlung.pdf« unter *www.rheinwerk-verlag.de/5853*.

Switch

switch führt ebenfalls einen Vergleich durch, ist allerdings wesentlich übersichtlicher als lange Ketten mit if, else if und else. In die Klammern hinter switch kommt der Wert, der untersucht werden soll. Innerhalb der geschweiften Klammern wird mit dem Keyword case für jeden gewünschten Wert ein Codeblock definiert – der Code läuft so lange weiter, bis break; die Ausführung beendet. Bei Bedarf können auch mehrere case-Blöcke zusammengefasst werden. default kann genutzt werden, um einen Standardfall anzugeben – er wird ausgeführt, wenn alles andere nicht zutrifft.

```
let wochentag = "Sonntag"; // gerne andere ausprobieren
switch (wochentag) { // let "wochentag" wird geprüft
 case "Montag": // wenn wochentag = Montag, dann …
  console.log("Blue Monday."); // … Codeblock ausführen
  break; // beendet Code-Ausführung in diesem Block
 case "Dienstag": // mehrere case in einem
 case "Mittwoch":
 case "Donnerstag":
```

```
  console.log("Somewhere in between");
  break;
 case "Freitag":
  console.log("Fast geschafft.");
  break;
 case "Samstag":
 case "Sonntag":
  console.log("Endlich Wochenende!");
  break;
 default: // Standardwert
  console.log("Diesen Tag kenne ich nicht.");
}
```

Listing 23.55: switch-Statement in JavaScript

Schleifen mit for

Schleifen werden in JavaScript mit dem Keyword for realisiert, gefolgt von einem Ausdruck in runden Klammern sowie dem zu wiederholenden Codeblock in geschweiften Klammern. Der Ausdruck in der runden Klammer enthält drei Teile:

+ Initialisierung: Zunächst wird eine Variable definiert, gefolgt von einem Strichpunkt – meist wird die Variable i genannt (für »Iteration«). Im Beispiel unten lautet die Initialisierung: let i = 0.
+ Kondition: Es folgt eine Bedingung, die festlegt, wann die Schleife enden soll. Abgeschlossen wird wieder mit einem Strichpunkt. Im Beispiel unten lautet die Kondition: i < 5 – die Schleife wird also fünfmal durchlaufen.
+ Finaler Ausdruck: Schließlich wird eine Anweisung angegeben, die nach jedem Durchlauf ausgeführt werden soll. Hier wird die Variable i um eine Iteration erhöht. Im Beispiel unten lautet die Initialisierung: i++.

```
for (let i = 0; i < 5; i++) {
 console.log("Durchlauf Nr. " + i);
}
```

Listing 23.56: for-Schleife in JavaScript

Ein sehr häufiger Anwendungsfall für eine Schleife ist es, über alle Einträge eines Arrays zu iterieren. Falls vorher nicht bekannt ist, wie viele Einträge ein Array hat, hilft die Eigenschaft length. Innerhalb des Codeblocks in der geschweiften Klammer kann die Iterationsvariable i genutzt werden, um auf die gewünschte Stelle im Array zuzugreifen.

```
let mitarbeiter = [ "Mareike", "Judith", "Bernd", "Harald"];
// Schleife mit for
for (let i = 0; i < mitarbeiter.length; i++) {
 console.log("Hallo " + mitarbeiter[i]);
}
```

Listing 23.57: Arrays mit for-Schleifen in JavaScript

Mehr zu for...of

Eine sehr gute Erklärung mit vielen weiteren Beispielen zu `for...of` finden Sie in den MDN Web Docs unter *https://developer.mozilla.org/en-US/docs/Web/JavaScript/Reference/Statements/for...of*.

JavaScript kennt noch zwei weitere Schleifen: `for...in` und `for...of`. `for...in` zählt dabei die Namen aller Eigenschaften eines Objekts auf. `for...of` hingegen durchläuft die Werte. Das folgende Beispiel verdeutlicht den Unterschied: `for...in` gibt die Positionen der Einträge im Array `mitarbeiter` aus, jedoch auch den Namen der Eigenschaft `unternehmen`. `for...of` hingegen durchläuft die Werte, also die Namen der Mitarbeiter.

```
let mitarbeiter = [ "Mareike", "Judith", "Bernd", "Harald"];
mitarbeiter.unternehmen = "Beispielmüller GmbH";
// Schleife mit for...in
for ( let i in mitarbeiter ) {
 console.log("Hallo Mitarbeiter Nr. " + i);
 // 0, 1, 2, 3, unternehmen
}
// Schleife mit for...of
for ( let i of mitarbeiter ) {
 console.log("Hallo Mitarbeiter namens " + i);
 // Mareike, Judith, Bernd, Harald
}
```

Listing 23.58: Schleifen mit `for...in` und `for...of` in JavaScript-Schleifen mit `while`

Eine andere Möglichkeit für Schleifen in JavaScript hört auf den Namen `while`. Die Bedingung wird in runden Klammern angegeben, der auszuführende Codeblock wie gewohnt in geschweiften Klammern. Auf diese Weise lässt sich das Code-Beispiel umschreiben:

```
let i = 0;
while (i < 5) {
 console.log("Durchlauf Nr. " + i);
 i++;
}
```

Listing 23.59: `while`-Schleife in JavaScript

Vorsicht:

Passen Sie bei allen `while`-Schleifen auf, dass sie auch irgendwann beendet werden, denn sonst entsteht eine Endlosschleife, die Browser sogar zum Abstürzen bringen kann.

Das ist aber ein eher seltener Fall für eine `while`-Schleife. Ihre wahre Stärke spielt sie dann aus, wenn der Entwickler oder die Entwicklerin nicht weiß, wie viele Iterationen notwendig sind. Das folgende Code-Beispiel erzeugt in jeder Iteration eine zufällige Zahl zwischen 1 und 10 – es läuft so lange, bis die Zahl 10 herausgekommen ist, und hört dann auf.

```
// Zufallszahl zwischen 1 und 10 erzeugen
let zufallszahl = Math.floor(Math.random() * 10) + 1;
// prüfen, ob Zufallszahl 10 ist
while ( zufallszahl !== 10) {
 console.log("Die Zahl ist " + zufallszahl + ".");
 // neue Zufallszahl, neues Glück
 zufallszahl = Math.floor(Math.random() * 10) + 1;
}
```

Listing 23.60: `while`-Schleife mit unbekannter Zahl von Iterationen

Schleifen mit do while

Es gibt eine Eigenschaft von while-Schleifen, die wichtig zu verstehen ist: Es kann sein, dass die Schleife niemals durchlaufen wird. Das Code-Beispiel aus dem vorherigen Listing ist dafür ein guter Beleg: Wenn direkt am Anfang die Zufallszahl 10 erzeugt wird, trifft die Kondition zufallszahl !== 10 direkt beim ersten Mal nicht zu, und die Schleife wird nicht durchlaufen.

Wenn Sie sicher sein wollen, dass die Iteration mindestens einmal durchlaufen wird, können Sie daher eine Schleife mit do while erzeugen. Das folgende Listing zeigt die Syntax – hier wird die Schleife mindestens einmal durchlaufen und eine Erfolgsmeldung ausgegeben, sobald die 10 getroffen wurde:

```
// do-Block = mindestens einmal ausgeführt
do {
 let zufallszahl = Math.floor(Math.random() * 10) + 1;
 console.log("Die Zahl ist " + zufallszahl + ".");
} while (zufallszahl !== 10);
// Ausführung endet, sobald die Bedingung bei while nicht mehr
zutrifft
console.log("Wir haben eine 10!");
```

Listing 23.61: do while-Schleife mit unbekannter Zahl von Iterationen

continue und break

Manchmal kann es vorkommen, dass Sie eine Schleife genauer steuern möchten. Dazu dienen die Anweisungen continue und break. continue beendet die aktuelle Iteration einer Schleife und fährt direkt mit einer neuen Iteration fort. break hingegen bricht die gesamte Schleife ab. Das folgende Listing zeigt ein Code-Beispiel: In maximal fünf Iterationen wird eine Zufallszahl zwischen 1 und 10 erzeugt. Sobald die 10 getroffen wird, hat der Spieler gewonnen – die Schleife wird mit break beendet. Sollte die Zahl 8 oder 9 sein, gibt es eine motivierende Botschaft – continue springt direkt danach zur nächsten Iteration, damit die Zahl nicht doppelt ausgegeben wird. Trifft keine der Bedingungen zu, gibt es nur eine neutrale Nachricht.

```
for (let i = 0; i < 5; i++) {
 let zufallszahl = Math.floor(Math.random() * 10) + 1;
 if (zufallszahl === 10) {
  console.log(zufallszahl + "! Sie haben gewonnen!");
  break; // beendet den Loop, wenn 10 geworfen wurde
 }
 if (zufallszahl >= 8) {
  console.log(zufallszahl + "! Wir sind ganz nah dran, wei-
ter!");
  continue; // springt direkt zur nächsten Iteration
 }
```

```
  // neutrale Botschaft, wenn nichts anderes zutrifft
  console.log("Die Zahl ist " + zufallszahl + ".");
}
```

Listing 23.62: Schleife mit `continue` und `break`

23.4.6 DOM Scripting

Mit diesen Grundlagen geht es nun daran, eine Website mithilfe von JavaScript interaktiv zu verändern. JavaScript verändert jedoch nicht den Quelltext selbst, sondern nutzt das DOM (Document Object Model), um mit dem Browser zu kommunizieren. Es ist wie eine Art Landkarte, mit der es auf alle Elemente zugreifen kann. Das DOM ist also eine API (Application Programming Interface, Anwendungs-Programmierschnittstelle), mit der JavaScript mit einer Website kommunizieren kann.

Die Abbildung zeigt im linken Bereiche einen HTML-Quelltext und rechts daneben das DOM, das ein Browser daraus erschafft:

+ Ganz oben steht der Dokumentknoten `document`.
+ HTML-Elemente werden als Elementknoten im DOM dargestellt. Das DOM stellt unterschiedliche Methoden bereit, mit denen Sie durch den Baum hindurchwandern können, bis Sie das Element gefunden haben, mit dem Ihr Skript interagieren möchte. Einige dieser Methoden lernen Sie später in diesem Kapitel kennen.
+ HTML-Attribute stehen auf einer Ebene mit den Elementen, die sie enthalten – sie sind keine Kinder, sondern Teile eines Elements. Auch auf Attribute kann mit JavaScript zugegriffen werden.
+ Texte sind als Textknoten abgelegt.

JavaScript greift auf den DOM-Baum zu, nicht auf die HTML-Quelldatei.

Abbildung 23.16: HTML-Quelltext und DOM-Baum

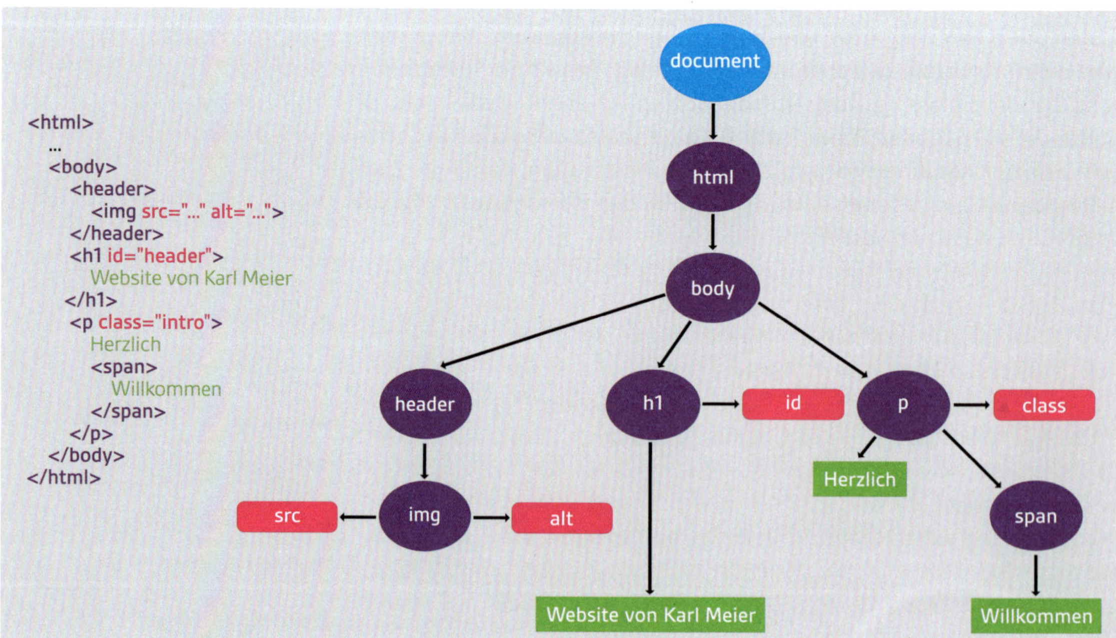

Auf DOM-Elemente zugreifen

Das DOM ist Teil von `document`. `document` ist ein Kind von `window` und damit ein JavaScript-Objekt – wenn Sie `window.document` in die JavaScript-Konsole von Chrome eingeben, antwortet der Browser beispielsweise mit dem gesamten DOM.

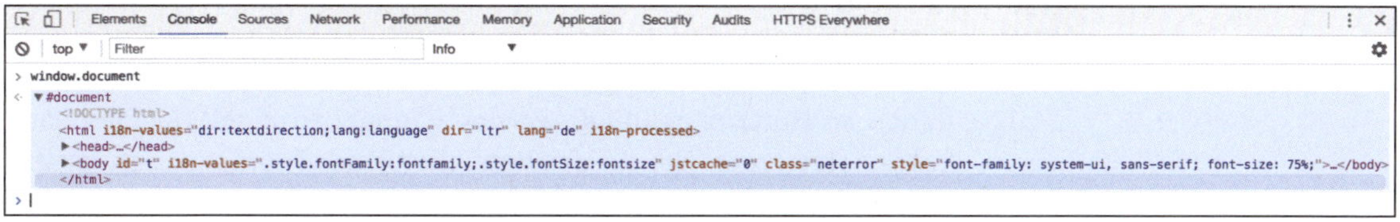

Abbildung 23.17: Das DOM in der JavaScript-Konsole von Chrome

Das ist jetzt nicht unbedingt nützlich, denn in der Praxis möchten Sie eher auf bestimmte Teile des DOMs zugreifen. Zum Glück liefert Ihnen JavaScript dafür eine ganze API. Hier ist ein Beispiel, das alle Absätze `p` im Dokument finden und in einer sogenannten NodeList speichern würde:

```
let absaetze = document.getElementsByTagName( "p" );
```

Listing 23.63: Alle Absätze in JavaScript in eine NodeList legen

Tabelle 23.10: Weitere Methoden, mit denen Sie auf einen oder mehrere Knoten im DOM-Baum zugreifen können.

Art	Methode	Erläuterung
Einzelnen Knoten auswählen	`getElementById()`	Auswahl nach ID
	`querySelector()`	Suche nach einem CSS-Selektor, das erste passende Element wird ausgewählt
Mehrere Knoten auswählen	`getElementsByClassName()`	Auswahl nach Klassennamen
	`getElementsByTagName()`	Auswahl nach HTML-Element
	`querySelectorAll()`	Suche nach einem CSS-Selektor, alle passenden Elemente werden ausgewählt
Übergang von einem Knoten zum nächsten	`parentNode`	Elternknoten des aktuell gewählten Elements finden
	`previousSibling` bzw. `nextSibling`	Vorhergehenden oder nachfolgenden Geschwisterknoten des aktuell gewählten Elements finden (inklusive Text- und Kommentarknoten)
	`previousElementSibling` bzw. `nextElementSibling`	Vorhergehenden oder nachfolgenden Geschwisterknoten des aktuell gewählten Elements finden (ohne Text- und Kommentarknoten)
	`firstChild` bzw. `lastChild`	Erstes bzw. letztes Kind des aktuellen Elements auswählen (inklusive Text- und Kommentarknoten)
	`firstElementChild` bzw. `lastElementChild`	Erstes bzw. letztes Kind des aktuellen Elements auswählen (ohne Text- und Kommentarknoten)

Download
Sie finden das Beispiel unter *www.rheinwerk-verlag.de/5853* im Ordner »JavaScript > 1 DOM verändern«.

Textknoten mit JavaScript auswählen oder ändern

Nachdem Sie auf einen Knoten zugegriffen haben, möchten Sie sicher irgendetwas damit machen. JavaScript kann über die Eigenschaft nodeValue auf den Inhalt eines Textknotens zugreifen oder ihn verändern.

Als Beispiel soll in diesem und den nächsten Abschnitten eine Liste mit drei Listenpunkten dienen, die auf unterschiedliche Weise verändert werden soll. Die Änderungen können über Buttons aktiviert werden – im späteren Teil dieses Kapitels werden Sie lernen, wie Funktionen an Buttons geknüpft werden können. Hier soll nur der Code behandelt werden, der für das Verständnis der Thematik wichtig ist.

Zur Auswahl unseres Listenpunkts soll die ID firstList genutzt werden. Festzuhalten ist außerdem, dass der Listeneintrag selbst nur aus einem Textknoten besteht und keine Kindknoten hat.

Listing 23.64: Ausschnitt aus dem HTML-Code des Beispiels

```
<li id="firstList">Erster Listenpunkt</li>
```

Das folgende Listing zeigt die JavaScript-Funktion, die den Textknoten verändert. Zunächst wird das Element im DOM ausgewählt und in der Variablen firstList gespeichert. Sein Textknoten liegt im DOM-Baum genau darunter – es ist das erste Kind von firstList und wird daher mit firstChild.nodeValue ausgewählt. Anschließend kann er in die Konsole geschrieben und neu gesetzt werden.

Listing 23.65: Funktion zum Ändern des Textknotens

```
function changeTextNode() {
 let firstList = document.getElementById("firstList");
 let firstListText = firstList.firstChild.nodeValue;
 console.log(firstListText);
 firstList.firstChild.nodeValue = "Geänderter Text";
}
```

Obwohl das Beispiel sehr einfach ist, zeigt es schon, wie komplex die Arbeit mit nodeValue sein kann. Stellen wir uns nun vor, innerhalb der Liste gäbe es weitere Kindknoten, z. B. <li id="firstList">**<strong> Hinweis:</strong>** Erster Listenpunkt</li>. Jetzt wäre der Textknoten »Erster Listenpunkt« nicht mehr das erste Kind, sondern das zweite Kind von li! Auswählen müsste man ihn also über firstList.firstChild.nextSibling.nodeValue – vom Listenpunkt aus zum ersten Kind, von dort zum nachfolgenden Geschwisterknoten, von dort zum nodeValue.

Inhalt von Elementknoten ändern

Einfacher als der Zugriff auf Textknoten mit nodeValue ist daher meist, HTML-Inhalte zu verändern. Wieder dient eine Liste als Beispiel, diesmal mit einem Kindelement:

Listing 23.66: Ausschnitt aus dem HTML-Code des Beispiels

```
<li id="secondList"><strong>Hinweis:</strong> Zweiter Listen-
punkt</li>
```

Im folgenden Listing ist die Funktion zu sehen, die den Inhalt dieses Knotens abruft und verändert. Statt sich im DOM-Baum nach unten zu hangeln, nutzt es die Eigenschaft `textContent` direkt auf dem ausgewählten Listenknoten. Wenn Sie die Konsole prüfen, erkennen Sie die Ausgabe »Hinweis: Erster Listenpunkt« – `textContent` fragt also nur den reinen Textinhalt ab und ignoriert die Auszeichnung mittels `strong`. Im Anschluss wird der Inhalt mittels `textContent` verändert.

```
function changeTextContent() {
 let secondList = document.getElementById("secondList");
 let secondListText = secondList.textContent;
 console.log(secondListText); // "Hinweis: Erster Listenpunkt"
 secondList.textContent = "zweiter geänderter Text"; //
 verändert den Inhalt
}
```

Listing 23.67: Funktion zum Ändern des Text-Contents

DOM mit innerHTML verändern

Die Eigenschaft `innerHTML` eignet sich, um nicht nur den Inhalt, sondern auch das DOM per JavaScript zu verändern. Das HTML aus dem folgenden Listing dürfte Ihnen mittlerweile vertraut vorkommen – wieder nur ein Listenknoten mit einem Kindelement:

```
<li id="thirdList"><strong>Hinweis:</strong> Dritter Listen-
punkt</li>
```

Listing 23.68: Ausschnitt aus dem HTML-Code des Beispiels

Und hier ist die Funktion, die den Inhalt des Listenpunkts verändert. Wenn Sie seinen Inhalt mit `innerHTML` auslesen und in die Konsole schreiben, können Sie dort das gesamte Markup sehen (`<strong>Hinweis:</strong> Dritter Listenpunkt`) – ganz anders als im Fall von `textContent`. Und Sie können `innerHTML` nutzen, um HTML-Markup zu verändern.

> **Nachteil**
>
> **Ein Nachteil an diesem Verfahren ist, dass Sie wirklich nur reinen Text verändern können, ohne Kindknoten einfügen zu können. Wenn Sie das tun möchten, können Sie entweder die Eigenschaft `innerHTML` verwenden oder ganze DOM-Knoten per JavaScript erzeugen.**

```
function changeInnerHtml() {
 let thirdList = document.getElementById("thirdList");
 let innerHtml = thirdList.innerHTML;
 console.log(innerHtml); // "<strong>Hinweis:</strong> Dritter
 Listenpunkt"
 thirdList.innerHTML = "<em>Mehr Hinweise:</em> geänderter
 Text"; // em wird als Auszeichnung erkannt
}
```

Listing 23.69: Markup mit `innerHTML` auslesen und ändern

Mit nur einem Schritt können Sie dank `innerHMTL` also beliebiges Markup dynamisch hinzufügen. Passen Sie dabei aber gut auf – vergessen Sie beispielsweise, ein eingefügtes HTML-Element auch wieder zu schließen, kann das leicht den Aufbau Ihrer Webseite zerstören.

Viel wichtiger ist jedoch: Wenn Sie nicht aufpassen, können Sie sich mit innerHTML eine schwere Sicherheitslücke erschaffen: Cross-Site-Scripting (XSS, vgl. Abschnitt 31.4.1). Nämlich immer dann, wenn Sie einem Benutzer oder einer Benutzerin (oder Angreifenden) erlauben, Inhalte in ein Formular einzugeben, und diesen Inhalt dann ohne Prüfung irgendwo anders anzeigen möchten.

Download
Sie finden das Beispiel unter *www.rheinwerk-verlag.de/5853* im Ordner »JavaScript > 2 Einfaches Beispiel für DOM-Scripting«.

DOM-Knoten mit JavaScript erzeugen

JavaScript kann natürlich auch neue Elemente erzeugen – dabei erschaffen Sie sich neue DOM-Knoten und fügen sie anschließend an die richtigen Stellen im DOM-Baum ein. Schauen wir uns dazu ein einfaches DOM-Scripting-Beispiel an. In HTML sind eine Überschrift, zwei Absätze, ein leeres div als Container für später und ein Button angelegt. Beim Klick des Buttons wird eine Funktion namens zeigeHinweis() ausgeführt – weiter unten gehen wir genau darauf ein, wie die Funktion mit dem Button verknüpft wird:

```
<h1>Einfaches Beispiel für DOM-Scripting</h1>
<p>… erster Absatz …</p>
<div id="hinweisContainer"></div>
<p>… zweiter Absatz … </p>
<button id="button">Hinweistext erzeugen</button>
```

Listing 23.70: Beispiel-HTML-Dokument

Und hier ist der JavaScript-Code dieser Funktion. Zunächst wird mit document.createElement ein Absatz erzeugt und einer Variablen zugewiesen ❶. Mithilfe der Methode setAttribute erhält der Absatz eine Klasse hinweis. Diese Methode wird nicht auf document, sondern direkt auf unserer Variablen hinweisText aufgerufen. Anschließend wird ein Text-Node geschaffen und dem gerade erzeugten Hinweisabsatz angefügt.

Damit ist unser Absatz zwar einsatzbereit, aber noch nicht zu sehen. Wir möchten den Hinweistext in unserem eigens dafür geschaffenen Container ablegen, der eine ID namens hinweisContainer hat. Also wählt das Skript den Container mit document.getElementById aus ❷ und hängt den Hinweistext mit appendChild an ❸. appendChild fügt den Inhalt ans Ende, aber noch innerhalb des Elements ein:

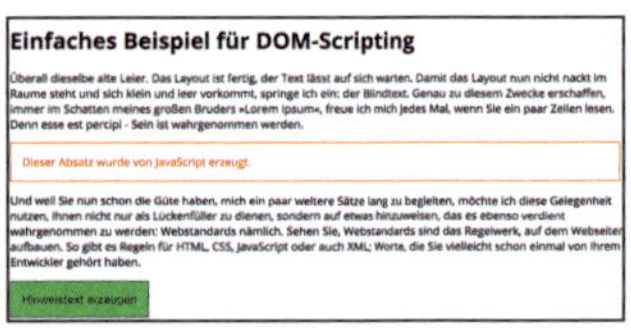

Abbildung 23.18: Der rote Absatz wird per JavaScript eingefügt, wenn der Button geklickt wird.

```
function zeigeHinweis() {
 // ❶ Hinweistext erzeugen
 let hinweisText = document.createElement("p");
 hinweisText.classList.add("hinweis");
 let text = document.createTextNode("Dieser Absatz wurde von
 JavaScript erzeugt.");
 hinweisText.appendChild(text);

 // ❷ Hinweiscontainer
```

```
 let hinweisContainer = document.getElementById( "hinweisContai-
  ner" );

 // ❸ Hinweistext an Container anhängen
 hinweisContainer.appendChild( hinweisText );
}
```

Listing 23.71: Beispiel für DOM-Scripting

Selbstverständlich erlaubt es JavaScript auch, DOM-Knoten zu entfernen: `removeChild()`.

Auf Attributknoten zugreifen

Nach Auswahl eines Elementknotens ist es in JavaScript natürlich auch problemlos möglich, auf einen Attributknoten zuzugreifen, um Attribute abzurufen oder zu verändern.

Download
Sie finden das Beispiel unter *www.rheinwerk-verlag.de/5853* im Ordner »JavaScript > 3 Zugriff auf Attributknoten«.

Im folgenden Listing gibt es eine Liste mit zwei Einträgen. Einer davon hat die Klasse »hervorgehoben«. Diese Klasse soll bei einem Klick auf den Button entfernt werden.

Mithilfe der Methode `getAttribute()` wird das Attribut `class` abgefragt und in einer Variablen gespeichert. Entspricht diese Klasse dem Wert »hervorgehoben«, wird das Attribut `class` mit `removeAttribute()` entfernt.

```
function hervorhebungEntfernen() {
 let firstList = document.getElementById("firstList");
 let className = firstList.getAttribute("class");
 if (className === "hervorgehoben") {
  firstList.removeAttribute("class");
 }
}
```

Listing 23.72: Beispiel für das Zugreifen auf und das Ändern von Attributknoten

Tabelle 23.11: Wichtige Methoden und Eigenschaften, um auf Attribute zuzugreifen

Art	Bezeichnung	Erklärung
Methode	`getAttribute()`	Wert eines Attributs abrufen
	`hasAttribute()`	Prüfen, ob ein Elementknoten das gesuchte Attribut hat
	`setAttribute()`	Attribut setzen
	`removeAttribute()`	Attribut entfernen
Eigenschaft	`className`	Wert von `class` abrufen oder setzen
	`classList`	Sammlung der Klassen eines Elements, erlaubt das Hinzufügen (`classList.add()`), Entfernen (`classList.remove()`), Hin- und Herschalten (`classList.toggle()`) oder Ersetzen (`classList.replace()`) von Klassen sowie das Überprüfen, ob es eine Klasse gibt (`classList.contains()`)
	`id`	Wert von `id` abrufen oder setzen

Auf Ereignisse im DOM reagieren

Im oberen Teil dieses Abschnitts habe ich Ihnen noch verschwiegen, woher JavaScript eigentlich weiß, welche Funktion es bei einem Klick auf den Button ausführen soll. Auf diesen Aspekt müssen wir nun aber noch etwas eingehen.

JavaScript bietet die Möglichkeit, auf Ereignisse (Events) im Browser zu reagieren – das kann z. B. ein Klick sein, das Erreichen einer bestimmten Scrollposition oder das Fokussieren eines Bereichs über die Tastatur. Es gibt drei Verfahren, in JavaScript auf Ereignisse zu reagieren:

Download
Sie finden die Beispiele unter *www.rheinwerk-verlag.de/5853* im Ordner »JavaScript > 4 Reagieren auf Ereignisse im DOM«.

+ In HTML (Achtung: veraltet!): Klassischerweise werden Event Handler innerhalb von HTML-Elementen angeordnet.
+ Als Eigenschaften: Eine Alternative ist es, Event Handler einem Objekt im DOM als Eigenschaften zuzuweisen.
+ Als Event Listener: Schließlich gibt es Event Listener, die auf Ereignisse horchen und Funktionen aufrufen.

Ereignishandler als Eigenschaften

Eine Alternative ist die Arbeit mit Ereignishandlern als Eigenschaften von Objekten. Das folgende Listing gibt ein Beispiel für die Syntax. Zunächst wird die Funktion `pruefePostleitzahl` definiert – der Code innerhalb der Funktion spielt in diesem Beispiel keine Rolle. Nun muss definiert werden, welchem Element die Funktion zugewiesen werden soll – das Beispiel greift dabei auf das DOM zurück, um das Element mit ID `plz` zu finden. Dieses Element wird in der Variablen `postleitzahl` gespeichert. Schließlich muss festgelegt werden, bei welchem Ereignis unsere Funktion ausgelöst werden soll. Dazu wird dem Namen des Ereignisses die Silbe `on` vorangestellt – `onblur` beispielsweise bedeutet, dass die Funktion ausgeführt werden soll, sobald das Element den Fokus verliert (z. B. weil ein anderes Element angeklickt oder mit Tabulator-Taste weitergesprungen wurde). Dieser Eigenschaft wird nun die Funktion zugewiesen – allerdings ohne die schließenden Klammern ().

Mit HTML-Attribut auf Ereignisse reagieren (veraltet)

Die erste Variante ist es, eine Funktion innerhalb von HTML-Attributen wie `onload` oder `onclick` anzugeben. Diese Methode ist veraltet und sollte nicht mehr verwendet werden – hier wird HTML mit JavaScript vermischt. Besser ist es, HTML und JavaScript zu trennen. In älteren Skripts und Tutorials kann es aber vorkommen, dass Sie noch auf dieses Verfahren stoßen – Sie sollten es also kennen, aber nicht mehr aktiv verwenden. Hier sehen Sie zwei Beispiele für JavaScript-Funktionen in HTML-Attributen:

```
<body onload=
"geladen();">
<button onclick=
"buttonGeklickt();">…</
button>
```

```
function pruefePostleitzahl() { … }
let postleitzahl = document.getElementById( "plz" );
postleitzahl.onblur = pruefePostleitzahl;
```

Listing 23.73: Ereignishandler als Eigenschaft eines Objekts

Mit einem Ereignishandler können Sie auf diese Weise jeweils nur eine Funktion verknüpfen.

Event Listener

Eine andere Variante ist der Event Listener – JavaScript wartet (»horcht«) dabei auf Ereignisse. Sobald sie eintreten, wird eine gewünschte Funktion ausgeführt. Wie zuvor wird die Funktion definiert und das Element ausgewählt, das in den Genuss eines Event Listeners kommen soll. Er wird mit `addEventListener()` hinzugefügt. In den Klammern folgt zunächst der Name des Events in doppelten oder einfachen Anführungszeichen, anschließend der Name der Funktion (auch diesmal ohne Klammern am Ende) sowie ein boolescher Wert zum Ereignisfluss. Was es damit auf sich hat, wird direkt im Anschluss erläutert – in den meisten Fällen wird er jedoch auf `false` gesetzt (das ist auch die Standardeinstellung, und man kann diesen Parameter auch weglassen).

```
function pruefePostleitzahl() { … }
let postleitzahl = document.getElementById( "plz" );
postleitzahl.addEventListener("blur", pruefePostleitzahl,
false);
```

Listing 23.74: Event Listener

Kommen wir nun zum Ereignisfluss bei Event Listenern. Was hat es mit dem eigenartigen »Ereignisfluss« auf sich, den Sie mit dem letzten booleschen Wert eines Event Listeners steuern können? HTML-Elemente sind ineinander verschachtelt. Ein Link ist beispielsweise in einer Reihe von anderen Elementen eingebettet, wie die folgende Abbildung zeigt. Klicken Sie nun auf diesen Link, dann klicken Sie gleichzeitig auch alle seine Elternelemente.

Auf jedem dieser angeklickten Elemente können Event Listener liegen. In welcher Reihenfolge werden diese nun ausgeführt? Genau hier kommt der Ereignisfluss ins Spiel. Es lassen sich zwei Richtungen festlegen:

- Bubbling: von innen nach außen, also vom spezifischsten zum allgemeinsten Knoten. Dies ist die Standardeinstellung, die mit `false` festgelegt wird.
- Capturing: von außen nach innen, also vom allgemeinsten zum spezifischsten Element. Diese Einstellung wird mit `true` festgelegt.

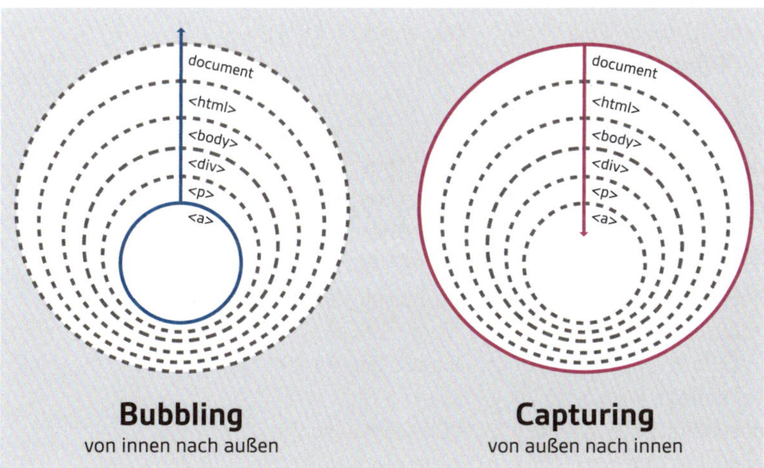

Abbildung 23.19: Bubbling und Capturing im DOM (nach Jon Duckett, »JavaScript & jQuery«)

Das folgende Listing zeigt dies im Beispiel. Es gibt zwei Bereiche, jeweils mit einem Container div, einem Absatz p sowie einem Link a.

Download
Sie finden das Beispiel unter *www.rheinwerk-verlag.de/5853* im Ordner »JavaScript > 5 Ereignisfluss in JavaScript«.

```
<div id="container_bubbling">
 <h2>Bubbling</h2>
 <p id="paragraph_bubbling">Dieser Absatz enthält einen
 <a id="link_bubbling" href="#">Link</a>.</p>
</div>
<div id="container_capturing">
 <h2>Capturing</h2>
 <p id="paragraph_capturing">Dieser Absatz enthält einen
 <a id="link_capturing" href="#">Link</a>.</p>
</div>
```

Listing 23.75: HTML mit zwei Bereichen – einer für das Bubbling-, einer für das Capturing-Verhalten

Im JavaScript wird nun auf alle diese Elemente ein Event Listener gelegt, der eine Nachricht in die Konsole schreibt, dass das Element angeklickt wurde. Im ersten Container werden diese Event Listener auf das Bubbling-Verfahren gestellt (addEventListener("click", function(){…}, **false**)), im zweiten auf Capturing (addEventListener("click", function(){…}, **true**)):

```
// Bubbling-Verfahren
document.getElementById("container_bubbling").
addEventListener("click", function(e) {
 console.log("Bubbling: Container angeklickt");
}, false);
document.getElementById("paragraph_bubbling").
addEventListener("click", function(e) {
 console.log("Bubbling: Absatz angeklickt");
}, false);
document.getElementById("link_bubbling").
addEventListener("click", function(e) {
 console.log("Bubbling: Link angeklickt");
}, false);

// Capturing-Verfahren
document.getElementById("container_capturing").
addEventListener("click", function(e) {
 console.log("Capturing: Container angeklickt");
}, true);
document.getElementById("paragraph_capturing").
addEventListener("click", function(e) {
 console.log("Capturing: Absatz angeklickt");
}, true);
document.getElementById("link_capturing").
addEventListener("click", function(e) {
```

```
  console.log("Capturing: Link angeklickt");
}, true);
```

Listing 23.76: JavaScript im Bubbling- und Capturing-Verfahren

Klickt man nun den oberen Link an, antwortet zuerst der Link, dann der Absatz und schließlich der Container. Im Capturing-Verfahren beim zweiten Link hingegen reagiert der Container zuerst, dann der Absatz, dann der Link.

Wichtig ist das natürlich nur, wenn es einen Event Listener auf einem Element sowie auf einem seiner Eltern oder Nachkommen gleichzeitig gibt. Wenn Sie den Ereignisfluss an einer Stelle manuell stoppen möchten, können Sie dazu die Methode `event.stopPropagation()` nutzen.

Kommen wir nun noch zu den Parametern bei Event Listenern. In Abschnitt 23.3.4 haben Sie bereits gelernt, wie Sie einer JavaScript-Funktion Parameter in Klammern mitgeben können, um sie innerhalb der Funktion zu verarbeiten. Wenn Sie die Funktion jedoch als Eigenschaft oder Event Listener mit einem Element verknüpfen, funktioniert das nicht – hier gibt es keine Klammer, in der Parameter angegeben werden könnten. Falls Parameter notwendig sein sollten, bedient man sich daher einer Hilfskonstruktion in Form einer anonymen, also unbenannten Funktion. Direkt dahinter wird der Funktionsblock definiert, und darin kann wieder mit Parametern gearbeitet werden:

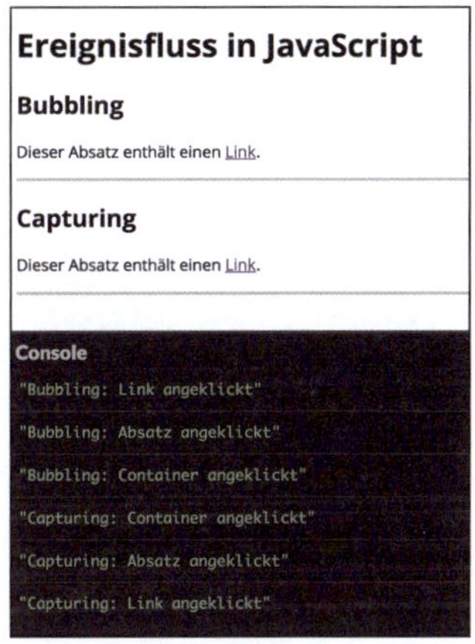

Abbildung 23.20: Hier wurde zuerst der obere, dann der untere Link angeklickt – die Konsole zeigt die unterschiedliche Reihenfolge, in der Elemente antworten.

```
postleitzahl.addEventListener("blur", function() {
  pruefePostleitzahl(54290);
}, false);
```

Listing 23.77: Anonyme Funktion als Hilfskonstruktion in einem Event Listener

Arten von Ereignissen in JavaScript

Tabelle 23.12 erläutert einige wichtige Ereignisse, auf die Sie in JavaScript reagieren können:

Ereignistyp	Ereignis	Erklärung
Maus	`click`	primäre Maustaste geklickt oder Eingabetaste auf Tastatur gedrückt
	`dblclick`	primäre Maustaste doppelt geklickt
	`pointerdown`	Maustaste gedrückt (nicht Eingabetaste auf Tastatur, `touchstart` auf Touchscreens)
	`pointerup`	Maustaste losgelassen (`touchend` auf Touchscreens)
	`pointerover`	Cursor auf ein Element bewegt
	`pointerout`	Cursor von Element wegbewegt (`touchcancel` auf Touchscreens)

Tabelle 23.12: Einige wichtige JavaScript-Ereignisse

Ereignistyp	Ereignis	Erklärung
Tastatur	`keydown`	irgendeine Taste wird gedrückt; bleibt die Taste gedrückt, wird das Ereignis wiederholt ausgelöst
	`keypress`	Zeichen-Taste (Buchstaben, Zahlen) wird gedrückt (verhält sich aber nicht identisch in allen Browsern)
	`keyup`	Taste wird losgelassen
Formular	`submit`	Formular wird abgeschickt
	`change`	Status in Feldern ändert sich (z. B. Option aktiviert)
	`input`	Text wird in Feld eingegeben
Fokus	`focus`	Element erhält Fokus
	`blur`	Element verliert Fokus
Browser und DOM	`load`	Laden der Seite abgeschlossen
	`DOMContentLoaded`	DOM aufgebaut
	`unload`	Seite wird verlassen
	`error`	JavaScript-Fehler
	`resize`	Größe des Browserfensters verändert
	`scroll`	es wird gescrollt

Tabelle 23.12: Einige wichtige JavaScript-Ereignisse (Forts.)

Ein Hinweis an dieser Stelle: Um nicht die Ereignisse von verschiedenen Zeigegeräten wie Maus, Touchscreen, Stift usw. verarbeiten zu müssen, gibt es die Pointer Events (Zeigerereignisse). Um sich also nicht den einzelnen Ereignissen für Touchscreens wie `touchstart`, `touchend`, `touchmove` oder einer Maus mit `mouseenter`, `mouseleave`, `mousemove` herumschlagen zu müssen, verwenden Sie nun einheitlich Pointer Events wie `pointerenter`, `pointerleave`, `pointermove`. Mehr dazu erfahren Sie auf der Website *https://javascript.info/pointer-events*

Weitere Ereignisse

Es gibt jedoch noch zahlreiche weitere Ereignisse in JavaScript. Eine gute Liste finden Sie im SelfHTML-Wiki unter *https://wiki.selfhtml.org/wiki/JavaScript/DOM/Event/Übersicht*

Event-Objekt

In JavaScript gibt es ein sehr praktisches Objekt, das Informationen über ein Ereignis und das Element enthält, bei dem es aufgetreten ist: `event`. Es wird an die Funktion im Event Handler bzw. Event Listener übergeben. Meistens nutzt man den Parameternamen `e`.

Das folgende Listing zeigt die Syntax mit und ohne Parameter, jeweils als Eigenschaft sowie als Event Listener:

```
// Definition der Funktion:
function pruefePostleitzahl(e) {
 let gewaehltePostleitzahl = e.target.value;
}
// Auswahl des Elements:
let postleitzahl = document.getElementById( "plz" );
// Aufruf ohne Parameter:
postleitzahl.addEventListener( "blur", pruefePostleitzahl, false
);
// Aufruf mit Parametern:
postleitzahl.addEventListener( "blur", function(e) {
 pruefePostleitzahl(e);
}, false );
```

Listing 23.78: Event-Objekt in JavaScript übergeben

Das Event-Objekt `e` hat eine ganze Reihe praktischer Eigenschaften und Methoden, beispielsweise:

+ `e.target` enthält, welches Element ein Ereignis ausgelöst hat – im Beispiel oben ergänzen wir noch `.value`, um den Wert zu erhalten, der in das `input`-Feld eingetragen wurde.
+ `e.type` enthält Informationen zur Art des Ereignisses.
+ `e.preventDefault()` bricht das Standardverhalten des Elements ab – beispielsweise kann man so verhindern, dass ein Link den Nutzer oder die Nutzerin weiterleitet oder ein Button das Formular abschickt.
+ `e.stopPropagation()` verhindert die Weiterleitung eines Events durch Bubbling oder Capturing – damit ist es also möglich, den Ereignisfluss zu unterbrechen.

23.5 Ajax

Auch ohne zu wissen, was Ajax eigentlich ist, haben Sie es höchstwahrscheinlich schon auf vielen Websites erlebt. Ajax wird beispielsweise bei einer Websuche eingesetzt, wenn Vorschläge oder Ergebnisse gezeigt werden, noch während der Suchbegriff eingegeben wird. Die folgende Abbildung zeigt dies am Beispiel von Google.

Definition Ajax
Ajax ist eine Sammlung von Technologien, um Daten in einzelnen Teilen einer Seite aktualisieren zu können, ohne die gesamte Seite neu laden zu müssen.

Im Normalfall müsste der Client eine Anfrage an den Server stellen (Client-Server-Prinzip), um an die gewünschten Informationen zu gelangen. Der Server antwortet entweder mit fest abgelegten Daten (statische Websites) oder verarbeitet die Anfrage, wie es im Abschnitt 24.2 über PHP erläutert wird. So oder so: Im Normalfall setzt dieses Prinzip ein Neuladen der Webseite voraus. Ajax umgeht dies, indem es auf eine Reihe von Technologien setzt, um auch ohne Neuladen mit einem Server kommunizieren zu können.

Jesse James Garrett über Ajax
Den namensgebenden Artikel über Ajax aus der Feder von Jesse James Garrett finden Sie unter *http://adaptivepath.org/ideas/ajax-new-approach-web-applications/*.

Der Begriff geht auf den Autor Jesse James Garrett zurück, der die Abkürzung AJAX für Asynchronous JavaScript and XML (asynchrones

JavaScript und XML) vorschlug. Grundsätzlich waren die Technologien jedoch schon zuvor bekannt. Oft setzt man statt auf XML mittlerweile auf JSON. Aus diesem Grund schreibt man Ajax heute eher klein, damit man es nicht mehr für die Abkürzung der ursprünglich verwendeten Technologien hält.

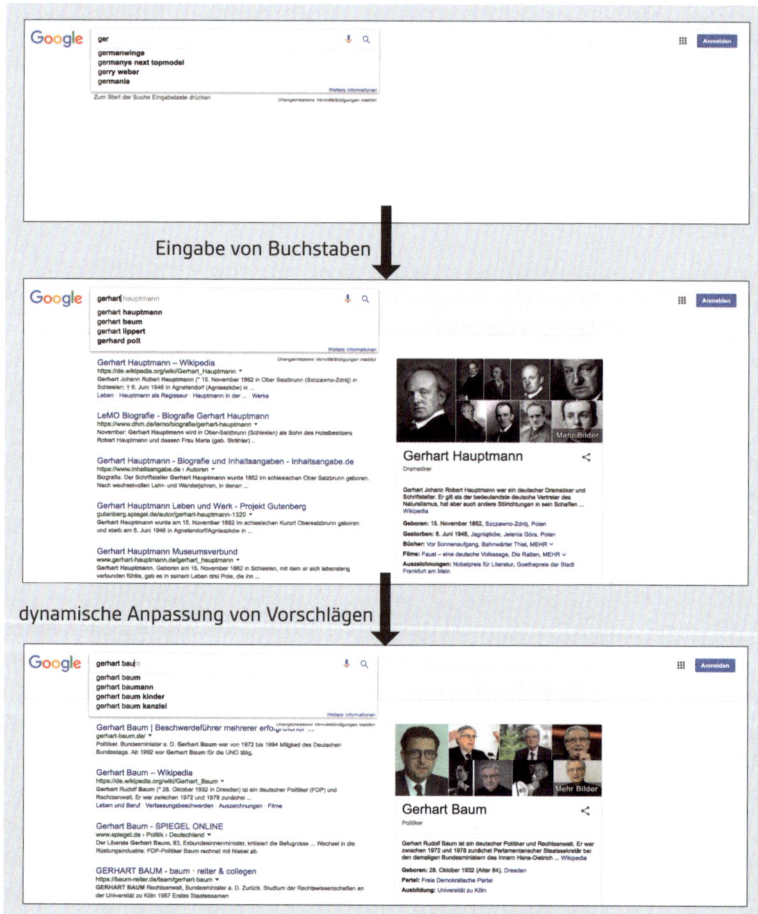

Abbildung 23.21: Ajax bei der Google-Suche

Ajax beruht auf einer ganzen Reihe von Technologien, die Sie im Laufe dieses Kapitels kennengelernt haben. Neu ist allerdings, wie sie bei Ajax auf Seiten des Clients und des Servers ineinandergreifen.

+ Zunächst zeigt der Browser ein User Interface an – hier kommt ganz normales HTML, CSS und JavaScript zum Einsatz. Es wird nun eine Aktion ausgeführt – beispielsweise der Klick auf einen Button, die Eingabe eines Zeichens in ein Suchfeld oder auch Scrollen nach unten.
+ JavaScript registriert diese Handlung. Statt aber eine gewöhnliche HTTP-Anfrage zu stellen (und somit eine neue Seite zu laden), erzeugt JavaScript einen Ajax-Request.

- JavaScript erzeugt dazu ein Objekt vom Typ XMLHttpRequest (XHR). Dabei handelt es sich um eine Programmierschnittstelle, mit der JavaScript über das HTTP-Protokoll Daten dynamisch von einem Webserver anfordern kann.
- Der Webserver empfängt die Anfrage und verarbeitet sie. Was dort genau geschieht, ist nicht mehr Teil von Ajax – auf dem Server kann beispielsweise eine Technologie wie PHP, ASP.net oder Node.js zum Einsatz kommen. Hauptsache ist, dass der Server nach der Verarbeitung Daten in einer Form zurückgibt, die Ajax entgegennehmen und verarbeiten kann. Das kann gewöhnliches HTML sein, aber auch ein Datenaustauschformat wie XML oder JSON (siehe Abschnitt 25.5).
- Beim Empfang der Daten löst der Browser ein Ereignis aus. JavaScript kann darauf reagieren, die Daten verarbeiten und anzeigen.

Weiterlesen

Ein Beispiel für die Arbeit mit XMLHttpRequest finden Sie im Abschnitt 25.5 zum Thema JSON.

Abbildung 23.22: Funktionsweise von Ajax

Ajax ist ein Verfahren der asynchronen Kommunikation zwischen Client und Server. Der Client stellt dabei eine Anfrage mittels eines `XMLHttpRequest`-Objekts von JavaScript. Der Server antwortet mit dem Ergebnis, das von JavaScript clientseitig entgegengenommen und verarbeitet wird.

Fetch-API, jQuery, XMLHttpRequest

Die Verwendung von Ajax mit dem XMLHttpRequest-Objekt lässt den Code gerne recht unübersichtlich werden. In der Vergangenheit wurde dies oft zusammen mit jQuery vereinfacht. Dabei wird häufig übersehen, dass der Webbrowser mit der Fetch-API eine viel einfachere und sauberere Lösung bietet, ohne sich mit dem XMLHttpRequest-Objekt herumschlagen zu müssen. Darüber hinaus bietet die Fetch-API auch die Möglichkeit, Serveranfragen mit Promises zu erstellen.

23.6 Die Fetch-API

Die Fetch-API ist eine moderne Schnittstelle, die es ermöglicht, HTTP-Anforderungen an Server von Webbrowsern aus zu stellen, und kann als sauberere Methode als Ajax angesehen werden, da die Fetch-API es einfacher macht, asynchrone Anfragen zu stellen und Antworten zu verarbeiten als mit `XMLHttpRequest`.

Die Funktion `fetch()` benötigt nur einen Parameter, nämlich die URL der Ressource, die Sie abrufen möchten:

```
let url = "json/data.json";
let response = await fetch(url);
```

Listing 23.79: Die fetch()-Funktion

Wenn die Abfrage erfolgreich war, ist die Ressource als Response-Objekt verfügbar. Das Response-Objekt wiederum verfügt über eine Reihe von Eigenschaften und Methoden, um die Antwort zu überprüfen. Wollen Sie z. B. den Status prüfen und gegebenenfalls den Fehler auswerten, könnten Sie dies mit der Eigenschaft status und einem passenden Text (statusText) wie folgt machen:

```
if (response.status === 200) {  // 200 = Ok
     return await response.json();
 } else {
     console.log("Fehler bei fetch() aufgetreten!");
     console.log(response.status);
     console.log(response.statusText);
     // Hier den Fehler behandeln
}
```

Listing 23.80: Den Status der fetch()-Funktion abfragen

Wenn der Status gleich 200 ist, können Sie die Daten konvertieren. Dies hängt natürlich davon ab, welche Informationen zurückgegeben wurden. In diesem Beispiel wurde das zurückgegebene Objekt in JSON mit json() konvertiert. Folgende Methoden gibt es hierzu:

+ response.json(): Gibt ein JSON-Objekt zurück.
+ response.text(): Hier werden die Daten in einem Rohtext aufgelöst.
+ response.formData(): Die Daten werden als FormData aufgelöst.
+ response.blob(): Die Daten werden als Blob (dateiähnliches Objekt mit Rohdaten) aufgelöst.
+ response.arrayBuffer: Löst die Daten als ArrayBuffer (generisch binäre Rohdaten) auf.

Download
Sie finden das Beispiel im Ordner »Fetch-API« wieder.

Das folgende Beispiel soll eine JSON-Datei mit Postleitzahlen auslesen, die wie folgt zusammengesetzt ist:

```
[
  {
    "url":"http://www.augsburg.de/",
    "ort":"Augsburg",
    "postleitzahl":86316
  },
  {
    "url":"http://www.frankfurt.de/",
    "ort":"Frankfurt",
    "postleitzahl":60311
  },
  {
    "url":"http://www.stuttgart.de/",
    "ort":"Stuttgart",
```

```
    "postleitzahl":70173
  }
]
```

Listing 23.81: Die JSON-Datei mit Postleitzahlen

Um diese Datei nun auszulesen, verwenden wir hier die Fetch-API:

> **Mehr zu JSON**
> Auf das Datenaustauschformat JSON wurde bereits im Kapitel 25 eingegangen.

```
async function getPLZ() {
    let url = "json/data.json";
    let response = await fetch(url);
    if (response.status === 200) {
        return await response.json();
    } else {
        console.log("Fehler bei fetch() aufgetreten!");
        console.log(response.status);
        console.log(response.statusText);
        // Hier den Fehler behandeln
    }
}

async function fetchData() {
    let arr = await getPLZ();
    let html = "<ul>";
    arr.forEach(val => {
        let htmlSegment = `
    <li><a href="${val.url}">${val.ort}</a> = ${val.postleit-
zahl}</li>
     `;
        html += htmlSegment;
    });
    html += "</ul>";
    document.querySelector('#output').innerHTML = html;
}

fetchData();
```

Listing 23.82: Der JavaScript-Code zum Auslesen der JSON-Datei mit den Postleitzahlen

Mit der Fetch-API wird auch rege Gebrauch von async und await gemacht, weil diese im Zusammenhang mit Promises die Arbeiten vereinfachen. Zum Beispiel:

```
async function getPLZ() {
    let url = "json/data.json";
    let response = await fetch(url);
    // Wartet, bis die Anfrage fertig ist
    ...
}
```

Listing 23.83: Die Verwendung von async und await mit der Fetch-API

getPLZ() ist eine asynchrone Funktion, die mit dem Schlüsselwort async gekennzeichnet wird. Mit await fetch(url) startet sie die HTTP-Anfrage an die URL url. Mit dem Schlüsselwort await wird die asynchrone Funktion so lange angehalten, bis diese Anfrage abgeschlossen ist.

23.6.1 Die Fetch-API mit Promises verwenden

Wie eingangs im Hinweiskasten kurz erwähnt, können Sie mit der Fetch-API im Gegensatz zu Ajax auch Promises verwenden. Ein Promise ist eine Konstruktorfunktion, die asynchrone Abläufe steuert und koordiniert. Der Prozess wird mit einer Funktion (hier mit fetch()) gestartet, die der Konstruktor als Parameter erhält. Ist das Promise (zu Deutsch: Versprechen) erfüllt oder nicht, kann man then(), catch() und finally() verwenden, um die Anfrage entsprechend zu verarbeiten. An dieser Stelle möchte ich nicht zu tief in das Thema Promises einsteigen, dennoch will ich Ihnen die Lösung zu unserem Beispiel damit nicht vorenthalten. Zusammengefasst können Sie die Fetch-API mit den Promises wie folgt verwenden:

```
fetch(url)
.then(function() {
  // Das Promise ist resolve -> Empfangene Daten abarbeiten
})
.catch(function() {
  // Das Promise is reject -> Fehler behandeln
});
```

Listing 23.84: Das Gerüst für Promises mit der Fetch-API

Nachdem die fetch()-Methode ein Promise zurückgibt, kann dieses entweder resolve oder reject sein. Wenn es resolve ist, wird der Code innerhalb von then() verarbeitet. Hier wird normalerweise der Code zur Verarbeitung der Daten geschrieben. Tritt hingegen ein Fehler in fetch() auf, ist das zurückgegebene Versprechen reject. In diesem Fall fügen Sie die catch()-Methode hinzu und behandeln den Fehler innerhalb von catch().

Zusammengefasst sieht unser Beispiel unter Verwendung von Promises wie folgt aus:

```
let url = "json/data.json";
fetch(url)
    .then((response) => response.json())
    .then(function(arr) {
        let html = "<ul>";
        arr.forEach(val => {
            let htmlSegment = `
    <li><a href="${val.url}">${val.ort}</a> = ${val.postleit-
zahl}</li>
```

```
        `;
            html += htmlSegment;
        });
        html += "</ul>";
        document.querySelector('#output').innerHTML = html;
    })
    .catch(function(error) {
        console.log(error);
    });
```

Listing 23.85: Das Beispiel zum Auslesen der Postleitzahlen mit Promises

23.6.2 POST-Anfragen mit der Fetch-API verwenden

Wenn Sie fetch() aufrufen, wird standardmäßig eine GET-Anfrage verwendet. Wenn Sie eine POST-Anfrage erstellen wollen, müssen Sie die zu sendenden Daten in ein Objekt einfügen und dieses als zweites Argument an fetch() übergeben. Das Objekt sollte den Schlüssel method mit dem Wert POST, den Schlüssel body mit den Daten und headers mit new Headers() enthalten. Zusammengefasst sieht eine POST-Anfrage mit der Fetch-API wie folgt aus:

```
const url = './login/api';
let usr = {
  user: 'John'
}
let fetchData = {
  method: 'POST',
  body: usr,
  headers: new Headers()
}
fetch(url, fetchData)
.then(function() {
  // Das Promise ist resolve -> Empfangene Daten abarbeiten
})
.catch(function() {
  // Das Promise is reject -> Fehler behandeln
});
```

Listing 23.86: Ein POST-Anfrage mit der Fetch-API durchführen

Kapitel 24

Servertechnologien

Themen des Kapitels:

- *Technologien und Fähigkeiten, die Sie zur Entwicklung dynamischer Websites und Webanwendungen benötigen*
- *Lokale Serverumgebung aufsetzen*
- *Grundlagen von PHP kennenlernen*
- *Cookies und Sessions verstehen*

HTML, CSS und clientseitiges JavaScript werden im Browser ausgeführt – das hat den Vorteil, dass die Hürden sehr gering sind, um digitale Produkte mithilfe dieser Technologien zu entwickeln. Viele Anwendungsfälle gehen jedoch darüber hinaus und setzen eine Serverumgebung voraus, in der dynamische Programmiersprachen wie PHP oder Datenbanken wie MariaDB oder MySQL laufen können.

24.1 XAMPP oder MAMP installieren

In der Praxis setzt man zu Entwicklungszwecken häufig einen lokalen Server auf dem eigenen Computer auf, um die digitalen Produkte vorbereiten zu können, bevor sie auf den Liveserver übertragen werden.

Ein solches System beruht auf mehreren Technologien und Programmen, die unterschiedliche Aufgaben übernehmen. Sie können alle einzeln installiert und eingerichtet werden. Eine Alternative ist das Softwarepaket LAMP, das häufig eingesetzte Technologien kombiniert, so dass sie komfortabel installiert werden können. Die Abkürzung LAMP entsteht aus den Anfangsbuchstaben:

- Linux als Betriebssystem
- Apache als Webserver
- MySQL bzw. MariaDB als Datenbank
- PHP als Programmiersprache

Jede dieser Komponenten kann ausgetauscht werden. Mittlerweile kommen vorrangig die betriebssystemübergreifende Variante XAMPP

Wichtiger Hinweis

XAMPP und MAMP sind für lokale Entwicklungsumgebungen optimiert und nicht für den Einsatz auf Webservern geeignet!

(*www.apachefriends.org/de/index.html*, das zweite P steht für Perl, eine weitere serverseitige Programmiersprache) oder die macOS-Version MAMP (*www.mamp.info*) zum Einsatz.

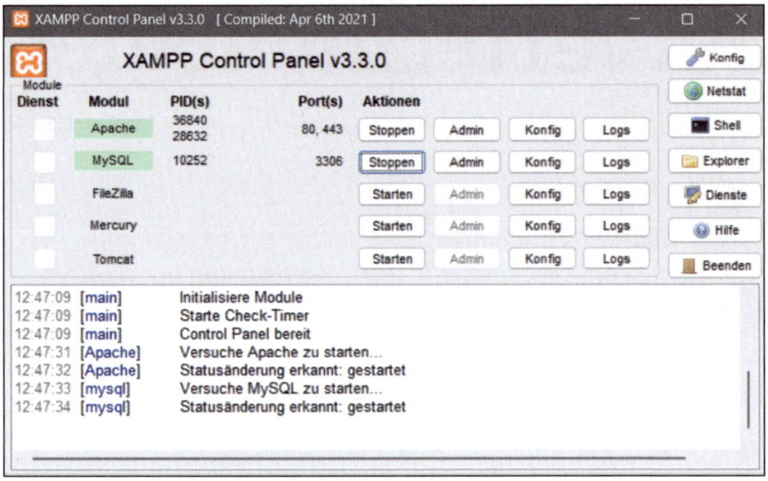

Abbildung 24.1: Control Panel von XAMPP unter Windows 10

Wenn Sie die Code-Beispiele in den folgenden Kapiteln ausprobieren möchten, sollten Sie sich einen lokalen Server auf Ihrem Rechner einrichten. Denn während Sie die Beispiele aus den HTML-, CSS- und JavaScript-Kapiteln problemlos in einem Browser öffnen können, wird das bei den serverseitigen Beispielen nicht funktionieren. Stattdessen sollten Sie den lokalen Server installieren, starten und dann die Dateien in das lokale Serververzeichnis hineinkopieren.

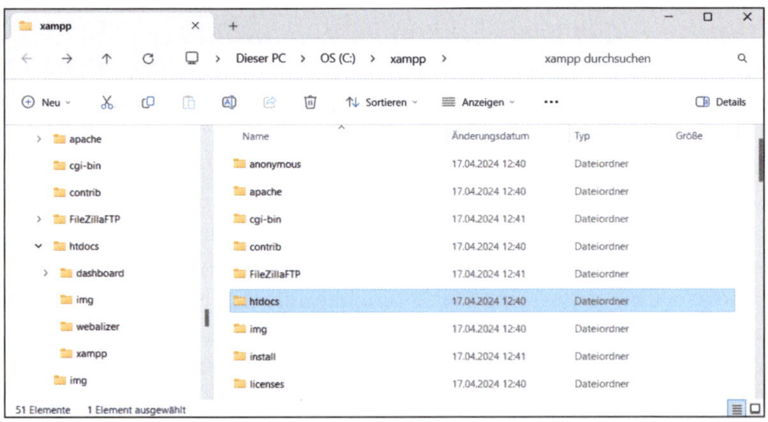

Abbildung 24.2: Lokale Versionen von Websites (oder Beispieldateien wie die aus diesem Buch) werden in ein Verzeichnis innerhalb des Dateisystems geschoben (»htdocs« bei XAMPP oder MAMP, dort können auch Unterordner angelegt werden)...

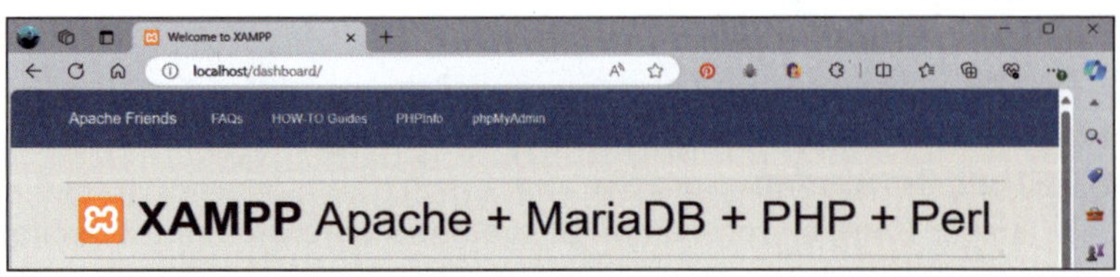

Abbildung 24.3: ... und sind dann über den lokalen Server (hier MAMP) wie Live-Websites aufrufbar.

24.2 PHP

PHP ist eine serverseitige Programmiersprache, die besonders in der Webentwicklung genutzt wird. PHP-Code wird also auf dem Server ausgeführt. Beim Aufruf einer PHP-Datei auf einem Server wird der PHP-Code in den entsprechend gekennzeichneten Bereichen verarbeitet – das Ergebnis wird dann in Form von HTML wieder an den Browser der Nutzerinnen geschickt (Client-Server-Prinzip).

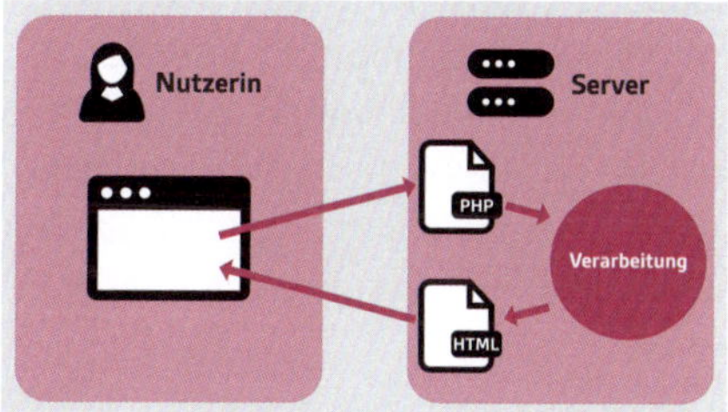

Abbildung 24.4: PHP-Verarbeitung auf dem Server

24.2.1 Grundlagen von PHP

PHP kann eng in HTML-Code integriert werden, indem der Code zwischen die Zeichen <?php und ?> eingegeben wird. In diesem Fall wird echo verwendet – eine Anweisung, mit der sich Text ausgeben lässt:

```
<h1>Eine Überschrift in normalem HTML</h1>
<p>
 <?php echo "Ein Text in PHP"; ?>
</p>
```

Listing 24.1: PHP-Code innerhalb von HTML

Die Datei wird dann mit der Endung .php auf den Server gelegt. Alles innerhalb von <?php und ?> wird als PHP-Code betrachtet, alles andere als normales HTML. Aber auch wenn eine Datei ausschließlich PHP-Code enthält, wird dieser durch <?php eingeleitet.

Es ist außerdem möglich, externe PHP-Dateien einzubinden:

+ Die Anweisung `include` fügt eine Datei ein, deren Pfad in den runden Klammern spezifiziert wird: `<?php include "pfad/zu/extern.php"; ?>`
+ `include` wird für Dateien verwendet, die für eine funktionierende Seite nicht zwingend erforderlich sind – wenn PHP die Datei nicht findet, macht es einfach im Programm weiter. Eine Alternative ist `require` – hier wird die Programmausführung gestoppt, wenn eine Datei nicht eingebunden werden kann: `<?php require "pfad/zu/extern.php"; ?>`
+ Schließlich gibt es noch die Varianten `include_once` und `require_once`. In beiden Fällen wird zuerst geprüft, ob die Datei an einer früheren Stelle schon einmal eingefügt wurde – wenn ja, wird sie nicht noch einmal geladen.

Quellen und Lesetipps

PHP hat unter *http://php.net/docs.php* ein sehr gutes Online-Handbuch. Sehr hilfreich ist außerdem das Buch »PHP 8 und MySQL« von Christian Wenz und Tobias Hauser (Rheinwerk, 2024).

Verwendung

Um PHP zu verwenden, sind keine Lizenzgebühren notwendig – es genügt die Installation auf dem Webserver. PHP gilt heute als deutlicher Marktführer unter den serverseitigen Programmiersprachen – laut Statistiken von W3Techs wird PHP bei 76,4 Prozent der 10 Millionen Top-Websites genutzt (April 2024, *https://w3techs.com/technologies/overview/programming_language/all*). Zahlreiche Content-Management-Systeme beruhen ebenfalls auf PHP – darunter beispielsweise WordPress und TYPO3.

Letztes ?> ist optional

Am Ende einer PHP-Datei ist das schließende ?> optional und sollte weggelassen werden – aber nur, wenn wirklich kein Code mehr folgt.

Oft kann man syntaktische Details von einer Programmiersprache auf die andere übertragen. Während JavaScript und PHP technologisch wenig miteinander zu tun haben, ähnelt sich ihre Syntax in vielen Aspekten, so dass Sie vieles auf PHP übertragen können, was Sie schon für JavaScript gelernt haben:

+ Kommentare stehen hinter // (einzeiliger Kommentar) oder zwischen /* und */ (mehrzeilige Kommentare). Erlaubt ist auch die Raute # als Zeichen für einzeilige Kommentare.
+ PHP erlaubt einfache ' und doppelte " Anführungszeichen.
+ Anweisungen werden in PHP mit einem Strichpunkt ; beendet.

Wenn Sie die folgenden Beispiele ausprobieren wollen, müssen Sie nicht zwangsläufig einen (lokalen) Server einrichten bzw. verwenden. Sie können z.B. über eine Online-Plattform wie *3v4l.org* den Code auf einem Server ausführen, wo Sie auch die PHP-Version auswählen können.

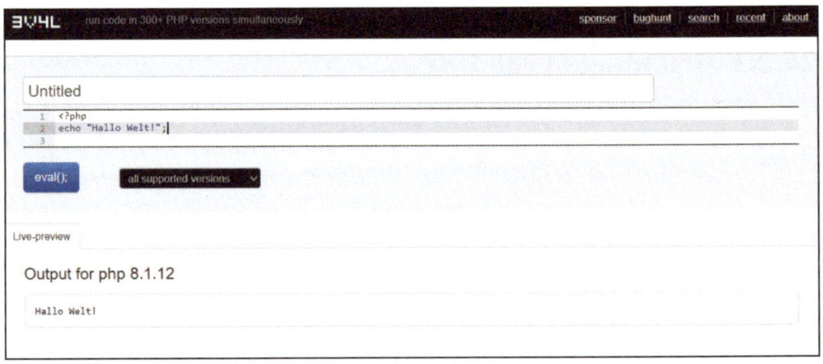

Abbildung 24.5: Auf Online-Plattformen wie *3v4l.org* können Sie PHP-Code zum Testen ausführen.

24.2.2 Datentypen

Wie andere Programmiersprachen kennt auch PHP einige grundlegende Datentypen:

+ Für numerische Werte kennt PHP ganze Zahlen (`integer` oder `int`) sowie Fließkommazahlen (`double`).
+ Boolesche Werte (`boolean` oder `bool`) können wahr (`true`) oder falsch (`false`) sein.
+ Es gibt außerdem einen eigenen Datentyp, wenn eine Variable keinen Wert hat: `NULL`.

Die komplexeren Datentypen Arrays, Zeichenketten (Strings) und Objekte werden in gesonderten Abschnitten behandelt. Eine Übersicht über die weiteren Datentypen enthält die PHP-Dokumentation unter *www.php.net/manual/en/language.types.php.*

PHP versucht automatisch, zwischen verschiedenen Datentypen zu konvertieren. Ein Beispiel sehen Sie in Listing 24.2. Dort wird versucht, das Zeichen 5 (String) mit der Zahl 4 zu addieren. PHP wandelt den String automatisch in eine Zahl um:

```
$string = "5";
$zahl = 4;
$ergebnis = $string + $zahl;
echo $ergebnis; // Ausgabe: 9
```

Listing 24.2: Automatische Typkonvertierung in PHP

Falls die automatische Typkonvertierung einmal nicht das gewünschte Verhalten bringt, können Sie in PHP auch explizit in einen anderen Datentyp umwandeln. Das geschieht entweder, indem Sie den gewünschten Datentyp in Klammern voranstellen (Type Casting), oder durch Aufrufen der Funktion settype():

```
$true_string = "true";
echo gettype($true_string); // liefert Typ der Variablen: string
// Variante 1: Type Casting auf Datentyp bool
$true_string = (bool) $true_string;
// Variante 2: Funktion settype()
 settype($true_string, "boolean");
echo gettype($true_string); // bei beiden Varianten: boolean
```

Listing 24.3: Manuelle Typkonvertierung in PHP

Arrays

Arrays können in PHP beliebige Datentypen aufnehmen und dabei auch unterschiedliche Typen miteinander mischen.

+ Ein Array kann mit dem Befehl array() erzeugt werden. In die Klammern können die gewünschten Teile des Arrays geschrieben werden – alternativ darf der Eintrag auch leer sein, um ein leeres Array zu erschaffen.

  ```
  $computer = array( "C64", "Apple II", "Altair 8800");
  $smartphones = array(); // leeres Array
  ```

  Listing 24.4: Arrays in PHP mit array() erzeugen

+ Außerdem kennt PHP eine Kurzschreibweise mit eckigen Klammern, z. B. $computer = ["C64", "Apple II", "Altair 8800"];
+ Zugreifen kann man auf einen Wert in einem Array mithilfe von eckigen Klammern und dem Indexwert des Eintrags. Der Index eines PHP-Arrays beginnt mit 0. Mithilfe des Index ist es auch möglich, neue Einträge zu einem Array hinzuzufügen. Löschen lässt sich ein Eintrag mit dem Befehl unset():

  ```
  $computer = array("C64", "Apple II");
  // Hinzufügen von Einträgen:
  $computer[2] = "Altair 8800";
  // Zugreifen auf Einträge:
  echo $computer[1]; // Ausgabe: "Apple II"
  // Löschen von Einträgen:
  unset($computer[2]); // Eintrag "Altair 8800" entfernt
  ```

  Listing 24.5: Zugriff, Ändern und Löschen von Einträgen in Arrays

> **Superglobals**
>
> Neben den »normalen« Arrays, die jedes Programm selbst anlegt, gibt es auch einige allgemein gültige Arrays, die fest in PHP eingebaut sind und Superglobals genannt werden. Diese Variablen enthalten übergreifende Informationen, z. B. zum Server, zu Cookies oder zu hochgeladenen Dateien. Auf einige dieser Superglobals wird zu einem späteren Zeitpunkt eingegangen.

+ Alternativ zur Arbeit mit Indizes ist es auch möglich, Strings als beschreibende Namen zu verwenden. Diese Art von Arrays wird assoziative Arrays genannt. Sie werden mithilfe der Zeichenkette => definiert:

```
$lieblingsplatten = array("The Notwist" => "Neon Golden",
"Arcade Fire" => "Neon Bible");
echo $lieblingsplatten["The Notwist"]; // Ausgabe: "Neon
Golden"
```

Listing 24.6: Assoziative Arrays in PHP

+ Schließlich lassen sich Arrays auch ineinander verschachteln – man spricht von multidimensionalen Arrays. Hier ist ein Beispiel für ein multidimensionales assoziatives Array:

```
$lieblingsplatten = array("The Notwist" => array("Name" =>
"Neon Golden", "Jahr" => 2002), "Arcade Fire" => array("Name"
=> "Neon Bible", "Jahr" => 2007));
echo $lieblingsplatten["The Notwist"]["Name"]; // Ausgabe:
"Neon Golden"
```

Listing 24.7: Multidimensionales assoziatives Array in PHP

Auf Informationen zu Server und Umgebung zugreifen: User Agent String

Auf der Seite *www.useragentstring.com* gibt es ein Formular zur Identifizierung von User Agents sowie eine umfangreiche Liste möglicher Einträge.

PHP hält innerhalb des Arrays `$_SERVER` eine Reihe von Informationen über den Server und die Umgebung bereit, in der ein PHP-Skript ausgeführt wird. Ein paar Beispiele dafür:

So kann man mit `$_SERVER['HTTP_USER_AGENT']` abfragen, welchen Identifizierungsstring der Browser geschickt hat. Dieser sogenannte User Agent ist eine Zeichenkette, mit der sich ein Browser gegenüber dem Server identifizieren kann – z. B. »Mozilla/5.0 (Windows NT 10.0; Win64; x64; rv:124.0) Gecko/20100101 Firefox/124.0« sofern er es denn möchte.

`$_SERVER['HTTP_REFERRER']` enthält (sofern vorhanden) die Adresse der Seite, über die ein Nutzer zur aktuellen Seite gelangt ist (Herkunft). Allerdings ist dieser Wert nicht hundertprozentig sicher: Manche User Agents setzen ihn nicht, andere erlauben, ihn zu manipulieren.

`$_SERVER['SERVER_ADDR']` enthält die IP-Adresse des Servers, auf dem das Skript ausgeführt wird.

Eine Übersicht mit allen Inhalten von `$_SERVER` gibt es in der PHP-Dokumentation unter *www.php.net/manual/de/reserved.variables.server.php*.

24.2.3 Variablen und Konstanten

In PHP werden Variablen mit einem führenden Dollarzeichen $ definiert: <?php $wert = 5; ?>. Für den Variablennamen sind Buchstaben, Ziffern und der Unterstrich _ erlaubt, anfangen muss er allerdings mit einem Buchstaben oder dem Unterstrich.

Einige Variablen sind in PHP vordefiniert. Beispiele dafür sind $_GET und $_POST für mit Formularen übertragene Daten, $_SERVER für Informationen über den Server und $_SESSION für Daten aus der PHP-Session. Diese Variablen werden zu gegebener Zeit behandelt.

Konstanten werden mit dem Keyword const oder mit define() definiert und konventionell mit Großbuchstaben geschrieben:

```
const PI = 3.14159;
define("PI", "3.14159");
```

Listing 24.8: Konstanten in PHP

24.2.4 Operatoren

Operatoren haben die Aufgabe, Daten miteinander zu verbinden. Es gibt unterschiedliche Arten von Operatoren in PHP:

+ PHP kennt natürlich die arithmetischen Operatoren für Addition (+), Subtraktion (-), Multiplikation (*), Division (/) und Modulo (Rest, %).
+ Die arithmetischen Operatoren können mit einem = ergänzt werden, um den entsprechenden Zuweisungsoperator zu erhalten (+=, -=, *=, /=, %=) – ganz so wie in JavaScript:

```
$a = 15;
$a += 5; // $a = 20
```

Listing 24.9: Zuweisungsoperator += in JavaScript

+ Einen wichtigen Unterschied im Vergleich zu JavaScript gibt es bei Strings. Sie werden mit dem Punkt . verbunden. Außerdem gibt es den Operator .=, der den folgenden Ausdruck hinzufügt:

```
$a = "Hallo";
$b = "lieber Leser";
$gruss = $a . " " . $b; // "Hallo lieber Leser"
$gruss .= ", willkommen bei uns!"; // "Hallo lieber Leser,
willkommen bei uns!"
```

Listing 24.10: Strings in PHP verbinden

+ Mit ++ und -- kann der Wert einer Variablen um 1 erhöht oder verringert werden:

```
$a = 5;
$a++; // $a = 6
```

Listing 24.11: ++ in PHP

+ Seit PHP 5.6 gibt es auch einen Exponential-Operator **:

Listing 24.12: Exponential-Operator ** in PHP

```
$a = 2;
$b = 8;
$werte = $a ** $b; // $werte = 2⁸ = 256;
```

+ Vergleichsoperatoren werden genutzt, um zwei Ausdrücke miteinander zu vergleichen, beispielsweise in if-Abfragen. Tabelle 24.1 nennt die wichtigsten Vergleichsoperatoren in PHP.

Vergleichsoperator	Beispiel	Erläuterung
>	$ergebnis = 5 > 2 // true	größer als
>=	$ergebnis = 5 >= 5 // true	größer oder gleich
<	$ergebnis = 5 < 6 // true	kleiner als
<=	$ergebnis = 5 <= 5 // true	kleiner oder gleich
==	$ergebnis = "5" == 5 // true	gleich
===	$ergebnis = "5" === 5 // false	gleich mit Typüberprüfung
!=	$ergebnis = "5" != 5 // false	ungleich
!==	$ergebnis = "5" !== 5 // true	ungleich mit Typüberprüfung

Tabelle 24.1: Vergleichsoperatoren in PHP

+ Logische Operatoren werden genutzt, um mehrere Bedingungen miteinander zu verknüpfen. PHP kennt das logische Und (AND oder &&), das logische Oder (OR oder ||), das logische Entweder-Oder (XOR) und die Negation mit !.

Logisches Oder vs. logisches Entweder-Oder

Das logische Oder ergibt true, wenn einer der beiden oder beide Ausdrücke true ergeben. Der Ausdruck 4 < 5 OR 15 > 14 liefert also true – 4 ist kleiner als 5, und 15 ist größer als 14 (true und true ergibt true). Im Unterschied dazu bedeutet das logische Entweder-Oder mit XOR, dass entweder der eine Ausdruck true ergibt oder der andere, aber nicht beide. 4 < 5 XOR 15 > 14 ergibt also false, denn beide Ausdrücke stimmen (true und true ergibt false).

24.2.5 Konditionen prüfen

Die Unterscheidung zwischen verschiedenen Fällen gehört zu den Grundbausteinen jeder Programmierung – PHP kennt hier verschiedene Varianten:

Unterscheidung mit if und else

PHP kennt Fallunterscheidungen mit if und else. Mehrere Konditionen können mit elseif (zusammengeschrieben) geprüft werden. Die Bedingungen werden in runde Klammern geschrieben, die auszuführenden Codeblöcke in geschweifte:

```
$alter = 25;
if ($alter < 18) {
 echo "Sie sind noch minderjährig.";
} elseif ($alter >= 18 && $alter < 30) {
 echo "Hey ho, let's go!";
} else {
```

```
  echo "Sind Sie sicher, dass Sie auf der U30-Party richtig
  sind?";
}
```

Listing 24.13: Fallunterscheidungen in PHP

Besteht ein Codeblock nur aus einer einzigen Anweisung, kann die geschweifte Klammer auch weggelassen werden, oder aber der Block wird in einer Zeile geschrieben – ob dies den Code jedoch besser lesbar macht, darüber könnte jetzt vortrefflich gestritten werden.

else if geht ebenfalls

Sofern man mit geschweiften Klammern arbeitet, darf man statt elseif auch else if (in zwei Wörtern) schreiben. Möchte man jedoch die Klammern weglassen oder mit der Doppelpunkt-Schreibweise arbeiten, muss elseif zusammengeschrieben werden.

```
$alter = 25;
// Kurzform 1
if ($alter < 18)
  echo "Sie sind noch minderjährig.";
else
  echo "Sind Sie sicher, dass Sie auf der U30-Party richtig sind?";

// Kurzform 2
if ($alter < 18) echo "Sie sind noch minderjährig.";
else echo "Sind Sie sicher, dass Sie auf der U30-Party richtig
sind?";
```

Listing 24.14: Fallunterscheidungen ohne Klammern in PHP

Eine weitere Möglichkeit ist die Arbeit mit einem Doppelpunkt :. Wichtig dabei ist, die Fallunterscheidung mit der Anweisung endif; wieder explizit zu beenden:

```
$alter = 25;
if ($alter < 18):
  echo "Sie sind noch minderjährig.";
else:
  echo "Sind Sie sicher, dass Sie auf der U30-Party richtig sind?";
endif;
```

Listing 24.15: Fallunterscheidungen mit Doppelpunkt und endif in PHP

Unterscheidung mit switch

Außerdem kennt PHP auch die Fallunterscheidung mit switch. Mit der Anweisung break wird die Fallunterscheidung beendet, und default gibt einen Standardfall an. Und natürlich erlaubt es switch auch, eine Bedingung zu prüfen, so dass sich das Beispiel auch wie folgt schreiben lässt:

```
$alter = 25;
switch ($alter) {
  case $alter < 18:
    echo "Sie sind noch minderjährig.";
    break;
```

```
case $alter >= 18 && $alter <30:
  echo "Hey ho, let's go!";
  break;
 default:
  echo "Sind Sie sicher, dass Sie auf der U30-Party richtig
sind?";
}
```

Listing 24.16: switch-Fallunterscheidung in PHP

Schleifen

PHP kennt verschiedene Arten von Schleifen für das wiederholte Ausführen von Code.

+ Eine for-Schleife durchläuft einen Codeblock (angegeben in geschweiften Klammern) so lange, bis die Bedingung in der runden Klammer nicht mehr zutrifft.

```
for ($i = 0; $i < 5; $i++) {
 echo "Durchlauf Nr. $i";
}
```

Listing 24.17: for-Schleife in PHP

+ Alternativ lässt sich dies auch mit einer while-Schleife realisieren. Auch hier steht die Bedingung in runden und der zu wiederholende Codeblock in geschweiften Klammern:

```
$i = 0;
while ($i < 5) {
 echo "Durchlauf Nr. $i";
 $i++;
}
```

Listing 24.18: while-Schleife in PHP

+ Eine Schleife mit do while wird immer mindestens einmal ausgeführt, da die Bedingung erst nach dem ersten Durchlauf überprüft wird:

```
$i = 5;
do {
 echo "Obwohl die Bedingung nicht mehr zutrifft, wird die
Schleife einmal durchlaufen und dieser Text ausgegeben.";
 $i++;
} while ($i < 4)
```

Listing 24.19: do-while-Schleife in PHP

+ Falls notwendig, kann der Schleifendurchlauf mit der Anweisung break abgebrochen werden. Die Anwendung continue hingegen beendet zwar den aktuellen Durchlauf, macht dann jedoch mit dem nächsten weiter.

24.2.6 Funktionen

Wenig überraschend kennt PHP natürlich auch Funktionen, mit denen sich Code an mehreren Stellen wiederverwenden lässt:

+ Funktionen deklarieren und aufrufen: Funktionen werden mit dem Keyword `function` deklariert. Den Funktionsnamen erkennt man an den runden Klammern, während innerhalb von geschweiften Klammern die eigentlichen Anweisungen versammelt werden, die beim Aufruf der Funktion ausgeführt werden sollen.

```
function berechneRabatt() {
 // Anweisungen ...
}
berechneRabatt(); // Funktion aufrufen
```

Listing 24.20: Deklaration und Anwendung einer Funktion in PHP

+ Parameter: Innerhalb der runden Klammern können beliebig viele Parameter angegeben werden, auf die eine Funktion dann zugreifen kann, z. B. `function berechneRabatt(`**`$preis, $rabattstufe`**`) { ... }`. Aufgerufen wird eine solche Funktion dann, indem die Parameter in der Reihenfolge ihrer Deklaration innerhalb der runden Klammern ergänzt werden. Bei einem Preis von 9,99 € und einer Rabattstufe von 8 % wäre dies beispielsweise `berechneRabatt(9.99, 8)`.
+ Vorgabewerte: Es ist auch möglich, beim Deklarieren von Funktionen einen Vorgabewert festzulegen – auf ihn wird zurückgegriffen, wenn der Parameter nicht explizit festgelegt wird: `function berechneRabatt($preis, `**`$rabattstufe = 0`**`) { ... }`. Beim Aufruf ist es nun möglich, nur den verpflichtenden Parameter `$preis` anzugeben und PHP den Vorgabewert für `$rabattstufe` verwenden zu lassen: `berechneRabatt(9.99)`.
+ Wichtig zu beachten: Falls Sie mehrere Parameter und Vorgabewerte verwenden, müssen die Parameter mit Vorgabewerten hinter denen ohne Vorgabewerte stehen – ganz so, wie Sie es im Beispiel eben gesehen haben, in dem es nur für den Parameter `$rabattstufe` einen Vorgabewert gibt.
+ Lokale und globale Variablen: Variablen, die in einer Funktion definiert werden, sind lokal, also nur in der Funktion selbst gültig und erreichbar. Umgekehrt sind Variablen außerhalb einer Funktion global – und in PHP heißt das, dass sie innerhalb der Funktion nicht verwendet werden können. Falls es notwendig sein sollte, eine außerhalb der Funktion deklarierte Variable innerhalb einer Funktion zu verwenden, kann das Schlüsselwort `global` verwendet werden – in der Praxis kommt das aber eher selten vor, denn man könnte die Variable ja auch als Parameter übergeben.

```
/* Beispiel 1: $pi ist global und steht in der Funktion nicht
zur Verfügung */
$pi = 3.14159;
```

```
function zeigeMathematischeKonstanten() {
 $e = 2.71828;
 echo $e;
 /* $e ist lokal und kann nur innerhalb der Funktion
 verwendet werden (sofern $e nicht zurückgegeben wird)
 echo $pi; würde einen Fehler erzeugen */
 echo $pi; // FEHLER! Nicht definierte Variable
}
zeigeMathematischeKonstanten(); // Funktion aufrufen

/* Beispiel 2: Das außen definierte $pi wird innerhalb der
Funktion mit dem Keyword global versehen, der Interpreter
geht sich die Variable holen und sie steht nun auch in der
Funktion zur Verfügung */
$pi = 3.14159;
function zeigeMathematischeKonstanten() {
 global $pi;
 $e = 2.71828;
 echo $e;
 echo $pi;
 /* sowohl $e (lokal deklariert) als auch $pi (mit Keyword
 global deklariert) können innerhalb der Funktion genutzt
 werden */
}
zeigeMathematischeKonstanten();
```

Listing 24.21: Gültigkeit von Variablen in PHP

- Rückgabewerte: Natürlich können Funktionen in PHP auch etwas zurückgeben. Der Rückgabewert wird mit `return $wert;` definiert. Sollen mehrere Werte zurückgegeben werden, kann man auf ein Array zurückgreifen.

Weitere Funktionen zum Arbeiten mit Arrays

PHP verfügt über eine Vielzahl von Funktionen speziell für die Arbeit mit Arrays – ich kann an dieser Stelle jedoch nur einige der vielen Möglichkeiten erläutern. In der PHP-Dokumentation unter *www.php.net/manual/en/ref.array.php* gibt es zahlreiche weitere Beispiele.

Mit Arrays arbeiten

Die Arbeit mit Arrays gehört zu den häufigsten Anwendungsfällen in PHP – kein Wunder also, dass die Programmiersprache eine ganze Reihe von Konzepten an Bord hat, mit denen Arrays einfacher zu handhaben sind. Dieser Abschnitt behandelt einige besonders häufig eingesetzte Varianten der praktischen Helfer – natürlich ohne Anspruch auf Vollständigkeit.

- Beim Durchlaufen eines Arrays bietet sich die `foreach`-Schleife an. Auf diese Weise ist es sehr einfach möglich, über alle Einträge zu iterieren – mit sehr viel weniger Code als bei einer »normalen« Schleife:

```
$mitarbeiter = array("Meike", "Elsa", "Andreas", "Stefan");
foreach ($mitarbeiter as $person) {
 echo "Guten Morgen, $person";
}
```

Listing 24.22: `foreach`-Schleife in PHP

+ Bei assoziativen Arrays (also Arrays mit Schlüssel-Wert-Paaren) kann auch der Schlüssel als Variable genutzt werden:

```
$mitarbeiter = array("1" => "Meike", "2" => "Elsa", "3" =>
"Andreas", "4" => "Stefan");
foreach ($mitarbeiter as $personalnummer => $person) {
 echo "Die Personalnummer von $person lautet $personalnummer";
}
```

Listing 24.23: foreach-Schleife bei assoziativen Arrays in PHP

+ implode() ist eine nützliche Funktion, um die Einträge eines Arrays in einen String zu konvertieren ❶. Innerhalb der runden Klammern schreibt man bei implode() zunächst eine Zeichenkette, die wie ein Kleber zwischen die Einträge eingefügt werden soll, sowie das Array selbst. Das Gegenstück dazu ist explode() ❷:

```
$torschuetzen = array("Harry Kane", "Leroy Sane", "Lois
Openda ");
/* ❶ Einträge des Arrays mithilfe von implode() als kommage-
trennte Liste ausgeben */
$listeTorschuetzen = implode(", ", $torschuetzen);
echo "Die Tore schossen: ".$listeTorschuetzen;

$listeGelbeKarten = "Eric Dier,Kim Min-Jae,Leon Goretzka";
/* ❷ Kommagetrennte Liste in ein Array schreiben */
$gelbsuender = explode(",", $listeGelbeKarten);
echo "Die zweite gelbe Karte erhielt ".$gelbsuender[1];
```

Listing 24.24: implode() und explode() in PHP

+ count($array) liefert die Anzahl der Einträge in einem Array.
+ Die Funktion in_array() prüft, ob ein Eintrag in einem Array vorhanden ist:

```
$gelbsuender = array("Eric Dier", "Kim Min-Jae", "Leon
Goretzka");
$gesuchterName = "Eric Dier";
if (in_array($gesuchterName, $gelbsuender)) {
 echo $gesuchterName." hat ebenfalls die gelbe Karte gesehen.";
}
```

Listing 24.25: Durchsuchen eines Arrays mithilfe von in_array()

Weiterlesen
Beispiele für diese Sortierungen finden Sie unter »PHP > Sortieren von Arrays«.

+ Zum Sortieren stehen verschiedene Funktionen zur Verfügung, die in Tabelle 24.2 erläutert werden.

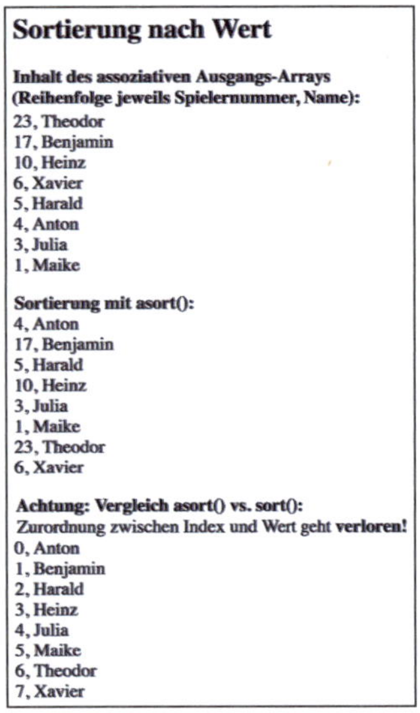

Abbildung 24.6: Bei assoziativen Arrays durchmischt `sort()` die Zuordnungen von Index und Wert, während `asort()` sie erhält.

Tabelle 24.2: Funktionen zum Sortieren eines Arrays

Funktion	Sortierung nach	Beschreibung
`sort()`	Wert	Sortierung der Inhalte nach ihrem Wert (absteigend)
`rsort()`	Wert	Sortierung der Inhalte nach ihrem Wert (aufsteigend)
`shuffle()`	–	zufällige Reihenfolge
`ksort()`	Schlüssel	Sortierung nach Schlüssel (absteigend)
`krsort()`	Schlüssel	Sortierung nach Schlüssel (aufsteigend)
`asort()`	Wert	Sortierung der Inhalte nach ihrem Wert (absteigend), Zuordnung zu Schlüsseln bleibt erhalten
`arsort()`	Wert	Sortierung der Inhalte nach ihrem Wert (aufsteigend), Zuordnung zu Schlüsseln bleibt erhalten
`natsort()`	Wert	natürliche Sortierung der Inhalte (unter Berücksichtigung von Zahlen)
`natcase-sort()`	Wert	natürliche Sortierung der Inhalte (unter Berücksichtigung von Zahlen, ohne Groß- bzw. Kleinschreibung)

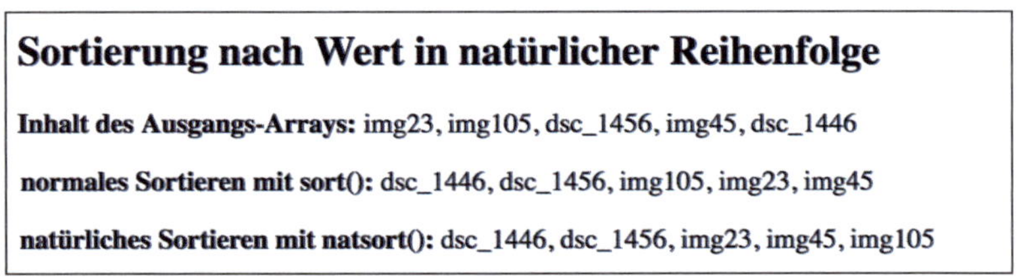

Abbildung 24.7: Sortierung mit `sort()` (7) bzw. `natsort()` (8)

24.2.7 Mit Strings arbeiten

PHP bietet zahlreiche praktische Funktionen, die bei der Arbeit mit Strings in der Praxis immer wieder verwendet werden. Hier ist eine Auswahl davon – ein zusätzlicher Blick in die umfangreiche Online-Dokumentation (*http://php.net/manual/de/language.types.string.php*) lohnt sich aber auf jeden Fall:

+ Innerhalb eines Strings können Sie wie bei einem Array auf Buchstaben zurückgreifen. Wenn `$beruf` "Mediengestalter" ist, liefert `$beruf[5]` den Buchstaben »e« zurück.
+ `strpos()` erlaubt das Suchen nach einer Zeichenkette. Die Funktion erhält als Parameter zunächst den zu durchsuchenden String, dann den Suchbegriff und optional eine Position als Zahl, an der die Suche beginnen soll.

```
$text = "Wenn du denkst du denkst, dann denkst du nur du
denkst.";
$position = strpos($text, "denkst");
echo $position; // Ergebnis: 8 (in Zeichen von links gerechnet)
```

Listing 24.26: Suche nach einer Zeichenkette mithilfe von strpos()

+ Möchten Sie nach allen Positionen suchen, in denen ein Begriff vorkommt, schreiben Sie sich dazu einfach eine Funktion. Das folgende Beispiel nimmt einen String und einen Suchtext entgegen. Wenn es den Begriff findet, speichert es die gefundene Position in einem Array und nutzt sie zugleich, um eine neue Suche ab dem ersten Zeichen hinter der gerade gefundenen Position zu starten. Diesen Prozess wiederholt die Funktion so lange, wie sie den Begriff noch findet (while-Schleife). Wird der Begriff nicht mehr gefunden, gibt sie das Array mit allen Positionen zurück.

```
function positionenSuchen($string, $suchtext) {
 $positionen = array();
 $i = 0;
 $position = strpos($string, $suchtext);
 while ($position != false) {
  $positionen[$i] = $position;
  $position = strpos($string, $suchtext, $position + 1);
  $i++;
 }
 return $positionen;
}
$text = "Wenn du denkst du denkst, dann denkst du nur du
denkst.";
$positionen = positionenSuchen($text, "denkst");
print_r($positionen); // Ergebnis: Array mit den Positionen
8, 18, 31 und 48
```

Listing 24.27: Funktion für die Suche nach allen Positionen, an denen ein Begriff vorkommt

+ str_contains() ist ähnlich wie strpos(), liefert aber einen booleschen Wert anstelle einer Position zurück, wenn im durchsuchenden String der Suchbegriff enthalten ist. Wollen Sie zudem prüfen, ob ein String mit einer bestimmten Zeichenkette beginnt oder endet, bieten sich die Funktionen str_start_with() und str_ends_with() an, die sich ebenfalls wie schon strpos() verwenden lassen, aber auch wie str_contains() einen booleschen Wert zurückliefern.
+ Mithilfe von str_replace() lässt sich Text ersetzen. Als Parameter folgen zunächst der zu ersetzende Text, dann der neue Text, dann der String, auf den die Funktion angewendet werden soll:

```
$text = "Bäcker ist ein toller Beruf.";
$text = str_replace("Bäcker", "Mediengestalter", $text);
echo $text; // "Mediengestalter ist ein toller Beruf."
```

Listing 24.28: str_replace() ersetzt einen Text.

- `strtolower($string)` verwandelt alle Buchstaben in Kleinbuchstaben, `strtoupper($string)` in Großbuchstaben. `ucfirst($string)` wandelt das erste Zeichen in einen Großbuchstaben um, `ucwords($string)` alle Wortanfänge. Andere Zeichen wie z. B. Ziffern bleiben unverändert.
- Oft kommt es auch vor, dass ein String beschnitten werden soll. Eine Möglichkeit dazu ist `substr()`. Die Funktion erhält drei Parameter: den zu beschneidenden String, die Startposition sowie die Länge des Zuschnitts in Zeichen:

```
$string = "Ich bin ein Berliner.";
$ort = substr($string, 12, 6);
echo $ort; // Ausgabe: Berlin
```

Listing 24.29: `substr()` schneidet einen String zurecht.

24.2.8 Objektorientierte Programmierung in PHP

Download
Sie finden die Beispiele im Ordner »PHP > Objektorientierung«.

Klassen werden in PHP mithilfe des Schlüsselworts `class` erzeugt. Listing 24.30 erzeugt eine Klasse `Hotel` mit den beiden Eigenschaften `$ort` und `$sterne` sowie einer Methode `buchen()`. Sowohl die Eigenschaften als auch die Methode werden als `public` deklariert, also von außen zugänglich:

```
class Hotel {
 public $ort = "Berlin";
 public $sterne = 4;
 public function buchen() {
  echo "Wir haben Ihr Zimmer reserviert.";
 }
}
```

Listing 24.30: Beispiel einer Klasse in PHP

Damit ist die Klasse deklariert. Um sie zu nutzen, muss ein Objekt der Klasse erzeugt werden – in der Programmierung spricht man von einer Instanz (bzw. vom Prozess des Instanziierens). Dazu dient das Schlüsselwort `new`, gefolgt vom Namen der Klasse mit zwei runden Klammern. Um auf eine Eigenschaft oder eine Methode zuzugreifen, nutzt PHP die Syntax `->`, wie es Listing 24.31 demonstriert:

```
// Objekt erzeugen:
$hilton = new Hotel();
// Zugriff auf Eigenschaften des Objekts
echo "Das Hilton hat $hilton->sterne Sterne.";
// Zugriff auf Methoden
$hilton->buchen();
```

Listing 24.31: Objekt in PHP erzeugen und auf Eigenschaften sowie Methoden zurückgreifen

Natürlich können Methoden auch Parameter haben, Standardwerte verwenden und Rückgabewerte ausgeben – wie bei den Funktionen.

$this

Mithilfe von `$this` kann eine Methode auf Eigenschaften des eigenen Objekts zugreifen. In Listing 24.32 haben wir ein `Hotel` `$hilton` erzeugt und konnten mit der PHP-Syntax -> auf Eigenschaften oder Methoden von `Hotel` zurückgreifen. Das funktioniert nicht bei der Deklaration einer Klasse – noch wissen wir an dieser Stelle ja nicht, wie das Hotel heißen wird (`$hilton`? `$ritz`? `$mercure`?). Die Lösung bietet PHP in Form von `$this` – mit diesem Schlüsselwort können Sie innerhalb eines Objekts auf seine eigenen Methoden und Eigenschaften zurückgreifen:

```
class Hotel {
 public $ort = "Berlin";
 public $sterne = 4;
 public function buchen() {
  echo "Wir haben Ihr Zimmer mit $this->sterne Sternen reser-
viert.";
 }
}
```

Listing 24.32: `$this` in PHP

Vererbung

In der objektorientierten Programmierung sind Klassen nicht isoliert, sondern stehen in einem hierarchischen Verhältnis. In PHP lässt sich das mit dem Schlüsselwort `extends` realisieren. Im Listing 24.33 wird eine Klasse `HotelGarni` erzeugt, die auf der Klasse `Hotel` beruht. Sie erbt dadurch alle Eigenschaften und Methoden ihrer Elternklasse, kann jedoch auch eigene hinzufügen (`$hasRestaurant`) oder die geerbten Eigenschaften bzw. Methoden überschreiben (`buchen()`):

```
class Hotel {
 public $ort = "Berlin";
 public $sterne = 4;
 public function buchen() {
  echo "Wir haben Ihr Zimmer mit $this->sterne Sternen
  reserviert.";
 }
}
class HotelGarni extends Hotel {
 // $ort und $sterne werden von Hotel geerbt
 // eigene Eigenschaft in HotelGarni:
 public $hasRestaurant = false;
 // Überschreiben von geerbter Methode:
 public function buchen() {
  echo "Wir haben Ihr Zimmer reserviert. Bitte beachten Sie,
  dass wir kein Restaurant haben.";
 }
}
```

Listing 24.33: Vererbung in PHP

Destruktor

Falls Sie auch beim Auflösen eines Objekts Code ausführen möchten, können Sie mit der Methode `__destruct()` einen Destruktor festlegen. Diese Methode wird jedes Mal ausgeführt, wenn ein Objekt zerstört wird, beispielsweise über `unset()`.

Konstruktor

Ein Konstruktor ist eine Funktion, die direkt beim Erzeugen einer Klasse aufgerufen wird. In PHP wird dafür die Methode `__construct()` (mit zwei Unterstrichen) verwendet. Listing 24.34 zeigt eine abgewandelte Version unserer Klasse `Hotel`. Dort ist mit `__construct()` ein Konstruktor erstellt, der einen Parameter entgegennimmt. Damit lässt sich beim Erzeugen eines neuen `Hotels` festlegen, wie viele Sterne es haben soll.

```
class Hotel {
 public $ort = "Berlin";
 public $sterne = 4;
 public function __construct($wert_sterne) {
  $this->sterne = $wert_sterne;
 }
 public function buchen() {
  echo "Wir haben Ihr Zimmer reserviert.";
 }
}
$hilton = new Hotel(3);
echo $hilton->sterne; // Ausgabe: 3
```

Listing 24.34: Konstruktor mit `__construct()`

Zugriffskontrolle

In den vorherigen Listings haben Sie bereits das Schlüsselwort `public` kennengelernt – es legt fest, dass eine Eigenschaft oder Methode einer Klasse öffentlich sein soll, also von außen zugänglich. Eine Alternative zu diesem Verhalten ist das Schlüsselwort `private`. Es bestimmt, dass eine Eigenschaft innerhalb, aber nicht außerhalb ihrer Klasse aufrufbar sein soll. Versuchen Sie es dennoch, gibt PHP einen Fehler aus:

```
class Hotel {
 private $ort = "Berlin";
 ...
}
$hilton = new Hotel(3);
echo $hilton->ort; // FEHLER!
```

Listing 24.35: Private Eigenschaft einer Klasse in PHP

Standardmäßig ist jede Eigenschaft und Methode öffentlich, aber in der objektorientierten Programmierung bevorzugt man es eher, Eigenschaften grundsätzlich als `private` zu kennzeichnen und öffentliche Methoden bereitzustellen, um auf sie zuzugreifen oder sie zu setzen. In der Praxis hat sich dazu die Namenskonvention eingebürgert, `getEigenschaft()` zum Auslesen und `setEigenschaft()` zum Setzen zu verwenden – manchmal spricht man auch in Kurzform vom Getter und Setter einer Eigenschaft:

```
class Hotel {
 private $ort = "Berlin";
 public function getOrt() {
  return $this->ort;
 }
 public function setOrt($wert) {
  $this->ort = $wert;
 }
}
$hilton = new Hotel();
$hilton->setOrt("Frankfurt");
echo $hilton->getOrt(); // Ausgabe: Frankfurt
```

Listing 24.36: Private Eigenschaft mit Getter und Setter in PHP

private gilt immer nur für die eine Klasse, in der eine Eigenschaft oder Methode als privat deklariert wurde – nicht jedoch in Klassen, die davon abgeleitet sind. Das Keyword protected ❶ schützt ähnlich wie private, erlaubt jedoch den Zugriff aus abgeleiteten Klassen ❷:

```
class Hotel {
 /* ❶ Eigenschaft $ort mit protected schützen */
 protected $ort = "Berlin";
}
/* ❷ Von Hotel abgeleitete Klasse kann ebenfalls auf geschützte
Werte zugreifen */
class Luxushotel extends Hotel {
 public function getOrt() {
  return $this->ort;
 }
 public function setOrt($wert) {
  $this->ort = $wert;
 }
}
$hilton = new Luxushotel();
echo $hilton->getOrt(); // Ausgabe: Berlin
```

Listing 24.37: Einsatz von protected in PHP

PHP konfigurieren

PHP bietet eine Reihe von Konfigurationsmöglichkeiten. Von zentraler Bedeutung ist dabei eine Datei namens php.ini. Ihren Speicherort sowie viele weitere Informationen zur PHP-Installation kann man mithilfe des Befehls phpinfo() abfragen. php.ini ist eine gut kommentierte Textdatei, in der Konfigurationsoptionen mithilfe eines Texteditors eingetragen werden können.

Neben der zentralen Datei php.ini gibt es auch noch einige andere Möglichkeiten. So ist es mithilfe von ini_set() möglich, Optionen für ein einzelnes Skript zu setzen – sie gelten dann nur für das Skript, in dem sie auch gesetzt werden. In Verbindung mit dem häufig eingesetzten Apache-Webserver können einige Konfigurationen auch über die Konfigurationsdateien httpd.conf (für den kompletten Server) bzw. .htaccess (für ein einzelnes Verzeichnis) vorgenommen werden.

24.2.9 Vorsichtiges Programmieren

Bei der täglichen Arbeit mit einer Programmiersprache schleichen sich schnell Fehler ein, beispielsweise Tippfehler in den Namen von Methoden. Listing 24.38 definiert eine Funktion gibBeispiel(), ruft jedoch gibBeipsiel() auf – ein solcher Tippfehler legt das ganze Programm lahm, auch wenn die Funktion vielleicht gar nicht entscheidend gewesen wäre.

```
function gibBeispiel {
 echo 'Ich bin ein Beispiel.';
}
gibBeipsiel(); // FEHLER!
```

Listing 24.38: Ein Tippfehler legt das ganze Programm lahm.

Auf Nummer sicher kann man gehen, indem man mit `function_exists()` prüft, ob es eine Funktion überhaupt gibt. Innerhalb der runden Klammern wird der Funktionsname als Parameter übergeben – der Codeblock in den geschweiften Klammern wird nur ausgeführt, wenn die Funktion existiert:

```
function gibBeispiel() {
 echo 'Ich bin ein Beispiel.';
}
if (function_exists('gibBeipsiel')) {
 gibBeipsiel(); // wird nicht ausgeführt, Programm läuft weiter
}
```

Listing 24.39: `function_exists()` prüft, ob es eine Funktion gibt.

In ähnlicher Weise lassen sich Variablen mithilfe von `isset()` prüfen.

24.3 Cookies

Das Netzwerkprotokoll HTTP ist zustandslos. Für einen Server gibt es also keine Verbindung zwischen zwei Seitenaufrufen, so dass auch keine Daten über mehrere Seiten hinweg gespeichert werden können.

Diese Tatsache stellt viele Webanwendungen vor eine Herausforderung. So möchte ein Onlineshop sicher nicht, dass der Warenkorb mit bereits abgelegten Produkten wieder gelöscht wird, sobald eine weitere Produktseite aufgerufen wird. Und auch eine Anwendung mit Benutzerregistrierung benötigt eine Möglichkeit, einen bereits eingeloggten Benutzer beim nächsten Seitenaufruf wieder identifizieren zu können.

Alternative: Sessions

Auf eine andere Lösungsmöglichkeit, die Sessions, geht der gleichnamige Abschnitt ein.

Eine Lösungsmöglichkeit für solche Herausforderungen sind Cookies (englisch »Keks«). Dabei handelt es sich um Textinformationen aus einem Namen, einem Wert sowie optionalen Attributen (beispielsweise Ablaufdatum). Sie werden von einem Server auf dem Client abgelegt und können später wieder ausgelesen werden – allerdings immer nur von der Domain (sowie je nach Einstellung ihren Subdomains), die das Cookie auch gesetzt hat.

Cookies sind Informationen in Textform, die von einem Server über den Browser auf den Rechnern des Clients abgelegt und später wieder ausgelesen werden können.

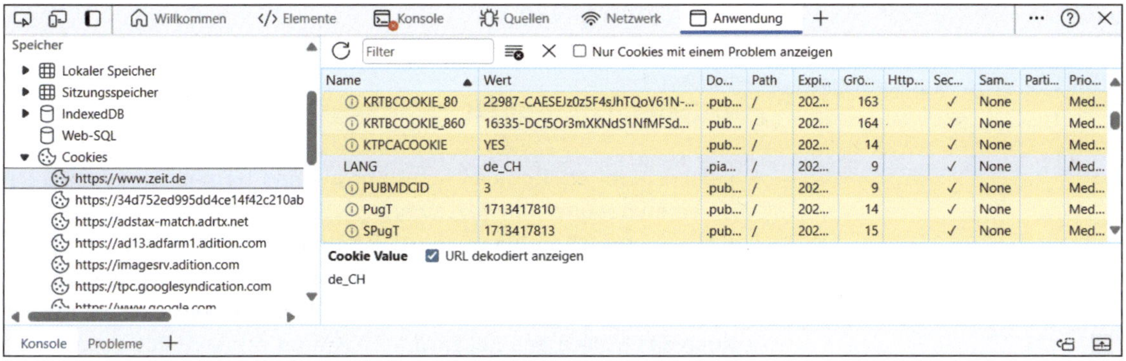

Abbildung 24.8: Bei den Entwicklerwerkzeugen der Browser können Sie sich die Cookies der aktuellen Seiten anzeigen lassen und bei Bedarf auch entfernen.

24.3.1 Cookies setzen und auslesen

Cookies werden innerhalb eines HTTP-Headers mit `Set-Cookie` gesetzt. Schickt ein Server beispielsweise die Anweisung `Set-Cookie: username=user1234` innerhalb seiner HTTP-Antwort an den Server, so würde der Browser ein Cookie anlegen – in diesem Fall ein temporäres (also nur bis zum Beenden des Browsers gültiges) mit dem Namen `username` und dem Wert `user1234`. Webentwickler können diese Header-Felder mithilfe einer dynamischen Programmiersprache wie PHP erzeugen lassen.

Cookies in PHP setzen

In PHP setzt man Cookies mit der treffend bezeichneten Funktion `setcookie()`. Sie kennt ein bis sieben Parameter, die in der folgenden Reihenfolge angegeben werden:

+ `name` (Zeichenkette, Pflichtfeld) ist der Name des Cookies.
+ `value` (Zeichenkette) ist sein Wert, der später ausgelesen werden kann.
+ `expire` legt ein Ablaufdatum des Cookies fest. Ist `expire` auf 0 oder gar nicht gesetzt, handelt es sich um ein temporäres Cookie – es wird entfernt, sobald der Browser geschlossen wird. Alternativ kann ein explizites Ablaufdatum festgelegt werden (permanentes oder persistentes Cookie). `expire` erwartet einen Integer-Wert als Unix Timestamp: Der gewünschte Zeitpunkt wird dabei in Sekunden seit dem 1. Januar 1970 angegeben, dem Beginn der Unix-Zeitrechnung. Zum Glück gibt es Hilfsfunktionen in PHP, die bei der Umrechnung helfen. In den meisten Fällen nutzt man die Funktion `time()`, um den aktuellen Zeitpunkt in Unix-Rechnung zu erhalten, und zählt die gewünschte Gültigkeitsdauer in Sekunden dazu. Listing 24.40 setzt ein Cookie, das 30 Tage lang (oder 60 × 60 × 24 × 30 bzw. 2.592.000 Sekunden) gültig sein soll:

Position von `setcookie()`

`setcookie()` setzt einen HTTP-Header und muss daher vor allen anderen Ausgaben eines Skripts stehen. Sobald eine Ausgabe gemacht wird, etwa in Form von HTML-Code, sind die HTTP-Header bereits verschickt, und das Cookie kann nicht mehr gesetzt werden.Falls das nicht möglich ist, hilft das sogenannte Output Buffering (Ausgabepufferung). Ein Beispiel finden Sie unter *http://php.net/manual/de/outcontrol.examples.basic.php*.

```
<?php
 setcookie("username", "user123", time() + 60 * 60 * 24 *
30);
?>
```

Listing 24.40: 30 Tage gültiges Cookie in PHP setzen

+ path erlaubt es, Cookies nicht nur an eine Domain, sondern auch an einen bestimmten Verzeichnispfad zu binden. Wird der Pfad auf »/« gesetzt, kann die gesamte Domain auf das Cookie zugreifen. Bei »/produkte/« beispielsweise ausschließlich Skripte, die im Verzeichnis produkte laufen. Standardwert ist das Verzeichnis, in dem auch das Cookie gesetzt wird.
+ domain legt die (Sub-)Domain fest, die das Cookie auslesen darf. Setzt man den Wert von domain beispielsweise auf »example.com«, ist der Inhalt des Cookies auch von Subdomains wie www.example.com oder test.example.com abrufbar. Standard ist die Domain, die das Cookie setzt.
+ secure ist ein Bool-Wert – setzt man ihn auf true, darf das Cookie nur über eine gesicherte HTTPS-Verbindung (vgl. Abschnitt 17.4.6) geschickt werden. Standard ist false.
+ httponly ist der letzte mögliche Parameter. Er ist ebenfalls ein Bool-Wert, der auf true gesetzt werden kann – das Cookie ist dann nur noch über das HTTP-Protokoll, aber nicht mehr über JavaScript auslesbar. httponly soll Cross-Site-Scripting-Angriffe (XSS, siehe Abschnitt 31.4.1) erschweren. Standard ist false.

```
<?php
 setcookie("username", "user1234", time() + 60 * 60 * 12, "/",
"example.com", false, true);
?>
```

Listing 24.41: Setzen eines Cookies mittels setcookie() mit allen sieben Parametern

Download
Sie finden das Beispiel im Ordner »Cookies > 1 – Cookies in PHP setzen«.

Cookies in PHP lesen

Beim Aufruf einer Domain schickt der Browser alle zugehörigen Cookies an den Server. In PHP steht ein globales Array $_COOKIE zur Verfügung. Dort sind alle Cookies gespeichert, auf die eine Website bzw. das aktuelle Verzeichnis Zugriff hat. Der Zugriff erfolgt wie bei Arrays über den Namen des Cookies, beispielsweise $_COOKIE['username'] ❷.

Im besten Fall prüft man zuerst, ob es überhaupt ein Cookie mit dem gewünschten Namen gibt – auf diese Weise vermeidet man eine Fehlermeldung, falls ein Cookie gelöscht sein sollte (und das kann jede Nutzerin selbst tun). Eine Möglichkeit dazu ist die Funktion array_key_exists() ❶, wie Listing 24.42 zeigt:

Tipp
Peter-Paul Koch hat unter *www.quirksmode.org/js/cookies.html* eine ganze Reihe praktischer JavaScript-Funktionen zum Anlegen, Lesen und Löschen von Cookies mit JavaScript veröffentlicht.

```
<?php
 /* ❶ Prüfen, ob es das gewünschte Cookie gibt */
 if (array_key_exists('username', $_COOKIE)) {
  /* ❷ Cookie auslesen */
```

```
  $cookie = $_COOKIE['username'];
  echo $cookie;
 }
?>
```

Listing 24.42: Prüfen und Auslesen von Cookies

Cookies in PHP löschen

Wie bereits erläutert, steht es einer Nutzerin jederzeit frei, Cookies in ihrem Browser zu löschen. Wenn Sie dies jedoch in einem PHP-Skript tun möchten, müssen Sie einen kleinen Trick verwenden und das Ablaufdatum des Cookies in die Vergangenheit legen. Wichtig ist, dass alle Parameter mit dem ursprünglich gesetzten Cookie übereinstimmen müssen, denn sonst hält der Browser es für ein neues Cookie, das er direkt wieder entfernen soll:

Download

Sie finden das Beispiel im Ordner »Cookies > 2 – Cookies in PHP löschen«.

```
<?php
 /* Ablaufdatum des Cookies wird dank time() - 3600 in die
 Vergangenheit gelegt */
 setcookie("username", "user1234", time() - 3600, "/",
"example.com", false, true);
?>
```

Listing 24.43: Löschen eines Cookies in PHP mithilfe eines Ablaufdatums in der Vergangenheit

Cookie-Richtlinie

In Deutschland regelt die Cookie-Richtlinie die Verwendung von Cookies auf Websites, um den Datenschutz und die Privatsphäre der Nutzerinnen und Nutzer zu schützen. Nach der Datenschutzgrundverordnung (DSGVO) und dem Telekommunikations- und Mediendatenschutzgesetz (TT-DSG) müssen Website-Betreiber die ausdrückliche Zustimmung der Nutzer einholen, bevor sie nicht-essentielle Cookies setzen. Dies geschieht in der Regel durch Cookie-Banner, die beim erstmaligen Besuch einer Website angezeigt werden. Diese Banner informieren die Nutzer und Nutzerinnen über die Art und den Zweck der verwendeten Cookies und bieten ihnen die Möglichkeit, ihre Präferenzen anzupassen oder ihre Zustimmung zu verweigern. Wesentliche Cookies, die für den Betrieb der Website notwendig sind, bedürfen keiner Zustimmung, müssen aber ebenfalls im Banner oder in der Datenschutzerklärung erwähnt werden. Die Einhaltung dieser Vorschriften wird von den Datenschutzbehörden überwacht und Verstöße können zu erheblichen Geldstrafen führen.

Cookies in JavaScript

Mit PHP haben Sie nun bereits einige Verfahren kennengelernt, um Cookies mithilfe einer serverseitigen Programmiersprache zu erzeugen. Cookies lassen sich auch über clientseitiges JavaScript erzeugen. Dazu dient die Eigenschaft `cookie` des `document`-Objekts:

```
document.cookie = 'username=user1234; domain=example.com;';
```

Listing 24.44: Cookie `username` mit Wert `user1234` für die Domain example.com in JavaScript setzen

`document.cookie` kann auch genutzt werden, um Zugriff auf alle Cookies zu erhalten, die für die aktuelle Seite verfügbar sind.

24.3.2 Anwendungsfälle und Datenschutz

Cookies kommen mittlerweile auf sehr vielen Websites zum Einsatz. Typische Anwendungsfälle sind:

- Personalisierung: Informationen über einen Nutzer werden gespeichert und beim nächsten Aufruf der Website genutzt, z. B. die Sprachversion, die jemand ausgewählt hatte.
- Funktionalitäten: Zahlreiche Funktionen wie beispielsweise Warenkörbe werden oft mithilfe von Cookies realisiert.

+ Session-Verwaltung: Die ID einer Session kann in einem Cookie gespeichert werden (Session Cookie, vgl. Abschnitt 24.4.3).
+ Webanalytics: Webanalytics-Tools wie Google Analytics oder Matomo verwenden Cookies, um Nutzer zu identifizieren und ihre Bewegungen auf einer Website analysieren zu können (Tracking). Cookies nutzt man hier besonders, weil IP-Adressen nicht individuell genug sind – sie ändern sich häufig oder werden von mehreren Anwendern über einen gemeinsamen Router genutzt.

Cookies haben trotz ihrer vielen Anwendungsmöglichkeiten jedoch auch einen zweifelhaften Ruf, was insbesondere an der Angst vieler Anwender vor übermäßigem Tracking liegt. Das liegt insbesondere an der Möglichkeit, Inhalte von fremden Websites in die eigenen Angebote einbetten zu können, beispielsweise in Form von Werbebannern oder Grafiken. Diese Seiten können dann ein sogenanntes Third-Party-Cookie setzen, das wiederum vom Werbe-Server lesbar ist. Wiederholt man diesen Vorgang auf möglichst vielen Websites, entsteht ein individuelles Nutzungsprofil des Anwenders, das man beispielsweise für zielgerichtete Werbung nutzen kann.

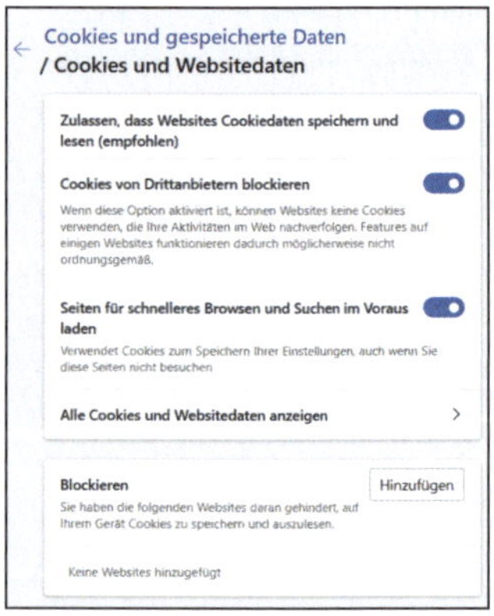

Abbildung 24.9: Cookie-Verwaltung im Edge-Browser

Allerdings sind Cookies einigen Einschränkungen unterworfen. Sie werden zwar von einem Server gesetzt, ihre Verwaltung jedoch liegt beim Client. Das bedeutet, der Browser entscheidet,

+ ob er grundsätzlich keine Cookies annimmt,
+ ob er Cookies nur von bestimmten Seiten akzeptiert,
+ ob er den Benutzer jedes Mal fragen soll
+ oder ob er Cookies grundsätzlich akzeptiert.

Auch bieten Browser die Möglichkeit, Cookies anzusehen sowie einzelne oder alle Cookies zu löschen. Außerdem lässt sich der Inhalt der lokal gespeicherten Cookies verändern. Ein Blick in die Einstellungen der Browser lohnt sich, denn hier lässt sich das Verhalten in Bezug auf Cookies den eigenen Wünschen anpassen.

24.4 Sessions

Im vorherigen Kapitel haben Sie mit den Cookies eine Möglichkeit kennengelernt, um die Einschränkungen des zustandslosen HTTP-Protokolls zu umgehen. Eine Alternative dazu ist die Arbeit mit Sessions (»Sitzungen«).

Eine Session ist eine Folge von Seitenaufrufen, die bei dem Besuch einer Website erzeugt wird. Beim Aufbau einer Sitzung erzeugt der Browser eine einzigartige Session-ID, die er an den Server schickt. Mit ihrer Hilfe können Nutzer identifiziert und Daten gespeichert werden.

24.4.1 Session-IDs

Die Session-ID ist eine einzigartige Bezeichnung, die am Anfang einer Sitzung vom Browser erzeugt wird, zum Beispiel `edb0e8665db4e9042f-`

e0176a89aade16. Diese Bezeichnung gilt für alle Seitenaufrufe innerhalb der Sitzung, so dass man sie benutzen kann, um auf dem Server Daten temporär abzuspeichern und einem Benutzer zuzuordnen. Alle Daten, die mit diesem eindeutigen Bezeichner versehen sind, gehören zu einem Benutzer während seiner aktuellen Sitzung. Der Client übermittelt dem Server bei jedem Seitenaufruf die aktuelle Session-ID, damit die Daten zugeordnet werden können:

+ Eine Möglichkeit ist es, die Session-ID in allen URLs einer Sitzung mitzuschicken, beispielsweise als Parameter (`http://www.example.com/index.php?PHPSESSID= edb0e8665db4e9042fe0176a89aade16`).
+ Häufiger greift man jedoch auf die Methode zurück, die aktuelle Session-ID in einem Cookie lokal auf dem Rechner des Benutzers abzuspeichern.

Die Einstellungen zum Session-Management werden wie bei PHP üblich in der Datei php.ini vorgenommen (vgl. Abschnitt 24.2.8).

Mehr zur Session-Verwaltung

php.ini hat eine ganze Reihe weiterer Optionen zur Session-Verwaltung, die ich hier nicht alle aufzählen kann. Eine anschauliche Übersicht finden Sie unter *http://phppot.com/php/php-session-configuration/*.

```
[Session]
; Handler used to store/retrieve data.
session.save_handler = files

; Argument passed to save_handler.  In the case of files, this is the path
; where data files are stored. Note: Windows users have to change this
; variable in order to use PHP's session functions.
; As of PHP 4.0.1, you can define the path as:
;     session.save_path = "N;/path"
; where N is an integer.  Instead of storing all the session files in
; /path, what this will do is use subdirectories N-levels deep, and
; store the session data in those directories.  This is useful if you
; or your OS have problems with lots of files in one directory, and is
; a more efficient layout for servers that handle lots of sessions.
; NOTE 1: PHP will not create this directory structure automatically.
;         You can use the script in the ext/session dir for that purpose.
; NOTE 2: See the section on garbage collection below if you choose to
;         use subdirectories for session storage
;

session.save_path = /Applications/MAMP/tmp/php

; Whether to use cookies.
session.use_cookies = 1

; This option enables administrators to make their users invulnerable to
; attacks which involve passing session ids in URLs; defaults to 0.
; session.use_only_cookies = 1

; Name of the session (used as cookie name).
session.name = PHPSESSID

; Initialize session on request startup.
session.auto_start = 0

; Lifetime in seconds of cookie or, if 0, until browser is restarted.
session.cookie_lifetime = 0

; The path for which the cookie is valid.
session.cookie_path = /

; The domain for which the cookie is valid.
session.cookie_domain =

; Handler used to serialize data.  php is the standard serializer of PHP.
session.serialize_handler = php

; Define the probability that the 'garbage collection' process is started
; on every session initialization.
; The probability is calculated by using gc_probability/gc_divisor,
; e.g. 1/100 means there is a 1% chance that the GC process starts
; on each request.

session.gc_probability = 1
session.gc_divisor     = 100
```

Abbildung 24.10: Auszug aus dem Abschnitt zur Session-Verwaltung in php.ini

Mit der Eigenschaft `session.use_cookies: 1` wird die Verwendung von Cookies aktiviert (0 schaltet sie aus). Allerdings kann der Browser so konfiguriert sein, dass er keine Cookies akzeptiert. Mit `session.use_` only_cookies: 1 kann festgelegt werden, dass das Skript auf jeden Fall mit Cookies arbeiten soll – hat ein Benutzer dies im Browser deaktiviert, werden keine Daten gespeichert.

Seit PHP 7 ist es aber auch möglich, die Session-Konfiguration direkt beim Starten einer Session in PHP mithilfe von session_start() festzulegen. Die erlaubten Optionen sind im PHP-Handbuch unter *http://php.net/manual/en/session.configuration.php* erläutert. Sie werden in Form eines Arrays in die runden Klammern geschrieben. Die Optionen in session_start() überschreiben die Vorangaben in php.ini. Hier ist ein Beispiel, das die Verwendung von Cookies mit einer Lebensdauer von 1 Tag (86.400 Sekunden) festlegt:

```
<?php
  session_start([
   'use_cookies' => 1,
   'use_only_cookies' => 1,
   'cookie_lifetime' => 86400,
  ]);
?>
```

Listing 24.45: Konfiguration einer Session mithilfe von session_start()

24.4.2 Session vs. Cookies

Prinzipiell sind viele der Anwendungsfälle sowohl mit Sessions als auch mit Cookies möglich. Es gibt aber dennoch einige grundlegende Abwägungen zu machen:

+ Anwender sind sich oft unsicher, weil sich mithilfe von Cookies individuelle Benutzerprofile erstellen und die Aktivitäten im Netz innerhalb gewisser Grenzen verfolgen lassen.
+ Website-Betreiber wiederum müssen bedenken, dass Cookies deaktiviert, gelöscht oder manipuliert werden können.
+ Bei der Arbeit mit Sessions werden die Daten in einem temporären Verzeichnis des Servers gespeichert, so dass ein Benutzer sie nicht einsehen oder verändern kann. Er hat lediglich die Session-ID, mit deren Hilfe der Server die Zuordnung von Daten vornimmt.
+ Eine Session gilt jedoch nur für eine begrenzte Zeit. Sie wird nach Überschreiten einer bestimmten Zeitspanne beendet oder aber beim Schließen des Browsers oder dem aktiven Ausloggen. Das bedeutet, Sessions sind nicht geeignet, Informationen über einen längeren Zeitraum zu speichern.

24.4.3 Sessions mit PHP

Die Unterstützung von Sessions ist fester Bestandteil von PHP. Der Befehl session_start() erzeugt entweder eine neue Session oder – sofern er eine Session-ID über einen Parameter oder mittels eines Cookies übermittelt bekommen hat – führt die bisherige Session fort. Wann immer Sie mit Daten aus der aktuellen Session arbeiten möchten, müssen Sie das Skript mit session_start() beginnen – egal, ob

Sie Session-Daten speichern, lesen oder löschen wollen. PHP kann allerdings auch so konfiguriert werden, dass Sessions automatisch gestartet werden – ich gehe jedoch in den Code-Beispielen dieses Kapitels davon aus, dass dies nicht geschehen ist.

Ein wichtiger Hinweis: Die Zeichenketten `<?php` und `session_start()` sollten bei der Arbeit mit Session-Cookies ganz am Anfang des Skripts stehen – die Session soll ja schließlich direkt am Anfang erzeugt und mit dem HTTP-Header geschickt werden. Um das zu erreichen, dürfen zuvor keine Daten über HTTP geschickt werden – auch kein HTML, keine Leerzeichen oder Absätze. Hat sich doch ein Zeichen vor `<?php` eingeschlichen, antwortet PHP typischerweise mit dem Fehler »Cannot send session cookie – headers already sent«. Das Speichern von Session-Daten kann jedoch überall im Skript erfolgen.

Schauen wir uns dies an einem Beispiel an, um die Funktionsweise verstehen zu können. Listing 24.46 zeigt ein einfaches Beispiel mit einem Formular, in dem Nutzer Name und Beruf eintragen können. Zunächst wird mittels `session_start()` ❶ eine neue Session erzeugt oder die alte fortgeführt. Im HTML-Teil der Seite wird ein Formular erzeugt, in das man einen Namen und einen Beruf eintippen kann. Schickt man es ab, wird der eingetragene Name mittels der POST-Methode an den Server übertragen. Der Name soll nun auf dem Server gespeichert werden, damit er während der gesamten Sitzung zur Verfügung steht. Unter ❷ wird der Inhalt der POST-Variablen aus dem Formular daher innerhalb des superglobalen Arrays `$_SESSION` abgelegt. Unter ❸ wird mithilfe von `isset()` geprüft, ob die gesuchten Session-Daten gespeichert wurden – wenn ja, werden Name und Beruf angezeigt, ansonsten erscheint ein Hinweis.

Download
Sie finden das Beispiel im Ordner »Sessions«.

```
<?php
 session_start(); /* ❶ Starten einer neuen Session */
?>
<!-- … es folgt HTML-Code -->
<?php
 // ❷ Einträge der POST-Variable als Session speichern
 if (isset($_POST['name'])) {
  $_SESSION['name'] = $_POST['name'];
 }
 if (isset($_POST['beruf'])) {
  $_SESSION['beruf'] = $_POST['beruf'];
 }
 // ❸ Inhalt der Session-Variablen ausgeben
 if (isset($_SESSION['name'])) {
  echo '<p>Ihr Name ist: '.$_SESSION['name'].'</p>';
 } else {
  echo '<p>Ihr Name ist noch nicht definiert. Bitte geben Sie
  Ihren Namen ein.</p>';
```

```
  }
  if (isset($_SESSION['beruf'])) {
   echo '<p>Ihr Beruf ist: '.$_SESSION['beruf'].'</p>';
  } else {
   echo '<p>Ihr Beruf ist noch nicht definiert. Bitte geben Sie
   einen Beruf ein.</p>';
  }
?>
<!-- … hier folgt weiterer HTML-Code -->
```

Listing 24.46: Sessions in PHP speichern

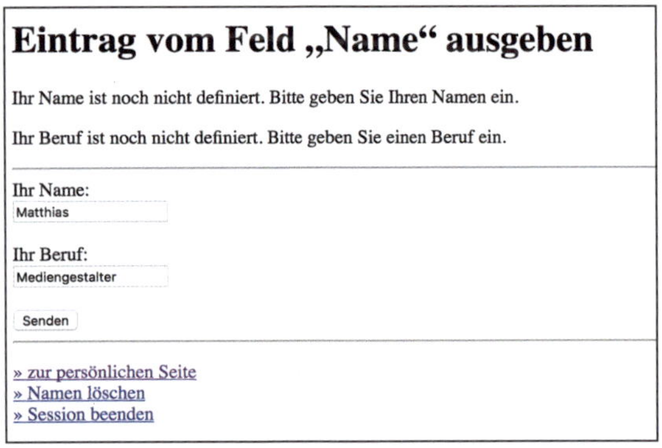

Abbildung 24.11: Formular ohne Session-Daten

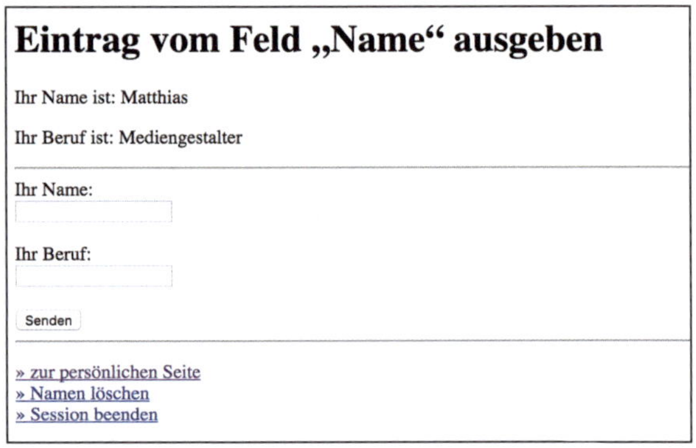

Abbildung 24.12: Formular nach Abschicken der Einträge

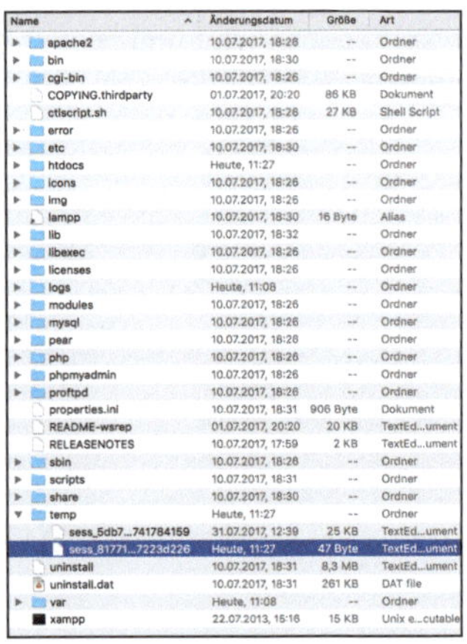

Abbildung 24.13: Neue Datei im Session-Verzeichnis des Servers

Dass die Session erzeugt und Daten gespeichert wurden, kann man auch auf dem Server beobachten. Es gibt dort ein Session-Verzeichnis, in dem Dateien mit dem Namen »sess_« und der Session-ID abgelegt werden. Wo dieser Ordner genau zu finden ist, definiert der Eintrag `session.save_path` in der PHP-Konfigurationsdatei php.ini (vgl. Abschnitt 24.2.8) – es kann sich also von System zu System etwas unterscheiden. Herausfinden lässt sich dieser Pfad auch mithilfe des Befehls `echo session_save_path();` in PHP.

Das an sich wäre noch nicht so spektakulär – schließlich könnte man auf dieser Seite genauso gut den Eintrag der `$_POST`-Variablen anzeigen, statt auf `$_SESSION` zuzugreifen. Das geht aber nur auf der Formularseite selbst, denn nur diese eine Seite empfängt die Formulardaten. Spannender ist daher ein Klick auf den Link »zur persönlichen Seite«. Sie gibt ebenfalls den eingegebenen Namen aus, hier jedoch entnommen aus `$_SESSION`.

Abbildung 24.14: Persönliche Seite

Listing 24.47 zeigt, wie man einen einzelnen Eintrag aus `$_SESSION` entfernen kann. Zunächst wird über `isset()` geprüft, ob innerhalb von $_SESSION ein Name gespeichert ist. Wenn ja, wird er mithilfe von unset() entfernt. Das Skript wird auf der Seite »daten_loeschen.php« ausgeführt – es löscht allerdings nur den Namen, nicht den Beruf.

```
<?php
 if (isset($_SESSION['name'])) {
  unset($_SESSION['name']);
  echo '<p>Der Name wurde gelöscht.</p>';
 } else {
  echo '<p>Es wurde noch kein Name festgelegt.</p>';
 }
?>
```

Listing 24.47: Session-Eintrag mit unset() löschen

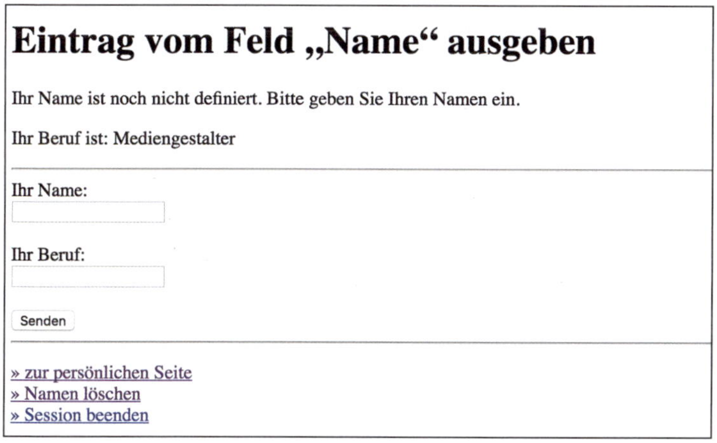

Abbildung 24.15: Geht man auf »Namen löschen« und wieder zurück, entfernt dies nur den Namen aus $_SESSION.

Man kann aber auch die gesamte Session beenden, wie es beispielsweise bei einem Logout geschehen würde. Ein Klick auf »Session beenden« führt das entsprechende Skript aus, das unter Listing 24.48 zu sehen ist. Zunächst entfernt session_unset() alle Daten, die in der Session gespeichert sind ❶. Anschließend wird die Session mithilfe von session_destroy() explizit geschlossen ❷.

Außerdem sollte auch das Session-Cookie zerstört werden ❸. Wie Sie in Abschnitt 24.3 gelernt haben, kann ein Cookie mit setcookie() entfernt werden, wenn der Zeitstempel in der Vergangenheit liegt. Voraussetzung dafür ist, dass alle Parameter beim Löschen identisch mit denen sind, die auch beim Anlegen des Cookies genutzt werden – blöderweise haben wir die meisten bisher jedoch auf Standardwerten gelassen. Das Beispiel nutzt daher die Funktion session_get_cookie_params(), um all diese Parameter abzufragen und in einem Array $params zwischenzuspeichern. Auf diese Weise ist der Code zukunftssicher und auch in Umgebungen nutzbar, in denen die Standardwerte verändert wurden. Ganz ähnlich gehen wir beim Namen des Cookies in setcookie() vor. Standardmäßig heißt ein Session-Cookie PHPSESSID, aber das Beispiel ruft lieber session_name() auf, um den gültigen

Namen zu erhalten. Danach setzt es einen leeren Wert (das Cookie wird ja sowieso gelöscht), legt den Zeitstempel in die Vergangenheit und greift auf die Einträge des `$params`-Arrays zurück.

```
<?php
 /* ❶ alle Daten in der Session löschen */
 session_unset();
 /* ❷ Session zerstören */
 session_destroy();
 /* ❸ Session-Cookie löschen */
 $params = session_get_cookie_params();
 setcookie(session_name(), "", 0, $params['path'],
$params['domain'], $params['secure'],
isset($params['httponly']));
?>
```

Listing 24.48: Beenden einer Sitzung in PHP

24.4.4 Sicherheit von Sessions

Fassen wir kurz zusammen: Mithilfe von Sessions werden Daten auf dem Server abgespeichert. Der Server identifiziert dann anhand der Session-ID, welcher Benutzer auf die abgespeicherten Daten Zugriff hat. Das macht die Session-IDs natürlich zu einem lohnenswerten Ziel für Angreifer – kann ein Angreifer die Session-ID erraten oder ausspähen, so könnte er sie in eigenen Anfragen an den Server verwenden und sich als jemand anderes ausgeben.

Session-Hijacking

Solche Angriffe werden als Session-Hijacking (»Entführung von Sitzungen«) bezeichnet. Es gibt verschiedene Strategien dazu:

+ Erraten von gültigen Session-IDs: Dies wird auch Brute Force Attack (»Angriff mit roher Gewalt«) genannt und ist bei langen und zufällig generierten Session-IDs unwahrscheinlich.
+ Mitlesen des Netzwerkverkehrs: Dieser Angriff kann mithilfe von SSL/TLS-Verschlüsselung verhindert werden (vgl. Abschnitt 17.4.6).
+ Auslesen der Session-ID: Bei diesem Angriff wird versucht, die Session-ID aus dem HTTP-Header oder dem Cookie auszulesen. Cookies gelten in dieser Hinsicht als wesentlich sicherer als eine Übertragung der ID in der URL oder als verstecktes Feld – ein wichtiger Grund, warum dieses Verfahren zu bevorzugen ist. Wichtig ist dennoch ein guter Schutz vor Cross-Site-Scripting (XSS, vgl. Abschnitt 31.4.1), damit das Cookie nicht vom Rechner des Opfers ausgelesen werden kann.

Mehr zu Session-Hijacking

Weitere Informationen und Gegenmaßnahmen zum Session-Hijacking finden sich unter diesen beiden Links:

+ Antwort auf »PHP Session Fixation/Hijacking« auf Stack Overflow, *https://stackoverflow.com/questions/5081025/php-session-fixation-hijacking*
+ Mitja Kolšek (ACROS Security), Whitepaper »Session Fixation Vulnerability in Web-based Applications«, *https://acrossecurity.com/papers/session_fixation.pdf*

Wichtige Handlungen, beispielsweise ein Einkauf oder das Ändern eines Passworts, sollten nicht nur auf Basis einer gültigen Session-ID akzeptiert werden, sondern die Eingabe des Nutzerpassworts verlangen.

Als Anwender kann man sich gegen Session-Hijacking schützen, indem man auf die grundsätzliche Sicherheit des Rechners achtet (auch Trojaner können beispielsweise Cookies auslesen) und sich angewöhnt, nach getaner Arbeit den Ausloggen-Button zu drücken.

Session-Fixation

Neben Session-Hijacking, also dem Entführen einer bestehenden Session, gibt es auch einen Angriff namens Session-Fixation (»Sitzung festlegen«). Session-Fixation ist ein Angriff, bevor der Nutzer eingeloggt ist. Ein möglicher Angriff könnte so aussehen:

+ Ein Server, nennen wir ihn *http://unsafe.example.com*, ist so konfiguriert, dass er Session-IDs in Parametern entgegennimmt.
+ Der Angreifer Mallory weiß, dass Nutzer Bob einen Account bei diesem Service hat. Er erfindet eine Session-ID, z. B. `7759cd24435b931aeff18b5f775a8e02`. Nun muss er noch dafür sorgen, dass der Server *http://unsafe.example.com* diese Session-ID für eine gültige hält.
+ Mallory schickt Bob eine manipulierte E-Mail mit einem Link, der seine selbsterzeugte Session-ID enthält: *http://unsafe.example.com/login.php?SID=7759cd24435b931aeff18b5f775a8e02*. Er formuliert seine E-Mail so, dass Bob den Trick nicht bemerkt und neugierig wird.
+ Der Trick funktioniert – Bob besucht den Link und landet auf der normalen Login-Seite des Services. Er ahnt nichts Böses und gibt seine Account-Daten ein. Unser unsicherer Server nimmt die vorgeschlagene Session-ID dankend an und betrachtet sie von nun an als gültig.
+ Nun kennen sowohl Bob als auch Mallory die Session-ID `7759cd24435b931aeff18b5f775a8e02`. Solange die ID nicht ungültig wird (z. B. durch einen Logout), können beide in Bobs Account schalten und walten.

Aus diesem Grund sollte ein Online-Service nach dem Einloggen grundsätzlich eine neue Session-ID erzeugen. In PHP kann dies mithilfe der Funktion `regenerate_session_id()` erreicht werden.

24.5 Apache-Server-Konfiguration mit .htaccess

Wie Sie bereits wissen, gibt es eine ganze Reihe von Server-Betriebssystemen. Sehr populär ist das Apache-Betriebssystem, das hinter ca. 20 % Prozent aller aktiven Seiten steht (August 2024). Marktführer mit 22 % ist Microsoft und nginx. In diesem Kapitel sollen einige Grundlagen der Konfiguration von Apache behandelt werden, mit denen man in der Mediengestaltung immer wieder in Berührung kommt.

24.5.1 Grundlagen der Apache-Server-Konfiguration

Es gibt verschiedene Möglichkeiten, einen Apache-Server zu konfigurieren. Wie man es erwarten würde, gibt es in Apache eine zentrale

Definition .htaccess
.htaccess ist eine Steuerungsdatei auf Servern mit dem weit verbreiteten Apache-Betriebssystem. Sie werden innerhalb der Verzeichnisse des Servers abgelegt und dienen zur Konfiguration.

Quellen und Lesetipps
Serverkonfiguration mit .htaccess ist ein umfangreiches Thema, das ganze Bücher füllt. An dieser Stelle können daher nur die wichtigsten Aspekte behandelt werden. Weitere Informationen gibt es bei Interesse hier:

+ Jeff Starr, ».htaccess made easy« (2024, *https://htaccessbook.com*)
+ Dokumentation von Apache (*http://httpd.apache.org/docs*)
+ Verbreitung von Server-Betriebssystemen (*www.netcraft.com/blog/february-2024-web-server-survey*)

Unsichtbare Dateien sichtbar machen

+ Windows und Linux: *www.howtogeek.com/194671/how-to-hide-files-and-folders-on-every-operating-system*
+ Mac: *www.howtogeek.com/211496/how-to-hide-files-and-view-hidden-files-on-mac-os-x*

Stelle, an der man Einstellungen vornehmen kann: die Datei httpd.conf. In den meisten Fällen empfiehlt es sich, Apache über diese Haupt-Konfigurationsdatei zu steuern. Das ist aber häufig nicht möglich, weil man als Mediengestalter*in nicht die entsprechenden Zugriffsrechte hat, beispielsweise beim Shared Hosting (vgl. Abschnitt 31.1.1).

Eine Alternative ist die Konfiguration über **.htaccess**:

+ .htaccess-Dateien sind Textdateien, die man in die Verzeichnisse eines Servers (oder zu Testzwecken auch lokal auf den eigenen Rechner) legen kann. Man kann .htaccess-Dateien mit einem beliebigen Texteditor bearbeiten und anlegen, indem man sie unter der Bezeichnung ».htaccess« (mit Punkt am Anfang) abspeichert.
+ Achtung: Dateien, die mit einem Punkt beginnen, sind auf Unix-basierten Betriebssystemen (wie Mac und Linux) standardmäßig unsichtbar. In diesem Fall muss die Anzeige unsichtbarer Dateien aktiviert werden (siehe Kasten). Auch FTP-Programme haben oft eine Einstellung, mit der man festlegen kann, ob unsichtbare Dateien gezeigt werden sollen oder nicht. Seien Sie besonders vorsichtig, wenn Sie Verzeichnisse zwischen einem Webserver und einem lokalen Rechner synchronisieren – leicht vergisst man dabei die .htaccess-Datei und wundert sich, warum Einstellungen nicht übernommen werden (it has happened to all of us).
+ Man nimmt Konfigurationen vor, indem man definierte Anweisungen hineinschreibt. Sie gelten für das Verzeichnis sowie alle Unterverzeichnisse, in denen die .htaccess-Datei liegt. Oft legt man sich eine .htaccess-Datei daher in das Wurzelverzeichnis, so dass man die Verwaltung zentral vornehmen kann. Man kann aber auch weitere .htaccess-Dateien in Unterverzeichnisse legen. Die Anweisungen in Unterordnern überschreiben Vorgaben aus übergeordneten Ordnern.
+ Konfigurationen in .htaccess werden nur dann angenommen, wenn der Server entsprechend konfiguriert ist. Dazu dient eine Anweisung namens `AllowOverride`, die man auf `None` (Server ignoriert .htaccess), `All` (Server akzeptiert, dass Anweisungen mit .htaccess festgelegt und überschrieben werden dürfen) oder auf einige andere Einstellungen setzen kann, mit denen das gewünschte Verhalten detailliert definiert werden kann. Viele Webserver sind bereits so konfiguriert – wenn nicht, sollten Sie mit dem Serveradministrator oder Ihrem Hosting-Provider sprechen.

24.5.2 Regeln im Umgang mit .htaccess

In .htaccess-Dateien wird immer eine Anweisung (Direktive) pro Zeile geschrieben, niemals mehrere Anweisungen. Wenn Sie möchten, dürfen Sie lange Zeichenketten mithilfe des Backslash \ in mehrere Zeilen umbrechen. Das ermöglicht eine größere Übersichtlichkeit bei langen Anweisungen. Aber Achtung: Backslash \ muss das letzte Zeichen sein, es dürfen keine Leerzeichen oder andere Zeichen folgen.

```
RedirectMatch 301 /beispiel/ https://example.org
RedirectMatch 301 /beispiel2/mit/einer/ganz/gaaaa\
aaaaaaaanz/langen/URL https://example.org
```

Listing 24.49: Beispiel zweier Anweisungen in .htaccess

Kommentare helfen dabei, die .htaccess mit Hinweisen zu versehen und zu strukturieren. Sie werden mit dem Symbol # am Anfang der Zeile gekennzeichnet – alle folgenden Zeichen der Reihe werden als Kommentar gewertet und nicht ausgeführt.

```
# Ich bin ein Kommentar
  # Kommentare dürfen auch eingerückt werden
```

Listing 24.50: Kommentare in .htaccess

Aber Achtung: Anders als bei anderen Technologien ist es innerhalb der .htaccess nicht erlaubt, einen Kommentar nach einer Anweisung in die gleiche Zeile zu schreiben – das erzeugt einen Fehler.

Wichtig zu verstehen ist auch, dass Apache unterschiedliche Module hat. In der zentralen Konfigurationsdatei lässt sich steuern, welche Module Apache laden soll. Mithilfe der Anweisung `IfModule` (gefolgt vom Namen des notwendigen Moduls) kann man innerhalb einer .htaccess prüfen, ob ein benötigtes Modul geladen ist:

```
<IfModule mod_rewrite.c>
 # Anweisungen, die mod_rewrite voraussetzen.
</IfModule>
```

Listing 24.51: Modulspezifische Anweisungen in .htaccess

Anweisungen, die in diesem Beispiel innerhalb von `<IfModule mod_rewrite.c>` und `</IfModule>` stehen, werden nur bei aktivem `mod_rewrite`-Modul ausgeführt.

> **Vorsicht Fehler!**
> Eine wichtige Grundregel ist auch, Konfigurationen in .htaccess zunächst lokal anzulegen, sorgfältig zu testen und immer ein Backup anzulegen. Schon ein einziger Tippfehler kann dazu führen, dass ein Server nicht mehr antwortet (Fehlercode 500, »Internal Server Error«) – dann ist es beruhigend, wenn man einfach die vorherige .htaccess wieder hochladen kann. Seien Sie vorsichtig! Mehr zu HTTP und seinen Fehlercodes erfahren Sie in Abschnitt 22.5.1.

24.5.3 Weiterleitungen mit mod_alias und mod_rewrite

Es gibt zahlreiche Anwendungsfälle für die .htaccess:

+ Sicherheitsmaßnahmen, beispielsweise ein Passwortschutz auf Verzeichnissen oder das Aussperren bestimmter IP-Adressen
+ Performance-Verbesserungen, etwa durch das Komprimieren von Dateien oder indem man den Browser anweist, Dateien zwischenzuspeichern (Cache)
+ Usability-Verbesserungen, beispielsweise die Definition individualisierter Fehlerseiten
+ Weiterleitungen, etwa wenn Inhalte verschoben wurden oder externe Websites auf nicht mehr existente Seiten verweisen

Exemplarisch sollen nun zwei Beispiele aus dem Bereich der Weiterleitungen erläutert werden, nämlich das Umschreiben nicht mehr gültiger Pfade und das Weiterleiten von Besuchern auf eine über HTTPS gesicherte Verbindung.

Apache kennt zwei Verfahren für Weiterleitungen: `mod_alias` und `mod-rewrite`. `mod_alias` ist weniger flexibel, allerdings oft ausreichend.

Dokumentation

Die Dokumentation von mod_alias findet sich unter *https://httpd.apache.org/docs/current/mod/mod_alias.html*.

Es gibt verschiedene Anweisungen in mod_alias, von denen Redirect und RedirectMatch sicherlich am häufigsten verwendet werden:

+ Redirect regelt Weiterleitungen von einer Seite auf eine andere. Das folgende Listing gibt ein Beispiel: Auf die Anweisung Redirect folgt der gewünschte HTTP-Statuscode (»301«, also eine permanente Weiterleitung in diesem Fall – Standard ist »302«), ein Pfad zur ursprünglichen Seite sowie ein neuer Ort (entweder in Form eines Pfads oder einer URL).

```
Redirect 301 /seite.html http://example.org/neue-seite.html
```

Listing 24.52: Beispiel für Redirect

Lesehilfe

Beispiel 2 in Listing 24.53 mag zunächst verwirrend scheinen, ist aber gar nicht so schwer: Wir sprechen alle Bilder an, die auf .gif enden (das $ markiert das Ende des Ausdrucks, und dem Punkt müssen wir einen Backslash voranstellen, weil er innerhalb von regulären Ausdrücken sonst als Platzhalter gilt). Den Pfad und Dateinamen (beliebige Zeichen beliebig oft, also ein Platzhalter . sowie der Quantifikator *) gruppieren wir über die runden Klammern ( ), damit wir beim Weiterleitungsziel mit $1 wieder darauf zugreifen können. Danach müssen wir nur noch die Dateiendung .jpg ergänzen. Die Hintergründe dazu erfahren Sie in Abschnitt 22.3.

+ RedirectMatch arbeitet hingegen mit einem regulären Ausdruck (vgl. Abschnitt 22.3) statt einer Pfadangabe. So ist es beispielsweise möglich, alle Seiten innerhalb eines bestimmten Verzeichnisses (Beispiel 1) oder alle Bilder im GIF-Format auf JPEG-Bilder mit gleichem Namen weiterzuleiten (Beispiel 2):

```
RedirectMatch 301 /blog/ http://example-blog.org/
RedirectMatch "(.*)\.gif$" "http://example.org$1.jpg"
```

Listing 24.53: Beispiele für RedirectMatch

mod_rewrite erlaubt kombinierte Anweisungen und ist damit flexibler als mod_alias. Ein Beispiel ist, eine ungesicherte Verbindung (über HTTP) zu einer verschlüsselten (über HTTPS) weiterzuleiten:

```
# www verlangen
<IfModule mod_rewrite.c>
 RewriteEngine On
 RewriteCond %{HTTPS} off
 RewriteRule .* https://%{HTTP_HOST}%{REQUEST_URI} [R=301,L]
</IfModule>
```

Listing 24.54: www verlangen mithilfe der .htaccess

Zunächst prüfen wir hier, ob das mod_rewrite-Modul verfügbar ist. Danach schalten wir die Rewrite-Engine an (diesen Code-Schnipsel benötigen Sie nur einmal innerhalb einer .htaccess, auch wenn Sie mehrere Anweisungen zum Umschreiben von URLs verwenden). RewriteCond (also eine Bedingung für die Weiterleitung) prüft nun, ob HTTPS aktiv ist. Sollte das nicht der Fall sein, greift unsere Weiterleitungsregel RewriteRule, mit der sämtliche Anfragen auf die HTTPS-Version weitergeleitet werden. Das [R=301] hinter diesen Zeilen legt die Weiterleitung als permanent fest (HTTP-Statuscode 301), und [L] weist den Server an, dass dies die letzte Weiterleitung ist, die er ausführen soll.

Dokumentation

Die Dokumentation von mod_rewrite finden Sie unter *https://httpd.apache.org/docs/current/mod/mod_rewrite.html*.

Kapitel 25

Datenbanken und Datenpräsentationen

Themen des Kapitels:

- *Datenbanken anlegen*
- *MySQL und MariaDB*
- *phpMyAdmin*
- *SQL*
- *Daten über Schnittstellen auslesen*
- *Datenaustauschformate JSON und XML*

In Abschnitt 17.2 haben wir uns bereits ausführlich mit den Grundlagen von Datenbanken beschäftigt. An dieser Stelle beschäftigen wir uns nun damit, wie eine Anwendung mit einer relationalen Datenbank kommunizieren kann. SQL ist die am weitesten verbreitete Datenbanksprache, die dazu verwendet wird. Manchmal wird »SQL« als Abkürzung für Structured Query Language betrachtet, obwohl das im Standard selbst gar nicht steht. Ihr Ziel war von Anfang an, mit einfachen Befehlen zu arbeiten, die der englischen Sprache möglichst ähnlich sein sollten.

Befehle in SQL können in drei Gruppen unterteilt werden, je nachdem, welche Arbeitsschritte sie ausführen:

- Bearbeiten von Daten (Data Manipulation Language, DML), also Lesen, Schreiben, Ändern oder Löschen
- Definieren von Datenstrukturen (Data Definition Language, DDL), also von Tabellen und Spalten
- Zugriff auf Daten kontrollieren (Data Control Language, DCL), also Berechtigungen vergeben oder entziehen

Geschichte von SQL

SQL wurde in den 1970er Jahren von Donald Chamberlin und Raymond Boyce (IBM) entwickelt, damals noch unter dem Kürzel SEQUEL (Structured English Query Language). Schon kurz danach benannte man die Sprache in SQL um, weil SEQUEL ein eingetragenes Warenzeichen eines Flugzeugbauers war. Noch heute jedoch sprechen viele Entwickler*innen die Abkürzung nicht wie die Buchstabenfolge [ɛskjuːˈɛl], sondern wie »Sequel« [ˈsiːkwəl] in Anlehnung an den Vorgänger aus. SQL wurde 1979 auf den Markt gebracht und ist seit 1986 ein amerikanischer Standard (ANSI) sowie seit 1987 ein internationaler (ISO). SQL wurde seitdem mehrmals weiterentwickelt und um neue Funktionen ergänzt.

25.1 MySQL und MariaDB

SQL ist eine Datenbanksprache, aber keine Datenbank. Ein besonders in Zusammenhang mit PHP sehr häufig verwendetes Datenbankmanagementsystem ist die Software MySQL. MySQL ist eine quelloffene relationale Datenbank, die 1994 von dem schwedischen Unternehmen

Abbildung 25.1: Logo von MySQL

Abbildung 25.2: Logo von MariaDB

MySQL AB entwickelt wurde. Benannt wurde das System nach der Tochter von einem der Entwickler, Michael Widenius: My.

MySQL konnte sich in den folgenden Jahren eine sehr große Verbreitung erarbeiten (besonders in der Kombination mit der Programmiersprache PHP und dem Server Apache), was Sun Microsystems 2008 dazu bewog, das Unternehmen MySQL AB zu übernehmen.

2010 gingen Sun Microsystems und damit auch MySQL in den Besitz des Unternehmens Oracle über, das bereits über ein eigenes Datenbanksystem verfügte. In der Open-Source-Gemeinde gab es die Befürchtung, Oracle würde MySQL nicht genügend Aufmerksamkeit widmen. Michael Widenius spaltete daher noch am Tag der Ankündigung der Übernahme einen neuen Entwicklungszweig aus MySQL ab (Fork), der in eine neue Datenbank mündete: MariaDB, benannt nach seiner zweiten Tochter Maria. MariaDB ist in weiten Teilen mit MySQL kompatibel und nutzt ebenfalls die Sprache SQL.

SQL ist eine Datenbanksprache. MySQL bzw. MariaDB ist eine Datenbank, die SQL-Befehle nutzt. In diesem Kapitel werden wir uns aufgrund der hohen Verbreitung auf SQL mit MySQL bzw. MariaDB konzentrieren. SQL wird jedoch auch von anderen Datenbanken genutzt. Die SQL-Befehle sind in weiten Teilen identisch, aber an einigen Stellen gibt es kleinere Unterschiede im Vergleich zu MySQL bzw. MariaDB.

Weitere Datenbanksysteme

Wir nutzen an dieser Stelle MySQL/MariaDB, weil es in der Praxis in der Webentwicklung sehr häufig anzutreffen ist – das heißt aber mitnichten, dass es keine anderen wichtigen Datenbanksysteme gäbe. Hier sind einige Beispiele:

+ Oracle
+ Microsoft SQL Server
+ PostgresSQL
+ MongoDB
+ SQLite

Installation von MySQL

Eine Datenbank wie MySQL muss zunächst auf dem Rechner bzw. Server installiert werden. In den meisten Hosting-Umgebungen ist dies bereits von einem Dienstleister richtig konfiguriert, so dass man Datenbanken über ein Kunden-Center anlegen kann. Wenn Sie wie in Abschnitt 24.1 erklärt einen lokalen Server auf dem Rechner aufgesetzt haben, dann finden Sie hier in der Regel auch schon MySQL bzw. MariaDB vor.

Ansonsten finden sich auf der Website (*www.mysql.com/downloads*) sowohl die kommerzielle Enterprise Edition als auch die kostenfreie Community Edition für unterschiedliche Betriebssysteme zum Download.

Tools zur Verwaltung von MySQL-Datenbanken

MySQL bringt bei der Installation ein Tool für die Kommandozeile mit (*https://dev.mysql.com/doc/refman/8.0/en/mysql.html*), was allerdings in vielen Fällen recht mühsam zu verwenden ist. Häufig verwendet man daher spezielle Software für die Verwaltung einer Datenbank über grafische Benutzeroberflächen.

Ein sehr beliebtes Datenbankwerkzeug ist phpMyAdmin (*www.phpmyadmin.net*). Die Software ist kostenfrei und quelloffen. Sie ist in PHP geschrieben und wird direkt auf dem Server installiert – sie erlaubt es also, MySQL- und MariaDB-Datenbanken über eine Weboberfläche zu verwalten. In vielen Hostingpaketen ist phpMyAdmin

Abbildung 25.3: Logo von phpMyAdmin

bereits installiert. Außerdem ist die Software Teil von XAMPP, MAMP und LAMP für die lokale Entwicklungsumgebung.

Eine Alternative kann eine Software wie Sequel Pro (nur für Mac, *https://sequelpro.com*) oder MySQL Workbench (*www.mysql.com/products/workbench*) sein. Diese Programme bieten eine ähnlich komfortable Verwaltung von Datenbanken wie phpMyAdmin. In einer lokalen Entwicklungsumgebung macht das keine Probleme. Bei der Arbeit auf einem Live-Server ist jedoch zu bedenken, dass der Zugriff auf Datenbanken mithilfe von externen Tools aus Sicherheitsgründen blockiert sein kann. Bei manchen Hostern kann man ihn freigeben lassen oder über SSH (vgl. Abschnitt 20.1) auf die Datenbanken zugreifen. Im Zweifel hilft der Support des Hosting-Providers weiter.

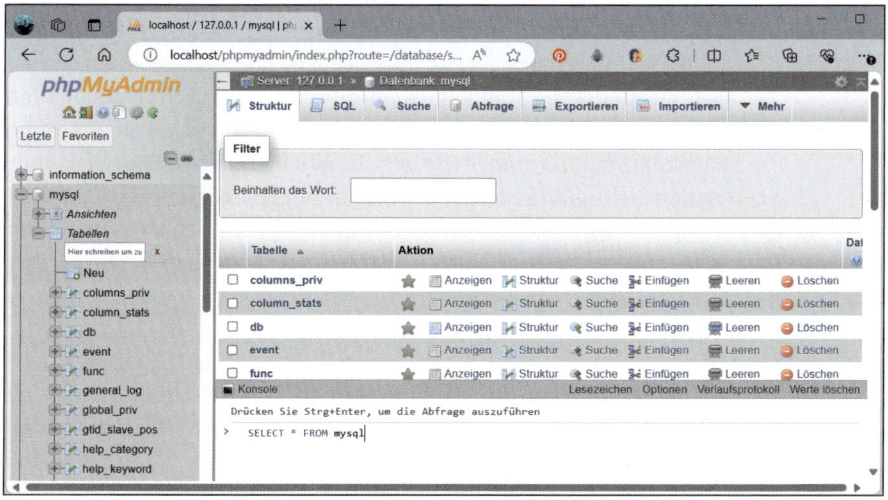

Abbildung 25.4: phpMyAdmin im Einsatz

Verbindung

Um mit einer Datenbank arbeiten zu können, muss eine Verbindung mit ihr aufgebaut werden. Dazu benötigen Sie die entsprechenden Zugangsdaten:

+ Name des Servers, auf dem die Datenbank installiert ist (localhost, falls die Datenbank auf demselben Rechner oder Server installiert ist wie das Programm, das auf sie zugreifen möchte)
+ Benutzername
+ Passwort
+ Name der Datenbank

25.2 Datenbank mit phpMyAdmin verwalten

phpMyAdmin ist sehr weit verbreitet und steht bei vielen Hosting-Paketen sowie bei Tools wie XAMPP standardmäßig zur Verfügung. In den folgenden Abschnitten soll die Datenbankverwaltung daher am Beispiel von phpMyAdmin erläutert werden – das prinzipielle Vorgehen ist aber auch mit anderen Tools vergleichbar. phpMyAdmin verfügt über eine umfangreiche Dokumentation, die unter *https://docs.phpmyadmin.net/de/latest* erreichbar ist.

25.2.1 Datenbank anlegen

Mithilfe von phpMyAdmin ist das Anlegen einer neuen Datenbank eine einfache Aufgabe:

1. Klicken Sie auf den Reiter *Datenbanken* ❶.
2. Geben Sie der Datenbank einen *Namen* ❷.
3. Wählen Sie im Dropdown-Feld *Kollation* die gewünschte Einstellung ❸. In Abschnitt 17.1.4, »Zeichensätze«, haben Sie bereits gelernt, was Zeichensätze sind. Eine Kollation legt fest, wie mit den Zeichen in einem Zeichensatz verfahren werden soll. Eine Kollation legt beispielsweise fest, dass großes und kleines a beim Sortieren der Daten als gleichbedeutend behandelt werden sollen. In den meisten Fällen ist »utf8mb4« eine gute Wahl. Und natürlich lässt sich die Kollation auch später ändern oder für jede Tabelle getrennt festlegen.
4. Klicken Sie auf *Anlegen* ❹, um die Datenbank zu erzeugen.

Definition Kollation
Eine Kollation ist eine Sammlung von Regeln, wie Zeichen in einem Zeichensatz behandelt werden sollen.

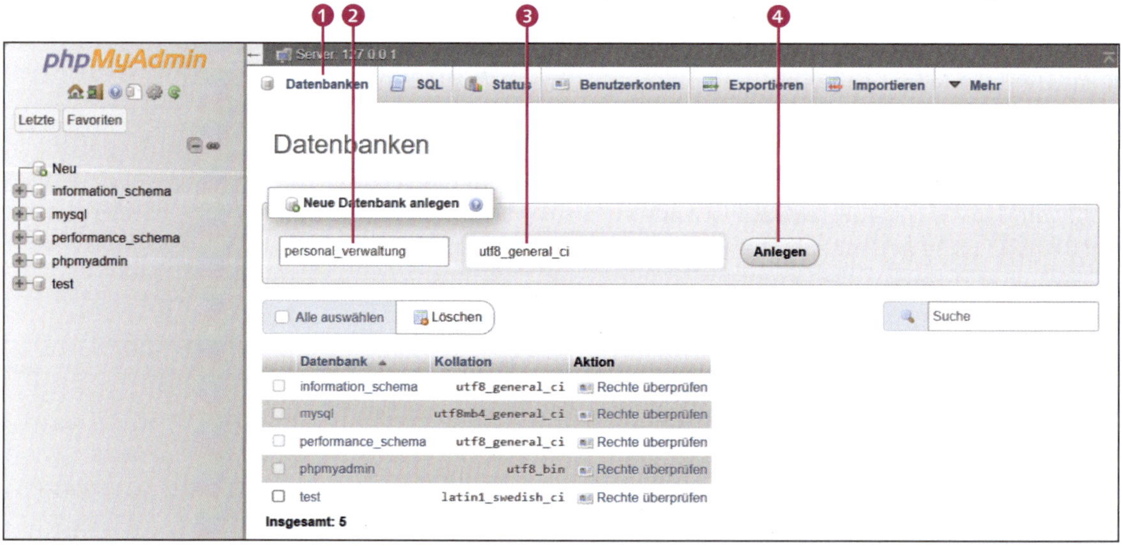

Abbildung 25.5: Anlegen einer neuen Datenbank in phpMyAdmin

25.2.2 Tabelle anlegen

Die Daten selbst werden innerhalb einer Datenbank in Tabellen angelegt. Auch dies lässt sich in phpMyAdmin über eine grafische Oberfläche vornehmen:

1. Geben Sie der Tabelle einen aussagekräftigen Namen ❺.
2. Wählen Sie die benötigte Zahl von Spalten aus. Selbstverständlich lässt sich dies auch nachträglich ändern ❻.
3. Klicken Sie auf *OK* um zum nächsten Schritt zu gelangen ❼.

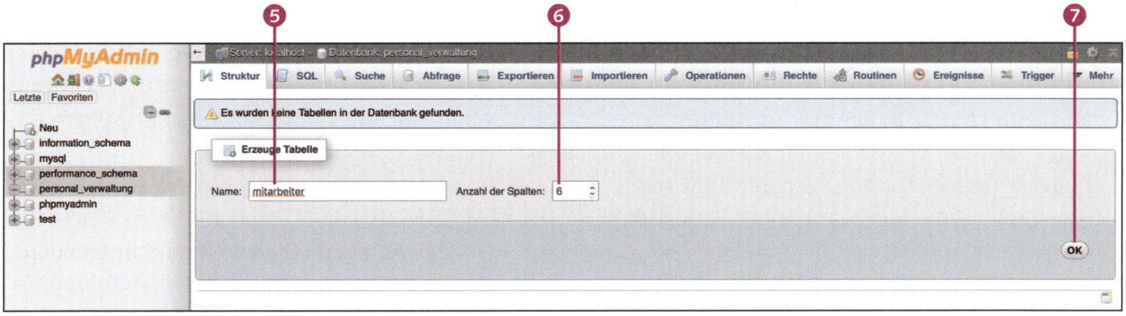

Abbildung 25.6: Erzeugen einer neuen Tabelle in phpMyAdmin

Anschließend müssen wir phpMyAdmin noch mitteilen, welche Daten die Tabelle aufnehmen soll. Dazu können in jeder Spalte umfangreiche Vorgaben gemacht werden. Abbildung 25.7 zeigt einige davon – ja, man kann auch noch nach rechts scrollen, dort sind weitere zu erreichen.

1. Jede Datenspalte benötigt einen eindeutigen Namen, mit dem sie später angesprochen werden kann ❽.
2. MySQL und MariaDB kennen unterschiedliche Datentypen, die spezifiziert werden müssen ❾ (vgl. Kasten auf der nächsten Seite).
3. Auf Wunsch lässt sich die Länge der Spalten begrenzen, z. B. auf 50 Zeichen ❿.
4. `NULL` erlaubt leere Spalten ⓫.
5. Unter *Index* kann festgelegt werden, welche Spalte als Primärschlüssel fungieren soll ⓬. Als Primärschlüssel dürfen nur eindeutige Werte verwendet werden – meist greift man daher auf eine ID vom Typ `INT` mit `AUTO_INCREMENT` zurück.
6. `AUTO_INCREMENT` (`A_I`) ⓭ zählt bei jedem neuen Eintrag automatisch nach oben.

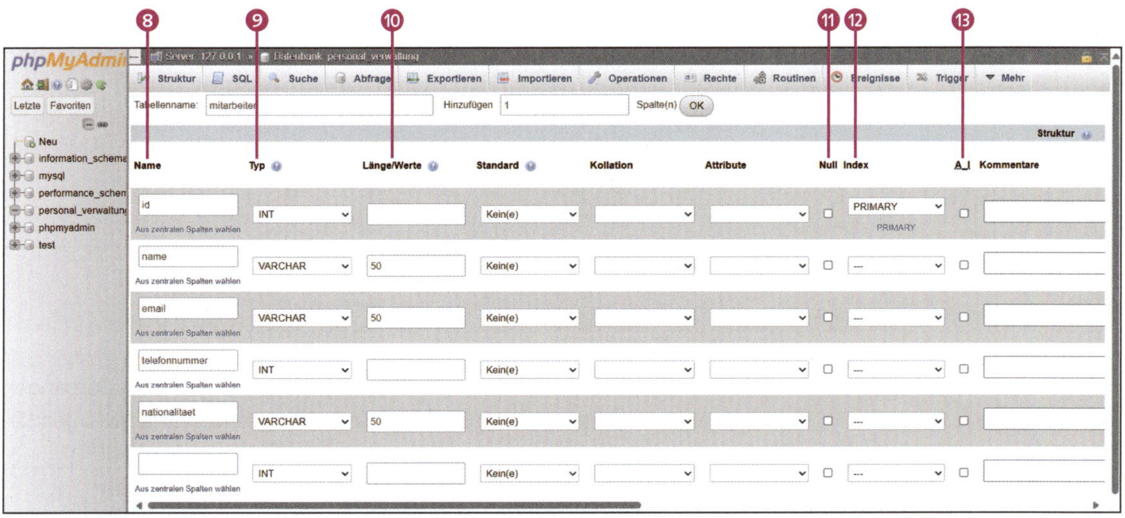

Abbildung 25.7: Definition von Spalten mit ihren Eigenschaften in phpMyAdmin

Datentypen in MySQL und MariaDB

MySQL und MariaDB kennen unzählige Datentypen. Sie unterscheiden sich in der Art der erfassten Daten sowie der Zahl von Bytes (und damit dem maximal speicherbaren Wert), die verwendet werden.

+ Ganze Zahlen: `INT` oder `INTEGER` arbeitet mit 4 Byte (32 Bit) und wird sehr häufig verwendet. Außerdem gibt es die Varianten `TINYINT` (1 Byte), `SMALLINT` (2 Byte), `MEDIUMINT` (3 Byte) sowie `BIGINT` (8 Byte). Boolesche Werte (`BOOLEAN`) sind ein `TINYINT(1)`, also eine Zahl mit den zwei Möglichkeiten 1 und 0.
+ Fließkommazahlen: Am häufigsten wird der Datentyp `DOUBLE` (8 Byte) verwendet. Außerdem gibt es `FLOAT` (4 Byte). Mit `DECIMAL(M,D)` kann man schließlich selbst angeben, wie genau die Fließkommazahl sein soll – M ist dabei die gesamte Anzahl von Ziffern, D die Zahl der Ziffern nach dem Komma. `DECIMAL(5,2)` würde also fünf Ziffern definieren, von denen zwei nach dem Komma stehen sollen (z. B. 455,22).
+ Zeitangaben: Datum (`DATE` in der Form 2017-07-30), Zeit (`TIME` in der Form 10:05:00), Jahr (`YEAR`, z. B. 2017) oder eine Kombination (`DATETIME`, 2017-07-30 10:05:00). Außerdem gibt es `TIMESTAMP`, bei der ein Datum in der Anzahl der Sekunden vom 1. Januar 1970 an angegeben wird (Startpunkt der Unixzeit).
+ Zeichenketten: Für Zeichenketten (Strings) gibt es sehr viele Datentypen, beispielsweise `VARCHAR(n)` (Zeichenkette von variabler Länge mit bis zu n Zeichen), `CHAR(n)` (Zeichenkette mit festgegebener Länge von n Zeichen), `TEXT` (Zeichenkette mit maximal 2^{16}-1 Zeichen).
+ Binärdaten: Bilder können beispielsweise als Binärdaten vom Typ `BLOB` (variable Länge, maximal 2^{16}-1 Byte) gespeichert werden (oft legt man aber auch lieber ihre URL ab und lädt sie später nach).

Sind die Spalten erst einmal definiert, bietet phpMyAdmin unter *Einfügen* eine übersichtliche Möglichkeit zum Anlegen von Einträgen.

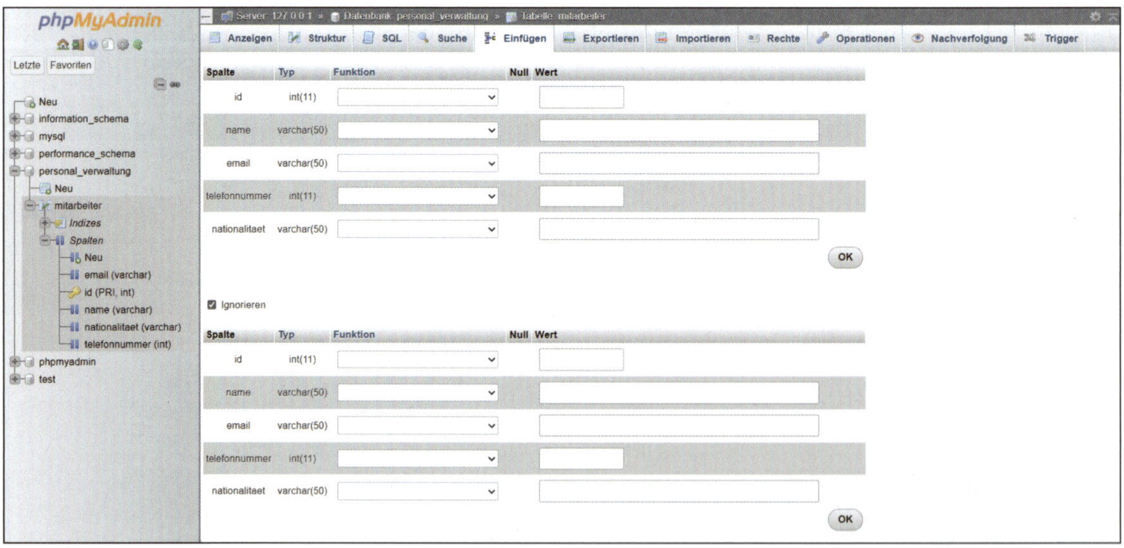

Abbildung 25.8: Einfügen von Einträgen in phpMyAdmin

25.2.3 Beziehungen zwischen Tabellen anlegen

Ähnlich komfortabel gestaltet sich das Definieren von Beziehungen zwischen Tabellen. In unserem Beispiel aus dem Bereich der Personalverwaltung sollen nun auch Dienstwagen verzeichnet werden. Zunächst wird die Dienstwagen-Tabelle angelegt, wie es bereits behandelt wurde.

Abbildung 25.9: Anlegen einer Tabelle »Dienstwagen« in phpMyAdmin

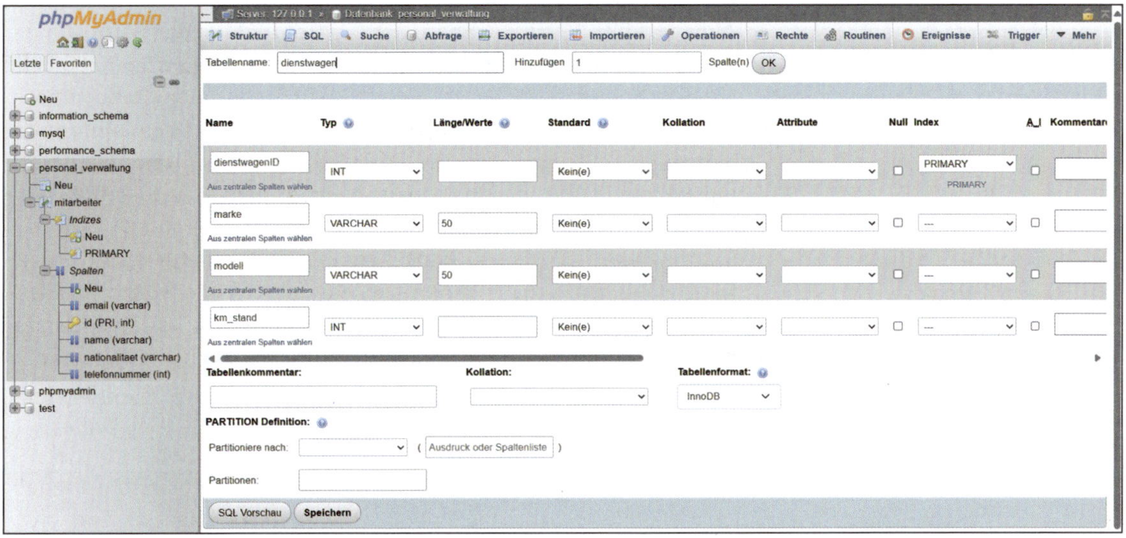

Beziehungen lassen sich über den Button *Beziehungsansicht* definieren, der sich unter dem Reiter *Struktur* einer Tabelle verbirgt. Hier werden Felder aus einer Tabelle mit Feldern aus einer anderen in Beziehung gesetzt. Dazu soll die Tabelle »Dienstwagen« ein Feld »mitarbeiterID« erhalten, das mit einem Mitarbeiter verknüpft werden soll:

+ Zunächst wird eine neue Spalte »mitarbeiterID« innerhalb der Tabelle »Dienstwagen« erzeugt.

Abbildung 25.10: Einfügen der Spalte »mitarbeiterID«

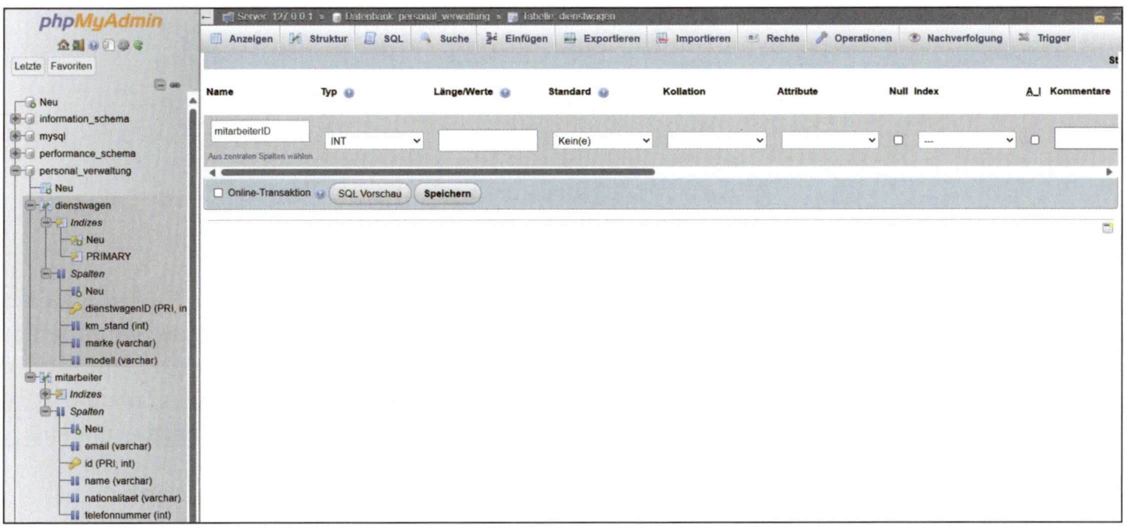

+ Anschließend wird die Beziehung definiert, indem zur *Beziehungsansicht* im Reiter *Struktur* der Dienstwagen-Tabelle gewechselt wird.
+ Im oberen Bereich *Beschränkungen durch Fremdschlüssel* wird eine Beziehung zwischen den beiden Tabellen benannt und definiert. In Abbildung 25.11 ist zu sehen, wie das Feld »mitarbeiterID« von der Dienstwagen-Tabelle mit dem Feld »ID« von der Mitarbeiter-Tabelle verknüpft wird.
+ Die Einstellung `RESTRICT` bei `ON DELETE` bewirkt, dass ein Mitarbeiter nicht gelöscht werden kann, ohne zuerst seinen Dienstwagen zu bearbeiten – dies verhindert verwaiste Einträge. Alternativen sind `NO ACTION` (keine Änderungen vornehmen, es entstehen tote Verknüpfungen), `CASCADE` (alle Dienstwagen des Mitarbeiters werden gelöscht) oder `SET NULL` (alle Dienstwagen des Mitarbeiters werden auf `NULL` gesetzt und sind damit niemandem mehr zugeordnet).
+ Die Einstellungen bei `ON UPDATE` funktionieren analog, beziehen sich aber auf eine Aktualisierung des Mitarbeiters – beispielsweise, wenn sich seine ID ändern sollte.

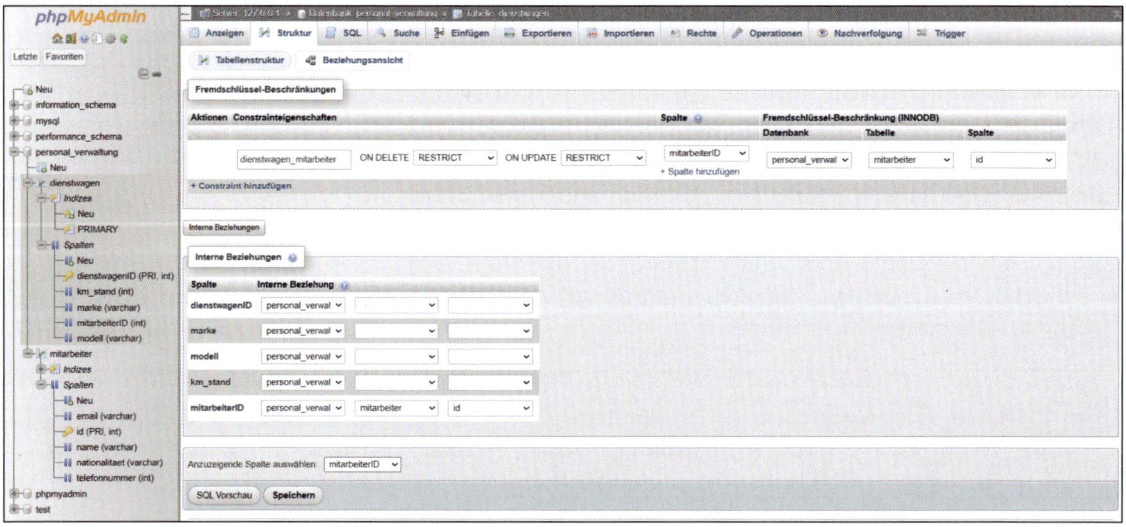

Abbildung 25.11: Definieren von Beziehungen zwischen Tabellen in phpMyAdmin

+ Im unteren Bereich (*Interne Beziehungen*) können Funktionalitäten von phpMyAdmin genutzt werden. Wird hier ebenfalls eine Verknüpfung zwischen mitarbeiterID (Tabelle Dienstwagen) und ID (Tabelle Mitarbeiter) hergestellt, erscheint beim Anlegen neuer Dienstwagen ein Auswahlmenü, aus dem man aus den bereits angelegten Mitarbeitern auswählen kann.

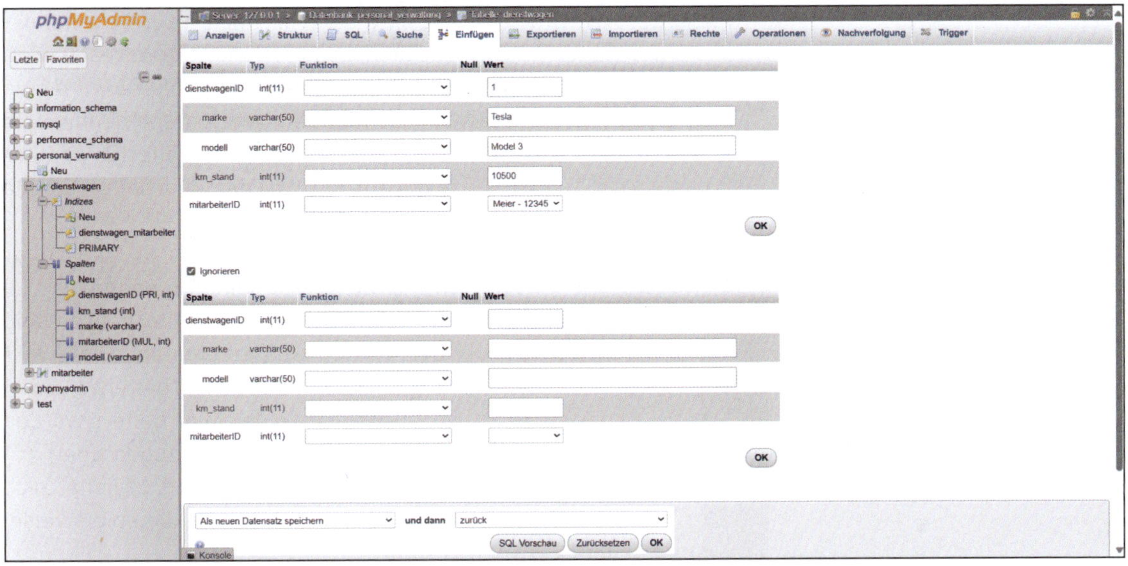

Abbildung 25.12: Auswahlfeld durch interne Beziehungen in phpMyAdmin

Designer

Erwähnenswert ist außerdem die Rubrik *Designer*, die sich unter dem Reiter *Mehr* der Datenbank verbirgt. Dort werden Beziehungen in grafischer Form dargestellt.

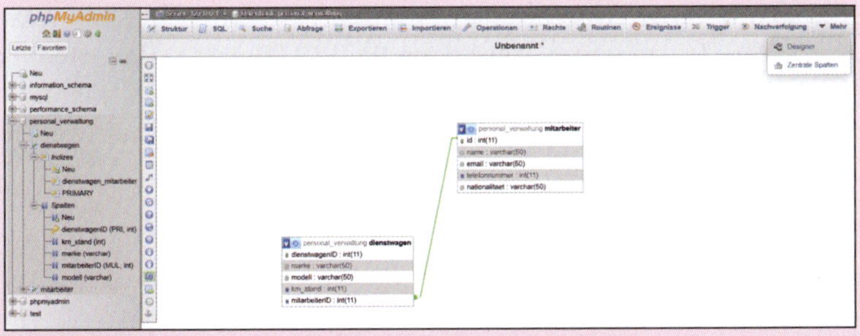

Abbildung 25.13: Grafische Ansicht von Beziehungen zwischen Tabellen in phpMyAdmin

25.2.4 Zugriffsrechte auf Datenbanken und Tabellen festlegen

phpMyAdmin erlaubt es außerdem, Benutzer mit individuellen Zugriffsrechten festzulegen. In der lokalen Testversion arbeiten wir in diesem Kapitel mit globalen Zugriffsrechten. Auf einem Server würden hingegen Benutzer angelegt werden, die Zugriffsrechte auf eine bestimmte Datenbank haben. Auf diese Weise verhindert man, dass ein Benutzer Inhalte in fremden Datenbanken verändern oder gar löschen kann.

25.2.5 SQL-Befehle in phpMyAdmin

Tools wie phpMyAdmin erlauben es also, die meisten Verwaltungsaufgaben zu erledigen, ohne selbst SQL-Befehle schreiben zu müssen – man klickt sich die Funktionen über eine grafische Benutzeroberfläche zusammen, und »unter der Haube« baut das Tool daraus die notwendigen SQL-Befehle. Mit dem Button *SQL-Vorschau* kann man sich auch anschauen, welcher SQL-Befehl im Hintergrund erzeugt wird.

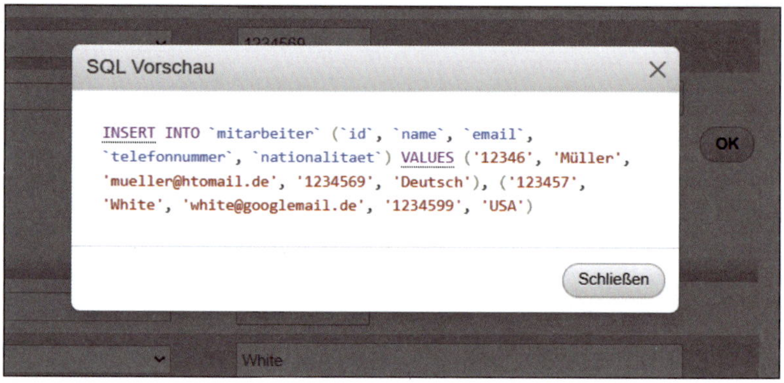

Abbildung 25.14: phpMyAdmin erzeugt SQL-Befehle

Über den Reiter *SQL* kann man beliebige SQL-Befehle eingeben. Es ist also trotz der umfangreichen Bearbeitungsmöglichkeiten über die grafische Oberfläche vorteilhaft, einen grundlegenden Überblick über SQL zu haben. Denn wenn Sie innerhalb einer Anwendung auf Basis von PHP oder anderen dynamischen Programmiersprachen Daten lesen oder verändern möchten, benötigen Sie SQL-Befehle. Der folgende Abschnitt wird daher zunächst die SQL-Syntax mit einigen wichtigen Befehlen erläutern. Anschließend folgt ein Abschnitt darüber, wie PHP mit einer Datenbank kommunizieren kann.

Download
Sie finden die Tabelle im Ordner »Datenbanken > Beispiel-Tabelle«. Sie können sie in XAMPP importieren und mit den SQL-Befehlen experimentieren.

25.3 Syntax von SQL

Wie erläutert, war es das erklärte Ziel von SQL, möglichst stark an die englische Sprache zu erinnern. Nehmen wir als Beispiel einmal an, ein Unternehmen verwaltet seine Mitarbeiter in einer Datenbank. Die Datenbank sehen Sie in Tabelle 25.1.

Tabelle 25.1: Beispieltabelle

id	name	vorname	email	telefonnummer	nationalitaet
1	LeCorbusier	Jean	j.lecorbusier@example.com	145622222	französisch
2	Schmidt	Harald	h.schmidt@example.com	1234556	deutsch
3	von Förster	Heinz	von-foerster@example.com	12345	deutsch
4	Meier	Gabi	meier@example.com	12345	österreichisch

id	name	vorname	email	telefonnummer	nationalitaet
5	Schmitzer	Ulrich	schmitzer@example.com	12344	österreichisch
6	van Damme	Claude-Jean	van-damme@example.com	1234566	französisch
7	schmidt	meike	schmidt@example.com	12345666	deutsch
8	Ackels	Anton	ackels@example.com	1233333	deutsch
9	schmitt	erich	schmitt@example.com	1234555556	deutsch
10	Arnold	Mark	arnold@example.com	234444567	österreichisch
11	Norris	Chuck	norris@example.com	1	amerikanisch
12	Jannicke	Gregor	jannicke@example.com	NULL	schweizerisch

Tabelle 25.1: Beispieltabelle (Forts.)

25.3.1 Daten mit SQL lesen

Wie würde man in Englisch ausdrücken, dass man gerne eine Liste mit allen Mitarbeitern haben möchte? Man würde sagen: »Wähle mir alle Einträge aus der Tabelle ›mitarbeiter‹ aus« – oder auf Englisch: »Select all entries from the table ›mitarbeiter‹.« In SQL ist das sehr ähnlich – der Unterschied ist nur, dass der Selektor * genutzt wird, um alle Spalten auszuwählen. Man bezeichnet ihn auch als Wildcard:

```
SELECT * FROM mitarbeiter
```

Listing 25.1: Alle Spalten von allen Einträgen in SQL auswählen

Besonders elegant ist das nicht, denn meistens benötigt man gar nicht alle Daten. Es ist daher besser, nur die Spalten auszuwählen, die man wirklich verwenden möchte:

```
SELECT name, vorname, telefonnummer FROM mitarbeiter
```

Listing 25.2: Ausgewählte Spalten von allen Einträgen in SQL auswählen

SQL kennt auch Möglichkeiten, die Ergebnisliste zu sortieren. Dazu wird das Schlüsselwort ORDER BY genutzt. Es folgt der Name der Spalte, nach der sortiert werden soll, sowie die gewünschte Richtung (ASC von »ascending« für aufsteigend, DESC vom »descending« für absteigend):

```
SELECT name, vorname, telefonnummer FROM mitarbeiter ORDER BY
name ASC
```

Listing 25.3: Ausgewählte Spalten von allen Einträgen in SQL auswählen und sortieren

Wichtig ist an dieser Stelle, dass die Daten hier wirklich nur gelesen werden – es wird nur das Ergebnis sortiert, die ursprüngliche Tabelle bleibt in der ursprünglichen Reihenfolge. Man kann auch mehrere Spalten angeben, nach denen sortiert werden soll – in diesem Fall wird zuerst nach dem ersten, dann nach dem zweiten Kriterium sortiert:

```
SELECT name, vorname, telefonnummer FROM mitarbeiter ORDER BY
name, vorname ASC
```

Listing 25.4: Ausgewählte Spalten von allen Einträgen in SQL auswählen und nach mehreren Spalten sortieren

An vielen Stellen möchte man jedoch nicht alle Einträge auswählen, sondern nur einige, auf die bestimmte Kriterien zutreffen. In SQL funktioniert das mithilfe des Schlüsselworts `WHERE` sowie einer Bedingung. Tabelle 25.2 zeigt die erlaubten Vergleichsoperatoren mit einem Beispiel.

Tabelle 25.2: Operatoren in SQL

Vergleichsoperator	Beschreibung	Beispiel
=	gleich	SELECT name FROM mitarbeiter WHERE name = 'Schmidt'
>	größer	SELECT name FROM mitarbeiter WHERE id > 10
<	kleiner	SELECT name FROM mitarbeiter WHERE id < 8
>=	größer oder gleich	SELECT name FROM mitarbeiter WHERE id >= 8
<=	kleiner oder gleich	SELECT name FROM mitarbeiter WHERE id <= 8
NOT	nicht	SELECT name FROM mitarbeiter WHERE NOT id = 11
AND	und, alle Bedingungen müssen erfüllt sein	SELECT name FROM mitarbeiter WHERE id <= 5 AND nationalitaet = 'deutsch'
OR	oder, eine der Bedingungen muss erfüllt sein	SELECT name FROM mitarbeiter WHERE id <= 5 OR nationalitaet = 'deutsch'
IS NULL	»ist NULL«, findet leere Einträge	SELECT name FROM mitarbeiter WHERE telefonnummer IS NULL

Der Vergleichsoperator = geht recht strikt vor – `WHERE name = 'Schmidt'` findet zwar »Harald Schmidt«, nicht aber »erich schmitt«. Eine Alternative ist das Schlüsselwort `LIKE`, gefolgt von einem Suchmuster. Der Unterstrich _ steht dabei für ein beliebiges Zeichen, das Prozentzeichen % für beliebig viele Zeichen.

Hier ist eine Anfrage, die »Harald Schmidt«, »meike schmidt« und »erich schmitt« findet:

```
SELECT name, vorname FROM mitarbeiter WHERE name LIKE 'Schmi_t'
```

Listing 25.5: SQL-Anweisung mit `LIKE` und Platzhalter _

Und diese Anweisung findet zusätzlich »Ulrich Schmitzer, weil nach dem Anfang »Schmi« beliebig viele Zeichen folgen dürfen:

```
SELECT name, vorname FROM mitarbeiter WHERE name LIKE 'Schmi%'
```

Listing 25.6: SQL-Anweisung mit LIKE und Platzhalter %

Außerdem kennt SQL eine Möglichkeit, nur eindeutige Einträge abzufragen. Dazu dient das Keyword DISTINCT. So würde die folgende Abfrage jede Nationalität im Team nur einmal ausgeben:

```
SELECT DISTINCT nationalitaet FROM mitarbeiter
```

Listing 25.7: SQL-Anweisung mit SELECT DISTINCT

SQL bringt auch eine Reihe von Aggregatfunktionen mit, mit denen man Informationen über alle Daten gemeinsam sammeln kann. So lässt sich mit COUNT beispielsweise die Anzahl von Datensätzen in einer Tabelle sammeln.

Weitere Aggregatfunktionen

COUNT ist sicherlich die am häufigsten genutzte Aggregatfunktion, aber nicht die einzige. Besonders für Zahlenwerte gibt es eine Reihe weiterer, beispielsweise SUM (Summe), AVG (Durchschnitt), MIN (kleinster Wert einer Spalte) oder MAX (größter Wert einer Spalte).

```
SELECT COUNT(*) FROM mitarbeiter
```

Listing 25.8: Datensätze in SQL zählen

Dieses einfache Beispiel liefert die Gesamtzahl von Mitarbeitern in der Datenbank zurück. Mithilfe von SELECT DISTINCT ist es auch möglich, nur die Zahl unterschiedlicher Einträge abzufragen.

```
SELECT COUNT(DISTINCT modell) FROM dienstwagen
```

Listing 25.9: Anzahl unterschiedlicher Datensätze in SQL abfragen

25.3.2 Daten mit SQL aktualisieren

Der Befehl UPDATE erlaubt es, einen Eintrag in SQL zu aktualisieren. Dazu wird die Tabelle mit UPDATE ausgewählt und mit SET festgelegt, welche Spalte mit welchem Wert überschrieben werden soll (mehrere Spalten sind ebenfalls möglich, getrennt durch ein Komma). SQL gibt allerdings keine Warnung aus und verlangt auch keine Bestätigung – passen Sie also gut auf, wenn Sie Daten in SQL ändern, und ziehen Sie sich am besten zuvor ein Backup.

Ein Wort der Warnung

Vergessen Sie nicht, eine Einschränkung in der WHERE-Klausel anzugeben, denn sonst ändern Sie alle Einträge auf einmal – es sei denn natürlich, Sie möchten genau das.

```
UPDATE mitarbeiter SET email = 'meier@domain.com' WHERE name =
'Meier'
```

Listing 25.10: Daten in SQL aktualisieren

25.3.3 Daten mit SQL einfügen

Neue Datensätze können mit dem Befehl INSERT INTO angelegt werden. Es folgen der Name der Tabelle sowie die einzufügenden Spalten innerhalb von runden Klammern. Zum Abschluss werden ebenfalls in Klammern die Werte eingegeben, gekennzeichnet durch das Schlüsselwort VALUES. Achten Sie darauf, dass Sie bei den Werten dieselbe Reihenfolge einhalten wie bei den Spalten. Spalten, die leer bleiben (NULL) oder automatisch ausgefüllt werden sollen (AUTO_INCREMENT), müssen nicht angegeben werden.

```
INSERT INTO mitarbeiter (name, vorname, email, nationalitaet)
VALUES ('Schultze', 'Ulrike', 'schulze@domain.com', 'deutsch')
```

Listing 25.11: Neue Daten in SQL einfügen

25.3.4 Daten mit SQL löschen

Löschen geht natürlich ebenfalls. Dazu dient der Befehl DELETE FROM.

```
DELETE FROM mitarbeiter WHERE name = 'Schultze'
```

Listing 25.12: Einträge mit SQL löschen

Auch hier gilt: Achten Sie auf die richtigen Angaben in der WHERE-Bedingung. Ohne WHERE werden alle Einträge gelöscht.

25.3.5 Mit Datenbanken, Tabellen und Spalten arbeiten

Die bisherigen Beispiele haben nur die Datensätze, also Zeilen, innerhalb einer Tabelle bearbeitet. Aber natürlich kann man in SQL auch neue Tabellen sowie Datenbanken erzeugen oder Spalten bearbeiten:

SQL-Befehl	Beschreibung	Beispiel
CREATE TABLE	erzeugt eine neue Tabelle mit den angegebenen Spalten	CREATE TABLE abteilungen (id int, name varchar(255));
DROP TABLE	gesamte Tabelle löschen	DROP TABLE abteilungen;
TRUNCATE TABLE	löscht alle Inhalte in einer Tabelle, nicht aber die Tabelle selbst	TRUNCATE TABLE abteilungen;
ALTER TABLE	Tabelle verändern, z. B. Spalte hinzufügen (ADD COLUMN) oder löschen (DROP COLUMN)	ALTER TABLE mitarbeiter ADD COLUMN eintrittsdatum date;
CREATE DATABASE	erzeugt eine neue Datenbank	CREATE DATABASE angelverein;
DROP DATABASE	löscht eine Datenbank	DROP DATABASE angelverein;

Tabelle 25.3: Datenbanken und Tabellen in SQL bearbeiten

SQL erlaubt außerdem eine Reihe von Einschränkungen und Vorgaben für die einzelnen Spalten. Einige wichtige Vorgaben erläutert Tabelle 25.4.

Vorgabe	Beschreibung	Beispiel
NOT NULL	Wert in der Spalte darf nicht NULL sein	ALTER TABLE mitarbeiter ADD COLUMN gehalt int **NOT NULL**
UNIQUE	Werte in der Spalte müssen eindeutig sein	ALTER TABLE mitarbeiter ADD COLUMN personalnummer int **UNIQUE**
PRIMARY KEY	definiert, welcher Wert der Primärschlüssel sein soll, der alle Datensätze identifiziert (Werte müssen also wie bei UNIQUE eindeutig sein, zusätzlich ist nur ein PRIMARY KEY pro Tabelle erlaubt)	CREATE TABLE kunden (ID int NOT NULL, name varchar(255), **PRIMARY KEY (ID)**);
DEFAULT	legt einen Standardwert fest (mit DROP DEFAULT kann man ihn wieder entfernen)	ALTER TABLE kunden ADD COLUMN rabatt int DEFAULT 0;
AUTO_INCREMENT	Spalte zählt mit jedem neuen Eintrag automatisch nach oben	CREATE TABLE kunden (ID int NOT NULL **AUTO_INCREMENT**, name varchar(255), PRIMARY KEY (ID));

Tabelle 25.4: Vorgaben für Spalten

25.3.6 Daten über mehrere Tabellen hinweg abfragen

Bisher sind wir in den Beispielen davon ausgegangen, dass die gesuchten Daten in einer einzigen Tabelle liegen. Eine Stärke von relationalen Datenbanken ist es jedoch, Daten in unterschiedlichen Tabellen zu gruppieren und über Primär- und Fremdschlüssel bei Bedarf miteinander zu verknüpfen. So könnten beispielsweise die Dienstwagen in einer eigenen Tabelle abgelegt werden und über IDs Referenzen auf die Mitarbeiter enthalten, die den Dienstwagen fahren.

dienstwagenID	marke	modell	km_stand	mitarbeiterID
2	BMW	Z3	43876	2
3	BMW	Z3	1562	3
4	Audi	A4	158222	6

Tabelle 25.5: Beispieldaten in der Tabelle »Dienstwagen«

Wenn Sie nun wissen möchten, welcher Mitarbeiter welchen Dienstwagen fährt, müssen Sie Daten aus zwei Tabellen abfragen:

+ Finde Marke und Modell aller Dienstwagen aus der Tabelle »dienstwagen«.
+ Frage die IDs der Mitarbeiter ab, die diese Fahrzeuge fahren.
+ Finde die Namen und Vornamen der entsprechenden Mitarbeiter aus der Tabelle »mitarbeiter«.

Joins

Natürlich könnten Sie solche Abfragen nacheinander ausführen und die Ergebnisse in Variablen zwischenspeichern. SQL kennt jedoch auch Möglichkeiten, mehrere Abfragen in einer zu kombinieren. Solche kombinierten Abfragen werden Joins genannt.

Listing 25.13 zeigt ein Beispiel. Innerhalb der `WHERE`-Bedingung wird eine logische Verbindung zwischen den Tabellenspalten hergestellt:

Listing 25.13: Verknüpfte Abfrage von zwei Tabellen in SQL

```
SELECT marke, modell, name, vorname FROM dienstwagen, mitarbeiter WHERE dienstwagen.mitarbeiterID = mitarbeiter.id
```

Tabelle 25.6 zeigt das Ergebnis dieser Abfrage. Marke und Modell kommen aus der Tabelle »dienstwagen«, Name und Vorname aus der Tabelle »mitarbeiter«. Diese Abfrage funktioniert, weil alle Spalten eindeutige Namen haben. Sollte es jedoch Spalten gleichen Namens in verschiedenen Tabellen geben, so sollten Sie mit der Punktsyntax arbeiten (`tabelle.spalte`).

Tabelle 25.6: Ergebnis der Abfrage oben

marke	modell	name	vorname
BMW	Z3	Schmidt	Harald
BMW	Z3	von Förster	Heinz
Audi	A4	van Damme	Claude-Jean

Die Abfrage oben in Listing 25.13 wird Theta-Stil genannt. Es gibt noch eine jüngere Syntax namens ANSI-Stil, die als performanter gilt:

Listing 25.14: `INNER JOIN` in SQL im ANSI-Stil

```
SELECT marke, modell, name, vorname FROM mitarbeiter INNER JOIN
dienstwagen ON mitarbeiter.id = dienstwagen.mitarbeiterID
```

Das Ergebnis dieser Abfrage ist identisch mit der vorherigen: alle Mitarbeiter mit Dienstwagen. Die Kriterien, nach denen die Tabellen zusammengefügt werden, schreibt man hinter das Keyword `ON`. Die ANSI-Syntax bietet jedoch wesentlich mehr Möglichkeiten, denn – Sie ahnen es sicher schon – es gibt mehr als nur den `INNER JOIN`:

+ Ein `INNER JOIN` führt Daten aus beiden Tabellen zusammen, wenn alle Kriterien erfüllt sind. Er findet also nur die Mitarbeiter mit Dienstwagen und ordnet sie einander zu. Inner Join ist der häufigste Fall, und Sie können statt `INNER JOIN` auch einfach nur `JOIN` schreiben.
+ `LEFT JOIN` fügt alle Ergebnisse aus der linken Tabelle hinzu und ergänzt sie um die entsprechenden Spalten aus der rechten Tabelle, sofern die Kriterien aus dem `ON`-Teil zutreffen. Er findet also alle Mitarbeiter und ordnet ihnen ihre Dienstwagen zu, sofern sie welche haben. Sollte es Dienstwagen geben, die keinem Mitarbeiter zugeordnet sind, werden sie nicht angezeigt.

+ Analog verfährt `RIGHT JOIN` in entgegengesetzter Richtung. Er findet alle Dienstwagen. Sollte es Mitarbeiter mit Dienstwagen geben, fügt er ihre Daten hinzu. Mitarbeiter ohne Dienstwagen werden nicht ausgegeben.
+ Ein `FULL OUTER JOIN` sammelt alle Datensätze aus beiden Tabellen und verbindet die Daten miteinander, sofern das `ON`-Kriterium zutrifft. Achtung: MySQL unterstützt den Full Outer Join nicht.

Abbildung 25.15 verdeutlicht die Arbeitsweisen der Joins.

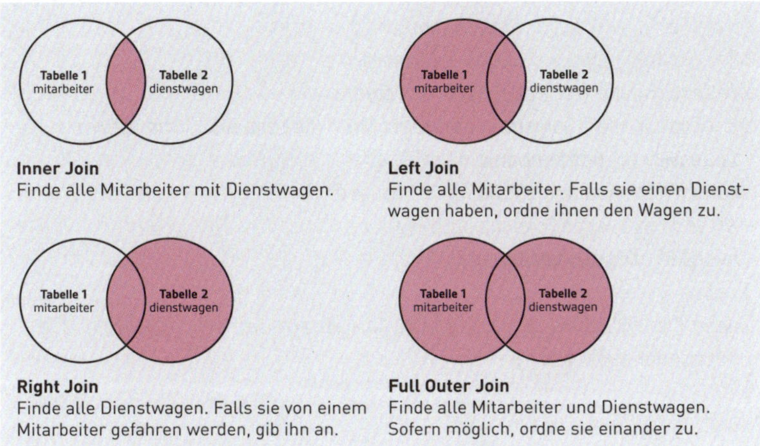

Abbildung 25.15: Inner, Left, Right und Full Outer Join

25.4 Mit PHP auf eine Datenbank zugreifen

Sehr häufig kommt es vor, dass man mit PHP oder einer anderen Programmiersprache auf eine Datenbank zugreifen möchte, um Daten auszulesen oder zu verändern. PHP kennt zwei Verfahren, um auf eine Datenbank zuzugreifen:

+ die Schnittstelle MySQL Improved Extension (MySQLi), die im weiteren Verlauf dieses Abschnitts behandelt wird
+ PHP Data Objects (PDO), die einen einheitlichen Zugriff auf alle Datenbanken bieten sollen, aber im Rahmen dieser Einführung nicht behandelt werden können – mehr Informationen zu PDO finden Sie in der PHP-Dokumentation (*http://php.net/manual/en/book.pdo.php*) sowie im MySQL-Tutorial von Nils Reimers (*www.php-einfach.de/mysql-tutorial/verbindung-aufbauen*)

Besonderheiten von Content-Management-Systemen

Content-Management-Systeme (CMS) bieten oft spezielle Funktionen an, um auf die Inhalte in der Datenbank zuzugreifen. Der Zugriff auf Datenbankeinträge ist in diesen Fällen daher oft einfacher als mit SQL-Befehlen.

Eine ältere Variante ist die MySQL-Erweiterung (z. B. `mysql_connect()`). Sie ist seit PHP 5.5 als veraltet eingestuft und wurde in PHP 7.0 entfernt. Sie sollte daher nicht mehr verwendet werden.

25.4.1 Zugriff auf eine Datenbank mithilfe von MySQLi

PHP nimmt mit der Funktion `mysqli_connect()` Verbindung zu einer MySQL-Datenbank auf. Sie benötigt dazu natürlich die notwendigen Verbindungsdaten als Parameter. Listing 25.15 zeigt ein einfaches Beispiel: Es versucht, eine Datenbankverbindung zu öffnen, und zeigt im Erfolgsfall eine Meldung an, bevor die Verbindung mit mysqli_close() wieder geschlossen wird.

Download
Sie finden das Beispiel im Ordner »Datenbanken > 1 – Datenbankzugriff mit mysqli«.

```
<?php
 // Einstellungen zur Datenbank
 /* Hier bitte die richtigen Werte eintragen */
 $ort_datenbank = 'bitte_eintragen';
 $benutzer = 'bitte_eintragen';
 $passwort = 'bitte_eintragen';
 $datenbank_name = 'bitte_eintragen';
 // Verbindung zu Datenbank aufbauen
 if ($database = mysqli_connect($ort_datenbank, $benutzer,
  $passwort, $datenbank_name)) {
  echo "Datenbankverbindung erfolgreich.";
  /* weitere Arbeitsschritte */
  mysqli_close($database);
 } else {
  echo "Verbindung konnte nicht aufgebaut werden. Stimmen die
  Verbindungsdaten?";
 }
?>
```

Listing 25.15: Datenbankverbindung mit mysqli_connect() in PHP

Dank mysqli_connect() steht nun eine Verbindung zur Datenbank, aber bisher wird mit der Datenbank noch nicht gearbeitet. Dafür dient die Funktion mysqli_query(). Sie nimmt eine Referenz auf die Datenbank sowie SQL-Befehle als Parameter entgegen:

Download
Sie finden das Beispiel im Ordner »Datenbanken > 2 – Daten eintragen«.

```
<?php
 // Aufbau der Datenbankverbindung wie beschrieben
 if ($database = mysli_connect( … ) {
  // Definieren der SQL-Befehle
  $sql = "INSERT INTO mitarbeiter (name, vorname, email) VA-
LUES
  ('Petermann', 'Hermann', 'petermann@example.com')";
  // Durchführen der Datenbankoperation
  if (mysqli_query($database, $sql)) {
   echo "Daten wurden hinzugefügt.";
  } else {
   echo "Daten konnten nicht eingetragen werden. Stimmt der
   SQL-Befehl?";
  }
} else {
  echo "Verbindung konnte nicht aufgebaut werden. Stimmen die
  Verbindungsdaten?";
 }
?>
```

Listing 25.16: Daten schreiben mit mysqli_query() in PHP

Die bisherigen Beispiele mit `mysqli_query()` sind davon ausgegangen, dass die Abfrage zwar Daten bearbeitet (z. B. Ändern von Einträgen oder Anlegen neuer Datensätze), aber keine Daten aus der Datenbank ausliest. `mysqli_query()` gibt in diesen Fällen `true` oder `false` zurück, je nachdem, ob die Ausführung erfolgreich war.

Wichtig ist, bei der Programmierung einige Sicherheitsmaßnahmen zu berücksichtigen, um sogenannten SQL-Injections vorzubeugen (siehe Kasten). SQL-Injection ist ein Angriff, bei dem ein Angreifer bösartigen SQL-Code in eine Eingabemaske einer Anwendung einschleust, um unbefugten Zugriff auf die Datenbank zu erhalten. Dies geschieht häufig durch die Manipulation von Eingabefeldern wie Formularen oder URL-Parametern, die direkt in SQL-Abfragen integriert werden. Der Angreifer kann dann Datenbankabfragen ändern, Daten lesen, ändern oder löschen und administrative Operationen durchführen. Um SQL-Injections zu verhindern, sollten Eintwicklerinnen und Entwickler Eingaben immer validieren und bereinigen und parametrisierte Abfragen oder vorbereitete Anweisungen verwenden.

SQL-Injections

Wer etwas zu den Sicherheitsmaßnahmen mit SQL-Injections erfahren möchte, findet ein Zusatzkapitel »SQL-Injections.pdf« unter *www.rheinwerk-verlag.de/5853*.

Aber natürlich kann man auch Daten aus Datenbanken auslesen, um sie in PHP verarbeiten zu können. In diesem Fall liefert `mysqli_query()` ein Objekt vom Typ `mysqli_result` zurück. Listing 25.17 zeigt ein Beispiel. Zunächst wird eine Auswahl von Daten mithilfe eines SQL-Befehls getroffen ❶. Die Ergebnisse dieser Abfrage landen in einem assoziativen Array `$results`, das wir Zeile für Zeile durcharbeiten können ❷. Das Beispiel nutzt dazu die Funktion `mysqli_fetch_assoc()` innerhalb einer `while`-Schleife.

Download

Sie finden das Beispiel im Ordner »Datenbanken > 5 – mysqli_result«.

```
<?php
 // Einstellungen zur Datenbank
 /* Hier bitte die richtigen Werte eintragen */
 $ort_datenbank = bitte_eintragen;
 $benutzer = bitte_eintragen;
 $passwort = ' bitte_eintragen ';
 $datenbank_name = 'personal_verwaltung';
 // Verbindung zu Datenbank aufbauen
 if ($database = mysqli_connect($ort_datenbank, $benutzer,
$passwort, $datenbank_name)) {
  // ❶ SQL-Query definieren
  $sql = "SELECT * FROM mitarbeiter";
  // ❷ Ergebnisse Zeile für Zeile durchgehen
  if ($results = mysqli_query($database, $sql)) {
   echo '<ul>';
   while ($result = mysqli_fetch_assoc($results)) {
    echo '<li>' . htmlspecialchars($result['vorname']) . ' ' .
htmlspecialchars($result['name']) . '</li>';
   }
   echo '</ul>';
```

```
    }
    mysqli_close($database);
  } else {
    echo "Verbindung konnte nicht aufgebaut werden. Stimmen die
Verbindungsdaten?";
  }
```

Listing 25.17: Ergebnisse von `mysqli`-Abfragen ausgeben

25.5 Datenaustauschformate JSON und XML

Datenbanken sind nur eine Möglichkeit, Daten vorzuhalten. Eine andere sind Datenaustauschformate. Zwei dieser Formate sind in der Praxis sehr wichtig: JSON und XML.

In der Mediengestaltung werden Sie häufiger auf diese beiden Datenaustauschformate stoßen. Beides sind Datenserialisierungsformate für einen standardisierten Datenaustausch zwischen verschiedenen Anwendungen, Plattformen oder Systemen. Für den Austausch konvertiert man z.B. die Daten in einer Anwendung in XML oder JSON, überträgt diese im XML- oder JSON-Format in einem Netzwerk oder zu einer anderen Anwendung, wo sie dann entsprechend der Anwendung wieder in das passende Format konvertiert und verwendet werden können. Beide Austauschformate organisieren also komplexe Daten in einer lesbaren Form, wofür verschiedene APIs (Application Programming Interfaces) und Programmiersprachen wie JavaScript, Python oder Ruby für die Verarbeitung verwendet werden können.

25.5.1 Die Datendarstellung von JSON und XML

JSON (ausgesprochen wie der Name »Jason«) ist eine neuere Technologie als XML und steht für JavaScript Object Notation. JSON verwendet Schlüssel-Werte-Paare für die Darstellung von Daten. Der Schlüssel ist dabei eine Zeichenfolge, die das Paar identifiziert. Der Wert enthält die Information, die Sie dem Schlüssel geben.

XML ist die schon etwas ältere Technologie und stellt die Daten in einer Baumstruktur dar, die weitere Informationsebenen enthält. Der Baum beginnt dabei mit einem übergeordneten Element, bevor dieser Informationen über untergeordnete Elemente enthält. Dies ist ein wenig komplexer als bei JSON, lässt aber auch komplexere Datendarstellungen zu.

In der folgenden Tabelle 25.7 finden Sie ein einfaches Beispiel, in dem die Daten von zwei Benutzern einer Anwendung gespeichert werden, und zwar einmal im JSON- und einmal im XML-Format.

Das Beispiel zeigt sehr schön, dass die in JSON verwendete Syntax als Schlüssel-Wert-Paare kompakter und einfacher zu schreiben und zu lesen ist. Hiermit lassen sich die Datenobjekte wesentlich einfacher definieren.

XML

Die Abkürzung XML steht für Extensible Markup Language. Die Sprache ähnelt HTML, ist aber wesentlich strenger und sehr viel flexibler.

Endung

JSON-Dateien haben gewöhnlich die Endung ».json« und XML-Dateien die Endung ».xml«.

JSON-Format	XML-Format
{"benutzer":[{"name":"John", "email":"john@doe.de" }, {"name":"Hans", "email":"hans@glueck.de" },]}	<?xml version="1.0" encoding="UTF-8" ?> <benutzer> <person> <name>John</name> <email>john@doe.de</email> </person> <person> <name>Hans</name> <email>hans@glueck.de</email> </person> </benutzer>

Tabelle 25.7: Gleichwertige Datendarstellung im Vergleich: links im JSON-Format und rechts im XML-Format

XML hingegen ist ausführlicher und komplexer und speichert die Daten in einer Baumstruktur ähnlich wie HTML. Ganz am Anfang eines XML-Dokuments steht die XML- oder Kopfdeklaration. Darin wird die verwendete Version von XML genannt und optional der Zeichensatz (meist UTF-8). Bestimmte Zeichen müssen durch Entitätsverweise ersetzt werden. Für das Zeichen < verwenden Sie mit XML beispielsweise `<`. Zudem müssen Sie bei XML immer auch End-Tags einsetzen, womit es deutlich länger wird als bei JSON. Des Weiteren können Tags zusätzlich auch noch Attribute für weitere Informationen enthalten (`<element attribut="wert">`).

Kritik an der Strenge von XML
Die Strenge von XML ist von vielen Entwicklern und Entwicklerinnen kritisiert worden, denn schon kleine Fehler können eine XML-Schnittstelle unbenutzbar machen.

25.5.2 Schemadokumentation

Eine Schemadokumentation ist eine Beschreibung der Struktur und der Regeln, die für ein Dokument gelten. Die Schemadokumentation dient dazu, Entwicklern und Benutzern zu erklären, wie das Dokument strukturiert sein sollte, um gültig zu sein, und stellt eine Referenz für die Verarbeitung und Validierung von Daten dar. Bei XML gibt es zwei Arten von Schemadokumentationen:

+ **Document Type Definition (DTD):** Eine ältere Methode zur Definition der Struktur und des Inhalts eines XML-Dokuments. Eine DTD verwendet eine spezielle Syntax zur Definition von Elementen, Attributen und Entitäten.
+ **XML Schema Definition (XSD):** Eine modernere und flexiblere Methode zur Definition von XML-Strukturen. XSDs sind XML-basierte Dokumente, die detaillierte Regeln für die Struktur, Datentypen und Beziehungen innerhalb eines XML-Dokuments definieren.

DTD-Tutorial
Wenn Sie beim Thema DTD weiter in die Tiefe gehen möchten, finden Sie eine sehr gute Einführung mit vielen Beispielen bei den *w3schools* unter *www.w3schools.com/xml/xml_dtd_intro.asp*.

Im Gegensatz zu XML verfügt JSON nicht über integrierte Schemadefinitionen wie DTD oder XSD als Standard. Das bedeutet, dass JSON keine eingebaute Möglichkeit zur Beschreibung oder Validierung der Struktur und der Datentypen von JSON-Daten bietet. Allerdings gibt es verschiedene Ansätze und Standards, um JSON-Schemadefinitionen zu erstellen. Die beiden prominentesten Möglichkeiten, um Schemadokumentationen für JSON zu erstellen und zu verwenden, sind:

+ **JSON Schema:** JSON Schema ist ein separates JSON-Dokument, das Regeln und Beschreibungen für die Struktur, Validierung und Dokumentation von JSON-Daten bereitstellt. Es ermöglicht z.B. die Definition von erforderlichen und optionalen Feldern, Datentypen, Mustern oder Mindest- und Höchstwerten.
+ **JSON-LD:** JSON-LD (JSON Linked Data) ist eine Möglichkeit, strukturierte Daten im JSON-Format zu beschreiben, wobei besonderes Augenmerk auf die Verknüpfung von Daten gelegt wird. Es ermöglicht die Einbindung von Kontextinformationen, um die Bedeutung von Daten zu erläutern und Beziehungen zwischen ihnen herzustellen.

25.5.3 Daten analysieren und parsen

Um Daten von JSON- oder XML-Dateien für eine Anwendung aufzubereiten und in einer bestimmten Form zur Verfügung zu stellen, müssen Sie diese analysieren und parsen (= überprüfen).

Um die JSON-Daten zu parsen, können Sie in der Regel leicht zugängliche JavaScript-Funktionen (z.B. `JSON.parse()`) verwenden. Aber auch mit PHP, Python oder Ajax hält sich der Aufwand in Grenzen.

Bei XML müssen Sie die Datei mit einem XML-Parser parsen. Im Allgemeinen kann zwischen XML-Parsern, die den Quelltext validieren, und solchen, die dies nicht tun, unterschieden werden. Validierende Parser erwarten für alle XML-Daten eine DTD (Document Type Definition) und prüfen den gesamten Inhalt der XML-Daten gegen die zugehörige DTD. Da XML sehr streng ist, bricht der Parser die Verarbeitung ab, wenn die Überprüfung einen Fehler ergibt. Hierbei haben Sie die Möglichkeit, entweder selbst einen XML-Parser zu schreiben oder einen vorhandenen Parser zu verwenden.

Sicherheit
Bei der Verwendung von XML ist die DTD-Validierung und die externe Entitätserweiterung standardmäßig aktiviert, was die Strukturen anfällig für einige Angriffe von XXE (XML External Entity Injection) macht. Die Deaktivierung dieser Funktionen macht die XML-Strukturen sicherer. JSON-Parsing ist in der Regel immer sicherer als XML. Aber auch hier besteht eine Sicherheitslücke, wenn JSONP (JSON with Padding) verwendet wird, da dies zu einem CSRF-Angriff (Cross-Site Request Forgery) führen kann.

25.5.4 JSON vs. XML: Vor- und Nachteile

Einer der wichtigsten Vorteile der Verwendung von JSON ist, dass die Dateigröße kleiner ist und die Daten somit schneller übertragen werden können als mit XML. Da JSON kompakt und sehr leicht zu lesen ist, sehen die Dateien außerdem sauberer und übersichtlicher aus. Die Einfachheit der Struktur und die minimale Syntax machen JSON für den Menschen leichter lesbar und nutzbar. Im Gegensatz dazu wird XML oft für seine Komplexität und seinen veralteten Standard charakterisiert, da die Tag-Struktur die Dateien größer und schwieriger zu lesen macht.

JSON wird oft fälschlicherweise als Ersatz für XML angesehen, aber obwohl JSON eine gute Wahl für einfache Datenübertragungen ist, führt es keine Verarbeitung oder Berechnung durch. XML mag zwar »alt« und komplex sein, aber gerade seine Komplexität ermöglicht es dieser Sprache, nicht nur Daten zu übertragen, sondern auch Objekte und Dokumente zu verarbeiten und zu formatieren. So ist XML z.B. auch flexibler mit Datentypen. JSON ist begrenzt auf Zeichenketten, Zahlen, Objekte und boolesche Arrays. XML ist hier umfassender und kann zusätzlich auch komplexe Datentypen wie Binärdaten oder Zeitstempel verwenden.

Wenn Sie also viele unterschiedliche Datentypen mit vielen Variablen verwenden wollen, ist XML die bessere Wahl, weil XML auch komplexe Daten besser als JSON auf Fehler prüft.

JSON hingegen wurde rein für den Datenaustausch konzipiert und ist daher das einfachere und übersichtlichere Format, das auch mit einer schnelleren Datenübertragung punktet.

Praxisanwendung

In der Praxis wird JSON im Allgemeinen für APIs, mobile Anwendungen und die Datenspeicherung verwendet, während XML für komplexere Dokumentstrukturen eingesetzt wird.

25.5.5 Praxisbeispiel: JSON-Daten mit PHP auslesen

Schauen wir uns zunächst ein sehr einfaches Praxisbeispiel an. Wir sollen eine Produktseite entwickeln, die das aktuelle Sortiment eines Kleidungsladens anzeigt. Es gibt jedoch keine Datenbank – die Daten liegen in einer JSON-Datei »daten.json« auf dem Server. Die Produktkategorien enthalten ein JSON-Array, in dem sich wiederum JSON-Objekte für jedes Produkt befinden. Innerhalb dieser Objekte liegen einige Name-Wert-Paare:

Download

Sie finden das Beispiel im Ordner »JSON > 2 – Praxisbeispiel JSON mit PHP«.

```
{
 "Hemden" : [
  {
   "title": "Slim Fit",
   "brand": "Clark McKent",
   "hex": "6DB645",
   "material": "Leinen",
   "price": "59,95"
  },
  ...
 ],
...
}
```

Listing 25.18: Beispieldaten aus »daten.json«

In der Datei »index.php« gibt es einen PHP-Codeblock, der zunächst den Inhalt der JSON-Datei über den Befehl `file_get_contents()` in eine Variable lädt ❶. Im nächsten Schritt ❷ muss der JSON-String dekodiert und in ein assoziatives Array umgewandelt werden, mit dem das Programm weiterarbeiten kann. Dazu nutzt es die Funktion `json_decode()`, die als ersten Parameter den JSON-String übergeben bekommt. Der Parameter `true` an der zweiten Stelle legt fest, dass aus den JSON-Daten ein assoziatives Array erzeugt werden soll – ohne diesen Parameter werden PHP-Objekte erzeugt (vgl. Abschnitt 24.2.8 über objektorientiertes Programmieren in PHP). Anschließend wird das erzeugte Array in zwei Schleifen durchlaufen ❸. Für jede Produktkategorie und jedes Produkt wird dabei HTML-Code erzeugt, der auf dem Bildschirm angezeigt wird.

```
// ❶ JSON-Daten laden
$json = file_get_contents('daten.json');

// ❷ JSON-Daten dekodieren und in assoziatives Array umwandeln
$sortiment = json_decode($json, true);

// ❸ Loop durch das Array
foreach($sortiment as $kategorie => $produkte) {
 echo '<h2>' . $kategorie . '</h2>';
 echo '<section class="products">';
 foreach($produkte as $produkt) {
  echo '<article>';
  echo '<h3>' . $produkt['title'] . '</h3>';
  echo '<p><strong>Marke: </strong>' . $produkt['brand'] . '</
p>';
  echo '<p><strong>Material: </strong>' . $produkt['material'] .
'</p>';
  echo '<p><strong>Farbe: </strong><span class="colour"
style="background-color: #' . $produkt['hex'] . ';"></span></
p>';
  echo '<p><strong>Preis: </strong>' . $produkt['price'] . '</
p>';
  echo '</article>';
 }
 echo '</section>';
}
```

Listing 25.19: JSON in PHP auslesen

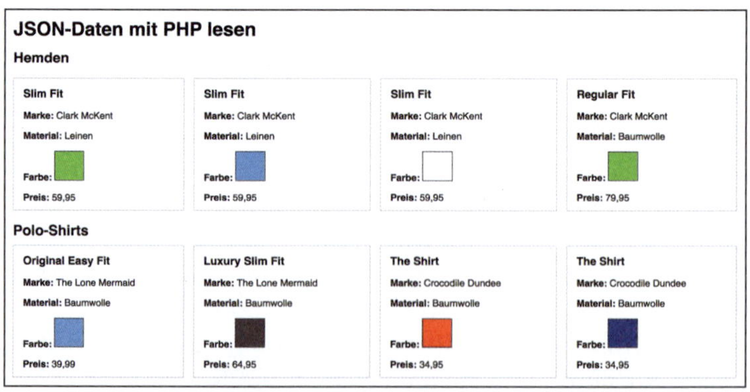

Abbildung 25.16: Anzeige von Produktdaten mithilfe von PHP und einer JSON-Datei

25.5.6 Praxisbeispiel: JSON-Daten mit Ajax laden

Download
Sie finden das Beispiel im Ordner »JSON > 3 – Praxisbeispiel JSON mit Ajax«.

JSON-Daten können natürlich auch mithilfe von JavaScript bzw. Ajax geladen werden (vgl. Abschnitt 23.4 »Ajax«). In diesem Praxisbeispiel greifen wir wieder auf die JSON-Daten aus dem letzten Abschnitt zurück, laden sie jedoch mithilfe von JavaScript. Listing 25.20 zeigt das entsprechende Skript. Es ist eine Immediately Invoked Function Expression (IIFE, vgl. Abschnitt 23.3.4) – sie wird also definiert und direkt im Anschluss aufgerufen.

Zunächst wird das `main`-Element unseres HTML-Dokuments ausgewählt und in einer Variablen gespeichert ❶. Wir nutzen diese Variable später, um die Inhalte einzufügen. Anschließend müssen wir eine Verbindung zu unseren JSON-Daten aufbauen und erzeugen dazu eine Anforderung mithilfe von `XMLHttpRequest()` ❷.

Wir möchten eine Funktion ausführen (`request.onload = function(){…}`), die es nun zu definieren gilt.

Ajax arbeitet nach dem Client-Server-Prinzip: Das JavaScript wird auf Seiten des Clients ausgeführt, ruft dann jedoch Daten von einem Server ab. Es könnte also passieren, dass der Server nicht antwortet (z.B. weil er offline oder überlastet ist) oder die Daten nicht geliefert werden können (z.B. weil sie gelöscht wurden oder die Schnittstelle nicht mehr funktioniert). Zum Glück sendet der Server jedoch eine Antwort mit einem im HTTP-Protokoll definierten Statuscode (vgl. Abschnitt 20.5.1). Unser Skript prüft diesen HTTP-Statuscode unter ❸ und fährt nur fort, wenn die Antwort in Ordnung ist (Statuscode 200).

An dieser Stelle können wir uns also sicher sein, dass die Daten schon einmal da sind, aber sie sind noch nicht in einer Form, die wir verarbeiten können. JSON-Daten werden nämlich als eine lange Zeichenkette übertragen – Sie können dies prüfen, indem Sie die Antwort einfach mal in die JavaScript-Konsole schreiben lassen (`console.log(request.responseText)`). Um mit ihnen arbeiten zu können, müssen sie in ein JavaScript-Objekt umgewandelt werden. JavaScript hält ein globales Objekt `JSON` bereit, mit dessen `parse()`-Methode diese Umwandlung vorgenommen werden kann ❹.

Damit liegen die Daten nun in einem Format vor, mit dem das Skript arbeiten kann. Die Kategorien sind als Schlüssel angelegt, denen Produkte innerhalb von Arrays zugeordnet sind. Innerhalb einer `for…in`-Schleife ❺ (vgl. Abschnitt 23.3.5, »Schleifen mit for«) möchten wir nun jede Überschrift darstellen ❻. Dabei erzeugen wir, wie in Abschnitt 23.3.6, »DOM Script«, beschrieben, zunächst die notwendigen HTML-Elemente (`createElement()`) und Texte (`createTextNode()`). Danach fügen wir den Text zum HTML-Element hinzu und hängen alles an unser `main`-Objekt an (`appendChild()`). Im Anschluss erzeugen wir in analoger Vorgehensweise eine `section` ❼, die unsere Produkte enthalten soll.

Anschließend können wir darangehen, die einzelnen Produkte anzulegen. Wir erzeugen dazu eine Schleife ❽, die das gesamte JSON-Array des aktuellen Schlüssels durchläuft. Wir entscheiden uns hier für eine `for…of`-Schleife. Für jeden Treffer erzeugen wir einen `article` ❾, an den wir den Titel des Produkts als Überschrift anfügen ❿. Im Originalskript folgen zahlreiche weitere Daten zu anderen Produkteigenschaften – aus Platzgründen können sie hier nicht alle aufgeführt

XMLHTTPRequest?

Der Begriff weist bereits darauf hin, dass man historisch davon ausging, dass es sich bei den Daten um XML handeln dürfte – technisch ist das jedoch nicht notwendig, und mittlerweile wird JSON sehr häufig verwendet.

Lokale Daten laden

Das Beispiel ist an dieser Stelle recht konstruiert, denn es wird, wie später zu sehen, eine lokale JSON-Datei laden. Insofern liegt es also in unserer Hand, ob die Daten vorliegen und in Ordnung sind. Wir haben uns dennoch entschieden, den Test auszuführen, da ein »richtiges« Skript mit Daten von einem Server nicht auf ihn verzichten sollte.

werden. Das Vorgehen ist allerdings jeweils analog wie zuvor erläutert. Nachdem alle diese Inhalte erschaffen worden sind, kann der Artikel in unsere Produktsektion eingefügt werden ⑪.

Damit haben wir definiert, was unser Skript tun soll – wir haben ihm allerdings weder mitgeteilt, woher es die Daten bekommt, noch haben wir es überhaupt gestartet. Das ändern wir nun, indem wir die Methode `open()` auf unserem `XMLHttpRequest`-Objekt aufrufen ⑫. Wir geben ihr drei Parameter mit: zunächst die gewünschte Methode (`GET`), danach eine URL, an die sie die Anfrage schicken soll (in unserem Fall eine lokale Datei »daten.json«), sowie einen booleschen Wert, der bestimmt, ob die Anfrage asynchron ausgeführt werden soll. Falls notwendig, erlaubt `open()` auch die Angabe eines Benutzernamens sowie eines Passworts – wir benötigen dies jedoch an dieser Stelle nicht, denn unser JSON liegt ungeschützt auf dem Server.

Nun fehlt noch der letzte Schritt: die Anfrage starten. Wir nutzen dazu die Methode `send()` auf unserem Request-Objekt ⑬. In der Klammer könnten wir optional die Daten angeben, die gesendet werden sollen. In diesem Fall benötigen wir das jedoch nicht und geben keinen Parameter an.

```
(function() {
 // ❶ main-Element auswählen
 var main = document.getElementById("main");
 // ❷ Anforderung aufbauen
 var request = new XMLHttpRequest();
 request.onload = function() {
  // ❸ Status der Antwort prüfen
  if (request.status === 200) {
   // ❹ JSON verarbeiten
   var response = JSON.parse(request.responseText);
   // ❺ Schleife für jede Produktkategorie
   for (key in response) {
    // ❻ Schlüssel in Überschrift darstellen
    var categoryHeading = document.createElement('h2');
    var categoryText = document.createTextNode(key);
    categoryHeading.appendChild(categoryText);
    main.appendChild(categoryHeading);
   // ❼ Sektion für Produktkategorie erzeugen
    var categorySection = document.createElement('section');
    categorySection.classList.add('products');
    main.appendChild(categorySection);
    // ❽ durch Produktkategorie hindurchgehen
    for (var product of response[key]) {
     // ❾ Artikel anlegen
     var article = document.createElement('article');
     // ❿ Überschrift des Produkts erschaffen
```

```
        var productHeading = document.createElement('h3');
        var headingText = document.createTextNode(product["title"]);
        productHeading.appendChild(headingText);
        article.appendChild(productHeading);
        // … weiterer HTML-Code für andere Eigenschaften
        // ⓫ Artikel in Sektion einfügen
        categorySection.appendChild(article);
      }
    }
  }
};
// ⓬ Daten öffnen
request.open('get', 'daten.json', true);
// ⓭ Request ausführen
request.send();
}());
```

Listing 25.20: JavaScript zum Laden von JSON-Daten mithilfe von Ajax

25.5.7 Same-Origin Policy

Im vorherigen Abschnitt wurden JSON-Daten über Ajax geladen, allerdings aus einer lokalen Datei. Ändern wir also einmal den URL-Pfad und laden die Daten von einer externen URL:

```
request.open('get', 'https://rohles.net/mediengestalter/daten.
json, true);
```

Listing 25.21: Anpassen der URL auf einen externen Pfad

Wenn Sie dieses Beispiel in einem Browser öffnen, sehen Sie nichts außer einer Fehlermeldung in Ihrer JavaScript-Konsole – und das, obwohl die Datei wirklich auf dem Server liegt (probieren Sie es gerne, indem Sie die URL direkt eintippen). Der Grund dafür ist eine Sicherheitsmaßnahme namens Same-Origin Policy (»Richtlinie zur gleichen Herkunft«): Clientseitige Skriptsprachen dürfen nur auf Ressourcen zugreifen, die die gleiche Herkunft haben. Als »gleiche Herkunft« gilt, wenn Protokoll (z.B. HTTPS), Domain und Port identisch sind. Das Beispiel würde also problemlos funktionieren, wenn ich alle Dateien auf meinen Server laden würde und Sie von dort darauf zugreifen. Versuchen Sie jedoch, von einer anderen Website oder Ihrem lokalen Rechner auf die JSON-Datei auf meinem Server zuzugreifen, funktioniert es nicht.

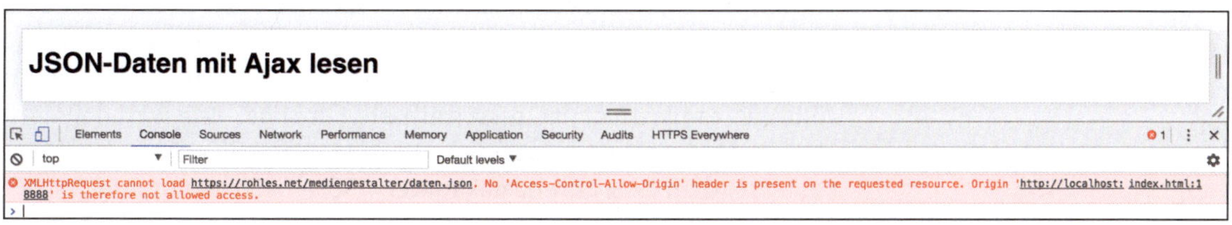

Abbildung 25.17: Fehlermeldung in der JavaScript-Konsole

Die Same-Origin Policy unterbindet aus Sicherheitsgründen den Zugriff von clientseitigen Skriptsprachen auf Ressourcen von anderer Herkunft. Es gibt verschiedene Möglichkeiten, diese Beschränkungen zu vermeiden:

+ **Cross-Origin Resource Sharing (CORS):** Cross-Origin Resource Sharing (CORS, »Teilen von Ressourcen über verschiedene Ursprünge hinweg«) ist ein W3C-Standard, der das HTTP-Protokoll erweitert. Dabei werden zusätzliche HTTP-Header gesetzt, die den externen Zugriff erlauben. CORS wird von allen modernen Browsern unterstützt. Weitere Informationen zu diesem Thema liefert ein sehr guter Artikel im Mozilla Developer Network unter *https://developer.mozilla.org/en-US/docs/Web/HTTP/CORS*.
+ **Proxy:** Alternativ kann ein sogenannter Proxy auf dem eigenen Server angelegt werden. Ein Proxy nutzt eine serverseitige Programmiersprache wie PHP, um die Daten von einem externen Server abzurufen. Danach kann er sie über eine Schnittstelle wieder bereitstellen, so dass die eigenen Skripte darauf zugreifen können.
+ **JSONP:** Bei der Variante JSONP (JSON with Padding) gibt der Server die JSON-Daten nicht in Form einer Zeichenkette wie bei JSON zurück. Stattdessen werden die JSON-Daten in eine Funktion eingehüllt, das sogenannte Padding (»Beiwerk«). Der Client empfängt also keine JSON-Rohdaten, sondern normales JavaScript, das er ausführen kann, und erhält mithilfe der Funktion Zugriff auf die JSON-Daten.

Tipp: crossorigin.me
Die Seite *http://crossorigin.me* ist ein CORS-Proxy, mit dessen Hilfe man zu Entwicklungszwecken auf externe Ressourcen zugreifen kann. In einer Live-Umgebung sollte der Service nicht eingesetzt werden.

JSONP am Beispiel

Es entspricht dem Beispiel aus dem letzten Abschnitt, lädt die Daten jedoch mithilfe von JSONP. Auf der HTML-Seite werden nun zwei Skripte eingebunden: zum einen das lokale »skript.js«, mit dem die Daten verarbeitet und auf der Seite angezeigt werden. Zum anderen gibt es einen Verweis auf eine Datei auf einem externen Server, die wir uns später anschauen.

Download
Schauen wir uns JSONP in einem einfachen Praxisbeispiel an. Sie finden das Beispiel im Ordner »JSON > 4 – Praxisbeispiel JSONP mit Ajax«.

```
  <script type="text/javascript" src="script.js"></script>
  <script type="text/javascript" src="https://rohles.net/
  mediengestalter/jsonp.php?callback=showProducts"></script>
 </body>
</html>
```

Listing 25.22: Zwei Skripte im HTML

Werfen wir zunächst einen Blick auf das lokale Skript. Dort ist eine Funktion `showProducts()` definiert, die einen Parameter namens `data` entgegennimmt. Anders als im vorherigen Beispiel aus Abschnitt 25.5.6 ist es diesmal eine ganz normale Funktion – sie wird definiert, aber (noch) nirgends aufgerufen. Der Codeblock innerhalb der Funktion entspricht dem bereits bekannten JSON-Beispiel aus dem letzten Abschnitt, so dass er hier nicht wiederholt wird.

```
function showProducts(data) { … }
```

Listing 25.23: Lokales Skript zur Anzeige von Daten

Wo aber kommen die Daten her? Von unserem Server aus Skript Nr. 2, das gleichzeitig die Funktion `showProducts()` aus Skript Nr. 1 aufruft. Das serverseitige Skript »jsonp.php« bekommt dazu den Namen einer Funktion als Parameter übermittelt (z.B. `http://example.com/getData?callback=meineFunktion`). Es prüft zunächst unter ❶ im folgenden Listing, ob dieser Parameter richtig gesetzt ist, und speichert den Namen der Funktion in einer Variablen. In unserem Beispiel soll die Funktion `showProducts()` heißen, wie es im `src`-Attribut des zweiten `script`-Elements definiert wurde (siehe Listing 25.22).

In den meisten Fällen würde ein »echtes« Skript die gesuchten Daten erzeugen – beispielsweise durch einen Abruf aus einer Datenbank oder eine Funktion. Aus Gründen der Einfachheit sind die Beispieldaten hier jedoch fest in die Datei hineingeschrieben.

An diesem Punkt hat das Server-Skript den Namen der Callback-Funktion entgegengenommen und die erforderlichen Daten zusammengestellt. Wichtig ist ein weiterer Schritt: Bei JSONP handelt es sich wie erläutert um gewöhnliches JavaScript. Das Programm setzt den Header der erzeugten Antwort daher zunächst auf JavaScript ❷ und schreibt den Funktionsnamen `showProducts()` mit Daten hinein ❸. Dieser Funktionsname kommt aus dem Callback-Parameter, den wir dem Skriptaufruf in Listing 25.22 mitgegeben haben. Und weil wir dem Browser gerade mitgeteilt haben, dass die Antwort unseres Servers JavaScript ist, führt er den Funktionsaufruf auch aus – die Funktion `showProducts()` kommt aus unserem lokalen Skript, der Aufruf und die übergebenen Daten hingegen vom Server.

```
<?php
 // ❶ Prüfen auf Vorhandensein des Callback-Parameters
 if (isset($_GET['callback']) && !empty($_GET['callback'])) {
  $callback = $_GET['callback'];
  $daten = '{
   "Hemden" : [
    {
     "title": "Slim Fit",
     "brand": "Clark McKent",
     "hex": "6DB645",
     "material": "Leinen",
     "price": "59,95"
    }, …
   ], …
  }';
  // ❷ Header auf JavaScript setzen
  header("Content-Type: application/javascript");
```

```
  // ❸ Funktion zurückgeben
  echo $callback."(".$daten.")";
}
```

Listing 25.24: Auszug aus »jsonp.php«

Es ist wichtig zu verstehen, dass JSONP ein Sicherheitsrisiko in sich trägt. Es wird externes JavaScript in eine Seite eingebunden, das theoretisch auch bösartigen Code enthalten könnte. Ein Angreifer könnte den Server infiltrieren, von dem wir die Daten ziehen möchten, und dort bösartige Funktionen in die Antwort schreiben. JSONP sollte daher nur bei vertrauenswürdigen Seiten eingesetzt werden. Es ist davon auszugehen, dass sich CORS auf längere Sicht durchsetzen wird.

Teil V

Digitale Medienprodukte konzipieren, gestalten und realisieren

Kapitel 26

Digitale Medienprodukte konzipieren

Themen des Kapitels:

- *Ideengenerierung*
- *Kreativtechniken*
- *Planung*
- *Designprozess*
- *Wireframes*
- *Mockups*
- *Prototyp*

Der Weg von der Idee eines digitalen Produkts – wie einer Website oder einer App – bis zur Markteinführung ist ein umfassender Prozess mit mehreren Phasen. Auf den folgenden Seiten erfahren Sie, wie Sie ein digitales Medienprodukt mit branchenspezifischer Software und Präsentationsformaten planen und gestalten können.

26.1 Konzeption und Ideengenerierung

Die Idee für das digitale Produkt werden Sie häufig von einem Kunden oder einer Kundin, einem Stakeholder oder Product Owner erhalten. In enger Abstimmung mit ihm werden Sie den Prozess der Website- oder App-Erstellung bzw. -Überarbeitung durchlaufen, ausgehend vom initialen Briefing (siehe Abschnitt 8.2.1) über die Recherchephase und Projektplanung sowie das Prototyping bis hin zur Entwicklung, Testphase und Übergabe. In diesem Kapitel soll es um die ersten Schritte in diesem Prozess gehen. Den klassischen Ablauf der Websitekonzeption sehen Sie in der folgenden Abbildung.

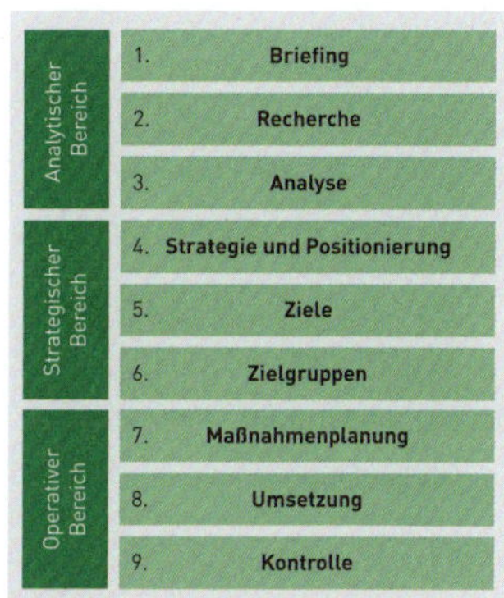

Abbildung 26.1: Der Ablauf einer klassischen Websitekonzeption

26.1.1 Recherche- und Analysephase

Ihr Kunde bzw. Ihre Kundin wird in vielen Fällen den Bedarf der Neugestaltung/Überarbeitung eines digitalen Medienprodukts festgestellt haben, aber genaue Ziele und Mittel dazu sind oft noch nicht formuliert. Daher gehört zu den Aufgaben in der Mediengestaltung immer auch die strategische Beratung der beauftragenden Unternehmen.

Sie beginnen daher die Arbeit mit einer umfassenden Analyse- und Recherchephase, die die Grundlage für alle weiteren Entscheidungen im Projekt bildet. Dabei müssen Sie verschiedene Punkte abarbeiten. Konkret wären dies:

1. **Recherche bezüglich Unternehmen/Kunde:** Sammeln Sie Ideen zum Thema und zum beauftragenden Unternehmen aus verschiedenen Quellen. Auch Marktanalysen, Kundenfeedback, Interviews mit Nutzern und Nutzerinnen und interne Diskussionen enthalten oftmals nützliche Informationen über das Unternehmen und Anhaltspunkte, wohin die Reise gehen soll. Wichtig ist an diesem Punkt auch, dass Sie keine Annahmen machen, sondern selbst auch absolut firm bei dem Thema sind oder werden.
2. **Marktforschung:** Hierbei untersuchen Sie die Marktbedürfnisse und erstellen Wettbewerbsanalysen. Bei einer Website oder einer App betreiben Sie beispielsweise eine visuelle Recherche und betrachten thematisch ähnliche digitale Produkte. Hier legen Sie das Augenmerk darauf, welche Aspekte der Website bei der Konkurrenz hervorgehoben werden und wie und wie umfangreich die Inhalte präsentiert werden. Weitere Fragen können sein: Wie spricht das Produkt seine Zielgruppe an (formell, persönlich) und wie ist die Positionierung des Produkts gegenüber den anderen Wettbewerbern? Betrachten Sie dabei immer die Stärken und Schwächen der Konkurrenz. Bei der Marktanalyse kann besonders die SWOT-Analyse mit einer Bewertung der eigenen Schwächen, Stärken, Chancen und Risiken im Vergleich helfen. Mehr dazu in Abschnitt 35.4.
3. **Zielgruppenanalyse:** Ein enorm wichtiger Aspekt bei der Ausarbeitung der Idee ist es, die Zielgruppe zu kennen. Wenn Sie z. B. ein digitales Produkt wie eine Website oder eine App für eine Musikfirma erstellen müssen, dann müssen Sie auch ästhetische Entscheidungen treffen, und nicht jedem wird das Design gefallen. Das ist nicht weiter schlimm, weil ein gutes Design nicht bedeutet, dass es möglichst vielen Menschen gefallen muss – es soll nur den richtigen Personen gefallen, also der Zielgruppe. Ein großer Fehler ist es, wenn die Zielgruppe »alle« lauten soll. Das wird niemals der Fall sein. Wenn Sie die Zielgruppe kennen, können Sie auch deren bevorzugte Designsprache und Designstile recherchieren. Bei der Zielgruppenanalyse helfen Umfragen, Interviews und Personas. Mehr zur Zielgruppenanalyse finden Sie auch in Abschnitt 8.2.4.
4. **Zielformulierung:** An dieser Stelle können Sie das grundlegende Konzept der Zielgruppe und der Hauptfunktion des digitalen Produkts formulieren. Hierbei geht es oftmals auch darum, die Schnittstelle (UX) zwischen Nutzer/Nutzerin sowie dem Unternehmen (bzw. dem Auftraggebenden) des digitalen Produkts zu finden. Im besten Fall entsteht dabei ein Kreislauf, in dem sich positive Nutzererlebnisse und positive Geschäftsentwicklung gegenseitig verstärken. Da sich die Zielformulierung aus den Bedürfnissen der Nutzenden

Links zu Marktforschung:

Eine umfangreiche Datenbank mit Statistiken zu verschiedenen Branchen und Märkten bietet *de.statista.com*. Forschung und Daten zu sozialen Trends, Medien und Technologie finden Sie unter *www.pewresearch.org*.

Stakeholder-Interviews

Führen Sie Gespräche mit wichtigen Stakeholdern (z.B. Kunden und Kundinnen, internen Teams), um verschiedene Perspektiven zu erhalten.

Wichtig bei der Zielgruppenanalyse

Zur Erinnerung: Beachten Sie bei der Zielgruppenanalyse folgendes:

+ Demografische Daten wie Alter, Geschlecht, Einkommen, Bildungsstand
+ Psychografische Daten wie Interessen, Werte, Lebensstil
+ Verhaltensdaten wie Online-Verhalten, Kaufverhalten, Mediennutzung

und den Zielen des Unternehmens ableitet, ist es hilfreich, bei der Zielformulierung auch zwischen wichtigen und unwichtigen Zielen zu differenzieren. Bei der Zieldefinition helfen oft auch Workshops mit den Auftraggebern und Auftraggeberinnen und die Methode der SMART-Ziele: Ziele sollten spezifisch, messbar, erreichbar, relevant und zeitgebunden sein. Wir erklären die Methode in Abschnitt 38.5.

Kreativtechniken

Um Ideen und Anregungen für die Gestaltung zu finden, gibt es die verschiedensten Techniken. Klassischerweise immer wieder angewendet auf der Suche nach der richtigen Idee für Ihr digitales Medienprodukt wird die wohl bekannteste Kreativtechnik: das Brainstorming. Hiermit werden Sie schnell viele Ideen entwickeln. Vorteil: Diese Methode funktioniert auch im Team sehr gut. Beim Brainstorming sind alle Ideen gleichberechtigt, und es sollte noch nicht bewertet werden. Es sind also auch ungewöhnliche oder unrealistische Ziele erwünscht. Brainstorming kann z. B. mit Haftzetteln gemacht werden, die man sichtbar auf eine Wand oder Tafel klebt (auch als Brainwriting bezeichnet). Die Methode der Mindmaps lässt sich optimal mit Brainstorming kombinieren, weil Sie hiermit auch gleich mögliche Assoziationen mit Querpfeilen veranschaulichen können. Der Vorteil von Mindmaps ist, dass sie dabei helfen, komplexe Informationen zu strukturieren und die Beziehungen zwischen den Ideen zu erkennen.

Abbildung 26.2: Ein einfaches Mindmap während des Brainstormings für eine Musik-App

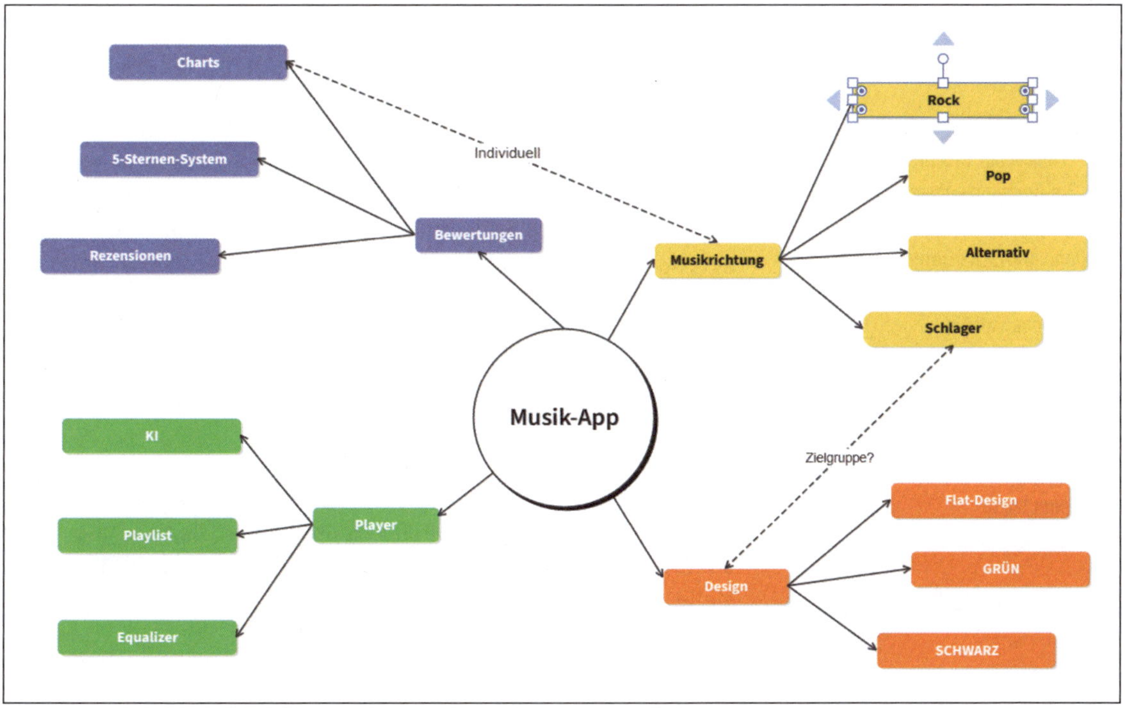

Weitere Methoden sind Moodboards, SCPMPER, Six Thinking Hats, der Morphologische Kasten, das Reverse Brainstorming oder die Bisoziation, um nur einige zu nennen. Jede dieser Methoden hat ihre Vorteile.

26.1.2 Content-Strategie

Content First oder Design First?

Was war zuerst da, das Design oder die Inhalte? Im Grunde ist zwar beides möglich: Inhalte zu erstellen, ohne zu wissen, wie das Layout aussehen wird, und das Screendesign zu gestalten, ohne zu wissen, welche Inhalte genau kommen werden. Natürlich hat beides aber auch seine Nachteile. Der Idealfall wäre, Inhalte und Design parallel und in Absprache zu erstellen, das kommt aber nur selten vor.

Bei vielen digitalen Produkten wie z. B. einer Website benötigen Sie eine Content-Strategie, und die Inhalte müssen schon in der Konzeptionsphase berücksichtigt werden. Das Prinzip sollte hier immer Content First lauten. Es ist also schon vor der Ausarbeitung und Visualisierung der Website wichtig zu wissen, welche Inhalte verwendet werden und wie die Struktur der Inhalte festgelegt wird, auch wenn es in der Realität auch andere Szenarien geben wird.

Content-Audit

Wenn Sie eine ordentliche Liste der Inhalte erstellt haben, lohnt es sich, diese auch gleich unter die Lupe zu nehmen. Hier können Sie festlegen, welche Inhalte wirklich wertvoll sind und welche Sie gegebenenfalls streichen wollen. Auch der Umfang der Inhalte, die Sprache und die Aktualität ist hier zu beachten. Mehr über das Inhaltsinventar und das Content-Audit finden Sie auf der Website *www.contentmanager.de/cms/portalmanagement/content-audit-website-bestandsaufnahme-vor-dem-redesign/* von Jens Jacob, wo Sie auch eine Vorlage zum Herunterladen finden, die in Abbildung 26.3 verwendet wurde.

Eine gute Strategie kann es hierbei sein, gleich ein Inhaltsinventar (auch Content Inventory genannt) anzulegen, wo Sie die Informationen zu Inhalten in kompakter Form sammeln. Dies können z. B. bei einer Website Informationen wie Titel, Sektionen, Schlagworte, Meta-Informationen und der Typ des Inhalts sein. Ein solches Inhaltsinventar kann mit einfachen Anwendungen wie einer Tabellenverarbeitung (Excel, Numbers) erfasst werden.

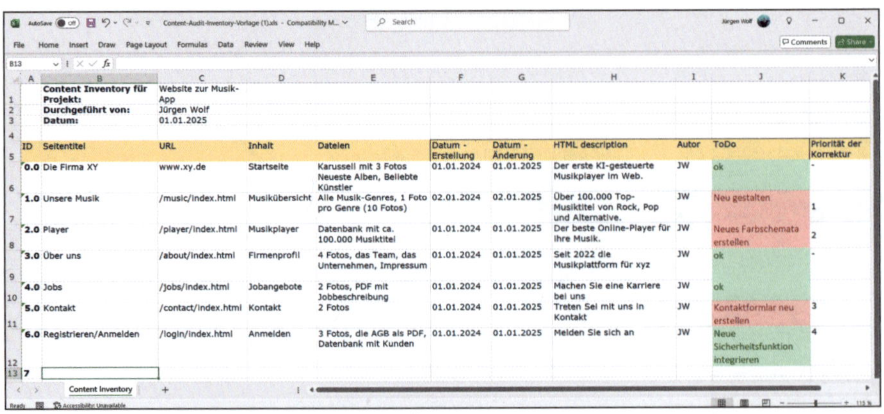

Content Inventory für Projekt: Website zur Musik-App
Durchgeführt von: Jürgen Wolf
Datum: 01.01.2025

ID	Seitentitel	URL	Inhalt	Dateien	Datum - Erstellung	Datum - Änderung	HTML description	Autor	ToDo	Priorität der Korrektur
0.0	Die Firma XY	www.xy.de	Startseite	Karussell mit 3 Fotos Neueste Alben, Beliebte Künstler	01.01.2024	01.01.2025	Der erste KI-gesteuerte Musikplayer im Web.	JW	ok	-
1.0	Unsere Musik	/music/index.html	Musikübersicht	Alle Musik-Genres, 1 Foto pro Genre (10 Fotos)	02.01.2024	02.01.2025	Über 100.000 Top-Musiktitel von Rock, Pop und Alternative.	JW	Neu gestalten	1
2.0	Player	/player/index.html	Musikplayer	Datenbank mit ca. 100.000 Musiktitel	01.01.2024	01.01.2025	Der beste Online-Player für Ihre Musik.	JW	Neues Farbschemata erstellen	2
3.0	Über uns	/about/index.html	Firmenprofil	4 Fotos, das Team, das Unternehmen, Impressum	01.01.2024	01.01.2025	Seit 2022 die Musikplattform für xyz	JW	ok	-
4.0	Jobs	/jobs/index.html	Jobangebote	2 Fotos, PDF mit Jobbeschreibung	01.01.2024	01.01.2025	Machen Sie eine Karriere bei uns	JW	ok	
5.0	Kontakt	/contact/index.html	Kontakt	2 Fotos	01.01.2024	01.01.2025	Treten Sei mit uns in Kontakt	JW	Kontaktformlar neu erstellen	3
6.0	Registrieren/Anmelden	/login/index.html	Anmelden	3 Fotos, die AGB als PDF, Datenbank mit Kunden	01.01.2024	01.01.2025	Melden Sie sich an	JW	Neue Sicherheitsfunktion integrieren	4
7										

Abbildung 26.3: Ein Inhaltsinventar einer Website bei der Erstellung (hier mit Excel)

Als Nächstes sollten Sie die Informationsarchitektur festlegen, also wie Sie die Inhalte strukturieren wollen, damit Menschen sie auch möglichst schnell finden können. Auf das Thema wird in diesem Buch gesondert in Abschnitt 27.4, »Informationsarchitektur«, eingegangen.

26.2 Projektplanung

Der nächste Schritt nach der Festlegung der Ziele und Anforderungen für das digitale Produkt ist es, einen strukturierten Zeit- und Projektplan zu erstellen. Bewährt hat es sich, das Projekt in einzelne Phasen aufzuteilen und innerhalb dieser Phasen wichtige Meilensteine zu setzen, die als Checkpoints dienen, um den Fortschritt zu messen. Eine solche Phasenaufteilung könnte z. B. wie folgt aussehen.

Phase 1: Planung
Woche 1: Projektziel und Anforderungen definieren
Woche 2: Projektphasen und Meilensteine festlegen
Phase 2: Design
Woche 3–4: UX/UI-Design
Woche 5: Interaktive Prototypen entwickeln und testen
Phase 3: Entwicklung
Woche 6–10: Frontend- und Backend-Entwicklung
Woche 11: Integration und API-Anbindung
Phase 4: Testing
Woche 12: Unit Tests und Integrationstests
Woche 13: User Acceptance Test (UAT) und Fehlerbehebung
Phase 5: Deployment
Woche 14: Vorbereitung und Deployment des Produkts
Woche 15: Launch und Marketingaktivitäten
Phase 6: Wartung und Weiterentwicklung
Monitoring und Updates basierend auf Nutzerfeedback

Wichtig dabei ist es, eine Aufgabenliste zu erstellen und auch den Zeitaufwand für jede Aufgabe abzuschätzen. Hier ist es oftmals empfehlenswert, eine gewisse Pufferzeit für unvorhersehbare Ver-

Checkliste: Inhalt

Menschen besuchen eine Website wegen des Inhalts. Neben den ganzen optischen und technischen Aspekten sollten also zumindest folgende inhaltliche Fragen auch geklärt werden:

+ Welche Inhalte werden gebraucht?
+ Wie sollen die Inhalte strukturiert werden (Sitemap)?
+ Gibt es schon Inhalte (Texte, Bilder usw.), die eingesetzt werden können?
+ Müssen Inhalte umgeschrieben/angepasst werden?
+ Wer erstellt die Inhalte?
+ Müssen externe Texter, Fotografinnen usw. dazugeholt werden?
+ Wer überprüft die Inhalte auf deren Qualität?
+ Wer pflegt die Inhalte in die Seite ein (bei Umsetzungen mit einer CMS- oder Shop-Software relevant)?
+ Wer aktualisiert die Inhalte (vor allem bei einem vorhandenen News- oder Blogbereich wichtig)?

Visuelle Hilfsmittel

Um Aufgaben zeitlich zu visualisieren und deren Abhängigkeit darzustellen, hat sich z. B. das Gantt-Diagramm bewährt. Auch ein Meilensteinplan kann hilfreich sein, um die wichtigsten Termine und Übergänge zwischen den Phasen zu markieren.

Dokumentation

Eine ausführliche Dokumentation aller Pläne, Aufgaben und Änderungen sorgt für eine klare Referenz für das Team. Auch ist es hilfreich, nach jeder Phase die gewonnenen Erkenntnisse zu erfassen, um so bei zukünftigen Projekten besser planen zu können. Auf diese Weise halten Sie den Lerneffekt auch gleich fest.

zögerungen einzuplanen. Damit stellen Sie sicher, dass der Zeitplan realistisch bleibt. Wenn Sie im Team arbeiten, sollten Sie auch die Ressourcen planen und festlegen, wer welche Aufgaben abarbeitet, denn auch die Verantwortlichkeiten für die verschiedenen Aufgaben müssen im Projektplan festgeschrieben werden. Regelmäßige Meetings und Berichte über den Projektstatus im Team, aber auch mit dem beauftragenden Unternehmen lassen Probleme im Zeitplan früh sichtbar werden. Ein Kommunikationsplan stellt sicher, dass alle am Projekt Beteiligten auf dem Laufenden sind.

26.3 Der Designprozess

Der Designprozess ist in der digitalen Produktentwicklung eine sehr wichtige Phase und beansprucht einiges an Zeit. Es gilt hierbei, die vielen Aspekte der Planungsphase in ein Gerüst zu füllen. Würde man hier ohne Designkonzept losentwickeln, bestünde die Gefahr, dass die Website/App die Menschen mit Funktionen und Features erschlägt und gegebenenfalls auch für mehr Frust als Freude sorgt. Ein gutes Produkt hingegen muss intuitiv sein. In dieser Phase wird man häufig priorisieren müssen, und vermutlich werden auch einige geplante Aspekte wieder verworfen werden. Mit einem guten Prototyp kann aber viel Zeit in der Entwicklung eingespart werden, weil sich die Beteiligten nur noch auf die Entwicklung des Produkts konzentrieren können.

Im Designprozess werden oftmals Wireframes, Mockups und dann Prototypen verwendet – alle drei Methoden werden in der Entwurfsphase in so gut wie jedem Softwareentwicklungsprojekt angewandt.

26.3.1 Wireframes

Definition Wireframe
Früher konzeptioneller Entwurf einer Website/eines digitalen Medienprodukts

Mit einem Wireframe erstellen Sie eine sehr einfache und schematische Darstellung des digitalen Produkts wie einer Website oder einer App. Es geht hierbei noch nicht um visuelle Details oder Designelemente, sondern nur um die Struktur und Anordnung der Inhalte.

Abbildung 26.4: Ein händisch skizziertes Wireframe auf Papier

Werkzeuge und Tools

Um Wireframes anzulegen, reicht im Grunde ein Blatt Papier und ein Stift aus. Im Team wird oftmals auch ein Whiteboard dafür verwendet. Das händische Skizzieren geht oftmals schneller. Für eine genaueres Ausarbeiten eignen sich diverse Tools oder Software wie UXPin (*www.uxpin.com*), Axure (*www.axure.com*) oder Sketch (*www.sketch.com*). Aber auch mit Tools wie Lucidchart (*www.lucidchart.com*), OmniGraffle (*www.omnigroup.com/omnigraffle*), Moqups (*https://moqups.com/de*) oder Balsamiq (*https://balsamiq.com*) lässt sich schon gut ein Wireframe erstellen.

Merkmale von Wireframes

Die klassischen Merkmale von Wireframes sind:

+ **Einfachheit:** Drahtgitterartige Darstellung ohne Farben, Bilder oder detaillierte Typografie.
+ **Fokus auf Struktur:** Grundlegende Platzierung von Elementen wie Navigation, Content-Bereichen, Buttons oder Formularen.
+ **Low-Fidelity:** Bestens geeignet für eine sehr frühe Phase des Designprozesses.

Bei der Anfertigung von Wireframes sollten Sie zudem immer den Product Owner oder Stakeholder mit an den Tisch holen. Damit wird schon recht früh sichergestellt, dass alle wichtigen Aspekte des Produkts berücksichtigt werden. Zudem werden hier oftmals weitere Ideen kommuniziert und können dann auch umgesetzt werden.

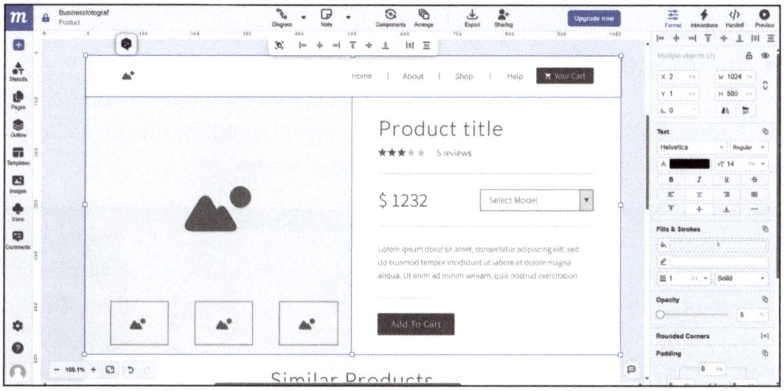

Abbildung 26.5: Wireframing-Tools (hier Moqups, *http://moqups.com*) bieten eine Reihe von Designelementen, die beim schnellen Skizzieren helfen können.

Etwas weiter als ein Wireframe führt ein Klickdummy: Dabei werden Bereiche eines Wireframes mit anderen Wireframes verlinkt, so dass eine klickbare Version entsteht. Tools, die hierbei helfen, sind Adobe XD, Figma, Sketch oder InVision.

26.3.2 Mockups

Mockups sind detaillierte statische Entwürfe, die oft schon das visuelle Erscheinungsbild des fertigen Produkts darstellen. Der Entwurf ist bereits viel detaillierter als ein Wireframe und enthält Designelemente wie Farben, Schriftart und Bilder. Mit einem Mockup können Sie bereits eine erste Präsentation des visuellen Designs durchführen und Feedback und Zustimmung von den Stakeholdern einholen. Es kann auch verwendet werden, um visuelle Elemente und Designkonsistenz mit dem Entwicklungsteam zu koordinieren. Auch von den Nutzern und Nutzerinnen kann Feedback eingeholt werden, ob die Oberfläche ansprechend genug ist. Zur Erstellung von Mockups gibt es wiederum

Merkmale von Mockups

Die klassischen Merkmale von Mockups sind:

+ **Visuelle Details:** Enthalten alle visuellen Designelemente wie Farbschemata, Schriftarten, Bilder und Grafiken.
+ **Realitätsnah:** Zeigt bereits, wie das Endprodukt aussieht, allerdings ohne Interaktivität.
+ **Mid-to-High-Fidelity:** Detaillierter als Wireframe, aber noch nicht funktional.

Software wie Sketch, Figma (*www.figma.com*), InVision (*www.invisio-napp.com*) oder Moqups.

26.3.3 Prototyp

Der Prototyp ist das interaktive Modell des digitalen Produkts, das man als Simulation des Endprodukts durch Klicks und Aktionen erleben und testen kann (Usability-Test). Obwohl der Prototyp keine reale Funktionalität bietet, kann diese mit der entsprechenden Software simuliert werden. Auf diese Weise erhalten Sie ein Feedback über die Bedienung und die Benutzerfreundlichkeit der Schnittstelle. Sie können den Prototyp auch den Stakeholdern vorführen, um die Funktionalität und den Prozess zu präsentieren. Nun können Sie die letzten wichtigen Rückmeldungen der Stakeholder und der Zielgruppe umsetzen, bevor Sie vom Prototyp zur Programmimplementierung für die Entwicklung übergehen. Der Prototyp ist also der letzte Schritt im Designprozess, aber nicht das Endprodukt – das muss noch programmiert werden.

> **Tools**
> Sie können Tools und Software wie Sketch, Figma oder Moqups verwenden, um Prototypen zu erstellen.

Die klassischen Merkmale eines Prototyps sind:

+ **Interaktivität:** Ermöglicht den Nutzern und Nutzerinnen, durch das Produkt zu navigieren und es zu testen.
+ **Simulation:** Simuliert die Benutzerführung und -erfahrung, einschließlich Navigation, Übergänge und grundlegender Interaktionen.
+ **Anpassbarer Detailgrad:** Es können sowohl einfache, grobe als auch detailreiche, nahezu realistische Modelle sein.

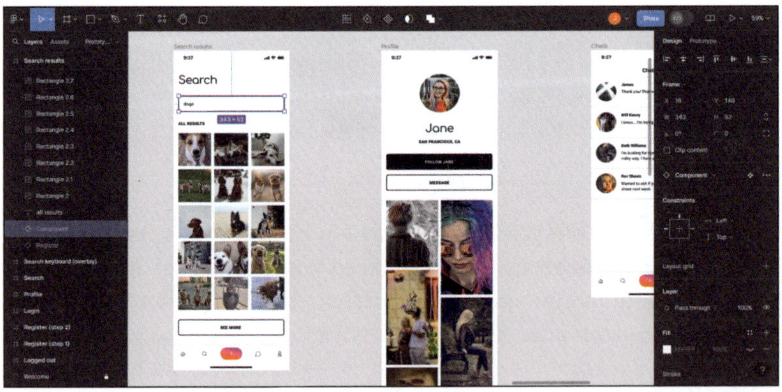

Abbildung 26.6: Ein Prototyp bei der Arbeit mit Figma

Bei Prototypen wird zwischen Low-Fidelity und High-Fidelity unterschieden. Ein Low-Fidelity-Prototyp ist eine einfache und grobe Darstellung des Designs, die bevorzugt auf Funktionalität und die grundlegenden Benutzerflüsse zielt. Er enthält wenig bis keine visuellen Details. Low-Fidelity-Prototypen sind ideal in der frühen Phase des Designprozesses, um Ideen schnell zu testen und Feedback zum Produkt zu erhalten.

Ein High-Fidelity-Prototyp hingegen ist eine realistische und detaillierte Darstellung des Endprodukts. Er enthält visuelle Designelemente und oftmals auch interaktive Funktionen, die eine Simulation des fertigen Produkts ermöglichen. High-Fidelity-Prototypen sind besser für detaillierte Usability-Tests und für die Präsentation des fertigen Produkts geeignet, weil hiermit sichergestellt ist, dass alle visuellen und interaktiven Elemente korrekt umgesetzt werden.

26.4 Modular gestalten: Designsysteme, Pattern Libraries und Styleguides

Nach der Festlegung, welche Ideen weiterverfolgt werden sollen, geht es dann an die technische und gestalterische Ausarbeitung. Modulares menschzentriertes Webdesign entsteht in vielen Tests und Iterationen – da ist es wichtig, den Blick fürs große gestalterische Ganze nicht zu verlieren, damit alles zusammenpasst. Zugleich jedoch soll die Gestaltung flexibel bleiben, um sie an einen neuen Kontext anzupassen. In der Praxis arbeitet man daher mit Richtlinien, die Gestaltung und Verhalten von Elementen definieren: Designsysteme, Pattern Libraries und Styleguides.

+ Ein **Designsystem** definiert alle Prinzipien, auf denen die Gestaltung beruht. Es ist der breiteste Begriff unter diesen dreien und umfasst die beiden anderen.
+ Eine **Pattern Library** konzentriert sich darauf, wie ein digitales Produkt funktioniert. Sie sammelt die funktionalen Komponenten an einem Ort (z. B. Formularfelder und Dialogboxen), damit man sie schnell zu neuen User Interfaces zusammenbauen kann.
+ Ein **Styleguide** schließlich dokumentiert das Aussehen, z. B. die Gestaltung der Komponenten oder auch die Erscheinung der Marke.

Die drei Begriffe sind also eng miteinander verbunden, aber nicht synonym zu gebrauchen.

26.4.1 Designsysteme

Designsysteme haben einige Vorteile:

+ Sie fördern Konsistenz (»Widerspruchsfreiheit«). Das bedeutet, dass ein digitales Produkt in vergleichbaren Fällen identisch aussieht (visuelle Konsistenz) und sich identisch verhält (funktionale Konsistenz).
+ Sie beschleunigen Arbeitsabläufe, besonders innerhalb von Teams.
+ Sie dienen als Inspirationsquelle bei der Lösung von Designherausforderungen, indem man von Ideen anderer lernt.
+ Oft zeigen sie auch den Quelltext und helfen damit bei der technischen Realisierung.
+ Sie vereinfachen das Testen von allen Elementen an einem Ort.
+ Sie helfen beim Erstellen neuer Inhalte, weil sie auf einen Blick zeigen, welche Stilmittel und Lösungen zur Verfügung stehen.
+ Sie bilden die Basis für eine Weiterentwicklung, denn sie beantworten Fragen wie: Können einzelne Module wiederverwertet oder neu kombiniert werden? Passen die Module zueinander?

Am effektivsten ist, mit der Arbeit an einem Designsystem so früh wie möglich in einem Projekt anzufangen. Zunächst sollten Sie die Designprinzipien hinter der Gestaltung definieren, die als Entscheidungshilfe dienen sollen. Orientieren Sie sich dabei an Ihrem konkreten, spezifischen Anwendungsfall: Wie soll sich die Gestaltung anfühlen? Falls Sie in einem Team arbeiten, sollten die Designprinzipien gemeinsam mit dem Team entwickelt werden. Greifen Sie dabei auf Ihr Grobkonzept zurück.

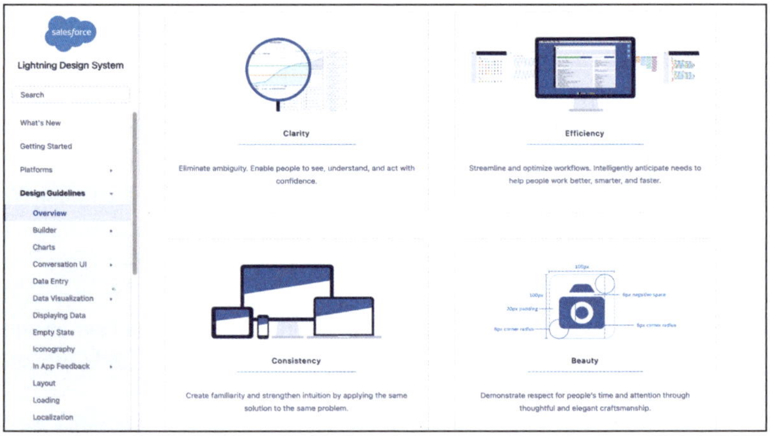

Abbildung 26.7: Konkrete Designprinzipien im Designsystem von Salesforce (*www.lightningdesignsystem.com/guidelines/overview*)

26.4.2 Pattern Library und Styleguide

Mit dieser Grundlage erstellen Sie nun einen Styleguide und eine Pattern Library mit allen Komponenten, die irgendwo auf der Website verwendet werden könnten:

+ Überschriften, Tabellen, Formulare, Links in allen möglichen Zuständen und Listen gehören dazu. Denken Sie aber auch über seltener genutzte HTML-Elemente wie `pre` nach.
+ Bauen Sie anschließend die grundlegenden Content-Module, etwa Cards, Accordions, Bildergalerien oder Carousels.
+ Achten Sie auf eine sinnvolle Struktur des Styleguides, und ergänzen Sie Sprungmarken oder eine Navigation. Geben Sie Ihren Komponenten eindeutige Namen und eine kurze Beschreibung.
+ Zeigen Sie auch Beispiele von konkreten Anwendungen der Komponenten im Kontext – am besten mit realistischen Inhalten.
+ Variieren Sie unbedingt die Inhalte, die Sie in Ihrem Styleguide darstellen – und gehen Sie ganz bewusst auch von Extremfällen aus, etwa einem Warenkorb mit einer hohen Anzahl von Produkten, in vielen Ebenen verschachtelten Kommentaren oder sehr langen Überschriften und Teaser-Texten. Ist das Design dann noch nutzbar?
+ Ergänzen Sie auch Markenelemente wie Logos oder Maskottchen sowie Farbwerte und das Raster.

Kapitel 27

User Experience von Websites

Themen des Kapitels:

- *Usability*
- *Accessibility*
- *Nachhaltigkeit*
- *Informationsarchitektur*
- *Navigations- und Interaktionsdesign*

Websites sind heute viel mehr als bloße digitale Visitenkarten. Sie sind erste Anlaufstelle für interessierte Kunden und Kundinnen – und das über alle Branchen hinweg. Dieses Kapitel erläutert Ihnen die wichtigsten Grundlagen, wie Sie bei diesem ersten Eindruck überzeugen.

27.1 Usability und User Experience

Bei digitalen Produkten wie Websites oder der Mensch im Zentrum der Gestaltung. Dieser Abschnitt wird daher erläutern, wie das Verhältnis zwischen dem digitalen Produkt oder Service auf der einen und seinen Nutzerinnen und Nutzern auf der anderen Seite beschrieben und erfasst werden kann.

User Interfaces

Neben »Usability« und »User Experience« gibt es noch einen weiteren Begriff, den Sie kennen sollten: das User Interface (UI). Es bezeichnet die Benutzeroberfläche, also alles, mit dem wir als Nutzerinnen und Nutzer interagieren können. Dies können bei einem digitalen Produkt Dinge wie Buttons, Formularfelder, Links usw. sein, aber auch nicht sichtbare Dinge wie Screenreader oder die Sprachausgabe gehören dazu.

27.1.1 Usability

Usability kann mit Benutzerfreundlichkeit, Bedienbarkeit, Brauchbarkeit, Nutzbarkeit oder Gebrauchstauglichkeit übersetzt werden. Der Begriff ist eine Wortschöpfung aus »to use« (benutzen) und »ability« (Möglichkeit). Produkte (und damit auch Websites) sollen so einfach nutzbar sein wie möglich.

Usability wird in der Norm DIN EN ISO 9241-11 wie folgt definiert: »Usability ist das Ausmaß, in dem ein Produkt durch bestimmte Benutzer in einem bestimmten Nutzungskontext genutzt werden kann, um bestimmte Ziele effektiv, effizient und zufriedenstellend zu erreichen.«

In dieser Definition sind mehrere zentrale Aspekte enthalten, mit denen man verstehen kann, was Usability zu tun versucht:

+ Usability richtet sich an bestimmte Nutzer und Nutzerinnen mit bestimmten Eigenschaften. Das bedeutet, dass die Zielgruppe eines Produkts klar definiert sein muss. Usability für Kinder bedeutet etwas anderes als Usability für ältere Menschen. Es ist daher wichtig, die Zielgruppe gut zu kennen.
+ Die Nutzung eines digitalen Produkts findet nicht isoliert statt, sondern innerhalb eines bestimmten Kontexts. Diese Situation sollte dem Designer oder der Designerin bekannt sein. Menschen reagieren beispielsweise in einer Gefahrensituation anders, als wenn sie entspannt sind.
+ Außerdem dient die Interaktion mit einem digitalen Produkt dazu, bestimmte Ziele zu erreichen. Dabei zählt es, ob Menschen die Ziele überhaupt erreichen (Effektivität), ob der Aufwand nicht zu hoch ist (Effizienz) und ob sie mit der Zielerreichung zufrieden sind (Zufriedenheit).

Seit vielen Jahren ist Designer*innen und Produktmanager*innen bewusst, dass Usability ein zentraler Aspekt für ein erfolgreiches Produkt ist. Zunehmend setzt sich jedoch die Erkenntnis durch, dass Usability nicht ausreicht – vielmehr muss die gesamte Nutzererfahrung (User Experience) in den Blick genommen werden.

Quellen und Lesetipps

+ Jens Jacobsen & Lorena Meyer, »Praxisbuch Usability und UX – Was alle wissen sollten, die Websites und Apps entwickeln«, Rheinwerk Computing, Bonn 2024
+ Michaela Kauer-Franz & Benjamin Franz: »Usability und User Experience Design: Das umfassende Handbuch«, Rheinwerk Computing, Bonn 2022

27.1.2 User Experience

User Experience (abgekürzt UX), Nutzererlebnis oder Nutzererfahrung ist ein Sammelbegriff für viele Aspekte, die in der Interaktion zwischen Menschen und Produkten eine Rolle spielen. In der Norm DIN EN ISO 9241-210 wird UX wie folgt definiert: »A person's perceptions and responses that result from the use and/or anticipated use of a product, system or service.«

User Experience umfasst also alle Emotionen, Reaktionen und Gedanken, die ein Mensch vor, während und nach der Interaktion mit einem Produkt hat. Es gibt Hunderte von Modellen, mit denen man besser verstehen kann, was alles dazugehört. Eine Auswahl davon finden Sie in den folgenden Absätzen – sie hilft dabei, die wirklich zentralen Aspekte zu verstehen. Der Fokus liegt dabei auf Webdesign – man könnte UX aber auch auf jedes andere Produkt anwenden.

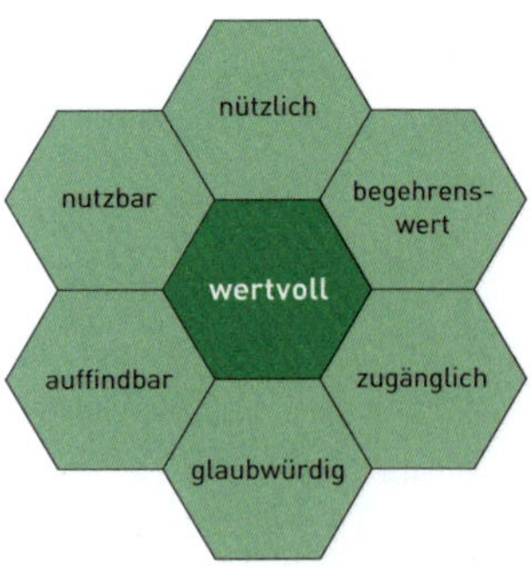

Abbildung 27.1: UX-Honigwabe von Peter Morville

Eigenschaften einer guten User Experience

Der Autor und UX-Experte Peter Morville nutzt das Bild einer Honigwabe als Modell für User Experience. Sie enthält Eigenschaften, die eine gute Website haben muss:

+ nützlich (eine Website wird nur genutzt, wenn sie hilfreiche Funktionen oder interessante Inhalte bietet)
+ nutzbar (Usability)
+ auffindbar (damit man sie überhaupt finden kann)

+ glaubwürdig (damit Nutzerinnen und Nutzer Vertrauen aufbauen können)
+ zugänglich und zuverlässig (eine Website nimmt Rücksicht auf ihr Zielpublikum und seine Bedürfnisse, z. B. durch Accessibility)
+ begehrenswert (ansprechendes Design, emotionale Ansprache)
+ wertvoll (nimmt man alle anderen Eigenschaften zusammen, erzeugt die Website einen Wert für ihre Besucher und Besucherinnen)

27.1.3 Verhältnis von Usability und User Experience

Der Usability-Experte Jakob Nielsen beschreibt Usability als ein Qualitätskriterium eines User Interfaces:

+ Ein Button ist das User Interface. In HTML wird er z. B. mit `<button>` erzeugt und in CSS gestaltet.
+ Ob Sie den Button jedoch als Button erkennen und seine Funktion verstehen, ist eine Frage der Usability. Dazu zählt auch die Frage, ob Sie mit seiner Hilfe Ihre Ziele erreichen können.

Wie bereits erläutert, ist Zufriedenheit ein Teil von Usability, jedoch geht User Experience darüber hinaus. Macht die Bedienung Spaß? Freuen Sie sich im Vorfeld darauf? Spricht Sie die Ästhetik an? All dies sind Fragen, die Teil der User Experience sind, aber mehr sind als reine Usability.

27.1.4 Aspekte von User Experience

Eine gute User Experience ist also das Ergebnis von vielen weiteren Disziplinen, die ineinandergreifen. Jesse James Garrett erläutert in seinem Buch »Die Elemente der User Experience«, welche Aspekte dies für den Bereich des Webdesigns sind. Er unterteilt sie in mehrere Ebenen (von abstrakt nach konkret) sowie in inhaltliche und funktionale Aspekte.

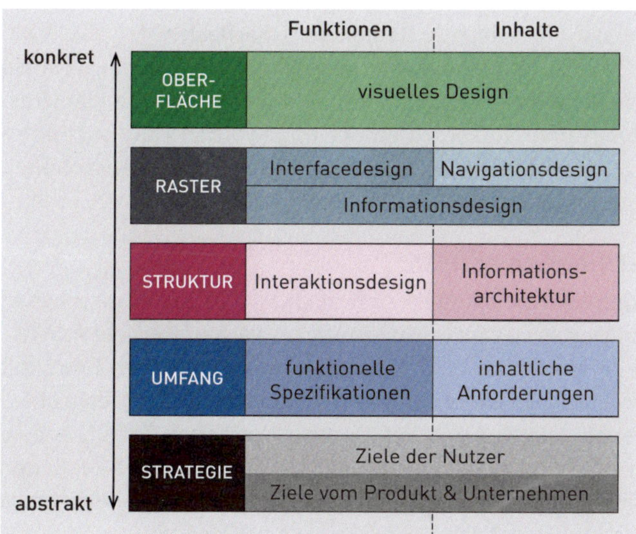

Abbildung 27.2: Aspekte von User Experience (nach Jesse James Garrett)

+ Auf der strategischen Ebene geht es darum, Ziele des Unternehmens und Ziele der Nutzer und Nutzerinnen in Einklang zu bringen. Fehler auf der strategischen Ebene können auf den höheren Ebenen nicht wieder wettgemacht werden. Konkret sollten Sie hier z. B. die Fragen klären, warum es die Website braucht und worin der Nutzen des Produkts für die Kundinnen und Kunden und das Unternehmen besteht.
+ Auf der Ebene des Umfangs geht es darum, funktionale und inhaltliche Anforderungen zu spezifizieren.
+ Die Strukturebene markiert den Übergang vom Was zum Wie – also von den eher strategisch und konzeptionell ausgerichteten Aspekten hin zur Realisierung. Auf der inhaltlichen Seite steht die Informationsarchitektur, also die Frage, wie Informationen strukturiert sind (vgl. Abschnitt 27.4). Interaktionsdesign (abgekürzt IxD) auf der funktionalen Seite betrachtet die Handlungen der Nutzer und Nutzerinnen auf der Website sowie die Reaktionen des Systems. Es handelt sich dabei um Fragen wie beispielsweise: Mithilfe welcher interaktiven Elemente erreicht ein Nutzer seine Ziele? Versteht er diese Interaktion, und hat er das Gefühl, dass Aufwand und Ertrag in einem angemessenen Verhältnis stehen (z. B. in Formularen, wo oft unnötige Informationen abgefragt werden, vgl. Kapitel 29)? Macht ihm die Interaktion Spaß?
+ Die Ebene des Rasters nimmt die Instrumente in den Blick, mit denen man auf der Seite interagiert. Beim Interfacedesign wären das funktionale UI-Elemente wie Buttons, Links oder Regler, beim Navigationsdesign hingegen die Frage, wie Inhalte erreicht werden können und miteinander zusammenhängen – die Übergänge zwischen beiden Bereichen sind fließend. Informationsdesign umfasst sowohl inhaltliche als auch funktionale Aspekte und betrachtet Darstellungsformen wie Icons oder Infografiken.
+ Ganz oben steht das visuelle Design der Oberfläche.

Double-Diamond-Modell
Ein ähnliches Modell nutzerzentrierter Gestaltung ist das Double-Diamond-Modell, das auf den britischen Design Council zurückgeht. Zum Einstieg empfiehlt sich der Artikel »Wie du mit dem Double-Diamond-Prozess lernst, nutzerzentriert zu arbeiten« von Carole Meier (*www.testingtime.com/ux-strategy/double-diamond-design-prozess*).

Was auch immer Sie im Webdesign tun: Eine positive User Experience ist meist das oberste Ziel (Ausnahmen sind beispielsweise Websites, die Nutzerinnen und Nutzer zu einem ungewollten Kauf verführen möchten). UX wird daher viele der in diesem Buch besprochenen Aspekte wie ein roter Faden durchziehen.

27.1.5 Vier Phasen von UX

Die Bedeutung von UX spiegelt sich auch in den Arbeitsprozessen wider. UX-zentriertes Design versucht, starre, wasserfallartige Arbeitsabläufe, bei denen Nutzer und Nutzerinnen erst ganz am Ende mit »fertigen« Produkten in Berührung kommen (sofern solche Tests überhaupt vorgesehen sind), durch ein iteratives Vorgehen aufzubrechen. Ausgehend von einer Phase der Planung, bei der es um das Festlegen von Zielen, Ressourcen und Methoden geht, bilden vier elementare Phasen das Grundgerüst des User-Experience-Designs:

1. Während der **Analyse** geht es darum, Bedürfnisse der Nutzerinnen und Nutzer zu erforschen und ihre Lebenswelt zu verstehen. Digitale Produkte oder Services werden somit nah am Menschen entworfen.
2. Während der **Ideation- und Design-Phase** geht es darum, Ideen zu entwickeln und Lösungsansätze auszuarbeiten.
3. Diese Phase geht oft nahtlos in die **Phase der Generation** über, in der mit Prototypen gearbeitet wird. Zunächst sind solche Prototypen meist einfach gebaut, nicht selten sogar aus Papier oder als einfache Klickdummys, später jedoch werden sie funktional.
4. Prototypen dienen dem Ziel, in der **Evaluationsphase** mithilfe echter Nutzer und Nutzerinnen getestet zu werden. Nur hier zeigt sich, ob sie das Ziel erreichen oder nicht.

Die konkrete Ausgestaltung dieser Schritte unterscheidet sich von Projekt zu Projekt, und es gibt eine Vielzahl von Methoden, die zum Einsatz kommen können. Auch ist es möglich, zum vorherigen Schritt zurückzugehen – so kommt es beispielsweise häufig vor, dass sich bei der Entwicklung eines Prototyps herausstellt, dass eine Idee nicht umsetzbar ist. Schließlich ist der gesamte Prozess iterativ angelegt: Die Schleife wird mehrmals durchlaufen, normalerweise von sehr groben Entwürfen hin zu immer ausgefeilteren und »fertiger« wirkenden Lösungen. Die Erkenntnisse aus den vorherigen Schleifen werden dabei konstant eingearbeitet und reflektiert.

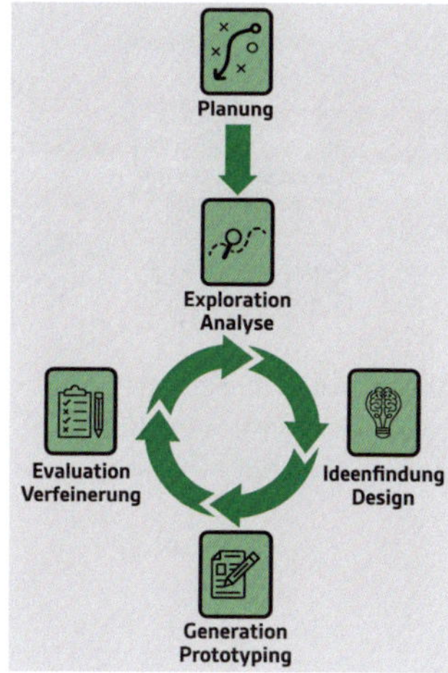

Abbildung 27.3: Schematischer Prozess von nutzerzentriertem Design

27.1.6 Usability und User Experience testen

Usability und User Experience gehören zu den wichtigsten Zielen aller digitalen Produkte und Services – kaum ein Verantwortlicher würde der Aussage nicht zustimmen, dass seine Website gut benutzbar sein und Spaß machen sollte. Ob sie das jedoch ist, kann man nur mithilfe von Tests herausfinden. Denn allen Best Practices zum Trotz: Nutzerinnen und Nutzer denken und handeln anders als die Leute, die die Website betreiben. Wer beim Erfolg seiner Website also nicht im Dunkeln stochern möchte, muss sie immer wieder mit verschiedenen Methoden testen.

Überblick über Usability- und UX-Methoden

Einen Überblick über die verschiedenen Möglichkeiten finden Sie in dem Artikel »When to Use Which User-Experience Research Methods« von Christian Rohrer unter *www.nngroup.com/articles/which-ux-research-methods*.

Usability- und UX-Tests sollten so oft wie möglich durchgeführt werden – und zwar in jeder Projektphase. Anfangs kann man schon mit einfachen Prototypen aus Papier testen, die im weiteren Verlauf des Projekts immer detaillierter werden. Je früher Stolpersteine gefunden werden, umso einfacher sind sie zu korrigieren. Professionelle Tests haben selbstverständlich ihren Preis. Bei geringen Budgets kann man natürlich auch selbst testen.

Abbildung 27.4: Mithilfe von Papierprototypen oder Klickdummys lassen sich digitale Produkte und Services früh und ohne großen Aufwand testen (hier ein Prototyp einer Concept-Mapping-App).

Es gibt eine Vielzahl von Verfahren, deren Verwendung immer vom Einzelfall und den Zielen abhängt. Einige wichtige Beispiele sind:

+ **Usability-Untersuchungen im Labor** sind relativ aufwändig, durch ihren Methodenmix allerdings auch sehr aufschlussreich. Man zeichnet dabei das Verhalten von Personen auf, die eine Website oder eine App nutzen, teilweise sogar mit ihren Augenbewegungen

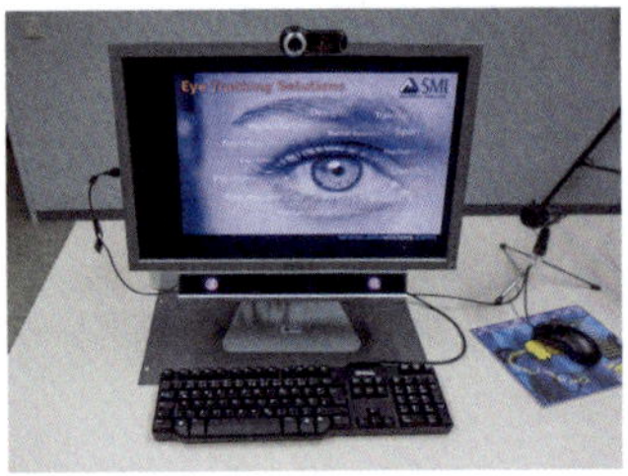

Abbildung 27.5: Rechner mit Eyetracking-Kamera in einem Usability-Labor

(Eye Tracking). Häufig lässt man sie ihre Gedanken dabei verbalisieren (lautes Denken) oder erfasst weitere Faktoren wie Einstellungen oder Emotionen.

+ Zahlreiche Dienstleister bieten **Remote-Usability-Studien** an, bei denen sich freiwillige Teilnehmende über eine Webanwendung anmelden können. Solche Studien sind wesentlich günstiger durchzuführen als Laboruntersuchungen, aber auch weniger kontrolliert.

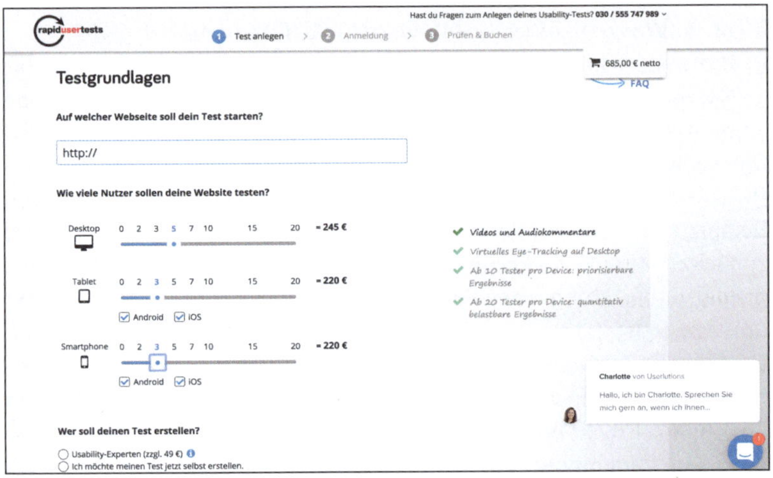

Abbildung 27.6: Anbieter wie Rapid User Tests (*https://rapidusertests.com*) ermöglichen Usability-Studien vom heimischen Rechner aus.

+ Während solche Usability-Studien auf dem Nutzerverhalten beruhen, geht es in **Umfragen und Interviews** um ihre Meinungen.
+ In **Fokus-Gruppen** diskutiert eine Anwendergruppe über ein Thema, das für das beauftragende Unternehmen von Interesse ist. Fokus-Gruppen sind besonders im Marketing etabliert.
+ **Beobachtungen** hingegen werden im Kontext der späteren Nutzung ausgeführt. So kann beispielsweise eine Schulklasse im Unterricht beobachtet werden, um zu erfahren, wie eine Lernplattform im Internet den Schulalltag verbessern könnte.
+ Eine Alternative zu Tests mit Nutzerinnen und Nutzern kann sein, sich auf die Erfahrung von Fachleuten zu verlassen (**Usability Review**). Heuristische Evaluationen beruhen auf einem festen, wissenschaftlich fundierten Kriterienkatalog und werden meist von mehreren Experten und Expertinnen parallel durchgeführt. Bei einem Cognitive Walkthrough hingegen versetzt sich ein Experte in die Köpfe von Nutzern, um mögliche Stolpersteine zu entdecken.
+ **A/B-Tests** vergleichen zwei Varianten eines Designs miteinander, die sich in einem Punkt unterscheiden. Auf diese Weise kann ausprobiert werden, mit welcher Lösung ein Ziel besser erreicht werden kann.
+ **Analytics** untersuchen das Verhalten von Menschen, die eine Website besuchen, beispielsweise welche Handlungen sie ausführen, welche Seiten sie sich anschauen oder wo sie in eine Website einsteigen bzw. sie verlassen.

27.2 Accessibility

Accessibility (oft als »A11y« abgekürzt, wobei die Zahl 11 bedeutet, dass elf Zeichen weggelassen wurden) lässt sich mit »Zugänglichkeit« übersetzen. Im Deutschen wird oft der Begriff »Barrierefreiheit« oder »barrierefreies Webdesign« verwendet. Das bedeutet, dass den Nutzerinnen und Nutzern keine Steine in den Weg gelegt werden sollen.

27.2.1 Warum Accessibility zur Pflichtaufgabe gehört

Leider werden heute immer noch Aussagen getroffen wie »Blinde Menschen gehören nicht zu meiner Zielgruppe«. Hier vergisst man sehr schnell, dass gerade bei älteren Menschen häufiger Behinderungen auftreten. Diese werden dann praktisch wegen einer unüberwindbaren Barriere ausgeschlossen. Außerdem kann es früher oder später jeden treffen.

Ein weiterer Vorteil einer barrierefreien Website ist, dass auch das Auffinden bei der Indizierung der Website verbessert wird, da auch eine Suchmaschine wie ein Mensch mit Seheinschränkungen nicht den visuellen Inhalt, sondern die Beschreibungen und den Text verarbeiten. Zusätzlich gibt es noch die Möglichkeit, dass man selbst eine Website nur eingeschränkt bedienen kann, weil man z. B. nur eine Hand frei hat. Einschränkungen können also auch zeitlich begrenzt oder situationsabhängig sein. Die Tabelle 27.1 zeigt, dass eine barrierefreie Website allen Menschen gleichermaßen hilft.

Einschränkung	Permanent	Zeitlich begrenzt	Situationsabhängig
Fühlen	Verlust des Arms	Armverletzung	Arm eingeschränkt nutzbar (z. B. Gegenstand in der anderen Hand)
Sehen	Blindheit	Grauer Star	Ablenkung (z. B. beim Fahren)
Hören	Taubheit	Infektion der Ohren	laute Umgebung (z. B. Club)
Sprechen	Stummheit	Kehlkopfentzündung	Kommunikation erschwert (z. B. Sprachbarriere)

Tabelle 27.1: Spektrum von Einschränkungen, adaptiert von Microsofts Inclusive Design Toolkit (*www.microsoft.com/design/inclusive*)

Nicht jeder kann sich auf Anhieb vorstellen, wie Menschen mit einer Behinderung eine Website nutzen. Hierfür gibt es viele Hilfsmittel. Mit einem Screenreader wie z. B. NVDA (*https://nvda.bhvd.de*) oder den eingebauten Funktionen von Betriebssystemen werden die Inhalte der Website vorgelesen. Natürlich gibt es auch Ein- und Ausgabegeräte mit Braille-Schrift. Für Menschen mit Seheinschränkungen kann der

Quellen und Lesetipps

- Accessibility-Kurs von Google, *https://classroom.udacity.com/courses/ud891*
- A11Y Project, *http://a11yproject.com*
- Linksammlung von Bruno Pulis, *https://github.com/brunopulis/awesome-a11y*
- Accessibility-Experte Jan Hellbusch, *www.hellbusch.de* und *www.barrierefreies-webdesign.de*
- Aktion Mensch über barrierefreies Internet, *https://einfach-fuer-alle.de*

Accessibility testen

Es gibt gute Tools, um eine Website auf Accessibility hin zu testen. Automatisierte Tests können Sie mit einer Reihe von Werkzeugen durchführen. Ein sehr guter Vertreter dieser Gattung ist das Tool WAVE (*https://wave.webaim.org*). Sie können es jedoch nur auf veröffentlichte Websites anwenden. Aber auch die Lesbarkeit mittels Braillezeile oder Screenreader zu testen kann hilfreich sein, weil Sie hier auch gleich einen Eindruck bekommen, wie die Website für blinde Menschen ausgegeben wird. Hier haben sich die Tools NVDA (*www.nvaccess.org*) oder JAWS (*www.freedomsci.de*) bewährt.

Menschen mit Behinderung

Zum Jahresende von 2021 lebten in Deutschland rund 7,8 Millionen schwerbehinderte Menschen. Auch wenn nicht jede Behinderung die Verwendung des Internets einschränkt, handelt es sich auf jeden Fall um eine sehr relevante Zielgruppe.

Bildschirm per Zoom vergrößert werden, oder es können andere Einstellungen am Browser vorgenommen werden. Wer keine Maus oder Tastatur bedienen kann, für den gibt es alternative Eingabegeräte, und viele Computer lassen sich per Schalter, Spracheingabe oder mit Blicken steuern.

27.2.2 Gesetze und Guidelines

Artikel 3 des Grundgesetzes legt fest, dass in Deutschland niemand wegen einer Behinderung benachteiligt werden darf – das schließt natürlich auch Websites mit ein. Diese sollten für behinderte Menschen »in der allgemein üblichen Weise, ohne besondere Erschwernisse und grundsätzlich ohne fremde Hilfe zugänglich und nutzbar« sein (§ 4, Gesetz zur Gleichstellung behinderter Menschen).

Dies wird in der BITV (Barrierefreie Informationstechnik-Verordnung) weiter konkretisiert. Sie kann als Handlungsempfehlung für alle Websites angesehen werden. Barrierefreiheit ist für Bundeseinrichtungen und deren Verwaltung nach der BITV verpflichtend. Mit der Europäischen Barrierefreiheitsverordnung (2019) und den entsprechenden nationalen Gesetzen wurde die Barrierefreiheit weiter gestärkt, so dass sich auch Unternehmen mit dem Thema auseinandersetzen sollten.

WCAG Level

Die WCAG definieren Erfolgskriterien in drei Stufen: A, AA und AAA. Höhere Stufen stellen komplexere Anforderungen. Das gewünschte Niveau wird oft zu Beginn eines Projekts festgelegt. Für die zukünftige Version 3.0 werden diese Stufen in Bronze, Silber und Gold umbenannt.

Neben den deutschen Verordnungen sind insbesondere die Web Content Accessibility Guidelines (WCAG) wichtig. Das sind offizielle Accessibility-Richtlinien des W3C, die Sie unter *www.w3.org/TR/WCAG22* (Version 2.2) finden können. Die WCAG definieren die vier Prinzipien für barrierefreie Websites:

1. **Wahrnehmbar:** Inhalt muss wahrnehmbar sein, und zwar nicht nur mit einem Sinnesorgan.
2. **Bedienbar:** Webseiten müssen unabhängig von einer bestimmten Eingabemethode nutzbar sein.
3. **Verständlich:** Inhalte und das User Interface müssen verständlich aufgebaut sein.
4. **Robust:** Schließlich müssen Websites robust, also mit unterschiedlichsten Technologien verwendbar sein.

27.2.3 Semantisches HTML für Accessibility nutzen

Verzichten Sie auf `div` und `span`

Vermeiden Sie es, Seitenstrukturierungen oder Textstrukturierungen mit `<div id="irgendwas">` auszuzeichnen und `irgendwas` mit CSS zu stylen, wenn es für `irgendwas` ein semantisches HTML-Element gibt. Dasselbe gilt auch für Textauszeichnungen mit `<span class="nochwas">`, wo Sie ebenfalls ein HTML-Element mit einer Bedeutung von `nochwas` bevorzugen sollten, wenn es eines gibt.

Wenn Sie mit dem aktuellen Webstandard und den HTML-Elementen vertraut sind, dann ist es relativ einfach, eine barrierefreie Website zu erstellen. Hierbei müssen Sie lediglich das richtige HTML-Element für die Auszeichnung verwenden. Jedes Element hat eine bestimmte Bedeutung (auch Semantik genannt), die auch ein Screenreader bei richtiger Verwendung unterscheiden kann. Ein Navigationselement zeichnen Sie z. B. mit dem HTML-Element `<nav>` aus. Das Ziel von semantischem HTML ist es somit, den Inhalt der Webseite verständlicher und zugänglicher für Benutzerinnen und Benutzer (und Suchmaschinen) zu machen. Durch die Verwendung semantischer HTML-Tags können Menschen mit Behinderungen, die auf Hilfstechnologien wie einen Screenreader angewiesen sind, die Inhalte der Webseite besser verstehen und benutzen.

27.2.4 WAI-ARIA für mehr Barrierefreiheit

Reicht die Verwendung von semantischem HTML alleine nicht mehr aus, um Menschen mit Behinderung den Zugang zu erleichtern, können Sie HTML-Elemente mithilfe von WAI-ARIA (Web Accessibility Initiative – Accessible Rich Internet Applications) (*www.w3.org/TR/wai-aria*) mit zusätzlichen Attributen versehen.

Hierbei ist es auch wichtig zu wissen, dass die meisten HTML-Elemente bereits mit einer Rolle spezifiziert sind. So kann der Screenreader z. B. direkt zur Navigation springen, wenn Sie diesen Bereich mit `<nav>` ausgezeichnet haben, oder zum Hauptinhalt, wenn Sie `<main>` verwendet haben. Auch ein einfacheres HTML-Element wie `<img>` hat die Rolle einer »Grafik« oder das `<a>` die Rolle »Link«. Sie sollten daher immer zunächst das semantische HTML verwenden.

Wenn es trotzdem aus irgendwelchen Gründen nötig ist, z. B. das bedeutungslose `div`-Element zu verwenden, dann sollten Sie, sofern es sinnvoll ist, über das `role`-Attribut (z. B. `<div role="navigation">`) dem Element seine Bedeutung geben. Damit weiß der Screenreader, dass sich dieses `div`-Element von den anderen unterscheidet und, in diesem Beispiel, für die Navigation gedacht ist.

In Tabelle 27.2 finden Sie die klassischen Rollen und die passenden semantischen HTML-Elemente. Sie sollten hier immer die semantischen HTML-Elemente bevorzugen, da diese die Rollen bereits eingebaut haben.

Eingebaute Rollen bevorzugen

Beachten Sie jedoch, dass jedes HTML-Element nur eine Rolle haben kann und es in der Praxis selten wirklich sinnvoll ist, die eingebaute Rolle eines HTML-Elements mit dem Attribut `role` zu überschreiben. Das `ul`-Element hat z. B. die Rolle `list`, bei der ein Screenreader zur Orientierung vorliest, wie viele Elemente enthalten sind. Da das `ul`-Element jedoch auch häufig innerhalb einer Navigation verwendet wird, kann es sinnvoll sein, die Standardrolle mit `<ul role="navigation">` zu überschreiben, damit der Screenreader nicht ausliest, wie viele Elemente enthalten sind.

Übersicht zu allen ARIA-Rollen

Es ist gar nicht so einfach, den Überblick über die möglichen Rollen zu behalten, die mit dem Attribut `role` zugewiesen werden können. Ein Blick auf *www.w3.org/TR/wai-aria-1.1* zeigt bereits, dass es sehr viele sind.

ARIA Role	Beschreibung	HTML-Element
article	inhaltlich abgeschlossener Artikel	`article`
banner	Logo, Titel oder Slogan der Website	`header`
complementary	ergänzende Informationen	`aside`
contentinfo	Informationen zum Autor, Copyright oder Fußnoten	`footer`
main	Hauptinhalt	`main`
navigation	Haupt- und Unternavigation	`nav`
note	beiläufig eingeschobene Inhalte	`aside`

Tabelle 27.2: Übersicht gängiger ARIA Roles

Neben der Rolle des HTML-Elements, die durch die Verwendung von semantischen HTML-Elementen mit den Standardrollen meist schon geklärt ist, ist auch der Zustand eines HTML-Elements wichtig. Wenn z. B. Teile einer Website ausgeblendet sind, können Sie diese mit `aria-expanded="false"` beschreiben. Wenn dieser Bereich über eine

Schaltfläche angezeigt wird, setzen Sie den Wert von `aria-expanded` mit JavaScript auf `true`. Ein inaktives HTML-Element können Sie z. B. mit `aria-disabled="true"` beschreiben.

ARIA-Eigenschaften

Neben dem Zustand von HTML-Elementen gibt es noch ARIA-Eigenschaften wie z. B. `aria-label`. Dieses können Sie überall verwenden, wo das HTML-Element nicht eindeutig durch seine Semantik gedeutet werden kann – wie z. B., wenn Sie zwei `nav`-Elemente auf der Website kenntlich machen wollen. Aber auch bei Buttons kann `aria-label` nützlich sein. Verwenden Sie hier z. B. ein `<button>` mit einem nicht eindeutigen Inhalt oder einer Grafik, dann können Sie diesem z. B. mit `aria-label="Dunkelmodus"` eine Bedeutung geben.

27.3 Nachhaltigkeit

Nachhaltiges Webdesign ist besonders für die Zukunft ein wichtiges Thema. Es sollte uns allen bewusst sein, dass unser Internet einen enormen Stromverbrauch hat, über den bisher kaum nachgedacht wurde. Theoretische Berechnungen legen nahe, dass Internet und Computer mehr CO_2-Emissionen verursachen als der weltweite Flugverkehr.

Um den CO_2-Fußabdruck einer Website zu verringern, ist es notwendig, den Datentransfer und die Verschwendung von Ressourcen einer Website zu reduzieren.

Literatur zum nachhaltigen Webdesign

Das Thema Nachhaltigkeit ist wesentlich umfangreicher, als es hier in diesem Kapitel den Anschein hat. Für ein tiefgründiges Studium empfiehlt es sich, z. B. das Buch »Sustainable Web Design« von Tom Greenwood (*https://abookapart.com/products/sustainable-web-design*) zu lesen.

27.3.1 CO_2-Bilanz einer Website messen

Bei der Erstellung von Websites können wir dafür sorgen, dass wir verantwortungsvoller mit dem Energieverbrauch des Internets umgehen. Das Ziel sollte sein, den CO_2-Fußabdruck einer Website zu verringern – also den Stromverbrauch der Website zu reduzieren. Bevor ich darauf eingehe, was Sie tun können, um dies zu erreichen, möchte ich Ihnen ein Online-Tool vorstellen, das die CO_2-Emissionen einer Website misst. Alles, was Sie tun müssen, ist, die Adresse der Website unter *www.websitecarbon.com* einzugeben, und der Open-Source-Rechner liefert Ihnen den durchschnittlichen CO_2-Fußabdruck pro Website-Besuch.

Das Tool berücksichtigt die Datenübertragung, den Energieverbrauch der Daten sowie die Energiequelle und den Energieverbrauch des Rechenzentrums. Es liefert einen Näherungswert in Gramm CO_2, die pro Seitenaufruf benötigt werden.

Vorteile von nachhaltigem Webdesign

Nachhaltige Websites haben zahlreiche weitere Vorteile:

- UX: intuitive Benutzung, Effizienz, Konzentration auf das Wesentliche
- Suchmaschinen-Optimierung: Ladezeit als Ranking-Faktor
- Barrierefreiheit: geringere technische Voraussetzungen
- Business: geringere Kosten, positives Image

Weitere Vorteile können sich in Bezug auf Security (beim Einsatz einer statischen Website) und Zuverlässigkeit (beim Einsatz von Offline-Funktionalitäten) ergeben.

27.3.2 Grundprinzipien von nachhaltigem Webdesign

Nachhaltiges Webdesign legt Wert darauf, die natürlichen Ressourcen des Planeten zu bewahren. Energieeffizienz wird dabei zu einem Kernprinzip des Webdesigns. Die Initiative »Sustainable Web Manifesto« (*www.sustainablewebmanifesto.com*) definiert sechs Grundprinzipien:

1. Das Prinzip der **Offenheit** setzt auf Kollaboration und Austausch.
2. Das Prinzip der **Sauberkeit** setzt auf regenerative Energiequellen beim Hosting von Websites.
3. Im Prinzip der **Regenerativität** wird auf Projekte eingegangen, die einen Beitrag zum Wiederaufbau natürlicher Ressourcen leisten.
4. Nachhaltiges Webdesign bedeutet auch, widerstandsfähige Websites zu schaffen (Prinzip der **Resilienz**), die für Krisen und Probleme gewappnet sind. Das kann beispielsweise ein Offline-Modus sein.
5. Außerdem achtet nachhaltiges Webdesign bei Gestaltung und Optimierung darauf, dass eine Website so klein wie möglich ist (Prinzip der **Effizienz**), etwa durch Optimierung von Bildgrößen und effektiven Code.
6. Schließlich gibt es das Prinzip der **Ehrlichkeit,** womit man sicherstellt, dass weder bei der Gestaltung noch beim Inhalt Nutzer und Nutzerinnen in die Irre geführt oder ausgenutzt werden.

Abbildung 27.7: Unser Beispielprojekt verursacht nur sehr wenig CO_2 (*www.websitecarbon.com*).

27.4 Informationsarchitektur

Informationsarchitektur kümmert sich um die Frage, wie die Inhalte einer Website so strukturiert werden können, dass die Nutzerinnen und Nutzer sie möglichst schnell finden können. Sie sollten jederzeit wissen, wo sie sich gerade befinden, was sie erwarten können und wie sie weitergehen können. Informationsarchitektur liegt damit an der Schnittstelle zwischen den Nutzern und Nutzerinnen, dem Kontext ihrer Nutzung und den Inhalten einer Website.

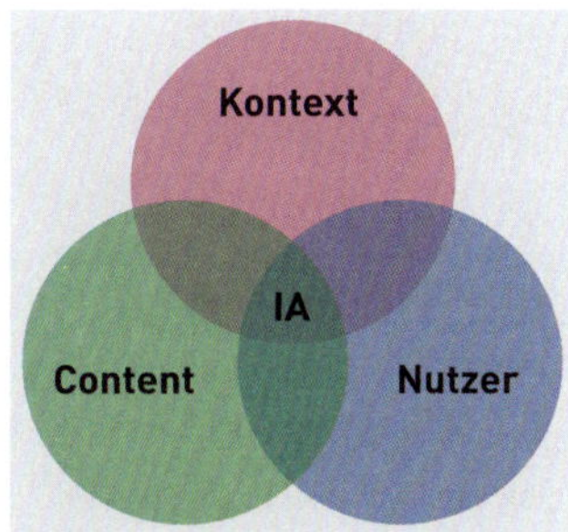

Abbildung 27.8: Informationsarchitektur ist eine Schnittstellendisziplin (nach Peter Morville und Louis Rosenfeld).

27.4.1 Strukturierung von Websites

Im Laufe der Zeit haben sich einige etablierte Methoden herausgebildet, wie man Websites strukturieren kann. Dieser Abschnitt enthält die wichtigsten von ihnen, und selbstverständlich sind auch Kombinationen möglich.

+ **Hierarchische Struktur:** Am häufigsten werden Websites nach der hierarchischen Struktur aufgebaut, manchmal auch Baumstruktur genannt. Die Informationsknoten stehen dabei in einem Eltern-Kind-Verhältnis zueinander, so dass man sich innerhalb der Kategorien entlanghangeln kann. Hierarchien sind sehr vertraut und stellen oft einen guten Startpunkt für eine gute Informationsarchitektur dar.
  Bei hierarchischen Strukturen sind einige grundlegende Entscheidungen zu treffen. Dürfen Einträge nur in einer Kategorie vorkommen, oder können sie auch mehrmals einsortiert werden? Letzteres vereinfacht einerseits das Auffinden, weicht andererseits aber auch die hierarchische Struktur auf und verringert ihre

Lesetipp

Immer einen Blick wert: Peter Morville, Louis Rosenfeld & Jorge Arango, »Information Architecture: For the Web and Beyond« (O'Reilly 2015), ein Klassiker zur Informationsarchitektur.

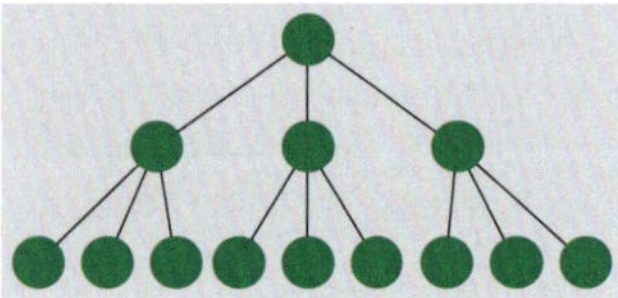

Abbildung 27.9: Hierarchische Informationsarchitektur

Abbildung 27.10: Sequentielle Struktur

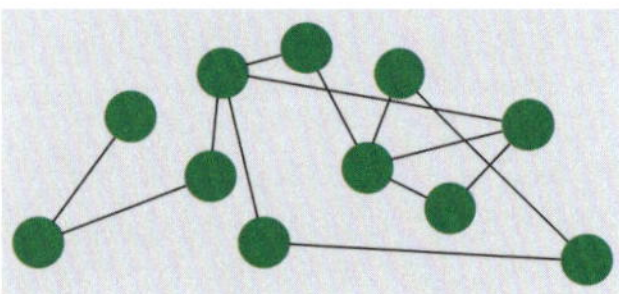

Abbildung 27.11: Netzartige Struktur

Definition Metadaten
Metadaten sind Informationen über Informationen.

Soziale Faktoren
Zunehmend werden Informationsarchitekturen auch auf sozialen Faktoren aufgebaut, beispielsweise in Form von nutzergenerierten Schlagwörtern (auch Folksonomy, kollaboratives Tagging, Social Tagging oder Ethnoindexing genannt) oder besonders beliebten Beiträgen (ermittelt durch Zugriffszahlen oder Anzahl von Shares auf Social-Media-Plattformen).

Orientierungsfunktion. Außerdem müssen Sie einen Kompromiss zwischen Tiefe (Anzahl von Ebenen) und Breite (Anzahl von Einträgen auf einer Ebene) der Struktur finden. Es gibt keine allgemeingültigen Regeln dafür, ob tiefe oder flache Hierarchien besser sind. Wichtiger als bloße Zahlen ist die Frage, ob Menschen bei der Nutzung das Gefühl haben, sich auf dem richtigen Weg zu befinden und voraussehen zu können, was sie hinter dem nächsten Link erwartet – hier hilft nur ausgiebiges Testen.

+ **Sequentielle oder lineare Strukturen:** Sequentielle oder lineare Strukturen sind durch eine schrittweise Abfolge von Knoten gekennzeichnet. Einer Person wird dadurch die Entscheidung abgenommen, wohin sie navigieren könnte – ein Vorteil für Inhalte oder Seitenbereiche mit fest definierten Schrittfolgen, beispielsweise Tutorials, Online-Kurse oder der Bestellprozess in einem Shop.
+ **Netzstrukturen:** Netzstrukturen erlauben eine große Flexibilität, denn sie sind an keine übergreifende Architektur gebunden. Knoten werden vielmehr nach inhaltlich sinnvollen Kriterien miteinander verknüpft. Das lässt bei der Nutzung einen großen Entscheidungsspielraum, kann aber auch zu höherer Komplexität oder gar Verwirrung führen. Ein gutes Beispiel von Netzstrukturen ist Wikipedia und Schlagworte.
+ **Gitterstrukturen bzw. Metadaten:** Für Inhalte auf Basis von Datenbanken bieten sich Organisationsstrukturen mit Metadaten an. Inhaltsbezogene Attribute wie Schlagwörter, Farben oder Größen können beispielsweise Querverbindungen zwischen Inhalten herstellen. Metadaten bieten sich für Strukturen auf Basis von Filtern an, die manchmal auch Matrixstrukturen oder Gitterstrukturen genannt werden, da die Inhalte gerne auch anhand von mehreren Dimensionen in Zeilen und Spalten gegliedert werden.

27.4.2 Kriterien für die Gruppierung

Informationsarchitektur beschränkt sich jedoch nicht auf diese strukturellen Aspekte. Es ist nämlich nicht nur wichtig, wie wir etwas gliedern, sondern auch was wir gliedern oder wonach. Diese Organisationsprinzipien bestimmen, nach welchen Kriterien Inhalte gruppiert werden. Sie richten sich nach den Inhalten sowie den Nutzungsabsichten der Besucher und Besucherinnen – während es Menschen, die Nachrichtenwebsites lesen, vorrangig um Aktualität geht und sich eine chronologische Gliederung anbietet, macht dies auf anderen Seiten weniger Sinn. Meist nutzt man auch hier Kombinationen verschiedener Prinzipien.

+ In einigen Bereichen bieten sich exakte Organisationsprinzipien wie die alphabetische, chronologische oder geografische Sortierung an. Sie haben den Vorteil, dass sie eindeutig sind, allerdings helfen sie Nutzern und Nutzerinnen nur, wenn sie genau wissen, was sie suchen (Known-Item-Search).

+ Subjektive Organisationsprinzipien sind oft hilfreicher, weil sie Menschen eine größere Hilfestellung bieten – oft wissen wir nämlich nicht genau, was wir suchen. Beispiele für solche Prinzipien sind Gliederungen nach Thema, Zielgruppen oder Aufgaben. Ob eine derart aufgebaute Informationsarchitektur den Nutzerinnen und Nutzern jedoch hilft, steht und fällt damit, wie gut sie auf ihre Intentionen angepasst ist. Sorgfältiges Erforschen der eigenen Zielgruppe sowie konstantes Überprüfen der Architektur sind hier unerlässlich.

LATCH-Prinzip

Als Einstieg und grobe Orientierung, um Inhalte zu organisieren, bietet sich hier das LATCH-Prinzip von Richard Saul Wurman an:

+ **L für Location:** Geografische Inhalte können räumlich z. B. auf einer Karte organisiert werden.
+ **A für Alphabet:** Fast immer lassen sich Inhalte alphabetisch sortieren.
+ **T für Time:** Es gibt Inhalte, die sich chronologisch gliedern lassen.
+ **C für Category:** Eine Gliederung nach Kategorie ist extrem flexibel, wenn Menschen die Kategorien verstehen.
+ **H für Hierarchy:** Hier gliedern Sie nach der Wertigkeit von Attributen (z. B. einem Preis).

27.4.3 Konsistente Benennung von Inhalten

Schließlich ist auch die konsistente Benennung von Inhalten von zentraler Bedeutung – die beste Informationsarchitektur nutzt nichts, wenn die Besucherinnen und Besucher andere Begriffe erwarten. Das Ziel dieser Begriffe ist es, die dahinterstehenden Inhalte in kurzer und knapper Form so genau zu beschreiben, dass jemand sich ihren Inhalt vorstellen kann. Diese Aufgabe sollte nicht auf die leichte Schulter genommen werden: Jeder kurze Moment, in dem ein Mensch innehalten und nachdenken muss, birgt das Risiko eines Abbruchs in sich. Unpassende Begriffe können also buchstäblich Geld kosten.

Es gibt verschiedene Verfahren, um die richtigen Begrifflichkeiten zu finden. Dabei sollen besonders die nutzerzentrierten Methoden hervorgehoben werden:

+ Eine einfache, aber sehr effektive Methode ist es, Personen aus der Zielgruppe zu bitten, passende Begrifflichkeiten zu einem Themengebiet zu brainstormen (Free-Listing, vgl. den Beitrag »Beyond Cardsorting: Free-Listing Methods to Explore User Categorizations« von Rashmi Sinha unter *https://rohl.es/beyond-cardsorting*).
+ Card Sorting (Kartenlegen) ist ein Verfahren, die Informationsarchitektur mithilfe von Nutzern und Nutzerinnen zu entwickeln oder zu testen. Die geplanten Inhalte werden dabei auf Indexkarten geschrieben, gemischt und Probanden vorgelegt. Beim offenen Card Sorting können sie die Inhalte selbst gruppieren und die Kategorien benennen. Beim geschlossenen Card Sorting werden die Kategorien hingegen vorgegeben, und Probanden und Probandinnen ordnen ihnen Inhalte zu.

27.5 Navigations- und Interaktionsdesign

Die Navigation gehört zu den wichtigsten User-Interface-Elementen auf einer Website. Sie hat nicht nur die Aufgabe, Zugang zu den Inhalten zu ermöglichen, sondern soll auch Orientierung bieten (Wo bin ich gerade? Worum geht es hier? Wie breit und wie tief ist das Angebot?) und Vertrauen schaffen – Nutzerinnen und Nutzer sollten jederzeit das Gefühl haben, sich auf die Navigation verlassen und immer an ihren Ausgangspunkt zurückgelangen zu können.

Quellen und Lesetipps

+ Erick Arbe: *www.responsivenavigation.net*
+ Brad Frost: *http://bradfrost.com/blog/web/responsive-nav-patterns* und *http://bradfrost.com/blog/web/complex-navigation-patterns-for-responsive-design*

27.5.1 Arten von Navigation

Es gibt unterschiedliche Arten von Navigationen. Häufig unterscheidet man zwischen folgenden Arten:

1. **Globale Navigation** mit den wichtigsten Themen (Hauptnavigation)
2. **Lokale Navigation** innerhalb eines Themengebiets (Subnavigation)
3. **Ergänzende Navigation** mit Abkürzungen zu verwandten Themen, beispielsweise in Form von Quick Links
4. **Kontextuelle Navigation** innerhalb des Content-Bereichs (z. B. in Form von Links innerhalb des Texts)
5. **Zusatz- oder Hilfsnavigation** mit übergreifenden, aber nicht so zentralen Informationen (z. B. Kontaktinformationen)

Außerdem gibt es Funktionalitäten wie die Sitemap oder die Suchfunktion, die ebenfalls wichtige Navigationsaufgaben übernehmen.

Navigation und Informationsarchitektur sind eng miteinander verzahnt, aber nicht identisch. So kann eine hierarchische Informationsarchitektur in zwei Navigationen (Haupt- und Subnavigation) eingeteilt werden, oder aber beide Navigationen werden in einen Bereich integriert. Auch gibt es Bereiche, die zwar in der oberen Ebene der Informationsarchitektur liegen, aber dennoch einen wenig prominenten Platz im Footer erhalten (das Impressum beispielsweise). Informationsarchitektur ist wie das Skelett eines Lebewesens – nur weil wir sie nicht direkt sehen können, heißt das nicht, dass sie nicht da ist.

27.5.2 Positionierung und Gestaltung von Navigationen

Typischerweise wird die Hauptnavigation oben angeordnet. Oft sitzt sie linksbündig oder zentriert, häufig auch rechts neben dem Logo.

Abbildung 27.12: Typische Anordnung der Hauptnavigation beim Design Tagebuch (*www.designtagebuch.de*)

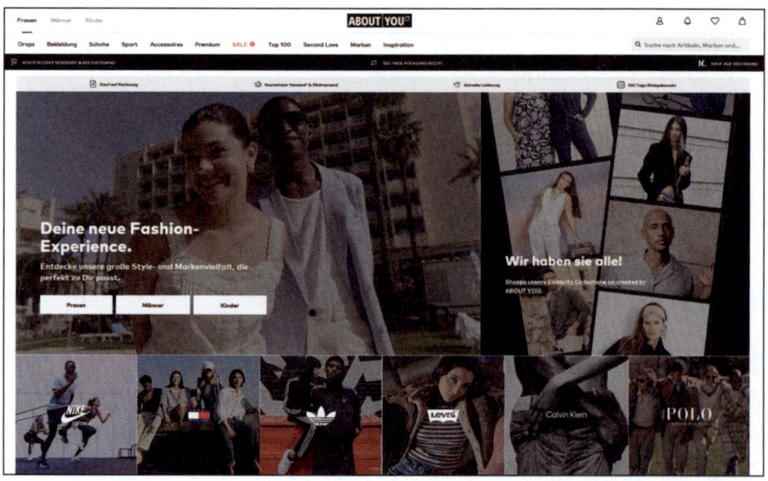

Abbildung 27.13: Haupt- und Subnavigation in horizontaler Anordnung untereinander (hier bei ABOUT YOU)

In den letzten Jahren ist auch oft zu beobachten, dass die Navigation beim Scrollen mithilfe von `position: fixed` oder `position: sticky` (CSS, siehe Abschnitt 29.2.1) am oberen Rand fixiert wird. Ein Beispiel:

```
nav {
 position: fixed;
 top: 0;
 width: 100%;
}
```

Listing 27.1: Mit CSS fixierte Navigation

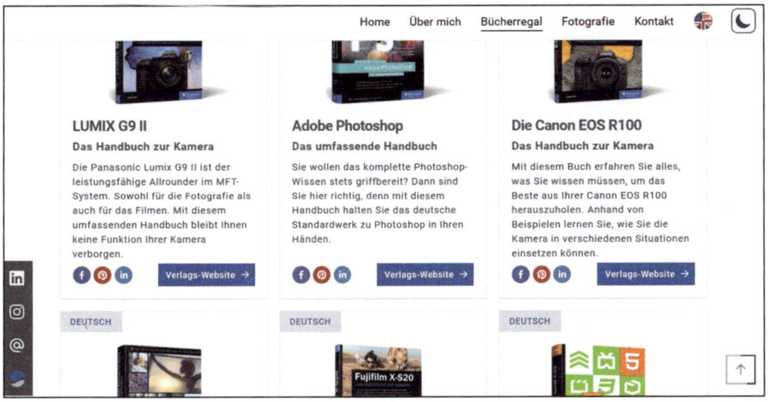

Abbildung 27.14: Beim Scrollen fixierte Navigation bei Pronix (*www.pronix.de*)

Eine Alternative zur horizontalen Anordnung ist eine Navigationsleiste am linken Rand. Oft sitzt entweder die Subnavigation links, oder aber Haupt- und Subnavigation sind in eine Navigation integriert.

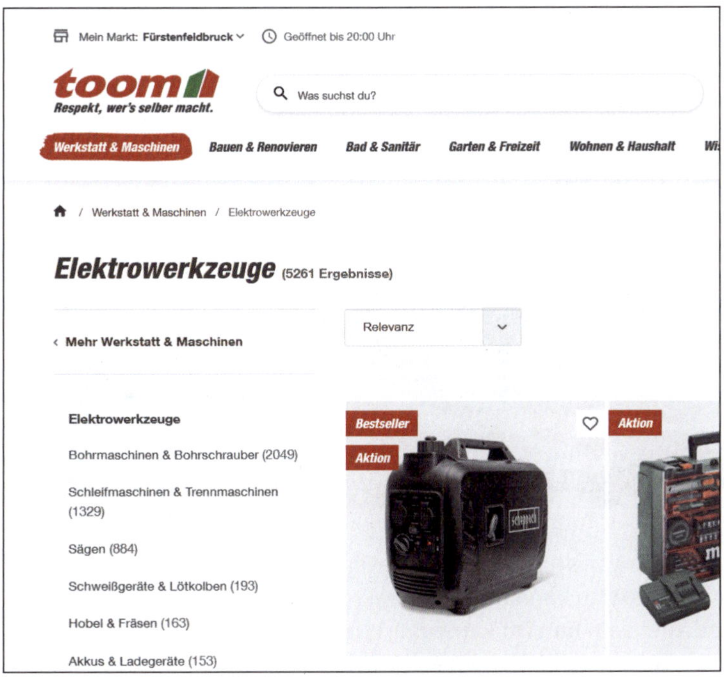

Abbildung 27.15: Subnavigation im linken Bereich (Toom, *www.toom.de*)

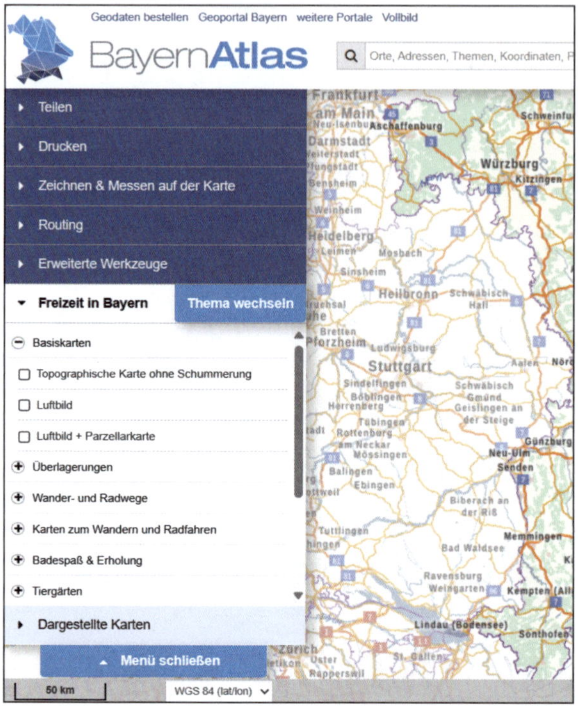

Abbildung 27.16: Integration von Haupt- und Subnavigation links (BayernAtlas, *www.geoportal.bayern.de*)

Rechts angeordnete Navigationen sind in westlichen Kreisen eher selten – dort finden sich eher alternative Zugänge zu Inhalten. Typisch ist das Muster bei Blogs, die vorrangig über den chronologisch sortierten Inhaltsbereich rezipiert werden – hier finden sich rechts eher Meta-Informationen wie Kategorien oder Schlagworte.

Hilfsnavigationen sitzen häufig oben rechts und werden deutlich unauffälliger gestaltet als die anderen Navigationen.

Abbildung 27.17: Hilfsnavigation oben rechts bei der Neuen Zürcher Zeitung (*www.nzz.ch*)

Eine weitere Variante ist es, die Navigation im Footer zu wiederholen – auf diese Weise kann man sie direkt erreichen, wenn man eine Seite zu Ende gelesen hat. Oft kombiniert man dies mit einer Sprungmarke, über die man per Klick wieder nach oben kommt.

Abbildung 27.18: Footer mit weiterführenden Informationen und Navigation beim Harvard Art Museum (*www.harvardartmuseum.org*)

Selbstverständlich kann man die Navigation auch für Experimente nutzen, die sich in kreativer Weise von den etablierten Konventionen abheben. Ungewöhnlich positionierte und gestaltete Navigationen sollten gut getestet werden: Einerseits können sie einer Website das gewisse Etwas geben, andererseits brechen sie mit gewohnten Konventionen und können Nutzer verwirren oder sogar nerven.

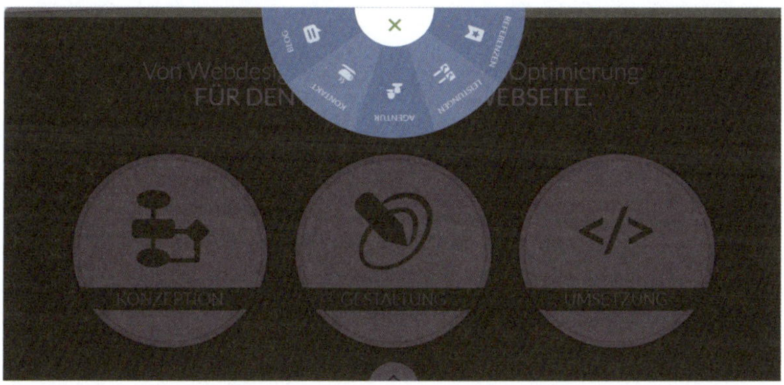

Abbildung 27.19: Rundes Menü auf abgedunkeltem Hintergrund bei Pixlscript (*www.pixlscript.de*)

27.5.3 Interaktionen bei Navigationen

Navigationen unterscheiden sich nicht nur darin, wo sie angeordnet und wie sie gestaltet werden, sondern auch in ihrem Verhalten und darin, auf welche Art und Weise sie Zugang zu den Inhalten schaffen:

+ Die **klassische Navigationsleiste** arbeitet oft mit einer farblichen Abhebung der Links.

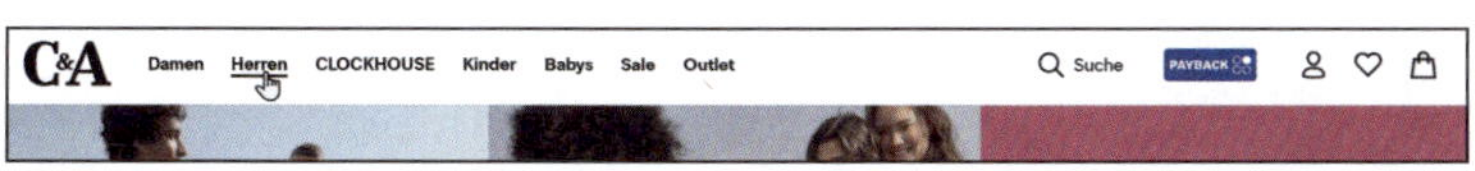

Abbildung 27.20: Navigationsleiste bei C&A (*www.c-and-a.com*)

+ **Reiternavigationen** arbeiten mit Tabs und verdeutlichen auf diese Weise den Zusammenhang zwischen Inhalten und Navigationspunkt. Sie erinnern an Karteikarten.

Abbildung 27.21: Reiternavigation bei Fluege.de (*www.fluege.de*)

+ **Dropdown-Menüs** klappen sich nach unten auf, während man mit der Maus über einen Navigationspunkt fährt. Sie ermöglichen es, direkt auf Unterseiten zuzugreifen, ohne zunächst die übergeordnete Seite laden zu müssen. Wichtig aus Sicht der Accessibility ist, dass ein Dropdown-Menü nicht nur per Maus, sondern auch mit Tastatur oder einem Touchscreen nutzbar sein muss.

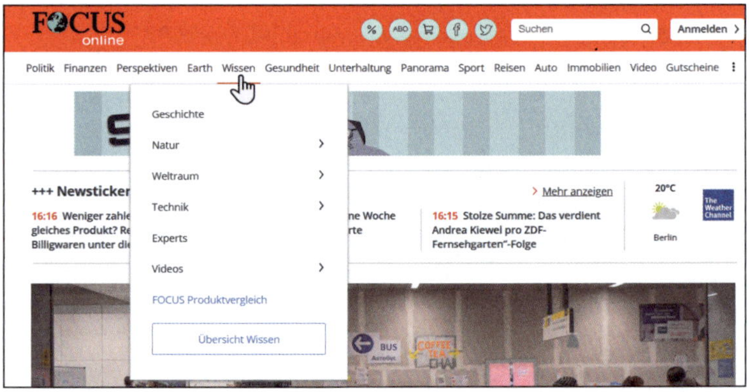

Abbildung 27.22: Dropdown-Menü bei Focus Online (*www.focus.de*)

+ Eine Weiterentwicklung des Dropdown-Menüs ist das **Mega-Dropdown-Menü**. Diese Variante enthält übersichtlich dargestellte Links in mehreren Ebenen, teilweise sogar ganze Inhaltsblöcke mit Teasern und Bildern. Ihre Stärke spielen sie besonders bei Seiten mit umfangreichem Informationsangebot aus.

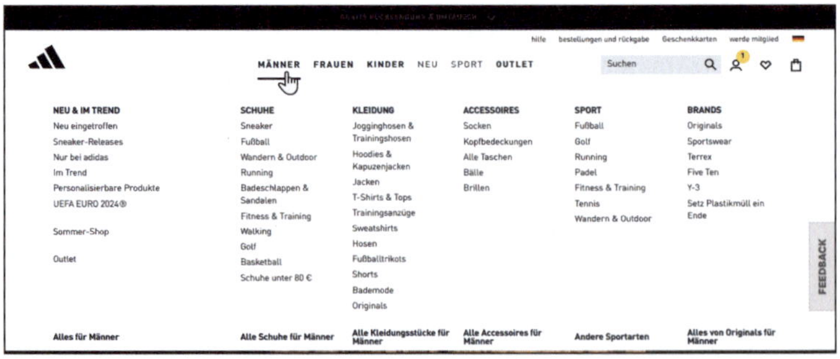

Abbildung 27.23: Mega-Dropdown-Menü bei adidas (*www.adidas.de*)

+ **Flyout-Menüs** entsprechen in ihrem Verhalten den Dropdowns, öffnen sich jedoch zur Seite. Auch hier bietet sich die Arbeit mit Pfeilen an, um die richtigen Erwartungen zu wecken. Aus Usability-Sicht gilt das Steering Law auch hier – achten Sie besonders auf große aktive Flächen.

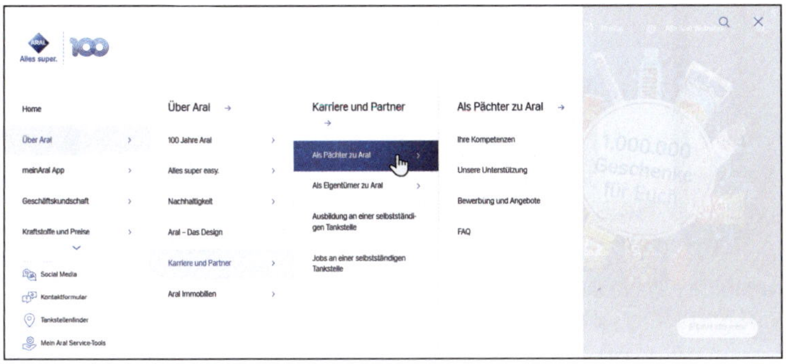

Abbildung 27.24: Das Flyout-Menü von Aral (*www.aral.de*)

+ Bei **Accordion-Menüs** fungieren die Navigationspunkte zunächst als Container für ihre Unterpunkte: Beim Anklicken laden sie nicht direkt eine neue Seite, sondern klappen zunächst ein Untermenü aus. Manchmal wird die übergeordnete Seite bei einem zweiten Klick auf den Navigationspunkt geladen.

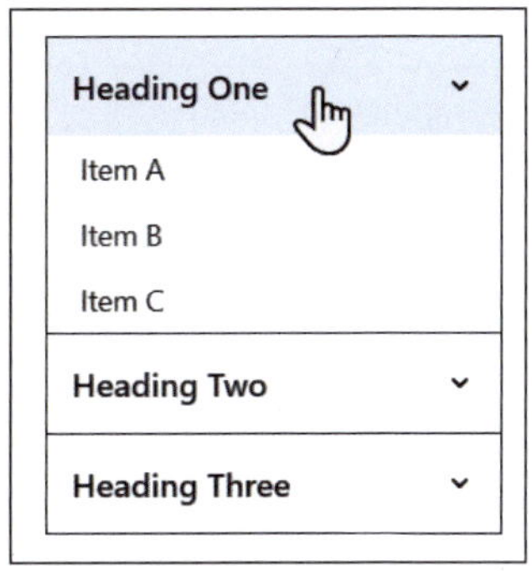

Abbildung 27.25: Klassisches Accordion-Menü

27.5.4 Responsive Navigationen

Im Responsive Webdesign müssen Navigationen weiteren Anforderungen genügen: Sie sollten gut auf Touchscreens zu bedienen sein und nach Möglichkeit nicht zu viel Platz einnehmen, damit die Nutzer und Nutzerinnen beim Laden der Seite noch etwas vom Inhalt sehen können. Es haben sich drei grundlegende Strategien herausgebildet, mit dieser Herausforderung umzugehen:

+ Navigation sichtbar lassen
+ Navigation verstecken
+ Navigation dynamisch anpassen

Strategie 1: Navigation sichtbar lassen

Im einfachsten Fall bleibt die Navigation auf allen Viewports sichtbar und wird lediglich in geringem Umfang über CSS angepasst, beispielsweise in Abständen oder Schriftgrößen.

Die einfachste Lösung wird manchmal als Top Nav oder Do Nothing bezeichnet. Kleine Menüs benötigen oft gar nicht so viel, um bei kleinen Viewports nutzbar zu bleiben.

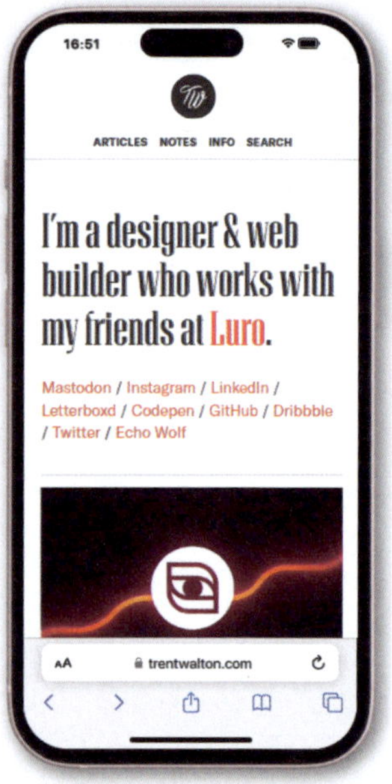

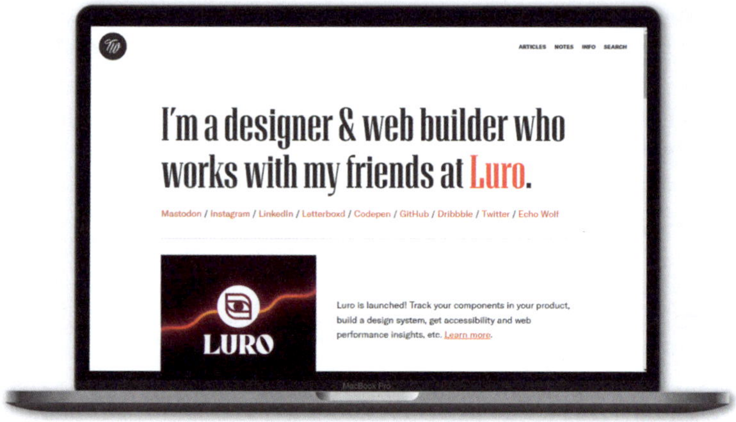

Abbildung 27.26: Die Website eines Webdesigners bei kleinen sowie großen Viewports (*https://trentwalton.com*)

Tatsächlich ist es empfehlenswert, zuerst einen kritischen Blick auf die Informationsarchitektur zu werfen, bevor man eine Entscheidung für eine responsive Navigationslösung trifft. Manchmal ist es möglich, eine Struktur zu vereinfachen – z. B. selten genutzte Einträge zu entfernen oder alternative Zugänge zu Inhalten zu schaffen (z. B. im Content-Bereich statt in der Subnavigation).

Strategie 2: Navigation verstecken

In vielen Fällen wird es nicht möglich sein, eine Navigation so sehr zu reduzieren, dass sie auch auf kleinen Viewports funktioniert. Im Design greift man dann oft zu Strategie 2: Die Navigation ist zunächst ausgeblendet, kann beim Besuch jedoch auf Wunsch eingeblendet werden.

Vorteil davon ist, dass zunächst sehr viel Raum für die Inhalte zur Verfügung steht. Wird dann das Menü aktiviert, kann die Navigation so viel Raum spendiert bekommen wie nötig.

Der Nachteil darf jedoch nicht verschwiegen werden: Versteckte Navigationen können ihre Orientierungsfunktion zunächst überhaupt nicht wahrnehmen. In einer britischen Studie von Dezember 2015 (*www.nngroup.com/articles/hamburger-menus*) wurden versteckte Menüs signifikant weniger und später genutzt. Es ist also wichtig, alternative Zugangswege zu den Inhalten im Content-Bereich zu schaffen, damit Besucherinnen und Besucher auch fündig werden, wenn sie die versteckte Navigation nicht nutzen.

Versteckte Navigationen arbeiten mit einem Button, der das Menü einblendet. In den letzten Jahren hat sich ein Icon mit drei waagerechten Strichen als Erkennungszeichen etabliert, das **Hamburger-Icon** (Brötchen, Fleisch, Brötchen) genannt wird – es ist in Abbildung 27.28 zu sehen ❶. Es stammt aus dem App-Design und hat als sehr kompaktes Symbol den Weg ins Web gefunden.

Navigation im Footer

Ein anderer Lösungsansatz steht etwas zwischen sichtbarer und versteckter Navigation: Sie wird in den Footer ausgelagert. Im Seitenkopf bleibt eine Sprungmarke, die auf Anforderung nach unten leitet.

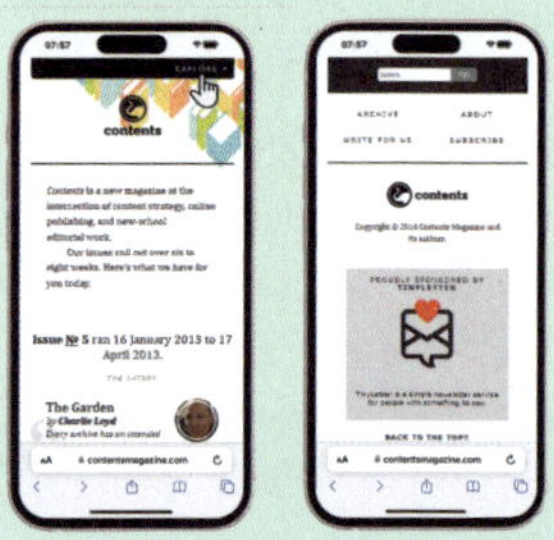

Abbildung 27.27: Footer-Navigation bei Contents Magazine (*https://contentsmagazine.com*)

In vielen Fällen wird das Hamburger-Icon ohne weitere Erklärungen oder Beschriftung genutzt – Designer und Designerinnen gehen dann davon aus, dass es allgemein verständlich und bekannt ist. In manchen, sehr netzaffinen Branchen mag dies stimmen, allerdings sollte nicht verschwiegen werden, dass es durchaus gegenteilige Usability-Studien (*www.nngroup.com/articles/find-navigation-mobile-even-hamburger*) und A/B-Tests (*http://sitesforprofit.com/menu-eats-hamburger*) gibt. Es sollte daher gut untersucht werden, ob die eigene Zielgruppe ein einzelnes Hamburger-Icon als Menü-Button erkennt. Andernfalls sollte das Symbol mit einem Text wie »Menü« oder »Navigation« ergänzt werden.

Die beliebteste Lösung für versteckte responsive Menüs ist das **Toggle-Menü**: Ein Button schaltet das Menü aus oder ein. Entweder überlagert das Menü im aktiven Zustand einen Teil der Seite, oder aber der gesamte Inhaltsbereich wird nach unten verschoben. Ein Toggle-Menü kann auch mehrere Ebenen umfassen (**Multi-Level-Toggle**).

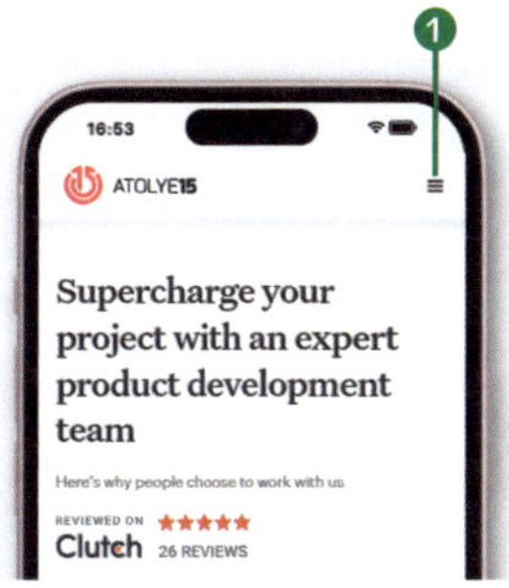

Abbildung 27.28: Alternative Zugänge zu Inhalten bei Atolye (*www.atolye15.com*)

Versteckte Navigationen auf großen Viewports

In jüngerer Vergangenheit mehren sich Webdesigns, die konsequent auf versteckte Menüs mit Hamburger-Button setzen – auch auf großen Viewports mit ausreichend Platz für eine Navigation. Visuell betrachtet mag das schöne, plakatartige Gestaltungen ergeben. Aber: Der Button nimmt bei großen Viewports anteilig betrachtet einen wesentlich geringeren Raum ein als auf kleinen – er fällt dementsprechend sehr viel weniger auf. In der oben erwähnten Studie wurden solche versteckten Navigationen auch deutlich weniger genutzt – die Menschen rechneten einfach nicht damit, dass ein Menü versteckt wird, wenn genügend Platz vorhanden ist. Es empfiehlt sich daher, die Usability und Nutzerinteraktionen bei solchen Designentscheidungen genau zu überprüfen.

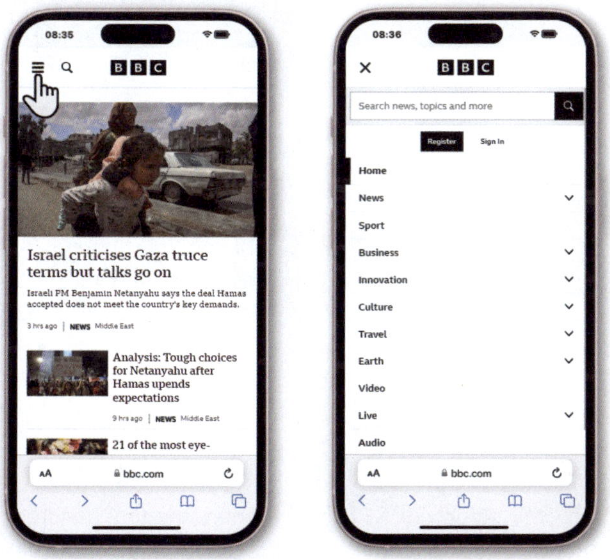

Abbildung 27.29: Responsives Toggle-Menü bei BBC (*www.bbc.com*)

Eine andere häufige Variante ist das **Off-Canvas-Menü** (»off canvas« = außerhalb des Darstellungsbereichs), bei dem das Menü von der Seite hineinfährt. Diese Variante hat besonders bei komplexen Menüs Vorteile, weil sich beliebig viele Ebenen ineinander verschachteln lassen.

Strategie 3: Dynamische Anpassung von Navigationen

Eine Alternative zum vollständigen Ausblenden ist es, ein Menü ähnlich flexibel an die Viewport-Breiten anzupassen wie den Rest der Website auch.

Eine Variante arbeitet mit Erkenntnissen über **Nutzungsintentionen**. So können Sie z. B. auf der Startseite das komplette Menü anzeigen lassen, während es sich auf Unterseiten nur auf Anweisung öffnet. Die Idee dahinter ist, dass Besucherinnen und Besucher auf der Startseite Orientierung durch die Navigation benötigen, während sie auf Unterseiten eher möglichst schnell zu Inhalten möchten – immerhin haben sie bewusst über die Startseite oder eine Suchmaschine hierhin navigiert. Solche Ansätze stehen und fallen natürlich damit, wie gut man die Nutzungsintentionen seiner Zielgruppe untersucht hat.

> **Lesetipp**
> Hintergründe zur Umsetzung des Menüs vom Goshen College liefert der Artikel auf CSS-Tricks unter *https://css-tricks.com/priority-navigation-scrolling-drop-downs*.

Ein anderer Ansatz hört auf den Namen **Priority+**. Menüpunkte werden hier nach und nach eingeblendet – die wichtigsten Punkte sind also immer zu sehen, die weniger häufig angewählten verschwinden bei Platzmangel in einem Toggle-Menü.

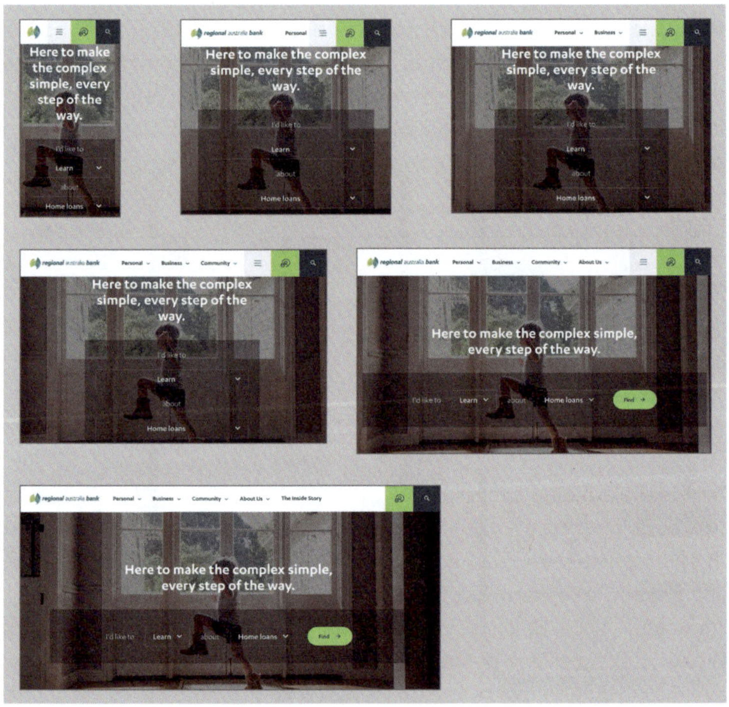

Abbildung 27.30: Dynamisch anpassende Navigation bei der Regional Australia Bank (*www.regionalaustraliabank.com.au*)

Manchmal sind auch weitere Experimente zu finden, beispielsweise horizontales Scrollen innerhalb des Menüs mithilfe von Pfeilen wie bei einem **Content-Carousel**.

Abbildung 27.31: Carousel-Navigation bei der Süddeutschen Zeitung (*www.sueddeutsche.de*)

27.5.5 Usability und Accessibility bei Navigationen

Navigationen sind zentrale Elemente der Nutzerführung – kein Wunder also, dass Usability- und Accessibility-Aspekte hier besonders wichtig sind.

+ Interaktive Elemente sollten deutlich von anderen unterschieden werden. Nur dann können Nutzer und Nutzerinnen zuverlässig erkennen, mit welchen Elementen sie interagieren können. Wichtig ist auch eine hohe Konsistenz: Elemente mit ähnlichen Funktionen sollten auch ähnlich aussehen.
+ Verdeutlichen Sie den Zustand von interaktiven Elementen. Die Pseudoklasse `:hover` kann Links hervorheben, über denen sich gerade der Mauszeiger befindet. Achten Sie darauf, dass sich der aktive Zustand deutlich vom normalen unterscheidet.
+ Nicht vergessen dürfen Sie außerdem die Fokusstile mit `:focus`, die bei der Tastaturnavigation zum Einsatz kommen. Standardmäßig stellen Browser fokussierte Elemente mit einem blauen Rahmen dar. Wenn das nicht passt, können Fokusstile auch manuell gesetzt werden.

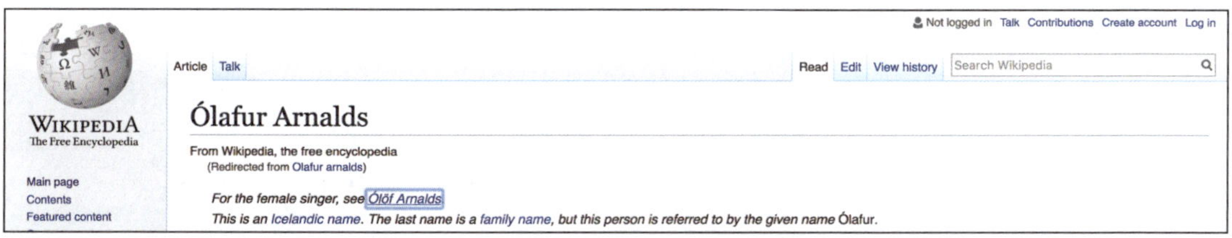

Abbildung 27.32: Elemente mit Fokus werden im Browser in der Standarddarstellung blau umrandet (*https://en.wikipedia.org*).

+ Achten Sie auf eine ausreichend große aktive Fläche, ganz besonders auf Touchscreens. Nutzen Sie das Box Model von CSS (vgl. Abschnitt 28.1), um die aktive Fläche von zu kleinen Elementen zu vergrößern.
+ Der Psychologe Paul Fitts hat in den 1950er Jahren eine Gesetzmäßigkeit entdeckt, die nach ihm benannt wurde: »**Fitts' Gesetz**«. Es besagt, dass die Zeit, die man benötigt, um ein Ziel in einer geraden Bewegung zu erreichen, von dessen Größe und Entfernung abhängt. Für die Gestaltung von nutzerfreundlichen User Interfaces bedeutet das: Zusammengehörige oder häufig genutzte Bedienelemente sollten gruppiert werden, um die notwendigen Bewegungen zu minimieren. Je wichtiger eine Handlung ist, desto größer sollte auch das zugehörige UI-Element sein. Unwichtigere Handlungen dürfen auf kleine oder weit entfernte Elemente gelegt werden.

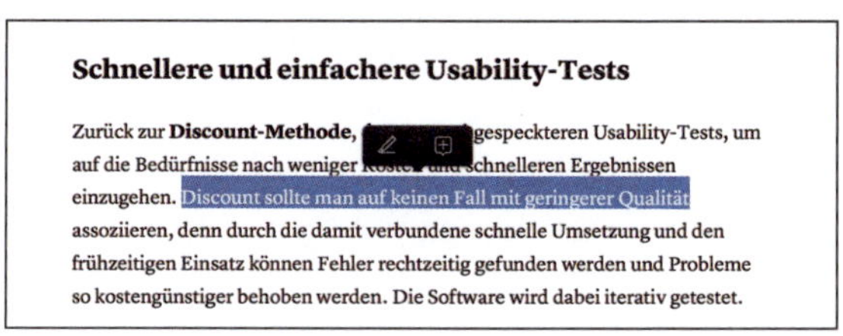

Abbildung 27.33: Fitts' Gesetz in der Praxis – Instapaper (*www.instapaper.com*) zeigt beim Markieren von Textpassagen mögliche Interaktionen in unmittelbarer Nähe.

»title« bei Links?

Das `title`-Attribut kann zur näheren Beschreibung eines Links verwendet werden – sein Eintrag wird als Tooltip gezeigt, wenn der Mauszeiger auf einem Link stehen bleibt. Aber Vorsicht: Es wird in Screenreadern nur optional ausgegeben. Einen nicht sprechenden Textlink können Sie also nicht durch ein aussagekräftiges `title`-Attribut wieder wettmachen. Auch bei Tastatur- und Touchscreen-Bedienung werden die Informationen nicht ausgegeben. Alle relevanten Informationen gehören daher direkt in den Linktext.

+ Achten Sie außerdem auf **Hicks Gesetz** (benannt nach dem Psychologen William Edmund Hick): Je mehr Optionen eine Benutzeroberfläche bietet, desto schwerer fällt eine Entscheidung. Erforschen Sie die Bedürfnisse Ihrer Zielgruppe, und gestalten Sie Oberflächen, die auf genau diese Bedürfnisse angepasst sind.

27.5.6 Gestaltung von Buttons und Links

Navigationen sind ein sehr wichtiges, aber nicht das einzige Interaktionsinstrument auf Websites. Während Buttons früher häufig als dreidimensionale Tasten in Bildbearbeitungsprogrammen gestaltet wurden, setzt man heute eher auf reduziertere Varianten mithilfe von CSS. Dieses Vorgehen hat besonders im Responsive Webdesign deutliche Vorteile, da sich die Buttons an unterschiedliche Viewport-Breiten anpassen können. HTML bietet mit `button` ein eigenes Element für die Schaltflächen.

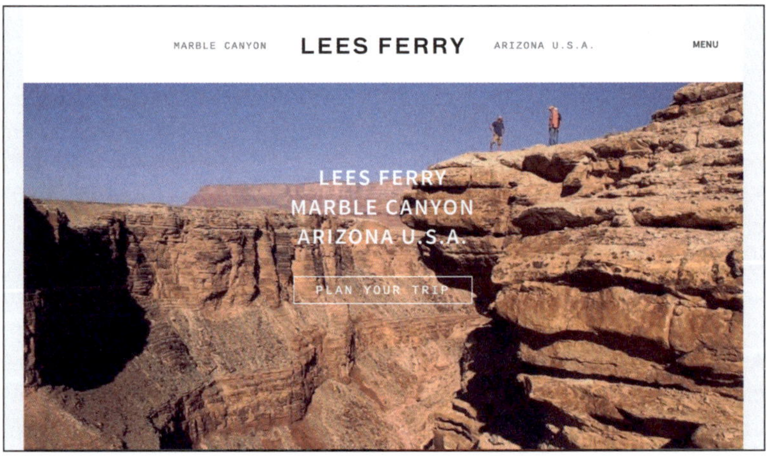

Abbildung 27.34: Wenn Menschen an einer Stelle einen Button erwarten, kann die Gestaltung sehr stark reduziert werden (*http://leesferry.com*).

Links werden traditionellerweise blau und unterstrichen dargestellt. Aus Sicht der Usability funktionieren aber auch andere Lösungen, solange sich Links deutlich genug von normalem Text unterscheiden. Wichtig ist eine eindeutige Bezeichnung, damit Nutzerinnen und Nutzer voraussehen können, was sie hinter einem Link erwartet. Zudem hilft diese Maßnahme Menschen, die Screenreader verwenden und sich auf Wunsch alle Linktexte auf einer Website gesammelt vorlesen lassen können – ein Linktext wie »hier« hilft ihnen in diesem Fall nicht weiter.

Kapitel 28

Responsive Webdesign

Themen des Kapitels:

- *Bedeutung von Responsive Webdesign*
- *Technologische Grundlagen*
- *Das Media-Viewport-Element*
- *Media Queries, Breakpoints und Viewports*
- *Mobile First oder Desktop First*

Kaum eine technologische Entwicklung der letzten Jahre hat die Webdesign-Welt so verändert wie die Durchsetzung des Smartphones und des mobilen Webs. Statistiken auf *https://gs.statcounter.com* zeigen, dass fast 60% der weltweiten Online-Nutzerinnen und -Nutzer sich im mobilen Netz bewegen. Mobile Internetnutzung ist daher aus dem Alltag der Menschen nicht mehr wegzudenken. Für Websites bedeutet dies, dass sie optimiert werden müssen, um in diesen unterschiedlichen Nutzungskontexten eine gute Figur zu machen.

Quellen und Lesetipps zu Webdesign und Responsive Webdesign

- Martin Hahn, »Webdesign – Das Handbuch zur Webgestaltung«, Rheinwerk, Bonn 2024
- Kai Laborenz & Andrea Ertel, »Responsive Webdesign«, Rheinwerk, Bonn 2017
- Björn Rohles, Jürgen Wolf, »Grundkurs gutes Webdesign«, Rheinwerk, Bonn 2023

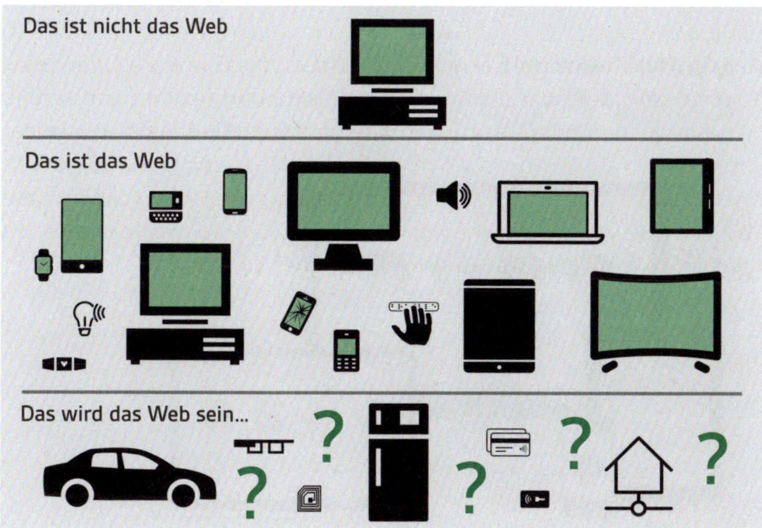

Abbildung 28.1: Das Web hat sich enorm verändert und ist nun bei weitem nicht mehr der Desktop-Rechner am eigenen Schreibtisch – und es wird sich noch weiter wandeln (nach einer Idee von Brad Frost mit eigenen Ergänzungen).

28.1 Grundlagen

Es gibt verschiedene Möglichkeiten, eine mobile Website zu erstellen. Die erste lautet: Sie entwerfen eine Mobilversion, also eine alternative Version der Website, die speziell für das mobile Web optimiert ist und oft auf eine mobile Nutzungssituation angepasste Inhalte bietet. Allerdings ist es nicht einfach, von der Breite einer Darstellung auf einen Nutzungskontext zu schließen, denn wir nutzen unsere Smartphones nicht nur unterwegs, sondern auch zu Hause auf der Couch oder am Schreibtisch.

Der Trend geht daher klar in eine andere Richtung: eine Version mit flexiblen Anpassungen für alle. Der Fachbegriff »Responsive Webdesign« bezeichnet die Fähigkeit einer Website, automatisch auf die jeweiligen Herausforderungen reagieren zu können. Responsive Webdesign beruht darauf, nur eine Website mit den gleichen Inhalten auszuliefern – egal, wie groß das Gerät ist. Die Darstellung wird jedoch für unterschiedlichste Breiten optimiert, damit jeder Mensch eine möglichst gute Nutzungserfahrung hat. Die Stufen, in denen diese Layoutanpassungen passieren, werden Breakpoints genannt – Breitenangaben, ab denen das Layout sich verändern (»brechen«) soll.

Um eine responsive Website zu gestalten, sind verschiedene Elemente von Bedeutung:

1. Mit einem **flexiblen Layout** wird die Website dynamisch an die Breite des betrachtenden Geräts angepasst. Hier spielen vor allem CSS-Grids und Flexbox eine wichtige Rolle (siehe Kapitel 29).
2. **Media Queries** ermöglichen es, verschiedene Stile für verschiedene Browser- und Gerätebedingungen zu definieren.
3. Auch **Bilder und Medien** sollten flexibel sein. Bilder sollten so eingestellt werden, dass sie sich in ihrer Größe anpassen und nicht über ihren Container hinausragen. Dies erreicht man durch CSS-Eigenschaften wie `max-width: 100%` und `height: auto` (siehe Abschnitt 30.3.5).
4. **Schriftgrößen** sollten so gewählt werden, dass sie auf kleinen Bildschirmen gut lesbar sind, und es kann sinnvoll sein, die Schriftgröße basierend auf der Bildschirmgröße mit Media Queries anzupassen.

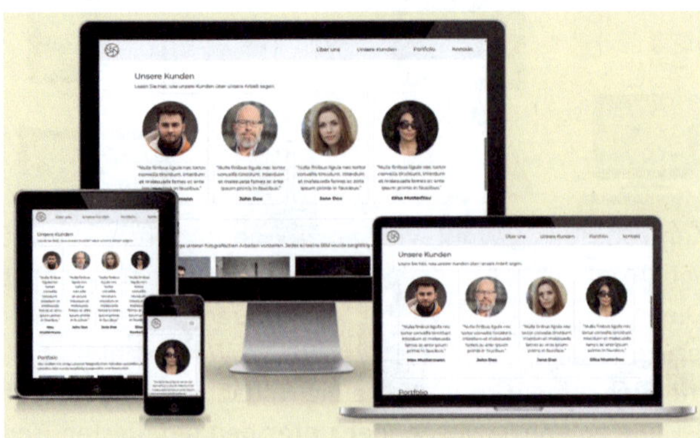

Abbildung 28.2: Desktop, Laptop, Tablet oder Smartphone – heute muss eine Website auf jedem Gerät funktionieren und gut aussehen. Responsives Webdesign macht dies möglich *(https://ui.dev/amiresponsive)*.

28.2 Meta-Viewport-Element

Ein wichtiges Konzept, das Sie gleich zu Anfang kennen sollten, ist das Meta-Viewport-Element.

Definition Viewport
Der Viewport ist der sichtbare Bereich einer Webseite. Je nach Gerät und Einstellung kann es sich dabei um den gesamten Bildschirm, den Bildschirm abzüglich der Browser-Bedienelemente oder auch ein Fenster handeln. Befindet sich mehr Inhalt auf einer Seite, als der Viewport darstellen kann, lässt sich der sichtbare Ausschnitt durch Scrollen verändern.

Abbildung 28.3: Viewport

Als Apple im Jahr 2007 das iPhone veröffentlichte und mit ihm der Smartphone-Revolution zum Durchbruch verhalf, gab es nahezu keine für die Breite des Geräts optimierten Websites. Der Bildschirm des ersten iPhones war 320 px breit – nahezu keine Website hätte darauf 1 : 1 dargestellt werden können, ohne dass Nutzerinnen und Nutzer hin- und herscrollen mussten. Man hat sich daher entschieden, Websites mit einer fest definierten Breite von 980 px (dem sogenannten »Layout-Viewport«) darzustellen und so zu verkleinern, dass sie auf den Bildschirm passten. Bei der Nutzung konnte man nun im Überblick erfassen, welche Stellen relevant sind, und an diesen Punkten mithilfe des Touchscreens einzoomen.

Responsive Websites sind hingegen für verschiedene Viewport-Breiten optimiert. Dazu benötigt man eine Möglichkeit, den Layout-Viewport zu kontrollieren. Apple hat das Meta-Viewport-Element zu diesem Zweck geschaffen, und alle mobilen Browser haben es dann als Quasistandard übernommen.

Das Meta-Viewport-Element gehört wie alle anderen Meta-Informationen in den `head` des HTML-Codes. Innerhalb seines `content`-Attributs erhält es Angaben zur gewünschten Breite sowie zur Zoomstufe beim Laden der Seite. Meist wird es wie folgt eingefügt:

```
<meta name="viewport" content="width=device-width, initial-
scale=1">
```

Listing 28.1: Meta-Viewport für mobile Websites mit Gerätebreite und Zoomfaktor

Der Browser geht nun nicht mehr vom Layout-Viewport, sondern von der tatsächlichen Gerätebreite aus (`width=device-width`) und nutzt eine 1 : 1-Darstellung als Zoomfaktor (`initial-scale=1`).

Theoretisch erlaubt das Meta-Viewport-Element auch, das Zoomen auf einer Website zu verhindern (`user-scalable=no`). Im Sinne der Zugänglichkeit sollte diese Möglichkeit jedoch eher nicht verwendet werden, sofern es dafür keine sehr guten Gründe gibt (Aussehen ist keiner davon).

28.3 Media Queries und Breakpoints

Neben der Kontrolle des Layout-Viewports benötigt man aber auch noch eine Möglichkeit, für spezifische Breiten optimierte CSS-Angaben zu machen. Diese Möglichkeit wird mit Media Queries geschaffen.

Media Queries gehören fest zum Responsive Webdesign dazu: Mit ihnen ist es möglich, Eigenschaften wie die Bildschirmbreite abzufragen und CSS-Code zu spezifizieren, der unter den definierten Bedingungen ausgeführt wird. Sie beruhen auf zwei Aspekten, die abgefragt und nach Wunsch kombiniert werden können:

1. Medientypen und
2. Medieneigenschaften.

28.3.1 Medientypen

Medientypen (Media Types) fragen ab, auf welche Art und Weise ein Dokument ausgegeben wird. Am häufigsten nutzt man dabei die Ausgabemedien `screen` (Bildschirm) und `print` (Ausdruck). Die Media Query beginnt mit dem Ausdruck `@media`.

```
@media print {
 /* Hier folgen CSS-Befehle, die beim Ausdruck einer Website
ausgeführt werden sollen, z.B. das Ausblenden der Navigation */
 nav { display: none; }
}
```

Listing 28.2: Media Query mit Print-Medientyp

Die Befehle zwischen den geschweiften Klammern werden ausgeführt, wenn die Media Query zutrifft, also `true` ergibt.

28.3.2 Medieneigenschaften

Neben den Medientypen können Media Queries auch genutzt werden, um auf Eigenschaften des Mediums zu reagieren. In der Praxis arbeitet man besonders mit den Eigenschaften `min-width` (Mobile-First-Ansatz) und `max-width` (Desktop-First-Ansatz), die man natürlich auch gemeinsam verwenden kann. Sie werden innerhalb von runden Klammern hinter `@media` geschrieben:

```
@media (min-width: 64em) {
 /* Hier folgen CSS-Befehle, die bei Viewports mit mindestens
64em Breite ausgeführt werden sollen */
 ...
}
```

Listing 28.3: Media Query mit »min-width« (Mobile First)

Breitenangaben werden in der Praxis entweder in px oder in em angegeben – es wird im Webdesign immer wieder darüber diskutiert, welche Einheit nun besser ist. 1 em entspricht in der Standardeinstellung heutiger Browser einer Schriftgröße von 16 px. Es ist außerdem möglich, mehrere Abfragen miteinander zu kombinieren, z. B. `@media screen` **and** `(min-width: 30em)`.

28.3.3 Breakpoints

Als Breakpoint bezeichnet man die Stellen, an denen sich in einem Responsive Webdesign etwas am Layout verändert (engl. »to break« = umbrechen) – sie werden über Media Queries definiert. Es gibt verschiedene Verfahren, diese Breakpoints zu definieren:

+ Manchmal gehen Sie von Listen mit Gerätebreiten aus, beispielsweise die von unterschiedlichen Apple-Geräten. Das Problem an diesem Vorgehen ist, dass es eine Vielzahl unterschiedlicher Geräte gibt und ständig weitere hinzukommen.
+ Ein anderer Ansatz ist es, in Geräteklassen zu denken. Oft spricht man in diesem Fall umgangssprachlich von »Smartphone-Version«, »Tablet-Version« oder »Desktop-Version«. Auch hier sind die Grenzen zwischen den Geräten jedoch fließend – so manches große Smartphone ist von einem kleinen Tablet gar nicht weit entfernt. Grob zusammenfassen lassen sich kleine (bis ~600 px), mittlere (~600 px bis 1.200 px), große (~1.200 px bis 1.600 px) und sehr große Viewports (über ~1.600 px).
+ Beim Relaunch einer Website lohnt sich auch ein Blick in ein Analytics-Tool wie Piwik oder Google Analytics. Oft werden hier auch Monitorbreiten erfasst, so dass man eine fundierte Entscheidung für relevante Breakpoints treffen kann.
+ Ein zunehmend beliebtes Verfahren ist auch, Breakpoints nicht zu definieren, sondern zu entdecken. Dieses Verfahren passt gut zu einem Design-Workflow, bei dem man früh in einem Browser arbeitet. Dabei beginnen Sie mit einem Layout in einer Breite, oft der kleinen (Mobile First). Danach ziehen Sie das Browserfenster Stück für Stück weiter auf. Sobald das Layout Schwierigkeiten bereitet, notieren Sie die Stelle in einem Breakpoint und nehmen die notwendigen Anpassungen vor. Anschließend setzen Sie den Vorgang fort.

Neben den Breakpoints, die große Aspekte im Design verändern, sind manchmal auch Media Queries für kleinere Anpassungen notwendig, beispielsweise die Schriftgröße in einem Abschnitt. Diese kleineren Breakpoints bezeichnet man oft als Tweakpoint (engl. »to tweak« = optimieren).

Break- und Tweakpoints
Breakpoints verändern große Aspekte in einem Layout, Tweakpoints konzentrieren sich auf kleinere Design-Anpassungen. Beide werden mithilfe von Media Queries realisiert.

28.4 Mobile First und Desktop First

Eine der ersten Fragen bei der Gestaltung responsiver Websites ist es, in welcher Reihenfolge ein Layout eigentlich angepasst werden soll.

Die ältere Variante hört auf den Namen Desktop First und basiert auf der Idee, dass man zuerst für einen großen Bildschirm gestaltet, der als »Normalfall« definiert wird. Nach Bedarf werden anschließend über Media Queries (meist mit der Eigenschaft `max-width`) Anpassungen für kleinere Displays vorgenommen.

Layouts nach dem Desktop-First-Prinzip sind zunächst einfacher umzusetzen, weil es manchmal bereits eine ältere, noch nicht responsive Version gibt, die man anpassen kann (Responsive Retrofitting, also das nachträgliche Einführen einer responsiven Gestaltung). Außerdem liegt das Denken in Desktop-Dimensionen oft näher, wenn man ins Webdesign einsteigt. Allerdings hat Desktop First auch seine Tücken, denn Gestalten ist einfacher, wenn mehr Platz zur Verfügung steht. Das führt oft dazu, dass ein »Schrumpfen« der Gestaltung nicht so einfach möglich ist.

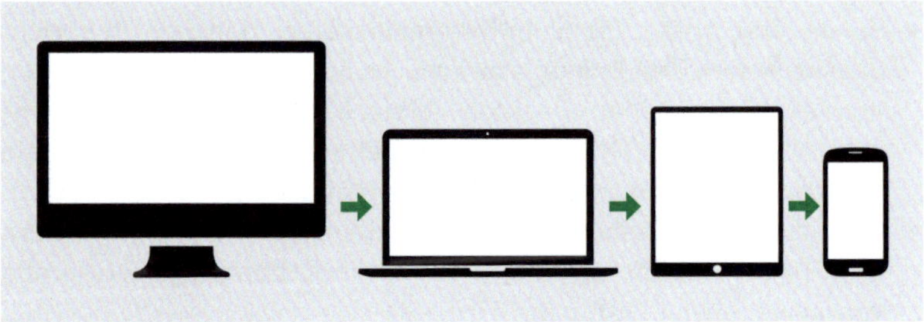

Abbildung 28.4: Desktop-First-Prinzip

Content First

Ein weiteres Verfahren hört auf den Namen »Content First« und beruht auf der Idee, Größenverhältnisse im Webdesign von den Inhalten abhängig anzupassen.

Eine Alternative hört auf den Namen Mobile First und wurde vom Autor Luke Wroblewski in seinem gleichnamigen Buch beschrieben. Dieser Ansatz definiert kleine Viewports als Normalfall und passt sie anschließend sukzessive für größere Breiten an – meist mit Breakpoints auf Basis von `min-width`.

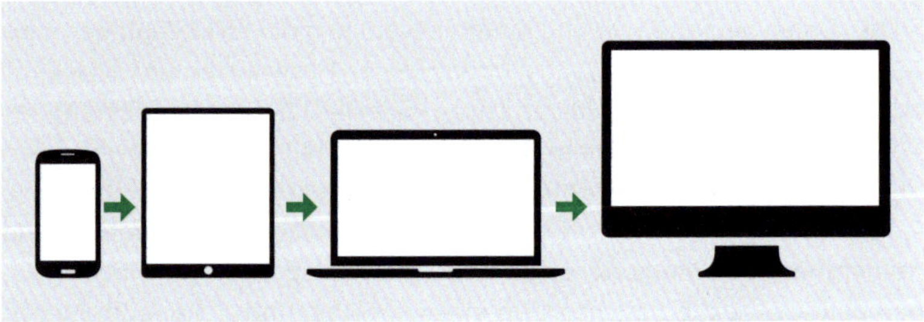

Abbildung 28.5: Mobile-First-Prinzip

Welches Layout zuerst?

Desktop First geht von einem großen Layout aus und schrumpft es über Media Queries mit `max-width` zusammen.

Bei Mobile First wird hingegen mit einem kleinen Layout begonnen, das mithilfe von Media Queries mit `min-width` angepasst wird.

Ein Vorteil von Mobile First ist, dass Designer und Designerinnen aufgrund der geringen Platzverhältnisse gezwungen sind, sich auf die absolut notwendigsten Inhalte zu konzentrieren. Das führt häufig zu einfacher strukturierten Websites, weswegen sich Mobile First bei vielen durchgesetzt hat.

RESS: Serverkomponenten im Responsive Webdesign

Klassischerweise konzentriert sich Responsive Webdesign auf clientseitige Technologien, aber es lässt sich natürlich auch mit serverseitigen Komponenten anreichern. Der Autor Luke Wroblewski hat für diesen Ansatz den Begriff RESS (Responsive Webdesign with Server Side Components) geprägt. Auf diese Weise ist ein Server beispielsweise in der Lage, Inhalte endgerätespezifisch auszuliefern.

Kapitel 29

Web-Layout

Themen des Kapitels:

- *CSS Box Model*
- *Layouttechniken mit CSS*
- *Flexbox und Grid-Layout*
- *Layout im Responsiven Webdesign*
- *Raster*

HTML liefert durch seine blockartige Struktur (Block-Elemente sitzen stur untereinander) die Basis für Layouts im Web. CSS bietet allerdings umfangreiche Möglichkeiten, die Blöcke anzuordnen. Dieser Abschnitt erläutert die wichtigsten Verfahren.

Grundlagen von HTML und CSS
Dieses Kapitel geht davon aus, dass Sie Grundlagen von HTML und CSS beherrschen – eine Einführung finden Sie in Kapitel 23.

29.1 CSS Box Model

Mit dem Box Model legt die CSS-Spezifikation fest, wie sich die Größe eines HTML-Elements basierend auf den CSS-Angaben berechnet.

29.1.1 Angaben zur Größenberechnung

Betrachten wir das Box Model zunächst am Beispiel von Block-Elementen. Es gibt vier mögliche Angaben, die bei der Berechnung der Größe eine Rolle spielen:

1. der Inhalt selbst (mit den Eigenschaften `width` und `height`),
2. der Innenabstand (`padding`),
3. der Rahmen (`border`) sowie
4. der Außenabstand (`margin`).

Download
Die Beispiele zum Box Model finden Sie im Download-Material und dort im Ordner »Layout > 1 CSS Box Model«.

Größe des Inhalts mit `width` und `height` festlegen

Im Normalfall nimmt ein Block-Element die gesamte Breite ein, die ihm zur Verfügung steht. Eine Alternative ist es, mithilfe von `width` und `height` explizite Größenangaben zu machen. In diesem Fall begrenzen Sie die Box in der angegebenen Richtung – benötigt der Inhalt mehr

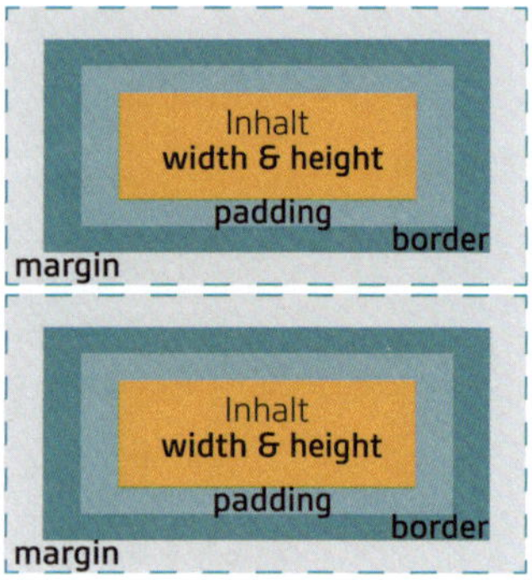

Abbildung 29.1: Box Model

Platz, wächst die Box in der anderen Richtung mit. Abbildung 29.2 gibt dafür einige Beispiele. Sollten Sie eine Box in Höhe und Breite begrenzen, dann jedoch mehr Inhalt dort unterbringen wollen, als hineinpasst, kann die Eigenschaft `overflow` genutzt werden, um das Überfließen der Inhalte zu steuern (vgl. Abschnitt 29.1.3).

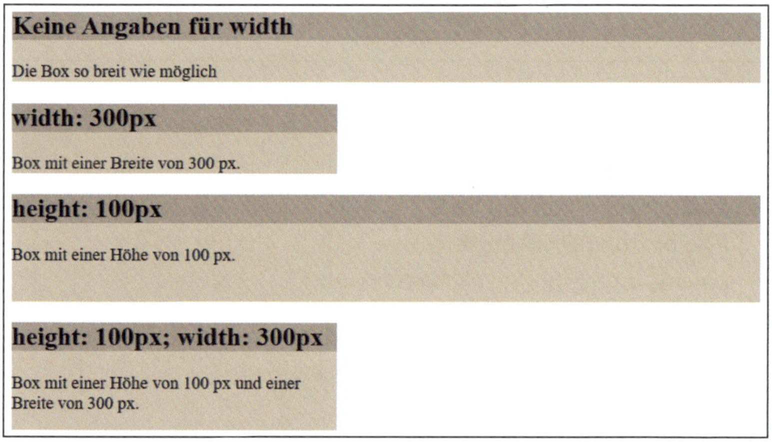

Abbildung 29.2: Box Model für Inhalte mit `width` und `height`

Innenabstand

Die CSS-Eigenschaft `padding` erlaubt die Definition von Innenabständen. Mit den Eigenschaften `padding-top`, `padding-bottom`, `padding-left` und `padding-right` kann der Innenabstand für jede Seite des Elements individuell festgelegt werden. Alternativ kann man sie auch über die allgemeine Eigenschaft `padding` festlegen (Shorthand) – dabei folgt CSS der folgenden Syntax:

+ Eine Angabe (`padding: 10px`): Innenabstand auf allen Seiten
+ Zwei Angaben (`padding: 10px 20px`): oben und unten die erste Angabe, links und rechts die zweite
+ Drei Angaben (`padding: 10px 20px 30px`): oben die erste Angabe, links und rechts die zweite, unten die dritte
+ Vier Angaben (`padding: 10px 20px 30px 40px`): oben die erste, rechts die zweite, unten die dritte und links die vierte Angabe (also im Uhrzeigersinn)

> **Innenabstand plus Größe**
>
> Innenabstände werden im CSS Box Model zu Größenangaben hinzuaddiert. Eine Box mit `width: 300px` und `padding: 10px` ist also 320 px breit (10 px Innenabstand links + 300 px Breite + 10 px Innenabstand rechts).

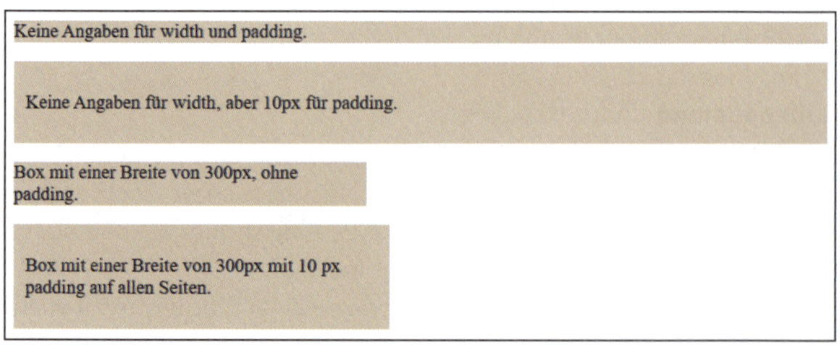

Abbildung 29.3: Innenabstände (`padding`) werden zu den Größenangaben hinzuaddiert.

Rahmen

Der nächste Baustein im Box Model ist der Rahmen, der ebenfalls zur Größe aus `width` bzw. `height` sowie `padding` hinzuaddiert wird. Es gibt mehrere CSS-Eigenschaften, um Rahmenlinien zu definieren:

+ Stil der Linie mit `border-style`, z. B. `none` (keine Linie), `solid` (normale Linie), `double` (doppelte Linie), `dashed` (gestrichelte Linie) oder `dotted` (gepunktete Linie)
+ Farbe mit `border-color`
+ Dicke der Linie mit `border-width`
+ kombinierte Angaben mit `border`, z. B. `border: 3px solid black`

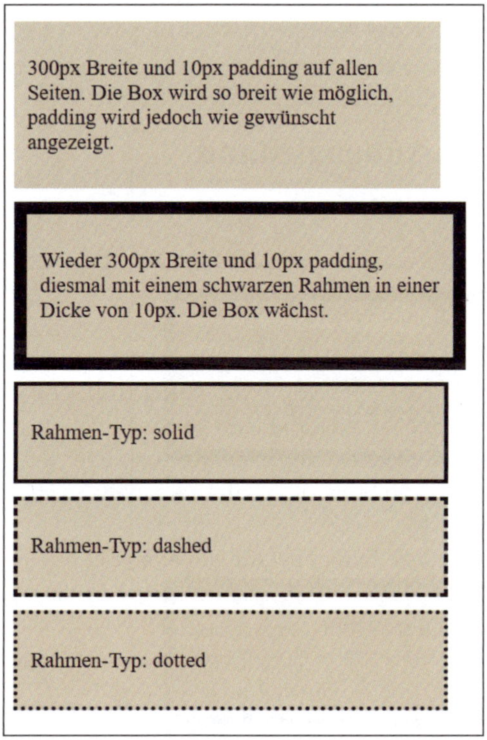

Abbildung 29.4: Rahmenlinien werden in CSS in Farbe, Dicke und Typ definiert und ebenfalls zur gesamten Breite hinzuaddiert.

Mit den Zusätzen `-top`, `-bottom`, `-left` oder `-right` können diese Linien auch für jede Seite separat festgelegt werden, z. B. `border-top-width` oder `border-right-style`.

> **Ecken gestalten**
> Standardmäßig sind HTML-Boxen rechteckig, aber mit der CSS-Eigenschaft `border-radius` lassen sich die Ecken abrunden. Das funktioniert mit absoluten Einheiten (beispielsweise `border-radius: 5px;`), aber auch mit relativen Einheiten. Mithilfe von `border-radius: 50%;` lassen sich beispielsweise Kreise erzeugen.

Außenabstand

Die CSS-Eigenschaft `margin` legt den Abstand eines Elements nach außen fest, also zu Elementen in der Nachbarschaft. Die Syntax von `margin` ist identisch mit der von `padding` – auch hier lassen sich alle vier Seiten gemeinsam oder getrennt festlegen.

Eine Besonderheit gibt es jedoch, wenn zwei Elemente mit vertikalen Außenabständen aufeinandertreffen. Hier verhalten sich die Boxen anders als erwartet:

+ Stehen zwei Boxen nebeneinander, addieren sich ihre Außenabstände. Hat die linke Box einen `margin-right` von 100 px und die rechte Box einen `margin-left` von 200 px, sind die Elemente insgesamt 300 px voneinander entfernt.
+ Anders sieht es jedoch aus, wenn die Boxen übereinanderstehen. Hat die obere Box einen `margin-bottom` von 100 px und die untere einen `margin-top` von 200 px, entfällt der kleinere Wert von beiden – die Boxen sind damit 200 px voneinander entfernt. Dies nennt man kollabierende Abstände.
+ Einige CSS-Eigenschaften sorgen dafür, dass vertikale Abstände nicht kollabieren: absolut positionierte Elemente (`position: absolute`), `overflow` (sofern der Wert nicht `visible` ist) `float`, `position: absolute` oder `display: inline-block`.

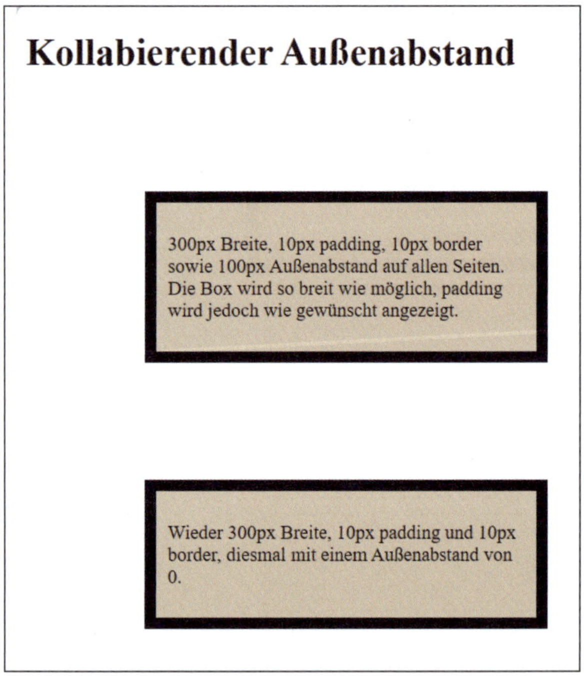

Abbildung 29.5: Vertikale Außenabstände kollabieren

29.1.2 Box Model anpassen

Download
Sie finden das Beispiel im Ordner »Layout > 2 Box Sizing«.

Zusammenfassend lässt sich festhalten, dass im Box Model von CSS Größe des Inhalts, Innenabstand, Rahmen und Außenabstand addiert werden, um die endgültigen Größenverhältnisse zu berechnen. Das ist jedoch nicht besonders intuitiv. Viele Designer und Designerinnen sind der Ansicht, es sei logischer, wenn der Innenabstand von der Größe des Inhalts abgezogen würde.

Besonders beim Layout in CSS macht das herkömmliche Box Model immer wieder Probleme. Die folgende Abbildung zeigt ein einfaches Beispiel: Eine Navigation (links, grau hinterlegt) soll 25 % des Viewports einnehmen, der Content-Bereich daneben (pink hinterlegt und per `float` neben die Navigation gestellt) die restlichen 75%. Unser Content-Block lässt extra 25% Außenabstand nach links – passt super.

Abbildung 29.6: Das einfache Beispiellayout macht mit dem Box Model von CSS keine Probleme.

Nun kommt jemand auf die Idee, dass der Navigationsblock doch sicher besser aussähe, wenn er eine 10 px breite Rahmenlinie rechts spendiert bekommt. Kein Problem, denkt man sich und fügt den Code ein ... und wundert sich:

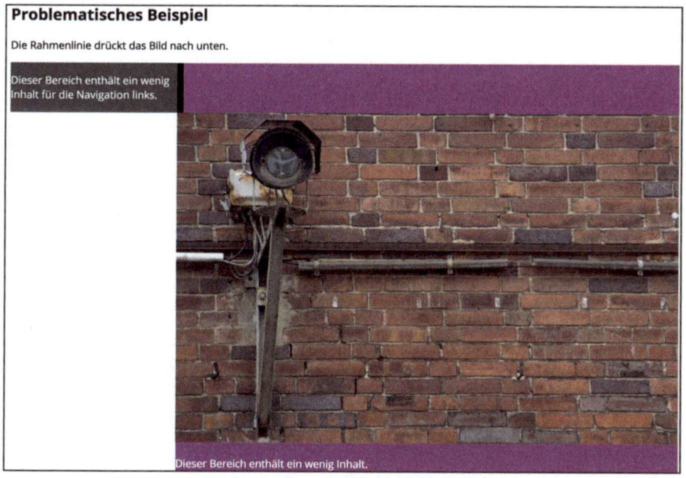

Abbildung 29.7: Die Rahmenlinie rechts drückt den Inhalt nach unten.

Okay, allzu lange wundert man sich nicht. Es ist ziemlich logisch, wenn man das Box Model zu Rate zieht: Der linke Bereich hat eine Breite von 25% des Viewports, der rechte Bereich 75%. Das Bild ist so eingestellt, dass es ebenfalls den gesamten Content-Block ausfüllen soll. Nun kommt eine wild gewordene Linie daher und wird zu den 25% des linken Blocks hinzuaddiert. Die Folge: Sie ragt in den Content-Bereich hinein, unser Bild hat nicht mehr genügend Platz und wandert nach unten.

Solche Layoutprobleme sind der Grund dafür, dass man die Eigenschaft `box-sizing` in CSS eingeführt hat, mit der sich das Box Model steuern lässt. Mit `box-sizing: border-box` lässt sich der linke Bereich so einstellen, dass Innenabstände und Rahmenlinien von seiner Größe abgezogen werden.

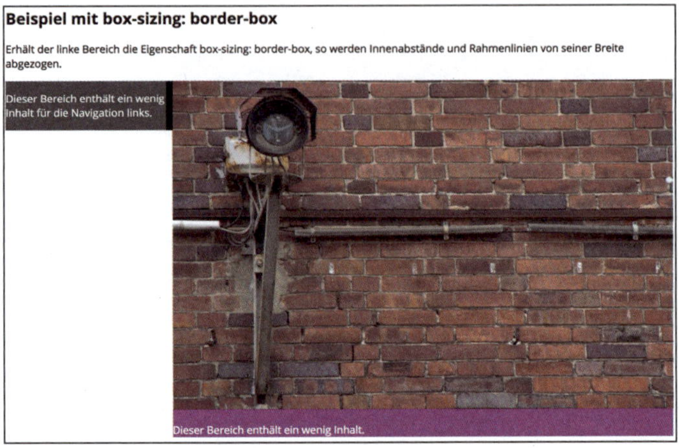

Abbildung 29.8: `box-sizing` steuert das Box Model.

> **Box Model von Inline-Elementen**
>
> Inline-Elemente verhalten sich ein wenig anders. Da Inline-Elemente so hoch und breit wie ihr Inhalt sind, machen `width` und `height` bei ihnen keinen Sinn. Allerdings kann man sie immer noch mit Innen- oder Außenabständen versehen. Nach links und rechts funktioniert `margin` wie bei Block-Elementen, nach oben und unten hat er jedoch keine Wirkung. Vertikale Abstände steuert man daher in der Praxis mittels typografischer Eigenschaften wie z. B. der Zeilenhöhe `line-height`, oder aber man wandelt betroffene Elemente mithilfe von `display: inline-block` um, so dass Inline- und Block-Eigenschaften kombiniert werden (vgl. Abschnitt 29.2.4).

29.1.3 Überfließenden Inhalt steuern

Im Normalfall wachsen Elemente mit ihren Inhalten mit, aber dieses Verhalten lässt sich mittels CSS verändern – beispielsweise wenn eine Box eine Höhe und eine Breite definiert hat. In solchen Fällen kann es vorkommen, dass eine Box mehr Inhalt hat, als hineinpasst. Die CSS-Eigenschaft `overflow` legt fest, wie der Browser mit dieser Situation umgehen soll. Sie kennt die folgenden Werte:

Tabelle 29.1: Werte für `overflow`

Einstellung	Beschreibung
`overflow: visible`	Inhalt soll auf jeden Fall sichtbar bleiben und darf im Zweifel über die Grenzen der Box hinauslaufen (Standardwert)
`overflow: hidden`	Überfließender Inhalt soll abgeschnitten werden – auch mitten im Wort
`overflow: scroll`	Browser zeigt Scrollbalken innerhalb der Box an
`overflow: auto`	Entscheidung bleibt dem Browser überlassen

29.2 Layouttechnologien auf Basis von CSS

Das Box Model steuert die Größenverhältnisse innerhalb eines HTML-Elements und stellt damit den ersten wichtigen Baustein dar, um Layouts mit CSS anzulegen. Um das Zusammenspiel mit anderen Elementen in einem Layout zu steuern, gibt es drei grundlegende CSS-Technologien:

+ die Positionierungsart mit position
+ die Fluss-Steuerung mit float
+ die Anzeigesteuerung mit display

Des Weiteren schauen wir uns die wichtigen Layouttechniken Flexbox und Grid-Layout an.

29.2.1 Positionierung von Elementen

Bei der Positionierung von Elementen mit position sind zwei Schritte zu beachten: Zum einen muss über die Eigenschaften top, left, bottom oder right festgelegt werden, in welche Richtung oder Richtungen ein Element verschoben werden soll. Dabei sind alle numerischen Angaben erlaubt, auch negative. Außerdem muss festgelegt werden, wonach sich das Element bei seiner Ausrichtung richten soll. Die CSS-Eigenschaft position erlaubt dabei sehr freie Anordnungen von Elementen im Viewport. Sie kennt die folgenden Werte:

+ position: static ist der Normalzustand. Das Element befindet sich im normalen Dokumentfluss.
+ Elemente mit position: inherit übernehmen die Positionierung ihrer Elternelemente.
+ Elemente mit Angabe von position: fixed orientieren sich immer am Viewport und bleiben auch beim Scrollen an der angegebenen Position.
+ position: relative ordnet Elemente relativ zu ihrer normalen Position an. Ein Browser berechnet also zunächst die Normalposition und verschiebt das Element anschließend entsprechend den Angaben top, left, bottom oder right.

Download
Sie finden das Beispiel im Ordner »Layout > 12 sticky«.

+ position: sticky ist eine Mischform. Ein Element mit dieser Angabe wird so lange im normalen Dokumentfluss positioniert, bis eine definierte Position erreicht ist – von diesem Punkt an ist es fixiert. Ein typisches Beispiel finden Sie im Download-Material: Unter einem großen Headerbild befindet sich eine Navigation, darunter weiterer Content. Die Navigation erhält die Eigenschaften position: sticky und top: 0. Sie scrollt daher ganz normal mit dem Viewport, bis sie ganz oben angekommen ist. Von da an bleibt sie fix am oberen Browserrand stehen, wenn man weiter nach unten scrollt.
+ Absolute Positionierung (position: absolute) ist etwas komplizierter. Elemente mit dieser Positionierungsart ordnen sich relativ zum nächsten Elternelement an, das nicht die normale Positionierung static hat. Gibt es kein Elternelement, auf das dies zutrifft, richtet sich der Browser nach html selbst. Häufiger ist jedoch der Fall, dass ein Element mit position: relative als Bezugspunkt definiert wird (ohne es über top, left, bottom oder right auch wirklich zu verschieben), so dass sich seine Kindelemente mit position: absolute immer daran ausrichten. Auf diese Weise ist es beispielsweise möglich, einen Button immer in der Ecke oben rechts anzuordnen.

Abbildung 29.9: Kombination von relativer (Box) und absoluter Positionierung (Schließen-Link)

```
<section style="position: relative; width: 300px;">
 <img src="baum.jpg" alt="Bild eines Baums">
 <div style="position: absolute; top: -18px; right: -8px; back-
ground-color: white;">
  <a href="einlinkziel.html">schließen</a>
 </div>
</section>
```

Listing 29.1: Beispiel für `position: absolute`

Die Positionierung mit `position` wird häufig bei einzelnen Layoutelementen wie Navigationen oder Bildergalerien eingesetzt, selten für ganze Layoutblöcke. Für diese Zwecke kommen eher die beiden anderen Techniken zum Einsatz: `float` und `display`.

29.2.2 Fluss-Steuerung von Block-Elementen

Wie bereits erwähnt, nehmen Block-Elemente normalerweise den gesamten Raum ein, der horizontal zur Verfügung steht. Für das Layouten mit CSS bedeutet dies, dass Block-Elemente immer nur untereinanderstehen können.

Eine Möglichkeit, dieses Verhalten zu verändern, ist die Fluss-Steuerung mittels der CSS-Eigenschaft `float`. Elemente können rechts (`float: right`) oder links (`float: left`) fließen – nachfolgende Inhalte richten sich dann auf der freien Seite aus, sofern dort genügend Platz vorhanden ist. Das Paradebeispiel für `float` ist ein Bild innerhalb eines Absatzes:

Abbildung 29.10: Im Normalfall klebt ein Bild in einem Absatz am oberen Rand, …

Abbildung 29.11: … aber mithilfe von `img { float: left; }` kann der Inhalt es umfließen.

Soll das Umfließen des Elements vorzeitig beendet werden, kann die Eigenschaft `clear` genutzt werden. Sie kennt die Werte `left` (linksbündiges Umfließen beenden), `right` (rechtsbündiges Umfließen beenden) und `both` (Umfließen in beide Richtungen beenden). Die folgende Abbildung zeigt das Verhalten, wenn der zweite Absatz die Angabe `clear: left` erhält. Er sitzt nun immer unter dem Bild.

Abbildung 29.12: Der untere Absatz beendet das Umfließen (`clear: left`).

Eine wichtige Besonderheit von Floats ist, dass die zu umfließenden Elemente aus dem Dokumentfluss herausgenommen werden. Die folgenden beiden Abbildungen verdeutlichen dieses Verhalten. Im ersten Fall enthält ein gelb hinterlegter Container ein Bild und einen kurzen Text – der Container umschließt beide Elemente. Sobald das Bild jedoch `float: left` erhält, beeinflusst es die Höhe des Containers nicht mehr – jetzt ist nur noch der Absatz maßgeblich:

Abbildung 29.13: Ohne `float` umschließt der gelbe Container Bild und Absatz.

Abbildung 29.14: Das Bild wird per `float: left` aus dem Dokumentfluss herausgenommen – der Container umschließt nun nur noch den Absatz.

Um dieses Problem zu lösen, können Sie die `display: flow-root;` verwenden. Sobald Sie diese Eigenschaft auf ein Container-Element anwenden, werden alle darin enthaltenen fließenden Elemente eingeschlossen. Die Eigenschaft wird sehr breit unterstützt.

29.2.3 Elemente ausblenden mit display oder visibility

Mithilfe von `display: none` lässt sich festlegen, dass Elemente keine Box erzeugen. Ein Beispiel wäre ein Print-Stylesheet, das die Navi-

Download
Sie finden das Beispiel im Ordner »Layout > 3 Elemente ausblenden«.

gation beim Ausdruck entfernt – sie bringt sowieso auf Papier keine Vorteile:

```
@media print {
 nav { display: none; }
}
```

Listing 29.2: Ausgeblendete Navigation beim Druck

`display: none` blendet ein Element vollständig aus – es nimmt dann keinen Platz mehr im Layout ein. Eine Alternative kann die Deklaration `visibility: hidden` sein – sie macht eine Box vollständig durchsichtig. Die Box nimmt jedoch weiterhin ihren Raum im Layout ein.

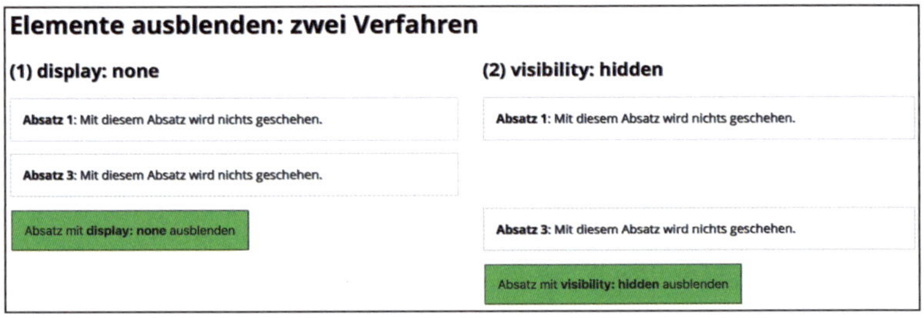

Abbildung 29.15: Der zweite Absatz ist jeweils ausgeblendet – links mit `display: none`, rechts mit `visibility: hidden`.

Überblick: Anzeigesteuerung mittels »display«

`display` gehört mit Sicherheit zu den mächtigsten CSS-Eigenschaften überhaupt. `display` legt fest, welche Art von Box ein HTML-Element erzeugt. In diesem Abschnitt werden fünf wichtige Anwendungsfälle von `display` unterschieden:

+ Fall 1: keine Box erzeugen, um Elemente auszublenden
+ Fall 2: Umschalten zwischen Block-, Inline- oder Inline-Block-Box
+ Fall 3: Flexbox
+ Fall 4: Grid-Layout
+ Fall 5: Tabellen und spezielle Sonderfälle

29.2.4 Block-, Inline- und Inline-Block-Elemente erschaffen

Ein zweiter häufiger Anwendungsfall von `display` ist es, das Verhalten von Block- bzw. Inline-Boxen zu steuern:

+ Block-Elemente nehmen die gesamte zur Verfügung stehende Breite in ihrem Elternelement ein. Inline-Elemente richten sich nach ihrem Inhalt.
+ Einige HTML-Elemente sind Block-, andere sind Inline-Elemente.
+ Die Deklaration `display: block` weist den Browser an, Elemente als Block-Elemente zu behandeln, auch wenn sie gar keine sind.
+ `display: inline` stellt das Verhalten von Block-Elementen so um, als ob sie Inline-Elemente wären.
+ Mit `display: inline-block` steht auch eine Kombination der beiden Verhaltensweisen zur Verfügung. Solche Elemente fließen im Layout wie Inline-Elemente, lassen sich jedoch mit Block-Eigenschaften wie `width` oder `height` formatieren.

Besonderheit: kleine Zwischenräume bei »display: inline-block«

Wenn man mehrere HTML-Elemente mithilfe von `display: inline-block` nebeneinanderstellt, werden Leerzeichen im HTML-Quelltext auch visuell als kleine Zwischenräume dargestellt. Strategien, wie man damit umgehen kann, vermittelt ein Beitrag von Chris Coyier unter *https://css-tricks.com/fighting-the-space-between-inline-block-elements*.

29.2.5 Flexbox

Flexboxen sind ein modernes CSS-Layout-Tool, mit dem Sie flexiblere und dynamischere Webseiten-Layouts erstellen können. Mit einer Flexbox können Elemente innerhalb eines Container-Elements in einer einzigen Dimension angeordnet werden – entweder horizontal oder vertikal. Eine Flexbox bietet eine einfache Möglichkeit zur Gestaltung und Positionierung von Inhalten auf verschiedenen Bildschirmgrößen und Geräten, ohne feste Größenangaben und ohne auf aufwändige Floats oder Positionierung zurückzugreifen. Die Flexbox wird mit `display: flex` auf einem Container definiert. Seine Kindelemente werden damit zu sogenannten Flex-Items, deren Verhalten über die Eigenschaft `flex` gesteuert wird.

Das Beispiel zeigt eine `section` mit vier Kindelementen `article`. Die `section` wird unter ❶ mittels `display: flex` zur Flexbox erklärt. Mit `flex: 1` auf den Kindelementen `article` werden alle Artikel gleich breit ❷ – die Höhe entspricht dabei immer dem Elternelement. Das ist ein zentraler Unterschied zur Arbeit mit `float`, die unter ❸ gezeigt wird – kommentieren Sie dazu den Quelltext bei ❸ ein und alle anderen Stellen aus, die mit Ziffern versehen sind. Hier entspricht die Höhe nicht dem Elternelement, und der umfließende Rahmen ist nicht mehr zu sehen, weil die Kindelemente per `float` aus dem Dokumentenfluss herausgenommen wurden.

Download

Sie finden das Beispiel im Ordner »Layout > 4 Flexbox Basics«. Im CSS-Code sind die beschriebenen Schritte mit Ziffern markiert – sie können aus- und einkommentiert werden, um das Verhalten Schritt für Schritt nachvollziehen zu können.

```
/* ❶ Flexbox aktivieren */
section { display: flex; }
/* ❷ alle Kinder gleich breit machen */
article { flex: 1; }
/* ❸ Alternative zu ❷: Kinder mit float:left; links fließen
lassen, derzeit auskommentiert */
/* article {
 width: 25%;
 float: left;
} */
```

Listing 29.3: Ausschnitt aus dem CSS des Beispiels

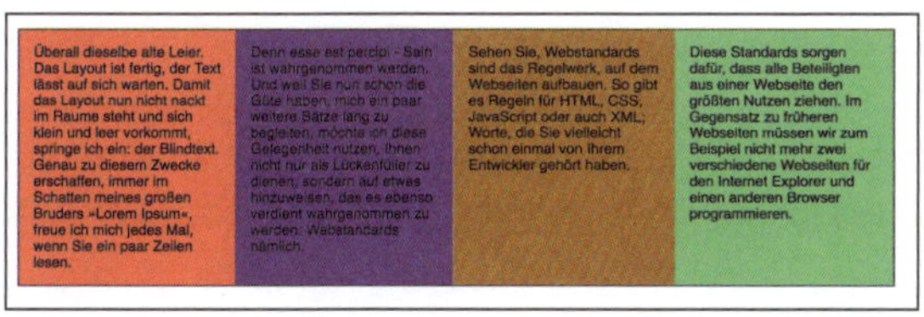

Abbildung 29.16: Gleiche Breite und Höhen mit nur zwei Zeilen Code (`display: flex` auf dem Container, `flex: 1` auf den Kindelementen)

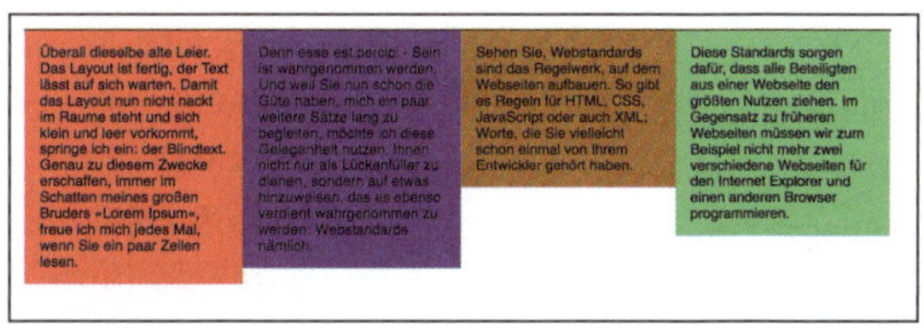

Abbildung 29.17: Anordnungen per `float` verhalten sich anders – hier wäre ein umständlicher Clearfix notwendig.

Flexbox ermöglicht aber noch viele weitere Optionen. In Schritt ❹ im Code-Beispiel wird jeder zweite Artikel doppelt so breit:

```
article { flex: 1; }
article:nth-child(even) { flex: 2; } ❹
```

Listing 29.4: Flexible Steuerung der Breite dank Flexbox

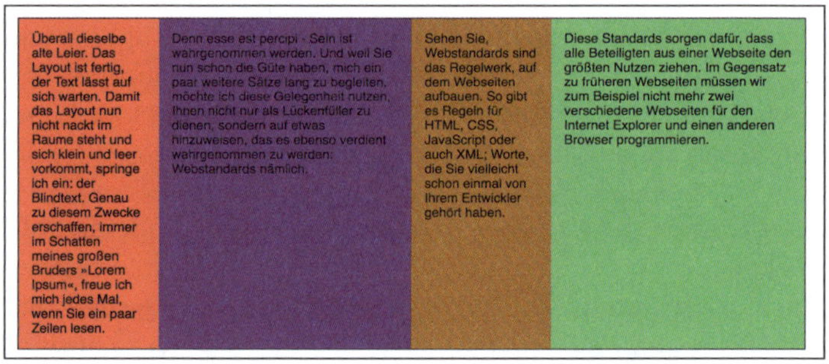

Abbildung 29.18: Doppelte Breite von jedem zweiten Artikel

Ein Raster mit zwölf Spalten und einem kleinen Abstand ❺ zwischen den Spalten ist ebenfalls schnell umgesetzt. Hier nehmen die Blöcke 1 und 3 je zwei und die Blöcke 2 und 4 je vier Layoutspalten ein:

Listing 29.5: Einfaches Grid mit wenigen Zeilen Code

```
article { margin: 0.5rem; } ❺
article:nth-child(even) { flex: 4; }
article:nth-child(odd) { flex: 2; }
```

Abbildung 29.19: Einfaches Raster mit zwölf Spalten mithilfe der Flexbox

Hinter den Kulissen geschieht jedoch noch wesentlich mehr: Die Flexbox verändert das Box Model. Eine Flexbox hat eine Hauptachse und eine Kreuzachse. Die Abbildung zeigt den Standardfall, in dem die Hauptachse von links nach rechts und die Kreuzachse von oben nach unten verläuft.

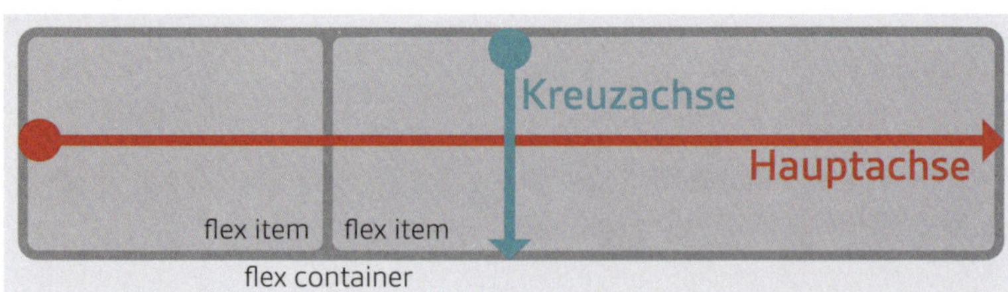

Abbildung 29.20: Box Model in einer Flexbox

Das ist aber keine Pflicht, denn mit `flex-direction` lässt sich die Hauptachse einstellen. Im Punkt ❻ des Beispiels wird die Richtung umgekehrt:

```
section {
 display: flex;
 flex-direction: row-reverse; ❻
}
```

Listing 29.6: Umgekehrte Flussrichtung bei der Flexbox

Mit `flex-direction: column` wird die Anordnung der Kindelemente auf »von oben nach unten« umgestellt, mit `flex-direction: column-reverse` auf »von unten nach oben«. Spannend ist außerdem die Möglichkeit, Elemente entlang der Haupt- und Kreuzachse zu positionieren. Die folgende Tabelle veranschaulicht die Möglichkeit. Die Beispiele zur Hauptachse beruhen auf einer Liste `ul` mit Listenpunkten `li`, wie sie in einer typischen Navigation vorkommt. Innerhalb der Listenpunkte befinden sich Links.

Download
Sie finden die Beispiele im Ordner »Layout > 5 Flexbox und justify-content« (Hauptachse) bzw. im Ordner »Layout > 6 – Flexbox und align-items« (Nebenachse).

```
<nav>
 <ul>
  <li><a href="#">…</a></li>
  …
 </ul>
</nav>
```

Listing 29.7: HTML unserer Beispiele

Die Liste `ul` wird mit `display: flex` zur Flexbox gemacht, `justify-content` legt die Ausrichtung ihrer Kinder entlang der Hauptachse fest.

```
ul {
 display: flex;
 justify-content: flex-start;
}
```

Listing 29.8: Ausschnitt aus dem CSS für `justify-content`

Die Beispiele zur Kreuzachse basieren ebenfalls auf einer Liste `ul` mit Listenpunkten `li` (grau hinterlegt), in denen sich Links `a` (rot hinterlegt) befinden. Wieder wird die Liste zur Flexbox (`display: flex`). Hier bestimmt die CSS-Eigenschaft `align-items`, wie sich die Listenpunkte sowie deren Kinder (Links) entlang der Kreuzachse verhalten. Damit man die Auswirkungen sieht, erhält die Liste eine feste Höhe.

```
ul {
 height: 10rem;
 display: flex;
 align-items: stretch;
}
```

Listing 29.9: Ausschnitt aus dem CSS für `align-items`

Tabelle 29.2 zeigt die möglichen Einstellungen für Haupt- und Nebenachse sowie deren Auswirkungen.

CSS-Box-Alignments

Es sollte hier nicht unerwähnt bleiben, dass viele CSS-Eigenschaften wie `justify-content`, `align-content` usw. mittlerweile zum CSS-Box-Alignment gehören und somit auch abseits von Flexboxen verwendet werden können. Mehr dazu finden Sie auf der Website *https://developer.mozilla.org/en-US/docs/Web/CSS/CSS_Box_Alignment*.

Flexbox-Wegweiser

Aus Platzgründen können hier nur die wichtigsten Flexbox-Eigenschaften angegeben werden. Wer mehr erfahren möchte, sollte sich Chris Coyiers »Complete Guide to Flexbox« (*https://css-tricks.com/snippets/css/a-guide-to-flexbox*) anschauen.

	CSS-Deklaration	Erklärung	
Hauptachse	`justify-content: flex-start;`	Standardwert, Kindelemente beginnen am Anfang der Hauptachse	
	`justify-content: flex-end;`	Anordnung am Ende der Hauptachse	
	`justify-content: center;`	Anordnung im Zentrum der Hauptachse	
	`justify-content: space-between;`	Freiraum wird zwischen den Kindelementen aufgeteilt	
	`justify-content: space-around`	Freiraum wird vor, zwischen und nach den Kindelementen verteilt	
Nebenachse	`align-items: stretch;`	Standardwert, Kindelemente werden über die gesamte Höhe gezogen (graue Listenpunkte), deren Kinder jedoch (rote Links) fließen oben	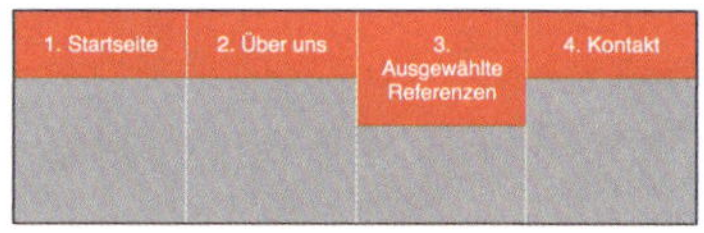
	`align-items: flex-start;`	Anordnung am Anfang der Nebenachse, Höhe der Flex-Items entspricht ihrem Inhalt (rote Links überdecken graue Listenpunkte)	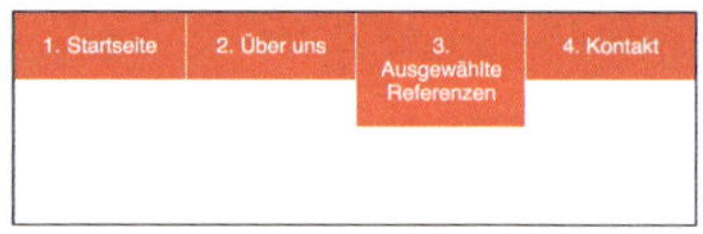
	`align-items: flex-end;`	Anordnung am Ende der Nebenachse, Höhe der Flex-Items entspricht ihrem Inhalt	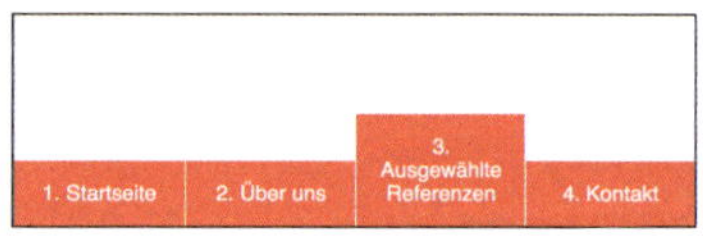
	`align-items: center;`	Zentrierung entlang der Nebenachse, Höhe der Flex-Items entspricht ihrem Inhalt	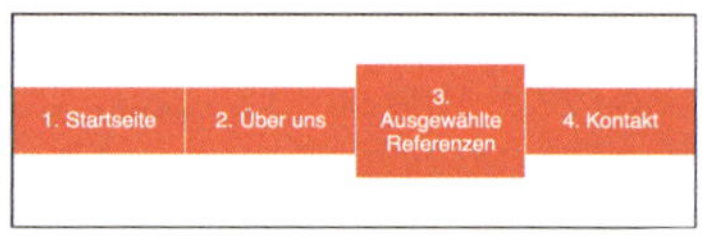

Tabelle 29.2: Elemente in der Flexbox auf Haupt- und Nebenachse anordnen

Download
Ein Beispiel für die Verwendung von `flex-wrap` finden Sie im Ordner »Layout > 7 Flexbox und flex-wrap«.

Mithilfe der Eigenschaft `flex-wrap` lässt sich auch ein Umbruch innerhalb des Flex-Containers bestimmen, so dass auch mehrzeilige Flexboxes möglich sind. Allerdings ist das Flexbox-Verfahren eher für einzelne Komponenten optimiert. Für komplexe Seitenlayouts ist das Grid-Layout besser geeignet, das im Anschluss erklärt wird.

29.2.6 Grid-Layout

Download
Sie finden das Beispiel im Ordner »Layout > 8 Grid-Layout mit fr-Einheit«. Bitte öffnen Sie das Beispiel, um die Erklärung nachvollziehen zu können.

Das Grid-Layout gehört zu den jüngsten Möglichkeiten von CSS – es ist aus der Erkenntnis geboren, dass andere Technologien nur umständlich für moderne Rastersysteme verwendet werden können. Kein Wunder also, dass das Grid-Layout gerade für diesen Anwendungsfall optimiert ist und das Anlegen rasterbasierter Layouts mit wenigen Zeilen

Code ermöglicht. Die Technologie wird von allen gängigen Browsern unterstützt.

Grundlagen

Die Abbildung zeigt eine Bildergalerie, die die Grundlagen des Grid-Layouts vermittelt. Es handelt sich um eine Sammlung von Bildern mit Bildunterzeilen, die in CSS ein wenig formatiert werden. Ohne Grid-Layout sitzen die Bilder alle untereinander.

Abbildung 29.21: Bildergalerie ohne Grid-Layout

Im ersten Schritt können Sie den Quelltext einkommentieren, um das Grid-Layout zu aktivieren. Es wird (ähnlich Flexbox) auf dem Elternelement mit `display: grid` eingeschaltet. Dann werden die Zwischenräume (`grid-gap`) sowie Spalten (`grid-template-columns`) und Reihen (`grid-template-rows`) definiert. Sie können mittels numerischer Werte oder über die Einheit `fr` (für »fraction«, Bruchteil) definiert werden:

```
article {
 display: grid;
 grid-gap: 1rem;
 grid-template-columns: 1fr 1fr 1fr;
 grid-template-rows: 200px 200px 200px;
}
```

Listing 29.10: Grid-Layout in der Bildergalerie

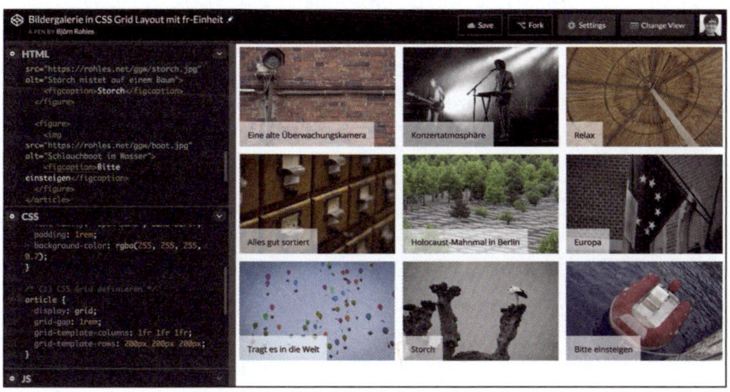

Abbildung 29.22: Bildergalerie in wenigen Zeilen Code

Vier Spalten

Ähnlich einfach wäre es, aus drei Spalten vier Spalten zu machen: `article { grid-template-columns: 1fr 1fr 1fr 1fr; }`.

Im vorherigen Beispiel wurden alle Spalten mittels `1fr` ausgezeichnet – sie sind damit gleich breit. Das Beispiel zeigt aber auch, wie einfach unterschiedlich breite Spalten erzeugt werden können: Es genügt, eine Zeile Code anzupassen (`article { grid-template-columns: 1fr` **2fr** `1fr; }`) – die Berechnung der Größe übernimmt CSS automatisch in Abhängigkeit zum Elternelement.

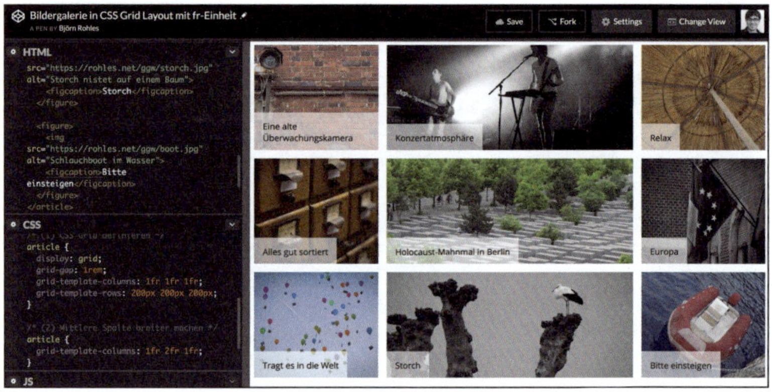

Abbildung 29.23: Die mittlere Spalte wird doppelt so breit wie die äußeren.

Einheiten für Grids

Download

Sie finden das Beispiel im Ordner »Layout > 9 einfaches Grid Layout«.

Grids lassen sich in allen CSS-Einheiten anlegen, etwa % (berechnet von der Größe des Containers) oder `auto` (intrinsische Größe, basierend auf der Größe des Inhalts). Es gibt auch praktische Keywords wie `min-content` (so schmal wie möglich), `max-content` (so groß wie möglich) und `fit-content(10em)` (Raster wächst bis zum angegebenen Maximalwert, hier 10em). Hinzu kommt die Einheit `fr` (für »Fraction«, Bruchteil) für flexible Aufteilung. `1fr` entspricht immer einem Anteil des verfügbaren Platzes, abhängig vom definierten Raster. Sie können `fr` auch mit anderen Werten mischen, etwa `grid-template-columns: 1fr 300px 2fr 1fr`.

Ganze Websites mit Grid-Layout

Seine wahre Stärke spielt das Grid-Layout jedoch beim Layouten ganzer Webseiten aus. Das folgende Beispiel baut ein typisches Layout mit einem Header, drei Spalten und einem Footer auf. Die Bereiche sind in CSS eingefärbt worden. Zunächst wird das Grid erzeugt, wie Sie es bereits gelernt haben. Kommentieren Sie den Code im Beispiel ein, um die Auswirkungen zu sehen:

```
body {
 display: grid;
 grid-gap: 1rem;
 grid-template-columns: 1fr 2fr 1fr;
}
```

Listing 29.11: Grundlegende Grid-Definition

Die folgende Abbildung zeigt das vorläufige Ergebnis. CSS ordnet die Elemente bereits in einem Grid an, weiß aber natürlich noch nicht, dass sich bestimmte Bereiche über die gesamte Breite erstrecken sollen.

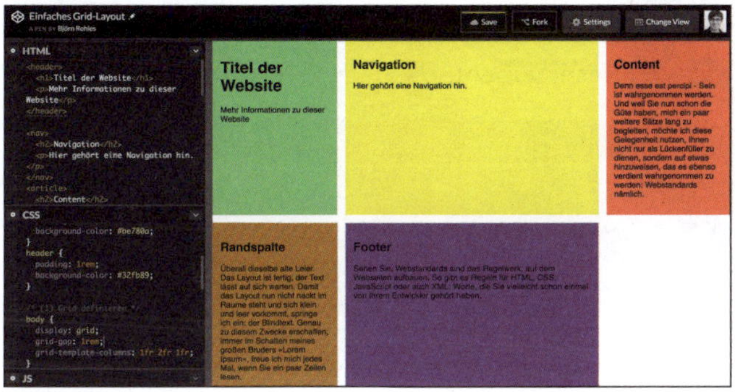

Abbildung 29.24: Einfaches Grid-Layout ohne weitere Angaben

Rasterlinien

Kommen wir nun zum Thema Rasterlinien: Um die einzelnen Seitenbereiche anzuordnen, arbeitet das Beispiel mit den sogenannten Grid Lines, also den Linien zwischen den Rastergrenzen. Sie werden durchnummeriert und können anschließend von den Seitenbereichen im CSS mit den Eigenschaften `grid-column` und `grid-row` angesprochen werden. Die Deklaration `grid-column: 1 / 4` bedeutet beispielsweise, dass ein Element den Bereich von Rasterlinie 1 bis 4 umfassen soll – in einem 3er-Raster also die gesamte Seite. Listing 29.12 zeigt den notwendigen CSS-Code im Überblick:

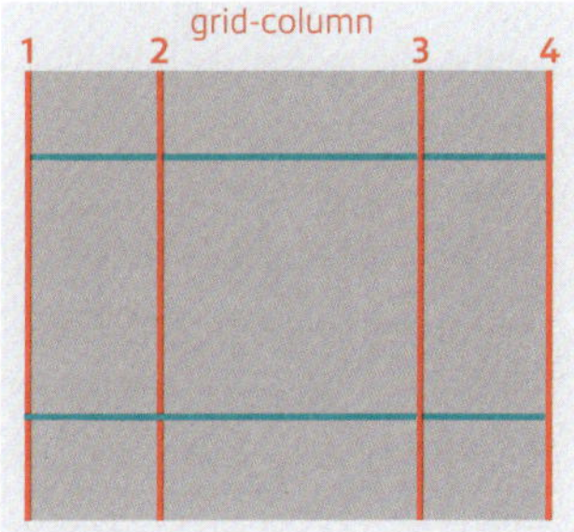

Abbildung 29.25: Grid Lines

```
header {
 grid-column: 1 / 4;
 grid-row: 1;
}
nav {
 grid-column: 1;
 grid-row: 2;
}
article {
 grid-column: 2;
 grid-row: 2;
}
aside {
 grid-column: 3;
 grid-row: 2;
}
footer {
 grid-column: 1 / 4;
 grid-row: 3;
}
```

Listing 29.12: Zuordnung von Seitenelementen über Grid Lines

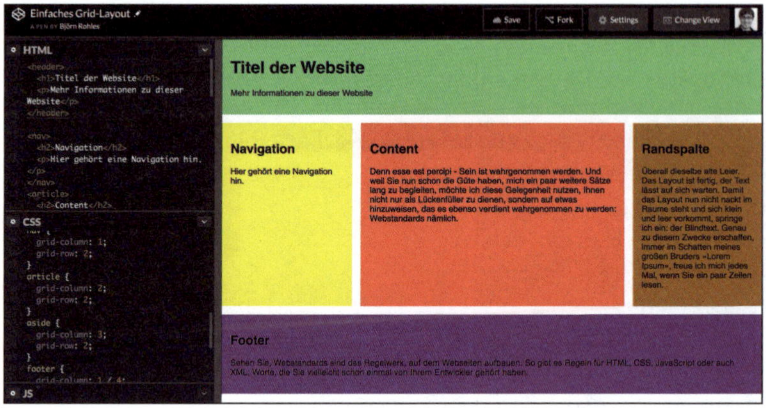

Abbildung 29.26: Das Beispiel mit richtig zugeordneten Seitenbereichen

Grid-Generatoren

Im Web gibt es viele tolle Online-Grid-Generatoren, die Ihnen beim Frontend-Design von CSS-Layouts bei Ihren Projekten helfen können. Besonders empfehlenswert sind *https://griddy.io* und *https://grid.layoutit.com*.

Die Arbeit mit den Grid Lines ist intuitiv verständlich, aber oft auch etwas unübersichtlich. Eine Variante ist es, die Linien explizit zu benennen. Dabei werden die Namen der Linien zunächst im Elternelement mithilfe der Eigenschaften `grid-template-columns` bzw. `grid-template-rows` definiert, indem ihre Bezeichnung in eckige Klammern geschrieben wird:

```
body {
 display: grid;
 grid-gap: 1rem;
 grid-template-columns:
   [nav-start] 1fr
   [content-start] 2fr
   [aside-start] 1fr [aside-end];
grid-template-rows:
   [header-start] auto
   [main-start] auto
   [footer-start] auto [footer-end];
}
```

Listing 29.13: Benennung der Grid Lines

Beispiele zu Grids

Wer neugierig auf Grids und die vielen Möglichkeiten mit dieser Layouttechnologie geworden ist, findet unter »Grid by Example« (*https://gridbyexample.com*) von Rachel Andrew zahlreiche Informationen und Beispiele.

Anschließend können diese Bezeichnungen an Stelle der Nummern verwendet werden, beispielsweise:

```
header {
 grid-column: nav-start / aside-end;
 grid-row: header-start;
}
```

Listing 29.14: Verwendung der Liniennamen

Mit Regionen arbeiten

Eine weitere Alternative ist die Arbeit mit ganzen Regionen, die Grid Areas genannt werden. Dabei werden Elemente zunächst mit der CSS-Eigenschaft `grid-area` einer Region zugeordnet. Das Elternelement definiert über `grid-template-areas`, wo diese Regionen sitzen und wie breit sie sein sollen:

```
header { grid-area: header; }
nav { grid-area: navigation; }
article { grid-area: article; }
aside { grid-are: aside; }
footer { grid-area: footer; }
body {
 display: grid;
 grid-gap: 1rem;
 grid-template-columns: 1fr 2fr 1fr;
 grid-template-areas:
  "header header header"
  "navigation article aside"
  "footer footer footer";
}
```

Listing 29.15: Grid Areas nutzen und definieren

Das heißt allerdings nicht, dass die Reihenfolge von Elementen im Quelltext wild durcheinandergewürfelt werden sollte. Im Sinne der Accessibility (vgl. Abschnitt 27.2) sollte die Reihenfolge von Elementen auch im Quelltext sinnvoll sein, beispielsweise für Menschen, die Screenreader nutzen oder mithilfe der Tastatur navigieren.

Subgrid

Subgrids in CSS sind eine Erweiterung des CSS-Grid-Layouts, die es ermöglichen, ein untergeordnetes Rasterelement (Child Grid) direkt am Rasterlayout seines übergeordneten Containers (Parent Grid) auszurichten. Das untergeordnete Raster erbt die Zeilen- und/oder Spaltendefinitionen des übergeordneten Rasters und ermöglicht so eine konsistente Ausrichtung und Strukturierung von Inhalten auf verschiedenen Ebenen eines Layouts. Dies vereinfacht komplexe Layouts, da es nicht notwendig ist, für jedes untergeordnete Raster separate Spalten- und Zeilendefinitionen zu erstellen. Subgrids erleichtern insbesondere die Gestaltung von responsiven und verschachtelten Layouts, da sie die Wiederverwendbarkeit und Konsistenz erhöhen. Mehr Informationen dazu finden Sie unter *https://developer.mozilla.org/en-US/docs/Web/CSS/CSS_Grid_Layout/Subgrid*.

29.3 Layout im responsiven Web

Bei der Gestaltung von responsiven Websites wird vom Layout und dem dahinterliegenden Raster noch einmal eine ganz besondere Flexibilität verlangt. Was gilt es dabei zu beachten? Im Bereich des Responsive Webdesigns haben sich zwei Varianten durchgesetzt: adaptive und responsive Layouts.

29.3.1 Adaptives Layout

Vorteile von adaptiven Layouts

- Sie können gut in Layoutprogrammen simuliert werden, da die Abmessungen für jeden Breakpoint bekannt sind.
- Sie sind zeitsparend.
- Inhalte und Gestaltungselemente sind relativ einfach umzusetzen, da innerhalb der Breakpoints klar definierte Raster genutzt werden können.

Adaptive Layouts sind im Grunde genommen Sammlungen von fixen Layouts für unterschiedliche Viewport-Breiten. Breakpoints werden genutzt, um zwischen diesen Layouts umzuschalten, aber zwischen diesen Breakpoints geschieht nichts mit dem Layout. Das CSS selbst setzt meist auf px-Werte.

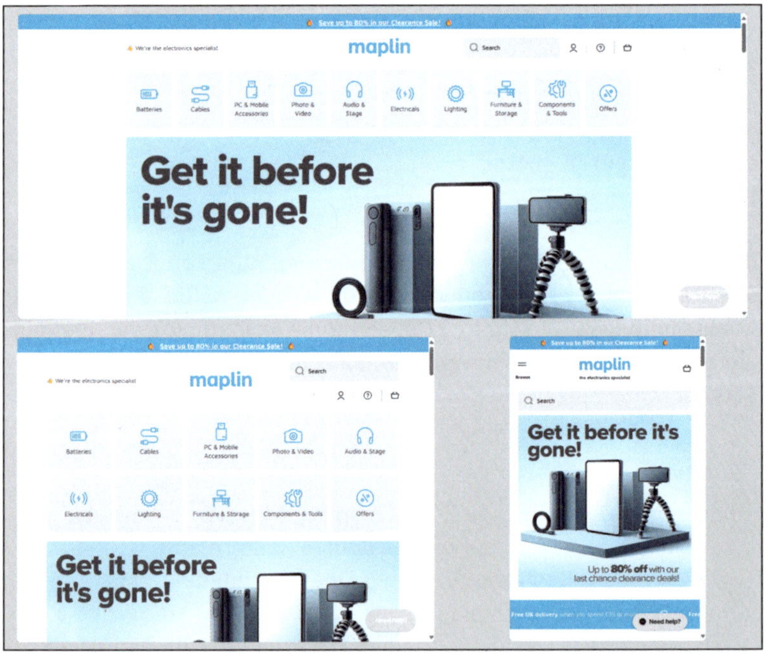

Abbildung 29.27: *Maplin.co.uk*, ein im Vereinigten Königreich ansässiger Elektronikhändler, hat einen adaptiven Ansatz gewählt – es gibt zwar mehrere Anpassungen, aber zwischen diesen Breakpoints nimmt nur der Weißraum nach außen zu.

29.3.2 Responsive Layouts

Responsive Layouts arbeiten hingegen tendenziell mit relativen Einheiten. Auch hier kommen Breakpoints zum Einsatz, um Anpassungen vorzunehmen. Entscheidend ist allerdings, dass die Arbeit mit relativen Einheiten bewirkt, dass sich das Layout auch zwischen diesen Stufen verändert.

Beide Ansätze sind legitime Möglichkeiten, eine Website responsiv zu machen. Adaptive Layouts sind für viele Designerinnen und Designer einfacher zu gestalten, weil sie mit definierten Größen arbeiten, während responsive Layouts ständig im Fluss sind und im Browser kontrolliert werden müssen. Dafür sind responsive Layouts jedoch zukunftssicherer, weil sie sich stärker an den Inhalten selbst orientieren (Content First) und sich somit auch an Geräte anpassen können, von denen man während des Designs noch gar nichts weiß.

Vorteile von responsiven Layouts

- + keine Verschwendung von Platz
- + optimale Anpassung an Viewport-Breiten oder inhaltliche Bedürfnisse möglich
- + größere Zukunftssicherheit

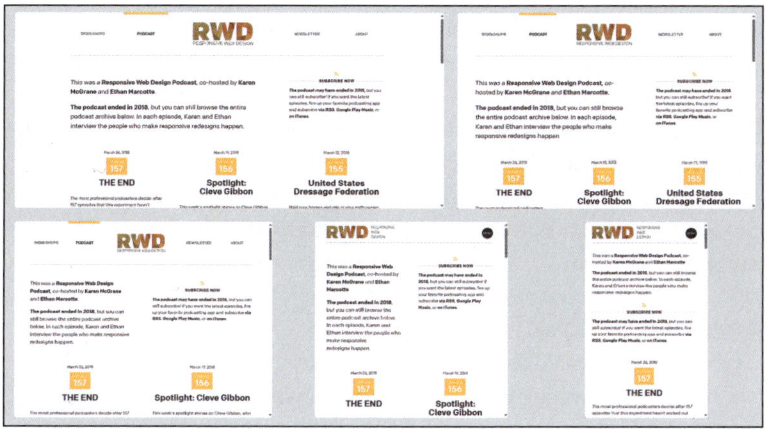

Abbildung 29.28: Responsives Layout beim Responsive Webdesign Podcast (*https://responsivewebdesign.com/podcast*) – es ist gut zu sehen, wie das Layout auch in den Zwischenstufen mitwächst.

29.4 Raster

Dank CSS lassen sich die kästchenartigen HTML-Elemente sehr flexibel anordnen. Aus gestalterischer Sicht arbeiten Sie dabei verstärkt mit flexiblen Rastern: eine Art unsichtbares Gitternetz, das bei der übersichtlichen Strukturierung von Inhalten hilft.

29.4.1 Statische Raster

Statische Raster wie Nathan Smiths 960 Grid System (*http://960.gs*) sind fixe Layouts mit festen Rasterbreiten. Meist werden Rasterklassen dabei ineinander verschachtelt:

```
<div class="container_12">
  <article class="grid_4">...</article>
  <article class="grid_4">...</article>
  <article class="grid_4">...</article>
</div>
```

Listing 29.16: Drei Artikel mit je vier Rasterspalten in 960gs (HTML)

Im CSS beschränkt die Container-Klasse die Seitenbreite, während die Rasterklassen die Breite der einzelnen Bereiche festlegen.

```
.container_12 { max-width: 960px; }
.container_12 .grid_1 { width: 60px; }
.container_12 .grid_2 { width: 140px; }
```

Listing 29.17: Auszug aus dem CSS von 960gs

Heute werden statische Raster selten verwendet, weil sie nicht flexibel genug für eine Welt sind, in der wir mit immer vielfältigeren Geräten im Netz interagieren.

29.4.2 Responsive Raster

Download
Sie finden das Beispiel im Ordner »Layout > 10 einfaches responsives Grid«.

Flexible, responsive Raster sind demgegenüber etwas komplexer umzusetzen. Sie werden oft mit flexiblen Einheiten definiert, damit sie sich an den Viewport anpassen können. Außerdem arbeiten sie mit verschiedenen Rasterklassen, um Elemente bei unterschiedlichen Breakpoints umsortieren zu können.

Das Beispiel in Listing 29.18 hat drei Breakpoints definiert, die über die Rasterklassen mit den Vorsilben `.small`, `.medium` und `.large` angesprochen werden:

Download
Ein responsives Raster mit zwölf Spalten auf Basis des CSS-Grid-Layouts finden Sie im Ordner »Layout > 11 komplexes Grid Layout«.

```
<section class="row">
 <article class="columns small-1 medium-1 large-1">…</article>
 <article class="columns small-1 medium-1 large-1">…</article>
 <article class="columns small-1 medium-2 large-1">…</article>
</section>
```

Listing 29.18: Einfaches responsives Raster

29.4.3 Raster mit Flexbox oder Grid-Layout

Alternativ lassen sich Raster natürlich auch mithilfe von Flexbox oder Grid-Layout realisieren. Der Quelltext für das Raster wird auf diese Weise wesentlich übersichtlicher.

Listing 29.19 zeigt ein Beispiel auf Basis eines Grid-Layouts. Es kommt ganz ohne Rasterklassen aus und kann dennoch drei verschiedene Breakpoints realisieren. Alle Bereiche stehen bei kleinen Viewports nach dem Mobile-First-Prinzip blockartig untereinander, wie es das Standardverhalten von HTML vorsieht. Bei der ersten Media Query ❶ wird zunächst das Raster auf `body` definiert: Mithilfe der `repeat`-Anweisung werden alle Spalten mit `col` benannt. Das ermöglicht es, mit Angaben wie `grid-column: col 1 / span 12` ❷ festzulegen, dass ein Bereich in der ersten Spalte (`col 1`) beginnen und alle zwölf Spalten umfassen soll (`span 12`). `grid-row` verteilt die Inhalte innerhalb der Reihen ❸. In der zweiten Media Query ❹ wird das Layout für größere Viewports angepasst.

```
/* ❶ erste Media Query */
@media screen and (min-width: 25em) {
 body {
  display: grid;
  grid-column-gap: 2rem;
  grid-row-gap: 1rem;
  grid-template-columns: repeat(12, [col] 1fr);
```

```
 }
/* ❷ Inhalte im Raster verteilen */
 header {
  grid-column: col 1 / span 12;
  grid-row: 1;
 }
 nav {
  grid-column: col 1 / span 6;
  grid-row: 2;
 }
 aside {
  grid-column: col 7 / span 6;
  grid-row: 2;
 }
 article {
  grid-column: col 1 / span 12;
  /* ❸ Inhalte in Reihen verteilen, unabhängig von ihrer Posi-
  tion im Quelltext */
  grid-row: 3;
 }
 footer {
  grid-column: col 1 / span 12;
  grid-row: 4;
 }
}
/* ❹ zweite Media Query */
@media screen and (min-width: 42em) {
 nav {
  grid-column: col 1 / span 3;
  grid-row: 2;
 }
 article {
  grid-column: col 4 / span 6;
  grid-row: 2;
 }
 aside {
  grid-column: col 10 / span 3;
  grid-row: 2;
 }
 footer {
  grid-column: col 1 / span 12;
  grid-row: 3;
 }
}
```

Listing 29.19: Responsives Raster auf Basis des CSS-Grid-Layouts

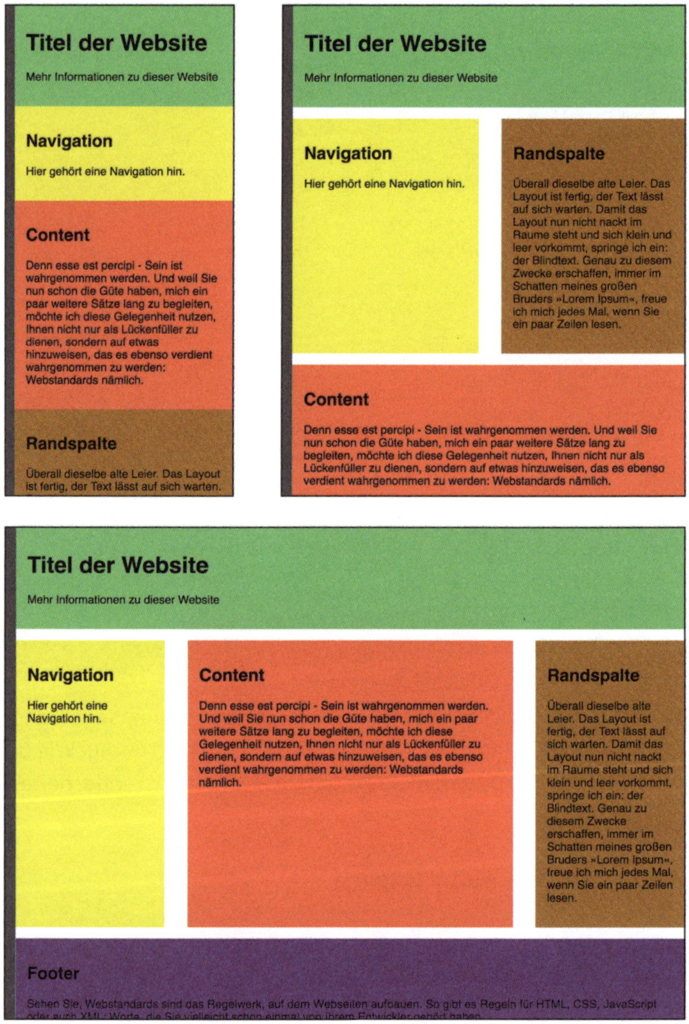

Abbildung 29.29: Das Beispiel-Layout bei kleinen, mittleren und großen Viewports

Dokumentation

CSS-Frameworks wie Bootstrap haben eine sehr gute Dokumentation, die kaum Fragen bei der praktischen Arbeit offenlässt: *https://getbootstrap.com/docs/*

29.4.4 Frontend-Frameworks und Generatoren

Die Raster von bekannten Frontend-Frameworks wie Bootstrap, Bulma (*https://bulma.io*) oder Foundation (*https://get.foundation*) arbeiten nach einem ähnlichen Prinzip. Sie unterscheiden sich jedoch in den Bezeichnungen der Klassen und bringen mehr Funktionalitäten mit als das einfache Beispiel zuvor.

Bootstrap beispielsweise basiert auf einem Raster mit zwölf Spalten. Das System arbeitet mit einer Klasse `container`, die einige Basisformatierungen enthält. Mit Klassen wie `col-8` oder `col-md-6` wird anschließend gesteuert, wie viele Rasterspalten ein HTML-Element bei den unterschiedlichen Breakpoints einnehmen soll. Bootstrap arbeitet mit sechs Breakpoints. Klassen mit `col-md-` beziehen sich beispielsweise auf Viewports über 768 px. Technisch beruht Bootstrap auf Flexbox, bietet aber als Alternative auch ein Raster mit CSS Grid Layout.

Kapitel 30

Gestaltung im Web

Themen des Kapitels:

- *Typografie im Web*
- *Farben im Web*
- *Bilder im Web*
- *Tabellen*
- *Formulare in HTML*
- *Video und Audio für das Web*
- *Animationen*

Typografie, Farben, Bildgestaltung ... Vieles, was Sie in diesem Handbuch und in Ihrer täglichen Praxis lernen, ist auch im Web gültig. Wie bei jedem anderen Medium gelten jedoch auch hier einige Besonderheiten.

30.1 Web-Typografie

Trotz der starken Zunahme von Bild- und Videoinhalten ist das Netz noch immer zu großen Teilen ein Schriftmedium. Kein Wunder also, dass Typografie eine wichtige Rolle spielt. In Kapitel 2 haben Sie bereits wichtige Grundlagen zur typografischen Gestaltung gelernt – hier soll es nun um Besonderheiten von Typografie im Web gehen. Schriften fürs Web können in zwei Gruppen eingeteilt werden:

+ websichere Schriften
+ Webfonts

Das zentrale Unterscheidungskriterium hierbei ist, ob die Schriften bereits auf den Systemen der Nutzerinnen und Nutzer installiert sind oder vom Server heruntergeladen werden müssen.

Quellen und Lesetipps

Das Portal *www.typografie.info* enthält sehr viel Wissenswertes über Typografie.

Statistiken über Schriften

Auf *www.cssfontstack.com* finden sich Statistiken darüber, auf wie vielen Systemen eine websichere Schrift installiert ist (leider nur für Mac und Windows).

30.1.1 Websichere Schriften

Unter websicheren Schriften versteht man eine kleine Auswahl von Schriften, die auf den meisten Rechnern verfügbar sind und daher bedenkenlos im Webdesign verwendet werden können.

Zum Verständnis muss man wissen: In CSS kann man prinzipiell jede beliebige Schrift verwenden:

Nachhaltigkeit und Performance

Webfonts sind im Trend, müssen aber von einem Server geladen werden, was wiederum die Datenübertragung erhöht und die Performance einer Website bremst. Ein üblicher Satz an Webfonts hat gerne mal 200 bis 300 KB. Wollen Sie hier die Performance verbessern bzw. den Datenverbrauch reduzieren, gibt es folgende Möglichkeiten:

+ Verwenden Sie nur wenige verschiedene Webfonts.
+ Verzichten Sie auf besondere Schriftschnitte, die Sie ohnehin nicht verwenden.
+ Beschränken Sie sich auf den Zeichenumfang, den Sie auch wirklich für die Sprache der Website benötigen. Mit einem Font-Subsetting-Tool wie Everything Fonts (*https://everythingfonts.com/subsetter*) können Sie nicht verwendete Zeichen bei Bedarf entfernen.
+ Nutzen Sie moderne Dateiformate. Mit einem Tool wie Font Squirrel (*www.fontsquirrel.com/tools/webfont-generator*) können Sie Schriftarten im TFT-Format ohne Qualitätsverluste in das WOFF2-Format konvertieren und enorm an der Dateigröße einsparen.
+ Wenn es auf höchste Performance ankommen sollte, verzichten Sie auf Webfonts, und verwenden Sie websichere Schriften.

```
p { font-family: "Gill Sans", Helvetica, Arial; }
```

Listing 30.1: Definition von Schriften in CSS

Allerdings sind die Schriften damit nicht eingebettet – Gill Sans sieht eine Nutzerin nur, wenn diese Schrift auf ihrem Rechner installiert ist. Im Webdesign gibt man daher mehrere Schriften als Fallback-Fonts an. Der Browser geht die Liste in Listing 30.1 so lange durch, bis er eine installierte Schrift findet. Ist keine der angegebenen Schriftarten von `font-family` auf dem System vorhanden, wird die Standardschriftart des Webbrowsers verwendet.

Websichere Schriften sind nun jene Schriften, die auf allen relevanten Computersystemen (Windows, Mac und Linux) mit großer Wahrscheinlichkeit verfügbar sind. Das sind gar nicht so viele. Beispiele websicherer Schriften sind Arial, Times New Roman, Verdana, Trebuchet MS, Georgia, Comic Sans, Courier und Lucida.

30.1.2 Webfonts

Im Webdesign war schon lange klar, dass die wenigen websicheren Schriften für moderne Gestaltung kaum ausreichen werden – schon 1997 gab es daher Anstrengungen, im Web für mehr typografische Vielfalt zu sorgen. Streitigkeiten über das geeignete Dateiformat bremsten die Technologie jedoch noch aus – erst 2007 konnte eine Einigung erzielt werden. Meist wird heute das Format ».woff« oder sein Nachfolger ».woff2« verwendet (Web Open Font Format). Dank Webfonts ist nun nahezu beliebige Schriftvielfalt auch im Web möglich.

Zur technischen Umsetzung dient die CSS-Eigenschaft `@font-face` mit Namen und Links zu den Schriftdateien:

```
@font-face {
  font-family: 'FontinSansRgBold';
  src: url('fonts/fontin_sans_b_45b-webfont.woff2')
  format('woff2'),
    url('fonts/fontin_sans_b_45b-webfont.woff') format('woff');
}
```

Listing 30.2: Laden der Schrift »Fontin Sans« mittels `@font-face`

Im Beispiel oben liegt die Schrift in einem Ordner namens »fonts« auf dem eigenen Webspace. Zahlreiche Schrifthäuser sind dazu übergegangen, Webfont-Pakete anzubieten. Beim Erwerb einer Schrift erhalten Sie einen Download mit allen notwendigen Dateien. Die Gebühren richten sich nach der Anzahl von Seitenansichten (Page Impressions) – meist gibt es eine fixe Menge pro Monat. Übersteigen die Besuchszahlen die gebuchte Menge, kann eine weitere Lizenz gekauft werden.

Eine Alternative dazu ist es, die Schriften bei einem externen Anbieter hosten zu lassen und mithilfe von JavaScript auf die eigene Website zu laden. In den meisten Fällen handelt es sich dabei um Mietmodelle, bei denen gegen eine definierte Gebühr aus einer großen Anzahl von Schriften gewählt werden kann. Adobe Fonts (*https://fonts.adobe.com*) ist der bekannteste Anbieter. Google hat mit Fonts (*https://fonts.google.com*) auch eine kostenlose Version mit freien Schriften eingerichtet.

Um diese Services zu verwenden, wird zunächst eine Sammlung definiert, die alle Schriften enthält, die verwendet werden sollen. Anschließend erzeugen die Tools einen Embed-Code, der in den `head` der Website eingefügt werden sollte.

Schrifthäuser

Beispiele sind MyFonts (*www.myfonts.com*) und Fontspring (*http://fontspring.com*).

Webfont-Generator

Sofern es sich um eine lizenzfreie Schrift handelt, kann der praktische Webfont-Generator von Font Squirrel (*www.fontsquirrel.com/tools/webfont-generator*) weiterhelfen. Hier kann man eine Schrift hochladen, einige Einstellungen vornehmen und anschließend ein fertiges Kit zur weiteren Verwendung herunterladen.

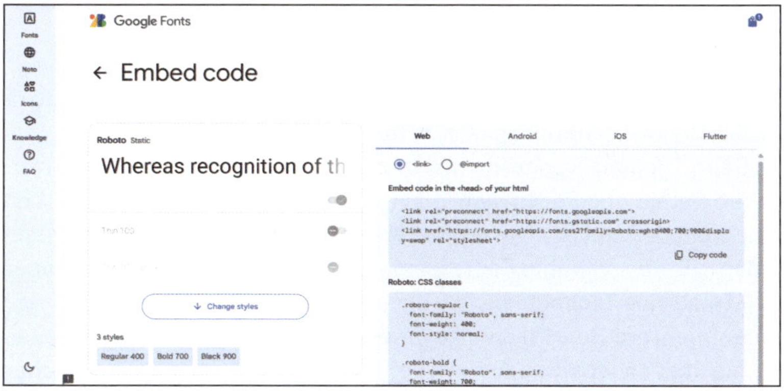

Abbildung 30.1: Einbetten von Schriften mit Google Fonts

Aber Vorsicht: Häufig werden Schriftschnitte vergessen, denn fette und kursive Schnitte zählen als eigene Schriftdateien. Wer sie verwenden möchte, muss sie auch als Webfont einbetten. Wird nämlich ein fetter oder kursiver Schnitt im CSS ausgeführt, wird der Browser zunächst nach der entsprechenden Schriftdatei suchen. Findet er sie nicht, versucht er das Aussehen zu simulieren – und das geht meistens schief:

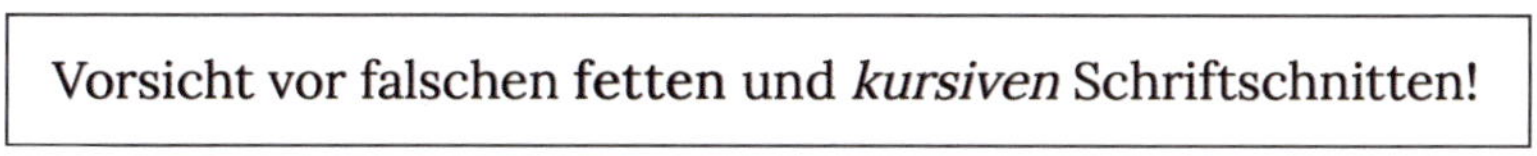

Abbildung 30.2: Schrift Lora mit falschen …

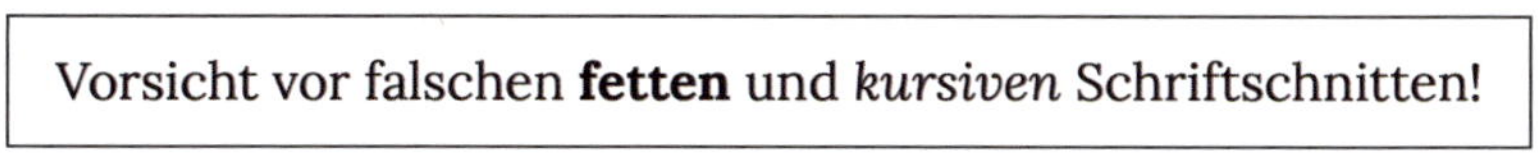

Abbildung 30.3: … und mit richtigen Schriftschnitten

Rechtliche Aspekte

Bei der Verwendung von Schriften eines externen Anbieters gibt es einige rechtliche Aspekte zu beachten, wenn Sie nicht abgemahnt werden wollen. Ich empfehle Ihnen, sich im Vorfeld gründlich zu informieren. Die folgenden Punkte müssen Sie beachten:

+ Prüfen Sie die Lizenz- und Nutzungsbestimmungen: Dies betrifft den Lizenztyp (kommerzielle Lizenz, freie Lizenz, Open-Source-Lizenz). Auch die Nutzungsbedingungen der verwendeten Schriftart sollten Sie vorher lesen. Manche Anbieter beschränken die Nutzung auf nur eine Website oder haben eine Traffic-Beschränkung.

+ Datenschutz: Bei der Einbindung von Schriften eines externen Anbieters werden oft Verbindungen zu dessen Servern hergestellt, was datenschutzrechtlich relevant ist. Prüfen Sie daher, ob alles datenschutzkonform ist und ob Sie den Nutzer über den Datentransfer informieren müssen. Unter Umständen kann es sinnvoll sein, die Schriften selbst zu hosten (falls erlaubt).
+ Urheberrecht: Schriftarten sind durch das Urheberrecht geschützt. Achten Sie deshalb darauf, dass Sie keine Schriften ohne die entsprechenden Lizenzen verwenden. Es ist daher auch ratsam, die Lizenzunterlagen und den Kaufnachweis stets aufzubewahren.

30.1.3 Variable Fonts

Variable Fonts live erleben

Viel Wissenswertes über die Implementierung von Variable Fonts finden Sie im Mozilla Developer Network unter *https://v-fonts.com*. Dort können Sie auch live mit den Werten spielen, um ihre Funktionsweise zu verstehen.

Einige Schriften haben das Berechnen von Schriftschnitten jedoch explizit in ihr Leistungsspektrum aufgenommen: Variable Fonts.

Beim Thema »Typografie im Netz« müssen Sie zwischen typografischer Vielfalt und Performance abwägen, denn jeder Schriftschnitt ist eine weitere Datei, die Nutzer und Nutzerinnen aus dem Web herunterladen müssen. Variable Fonts (eingeführt mit OpenType 1.8 im Oktober 2016) sind eine Technologie, die dieses Problem lösen möchte. Sie vereinen mehrere Schriftschnitte innerhalb einer einzigen Schriftdatei, wo sie über sogenannte Achsen definiert werden können. Fünf solcher Standardachsen sind in OpenType definiert:

Tabelle 30.1: Standardachsen von Variable Fonts

Standardachse	Bezeichnung	CSS-Tag
Strichstärke	weight	`wght`
Schriftbreite	width	`wdth`
Kursive	italic	`ital`
Neigung	slant	`slnt`
Optische Größe	optical size	`opsz`

Zusätzlich lassen sich im Schriftdesign jedoch auch weitere Achsen festlegen, und es müssen auch nicht alle Standardachsen verwendet werden.

Abbildung 30.4: Beispiel einer Achse bei einem Variable Font (Zwischenschritte zwischen den hier angegebenen sind ebenfalls möglich)

Im Webdesign können Sie die definierten Achsen nutzen, um die entsprechenden Schrifteigenschaften sehr flexibel einzustellen.

Ein Algorithmus entscheidet darüber, wie sich die Schrift bei Veränderungen verhalten sollen – beispielsweise, wie sich die Punkte eines Buchstabens aufeinander zubewegen sollen, wenn das Schriftgewicht verändert wird. Anders als beim Verzerren einer Schrift (etwa durch `transform: scaleX(0.5)`) entstehen durch diesen Algorithmus ästhetisch ansprechende Varianten, die die typografische Arbeit am Schriftdesign respektieren.

Variable Fonts bringen für das Webdesign eine Reihe von Vorteilen mit sich, darunter die verringerte Dateigröße (im Vergleich zum Ausliefern der Schriftschnitte in separaten Fonts) sowie die deutlich höhere Präzision durch die zahllosen Zwischenstufen entlang der Achsen. Gerade im Responsive Webdesign kann das ein großer Vorteil sein, erlaubt es doch eine wesentlich feinere Optimierung für unterschiedliche Viewports. So könnte man beispielsweise auf kleinen Displays die Schriftbreite von Überschriften verringern (statt nur die Schriftgröße, wodurch auch der Größenkontrast Überschrift und Fließtext verändert würde), kleinere Schriftgrade mit größerer x-Höhe (optische Größe) versehen oder Veränderungen der Schrifteigenschaften animieren.

Variable Fonts optimieren

Häufig ist die Dateigröße für den variablen Font ziemlich umfangreich. Das kommt daher, dass hier viele Zeichen enthalten sind, die häufig unnötig sind. Es wird empfohlen, ein Subset ohne die nicht benötigten Zeichen zu generieren. Als zweiten Schritt empfiehlt es sich dann, eine WOFF2-Datei daraus zu machen. Es gibt viele Online-Tools wie *www.fontsquirrel.com/tools/webfont-generator*, mit denen Sie diese Optimierung vornehmen können.

Die Einbindung eines Variable Fonts erfolgt wie gewohnt mithilfe von `@font-face` (vgl. Abschnitt 30.1.2). Mithilfe der Eigenschaft `font-variation-settings` werden die Achsen der Variable Fonts angesprochen. Dazu werden die CSS-Tags aus Tabelle 30.1 in Anführungszeichen "" verwendet, gefolgt vom gewünschten Wert. Falls mehrere Achsen eines Variable Fonts eingestellt werden sollen, können die Angaben in `font-variation-settings` mit Komma getrennt werden:

```
@font-face {
 font-family: "Amstelvar";
 src: url("amstelvar-variable.woff2") format("woff2");
h1 {
 font-family: "Amstelvar", sans-serif;
 font-variation-settings: "wght" 250, "wdth" 125;
 }
```

Listing 30.3: Verwenden von Variable Fonts in CSS

Die Unterstützung von Variable Fonts kann mithilfe von `@supports` geprüft werden. Damit ist es möglich, älteren Browsern einen anderen Font mitzugeben.

```
html { font-family: Arial, sans-serif; }
@supports(font-variation-settings: "wdth" 200) {
 html {
  font-family: "Amstelvar", sans-serif;
  font-variation-settings: "wght" 250, "wdth" 125;
  }
}
```

Listing 30.4: Fallback-Fonts von Variable Fonts in CSS

Layoutänderungen erkennen

Simon Hearne gibt unter *https://simonhearne.com/2021/layout-shiftswebfonts/* zahlreiche Tipps, wie Sie Layoutänderungen analysieren können.

Web Font Loader

Lesenswerte Hintergründe zum Web Font Loader liefert ein Artikel von Robin Rendle (*https://csstricks.com/loading-webfonts-with-the-web-fontloader*).

Steuerung

Sie müssen sich entscheiden, ob Sie den Content während des Ladevorgangs von Webfonts darstellen wollen. Zur Steuerung kann man z. B. eine JavaScript-basierte Lösung wie »Font Face Observer« (*https://github.com/bramstein/fontfaceobserver*) einsetzen.

30.1.4 Asynchrones Laden von Schriften

Der Zusammenhang zwischen Webfonts und Performance wurde bereits genannt – aber auch wenn die Auswahl der wirklich benötigten Schriftschnitte und der Zeichenumfang optimiert wurden, müssen die Schriftdateien zunächst heruntergeladen werden, bevor sie angezeigt werden können. Je nach Verbindungsgeschwindigkeit und Datenmenge kann dies eine Weile dauern. Was aber tut der Browser während dieser Zeitspanne? Es gibt zwei Möglichkeiten:

+ **Flash of Unstyled Text, FOUT:** Die erste Variante ist das Aufblitzen von ungestaltetem Text. Ein Browser stellt dabei den Inhalt so früh wie möglich dar und verwendet zunächst eine installierte Standardschrift. Der Text springt dann auf den Webfont um, sobald die Schrift geladen wurde.
+ **Flash of Invisible Text, FOIT:** Die Alternative dazu ist, mit der Darstellung von Inhalten zu warten, bis der Webfont heruntergeladen wurde. Die meisten Browser warten maximal drei Sekunden und springen dann auf eine installierte Schrift um.

JavaScript ist eine mögliche Lösung, aber als CSS-Alternative gibt es mittlerweile die CSS-Eigenschaft `font-display`. Vom Prinzip her funktioniert `font-display` ähnlich wie eine JavaScript-basierte Lösung, ist aber kürzer und einfacher. Notieren sollten Sie `font-display` bei einer `@font-face`-Deklaration mit einem der folgenden Werte:

+ `auto`: Standardfunktion des Webbrowsers. Gewöhnlich wird dabei der Text erst angezeigt, wenn die Schrift komplett geladen wurde.
+ `swap`: Zeigt die Fallback-Schriftart an, bis die Webfonts geladen wurden.
+ `block`: Blendet den Text aus, bis die Webfonts geladen wurden. Hierbei kann es zum FOIT kommen.
+ `fallback`: Hier wird zunächst das Verhalten von `block` verwendet. Wird nach einer Verzögerung von 100 ms die Schrift nicht angezeigt, wechselt die Funktion zu `swap`.
+ `optional`: Ähnlich wie der Wert `fallback`, nur ist es hierbei möglich, dass der Webbrowser einen Webfont gar nicht herunterlädt, wenn die Internetverbindung zu langsam ist.

30.1.5 Gute Lesbarkeit in CSS

Hin und wieder dient Schrift als visuelles Gestaltungsmittel und soll möglichst viel Aufmerksamkeit erregen. In den meisten Fällen ist das jedoch nicht so – Typografie soll dann zum Lesen animieren und daher möglichst gut lesbar sein. Die folgenden Abschnitte gehen daher von diesem Fall aus und erläutern Maßnahmen, wie eine gute Lesbarkeit mithilfe von CSS erreicht werden kann.

Schriftgröße

Wenig überraschend ist die Schriftgröße eines der wichtigsten Mittel, um eine gute Lesbarkeit von Texten im Web sicherzustellen. Außerdem schafft Schriftgröße eine Hierarchie zwischen den Inhalten – größer wird mit »wichtiger« gleichgesetzt.

+ Zur Definition der Schriftgröße dient die CSS-Eigenschaft `font-size`.
+ Die Schriftgröße wird in CSS in Pixeln (`px`) oder mit relativen Einheiten angegeben: `rem` ist relativ zu einer einmal definierten Basisgröße, `em` relativ zum aktuellen Kontext, `vh` bzw. `vw` relativ zur Höhe bzw. Breite des aktuellen Viewports. Ein Problem der Arbeit mit `vh` und `vw` ist es, dass Nutzerinnen und Nutzer diese Schriften nicht mehr zoomen können.

Textauszeichnungen

CSS kennt eine Vielzahl von Eigenschaften, um Texte auszuzeichnen:

+ `font-weight` zeichnet das Schriftgewicht aus. Die Eigenschaft nutzt entweder `bold` (für fett), `bolder` bzw. `lighter` (fetter bzw. leichter als das Elternelement) oder Zahlenwerte in Hunderterschritten von `100` bis `900`. `400` entspricht normaler Schrift, `700` fetter Schrift.
+ `font-variant`: `normal` für normale Schrift, `small-caps` für Kapitälchen
+ `font-style: normal` für normale, `italic` für kursive Schrift
+ `text-transform`: `normal` für normalen Text, alternativ die Werte `capitalize` (alle Anfangsbuchstaben groß), `lowercase` (nur Kleinbuchstaben) oder `uppercase` (nur Großbuchstaben)

Unterstützt die Schrift den Schnitt?

Beim Einsatz dieser Auszeichnungen ist darauf zu achten, dass die Schrift den gewünschten Schnitt auch tatsächlich unterstützt – gerade bei Webfonts wird gerne nur der normale Schriftschnitt mitgenommen, obwohl weitere Schnitte ausgezeichnet werden.

Laufweite

Zur Definition der Laufweite dient in CSS die Eigenschaft `letter-spacing` – sie akzeptiert relative (`em`, `rem`, `%`) und absolute Werte (`px`) sowie den Wert `normal` (Standard). Normalerweise setzt man so etwas nicht bei normalen Texten, sondern in Zusammenhang mit `uppercase` oder `small-caps` ein.

Zeilenhöhe

In CSS definieren Sie den Zeilenabstand über die Eigenschaft `line-height`. Prinzipiell sind alle Einheiten erlaubt, mit denen auch die Schriftgröße ausgezeichnet wird. Am häufigsten wird jedoch ohne Einheit gearbeitet (z. B. `line-height: 1.6;`) – in diesem Fall wird der Wert als Multiplikator betrachtet und die Zeilenhöhe als Vielfaches der Schriftgröße berechnet. Dieses Vorgehen wird oft bevorzugt, weil es möglichen Vererbungsproblemen bei der Zeilenhöhe vorbeugt.

Accessibility und Zeilenhöhe

Die WCAG 2.2 empfehlen eine Zeilenhöhe von mindestens dem 1,5-Fachen der Schriftgröße sowie dem 2-fachen Abstand zwischen Absätzen.

Zeilenlänge

In zu langen Zeilen verliert das Auge beim Lesen schnell den Halt, und die User Experience leidet. Eine optimale Zeile fasst zwischen 50 und 80 Zeichen – aber gerade im Responsive Webdesign mit seinen wechselnden Größenverhältnissen ist das gar nicht so einfach umzusetzen. Es gibt keine CSS-Eigenschaft für die Zeilenlänge, aber sie lässt sich über die Größenangaben der Content-Elemente steuern (beispielsweise, wenn man die maximale Breite des Containers in em angibt, so dass er mit der Schriftgröße mitwächst). Eine andere Alternative können Textspalten sein.

Empfehlung

Wenn man bei langen Texten mit Spalten arbeitet, kann es natürlich passieren, dass Nutzer und Nutzerinnen wieder nach oben scrollen müssen, um in der nächsten Spalte weiterlesen zu können. Katy Deborah hat mit »Guide to Responsive-Friendly CSS Columns« einen spannenden Artikel (*https://css-tricks.com/guide-responsive-friendly-css-columns*) mit vielen Tipps geschrieben.

Textspalten

CSS bietet zur Arbeit mit Textspalten die Eigenschaft `columns` sowie einige weitere Eigenschaften. Hier ist ein Beispielcode: Er erzeugt einen zweispaltigen Artikel mit einer dünnen Trennlinie und einem Abstand von `4rem` zwischen den Spalten. Die Breitenangabe von `columns` dient dem Browser als Orientierungswert – er versucht, die gewünschte Spaltenzahl anzuzeigen, springt jedoch um, wenn die Spalten zu schmal werden.

```
article {
 columns: 2 200px;
 column-gap: 4rem;
 column-rule: 1px solid #ccc;
}
```

Listing 30.5: CSS-Spalten mit Zwischenabstand und Linie

Textausrichtung und Silbentrennung

Die Textausrichtung lässt sich in CSS mit der Eigenschaft `text-align` steuern. Möglich sind die Werte `left` (linksbündig), `right` (rechtsbündig), `center` (zentriert) und `justify` (Blocksatz).

Logische Textausrichtung

In Ergänzung gibt es auch logische Angaben, nämlich `start` und `end`, die sich der Schreibrichtung anpassen. `text-align: start` wäre linksbündig bei Sprachen mit Leserichtung von links nach rechts, aber rechtsbündig bei Leserichtung von rechts nach links.

+ Linksbündiger Text ist im Web mit Abstand am häufigsten.
+ Blocksatz bereitete im Web oft durch die schwierige Situation in Bezug auf Silbentrennungen Probleme – manuelle Trennungen sind aufwändig und durch die Flexibilität im Layout kaum zu bewerkstelligen. Allerdings setzt sich automatische Silbentrennung mithilfe der CSS-Eigenschaft `hyphens: auto;` oder mit JavaScript mehr und mehr durch. Wichtig ist, das HTML in der richtigen Sprache auszuzeichnen, damit der Browser auch die entsprechenden Trennungsregeln wählt (z. B. `<html lang="de">`). Die meisten verzichten allerdings grundsätzlich auf Blocksatz im Web, weil er oft einfach nicht gut wirkt.
+ Das Sonderzeichen `` für »weicher Umbruch« kann in den Quelltext eingefügt werden, um Vorschläge für gewünschte Trennungen zu machen, z. B. `Blumentopferde`.

30.2 Farben im Web

Farben kamen bereits ausführlich in Kapitel 4 zur Sprache. In diesem Abschnitt soll der Fokus daher auf der technischen und gestalterischen Umsetzung speziell für das Webdesign liegen.

30.2.1 Farben in CSS

CSS kennt mehrere Eigenschaften für Farben:

+ color für die Textfarbe des Inhalts eines HTML-Elements
+ background-color für seinen Hintergrund
+ border-color für die Rahmenfarbe

Die Farbwerte selbst lassen sich auf vier unterschiedliche Arten definieren, nämlich als Farbnamen, Farbwerte in hexadezimaler Schreibweise, RGB (und RGBa) sowie HSL (und HSLa) und HWB. Schauen wir uns das einmal an.

> **Websichere Farben**
> Unnötig geworden ist es heute, sich auf die sogenannten websicheren Farben zu beschränken. In den 1990er Jahren, als zahlreiche Computer nur 256 Farben darstellen konnten, sollte mit den websicheren Farben eine auf 216 Farben beschränkte Palette erzeugt werden, die von den meisten Rechnern dargestellt werden konnte. Angesichts eines Farbumfangs von 16,7 Millionen Tönen, wie ihn heutige Rechner und Smartphones darstellen können, ist dies nicht mehr wichtig.

Farbnamen

Browser verstehen einige fest definierte Farbnamen, beispielsweise red, DarkGoldenrod oder MediumBlue. Eine Übersicht finden Sie in der englischen Wikipedia unter *http://en.wikipedia.org/wiki/Web_colors*.

```
p { color: red; }
```

Listing 30.6: Ein Absatz wird rot eingefärbt.

Hexadezimalwerte

Eine andere Möglichkeit ist die Verwendung von hexadezimalen Farbwerten. Dabei handelt es sich um eine sechsstellige Angabe, die von einer Raute # eingeleitet wird. Es folgen zwei Zeichen für den Rot-, zwei für den Grün- sowie zwei für den Blau-Anteil:

```
p { color: #00FFFF; }
```

Listing 30.7: Farbwert in Hexadezimal-Schreibweise

Im Grunde genommen wird die Farbe also einfach durchnummeriert. Statt jedoch – wie im uns bekannten Dezimalsystem – von 0 bis 9 zu zählen, dann eine weitere Ziffer voranzustellen und weiterzuzählen (10, 11, 12 ..., später dann 20, 21, 22 ...), nutzt man im hexadezimalen System die 16 als Basis. Man beginnt mit dem Zählen wieder bei 0. Da es keine Ziffern über 9 gibt, zählt man danach mit Buchstaben weiter: A steht für zehn, B für elf, C für zwölf, bis Sie mit F bei 15 sind. Sie zählen also von 0 bis F, stellen dann eine neue Stelle voran und zählen mit 0 weiter – nach (0)F folgt also 10, bis Sie bei 1F wieder zur 20 umspringen.

> **Millionen Farben**
> Auf diese Weise kann man von 00 bis FF insgesamt 256 unterschiedliche Farbwerte darstellen – und zwar jeweils für Rot, Grün und Blau. Zusammen ergibt das 256 × 256 × 256 = 16,7 Millionen Farben.

RGB und RGBa

Eine andere Notation ist es, die RGB-Werte in Dezimal-Schreibweise anzugeben – auch hier wieder in der Reihenfolge Rot, Grün und Blau, diesmal allerdings in einer etwas anderen Syntax:

```
p { color: rgb(0,255,255); }
```

Listing 30.8: Cyan in RGB-Schreibweise

Die Deckkraft lässt sich ebenfalls variieren, indem ein vierter Wert zwischen 0 und 1 angegeben wird. Dies bezeichnet man als RGBa-System (a = Alpha):

```
p { background-color: rgba(0, 255, 255, .5); }
```

Listing 30.9: Cyan mit einer Deckkraft von 50 %

hwb()

Mit hwb() können Sie Farbton (hue), Tönung (whiteness) und die Schattierung (blackness) im RGB-Farbraum mischen. Für H wird ein ganzzahliger Wert von 0 bis 360 verwendet, für W und B hingegen Prozentwerte. Optional kann als vierter Parameter eine Transparenz als Fließkommazahl von 0 (keine Deckkraft) bis 1 (volle Deckkraft) eingestellt werden.

Nutzen Sie unbedingt die englische Notation mit Punkt statt Komma. Ob Sie die 0 vor dem Punkt ausschreiben oder nicht, bleibt Ihnen überlassen.

HSL und HSLa

Schließlich kennt CSS noch das HSLa-System:

+ Farbton (Hue) als Winkelangabe im Farbkreis
+ Sättigung (Saturation) von 0 (Grau) bis 100 % (voll gesättigt)
+ Helligkeit (Lightness) von 0 (Schwarz) bis 100 % (Weiß)
+ Transparenz (Alpha) von 0 (transparent) bis 1 (opak)

```
p { background-color: hsla(231, 100%, 70%, 1); }
```

Listing 30.10: Farbe in HSLa

30.2.2 Verläufe in CSS

Neben vollflächig eingefärbten Bereichen erlaubt CSS auch die Arbeit mit Verläufen. Sie werden als `background-image` angegeben:

```
background-image: linear-gradient(green, red);
```

Listing 30.11: Einfacher linearer Verlauf in CSS

Dabei werden drei Verlaufsarten angeboten: lineare Verläufe, radiale Verläufe und Verläufe mit Wiederholungen.

Lineare Verläufe

`linear-gradient` bezeichnet einen einfachen linearen Verlauf. Die Richtung lässt sich mit den Schlüsselwörtern `to right` (von links nach rechts), `to left` (von rechts nach links), `to bottom` (von oben nach unten, Standard) und `to top` (von unten nach oben) definieren, z. B.:

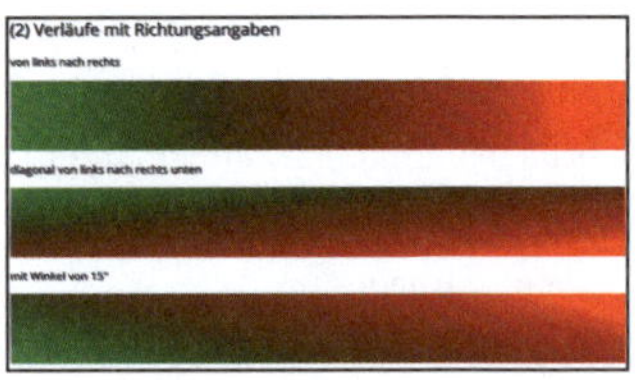

Abbildung 30.5: Beispiele für lineare Verläufe

```
background-image: linear-gradient(to right, green, red);
```

Listing 30.12: CSS-Verlauf von links nach rechts

Download

Sie finden die Verläufe zum Ausprobieren im Ordner »Farben > 1 Verläufe in CSS«.

Es ist auch möglich, einen Winkel anzugeben, z. B. `15deg`. Neben den Farbnamen wie in diesen Beispielen können natürlich auch die anderen Verfahren verwendet werden, mit denen Farben in CSS angegeben werden können.

CSS beschränkt sich außerdem nicht auf zweifarbige Verläufe. Es sind beliebig viele Farbwerte möglich, auf Wunsch mit einer Positionsangabe. Hier ist ein Beispielcode für einen dreifarbigen Verlauf, der schnell von Grün nach Weiß wechselt und schließlich bei der 80 %-Marke rot wird:

```
background-image: linear-gradient(green 0%, white 20%, red 80%);
```

Listing 30.13: Position von Color Stops in CSS

Radiale Verläufe

In der Praxis sind lineare Verläufe am häufigsten, allerdings gibt es natürlich auch radiale:

```
background-image: radial-gradient(yellow, blue);
```

Listing 30.14: Radialer Verlauf in CSS

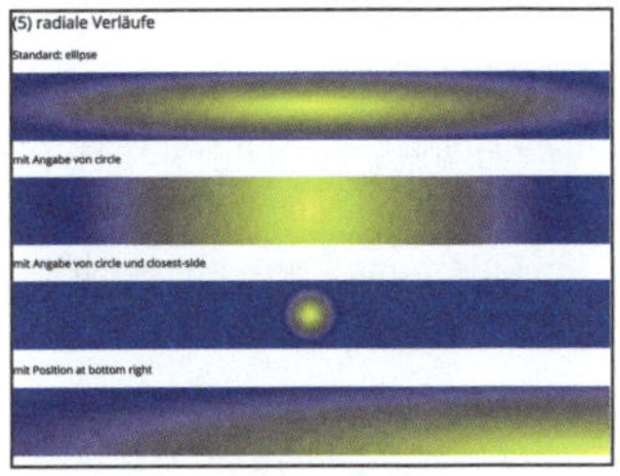

Abbildung 30.6: Beispiele für radiale Verläufe

Ohne explizite Angabe ist der Verlauf ellipsenförmig, aber rund geht selbstverständlich auch:

```
background-image: radial-gradient(circle, yellow, blue);
```

Listing 30.15: Radialer, kreisrunder Verlauf in CSS

Schließlich lässt sich der Radius der Kreisform definieren. Dazu dienen einige Schlüsselwörter: Der Verlauf kann sich zur nächsten (`closest-side`) oder am weitesten entfernten Seite (`farthest-side`) bzw. Ecke (`closest-corner` und `farthest-corner`) erstrecken. Der Mittelpunkt kann mit dem Schlüsselwort `at` sowie einer Positionsangabe (als Schlüsselwort oder mit CSS-Positionierung in px, % usw.) auch verschoben werden:

```
background-image: radial-gradient(at bottom right, yellow,
blue);
```

Listing 30.16: Radialer Verlauf rechts unten in CSS

> **Mehr zu Farbverläufen**
>
> Hierzu ein paar weitere Quellen und Tipps rund um Farbverläufe:
>
> - Sammlungen fertiger Verläufe: *https://webgradients.com*, *https://webkul.github.io/cool-hue*, *www.grabient.com* und *https://uigradients.com*.
> - Ein alternatives Tool ist der Colorzilla Gradient Editor (*www.colorzilla.com/gradient-editor*).
> - Lea Verou hat unter *http://lea.verou.me/css3patterns* ausgefallener Verläufe zusammengestellt.

Verläufe mit Wiederholungen

Mithilfe der Vorsilbe `repeating-` und einem linearen oder radialen Verlauf lässt sich ein Verlauf auch als sich wiederholendes Muster definieren. Auf diese Weise sind sehr interessante Effekte möglich. Hier ist ein Beispiel für einen schrägen Verlauf mit Schwarz und Gelb:

```
background-image: repeating-linear-gradient(45deg, yellow,
yellow 10px, black 10px, black 20px);
```

Listing 30.17: Muster als sich wiederholender Verlauf

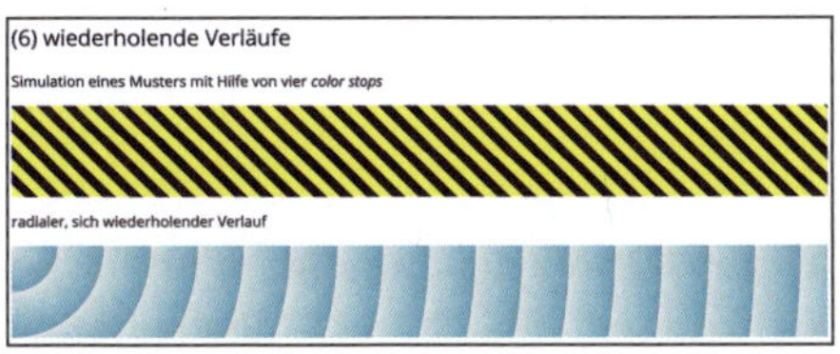

Abbildung 30.7: Beispiele für sich wiederholende Verläufe

30.2.3 Accessibility und Usability bei der Farbwahl

Die Wahl der Farben sollte in einem Webprojekt nicht ausschließlich visuellen und konzeptionellen Gesichtspunkten folgen – auch Accessibility und Usability sollten beachtet werden.

Eine der wichtigsten Regeln ist es, auf ausreichende Kontraste zu achten. Die WCAG (siehe Abschnitt 27.2.2) enthalten für diesen Bereich eine ganze Reihe von Empfehlungen:

- Das Kontrastverhältnis zwischen Text und Hintergrund sollte mindestens 7 : 1 betragen (Stufe AAA) bzw. 4,5 : 1 (Stufe AA).
- Bei großer Schrift (ab mindestens 18 Punkt bei normalem bzw. 14 Punkt bei fettem Schriftschnitt) sollte das Kontrastverhältnis mindestens 4,5 : 1 (Stufe AAA) bzw. 3 : 1 (Stufe AA) betragen.
- Für User-Interface-Elemente und inhaltlich relevante grafische Objekte empfehlen die WCAG 2.1 ein Kontrastverhältnis von mindestens 3 : 1 (Stufe AA).

Stufen in den WCAG

Die WCAG unterscheiden zwischen verschiedenen Stufen, nämlich A, AA und AAA. Je mehr As, desto besser ist die Accessibility. Bei jeder Empfehlung in den Guidelines steht, für welche Stufe sie zählt. Damit eine Website insgesamt ein bestimmtes Accessibility-Level erreicht, müssen alle einzelnen Empfehlungen dieser (oder einer höheren) Stufe erfüllt sein.

Farbleitsysteme

Farben können auch genutzt werden, um zu verdeutlichen, zu welchem Bereich eine Seite gehört. Dafür hat sich der Begriff Farbleitsystem etabliert.

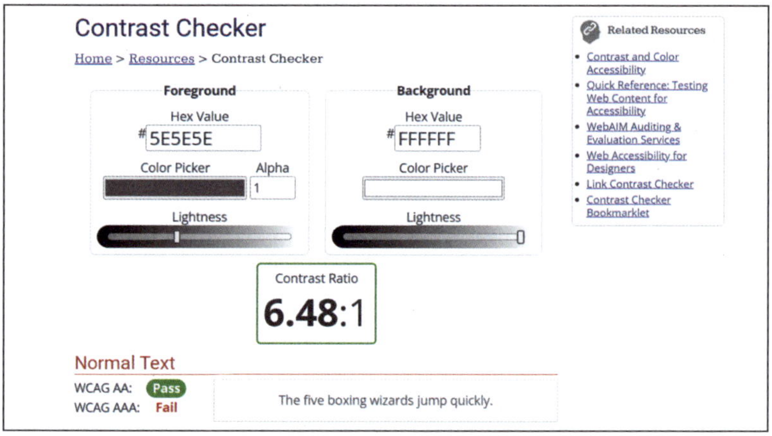

Abbildung 30.8: Tools wie der Color Contrast Checker (*http://webaim.org/resources/contrastchecker*) helfen bei der Wahl barrierefreier Farbkombinationen.

Farbenblindheit

Mehr Informationen zum Thema Farbenblindheit für ein barrierefreies Internet finden Sie auf der Website *https://drkpi.com/de/farbenblindheit-und-webdesign-tipps-und-tools*.

Farbfehlsichtigkeiten sind sehr häufig, besonders die Rot-Grün-Sehschwäche. Für die Gestaltung von Websites bedeutet dies, dass Menschen eine Website auch dann noch sinnvoll verwenden können sollten, wenn sie einige der verwendeten Farben nicht unterscheiden können. Es gibt verschiedene Simulatoren, die bei einer Einschätzung helfen können. Außerdem ist darauf zu achten, Farben nicht als alleiniges Unterscheidungsmerkmal zu verwenden. Ein Button, der im aktiven Zustand grün und im inaktiven rot ist, sollte durch weitere Gestaltungsmittel unterscheidbar gemacht werden.

Dark Mode

Von einem Dark Mode spricht man, wenn die Benutzeroberfläche einen dunklen Hintergrund hat und die Schrift mit einer hellen

Farbe angezeigt wird. Der entscheidende Unterschied zu dunklen Gestaltungen ist, dass sich der Dark Mode an- und ausschalten lässt. Der Dark Mode erhält durch die Unterstützung von Betriebssystemen verstärkte Aufmerksamkeit. Viele Menschen empfinden langes und konzentriertes Arbeiten am Computer bei einem dunklen Hintergrund mit heller Schrift als angenehmer. Zwar wird häufig auch behauptet, dass der Dark Mode die Augen entlaste, aber wissenschaftliche Belege dafür gibt es nicht. Dennoch ist er besonders bei Menschen beliebt, die lichtsensibel sind oder in dunkler Umgebung für längere Zeit auf den Bildschirm schauen. Mehr zum Dark Modus finden Sie auf der Website *www.exovia.de/journal/dark-mode*.

Für den Dark Mode gibt es in CSS ein geeignetes Media Query mit prefers-color-scheme. Verwendet man bspw. `@media(prefers-color-scheme: dard){}`, dann greift der Anweisungsblock, wenn das Betriebssystem das dunkle Farbschema aktiviert hat.

Weiterlesen

Für die Umsetzung des Dark Mode und mehr empfiehlt sich das Buch »Grundkurs Gutes Webdesign«, erschienen bei Rheinwerk Design.

30.3 Bilder

Ohne Bilder kommt nahezu keine Website aus, sei es aus gestalterischer oder inhaltlicher Sicht. Dieser Abschnitt beschäftigt sich mit den wichtigsten Aspekten, die dabei zu beachten sind.

30.3.1 Das Vektorformat SVG

Die Bildformate (auch für das Web) wurden bereits ausführlich in Abschnitt 6.5 behandelt. Allerdings ging es hier hauptsächlich um Rastergrafiken. Ebenfalls von großer Bedeutung für das Web ist das Vektorformat SVG, das an dieser Stelle kurz beschrieben werden soll. Das Vektorformat SVG (Scalable Vector Graphics) arbeitet nicht mit Pixeln, die in einer definierten Farbe eingefärbt werden, sondern mit Zeichenanweisungen und Koordinaten:

```
<svg width="100%" height="100%" … >
 <g transform="matrix(1.26223,0,0,1.26223,-429.41,-247.807)">
  <rect x="1276" y="530" width="828.642" height="415"
  style="fill:rgb(51,69,204);"/>
 </g>
</svg>
```

Listing 30.18: SVG-Zeichenanweisung für ein Rechteck in blauer Farbe

SVG und XML

Wenn Sie bereits die Kapitel über HTML oder XML gelesen haben, dürfte Ihnen diese Syntax sehr vertraut vorkommen. Tatsächlich handelt es sich bei SVG um einen auf XML basierenden Standard, der unter *www.w3.org/Graphics/SVG* eingesehen werden kann und von allen modernen Browsern unterstützt wird.

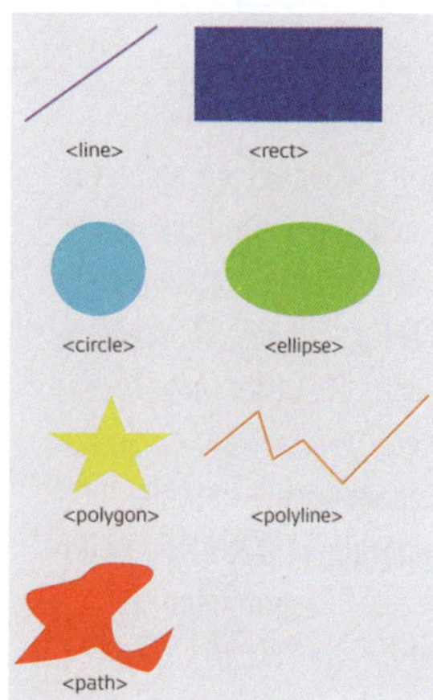

Abbildung 30.9: Formen in SVG (nach Chris Coyier, »Practical SVG«)

Der Vorteil ist, dass SVGs trotz ihrer eher geringen Dateigröße verlustfrei skaliert werden können. Gerade im Responsive Webdesign erfreuen sie sich daher zunehmender Beliebtheit – man könnte sogar sagen, dass der alte Standard (spezifiziert schon 2001) durch die anpassungsfähigen Websites ein regelrechtes Revival erlebt.

Buchtipp

SVG bietet sehr viel mehr Möglichkeiten, als hier behandelt werden können. Für ein gründliches Studium von SVG empfehlen wir Ihnen das Buch von Chris Coyier, »Practical SVG« (*https://abookapart.com/products/practical-svg*).

Natürlich haben auch SVGs ihre Grenzen, so dass sich nicht jede Grafik als SVG realisieren lässt – irgendwann würden die Zeichenanweisungen so komplex werden, dass Sie mit Rastergrafiken besser fahren. Als Faustformel kann daher gelten: Wenn eine Grafik in einem Vektorformat vorliegt, ist SVG fürs Web die naheliegende Wahl.

Neben dem Schreiben von Hand gibt es Tools, die bei der Erstellung von SVGs helfen können. So können Grafikprogramme wie Adobe Illustrator, Sketch, Affinity Designer oder die freie Software Inkscape SVGs exportieren. Außerdem gibt es gute Online-Tools wie Boxy SVG (*https://boxy-svg.com*) oder Method Draw (*http://editor.method.ac*).

SVGs lassen sich als `img`-Elemente in HTML und als Hintergrundgrafiken in CSS verwenden (siehe Abschnitt 30.3.4). Da SVGs jedoch eine Markup-Sprache sind, können Sie sie auch direkt ins HTML schreiben (inline):

SVG optimieren

Bedenken Sie, dass der SVG-Quelltext aus Illustrator etc. nicht immer optimal ist. Es lohnt sich also durchaus, ein exportiertes SVG weiter zu optimieren. Dabei können Ihnen Online-Tools wie SVG Minify (*www.svgminify.com*) oder SVGOMG von Jake Archibald (*https://jakearchibald.github.io/svgomg*) helfen. Achten Sie beim Optimieren jedoch immer auf die Vorschau.

```
<h1>Unter mir ist ein SVG!</h1>
<svg viewBox="0 0 100 100">
  <rect x="10" y="10" width="100" height="100" />
  <!-- weitere Angaben zu den benötigten Formen als
       SVG-Code -->
</svg>
```

Listing 30.19: SVG inline in HTML

Wenn Sie nun SVG inline verwenden, liegt die Grafik wie alles andere im HTML im DOM und kann über CSS gestaltet oder mit JavaScript beeinflusst werden.

30.3.2 Bilder optimieren

Performance und Nachhaltigkeit sind wichtige Themen im Web. Bilder machen im Durchschnitt über die Hälfte der zu übertragenden Datenmenge aus. Prinzipiell machen die Export-Funktionen keinen schlechten Job – dennoch lässt sich oft noch einiges einsparen. Dafür gibt es einige spezialisierte Tools:

Kommandozeilentools

Für die Webentwicklung bietet sich außerdem ein Blick auf Kommandozeilentools wie OptiPNG (*http://optipng.sourceforge.net*) oder JPEGtran (*http://jpegclub.org/jpegtran*) an. Außerdem gibt es Möglichkeiten, die Bildoptimierung mithilfe von Buildtools oder Programmen wie Codekit (*https://codekitapp.com*) oder Imagemin (nutzt das Automatisierungstool Grunt, *https://github.com/gruntjs/grunt-contrib-imagemin*) zu automatisieren.

Dafür gibt es einige Tools, beispielsweise:

+ ImageOptim (*https://imageoptim.com/mac*) läuft nur auf dem Mac (oder als Webservice) und bietet verschiedene Kompressionsalgorithmen.
+ Trimage (*https://trimage.org*) setzt auf verlustfreie Komprimierung und ist für Windows, Linux und Mac verfügbar.
+ PNGQuant (*https://pngquant.org*) und TinyPNG (*https://tinypng.com*) spezialisieren sich auf PNGs – die Komprimierung ist zwar verlustbehaftet, allerdings oft kaum wahrzunehmen.
+ JPEGmini (*www.jpegmini.com*) ist ein Tool zur verlustfreien Komprimierung von JPGs.
+ Compressor.io (*https://compressor.io*) optimiert Bilder über einen Webservice.

30.3.3 Bildgröße

Im Druck ist die Pixeldichte (umgangssprachlich auch Auflösung genannt) eines Bildes in ppi (Pixel per Inch) von großer Bedeutung für eine optimale Darstellung. Bei digitalen Medien muss man jedoch umdenken: Die Pixeldichte ist hier von Seiten des Designs überhaupt nicht zu bestimmen. Wie viele Pixel ein Display auf einem Inch darstellen kann, ist nämlich abhängig von seiner Größe und den Monitoreinstellungen (soweit verfügbar). Die Zeiten, als Monitore noch einheitlich mit 72 oder 96 ppi arbeiteten, sind bei der Vielfalt heutiger Geräte und Setups eindeutig vorbei.

Besonders kompliziert wird die Situation durch hochauflösende Monitore, die oft in Anlehnung an das Marketing von Apple Retina genannt werden. So konnten auf dem alten iPhone 3GS 480 × 320 px dargestellt werden, auf dem ersten Retina-iPhone 4 hingegen 960 × 640 px – und das, obwohl die Geräte die gleiche physische Größe besaßen. Mittlerweile sind hochauflösende Monitore fest etabliert – und wie Sie sicherlich wissen, nutzen viele dieser Geräte die hohe Pixelzahl nicht, um alles kleiner darzustellen, sondern schärfer.

Um die Situation etwas übersichtlicher zu machen, spricht man im Webdesign von verschiedenen Arten von Pixelwerten:

+ CSS-Pixel: Trifft man im CSS auf eine Angabe wie `width: 500px`, so sind damit CSS-Pixel gemeint.
+ Geräte-Pixel: Die Pixel, die ein Monitor zur Darstellung von Inhalten verwendet, werden Geräte-Pixel genannt.

Bei »normalen« Monitoren spielt diese Unterscheidung keine Rolle – hier entsprechen sich alle zwei Pixelarten. Ganz anders sieht es jedoch auf hochauflösenden Monitoren aus. Um nämlich die schärfere Darstellung zu erreichen, nutzt man mehrere Geräte-Pixel, um ein CSS-Pixel darzustellen. Das Verhältnis zwischen Geräte- und CSS-Pixel wird als Pixeldichte oder Device-Pixel-Ratio (DPR) bezeichnet.

Helfer

Die eigene DPR lässt sich (wie viele andere Werte auch) über *www.mydevice.io* herausfinden.

+ »Normale« Monitore haben eine Pixeldichte von 1: Ein CSS-Pixel ist ein Geräte-Pixel.
+ Monitore mit einer Device-Pixel-Ratio von 2 hingegen nutzen in beiden Richtungen doppelt so viele Geräte-Pixel, um CSS-Pixel darzustellen. Auf einer Box mit 500 × 250 px versammeln sie also 1.000 × 500 px. Dadurch wird die Darstellung wesentlich schärfer.
+ Es gibt auch Bildschirme mit einer DPR von 3, und auch Kommawerte sind möglich.

Abbildung 30.10: Hochauflösende Monitore (hier ein Beispiel mit einer DPR von 2) nutzen auf der gleichen Fläche mehr Geräte-Pixel, um CSS-Pixel darzustellen.

Bei reinem CSS sowie bei Vektorgrafiken spielt das keine große Rolle, denn die Darstellung wird durch den Browser berechnet. Bei Pixelbildern wird die Situation jedoch vertrackt. Denn um ein Bild beispielsweise in einer Größe von 500 × 250 CSS-Pixeln darstellen zu können, benötigen Sie eine Größe von 500 × 250 Geräte-Pixeln auf einem »normalen« Monitor, 1.000 × 500 Geräte-Pixeln auf einem DPR-2-Monitor und 1.500 × 1.000 Geräte-Pixeln auf einem DPR-3-Monitor. Hat ein Monitor weniger als die benötigten Pixel zur Verfügung, muss er das Bild skalieren – dabei entsteht oft ein verschwommener Eindruck.

Umgekehrt ist es aber auch keine Lösung, einfach grundsätzlich hochauflösende Bilder zu verwenden: Je höher die physische Größe eines Bildes ist, desto größer ist auch die Datei – damit dauert der Download länger, und die Performance der Website verschlechtert sich. Warum aber sollte jemand ein hochauflösendes Bild laden müssen, wenn ein kleineres Bild reichen würde? Im Idealfall liefert eine Website also jedem Browser ein Bild, das möglichst gut zur jeweiligen Viewport-Breite und Pixeldichte passt. In Abschnitt 30.3.5 werden Sie lernen, wie das geht. Zunächst ist es jedoch notwendig, die »normale« Einbindung von Bildern auf Websites zu erläutern.

Skalieren mit HTML

Im Normalfall richtet sich die Größe des Bildes nach seinen physischen Maßen in Pixeln. Mithilfe der Attribute `width` und `height` könnte das Bild auch innerhalb von HTML auf festgelegte Werte skaliert werden – in der Praxis arbeitet man jedoch lieber mit CSS, wie im Folgenden erläutert.

30.3.4 Bilder in Websites einbinden

Bei der Integration von Bildern ist zu unterscheiden, ob es sich um inhaltlich relevante Bilder (HTML) oder um Layoutgrafiken (CSS) handelt.

Inhaltliche Bilder im HTML einfügen

Bilder mit inhaltlicher Bedeutung gehören ins HTML. Dazu dient das `img`-Element. Es sollte mindestens zwei Attribute bekommen – `src` mit dem Pfad zur Bilddatei sowie `alt` mit einem beschreibenden Text. Der Pfad ist dabei immer relativ zum HTML-Dokument anzugeben. Bei übergeordneten Ordnern werden zwei Punkte `..` verwendet, um zu signalisieren, dass eine Ebene nach oben gegangen werden muss – natürlich kann man auch mehrere Ebenen nach oben gehen. Tabelle 30.2 erläutert vier Fälle mit Beispielen.

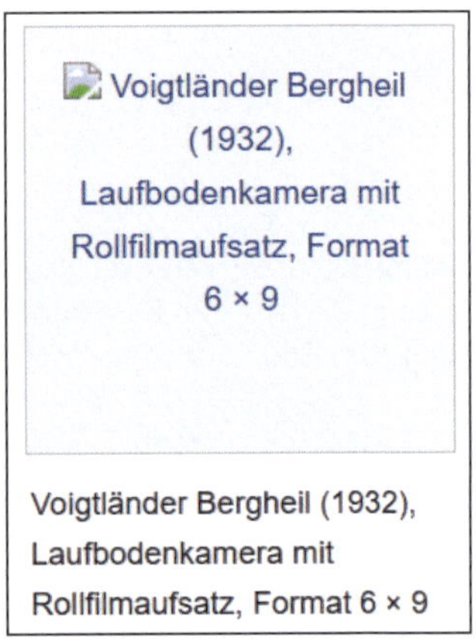

Abbildung 30.11: Anzeige des `alt`-Texts bei fehlenden Grafiken

`alt` steht für »alternative text«, also einen alternativen Beschreibungstext für ein Bild – er sollte den Inhalt des Bildes so beschreiben, wie es im aktuellen Kontext relevant ist. Falls ein Bild keine inhaltliche Funktion hat, sollte es einen leeren `alt`-Text (`alt=""`) erhalten oder (noch besser) mithilfe von CSS eingefügt werden.

In einigen Fällen kann das eine Beschreibung wie »Baum im Herbst« sein, in anderen »Aufnahme eines Baums, der mit einer Canon 10D fotografiert worden ist«. Fragen Sie sich: Welche Inhalte benötigt ein Mensch, um alle in diesem Fall relevanten Inhalte des Bildes zu erfassen, sollte das Bild nicht verfügbar sein? Browser zeigen nämlich den Alternativtext an, sofern das Bild nicht geladen werden konnte. Außerdem können Suchmaschinen den `alt`-Text auswerten, und er steht blinden Menschen über Screenreader zur Verfügung.

Art	Beispiel	HTML-Quelltext
HTML und Bild auf einer Ebene	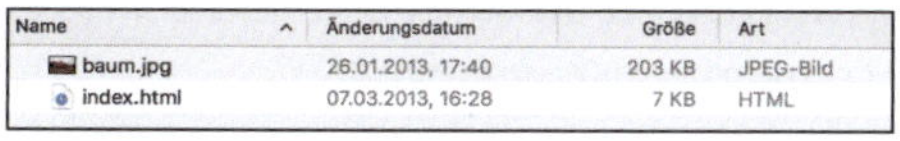	`<img src="baum.jpg" alt="Baum im Herbst">`
Bild in einer untergeordneten Ebene	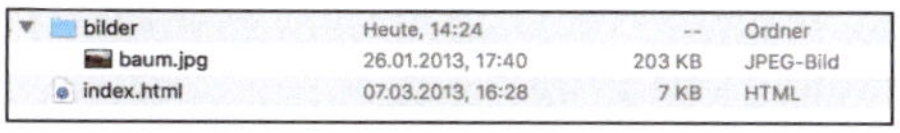	`<img src="bilder/baum.jpg" alt="Baum im Herbst">`
Bild in einer übergeordneten Ebene	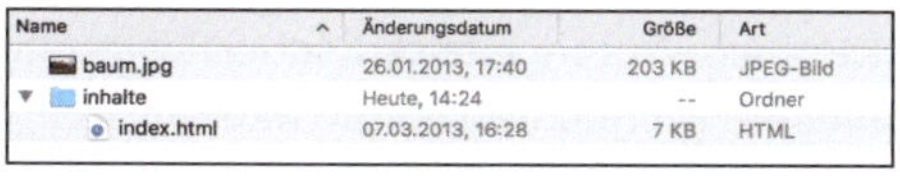	`<img src="../baum.jpg" alt="Baum im Herbst">`
Bild in einem Ordner in einer übergeordneten Ebene	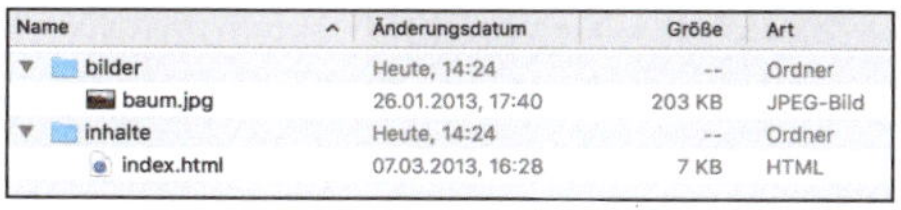	`<img src="../bilder/baum.jpg" alt="Baum im Herbst">`

Tabelle 30.2: Beispiele für Pfadangaben in HTML

Barrierefreie Bilder mit »longdesc«

Ein alternativer Text mit dem alt-Attribut ist auch für Menschen mit Sehbehinderungen sehr hilfreich. Wenn allerdings das Bild etwas komplexer ist, etwa eine Infografik oder ein Diagramm mit einem Temperaturtrend zur globalen Erwärmung, dann wird ein alt-Text wie alt="Trend zur globalen Erwärmung bis 2050" nicht ausreichen, um die Abbildung ausreichend zu beschreiben. Genau für solche Zwecke soll das longdesc-Attribut verwendet werden. Als Wert für das longdesc-Attribut wird ein Hyperlink zur detaillierten Beschreibung des Bildes empfohlen. Mögliche Werte sind:

+ eine ID (auch Anker) auf ein anderes Element auf der aktuellen Seite (#element-id)
+ eine relative URL auf eine interne Datei innerhalb der Website (longdesc="beschreibung.txt")
+ eine absolute URL auf eine externe Website (longdesc="https://de.wikipedia.org/wiki/Barrierefreiheit")

Das folgende Beispiel bindet die Beschreibung als Datei ein:

> **Komplexe Beschreibung für Bilder**
> Gute Beispiele, wie Sie komplexe Bilder beschreiben können, finden Sie unter *www.w3.org/WAI/tutorials/images/complex*.

```
<img src="bilder/grafik.png" alt="Globale Erwärmung 1900-2050"
longdesc="beschreibung.txt">
```

Listing 30.20: Ein relativer Link zu einer erweiterten Beschreibung zum Bild

Bildunterzeilen in HTML einfügen

Häufig benötigt man nicht nur einen alt-Text, sondern auch eine Bildunterzeile. HTML kennt dazu das figure-Element. Dort wird das Bild eingefügt, und innerhalb von figcaption wird die Bildunterzeile untergebracht. Jedes figure-Element kann mehrere Bilder, aber nur eine Bildunterzeile haben – auf diese Weise ist es beispielsweise möglich, eine Beschreibung zu definieren, die für mehrere Bilder gültig ist.

```
<figure>
  <img src="bilder/baum.jpg" alt="Baum im Herbst">
  <figcaption>Die Blätter von Bäumen färben sich im Herbst in
  bunten Farben</figcaption>
</figure>
```

Listing 30.21: Bildunterzeilen in HTML

Keine Dopplung!

Wichtig im Sinne der Accessibility ist, dass `figcaption` und `alt`-Attribut nicht identisch sein sollten – sie würden sonst von Screenreadern doppelt vorgelesen. Außerdem verfolgen beide unterschiedliche Ziele: `alt` beschreibt den visuellen Inhalt eines Bildes, `figcaption` hilft bei seiner Interpretation.

Einbindung von SVGs

SVGs lassen sich auf unterschiedliche Weise in eine Website einbetten. Jede Methode hat ihre spezifischen Vor- und Nachteile. Tabelle 30.3 erläutert die wichtigsten Möglichkeiten.

Layoutbilder in CSS einfügen

Bilder, die keine inhaltliche Bedeutung haben, sondern gestalterischen Zwecken dienen, sollten der Idee der Webstandards folgend mithilfe von CSS eingebunden werden. Dazu arbeitet CSS mit Hintergrundbildern, die mit der Eigenschaft `background-image` definiert werden können. Auch hier ist wieder wichtig, den relativen Pfad zum Bild anzugeben – diesmal allerdings natürlich bezogen auf das CSS-Dokument:

```
.logo {
 background-image: url('logo.jpg');
}
```

Listing 30.22: Verwendung von `background-image`

`background-image` erlaubt auch mehrere Hintergrundbilder, die durch Kommas getrennt werden – in der Praxis benötigt man das jedoch kaum. Wichtiger ist das Zusammenspiel mit anderen CSS-Eigenschaften:

Download
Beispiele zur Größe von Hintergrundbildern finden Sie im Ordner »Bilder > 1 Größe von Hintergrundbildern«.

+ **Wiederholung steuern:** Per Standardeinstellung werden Hintergrundbilder in Höhe und Breite wiederholt, so dass sie das gesamte HTML-Element ausfüllen – das ist praktisch bei Muster-Hintergründen. Mithilfe der Eigenschaft `background-repeat` lässt sich dieses Verhalten jedoch auch steuern. Mögliche Werte sind `repeat-y` (Wiederholung nur auf der y-Achse), `repeat-x` (Wiederholung nur auf der x-Achse) sowie `no-repeat`.
+ **Größe einstellen:** Normalerweise entspricht die Größe von Hintergrundbildern ihrer physischen Auflösung – ein Bild mit 500 × 500 px Größe ist also in der Darstellung je 500 px breit und hoch. Die Eigenschaft `background-size` erlaubt es jedoch, die Werte für die Größe explizit festzulegen. Akzeptiert werden numerische Werte für horizontale und vertikale Skalierung (in dieser Reihenfolge) oder `contain` (Bild wird proportional so skaliert, dass es komplett in die HTML-Box passt) und `cover` (Bild wird proportional so skaliert, dass es den Bereich vollständig ausfüllt – oft wird es dabei angeschnitten). Praktisch bei numerischen Werten ist noch die Eigenschaft `auto` für proportionale Skalierung. Ein Beispiel wäre `background-size: 250px auto;` – hier würde das Bild in der Horizontalen auf 250 px skaliert und in der Vertikalen proportional vergrößert.

Methode	Beschreibung	Vorteile	Nachteile	Beispiel
extern, als Bild	Einbindung von einem angegebenen Pfad innerhalb von HTML im `src`-Attribut von `img`	+ analog zur Arbeit mit Pixelbildern + SVGs können auch in Form von Data-URIs eingebunden werden (das spart einen HTTP-Request), müssen dazu jedoch enkodiert werden (Infos hier: *https://codepen.io/tigt/post/optimizing-svgs-in-data-uris*)	– Gestaltung muss in SVG-Datei erfolgen	`<img src="logo.svg" alt="Logo der Beispielmüller GmbH">`

extern, als Multimedia-Objekt	Einbindung mithilfe des `object`-Elements	+ Angabe eines Fallback-Texts möglich, falls der Browser SVGs nicht unterstützt (in der Praxis spielen solche älteren Browser aber kaum noch eine Rolle)		`<object data="logo.svg" type="image/svg+xml">`
				`<!-- Fallback: -->`
				`Logo der Beispielmüller GmbH`
				`</object>`

extern, als Hintergrundgrafik	Einbindung von einem angegebenen Pfad innerhalb von CSS als `background-image`	+ analog zur Arbeit mit Pixelbildern	– Gestaltung muss in SVG-Datei erfolgen	`.logo {`
				`background-image: url("logo.svg");`
				`}`

inline	Einbindung als Markup direkt im HTML	+ spart HTTP-Requests
		+ Anpassung und Animation mit JavaScript und CSS möglich
		+ SVGs können auch an einer beliebigen Stelle des Quelltexts eingebettet und dann mithilfe des `use`-Elements an einer anderen Stelle eingebunden werden (vgl. Abschnitt 30.3.6 am Beispiel von Icons)
			– kann unübersichtlich werden	`<h1>Unter mir ist ein SVG!</h1>`
				`<svg viewbox="0 0 100 100">`
				`<rect x="10" y="10" width="100" height="100" />`
				`</svg>`

Tabelle 30.3: Methoden zur Einbindung von SVGs in Websites

Abbildung 30.12: Beispiel mit `background-size: contain` …

Abbildung 30.13: … sowie mit `background-size: cover`

+ **Position bestimmen:** Im Normalfall beginnt ein Hintergrundbild in der linken oberen Ecke der HTML-Box. Die Eigenschaft `background-position` erlaubt es jedoch auch, dieses Verhalten explizit festzulegen. Sie bekommt zunächst Angaben zur horizontalen, dann zur vertikalen Ausrichtung. Erlaubt sind numerische Werte sowie die Schlüsselwörter `left`, `center` und `right` (x-Achse) bzw. `top`, `center` und `bottom` (y-Achse).

Hintergrundinfo | Rahmenbilder mit border-image

Auch Rahmen können mithilfe von Bildern realisiert werden. Die wichtigsten Werte dabei sind:

+ `border-image-source` gibt die Bildquelle an.
+ Mit `border-image-slice` kann das Bild in Teile zerschnitten werden, sogenannte Slices. Mit diesen Slices werden die Sektionen des Rahmens erzeugt – vier Ecken und vier Seiten.
+ Prozentwerte sind relativ zur Größe des Bildes. Erlaubt sind aber auch Pixelwerte bzw. Koordinaten (für Vektorbilder als SVG), die ohne Einheit angegeben werden sollten.
+ Die Grenzen der Slices werden meistens mit einem Wert festgelegt, der dann an allen Seiten gilt (vgl. Abbildung 30.14 für `25%`). Es können aber auch für jede Seite getrennte Werte eingegeben werden (Reihenfolge: oben, rechts, unten, links).
+ In den meisten Fällen wird das mittlere Slice ignoriert, denn der Content-Bereich wird normalerweise mit CSS gestaltet. Das Keyword `fill` kann jedoch genutzt werden, um den inneren Bereich mit dem mittleren Slice zu füllen:

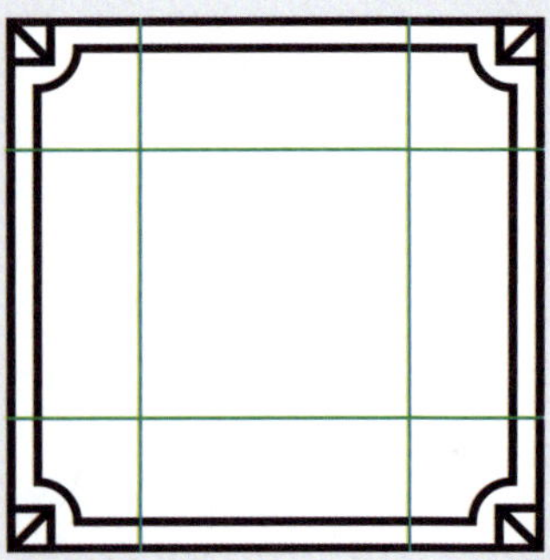

Abbildung 30.14: Slices

```
border-image-slice: 25% 10% 30% 20% fill;
```

Listing 30.23: Beispiel für die Arbeit mit `border-image-slice` auf allen vier Seiten und mit `fill`-Keyword

Lesetipp

Weitere Details und Besonderheiten zu Rahmen mit Bildern hat Marie Mosley unter *https://css-tricks.com/almanac/properties/b/border-image/* zusammengetragen.

+ `border-image-repeat` legt fest, wie das Bild wiederholt wird, um den gesamten Bereich mit einem Rahmen zu füllen. Erlaubt sind die Werte `stretch` (Standard, Slice wird verzerrt), `repeat` (Slices wiederholen, wenn nötig wird ein Slice abgeschnitten), `round` (Slices wiederholen, dabei aber so skalieren, dass immer ganze Slices zu sehen sind) und `space` (Slices werden wiederholt, sollte dies nicht aufgehen, wird Weißraum eingefügt).
+ `border-image-width` legt die Größe des Bildes innerhalb des Rahmens fest. Standardwert ist `1` – das Bild ist also genauso groß wie der Rahmen.

Natürlich gibt es auch eine Shorthand-Syntax mittels `border-image`. Listing 30.24 gibt dafür ein Beispiel:

Download

Sie finden das Beispiel im Ordner »Bilder > 2 Rahmenbilder mit border-image«.

```
article {
 border-width: 30px;
 border-style: solid;
 border-image: url(beispielrahmen.png) 25% repeat;
}
```

Listing 30.24: `border-image` in CSS

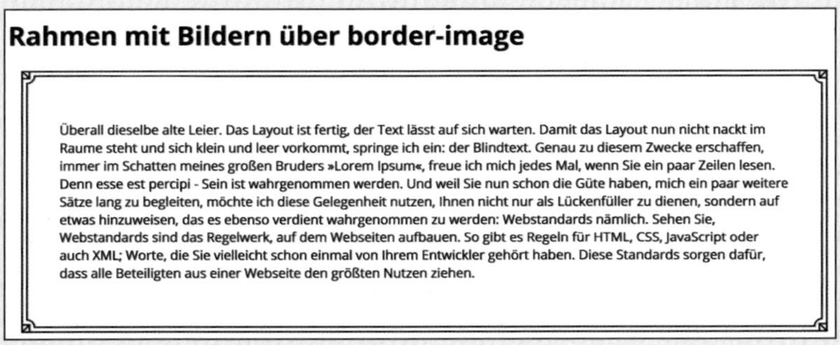

Abbildung 30.15: Element mit Rahmen

30.3.5 Responsive Bilder

Bilder zählten lange Zeit zu den großen Herausforderungen im Responsive Webdesign, denn natürlich sollen sie sich flexibel an unterschiedliche Viewport-Breiten anpassen. Die Herausforderung dabei ist, dass sie sich nicht nur visuell verändern sollen, sondern natürlich auch in der Dateigröße – es gibt keinen Grund, warum jemand eine riesige Bilddatei herunterladen sollte, wenn das Bild sowieso in einer geringen Größe dargestellt wird.

Bilder flexibel skalieren

Der erste Schritt hin zu responsiven Bildern ist es, das `img`-Element flexibel zu machen. Mithilfe der Eigenschaft `max-width: 100%` wird eingestellt, dass das Bild nicht breiter als sein Container werden soll – `max-width` verhindert gleichzeitig, dass es größer wird, als es seine physischen Maße zulassen. Auf diese Weise wird ein unscharfer Eindruck durch zu große Skalierung vermieden. In der Höhe wird das Bild proportional skaliert (`height: auto`).

Adaptive Images

Eine weitere Methode sind Adaptive Images. Dabei werden die Bilder auf dem Server automatisch in verschiedenen Größen zugeschnitten. Das Skript prüft beim Aufrufen der Website die Bildschirmgröße und liefert den Anwenderinnen und Anwendern dann das passende Bild zurück. Mehr über die Einrichtung von Adaptive Images erfahren Sie auf der offiziellen Website *http://adaptive-images.com*.

```
img {
 max-width: 100%;
 height: auto;
}
```

Listing 30.25: Flexible Bilder in CSS

Download
Sie finden ein Beispiel für `object-fit` im Ordner »Bilder > 6 object-fit«.

Flexibler ist man mit der CSS-Eigenschaft `object-fit`. Mit `object-fit` lässt sich festlegen, wie sich Inhalte anpassen sollen. Das Beispiel demonstriert das Verhalten mithilfe eines quadratischen Bildes, das per CSS auf ein rechteckiges Format gesetzt wird. Mithilfe von `object-fit` wird nun gesteuert, wie sich das Bild anpassen soll:

+ `object-fit: fill` (Standardwert) legt fest, dass es die Inhaltsbox ausfüllen soll. Dabei wird es in seinen Dimensionen verzerrt.
+ `object-fit: contain` sorgt dafür, dass Inhalte die Box vollständig ausfüllen, ohne verzerrt zu werden. Dabei können freie Bereiche entstehen.
+ `object-fit: cover` füllt die Inhaltsbox vollständig aus, ohne dass Inhalte verzerrt werden. Dabei können Bereiche abgeschnitten werden.
+ `object-fit: none` sorgt dafür, dass Inhalte nicht in ihrer Größe angepasst werden.
+ `object-fit: scale-down` greift entweder auf `contain` oder auf `none` zurück – je nachdem, welche dieser Einstellungen eine kleinere Objektgröße erzielt.

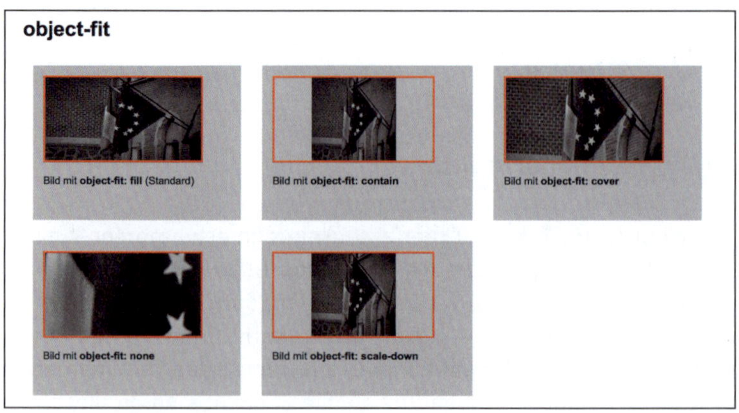

Abbildung 30.16: Verschiedene Anpassungen mithilfe von `object-fit`

Durch diese Angaben wird das Bild zwar flexibel, aber so richtig löst dies das Problem responsiver Bilder nicht, denn noch immer laden alle Browser auf allen Geräten die gleiche Datei. Zum Glück gibt es mittlerweile mehrere alternative Techniken zur Einbindung von responsiven Bildern.

Dazu hat man zum einen das bekannte `img`-Element um weitere Attribute erweitert – es kann genutzt werden, um Pixeldichten anzupassen oder Größenverhältnisse abzufragen. Zum anderen wurde das `picture`-Element eingeführt, mit dem sich ganze Bildausschnitte oder -formate austauschen lassen. Abbildung 30.17 zeigt die Möglichkeiten in der Übersicht mit einer Entscheidungshilfe, welche Lösung in welchen Fällen geeignet ist. Im Anschluss daran werden die drei Verfahren ausführlich erläutert.

Abbildung 30.17: Lösungen für responsive Bilder in HTML mit ihren Einsatzfällen

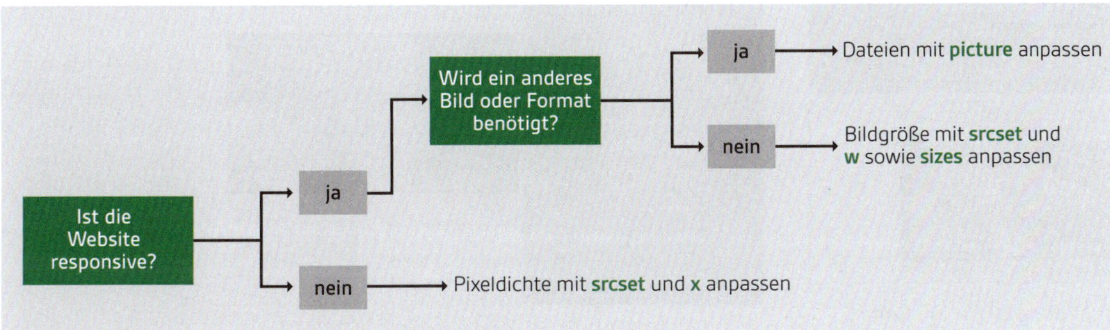

Pixeldichte bei Bildern anpassen

In Abschnitt 30.3.4 wurde bereits erläutert, wie im `img`-Element mithilfe des `src`-Attributs eine Referenz zu einem Bild angegeben werden kann. Um im Responsive Webdesign mit Bildern arbeiten zu können, wird eine Möglichkeit benötigt, einem `img`-Element mehrere Bilddateien in verschiedenen Größen zuordnen zu können. Dazu dient das neu hinzugefügte Attribut `srcset`:

Download
Sie finden das Beispiel im Ordner »Bilder > 3 Responsive Images 1 img srcset mit Pixeldichte x«.

```
<img
 srcset="roboter-klein.jpg 1x, roboter-mittel.jpg 2x, roboter-
 gross.jpg 3x"
 src="roboter-klein.jpg"
 alt="Roboter greift nach einem Ring">
```

Listing 30.26: `img srcset` mit Angaben zur Pixeldichte

In Listing 30.26 sind drei Bilder in `srcset` definiert: »roboter-klein.jpg« mit 500 × 333 px, »roboter-mittel.jpg« mit 1.000 × 667 px sowie »roboter-gross.jpg« mit 1.500 × 1.000 px. Sie enthalten einen Text mit der Angabe »klein«, »mittel« oder »groß«, damit man sie auch optisch im Beispiel unterscheiden kann. Direkt hinter den Dateinamen wird die Pixeldichte geschrieben, für die sie gedacht sind. In diesem Beispiel sollen Monitore mit einfacher Pixeldichte auf die kleine Version zurückgreifen, während Bildschirme mit doppelter bzw. noch höherer Auflösung die mittlere bzw. große Version nutzen. Liegt die Pixeldichte zwischen diesen Werten, kann der Browser auf die nächsthöhere Version zurückgreifen.

Zu beachten ist auch, dass weiterhin das `src`-Attribut mit einer Referenz auf ein Bild genutzt wird, das standardmäßig geladen werden soll.

Das Ergebnis lässt sich beobachten, wenn man dieses Beispiel auf Displays mit unterschiedlicher Pixeldichte öffnet.

Abbildung 30.18: Ein Smartphone mit dreifacher Pixeldichte lädt die große Version der Grafik.

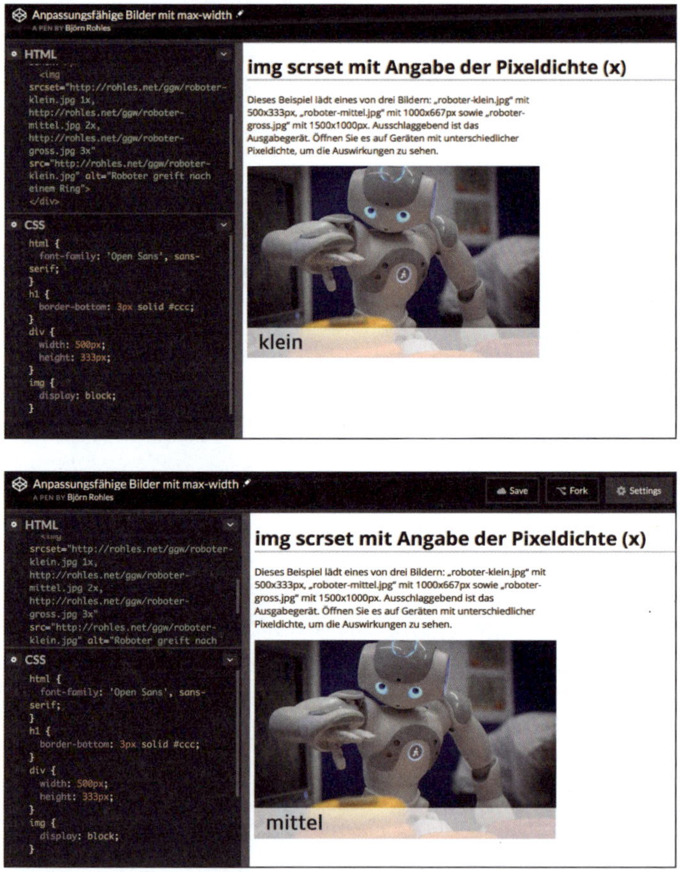

Abbildung 30.19: Ein Monitor mit einfacher Pixeldichte öffnet im Dokument die kleine Version der Grafik (oben), während ein Monitor mit doppelter Pixeldichte auf die mittlere Version zurückgreift (unten).

Download

Sie finden das Beispiel im Ordner »Bilder > 4 responsive Images 2 img srcset mit Pixeldichte x inklusive Media Query«.

Gut zu erkennen ist, dass die Arbeit mit `srcset`-Attribut sowie Angaben der Pixeldichte mittels `x` das Problem löst, für Bildschirme mit unterschiedlich hoher Pixeldichte verschieden große Bilder anbieten zu müssen. Allerdings hat das Verfahren seine Grenzen, auf die man schnell stößt, wenn man eine Media Query hinzufügt, die das Bild in Abhängigkeit von der Viewport-Breite skaliert.

Das folgende Beispiel ordnet ein Bild in einem `div` an. Wieder werden unsere drei Roboter-Grafiken aus dem vorherigen Beispiel referenziert:

```
<div>
 <img srcset="https://rohles.net/ggw/roboter-klein.jpg 1x,
https://rohles.net/ggw/roboter-mittel.jpg 2x, https://rohles.
net/ggw/roboter-gross.jpg 3x" src="https://rohles.net/ggw/robo-
ter-klein.jpg" alt="Roboter greift nach einem Ring">
</div>
```

Listing 30.27: Ausschnitt aus dem HTML des Beispiels

Im Normalfall ist dieser Bereich 500 px breit, aber bei Viewports unterhalb von 800 px wird er auf 250 px skaliert. Das Bild ist so formatiert, dass es stets 100 % des Elternelements einnimmt:

```
div {
 width: 500px;
 height: 333px;
}
img {
 display: block;
 max-width: 100%;
 height: auto;
}
@media (max-width: 800px) {
 div {
  width: 250px;
 }
}
```

Listing 30.28: Ausschnitt aus dem CSS des Beispiels

Was denken Sie, welches Bild geladen wird, wenn man dieses Beispiel auf einem Smartphone mit dreifacher Pixeldichte öffnet? Richtig, die große Version mit 1.500 px Breite! Und das nur, damit sie im Anschluss wieder auf 750 px Breite herunterskaliert wird – die zweitgrößte Version würde locker ausreichen. Logisch, dass sich dies negativ auf die Performance auswirkt.

Zusammenfassend kann man festhalten: Die Verwendung von `srcset` mit Angaben zur Pixeldichte in `x` löst das Problem mit unterschiedlich hoch auflösenden Grafiken nur auf nichtresponsiven Websites. Wir können mit dieser Technik zwar auf die Pixeldichte von Bildschirmen Rücksicht nehmen, nicht jedoch auf die Skalierung von Bildern. Zum Glück gibt es aber auch dafür eine Lösung.

Responsive Bilder mit `srcset` sowie `sizes`

Es gibt noch eine weitere Möglichkeit, mit dem `srcset`-Attribut zu arbeiten: Größenangaben in `w` (»width« = Breite) in Verbindung mit dem Attribut `sizes`. Schauen wir dazu zunächst ein Beispiel an:

Download

Sie finden das Beispiel im Ordner »Bilder > 5 responsive Images 3 img srcset mit Breite w und sizes«.

```
<img
 srcset="roboter-klein.jpg 500w, roboter-mittel.jpg 1000w, roboter-gross.jpg 1500w"
 sizes="50vw"
 src="roboter-klein.jpg"
 alt="Roboter greift nach einem Ring">
```

Listing 30.29: `img srcset` mit `sizes` für responsive Bilder

Tipp: Verschiedene Browser und Größen ausprobieren

Testen Sie das Beispiel in verschiedenen Browsern und mit unterschiedlichen Fenstergrößen. Einige Browser laden die Bilder dynamisch nach, wenn man die Fenstergröße variiert, andere erst beim Neuladen.

Wieder wird hier das Roboterbild in drei verschiedenen Größen verwendet – diesmal schreiben wir jedoch nicht die Pixeldichte ins `srcset`-Attribut, sondern die physische Größe der Grafik (aus `500px` werden `500w` usw.). Damit ist ein erster Schritt getan: Der Browser weiß nun, wie breit die einzelnen Versionen der Bilder sind. Noch hat er jedoch keine Ahnung, wie groß er sie auf den Bildschirm zeichnen soll. Hier kommt das `sizes`-Attribut ins Spiel. Die Angabe `50vw` steht für 50 % der zur Verfügung stehenden Fläche – das Bild ist also immer halb so breit wie der Viewport. Die folgenden Abbildungen zeigen das Ergebnis auf unterschiedlichen Monitoren und bei verschiedenen Viewport-Breiten:

Abbildung 30.20: Das Beispiel auf einem Monitor mit einfacher Pixeldichte, ...

Abbildung 30.21: ... auf demselben Monitor, jedoch mit kleinerem Viewport, ...

Abbildung 30.22: ... sowie bei gleicher Viewport-Breite auf einem zweiten Monitor mit doppelter Pixeldichte

Es ist gut zu erkennen, dass der Browser selbstständig entscheidet, welche Version des Bildes er für den aktuellen Kontext benötigt. Innerhalb von `sizes` dürfen übrigens auch Media Queries angegeben werden:

```
<img
 srcset="roboter-klein.jpg 500w, roboter-mittel.jpg 1000w, robo-
ter-gross.jpg 1500w"
 sizes="(min-width: 600px) 50vw, 100vw"
 src="roboter-klein.jpg"
 alt="Roboter greift nach einem Ring">
```

Listing 30.30: `sizes` mit Media Query

Fehlt das Attribut, gilt der Standardwert `100vw`, also volle Breite der Grafik.

Bilder mit `picture` austauschen

In Abbildung 30.17 war deutlich zu sehen, dass es noch eine dritte Möglichkeit für responsive Bilder gibt: das `picture`-Element. Mithilfe von `srcset` und `sizes` decken Sie in der Praxis die meisten Anwendungsfälle ab. Wenn Sie aber je nach Situation andere Formate, Motive oder Ausschnitte anzeigen möchten, ist das ein Fall für `picture`.

`img srcset` ist richtig, wenn Sie unterschiedliche Größen von Bildern bereitstellen möchten, `picture` ist zum Ersetzen von Bildern gedacht.

Abbildung 30.17 selbst ist dafür ein gutes Beispiel – sie ist im Querformat angelegt, was auf kleinen Smartphones zu Problemen führen kann. Die Grafik könnte nämlich so klein werden, dass sie nicht mehr zu erkennen ist. Besser wäre es, sie mit einer vertikalen Version zu ersetzen, wenn es nicht genügend Platz gibt:

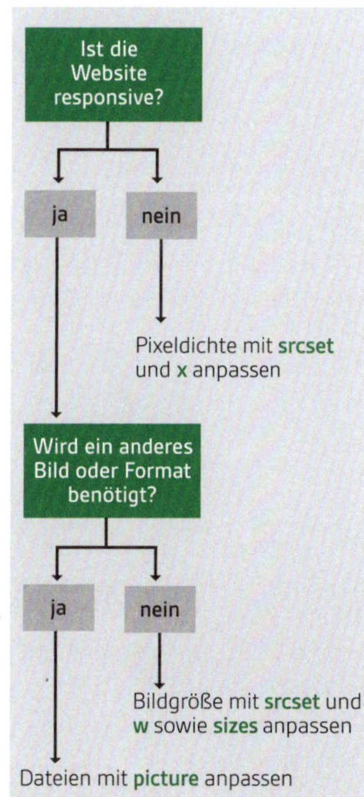

Abbildung 30.23: Vertikale Version der Grafik aus Abbildung 30.17

- Um das zu erreichen, wird in einem HTML-Dokument das `picture`-Element eingefügt.
- Die Bildquellen wandern in `source`-Elemente, in deren `srcset`-Attributen die Pfade zum gewünschten Bild angegeben werden – hier kann man wieder mit verschiedenen Größen für unterschiedliche Pixeldichten arbeiten.
- Im `media`-Attribut von `source` wird eine Media Query notiert, die festlegt, bei welcher Bildschirmbreite die entsprechenden Grafiken geladen werden sollen. Hier darf auch wieder mit dem Attribut `sizes` gearbeitet werden.
- Sehr wichtig ist ein gewöhnliches `img`-Element am Ende von `picture`. An dieser Stelle setzen Browser mit Unterstützung der `picture`-Technologie die passende Bildversion ein. Browser können es bei Bedarf als Fallback nutzen.

```
<picture>
 <source media="(min-width: 600px;)"
     srcset="flowchart-lang.jpg 1x,
```

```
        flowchart-lang-gross.jpg 2x">
  <source srcset="flowchart-hoch.jpg 1x,
        flowchart-hoch-gross.jpg 2x">
  <img src="flowchart-fallback.jpg" alt="Entscheidungshilfe für
responsive Bilder">
</picture>
```

Listing 30.31: Beispiel für das picture-Element in HTML

Mehr zu »image-set()«

Mehr Informationen zur Verwendung von image-set() finden Sie unter *https://developer.mozilla.org/en-US/docs/Web/CSS/image/image-set*.

Responsive Hintergrundbilder

Bisher wurden responsive Hintergrundbilder mit CSS über Media Queries gelöst. Die CSS-Eigenschaft image-set() vereinfacht diese Arbeit in CSS. Damit können Sie unterschiedliche Bildversionen angeben und den Browser entscheiden lassen, welche davon im aktuellen Kontext die richtige ist.

Listing 30.32 zeigt typische Anwendungsbeispiele. Die Anweisungen für box1 erlauben dem Browser, Bilder für verschieden hoch auflösende Displays auszuwählen, während box2 sich auf verschiedene Dateiformate bezieht. Auf Wunsch können Sie daher ein reguläres background-image angeben:

```
.box1 {
  background-image: url("roboter-klein.jpg");
  background-image: image-set(
    url("roboter-klein") 1x,
    url("roboter-mittel") 2x,
    url("roboter-gross") 3x
  );
}
.box2 {
  background-image: url("kamera.jpg");
  background-image: image-set(
    url("kamera.avif") type("image/avif"),
    url("kamera.jpg") type("image/jpeg")
  );
}
```

Listing 30.32: Die Verwendung von image-set() mit CSS

30.3.6 Icons im Web

Icons sind kleine visuelle Zeichen, die im Design digitaler Produkte sehr häufig eingesetzt werden. Sie können Rubriken visuell unterstützen und unterstreichen. Besonders stark ist dieser Aspekt bei Symbolen, die kulturell festgelegte Bedeutungen in sich tragen.

Abbildung 30.24: Symbole von Google Mail

In der Gestaltung von Benutzeroberflächen arbeiten Designer und Designerinnen häufig mit Metaphern. Eine Metapher stellt durch Ähnlichkeiten in Aussehen, Funktion oder Bedeutung eine Beziehung zu etwas her, das Nutzer und Nutzerinnen bereits kennen. Metaphern haben das Ziel, dass die Bedeutung einer bekannten Sache auf etwas Neues übertragen wird, so dass das User Interface intuitiv verständlich und erlernbar wird. Typische Metaphern sind die Lupe (Suchfunktion), der Briefumschlag (E-Mails) oder der Papierkorb (Löschen).

Icons im Web

Wer Icons einsetzen möchte, findet im Netz eine Vielzahl von Sammlungen, die teilweise sehr hohe Verbreitung haben – Beispiele dafür sind:

+ Font Awesome (*http://fontawesome.io*)
+ Glyphicon (*https://glyphicons.com*)
+ Genericons (*http://genericons.com*)

Außerdem gibt es riesige Sammlungen von Icons wie Iconfinder (*www.iconfinder.com*) oder das Noun Project (*https://thenounproject.com*), bei denen die Icons erworben oder unter Urhebernennung verwendet werden können.

Icons gestalten und einsetzen

Natürlich kann man Icons auch selbst gestalten. Dabei haben sich einige Regeln als hilfreich erwiesen:

+ Die Wahl des Werkzeugs hängt stark vom Stil der Icons ab. Fotorealistische Icons lassen sich beispielsweise am besten in einer Bildverarbeitungssoftware gestalten. In den meisten Fällen verwendet man jedoch eine Vektorsoftware.
+ Icons müssen im Kontext funktionieren, für den sie gedacht sind. Das gilt besonders für Designsprachen wie das iOS-Design oder Googles Material Design.
+ Prüfen Sie das Icon immer wieder in der Größe, in der es später eingesetzt werden soll. Oft ist es notwendig, sich auf das Wesentliche zu beschränken, damit das Icon auch bei geringer Größe verständlich bleibt.

Icons lassen sich als gewöhnliche Bilder in Websites einbauen. Zunehmend nutzt man jedoch andere Verfahren. Eine Möglichkeit sind Icon-Fonts, spezielle Schriftarten, die Icons an Stelle von Buchstaben verwenden. In den meisten Fällen verwendet man dabei Tools wie beispielsweise IcoMoon (*http://icomoon.io/app*). Dort kann man Icons hochladen, einzelnen Unicode-Zeichen zuordnen und den fertigen Font herunterladen. Die Icon-Font-Dateien sind sehr gut erläutert, so dass an dieser Stelle auf weitere Details verzichtet werden kann.

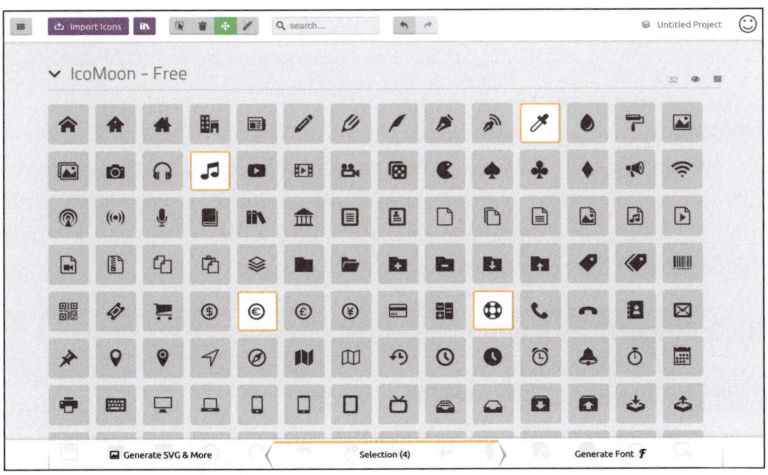

Abbildung 30.25: Icon-Font mit IcoMoon anlegen

Allerdings sind Icon-Fonts ein wenig umständlich, denn Schriften sind eigentlich für Texte gedacht, nicht für Icons. Das Vektorformat SVG stellt daher eine sehr gute Alternative dar. Ein Vorteil davon ist, dass die Icons über das Element `symbol` direkt im HTML-Quelltext eingebettet werden können:

Mehr über SVGs für Icons

Eine Einführung hat Chris Coyier unter *https://css-tricks.com/svg-sprites-use-better-icon-fonts/* und *https://css-tricks.com/svg-symbol-good-choice-icons/* zusammengestellt.

```
<svg xmlns="http://www.w3.org/2000/svg" style="display: none;">
 <symbol id="icon-music" viewBox="214.7 0 182.6 792">
  <!-- Pfade und andere SVG-Formen -->
 </symbol>
</svg>
```

Listing 30.33: Icon-System als Inline-SVG

Anschließend kann man sie an jeder gewünschten Stelle des Dokuments mithilfe von use und ihrer ID referenzieren:

```
<svg class="icon">
 <use xlink:href="#icon-music" />
</svg>
```

Listing 30.34: SVG-Icon verwenden

Icon-Usability

Icons können Bedeutung auf elegante und schnelle Weise kommunizieren, sparen Platz und müssen nicht übersetzt werden. Manchmal werden sie auch als Ersatz für Texte verwendet. Allerdings funktioniert das nur bei Icons, die der Zielgruppe bekannt sind. Als allgemein verständlich dürften nur wenige Icons gelten, beispielsweise das Haus (Home), die Lupe (Suchen) oder der Papierkorb (Löschen). Aber auch dann kann es zu Verwechslungen kommen. In Abbildung 30.26 könnten beispielsweise die Icons für »Archivieren«, »Löschen« und »Als Spam markieren« für einen Papierkorb gehalten werden. In vielen Fällen profitieren Icons daher deutlich von einem kurzen erläuternden Wort.

Tests

Soll auf erläuternden Text verzichtet werden, sollte die Verständlichkeit der gewählten Darstellungen also gründlich getestet werden. Dazu genügen häufig schon Papierprototypen oder Ausdrucke der Icons, die man Menschen aus der Zielgruppe vorlegt.

Abbildung 30.26: Icons in Apple Mail

Favicons

Unter dem Begriff Favicon versteht man kleine Icons, die in vielen Browsern neben dem Namen in den Tabs zu sehen sind. Meist greift man dazu auf das Logo oder eine Abwandlung davon zurück, um die Wiedererkennbarkeit zu erhöhen.

Abbildung 30.27: Favicons in Google Chrome

Favicons werden in einer Variante mit 16 × 16 px sowie 32 × 32 px (hochauflösende Version) angelegt, am besten als freigestelltes PNG mit Transparenzen. Das ICO-Format (Dateiendung ».ico«) vereint diese Bilder in einer Datei. Im Netz gibt es verschiedene Helfer, die beim Erzeugen dieser Dateien unterstützen können, beispielsweise X-Icon Editor (*http://xiconeditor.com*) oder Real Favicon Generator (*https://realfavicongenerator.net*).

SVG-Favicons für moderne Browser

Dank stetig wachsender Browser-Unterstützung bietet sich das Vektorformat SVG als Ausgangspunkt für ein Favicon an.

Anschließend wird das Favicon ins oberste Verzeichnis der Website gelegt. Normalerweise wird es automatisch erkannt – zur Sicherheit ist es aber auch möglich, es im head der Website explizit zu verlinken:

```
<link rel="shortcut icon" href="favicon.ico"/>
```

Listing 30.35: Favicon im head

30.3.7 Nachhaltigkeit und Performance

Da Bilder einen großen Teil des Datenverkehrs im Web ausmachen, lohnt es sich, im Hinblick auf Nachhaltigkeit und Performance einen genaueren Blick darauf zu werfen. Um den Datenverkehr zu reduzieren, gibt es z. B. folgende einfache Optionen:

+ **Mehrwert:** Oftmals werden Bilder ohne einen großen Mehrwert verwendet. Auf ein Bild mit einer Person, die ein Smartphone berührt, um auf soziale Medien hinzuweisen, kann man durchaus verzichten und gegen ein Social-Media-Icon austauschen.
+ **Dateiformat:** Die Wahl des Dateiformats ist auch entscheidend. Es gibt eigentlich keine Gründe mehr, warum man nicht anstelle von PNG oder JPEG auf das WebP-Format setzen sollte.
+ **Dateigröße:** Mit speziellen Tools lassen sich Bilder fast immer noch optimieren, indem Sie z. B. die Anzahl der Farben reduzieren.
+ **Responsive Bilder:** Im responsiven Web können Sie optimierte Grafiken mit `srcset` und `sizes` ausliefern.
+ **SVG-Vektorgrafiken verwenden:** SVG-Grafiken bieten sich gerade für Infografiken, Logos oder Icons an. Sie benötigen wenig Speicherplatz, weil sie sich aus mathematischen Formeln zusammensetzen.

30.4 Tabellen

Manche Inhalte lassen sich in tabellarischer Form besonders gut darstellen – kein Wunder, dass HTML und CSS umfangreiche Möglichkeiten zur Arbeit mit Tabellen bereitstellen. Tabellen sollten allerdings nicht zu Layoutzwecken verwendet werden – hier ist CSS wesentlich mächtiger.

30.4.1 Tabellen mit HTML

Für tabellarische Daten hält HTML eine Reihe von Elementen bereit:

+ Die gesamte Tabelle wird mit `table` umschlossen. Tabellenzeilen werden mit `tr` (»table row«) erstellt, Spalten darin mit `td` (»table data«). `th` (»table heading«) kann für die Kopfzeile einer Tabelle genutzt werden.
+ Die Elemente thead, tbody und `tfoot` stehen für die logische Untergliederung einer Tabelle. Der Tabellenkopf thead enthält Spaltennamen, der Tabellenfuß `tfoot` zusammenfassende Informationen zu den Spalten. Die eigentlichen Inhalte stehen im Tabellenkörper `tbody`.

+ Es ist wichtig, darauf zu achten, dass sich in jeder Reihe `tr` die gleiche Anzahl von Spalten `td` befindet. Soll sich eine Zelle über mehrere Spalten erstrecken, kann dies mit dem Attribut `colspan` (»column span«) erreicht werden. Es erhält eine Zahl mit der Angabe, wie viele Spalten umfasst werden sollen (z. B. `<td **colspan="2"**>…</td>` für zwei Spalten). Das Attribut `rowspan` erlaubt dasselbe Verhalten mit Zeilen.
+ `caption` gibt eine Tabellenüberschrift an. Das Element muss unmittelbar nach dem öffnenden `<table>` erscheinen.

Download
Sie finden das Beispiel im Ordner »Tabellen > 1 Tabellen in HTML und CSS«.

Listing 30.36 zeigt diese HTML-Elemente in einem Beispiel:

```
<table>
 <caption>Päpste in der ersten Hälfte des 15. Jahrhunderts</
caption>
 <thead>
  <tr>
   <th>Name</th>
   <th>Name als Papst</th>
   <th>Jahr</th>
  </tr>
 </thead>
 <tbody>
  <tr>
   <td>Pietro Tomacelli</td>
   <td>Bonifatius IX.</td>
   <td>1389-1404</td>
  </tr>
  ...
 </tbody>
</table>
```

Listing 30.36: Beispieltabelle

Tabellen in HTML und CSS

Päpste in der ersten Hälfte des 15. Jahrhunderts

Name	Name als Papst	Jahr
Pietro Tomacelli	Bonifatius IX.	1389–1404
Pedro Marinez de Luna y Gotor	Benedikt XIII. (Gegenpapst)	1394–1423
Cosimo dei Migliorati	Innozenz VII.	1404–1406
Angelo Correr	Gregor XII.	1406–1415
Pietro Philargi	Alexander V. (Gegenpapst)	1409–1410
Baldassare Cossa	Johannes XXIII. (Gegenpapst)	1410–1415
Sedisvakanz		1415–1417
Oddo di Colonna	Martin V.	1417–1431
Gil Sánchez Muñoz y Carbón	Clemens VIII. (Gegenpapst)	1423–1429
Bernard Garnier	Benedikt XIV. (Gegenpapst)	1425–1430
Gabriele Condulmer	Eugen IV.	1431–1447
Amadeus VIII.	Felix V. (Gegenpapst)	1439–1449

Sedisvakanz = „leerer Stuhl“, kein Papst

Abbildung 30.28: Die ungestaltete Version der Tabelle

30.4.2 Tabellen mit CSS

Während frühere Versionen von HTML noch einige Attribute zur Gestaltung von Tabellen enthielten, sollte die Gestaltung heute ausschließlich in CSS erfolgen. Betrachten wir dazu zunächst einmal ein weniger hübsches Beispiel, um einige tabellenspezifische CSS-Eigenschaften zu erläutern. Wir geben unseren Zeilen einen Rahmen und ein bisschen Farbe.

Typografie in Tabellen

Richard Rutter hat mit »Web Typography: Designing Tables to be Read, Not Looked At« (*https://alistapart.com/article/web-typography-tables*) einen sehr spannenden Artikel mit vielen Tipps zur Tabellengestaltung in CSS geschrieben.

```
caption { font-weight: bold; }
table, tr, td, th { border: 1px solid black; }
th {
  background-color: #888;
  color: white;
}
tr { background-color: #ccc; }
tr:nth-child(even) { background-color: #eee; }
```

Listing 30.37: Grundlegende Tabellengestaltung in CSS

Tabellen in HTML und CSS

Päpste in der ersten Hälfte des 15. Jahrhunderts

Name	Name als Papst	Jahr
Pietro Tomacelli	Bonifatius IX.	1389–1404
Pedro Marinez de Luna y Gotor	Benedikt XIII. (Gegenpapst)	1394–1423
Cosimo dei Migliorati	Innozenz VII.	1404–1406
Angelo Correr	Gregor XII.	1406–1415
Pietro Philargi	Alexander V. (Gegenpapst)	1409–1410
Baldassare Cossa	Johannes XXIII. (Gegenpapst)	1410–1415
Sedisvakanz		1415–1417
Oddo di Colonna	Martin V.	1417–1431
Gil Sánchez Muñoz y Carbón	Clemens VIII. (Gegenpapst)	1423–1429
Bernard Garnier	Benedikt XIV. (Gegenpapst)	1425–1430
Gabriele Condulmer	Eugen IV.	1431–1447
Amadeus VIII.	Felix V. (Gegenpapst)	1439–1449

Sedisvakanz = „leerer Stuhl", kein Papst

Abbildung 30.29: Grundlegende Gestaltung der Beispieltabelle

Außerdem gibt es eine Reihe von CSS-Eigenschaften, die sich speziell auf Tabellen beziehen.

Responsive Tabellen

Tabellen gehören zu den Inhalten, die auf kleinen Viewports oft schwierig darzustellen sind. Jonas Hellwig hat unter *https://kulturbanause.de/blog/tabellen-im-responsive-webdesign//* einige Lösungsansätze zusammengetragen.

+ Die Eigenschaft `border-collapse` legt fest, ob es Zwischenräume zwischen den Zellen geben soll. Bei Angabe von `border-collapse: collapse;` fallen die Rahmenlinien benachbarter Zellen zusammen. Bei `border-collapse: separate;` entstehen Zwischenräume zwischen den Zellen, deren Breite sich mit `border-spacing` steuern lässt.
+ Der Browser berechnet die Größen der Zellen im Normalfall selbstständig auf Basis ihrer Inhalte (`table-layout: auto;`). Alternativ kann man die Eigenschaft `table-layout: fixed;` auf `table` verwenden, um die Größenangaben festzustellen. Sinnvoll ist dies

nur, wenn man den Zellen `td` über `width` eine fest definierte Größe mitgibt. Je nach Bedarf werden Inhalte dann innerhalb der Zellen umgebrochen, oder es wird Weißraum eingefügt.

Tabellen in HTML und CSS

Päpste in der ersten Hälfte des 15. Jahrhunderts

Name	Name als Papst	Jahr
Pietro Tomacelli	Bonifatius IX.	1389–1404
Pedro Marinez de Luna y Gotor	Benedikt XIII. (Gegenpapst)	1394–1423
Cosimo dei Migliorati	Innozenz VII.	1404–1406
Angelo Correr	Gregor XII.	1406–1415
Pietro Philargi	Alexander V. (Gegenpapst)	1409–1410
Baldassare Cossa	Johannes XXIII. (Gegenpapst)	1410–1415
Sedisvakanz		1415–1417
Oddo di Colonna	Martin V.	1417–1431
Gil Sánchez Muñoz y Carbón	Clemens VIII. (Gegenpapst)	1423–1429
Bernard Garnier	Benedikt XIV. (Gegenpapst)	1425–1430
Gabriele Condulmer	Eugen IV.	1431–1447
Amadeus VIII.	Felix V. (Gegenpapst)	1439–1449

Sedisvakanz = „leerer Stuhl", kein Papst

Abbildung 30.30: Tabelle mit `table-layout: fixed`, fest definierter Zellenbreite von 250 px sowie `border-collapse: separate`

30.5 Formulare

Auf vielen Websites spielen Formulare eine wichtige Rolle. HTML bringt eine ganze Reihe von Elementen mit, die sich auf Formulare spezialisiert haben. Wir möchten die wichtigsten HTML-Elemente und Attribute kurz vorstellen.

30.5.1 Formulare in HTML anlegen

Download
Sie finden das Formular unter »Formulare > Kontaktformular«.

HTML hält eine ganze Reihe unterschiedlicher Formularfelder für die verschiedensten Anwendungsfälle bereit. Als Beispiel dient ein einfaches Kontaktformular.

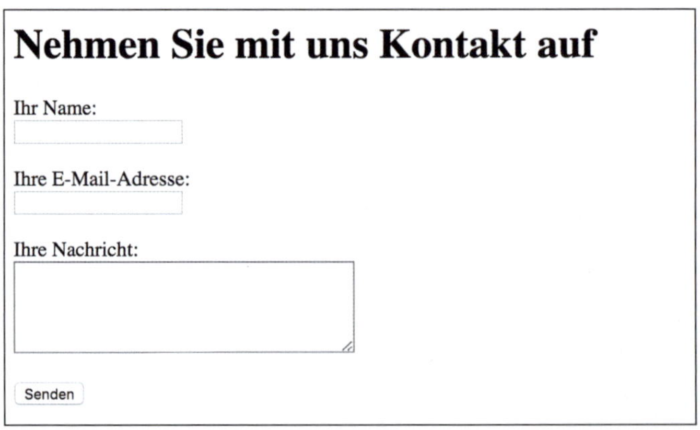

Abbildung 30.31: Beispielformular mit zwei einzeiligen und einem mehrzeiligen Textfeld sowie dem Senden-Button

Formular definieren und beschriften

Das HTML-Element `form` umschließt das gesamte Formular und definiert sein Verhalten. Unser Beispielformular hat zwei Attribute. Auf `method` gehen wir in Abschnitt 30.5.2 ein. `action` hingegen legt fest, was mit einem Formular geschehen soll. In unserem Fall soll eine E-Mail verschickt werden (`mailto:email@example.com`). Außerdem übergeben wir eine Betreffzeile als Parameter.

```
<form action="mailto:email@example.com?subject=Kontaktformu-
lar" method="post">
```

Listing 30.38: `form`-Element des Beispiels

Innerhalb von `form` werden die gewünschten Formularfelder definiert. Formularfelder sollten nicht für sich alleine stehen, sondern benötigen eine eindeutige Beschriftung – nur dann kann eine Besucherin wissen, was sie dort eintragen soll. HTML hält mit `label` ein eigenes Element dafür bereit. Das Formularfeld erhält eine eindeutige `id`, die mit dem `for`-Element des Labels verknüpft wird. Auf diese Weise wird verdeutlicht, welches Label zu welchem Formularfeld gehört.

```
<label for="name">Ihr Name: </label><br>
<input type="text" id="name" name="name"><br><br>
```

Listing 30.39: Beschriftung mit zugeordnetem Formularfeld

Die Arbeit mit dem `for`-Attribut ist sehr wichtig – es reicht keinesfalls aus, einfach nur einen normalen Text über oder neben ein Formularfeld zu schreiben! In einem solchen Fall wäre die Zuordnung nämlich rein visueller Natur und für alternative Zugänge mit Screenreader und Co. nicht nachvollziehbar – eine schlechte Accessibility wäre die Folge.

Merke: Jedes Formularfeld benötigt eine Beschriftung. Die Zuordnung von Beschriftung zu Formularfeld darf nicht nur visuell erfolgen, sondern muss auch im Quelltext angelegt werden.

Eine Alternative ist es, Formularfeld und Beschriftung gemeinsam innerhalb der `label`-Elemente zu gruppieren.

```
<label>Ihr Name:
 <input type="text" name="name">
</label>
```

Listing 30.40: `input` innerhalb von `label`

Aktivierung

Ein positiver Nebeneffekt einer ordentlichen Zuordnung von Label und Formularfeld ist, dass Sie das Formularfeld aktivieren können, indem Sie auf das Label klicken. Gerade bei kleinen Checkboxen ist das ein großer Vorteil.

Einzeilige und mehrzeilige Formularfelder anlegen

Listing 30.40 oben zeigt bereits, wie mithilfe von `<input type="text">` ein einzeiliges Text-Formularfeld angelegt wird. In den meisten Fällen haben Formularfelder sowohl ein `id`- als auch ein `name`-Attribut. Die ID wird zur eindeutigen Zuordnung von Feld und Beschriftung genutzt, das `name`-Attribut ermöglicht die Auswertung des Formulars über einen Server. Oft gibt man `id` und `name` den gleichen Wert, aber das bedeutet nicht, dass man auf eines davon verzichten kann.

Mehrzeilige Textfelder werden mit `textarea` erzeugt. Mit `cols` (Spalten) und `rows` (Reihen) können Sie angeben, wie groß das Feld sein soll – die Zahlenwerte entsprechen der Zahl der Zeichen, die ungefähr hineinpassen sollen. Genauer lässt sich die Größe jedoch in CSS bestimmen.

```
<label for="nachricht">Ihre Nachricht: </label><br>
<textarea id="nachricht" name="nachricht" cols="40" rows="5"></
textarea><br><br>
```

Listing 30.41: Mehrzeiliges Textfeld in HTML

Natürlich gibt es noch eine ganze Reihe weiterer Formularfelder, die später zur Sprache kommen.

Felder gruppieren

Manchmal kommt es vor, dass Felder in Formularen gruppiert werden sollen. Dazu kann man mit dem Element `fieldset` arbeiten. `fieldset` sollte verwendet werden, wenn es zwischen den enthaltenen Formularfeldern einen logischen Zusammenhang gibt. `legend` fügt eine Überschrift zur Gruppe hinzu.

```
<fieldset>
 <legend>Wo haben Sie von uns erfahren?</legend>
 <input type="radio" name="source" id="television"><label
for="television">Fernsehen</label><br>
 <input type="radio" name="source" id="radio"><label for="ra-
dio">Radio</label><br>
</fieldset>
```

Listing 30.42: `fieldset` und `legend` in HTML

Formular zurücksetzen oder abschicken

Manchmal möchte man einen Button einbauen, der das gesamte Formular zurücksetzt:

```
<button type="reset">Zurücksetzen</button>
```

Listing 30.43: Reset-Button in HTML

Dabei werden alle bereits eingetragenen Inhalte gelöscht. Das Frustpotenzial dabei sollte man jedoch nicht vergessen: Stellen Sie sich einmal vor, Sie füllen ein Formular aus und klicken dann aus Versehen auf »Löschen« statt »Absenden«! Man sollte sich daher gut überlegen, ob dieser Button benötigt wird, und ihn auf jeden Fall deutlich von den anderen Buttons unterscheiden oder sogar Sicherheitsmechanismen per JavaScript einbauen.

Am Ende wird ein Button erzeugt, der das Formular verschickt:

```
<button type="submit">Senden</button>
```

Listing 30.44: Senden-Button in HTML

Aktiviert man ihn, wird die Handlung ausgeführt, die innerhalb des `action`-Attributs von `form` definiert wurde. In diesem Beispiel soll eine E-Mail abgeschickt werden. Es öffnet sich nach dem Absenden des Formulars das E-Mail-Programm, das auf dem System eingerichtet wurde. E-Mail-Adresse und Betreff sind dank des `action`-Attributs vorausgefüllt, und der Formularinhalt steht im Nachrichtentext.

Abbildung 30.32: E-Mail-Fenster nach Absenden des Formulars

Alternative mit <input type="submit">

Neben `<button type="submit">` (oder auch `<button type="reset">`) gibt es ein zweites, älteres Element, um einen Absenden-Button zu erzeugen: `<input type="submit" value="Absenden">`. `input` ist jedoch ein inhaltsleeres Element – das bedeutet, man kann nicht mit Hervorhebungen wie `strong` im Buttontext arbeiten. Auch semantisch halten wir `input` für die falsche Wahl, denn `input` ist eine Eingabe, während das Abschicken eines Formulars eine Handlung ist. Insofern würden wir Ihnen eher zur Verwendung von `button` raten.

Sie sind, nun ja, sagen wir, unterbeeindruckt? Verständlich. In den meisten Fällen dürfte das nicht sein, was man mit einem Kontaktformular bezweckt. Sollte jemand kein lokales E-Mail-Programm eingerichtet haben, öffnet sich an dieser Stelle zunächst einmal ein Konfigurationsdialog vom System. Und auch die E-Mail-Nachricht ist nicht besonders hübsch. In den meisten Fällen wird man also eher darauf zurückgreifen, das Formular über ein serverseitiges Skript zu verarbeiten, beispielsweise in PHP.

30.5.2 Formulare in PHP verarbeiten

Formularunterstützung ist eine fest in PHP eingebaute Funktionalität, und zwar in zwei Geschmacksrichtungen: GET und POST. Beides sind grundlegende Versandmethoden im HTTP-Protokoll, die innerhalb des Attributs `method` des `form`-Elements angegeben werden. Listing 30.45 zeigt ein Beispiel für ein HTML-Formular, das mittels der GET-Methode verschickt werden soll. GET ist auch der Standard, wenn keine Methode angegeben wird. Innerhalb des `action`-Attributs wird nun der Pfad zu einem PHP-Skript angegeben:

```
<form action="script.php" method="get">
```

Listing 30.45: GET-Versandmethode wird in einem HTML-Formular aktiviert

GET

Download

Sie finden das Beispiel im Ordner »Formulare > GET«.

Formulardaten, die mit der GET-Methode verschickt werden, landen als Parameter in der URL. Diese GET-Parameter werden als Name-Wert-Paare hinter ein Fragezeichen `?` in die URL geschrieben, bei Bedarf können mehrere Parameter mit einem kaufmännischen Und `&` verknüpft werden.

Listing 30.46 zeigt ein einfaches Beispielformular, das mittels GET an ein Skript geschickt wird. Es fragt Vor- und Nachnamen eines Besuchers ab. Wie im HTML-Teil dieses Kapitels beschrieben, sind die Felder mit `name`-Attributen versehen.

```
<form action="script.php" method="get">
 <label for="vorname">Ihr Vorname: </label><br>
 <input type="text" id="vorname" name="vorname" /><br><br>
 <label for="name">Ihr Nachname: </label><br>
 <input type="text" id="name" name="name" /><br><br>
 <button type="submit">Senden</button>
</form>
```

Listing 30.46: Beispiel für ein Formular mit GET-Methode

Beim Versenden des Formulars sind die GET-Parameter gut in der URL zu erkennen. Die `name`-Attribute werden zu Parameternamen, ihre Inhalte zu deren Werten. Die Reihenfolge ist dabei nicht von Bedeutung.

```
http://example.com/script.php?vorname=Harald&name=Schmitt
```

Daten, die per GET versandt wurden, landen in PHP in der Superglobal `$_GET`. In unserem Beispiel liest »script.php« sie von dort wieder aus. Das Skript prüft mithilfe von `isset()`, ob es eine GET-Variable `$_GET[‚vorname']` bzw. `$_GET[‚name']` gibt und ob diese nicht leer ist (`!empty()`). Wenn ja, speichert es sie in einer Variablen ab – dabei wandelt es aus Sicherheitsgründen etwaige HTML-spezifische Sonderzeichen mithilfe von `htmlspecialchars()` in HTML-Entitäten um, damit man nicht einfach irgendwelche Skripte ins Formular schreiben kann. Sind beide Variablen gesetzt, grüßt es den Nutzer, ansonsten gibt es eine Fehlermeldung aus.

```
<?php
 if (isset($_GET['vorname']) && !empty($_GET['vorname'])) {
  $vorname = htmlspecialchars($_GET['vorname']);
 }
 if (isset($_GET['name']) && !empty($_GET['name'])) {
  $name = htmlspecialchars($_GET['name']);
 }
 if (isset($name) && isset($vorname)) {
  echo "<p>Hallo $vorname $name!</p>";
```

```
  } else {
   echo "<p>Es wurden nicht alle notwendigen Daten verschickt.</
p>";
  }
```

Listing 30.47: GET-Daten in PHP auslesen

POST

Auch bei POST werden die Formulardaten in Name-Wert-Paare umgewandelt. Allerdings werden sie nicht als Parameter in der URL, sondern innerhalb des HTTP-Requests weitergegeben.

Download
Sie finden das Beispiel im Ordner »Formulare > POST«.

Im Download-Bereich finden Sie dasselbe Formular wie vorhin, nur mit dem Unterschied, dass diesmal das POST-Verfahren verwendet wird. Es wird im `method`-Attribut aktiviert:

```
<form action="script.php" method="post">
```

Listing 30.48: POST-Methode im HTML-Formular

Auch diesmal zeigt das Skript die eingegebenen Daten auf dem Bildschirm an, allerdings sind sie jetzt nicht mehr in der URL zu erkennen. Der Zugriff auf die Daten erfolgt mithilfe der Superglobal `$_POST`:

```
<?php
 if (isset($_POST['name'])) {
  $name = htmlspecialchars($_POST['name']);
 }
```

Listing 30.49: Zugriff auf POST-Daten

Vor- und Nachteile von GET bzw. POST

Was ist nun besser für ein Formular – GET oder POST? Wie so oft kommt es auf den Anwendungsfall an.

+ In GET-Formularen sind die übertragenen Daten auf einen Blick in den Parametern sichtbar – man kann sie als Bookmark oder Favorit mitspeichern, und Suchmaschinen können sie ebenfalls auslesen. GET-Daten kann man durch Bearbeiten einer URL manuell verändern, was besonders beim Testen hilfreich sein kann.
+ POST-Daten sind nicht so einfach zu fälschen, was sie sicherer macht. Sie werden nicht im Browser-Cache abgelegt und tauchen auch nicht im Browserverlauf auf. Das bedeutet jedoch nicht, dass es unmöglich wäre, POST-Daten manuell zu verschicken – Chris Shiflett hat einige Möglichkeiten unter *http://shiflett.org/articles/form-spoofing* zusammengestellt. Um eine serverseitige Validierung kommt man also nicht herum.

Typischerweise setzt man GET ein, wenn einfache und unkritische Informationen übermittelt werden sollen, zum Beispiel wenn ein Skript unter »news.php?id=1234« anhand des Parameters einen bestimmten News-Beitrag anzeigt oder wenn nach bestimmten Begriffen gesucht werden soll. Formulare mit Nutzereingaben hingegen greifen besser auf das POST-Verfahren zurück.

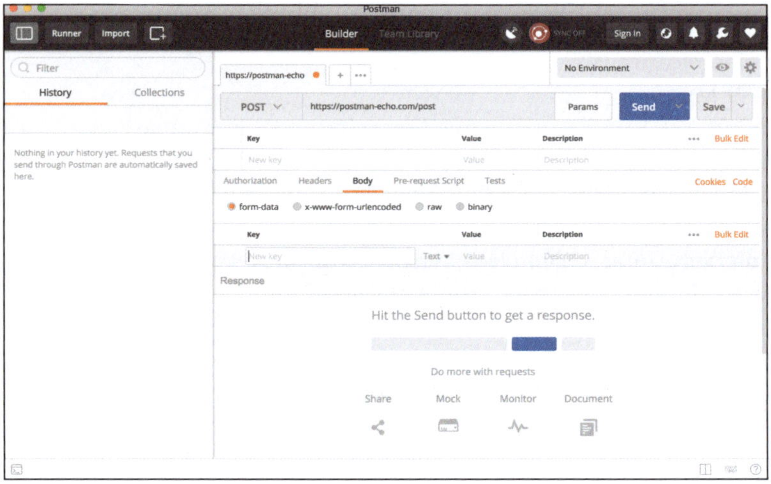

Abbildung 30.33: Mit Anwendungen wie Postman (*www.getpostman.com*) lassen sich HTTP-Requests über ein Benutzer-Interface zusammenstellen.

30.6 Video und Audio

Video und Ton haben sich in den letzten Jahren zu einem der am häufigsten nachgefragten Inhalte im Web entwickelt. Auch Audioinhalte sind sehr beliebt. Sei es Streaming oder Downloads – multimediale Inhalte sind aus dem Netz nicht mehr wegzudenken.

30.6.1 Audio- und Videoinhalte einbetten

Für Audioinhalte gibt es mit `audio` ein eigenes HTML-Element. In seinem `src`-Attribut wird der Pfad zur Audiodatei angegeben, mit `controls` können Bedienelemente hinzugefügt werden.

Listing 30.50: `audio`-Element in HTML

```
<audio src="musik.mp3" controls>
 Alternativer Inhalt
</audio>
```

Alternativ ist auch die Syntax mit `source`-Elementen erlaubt, um alternative Dateiformate anzugeben:

Listing 30.51: `audio` mit `source`-Elementen

```
<audio controls>
 <source src="musik.mp3" type="audio/mpeg">
 <source src="musik.wav" type="audio/wav">
 Alternativer Inhalt
</audio>
```

Wo ein `audio` ist, gibt es auch ein `video`. Die Einbettung von Videos in HTML ähnelt der von Audiodateien stark:

```
<video controls>
 <source src="video.mp4" type="video/mp4">
 <source src="video.ogv" type="video/ogg">
 alternativer Inhalt für ältere Browser, die mit <video> nichts anfangen können
</video>
```

Listing 30.52: <video> in HTML

> **Responsive Videos**
>
> Auch Videos können sich flexibel an ihre Umgebung anpassen. Die technische Umsetzung hängt davon ab, auf welche Weise das Video eingebunden wird. In seinem Artikel »Rundown of Handling Flexible Media« erklärt Chris Coyier die verschiedenen Verfahren und Hintergründe (*https://css-tricks.com/rundown-of-handling-flexible-media*).

Eine Alternative zum Selbst-Hosten von Videos ist, Videos per iFrame einzubetten und auf Plattformen wie YouTube (*www.youtube.com*) und Vimeo (*https://vimeo.com*) auszuweichen. Diese haben den Vorteil, dass zahlreiche Optimierungen und Konvertierungen der Videos automatisch stattfinden. Die Server-Infrastruktur hinter diesen Plattformen ist sehr optimiert – dies stellt häufig einen Performance-Vorteil dar. Nachteil ist natürlich, dass Sie die Kontrolle über Ihre Videos aus der Hand geben.

Ein iFrame wirkt wie ein Fenster auf eine andere Website und lädt die in `src` spezifizierten Inhalte in diesen definierten Bereich:

```
<iframe width="560" height="315" src="https://www.youtube.com/embed/OM6XIICm_qo" frameborder="0" allowfullscreen></iframe>
```

Listing 30.53: Einbettung eines Videos von YouTube mittels eines iFrames

30.6.2 Optionen für Audio- und Videoinhalte

Schließlich kennt HTML eine Reihe von Attributen, mit denen sich das Verhalten von Audio- und Videoinhalten steuern lässt:

+ Das Attribut `autoplay` sorgt dafür, dass der Inhalt automatisch abspielt, sobald er verfügbar ist – Vorsicht ist hier insbesondere bei Ton und Musik geboten, denn dies wird häufig als störend empfunden. Außerdem sehen es mobile Nutzerinnen und Nutzer selten gerne, wenn das Inklusivvolumen ihrer Verträge für ungewollte Videos eingesetzt wird.
+ Mithilfe von `loop` wird der Inhalt in Endlosschleife wiedergegeben.
+ Mit dem Attribut `preload` lässt sich steuern, wie der Browser beim Aufruf einer Website verfahren soll, wenn er auf `audio` oder `video` trifft. Bei der Webentwicklung können Sie dem Browser eine Empfehlung aussprechen, ob er die Inhalte schon beim Aufruf der Seite vorladen soll oder nicht. Erlaubt sind die Werte `auto` (der Browser entscheidet, ob er die Inhalte des Videos schon vorladen soll), `metadata` (es werden nur die Metainformationen des Videos geladen) sowie `none` (kein Vorladen).
+ Videos kennen zusätzlich Werte für `width` und `height` sowie `poster`, das einen Pfad zu einem Vorschaubild enthält.

> **Steuerelemente**
>
> Die grafische Gestaltung der mit `controls` erzeugten Steuerelemente übernehmen Browser und Betriebssystem. Per JavaScript ist es möglich, ein eigenes User Interface zu gestalten. Ein Tutorial dafür finden Sie für `<video>` unter *https://blog.shahednasser.com/how-to-style-a-video-player-and-create-a-custom-player/* und für `<audio>` unter *https://css-tricks.com/lets-createa-custom-audio-player*.

30.6.3 Zugänglichkeit von Video- und Audio-Inhalten

Um auch Videos möglichst zugänglich und barrierefrei zu gestalten, gibt es folgende Maßnahmen:

Untertitel-Format ».vtt«

Untertitel werden im Format ».vtt« (Web Video Text Track) in Video-Player integriert. Dabei handelt es sich um eine Textdatei, die neben den Untertiteln selbst Zeitinformationen (Timestamps) enthält, um die Anzeige der Textelemente festzulegen. Ein gutes Tutorial dazu finden Sie unter *www.3playmedia.com/learn/how-to-guides/html5-video-captioning*.

+ **Unterstützung von Untertiteln:** Untertitel helfen übrigens nicht nur gehörlosen Menschen, sondern auch bei der Nutzung in öffentlichen Räumen ohne Kopfhörer. YouTube bietet z. B. in seinem Video Manager eine Möglichkeit an, Untertitel einzugeben, und unterstützt in vielen Sprachen sogar eine automatische Erkennung. Dabei sollte alles notiert werden, was zu hören ist und Bedeutung trägt – also nicht nur Aussagen, sondern auch, wer etwas sagt, und wichtige Geräusche.
+ **Audiodeskription:** Dies ist eine zusätzliche Tonspur mit Erklärungen der visuellen Inhalte. Während der Sprechpausen im Video wird erläutert, was zu sehen und für das Verständnis von Bedeutung ist. Auf diese Weise werden Video-Inhalte für Menschen nutzbar, die dauerhaft oder situationsbedingt (z. B. beim Autofahren) ihren Sehsinn nicht nutzen können.
+ **Transkripte:** Dies sind Abschriften, die den Inhalt von Video- und Audiodokumenten in Textform zur Verfügung stellen. Die Inhalte werden auf diese Weise auch für Suchmaschinen erfassbar. Ein gutes Transkript sollte zwischen verschiedenen Personen unterscheiden und auch relevante Geräusche und visuelle Informationen enthalten.
+ **Übersetzung in Gebärdensprache:** Gerade bei Videos von großen Events findet man oft eine alternative Version in Gebärdensprache. Dies wird häufig gelöst, indem eine Dolmetscherin oder ein Dolmetscher am Rand des Videos eingefügt wird. Natürlich ist die Erstellung solcher Videos sehr aufwändig. Allerdings verbessern sie die User Experience für gehörlose Menschen sehr – für viele von ihnen ist die Deutsche Gebärdensprache ihre Muttersprache.

30.7 Animationen

Animationen sind fester Bestandteil von modernem Webdesign, und in CSS stehen gleich zwei Methoden zur Verfügung: Transitionen und Animationen. Sie können genutzt werden, um Zusammenhänge zwischen Inhalten zu verdeutlichen, visuelles Feedback zu geben oder das gewisse Aha-Erlebnis zu schaffen, von dem gutes Design lebt.

Abbildung 30.34: Dieser Button verdeutlicht durch eine Transition auf der Pseudoklasse `:active`, dass er aktiviert wurde.

30.7.1 Transitionen

Transitionen sind Übergänge zwischen zwei Zuständen in CSS. Das Vorgehen dabei ist das folgende:

1. Bestimmen der CSS-Eigenschaft(en), auf die sich der Übergang beziehen soll, über die Eigenschaft `transition-property`. Es können entweder einzelne Eigenschaften angegeben werden, oder es wird mit dem Keyword `all` festgelegt, dass alle animierbaren Eigenschaften von der Transition eingeschlossen werden sollen. Dazu zählen Farben, Größen, Abstände, Positionen, Sichtbarkeit über `visibility` und Schatten – eine detaillierte Übersicht liefert die offizielle Spezifikation unter *www.w3.org/TR/css3-transitions/#animatable-properties*.
2. Bestimmen der Dauer der Transition in Millisekunden oder Sekunden über `transition-duration`.

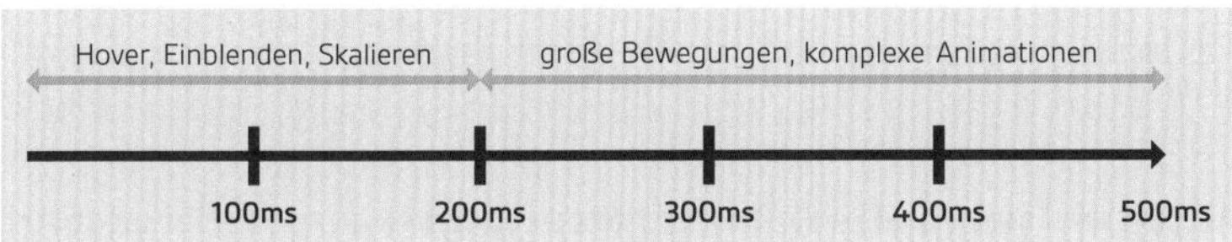

Abbildung 30.35: Faustformel für die Dauer typischer Animationen von User-Interface-Elementen im Webdesign (nach Val Head, »CSS Animations«)

3. Festlegen des zeitlichen Verlaufs der Transition mithilfe der Eigenschaft `transition-timing-function`. Sie erlaubt die folgenden Werte:
   + `linear` (gleichbleibende Geschwindigkeit)
   + `ease-in` (weicher Beginn, beschleunigender Eindruck)
   + `ease-out` (weiches Ende, abbremsender Eindruck)
   + `ease-in-out` (weicher Beginn und weiches Ende)
   + `ease` (weicher Beginn und weiches Ende, Beschleunigung in der Mitte)
   + frei definierte Bézier-Kurve – bei der Erstellung können Tools wie Ceaser (*https://matthewlein.com/tools/ceaser*), easings.net (*http://easings.net*) oder Cubic Bezier (*http://cubic-bezier.com*) eine große Hilfe sein
4. Mit `transition-delay` lässt sich eine Verzögerung vor Einsetzen des Übergangs festlegen (in Sekunden oder Millisekunden).

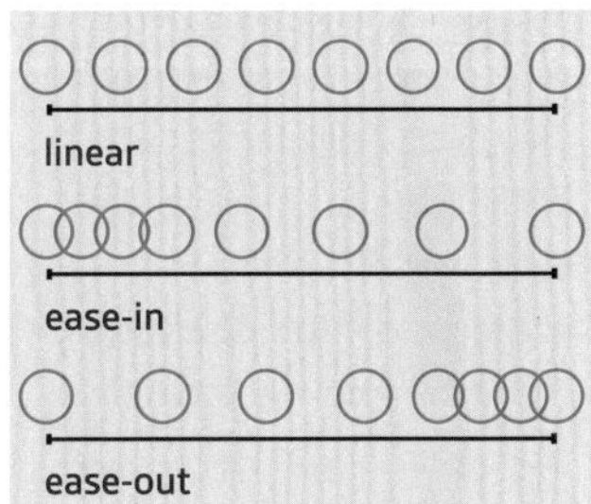

Abbildung 30.36: Ablauf verschiedener Timings (nach Val Head, »CSS Animations«)

Alternativ gibt es mit `transition` auch eine Kurzschreibweise, die alle diese Eigenschaften zusammenfasst:

```
a { transition: all 0.2s ease-in-out; }
```

Listing 30.54: Kurzschreibweise von Transitionen

Download
Verschiedene Beispiele von Transitionen und Animationen finden Sie im Ordner »Animationen > 1 Transitionen und Animationen«.

30.7.2 Animationen mit Keyframes

Animationen in CSS sind komplexer als die einfachen Übergänge. Sie arbeiten mit der Definition von Keyframes, so dass auch beliebige Zwischenschritte möglich sind. Animationen können außerdem in Loops abgespielt werden und benötigen keinen expliziten Auslöser.

Definition Keyframes
Keyframe bedeutet zu Deutsch Schlüsselbild. Keyframes werden in der Animation zur Definition bestimmter Zustände oder Abstände verwendet, zum Beispiel für die Hauptposen einer Bewegung. Die schrittweisen Änderungen zwischen den Keyframes werden dabei in der Regel vom Computer automatisch generiert.

Mithilfe der Anweisung `@keyframes` ❶ wird die Animation zunächst definiert und mit einem Namen versehen. Innerhalb des Keyframes werden Stufen mit allen zu animierenden Eigenschaften eingefügt. Im nächsten Schritt ❷ folgt der Aufruf der Animation über `animation-name` sowie die Bestimmung ihrer Dauer über `animation-duration` ❸. Listing 30.55 zeigt ein Beispiel einer Animation namens `pulse`, die auf allen Elementen mit der Klasse `.animation` angewendet wird:

```
@keyframes pulse { /* ❶ Animation definieren */
 0% { background-color: #45d1ff; }
 50% { background-color: #00ac56; }
 100% { background-color: #45d1ff; }
}
.animation {
 animation-name: pulse; /* ❷ Aufrufen */
 animation-duration: 2s; /* ❸ Dauer festlegen */
}
```

Listing 30.55: Beispiel einer CSS-Animation

Effektbibliotheken

Wer Animationen und Effekte nicht manuell definieren möchte, findet eine Reihe fertiger Effektbibliotheken zur freien Verwendung. Beispiele sind:

- **Hover.css (*https://ianlunn.github.io/Hover*) von Ian Lunn**
- **CSShake (*https://elrumordelaluz.github.io/csshake*) von Lionel**
- **Magic (*www.minimamente.com/project/magic*) von Christian Pucci**

Außerdem gibt es eine Reihe weiterer Eigenschaften, die bei der Arbeit mit Animationen sinnvoll sein können:

- Festlegen von Verzögerungen mit `animation-delay`
- Bestimmen des zeitlichen Verlaufs der Animation mit `animation-timing-function` (analog zu den Transitionen)
- Festlegen des Verhaltens nach Abspielen der Animation über `animation-fill-mode`
- Festlegen einer definierten Anzahl von Durchläufen mittels `animation-iteration-count` (oder Angabe des Keywords `infinite`)
- Festlegen der Richtung der Animation über `animation-direction` (`normal` für gleichbleibende Richtung, `alternate` für Richtungswechsel vorwärts – rückwärts –vorwärts)
- Zusammenfassen dieser Eigenschaften in der Kurzschreibweise `animation`

Animationen erlauben es übrigens auch, das Timing für einzelne Animationsphasen unterschiedlich zu definieren:

```
@keyframes position {
 0% { left: 0; }
 50% {
  left: 75%;
  animation-timing-function: cubic-bezier(0.66,-0.29, 0.03,
0.83);
 }
 100% { left: 100%; }
}
.animation {
```

```
  animation: position linear 4s infinite alternate;
}
```

Listing 30.56: Verschiedene Timings bei einer Animation

30.7.3 Animationen und Accessibility

Auch bei Animationen gelten Richtlinien der Zugänglichkeit. In den WCAG 2.2 sind für diesen Themenbereich insbesondere genannt:

+ Wenn die Animationen inhaltliche Aspekte vermitteln, bieten Sie Alternativen in Textform.
+ Ermöglichen Sie Ihren Nutzern und Nutzerinnen, die Animation zu kontrollieren (Vor, Zurück, Play, Pause), insbesondere wenn sie a) länger als fünf Sekunden dauert, b) automatisch startet und c) zeitgleich mit anderen Inhalten gezeigt wird.
+ Achten Sie auf ausreichende Farbkontraste bei Übergängen zwischen Farbtönen.
+ Testen Sie das Timing und die Dauer der Animation – Ihren Nutzerinnen und Nutzern entgehen Inhalte leicht, wenn sie zu schnell animiert werden.
+ Bieten Sie eine Möglichkeit an, ausgefallene Animationen auszuschalten.
+ Vermeiden Sie starkes Flackern.

Kapitel 31

Die Bereitstellung von Websites

Themen des Kapitels:

- *Kriterien für die Wahl eines Webhostings*
- *Grundlagen von Content-Management-Systemen*
- *Arten von Content-Management-Systemen*
- *Wichtige technologische Grundlagen zur Sicherheit im Web: XSS und CSRF*

Ein effektiver Online-Auftritt erfordert eine solide technische Infrastruktur und Sicherheitsmaßnahmen. In diesem Kapitel betrachten wir die drei grundlegenden Säulen der Website-Verwaltung: Webhosting, Content-Management-Systeme und Sicherheit.

Das Webhosting kann als Fundament jeder Website angesehen werden, da es die Verfügbarkeit und Leistung der Website garantiert. Content-Management-Systeme ermöglichen es, Inhalte einfach zu erstellen, zu organisieren und zu aktualisieren, ohne auf komplexe Programmierung angewiesen zu sein. Schließlich werden wir uns mit Sicherheitsaspekten befassen, um zu verstehen, wie wir unsere Websites vor potenziellen Bedrohungen wie Hacking, Datenlecks und anderen Angriffen schützen können.

31.1 Webhosting

Der Begriff Webhosting bezeichnet Dienstleistungen, mit denen eine Website im Internet verfügbar gemacht wird. Selbstverständlich ist es möglich, einen eigenen Server in den eigenen vier Wänden oder in einem Unternehmen zu betreiben. Dies ist jedoch eher selten, denn die Anforderungen an einen Webserver sind hoch – er benötigt eine sehr gute Anbindung ans Netz und eine hohe Ausfallsicherheit. Nur wenige Unternehmen leisten sich eigene Rechenzentren – der Aufwand ist für die meisten Anwendungsfälle viel zu hoch, wenn man nicht gerade ein Internetgigant wie Amazon, Google, Microsoft oder Apple ist.

Weiterlesen

Aktuelle Informationen zum Angebot einzelner Hosting-Provider finden Sie im Netz oder in periodischen Fachmagazinen. Einige Empfehlungen:

+ Niels Reimers hat auf *www.webhosterwissen.de* umfangreiche Tests verschiedener Anbieter durchgeführt.
+ Fachmagazine wie t3n oder c't bringen regelmäßig Neuigkeiten und Marktübersichten verschiedener Hosting-Pakete.
+ Die mibastu GmbH betreibt unter *www.webhostlist.de* ein Vergleichsportal für Hosting-Angebote.

Webspace

Unter dem Begriff Webspace versteht man den Speicherplatz auf einem Webserver. Alles, was man speichern möchte – E-Mails, Bilder, Websites, Musikdateien etc. –, lagert auf diesem Webspace.

Reseller

Agenturen und Dienstleister treten häufig als sogenannte Reseller auf. Damit ist gemeint, dass sie einen Vertrag mit einem Hosting-Anbieter abschließen, um anschließend eigene Hosting-Dienstleistungen zu verkaufen. Reseller-Tarife sind mit allen Arten von Webhosting-Paketen möglich.

Der Webhosting-Markt ist sehr dynamisch – es ist daher nicht möglich, eine Übersicht über Anbieter und Preise zu geben, denn sie würden sehr schnell wieder veralten. Stattdessen sollen in diesem Kapitel Grundlagen vermittelt werden, die Ihnen dabei helfen werden, sich im Webhosting-Bereich zurechtzufinden.

31.1.1 Arten von Webhosting

Webhosting-Angebote werden in unterschiedliche Typen untergliedert, die sich teilweise grundlegend unterscheiden.

+ **Shared Hosting:** Der Begriff Shared Hosting steht für Angebote, bei denen Kunden und Kundinnen ihren Webspace mit anderen teilen. Shared Hosting ist dank seiner geringen Kosten am weitesten verbreitet. Ein Nachteil ist, dass die Performance des Servers auch von den anderen Projekten abhängt – es kann also vorkommen, dass die eigenen Webpräsenzen leiden, wenn jemand anderes einen hohen Ressourcenverbrauch hat. Außerdem sind die Berechtigungen als Kund*in häufig eingeschränkt, denn ein Fehler bei der Konfiguration würde auch viele andere Kunden und Kundinnen betreffen.
+ **Dedicated Hosting:** Beim Dedicated Hosting erhält man einen eigenen Server im Rechenzentrum des Anbieters (englisch »to dedicate« = widmen). Auf diesen Server hat man den vollen Zugriff (Root-Rechte), so dass die Installation von jeglicher Software problemlos möglich ist. Er ist dadurch jedoch auch für Security, Updates und Performance vollumfänglich verantwortlich – für das Betreiben eines Dedicated Servers ist also einiges an Erfahrung und Wissen über Server-Administration notwendig. Ein Vorteil neben der Flexibilität ist jedoch auch, dass die gesamte Performance des Servers ausschließlich den eigenen Anwendungen zur Verfügung steht.
+ **Managed Hosting:** Eine Alternative zum Dedicated Hosting ist das Managed Hosting. Auch hier steht eigene Hardware zur Verfügung, allerdings mit weniger Rechten. Dafür kümmern sich Admins des Hosting-Providers um viele relevante Aspekte wie beispielsweise Sicherheitsupdates oder Server-Monitoring. Managed-Hosting-Pakete bieten sich daher für Services an, die zwar hohe Performance benötigen, aber nicht über die notwendigen Ressourcen oder Kompetenzen im Bereich der Server-Administration verfügen.
+ **Virtuelle Server:** Oft möchte man aus Kostengründen keinen physischen Server mieten, benötigt aber dennoch umfassende Rechte zur Verwaltung des Hostings. In diesem Fall bieten sich virtuelle Server an. Dabei handelt es sich um virtuelle Maschinen, die auf einem Server eingerichtet werden. Ressourcen wie Speicherplatz oder Rechenleistung können auf diese Weise flexibel verteilt werden.
+ **Clustered Hosting:** Beim Clustered Hosting wird mit mehreren Servern gearbeitet, die einen Inhalt bereitstellen. Die einzelnen Server werden dann zu einem Server-Cluster zusammengebunden. Clustered Hosting bietet sich für hohe Performance-Ansprüche an. Eine

ähnliche Variante ist das Grid Hosting. Bei dieser Form können die Rechner dezentral auf der gesamten Welt verteilt sein.

- **Cloud Hosting:** Auch beim Cloud Hosting arbeitet man mit Server-Clustern. Eine Kundin oder ein Kunde kann hier jedoch Ressourcen flexibel zu- und abschalten, beispielsweise um Lastspitzen abzufangen.
- **Colocation Hosting:** Colocation Hosting ähnelt dem Dedicated Hosting insofern, als Kundinnen und Kunden einen eigenen Server mit vollen Zugriffsrechten haben – allerdings wird dieser Server nicht gemietet, sondern von Kundinnen und Kunden erworben. Der Hosting-Provider bringt den oder die Server dann gegen eine Gebühr in einem externen Rechenzentrum unter. Weitergehender Support wird jedoch meist nicht geboten.

Tabelle 31.1: Wichtige Vor- und Nachteile der verschiedenen Hosting-Arten

Art des Hostings	Vorteile	Nachteile
Shared Hosting	+ geringe Kosten + geringer administrativer Aufwand	– eingeschränkte Rechte – Ressourcen werden mit anderen Projekten geteilt, auf die man keinen Einfluss hat
Dedicated Hosting	+ eigene Hardware + Root-Zugriff + hohe Performance	– Administration erfordert Aufwand und Erfahrung
Managed Hosting	+ Administration wird von erfahrenen IT-Fachleuten übernommen	– Kosten sind durch die Administration höher als bei anderen Hosting-Angeboten
Virtueller Server	+ Root-Zugriff + geringe Kosten	– Administration erfordert Aufwand und Erfahrung
Clustered Hosting	+ sehr gute Performance + höhere Ausfallsicherheit	– Administration
Cloud Hosting	+ sehr gute Skalierbarkeit + Pay-per-Use-Modelle häufig (man zahlt nur, was man nutzt) + höhere Ausfallsicherheit	– höherer technischer Aufwand für Einrichtung und Betrieb
Colocation Hosting	+ Server profitiert von den Vorteilen eines Rechenzentrums (Kühlung, Notstromversorgung etc.)	– Server muss käuflich erworben werden – Administration erfordert Aufwand und Erfahrung – kaum Support von Seiten des Anbieters

31.1.2 Verfügbarkeit

Natürlich wünscht man sich, dass eine Website an 365 Tagen im Jahr jeweils 24 Stunden erreichbar ist. In der Praxis ist dies jedoch nicht möglich, denn allen Sicherheitsmechanismen zum Trotz fällt auch Server-Hardware irgendwann aus oder muss neu gestartet werden. Aus diesem Grund geben Hosting-Anbieter an, wie lange ihre Server pro

> **Verfügbarkeitsangaben**
>
> Werte zur garantierten Verfügbarkeit finden sich in nahezu allen Hosting-Tarifen. Unterschreitet die Verfügbarkeit diesen angegebenen Garantiewert, können Gebühren vom Hosting-Provider zurückgefordert werden. Zahlreiche Provider geben daher eine geringere Verfügbarkeit an, als sie in der Praxis erreichen, um sich vor Rückforderungen zu schützen.

Jahr garantiert verfügbar sind. Dieser Wert wird Verfügbarkeit genannt und in Prozent angegeben – je höher die Verfügbarkeit, desto besser. Allerdings erzeugt eine höhere Verfügbarkeit auch höhere Kosten, da mehr Maßnahmen zur Absicherung notwendig sind.

Die prozentuale Angabe ist allerdings wenig intuitiv, weil sie auf die Zeit umgerechnet werden muss. 90 % Verfügbarkeit klingen nämlich nur auf den ersten Blick hoch – rechnet man dies auf Tage um, wäre eine Website bis zu 36,5 Tage im Jahr unerreichbar. Wer so einen Tarif eingeht, müsste also mit Umsatzausfällen von über einem Monat kalkulieren. Tabelle 31.2 liefert die Umrechnung für häufige Werte der Verfügbarkeit.

Verfügbarkeit	Erlaubte Ausfallzeit pro Jahr (Stunden)	Erlaubte Ausfallzeit pro Jahr (Minuten)
90 %	876 = 36,5 Tage	52.560
95 %	456 = 18,25 Tage	27.360
99 %	87,6 = 3,65 Tage	5.256
99,5 %	8,76	525,6
99,9 %	4,38	262,8
99,99 %	0,876	52,56

Tabelle 31.2: Umrechnung von Verfügbarkeit in Zeitwerte

31.1.3 Wahl eines Webhosting-Angebots

Der Preis ist ein Faktor bei der Wahl eines Webhosting-Pakets, aber nicht der einzige. Hier sind einige Anregungen, die in die Überlegungen mit einbezogen werden sollten:

+ **E-Mail-Postfächer:** Gibt es Einschränkungen in Bezug auf Anzahl oder Größe der E-Mail-Postfächer?
+ **Rahmenbedingungen:** Wie viele Datenbanken und Domains benötigen Sie? Reicht der Webspace aus?
+ **Upgrade-Möglichkeiten:** Wie flexibel sind Sie, wenn ein Webprojekt sehr erfolgreich wird und mehr Ressourcen benötigt?
+ **Traffic:** Gibt es eine Begrenzung im monatlichen Traffic, der im Vertrag enthalten ist? Wenn ja, wie sind die Preise, wenn Ihre Website diese Grenze überschreitet?
+ **Technologien:** Werden die Skriptsprachen und Datenbanken unterstützt, die Sie benötigen?
+ **Verschlüsselung:** Möchten Sie Ihre Website mit TLS absichern? Wenn ja, welche Möglichkeiten bestehen bei Ihrem Hosting-Anbieter, und wie sind die Kosten?
+ **Dienstleistungen:** Welchen Support bietet der Hosting-Provider an?

+ **Zusatzfunktionen:** Bietet der Provider Zusatzfunktionen, die Sie benötigen? Beispiele können ein Überlastungsschutz, Zugriffsstatistiken oder Streaming-Möglichkeiten sein.
+ **Ruf des Providers:** Recherchieren Sie in Foren und unabhängigen Tests, welchen Ruf der Provider hat.
+ **Nachhaltigkeit:** Im Sinne der Nachhaltigkeit ist es sinnvoll, einen regionalen Provider zu wählen, der Strom aus erneuerbaren Energiequellen bezieht.

31.1.4 Nachhaltigkeit beim Webhosting

Websites werden auf Rechenzentren geladen und gehostet, die einen hohen Energiebedarf haben. Somit können Sie schon bei der Auswahl des Webhosters darauf achten, woher der Strom kommt.

Um den Energiebedarf zu reduzieren, ist es ratsam, auf den Serverstandort zu achten. Wenn der auf den ersten Blick günstigere Webhoster seine Rechenzentren irgendwo im fernen Ausland hat, ist das kontraproduktiv für die Umwelt. Wenn die Daten um die halbe Welt reisen müssen, wird mehr Energie benötigt und die Wartezeit für den Seitenaufbau erhöht. Die Frage der Datensicherheit ist dabei noch gar nicht berücksichtigt. Wenn Sie also eine Website einrichten, sollten sich die Rechenzentren vorzugsweise dort befinden, wo die meisten Besucherinnen und Besucher zu erwarten sind.

Außerdem können Sie einen Webhoster wählen, der seinen Strom aus erneuerbaren Energiequellen statt aus fossilen Brennstoffen bezieht, um seine Klimabilanz zu verbessern. Tom Greenwood hat in seinem Buch »Sustainable Web Design« (*https://abookapart.com/products/sustainable-web-design*) zusammengefasst, was es tatsächlich bedeutet, wenn ein Webhoster sagt, dass er ausschließlich grüne Energie verwendet. Die folgenden Optionen stehen einem grünen Webhoster zur Verfügung, um sich 100%ig als nachhaltiger Webhoster zu bezeichnen:

+ erneuerbare Energie selbst herstellen
+ erneuerbare Energie fördern
+ erneuerbare Energie einkaufen

Green-Hosting-Verzeichnis
Eine Liste solcher Anbieter sammelt die Green Web Foundation auf der Website *https://app.greenweb.org/directory*.

31.2 Domain-Registrierung

Neben dem Webhosting benötigt eine Website natürlich auch noch eine Domain. In vielen Tarifen ist eine bestimmte Zahl von Domains bereits enthalten. Domains können gegen eine Gebühr bei einem Domain-Registrar gebucht werden. Einige Anbieter spezialisieren sich auf die Registrierung von Domains, andere haben auch Hosting-Pakete im Portfolio.

Domains und Webhosting können problemlos bei unterschiedlichen Anbietern vorgenommen werden – eine Domain kann beispielsweise

Weiterlesen
Umfangreiche technische Informationen zum Thema »Domains« finden Sie in Abschnitt 20.4.

über den A-Record auf einen beliebigen externen Server verweisen. Im Kundenmenü des Webhosters lässt sich einstellen, auf welchen Ordner in der Verzeichnisstruktur des eigenen Accounts eine Domain zeigen soll.

31.3 Content-Management-Systeme

Definition CMS
Ein Content-Management-System (CMS) ist eine Software zur Organisation von Inhalten. Meist läuft sie auf einem Server und erzeugt die angeforderten Inhalte dank dynamischer Programmierung und einer Datenbank. Es gibt aber auch Systeme, die statische Webseiten erzeugen (Static Site Generator) oder ohne Datenbank arbeiten (Flat File CMS).

Bei einem Content-Management-System (CMS) handelt es sich um eine Software, mit der Inhalte in medienneutraler Form bearbeitet und organisiert werden können. Es ermöglicht, Inhalte auf einer Website zu erstellen, zu bearbeiten und zu verwalten, ohne tiefe technische Kenntnisse zu benötigen. Ein CMS wie WordPress, Joomla oder Drupal erleichtert es Website-Betreibern, Inhalte hochzuladen, zu organisieren und zu aktualisieren. Da CMS-Plattformen häufig das Ziel von Hackerangriffen sind, ist eine enge Integration von Sicherheitsfunktionen wichtig, auf die wir im folgenden Abschnitt eingehen.

31.3.1 Grundlagen von Content-Management-Systemen

Der Client stellt eine ganz gewöhnliche Anfrage über HTTP, so wie er es auch bei einer statischen Website tun würde. Auf dem Server läuft das Content-Management-System auf Basis einer serverseitigen Programmiersprache, beispielsweise PHP. Der Server interpretiert die Befehle und erzeugt daraus eine Webseite. In vielen Fällen verbindet er sich dazu mit einer Datenbank, beispielsweise auf Basis der MySQL-Technologie.

In Abbildung 31.1 laufen Datenbank und CMS auf einem Webserver, aber sie können auch auf verschiedenen Systemen installiert sein. Als Ergebnis dieser Datenbankabfrage erhält der Webserver Inhalte (z. B. Texte) zurück, die er entsprechend der Programmierung auf der Webseite einbauen kann. Möglicherweise überprüft er hier auch über Berechtigungen, ob die Nutzerin oder der Nutzer eingeloggt ist und die Inhalte sehen darf. Aber was auch immer hier geschieht – am Ende erzeugt der Prozess eine Webseite aus HTML, CSS, JavaScript und referenzierten Mediendateien, die er an den Client zurückschickt. Tatsächlich ist oft gar nicht so einfach zu erkennen, ob eine Webseite nun von einem CMS erzeugt wurde oder statisch auf einem Server liegt.

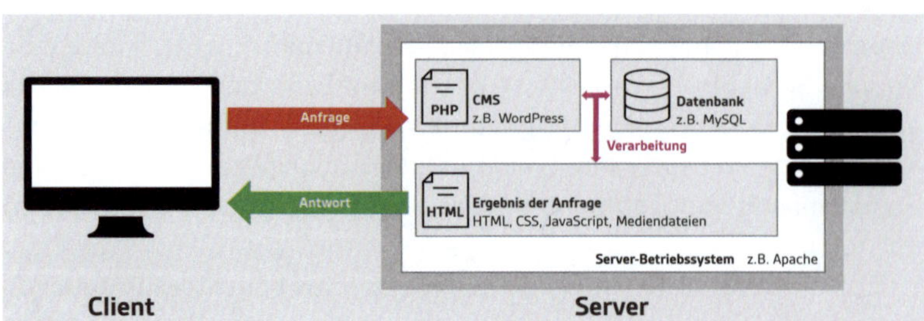

Abbildung 31.1: Funktionsweise einer dynamischen Website mit einem typischen, datenbankgetriebenen CMS auf Basis von PHP

Frontend und Backend

Content-Management-Systeme sind häufig in zwei Bereiche getrennt. Die eigentliche Website wird Frontend genannt und ist meist öffentlich zugänglich. Administrative Arbeiten wie beispielsweise das Anlegen neuer Inhalte werden in einem geschützten Bereich vorgenommen, der Backend genannt wird. Hier ist eine Anmeldung mit Benutzerdaten notwendig. Die Begriffe gehen auf die Idee zurück, dass das Frontend näher am Nutzenden und das Backend näher am System ist.

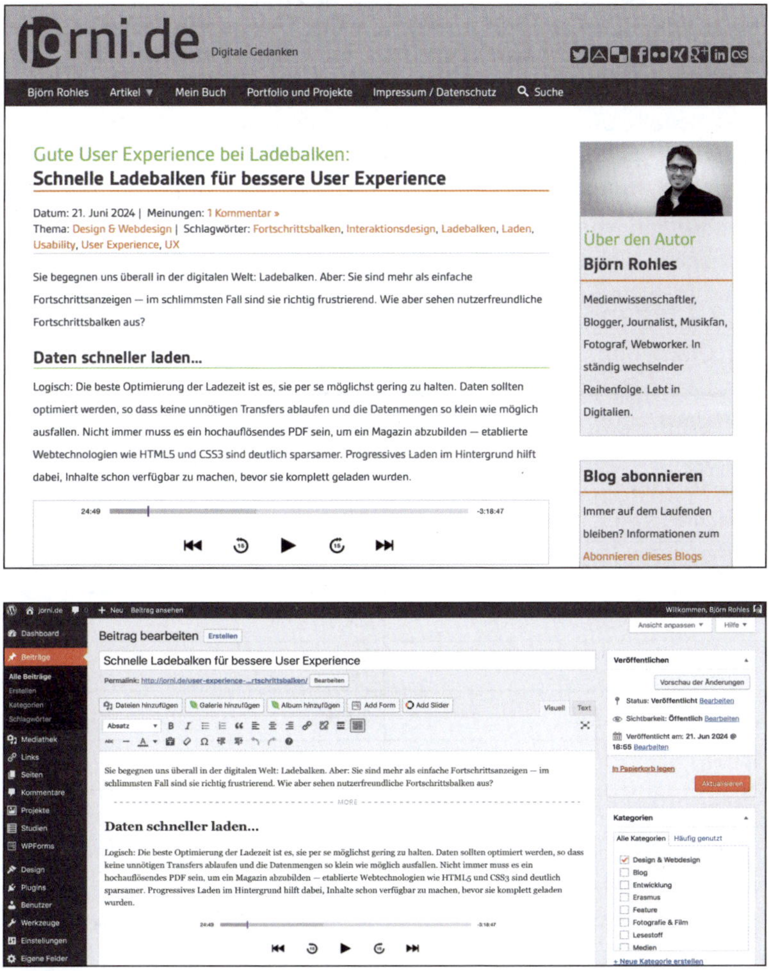

Abbildung 31.2: Während das Frontend Inhalte in einer für Nutzer und Nutzerinnen bestimmten Form darstellt, dient das Backend der Verwaltung einer Website (hier WordPress).

Lizenzen

Gerade in den letzten Jahren haben sich in vielen Bereichen mehr und mehr Content-Management-Systeme durchgesetzt, die unter einer Open-Source-Lizenz stehen. Bekannte Vertreter sind WordPress, Drupal und Joomla. Sehr häufig ist auch die Variante, ein kostenfrei nutzbares CMS zu wählen, für Support, Einrichtung und Entwicklung spezieller Funktionalitäten jedoch einen Dienstleister zu beauftragen.

Open Source

Auch wenn viele Menschen »Open Source« vor allem mit »kostenlos« assoziieren – der eigentliche Vorteil liegt darin, dass der Quelltext dieser Software frei und öffentlich zugänglich ist. Das vereinfacht die Weiterentwicklung und Anpassung enorm und verringert die Abhängigkeit von einem Hersteller.

Kommerzielle Content-Management-Systeme hingegen können gegen eine Gebühr erworben und dann auf dem eigenen Webserver installiert werden.

Eine weitere Variante sind Systeme wie Squarespace, Shopify oder Wix.com. Dabei handelt es sich um Dienstleister, die gegen eine monatliche Gebühr Content-Management-System, Design, Hosting und viele weitere Aufgaben übernehmen. Manche Anbieter bieten auch kostenfreie Accounts an, teilweise mit eingeschränktem Funktionsumfang. Gerade im Bereich des E-Commerce ist außerdem ein Modell anzutreffen, bei dem ein gewisser Anteil des Umsatzes an den Shop-Anbieter abgeführt werden muss.

Marktanteile und Nutzung von Content-Management-Systemen

Tabelle 31.3 zeigt die weltweiten Marktanteile verschiedener Content-Management-Systeme. Die Statistik beruht auf den automatisierten Erhebungen von W3Tech unter den 10 Millionen am häufigsten besuchten Websites der Welt (basierend auf den Traffic-Daten des renommierten Services Alexa).

CMS	Marktanteil in %
WordPress	62,8
Shopify	6,3
Wix.com	3,9
Squarespace	3,0
Joomla	2,4
Drupal	1,4
Adobe Systems	1,4
PrestaShop	1,1
Webflow	1,0
Google System	1,0

Tabelle 31.3: Marktanteile von Content-Management-Systemen weltweit (Juni 2024) (Quelle: W3Tech, Link wie Tabelle 31.4). Es werden nur Systeme über 1% aufgelistet.

Freie CMS

Platzhirsch ist das System WordPress. WordPress, Joomla und Drupal sind freie und quelloffene Content-Management-Systeme auf Basis der Programmiersprache PHP. Alle arbeiten mit einer Datenbank.

Quelloffene CMS

Bei PrestaShop handelt es sich um eine quelloffene E-Commerce-Plattform. Sie ist ebenfalls in PHP geschrieben.

Zu beachten ist, dass es sich bei der Statistik in Tabelle 31.3 um Marktanteile von CMS handelt – Datenbasis sind also nur die Websites, die auch ein CMS verwenden. Bezieht man die Websites mit ein, die kein bekanntes CMS verwenden oder bei denen man es nicht automatisiert herausfinden kann (beispielsweise, weil sie über einen Static Site Generator erzeugt wurden), ergibt sich das Bild aus der folgenden Tabelle.

CMS	Marktanteil in %
None	31,0
WordPress	43,3
Shopify	4,4
Wix.com	2,7
Squarespace	2,1
Joomla	1,7
Drupal	1,0
Adobe Systems	1,0
PrestaShop	0,8
Webflow	0,7
Google System	0,7

Tabelle 31.4: Nutzung von Content-Management-Systemen (Juni 2024) (Quelle: W3Tech, *https://w3techs.com/technologies/overview/content_management/all*)

Software as a Service

Squarespace und Wix.com sind Software-as-a-Service-Anbieter von Websites, die gegen eine monatliche Gebühr Hosting und CMS vermieten. Shopify umfasst dasselbe Angebot für den Bereich E-Commerce. Im Unterschied zu den übrigen Systemen werden diese Plattformen nicht auf den eigenen Servern installiert.

31.3.2 Arten von Content-Management-Systemen

Es gibt verschiedene Strategien, Content-Management-Systeme in Gruppen einzuteilen: nach Einsatzzweck, nach Art der Website und nach der Technologie.

Einteilung nach Einsatzzweck

Eine Möglichkeit ist es, Content-Management-Systeme nach der Art ihrer Inhalte und dem Umfeld ihres Einsatzes zu unterscheiden. Die Systeme setzen zwar unterschiedliche Schwerpunkte, allerdings gibt es große Überschneidungen zwischen den Bereichen.

Auf Verwaltung bezogen

In diesem Abschnitt konzentrieren wir uns auf Web-Content-Management-Systeme (WCMS), die sich um die Verwaltung von Websites kümmern. Es gibt aber auch andere Arten von Content-Management-Systemen.

+ **Redaktionssysteme** entstammen der Produktion von Printprodukten (Zeitschriften, Kataloge, Zeitungen) und werden häufig in Verlagen eingesetzt. Moderne Systeme legen zunehmend auf Cross-Media-Publishing Wert, also auf das Ausspielen der medienneutralen Inhalte in unterschiedliche mediale Kanäle wie Web, Print, Apps oder digitale Plattformen (Single Source Publishing).
+ **Enterprise-Content-Management-Systeme** (ECMS) werden eingesetzt, um Informationen und Dokumente innerhalb eines Unternehmens zu verwalten. Ein wichtiger Faktor dabei ist es, Informationen aus verschiedenen Bereichen und Abteilungen eines Unternehmens zentral vorzuhalten. Ein ECMS umfasst daher auch Bereiche wie Wissensmanagement, Archivierung, Dokumentenverwaltung und Workflow-Management. Einige Beispiele für Enterprise-Content-Management-Systeme sind censhare oder OpenText ECM Suite.

+ **Digital-Asset-Management-Systeme** (DAMS) verwalten vorrangig digitale Dokumente wie Textdateien, Bilder, Musik, Tonaufnahmen oder Videos. Typische Funktionalitäten umfassen Import und Export in unterschiedlichen Formaten und Auflösungen, Indizierung der Inhalte aufgrund von Metadaten sowie Archivierung und Versionierung. Im Medienbereich spricht man auch von Media-Asset-Management-Systemen (MAM) – hier liegt der Schwerpunkt tendenziell auf Multimedia-Dateien.
+ **Product-Information-Management-Systeme** (PIM) konzentrieren sich auf die Verwaltung von Produktinformationen und werden daher vorrangig in der herstellenden Industrie eingesetzt.

Einteilung nach Art der Website

Eine weitere Möglichkeit ist es, Content-Management-Systeme danach zu unterscheiden, welche Art von Website sie betreiben. Klassische Content-Management-Systeme sind auf die Bedürfnisse von Websites spezialisiert. Online-Shops hingegen konzentrieren sich auf Prozesse im E-Commerce. Manche Systeme können auch als Erweiterungen (Plug-ins) in andere Content-Management-Systeme integriert werden, beispielsweise das beliebte Shop-Plug-in WooCommerce für WordPress.

Einteilung nach Technologie

Content-Management-Systeme unterscheiden sich auch darin, welche Technologien ineinandergreifen, um Inhalte darzustellen.

+ In den meisten Fällen handelt es sich bei einem CMS um eine **Software,** die auf dem Webserver installiert ist und ihre Inhalte in einer Datenbank speichert. Die großen Open-Source-Systeme wie WordPress, Drupal oder Joomla gehören in diese Kategorie.
+ Bei **Flat-File-Content-Management-Systemen** hingegen kommt keine Datenbank zum Einsatz. Textinhalte werden direkt als Dateien auf dem Server gespeichert, meist in Form von XML-, JSON- oder Markdown-Dokumenten. Das CMS kümmert sich dann darum, diese Daten auszulesen und in einem Layout auf der Website darzustellen. Die technischen Anforderungen von Flat-File-CMS sind tendenziell geringer als von herkömmlichen CMS, was sich in besserer Performance ausdrücken kann – allerdings ist der Umgang mit ihnen auch etwas komplexer, weil Daten direkt auf den Server gelegt werden. Für viele Flat-File-CMS sind jedoch Erweiterungen verfügbar, mit denen sich Inhalte über eine Weboberfläche verwalten lassen. Bekannte Vertreter dieser Gattung sind GetSimple, Grav, Stacey sowie das kommerzielle System Kirby.
+ Ein **Static Site Generator** ist ein Content-Management-System, das seine Inhalte nicht dynamisch auf dem Server erzeugt. Stattdessen werden auf einem lokalen Rechner statische HTML-Seiten erzeugt, die auf den Server geladen werden. Auch hier gibt es häufig Per-

formance-Vorteile, allerdings erfordert die Verwaltung eine gewisse technische Affinität. Beispiele sind Jekyll, Middleman und Hugo.

+ Eine weitere Variante sind die sogenannten **Headless CMS**. Das sind Content-Management-Systeme, die nur aus Backend bestehen – sie konzentrieren sich also ausschließlich auf die Verwaltung von Inhalten, nicht auf die Ausgabe. Daher kommt auch der Name – als »Head« wird das Frontend bezeichnet, und genau das fehlt bei diesen CMS. Was das bringen soll? Headless CMS arbeiten mit Schnittstellen (z. B. im XML- oder JSON-Format), über die man auf die Inhalte zugreifen kann. Webentwickler*innen schreiben sich die Ausgabe also einfach selbst – sei es nun eine Website, eine App, ein Chatbot oder ein sonstiges Produkt.

31.3.3 Funktionen von Content-Management-Systemen

Der größte Vorteil von Content-Management-Systemen dürfte sein, dass Struktur, Layout und Inhalt strikt voneinander getrennt sind – das ermöglicht es, die Gestaltung über Vorlagen (Templates) zu bestimmen. Für redaktionelle Aufgaben sind technische Fähigkeiten nicht oder nur in Grundzügen notwendig. Es wäre gerade bei größeren oder häufig aktualisierten Websites auch gar nicht möglich, alle Seiten von Hand anzulegen und hochzuladen.

Content-Management-Systeme unterscheiden sich deutlich in ihren Funktionalitäten – jedes System setzt andere Schwerpunkte. Wichtige Aspekte bei CMS sind:

+ Rechte- und Nutzerverwaltung, damit verschiedene Verantwortlichkeiten festgelegt werden können (Verwaltung von Inhalten und Ressourcen sowie Administration einer Website)
+ Workflow-Management, um Arbeitsabläufe und Freigabeprozesse abbilden zu können
+ Content-Lifecycle-Management, beispielsweise das zeitlich automatisierte Veröffentlichen oder Archivieren von Inhalten
+ Kategorisierung und Organisation von Inhalten, so dass sie in verschiedener Weise zusammengestellt werden können
+ Anbieten von Schnittstellen, beispielsweise über XML oder JSON, um Inhalte in andere Publikationen (z. B. eine App) bringen zu können
+ zentrale Verwaltung von Mediendaten wie Bildern, Videos oder Ton-/Musik-Dokumenten, so dass sie auf beliebig vielen Seiten eingebettet werden können
+ Erweiterbarkeit über Plug-ins
+ Mehrsprachigkeit
+ flexible Steuerung der Gestaltung über sogenannte Templates

Diese umfangreichen Möglichkeiten erfordern aber auch ein höheres technisches Verständnis bei der Administration – es greifen unterschiedliche Technologien ineinander, deren Zusammenspiel verwaltet und optimiert werden muss.

31.3.4 Kriterien für die Auswahl eines Content-Management-Systems

»Welches CMS nutzen wir? Ich habe gehört, xx soll sehr gut sein.« Sätze wie diese hört man häufig sehr früh im Gespräch mit Kunden, Kundinnen oder anderen Projektbeteiligten – nicht selten sogar, bevor die Spezifikationen feststehen, was das Content-Management-System eigentlich tun soll. In der Beratung gehört es aber zu Ihren Aufgaben, genau diese Spezifikationen herauszuarbeiten. Hier sind einige Aspekte, auf die Sie dabei achten sollten:

- **Sicherheit:** Wird das CMS aktiv gepflegt? Gibt es regelmäßige Security-Patches, und gibt es jemanden, der sich um die Aktualisierung kümmern wird? Besonders die weit verbreiteten Systeme sind immer wieder Ziel von Attacken.
- **Funktionsumfang:** Benötigt die Website besondere Funktionalitäten? Sind diese mit dem CMS abzubilden, oder lässt sich das System erweitern? Wenn ja, wie viel Aufwand ist für diese Erweiterungen notwendig? Lässt sich das System skalieren, wenn sich die Anforderungen erhöhen? Gibt es Integrationsmöglichkeiten von bestehenden Systemen?
- **Nutzerverwaltung:** Welche Berechtigungsstufen werden benötigt? Wie ist der Workflow für die Erstellung von Inhalten? Lässt sich dies im CMS abbilden?
- **Usability und Erfahrungen:** Gibt es auf Seiten des Redaktions- oder Entwicklungsteams bereits Erfahrungen mit einem System? Wie benutzerfreundlich sind die Arbeit und die Entwicklung?
- **Design:** Wie flexibel lässt sich das System visuell anpassen? Wie hoch ist der Aufwand?
- **Inhalte:** Wie viele Inhalte muss das System verwalten? Unterstützt das System mehrsprachige Inhalte, sofern dies notwendig ist? Können Redakteure und Redakteurinnen intuitiv mit dem System arbeiten?
- **Suchmaschinenoptimierung und Performance:** Für jede Website ist es wichtig, dass sie gut gefunden und schnell geladen wird. Wie einfach lässt sich das System in dieser Hinsicht anpassen?
- **Barrierefreiheit:** Ist das System in Frontend und Backend zugänglich?

31.3.5 Nachhaltigkeit von CMS

Das Thema Nachhaltigkeit wird auch in der Webentwicklung und im Website-Hosting immer wichtiger. Vereinfacht gesagt und in Bezug auf Content-Management-Systeme: Je weniger Arbeit ein CMS auf dem Server leisten muss, um eine Website auszuliefern, desto nachhaltiger ist die Website.

WP Rocket für WordPress

Für WordPress gibt es das Plugin WP Rocket, mit dem Sie Seiten-Caching implementieren können.

In der Einführung des Kapitels und in Abbildung 31.1 haben Sie bereits gesehen, dass keine statischen HTML-Dateien auf dem Webserver liegen und diese auf dem Server jedes Mal generiert werden müssen, wenn jemand die Website anfordert. Häufig läuft auf dem Server ein PHP-Skript, woraus der Server eine Webseite generiert. Bei vielen CMS-Systemen werden auch zusätzliche Anfragen an eine Datenbank gestellt. Eventuell findet auch noch eine Überprüfung statt, ob die Nutzerin oder der Nutzer überhaupt die Berechtigung hat, den Inhalt zu sehen. Viel Arbeit hinter den Kulissen also, die eine Menge an Energie benötigt und mit jedem Aufruf durchgeführt wird. Tom Greenwood empfiehlt hierfür in seinem Buch »Nachhaltiges Webdesign«, das Seiten-Caching oder JAMstack zu verwenden.

Energieeinsparung

Es ist jedoch schwierig zu berechnen, wie viel Energie durch die vielen Serveranfragen und -antworten erzeugt wird. Im Allgemeinen kann man jedoch umso mehr Energie sparen, je weniger solcher Anfragen für die Bereitstellung einer Website erforderlich sind. Theoretisch wäre eine statische Website die energieeffizienteste Lösung.

Das Seiten-Caching funktioniert durch das Zwischenspeichern statischer Kopien von dynamisch generierten Seiten. Wenn eine Benutzerin eine Seite anfordert, prüft das CMS zunächst, ob eine zwischengespeicherte Version der Seite verfügbar ist. Ist dies der Fall, wird diese statische Version sofort an die Benutzerin gesendet, was die Ladezeit erheblich verkürzt. Ist keine Cache-Version verfügbar oder ist die Cache-Ablaufzeit abgelaufen, generiert das CMS die Seite dynamisch und speichert sie im Cache für zukünftige Anfragen. Die Cache-Verwaltung kann je nach CMS variieren und umfasst oft Mechanismen zur automatischen Aktualisierung des Cache, wenn sich der Inhalt ändert. Durch effektives Seiten-Caching können CMS-basierte Websites die Serverlast verringern und eine bessere Leistung bieten, insbesondere bei Websites mit hohem Besucheraufkommen oder Seiten mit dynamischen Inhalten. Hiermit haben Sie auch gleich ein gutes Beispiel, dass ein Blick auf die Nachhaltigkeit durchaus andere Vorteile mit sich bringt, als »nur« Energie zu sparen.

JAMstack-Frameworks

Es gibt eine Reihe von JAMstack-Frameworks und CMS wie Jekyll, Netlify, Hugo und Gatsby.

JAMstack ist ein Ansatz, der auf drei Hauptprinzipien basiert: JavaScript, APIs und Markup. Bei der Verwendung von CMS im JAMstack-Ansatz wird der Inhalt statisch generiert und dann über CDN (Content Delivery Networks) verteilt. APIs werden zur Integration dynamischer Funktionalitäten verwendet, während JavaScript für die Interaktivität im Browser eingesetzt wird. Im Zusammenhang mit CMS bedeutet dies, dass die Inhalte statisch während des Erstellungsprozesses vorgerendert und in HTML-Dateien umgewandelt werden, was auch zu schnellen Ladezeiten und verbesserter Sicherheit führt.

31.4 Security

Sicherheitsaspekte dürfen beim Erstellen von digitalen Anwendungen nicht vernachlässigt werden. Das Bundeskriminalamt geht in seinem »Bundeslagebild« für das Jahr 2023 von über 140.000 Fällen von Cyberkriminalität und einem Schaden von 205 Milliarden Euro aus. Je weiter die Digitalisierung voranschreitet, umso wichtiger werden Security-Aspekte werden.

OWASP

Eine wichtige Anlaufstelle mit vielen Security-Informationen ist das Open Web Application Security Project (OWASP, *www.owasp.org*).

Abbildung 31.3: OWASP

Das Thema »Security« füllt problemlos ganze Bücher und erfordert einiges an Erfahrung. In diesem Rahmen können daher nur die wichtigsten Aspekte behandelt werden. In diesem Abschnitt geht es um häufige Angriffe, die auf verschiedenen bereits beschriebenen Technologien beruhen. Außerdem finden sich an mehreren weiteren Stellen sicherheitsrelevante Anmerkungen zu SQL Injections, CAPTCHAs und Angriffen auf Sessions. Erwähnt werden sollte auch, dass es Unternehmen gibt, die sich auf Security-Audits spezialisiert haben und die eigene Anwendung auf Herz und Nieren prüfen – eine lohnende Investition, insbesondere bei wichtigen und sensiblen Anwendungen.

31.4.1 Cross-Site-Scripting (XSS)

Arten von XSS

Es gibt drei Arten von XSS-Angriffen: lokale Angriffe basierend auf dem DOM, nichtpersistente (bei denen Benutzereingaben vom Server direkt wieder zurückgesendet werden) sowie persistente (bei denen der Schadcode auf dem Server gespeichert wird).

Lesetipps zu XSS

- Whitepaper »Cross-Site-Scripting: Dokumentation, Analyse & Techniken«, *www.vulnerability-lab.com/resources/documents/198.pdf*
- »Excess XSS« von Jakob Kallin und Irene Lobo Valbuena, *https://excess-xss.com* (Lizenz CC BY SA)
- »Common Security Mistakes in Web Applications« von Philip Tellis, *www.smashingmagazine.com/2010/10/common-security-mistakes-in-web-applications*
- »Preventing XSS Attacks«, *www.acunetix.com/blog/articles/preventing-xss-attacks*

Download

Sie finden das Beispiel im Ordner »Security > XSS abwehren«.

Die Abkürzung XSS steht für Cross-Site-Scripting (X vom englischen »cross«) und beruht darauf, dass eine Webanwendung Daten ohne Prüfung annimmt und ungeprüft an den Browser sendet. Eine Angreiferin – nennen wir sie Malory – nutzt dieses Verhalten, um Skripte einzuschleusen, die eigentlich gar nicht auf der Seite sein sollten.

XSS wird verwendet, um noch aktive Cookies bzw. Sessions zu übernehmen (und somit Zugang zu einem Benutzerkonto zu erhalten) und um Informationen auszuspionieren:

Nehmen wir als Beispiel einmal an, eine Website nimmt Anfragen über ein Suchformular entgegen und gibt die Suchbegriffe mittels eines Parameters in der URL an, z. B.: www.testseite.de/suche.php?begriff=suchbegriff.

Gehen wir außerdem davon aus, das Formular baut jede eingegebene Suchanfrage aus der URL in den Quelltext der Website ein (zum Beispiel mithilfe von einem PHP-Skript oder JavaScripts `innerHTML`). In diesem Fall wäre es sehr einfach, ein schädliches Skript in den Quelltext einzuschleusen – man müsste es nur in die URL eingeben: www.testseite.de/suche.php?begriff=<script>schaedlicheFunktion(...)</script>. Natürlich wäre das ein schlechtes Beispiel, weil man das Skript-Tag sofort erkennen würde. In Wirklichkeit würde man es daher verschleiern.

Nun müsste man nur noch jemanden dazu bringen, diese URL aufzurufen, beispielsweise über eine Spam-E-Mail oder Social Media.

Sollte die Webanwendung so geschrieben sein, dass Benutzereingaben ungeprüft in eine Datenbank geschrieben werden (z. B. aus einem Kommentarbereich), so hätte man jetzt sogar dauerhaft nervigen oder sogar schädlichen Code eingeschleust – einfach nur, indem man ihn an der richtigen Stelle eingegeben hat.

Zum Schutz vor XSS sollten alle Daten, über die man keine volle Kontrolle hat, als nicht vertrauenswürdig betrachtet werden. Diese Daten sollten nicht über JavaScripts `innerHTML` eingefügt werden, sondern als reiner Text mittels `textContent`. Außerdem sollten Eingaben auf dem Server gefiltert und validiert werden – dabei werden nicht erlaubte Elemente entfernt, und Zeichen wie `&` oder `<` werden so in Zeichenketten umgewandelt, dass sie nicht als Code verarbeitet werden können.

Listing 31.1 zeigt ein Beispiel für eine solche Sicherheitsmaßnahme in PHP. Hier wird die Methode htmlspecialchars() verwendet, um Zeichen wie beispielsweise die spitzen Klammern < und > in Zeichenketten wie < und > (HTML-Entitäten, vgl. Abschnitt 23.1.4) umzuwandeln.

```
<?php
 $eingabe = '<script>alert("Ich bin böse!")</script>';
 $eingabe = htmlspecialchars($eingabe);
 echo $eingabe;
 /* Ausgabe: &lt;script&gt;alert(&quot;Ich bin böse!&quot;)&lt;/
 script&gt; */
?>
```

Listing 31.1: Umwandlung von Sonderzeichen durch htmlspecialchars() in PHP

Wenn Sie dieses Beispiel in einem Browser öffnen, sehen Sie nur noch die Zeichenkette <script>altert("Ich bin böse!")</script>, aber der Code wird nicht ausgeführt. Versuchen Sie einmal, was passiert, wenn Sie die Zeile mit htmlspecialchars() auskommentieren ... Und jetzt stellen Sie sich vor, Sie erlauben der ganzen Welt, beliebige Eingaben in die Variable $eingabe zu machen, wie es ein unsicherer Kommentarbereich tun könnte.

31.4.2 Cross-Site Request Forgery (CSRF)

Angriffe nach der CSRF-Methode (Cross-Site Request Forgery, ungefähr »Fälschung von Anfragen über Servergrenzen hinweg«) zielen darauf ab, jemanden dazu zu bringen, eine ungewollte und/oder unbewusste Handlung auszuführen. Nutzer und Nutzerinnen schicken also Daten an eine Website (per GET oder POST), ohne es zu wollen. Schauen wir ein sehr einfaches, fiktives Beispiel an:

Nehmen wir an, eine Nutzerin namens Alice ist in einem Social Network der Unsicher GmbH eingeloggt. Malory, unsere fiktive Angreiferin, weiß das oder vermutet es stark. Die Unsicher GmbH hat ein PHP-Skript geschrieben, das GET-Parameter nutzt, um Inhalte in die öffentlichen Profile zu schreiben (eine gute Idee ... nicht): http://example.com/post.php?**nachricht=inhalt**

Malory muss Alice nun einen manipulierten Link unterschieben: http://example.com/post.php?**nachricht=Foobar**

Sie könnte dies zum Beispiel tun, indem sie Alice auf eine eigene Seite lockt, die ein unsichtbares Bild enthält, in dessen src-Attribut der manipulierte Link angegeben ist: <img src="http://example.com/post.php?nachricht=Foobar">

Ruft Alice nun diese Seite auf, schickt ihr Browser automatisch eine Anfrage an das Social Network der Unsicher GmbH und postet in ihrem Namen das Wort »Foobar« in ihr Profil.

Get und Post

Natürlich sollte man über GET keine Inhalte posten, weil die Parameter einfach zu fälschen sind. Allerdings wäre ein solcher Angriff mit etwas größerem Aufwand auch über POST möglich – man müsste statt des unsichtbaren Bilds lediglich ein Formular einbauen, das die entsprechenden POST-Parameter an den gewünschten Server schickt und mithilfe von JavaScript automatisch verschickt wird, wenn Alice die Seite aufruft.

Gegenmaßnahmen

Es gibt verschiedene Maßnahmen zum Schutz vor CSRF-Angriffen. Die wichtigsten sind:

+ Automatisches Ausloggen von Nutzern und Nutzerinnen nach einer definierten, eher kurzen Periode von Inaktivität (Session-Timeouts)
+ Nutzerinnen und Nutzer zum Logout anregen, z. B. durch Hinweise, wenn sie es beim letzten Mal vergessen haben
+ Suche nach ungewöhnlichen Nutzungsmustern
+ Setzen sinnvoller Grenzen (z. B. muss man viele Banken persönlich kontaktieren, um hohe Geldsummen überweisen zu können)
+ Zufällig generierte Zeichenfolge als Token erzeugen, die bei jeder Transaktion in Form eines versteckten Felds mitgeschickt und serverseitig geprüft wird – Transaktionen dürfen dann nur ausgeführt werden, wenn das zufällige Token und die zugeordnete Session-ID passen; ein Angreifer müsste diese Zeichenkette entweder zufällig erraten, Zugang zum Browser des Nutzers haben (beispielsweise über eine Schadsoftware auf dem Rechner) oder eine weitere Sicherheitslücke ausnutzen, beispielsweise in Form von XSS
+ Erneutes Auffordern zur Passworteingabe bei wichtigen Handlungen

Kapitel 32

Entwicklung von Apps

Themen des Kapitels:

- *App-Nutzung und -Vermarktung*
- *Entwicklung von Apps*
- *User-Interface- und Interaktionsdesign für Apps*
- *Icons und Gestaltung von Apps*
- *VR und Augmented Reality*

32.1 Einführung in die smarte Welt

Kaum eine technologische Entwicklung hat unser Leben in den vergangenen Jahren so rapide verändert wie die diversen smarten Mobilgeräte. Was mit Smartphones begann, hat sich mittlerweile zu ganzen digitalen Ökosystemen entwickelt, in denen unterschiedlichste Geräte miteinander kommunizieren: neben den Smartphones auch Tablets, Wearables, Activity- oder Fitness-Tracker sowie Smartwatches und sogar Smartglasses.

Das Fernsehen spielt noch immer eine tragende Rolle im Leben vieler Menschen, und da verwundert es nicht, dass Internetfunktionen in Smart TVs Eingang finden. Alternativ zu Smart TVs gibt es eine ganze Reihe von Sticks und Set-Top-Boxen, die mittels HDMI an Fernseher angeschlossen werden. Beliebte Beispiele sind Amazon Fire TV und Fire TV Stick oder Apple TV. Auch viele Spielekonsolen können entsprechende Funktionalitäten übernehmen. Viele dieser Plattformen bieten Entwicklern und Entwicklerinnen auch die Möglichkeit, Apps zu gestalten. Sie sind damit fester Bestandteil digitaler Ökosysteme.

Smartspeaker sind Lautsprecher mit digitalen Assistenten, die Audiodaten und Musik mithilfe von kabellosen Technologien wie Bluetooth oder WLAN wiedergeben können. Sie sind mit digitalen Assistenten verbunden, die Befehle über Conversational User Interfaces entgegennehmen.

Wichtige Smartspeaker sind:

- Amazon Echo (Assistent: Alexa)

Smartglasses

Sie bringen digitale Computertechnologien in Brillen. Kennzeichnend für diese Geräte ist, dass sie Informationen im Sichtfeld des Trägers einblenden können. Eine Möglichkeit dazu ist die Verwendung eines transparenten Displays (Head-up-Display, HUD).

Wearable

Das ist eine weitere, noch recht junge Geräteklasse mobiler Computer. Der Name leitet sich vom Englischen »to wear« (tragen) ab und geht auf die Tatsache zurück, dass die kompakten Wearables am Körper getragen werden und mithilfe von Sensoren Daten erfassen können. Der kanadische Informatiker Steve Mann wird oft als Vater des Wearable-Computings bezeichnet. Seine Website findet sich unter *www.eecg.toronto.edu/~mann*.

Erstes Smartphone

Als erstes Smartphone gilt der Simon von IBM und BellSouth aus dem Jahr 1994. Das Gerät war relativ teuer (1.100 US-Dollar), hatte allerdings schon einen Touchscreen und Apps. IBM verkaufte in sechs Monaten rund 50.000 Stück (*http://time.com/3137005/first-smartphone-ibm-simon*), verlor dann jedoch das Interesse an einer Weiterentwicklung. In den folgenden Jahren etablierten sich besonders die Nokia-Communicator-Reihe und die Blackberry-Geräte im Smartphone-Markt, blieben jedoch auf das Business-Umfeld sowie Technologie-Fans beschränkt. Der Durchbruch für Smartphones sollte noch etwas auf sich warten lassen.

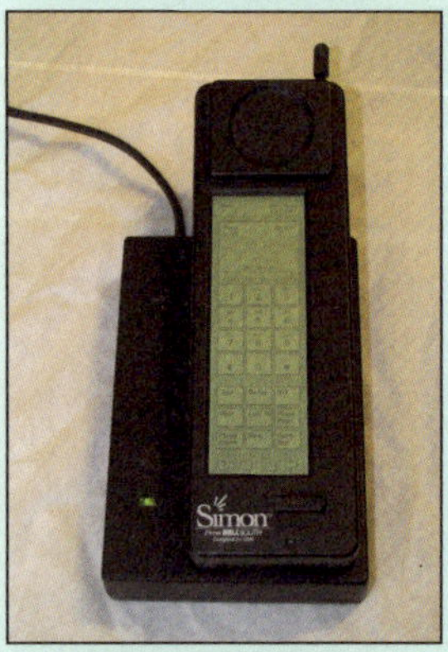

© Wikimedia

Abbildung 32.1: IBM Simon in seiner Ladestation

+ Google Home (Assistent: Google Assistant)
+ Apple Homepod (Assistent: Siri)

Mit dem Durchbruch smarter Technologien sind viele weitere Lebensbereiche in den Fokus geraten. Beim Smart Home geht es beispielsweise darum, Vorgänge im Haus zu automatisieren und miteinander zu vernetzen. Das reicht von diversen Sensoren, etwa zur Messung von Luftqualität und Temperatur, über per Smartphone steuerbare Beleuchtung bis hin zur kompletten Heimautomatisierung.

Anwendungen für digitale Assistenten entwickeln

Digitale Ökosysteme eröffnen ein völlig neues Betätigungsfeld in der Mediengestaltung. Am Beispiel der digitalen Assistenten soll auf diese Möglichkeiten in Abschnitt 32.11.2 eingegangen werden, weil sie durch die sprachliche Interaktion grundlegend anders gestaltet werden sollten.

32.1.1 Betriebssysteme für Mobilgeräte

Selbst in der schnelllebigen Technologiebranche sind die Veränderungen gewaltig, die der Markt für mobile Betriebssysteme in wenigen Jahren erfahren hat. Innerhalb kürzester Zeit sind Markt- und Technologieführer wie Symbian oder Windows Mobile bedeutungslos geworden, und neue Anbieter haben den Markt übernommen.

Mit Android und iOS gibt es derzeit nur noch zwei mobile Betriebssysteme von Bedeutung. In Deutschland hat Android derzeit rund 64 % Marktanteil, iOS 34 %.

Wie Linux ist auch Android ein Open-Source-System – sein Quelltext ist offen und kann von allen Entwicklern und Entwicklerinnen eingesehen und verändert werden. Das ist der Grund dafür, dass Android von vielen Herstellern umfangreich angepasst wird. So basiert beispielsweise Amazons Fire OS auf unterschiedlichen Versionen von Android, ist jedoch von Amazon stark verändert worden. Diese offene Struktur sowie die kostenfreie Nutzung des Systems sind für seinen Erfolg verantwortlich.

Android

Das Unternehmen Android Inc. wurde 2003 von Andy Rubin, Nick Sears, Rich Miner und Chris White in Kalifornien gegründet. Schon 2005 ging das junge Unternehmen in den Besitz von Google über. Im Jahr 2007 schloss sich Google mit einigen anderen Unternehmen (darunter HTC, Samsung und Sony) zu einem Firmenkonsortium namens »Open Handset Foundation« zusammen. Im gleichen Jahr wurde das Android-Betriebssystem angekündigt, und am 22. Oktober 2008 erschien mit dem HTC Dream (in Deutschland als T-Mobile G1 vermarktet) das erste Gerät mit dem jungen System.

Auf Smartphones von Apple läuft das Betriebssystem iOS und auf iPads ist es das iPadOS – beide lassen sich ausschließlich mit Apple-Geräten verwenden und werden nicht für andere Hersteller lizenziert. Es handelt sich um eine stark angepasste Version von macOS, die jährlich aktualisiert wird. Auch für andere hauseigene Geräte hat Apple eigene Betriebssysteme entwickelt. So verwendet die Smartwatch das watchOS-System, AppleTV läuft auf tvOS und die VR-Brille Apple Vision Pro verwendet visionOS.

Als alleiniger Hersteller fällt es Apple naturgemäß wesentlich leichter als Android, für eine schnellere Durchsetzung neuer Versionen von iOS zu sorgen. So sind ältere Versionen oft schon nach einigen Monaten nur noch in geringer Prozentzahl anzutreffen.

Android Go

Google hat mit Android Go eine besonders kleine und ressourcensparende Version von Android herausgebracht. Android Go ist damit speziell für die Anforderungen sehr günstiger Smartphones für Märkte wie beispielsweise Indien angepasst.

Flat Design

Flat Design ist ein minimalistischer Designtrend, der sich in den letzten Jahren besonders im responsiven Webdesign sowie im App-Design durchgesetzt hat. Bei dieser Gestaltung wird weitgehend auf das Imitieren realer Oberflächen und unnötigen visuellen Ballast verzichtet. Was das konkret bedeutet, erläutern die beiden Abschnitte zur Gestaltung von Apps für iOS und Android.

32.1.2 Wichtige Technologien für smarte Mobilgeräte

In Kapitel 19, »Netzwerke«, finden sich eine ganze Reihe von Technologien, die nicht nur in Computersystemen, sondern auch in Smartphones eine Rolle spielen – Bluetooth, Mobilfunk und WLAN sind einige Beispiele dafür. Darüber hinaus gibt es einige weitere Technologien, die in diesem Abschnitt behandelt werden, weil sie insbesondere auf Smartphones und anderen mobilen Geräten eingesetzt werden.

QR-Codes

Der QR-Code (QR = Quick Response), das zweidimensionale, maschinenlesbare Zeichen aus einer Matrix schwarz-weißer Quadrate, mit dem man Informationen wie URLs oder andere Zeichenketten kodiert, kann mit zahlreichen Apps oder auch mit den eingebauten Kamerafunktionen der Smartphones gelesen werden.

Abbildung 32.2: Beispiel für einen QR-Code – die vier Markierungen sind deutlich zu erkennen.

Robuste QR-Codes

Auch Fehler oder Beschädigungen von QR-Codes können in vielen Fällen korrigiert werden. Beim Kodieren eines QR-Codes kann man zwischen vier Levels von Fehlertoleranz wählen. Sie werden mit Buchstaben gekennzeichnet und unterscheiden sich darin, wie viel Prozent der Daten (Codewörter) im Falle einer Beschädigung rekonstruiert werden können:

+ Low (L) – 7 %
+ Medium (M) – 15 %
+ Quartile (Q) – 25 %
+ High (H) – 30 %

Je höher das Fehlerkorrekturlevel, desto geringer ist die Datenmenge, die ein QR-Code kodieren kann. Hohe Fehlerkorrekturlevels erlauben es, Logos oder andere Elemente in den QR-Code einzubetten.

Ursprünglich wurden QR-Codes verwendet, um Bauteile in der Herstellung von Automobilen zu kennzeichnen – mittlerweile ist die Nutzung jedoch auf zahlreiche weitere Anwendungsfälle angewachsen. Die Verwendung von QR-Codes ist lizenz- und kostenfrei, und es gibt zahlreiche Tools und Programme für ihre Erstellung.

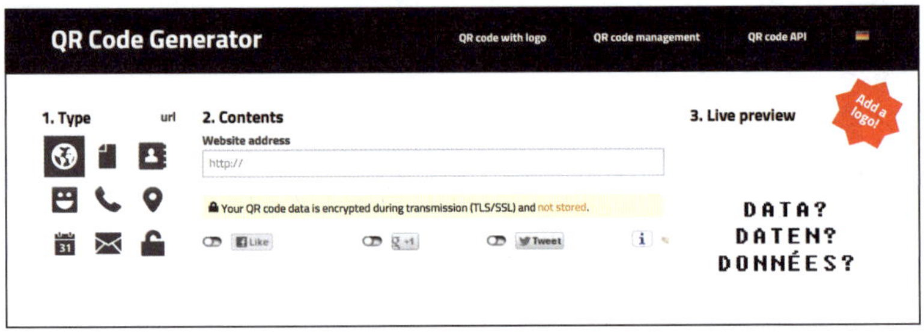

Abbildung 32.3: GoQR (*http://goqr.me*), einer von vielen QR-Code-Generatoren im Netz

Quellen zu NFC

+ NFC Forum (*https://nfc-forum.org*)
+ Eintrag zu NFC in Patrick Schnabels Elektronik-Kompendium (*www.elektronik-kompendium.de/sites/kom/1107181.htm*)
+ Robert Triggs, »What is NFC & how does it work?« (*www.androidauthority.com/what-is-nfc-270730*)
+ Nathan Chandler, »How secure is NFC tech?« (*https://electronics.howstuffworks.com/how-secure-is-nfc-tech.htm*)

Sicherheit von NFC

Ein Nachteil von NFC sind die geringen Sicherheitsmaßnahmen – die einfache Handhabung hat hier den Nachteil, dass eine NFC-Verbindung auch ungewollt hergestellt werden könnte. Allerdings müsste jemand für einen Angriff sehr nah an den NFC-Chip herankommen. Wie kritisch ein solcher Angriff wäre, hängt natürlich stark vom Anwendungsfall von NFC ab. Bargeldloses Zahlen über NFC ist jedoch auf Beträge unter 50 Euro gedeckelt – höhere Beträge erfordern die Eingabe einer PIN. Zudem gibt es Schutzhüllen oder spezielle Geldbörsen, die den passiven NFC-Chip einer Bankkarte abschirmen.

Near Field Communication (NFC)

NFC (Near Field Communication, Nahfeldkommunikation) ist eine auf RFID (Radio Frequency Identification) beruhende Funktechnologie, die es zwei kompatiblen NFC-Chips erlaubt, über sehr kurze Entfernungen von maximal 10 cm Daten auszutauschen. Anders als Bluetooth kann NFC eine elektromagnetische Induktion erzeugen. Das ist sehr praktisch, denn es gibt zwei Varianten von NFC-Chips:

+ Passive Chips (auch NFC Tags genannt) kommen in Kreditkarten, Visitenkarten, interaktiven Schildern und ähnlichen Produkten zum Einsatz. Sie benötigen keine eigene Stromversorgung, können Daten jedoch nur senden, wenn ein aktiver Chip in die Nähe gebracht wird.
+ Aktive Chips hingegen können Daten senden und empfangen. Sie erzeugen ein elektromagnetisches Feld. Diese Chips finden sich beispielsweise in Smartphones, Smartwatches, Zahlungsterminals oder Ticket-Lesegeräten.

Für NFC spricht auch, dass die Verbindung sehr schnell aufgebaut wird und kein Pairing benötigt. Im Vergleich zu Bluetooth benötigt NFC wesentlich weniger Energie, erreicht allerdings auch nur kleinere Datenraten von maximal 424 kBit/s. Im NFC-Standard sind drei Modi spezifiziert:

+ Im Peer-to-Peer-Modus verbinden sich zwei NFC-Geräte als gleichwertige Partner. Sie können beliebig zwischen Senden und Empfangen von Daten wechseln.
+ Der Read/Write-Modus wird zwischen passiven und aktiven NFC-Chips genutzt. Hier werden Daten nur in eine Richtung übertragen. Das aktive Gerät verbindet sich zum Auslesen von Daten mit dem passiven Chip.
+ Dann gibt es noch den Modus Card Emulation. Hier tut das aktive Gerät so, als ob es eine kontaktlose Bank- oder Kreditkarte wäre.

Abbildung 32.4: Modi der NFC-Technologie

NFC kommt insbesondere für bargeldloses Bezahlen über Services wie Apple Pay oder Google Pay zum Einsatz. Die Technologie eignet sich aber auch für elektronische Tickets (beispielsweise im ÖPNV oder auf Konzerten), das Austauschen von Informationen (beispielsweise mit smarten Postern, Visitenkarten oder auch medizinischen Messgeräten), das Öffnen NFC-fähiger Schlösser, das Scannen von Produkten während einer Inventur und vieles mehr.

Positionsbestimmung mit GPS und Co.

Die Abkürzung GPS steht für »Global Positioning System« (globales Positionsbestimmungssystem) und bezeichnet eine satellitengestützte Technologie, mit der man die Position eines Geräts sowie die genaue Zeit bestimmen kann. Offiziell heißt sie »NAVSTAR GPS« (**Nav**igational **S**atellite **T**iming **a**nd **R**anging **G**lobal **P**ositioning **S**ystem), allerdings hat sich das kürzere GPS im allgemeinen Sprachgebrauch für diese Positionsbestimmungstechnologie etabliert. GPS und andere Lokalisierungstechnologien haben besonders durch die weite Verbreitung durch Smartphones zu einer Fülle neuer Phänomene geführt – sie sind heute fest im Repertoire digitaler Services und Produkte etabliert. Einige Beispiele für solche Location-Based Services sind:

+ Navigation über Apps oder Navigationsgeräte
+ Anreicherung von Fotografien oder Notizen mit Ortsdaten
+ Freizeitaktivitäten wie Geocaching (Suche nach von der Community versteckten Gegenständen, die mittels Koordinaten gefunden werden können) oder Spiele (z. B. Ingress oder Pokémon Go, oft kombiniert mit Augmented Reality)
+ Suche nach Kontakten, die sich in der Nähe aufhalten
+ Location-Based Advertising (Konsumentinnen und Konsumenten erhalten standortbezogene Anzeigen auf ihre Smartphones)

Galileo und alternative Satellitensysteme

Zahlreiche Staaten haben eigene Systeme als Alternative zu GPS gestartet. In der Europäischen Union ist das Galileo-System erwähnenswert, andere Beispiele sind Beidou (China) oder GLONASS (Russische Föderation). Anders als GPS ist Galileo nicht militärisch, sondern zivil kontrolliert. Galileo nahm seinen offiziellen Dienst Ende 2016 auf und soll 2020 voll funktionsfähig sein. Die Funktionsweise ist analog zu GPS, allerdings natürlich mit eigenen Satelliten.

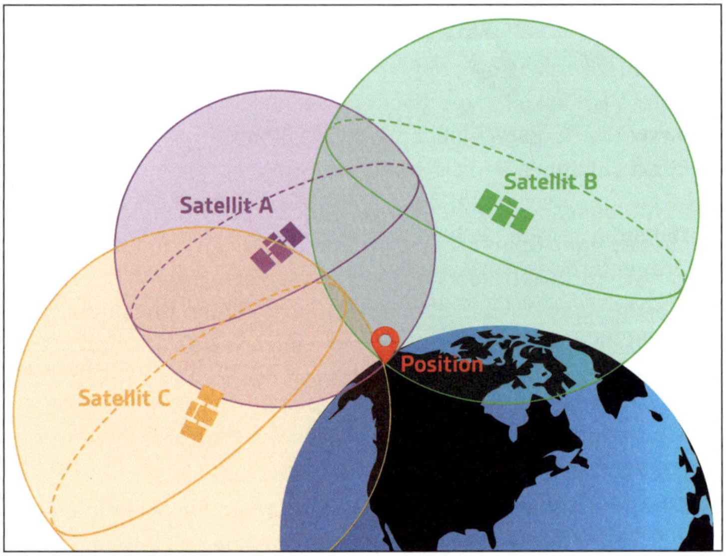

Abbildung 32.5: Positionsbestimmung mithilfe von GPS: Zur Positionsbestimmung misst ein GPS-Empfänger (beispielsweise in einem Smartphone, Navigationsgerät oder GPS-Tracker) die Entfernung von der eigenen Antenne bis zu mindestens vier GPS-Satelliten.

Quellen zu GPS und seiner Funktionsweise

- Patrick Schnabel, »GPS« und »Ortung und Positionsbestimmung mit Mobilfunk« in der Kommunikationstechnik-Fibel (*www.elektronik-kompendium.de/sites/kom/1201061.htm*)
- Florian Knodt, Video »Satellitennavigationssysteme« (*www.youtube.com/watch?v=lPkETIyOP9E*)
- Informationen zu Galileo (*www.gsc-europa.eu*)

GPS ist nicht für alle Anwendungsfälle eine gute Lösung – in Gebäuden ist der Empfang beispielsweise oft nicht gut genug, und GPS benötigt außerdem relativ viel Akkuleistung. Smartphones nutzen daher auch andere Verfahren, etwa die Lokalisierung über WLAN oder Mobilfunk. So ist es möglich, ein Mobiltelefon über die Funkzelle zu lokalisieren, in die es eingeloggt ist.

A-GPS (Assisted GPS) kombiniert Mobilfunk- und GPS-Lokalisierung. Hierbei stellen Mobilfunkmasten die Positionsdaten der GPS-Satelliten zur Verfügung, so dass ein Empfänger sie nicht vom Satelliten selbst laden muss. Das verringert die Zeit bis zur Lokalisierung deutlich.

Eine weitere häufig genutzte Variante ist die Positionsbestimmung über WLAN (WPS für Wifi Positioning System) – durch die weite Verbreitung dieser Technologie erreicht man damit oft eine relativ gute Genauigkeit, besonders in Ballungsgebieten. Zunächst braucht man dazu eine Karte mit den Positionsdaten möglichst vieler WLAN-Zugangspunkte (Router) – entsprechende Datenbanken werden von Unternehmen wie Google und SkyHook oder auch freien Initiativen wie OpenWLANMap angelegt. In den meisten Fällen ändern sich die Standorte dieser Zugangspunkte relativ selten. Ein Smartphone kann nun die Feldstärke dieser Zugangspunkte messen und über Trilateration (analog zu GPS) mehrerer Signalquellen den ungefähren Standort errechnen.

32.2 App-Nutzung und -Vermarktung

Der Begriff »App« ist die Kurzform für Application (Anwendung) und bezeichnet eine Software auf einem mobilen Betriebssystem. Erfolgreiche Apps basieren auf einer fundierten Strategie und einer klaren

Konzeption – lange bevor Code geschrieben oder Screens gestaltet werden. Was genau soll die App tun, und wen spricht sie an?

Apps tendieren dazu, sich auf einige wenige Funktionen zu konzentrieren. Diese Fokussierung erleichtert es, eine gute User Experience zu gestalten. Die Nutzung mobiler Apps auf Smartphones ist außerdem vom Kontext abhängig, beispielsweise an welchem Ort und in welcher Situation wir uns gerade befinden, wie gut oder wie schlecht unsere Netzverbindung gerade ist, welche Umgebungsfaktoren wie Beleuchtung, Geräusche oder Wetterbedingungen gerade herrschen usw.

Schwerpunkt: Smartphones

In diesem Kapitel liegt der Schwerpunkt aufgrund ihrer weiten Verbreitung auf Smartphone-Apps, nicht auf Wearables oder Smart TVs. Obwohl sich einiges übertragen lässt, folgt jeder dieser Anwendungsfälle eigenen Gesetzmäßigkeiten.

Allerdings heißt das nun auch nicht, dass wir automatisch davon ausgehen können, dass eine App unterwegs genutzt wird. Nicht selten greifen wir zum Smartphone, während es neben unserem Rechner auf dem Schreibtisch liegt, oder wir haben es in der Hand, während wir auf der Couch sitzen und fernsehen – einfach, weil es praktisch ist.

Bei der Vermarktung von Apps kann man zunächst einmal auf alle Maßnahmen zurückgreifen, die einem auch für andere Produkte zur Verfügung stehen. Dazu zählen die Publikationen eines Unternehmens selbst (Owned Media, beispielsweise Flyer, Social Media oder die eigene Website), unabhängige redaktionelle Publikationen (Earned Media) ebenso wie bezahlte Werbekanäle (Paid Media, etwa in Form von Anzeigen, Online-Marketing oder Public Relations). Und natürlich bietet es sich an, für eine App eine eigene Website zu erstellen, auf der ihre Features ausführlich dargestellt werden und die Support für Kunden und Kundinnen bietet. Es gibt allerdings auch einige zusätzliche Maßnahmen oder besondere Möglichkeiten, die speziell auf Apps ausgerichtet sind. Um Letztere soll es in diesem Abschnitt gehen.

32.2.1 App Stores

Apps können in den Stores (App Store für Apple, Google Play für Android) der Plattformen kostenlos oder kostenpflichtig angeboten werden. Bei kostenpflichtigen Apps behalten Apple, Google oder Amazon einen Teil der Einnahmen als Provision ein. Außerdem gibt es auf Android seit längerem alternative Stores sowie die Möglichkeit, Apps manuell zu installieren. Apple hat diese Möglichkeit auf Anforderung durch das Gesetz »Digital Markets Act« in der EU ebenfalls eingeführt.

Sowohl Apple als auch Google starteten ihre Stores im Jahr 2008 und konnten ein rasantes Wachstum des Angebots für sich verbuchen. Informationen von Statista zufolge gab es im App Store von Apple Ende 2023 über 1,6 Millionen Apps, im Google Play Store sogar 2,64 Millionen.

App Store Optimization

Was im Web die Suchmaschinenoptimierung, ist bei Apps die App Store Optimization (ASO) – denn auch in App Store und Play Store arbeitet ein Algorithmus, der potenziell Interessierten bei der Suche nach Apps entsprechende Vorschläge unterbreitet. ASO versucht, den Algorith-

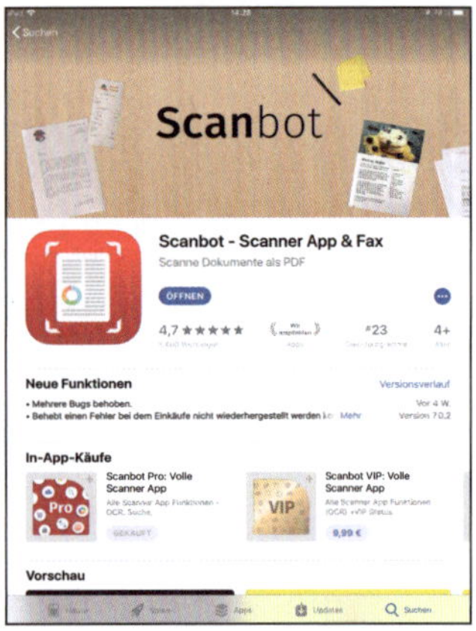

Abbildung 32.6: Die App »Scanbot« hat eine gut optimierte App-Store-Seite – man sieht direkt, worum es geht (Quelle: AppStore).

> **Quellen und Lesetipps**
>
> Die offiziellen Empfehlungen von Apple und Google finden sich unter *https://developer.apple.com/app-store/guidelines/* bzw. *https://play.google.com/console/about/guides/build-a-high-quality-app-or-game*. Sehr gut ist auch der Artikel »Launching An App? Make App Store Optimization Your Foundation For Growth« von Aidan Sliney (*www.smashing-magazine.com/2017/08/launch-app-store-optimization-growth*).

Abbildung 32.7: Visuelle Elemente sollten die Funktionalität der App erkennbar machen (djay2 von Algoriddim im App Store).

mus so zu beeinflussen, dass die eigene App bei relevanten Suchbegriffen möglichst über alternativen Apps angezeigt wird.

In beiden Stores spielen zunehmend redaktionell gepflegte Bereiche eine Rolle. Eine App, die von der Redaktion hervorgehoben wird, erhält dadurch große Aufmerksamkeit. Voraussetzung dafür ist eine gute App mit zufriedenen Nutzerinnen und Nutzern und einem klaren Zweck, gelungenes Marketing und natürlich die Beachtung der offiziellen Guidelines.

Die Verwaltung und Pflege der Apps erfolgt über Portale (App Store Connect, Google Play Store Console), in denen sich alle wichtigen Arbeitsschritte beim Veröffentlichen und Pflegen von Apps durchführen lassen, z. B. neue App-Versionen hochladen, Nutzungsstatistiken einsehen, auf Reviews reagieren und vieles mehr.

+ **Name der App:** Empfehlenswert ist ein einprägsamer, nicht zu langer App-Name, den Sie im App-Store-Eintrag durch Keywords ergänzen können, mit denen die zentrale Funktionalität der App beschrieben wird. Untersuchungen von Kissmetrics zufolge ranken Apps mit Keywords im Titel rund 10 % besser als ohne (*https://blog.kissmetrics.com/app-store-optimization*).
+ **Beschreibung der App:** Die wichtigsten Informationen sollten direkt am Anfang stehen, denn beide Stores blenden zunächst nur den Beginn der Beschreibung ein und lassen den Nutzern und Nutzerinnen die Wahl, den Rest auf Wunsch einzuklappen. Sinnvollerweise arbeiten Sie auch hier mit Keywords, die zu App und Zielgruppe passen.
+ **Kategorien:** Sie legen die Kategorie Ihrer App selbst fest. Nutzerinnen und Nutzer können sich Apps innerhalb der Kategorien anzeigen lassen. Es ist daher sehr wichtig, Kategorien zu wählen, in denen die potenziell Interessierten auch suchen.
+ **Reviews:** Positive Reviews werden sowohl von Menschen als auch den App-Store-Algorithmen als Signale für qualitativ hochwertige Apps interpretiert. Oft finden sich in Reviews auch Hinweise auf Bugs oder fehlende Funktionalitäten – wenn Sie auf solche Benachrichtigungen reagieren, haben Sie gute Chancen, sich eine loyale und wohlwollende Fangemeinde aufzubauen.
+ **Screenshots und Videos:** Die wichtigste Funktionalität der App sollte beim Betrachten der Abbildungen erkennbar sein. Fragen Sie sich, welches Problem Ihre App löst und wie sie sich von anderen Apps unterscheidet – dies sind die Bereiche, die sich für Screenshots anbieten. Auch Videos können Sie einbinden. Videos sollten kurz gehalten werden und zentrale Funktionalitäten der App darstellen.

Smart App Banner

Das mobile Web ist noch immer eine wichtige Anlaufstelle für Nutzerinnen und Nutzer, und nicht alle öffnen direkt den App Store. Apple hat mit dem Smart App Banner eine Möglichkeit geschaffen, Besucher von

Websites auf zugehörige Apps hinzuweisen. Smart App Banner werden deutlich im mobilen Safari-Browser oberhalb des Website-Contents angezeigt. Sie ermutigen dazu, die App über den App Store zu installieren oder (falls sie bereits installiert sein sollte) zu öffnen.

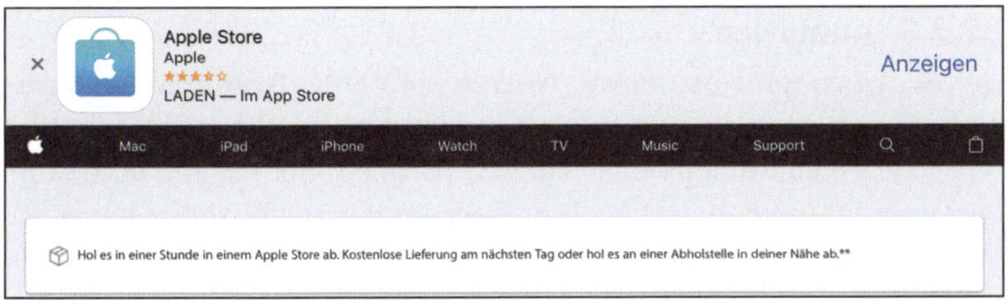

Abbildung 32.8: Smart App Banner zeigen beim Besuch einer Website mit dem mobilen Safari einen Link zur passenden App an (*www.apple.com/de*), ...

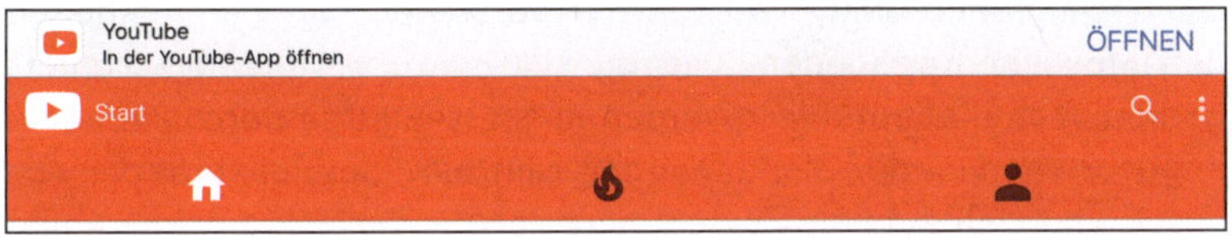

Abbildung 32.9: ... der sich dynamisch anpasst, falls die App bereits installiert sein sollte (*www.youtube.com*).

Apples Smart-App-Banner-Technologie funktioniert ausschließlich auf dem eigenen mobilen Safari-Browser, und auch das Aussehen kann nicht verändert werden. Apple arbeitet mit einem hauseigenen `meta`-Tag im `head` der Website. Es wird per `name`-Attribut als `apple-itunes-app` ausgewiesen. Das `content`-Attribut enthält dann die folgenden Angaben:

+ `app-id=ID` enthält die eindeutige App-ID der zugehörigen App und ist verpflichtend, denn sonst weiß Safari nicht, welche App angezeigt werden soll.
+ `app-argument=URL` (optional) kann mit einer für jede Seite individuellen URL versehen werden. Die App kann diese URL bei entsprechender Programmierung auslesen und den Inhalt des mobilen Browsers direkt in der App anzeigen – sehr praktisch für Anwender und Anwenderinnen.

```
<meta name="apple-itunes-app" content="app-id=ID, app-argu-
ment=URL">
```

Listing 32.1: `meta`-Angabe für Smart App Banner

Google hat für Android keine entsprechende native Möglichkeit geschaffen. Es gibt allerdings einige alternative Lösungen, etwa auf Basis von JavaScript (z. B. *https://github.com/kudago/smart-app-banner*) oder durch spezielle Services (z. B. Branch, *https://branch.io/smart-app-banner*).

32.2.2 Online-Marketing für Apps

Die meisten App-Anbieter erstellen neben der App auch eine begleitende Website, die natürlich von den Suchmaschinen indexiert

Marketing für Apps

Apple und Google stellen eine ganze Reihe von Marketingmaterialien bereit, um auf Apps aufmerksam zu machen. Dazu zählen beispielsweise die beliebten Badges, die man mit der passenden Seite im App Store bzw. in Google Play verlinken kann.

Abbildung 32.10: App-Store-Badge

Abbildung 32.11: Google-Play-Badge

wird. Beide Mobilsysteme bieten außerdem Möglichkeiten, App-Inhalte in Suchergebnissen zu platzieren. Google erlaubt beispielsweise mit Android App Links (*https://developer.android.com/training/app-links*), Apps und ihre Inhalte in der Google-Suche indexieren zu lassen.

32.2.3 Analytics

Quellen und Lesetipps zu Analytics

- Kishin Manglani, »Getting Started with Mobile Analytics« (*www.raywenderlich.com/903-getting-started-with-mobile-analytics*)
- Dave McClure, Präsentation zur Aarrr-Strategie (CC BY SA, *https://rohl.es/aarrr-strategie*)
- Kerry Rodden, HEART-Strategie (*https://rohl.es/heart-strategie*)
- Occam's Razor, das Blog von Analytics-Legende Avinash Kaushik (*www.kaushik.net/avinash*)
- Michael Beasley, »Practical Web Analytics for User Experience«, Morgan Kaufmann, 2013

Bei Analytics geht es darum, Nutzungsdaten zu sammeln, zu analysieren und dann zu nutzen, um Entscheidungen über die zukünftige Ausrichtung eines digitalen Produkts, Services oder sogar des gesamten Unternehmens zu treffen. Die Überwachung mit Analytics ist natürlich nicht nur auf Apps beschränkt. Analytics wird auch für Websites, Finanzdaten oder zur Optimierung von Betriebsprozessen verwendet. Bei Apps können Analytics helfen, zu verstehen, welche Funktionen den Menschen besonders wichtig sind, wo ihr Nutzungserlebnis gestört wird und optimiert werden kann, wie gut die App von ihnen angenommen wird, welche Designvariante besser konvertiert (A/B-Tests) und vieles mehr. Es geht also darum, die Weiterentwicklung der App auf konkreten Daten zu fundieren.

Grundlegende Analytics-Daten liefern die Stores von Haus aus, allerdings reichen sie in vielen Fällen nicht aus. Es gibt daher Frameworks, mit denen sich App-Analytics-Daten erfassen lassen, z. B.:

- Google Analytics und Firebase (*https://firebase.google.com*)
- Amplitude (*https://amplitude.com*)
- Data.ai (*www.data.ai/de*)
- Mixpanel (*https://mixpanel.com*)

Die Einbindung dieser Frameworks ist in den entsprechenden Entwicklerdokumentationen erläutert und oft durch wenige Zeilen Code zu bewerkstelligen. Eine Herausforderung ist es jedoch, zu entscheiden, welche der vielen Nutzungsdaten für die eigene App eigentlich relevant sind. Prinzipiell gibt es verschiedene Arten von Kennzahlen wie Betriebssystemversion, Gerät und Sprache, Verkaufsstatistiken, Crash-Reports und Statistiken darüber, welche Funktionen häufig genutzt wurden.

32.2.4 Finanzierungsmodelle

Quellen zur Finanzierung

- App Store Guidelines, »Choosing a Business Model« (*https://developer.apple.com/app-store/business-models*)
- Stacy Golmack, »Current Trend And Future Prospects Of The Mobile App Market« (*www.smashingmagazine.com/2017/02/current-trends-future-prospects-mobile-app-market*)

Es gibt unterschiedliche Finanzierungsmodelle für Apps. Voraussetzung ist jeweils, dass der App-Anbieter Mitglied in den Entwicklerprogrammen von Apple bzw. Google ist. Die Kosten belaufen sich auf 99 US-Dollar (Apple, jährlich) bzw. 25 US-Dollar (Android, einmalig). Als Gegenleistung erhalten Sie Zugriff auf umfangreiche Tools und Ressourcen, zudem fallen für das Hosting der App keine weiteren Kosten an. Zusätzlich behalten Apple und Google bei allen Zahlungen für Apps einen Anteil der Umsätze ein.

- **Kostenlose Apps und werbefinanzierte Apps:** Das beliebteste Modell ist es, für die eigene App kein Geld zu verlangen – Angaben des Statistik-Dienstleisters Statista zufolge sind beispielsweise rund

95 % der Android-Apps kostenlos. Beispiele sind unter anderem Apps für Shopping, Auktionen, zur Steuerung oder Konfiguration vernetzter Geräte (beispielsweise Smart Home), Apps für Marketingzwecke oder werbefinanzierte Anwendungen und Sponsoring.

+ **Kostenpflichtige Apps:** Dieses Finanzierungsmodell bietet sich besonders für Apps mit starken Marken und guter Öffentlichkeits- und Marketingarbeit an – Kunden und Kundinnen müssen nämlich direkt am Anfang eine Hürde überwinden und somit bereits vorab vom Kauf überzeugt sein. Eine Variante ist das Paymium-Modell. Dabei zahlt man vor dem Herunterladen einer App einen Grundpreis. Innerhalb der App lassen sich dann zusätzliche Funktionen oder Inhalte nach Bedarf hinzukaufen (In-App-Käufe).
+ **In-App-Käufe, Freemium und Free-to-Play:** Eine Alternative ist es, eine Gebühr für bestimmte Funktionen zu erheben. So lässt sich mit In-App-Käufen beispielsweise der Funktionsumfang einer App erhöhen (»Freemium«) oder Werbung abschalten. Bei Spielen spricht man eher von Free-to-Play – das Spiel ist grundsätzlich kostenlos spielbar, allerdings gibt es kostenpflichtige Zusatzangebote wie bessere Ausrüstung, schnelleres Vorankommen oder größere Individualisierbarkeit des Spiels.
+ **Abo-Modelle:** Gegen Zahlung einer monatlichen oder jährlichen Gebühr erhalten Anwenderinnen und Anwender dabei die Möglichkeit, eine App zu verwenden. Außerdem haben Sie die Möglichkeit, Testversionen Ihrer App anzubieten – das Abo lässt sich also ausprobieren und wird erst nach Ablauf der Testphase bezahlt.

Preisgestaltung bei Apps

Die Preisgestaltung ist allerdings nicht vollkommen frei: Apple und Google haben eine Reihe von regional unterschiedlichen Preisstufen festgelegt (sogenannte Tiers). In der Praxis dürfte es für jede App eine passende Preisstufe geben.

Typische In-App-Käufe

+ Premium-Funktionen
+ besondere Inhalte
+ konsumierbare Güter (z. B. Munition in Spielen)

Tabelle 32.1: Vorteile und Nachteile gängiger App-Finanzierungsmodelle

Finanzierungsmodell für Apps	Vorteile	Nachteile
kostenlose Apps	+ geringe Hürde für Nutzer, eine App zu installieren + Monetarisierung über Anzeigen möglich	– Anzeigeneinnahmen hängen davon ab, wie viele Nutzer es gibt und wie relevant die Anzeigen für sie sind
kostenpflichtige Apps	+ übersichtliches Finanzierungsmodell für Nutzer, keine bösen Überraschungen + hohe Chance auf loyale Nutzer + unmittelbarer Verdienst bei jedem Download	– hoher Marketingaufwand vor dem Kauf der App – viele Nutzer nehmen Preis als Hürde wahr
Freemium, In-App-Käufe	+ App kann kostenlos ausprobiert werden + Nutzer können In-App-Käufe nach ihrem individuellen Bedarf erwerben + kontinuierliche Einnahmen	– einige Nutzer fühlen sich von In-App-Käufen überrumpelt – oft ist es notwendig, immer wieder neue Inhalte zum Kauf anzubieten (Content-Pflege)
Paymium	+ Nutzer können In-App-Käufe nach ihrem individuellen Bedarf erwerben	– Preis kann als Hürde empfunden werden – Nutzer können verwirrt sein, wenn sie für einige Funktionen oder Inhalte erneut zahlen sollen

Finanzierungsmodell für Apps	Vorteile	Nachteile
Abo	+ kontinuierliche Einnahmen für Entwickler*innen + flexibles Zu- und Abbestellen für Nutzer	– umstritten – alte Daten können unlesbar werden, sobald man die Zahlung einstellt (sofern der Anbieter keine Lesefunktionalität bei inaktivem Abo integriert)

Tabelle 32.1: Vorteile und Nachteile gängiger App-Finanzierungsmodelle (Forts.)

32.3 Entwicklung von Apps

Eine der wichtigsten Entscheidungen bei der Entwicklung von Apps ist die Wahl der richtigen Entwicklungsstrategie. Diese Entscheidung wird schon früh im Entwicklungsprozess getroffen und ist später nur noch mit hohem Aufwand zu revidieren – entsprechend gut sollte die Entscheidung fundiert sein.

32.3.1 Native Apps

»Nativ« bedeutet »einheimisch«, und das trifft gut, worum es bei nativen Apps geht: Sie sind speziell für ein Betriebssystem entwickelt. Apple und Google stellen mit Xcode (für die iOS-Entwicklung) und Android Studio (für die Android-Programmierung) eigene Entwicklungsumgebungen sowie sehr gute Dokumentationen für die App-Entwicklung bereit. Die Entwicklung selbst basiert dann auf einer der jeweils unterstützten Programmiersprachen:

+ Apps für Apples iOS-System werden in den Programmiersprachen Objective C oder Swift/SwiftUI geschrieben.
+ Android-Apps programmiert man in Java oder Kotlin.

Aktualisierungen

Wichtig zu bedenken ist außerdem, dass sich diese Programmiersprachen und APIs im Laufe der Zeit verändern. Es empfiehlt sich daher, die offiziellen Dokumentationen von Apple und Google im Auge zu behalten, in denen die Aktualisierungen erläutert werden. Ältere Tutorials kann man daher nicht immer 1 : 1 in neueren Versionen einsetzen.

Quellen

Native App-Entwicklung zu lernen, erfordert durchaus einiges an Zeit und fundierte Programmierkenntnisse – unter *www.rheinwerk-verlag.de/5853*, »native App.pdf«, finden Sie einige Quellen, die wir für sehr hilfreich erachten.

Das mobile Betriebssystem bietet über spezielle Schnittstellen (Application Programming Interface, API) Zugriff auf Funktionalitäten der Geräte. Native Apps können auf all diese APIs zugreifen und damit sämtliche Funktionen nutzen, die ein System bereitstellt. Das bewirkt auch, dass sich native Apps »vertraut« anfühlen: Alle Interaktionselemente sehen so aus, wie die Nutzerinnen und Nutzer es von ihrer Plattform gewohnt sind, was ihrem Nutzungserlebnis zugutekommt. Für native Apps sprechen außerdem oft Performance-Vorteile. Nachteilig ist hingegen der erhöhte Entwicklungsaufwand, besonders wenn mehrere Plattformen unterstützt werden sollen – in diesem Fall muss die Anwendung mehrmals programmiert werden.

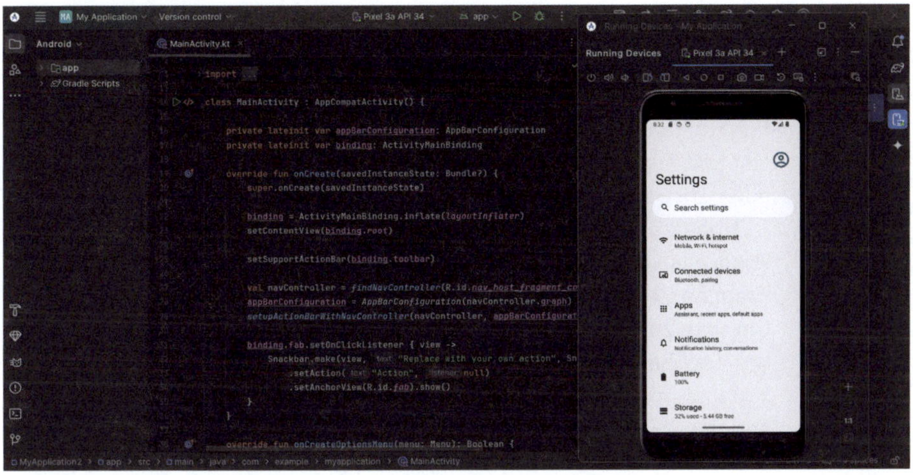

Abbildung 32.12: Android Studio (Version Jellyfish 2023.3.1) mit einem virtuellen Android-Smartphone

32.3.2 Cross-Plattform-Apps und Hybrid-Apps

Die meisten Apps sollen sowohl für iOS als auch für Android angeboten werden – bei nativer Programmierung bedeutet das einen erhöhten Entwicklungsaufwand durch doppelte Arbeit.

Plattformen wie React Native (*www.reactnative.com*) erlauben es, Apps in einer einheitlichen Programmiersprache zu schreiben, dann jedoch auf jeder Plattform auszuführen – daher auch der Name »Cross-Plattform«. Die Benutzeroberfläche wird bei diesen Apps »nativ« vom mobilen Betriebssystem selbst zusammengebaut. Das Flutter-SDK (*www.flutter.dev*) von Google ermöglicht die Entwicklung von plattformübergreifenden Apps für iOS und Android in der Programmiersprache Dart. Flutter verwendet keine nativen Steuerelemente, sondern nutzt eine eigene Rendering-Engine zum Zeichnen.

Eng verwandt damit sind Hybrid-Apps. Auch hier wird ein einheitliches Framework wie Ionic (*https://ionicframework.com*) oder Cordova (*https://cordova.apache.org*) eingesetzt, um Programmcode zu schreiben und anschließend auf mehreren Mobilsystemen auszuführen. Hybrid-Apps setzen bei der Entwicklung jedoch auf Webtechnologien. Das Framework wirkt dabei wie ein Dolmetscher: Es greift auf die nativen Schnittstellen (APIs) des Betriebssystems zu und stellt sie seinerseits mithilfe von JavaScript in einem Browser-Fenster zur Verfügung, in dem die eigentliche App läuft. Sämtliche Bedienelemente des Browser-Fensters werden dabei ausgeblendet.

Cross-Plattform- und Hybrid-Apps werden kompiliert und über die normalen Vertriebskanäle von Android oder iOS publiziert. Die Frameworks können den Entwicklungsaufwand für Apps bedeutend verringern und versprechen, das Beste aus den beiden Welten »nativ« und

Quellen und Lesetipps

- Jeremy Keith, »Going Offline«, A Book Apart 2018
- Dieter Petereit, »Kein Buzzword-Bingo: Was sind Progressive Web Apps?« (*https://t3n.de/news/progressive-web-apps-739224*)
- Andreas Dickehut, »PWA: Das App-Modell der Zukunft« (*https://t3n.de/news/progressive-web-apps-app-modell-1078161*)
- Google Developers, »PWA« (*https://web.dev/explore/progressive-web-apps?hl=de*)

»plattformübergreifend« zu vereinen. Erfahrene Nutzer und Nutzerinnen merken oft aber doch an der einen oder anderen Stelle, ob es sich um eine native App handelt oder nicht.

32.3.3 Web-App und Progressive Web App

Gedanken zur Namensgebung von Progressive Web Apps: *https://fberriman.com/2017/06/26/naming-progressive-web-apps/* (Blog-Post von Frances Berriman)

Eine Web-App ist eine Software, die im Browser läuft und dabei auf Webtechnologien setzt. HTML5 und JavaScript bieten umfangreiche Funktionalitäten, mit denen sich Anwendungen erstellen lassen. Klassische Web-Apps werden wie Websites im Browser durch Eingeben einer URL aufgerufen und müssen nicht installiert werden.

Neben den »klassischen« Web-Apps gibt es eine weitere Variante: Progressive Web Apps (PWA). Der Begriff geht auf den Designer Frances Berriman und Alex Russell, einen der Entwickler von Google Chrome, zurück. Progressive Web Apps bieten dank zahlreicher moderner Technologien umfangreichere Möglichkeiten, die vormals nativer Programmierung vorbehalten waren. PWA ähneln nativen App also sehr und werden von manchen daher als »App-Modell der Zukunft« betrachtet.

In seinem Buch »Going Offline« definiert Jeremy Keith die technologischen Grundlagen von Progressive Web Apps wie folgt:

- Transportverschlüsselung mit SSL/TLS-Zertifikat
- Web App Manifest
- Offline-Fähigkeiten durch die Technologie »Service Workers«

Weiterführendes
Umfangreiche Informationen zu Progressive Web Apps von Google: *https://web.dev/explore/progressive-web-apps*

Das Thema Transportverschlüsselung wird in Abschnitt 17.4.6 ausführlich behandelt. Hier soll daher nur auf die beiden anderen Aspekte eingegangen werden.

Web App Manifest

Weiterführendes zu JSON
Hintergründe zu JSON liefert Kapitel 25. Falls Sie die JSON-Notation noch nicht kennen, lesen Sie unbedingt dort nach – das erleichtert das Verständnis der Codebeispiele in diesem Abschnitt.

Das Web App Manifest ist eine Datei mit wichtigen Metadaten zu einer Web-App im JSON-Format. Dazu gehören beispielsweise Name, Icon, Bildschirmausrichtung, Start-URL sowie einige weitere Konfigurationen. Es handelt sich um einen Standard, der vom W3C spezifiziert und entwickelt wird. Die Technologie hat den Vorteil, dass solche Metadaten an einer zentralen Stelle definiert werden, anstatt sie im head jedes HTML-Dokuments wiederholen zu müssen.

Das Web App Manifest enthält ein JavaScript-Objekt, das die Eigenschaften der PWA in Form von Schlüssel-Wert-Paaren in JSON-Notation definiert:

```
{
  "key": "value",
  "other_key": "another value"
}
```

Listing 32.2: Grundlegender Aufbau eines Web App Manifests

Die Schlüssel legen Eigenschaften der Progressive Web App fest, die Werte bestimmen hingegen die Ausprägung – so bestimmt der Schlüssel `name` mit seinem Wert beispielsweise, wie die PWA heißen wird. Nun geht es im Grunde genommen nur noch darum, die richtigen Informationen in das Manifest einzutragen, damit die Progressive Web App sie später erkennt. Damit ein Browser das Web App Manifest erkennt, muss es zunächst im `head` des HTML-Dokuments referenziert werden. Das geschieht mithilfe eines `link`-Elements. Im `rel`-Attribut wird es als `"manifest"` gekennzeichnet, und im `href`-Attribut folgt der Link zu seinem Speicherort:

```
<link rel="manifest" href="/manifest.json">
```

Listing 32.3: Referenzieren des Web App Manifests im `head`

Informationen zum Web App Manifest

Es gibt mehrere gute Quellen für die erlaubten Werte in einem Web App Manifest, z. B.:

- Mozilla Developer Network (*https://developer.mozilla.org/en-US/docs/Web/Manifest*)
- W3C Web App Manifest (*https://w3c.github.io/manifest*)

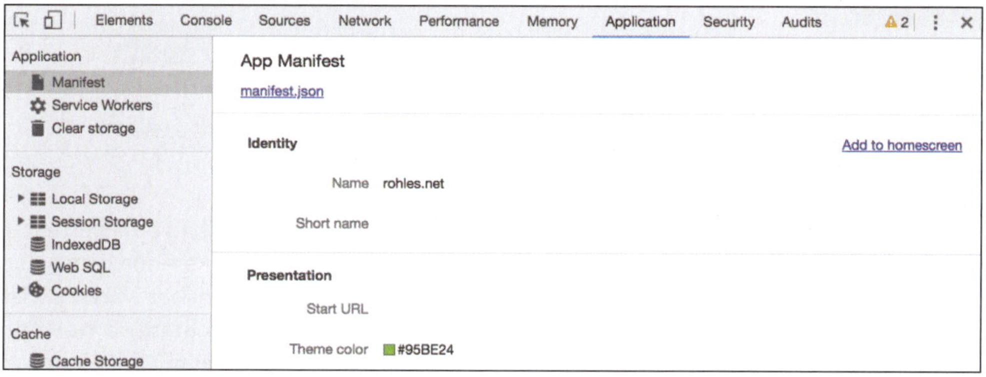

Abbildung 32.13: Google Chrome enthält einen eigenen Bereich zum Prüfen der Werte, die im Web App Manifest eingetragen sind.

Service Worker

Okay, das Web App Manifest steht – nun fehlt noch der Service Worker, der in JavaScript geschrieben wird. Um zu verstehen, wie ein Service Worker funktioniert, sollten wir noch einmal einen Blick auf einige Grundlagen von JavaScript werfen. Der obere Teil von Abbildung 32.14 zeigt den normalen Abruf einer Website. Eine Nutzerin stellt mithilfe eines Browsers eine Anfrage nach einer Ressource, die über das Netzwerk verschickt wird. Dort wird sie dann auf Seiten des Servers verarbeitet, der die Antwort an den Browser zurückschickt.

Service Worker setzen sich zwischen den Browser und das Netzwerk. Ein Service Worker wird automatisch installiert, sobald die Nutzerin die zugehörige Website aufgerufen hat. Beim ersten Aufruf wird ein Service Worker also niemals ausgeführt, weil er noch nicht installiert ist – das bedeutet, dass die Technologie nur als Erweiterung genutzt werden kann (Progressive Enhancement), man sich aber niemals darauf verlassen darf, dass ein Service Worker läuft. Sobald der Service Worker installiert ist, wird der gesamte JavaScript-Code ausgeführt, der sich darin befindet – und zwar, bevor die Anfrage an den Server weitergeleitet wird, und bei jedem Aufruf der Web-App.

Browser-Unterstützung

Service Worker werden in den aktuellen Versionen aller wichtigen Browser unterstützt. Aber auch für diejenigen, die andere Browser nutzen, gibt es eine gute Nachricht: Browser, die Service Worker nicht verstehen, führen sie auch nicht aus. Statt also Fehlermeldungen auszugeben, reagieren diese Browser genauso, als wenn es überhaupt keine Service Worker gäbe. Das ist auch gar nicht schlimm – das Nutzungserlebnis ist dann einfach so, als würde man die Progressive Web App zum ersten Mal aufrufen.

Abbildung 32.14: Schematische Darstellung der Netzwerkkommunikation ohne (oben) und mit (unten) Service Worker (nach Jeremy Keith, »Going Offline«)

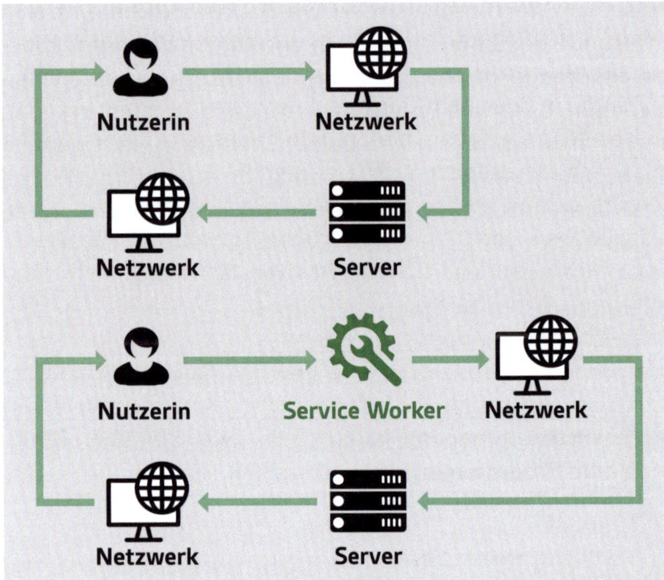

PWA Builder

Die oben angegebenen Quellen bieten viele Tipps für den Einstieg in die Programmierung von Service Workers. Ein praktisches Tool für den schnellen Start ist aber auch der PWA Builder (*www.pwabuilder.com*): Man legt einige Optionen fest und kann sich fertigen Code für das Web App Manifest sowie den Service Worker herunterladen.

Zitat

»The World Wide Web becomes one big app store, but an app store where everyone is free to publish without asking for permission.«
Jeremy Keith, Going Offline

Service Worker sind also ein Zwischenschritt zwischen Aufrufen einer Progressive Web App und der Antwort des Netzwerks – und genau das bietet einige Möglichkeiten, die ansonsten nicht denkbar wären. So ist es beispielsweise möglich, das Verhalten einer Progressive Web App für den Fall zu bestimmen, dass das Gerät gar nicht mit dem Internet verbunden ist.

Es gibt allerdings auch einige Sicherheitsvorschriften. So gilt die »Same Origin Policy« – ein Service Worker kann ausschließlich Ressourcen von derselben Quelle nutzen, die ihn installiert hat. Die einzige Ausnahme ist die lokale Entwicklungsumgebung (genannt »localhost«) – sehr praktisch, um einen Service Worker lokal zu testen, bevor man ihn ins Web stellt. Außerdem muss der Traffic über SSL/TLS verschlüsselt werden, um Manipulationen während der Übertragung zu vermeiden.

32.3.4 Welche Entwicklungsstrategie für welchen Anwendungsfall?

Am Ende entscheiden stets der individuelle Anwendungsfall und die User Experience der Anwenderinnen und Anwender, welcher Entwicklungsansatz am besten geeignet ist.

+ Geht es um eine optimale Performance, ein perfekt auf die jeweilige Plattform abgestimmtes Nutzungs- und Interaktionserlebnis oder darum, die gesamte Bandbreite der technischen Möglichkeiten einer Plattform auszunutzen, dann führt an einer **nativen App** noch kaum ein Weg vorbei. Apps auf Basis der Progressive-Web-App-Technologien holen zwar schnell auf, es gibt aber immer noch Funktionalitäten, die sich nur nativ realisieren lassen.

+ In den letzten Jahren haben sich **Progressive Web Apps** als vielversprechende Technologien erwiesen, die das Beste von Websites und nativen Apps vereinen. PWAs sind so konzipiert, dass sie unabhängig von der Plattform oder dem Gerät, auf dem sie betrieben werden, ein positives Nutzererlebnis bieten. Infolgedessen erleben PWAs weiterhin einen anhaltenden Aufwärtstrend.
+ **Hybrid-Apps** sind in mehrerlei Hinsicht ein Zwischending. Zwar basiert die Entwicklung der »eigentlichen« App auf Webstandards, aber für das Framework an sich ist selbstverständlich Einarbeitung notwendig.
+ Bei **Cross-Plattform-Apps** sind Kenntnisse in einer der Programmiersprachen der Zielsysteme unumgänglich. Das bewirkt allerdings auch, dass sich das User Interface wie eine native App anfühlt. Zeitvorteile ergeben sich durch die zwischen allen Plattformen geteilte Programmlogik.

32.4 User-Interface- und Interaktionsdesign für Apps

Eine App mit einer außergewöhnlichen User Experience (Kapitel 27) wird nicht einfach nur benutzt, sondern wird selbst zum Erlebnis – sie macht Spaß und bekommt das gewisse Etwas, das sie von anderen Apps abhebt.

Die beiden Systeme iOS und Android unterscheiden sich in der optischen Gestaltung ihrer Oberflächen, in den Nutzungskonventionen und Erwartungshaltungen. Sowohl Apple als auch Google haben diese Regeln in ihren Richtlinien dokumentiert, auf denen dieses Kapitel beruht.

Wie sehr man sich daran halten muss? Es ist nun nicht so, dass Anwender und Anwenderinnen Apps systematisch ablehnen, weil sie nicht den Richtlinien einer Plattform folgen. Allerdings fühlen sich Apps sehr fremd an, wenn sie zu stark von den etablierten Konventionen abweichen. Das kann verwirrend sein und sich negativ auf die User Experience auswirken. Genauso verständlich ist es allerdings, wenn eine App ihren eigenen Charakter verdeutlichen möchte. Dazu ist es jedoch wichtig, die zentralen Grundlagen von User-Interface- und Interaktionsgestaltung auf iOS und Android zu kennen (vgl. Abschnitt 32.6 für iOS und Abschnitt 32.7 für Android). Prinzipiell gilt:

+ Finden Sie eine Balance zwischen eigenen Designelementen und den Konventionen der Plattform – eine App kann individuell sein, ohne sich wie ein Fremdkörper anzufühlen.
+ Übertragen Sie Konventionen nicht von iOS auf Android oder umgekehrt – seien Sie wachsam, an welchen Stellen die Betriebssysteme andere Lösungen bieten. Orientieren Sie sich an den Guidelines von iOS und Android.

Buchtipps

Die folgenden Bücher sind einen Blick wert, um das Gestalten überzeugender Apps zu vertiefen:

+ Jan Semler, Kira Tschierschke, »App-Design«, Rheinwerk 2019
+ Marcus Devlin, »The Mobile App Mastery: Innovate, design, and thrive in the app ecosystem«, 2024

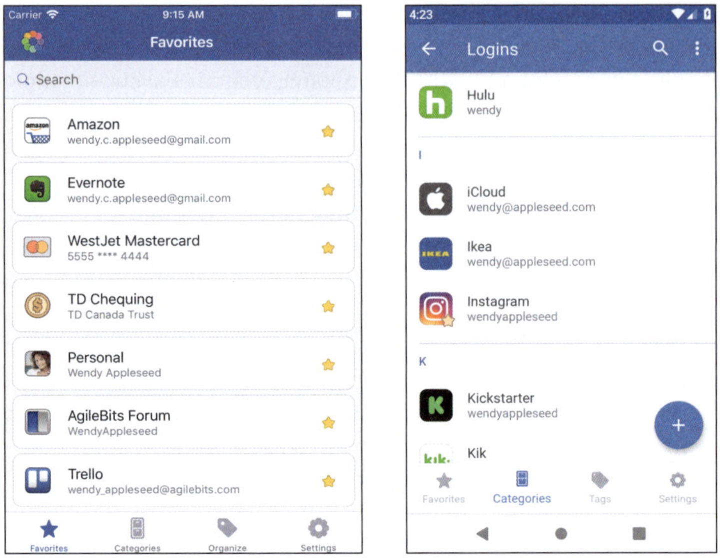

Abbildung 32.15: Die App 1Password von AgileBits zeigt, wie sich eine individuelle Designsprache mit der Rücksicht auf plattformspezifische Besonderheiten vereinen lässt (links iOS, rechts Android).

32.4.1 Accessibility

Sowohl Google als auch Apple haben ihren Mobilsystemen umfangreiche assistive Technologien für Menschen mit Behinderungen spendiert, die in den Einstellungen aktiviert werden können. Sie umfassen Hilfstechnologien für alle Sinne sowie Lern- und Leseschwierigkeiten, zum Beispiel:

+ **Screenreader:** Mit Voice Over auf iOS bzw. TalkBack auf Android steht auf beiden Mobilsystemen eine systemweite Sprachausgabe zur Verfügung. Sind diese Funktionen aktiviert, können Menschen ihren Finger über das Interface bewegen, und das System liest eine Beschreibung des Elements vor, auf dem sich der Finger befindet. Mithilfe definierter Gesten können sie sich Schritt für Schritt über den Bildschirm bewegen.
+ **Anpassung von Farben:** Es ist auch möglich, die Farbgebung auf Smartphones anzupassen. Dazu zählen beispielsweise das Invertieren von Farben in ihr Gegenteil, das Erhöhen von Kontrasten oder das Anwenden von Farbfiltern, um Farbfehlsichtigkeiten auszugleichen (etwa Rotgrünschwäche).
+ **Vergrößerungsmöglichkeiten:** Man kann auf unterschiedliche Hilfstechnologien zurückgreifen, etwa eine Lupe zum selektiven Vergrößern von Bildschirmteilen oder eine globale Vergrößerung sämtlicher Schriften auf dem Gerät.
+ **Unterstützung von Hörgeräten:** Es gibt Hörgeräte, die sich per Bluetooth mit dem Smartphone koppeln lassen.
+ **Hilfe beim Interagieren:** Wer aufgrund motorischer Beeinträchtigungen Schwierigkeiten hat, mit einem Touchscreen zu interagieren, kann auf alternative Eingabemethoden zurückgreifen, etwa mithilfe von Sprache oder physischen Schaltern.

Ähnlich wie bei Websites (siehe Abschnitt 30.3) sollten Bilder daher auch in Apps mit alternativen Texten versehen werden, damit die Sprachausgabe den Inhalt beschreiben kann. Bei der Farbwahl empfiehlt es sich, Farbtöne mit guten Kontrastverhältnissen (4,5 : 1 minimal, besser aber 7 : 1) untereinander zu verwenden sowie natürlich auf Farbfehlsichtigkeiten Rücksicht zu nehmen. Bei Audio- und Videoinhalten empfiehlt sich auch die Arbeit mit Untertiteln.

Informationen zur Barrierefreiheit auf Smartphones

Android Accessibility Help (*https://support.google.com/accessibility/android#topic=6007234*)

+ Android Accessibility Developer Guide (*https://developer.android.com/guide/topics/ui/accessibility*)
+ Apple Accessibility (*www.apple.com/accessibility/iphone*)

32.4.2 Registrierung

Sofern es sinnvoll ist, können Apps auf Accounts aufbauen. Nutzer und Nutzerinnen sollen sich dabei für einen Service registrieren, um ihn nutzen zu können.

+ Die klassische Variante arbeitet mit der E-Mail-Adresse (manchmal ergänzt um einen Nutzernamen) und einem Wunschpasswort.
+ Im mobilen Kontext tritt die Telefonnummer als weitere Möglichkeit hinzu. Für App-Anbieter hat diese Variante den Vorteil einer eigenen Nutzerverwaltung, die komplett in der eigenen Hand liegt.

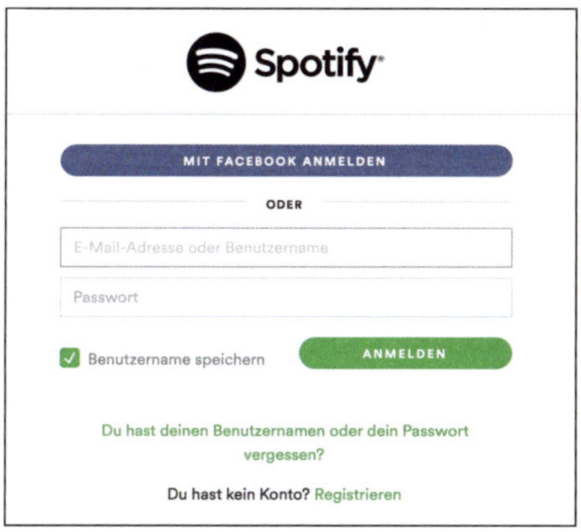

Abbildung 32.16: Spotify erlaubt die Anmeldung über Facebook oder einen eigenen Account.

+ Eine Alternative macht sich zunutze, dass viele bereits bei sozialen Netzwerken registriert sind. So bietet Facebook mit Facebook Connect beispielsweise eine häufig genutzte Möglichkeit, sich mithilfe seines Facebook-Accounts bei anderen Services zu registrieren. Wenn diese Möglichkeit genutzt werden soll, verbindet sich die eigene App oder Website über eine Schnittstelle (API) mit dem Service und erhält im Gegenzug Zugriff auf bestimmte Nutzerinformationen, etwa Name, Profilbild oder Freundesliste.
+ Eine weitere Möglichkeit stellt »Sign in with Apple« und »Sign in with Google« dar. Beides sind Authentifizierungsdienste, die es Benutzern und Benutzerinnen ermöglichen, sich bei Drittanbieter-Websites und -Apps mit ihren Apple- oder Google-Konten anzumelden. Diese Dienste bieten eine bequeme und sichere Möglichkeit, auf Anwendungen zuzugreifen, ohne separate Benutzerkonten erstellen zu müssen.

In jedem Fall sollte zuerst das Onboarding stattfinden: Die Menschen müssen von den Vorteilen einer App oder eines Services überzeugt sein, um sich dort anzumelden. Und: Nicht immer ist ein Account-System notwendig oder sinnvoll. Es entscheidet immer das Nutzungserlebnis.

Lesetipps und Quellen zum Onboarding

- Germaine Satia, »Mobile Onboarding: A Beginner's Guide« (*https://rohl.es/app-onboarding*)
- Anton Kosolapov, »A Roadmap to Delightful Onboarding Experience for Mobile App Users« (*https://rohl.es/delightful-onboarding*)
- Nick Babich, »The Role Of Empty States in User Onboarding« (*https://rohl.es/app-empty-states*)
- UserOnboard (Galerie mit vielen Beispielen, *www.useronboard.com*)

Notifications/Benachrichtigungen

Notifications werden zur Anzeige von Informationen zu einer App verwendet, während diese App nicht zu sehen ist. Typische Beispiele sind, jemanden über das Ergebnis eines im Hintergrund laufenden Downloads zu informieren, den Empfang von Nachrichten anzuzeigen oder darauf hinzuweisen, dass ein vorgemerktes Ereignis eingetreten ist.

32.4.3 Onboarding

Bei physischen Produkten nehmen Käuferinnen und Käufer zunächst die Verpackung wahr. Bei digitalen Produkten erschafft das Onboarding einen ähnlichen Moment. Onboarding umfasst alle Screens und Strategien, die beim ersten Start der App gezeigt werden. Dabei geht es darum, Menschen willkommen zu heißen, ihnen die wichtigsten Aktionen zu erklären und sie von der Nützlichkeit der App zu überzeugen.

Abbildung 32.17: Ansprechende Grafiken, eine Unterzeile, vier Screens – Onboarding bei der App Headspace

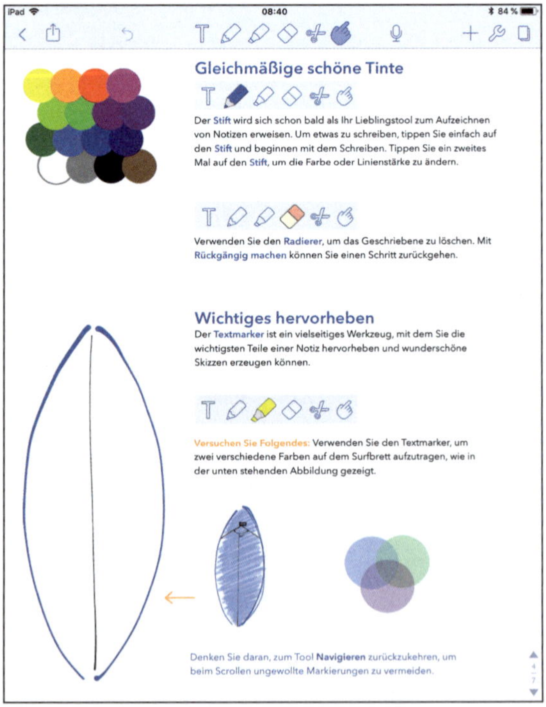

Abbildung 32.18: Learning by Doing – wer die Notiz-app Notability startet, kann in einer Beispielnotiz die wichtigsten Funktionen lernen.

Onboarding-Strategie	Vorgehen	Chancen	Risiken
Personalisieren mit Vorlieben	Nutzer wählen aus Vorschlägen	+ sinnvoll für Apps mit einer Reihe von Auswahloptionen (z. B. Genres, Kategorien) + schafft eine personalisierte Datenbasis + App wird relevant	– setzt voraus, dass Nutzer bereits Erfahrungen mit den Inhalten der App haben
Onboarding mit Vorteilen	Vorteile der App werden in Form eines Videos/einer Animation gezeigt	+ kann emotionale Verbundenheit mit einer App schaffen, bevor sie überhaupt genutzt wurde + kann einheitliche Nutzungsvoraussetzungen schaffen (alle Nutzer wissen, worum es geht, und befinden sich in einer vergleichbaren Stimmung)	– kann nerven, weil das Onboarding im Weg ist – nur für eine überschaubare Anzahl von Onboarding-Screens geeignet
Onboarding mit Tutorials	Schnellstart-Variante, Kernfunktionen werden direkt erfahrbar gemacht	+ kann Probleme in der Nutzung lösen + gut für Apps mit neuen oder ungewöhnlichen Nutzungsmustern geeignet (z. B. Gesten)	– Tutorials sind kein Ersatz für Usability-Tests und gutes App-Design – Tutorials können den Nutzer überfordern, wenn sie zu komplex gestaltet werden
Progressives Onboarding	Funktion wird beim ersten Auftreten erklärt (stammt aus dem Spiele-Bereich)	+ motivierend	– benötigt eine gute Nutzerführung, damit die App-Anwender auch wirklich an den relevanten Stellen vorbeikommen
Onboarding mit Beispielinhalten	Vor allem bei Apps, die mit einem leeren Screen beginnen würden (z. B. Notizzettel-App); Standardinhalte werden angezeigt	+ Lernen an echten Beispielen kann den Nutzwert der App sehr greifbar machen	– Beispiele können die App nach dem Onboarding verstopfen (Tipp: Beispiel- und Nutzerdaten trennen oder nach dem Onboarding wieder entfernen) – Nutzer können die App für nutzlos halten, wenn sie sich mit den Beispielen nicht identifizieren können

Tabelle 32.2: Wichtigste Onboarding-Strategien. Lesen Sie die Infos zum Onboarding aus der Tabelle noch einmal ausführlich unter *www.rheinwerk-verlag.de/5853*, »Onboarding.pdf«.

Berechtigungen prüfen

Gewährte Berechtigungen können einer App natürlich auch wieder entzogen werden. Es ist daher wichtig, dass eine App bei jedem Ausführen einer Funktion prüft, ob die benötigten Berechtigungen noch gewährt sind oder nicht.

32.4.4 Berechtigungen (Permissions)

Wie bereits erläutert, bieten iOS und Android mithilfe von Schnittstellen Zugriff auf verschiedene Systemfunktionen wie beispielsweise Bild- und Tonaufnahme, Benachrichtigungen oder Standort. Beide Betriebssysteme haben aber auch ein ausgereiftes System, mit dem Nutzerinnen und Nutzer die Berechtigungen von Apps verwalten können. Auf diese Weise kann jeder selbst festlegen, auf welche Funktionalitäten und Informationen eine App Zugriff erhalten soll.

Beide Mobilsysteme unterscheiden zwischen kritischen und sekundären Berechtigungen. Kritische Berechtigungen müssen direkt beim Installieren gewährt werden, weil die App sonst nicht genutzt werden kann. Selbstverständlich sollte eine App so wenige Berechtigungen wie möglich fordern. Sekundäre Berechtigungen sind nur für einzelne Aktionen nötig und werden daher im Kontext gewährt, wenn die entsprechende Aktion zum ersten Mal ausgeführt wird. Eine App sollte mithilfe eines kurzen Beschreibungstexts darüber aufklären, warum eine Berechtigung benötigt wird.

32.4.5 Erweiterungen und Systemintegrationen

Beide Mobilsysteme bieten verschiedene Möglichkeiten, ihre Apps mit Erweiterungen zu versehen und somit zu einem Teil des Ökosystems zu machen. Das bedeutet, dass sie Funktionalitäten bereitstellen, die auch außerhalb der eigentlichen App genutzt werden können.

Eine Möglichkeit dazu sind Widgets. Diese Erweiterungen bieten Zugriff auf wichtige Funktionen oder ausgesuchte Informationen. Typische Widgets sind die wichtigsten News des Tages, das aktuelle Wetter oder bevorstehende Termine

Abbildung 32.19: Share Sheet unter iOS

Außerdem können Apps auf Funktionen anderer Apps zurückgreifen oder ihre eigenen Funktionalitäten für andere Apps bereitstellen. So kann eine App zum Bearbeiten von Fotos beispielsweise nicht nur durch explizites Starten über das Icon, sondern auch direkt aus der Kamera-App des Smartphones aufgerufen werden, wenn ein Bild fotografiert wurde und weiter bearbeitet werden soll.

Bei iOS hilft ein Blick in die aktuelle Entwicklungsdokumentation, denn mit jeder Version des Mobilsystems kommen weitere Funktionen hinzu, die je nach Anwendungsfall der App sinnvoll sein können. Beispiele sind die Bereitstellung eigener Tastaturen, die Integration in die TV-App oder Quick Actions, mit denen zentrale Funktionen direkt vom Homescreen aus mit langem Druck auf das App-Icon aufgerufen werden können.

Es gibt hierbei auf Android und iOS unterschiedliche Optionen und Mechanismen. Zum Beispiel arbeitet Android u. a. mit einer Technologie namens Intents, während iOS diese Funktionalitäten in seinen Share Sheets sammelt (siehe Abbildung 32.19). Je nachdem, wie die App-Erweiterung programmiert ist und welches Verhalten im aktuellen Kontext sinnvoll ist, werden Daten entweder einfach an eine andere

App weitergereicht (etwa ein Foto oder ein Text, der in einem sozialen Netzwerk geteilt werden soll) oder dort bearbeitet und wieder zur App zurückgereicht, von der die Daten stammen (etwa ein Foto, das in einer anderen App bearbeitet wird und anschließend wieder zur Quelle zurückkehrt). Das System kümmert sich automatisch darum, dass nur Aktionen zur Auswahl geboten werden, die im aktuellen Kontext sinnvoll sind.

32.4.6 Gamification

Gamification ist eine Strategie, die häufig (aber nicht ausschließlich) bei Apps eingesetzt wird. Es geht darum, Spielelemente in spielfremden Kontexten einzusetzen – Ziel ist es, Menschen zu motivieren und das Nutzungserlebnis zu verbessern. Videospiele sind fest in der Kultur ganzer Generationen verankert, und Gamification ist ein Weg, von dieser Tatsache auch außerhalb von Games zu profitieren.

Es gibt unterschiedliche Strategien, die zur Gamification gezählt werden können. Dazu zählen die Einführung eines Punktesystems mit Highscores und Ranglisten, Wettbewerbe mit Freunden, Awards, Storytelling und vieles mehr.

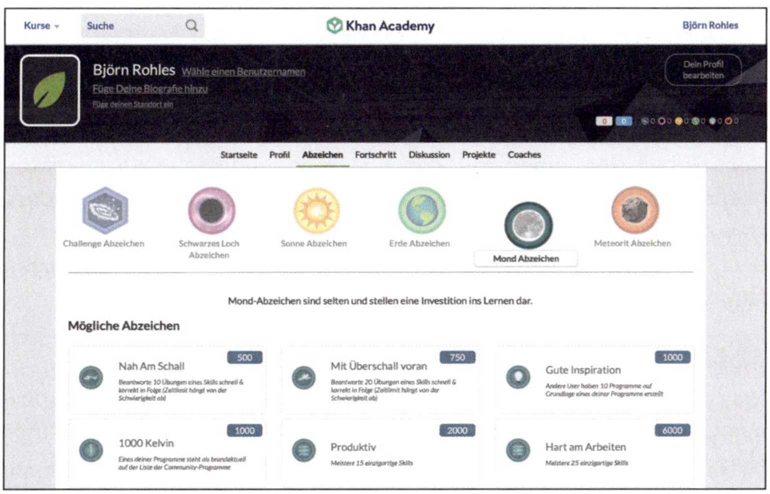

Abbildung 32.20: Noch sehr leer hier, aber trotzdem motivierend – Abzeichen bei der Khan Academy (*www.khanacademy.org*)

Gamification kann also in einer sehr breiten Palette von Anwendungsfällen eingesetzt werden. Ob es für die eigene App eine Option ist, hängt aber stark von deren Aufgabe und der Zielgruppe ab. Besonders geeignet ist die Strategie für Fälle, in denen Menschen eine gewisse intrinsische Motivation haben, die man fördern möchte.

Tabelle 32.3 zeigt an zwei Fallbeispielen, wie man mithilfe dieser Elemente Gamification-Strategien entwickeln oder analysieren kann.

Einsatz

Gamification wurde in den unterschiedlichsten Kontexten erfolgreich eingesetzt. Einige Beispiele für eine erfolgreiche Anwendung:

+ Fitness-Apps wie Runkeeper erlauben es, sich individuelle Ziele zu setzen und seinen Fortschritt zu protokollieren – oft ergänzt um Elemente aus der Quantified-Self-Bewegung. Die App »Zombies, Run!« motiviert zum Laufen, indem sie die Story einer Zombie-Apokalypse nachspielt – Spieler müssen in Audiomissionen vor Zombies davonlaufen oder zu wichtigen Ressourcen joggen.
+ Die App Swarm von Foursquare ist ein Paradebeispiel für Gamification. Sie erlaubt es ihren Nutzern und Nutzerinnen, sich in Restaurants, Bars und anderen Locations einzuchecken. Im Gegenzug erhalten sie nicht nur ein Protokoll der Orte, an denen sie schon gewesen sind, sondern auch zahlreiche Auszeichnungen.
+ Punkte, Ranglisten und Auszeichnungen werden auch in vielen Bildungskontexten eingesetzt, etwa beim E-Learning. Beispiele dafür sind Khan Academy oder Datacamp.

Zitat

»Today, the direction is reversed: not people escaping into the virtual world of games, but games escaping into everyday life.« (UX-Forscher Sebastian Deterding, »The Gameful World«, 2015)

Element	Beispiel 1: Datacamp (Lernplattform für Data Science)	Beispiel 2: Zombies, Run! (Lauf-App mit Zombies)
Herausforderungen	lernen, Daten zu analysieren	fit werden, besser laufen
Konflikte und Auswahlmöglichkeiten	verschiedene Kurse unterschiedlichen Schwierigkeitsgrads, Laufbahnen (Tracks) mit mehreren Kursen zu verwandten Themen, Übungsaufgaben	unterschiedliche Szenarios und Missionen, individuelle Ziele
Feedback-Loops	Untergliederung in mehrere Aufgaben, Erfahrungspunkte, »glänzend gelöste Aufgaben« (ohne Fehlversuch oder Hilfe)	Tracking von Läufen, Profile, Statistiken
Preise und Belohnungen	Erfahrungspunkte, Rangliste, Zertifikate (für Kurse und für Laufbahnen)	Auszeichnungen, (sprichwörtliches) Durchlaufen von Szenarien

Tabelle 32.3: Fallbeispiele von Gamification-Strategien

32.5 Informationsarchitektur, Navigation und Layout

Apps leben von einer gut durchdachten Informationsarchitektur (siehe Abschnitt 27.4), damit die Nutzerinnen und Nutzer finden, was sie suchen. Für die Konzeption von Apps ist es daher wichtig, die grundlegenden Informationsarchitekturen sowie die zugehörigen Navigationskonzepte zu kennen.

32.5.1 Informationsarchitektur und Navigation

Sehr häufig werden die Lösungen hier miteinander kombiniert, beispielsweise in Form einer Tab-Bar für die Hauptpunkte und einer Nested-Doll-Navigation innerhalb jedes Bereichs.

Hierarchische Struktur oder Baumstruktur

Nutzer und Nutzerinnen können sich hier durch einen Kategorienbaum zu den gesuchten Inhalten oder Funktionen durchhangeln. Die häufigste Variante dürfte auf eine Sidebar-Navigation setzen, die Navigationspunkte in ein Menü außerhalb des sichtbaren Bereichs auslagert, das sich auf Anforderung ausfahren lässt.

Bekannt geworden ist dieses Muster durch Facebook und die Hamburger-Menüs, allerdings lässt sich das Menü oft auch durch Wischen vom Bildschirmrand nach innen aktivieren. Android führt diese Navigationslösung unter dem Namen Navigation Drawer in den offiziellen Material Design Guidelines.

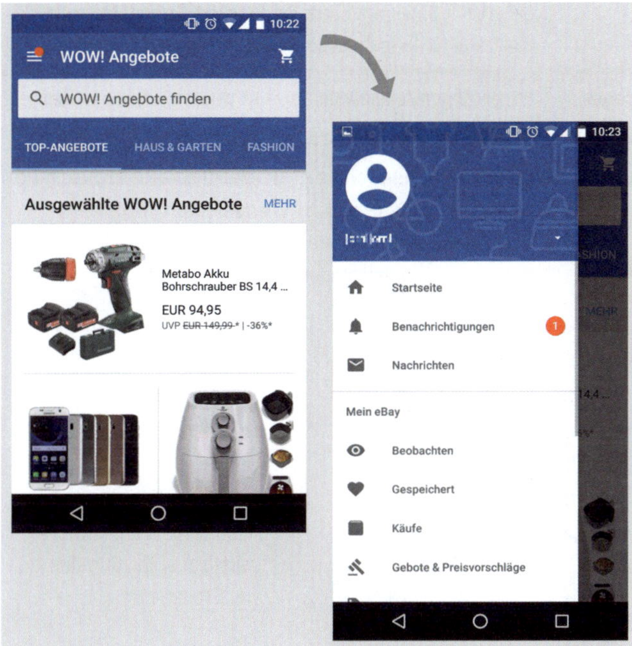

Abbildung 32.21: Navigation Drawer in eBays Android-App

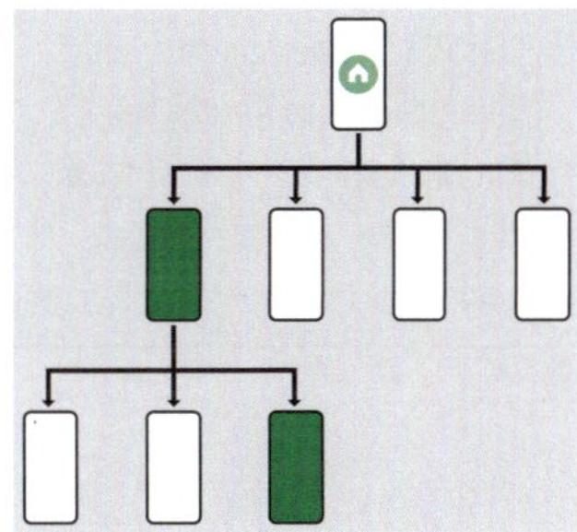

Abbildung 32.22: Hierarchische Informationsarchitektur

Nested Doll

Nested Doll ist benannt nach den ineinandergesteckten Matroschka-Puppen und steht für eine ineinandergeschachtelte Struktur. Sie wird meist in Form von Listen realisiert. Nutzerinnen und Nutzer navigieren sich von Ebene zu Ebene, und sie erhalten eine Zurück-Navigation in der App-Bar oben. Das ist schnell und einfach, und Menschen schätzen das Gefühl der Sicherheit, den ihnen der Zurück-Button gibt. Es kann jedoch auch ermüdend werden, sofern es sehr viele Ebenen gibt.

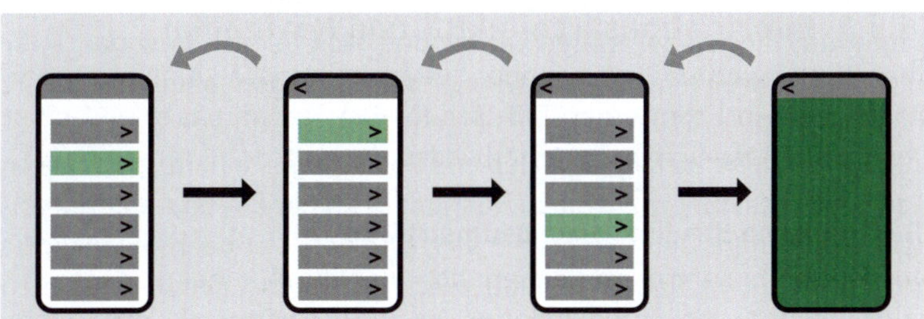

Abbildung 32.23: Nested-Doll-Informationsarchitektur

Vor- und Nachteile von Nested Doll

Vorteile

+ prinzipiell unbegrenzte Ebenen möglich
+ gut mit anderen Organisationsmethoden vereinbar

Nachteile

- kann komplex, »langweilig« und umständlich wirken (besonders beim wiederholten Zurücknavigieren)
- Nutzer müssen das Organisationsprinzip durchschauen, um sich in der Navigation zurechtzufinden

Tab-Bar-Architektur

Die Tab-Bar-Architektur arbeitet mit festen Navigationspunkten am Bildschirmrand, die jederzeit sichtbar bleiben. Diese Architektur eignet sich besonders zur Navigation zwischen gleichwertigen Bereichen einer App. Wichtig ist auch, dass die Bereiche unabhängig voneinander sind.

Abbildung 32.24: Tabs in iOS

Vor- und Nachteile von Tabs

Vorteile

+ etablierte Standardarchitektur auf beiden Plattformen
+ gut zur Einteilung einer App in Sektionen geeignet

Nachteil

– prinzipiell zwar unbegrenzt, in der Praxis aber eher für eine überschaubare Anzahl von Optionen geeignet – sonst wird die Tab Bar schnell unübersichtlich

Hub and Spoke, Dashboards und Rasteransichten

Sie bezeichnen eine Informationsarchitektur, bei der alle Inhalte von einem zentralen Knotenpunkt aus erreicht werden können.

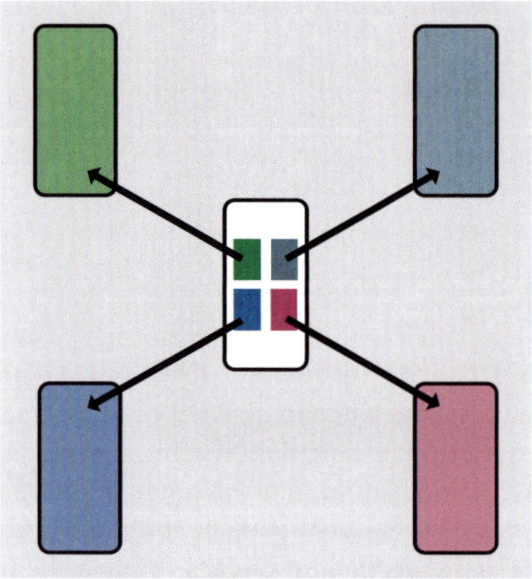

Abbildung 32.25: Hub-and-Spoke-Architektur

Ein Beispiel dafür ist das Dashboard-Konzept, bei dem Funktionen in Form von Icons und kurzen Labels auf dem Startscreen der App untergebracht werden. Anwenderinnen und Anwender haben auf diese Weise von einer zentralen Stelle aus Zugriff auf App-Funktionen, müssen allerdings auch immer zuerst eine Auswahl treffen, bevor sie zu den gewünschten Inhalten oder Funktionen gelangen. Das Modell wird heute allerdings eher selten verwendet, weil es sich besonders für Apps mit zahlreichen Tools anbietet – der Trend geht aber eher dahin, die einzelnen Funktionalitäten in eigene Apps auszulagern.

Eine ähnliche Variante von Hub and Spoke ist es, Inhalte in Form von Karten (Cards) innerhalb eines Rasters (Grid) neben- und untereinander anzuordnen. Dadurch lassen sich prinzipiell unbegrenzte Inhalte unterbringen, da Raster beliebig weit nach unten gescrollt werden können. Allerdings bedeutet das natürlich nicht, dass die Anordnung wahllos sein sollte – die oberen Inhalte erhalten tendenziell mehr Aufmerksamkeit und werden mit größerer Wahrscheinlichkeit angetippt. Meist ordnet man daher die wichtigsten oder die neuesten Informationen oben an.

Vor- und Nachteile von Hub and Spoke

Vorteile

+ typischerweise für Apps mit großem Funktionsumfang oder vielen Inhalten verwendet (mehrere Tools in einer App)

Nachteil

– weniger für schnelles Wechseln zwischen Bereichen geeignet, weil Nutzer immer wieder zum Hub zurücknavigieren müssen

Sequentielle Architektur

Anwender und Anwenderinnen können vor- und zurücknavigieren. Oft arbeitet man dann mit einer Swipe-Navigation (Wischen). Oder aber – typisch besonders für Magazine und E-Book-Apps – man greift das Vorbild von Printprodukten auf und implementiert eine Blatt-für-Blatt-Navigation, manchmal sogar mit Umblättern-Effekt. Diese Architekturen können keine Hierarchien abbilden, eignen sich aber gut für gleichwertige Inhalte. Eine Paginierung kann zur Orientierung hilfreich sein.

Vor- und Nachteile der sequentiellen Architektur

Vorteil
+ vertrautes Navigationsmuster

Nachteile
– mühseliges Navigieren
– für längere Inhalte nicht gut geeignet

Abbildung 32.26: Sequentielle Navigation

Filter

Bei Inhalten von großem Umfang bietet sich eine Informationsarchitektur auf Basis von Metadaten an, nach denen gefiltert werden kann. Diese Filter sind eine sehr gute Möglichkeit, die Ansicht zu personalisieren und nur die persönlich relevanten Informationen zu durchsuchen. Voraussetzung ist, dass die Filteroptionen auch den Nutzerwünschen entsprechen. Filtersysteme sind besonders von Shops und Suchergebnisseiten bekannt, lassen sich aber auch gut in anderen Kontexten einsetzen oder mit anderen Navigationskonzepten kombinieren.

Vor- und Nachteile der Filtermethode

Vorteile
+ personalisierbare Ansicht
+ gut geeignet für umfangreiche Inhalte

Nachteile
– können komplex wirken
– nehmen relativ viel Platz auf dem Bildschirm ein

Individuelle Lösungen

Manche Apps kommen auch mit individuellen Möglichkeiten oder sogar ganz ohne Navigation aus. Das gilt besonders für Apps, die sich an vertrauten Vorbildern wie Taschenrechnern oder Kalendern orientieren.

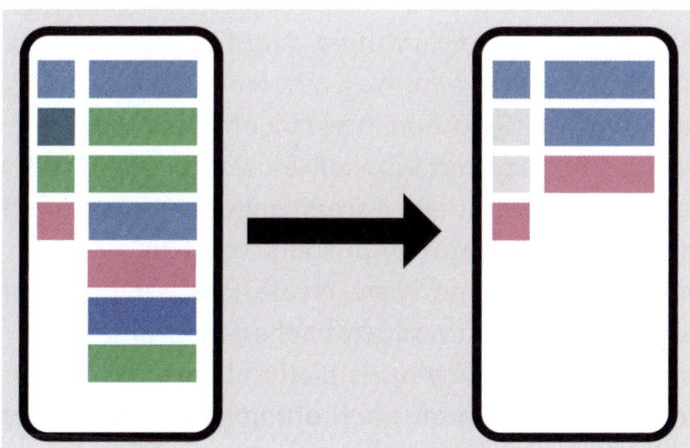

Abbildung 32.27: Informationsarchitektur auf Basis von Filtern

32.5.2 Layouts von Apps

App-Layouts folgen vielen der Grundlagen, die auch für das Responsive Webdesign gelten: Sie müssen flexibel sein und sich anpassen. Es gibt aber auch einige Besonderheiten zu beachten.

Smartphones und Tablets gibt es in vielen Größen und Bildschirmauflösungen. Tabelle 32.4 gibt einige Beispiele.

Gerät	Hersteller und Betriebssystem	Auflösung (Hochformat)	Bildschirmgröße	Pixeldichte
iPad Pro 11"	Apple (iPadOS)	1.668 × 2.420 px	11" (249 × 177 mm)	264 ppi
iPhone 15	Apple (iOS)	1.179 × 2.556 px	6,1" (147 × 71 mm)	460 ppi
iPhone SE	Apple (iOS)	750 × 1.334 px	4,7" (138 × 67 mm)	326 ppi
Pixel 8	Google (Android)	1.080 × 2.400 px	6,2" (150 × 70 mm)	428 ppi
Galaxy S23	Samsung (Android)	1.080 × 2.340 px	6,1" (146 × 70 mm)	425 ppi
OnePlus 12	OnePlus (Android)	1.440 × 3.168 px	6,8" (164 × 75 mm)	510 ppi

Tabelle 32.4: Ausgewählte Smartphones und Tablets mit Bildschirmauflösungen

Informationsquellen zu adaptiven Apps im Netz

Sowohl Apple als auch Google arbeiten an immer neuen Möglichkeiten zur Gestaltung adaptiver Apps:

+ iOS: Die AutoLayout-Technologie erlaubt es, flexible Abstände zwischen Elementen zu definieren – sie ordnen sich dann entsprechend den festgelegten Dimensionen an. Zudem gibt es definierte Größenklassen (Size Classes), mit denen sich größenspezifische Anpassungen vornehmen lassen. Informationen liefert die offizielle Entwicklerdokumentation (*https://developer.apple.com/design/human-interface-guidelines/layout*).
+ Android bringt gleich eine ganze Reihe unterschiedlicher Layoutvarianten – von linearen bis zu responsiven Layouts ist hier für jeden Anwendungsfall etwas dabei. Auch hier ist die Entwicklerdokumentation (*https://developer.android.com/guide/topics/ui/declaring-layout*) ein guter Startpunkt.

Grundlagen zu Bildschirmgrößen

Erläuterungen dieser wichtigen Grundbegriffe zur Größe und Auflösung von Bildschirmen finden Sie in Abschnitt 18.4.3.

Adaptive Layouts

Diese Tabelle verdeutlicht, dass gutes App-Design vor allem flexibel ist – ganz ähnlich, wie es das Responsive Webdesign vormacht, sollten auch Apps sich so gut wie möglich an unterschiedliche Bildschirmgrößen anpassen. Der Schlüssel dazu ist, nicht in absoluten Größen zu denken, sondern in Relationen. Sowohl iOS als auch Android bieten vielfältige Funktionalitäten für die Gestaltung adaptiver Apps (siehe Kasten).

iOS und Android arbeiten mit flexiblen Einheiten, um Größenverhältnisse an unterschiedliche Geräte anpassen zu können.

+ Größenangaben auf iOS werden in Points angegeben. Android arbeitet mit geräteunabhängigen Pixeln, genannt »dp« (Device-independent Pixel, gesprochen »Dips«). Beide Einheiten sorgen dafür, dass Elemente unabhängig vom physischen Display auf identische Dimensionen skaliert werden.
+ Für Schriften gibt es auf Android eine weitere geräteunabhängige Einheit: den Scalable Pixel (sp). Auch diese Einheit sorgt für identische Größen, berücksichtigt aber zusätzlich die systemweiten Schriftgrößeneinstellungen. Das ermöglicht es Nutzern und Nutzerinnen von Android, Schrift prinzipiell größer darzustellen, um sie besser lesen zu können. Ohne eine individuelle Einstellung gilt: 1 dp = 1 sp. iOS bietet etwas ähnliches mit Dynamic Font Settings, auch bekannt als Dynamic Type.

Pixelgrafiken für Apps

Ähnlich wie im Web benötigen auch Apps Pixelgrafiken in unterschiedlichen Größen, um für jedes Display eine passende Version zu finden. Neuere und größere iPhones wie das iPhone 15 oder das Pixel 8 arbeiten mit dreifacher Auflösung. Viele andere Geräte arbeiten mit doppelter Auflösung. Früher gab es auch iOS-Geräte mit einfacher Auflösung, die allerdings nicht mehr unterstützt werden.

Android-Smartphones gibt es hingegen in einer größeren Bandbreite, so dass die Bereitstellung von Grafiken hier komplexer ist. Pixelgrafiken werden daher in mehrfacher Größe exportiert. Legt man sie dann in der Entwicklungsumgebung in die richtigen Resources-Ordner, findet Android automatisch die beste Version für das jeweilige Gerät. Tabelle 32.5 erläutert die verfügbaren Bezeichnungen.

Rechenbeispiel

Der Skalierungsfaktor hilft beim Umrechnen von Pixelmaßen. Eine Grafik, die 200 × 200 dp groß sein soll, benötigt also beispielsweise eine Bildgröße von 400 × 400 Pixel (2x) für xhdpi-Smartphones.

Bezeichnung	Skalierungsfaktor	Pixeldichte in ppi	Anmerkungen
ldpi	0,75	~ 120	low density, kaum noch in Verwendung
mdpi	1,0	~ 160	medium density, baseline
hdpi	1,5	~ 240	high density
xhdpi	2,0	~ 320	extra high density
xxhdpi	3,0	~ 480	extra extra high density
xxxhdpi	4,0	~ 640	extra extra extra high density

Tabelle 32.5: Pixelgrafiken unter Android

Ausrichtung von Layouts

Smartphones und Tablets können sowohl im Hochformat (Portrait) als auch im Querformat (Landscape) verwendet werden. Mithilfe ihrer Beschleunigungssensoren (Accelerometer) können die Geräte erkennen, in welcher Ausrichtung sie gerade gehalten werden. Das ermöglicht es ihnen, mit einem an die aktuelle Situation angepassten Layout zu reagieren. Außerdem haben Sie in der App-Entwicklung die Wahl, welche Ausrichtungen Sie unterstützen möchten.

Accelerometer

Ein Beschleunigungssensor oder Accelerometer ist ein Sensor, der die Beschleunigung eines Körpers misst. Auf diese Weise sind Smartphones in der Lage, zu erfassen, ob sie gerade bewegt werden oder ihre Ausrichtung verändern.

+ Prinzipiell ist die Ausrichtung vom Anwendungszweck der App sowie dem aktuellen Nutzungskontext abhängig. Während Spiele häufig im Landscape-Modus funktionieren, ist es bei Anwendungen mit Texten und Listen wichtiger, mehr Platz in der Höhe zu haben.
+ Nutzungsgewohnheiten und Medieneigenschaften spielen ebenfalls eine Rolle. Videos sind traditionellerweise im Querformat gefilmt, so dass viele Video-Apps entsprechend den Landscape-Modus wählen.
+ Allerdings können sich Nutzungsgewohnheiten auch ändern. So hat beispielsweise die häufige Smartphone-Nutzung zur Etablierung vertikaler Videos geführt, insbesondere in Social Media.

Quellen und Lesetipps

- Avi Itzkovitch, »Designing For Device Orientation« (*https://rohl.es/app-design-orientation*)
- Jan Semler, »App-Design«, Rheinwerk Design 2019

Wichtig zu wissen ist, dass sich das Wechseln zwischen der Ausrichtung über eine Orientation-Lock-Funktion auch ausschalten lässt. Die meisten Apps überlassen ihren Nutzern und Nutzerinnen daher die Wahl, in welcher Ausrichtung sie verwendet werden. Es haben sich unterschiedliche Strategien herausgebildet, wie Apps mit Veränderungen in der Ausrichtung der Geräte umgehen:

- Eine Mehrzahl der Apps ist responsiv gestaltet und passt sich an die Ausrichtung des Geräts an. In diesem Fall bieten beide Orientierungen die gleiche Funktionalität, Größenverhältnisse und Abstände werden jedoch angepasst.
- Eine Alternative ist, die Ansicht beim Wechsel auf das Querformat oder auf größeren Geräten zu erweitern. Dabei werden weitere Layout- oder Interaktionselemente eingeblendet, z. B. ein Menü.
- Eine andere Strategie besteht darin, im Querformat eine komplementäre Ansicht der Daten aus dem Hochformat anzubieten. Ein typischer Fall ist eine Visualisierung tabellarischer Daten. So könnte eine App beispielsweise im Hochformat, in dem wenig Platz in der Breite existiert, eine Tabelle zeigen, im Querformat dieselben Daten aber in einem Diagramm darstellen.
- Außerdem gibt es die Möglichkeit, dieselbe Funktionalität unterschiedlich darzustellen. So könnte eine Fernsteuerungs-App für einen Fernseher beispielsweise im Hochformat eine physische Fernsteuerung simulieren, im Querformat hingegen die Sender und das Programm direkt zeigen.

32.6 User Interfaces auf iOS

Human Interface Guidelines

Apples Human Interface Guidelines finden sich im Netz unter *https://developer.apple.com/design/human-interface-guidelines.*

Die Designsprache von iOS setzt auf minimalistische Gestaltung mit Fokus auf Funktionalität.

32.6.1 Bars: Navigationsdesign auf iOS

iOS bietet folgende Leisten:

- Ganz oben zeigen sowohl iOS als auch Android System- und Statusinformationen an. Unter iOS dient dazu die **Status Bar**. Sie können sie nicht verändern, allerdings in geringem Umfang visuell anpassen (schwarz bzw. weiß) oder deaktivieren (etwa wenn Sie Medien vollflächig darstellen möchten). Apple empfiehlt, in der Status Bar anzuzeigen, wenn die App Daten über das Netzwerk überträgt.
- Die **Navigationsleiste** (Navigation Bar) in iOS befindet sich am oberen Rand des Bildschirms und dient zur Anzeige von Titelinformationen und Navigationssteuerelementen. Sie hilft Benutzern, durch die hierarchische Struktur einer App zu navigieren, indem sie Elemente wie Zurück-Buttons, Titel des aktuellen Bildschirms und manchmal zusätzliche Aktionsbuttons oder Suchfelder bereitstellt. Die Navigationsleiste zeigt standardmäßig den Titel des aktuellen

Designgeschichte von iOS-Apps

Michael Steeber hat anlässlich des zehnjährigen App-Store-Jubiläums 2018 die Designgeschichte einiger Apps aufgezeichnet: *https://9to5mac.com/2018/07/10/app-store-10-years-design-evolution/*

View-Controllers an und enthält einen Zurück-Button, wenn der Benutzer von einer höheren Ebene der Navigation gekommen ist. Entwickler*innen können die Navigationsleiste anpassen, indem sie Symbole, Texte oder Schaltflächen hinzufügen, um zusätzliche Funktionen und Aktionen zu bieten, die kontextuell relevant sind.

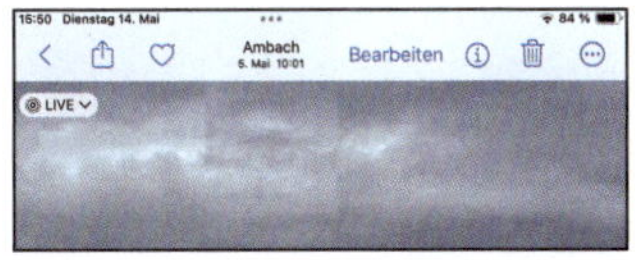

Abbildung 32.28: Status Bar (oben in Weiß) und Navigation Bar in Apples Fotos-App

+ Die **Toolbar** in iOS ist eine Benutzeroberflächenkomponente, die sich typischerweise am unteren Rand des Bildschirms befindet und eine Reihe von Schaltflächen oder Werkzeugen zur Verfügung stellt. Sie dient dazu, schnellen Zugriff auf häufig genutzte Funktionen oder Aktionen innerhalb einer App zu ermöglichen.

Abbildung 32.29: Toolbar in Apples Kalender-App auf einem iPad

+ Die **Tab Bar** erscheint am unteren Rand der App und bietet die Möglichkeit, zwischen verschiedenen Sektionen der App zu wechseln. Sie ist nicht für Handlungen gedacht, mit denen Inhalte der aktuellen View editiert werden.

Abbildung 32.30: Die Tab Bar ist zum Umschalten zwischen Sektionen gedacht, hier im iOS App Store.

+ Die Suche kann unter iOS in einer eigenen Navigationsleiste (**Search Field**) Platz finden oder Teil eines anderen Bereichs sein. Neben dem Suchfeld und zugehörigen Buttons kann sie auch mit einer Auswahl des Bereichs kombiniert werden, auf den sich die Suche beziehen soll (meist in Form einer Segmented Control).
+ Die **Sidebar** in iOS ist eine Komponente, die hauptsächlich in iPad-Apps verwendet wird, um eine übersichtliche Navigation und Organisation von Inhalten zu ermöglichen. Sie befindet sich typischerweise am linken Rand des Bildschirms und bietet eine Liste von Optionen oder Kategorien, die Benutzer durch Tippen auswählen können, um den Hauptinhalt anzuzeigen oder zu wechseln. Mit der Einführung

Abbildung 32.31: Sidebar in Apples Foto-App auf dem iPad

von iOS 14 hat Apple die Sidebar weiter verbessert, um eine konsistentere und flexiblere Navigationserfahrung zu bieten, die an die Designs von macOS angelehnt ist. Die Sidebar kann auch erweitert oder reduziert werden, um zusätzlichen Platz für den Hauptinhalt zu schaffen.

System-Buttons

System-Buttons werden in iOS meist mit Verben als Textlabels verwendet (etwa »Bearbeiten« oder »Abbrechen«), können jedoch auch auf Icons setzen (etwa in Form eines »i« für Informationen oder »+« zum Hinzufügen). System-Buttons sind standardmäßig nicht umrandet, aber Apple empfiehlt, eine Rahmenlinie in Kontexten einzufügen, in denen man den Button sonst nicht als interaktives Element erkennen würde. Wer möchte, kann aber natürlich auch eigene Buttons gestalten, sofern sie zur App passen.

Menüformen

iOS bietet eine Vielzahl von Menüformen, die Entwicklern helfen, die Benutzeroberfläche ihrer Apps effektiv zu gestalten und die Navigation zu erleichtern:

+ **Kontextmenüs** sind kontextsensitive Menüs, die häufig durch langes Drücken auf ein Element angezeigt werden. Sie bieten schnelle Zugriffsmöglichkeiten auf zusätzliche Aktionen und Optionen für das ausgewählte Element.
+ **Dock-Menüs** sind Menüs, die am unteren Rand des Bildschirms erscheinen, ähnlich dem Dock auf dem Mac. Sie bieten schnellen Zugriff auf häufig benötigte Elemente und Funktionen und bleiben während der Nutzung anderer Apps leicht zugänglich.
+ **Edit-Menüs** bieten Bearbeitungsoptionen wie Ausschneiden, Kopieren, Einfügen und andere textbezogene Aktionen. Diese Menüs erscheinen, wenn der Benutzer Text auswählt. Sie sind kontextsensitiv, um nur relevante Bearbeitungsoptionen anzuzeigen.
+ **Pop-up-Buttons** öffnen ein kleines Menü oder Fenster mit zusätzlichen Optionen oder Informationen, wenn sie angeklickt werden. Diese Menüs schweben über dem aktuellen Inhalt und bieten schnelle Zugriffsmöglichkeiten auf zusätzliche Funktionen.
+ **Pull-down-Buttons**, auch als Dropdown-Menüs bekannt, zeigen eine Liste von Optionen oder Aktionen an, wenn sie angeklickt werden. Diese Menüs sind nützlich, um mehrere Optionen kompakt darzustellen und dem Benutzer eine Auswahl zu bieten, ohne viel Platz auf dem Bildschirm zu beanspruchen.

Generelle Menüs

Generelle Menüs sind allgemeine Navigations- oder Optionsmenüs, die verschiedene Funktionen und Aktionen innerhalb einer App bereitstellen. Sie können als Listen oder Rasterschnittstellen angezeigt werden und bieten Zugang zu verschiedenen App-Funktionen.

32.6.2 Controls

iOS kennt mehrere Standardelemente, um einen Lade- oder Rechenvorgang darzustellen:

+ **Drehende Aktivitätsanzeigen** (Activity Indicator) sollten für unspezifische Rechen- und Ladevorgänge genutzt werden – sie geben keine Auskunft über den aktuellen Fortschritt. Die Aktivitätsanzeige sollte auf jeden Fall animiert werden, denn sonst hat es für Nutzer und Nutzerinnen den Anschein, der Vorgang sei hängen geblieben.
+ Eine Variante ist der **Refresh Content Control** – er wird oft direkt über dem Content angezeigt, wenn neue Inhalte nachgeladen werden. Typischerweise kommt er in Listen und Tabellen zum Einsatz, wenn man eine Aktualisierung der Inhalte anfordert.
+ **Fortschrittsbalken** (Progress Indicator) geben Auskunft über den aktuellen Fortschritt und sind somit nutzerfreundlicher – Apple

Individualisieren

Sowohl Activity Indicator als auch Progress Indicator sind nicht interaktiv – Nutzerinnen und Nutzer können also nichts mit ihnen machen. Oft wird jedoch manuell ein Button zum Abbrechen der Aktion angeboten. Alle diese Elemente können natürlich auch individualisiert werden, um besser zum Erscheinungsbild der App zu passen.

empfiehlt, sie zu bevorzugen, sofern die Dauer des Rechen- oder Ladevorgangs abgeschätzt werden kann.

Segmentierung von Inhalten

Verschiedene Controls erlauben es, Inhalte zu strukturieren. Beim Page Control handelt es sich um eine Reihe mehrerer kleiner Punkte. Jeder Punkt steht für eine View, und die aktuell gezeigte View wird hervorgehoben. Durch Wischen nach links und rechts lässt sich zwischen den Views hin- und herschalten. Page Controls werden üblicherweise zentriert unter den Views positioniert und für gleichartige Inhalte verwendet. Apple empfiehlt, nicht mehr als zehn Views auf diese Weise darzustellen, damit der Page Control nicht zu unübersichtlich wird.

Ein Segmented Control ist eine horizontale Darstellung von Sektionen, die durch Antippen aktiviert werden. Diese Auswahl kontrolliert, was in einer anderen View zu sehen ist. Jedes Segment nimmt den gleichen proportionalen Anteil der gesamten Breite ein. Auch hier gilt, dass die Anzahl der Segmente begrenzt sein sollte.

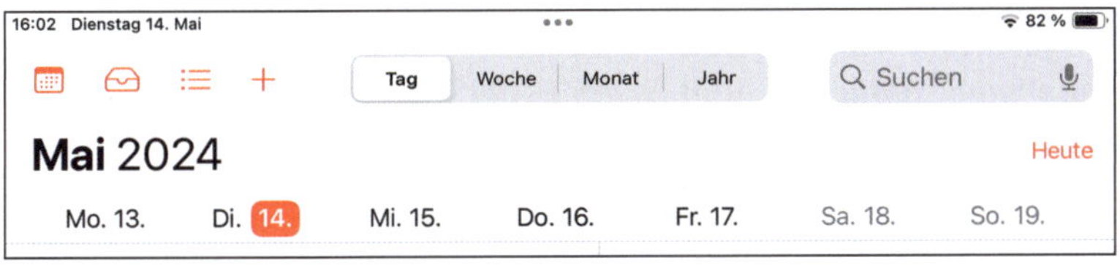

Abbildung 32.32: In der Kalender-App auf dem iPad lässt sich mithilfe einer Segmented Control zwischen verschiedenen Ansichten umschalten.

Eingabe von Text und Werten

Textfelder (Text Fields) ermöglichen die Eingabe von Text, beispielsweise in einem Formular. iOS erlaubt es auch, das Keyboard an die Art der Daten anzupassen, etwa für die Eingabe von Zahlen oder E-Mail-Adressen.

Zur Eingabe numerischer Werte gibt es unterschiedliche Controls, die jeweils einen anderen Anwendungsfall abdecken.

+ **Schieberegler** (Slider) bieten sich an, wenn ein kontinuierliches Anpassen der Werte wichtig ist.
+ Mithilfe von **Steppern** lassen sich Werte schrittweise nach oben oder unten bewegen.
+ Mit einem **Picker** lassen sich Auswahlen aus einer Liste vorab definierter Werte tätigen. Eine Variante davon ist der **Date Picker**, der mehrere solcher Drehfelder in einem Bereich vereint, um ein Datum auszuwählen. Date Picker gibt es in speziellen Varianten für Datum, Zeit, Zeit und Datum sowie einen Countdown.
+ **Schalter** (Switches) schließlich können eine Option an- oder auch abschalten.
+ **Image Wells** sind UI-Elemente, die es Benutzern ermöglichen, Bilder an eine bestimmte Stelle in der App zu ziehen und abzulegen. Sie dienen als Platzhalter für Bilder und können eine Vorschau des ausgewählten Bildes anzeigen.

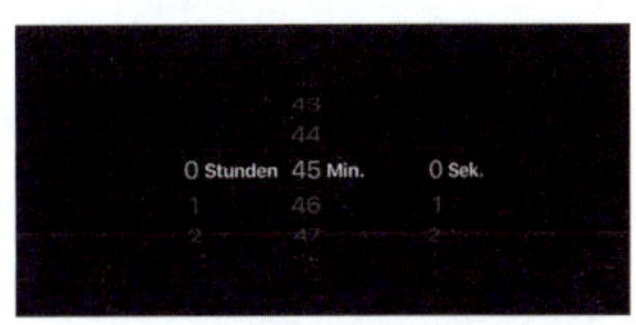

Abbildung 32.33: Picker zur Auswahl eines Zeitintervalls in der Timer-App auf iOS

Virtual Keyboard

Das Virtual Keyboard ist die auf dem Bildschirm erscheinende Tastatur, die Benutzern die Eingabe von Text in Apps ermöglicht. Es passt sich kontextuell an verschiedene Eingabetypen an, wie z. B. numerische Tastaturen für Telefonnummern oder spezialisierte Tastaturen für E-Mail-Adressen.

Edit Menu

Wenn Nutzer und Nutzerinnen eines oder mehrere Elemente durch längeres Antippen oder Doppeltippen aktivieren, öffnet sich das Edit Menu. Hier finden sich typischerweise Aktionen zum Teilen, Kopieren und Einfügen.

HTML-Inhalte

Inhalte auf Basis der Technologien HTML und CSS können in Web Views dargestellt werden – sie werden häufig genutzt, um Inhalte aus dem Netz nachzuladen.

Alternative zu Tabellen

Eine Alternative zur tabellarischen Darstellung können Collections sein, die Inhalte in Form gleichwertiger horizontaler und vertikaler Blöcke darstellen. Sie werden typischerweise für visuelle Inhalte wie Fotos eingesetzt.

+ **Combo Boxes** kombinieren ein Textfeld mit einer Dropdown-Liste, die Benutzern ermöglicht, entweder eine vordefinierte Option aus der Liste auszuwählen oder einen eigenen Text einzugeben. Sie sind nützlich für die Eingabe oder Auswahl von Daten aus einer Liste.

32.6.3 Views: Inhalte unter iOS gestalten

Inhalte können in unterschiedlichsten Views angezeigt werden. **Labels** zeigen prinzipiell einen beliebig langen Text an, werden aber meist eher für kurze Texte eingesetzt. Für längere Texte sind **Text Views** praktischer. Sie können beliebig hoch sein und scrollen, falls der Text innerhalb der View zu lang ist. **Page Views** hingegen zeigen Inhalte in Form einer Buchansicht an, durch die man hindurchblättern kann, und es gibt Views für Karten und Bilder. Scrollende Ansichten (**Scroll Views**) bieten sich für lange Inhalte an.

Ein besonderer Stellenwert kommt **Tabellen** (Table Views) unter iOS zu. Tabellen sind einspaltige Listen, die oft zur Navigation eingesetzt werden. Es gibt sie in einer einfachen und einer gruppierten Variante (Zeilen werden hier in Gruppen zusammengefasst, die mit Überschriften versehen werden). Zeilen in Tabellen können ein Icon, eine Unterzeile (steht unter dem Haupttext in der Zeile) oder einen Untertitel (steht links oder rechts neben dem Haupttext) bekommen.

Split Views teilen den Bildschirm in zwei Bereiche ein. Typischerweise steuern Nutzerinnen und Nutzer die Anzeige in der größeren, sekundären View, indem sie eine Auswahl in einer Tabelle in der kleineren, primären View treffen. **Chart Views** bzw. nur Charts in iOS sind UI-Komponenten, die es Entwicklern ermöglichen, verschiedene Arten von Diagrammen und Grafiken, wie Balkendiagramme, Liniendiagramme oder Kreisdiagramme, in ihre Apps einzubetten. Diese Visualisierungen helfen Benutzern, Daten übersichtlich und interaktiv darzustellen und zu analysieren.

Einige Views spezialisieren sich darauf, Hinweise über Prozesse zu geben oder um Bestätigung zu bitten. iOS hält dafür einige modale Standard-Views bereit. Diese Views unterbrechen Nutzerinnen und Nutzer in ihrem Arbeitsfluss und fordern sie zu einer Eingabe auf, bevor sie mit ihrer Arbeit fortfahren können.

Die aufdringlichste Variante ist der **Alert** – eine Warnung, die sich über den gesamten restlichen Bildschirm schiebt. Alerts haben einen Titel, einen optionalen Beschreibungstext und einen oder zwei Buttons. Das visuelle Erscheinungsbild eines Alerts ist festgelegt. Alerts sollten sparsam und nur für sehr wichtige Entscheidungen eingesetzt werden, weil sie recht aufdringlich sind.

Ein **Action Sheet** bietet sich an, wenn aus mehr als zwei Optionen ausgewählt werden soll. Ähnlich wie ein Alert legt sich auch das Action Sheet über den Bildschirm und dunkelt den restlichen Bereich ab, bis eine Auswahl getroffen oder der Vorgang abgebrochen wurde.

Sheets

Sheets in iOS sind Überlagerungen, die von der Unterseite des Bildschirms erscheinen und dem Benutzer zusätzliche Inhalte oder Optionen anzeigen, ohne den aktuellen Kontext vollständig zu verlassen. Sie werden oft verwendet, um Formulare, Bestätigungsdialoge oder zusätzliche Informationen anzuzeigen, und bieten eine intuitive Möglichkeit, mit einer App zu interagieren, ohne die Hauptansicht zu verlassen.

Ein **Popover** ist eine View, die sich ebenfalls über den übrigen Inhalt legt – typischerweise, nachdem man auf einen Button getippt hat. Das Popover ist ein Container, der beliebigen anderen Inhalt enthalten kann. Meist findet man hier Table Views mit Optionen zu einer Aktion, die ausgeführt werden soll.

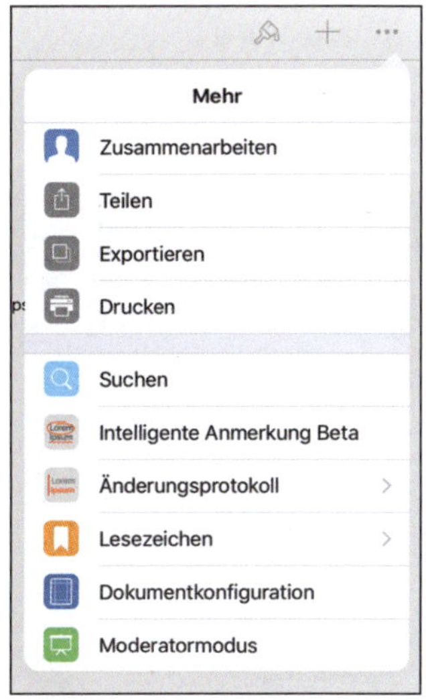

Abbildung 32.34: Pages für iOS (hier ein Ausschnitt von einem iPad) öffnet ein tabellarisches Menü in einem Popover, wenn man ein Menü-Icon antippt.

32.7 User Interfaces auf Android

Material Design ist die grundlegende Designsprache von Googles Android-Betriebssystem. Sie ist als Richtlinie gedacht, mit der Designerinnen und Designer individuelle Apps gestalten können, die zu Android passen und zugleich eine eigene Identität haben. Beispiele dazu finden sich in den Guidelines (Material Theming).

Die Inspiration für Material Design ist die physische Welt. Google orientiert sich an Papier: Dünne Interface-Elemente liegen übereinander, als wären sie aus Papier ausgeschnitten. Jedes Element hat also neben Höhe und Breite auch eine Position auf der z-Achse. Dreidimensionalität entsteht durch Schlagschatten, nicht jedoch durch Verläufe oder sonstige Oberflächenstrukturen. Das Aussehen des Schattens visualisiert die Position des Objekts auf der z-Achse. Weit oben liegende Objekte haben weiche, große Schatten, weiter unten liegende hingegen harte, kleine Schatten. Das ergibt ein interessantes Spiel aus flachem Papier und sich überlagernden Ebenen.

Hinzu kommt, dass sich Elemente bewegen können. Interaktive und besonders im Fokus der Aufmerksamkeit stehende Elemente (etwa Dialoge oder wichtige Buttons) schweben weiter oben und sind damit – metaphorisch gesprochen – näher am Nutzer der App. Aktiviert man ein Element (etwa einen Button), erhebt es sich leicht. Elemente auf derselben Ebene der z-Achse sind gleich wichtig.

Material Design Guidelines im Netz

Die Dokumentation von Material Design sowie einige Vorlagen zum Gestalten finden Sie im Netz unter *https://m3.material.io*.

32.7.1 Bars: Navigationsdesign unter Android

Es gibt verschiedene Designelemente, mit denen sich unter Android verschiedene Bereiche der Navigation gestalten lassen.

+ Ähnlich wie iOS hat auch Android eine **Status Bar** direkt am oberen Rand, in der sich Informationen zum System befinden. Ihre Farbe wird vom System bestimmt (etwa nach Tageszeit), allerdings können Designerinnen und Designer hier auch einwirken. So ist es etwa möglich, sie in einer Farbe passend zur eigenen App einzufärben oder durchscheinend zu gestalten.

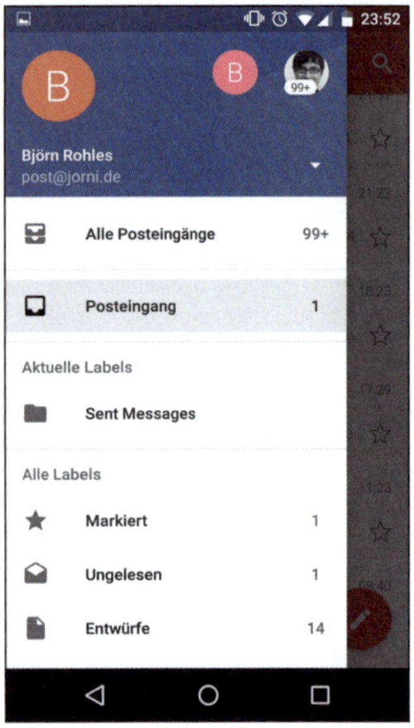

Abbildung 32.36: Navigation Drawer überlagert den Screen in Gmail, unten typische Navigation Bar in Android

+ Androids eigentliche Hauptnavigation wird **Top App Bar** genannt. Die Top App Bar ist ein zentrales UI-Element, das in vielen Apps verwendet wird, um wichtige Funktionen und Navigationsoptionen bereitzustellen. Sie befindet sich typischerweise am oberen Rand des Bildschirms und enthält Elemente wie den App-Titel, Menüschaltflächen, Aktionsschaltflächen und den Zurück-Button. Die Top App Bar kann auch Kontextoptionen je nach Bildschirm oder Aktivität anzeigen. Sie bietet eine konsistente Benutzeroberfläche über verschiedene Apps hinweg und ermöglicht eine intuitive Navigation und Interaktion für Benutzer. Die Gestaltung der Top App Bar kann an das Design der jeweiligen App angepasst werden. Beim Scrollen nach unten wird sie ausgeblendet, um mehr Platz für den Inhalt zu haben. Beim Scrollen nach oben erscheint sie dann wieder.

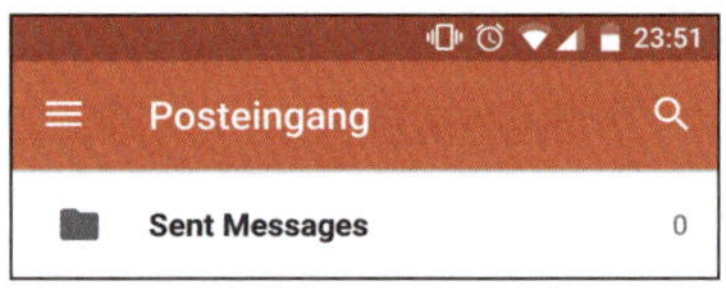

Abbildung 32.35: Status Bar und App Bar in Gmail auf Android

+ Der **Navigation Drawer** ist einer der wichtigsten und am häufigsten eingesetzten Bereiche für ein Navigationsmenü. Ein Navigation Drawer fährt auf Anforderung (meist) von links oder rechts in den Bildschirm hinein und überlagert die übrigen Elemente. Es ist auch möglich, ihn permanent anzuzeigen, was besonders auf Tablets sinnvoll ist. Navigation Drawer bieten sich für Apps mit vielen Menüpunkten oder in mehreren Ebenen verschachtelten Navigationen an.
+ **Tabs** dienen dem Wechsel zwischen abgegrenzten Sektionen einer App. Sie sollten für Bereiche verwendet werden, die voneinander unabhängig sind.
+ Eine ähnliche Komponente ist die untere Navigationsleiste (**Navigation Bar**), die über Labels und Icons Zugriff auf verschiedene Sektionen der App bietet.
+ Der **Navigation Rail** ist ein vertikales UI-Element in Android-Apps, das am linken oder rechten Bildschirmrand platziert wird. Er enthält Links oder Symbole für die Navigation zwischen App-Abschnitten. Im Vergleich zur horizontalen Top-App-Leiste bietet der Navigation Rail eine platzsparende und benutzerfreundliche Navigationsoption, besonders auf größeren Bildschirmen wie Tablets. Entwickler*innen können die Navigationsleiste an App und UI-Design anpassen.
+ Einfache **Menüs** öffnen sich unter Android auf Anforderung (zum Beispiel über einen Button mit drei senkrechten Punkten) und enthalten Aktionen, die im aktuellen Kontext relevant sind.

Abbildung 32.37: Tabs (oben) und untere Navigationsleiste in Google News

+ Ergänzende **Kontrollelemente** können in einem Feld am unteren oder seitlichen Bildschirmrand (Bottom Sheet oder Side Sheet) untergebracht werden.

32.7.2 Buttons

Buttons können unter Android farblich frei gestaltet werden, allerdings empfiehlt Google die Verwendung der Hauptfarbe der App, um ein einheitliches und nutzerfreundliches Erscheinungsbild zu erreichen. Es gibt verschiedene Arten von Buttons:

+ **Floating Action Buttons** (FABs) schweben über dem restlichen User Interface und heben sich damit deutlich davon ab. FABs können Teil einer Menüleiste am unteren Rand des Bildschirms sein oder auch komplett frei in der Ecke schweben. Sie dienen dazu, die Hauptfunktion einer App auszulösen. Bei einer E-Mail-App wäre das, eine neue E-Mail zu schreiben, bei einem Kalender einen neuen Termin einzutragen. Ein Floating Action Button kann sich aber auch mit einer Animation in eine Reihe verwandter Hauptaktionen verwandeln.
+ Der **Elevated Button** ist ein Android-Button mit erhöhter Oberfläche und Schatten, der hervorsticht und Benutzeraktionen betont.
+ Der **Filled Button** ist ein farbiger Button ohne Schatten, der den Inhalt des Buttons deutlich macht.
+ Der **Filled Tonal Button** ähnelt dem gefüllten Button, bietet jedoch eine subtilere visuelle Betonung mit einem Tonaleffekt.
+ Der **Outlined Button** ist ein Button mit einem dünnen Rand und transparentem Inhalt, der für weniger aufdringliche Aktionen verwendet wird.
+ Der **Text Button** ist ein simpler Button ohne Hintergrund oder Rahmen, der nur aus Text besteht und für diskrete Aktionen geeignet ist.

Abbildung 32.38: Floating Action Buttons, hier in Gmail für Android, überlagern alle anderen Bereiche und werden für primäre Aktionen in einer App verwendet.

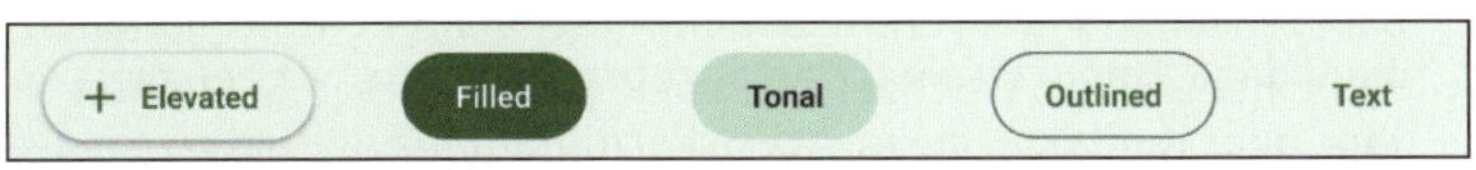

Abbildung 32.39: Buttonarten bei Android

Abbildung 32.40: Durch gezieltes Einsetzen der verschiedenen Button-Typen lassen sich Hierarchien zwischen den Aktionen herstellen, hier in Google Play Filme & Serien.

Man kann betonte Buttons auch mit weniger betonten kombinieren. Wichtig ist nur, dass eine sinnvolle Hierarchie der Aktionen entsteht.

32.7.3 Inhaltliche Komponenten

Selbstverständlich hält Android auch eine Reihe von inhaltlichen Komponenten bereit.

+ Karten (**Cards**) sind in sich abgeschlossene Komponenten, die eine zusammengehörige Gruppe von Daten zeigen – etwa einen Artikel (mit Überschrift, Headerbild und Intro), einen einzelnen Beitrag aus den sozialen Medien oder eine einzelne To-do-Liste. Alle Cards sind gleich breit, ihre Höhe passt sich aber den Inhalten an. Auf Antippen kann sich die Höhe der Card verändern, um den gesamten Inhalt anzuzeigen, oder es öffnet sich eine neue Seite mit dem Inhalt. Cards können aber auch mit Buttons versehen werden. Hierbei gibt es drei verschiedene Arten von Cards, die Elevated Cards mit erhöhter Oberfläche und Schatten, die Filled Cards (farbig ohne Schatten gefüllt) und die Outlined Card mit einem dünnen Rand.

Abbildung 32.41: Cards, hier in Google Docs, gruppieren zusammengehörige Gruppen von Daten und können auch Buttons enthalten.

+ **Chips** sind kleine Informationsblöcke, mit denen man Inhalte eingeben oder filtern kann. Hierbei gibt es vier Typen: Der Assist Chip ist ein Chip, der Benutzern hilft, schnell auf Assistenzfunktionen zuzugreifen, wie z. B. das Starten einer Suchanfrage. Der Filter Chip ermöglicht es Benutzern, Filteroptionen schnell auszuwählen und anzuwenden, um Inhalte zu filtern oder zu sortieren. Der Input Chip dient dazu, Benutzereingaben zu repräsentieren, wie beispielsweise Tags oder Kontakte, die in einem Formular hinzugefügt werden können. Der Suggestion Chip bietet Benutzern vorgeschlagene Optionen oder Aktionen basierend auf ihrem Verhalten oder Kontext, um die Benutzererfahrung zu verbessern.

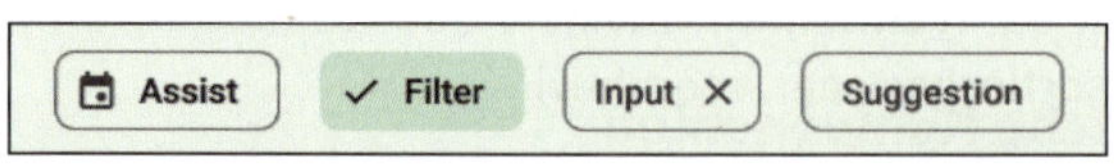

Abbildung 32.42: Vier verschiedene Chips

+ Außerdem gibt es **Listen**, die für textliche Informationen geeignet sind. Listen können auch kleine Bilder sowie Unterzeilen haben. Sie können auch zur Interaktion verwendet werden, indem sie mit einer oder zwei Handlungen hinterlegt werden. Die primäre Aktion nimmt den größten Teil des Listeneintrags ein und wird durch Antippen ausgeführt. Es ist auch möglich, Gesten zur Durchführung einer Aktion zu verwenden – in Gmail kann man eine E-Mail beispielsweise löschen, indem man auf dem Listeneintrag zur Seite wischt. Die sekundäre Aktion hingegen wird auf einen kleinen Bereich am Rand gelegt.

+ Listen erlauben auch, mit **Kontrollelementen** (List Controls) zu arbeiten. Das sind kleine Elemente, die links und/oder rechts am Rand einer Zeile dargestellt werden. Typische Schaltflächen an dieser Stelle sind Checkboxen (mehrere Optionen gleichzeitig möglich) oder Radiobuttons (nur eine Option möglich) zum An- und Abwählen von Optionen, Schalter zum An- und Ausschalten, Pfeile zum Auf- und Zuklappen oder Symbole zum Umsortieren von Listen.
+ Mithilfe von **Eingabefeldern** (Text Fields) können Anwenderinnen und Anwender Eingaben machen. Es gibt Varianten für einzeiligen oder mehrzeiligen Text sowie Felder, die immer die gesamte Bildschirmbreite einnehmen. Pflichtfelder sollten hervorgehoben werden, etwa durch ein Sternchen, das an einer anderen Stelle als Indikator für Pflichtfelder definiert wird.
+ Wenig überraschend gibt es auch **Textfelder** zur Eingabe von Suchbegriffen. Die Material-Design-Richtlinien empfehlen, Suchfelder konstant sichtbar zu halten, wenn die Suche zu den Hauptfunktionen der App gehört, und ansonsten innerhalb von Toolbars unterzubringen.
+ Ein **Carousel** in Android ist ein UI-Element, das es ermöglicht, mehrere Inhalte oder Elemente horizontal zu durchblättern, wodurch Benutzer schnell zwischen verschiedenen Abschnitten navigieren können.
+ **Segmented Buttons** sind eine Gruppe von Buttons, die in Abschnitte unterteilt sind und es Benutzern ermöglichen, einfach zwischen verschiedenen Optionen zu wählen, wobei jeder Button einen separaten Abschnitt darstellt.
+ **Schieberegler** (Slider) können unendlich fein abgestuft (kontinuierlich) sein oder mit fest definierten Schritten arbeiten (diskret), und sie können mit Icons oder Werten versehen werden. Die Reihenfolge der Werte entspricht der Leserichtung: Bei Sprachen wie Deutsch und Englisch, die von links nach rechts gelesen werden, stehen niedrige Werte links und hohe rechts.
+ Außerdem gibt es **Trennlinien** (Divider) und Datentabellen (auf Wunsch auch sortierbar oder interaktiv).

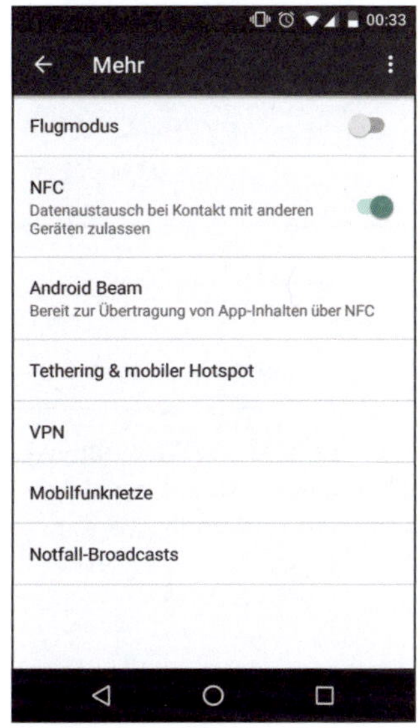

Abbildung 32.43: In der Einstellungen-App von Android gibt es Listenelemente mit und ohne Kontrollelemente.

Lade- und Rechenvorgänge

Wann immer ein Lade- oder Rechenvorgang abläuft, sollte Android darüber mithilfe von Fortschrittsanzeigen (Progress Indicator) informieren. Es gibt sie in linearer und runder Form, und ihre Dauer kann festgelegt (determined) oder unbestimmt sein (indetermined). Gleiche Aktivitäten sollten jedoch immer nur mit einer Variante visualisiert werden.

32.7.4 Dialoge und Hinweise

Einige Komponenten von Android dienen dazu, mit den Nutzern und Nutzerinnen über Dialoge und Hinweisfelder zu kommunizieren.

Für kürzere und eher unwichtige Hinweise bieten sich Androids Snackbars an. Sie stehen am unteren Ende der Wichtigkeit und geben typischerweise Auskunft über eine laufende oder gerade abgeschlossene Aktion. Auch können sie nach einiger Zeit automatisch wieder verschwinden – es ist also nicht unbedingt notwendig, aktiv auf Snack-

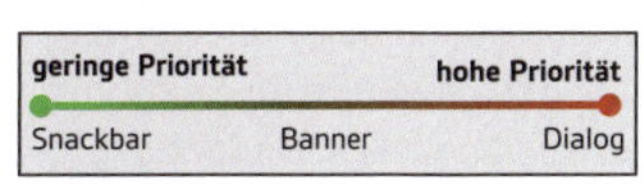

Abbildung 32.44: Hinweise und Dialoge in Android

bars zu reagieren. Wenn sie stören, kann man sie aber auch über einen Button schließen oder zur Seite wegschieben. Snackbars können nur einen Button (etwa Undo, um die Aktion wieder rückgängig zu machen) haben, und es kann auch immer nur eine Snackbar gleichzeitig angezeigt werden.

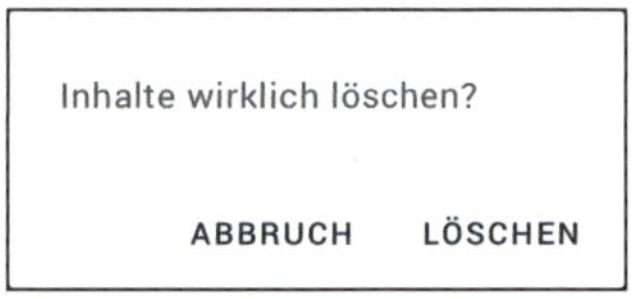

Abbildung 32.45: Warnungen sollten nur für sehr wichtige Aktionen verwendet werden.

Dialoge schließlich können über allen anderen Interface-Elementen schweben und den restlichen Bildschirm abdunkeln, um Anwenderinnen und Anwender über wichtige Änderungen zu informieren und eine Aktion zu verlangen. Sie sollten daher sparsam und nur für wirklich wichtige Handlungen eingesetzt werden, weil sie Menschen in ihrem Arbeitsfluss unterbrechen. Prinzipiell sollten Sie sich fragen: Ist für eine Aktion eine explizite Bestätigung notwendig, oder ist eine bloße Mitteilung (z. B. in einer Snackbar mit Undo-Möglichkeit) ausreichend? Nur wenn es wirklich wichtig ist, eine explizite Einwilligung einzuholen (etwa, weil die Handlung nicht mehr rückgängig gemacht werden kann), sind Dialoge eine gute Wahl.

Fingergrößen

Im Durchmesser misst ein Zeigefinger eines erwachsenen Menschen meist zwischen 16 und 20 mm, die Fingerkuppe noch etwa 10 bis 14 mm. Das ist wesentlich dicker als ein Mauszeiger – kein Wunder also, dass Interaktionsflächen für Touchscreens um einiges größer sein sollten als für die Mausbedienung. Allerdings ist die »Dicke« unserer Finger nicht die einzige Herausforderung bei der Gestaltung von Benutzeroberflächen auf Touchscreens, denn Finger verdecken stets einen Teil des Interfaces, wenn man den Screen berührt.

32.8 Touch-Bedienung

Die Steuerung über den Touchscreen gehört zu den wichtigsten Besonderheiten aktueller Smartphones.

Touchscreens sind gleichzeitig Eingabe- und Ausgabegeräte. Sie registrieren also, wo wir sie berühren, und stellen das Ergebnis an gleicher Stelle dar. Bei traditionellen Computern hingegen muss das Auge eine Bewegung der Hand, die an einer anderen Stelle stattfindet, auf den Bildschirm abstrahieren – normalerweise unterstützt durch einen Cursor oder Mauszeiger. Bei Touchscreens ist diese Koordination direkter, allerdings ergibt sich daraus das Problem, dass Finger Teile des Bildschirms verdecken.

Abbildung 32.46: Wer hier einen Wecker stellen möchte, schiebt die Uhrzeit mit dem Finger nach oben oder unten, bis der gewünschte Zeitpunkt erreicht ist. Der Bildschirm färbt sich währenddessen entsprechend den Lichtverhältnissen zur gewählten Uhrzeit.

Die Material Design Guidelines unterscheiden zwischen verschiedenen Arten von Gesten. Oft nehmen die gleichen Gesten jedoch unterschiedliche Aufgaben wahr. So kann Wischen in einer Mail-App beispielsweise zum Löschen genutzt werden (Aktionsgeste), in einer E-Book-App jedoch zum Umblättern (Navigationsgeste). Solange der Kontext eindeutig ist, ist dagegen nichts einzuwenden. Tabelle 32.6 listet einige Standardgesten mit typischen Anwendungsfällen auf. Andere Gesten hängen stark von den technischen Möglichkeiten des Smartphones ab.

Bezeichnung und Beschreibung	**Ausführung**	**Typische Anwendungsfälle (Beispiele)**
Tap (Berühren) Bildschirmelement berühren		+ eine Aktion ausführen + ein Element aktivieren
Double Tap Bildschirmelement zweimal antippen (in rascher Folge)		+ auf die doppelt angetippte Stelle zoomen und zentrieren
Swipe (Wischen) Finger durchgängig über Touchscreen bewegen	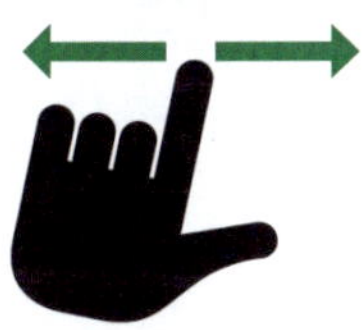	+ Elemente wegwischen + scrollen
Flick Finger schnell über den Touchscreen bewegen		+ durch Bildergalerien navigieren + schnell umblättern
Drag (Ziehen) Bildschirmelement berühren und an eine andere Stelle ziehen		+ Elemente bewegen (Drag & Drop) + Slider bewegen
Long Tap Bildschirmelement berühren und für eine längere Zeit halten		+ sekundäre Aktionen ausführen

Tabelle 32.6: Grundlegende Gesten auf Touchscreens

Tipp: Gesten als Abkürzungen

Gesten eignen sich sehr gut als Abkürzungen für Erfahrene. Wer eine App häufig verwendet, kann durch Erlernen der Gesten Zeit sparen, während gelegentliche Nutzerinnen und Nutzer weiterhin über Buttons interagieren können. So kann man eine Mail beispielsweise in vielen Mail-Apps durch Swipen löschen, aber das bedeutet nicht, dass man nicht auch einen Button findet, mit dem das Löschen ebenfalls möglich ist.

Quellen und Lesetipps

Seit dem Siegeszug der Smartphones hat es einige Publikationen und Studien zur Steuerung mithilfe von Touchscreens gegeben, z. B.:

+ Josh Clard, »Designing for Touch«, A Book Apart 2015
+ Daniel Wigdor & Dennis Wixon, »Brave NUI World«, Morgan Kaufmann 2011

Tabelle 32.6: Grundlegende Gesten auf Touchscreens (Forts.)

Bezeichnung und Beschreibung	Ausführung	Typische Anwendungsfälle (Beispiele)
Pinch & Spread Finger aufeinander zubewegen (Pinch) bzw. voneinander wegbewegen (Spread)		auszoomen (Pinch) einzoomen (Spread) Objekt vergrößern (seltener)
Rotate Finger auf Touchscreen rotieren lassen		Element drehen

Unterscheidungskriterien

Eine weitere Möglichkeit ist es, Gesten nach Anzahl der verwendeten Finger zu unterscheiden. So kann ein Swipe mit einem Finger etwas anderes ausführen als ein Swipe mit zwei Fingern. Auch die Richtung und das Timing einer Geste können eine Rolle spielen – ob sich eine Geste richtig anfühlt, merkt man daher erst mit funktionalen Prototypen.

Systemübergreifende Aktionen

iOS und Android machen regen Gebrauch von Gesten, mit denen systemübergreifend Aktionen gestartet werden können. Apps müssen auf diese vordefinierten Gesten Rücksicht nehmen.

Lesetipps

+ Michael Flarup, »Eye-Catching App Icon Design« (*www.smashingmagazine.com/2017/01/designing-better-app-icons*)
+ Nick Butcher, Artikelreihe zu Adaptive Icons auf Android (*https://rohl.es/adaptive-icons-1*, *https://rohl.es/adaptive-icons-2* und *https://rohl.es/adaptive-icons-3*)
+ Developer Documentation zu Adaptive Icons (*https://rohl.es/adaptive-icons-developer*)
+ Laiba Tariq, »How to design an app icon: best practices« (*https://adapty.io/blog/how-to-design-app-icon*)

Die große Herausforderung bei Gesten ist, dass sie zunächst einmal unsichtbar sind. Menschen müssen also erst einmal herausfinden, mit welchen Gesten sie an welcher Stelle arbeiten können. Die Standardgesten aus Tabelle 32.6 verringern den Lernaufwand, reichen aber sicherlich nicht für alle Anwendungsfälle aus. Apps mit ungewöhnlichen Gesten sollten daher auf ein gutes Onboarding setzen (siehe Abschnitt 32.4.3), um Nutzer und Nutzerinnen mit der Steuerung vertraut zu machen.

32.9 Icons für Apps

Icons können im App-Design für viele Zwecke eingesetzt werden:

+ Über das App-Icon lässt sich die App starten.
+ Icons dienen dazu, eine Aussage auf effiziente Weise zu kommunizieren – im Idealfall sollte ein Icon bereits auf den ersten Blick verdeutlichen, worum es an dieser Stelle geht. Allerdings gibt es nur wenige Icons, die so standardisiert sind, dass sie sofort von allen verstanden werden – die Lupe für eine Suchfunktion ist ein solches Beispiel. In vielen Fällen werden Icons daher mit Texten kombiniert.
+ Icons sind geeignet, um die Touchfläche eines Buttons zu vergrößern.
+ Icons sind, von einigen Ausnahmen und kulturellen Besonderheiten abgesehen, relativ international verständlich.
+ Icons können ein prägendes Element in einer visuellen Sprache sein.

32.9.1 App-Icons

Jede App braucht ein Icon, das zum Starten über den Homescreen dient. Ein gutes App-Icon sollte ...

+ visuell einzigartig sein, damit es sich von anderen Apps abhebt;
+ einprägsam und aufmerksamkeitsstark sein, damit Menschen es im Kopf behalten;
+ eine Ahnung von den Funktionalitäten der App geben oder eine Marke bilden;
+ eine gute Marketingwirkung haben, denn es wird in den App Stores an prominenter Stelle gezeigt;
+ einfach, aber markant sein und keinen oder nur wenig Text enthalten, um international sowie in unterschiedlichsten Größen zu funktionieren;
+ grafisch sein, also keine Fotos, Screenshots oder Interface-Elemente aufgreifen;
+ auf unterschiedlichen Hintergründen funktionieren, da sich Nutzerinnen und Nutzer ihre eigenen Wallpapers einstellen können.

Außerdem sollten App-Icons natürlich zum Design der App sowie zum Mobilsystem passen. Apple und Google empfehlen, sich beim Gestalten von Icons an einem definierten Raster zu orientieren. Das ist natürlich keine Pflicht, kann jedoch bei der Anordnung von Elementen im Icon helfen.

Tools und Vorlagen für App-Icons

Es gibt einige Tools und Vorlagen, die beim Erstellen der richtigen App-Icon-Größen helfen. Einige Beispiele sind:

+ **Apply Pixels (kostenpflichtig, *https://applypixels.com*)**
+ **Außerdem bieten die offiziellen Guidelines Vorlagen für gängige Grafikprogramme wie Sketch zum Download.**

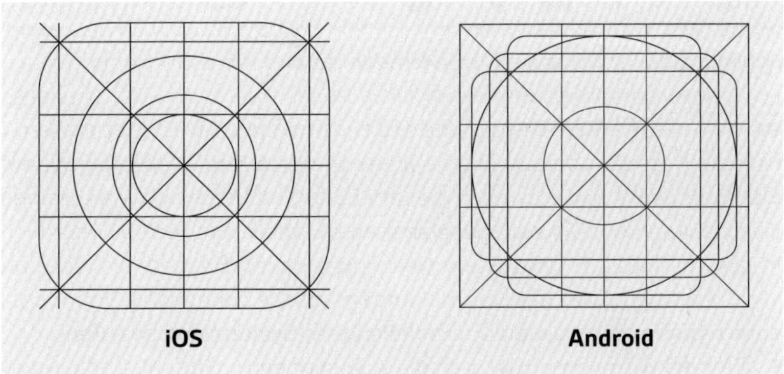

Abbildung 32.47: Raster für App-Icons von iOS und Android

App-Icons sollten für iOS als rechteckige Grafiken ohne transparente Bereiche angelegt werden – das System rundet die Icons automatisch ab. Sie können bei der Entwicklung außerdem eine Möglichkeit schaffen, mit der Nutzerinnen und Nutzer das Icon verändern können. So könnte eine Sport-App beispielsweise Icons für jedes Team anbieten, über das berichtet wird, so dass sich die Menschen ihr Lieblingsteam aussuchen können. Alle Icons müssen in unterschiedlichen Größen für verschiedene Einsatzzwecke angelegt werden. Tabelle 32.7 enthält die Größenempfehlungen für iOS aus den Human Interface Guidelines.

Android ist flexibler und erlaubt unterschiedliche Formen von Icons. Allerdings sehen die Icons daher auch weniger konsistent aus. Android hat daher eine Technologie namens Adaptive Icons eingeführt:

+ App-Icons werden nun in zwei Dateien (für Vorder- und Hintergrund) in 108 × 108 dp angelegt.

Gerät	App-Icon-Größe
iPhone	180 × 180 px und 120 × 120 px (je 60 × 60 pt, 3× und 2×)
iPad Pro	167 × 167 px (83,5 × 83,5 pt, 2×)
iPad und iPad Mini	152 × 152 px (76 × 76 pt, 2×)
App Store	1.024 × 1.024 px (1×)

Tabelle 32.7: Größen für App-Icons auf iOS

Papier-Methapher

Im Material Design folgen App-Icons der Papier-Metapher, die auch das gesamte User Interface durchzieht (siehe Abschnitt 32.7). Icons sehen aus, als seien sie aus Papier ausgeschnitten oder gefaltet, mit klaren Linien und realistischen Schatten.

Guidelines zu Icons

Detaillierte Gestaltungsvorgaben für Icons finden sich in den jeweiligen Guidelines:

+ iOS: *https://developer.apple.com/sf-symbols*
+ Android: *https://fonts.google.com/icons*

+ Danach werden sie mithilfe einer Maske mittig auf 66 × 66 dp beschnitten. Die Form der Maske legt der Hersteller des Smartphones fest.
+ Der Bereich außerhalb dieser Maske kann genutzt werden, um visuelle Effekte zu erzeugen, beispielsweise ein Pulsieren des Icons.

32.9.2 Systemeigene Icons

Die Systemicons unter iOS und Android unterscheiden sich hauptsächlich in ihrem visuellen Stil und ihrer Designsprache. iOS-Icons tendieren dazu, eine flache, minimalistische Ästhetik mit abgerundeten Ecken und klaren Linien zu haben, während Android-Icons oft etwas mehr Tiefe und Detail haben können, einschließlich Schatten und Texturen. Darüber hinaus gibt es Unterschiede in der Symbolik und Bedeutung bestimmter Icons zwischen den beiden Plattformen, die auf den jeweiligen Designrichtlinien und Nutzererwartungen basieren.

Abbildung 32.48: Beispiele für System-Icons unter iOS und Android

32.9.3 Eigene Icons

Natürlich ist es möglich, eigene Icons zu gestalten. Prinzipiell obliegt die Entscheidung für Icons in diesem Fall natürlich Ihnen – allerdings ist eine App keine in sich geschlossene Einheit, sondern bewegt sich in einem digitalen Ökosystem mit dem mobilen Betriebssystem und anderen Apps. Das hat Auswirkungen auf die Gestaltung von Icons, sofern diese nicht wie ein Fremdkörper im System wirken sollen:

+ Perspektiven, Detaillierungsgrad, Farbgebung, Stilistik und Linienstärken der Icons sollten einheitlich sein.
+ Bunte, realistische, verspielte, dreidimensionale und sehr detaillierte Icons passen nicht in die vom Flat-Design-Trend inspirierte Designsprache von iOS und Android. Beide Systeme setzen eher auf monochromatische, stark reduzierte und symmetrisch aufgebaute Icons – die vorherrschenden Stile sind Icons aus Konturen (Stroked Icons) oder gefüllte Flächen (Filled Icons). Abbildung 32.48 zeigt einige Beispiele.
+ Sinnvoll ist es auch, andere Stilelemente der App zu berücksichtigen, etwa die Typografie. Filigrane Icons passen nicht gut zu einer breit gebauten Schrift.

Eine andere Möglichkeit ist es, System-Icons mit eigenen Icons zu kombinieren. Natürlich sollten die eigenen Icons in diesem Fall zu den System-Icons passen – hier ist es besonders wichtig, die oben angesprochenen Empfehlungen zu berücksichtigen.

Icon-Sammlungen

Es gibt unzählige Icon-Sets im Netz, die man für eigene Apps verwenden darf, teils kostenpflichtig und teils kostenlos. Hier ist eine Auswahl:

+ Icons8 (*https://icons8.com*)
+ Nucleo (*https://nucleoapp.com*)
+ Iconmonstr (*https://iconmonstr.com*)
+ Noun Project (*https://thenounproject.com*)

32.9.4 Startscreen

Der Startscreen (Launch Screen) wird bei jedem Starten einer App angezeigt. Ein geschickt gewählter Startscreen kann die User Experience verbessern, indem er unterhält, den Eindruck einer schneller startenden App schafft oder das Markenerlebnis verstärkt. Oft verwendet man entweder eine Grafik mit Logo oder anderen Elementen der Marke oder aber eine leere Ansicht der Benutzeroberfläche (es wirkt dann so, als wäre die App schon gestartet und würde nur noch die Inhalte laden – dies ist die von Apple empfohlene Variante).

32.10 Gestaltung von Apps

Farben und Schrift sind ein wichtiges Stilmittel in der Gestaltung von Apps – sie dienen der Nutzerführung, bilden Marken und kommunizieren wichtige Ereignisse innerhalb einer App.

32.10.1 Farben

Grundlagen der Farbgestaltung werden ausführlich in Kapitel 4 behandelt – hier soll es daher vorwiegend um einige Besonderheiten gehen, die bei der Farbgestaltung von Apps wichtig sind.

Farbe spielt auch in Apps eine große Rolle bei der Markenbildung. Sofern es eine Corporate Identity gibt, sind die dort definierten Farben natürlich erste Wahl. Sinnvoll ist auch eine Wettbewerbsanalyse, damit sich die eigene App von anderen Vertretern abhebt.

+ Apps arbeiten meist mit einer reduzierten Farbpalette aus passenden und kontrastreichen Farben.
+ Sehr wichtig ist eine klare Unterscheidbarkeit interaktiver und nicht interaktiver Flächen. Das kann sichergestellt werden, indem eine definierte Farbe durchgängig für interaktive Elemente verwendet wird. Inaktive Elemente werden meist ausgegraut.
+ Accessibility ist ein wichtiger Faktor. Farben sollten so gewählt werden, dass die Flächen auch mit Farbfehlsichtigkeiten deutlich zu unterscheiden sind. Besonders bei Texten ist ein gutes Kontrastverhältnis (minimal 4,5 : 1, besser aber 7 : 1) wichtig.
+ Durch die internationale Ausrichtung von Apps spielen kulturelle Besonderheiten eine wichtige Rolle.

Androids Designsprache Material Design hat einige Besonderheiten in Bezug auf die Farbgestaltung von Apps. Es nutzt eine primäre und eine sekundäre, seit neuestem auch eine tertiäre Farbe sowie Abstufungen von diesen beiden Farbtönen. Primär- und Sekundärfarben werden so gewählt, dass sie die Marke der App widerspiegeln, aber zugleich einen guten Kontrast untereinander haben. Das macht es möglich, interaktive Elemente von nicht interaktiven Bereichen abzugrenzen, Hierarchien von Inhalten wiederzugeben und eine gute Lesbarkeit sicherzustellen.

Farbprofile

Standardmäßig arbeiten iOS und Android mit dem Farbprofil sRGB. Einige Smartphones unterstützen jedoch auch größere Farbräume, beispielsweise P3. Mehr zu Farbprofilen erfahren Sie in Abschnitt 11.1.3 oder in dem kleinen Büchlein »Making Sense of Color Management« von Craig Hockenberry (*https://abookapart.com/products/making-sense-of-color-management*).

Farbtemperatur anpassen

Außerdem gibt es verschiedene Technologien, mit deren Hilfe die Farbtemperatur an Umgebung oder Tageszeit angepasst werden kann. So wird der Weißpunkt beispielsweise ins Gelbliche verschoben, wenn das Smartphone oder Tablet in warmer Beleuchtung verwendet wird. Auf diese Weise fügt sich die Darstellung besser in die Umgebung ein, und das Leseerlebnis wird natürlicher.

Alternative Farben

Material Design erlaubt auch die Verwendung alternativer Farben, etwa um das Umschalten von hellen auf dunkle Themes zu ermöglichen oder unterschiedliche Sektionen einer App voneinander abzugrenzen. Außerdem hat Google eine große Auswahl an Farben innerhalb von Standardpaletten definiert.

Die primäre Farbe wird in der App am häufigsten verwendet. Hellere und dunklere Abstufungen werden genutzt, um Interface-Bereiche voneinander abzuheben. Die sekundäre Farbe ist im Material Design optional und dient dazu, Interface-Elemente wie beispielsweise Floating Action Buttons oder Fortschrittsbalken zu betonen. Sie wird eher sparsam eingesetzt.

Die Human Interface Guidelines von iOS sind weniger explizit, was die Verwendung von Farben angeht. Häufig nutzen iOS-Apps nur eine primäre Farbe, um interaktive Elemente hervorzuheben – ansonsten herrschen neutrale Töne vor, was den Apps eine leichte Erscheinung gibt. Die primäre Farbe wird also weniger flächig eingesetzt als unter Android.

32.10.2 Schrift

New York

Apple unterstützt neben der Schriftfamilie San Francisco auch noch New York. New York ist eine Serifenschriftfamilie, die sowohl allein als auch zusammen mit den San Francisco-Schriften gut funktioniert. San Francisco und New York sind übrigens variable Schriften. Mehr über variable Schriften lesen Sie in Abschnitt 30.1.3.

Sowohl iOS als auch Android unterstützen eigene Schriften, und zahlreiche Schrifthäuser bieten Lizenzen für das Einbetten von Schriften in Apps an. Damit ist größere Individualität in der Gestaltung möglich. Allerdings empfehlen sowohl Apple als auch Google, nach Möglichkeit die beiden Systemschriften zu verwenden, sofern dies mit den Markenrichtlinien vereinbar ist.

Die Systemschriften sind San Francisco (iOS) und Roboto (Android). Beide Schriften sind Neo-Grotesken mit auffälligen Ähnlichkeiten, aber auch einigen Unterschieden. Ein näherer Blick lohnt, da sie sehr häufig im App-Design verwendet werden.

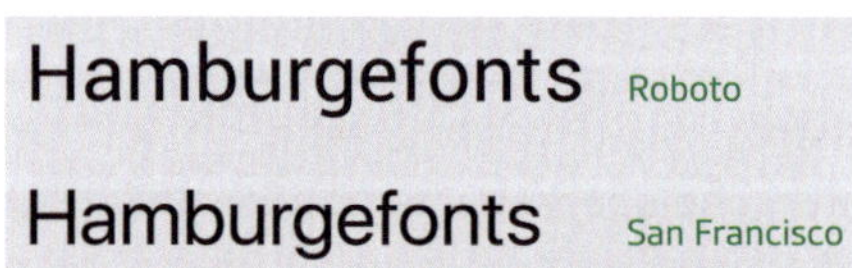

Abbildung 32.49: Roboto und San Francisco

Quellen und Lesetipps

- Akinori Machino, »The Secrets of Apple's New San Francisco Font«: *https://rohl.es/san-francisco-secrets*
- Download von San Francisco: *https://developer.apple.com/fonts/*
- Download von Roboto: *https://fonts.google.com/specimen/Roboto*
- Steven Coles, »Roboto Was a Four-headed Frankenfont«: *https://rohl.es/roboto-frankenfont*

Die serifenlose Schrift San Francisco ist eine Art »Digital Native« unter den Schriften für das digitale Zeitalter (Designer Akinori Machino) und löste 2014 die ältere Systemschrift »Helvetica Neue« ab. Die beiden Schriften haben einige gewollte Ähnlichkeiten, im Vergleich zum Schriftklassiker von 1957 ist »San Francisco« aber besonders bei kleinen Schnitten besser zu entziffern.

Dabei ist es eigentlich gar nicht richtig, von »einer« San Francisco zu sprechen. Denn es handelt sich im Prinzip um zwei Schriftfamilien: San Francisco Display für Überschriften ab 20 pt und San Francisco Text für Fließtexte in kleineren Schriftgrößen, jeweils in mehreren Schnitten. iOS stellt automatisch in Abhängigkeit der Schriftgröße zwischen den beiden Familien um.

Auf der Apple Watch gibt es mit San Francisco Compact eine weitere Variante mit weniger Rundungen (siehe Abbildung 32.50), so dass größere Zwischenräume zwischen den Buchstaben entstehen. Das kommt der Lesbarkeit auf dem kleinen Display der Smartwatch zugute. Auch hier sind wieder Display- und Text-Varianten verfügbar.

Wichtig zu beachten: Anders als bei Androids Roboto ist die Verwendung von San Francisco eingeschränkt. Die Verwendung in Apps und Mockups für die iOS-Plattform ist erlaubt, allerdings nicht für andere Zwecke.

Roboto ist eine serifenlose Schrift des Designers Christian Robertson aus dem Jahr 2011. Roboto atmet den typischen Google-Geist – nicht nur ist die Schrift quelloffen (Open Source), sondern sie verändert sich. So gab es 2014 einige wichtige Veränderungen, die auf einige Kritikpunkte reagierten. Roboto kommt in einer großen Zahl von Schnitten, die für jeden Anwendungsfall eine passende Variante bieten dürften. Außerdem gibt es mit Roboto Condensed (schmale Laufweite), Roboto Mono (einheitliche Zeichenbreite) und Roboto Slab (betonte Serifen) abgeleitete Schriftfamilien.

Abbildung 32.50: San Francisco und San Francisco Compact (aus dem WWDC-Video zur Umstellung auf den neuen Systemfont)

Alternative für nicht unterstützte Sprachen: Noto

Roboto unterstützt lateinische, griechische und kyrillische Schriftzeichen. Als Alternative für andere Sprachen kommt Noto zum Einsatz.

Typografie in Apps

Stilistik, Assoziationen, Gestaltungsregeln für Zeilenlängen und vieles mehr – das meiste, was Sie in Kapitel 2 gelernt haben, lässt sich auch auf Apps übertragen.

+ Schaffen Sie eine Schriftskala, mit der sich visuelle Hierarchien aufbauen lassen. Achten Sie bei der Schriftwahl daher darauf, dass eine Schrift genügend Schriftschnitte bietet. So setzt man zum Beispiel bei kleinen Schriftgrößen oft auf einen etwas dickeren Schnitt – und App-Interfaces haben häufig sehr viele unterschiedliche Schriftgrößen. Eine große Schriftfamilie bietet die notwendige Flexibilität.

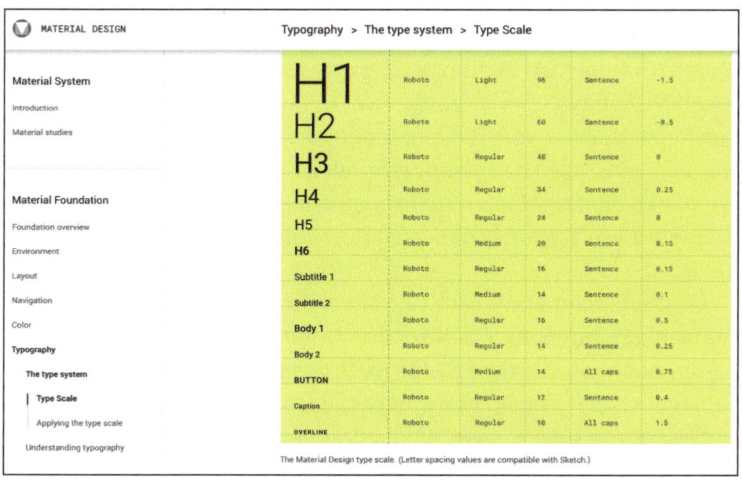

Abbildung 32.51: Typografische Skala aus den Material Design Guidelines

+ Achten Sie auf eine eingeschränkte Schriftauswahl.
+ Schriftgrößen und Schriftfarben gehören auch zu den wesentlichen Aspekten, die darüber entscheiden, ob eine App barrierefrei ist oder

nicht – Abschnitt 32.4.1 hat einige der zahlreichen Möglichkeiten erläutert, mit denen Nutzerinnen und Nutzer die Darstellungen auf ihren Smartphones individualisieren können. Für Apps mit eigenen Schriften ist es daher wichtig, dass sie auf diese systemweiten Einstellungen reagieren: Wenn eine Nutzerin die Schrift global vergrößert, sollte die App das auch berücksichtigen.
+ Lesbarkeit ist auch bei Apps oberstes Gebot. Ein Kontrastverhältnis von 7 : 1 zwischen Schrift und Untergrund ist empfehlenswert.

Quellen und Lesetipps

+ Special zu Chatbots (diverse Autoren), iX-Ausgabe 6/2018
+ Franz Buchenberger, Reihe zu Chatbots auf AllSocial.de (*https://allfacebook.de/mobile-2/facebook-messenger-bots-einfuehrung*)
+ Chris McGrath, »Chatbot Vocabulary« (*https://rohl.es/chatbot-vocabulary*)
+ Kumar Shridhar, »Rule based bots vs AI bots« (*https://rohl.es/chatbots-rule-ai*)
+ Chatbot Magazine (*https://chatbotsmagazine.com*)
+ UX von Chatbots (*https://uxdesign.cc/chatbots-conversational-ui/home*)
+ Björn Rohles, »Vom Konzept zum Prototyp: Wie der Chatbot sprechen lernt«, t3n 53 (2018)

32.11 Conversational User Interfaces

Während Menschen mit Apps vorrangig über Touchscreens interagieren, haben Chatbots und digitale Sprachassistenten eine andere Form der Mensch-Computer-Interaktion wieder nach vorne gebracht. Die Idee hinter diesen Conversational User Interfaces ist einfach: Menschen sollen über Sprache mit ihren smarten Geräten kommunizieren können. Es gibt zwei Varianten: als Chatbots, die über geschriebene Sprache funktionieren, sowie als Sprachassistenten (Voice User Interfaces), die Anweisungen über mündliche Befehle entgegennehmen.

32.11.1 Chatbots

Chatbots sind Programme, mit denen Menschen über Sprache (meist in geschriebener Form) interagieren können. Der Begriff ist eine Wortschöpfung aus den beiden Teilen »chat« und »robot«.

Eliza

Die Technologie ist bereits sehr alt: Als erster Chatbot gilt Eliza, geschaffen 1966 von Joseph Weizenbaum am amerikanischen MIT. Eliza reagierte auf Begriffe wie »Mutter« und »Kopfschmerzen«, um eine Konversation mit einem Psychologen zu simulieren. Weizenbaums Studien belegten, dass Menschen Eliza oft für menschlich hielten, obwohl sie eigentlich wussten, dass sie ein Chatbot ist. Diese Erkenntnis ging als Eliza-Effekt in die Geschichte ein.

Seit diesen Anfängen sind Chatbots konstant weiterentwickelt und in verschiedenen Bereichen getestet worden, ohne sich jedoch auf breiter Front durchzusetzen. Das änderte sich erst 2016 mit Facebooks Ankündigung, die eigene Messenger-Plattform für Chatbots zu öffnen. Andere Plattformen folgten, etwa Skype, Slack oder Telegram. Seitdem werden Chatbots für vielfältige Zwecke eingesetzt, etwa im Marketing, zur Reservierung von Terminen bei lokalen Dienstleistern oder zum Buchen von Tickets für Konzerte oder Flüge. Viele Plattformen bieten neben geschriebenen Äußerungen auch die Möglichkeit, grafische Elemente wie Buttons, Bildergalerien oder Kartenausschnitte einzubinden.

Chatbots sind also nicht nur ein wichtiger Bestandteil im Mix der Kundenkommunikation zahlreicher Unternehmen geworden, sondern bilden auch die Grundlage für neue digitale Produkte und Services. Tatsächlich gibt es sogar Prognosen, dass Chatbots Apps und Websites in bestimmten Bereichen ablösen könnten. Es soll an dieser Stelle nicht darüber spekuliert werden, ob das eintrifft – ganz von der Hand zu weisen sind die Argumente jedoch nicht: Chatbots holen Menschen dort ab, wo sie schon sind (nämlich in den Messengern), benötigen keine Einarbeitungszeit in das User Interface und müssen auch nicht extra installiert werden.

32.11.2 Sprachassistenten

Voice User Interfaces findet man derzeit besonders in den digitalen Assistenten, die Teil des Smartphones oder von Smartspeakern sind. Diese Assistenten erfreuen sich einiger Beliebtheit: Einer Umfrage von Statista unter amerikanischen Konsumenten und Konsumentinnen zufolge nutzt rund ein Drittel Google Assistant oder Siri regelmäßig.

Sprachassistenten lauschen mithilfe eines speziellen Algorithmus auf ein Keyword wie »Siri«, »Hey Google« oder »Alexa«. Sobald sie es vernehmen, beginnen sie mit der Verarbeitung der folgenden Anweisungen. Die Erkennung dieses Keywords findet lokal, also auf dem Gerät statt, die Anweisungen werden jedoch auf den Servern der Anbieter verarbeitet. Diese Praxis brachte den Sprachassistenten einige Kritik von Verbraucherzentralen und Datenschützern ein.

Quellen und Lesetipps

- Robert C. Mendez & Sascha Zöller, »Voice-User-Interfaces und Dialog-Modelle«, t3n 49 (2017)
- Robert C. Mendez & Marius Wolf, »Konzeption eines Voice-User-Interfaces«, t3n 50 (2017)
- Mariella Wendel, Datenschutz bei Alexa, *www.homeandsmart.de/alexa-datenschutz-oder-datenspion*

Externe Entwicklung

Apple (SiriKit, *https://developer.apple.com/siri*) und Amazon (Alexa Skills Kit *https://developer.amazon.com/de-DE/alexa*) haben ihre Sprachassistenten auch für die externe Entwicklung geöffnet. Das eröffnet ein neues Betätigungsfeld in der Mediengestaltung, indem man über Sprachanwendungen neue Nutzerinnen und Nutzer oder Anwendungsfälle erreichen kann.

32.11.3 Technologie von Conversational User Interfaces

Chatbots und Sprachassistenten arbeiten bei der Analyse von Sprache mit drei grundlegenden Bestandteilen:

1. Alles, was jemand sagt oder schreibt, gilt als Utterance (Äußerung). Diese Äußerungen bilden die Grundlage der Kommunikation.
2. Anschließend versucht der Bot herauszufinden, welche Absicht (Intent) hinter der Äußerung steht. Entwicklerinnen und Entwickler legen die Intents fest und geben ihnen einen meist eindeutigen Namen, etwa »giveTrafficInfo« (für Verkehrsinformationen) oder »zeigeIBAN« (um die eigene IBAN in einem Banking-Bot anzuzeigen).
3. Außerdem gibt es Satzteile, die einen Intent modifizieren können und als Entities bezeichnet werden. Eine Entity kann beispielsweise die Aussage »A1« oder der Ausdruck »von heute« sein. Entities wirken also wie Filter, mit denen Antworten des Bots eingegrenzt werden – er soll nach Verkehrsinformationen zur A1 suchen, nicht zu irgendwelchen anderen Autobahnen.

Konkret sieht das so aus: Ein Bot registriert eine Aussage (Utterance), zum Beispiel: »Gib mir aktuelle Verkehrsinformationen zur A1.« Ein Sprachassistent würde hier normalerweise zunächst eine Spracherkennung anwenden, bei einem Chatbot entfällt dieser Schritt.

Anschließend geht es mithilfe einer Technologie namens Natural Language Processing (abgekürzt NLP, »Verarbeitung natürlicher Spra-

ChatGPT

Einen weiteren Schub haben die Chatbots und Sprachassistenten mit der Einführung von ChatGPT durch OpenAI 2022 erhalten. Seitdem erscheinen regelmäßig neue ChatGPT-Alternativen für verschiedene Anwendungsfälle, beispielsweise:

- Inhalte generieren
- Zusammenfassungen erstellen
- Kundenservice
- Übersetzungen
- Surfen im Internet
- Bildung
- Programmieren
- Soziale Medien
- Grafik
- Marketing

Chatbots entwickeln

In der Praxis gibt es eine ganze Reihe von Tools und Frameworks, mit denen die Entwicklung von Chatbots wesentlich vereinfacht werden kann. Beispiele sind das Microsoft Bot Framework, Dialogflow, Wit.ai und IBMs Watson.

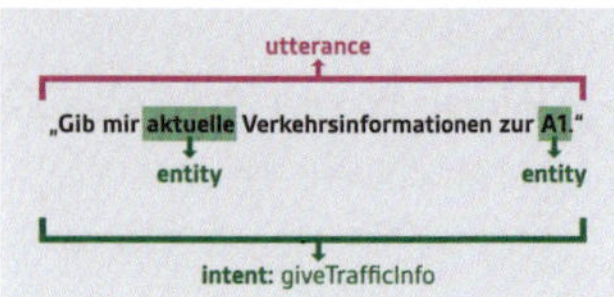

Abbildung 32.52: Utterances, Entities und Intents

che«) darum, die Intents und Entities zu extrahieren. Details dieser komplexen Technologie können an dieser Stelle nicht erläutert werden, allerdings gibt es eine ganze Reihe von Anbietern, die NLP als Dienstleistung anbieten und sich in Anwendungen integrieren lassen, etwa Microsofts LUIS (Language Understanding Intelligent Service), Googles Dialogflow oder Facebooks Wit.ai.

Mit den extrahierten Intents und Entities kann der Bot nun darangehen, die passende Antwort herauszusuchen. Meist verbindet er sich dazu über eine Schnittstelle mit einem Server. Grundlegend kann man zwischen regelbasierten Bots und Bots auf Basis von künstlicher Intelligenz unterscheiden. Regelbasierte Bots arbeiten mit vorab definierten Regeln – sie stoßen allerdings relativ schnell an ihre Grenzen, wenn eine Situation in der Entwicklung nicht antizipiert wurde. Bots auf Basis künstlicher Intelligenz hingegen lernen selbstständig aus Anfragen hinzu, sind aber natürlich komplexer umzusetzen.

32.12 Virtual Reality und Augmented Reality

Virtual und Augmented Reality gehören zu den besonders wichtigen technologischen Trends der vergangenen Jahre. Beide Technologien gelten als große Kräfte in der digitalen Transformation, die enormes Potenzial für Unternehmen und Medien bieten.

+ Der Begriff Virtual Reality (VR, virtuelle Realität) bezeichnet computergenerierte Erfahrungen, in denen Nutzer vollends in eine simulierte Umgebung eintauchen. Es geht also darum, möglichst realistisch in andere Realitäten einzutauchen.
+ Augmented Reality (AR, erweiterte Realität) hingegen bezeichnet Ansätze, bei denen die reelle Welt mit digital erzeugten Objekten und Informationen angereichert wird, so dass beide gleichzeitig wahrgenommen werden können.
+ Mixed Reality umfasst Augmented und Virtual Reality. Hier werden nicht nur bildhafte Informationen angezeigt, sondern räumliche digitale Objekte, um die man herumgehen kann.

Gute Quelle

Sehr informativ ist der Podcast »Voices of VR«: *voicesofvr.com*

Die Übergänge zwischen den Ansätzen sind jedoch fließend. Die Wissenschaftler Paul Milgram und Fumio Kushino sprechen daher auch von einem Kontinuum von Realität zu Virtualität.

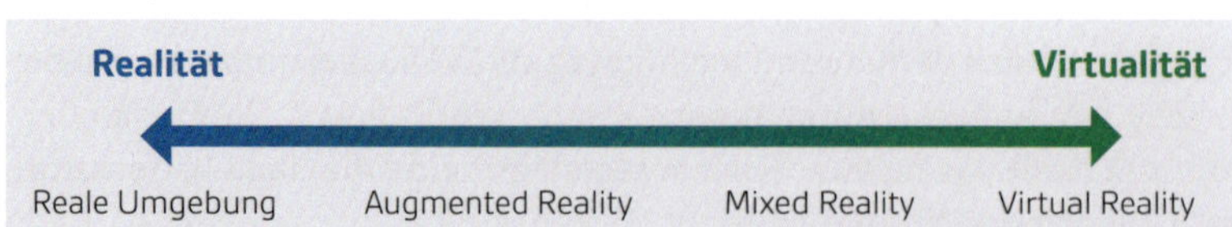

Abbildung 32.53: Augmented, Mixed und Virtual Reality auf einem Kontinuum (nach Milgram & Kishino, angepasst)

Virtual Reality

Virtual Reality kann auf viele Jahrzehnte Forschung zurückblicken. Die Technologie erlebte in den 1990er Jahren einen großen Hype, konnte sich angesichts begrenzter Hardwaremöglichkeiten jedoch damals noch nicht etablieren. Für viele Jahre galt VR als tot (»VR-Winter«), bevor das Unternehmen Oculus in einer der erfolgreichsten Crowdfunding-Kampagnen aller Zeiten im Jahr 2012 mit seiner VR-Brille Rift von sich reden machte. 2014 wurde Oculus von Facebook gekauft. In der Folge kamen unterschiedlichste VR-Brillen in verschiedensten Varianten auf den Markt, die inzwischen recht günstig sind und eine große Verbreitung aufweisen.

Die günstigste Variante von VR stellen Cardboards (oder auch ähnliche, etwas hochwertigere Modelle aus Plastik) dar, die von Google eingeführt wurden, allerdings auch mit iOS-Geräten kompatibel sind. Dabei handelt es sich um günstige Halterungen aus Karton, in die das Smartphone gesteckt werden kann. Auf den Smartphones werden dann Apps oder Inhalte abgespielt, die speziell für das Cardboard optimiert sind und das Bild in zwei Bereiche aufteilen. Linsen im Cardboard sorgen abhängig von ihrer Qualität für einen mehr oder weniger guten VR-Eindruck. Das ursprüngliche Cardboard wurde für Smartphones zwischen 4,7 und 5,3 Zoll entwickelt, und die meisten Cardboards orientieren sich an diesen Maßen. Prinzipiell ist es auch mit kleineren Geräten nutzbar, allerdings ist bei diesen der Rand des Displays oft zu sehen, was dem Gefühl der **Immersion** widerspricht. Außerdem kommt das Tracking der Kopfposition über Smartphones nicht an die Qualität dedizierter Sensoren heran. Dennoch spielen Cardboards als schnelle und günstige Alternative eine wichtige Rolle.

Definition Immersion

Immersion bezeichnet den Eindruck, vollkommen in die virtuelle Landschaft einzutauchen.

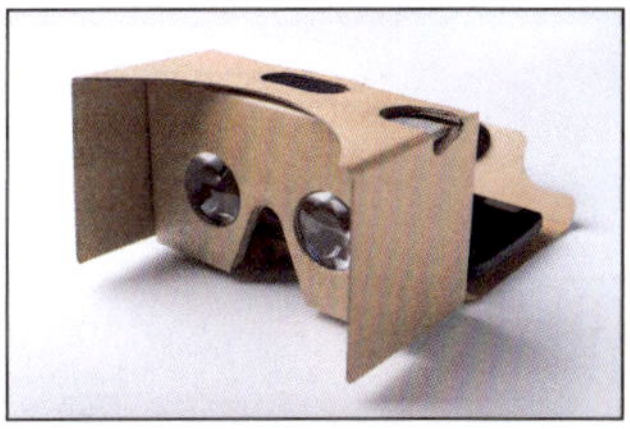

Abbildung 32.54: Cardboards sind Smartphone-Halterungen aus Karton (oder Plastik) für einen günstigen Einstieg in die Virtual Reality

Hochwertige VR-Brillen (Head-Mounted Displays, HMD) wie Meta Quest, HTC Vive oder Playstation VR enthalten Monitore direkt vor den Augen der Nutzer. Dadurch erreichen sie eine wesentlich bessere Immersion. Ergänzt werden diese Geräte durch Controller, die Handbewegungen tracken. Auch das Tracking im Raum ist mit einigen Lösungen möglich.

2023 stellte Apple mit der Apple Vision Pro eine neue Mixed-Reality-Brille vor. Die Vision Pro kombiniert Virtual Reality und Augmented Reality in einem Headset. Das ermöglicht es, sowohl vollständig in virtuelle Welten einzutauchen als auch digitale Inhalte in die reale Umgebung einzublenden. Interessant ist an der Apple Vision Pro besonders, dass Nutzer*innen Fenster von Anwendungen frei im Raum verteilen sowie stufenlos zwischen virtueller Realität und einer Abbildung der Realität umschalten können. Sie verfügt über zwei 4K-Micro-OLED-Displays mit einer Auflösung von insgesamt 23 Millionen Pixeln, was ein extrem detailliertes und immersives Seherlebnis bietet. Die Bedienung erfolgt über Handgesten, Kopfbewegungen und eine digitale Tastatur, die in die Umgebung projiziert wird.

Augmented und Mixed Reality

Augmented und Mixed Reality werden aktuell vor allem mittels Smartphones realisiert. Apple (ARKit, *https://developer.apple.com/arkit*) und

Abbildung 32.55: Apple Vision Pro

Smartglasses

Eine Alternative zu Smartphones als AR-Geräte können Smartglasses (siehe Abschnitt 32.1) sein, die in professionellen Bereichen bereits eingesetzt werden, in denen Menschen beide Hände einsetzen müssen und zeitgleich den Blick auf zusätzliche Informationen benötigen.

Informationen

Wer tiefer in die virtuellen Webwelten eintauchen möchte, findet hier gute Informationen:

+ WebXR Device Api Informationsseite (*www.w3.org/TR/webxr*)

Google (ARCore, *https://developers.google.com/ar*) haben dazu Technologien erarbeitet, mit deren Hilfe sich AR-Apps entwickeln lassen. Diese Frameworks sind darauf spezialisiert, digitale Objekte in reale Umgebungen der Smartphone-Kamera einzusetzen.

Anwendungsfälle

Der Markt für VR ist, wenig überraschend, besonders im Spielebereich groß, aber auch dem Bereich Social VR wird großes Potenzial zugesprochen. Statt mit anderen Menschen zu telefonieren, begibt man sich mit ihnen in einen virtuellen Raum, wo Gestik und Mimik den Eindruck von Präsenz verstärken.

Bildung und Entertainment (z. B. Filme, in denen der Konsument Teil der Handlung ist) sind weitere häufige Anwendungsfelder. VR-Wissenschaftler Jeremy Bailenson von der Universität Stanford beschreibt, dass sich VR besonders für Erlebnisse eignet, die ansonsten teuer, gefährlich, unmöglich oder selten sind. Dazu zählen beispielsweise die virtuelle Reise in die Ruinen von Tschernobyl oder das Erleben der Apollo-11-Mission. Aber auch in der Industrie kommt es besonders im Bereich Produktdesign, aber auch bei Fernwartungen zu einem vermehrten Einsatz von VR/AR sowie in der Medizin.

360-Grad-Videos oder -Fotos, also Rundumansichten, sind im Zuge des VR-Hypes sehr häufig produziert worden. Sie werden mit speziellen Kameras aufgenommen oder mittels Software aus mehreren Bildern berechnet. 360-Grad-Aufnahmen haben sich in sozialen Netzwerken, im Marketing, im Journalismus und in Dokumentationen etabliert, um einige Beispiele zu nennen.

Aktuelle Anwendungsfälle für AR umfassen Spiele (z. B. Pokémon Go oder Ingress), Live-Überlagerung der Realität mit Informationen (z. B. Live-Übersetzungen von Texten) oder Marketing (z. B. virtuelles Einrichten der Wohnung mit Möbeln, bevor man sie kauft).

Außerdem gibt es verschiedene VR- und AR-Anwendungsfälle in professionellen Kontexten – seien es Bauzeichner und Architekten beim Planen von Gebäuden, Mediziner beim Durchsprechen von Operationen oder Therapeuten bei der Behandlung von Angststörungen oder Depressionen.

Im Blick halten sollten wir in der Mediengestaltung auch die Entwicklungen im Web. Mit WebXR gibt es einen Standard, der es Entwicklern ermöglicht, immersive Erlebnisse direkt im Webbrowser zu erstellen und zu nutzen, ohne dass zusätzliche Software oder Plugins installiert werden müssen. Mit der WebXR Device API ermöglicht es den Zugriff auf VR- und AR-Hardware wie Headsets, Kameras und Sensoren und erlaubt die Erfassung von Kopfbewegungen, Handbewegungen und anderen Interaktionen.

Kapitel 33

E-Books

Themen des Kapitels:

- *Grundlagen von E-Books*
- *Formate und Technologien bei E-Books*
- *Aufbau des ePUB-Standards*
- *Distributionsmodelle*

33.1 Grundlagen und Nutzungsrecht

E-Books als digitale Versionen von Büchern werden auf elektronischen Geräten wie E-Readern, Tablets, Smartphones oder Computern gelesen.

33.1.1 Vorteile

Sie bieten eine Alternative zu gedruckten Büchern und haben eine Reihe von Funktionen und Vorteilen:

- **Digitales Format:** E-Books werden in verschiedenen Dateiformaten angeboten, darunter EPUB, PDF, MOBI und andere. Diese Formate sind so konzipiert, dass sie auf verschiedenen Geräten gelesen werden können.
- **Portabilität:** Da E-Books digital sind, können Hunderte oder Tausende von Büchern auf einem einzigen Gerät gespeichert werden, was sie für Reisen und unterwegs sehr praktisch macht.
- **Anpassungsfähigkeit:** Die meisten E-Reader und Apps bieten Funktionen, mit denen sich das Leseerlebnis anpassen lässt. Dazu gehören die Anpassung der Schriftgröße und -art, Helligkeitseinstellungen, Hintergrundfarben und mehr.
- **Interaktive Funktionen:** Einige E-Books enthalten zusätzliche Multimedia-Elemente wie Videos, Audioclips, interaktive Grafiken und Links zu externen Ressourcen.
- **Verfügbarkeit und Zugang:** E-Books können in der Regel sofort nach dem Kauf heruntergeladen werden, was den Zugriff auf die Bücher erleichtert.

Interessante Statistiken zum E-Book-Markt

Obwohl sich E-Books durchgesetzt haben, greifen die Menschen hierzulande und in vielen anderen Ländern immer noch eher zu gedruckten Büchern. In anderen Kulturen, wie z. B. in China, greifen die Menschen jedoch bereits mehr zu E-Books als zu gedruckten Büchern. Solche Statistiken und Zahlen variieren jedoch je nach geografischen Unterschieden, Altersgruppen und auch Genre und Zweck. So wird beispielsweise bei Fachliteratur wie diesem Buch zunehmend auf die digitale Version zurückgegriffen.

+ »E-Books« von Statista (*https://de.statista.com/themen/596/e-books*)
+ Börsenverein des Deutschen Buchhandels (*www.boersenverein.de/de/portal/Wirtschafts-zahlen/658131*)

Hartes und weiches DRM

Hartes Digital Rights Management (Hard DRM) bindet ein E-Book an einen Account. Ohne diesen Account wird das Anzeigen des E-Books verhindert.

Weiches Digital Rights Management bringt Informationen zum Käufer sichtbar und unsichtbar innerhalb des E-Books unter. Auf diese Weise wird der Ursprung einer Datei nachvollziehbar.

+ **Umweltfreundlichkeit:** Da keine physischen Materialien wie Papier benötigt werden, sind E-Books eine umweltfreundlichere Option im Vergleich zu gedruckten Büchern.
+ **Suchfunktionen:** E-Books ermöglichen es den Lesern und Leserinnen, leicht nach bestimmten Wörtern oder Phrasen zu suchen, was das Auffinden von Informationen erheblich erleichtert.

33.1.2 Nutzungsrechte und Digital Rights Management

Die Besitzverhältnisse von E-Books sind grundverschieden zu denen gedruckter Bücher. Statt eines Objekts erwirbt man beim Kauf ein persönliches Nutzungsrecht. Daran sind vom Verlag oder vom Anbieter definierte Möglichkeiten geknüpft. Im Normalfall kann man das Buch beliebig oft lesen, aber nicht verleihen oder verkaufen. Auch eine Rückgabe ist normalerweise nicht möglich.

Um diese Rechte durchzusetzen, vertrauen viele Anbieter auf Digital Rights Management (DRM). DRM ist eine Technologie, mit der Rechteinhaber ihre Nutzungs- und Verwertungsrechte durchsetzen können. Technisch beruht DRM auf Verschlüsselungstechnologien: Die E-Book-Datei wird verschlüsselt und kann nur mit dem richtigen Key wieder entziffert werden.

Ein solcher Lizenzschlüssel kann auch zeitlich begrenzt sein – auf diese Weise ist es beispielsweise möglich, ein E-Book für eine definierte Zeitspanne aus einer Bücherei zu leihen. Das ist in Deutschland beispielsweise über die Plattform Onleihe von divibib möglich (*www.onleihe.net*), der nach eigener Aussage über 3.000 Büchereien angeschlossen sind.

Als **Hard DRM** bezeichnet man Digital Rights Management, das die Anzeige von E-Books vollständig verhindern kann. Ein weit verbreitetes Beispiel ist Adobe DRM. Die Technologie setzt auf eine individuelle ID, die man sich über Adobes Website anlegen kann. Ein E-Book mit Adobe DRM kann nur gelesen werden, wenn diese ID sowohl im E-Book als auch in der Lesesoftware hinterlegt ist. Dadurch soll verhindert werden, dass E-Books von Menschen gelesen werden, die sie nicht gekauft haben. Es ist auch eine Funktionalität integriert, mit der E-Books für eine definierte Zeitspanne aus Bibliotheken verliehen werden können. Außerdem erlaubt Adobe DRM weitere Einschränkungen, beispielsweise wie viele Seiten ausgedruckt werden können.

Auch Amazons Kindle-Plattform setzt auf Hard DRM. Digital Rights Management ist allerdings umstritten, besonders in seiner harten Form. Leserinnen und Leser ebenso wie der Verbraucherschutz erwarten zu Recht, dass ein erworbenes E-Book auch gelesen werden kann – und zwar am besten zeitlich unbegrenzt und auf dem Gerät der eigenen Wahl. DRM erschwert dies jedoch: Ein Anbieter kann insolvent werden, das neue Lesegerät kann bei älteren DRM-Technologien den Dienst verweigern, oder aber man wechselt von einer Plattform auf eine andere – und schon steht ein ehrlicher Leser mit wertlosen Dateien da, obwohl er diese rechtmäßig erworben hat. Mit Hard DRM geht daher ein gewisses Risiko einher, E-Books nicht unbegrenzt nutzen zu können.

Eine Alternative kann **weiches DRM** sein. Hier geht es nicht darum, unberechtigte Zugriffe unmöglich zu machen, sondern sie nachvollziehbar zu machen. Dazu werden Informationen zum Kauf eines E-Books (beispielsweise Name und E-Mail-Adresse der Käuferin sowie Transaktionsnummer des Anbieters) innerhalb einer E-Book-Datei untergebracht, sowohl in sichtbarer als auch unsichtbarer Form (digitales Wasserzeichen, siehe Abschnitt 17.4.7). Bei Bedarf lässt sich damit nachvollziehen, wo eine E-Book-Datei herkommt.

Einige Verlage verzichten auch komplett auf Digital Rights Management und vertrauen auf die Ehrlichkeit ihrer Kundschaft.

33.2 E-Book-Formate

E-Books werden in unterschiedlichen Formaten mit grundlegend verschiedenen Eigenschaften angeboten – PDFs, ePUB und das Kindle-Format sind derzeit die wichtigsten.

Vergleich

Das W3C hat unter *www.w3.org/AudioVideo/ebook* einen technischen Vergleich der hier beschriebenen Formate veröffentlicht.

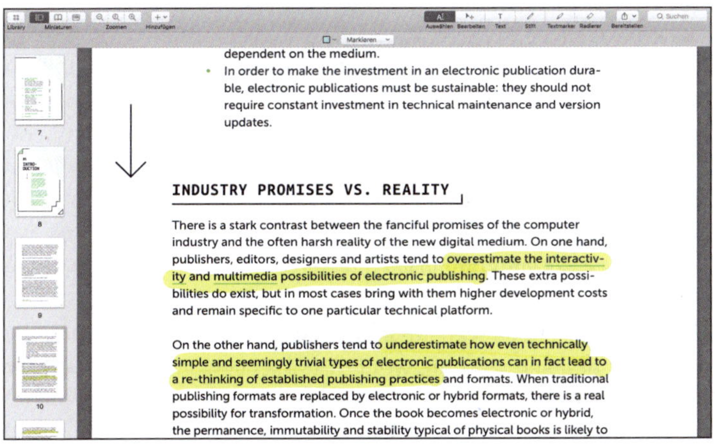

Abbildung 33.1: Unterstreichen und Notizen machen – das Annotieren gehört zu den Standardfunktionen von allen E-Book-Formaten (hier: App GoodNotes auf dem Mac, *www.goodnotes.com*).

33.2.1 PDF

PDF kann Dokumente unabhängig von den verwendeten Ausgabegeräten darstellen. Der offensichtlichste Unterschied zu anderen Formaten ist, dass PDFs an im Vorhinein festgelegte Dimensionen eines Dokuments geknüpft sind. Das bedeutet, dass ein Verlag das Layout vorab eindeutig definieren kann. Das E-Book sieht daher auf allen Geräten gleich aus. Das ist gerade bei aufwändig gestalteten Werken mit vielen Abbildungen, Tabellen und Verweisen vorteilhaft. Allerdings kann der Lesekomfort leiden, wenn das Lesegerät kleiner als das geplante Layout ist – dann müssen Leser und Leserinnen viel zoomen und scrollen, um das E-Book lesen zu können. PDF unterstützt beispielsweise:

- Barrierefreiheit (Tagged PDF) durch Einbindung semantischer Informationen
- Textalternativen für Bilder
- multimediale und interaktive Elemente wie Formulare
- Einbetten von Schriften und Grafiken in Raster- und Vektorform
- Transparenzen
- Sicherheitsfunktionen wie Verschlüsselung oder digitales Signieren
- Bearbeitungs- und Annotierungsfunktionen

33.2.2 ePUB

Kostenfreie E-Books

E-Books im ePUB-Format sind weit verbreitet – so sind beispielsweise zahlreiche gemeinfreie Werke kostenfrei verfügbar, etwa auf den Plattformen Project Gutenberg (*www.gutenberg.org*) oder Internet Archive (*https://archive.org/details/texts*).

In den späten 1990er Jahren entwickelte die Initiative Open Ebook Forum (heute International Digital Publishing Forum oder IDPF, *http://idpf.org*) das Format »Open E-Book«. Es setzte auf eine Auswahl von Elementen aus den Sprachen HTML und CSS, Multimediaformaten sowie einem Manifest in XML. In diesem Manifest wurde beispielsweise festgelegt, welches Cover zu einem Buch gehört, welche Kapitel es hat und in welchem Jahr es veröffentlicht worden ist.

Merke: ePUB (.epub) ist ein offener, weit verbreiteter Standard für E-Books auf Basis von Technologien wie HTML5, CSS3 und XML.

Lesegeschwindigkeit

Interessant ist auch die Möglichkeit, den Lesern und Leserinnen statt einer Seitenzahl die verbleibende Lesedauer anzugeben – ein E-Book-Reader oder eine Software kann so etwas recht einfach ausrechnen, indem es die bisherige Lesegeschwindigkeit mit der Menge an verbleibendem Text in Beziehung setzt.

E-Books im ePUB-Format passen sich standardmäßig in Breite und Höhe an das Ausgabegerät an (»reflowable«), so wie es Websites auch tun – anders als das PDF-Format versucht ePUB also nicht, ein gedrucktes Buch nachzubilden, sondern ein digitales Leseerlebnis zu schaffen. Das bedeutet, dass Menschen das Buch flexibel anpassen können – sie können beispielsweise Schriftart und -größe ändern oder den Kontrast einstellen. ePUB unterstützt allerdings auch fixe Layouts.

Im Nachteil ist ein fließendes ePUB besonders bei sehr komplexen Layouts. Außerdem verändern flexible Formate wie ePUB unsere Lesegewohnheiten oder führen neue Konventionen ein. So gibt es beim ePUB beispielsweise keine klassischen »Seiten« mehr – wie viel auf eine »Seite« passt, hängt ja maßgeblich von der Größe des Lesegeräts sowie der eingestellten Schriftgröße ab. Das ist einer der Gründe, warum beispielsweise wissenschaftliche Publikationen eher im PDF-Format veröffentlicht werden – in der Wissenschaft wird ständig aus anderen Werken zitiert, und die Seitenzahl gilt als wichtige Quellenangabe. Viele E-Reader und Leseprogramme geben allerdings alternative Angaben an, beispielsweise zur Position oder zum Lesefortschritt in einem E-Book. Diese Angaben können durchaus zum Zitieren oder als Orientierung genutzt werden.

33.2.3 AZW, Kindle File Format und MOBI

Der größte E-Book-Anbieter Amazon geht einen eigenen Weg. Der E-Reader Kindle sowie die Kindle-App unterstützen den offenen Standard ePUB nicht, sondern setzen auf ein eigenes, proprietäres Format. Es hört auf den Namen AZW und beruht auf dem Mobipocket-Format.

Mobipocket (MOBI) ist ein E-Book-Format, das bereits im Jahr 2000 von der französischen Firma Mobipocket entwickelt worden ist. Amazon hat das Unternehmen 2005 übernommen und MOBI zur Basis ihres eigenen Dateiformats für E-Books gemacht. Kindle-Geräte können MOBI-Dateien öffnen, und zahlreiche Anbieter nutzen dies, um ihren Kund*innen E-Books für Leserinnen und Leser mit Kindles zu verkaufen.

Wie ePUB ist auch AZW ein Format für frei fließende E-Books. Wichtige Entwicklungsstufen sind »Kindle File Format 8« (KF8 oder AZW3) aus dem Jahr 2011 sowie das aktuelle »Kindle File Format 10« (KF10 oder KFX).

Benennung

Das erste AZW-Format wurde im Jahr 2007 veröffentlicht, und seitdem hat Amazon das Format ständig weiterentwickelt. AZW ist auch unter dem Begriff »Kindle File Format« (KF) bekannt, was durchaus zu einiger Verwirrung führen kann.

Publikationen zum Blättern

Für Zeitschriften, Broschüren und Kataloge gibt es eine weitere Nutzungsform: den Blätterkatalog. Dabei wird versucht, das Lesen eines Printdokuments im Web zu simulieren – mitsamt virtuell blätternden Seiten und entsprechenden Soundeffekten. Es gibt mehrere Anbieter dieser Technologie, etwa Plattformen wie Issuu (*https://issuu.com*) oder selbstgehostete Lösungen wie Flipping Book (*https://flippingbook.com*) – manche Database-Publishing-Anbieter haben Blätterkataloge auch als Ausgabekanäle integriert.

Abbildung 33.2: Simulierte Printdokumente im Web (*https://flippingbook.com*)

33.3 Erstellen von E-Books im ePUB-Format

Als offener Standard bietet sich das ePUB-Format besonders an, um einen praktischen Einblick in die Erstellung von E-Books zu bekommen.

33.3.1 Inhalte eines ePUBs

Technisch betrachtet sind ePUBs Websites mit allen benötigten Ressourcen (z. B. Bildern oder Schriften) in einem Zip-Archiv. Tatsächlich kann man den Inhalt eines ePUBs prüfen, indem man seine Dateiendung in ».zip« ändert und es mit einem Zip-Programm entpackt.

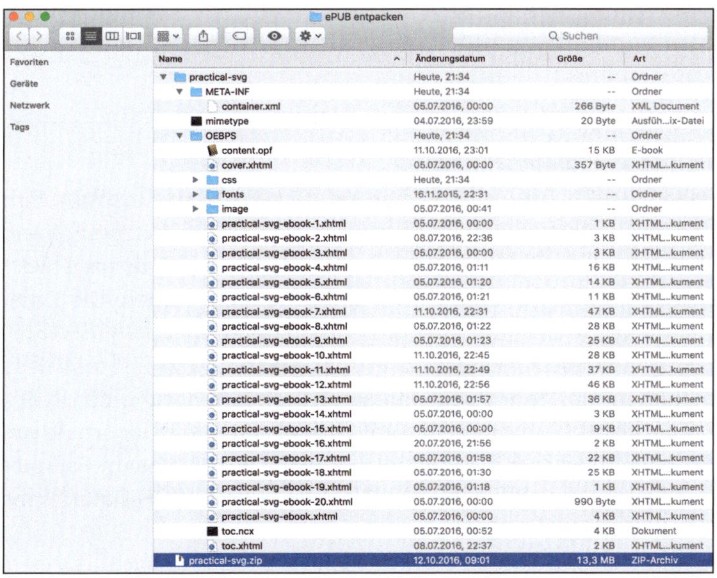

Abbildung 33.3: Blick in ein entpacktes E-Buch im ePUB-Format

Zugegeben – auf den ersten Blick sieht diese Liste abschreckend aus. ePUBs lassen sich allerdings mit sehr einfachen Mitteln aufbauen –

man benötigt nichts weiter als einen Texteditor, eine Bildbearbeitungssoftware und ein Zip-Programm. Das IDPF (*https://idpf.github.io/epub3-samples*), das offiziell für das ePUB-Format zuständig ist, stellt auf GitHub einige Beispieldokumente bereit, die den grundlegenden Aufbau zeigen. Auf *https://github.com/thansen0/sample-epub-minimal/tree/master/minimal* finden Sie eine Minimalbeispiel.

Abbildung 33.4: Minimales ePUB-Beispiel

Weiterlesen

Mehr zu den technologischen Hintergründen von XML finden Sie in Abschnitt 25.5.

Definition als ePUB in »mimetype«

Der erste wichtige Bestandteil eines ePUBs ist die Datei `mimetype`. `mimetype` ist eine Textdatei ohne Dateiendung, die aus einer einzigen Zeile besteht: »application/epub+zip« – sie sagt nichts weiter, als dass es sich um ein ePUB handelt. Der Name `mimetype` ist vorgeschrieben.

Abbildung 33.5: »mimetype« besteht aus einer einzigen Zeile Code.

Wegweiser in »container.xml«

Im Ordner »META-INF« gibt es eine XML-Datei »container.xml«. Ihre Aufgabe ist es, dem E-Reader oder der Lesesoftware mitzuteilen, wo die Inhalte des E-Books zu finden sind. Der Name des Ordners ist vorgeschrieben – auch die Schreibweise in Großbuchstaben. Die Datei darin beginnt mit der XML-Deklaration. Es folgt ein `container`-Element. Es legt innerhalb seines Namespace-Attributs (`xmlns`) fest, dass das Dokument auf dem Open-Container-Standard beruht, der in der ePUB-Spezifikation beschrieben wird. Anschließend wird innerhalb von `rootfiles` definiert, wo die Inhalte zu finden sind. In diesem Fall gibt es einen Eintrag `rootfile` mit einem Verweis auf eine OPF-Datei (mehr dazu im Anschluss).

```
<?xml version="1.0" encoding="UTF-8" ?>
<container version="1.0" xmlns="urn:oasis:names:tc:opendocument:
xmlns:container">
```

```
  <rootfiles>
    <rootfile full-path="OPS/content.opf" media-type="applica-
    tion/oebps-package+xml"/>
  </rootfiles>
</container>
```

Listing 33.1: Inhalt von »container.xml«

Inhalte im Ordner »OPS« oder »OEBPS«

Der Ordner »OPS« enthält die eigentlichen Inhalte – er darf auch anders heißen, allerdings hat sich »OPS« oder auch »OEBPS« (Open EBook Publication Structure) als Name fest etabliert. Neben den individuellen Inhalten enthält ein ePUB zwei Dateien mit Metadaten: eine OPF-Datei (meist »content.opf« oder »package.opf« genannt) sowie ein Inhaltsverzeichnis.

Wiki

Ein sehr gutes Wiki mit vielen Informationen zum ePUB-Format findet sich unter *https://wiki.mobileread.com/wiki/EPUB*.

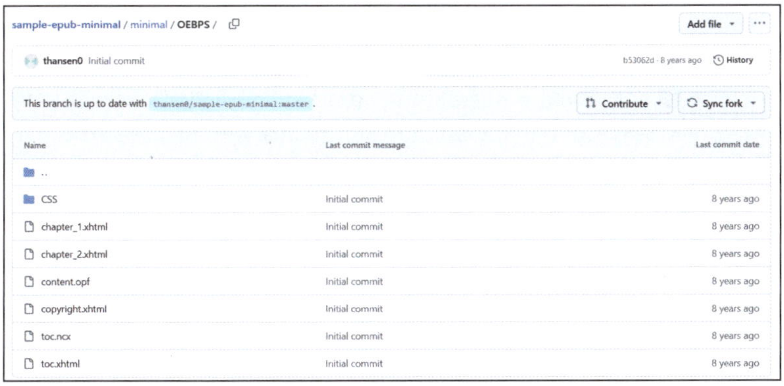

Abbildung 33.6: Die Inhalte eines E-Books finden sich im Ordner »OEBPS«.

Metadaten in »content.opf«

Die OPF-Datei (im Ordner »OEBPS«) kann man als Herzstück eines ePUBs betrachten – sie beschreibt die wichtigsten Metadaten eines E-Books. Die Dateiendung steht für »Open Packaging Format«, ist aber technisch gesehen XML.

OPF-Dateien können sehr lang werden und auf den ersten Blick abschrecken, sind aber im Grunde genommen sehr einfach zu verstehen. Hinzu kommt, dass viele der Inhalte für alle E-Books identisch sind – sehr oft kopiert man einfach den Inhalt aus einer Beispieldatei und ändert die Einträge passend ab. Gehen wir den Inhalt des IDPF-Beispiels einfach mal der Reihe nach durch:

+ Ganz am Anfang steht die bereits bekannte XML-Deklaration ❶.
+ Das Wurzelelement einer OPF-Datei ist das Element `package` ❷ mit einer Reihe wichtiger Attribute, etwa der ePUB-Version `version` und der Dokumentsprache `xml:lang`. Das Attribut `unique-identifier` verweist auf eine eindeutige ID, die weiter unten im Element `dc:identifier` angegeben wird.
+ Es folgt das Element `metadata` ❸. Wie der Name vermuten lässt, stehen hier zentrale Informationen über das E-Book, etwa sein Name, der Autor oder die Sprache. Das »dc« in den Elementnamen

steht für »Dublin Core« (*http://dublincore.org*) – ein weit verbreiteter Standard für die maschinenlesbare Angabe von Metadaten. Hier findet sich auch der oben erwähnte `dc:identifier` als eindeutige Buch-ID.

+ Das folgende Element `manifest` ❹ enthält Verweise auf die eigentlichen Inhalte. Jede Ressource steht in einem eigenen `item`-Eintrag mit eindeutiger `id`. Die Art der Datei wird innerhalb des Attributs `media-type` spezifiziert. Im `href`-Attribut findet sich schließlich der relative Pfad zum Dokument. Außerdem gibt es das `properties`-Attribut, mit dessen Hilfe sich beispielsweise das Coverbild (`properties="cover-image"` – dieses minimalistische Beispiel hat allerdings kein Coverbild) oder das Inhaltsverzeichnis (`properties="nav"`) definieren lassen. Im `manifest`-Element werden auch Verweise auf alle Bilder untergebracht, die im E-Book vorkommen, sowie natürlich auf die Kapitel – es ist nicht schwer, sich vorzustellen, dass das eine sehr lange Liste werden kann.
+ `spine` ❺ enthält eine Aufzählung sämtlicher HTML-Dokumente im E-Book. Wichtig: Die Reihenfolge der Inhalte wird hier in `spine` festgelegt – selbst wenn die Dateinamen selbst anders geordnet sind. Das minimale Beispiel hier enthält lediglich zwei Kapitel und ein Copyright.

```
<?xml version="1.0" encoding="UTF-8" ?>
<package xmlns="http://www.idpf.org/2007/opf" xmlns:dc="http://purl.org/dc/elements/1.1/" unique-identifier="db-id" version="3.2">

        <metadata>
            <dc:title id="t1">Sample .epub Book</dc:title>
            <dc:creator opf:role="aut">Jürgen Wolf</dc:creator>
            <dc:identifier id="db-id">isbn</dc:identifier>
            <meta property="dcterms:modified">2024-05-27T09:14:09Z</meta>
            <dc:language>en</dc:language>
        </metadata>

        <manifest>
            <item id="toc"               href="toc.xhtml" media-type="application/xhtml+xml" properties="nav" />
            <item id="ncx"               href="toc.ncx" media-type="application/x-dtbncx+xml" />
            <item id="template_css" href="template.css" media-type="text/css" />
            <item id="chapter_1" href="chapter_1.xhtml" media-type="application/xhtml+xml" />
            <item id="chapter_2" href="chapter_2.xhtml" media-type="application/xhtml+xml" />
            <item id="copyright" href="copyright.xhtml" media-type="application/xhtml+xml" />
        </manifest>

        <spine toc="ncx">
                <itemref idref="toc" />
            <itemref idref="chapter_1" />
            <itemref idref="chapter_2" />
            <itemref idref="copyright" />
        </spine>

</package>
```

Abbildung 33.7: Die OPF-Datei ist das Herz eines ePUBs – und kann wesentlich länger werden als dieses Beispiel.

33.3.2 Inhaltsverzeichnis und Navigation

Weiterlesen

Mehr zu HTML erfahren Sie in Abschnitt 23.1.

Ein ePUB braucht natürlich auch eine Navigation – das ist für Leser und Leserinnen sehr praktisch, um direkt auf ein Kapitel springen zu können. In ePUBs der Version 3 wird das Inhaltsverzeichnis mit dem Attribut `properties="nav"` im `manifest`-Element der OPF-Datei angegeben. Technisch handelt es sich beim Inhaltsverzeichnis um eine normale HTML-Datei – die Liste der Inhalte steht wie im HTML-Standard vorgesehen innerhalb des `nav`-Elements.

Code | Blame | 17 lines (17 loc) · 590 Bytes | Code 55% faster with GitHub Copilot

```
<?xml version="1.0" encoding="utf-8"?>
<html xmlns="http://www.w3.org/1999/xhtml" xmlns:epub="http://www.idpf.org/2007/ops">
<head>
<title>toc.xhtml</title>
<link href="CSS/template.css" rel="stylesheet" type="text/css" />
</head>
<body>
    <nav id="toc" epub:type="toc">
        <h1 class="frontmatter">Table of Contents</h1>
        <ol class="contents">
                <li><a href="chapter_1.xhtml">Chapter 1</a></li>
                <li><a href="chapter_2.xhtml">Chapter 2</a></li>
                <li><a href="copyright.xhtml">Copyright</a></li>
        </ol>
    </nav>
</body>
</html>
```

Abbildung 33.8: Die Navigation innerhalb eines ePUBs steht im nav-Element einer HTML-Datei.

Ältere ePUB-Versionen setzten auf NCX-Dateien statt auf ein HTML-Inhaltsverzeichnis – die Dateiendung ».ncx« steht für »Navigation Control for XML« oder »Navigation Center eXtended«. Häufig findet man aus Gründen der Kompatibilität auch beide Varianten.

Die Kapitel eines E-Books im ePUB-Format schließlich sind ganz normale HTML-Dateien – auch Gestaltung über CSS ist möglich.

ePUB-Beispiele

Viele interessante Beispiele zu ePUB-Projekten finden Sie auf der Github-Website von IF selbst unter *https://idpf.github.io/epub3-samples*.

33.3.3 Packen und Validieren des E-Books

Um ein ePUB zu erzeugen, genügt es, die zugehörigen Dokumente in ein Zip-Archiv zu packen. Achten Sie beim Packen des Archivs unbedingt darauf, dass `mimefile` die erste Datei im Archiv sein muss, damit das Dokument als ePUB erkannt wird. Außerdem sollte die Dateiendung des Archivs in ».epub« geändert werden.

Schließlich sollte das ePUB validiert werden. Dabei wird geprüft, ob das E-Book technisch fehlerfrei ist und den festgelegten Standards entspricht – damit lässt sich das Risiko minimieren, dass ein E-Book von E-Readern oder Lesesoftware nicht richtig erkannt wird. Das IDPF stellt unter *http://validator.idpf.org* einen kostenlosen Validierungsservice für ePUBs bereit.

Tools zur Erstellung

Wer E-Books nicht von Hand erstellen möchte, kann auf eine Reihe von Programmen aus den unterschiedlichsten Bereichen zurückgreifen, beispielsweise

- Kommandozeilen-Tools wie das kostenlose Pandoc (*http://pandoc.org*) von John MacFarlane
- Layoutsoftware wie InDesign von Adobe
- Schreibprogramme wie Pages von Apple oder Scrivener (*www.literatureandlatte.com/scrivener/overview*) von Literature & Latte
- E-Book-Software wie Calibre

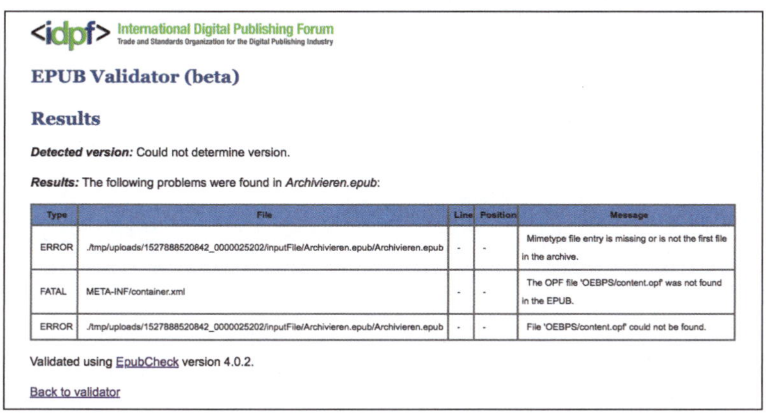

<idpf> International Digital Publishing Forum
Trade and Standards Organization for the Digital Publishing Industry

EPUB Validator (beta)

Results

Detected version: Could not determine version.

Results: The following problems were found in *Archivieren.epub*:

Type	File	Line	Position	Message
ERROR	./tmp/uploads/1527888520842_0000025202/inputFile/Archivieren.epub/Archivieren.epub	-	-	Mimetype file entry is missing or is not the first file in the archive.
FATAL	META-INF/container.xml	-	-	The OPF file 'OEBPS/content.opf' was not found in the EPUB.
ERROR	./tmp/uploads/1527888520842_0000025202/inputFile/Archivieren.epub/Archivieren.epub	-	-	File 'OEBPS/content.opf' could not be found.

Validated using EpubCheck version 4.0.2.

Back to validator

Abbildung 33.9: Bei diesem Versuch wurde »mimetype« nicht als erste Datei ins Archiv gepackt und der Name der OPF-Datei falsch geschrieben – die Folge ist ein ungültiges ePUB.

33.4 Technologie

Es gibt verschiedene Ansätze, E-Books zu konsumieren.

33.4.1 Software und Apps zum Lesen von E-Books

Ein E-Book ist zunächst einmal nichts weiter als eine Datei – sobald man eine Software hat, die das Format kennt, kann man mit dem Lesen anfangen. Es gibt eine Vielzahl freier oder kostenpflichtiger Software und Apps zum Lesen von E-Books. Exemplarisch sollen an dieser Stelle drei Vertreter mit ganz unterschiedlichen Ansätzen herausgegriffen werden: Ökosysteme à la Kindle, ein flexibler Open-Source-Vertreter und der Digital-Rights-Management-Standard.

+ Die großen Technologiefirmen im E-Book-Markt wie Amazon (Kindle) oder Apple (iBooks, mittlerweile in Apple Books umbenannt) erschaffen oft ganze Ökosysteme. Das bedeutet, dass sie einen E-Book-Store, Software und Apps zum Lesen auf allen relevanten Plattformen sowie passende Geräte aus einer Hand bieten. Dort kann man sich mit seinem Account anmelden und auf die eigene Bibliothek zugreifen. Meist kann man dann auch E-Books aus anderen Shops hineinladen, sofern man sich innerhalb der Grenzen bewegt, die unterstützt werden (beispielsweise in Bezug auf das Format, das Digital Rights Management oder den Speicherplatz in der Cloud des Anbieters).
+ Eine weit verbreitete offene Alternative hört auf den Namen Calibre (*https://calibre-ebook.com*). Die Software von Kovid Goyal ist für Mac, Windows und Linux verfügbar. Sie ist kostenlos sowie quelloffen und hält umfangreiche Funktionen für Management, Konvertierung und natürlich Lesen von E-Books bereit.

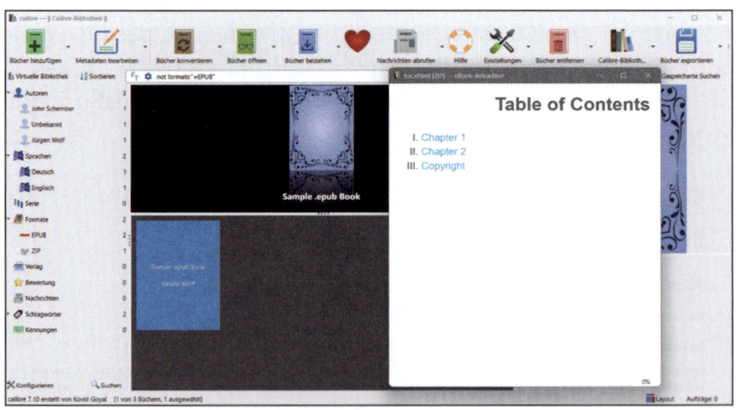

Abbildung 33.10: Open-Source-Software Calibre

+ Adobe Digital Editions (*www.adobe.com/de/solutions/ebook/digital-editions.html*) ist eine Anwendung für Mac, Windows, iOS und Android, die häufig zum Lesen von E-Books mit Digital Rights Management verwendet wird. Sie setzt auf die bereits erwähnte Adobe-ID, über die gesteuert wird, ob ein Buch oder Magazin betrachtet werden darf.

33.4.2 E-Reader

E-Books lassen sich also auf allen Geräten lesen – ob Computer, Tablet oder Smartphone. E-Book-Reader sind auf die Anzeige von E-Books optimiert. Bekannt wurden E-Reader durch die Einführung des Kindle durch Amazon im Jahr 2007. E-Reader sind meist klein, leicht und handlich. Ein zentrales Kriterium ist die Verwendung einer speziellen, (derzeit) monochromen Technologie namens E-Paper für das Display, die für das Lesen von Texten einige Vorteile hat.

Der wichtigste Wettbewerber des Kindle in Deutschland ist der Tolino. Tolino ist eine Marke, hinter der ein Zusammenschluss großer deutscher Buchhändler wie Weltbild, Thalia oder Hugendubel steht.

Abbildung 33.11: E-Reader (hier ein Kindle Touch) sind klein, handlich und für das Lesen optimiert.

E-Reader oder Tablet?

Die Grenzen zwischen E-Readern und anderen Geräten verschwimmen zunehmend. So haben viele E-Reader-Hersteller wie Amazon, Nook oder Tolino auch Tablets mit Touchscreens im Angebot.

33.4.3 Elektronisches Papier, E-Paper oder E-Ink

E-Paper oder elektronisches Papier ist eine Display-Technologie, die Papier so gut wie möglich nachbilden möchte. Der bekannteste Hersteller ist das Unternehmen E Ink (*https://eink.com*), das auch die großen E-Reader-Hersteller beliefert. Der Begriff E-Ink ist also streng genommen ein Produktname von E Ink, wird im Alltag aber häufig synonym für die gesamte E-Paper-Technologie verwendet (ähnlich wie eine bestimmte Marke für alle Taschentücher steht).

Achtung, nicht verwechseln

Zeitungsverlage nutzen den Begriff »E-Paper« auch für die digitale Ausgabe ihrer Zeitungen.

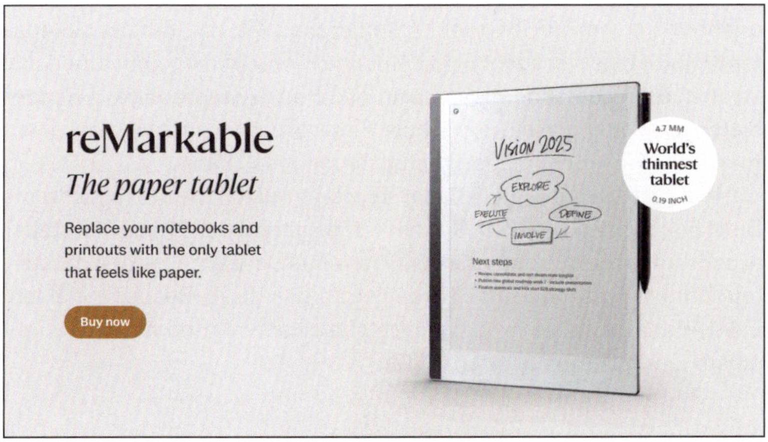

Abbildung 33.12: reMarkable (*https://remarkable.com*) ist ein Tablet auf Basis von E-Paper – zum Einsatz kommt die Technologie aber auch in Smartphones (Yotaphone), Smartwatches (Pebble) oder auf Preisschildern in Supermärkten.

Das Prinzip hinter den E-Ink-Displays wird Elektrophorese genannt. Das Display ist aus unzähligen winzig kleinen Kapseln aufgebaut. In diesen Mikrokapseln befinden sich weiße Teilchen mit positiver Ladung sowie schwarze Teilchen mit negativer Ladung. Die Mikrokapseln sind unterschiedlich groß und unregelmäßig geformt. In der Praxis ist das aber nicht wichtig, weil jedes Bildpixel mit mehreren Kapseln dargestellt wird und die Unregelmäßigkeiten nur bei starker Vergrößerung auffallen.

Legt man nun eine Spannung an die Kapseln an, kann man die elektrisch geladenen Teilchen damit ausrichten. Soll beispielsweise ein schwarzer Bildpunkt angezeigt werden, richtet man die schwarzen Teilchen auf der oberen und die weißen auf der unteren Seite der Kapsel aus – diese Stelle des Bildschirms erscheint daher schwarz. Das wiederholt man bei allen anderen Bildpunkten, bis das gewünschte Bild aufgebaut ist.

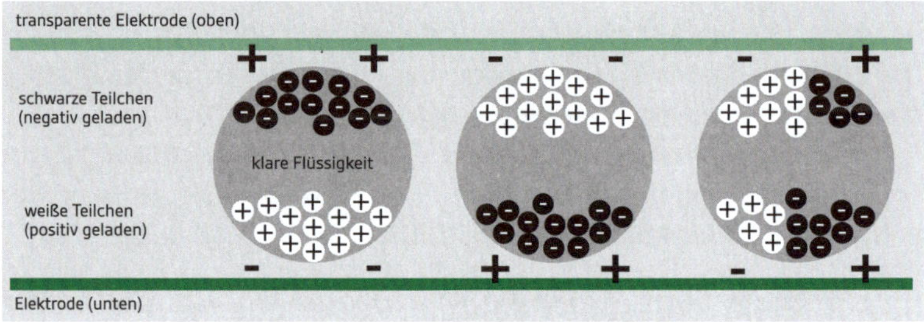

Abbildung 33.13: Funktionsweise von E-Paper-Displays

Diese Funktionsweise bewirkt, dass die Batterielaufzeit von E-Readern höher ist als bei Tablets: Energie wird nur beim Neuaufbau von Seiten verbraucht. Eine E-Paper-Seite kann also beliebig lange geöffnet bleiben.

Es gibt allerdings noch weitere Vorteile von E-Paper. Gerade im Sonnenlicht ist die Technologie im Vorteil, da sie nicht spiegelt und unabhängig vom Blickwinkel ist. Anders als die von Tablets bekannten LCD-Displays braucht E-Paper keine Hintergrundbeleuchtung und strahlt den Leser und die Leserin nicht an. Viele heutige E-Reader bieten aber dennoch eine optionale Hintergrundbeleuchtung an, damit man im Dunkeln ohne Zusatzbeleuchtung lesen kann.

Heutige E-Reader mit E-Paper-Displays nutzen meist monochrome Displays, können also nur Graustufen darstellen. E-Paper-Hersteller arbeiten allerdings zunehmend an Varianten, die auch Farben darstellen können. Amazon plant 2025 den ersten Kindle-E-Reader mit einem E-Ink-Panel, das auch Farbe darstellen kann. Tolino ist bereits mit einem E-Reader in Farbe am Start.

Einsatz von E-Paper

Die Eigenschaften von E-Paper bewirken, dass die Technologie besonders für textlastige Publikationen wie Romane geeignet ist. E-Paper-Bildschirme haben lange Schaltzeiten und eignen sich nur für statische Anzeigen – perfekt für Buchdarstellungen, aber nicht für Animationen, Scrollen oder gar Videos. Außerdem können Geisterbilder (»Ghosting«) entstehen, wenn Reste des vorherigen Bilds sichtbar bleiben. Dieser Effekt ist temporär und lässt sich vermeiden, indem alle Kapseln des Displays zunächst auf Schwarz gestellt werden, bevor das Bild angezeigt wird. Man kann sich das wie einen Reset vorstellen, bei dem alle Bildpunkte zunächst schwarz aufleuchten und erst danach angepasst werden – das verbraucht aber mehr Energie. Viele E-Paper-Geräte wählen daher einen Kompromiss und »flashen« den gesamten Screen nur nach einer gewissen Anzahl von Buchseiten.

33.5 Distribution von E-Books

Um ein E-Book zu vertreiben, braucht man eigentlich weder einen Verlag noch einen Anbieter. Es ist durchaus möglich, die gesamte technische Infrastruktur selbst aufzubauen: Ein Onlineshop-System regelt den Verkauf, und die Kundinnen und Kunden erhalten ein E-Book in einer Auswahl von Formaten per Download-Link. Wer diesen Weg gehen möchte, muss sich allerdings auch um das gesamte Marketing selbst kümmern.

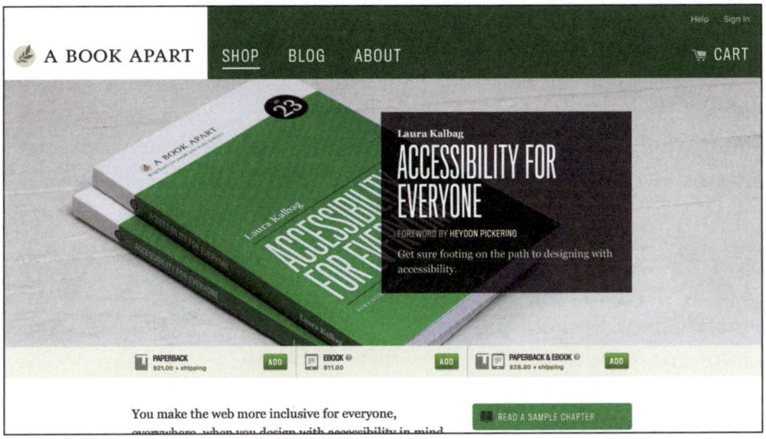

Abbildung 33.14: Kleine Verlage oder auch einzelne Autoren können sich im Netz eine eigene Distributionsplattform aufbauen (hier: A Book Apart, *https://abookapart.com*).

Selfpublishing vs. Verlag

Marketing und die nötige Reichweite sind Dinge, an denen viele E-Book-Autoren und -Autorinnen im Selfpublishing oft scheitern. Das beste E-Book ist nichts wert, wenn es niemand finden kann. Mit einem Verlag haben Sie den Vorteil, dass Ihnen die gesamte Palette der Möglichkeiten zur Verfügung steht, die für die Produktion und den Vertrieb von Büchern notwendig sind.

33.5.1 Offene und geschlossene Systeme

Eine größere Reichweite mit geringerem Aufwand versprechen die großen E-Book-Anbieter, die E-Books gegen einen Anteil am Verkaufspreis auf der eigenen Plattform anbieten. Es gibt allerdings große Unterschiede. Einige Shops setzen auf offene Systeme, was bedeutet, dass sie E-Books in Standardformaten anbieten, die man nach dem Kauf in jeder Software und auf jedem Gerät öffnen kann. Allerdings bedeutet »offen« nicht automatisch den Verzicht auf Digital Rights Management. Die Online-Shops vieler Buchhändler können als offene Systeme verstanden werden. Tolino beispielsweise ermöglicht es, E-Books bei verschiedenen Händlern zu kaufen. Außerdem wird das Verleihsystem von Onleihe unterstützt.

Einen anderen Weg gehen Anbieter wie Amazon oder Apple mit ihren geschlossenen Systemen. »Geschlossen« bedeutet, dass die Bücher nur in der Software oder auf den Geräten des Anbieters genutzt werden können – beispielsweise dem Kindle oder der Kindle App von Amazon bzw. den Apple-Geräten. Geschlossene Systeme schränken Kundinnen und Kunden also in ihrer Lesefreiheit ein, bieten ihnen allerdings auch ein einheitliches Nutzungserlebnis. Oft sind geschlossene Systeme auch einfacher zu nutzen – man loggt sich mit seinem Konto ein, um alles andere kann sich der Anbieter kümmern.

33.5.2 Selfpublishing

Mit dem Erfolg von E-Books sind natürlich auch neue Geschäftsfelder und Distributionsmodelle entstanden, oder alte haben sich verändert. Oft wird in diesem Zusammenhang das Selfpublishing genannt, also das Publizieren von Büchern im Selbstverlag. Kennzeichnend für das Selfpublishing ist, dass sich die Autorin eines Werks um alle Aspekte

Erfolgreiche Autorinnen und Autoren im Selfpublishing

Selfpublishing hat sich zu einer veritablen Einnahmequelle entwickelt. Hier ist eine nichtrepräsentative Auswahl von Autorinnen und Autoren, die das Spektrum aufzeigen soll – einige der Werke sind später auch bei regulären Verlagen erschienen:

E. L. James' Erotik-Roman-Reihe »Shades of Grey« wurde zunächst im Internet veröffentlicht, später dann im Independent-Verlag The Writer's Coffee Shop, bevor sie ihren Siegeszug durch die Bestsellerlisten mithilfe größerer Verlage antrat.

Poppy J. Anderson schreibt Liebesromane und verkaufte im März 2015 als erste deutsche Selfpublisherin eine Million Bücher auf Amazon.

Dirk von Gehlens Sachbuch »Eine neue Version ist verfügbar« über digitale Kultur wurde 2012 als sehr erfolgreiches Projekt über Crowdfunding finanziert, später auch in einem Verlag veröffentlicht und ermöglichte es den Unterstützern, am Entstehungsprozess teilzuhaben.

Nele Neuhaus entschied sich 2005 nach vielen Absagen, ihren Debütroman »Unter Haien« in Eigenregie drucken zu lassen – er wurde ein überraschender Erfolg. Weitere Veröffentlichungen folgten – mittlerweile ist sie eine der erfolgreichsten deutschen Krimiautorinnen.

der Publikation kümmert – also nicht nur Recherche und Schreiben wie bei der Zusammenarbeit mit einem Verlag, sondern auch um Layout, Preisgestaltung, Vertrieb und Vermarktung. Genau das ist durch das digitale Business sehr viel einfacher geworden. Der Aufwand hinter einer erfolgreichen Buchpublikation sollte allerdings dennoch nicht unterschätzt werden.

Szene

Die Selfpublishing-Szene hat sich in den letzten Jahren zunehmend organisiert. So gibt es beispielsweise Selfpublishing-Preise (*http://selfpublishing-preis.de*), -Verbände (*www.selfpublisher-verband.de*) und -Magazine (»Der Selfpublisher«). Selfpublisher haben sich auch auf Veranstaltungen wie der Frankfurter Buchmesse längst etabliert.

Abbildung 33.15: Anbieter wie Books on Demand (*www.bod.de*, *Bild*), Neobooks (*www.neobooks.com*) oder ePubli (*www.epubli.de*) verstehen sich als Dienstleister für Selfpublisher.

Kein Wunder also, dass zahllose Plattformen in diesem Segment ihre Dienste anbieten, etwa bei der E-Book-Konvertierung. Print-on-Demand-Services und Digitaldruck ermöglichen auch die kostengünstige Erstellung gedruckter Bücher in kleiner Stückzahl. Der Vertrieb von E-Books ist über die Selfpublishing-Plattformen der E-Book-Anbieter möglich, beispielsweise Amazon Kindle Direct Publishing (KDP) oder Tolino Media – bei jedem Verkauf erhält der Anbieter einen Teil des Erlöses als Provision. Es gibt außerdem Plattformen, die E-Books mit einem Klick bei verschiedenen Anbietern einstellen. Sehr häufig findet man auch Komplettpakete mit E-Book-Konvertierung und -Publikation, Print-on-Demand-Paketen, Registrierung einer ISBN-Nummer und verschiedenen weiteren Services für Autoren und Autorinnen (etwa Lektorat, Buchcover-Gestaltung oder Werbemittel) – ein untrügliches Zeichen dafür, dass sich Selfpublishing zu einem etablierten Markt entwickelt hat.

33.5.3 Identifizierung von Büchern und anderen Werken

Eine ISBN-Nummer (International Standard Book Number) wird von der International ISBN Agency (*www.isbn-international.org*) vergeben und ist für jedes Buch einmalig. Seit Januar 2007 hat die Nummer 13 Stellen (ISBN-13), zuvor waren es zehn Ziffern (ISBN-10). Jede Ausgabe eines Buchs (beispielsweise E-Book oder Hardcover) erhält eine eigene ISBN – auch dann, wenn der Inhalt identisch ist, außer es handelt sich um einen unveränderten Nachdruck.

Abbildung 33.16: Aufbau einer Nummer nach ISBN-13

Ein anderes System zur Identifizierung von Inhalten ist der Digital Object Identifier (DOI). Ein DOI soll einem digitalen Objekt (z. B. einem Artikel) dauerhaft zugewiesen werden und darauf zeigen – das soll tote Links vermeiden helfen, weil man über die Website der International DOI Foundation (*www.doi.org*) immer wieder auf den Inhalt zugreifen kann. Angaben dieser Organisation zufolge sind seit seiner Einführung im Jahr 2000 schon mehr als 148 Millionen eindeutige Nummern vergeben worden.

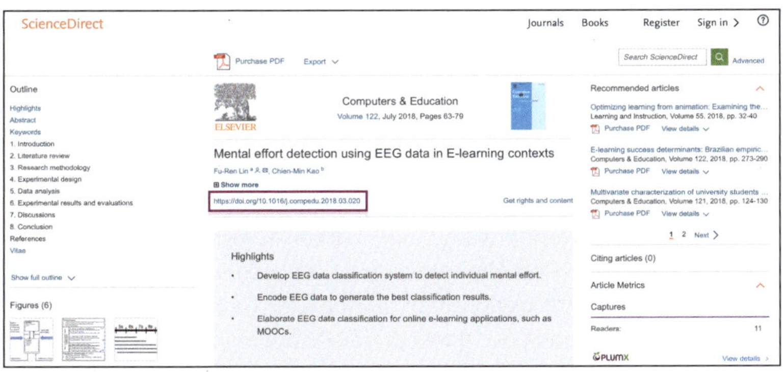

Abbildung 33.17: DOIs (hervorgehoben) sind besonders im wissenschaftlichen Bereich fest etabliert (*www.sciencedirect.com/science/article/pii/S0360131518300794*).

Auch für andere Publikationen gibt es Systeme zur eindeutigen Kennzeichnung, beispielsweise die ISSN-Nummern für Zeitschriften (International Standard Serial Number).

33.5.4 Digitale Geschäftsmodelle und Nutzungsformen für E-Books

E-Books können jedoch nicht nur das Lesen und Publizieren von Büchern verändern. Die immaterielle Natur von E-Books ermöglicht neue Geschäftsmodelle, die in gedruckter Form nicht möglich wären:

- Abo-Modelle bieten beispielsweise gegen monatliche Bezahlung oder auf Basis von Werbefinanzierung unbegrenzten Zugriff auf eine große Anzahl E-Books (wie bei Kindle Unlimited, Skoobe oder Readfy für Bücher oder Readly für Zeitschriften), während Services wie Blendle oder Pocketstory einzelne Artikel gegen Zahlung einer geringen Gebühr verfügbar machen.
- Autoren wie der Designer Brad Frost (»Atomic Design«) bringen frei zugängliche Inhalte zusätzlich als E-Book oder gedruckt gegen eine Zahlung heraus – wer sie unterstützen möchte oder ein alternatives Leseerlebnis bevorzugt, hat damit die Möglichkeit dazu.
- E-Books können aber auch gemeinsam mit anderen digitalen Inhalten wie Videos oder Webinaren zu ganzen Lernplattformen ausgebaut werden, wie beispielsweise bei Safari des amerikanischen O'Reilly-Verlags.
- Manchmal sind Aktualisierungen oder Folgeauflagen für E-Book-Käuferinnen und -Käufer inklusive – diese Möglichkeit gibt es z. B. bei Amazons Kindle.
- E-Books können auch individualisiert werden – so können Sie sich bei Wikipedia beispielsweise Ihr eigenes E-Book zusammenstellen und herunterladen.
- Eine weitere Möglichkeit sind multimedial angereicherte E-Books, die neben den bekannten Elementen wie Text, Fotos oder Grafiken weitere Formen von Inhalten enthalten, die in einem gedruckten Buch nicht möglich wären – beispielsweise Videos, Animationen oder interaktive Elemente wie Slideshows. Solche E-Books werden auch als Enhanced E-Books bezeichnet.

Kapitel 34

Grundlagen der Foto- und Videotechnik

Themen des Kapitels:

+ *Analoge Fernsehnormen und digitales Fernsehen*
+ *Video-Codecs und Videoformate*
+ *Streaming*
+ *Tonsysteme und Kameratechnik*
+ *Grundlagen gestalterischer Aspekte und Einstellungen*
+ *Erstellen von Videos und Fotos*
+ *Videoschnitt*

Wir beschäftigen uns in diesem Kapitel mit der Foto- und Videotechnik. Beide Techniken ähneln sich in grundlegenden Aspekten, da beide die Erfassung von visuellen Informationen beinhalten und ähnlicher technischer Grundlagen und gestalterischer Aspekte bedürfen, und können daher sehr gut gemeinsam betrachtet werden. Beginnen wir mit den Grundlagen der Videotechnik.

34.1 Fernsehtechnik

Fernsehen vermittelt Fernsehsendungen live oder zeitversetzt unidirektional an ein Massenpublikum. Es gibt verschiedene Normen, wie die Bild- und Toninformationen übertragen werden. Hierbei wird zwischen analogem und digitalem Fernsehen unterschieden. In den meisten europäischen Ländern werden TV-Signale heute ausschließlich digital übertragen, in vielen anderen Ländern jedoch noch analog. Auch die Produktionsmittel wie Kameras setzen heute weitgehend auf Digitaltechnik, trotzdem gibt es noch analoge Aufzeichnungsverfahren; außerdem schlummert noch analoges Sendematerial in den Fernseharchiven.

Definition Bildwiederholungsfrequenz
Die Bildwiederholungsfrequenz oder auch Bildwiederholungsrate wird in der Film-, Fernseh- und Computertechnik mit Hz (Hertz) oder fps (Frames per Second) angegeben. Eine Angabe von 25 Hz bedeutet hierbei, dass 25 (Voll-)Bilder pro Sekunde angezeigt werden.

Definition Zeilensprungverfahren
Aufbau eines Interlace-Fernsehbildes aus jeweils zwei Fields mit entweder geraden oder ungeraden Zeilen

34.1.1 Analoges Fernsehen

Zu analogen Fernsehzeiten wurden Fernsehbilder als Halbbilder im sogenannten Zeilensprungverfahren übertragen. Ein Bild baute sich aus 625 Zeilen auf, die Zeile für Zeile von einer Kathodenstrahlröhre abgetastet wurden. Jedes Halbbild enthielt die Hälfte der Bildinformationen, und zwar abwechselnd die Pixel der geraden oder ungeraden Zeilen. Für ein flimmerfreies Fernsehbild müssen 50 Vollbilder in der Sekunde gezeigt werden, was zur damaligen Zeit nicht möglich war.

Das menschliche Auge nimmt das Zeilensprungverfahren, bei dem nur die ungeraden und anschließend die geraden Zeilen gesendet werden, nicht flimmernd, sondern wandernd wahr. Der Vorteil: Schnelle Bewegungen erscheinen flüssig.

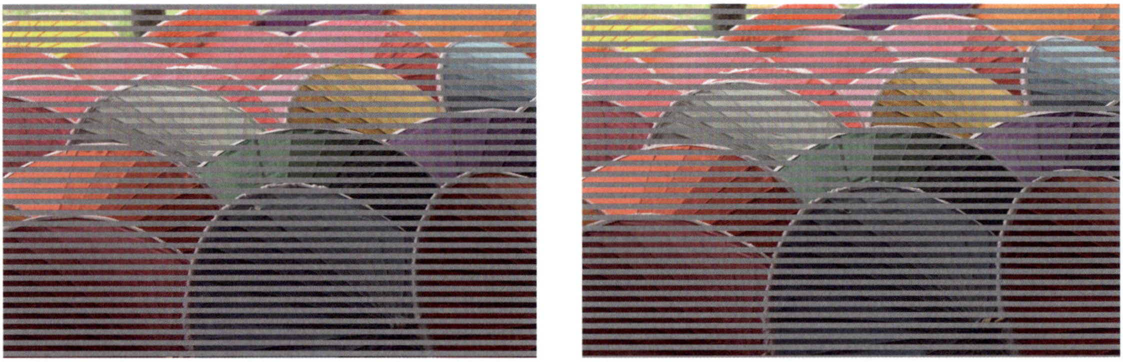

Abbildung 34.1: Aufteilung des Videos in zwei Halbbilder

50i vs. 50p

Bei Fernsehern oder Monitoren findet man häufig Angaben mit einem »i« (beispielsweise 50i) oder »p« (beispielsweise 50p) am Ende der Bildwiederholungsfrequenz. Das »i« steht für Interlaced und das »p« für Progressive. Mit 50i werden also 50 Halbbilder in der Sekunde übertragen, und mit 50p sind es 50 echte Vollbilder pro Sekunde.

Eine wichtige Rolle spielen die Fernsehnormen NTSC, PAL und SECAM. Mit der Fernsehnorm wird festgelegt, auf welche Weise die Bild- und Tondaten beim Fernseher vom Sender zum Empfänger übertragen werden. Da es keinen weltweit gültigen Standard für das analoge Fernsehen gab, haben sich mehrere Normen entwickelt:

+ **PAL:** Das PAL-System (kurz für: Phase Alternation Line) wurde vorwiegend in Europa, Australien, Neuseeland und in Teilen von Asien, Südamerika und Afrika verwendet. Wie bereits beschrieben, wird das Bild 25-mal in der Sekunde (25 Hz) mit zwei Halbbildern übertragen, um ein möglichst flimmerfreies Bild mit 50i zu erzielen. PAL verwendet 625 Bildzeilen, von denen 576 sichtbar sind.
+ **NTSC:** Die NTSC-Norm wurde vom National Television Systems Committee eingeführt und wurde vorwiegend in Nordamerika, in Teilen von Südamerika und in Japan verwendet. Das System arbeitet lediglich mit 525 Bildzeilen, von denen 480 Zeilen sichtbar sind. Dafür werden mit diesem System 60 Halbbilder (60i) übertragen, was einer echten Bildwiederholungsrate von 30 Hz entspricht.
+ **SECAM:** Die SECAM-Norm wurde bevorzugt in Frankreich, Osteuropa und Teilen Afrikas verwendet. Vom Prinzip ähnelte SECAM dem PAL-Verfahren, hatte jedoch nur die halbe vertikale Auflösung für Farbinformationen.

34.1.2 Digitales Fernsehen (DVB)

Die Verbreitung von Bild- und Tondaten geschieht heute meist in digitaler Form. Zu Beginn des digitalen Fernsehzeitalters wurden die Bild- und Tonsignale mithilfe eines Analog/Digital-Wandlers in digitale Datenströme verwandelt. Heute werden Filme fast durchgehend digital produziert. Da digitales Fernsehen nur eine deutlich schmalere Übertragungsbandbreite benötigt, ersetzt es mittlerweile das analoge Fernsehen in vielen Teilen Europas und der Welt. Die dazugehörigen digitalen Fernsehnormen heißen DVB-T, DVB-C und DVB-S.

Durch unterschiedliche Kanalkodierung sind die Standards wie DVB-T, DVB-C und DVB-S untereinander nicht kompatibel. Wenn aber beim Fernsehgerät der digitale Datenstrom hergestellt wurde, handelt es sich bei allen um einen MPEG-2-Transportstream. Mittlerweile läuft die Umstellung auf neue digitale Übertragungstechnologien wie DVB-T2 und DVB-S2, die die alten Standards ersetzen und u. a. auf modernere Kompressionsverfahren zur Datenreduktion wie H.264/MPEG-4 setzen.

Da die Kapazität der Übertragung über Antenne (DVB-T), Satellit (DVB-S) und Kabel (DVB-C) unterschiedlich groß ist, unterscheidet sich auch die Bildqualität. So steht mit DVB-S die höchste Übertragungsrate zur Verfügung, gefolgt von DVB-C, und die geringste Übertragungskapazität hat man mit DVB-T. Natürlich gilt das nur rein theoretisch, denn letztendlich entscheiden die Fernsehsender selbst, mit welcher Bitrate das Programmangebot übertragen wird.

Mit dem digitalen Fernsehen wurde es auch möglich, höher aufgelöste Inhalte zu senden – dies wird HDTV (High Definition Television) genannt. Wenn die Rede von **HDTV** ist, wird immer neben der Auflösung auch die Bildwiederholrate und Übertragungsart angegeben. Es hat sich dafür eine Angabe nach dem Muster »720p60« durchgesetzt: Der erste Wert entspricht der Vertikalauflösung (bei HD gewöhnlich 720 oder 1.080 Zeilen), der zweite Wert ist »i« für Interlaced (Halbbilder) oder »p« für Progressive (Vollbilder), und am Ende wird die Bildwiederholungsrate vermerkt. Bei 720 Zeilen spricht man von HD und bei 1.080 Zeilen von Full HD. Die meisten öffentlichen und regionalen Sender senden mittlerweile häufig in HD mit 50 Vollbildern pro Sekunde. Die privaten Sender übertragen ihr Signal dagegen meist noch in Full HD, dafür jedoch mit Halbbildern. Für die Zukunft ist vorgesehen, auf Halbbilder ganz zu verzichten und möglichst immer 50 Vollbilder pro Sekunde zu übertragen.

Mit **UHDTV** (Ultra High Definition Television) steht ein digitales High-Definition-Videoformat für HDTV zur Verfügung, das die vierfache HDTV-Auflösung bietet. UHDTV wird wegen der Bildbreite von etwa 4.000 Pixel auch 4K genannt, HDTV dagegen als 2K bezeichnet. Der Definition nach müssen Ultra-HD-Fernseher eine Mindestauflösung von 8 Millionen Pixeln haben. Im Vergleich dazu hat ein HD-Fernseher mit 1.920 × 1.020 um die 2 Millionen Pixel.

Erklärung der Abkürzung

DVB steht für Digital Video Broadcast. Der Buchstabe dahinter zeigt an, worüber das Signal ausgestrahlt wird. So steht T für die terrestrische Übertragung, also das digitale Fernsehen per Antenne. Das S steht für die Übertragung per Satellit und das C für Cable, also das digitale Kabelfernsehen.

ATSC, ISDB

Es gibt noch weitere Standards in der Welt für digitales Fernsehen. So wird in Amerika, etwa in den USA, in Kanada und Mexiko, aber auch in Südkorea der ATSC-Standard verwendet, der dem DVB-T ähnelt. Japan hingegen verwendet ISDB, der ebenfalls dem DVB ähnlich ist, mitsamt der Unterscheidung von ISDB-S, ISDB-C und ISDB-T.

EPG

DVB kann mit dem EPG (Electronic Program Guide) weitere Informationen zum laufenden und den nachfolgenden Sendungen mitübertragen.

HDTV-Fernseher

Um HDTV-Sender sehen zu können, muss der Fernseher auch für HDTV ausgelegt sein. In der Regel wird das mit Angaben wie »HD-ready« oder »Full HD« kenntlich gemacht.

34.1.3 Seitenverhältnis und Bilddarstellung

Unterschied zwischen Bildseitenverhältnis und Pixelseitenverhältnis

Bildseitenverhältnis = gesamte Wiedergabefläche, z. B. 16 : 9.

Pixelseitenverhältnis (Pixel Aspect Ratio) = Verhältnis zwischen Breite und Höhe eines Pixels, bei 16 : 9 z. B. 1,46, die Breite des Bildpixels ist 1,46-mal so groß wie die Höhe.

Das Bildseitenverhältnis (engl. Aspect Ratio) oder auch Bildformat ist das Verhältnis zwischen der Breite und der Höhe eines Bildes. Diese Angabe findet man gewöhnlich in der Form »Breite : Höhe« vor, beispielsweise 4 : 3, 16 : 9 und 21 : 9.

Vor allem zu Zeiten des Übergangs vom analogen zum digitalen Fernsehen wurden Filme noch mit dem Seitenverhältnis 4 : 3 aufgezeichnet, mussten aber auf Flachbildfernsehern mit einem Seitenverhältnis von 16 : 9 angezeigt werden. Dabei entstanden links und rechts schwarze Balken. Das Verfahren hieß Pillarbox, alternativ wurde das Bild einfach in die Breite gezerrt. Umgekehrt, also bei der Übertragung von 16 : 9-Material auf 4 : 3-Fernseher, entstanden oben und unten schwarze Balken. Dieses Verfahren war auch als Letterbox-Verfahren bekannt.

Bilddarstellungen anpassen

In der Übergangsphase vom analogen zum digitalen Fernsehen wurden viele Versuche unternommen, die Angleichung der Seitenverhältnisse für die Zuschauer und Zuschauerinnen möglichst wenig störend zu gestalten. Man wollte unbedingt auf die Balken verzichten und streckte dafür die Bilder. Viele Flachbildfernseher boten an, entweder die Balken zu zeigen oder das Material zu strecken. Heute spielt 4 : 3 keine Rolle mehr, so dass die lästigen Anpassungen außer beim Umgang mit Archivmaterial entfallen. In veränderter Form taucht das Problem jedoch bei der Verwendung eines Smartphones wieder auf, das bei der Aufnahme hochkant gehalten wurde. Hier werden die fehlenden Bildteile meist durch unscharfe Balken ersetzt, in denen das Signal wiederholt wird.

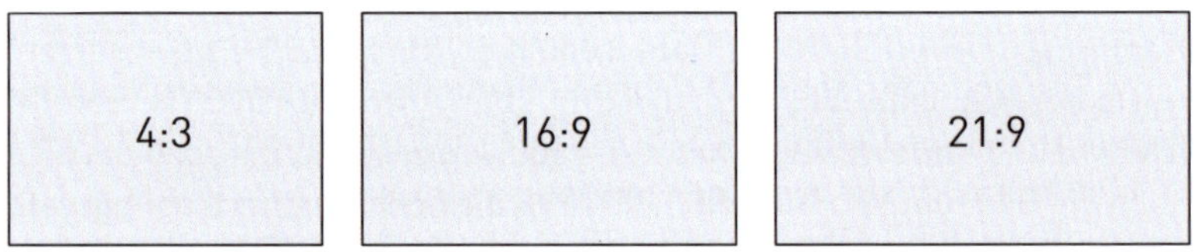

Abbildung 34.2: Die verschiedenen Seitenverhältnisse im Überblick

Seitenverhältnis	Seitenverhältnis auf 1 normiert*	Vorkommen
4 : 3	1,33 : 1	Beim alten PAL oder NTSC wird/wurde dieses Seitenverhältnis häufig verwendet. Das Format gibt es eigentlich nur noch bei alten Röhrenfernsehern.
16 : 9	1,77 : 1	Der Standard beim HDTV und UHDTV wird bei allen gängigen Flachbildfernsehern der heutigen Zeit verwendet.
21 : 9	2,35 : 1	Das ist gewöhnlich das Format für Filme im Kino. Nur sehr wenige und teure Flachbildfernseher verwenden das Format. Es wird auch als Cinemascope bezeichnet.

Tabelle 34.1: Die gängigen Seitenverhältnisse. (* Vereinheitlicht, um einen Vergleich zu ermöglichen.)

34.2 Hintergrundwissen: Videosignale

Die Prozesse bei der Herstellung und Ausstrahlung von Fernsehen sind heute von der Aufzeichnung bis zur Sendung durchgehend digital. Trotzdem ist die Beschäftigung mit analogen Filmsignalen sinnvoll.

Um analoge Fernseh- oder Videosignale zu digitalisieren, wird ein Video-Transcoder verwendet, der ein analoges Videosignal wie YUV, FBAS oder S-Video in ein digitales Format umsetzt. Die Digitalisierung ist ein komplexer Prozess in mehreren Schritten, bei dem die Synchronsignale aus dem Videosignal herausgezogen werden und das Helligkeitssignal (Y) vom Farbsignal getrennt wird. Auch eine Kodierung des Farbsignals in Cr- und Cb-Komponenten wird nötig, wie auch eine Abtastung und Quantisierung.

Definition YUV
Im Fernseh- und Videobereich verwendetes Farbsystem. Y beinhaltet das Helligkeitssignal (Luminanz), U und V beinhalten die Farbinformation (Chrominanz).

Definition FBAS
Analoges Farbbildabtastsignal oder auch Composite-Videosignal, das Farb- und Helligkeitsanteile sowie Synchronimpulse über eine gemeinsame Signalleitung führt.

34.2.1 Abtastfrequenz und Abtastverhältnis

Die Digitalisierung von analogen Informationen in ein binäres Datenformat funktioniert immer nach demselben Prinzip. Hierbei wird ein Signalverlauf mit hoher zeitlicher Auflösung immer wieder gemessen und der ermittelte Messwert in binären Zahlen gespeichert. Als Abtastfrequenz wird die Häufigkeit bezeichnet, mit der das Signal gemessen wird. Diese Frequenz muss mehr als doppelt so groß sein wie die maximale Frequenz des analogen Signals. Wenn beispielsweise ein Videosignal 5 MHz benötigt, brauchen Sie eine Abtastfrequenz von 10 MHz.

Definition S-Video
Standard für die Übertragung von Videosignalen auf der Basis von getrennten Farb- und Helligkeitswerten. S-Video steht als Abkürzung für Super-Video.

Für Videosignale benötigt man logischerweise höhere Abtastfrequenzen als für Audiosignale, weil eben deutlich mehr Informationen enthalten sind. In der Praxis wird für ein SD-Videosignal die Frequenz 13,5 MHz verwendet. Für ein HD-Signal hingegen werden schon 74,25 MHz verwendet. Je größer diese Abtastfrequenz eines Videosignals ist, umso höher ist somit die Auflösung. Die Abtastfrequenz ist entsprechend auch ein Qualitätsmerkmal für die Auflösung digitaler Videosignale.

Definition »Standard Definition« (SD)
Mit SD (Standard Definition) werden die Videoformate zusammengefasst, die in den letzten Jahrzehnten das Fernsehen dominiert haben. Dazu gehören auch die Standards PAL, NTSC und SECAM.

34.2.2 Abtastverhältnis (Farb-Subsampling)

Ein reines Digitalisieren ohne weitere Vorbereitungen an den analogen Videosignalen würde eine gigantische Datenmenge erzeugen, weshalb eine (erste) Reduktion benötigt wird. Hierbei nutzt man die Schwäche des menschlichen Auges aus, das Helligkeitseindrücke höher aufgelöst wahrnimmt als Farbeindrücke. Daher wird die Auflösung der Farbe, also der Farbdifferenzsignale, reduziert, um den Datenumfang zu reduzieren. Hierfür werden verschiedene Abtastverhältnisse verwendet, wie zum Beispiel 4:2:2.

Definition Subsampling
Es werden mehr Informationen erfasst und digitalisiert, als bei der späteren Darstellung oder Wiedergabe verwendet werden.

Die Bedeutung der Zahlen ist schnell erklärt. Die erste Angabe von 4:x:x steht für das Luminanzsignal. Die anderen beiden Werte sind die Chrominanzwerte Cb und Cr für die Farbe (YCbCr). Die Basisabtastrate für SD-Videosignale beträgt 3,375 MHz. Die vierfache Abtastfrequenz sind somit die oben erwähnten 13,5 MHz, womit die Luminanz (Helligkeit) in der Regel abgetastet wird.

Bei der Farbunterabtastung (Farb-Subsampling) von 4:2:2 wird bei jedem Pixel der Luminanzwert abgetastet und nur bei jedem zweiten Pixel die beiden Chrominanzsignale. Hierbei werden das Helligkeitssignal mit 13,5 MHz und die Farbdifferenzsignale Cb und Cr mit 6,75 MHz abgetastet. Dadurch, dass alle vier Helligkeitswerte und jeweils nur zwei Farbwerte gespeichert werden, reduziert sich die Farbtiefe und damit auch die Datenmenge.

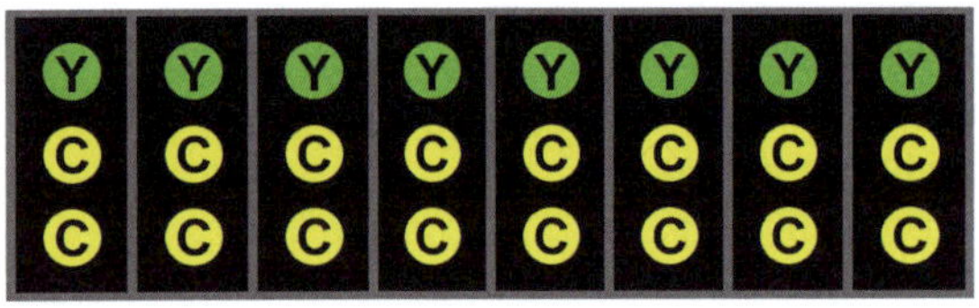

Abbildung 34.3: Jedes Pixel besteht aus drei Informationen: hier die 4:4:4-Abtastrate.

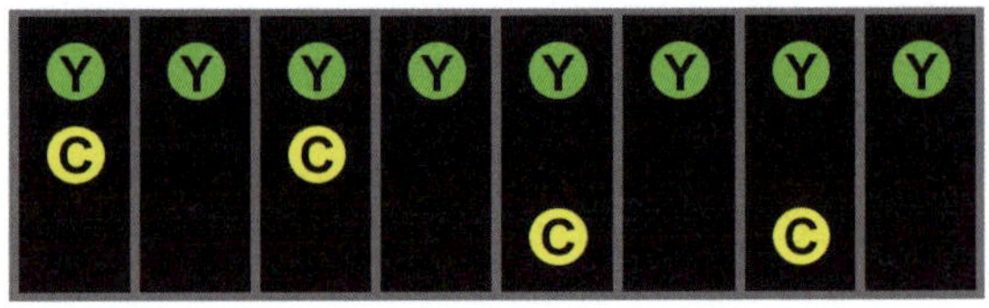

Abbildung 34.4: 4:2:0-Abtastung: Die beiden Farbsignale (Chrominanz) werden in jeder zweiten Zeile gar nicht abgetastet. In den anderen Zeilen geschieht das Abtasten nur halb so häufig wie das Abtasten des Schwarz-Weiß-Signals.

Natürlich gibt es noch andere Abtastraten wie beispielsweise 4:2:0, mit der eine noch stärkere Reduktion der Farbinformationen und damit des Datenumfangs erzielt wird. Bei einer Abtastrate von 4:4:4 hingegen würde keine Quantisierung stattfinden, was zwar die beste Bildqualität erreicht, aber auch die höchste Farbtiefe und somit den größten Datenumfang.

34.2.3 Quantisierung

Head- und Footrooms

Wegen der Head- und Footrooms (Übersteuerungsreserven) stehen in der Regel weniger Helligkeitsstufen zur Verfügung. Bei 8 Bits sind es daher nur 220, bei 10 Bits 877 und bei 12 Bits 3.505 Helligkeitsstufen.

Die Messung und Speicherung der ermittelten Zahlenwerte kann nie mit absoluter Genauigkeit erfolgen. Trotzdem kann man die Genauigkeit mit Abstufungen definieren. Je feiner diese gewählt werden, desto genauer werden die analogen Informationen digitalisiert. Die Genauigkeit der Quantisierung wird in Bit angegeben. Hierbei gibt es die 8-Bit-Quantisierung mit theoretischen 256 Helligkeitsstufen und die 10-Bit-Quantisierung mit theoretischen 1.024 Helligkeitsstufen. Im Vergleich zur 8-Bit-Quantisierung treten allerdings weniger Rundungsfehler auf. Bei besonders hochwertigen (HDR-)Produktionen kann auch eine 12-Bit-Quantisierung verwendet werden. Dies wären dann theoretische 4.096 Helligkeitsstufen. Im Audiobereich wird hierbei gewöhnlich eine wesentlich höhere Quantisierung verwendet.

34.2.4 Datenmenge

Zwar wird der Datenumfang mithilfe der Quantisierung wie 4:2:2 oder 4:2:0 mit dem Farb-Subsampling häufig deutlich reduziert, aber die Datenmenge ist immer noch viel zu umfangreich. Um die Datenmenge eines unkomprimierten Videos zu berechnen, wird die Formel aus Abbildung 34.5 verwendet.

$$\frac{\text{Breite} \times \text{Höhe} \times \text{Bildrate} \times \text{Farbtiefe} \times \text{Zeit}}{8 \times 1024 \times 1024}$$

Abbildung 34.5: Datenmenge eines unkomprimierten Videos (ohne Ton) in Megabyte berechnen

Als Beispiel sei ein einfaches PAL-Video mit 768 px Breite und 576 px Höhe demonstriert. Die Bildrate beträgt 25 Bilder in der Sekunde mit einer 10-Bit-Quantisierung und einer Videodauer von 5 Minuten (= 300 Sekunden). In Abbildung 34.6 gibt es das Ergebnis der Berechnung.

Für die Übertragung via DSL, Kabel oder Satellit sind diese Datenraten viel zu hoch. Und obwohl zumindest bei der Herstellung von hochwertigen Filmen heute auch unkomprimiertes Video in höchster Auflösung (UHD) hergestellt wird, verwenden die meisten Kameras Kompressionsverfahren zur Datenreduktion. Bei der Ausstrahlung werden Videosignale immer datenreduziert.

Hier kommen die Kompressionen mit den verschiedenen Video-Codecs zum Einsatz, ohne die es wohl heute kaum möglich wäre, Videos über das Internet zu streamen.

$$\frac{768 \times 576 \times 25 \times 10 \times 300}{8 \times 1024 \times 1024} = 3995 \text{ MB}$$

Abbildung 34.6: 5 Minuten einfachstes SD-Video belegen unkomprimiert fast 4 Gigabyte an Datenmenge. Vom Datenumfang mit HD und UHD brauchen wir dann gar nicht erst zu reden.

34.3 Video-Codecs und Videoformate

In diesem Abschnitt sollen gängige Video-Codecs und Videoformate behandelt werden.

34.3.1 Video-Codecs

Die Aufgabe eines Codecs ist es, den Datenumfang eines Videos für die Übertragung oder Speicherung zu reduzieren. Diese Komprimierung soll mit möglichst geringen Qualitätsverlusten verbunden sein. Der verwendete Algorithmus eines Codecs wird sowohl zur Kodierung eines Videos verwendet als auch zur späteren Wiedergabe auf einem Endgerät, etwa einem Fernsehbildschirm. Dieser Vorgang heißt Dekodierung.

Video-Codecs wurden und werden in großer Zahl von Unternehmen entwickelt, die versuchen, sich mit der Verwendung eigener Algorithmen zur Datenreduktion einen Marktvorteil zu erarbeiten. Viele dieser proprietären Codecs beruhen allerdings auf Standards, die im Bereich Video etwa von der Moving Picture Experts Group (MPEG) oder der internationalen Fernsehunion (ITU) erarbeitet und verabschiedet werden. Die bekanntesten Standards heißen H.264 und H.265. MPEG und ITU arbeiten häufig eng zusammen.

Videokompression

Die Videokompression dient zur Reduzierung der Datenrate eines digitalen Videosignals. Hierbei gibt es verschiedene Kompressionsarten, die von den verschiedenen Video-Codecs verwendet werden:

+ **Verlustfreie Kompression:** Hierfür wird meistens die sogenannte Lauflängenkodierung verwendet. Dabei werden redundante Informationen durch die Angabe der Anzahl ihres Vorkommens ersetzt. Beispiel: In einem digitalen Datenstrom kommen viele 0 und 1 vor, etwa in der Form 0000 0011 1100 0000. Dieser Datenstrom kann auch durch 6 4 6 ersetzt werden.
+ **Verlustbehaftete Kompression:** Bei diesen Methoden wird versucht, Informationen aus dem Bild zu entfernen, die beim Betrachten kaum bis gar nicht auffallen. Hierbei gehen aber Bildinformationen verloren, die nicht wiederhergestellt werden können.

Möglichkeiten der Kompression

Die Datenmenge von Videos wird durch die Bildgröße, die Farbtiefe und die Framerate (fps) bestimmt. Um die Datenmenge zu reduzieren, können Sie daher neben der Komprimierung der Videodaten auch die Bildmaße, die Farbtiefe und/oder die Framerate des Videos verringern. Dies wird gerade für mobile Endgeräte oder im Internet recht häufig genutzt.

Warum komprimieren?

Da beim Digitalisieren von Video sehr große Datenmengen entstehen, müssen diese komprimiert werden. Wenn Sie zum Beispiel ein analoges Fernsehbild digitalisieren wollen, werden pro Sekunde um die 32 Megabytes benötigt. Bei einer Filmlänge von einer Minute ergibt das bereits 2 Gigabyte an Daten.

+ **Räumliche Komprimierung:** Hierbei wird eine Komprimierung bei jedem einzelnen Bild (Frame) des Videos durchgeführt. Bekanntester Vertreter hierfür ist die JPEG-Komprimierung. Diese Komprimierung ist immer verlustreich.
+ **Differenzkodierung:** Bei dieser Methode werden einzelne Bilder über einen bestimmten Zeitraum komprimiert. Es werden nur die Abweichungen zum vorhergehenden Frame bzw. einem unkomprimierten, vorausgehenden Vollbild gespeichert. Diese Komprimierung eignet sich sehr gut für Videos mit wenig Bewegung und vielen Wiederholungen von ähnlichen Frames. Damit lässt sich eine große Datenmenge speichern, wenn von Bild zu Bild nur wenige Änderungen vorhanden sind. Bekanntestes Verfahren ist hierbei MPEG.

Die Kodierung eines Videos kann per Software erfolgen, aber auch per Hardware. In Videokameras übernehmen eigene Chips die Kodierung der digitalen Bildinformationen des Sensors. Typische Codecs, die auf Kameraseite eingesetzt werden, sind etwa AVCHD oder MPEG-4. Auch einige Schnittsysteme setzen auf eigene Codecs, wie etwa die Firma AVID mit ihrem DNxHD.

MPEG-1

Der älteste Video-Codec dürfte MPEG-1 sein, mit dem nur konstante Bitraten möglich waren. Erst mit der zweiten Version, MPEG-2, wurden variable Bitraten eingeführt, mit denen abhängig von der Komplexität der Szene mehr oder weniger Speicherplatz verwendet werden konnte. MPEG-2 wird auf DVDs und für die digitale Fernsehübertragung DVB eingesetzt. Der MPEG-4-Standard Teil 10 legt AVC als Format für die Videokodierung fest, der identisch mit H.264 ist, weshalb häufig auch von H.264/MPEG-4 AVC gesprochen wird. Dieser Standard ist heute jedoch einer der weitverbreitetsten Codecs für die Videoaufzeichnung.

Grundprinzip des MPEG-Codecs

Mit dem Standard MPEG-2 gelang dem digitalen Video der endgültige Durchbruch. MPEG-2 setzte erstmals sowohl auf die Datenreduktion innerhalb eines Bildes als auch auf die Differenzkodierung zwischen aufeinanderfolgenden Bildern.

Dabei werden nicht die vollständigen Informationen eines Bildes gespeichert, sondern nur die Bildteile, die sich verändern. In sogenannten Makroblöcken mit einer bestimmten Pixelgröße wird dabei eine Wiederholung im jeweils nächsten Frame geprüft. Danach wird eine Differenzkodierung aus diesen beiden Makroblöcken gebildet und das Differenzbild kodiert und gespeichert. Die Idee dahinter ist es, nur die Informationen des Bildes in einer Bildfolge zu speichern, die sich auch wirklich geändert haben. Hierbei unterscheidet man bei MPEG zwischen drei Arten von Bildern für eine MPEG-Videosequenz:

+ **I-Frames:** Die I-Frames bilden die Grundlage für eine Videosequenz. Diese bestehen aus vollständigen Einzelbildern, aus denen die P- und B-Frames erstellt werden. Diese Frames werden im JPEG-Verfahren komprimiert, benötigen aber trotzdem den größten Speicherplatz. Dank der I-Frames ist ein wahlfreier Zugriff und damit ein Vorwärts- oder Rückwärtsspulen innerhalb des Videos möglich.
+ **P-Frames:** Die P-Frames werden aus den I-Frames und weiteren P-Frames abgeleitet und enthalten nur die Änderungen zum vorherigen Bild.
+ **B-Frames:** Diese Frames benötigen am wenigsten Informationen und werden nicht nur aus vorangegangenen, sondern auch folgenden Bildern abgeleitet. Hierbei handelt es sich um eine rechnerische Interpolation eines Bildes.

Die einzelnen Bildtypen I-Frames, P-Frames und B-Frames werden dann im MPEG-Stream zu einer Bildgruppe zusammengefasst – was auch als Group of Pictures (GoP) bezeichnet wird. Dabei ist das erste Bild immer das I-Frame, gefolgt von P- und B-Frames. Das letzte Bild wiederum ist auch ein I-Frame. Der Vorteil, die Daten in einer Gruppe zusammenzufassen, liegt darin, dass jede Gruppe unabhängig von der anderen dekodiert werden kann.

H.264/MPEG-4 AVC (mp4)

H.264 ist ein von der ITU entwickelter Standard, der in weiten Teilen mit MPEG-4 identisch ist, weshalb meist von H.264/MPEG-4 AVC gesprochen wird.

H.264 erreicht eine dreimal höhere Kodierungseffizienz als H.262 (MPEG-2) und ist daher auch für hochauflösende Bilddaten gedacht. Auf der Gegenseite ist allerdings der Rechenaufwand deutlich höher.

In der Praxis wird H.264 für den Blu-ray-Standard verwendet. Auch einige Sender übertragen über DVB-S2 ihr hochauflösendes Programm damit. Aber auch bei mobilen Endgeräten, Videokonferenzen und noch einigen Anwendungen mehr kommt H.264 zum Einsatz.

H.265/HEVC

High Efficiency Video Coding (HEVC) (auch H.265 und MPEG-H II) ist der Nachfolger des H.264/MPEG-5-AVC-Standards für das UHD-Zeitalter und liefert eine noch bessere Kompressionstechnik.

VP8- und VP9-Codec

Der VP8- bzw. VP9-Codec ist ein lizenzgebührenfreies, offenes Format, das von Google (weiter-)entwickelt wurde. Das Format konkurriert mit H.264 (gegen VP8) und H.265/HEVC (gegen VP9) und wird von Google hauptsächlich für die Videoplattform YouTube verwendet. Aber auch andere Größen wie Netflix nutzen diesen Codec in Kombination mit selbstentwickelten Techniken. Google hat die eigene VPx-Reihe zugunsten der Entwicklung von AV1 der Alliance for Open Media (AOMedia) aufgegeben. Dieser Standard konkurriert mit dem neuen Standard HEVC (H.265/MPEG-H), der jedoch mit hohen Lizenzgebühren für die Firmen verbunden ist, die ihn nutzen wollen. Darüber tobt derzeit ein erbitterter Streit zwischen Geräteindustrie und Produzenten, so dass im Moment HEVC nur wenig Verbreitung findet.

Apple-ProRes-Codec

Apple ProRes ist ein fortschrittliches Video-Codec-Format, das von Apple Inc. entwickelt wurde und hauptsächlich in der professionellen Postproduktion und Videobearbeitung eingesetzt wird. Es wurde erstmals 2007 eingeführt und hat sich seitdem als Standard in der professionellen Film- und Fernsehbranche etabliert. Der Codec zeichnet sich aus durch eine hohe Bildqualität bei relativ moderaten Datenraten, effiziente Komprimierung, verschiedene ProRes-Varianten mit unterschiedlicher Qualität (beispielsweise ProRes 422 (Standard), ProRes422 HQ (höhere Qualität) usw.), Echtzeitbearbeitung und eine breite Unterstützung von professionellen Videobearbeitungsprogrammen.

34.3.2 Gängige Videoformate

Ein Videoformat fasst die audiovisuellen Informationen eines Videos wie die Bildauflösung, Bildwiederholungsrate, Farbtiefe und Tonspur zusammen. Der Begriff Videoformat ist nicht mit Datenformaten für Videodaten gleichzusetzen. Hierbei handelt es sich um ein Containerformat, in dem neben den Videodaten auch die Audiodaten für den Ton oder andere Metadaten wie der Untertitel oder weitere Informationen enthalten sein können. Ein Videoformat ist somit auch nicht an ein bestimmtes Kompressionsverfahren gebunden, sondern kann je nach Anwendung unterschiedlich komprimiert werden.

Da ein Videoformat nicht an spezielle Codecs gebunden ist, dürfte es sich von selbst erklären, warum sich gelegentlich Videos mit derselben Dateiendung nicht im selben Player abspielen lassen: eben weil der Player nicht mit dem Codec umgehen kann.

+ **MPEG:** Etwas verwirrend ist es, dass MPEG nicht nur der Name des Codecs, sondern auch der Name eines Containerformats ist. Es gibt MPEG-1, MPEG-2, MPEG-4 und MPEG-7, wobei MPEG-2 und MPEG-4 die wohl wichtigsten MPEG-Varianten sind. MPEG-2 wurde als Nachfolger von MPEG-1 eingeführt und ist schon länger im Einsatz (seit 1994), aber noch aktuell. Vorwiegend wird MPEG-2 für DVDs verwendet. Es gibt aber auch Varianten des digitalen Fernsehens (DVB-S, DVB-C und DVB-T), bei denen noch bevorzugt das MPEG-2-Format verwendet wird. MPEG-2 besteht aus elf Teilen (Parts), von denen der Part 3 so erfolgreich war, dass er als MP3 zum wohl wichtigsten Audioformat geworden ist. Die neuere Version MPEG-4 besteht hingegen aus 31 Teilen und dürfte wohl aufgrund des Codecs H.264 noch lange Zeit eine wichtige Rolle spielen. Aber auch andere Codec-Implementierungen wie ProRes oder Apple QuickTime sind gängige Vertreter des MPEG-4-Containerformats.
+ **Apple QuickTime:** Auch Apple QuickTime spielt eine bedeutende Rolle, besonders auf Apple-Geräten. Hierbei handelt es sich um ein ziemlich umfangreiches Framework. QuickTime unterstützt sehr viele Codecs – auch hier sind H.264 und H.265 die wichtigsten. QuickTime wird auch für das Streaming von mobilen Endgeräten und im Internet verwendet. Unter macOS wird QuickTime auch als professionelle Produktionsplattform verwendet. Programme wie Final Cut Pro basieren auf QuickTime.
+ **WebM:** WebM ist das Containerformat, das von Google entwickelt wird. Hierbei kommen die Video-Codecs VP8 und VP9 mit den Audio-Codecs Vorbis und dem neueren Opus zum Einsatz. Das Format mitsamt dem Codec wurde für Webseiten im HTML5-Standard entwickelt, wo es als Alternative zum MP4-Format verwendet wird. Ebenso verwendet Google den WebM-Codec auf YouTube, mit dem seit HTML5 ohne weitere Browser-Plug-ins Videos gestreamt werden.

DCI-P3-Farbraum

Der DCI-P3-Farbraum wurde von der Digital Cinema Initiatives (DCI) entwickelt und wird hauptsächlich in der digitalen Kinofilmproduktion sowie in modernen Anzeigetechnologien wie OLED- und 4K-Fernsehern, Smartphones, Tablets und professionellen Monitoren verwendet. Er bietet einen erweiterten Farbraum im Vergleich zum herkömmlichen sRGB-Farbraum, was zu lebendigeren und realistischeren Farben führt. In der Filmindustrie sorgt der DCI-P3-Farbraum für eine konsistente und genaue Farbdarstellung, die den kreativen Vorstellungen von Filmemachern entspricht. Auch in den Bereichen Fotografie, Bildbearbeitung, Grafikdesign und Animation ermöglicht der DCI-P3-Farbraum eine genauere und intensivere Farbdarstellung, wodurch die Qualität und Detailtreue der Arbeiten verbessert wird.

Im Vergleich deckt DCI-P3 etwa 25 % mehr Farben ab als sRGB, während AdobeRGB besonders in den Grün- und Cyan-Tönen einen noch größeren Farbraum umfasst. AdobeRGB eignet sich besser für Druckerzeugnisse und Farbmanagement im professionellen Fotografiebereich, da er einen größeren Teil des CMYK-Druckfarbraums abbildet. DCI-P3 ist für die digitale Anzeige optimiert, insbesondere für das Kino und moderne Displays, wo präzise und brillante Farbwiedergabe entscheidend ist.

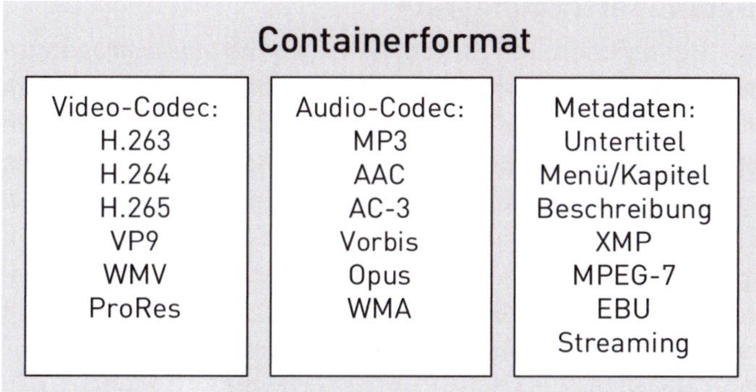

Abbildung 34.7: Bei Videoformaten handelt es sich um Containerformate, in denen auch unterschiedliche Datentypen enthalten sein können.

34.4 Streaming Media

Streaming Media ist – für die allgemeine Nutzung – noch ein recht junges Gebiet und trotzdem schon mit Anbietern wie YouTube aus dem Alltag nicht mehr wegzudenken und allgegenwärtig. Hierbei geht es darum, Video- und Audiodaten über ein Rechnernetz zu übertragen. Der Vorgang dieser Datenübertragung wird als Streaming bezeichnet.

Definition Livestream, Stream
Als Livestream oder Stream bezeichnet man gewöhnlich das übertragene Programm, das auf dem Bildschirm zu sehen ist.

Während beim Download das Video auf ein Speichermedium geschrieben wird, wird beim Streaming der Datenstrom direkt in ein Bild umgesetzt und angezeigt. Für das Streaming werden eigene Übertragungsprotokolle verwendet, die sicherstellen, dass die übertragenen Datenpakete vollständig sind und in der richtigen Reihenfolge zusammengesetzt werden und dass während der Übertragung die verfügbare Datenbandbreite möglichst konstant bleibt.

Um Streaming-Media-Angebote empfangen zu können, wird auf der Empfängerseite eine Software benötigt. Hierbei kann es sich um ein Plug-in für den Webbrowser oder auch um ein eigenständiges Programm für die Wiedergabe handeln. In der Regel ist die Software für den Empfang kostenlos.

Pufferung beim Streaming

Gewöhnlich wird auf der Clientseite ein Puffer von ein paar Sekunden für die zu übertragenden Dateien angelegt und verwendet, um unterschiedliche Laufzeiten der Datenpakete aus dem Netz auszugleichen und eine möglichst ruckelfreie Übertragung zu gewährleisten. Die Größe des Puffers hängt in der Regel vom Wiedergabeplayer des Clients ab.

Mit der entsprechenden Software auf der Clientseite wird eine Anfrage an einen Streaming-Server für den Datenstrom gesendet. Für die Kommunikation zwischen dem Client und dem Server werden spezielle Streaming-Protokolle wie RTSP (Real-Time Streaming Protocol) oder MMS (Microsoft Media Server Protocol) verwendet. Der Server tauscht nun die nötigen Informationen aus und fängt mit dem Streamen der Daten an den Client an.

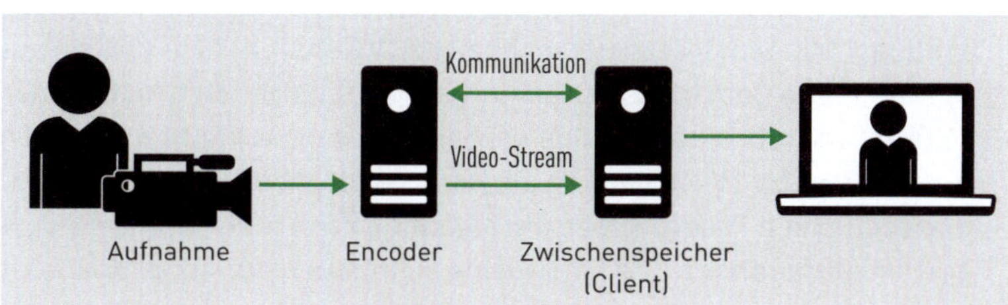

Abbildung 34.8: Vereinfachte schematische Darstellung des Streamings

34.4.1 Datenübertragungsrate

Von größter Bedeutung beim Streaming ist die Datenübertragungsrate bei der Verbindung zwischen Sender und Empfänger. Damit eine ordentliche und reibungslose Wiedergabe stattfinden kann, muss die Datenübertragungsrate für die Übertragung größer sein als die für die Kodierung verwendete Datenrate. Dank der Verbreitung von schnellen Internetverbindungen ist es heutzutage problemlos möglich, ein Streaming in PAL, Full HD und sogar teilweise in UHD durchzuführen.

Verschiedene Qualitätsstufen
Um der Internetgeschwindigkeit der einzelnen Benutzer gerecht zu werden, bieten viele Streaming-Portale wie YouTube verschiedene Qualitäten zur Auswahl an.

Als Streaming-Formate kommen auch hier Containerformate mit diversen Codecs zum Einsatz. Viele proprietäre Streaming-Player unterstützen hierbei nur die hauseigenen Formate. Es gibt aber auch nichtproprietäre Codecs wie VP8 oder VP9, die von Google oder zum Teil auch Netflix für das Streaming verwendet werden.

34.4.2 Verschiedene Streaming-Anwendungen

Die Anwendungsmöglichkeiten von Streaming sind sehr vielseitig geworden. Sie lassen sich in Videoportale, kommerzielles Video-Streaming, TV-Streaming und Musik-Streaming unterteilen.

Weitere Streaming-Anwendungen
Streaming wird nicht nur verwendet, um Videos und Musik zu übertragen, sondern auch bei Firmen oder Hochschulen, um Schulungen, Videokonferenzen oder ganze Unterrichtsstunden durchzuführen. Auch in der Videotelefonie wie Skype, FaceTime oder WhatsApp-Video kommt das Streaming zum Einsatz.

+ **Videoportale:** Die Videoportale wie YouTube, Vimeo, Twitch, Vevo oder Dailymotion dürften wohl die höchsten »Einschaltquoten« im Streaming-Bereich haben. Über eine Milliarde Nutzerinnen und Nutzer bei YouTube sprechen für sich. Die meisten dieser Videoportale finanzieren sich über Werbung. Es gibt allerdings auch die Möglichkeit, gegen eine monatliche Gebühr diese Werbung zu deaktivieren.
+ **Kommerzielles Video-Streaming (Video-on-Demand):** Filme, Serien und Dokumentationen anschauen, wann immer man Lust dazu hat. Gegen eine monatliche Gebühr bieten mittlerweile unzählige Anbieter Filme und Serien an. Viele dieser Anbieter produzieren mittlerweile eigene Filme und Serien. Einige bieten auch die Möglichkeit, den Inhalt zum Offlineschauen herunterzuladen. Die größten Anbieter derzeit dürften Amazon Prime, Netflix, WOW, iTunes Video, Google Play, Maxdome und DAZN sein, um nur einige zu nennen.
+ **TV-Streaming (Internet-TV):** Es gibt mittlerweile viele Fernsehsender, die ihr Programm über das Internet live und kostenlos streamen. Damit wird es möglich, das Fernsehen über mobile Geräte quasi in der Hosentasche mitzunehmen. Andere Fernsehsender hingegen verlangen eine Gebühr und erfordern häufig auch noch eine spezielle Software oder App, um sie sich per Streaming anzuschauen. Mit dem Internetfernsehen (IPTV) entsteht eine völlig neue Sparte neben dem klassischen Fernsehen über Satellit, Kabel oder DVB-T. Das haben auch einige größere Anbieter erkannt und bieten diese Form von TV-Streaming als Komplettpaket mit vielen Sendern und exklusiven Programmen an. Meistens kann man sehr viele Programme empfangen und hat Zugang zu Inhalten auf Abruf. Anbieter

sind zum Beispiel die Telekom mit MagentaTV, Vodafone mit GigaTV Net oder neuere Anbieter wie PŸUR.

+ **Musik-Streaming:** Das Musik-Streaming hat die Art, wie wir Musik hören, stark verändert. Anstatt ein Medium wie eine CD oder einen Song per MP3 zu kaufen, wird einfach nur noch die Musik gestreamt. Der Vorteil dabei ist, dass man auf einen Schlag Millionen Songs und Alben per Abruf zur Verfügung stehen hat. Außerdem ist Musik-Streaming unabhängig vom verfügbaren Speicherplatz des Empfängergeräts wie Smartphone, Tablet oder Computer. Auch hier gibt es mittlerweile viele Anbieter wie Spotify, Apple Music, Amazon Music Unlimited, Deezer oder Napster, um einige zu nennen.

34.5 Tonsysteme und Tonformate

Zur Videotechnik gehört auch der Ton. Daher sollen hier noch die Tonsysteme und Tonformate behandelt werden.

34.5.1 Mehrkanal-Tonsysteme

Bei einem Mehrkanal-Tonsystem wird versucht, ein möglichst realistisches Klangerlebnis zu erzielen. Dies wird durch eine bestimmte Anordnung von Lautsprechern realisiert. Hierbei wird unterschieden zwischen Lautsprechern, die vorne (Front-Lautsprecher) und hinten (Rear-Lautsprecher) platziert werden. Zusätzlich kommt je nach Tonsystem noch ein Subwoofer für die Bässe hinzu. Hierzu folgt eine grobe Übersicht über gängige Tonsysteme.

Abbildung 34.9: 1.0 (Mono)

+ **1-Kanal-System (Mono):** Für die Wiedergabe des Monosignals wird nur ein Lautsprecher benötigt. Dies war auch bis zur Einführung von Mehrkanalsystemen die einzige Möglichkeit, einen Ton wiederzugeben. Auch heute ist noch jedes Mehrkanalsystem in der Lage, eine Monowiedergabe durchzuführen.

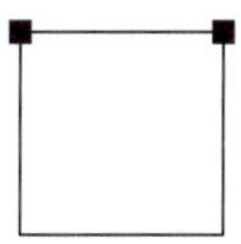

Abbildung 34.10: 2.0 (Stereo)

+ **2-Kanal-System (Stereo):** Beim Stereosystem arbeiten zwei Kanäle mit der gleichen Bandbreite an der Wiedergabe, weshalb hierzu auch zwei Lautsprecher benötigt werden. Mit den beiden Kanälen wird es möglich, räumliche Klanginformationen zu übermitteln.

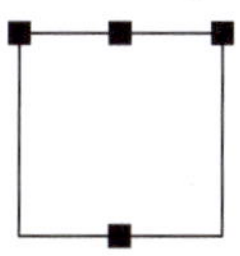

Abbildung 34.11: 4.0 (Dolby Surround)

+ **4-Kanal-System (Quadrofonie):** Mit diesem System mit vier Kanälen wurde noch gezielter eine räumliche Klanginformation anvisiert. Die Anordnung war hierbei zunächst: jeweils zwei Lautsprecher vorne und zwei hinten. Bessere Ergebnisse wurden dann mit der Variante erzielt, drei Lautsprecher vorne (links, rechts und Center) und einen hinten zu platzieren – was dann dem alten Dolby Surround entspricht.

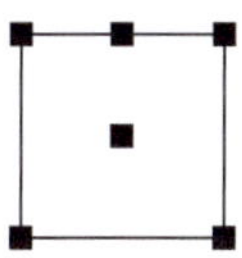

Abbildung 34.12: Das häufig verwendete 5.1-System

+ **5-Kanal-System:** Natürlich blieb es nicht bei vier Kanälen. Sehr verbreitet dürften mittlerweile Tonsysteme mit fünf Lautsprechern sein. Die Quadrofonie wurde um einen fünften Center-Lautsprecher ergänzt.

THX-Zertifikat

THX ist kein Tonstandard, sondern ein Qualitätssiegel für Kinos, Heimkinos, Computerlautsprecher oder Spielekonsolen. Vorausgesetzt, es werden alle Vorgaben erfüllt, bekommt ein Kino oder ein Gerät das THX-Zertifikat (natürlich nicht kostenlos).

Dolby Digital EX

Dolby Digital EX ist der Nachfolger von Dolby Digital. Zu den 5.1-Lautsprechern des Dolby-Digital-Systems kommen noch ein (6.1) oder zwei (7.1) Kanäle hinzu – womit also sieben oder acht Lautsprecher verwendet werden könnten.

DTS-HD

Speziell für den Einsatz bei HDTV, Blu-rays und HD DVD wurde mit DTS-HD (Digital Theater Systems High Definition) ein tontechnisch noch höherwertiges Mehrkanalsystem entwickelt.

+ **6-, 7-, 8-Kanal-System:** Mittlerweile gibt es (digitale) Tonsysteme mit sechs, sieben oder acht Kanälen. Durch das Hinzufügen eines Subwoofers wurde die räumliche Klangvielfalt damit stark erweitert.

34.5.2 Tonstandards

Mit der Zeit haben sich verschiedene Tonstandards für den Einsatz im Kino- und Heimgebrauch entwickelt und durchgesetzt. Hierbei werden die technischen Merkmale wie Bitrate oder Abtastfrequenz festgelegt.

+ **Dolby Surround:** Dolby Surround ist ein analoges Mehrkanal-Tonsystem, mit dem Raumklanginformationen aus einer Stereoquelle dekodiert werden. Das Stereosignal wurde mit Dolby Surround um zwei Kanäle, vorne Mitte und hinten Mitte, erweitert. Im digitalen Zeitalter hat Dolby Surround an Bedeutung verloren und wurde von Dolby Digital und DTS verdrängt.
+ **Dolby Digital (AC-3):** Dolby Digital hingegen ist ein mittlerweile frei verfügbares digitales Mehrkanal-Tonsystem und wird in der Filmtechnik (Kino), für DVDs, Blu-ray-Discs und in der Fernsehtechnik verwendet. Im Bereich Kino und DVD sind die Konkurrenten DTS und SDDS. Dolby Digital unterstützt bis zu sechs diskrete Kanäle – was häufig auch als Dolby 5.1 bezeichnet wird.

  Zum hochauflösenden Fernsehen HDTV und den DVD-Nachfolgern Blu-ray-Disc und HD DVD sowie für Streaming-Dienste hat Dolby außerdem noch Dolby Digital Plus (DD+) als Mehrkanal-Tonsystem im Programm.
+ **DTS:** DTS (Digital Theater System) wurde zunächst als Mehrkanal-Tonsystem für das Kino entwickelt, kommt aber mittlerweile auch im Heimbereich bei DVDs oder Blu-ray-Discs zum Einsatz. DTS ist das direkte Konkurrenz-Tonsystem oder Alternative zu Dolby Digital. Es hat eine bessere Tonqualität als Dolby Digital, was allerdings auch bedeutet, dass der Speicherbedarf erheblich umfangreicher wird. Wie auch Dolby Digital bietet das DTS-Tonsystem sechs, sieben oder acht Kanäle an. Auch hier kommt meistens DTS 5.1 zum Einsatz.

34.6 Kameratechnik für Foto und Video

Die Erstellung von Fotos und Videos gehört heute ebenfalls zum Profil in der Mediengestaltung. Deshalb ist es auch wichtig, sich zunächst mit der notwendigen Technik zu beschäftigen. Hier soll auch ein wenig der Spagat zwischen der Fotografie und Videografie gemacht werden.

34.6.1 Kameratypen für die Fotografie

In der digitalen Fotografie gibt es mittlerweile verschiedene Kameratypen, die sich beispielsweise nach Kriterien wie Größe, Sucher, Brennweite oder Bildsensorgröße in unterschiedliche Klassen aufteilen lassen.

Kompaktkamera

Der Name drückt es schon richtig aus: Bei solchen Kameras ist alles möglichst klein und kompakt verbaut. Alle Komponenten wie das Objektiv oder der Blitz sind fest in die Kamera integriert. Häufig besitzen sie auch keinen optischen Sucher, sondern nur einen Bildschirm auf der Rückseite, um ein Motiv anzuvisieren. Aufgrund der kompakten Bauweise kann in solchen Kameras häufig nur ein kleinerer Bildsensor eingebaut werden. Der Brennweitenumfang ist in der Regel etwas kleiner (meistens 3-fach). Nichtdestotrotz sind die billigen Knipsen der Vergangenheit nicht mit den Kompaktkameras der heutigen Zeit zu vergleichen. Bekannte Vertreter sind Sony RX100 III oder Canon PowerShot G7 X Mark III. Aufgrund des etwas kleineren Chips kommt man allerdings bei den Kompaktkameras schnell an die Grenzen, wenn man z. B. ein Motiv mit unscharfem Hintergrund fotografieren will.

Definition Sucher
Mit einem Sucher können Sie in der Fotografie am Fotoapparat ein Motiv anvisieren und den Bildausschnitt festlegen.

Kein optischer Sucher

Auch wenn Systemkameras nun bautechnisch keinen Spiegel und somit keinen optischen Sucher verbaut haben, so bedeutet dies nicht, dass sie langsam sind – oder langsamer als Spiegelreflexkameras. Ganz im Gegenteil, durch Tricks der Hersteller, diese Auslöseverzögerung zu minimieren, sind diese Kameratypen den Spiegelreflexkameras mittlerweile in dieser Hinsicht mehr als ebenbürtig.

Bridgekamera oder Superzoom

Mit dieser Kameraklasse versuchen die Hersteller, eine Kamera für alles anzubieten. Technisch gesehen ist dieser Kameratyp zwischen der Kompaktkamera und einer Spiegelreflexkamera angesiedelt. Wie bei Kompaktkameras ist auch hier alles fest im Gehäuse verbaut. Allerdings ist der Zoombereich häufig deutlich höher – teilweise mit 16- bis 25-fachem (oder gar mehr) optischem Zoom. Als Sucher kommt oft ein elektrischer Sucher und/oder der Bildschirm auf der Rückseite zum Einsatz. Die Funktionalität ist häufig ähnlich wie bei einer Spiegelreflexkamera, nur gibt es keine Wechselobjektive. In der Regel kommen kleinere Bildsensoren zum Einsatz. Allerdings sollte uns bewusst sein, dass man durch die kleineren Bildsensoren und den extremen Zoombereich ein paar Abstriche bei der Bildqualität machen muss. Bekannte Modelle sind z. B. Panasonic Lumix DC-FZ1000 II oder Nikon Coolpix P1000.

Eierlegende Wollmilchsau

Der Vorteil solcher Bridgekameras liegt ganz klar in ihrer Flexibilität, um möglichst viele Bereiche der Fotografie (und Videografie) mit nur einem Gerät abzudecken.

Systemkamera

Die Geschichte der digitalen Systemkameras ist noch gar nicht so alt, und es scheint, dass diese Kameras mittlerweile ein ebenbürtiger Ersatz für Spiegelreflexkameras sind. Bei den Systemkameras handelt es sich um ein kompakteres Kamerasystem mit Wechselobjektiven und verschiedenen Blitzgeräten. Hierbei werden dieselben Bildsensoren wie bei den Spiegelreflexkameras verwendet. Die kompaktere Bauweise einer Systemkamera wird durch den Verzicht auf die Spiegelmechanik erreicht, weshalb oft von einer »spiegellosen Systemkamera« die Rede ist. Durch das Weglassen des Spiegels gibt es keinen optischen Sucher, weshalb man den Bildschirm oder einen elektronischen Sucher für das Anvisieren der Motive verwenden muss. Der Vorteil der elektronischen Sucher ist, dass alles, was dort zu sehen ist, auch wirklich so fotografiert wird.

Adapter für Systemkameras

Da bei den ersten Generationen von Systemkameras keine so umfangreiche Objektivauswahl gegeben war, hat man diesen Umstand mit Adaptern behoben. So können Sie heute rein theoretisch mithilfe von Adaptern fast jedes Objektiv eines beliebigen Herstellers an eine beliebige Kamera setzen.

Digitale Spiegelreflexkamera

Spiegelreflexkameras können wie Systemkameras mit vielen Objektiven und Blitzsystemen ausgestattet werden. Die Einstellmöglichkeiten bei Spiegelreflexkameras sind gewöhnlich verglichen mit allen anderen Kameratypen (abgesehen von den Systemkameras) am vielfältigsten.

Das optische Suchersystem unterscheidet sich deutlich. Hierbei fällt das Licht durch das Objektiv auf den schrägstehenden Spiegel. Von dort wird das Licht nach oben in ein Prisma gelenkt, und das Prisma wiederum lenkt es in den optischen Sucher der Kamera, wo Sie dank der Umlenkung im Prisma das Bild aufrecht im optischen Sucher sehen können (Abbildung links). Wenn Sie jetzt den Auslöser drücken, klappt der Spiegel nach oben, und das Licht wird für den Sensor zur Aufnahme des Motivs freigegeben (Abbildung rechts).

Ist die DSLR tot?

Obwohl es immer noch eine enorme Anzahl von Spiegelreflexkameras im täglichen Gebrauch gibt, haben viele Hersteller, wie z. B. Canon, die Produktion von Spiegelreflexkameras längst eingestellt und produzieren weiterhin spiegellose Kameras.

Definition Verschluss

Der Verschluss begrenzt die Zeit der Belichtung.

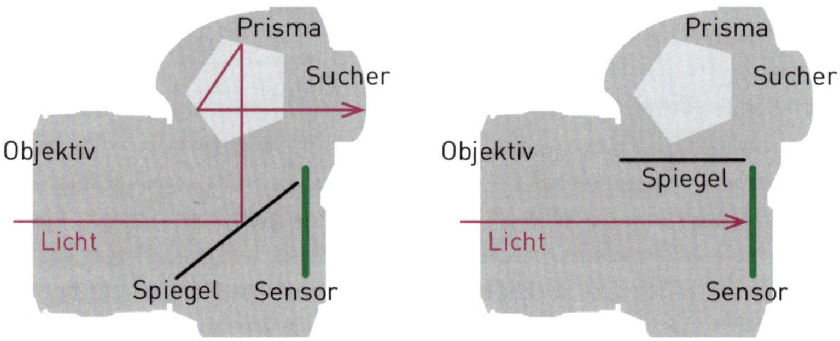

Abbildung 34.13: Spiegelreflexkamera mit optischem Sucher

Smartphone

Smartphone-Kameras haben sich in den letzten Jahren stark weiterentwickelt und sind heute ein beliebtes Werkzeug für Fotografen und Fotografinnen aller Erfahrungsstufen. Viele Smartphones verfügen über mehrere Kameras auf der Rückseite mit Weitwinkel-, Ultraweitwinkel- und Teleobjektiven, die eine Vielzahl von Aufnahmewinkeln und -perspektiven ermöglichen. Auch dank hochwertiger Sensoren und Objektive werden gute Bilder geliefert. Vieles, was man zudem hinterher in der Postproduktion durchführt, kann man bei Smartphones direkt auf dem Gerät ausführen. Hierbei helfen fortschrittliche Algorithmen und künstliche Intelligenz (KI), um Bilder automatisch zu verbessern. Funktionen wie HDR (High Dynamic Range), Nachtmodus und Porträtmodus tragen dazu bei, die Bildqualität zu optimieren. Auch können viele Smartphones Bilder im RAW-Format aufnehmen.

Einfache Bedienung

Der wohl größte Vorteil davon, Smartphones als Kamera zu verwenden, dürfte in der einfachen Bedienung liegen. Dank der automatischen Einstellungen und intelligenten Funktionen lassen sich leicht gute Fotos machen, selbst wenn man gerade erst ins Fotografieren einsteigt. Und Profis können bei Bedarf auch alle Einstellung selbst übernehmen (wenn das Smartphone es erlaubt).

34.6.2 Kameras zum Filmen

Alle eben erwähnten Kameratypen können neben der Fotografie auch für die Videografie verwendet werden. Hat man vor zwei Jahrzehnten zum Filmen ausschließlich zu einem Camcorder gegriffen, wird dies heute oftmals nur noch mit dem Smartphone gemacht – zumindest im privaten Bereich. Selbst digitale Systemkameras haben den Camcorder in vielen Bereichen abgehängt. Kinofilme und professionelle

Produktionen werden aber heutzutage trotzdem noch mit (professionellen) Camcordern gemacht. Auf den folgenden Seiten sollen kurz einige Kameratypen zum Filmen beschrieben werden.

Smartphone pimpen

Es gibt mittlerweile viel Zubehör, um besser mit dem Smartphone filmen zu können. So gehört ein Gimbal und ein tragbares Mikrofon mittlerweile zur Standardausrüstung für die Smartphone-Videografie. Ebenso gibt es Objektivkonverter, ND-Filter oder spezielle Handgriffe.

Smartphone

Da man das Smartphone praktisch immer dabeihat, wird es sehr intensiv zum Filmen gerade für die sozialen Medien eingesetzt. Gerade teurere Smartphones liefern zusammen mit den Film-Apps sehr gute Videos in einer Topqualität. Allerdings ist man bezüglich der Objektive, der Sensorgröße und mangelnder Ergonomie limitiert, und daher können Smartphones auch nicht mit Camcordern oder Fotokameras mithalten. Dennoch, dank Full-HD- oder 4K-Auflösung mit bis zu 60 Bildern (oder mehr) pro Sekunde ist das Smartphone eine sehr tolle Alternative und hat zumindest im Privatbereich den Camcorder obsolet gemacht.

Grenzen des Bildstabilisators

Camcorder bieten oft einen 10-fachen oder sogar 20-fachen optischen Zoom. Da jedoch in der Regel mit festen Belichtungszeiten von 1/100 s gefilmt wird, sollten Sie den Camcorder bei extremen Zoomeinstellungen auf ein Stativ stellen. Bei einem 20-fachen Zoom wird es selbst mit dem Bildstabilisator schwierig, ein stabiles Bild zu erzielen.

Consumer-Camcorder

Auch wenn Consumer-Camcorder (bis 1.500 €) zunehmend durch Smartphones ersetzt werden, orientieren sie sich in Funktionalität und Leistungsumfang an professionellen Kameras. In Bezug auf Größe und Gewicht sind sie meist auch sehr handlich zu transportieren. Moderne Camcorder speichern Videos heute auf SD-Karten und nur noch selten auf Videobändern (z. B. im Mini-DV-Format). Die wichtigsten Merkmale von Consumer-Camcordern sind der optische Zoom, das Vorhandensein eines Bildstabilisators und die Tatsache, dass die Kamera moderne Codecs wie H.264/AVCHD und H.265/HEVC für die Aufzeichnung unterstützt. Die meisten Consumer-Camcorder bieten außerdem mindestens eine 4K-Auflösung.

© GoPro

Abbildung 34.14: Die Aktuelle GoPro HERO 12 Black

Actioncam, 360-Grad-Kamera und Drohnen

Actioncams, die in ein kleines Gehäuse eingebaut sind, wie zum Beispiel die GoPro, sind sehr beliebt. Im Prinzip sind Actioncams auch nur eine besondere Form des Camcorders, nur viel robuster, da sie keine beweglichen Teile enthalten. Action Cams sind oft wasser-, staub- und hitzebeständig und können dank ihrer kompakten Bauweise überall angebracht werden. Actioncams sind jedoch keine Alternative zu Camcordern. Um das Bild zu stabilisieren, werden oft extrem weitwinklige Objektive eingebaut, die auch keinen optischen Zoom zulassen. Beim Filmen haben Sie nur wenige Möglichkeiten, einzugreifen. Da hier kleine Sensoren verbaut sind, muss man bei schlechtem Licht unschönes Bildrauschen in Kauf nehmen, und es gibt praktisch keine Möglichkeit, die Schärfentiefe einzustellen.

Als Zweitkamera

Eine Actioncam empfiehlt sich als Ergänzung oder Zweitkamera, um ein paar Aufnahmen aus ungewöhnlichen Perspektiven zu machen. Das Gerät ist aber keinesfalls ein Ersatz für einen Camcorder oder eine Fotokamera.

Eine weitere spezielle Art von Actioncam ist die 360-Grad-Videokamera, mit der Rundumbilder aufgenommen werden können. Dies dürfte vor allem für die kommenden VR-Brillen interessant sein, bei denen Sie Ihre Blickrichtung selbst bestimmen können.

Schwierigkeitsgrad

Auch wenn für die meisten semiprofessionellen Videoproduktionen heute wahrscheinlich Fotokameras verwendet werden, gibt es im Vergleich zu Camcordern oder professionellen Videokameras einige Nachteile. Ohne zusätzliches Zubehör wie ein Rig oder einen Käfig ist die Ergonomie beim Filmen etwas eingeschränkter. Auch Dinge wie ein externer Monitor, ein Mikrofon oder eine Aufhelllampe müssen irgendwo angebracht werden. Ebenso sind die Tasten mit den Funktionen bei Fotokameras oft recht klein. Und das Wichtigste: Wenn man mit einer Fotokamera filmt, braucht man auch etwas mehr Hintergrundwissen, wie man Belichtungszeit, Blende und ISO einstellt. Auch das Fokussieren (oft manuell) erfordert etwas Übung.

Auch Drohnen haben sich beim Filmen durchgesetzt und ermöglichen einzigartige Perspektiven und atemberaubende Luftaufnahmen. Mit ihnen lassen sich dynamische Szenen aus Perspektiven erstellen, für die früher teure und komplexe Ausrüstung erforderlich war. Zudem gibt es Drohnen für jedes Budget, die mittlerweile alle mindestens in 4K-Auflösung filmen. Der bekannteste Hersteller von Drohnen ist wohl DJI.

Fotokamera (DSLR und DSLM)

Sehr lange haben viele Hersteller sorgfältig zwischen Fotokamera und Videokamera differenziert. Das Blatt hat sich mittlerweile längst gewendet, und moderne Fotokameras werden mittlerweile für semiprofessionelle Filmaufnahmen bevorzugt. Ein größerer Bildsensor, wechselbare und sehr gute Objektive sorgen dafür, dass man mit Fotokameras beim Filmen schöne Schärfentiefeverlagerungen wie im Kino aufnehmen kann – etwas, womit man bei Camcordern stark limitiert ist. Auch bieten Fotokameras mittlerweile an, Filme im RAW-Format aufzunehmen. Auflösungen wie 4K sind hierbei immer gegeben. Wer mit einem kleinen Budget professionell filmen muss, der dürfte häufig auf die Lösung mit einer Fotokamera zugreifen. Es gibt mittlerweile viel Zubehör wie ansteckbare XLR-Audioeingänge, manuelle Zoomhilfen, Gimbals, Rigs, externe Monitore, die über HDMI angeschlossen werden.

Cinema-Kameras

Natürlich gibt es dann auch noch professionelle Videokameras, die speziell für die Filmproduktion von Spielfilmen, Fernsehserien, Dokumentation oder Werbespots entwickelt wurden. Dazu gehören Kameras wie ARRI Alexa, RED Komodo oder Blackmagic URSA Mini Pro. Die Preise bewegen sich dabei dann allerdings auch im fünfstelligen Bereich (mitsamt dem Zubehör). Solche Kameras können enorm um viele Komponenten wie Objektive, Mikrofone, Rig, Shape usw. erweitert werden. So liefert die Blackmagic URSA Mini Pro z. B. 12K-Auflösung (mit 60 fps) und 8K (mit 120 fps).

Keine Kamera für nebenbei

Professionelle Cine-Kameras sind auf keinen Fall eine Option, wenn man mal eben schnell spontan einen Film machen will. Neben den hohen Kosten und der Komplexität muss man auch die Größe und das Gewicht berücksichtigen, das den Transport erschwert. Auch der Stromverbrauch dabei ist enorm, weshalb hier bei längeren Drehs anstelle des Akkus eine externe Stromquelle notwendig wird. Auch sind diese Kameras nicht so robust gegenüber Staub, Feuchtigkeit und extremen Temperaturen.

Abbildung 34.15: Blackmagic URSA Mini Pro

Der Vorteil von professionellen Videokameras liegt auch darin, dass alle wichtigen Bedienelemente für das Filmen zur Verfügung stehen.

Das Scharfstellen geht in kurzer Zeit (auch ohne Automatik), Weißabgleich, Audio und Belichtung lassen sich schnell kontrollieren und auch gleich die notwendigen Korrekturen vornehmen. Trotzdem bedarf es schon einiger Erfahrung, diese Kameras zu beherrschen, weil es sich hierbei häufig auch um manuelle Steuerungsoptionen handelt.

34.6.3 Bildsensoren für Foto und Video

Es dürfte sich herumgesprochen haben, dass die wichtigsten Einflussgrößen für die Qualität der Bilder der in der Kamera verbaute Bildsensor und das Objektiv sind.

BSI-Sensoren und Stacked CMOS

Aufbauend auf dem CMOS-Prinzip gibt es auch einige Weiterentwicklungen mit den sogenannten BSI-Sensoren (Back Side Illuminated). Im Gegensatz zur herkömmlichen Bauweise ist in ihnen die Elektronik hinter der Sensoroberfläche verbaut. Damit soll die Lichtausbeute erhöht werden.

Als Weiterentwicklung des BSI-Sensors darf man den neueren Stacked CMOS sehen. Anhand des englischen Begriffs »stack« lässt sich erahnen, dass es hier um mehrere Schichten geht. Bei diesen Sensoren wird zusätzlicher DRAM-Speicher in die Sensoren eingebaut, was den Datentransfer dramatisch erhöht, wodurch sich erheblich mehr Bilder in der Sekunde aufnehmen lassen. Auch die Dynamik und Lichtempfindlichkeit des Sensors wird verbessert, das Rauschen wird verringert, und es sind theoretisch höhere Megapixelzahlen möglich.

CMOS- und CCD-Chips

Unabhängig davon, welche Sensorgröße verwendet wird, sind alle Bildsensoren nach einem ähnlichen Prinzip aufgebaut. Im Wesentlichen bestehen alle Fotodioden aus Silizium. Die Hersteller verbauen derzeit vorwiegend zwei Arten von Sensoren: zum einen die klassische CCD-Technologie und zum anderen die CMOS-Technik.

+ **CMOS-Chips:** Bei diesen Chips kann es bei schnellen Motiven oder Kameraschwenks zu sogenannten Rolling-Shutter-Effekten kommen, die den bewegten Teil verzerren. Vertikale Linien scheinen dann zu kippen. CMOS-Chips sind jedoch viel billiger als CCDs und werden von den Kameraherstellern inzwischen bevorzugt in Smartphones und High-End-Kameras eingesetzt. Die Kamerahersteller arbeiten auch intensiv daran, die Nachteile von CMOS-Chips durch Software zu kompensieren. Andererseits lassen sich mit CMOS-Sensoren Bild- und Videoaufnahmen schneller auslesen. Auch der Stromverbrauch ist deutlich geringer als bei CCD-Chips.
+ **CCD-Chips:** Diese Chips bieten oft eine höhere Bildqualität mit weniger Rauschen bei schwachem Licht. Das Bildrauschen wurde jedoch auch bei CMOS-Chips erheblich verbessert. CCD-Chips haben auch Probleme mit hellen Lichtern. Scheint die Sonne beispielsweise direkt durch das Fenster auf den Sensor, entsteht ein Blooming-Effekt, bei dem das Bild durch einen breiten weißen Streifen geteilt wird. Die Probleme mit Rolling Shutter gibt es bei diesen Chips nicht.

Abbildung 34.16: Der Rolling-Shutter-Effekt kann bei Fotos oder Videoaufnahmen von sich schnell bewegenden Motiven auftreten. Die Türen und Fenster dieses vorbeifahrenden Zuges waren natürlich gerade.

Optik

Eine Einführung in die Optik generell und die Optik in der Fotografie bietet ein Zusatzkapitel unter *www.rheinwerk-verlag.de/5853*.

Sensorgröße

Ebenfalls sehr bedeutend für die Bildqualität ist die Größe des Bildsensors. In der Regel kann man pauschal sagen: Je größer der Sensor, desto besser die Bildqualität. Allerdings sind Kameras mit größeren Sensoren auch deutlich teurer. Besonders wenn wenig Licht vorhanden ist, dann spielt ein größerer Sensor seine Stärken aus, da hiermit eben einfach mehr Licht auf eine größere Fläche fallen kann, als dies bei einem kleineren Sensor mit weniger Fläche der Fall ist. Das macht sich dann beim Bildrauschen bemerkbar, das bei größeren Sensoren geringer ausfällt als bei kleineren. Allerdings sind dank des Fortschritts heutzutage die Unterschiede bis ISO 800 zwischen dem Kleinbildformat und den kleineren APS-C- und auch Micro-Four-Thirds-Sensoren nur noch bei sehr genauer Betrachtung erkennbar.

Definition Crop-Faktor
Ein festgelegter Umrechnungsfaktor, mit dem man für Kameras mit anderen Sensorformaten als Kleinbild die Brennweite im Verhältnis zur Brennweite einer Kleinbildkamera misst

Ein größerer Sensor spielt zudem seine Stärken aus, wenn Sie Fotos mit Schärfe und Unschärfe erstellen wollen – beispielsweise eine Person scharf stellen und den Hintergrund unscharf. Mit einem größeren Sensor haben Sie einen weiteren kreativen Spielraum als mit einem kleineren Sensor. Natürlich kann man diese Schärfentiefe auch mit kleineren Sensoren erzielen, allerdings benötigt man dann schon ein lichtstärkeres Objektiv, um denselben Effekt zu erzielen. Um beispielsweise denselben Effekt wie mit der Blende f2,8 beim Kleinbildformat auch mit einer APS-C-Kamera zu erzielen, benötigt man eine Blende f1,8. Bei Micro Four Thirds würde man schon eine Blende von f1,4 benötigen. Zur Berechnung teilen Sie die Blende durch den **Crop-Faktor**.

Sensorgröße	Abmessung	Fläche	Seitenverhältnis	Crop-Faktor
Mittelformat	48 × 36 mm	1.728 mm²	4 : 3	0,8
Kleinbildvollformat	36 × 24 mm	864 mm²	3 : 2	–
APS-C (DX)	23,5 × 15,7 mm	369,72 mm²	3 : 2	1,5
APS-C	22,5 × 15 mm	328,56 mm²	3 : 2	1,6
Micro Four Thirds	17,3 × 13,0 mm	224,90 mm²	4 : 3	2
1 Zoll	13,2 × 8,8 mm	116,16 mm²	3 : 2	2,7

Tabelle 34.2: Gängige Sensorgrößen in Kameras der heutigen Zeit

34.6.4 Objektive

Neben dem Bildsensor ist häufig auch ein passendes Objektiv für die Szene oder das Motiv nötig. Die wichtigsten technischen Eigenschaften von einem Objektiv sind die Brennweite und die Lichtstärke.

Brennweite und Bildwinkel

Mit der Brennweite wird festgelegt, wie viel Sie von einer Szene auf das Bild bringen.

+ Je größer die Brennweite ist, desto kleiner wird der Bildwinkel.
+ Und umgekehrt: Je größer der Bildwinkel ist, umso kleiner ist die Brennweite.

Die Brennweite eines Objektivs wird in Millimeter (mm) angegeben. Eine typische Brennweite für ein Weitwinkelobjektiv ist zum Beispiel 16 mm. Mit dieser kurzen Brennweite können Sie einen großen Bildausschnitt auf das Bild bringen. Ab einer Brennweite von 40 mm spricht man von einer Normalbrennweite, und der Telebereich fängt ab 70 mm Brennweite an. Die erwähnten Angaben beziehen sich auf das Kleinbildformat.

Objektivanschluss beachten

Beim Kauf von Objektiven müssen Sie darauf achten, dass diese auch für den Objektivanschluss (engl. Mount) der Kamera geeignet sind. Daher ist es in der Regel schon beim Kauf der Kamera ratsam, darauf zu achten, welche Objektive es für diesen Anschluss alles gibt.

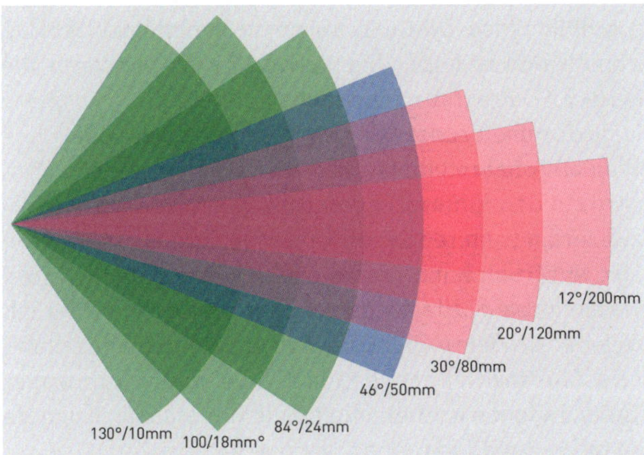

Abbildung 34.17: Brennweiten und Bildwinkel

Auch die Brennweitenangaben von Objektiven sorgen bei Einsteigerinnen und Einsteigern gelegentlich für Verwirrung. Bei einer Angabe von 16 mm denken viele an ein starkes Weitwinkelobjektiv. Bezogen auf die Sensorgröße des Kleinbildformats ist das auch richtig. Aber bei einem Micro-Four-Thirds-Sensor ändert sich der Bildausschnitt. Ein kleinerer Sensor hat logischerweise einen kleineren Bildausschnitt.

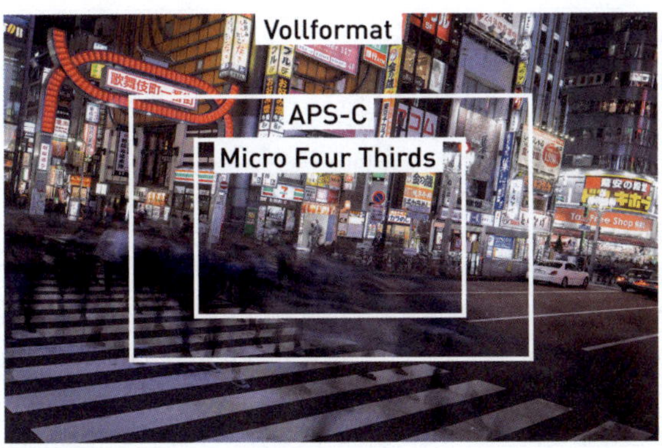

Abbildung 34.18: Kleinere Sensoren bilden bei gleicher Brennweite einen kleineren Bildausschnitt ab und simulieren so eine längere Brennweite.

Hier kommt der Crop-Faktor aus Tabelle 34.2 wieder ins Spiel. Beachten Sie allerdings, dass die häufig zitierte Brennweitenverlängerung falsch ist. Die Brennweite ändert sich nicht, nur der Bildausschnitt wird kleiner. Da ein Micro-Four-Thirds-Sensor um den Faktor 2 kürzer ist als beim Vollformat, umfasst ein 16-mm-Objektiv an Micro Four Thirds denselben Bildausschnitt wie ein 32-mm-Objektiv im Kleinbildformat.

Cine-Objektive
Sie können mit jedem geeigneten Objektiv für die Kamera filmen. Es gibt aber auch sogenannte Cine-Objektive, auch Cinema-Objektive genannt, die für die Anforderungen der professionellen Film- und Videoproduktion entwickelt wurden. Im Vergleich zu herkömmlichen Fotoobjektiven können Sie manuell genauer fokussieren oder die Blende stufenlos und ohne Geräusche einstellen. Solche Objektive sind auch oft robuster gebaut und bieten eine gleichmäßigere Abbildungsleistung.

Lichtstärke und Blende

Ebenfalls eine wichtige Zahl auf dem Objektiv neben der Brennweite ist die Lichtstärke, die zum Beispiel mit 1:2,8 oder f2,8 angegeben wird. Damit wird die größtmögliche Blendenöffnung des Objektivs angegeben. Je größer diese Öffnung ist, umso lichtstärker ist das Objektiv. Bei Zoomobjektiven finden Sie hierbei häufig zwei Werte wie zum Beispiel 1:2,8–5,6, womit die maximale Öffnung für die kürzeste Brennweite und die für die längste Brennweite angegeben wird.

Objektive mit einer höheren Lichtstärke sind in der Regel schwerer, größer und teurer als Objektive mit derselben Brennweite mit weniger Lichtstärke. Allerdings haben Sie bei Objektiven mit einer höheren Lichtstärke auch mehr Reserven bei schlechten Lichtbedingungen. Bei längeren Brennweiten, bei denen die Verwacklungsgefahr größer ist, können Sie dank einer größeren Blendenöffnung (kleine Blendenzahl) eine kürzere Verschlusszeit einstellen, womit Sie wiederum besser Freihandaufnahmen machen können. Auch eine wesentlich geringere Schärfentiefe ist hiermit möglich, wenn diese denn erwünscht ist.

34.7 Grundlegende Einstellungen

Beim Filmen und Fotografieren gibt es sehr viele Einstellungen, die man vornehmen kann und muss. In diesem Kapitel will ich kurz die wichtigsten Parameter wie Blende, Belichtungszeit, ISO und den Weißabgleich behandeln, die man beim Fotografieren sowie auch beim Filmen beherrschen muss.

34.7.1 Automatische oder manuelle Bedienung

Wie Sie eine Kamera bedienen, hängt immer davon ab, was Sie als Ziel haben. Beim Fotografieren gibt es hierfür oftmals halbautomatische Programme wie P, A und S. Egal welches Programm Sie hier wählen, die Kamera versucht immer, korrekt für Sie zu belichten:

+ **P** (Programmautomatik): Blende und Belichtungszeit werden automatisch eingestellt.
+ **A** (Zeitautomatik): Die Belichtungszeit wird automatisch für die von Ihnen vorgegebene Blende eingestellt.
+ **S** (Blendenautomatik): Die Blende wird automatisch für die von Ihnen vorgegebene Belichtungszeit eingestellt.

Neben den halbautomatischen Modi gibt es noch den manuellen Modus M, in dem Sie die Blende und Belichtungszeit selbst vorgeben.

Das Gleiche gilt für den Autofokus. Moderne Kameras bietet Ihnen einen geeigneten Autofokus, um ein Motiv punktgenau oder kontinuierlich zu fokussieren oder zu verfolgen. Augen- und Gesichtserkennung sowie Objektiverkennungen (wie Tier, Auto etc.) machen es sehr einfach, scharfe Bilder zu erhalten. An der Stelle ist es unbedingt empfehlenswert, sich mit dem Autofokussystem der Kamera vertraut zu machen.

34.7.2 Blende, Belichtungszeit und ISO

Der sichere Umgang mit den drei Werten Blende, Belichtungszeit und ISO ist essentiell in der Fotografie und beim Filmen bzw. im Umgang mit der Kamera im Allgemeinen. Und selbst wenn diese drei Werte verstanden sind, braucht es noch einiges an Erfahrung, um alles in die Praxis umzusetzen. Es ist an der Stelle besonders wichtig, zu verstehen, dass alle drei Faktoren voneinander abhängig sind.

+ **Blende:** Mit der Blende geben Sie zunächst an, wie viel Licht auf den Sensor gelangt. Je weiter Sie die Blende öffnen (niedriger Blendenwert), umso mehr Licht fällt auf den Sensor. Schließen Sie hingegen die Blende (hoher Blendenwert), dann fällt weniger Licht auf den Sensor. Bezogen auf die Bildgestaltung können Sie mit der Blende die Schärfentiefe steuern. Wenn Sie beispielsweise eine Person fotografieren, können Sie mit einer weit geöffneten Blende (beispielsweise f1,4) einen sehr unscharfen Hintergrund (geringe Schärfentiefe) erzielen. Bei einer kleinen Blendenöffnung (beispielsweise f16) wird der Hintergrund scharf (große Schärfentiefe).

Abbildung 34.19: Eine große Blendenöffnung führt zu unscharfem Hintergrund; eine kleine Blendenöffnung führt zu scharfem Hintergrund.

+ **Belichtungszeit:** Mit der Belichtungszeit stellen Sie ein, wie lange die Blende geöffnet ist und Licht auf den Bildsensor trifft. Wenn Sie aus der Hand und nicht mit einem Stativ fotografieren, werden Sie in

Manuelle Kamerabedienung

Die halbautomatischen Programme und der Autofokus mit Motiverkennung sind großartige Funktionen, die sich speziell beim Fotografieren bewährt haben. Beim Filmen gelten jedoch andere Regeln, da die Wahl der Belichtungszeit begrenzt ist. Auch die automatische Fokussierung ist beim Filmen nicht immer ideal. Wenn Sie z. B. den Autofokus in einer belebten Szene verwenden, kann es passieren, dass die Kamera pumpt und den Fokus ständig verschiebt, was beim Filmen mit offener Blende zu störenden Schärfeverschiebungen führt. Das Gleiche gilt für den automatischen Weißabgleich, der beim Fotografieren weniger ein Problem darstellt. Ändert sich jedoch z. B. die Lichtstimmung während des Filmens, ändert sich auch der Weißabgleich in derselben Szene, was zu unterschiedlichen Farbstimmungen führt.

Vorsicht Verwirrung

Eine hohe Blendenzahl, z. B. f22, kennzeichnet eine kleine Öffnung, eine niedrige Blendenzahl wie f1,4 kennzeichnet eine große Blendenöffnung.

der Regel kürzere Belichtungszeiten bevorzugen, um Verwacklungen zu vermeiden. Zwar kann ein Bildstabilisator (wenn vorhanden) ein paar Blendenstufen ausgleichen, aber auch hier gibt es Grenzen. Kurze Belichtungszeiten wie 1/1000 Sekunde werden in der Praxis gerne verwendet, um schnelle Bewegungen quasi einzufrieren, wie dies in der Action- und Sportfotografie der Fall ist. Verwenden Sie hingegen längere Belichtungszeiten wie 1/4 Sekunde, werden Bewegungen unscharf abgebildet.
Die Belichtungszeit kann auch sehr schön als Gestaltungsmittel in der Fotografie verwendet werden. So können Sie bei Nachtaufnahmen schöne Lichtspuren fahrender Autos vom Stativ fotografieren, wenn Sie eine Belichtungszeit von mehreren Sekunden einstellen. Aber auch andere kreative Gestaltungen sind hiermit aus der Hand mit einer längeren Belichtungszeit möglich. Auch unscharfe Bilder können, wenn dosiert und gezielt eingesetzt, sehr interessant sein.
+ **ISO-Wert:** Mit dem ISO-Wert können Sie die Empfindlichkeit des Bildsensors erhöhen. Je höher dieser Wert eingestellt wird, desto sensibler reagiert der Bildsensor auf einfallendes Licht, und Sie können die Belichtungszeit etwas reduzieren. Im Gegensatz zur Blende und Belichtungszeit ist der ISO-Wert weniger für spezielle Gestaltungszwecke gedacht – außer man will Bildrauschen als Gestaltungsmittel verwenden. Das sind nämlich die Nebenwirkungen, wenn man die ISO-Zahl erhöht. Die Sensoren neigen dann eher zum Bildrauschen in dunklen Umgebungen. Der Standardwert und häufig niedrigste Wert der meisten Kameras ist ISO 100. In der Regel sind mit modernen APS-C- oder Micro-Four-Thirds-Sensoren bei einem ISO-Wert bis 800 kaum drastische Einbußen in der Bildqualität zu erwarten.

Abhängig vom Umgebungslicht, von der Tageszeit und davon, wie Sie ein Bild gestalten wollen, können Sie mithilfe dieser drei Werte im richtigen Zusammenspiel dafür sorgen, dass Sie ein Bild richtig belichten. Darum geht es letztendlich in der Fotografie. Hierzu einige Beispiele, die davon ausgehen, dass Sie eine Kamera im manuellen Betrieb und nicht im Modus Blendenpriorität (AV oder A) oder Zeitpriorität (TV oder S) betreiben.

Belichtung

Schließen Sie die Blende, benötigen Sie eine längere Belichtungszeit oder einen höheren ISO-Wert, um die ursprüngliche Belichtung zu erzielen. Dasselbe gilt für die Belichtungszeit. Verkürzen Sie diese, müssen Sie die Blende weiter öffnen oder die ISO-Zahl für eine ursprüngliche Belichtung erhöhen. Und beim ISO-Wert verhält es sich genauso: Erhöhen Sie den Wert, dann können Sie die Belichtungszeit verkürzen oder die Blende schließen, um die ursprüngliche Belichtung zu erzielen.

Haben Sie zum Beispiel ein **schwaches Umgebungslicht** und verwenden eine geschlossene Blende (beispielsweise f9) mit geringer Belichtungszeit (beispielsweise 1/50 Sekunde) bei einem ISO-Wert von 100, werden Sie vermutlich ein schwarzes Bild zurückbekommen, weil einfach zu wenig Licht für zu kurze Zeit durch die Objektivöffnung auf den Sensor fällt. Sie haben nun drei Möglichkeiten, das Bild korrekt zu belichten. Dies hängt primär davon ab, wie Sie das Bild gestalten wollen.

1. Sie öffnen die Blende (niedrigerer Blendenwert) und lassen mehr Licht auf den Sensor fallen. Damit ändern Sie dann je nach

anvisiertem Motiv und der Entfernung gegebenenfalls die Schärfentiefe. Abhängig vom Umgebungslicht und der maximalen Blendenöffnung des Objektivs wird das unter Umständen noch nicht ausreichen, um ein Bild optimal zu belichten, so dass Sie einen der beiden anderen Werte ebenfalls anpassen müssen.

2. Sie verlängern die Belichtungszeit, aber hierbei besteht dann abhängig von der Brennweite des Objektivs und davon, ob ein Bildstabilisator vorhanden ist, die Gefahr, das Bild zu verwackeln, wenn Sie aus der Hand fotografieren wollen. Des Weiteren kommt es auch hier wieder darauf an, wie Sie das Bild gestalten wollen. Bei langen Belichtungszeiten werden Bewegungen unscharf abgebildet. Das kann durchaus gewollt sein.
3. Sie erhöhen die Empfindlichkeit des Kamerasensors, indem Sie den ISO-Wert erhöhen. Dafür können Sie die Belichtungszeit wieder etwas verkürzen, aber zu dem Preis, dass es zu Bildrauschen kommt. Moderne Kamerasensoren können locker auf ISO 800 gehen, ohne dass es zu drastischen Bildqualitätseinbußen kommt. Teurere Kameras können auch bis ISO 1.600 oder gar 3.200 gehen, ohne dass allzu negatives Rauschen zu erkennen ist.

Gegenteiliges wird Ihnen passieren, wenn Sie bei **starkem Tageslicht** ein Motiv anvisieren mit der Blende f2,8, einer Belichtungszeit von 1/50 Sekunde und einem ISO-Wert von 100. Hier werden Sie das Bild überbelichten, weil durch die weit geöffnete Blende einfach zu lange zu viel Licht auf den Sensor fällt. Hierfür bieten sich zwei Möglichkeiten an. Die Änderung des ISO-Wertes entfällt hier als Möglichkeit, weil er mit ISO 100 ohnehin schon auf dem niedrigsten Wert steht.

1. Sie schließen die Blende und lassen weniger Licht in der Zeit, in der die Blende offen ist, auf den Sensor fallen. Sofern Sie eine Porträtaufnahme machen und die Person vor unscharfem Hintergrund darstellen wollen, werden Sie die Blende wohl eher nicht reduzieren.
2. Sie verringern die Belichtungszeit auf beispielsweise 1/200, 1/400 oder 1/800 Sekunde (je nach Umgebungslicht). Je geringer die Belichtungszeit wird, desto mehr »frieren« Sie das Bild ein.

Blendenpriorität und Zeitpriorität

Der Abschnitt zum Zusammenspiel von Blende, Belichtungszeit und ISO-Wert soll nicht den Eindruck vermitteln, dass Fotografen und Fotografinnen nur im manuellen Modus fotografieren. Ganz im Gegenteil, die meisten verwenden häufig den AV- bzw. A-Modus (Blendenpriorität), womit sie gezielt die Blende nach Bedarf einstellen können und sich die Belichtungszeit entsprechend von selbst anpasst. Sollten Sie hierbei mit der Belichtungszeit an zu lange Werte geraten, können Sie den ISO-Wert anpassen oder diesen auch einfach auf »Auto« stellen, so dass Sie sich nur noch um die Blende kümmern müssten. Das Gegenstück zur Blendenpriorität finden Sie mit der Zeitpriorität im TV- bzw. S-Modus, wo Sie sich nur um die Belichtungszeit selbst kümmern und den Rest der Kamera überlassen.

Belichtungszeit beim Filmen

Unabhängig vom Programmmodus ist beim Filmen das Ziel, eine korrekte Belichtung zu erzielen. Zunächst können Sie auch beim Filmen die Einstellungen grundsätzlich so durchführen wie beim Fotografieren. Aber im Detail ist es etwas kniffliger, weil Sie bei der Wahl der Belichtungszeit auch auf die Framerate bzw. Bildrate (Anzahl der Bilder pro Sekunde) achten müssen. Auf jeden Fall will man eine Überbelichtung vermeiden. Zu helle Bildteile wie ein überstrahlter Himmel sind auch in der Nachbearbeitung nicht mehr zu retten. Bei dunklen Bildbereichen hingegen lässt sich immer noch ein wenig Struktur beim Videoschnitt wiederherstellen.

180-Grad-Regel

Noch eine Information zur Belichtungszeit beim Filmen: Filmleute sprechen in der Praxis eher selten von einer Belichtungszeit in Bruchteil von Sekunden, sondern in Prozent oder als Winkel. Dies ist alten Filmkameras zu verdanken, bei denen an einer rotierenden Scheibe der Verschluss in Prozent oder Grad eingestellt wurde. 180° bedeutet 50 %. Bei 25 fps wird dann mit 1/50 s belichtet, und es entsteht der Eindruck einer fließenden Bewegung. 45° hingegen macht nur ein Achtel der Zeit aus, und es entstehen diese abgehackten Bewegungen mit 1/200 s. Es gibt hierbei Videokameras, die eben diese Gradangabe verwenden. Auch einige Systemkameras (beispielsweise Panasonic Lumix G9 II) lassen Sie auf die Gradangabe umstellen.

ND-Filter beim Filmen verwenden

Da Sie beim Filmen bei der Einstellung der Belichtungszeit noch stärker beschränkt sind als beim Fotografieren, kommen Sie häufig nicht um einen ND-Filter herum. Gerade bei hellstem Tageslicht können Sie eine drohende Überbelichtung nicht durch eine kürzere Belichtungszeit verhindern. Oftmals ist es auch keine Lösung, die Blende weiter zu schließen. Ein ND-Filter ist beim Filmen somit praktisch Pflicht. Es empfehlen sich dafür sogenannte Variofilter, mit denen Sie die Stärke des Filters passend zur Lichtsituation einstellen können. So ersparen Sie sich das permanente Wechseln der Filter mit unterschiedlichen Filterstärken.

Abbildung 34.20: Ein ND-Filter wird direkt vor das Objektiv geschraubt.

Für die ideale Belichtungszeit gibt es eine verbreitete Faustregel: Für ein angenehmes Ergebnis sollte die Belichtungszeit (im Kehrwert) das Doppelte der Bildrate des Filmes betragen. Verwenden Sie z. B. eine Bildrate von 50 fps, sollten Sie als Belichtungszeit mindestens 1/100 s einstellen. Wenn Sie besonders schnelle Aufnahmen etwas schärfer abbilden wollen, können Sie auch kürzere Belichtungszeiten verwenden. Für eine Bildrate von 25 fps Sekunde wäre dies beispielsweise eine Belichtungszeit von 1/200 s (also das 8-Fache im Kehrwert). Je kürzer die Belichtungszeit allerdings ist, umso mehr Bewegung »verpasst« der Film. Bei 25 fps und einer Belichtungszeit von 1/200 s wird praktisch nur ein Achtel der verstreichenden Zeit (und Bewegung) belichtet. Der Film wirkt so zwar schärfer, aber auch deutlich ruckeliger und unruhiger. Je kürzer Sie belichten, umso mehr tritt ein solcher Stakkato-Effekt auf. Es gibt aber durchaus auch Filme, die eine kurze Belichtungszeit als Stilmittel einsetzen, so z. B. der Film »Der Soldat James Ryan«. Umgekehrt – wenn Sie eine längere Belichtungszeit wählen als die empfohlene (beispielsweise 1/30 s bei 30 fps) – gibt es mehr Bewegungsunschärfe im Bild.

Beim Filmen ist die Belichtungszeit also durch die ausgewählte Framerate vorgegeben. Je nach Wahl der Framerate liegt sie meist bei 1/50 s, 1/60 s oder 1/100 s. Auch will man natürlich den ISO-Wert nicht zu stark anheben, um unschönes Rauschen zu verhindern. Mit der Blende kontrolliert man die Schärfentiefe. Es ist also gar nicht so leicht, beim Filmen auf wechselnde Lichtbedingungen zu reagieren.

34.7.3 Weißabgleich

Definition Weißabgleich
Abstimmung der Farbdarstellung auf die Lichtfarbe

Ein weiterer Einstellungswert in der Fotografie und beim Filmen ist der Weißabgleich. Mit diesem Wert passen Sie die Farbtemperatur des Lichts an. Wie auch die Helligkeit kann sich der Farbwert des Lichts durch unterschiedliche Wellenlängen ändern. Der Wert für den Weißabgleich wird in Kelvin angegeben.

Während das menschliche Auge keine Probleme hat, zu erkennen, wann etwas weiß ist, tut sich die Kamera dabei etwas schwerer. Wenn Sie beispielsweise dieses Buch am Tag in der Sonne oder am Abend unter einer Glühlampe lesen, erscheinen Ihnen die weißen Buchseiten wirklich weiß. Die Kamera wird hingegen die Buchseiten unter einer Glühlampe vermutlich leicht gelblich darstellen. Ihre Kamera muss daher eine Farbanpassung durchführen, was als Weißabgleich (engl. White Balance oder kurz WB) bezeichnet wird.

Abhängig von der Tageszeit (Sonnenaufgang, Tageslicht, Bewölkung, Nacht usw.) oder dem vorhandenen Umgebungslicht (Kerzenlicht, Halogenlampe, Leuchtstofflampe, LED-Lampe usw.) haben Sie unterschiedliche Farbtemperaturen, die sich gravierend auf die Stimmung des Bildes auswirken können. Schon beim Fotografieren haben Sie folgende Möglichkeiten, auf den Weißabgleich Einfluss zu nehmen:

+ **Automatischer Weißabgleich der Kamera:** Hierbei verlassen Sie sich auf die Automatik Ihrer Kamera, die von großen hellen Flächen annimmt, dass diese weiß oder grau sind, und anhand eben dieser Flächen die Farbtemperatur des Bildes anpasst. Bei guten und einheitlichen Lichtverhältnissen funktioniert diese Methode relativ gut. Wenn die Lichtverhältnisse schlechter werden oder es keine weißen oder grauen Flächen im Bild gibt, liegt die Automatik häufig mit dem Abgleich daneben. Der automatische Weißabgleich wird in der Kamera häufig mit AWB abgekürzt.
+ **Halbautomatischer Weißabgleich in der Kamera:** Hier legen Sie die Farbtemperatur anhand vorhandener Vorgaben in der Kamera fest. In der Regel finden Sie hier Vorgaben wie Tageslicht, Schatten, wolkig, Glühlampe oder Leuchtstofflampe vor.
+ **Manueller Weißabgleich:** Wollen Sie auf Nummer sicher gehen und haben ausreichend Zeit, dann können Sie den Weißabgleich manuell einstellen. Gewöhnlich stellen Sie Ihre Kamera auf Spotmessung um und halten eine weiße oder graue Fläche vor die Kamera. Beliebtes Mittel in der Fotografie ist hierbei eine sogenannte Graukarte. Dieses Bild wird als Referenz für den Weißabgleich festgelegt; die folgenden Bilder werden mit dieser Farbtemperatur aufgenommen. In der Praxis bedeutet dies allerdings auch, dass Sie für neue Szenen wieder manuell einen Weißabgleich durchführen müssen.

Bei der Aufnahme von Videos müssen Sie ebenfalls darauf achten, wenn Sie nicht im RAW-Format filmen, weil Sie auch hierbei nicht ohne Qualitätsverluste den Weißabgleich nachträglich am Computer ändern können, wenn Sie grob danebenliegen. Wenn keine extremen Farbtemperaturen wie bei einem Sonnenaufgang oder bei Dämmerung vorliegen, macht der automatische Weißabgleich seine Arbeit in den meisten Fällen sehr gut. Allerdings kann es auch passieren, dass er sich während der Aufnahme ändert. Eine solche Farbänderung fällt im Video schnell auf. Wer auf Nummer sicher gehen will, verwendet daher einen manuellen Weißabgleich.

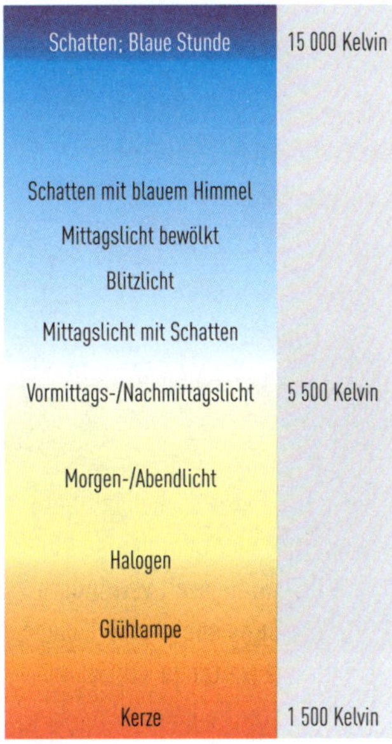

Abbildung 34.21: Ohne spezifisch auf die genauen Kelvin-Werte der einzelnen Lichtquellen einzugehen, sehen Sie hier eine klassische Farbtemperaturgrafik von 1.500 bis 15.000 Kelvin mit den entsprechenden Tageszeiten bzw. Lichtquellen.

Nachträglicher Weißabgleich

Fotografen und Fotografinnen, die ihre Bilder im RAW-Format aufnehmen, machen sich häufig keine großen Gedanken mehr um den Weißabgleich in der Kamera, weil er jederzeit nachträglich bei der Bildbearbeitung mit einem RAW-Konverter durchgeführt werden kann. Es ist zwar auch mit dem JPEG-Format möglich, nachträglich den Weißabgleich durchzuführen, nur führt das hier häufig zu schlechteren Ergebnissen.

Abbildung 34.22: Das Bild mit einer Farbtemperatur von 3.500 Kelvin

Abbildung 34.23: Dasselbe Bild nochmals mit einer Farbtemperatur von 4.500 Kelvin

Abbildung 34.24: Und nochmals dasselbe Bild, jetzt mit 5.500 Kelvin

Weitere Literatur

In der Mediengestaltung kommen Sie heute nicht mehr um tiefer greifende Kenntnisse rund um das Fotografieren und Filmen herum. Das Kapitel in diesem Buch versorgt sie lediglich mit den Grundlagen. Wir empfehlen hierzu auf jeden Fall, sich bei Bedarf weitere Literatur anzuschaffen. Für die Fotografie bietet sich »Die große Fotoschule« von Christian Westphalen und für das Filmen »Digital filmen« von Jörg Jovy an.

Fotografie und Videografie

Filmen und Fotografieren sind sich zwar in den gestalterischen Grundlagen recht ähnlich. Wer einen fotografischen Blick hat, wird auch beim Filmen gut zurechtkommen. Aber Filmaufnahmen leben zusätzlich noch von der Bewegung des Motivs und/oder der Kamera.

34.8 Erstellen von Videos und Fotos

Da Sie nun viele Grundlagen rund um die Foto- und Videotechnik kennen, soll auch noch kurz auf die Erstellung von Videos eingegangen werden. Vieles gilt natürlich auch für die Fotografie. Da bei der Videografie allerdings bewegte Bilder gemacht werden, gibt es deutlich mehr zu beachten, und auch der Aufwand ist wesentlich größer. Bei einem Foto kann man mal schnell Blende, Belichtungszeit, ISO und den Weißabgleich einstellen. Wenn die Belichtung passt, kann man auch gleich losfotografieren.

34.8.1 Kadrierung

Kadrierung, auch bekannt als Bildkomposition oder Framing, bezieht sich auf die Art und Weise, wie Objekte und Elemente innerhalb eines Bildes oder einer Filmszene angeordnet werden. Es ist ein wesentliches Gestaltungsmittel in der Fotografie und beim Filmen, das die Ästhetik, den Fokus und die Wirkung eines Bildes maßgeblich beeinflusst.

Mit der Kadrierung will man das Motiv richtig ins Bild setzen. Die Hauptziele dabei sind:

+ **Fokus lenken:** Mit der Kadrierung soll die Aufmerksamkeit auf einen bestimmten Bereich des Bildes gelenkt werden. Dies kann eine Person, ein Objekt oder eine Handlung sein.
+ **Emotionen erzeugen:** Durch die Wahl der Bildkomposition können Sie bestimmte Emotionen und Stimmungen erzeugen. Wählen Sie

z. B. einen engen Rahmen, erzeugen Sie mehr Spannung und Intimität, während ein weiterer Rahmen eher Freiheit und Weite erzeugt.
+ **Visuelle Balance schaffen:** Bei einer guten Kadrierung werden die visuellen Elemente im Bild harmonisch verteilt, wodurch das Bild ansprechender und ästhetisch wird.

Um die Augen der Betrachterinnen und Betrachter zu lenken, wenn Sie filmen oder fotografieren, gibt es verschiedene Techniken, die Ihnen bei der Komposition helfen. Die wichtigsten will ich Ihnen hier kurz erläutern.

+ **Drittelregel:** Hierbei wird das Bild in ein Raster aus neun gleich großen Rechtecken aufgeteilt. Das Hauptmotiv des Bildes wird dann entlang dieser Linien oder an den Schnittpunkten platziert, um ein ausgewogenes Bild zu erzeugen.

Rahmenhilfe

Viele Kameras bieten an, eine Rahmenhilfe während der Aufnahme einzublenden. Hier finden Sie in der Regel auch immer einen Rahmen mit der Drittelregel vor. Die horizontalen und vertikalen Linien helfen Ihnen auch dabei, die Kamera parallel zum Horizont oder parallel zu Objekten auszurichten. Ebenso bieten einige Kameras eine digitale Wasserwaage an, die beim Ausrichten zum Horizont hilfreich sein kann.

Abbildung 34.25: Mithilfe der Schnittpunkte der Drittelregel wird hier ein ausgewogenes Bild erstellt.

+ **Führende Linien:** Hierbei werden Linien innerhalb des Bildes wie Straßen, Flüsse oder ein Geländer verwendet, um die Betrachtenden entlang der Linie zum Hauptfokus des Bildes zu führen.

Abbildung 34.26: Hier wird eine führende Linie entlang des Gleises verwendet, um die Betrachtenden zur Person im Bild zu führen.

+ **Rahmen (Framing):** Hierbei werden Elemente im Vordergrund wie Äste, Fenster, Türen oder Säulen genutzt, um das Hauptmotiv einzurahmen und dem Bild etwas mehr Tiefe zu verleihen.

Die Perspektive beim Filmen und Fotografieren

Beim Filmen sind Sie oftmals auf das Breitbandformat beschränkt, was es schwieriger macht, Menschen ins Bild zu bringen. Beim Fotografieren können Sie das Bild einfach im Hochformat erstellen. In der Videografie bedient man sich daher häufig eines Tricks: Sie wählen eine extreme Perspektive von unten oder oben, um Personen trotzdem ordentlich einzufangen.

+ **Perspektive:** Die Perspektive bzw. der Aufnahmewinkel ist maßgeblich an der Wahrnehmung des Hauptmotivs beteiligt. Wenn Sie ein Bild von tief unten aufnehmen, wirkt das Motiv größer und imposanter. Ein Aufnahmewinkel von oben hingegen lässt es kleiner und verletzlicher wirken.
+ **Einstellgröße:** Neben der Perspektive ist auch die Einstellgröße sehr bedeutend. Folgende Einstellgrößen werden hierbei verwendet:
  - Totale: Schafft Überblick über die Handlung der Szene. Enthält alle notwendigen Details.
  - Halbtotale: Auch hier bleibt der Überblick erhalten, aber die Zuschauerinnen und Zuschauer sind schon näher am Geschehen. Die einzelnen Personen werden individuell erkennbar.
  - Nahe: Hier sieht man im Detail, was gerade vor sich geht. Diese Perspektive konzentriert sich voll auf das Thema.
  - Detail (Close-up): Damit können Sie bestimmte Aspekte für kurze Zeit hervorheben. Zum Beispiel das Hochziehen beider Mundwinkel, um eine glückliche Emotion hervorzuheben.

Abbildung 34.27: Ein enger Rahmen um das Gesicht einer Person, der sich auf die Augen und Gesichtsausdrücke konzentriert, um Intimität und Emotionen zu betonen

Schärfentiefeverlagerung

Während beim Fotografieren die geringe Schärfentiefe an einem bestimmten Punkt festgelegt werden muss, kann man bei Filmen die Schärfentiefe während der Filmaufnahme verschieben (auch als Focus Pulling bezeichnet). Dies wird z. B. gerne verwendet, um die Aufmerksamkeit des Publikums auf unterschiedliche Teile der Szene zu lenken und visuelle Interessen zu erzeugen. Dies kann entweder durch manuelles Fokussieren während der Aufnahme am Fokusring erzielt werden oder mithilfe von automatisierten Systemen, die eine motorisierte Fokussteuerung enthalten.

+ **Negativer Raum:** Gerne wird zudem bewusst ein leerer oder negativer Bereich im Bild verwendet, um das Hauptmotiv nochmals mehr hervorzuheben oder dem Bild ein Gefühl von Ruhe und Einfachheit zu verleihen.

34.8.2 Die Schärfentiefe definieren

Die Schärfentiefe wurde bereits erwähnt, als es um die Einstellung der Blende ging. Ziel ist es dabei, dem Bild oder der Szene deutlich mehr Tiefe zu verleihen, indem Sie den Vordergrund vom Hintergrund absetzen und das Bild somit zwei Ebenen enthält. Eine solch geringe Schärfentiefe erzielen Sie gewöhnlich, indem Sie die Blende des Objektivs weit öffnen (kleiner Blendenwert). Dies setzt natürlich auch ein entsprechend lichtstarkes Objektiv voraus.

Es gibt aber auch Szenen, in denen man bewusst eine hohe Schärfetiefe erzielen will, damit man auch gut erkennen kann, was sich in den verschiedenen Bildebenen befindet.

Abbildung 34.28: Ein unscharfer Hintergrund leitet die Augen der Betrachtenden automatisch auf den scharfen Bereich im Bild und erzeugt zudem mehr Tiefe im Bild.

Abbildung 34.29: Hier wurde bewusst eine hohe Schärfentiefe gewählt, um auch zu sehen, was hinter dem Hauptmotiv vor sich geht. Allerdings wirkt das Bild dadurch etwas unruhiger, und das Auge wird weniger geführt.

Abbildung 34.30: Zweimal dieselbe Szene, in der die Schärfentiefe vom Ende eines Schildes eines Löwen (linkes Bild) zum nächsten Löwen (rechtes Bild) verlagert wurde

34.8.3 Beleuchtung beim Filmen und Fotografieren

Entscheidend für die Stimmung, Atmosphäre und visuelle Qualität eines Motivs oder eine Szene ist die Beleuchtung. Eine gut durchdachte Beleuchtung kann nicht nur die Ästhetik eines Films oder Fotos verbessern, sondern auch Emotionen verstärken. Einige Ziele einer guten Beleuchtung sind z. B.:

+ **Hervorheben des Hauptmotivs:** Mit der richtigen Beleuchtung können Sie das Hauptmotiv verstärkt hervorheben, was die Aufmerksamkeit der Betrachtenden erhöht.

+ **Stimmung und Atmosphäre schaffen:** Mit unterschiedlichen Beleuchtungstechniken können Sie unterschiedliche Stimmungen erzeugen, welche die emotionale Wirkung verstärken.
+ **Formen und Strukturen verstärken:** Mit der richtigen Dosis von Licht und Schatten können Strukturen und Texturen von Formen betont werden und dem Bild eine dreidimensionale Wirkung verleihen.

Abbildung 34.31: Mit einer dramatischen Lichtstimmung wurde hier die emotionale Wirkung verstärkt.

Abbildung 34.32: Durch die Lichtsetzung wurde hier die Form der Glaskugel verstärkt und gibt dem Bild eine dreidimensionale Wirkung.

Kamerafrau und Lichtsetzer

Das Setzen des Lichts ist eine recht anspruchsvolle Tätigkeit, die – wie das Fotografieren und Filmen selbst – nur in der Praxis erlernt werden kann. Der Aufwand sollte aber nicht unterschätzt werden. Wer neben dem Auf- und Abbau der Beleuchtung auch noch fotografieren oder filmen muss, tut sich sehr schwer. Wenn jemand bei dieser Arbeit assistiert, ist das enorm hilfreich. Man sollte aber nicht vergessen, dass man auch das vorhandene Licht der Sonne oder eines Raums nutzen kann, um damit zu versuchen, das Beste aus dem Motiv herauszuholen.

+ **Kontrolle über Kontrast und Dynamik:** Mit einer Beleuchtung können Sie auch den Kontrast und die Dynamik des Bildes beeinflussen und somit auf die visuelle Tiefe und Detailgenauigkeit einwirken.
+ **Räumliche Tiefe:** Mit einer Beleuchtung können Sie auch eine dreidimensionale Wirkung erzeugen und den Raum einer Szene definieren.

Grundlegende Beleuchtungstechniken

Moderne Bildsensoren liefern heutzutage schon ein ordentlich belichtetes Bild bei weniger Licht ab. Es geht bei dem Thema Beleuchtung also weniger darum, das Bild hell zu machen, als vielmehr darum, die Stimmung der Szene zu steuern.

In der Fotografie und Videografie ist es zunächst wichtig, aus welcher Richtung das Licht kommt. Unabhängig davon, von welcher Lichtquelle das Licht kommt, gibt es folgende grundlegenden Richtungen:

+ **Auflicht:** Das Licht das von hinten auf das Motiv scheint. Wird auch gerne als Frontallicht bezeichnet. Hierbei wird zwar das Motiv gut belichtet, aber es verschwinden die Schatten und Konturen. Das Bild wirkt häufig flach und ohne Tiefe.
+ **Streiflicht:** Hier kommt das Licht von der Seite, womit Konturen betont werden und damit auch Tiefe im Bild geschaffen wird.
+ **Gegenlicht:** Beim Gegenlicht kommt das Licht von vorne, und dies ist von allen Lichtsituationen die schwierigste für Kameras, weil dann

das Motiv meistens unterbelichtet wird. Aber es gibt auch positive Dinge wie grafische Schattenrisse, feine Strukturen wie z. B. Haare werden schön sichtbar, oder Wasser erhält bei Gegenlicht lebendige Spitzlichter.

Wenn Sie nun filmen oder fotografieren wollen, gibt es im Grunde zwei Optionen:, nämlich natürliches oder künstliches Licht.

Mit der Nutzung von Sonnenlicht haben Sie die einfachste und effektivste Beleuchtungsmethode. Wenn der Sonnenstand nicht zu hoch ist, erzielen Sie damit eine natürliche und weiche Beleuchtung, die sich sehr schön für Landschaftsaufnahmen oder Porträts eignet. Mit dem Einsatz von sogenannten Diffusoren können Sie das harte Sonnenlicht gegebenenfalls weicher machen und gleichmäßiger verteilen. Mit Reflektoren hingegen können Sie das Sonnenlicht nutzen, um es auf ein Motiv wie z. B. das Gesicht umzuleiten.

Die zweite Möglichkeit ist das künstliche Licht. Wie bereits erwähnt, wird Licht heute nicht mehr nur dazu verwendet, etwas »hell« zu machen, sondern um die Stimmung und Atmosphäre zu steuern. Hierfür gibt es verschiedene Optionen:

+ Blitzlicht: Das Blitzlicht ist eine tragbare Lichtquelle, die eine gerichtete Beleuchtung bietet. Mithilfe von Reflektoren und Diffusoren können Sie diese modulieren. Blitzlicht wird ausschließlich zum Fotografieren verwendet. Die Rede ist hierbei allerdings nicht von einem Aufsteckblitz, sondern von entfesselten Blitzen.
+ Dauerlicht: Dauerlichter sind kontinuierliche Beleuchtungsquellen wie LED-Panels und Softboxen, womit eine konstante Beleuchtung ermöglicht wird. Bevorzugt werden Dauerlichter zum Filmen verwendet, aber auch bei Studioaufnahmen gibt es Fotografen und Fotografinnen, die damit arbeiten, weil man hierbei vor dem Foto gleich das Endergebnis sieht.
+ Tungsten-Licht: Das ist ein Scheinwerfer, der ein Licht mit einer Temperatur von 3.200 Kelvin abliefert und ein ähnlich warmes Licht wie eine traditionelle Glühlampe erzeugt. Diese Scheinwerfer sind sehr lichtstark, werden dadurch aber im Betrieb häufig auch sehr heiß.

Lichtformer

Vor allem wenn Sie künstliches Licht verwenden, gibt es sogenannte Lichtformer, die als Zubehör vor der Leuchte angebracht werden, um das Licht zu steuern, zu formen und zu verändern. Mit ihnen können Sie das Licht weicher oder härter, diffuser oder gerichteter machen. Es gibt unzählige Lichtformer, wie Softboxen, Schirme, Reflektoren, Gobos, Klappen, Snoots, Farbgelfilter und Diffusoren, um nur einige zu nennen. Nur mit Lichtformern können Sie die Qualität des Lichts kontrollieren und seine Richtung bestimmen. Das bietet Ihnen unzählige kreative Möglichkeiten und führt bei richtiger Anwendung zu professionellen Ergebnissen.

© Hensel

Abbildung 34.33: Octobox von Hensel

Drei-Punkt-Beleuchtung

Sie kennen nun bereits Auflicht, Streiflicht und Gegenlicht und wissen, dass jede andere Richtung des Lichteinfalls eine andere Bildwirkung hat. In der Praxis wird beim Filmen und Fotografieren auch gerne die Drei-Punkt-Beleuchtung verwendet, um Motive optimal auszuleuchten und um eine professionelle Beleuchtung zu erzielen. Bei der Methode werden drei Lichtquellen verwendet: Hauptlicht (auch Führungslicht bzw. Key Light), Aufhelllicht (auch Fülllicht, Fill Light) und Spitzlicht (auch Kante, Rücklicht oder Back Light). Jede dieser Lichtquellen hat eine spezifische Funktion, die zusammen eine kontrollierte Beleuchtung schafft.

Abbildung 34.34: Reportagelicht

Lichtersetzung

Wenn Sie noch keine Erfahrung mit der Einstellung der Beleuchtung haben, empfehle ich Ihnen, zunächst das Hauptlicht einzustellen, bis Sie mit der Beleuchtung zufrieden sind. Anschließend können Sie das gegenüberliegende Aufhelllicht hinzufügen, um die vom Hauptlicht erzeugten Schatten zu reduzieren. Schließlich stellen Sie das Spitzlicht ein, um das Objekt deutlicher vom Hintergrund abzusetzen. Natürlich können Sie alle drei Lichter auf einmal verwenden, aber oft ist es einfacher, eines nach dem anderen einzusetzen.

Um eine Drei-Punkt-Beleuchtung zu setzen, gehen Sie wie folgt vor:

1. **Hauptlicht setzen:** Das Hauptlicht (oder Führungslicht) ist die primäre Lichtquelle bei der Ausleuchtung der Szene und bestimmt den Grundcharakter. Das Licht erzeugt den stärksten Schatten und hebt die wichtigsten Merkmale des Motivs hervor. Die Richtung des Lichts (auch Beleuchtungswinkel) wird gewöhnlich auf einen Winkel von 45° zur Kamera und leicht von oberhalb des Motivs eingestellt. Abhängig von der verwendeten Lichtquelle und dem Lichtformer kann das Hauptlicht entweder hart oder weich sein (Spotlight für harte Schatten, Softbox für weiche Schatten).
2. **Aufhelllicht setzen:** Das Aufhelllicht dient vorwiegend zur Reduzierung der Schatten, die mit dem Hauptlicht entstehen, ohne diese vollständig zu beseitigen. Damit wird sichergestellt, dass die Schatten nicht zu dominant werden und die Beleuchtung schön ausgewogen ist. Das Aufhelllicht wird weniger intensiv eingestellt als das Hauptlicht. Bei klassischen Interviews wird hier ein Verhältnis von 2:1 oder 4:1 verwendet. Soll es dramatischer mit mehr Kontrasten sein (à la Hollywood), kann auch ein 8:1-Verhältnis verwendet werden. Die Position des Lichts ist oftmals unterschiedlich. Manche positionieren das Licht auf der gegenüberliegenden Seite des Hauptlichts. Andere hingegen empfehlen, das Aufhelllicht in einem Winkel von 15° bis 60° zur Kamera zu setzen (wo auch die Schatten vom Motiv sind). Beim Aufhelllicht wird oftmals ein Diffusor verwendet, damit eine subtile Aufhellung erzielt wird.
3. **Spitzlicht setzen:** Das Spitzlicht wird dazu verwendet, das Motiv vom Hintergrund zu trennen und eine dreidimensionale Wirkung zu erzielen. Das Licht erzeugt eine Lichtkante, die die Konturen des Motivs betont. Das Spitzlicht wird gewöhnlich hinter dem Motiv leicht erhöht in einem Winkel von 15° bis 45° zur Kamera gesetzt. Das Licht sollte so stark eingestellt sein, dass es vom Hintergrund abhebt, aber nicht so stark, dass es überstrahlt oder eine Blendung erzeugt. Es gibt hierbei aber auch Szenen, wo das Spitzlicht heller ist, also das Führungslicht, um die Person z. B. mächtiger oder besonders erscheinen zu lassen. Wie immer kommt es darauf an, welche Wirkung man erzielen will.

Erfahrung sammeln

Die Beherrschung der Drei-Punkt-Beleuchtung erfordert einige Erfahrung. Sobald Sie es beherrschen, können Sie damit beginnen, die Lichter anders zu positionieren oder sie in verschiedenen Stärken einzustellen. Auf diese Weise können Sie neue Stimmungen und Atmosphären schaffen. Wenn Sie zum Beispiel das Aufhelllicht ganz weglassen, erhalten Sie viel härtere Schatten. Oder wenn Sie das Aufhelllicht direkt hinter einer Person platzieren, wird die Silhouette dieser Person noch deutlicher hervorgehoben.

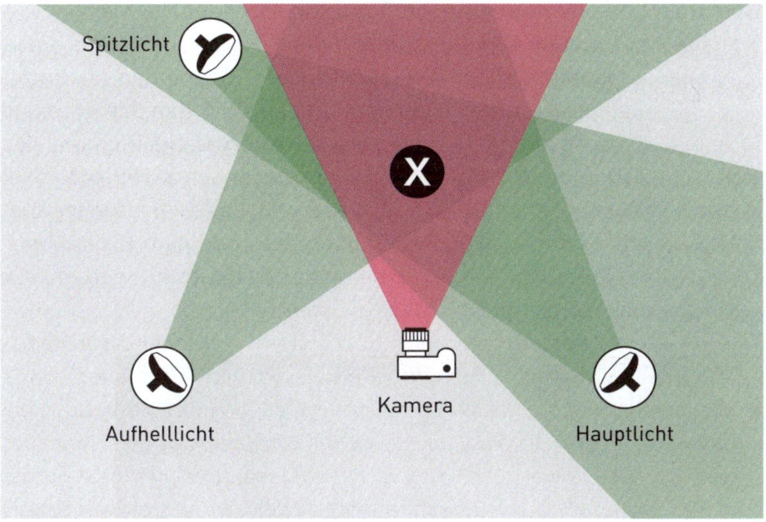

Abbildung 34.35: Die Dreipunkt-Beleuchtung

34.8.4 Ton beim Filmen

Der Ton beim Filmen ist ein unbeliebtes Thema. Aber ein Interview mit einem schlechten Ton ist keine gute Sache und kann die gesamte Produktion beeinträchtigen. An dieser Stelle daher kurz einige Aspekte, was beim Ton zu beachten ist.

Mikrofonauswahl

Natürlich ist die Wahl des Mikrofons entscheidend für ein gutes Tonerlebnis. Die meisten Kameras verfügen zwar über ein eingebautes Mikrofon, aber für eine professionelle Produktion sind diese in der Regel nicht wirklich geeignet. Sie sollten daher immer ein externes Mikrofon verwenden. Dieses bietet neben einer besseren Tonqualität oft auch mehr Flexibilität. Gängige Mikrofone sind:

+ **Richtmikrofon (Shotgun):** Diese Mikrofone sind gut geeignet für Dialoge und Interviews, da der Ton direkt vor der Kamera aufgenommen wird und die Umgebungsgeräusche minimiert werden.
+ **Lavaliermikrofon (Ansteckmikrofon):** Ideal für Interviews und Präsentationen, da dieses Mikrofon nahe an der Tonquelle angebracht wird und so eine klare Stimme aufzeichnet.
+ **Handmikrofon:** Wird häufig für Live-Interviews und Reportagen verwendet. Es bietet eine sehr gute Klangqualität und ist einfach zu handhaben.

Wichtig ist auch, dass das Mikrofon so nah wie möglich an der Schallquelle positioniert wird, um einen klaren und direkten Ton aufzunehmen. Hier kann eine sogenannte Tonangel hilfreich sein, wenn Sie beim Filmen einen Assistenten zur Verfügung haben. Hierbei wird das Mikrofon an der Spitze der Teleskopstange befestigt und dann so nah wie möglich an die Schallquelle gehalten.

Windschutz

Ein Windschutz ist für jedes Mikrofon unverzichtbar, denn schon ein leichter Wind kann sich auf einer Aufnahme bemerkbar machen. Für Richtmikrofone gibt es langfellige Abdeckungen (Deadcat) über dem Mikrofon.

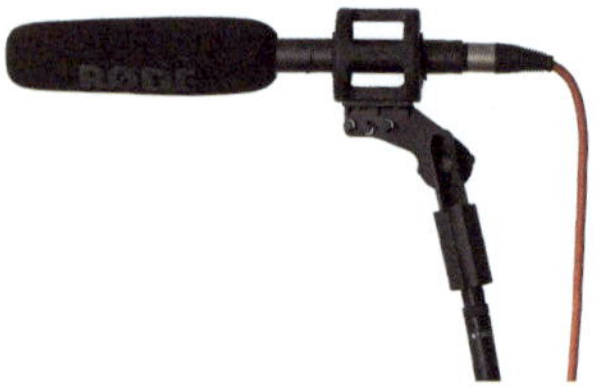

Abbildung 34.36: Richtmikrofon, befestigt an einer Tonangel

Die 0-dB-Grenze

Die optimale Grenze für eine ideale Tonaufnahme liegt bei 0 dB. Diese Grenze markiert den obersten Bereich zwischen dem maximalen ausgesteuerten Ton und einem unbrauchbaren Ton. Alles über 0 dB wird nur noch verzerrt wiedergegeben. Das sollten Sie, wenn möglich, beim Filmen vermeiden. Lieber ist der Ton ein wenig zu leise als zu laut. Einen leisen Ton können Sie nachträglich noch anpassen, aber einen zu lauten und verzerrten Ton nicht. Wenn Sie im Internet nach dem Einpegeln auf 0 dB suchen, werden Sie verschiedene Empfehlungen bekommen. So werden TV-Beiträge auf –9 dB eingepegelt und Kinofilme auf –6 dB. Für Videoschnittprogramme gilt aber die 0-dB-Grenze. Wenn Sie in der Nachbearbeitung die Lautstärke reduzieren wollen, können Sie die Tonspur (genannt Masterspur) normalisieren und auf einen benutzerdefinierten Spitzenwert absenken.

Überwachung und Kontrolle

Während der Aufnahme ist es empfehlenswert, einen Kopfhörer zu verwenden, um den Ton zu überwachen und um sicherzustellen, dass keine unerwünschten Geräusche aufgezeichnet werden. Ein Mikrofon hört anders als unsere Ohren, und wenn Sie mit einem Kopfhörer gleich alles mithören, können Sie eventuelle Fehler schnell entdecken.

Auch bieten alle guten Kameras oder das Audiogerät eine Überwachung des Lautstärkepegels, um eine Übersteuerung zu vermeiden. Hier gibt es verschiedene Empfehlungen zwischen –12 dB und –6 dB (db = Dezibel).

Abbildung 34.37: Den Tonpegel während der Aufnahme überwachen

34.8.5 Erstellen von Filmmaterial

Wenn Sie nun mit der Aufnahme beginnen wollen, ist es wichtig, dass Sie auch ein kleines Drehbuch oder Storyboard ausgearbeitet haben. Das hilft enorm, die Szenen vor Ort zu planen und die Aufnahme effizienter zu gestalten.

Bildrate einstellen

Als Nächstes sollten Sie die Kameraeinstellungen wie Weißabgleich, Blende, ISO und vor allem auch eine fixe Verschlusszeit wie 1/50 s, 1/60 s oder 1/100 s wählen. Ganz wichtig ist die passende Bildrate dazu. Diese hängt natürlich vom Anwendungsfall ab. In der Praxis werden häufig folgende Bildraten verwendet:

+ **24p:** Ideale Bildrate für Interviews oder Vlogs, wo hinterher die Geschwindigkeit nicht mehr geändert wird. Zudem kommt es bei dieser Bildrate auch zum beliebten Kinolook. Wenn Sie das Filmmaterial in der Nacharbeit verlangsamen wollen, ruckelt es. Für solche Zwecke benötigen Sie eine höhere Bildrate.
+ **30p:** Die Aufnahmen mit dieser Bildrate haben eher den Charakter einer Nachrichtensendung. Wenn man das Bild in der Postproduktion verlangsamen will, dann kann man leichte Zeitlupen wie 1,25× oder 1,5× damit machen, aber für mehr sind auch hier nicht genügend Bilder in der Sekunde vorhanden.

+ **60p:** Mit dieser Bildrate eröffnen sich viele kreative Möglichkeiten für die Nachbearbeitung des Videos. Wenn Sie den Film in 60p filmen und mit 24p exportieren, haben Sie eine 2,5-fache Zeitlupe. Das wird zu einer sehr schönen Slow-Motion-Aufnahme im Kinolook, der z. B. für Actionvideos genauso passt wie für schöne Urlaubs- oder Hochzeitsvideos.

Auflösung, Videoformat und der Codec

Neben der Einstellung ist auch die Auflösung (8K, 6,2K, 4K, Full HD), das Videoformat (MP4, MOV, RAW) und der verwendete Codec (H.264, H.265) von Bedeutung. Diese Entscheidungen sind auch wichtig für die Postproduktion. Wenn man hier in höchster Auflösung im RAW-Format filmen will, setzt dies natürlich auch voraus, dass man für den Schnitt in der Postproduktion entsprechende Hardware hat, die über genügend Leistung verfügt.

Logarithmisches Gammaprofil und HLG

Statt im RAW-Format zu filmen, verwenden viele heute auch ein logarithmisches Gammaprofil wie F-Log (Fujifilm), S-Log (Sony) oder C-Log (Canon) bei der Produktion. Hierbei handelt es sich um ein Profil, das von den Kameraherstellern abgestimmt wird und darauf ausgelegt ist, die dynamischen Fähigkeiten der Kamera zu maximieren, womit die Details in den Schatten und Lichtern besser erfasst werden können. Gerade bei starken Kontrasten ist dies enorm hilfreich. Hierbei werden die Helligkeits- und Farbinformationen abgeflacht, womit eben genau diese Stellen erhalten bleiben.

Color Grading notwendig

Filme, die im Log-Modus aufgezeichnet wurden, sehen im unbearbeiteten Zustand häufig flau und entsättigt aus. Gewöhnlich wird erst nach der Anwendung der logarithmischen Korrekturkurve, bei einer nachträglichen Bearbeitung (beispielsweise per Color Grading), ein realistisches Bild daraus.

Manuellen Modus verwenden

Da man beim Filmen eine feste Belichtungszeit einstellt und es auch nicht schön ist, wenn sich der Blendenwert während des Filmens (ungewollt) ändert, ist es oft die beste Option, im manuellen Programmmodus zu filmen, bei dem man alle Parameter wie Blende, Belichtungszeit, ISO und auch den Weißabgleich manuell einstellt. Die manuelle Fokussierung wird auch oft zum Scharfstellen verwendet. Dies erfordert jedoch ein wenig Erfahrung, da es bei komplexen Szenen zu Fehlern kommen kann.

Kamerabewegung

Neben der Bildkomposition ist es auch von großer Bedeutung, dass Sie die Kamera stabilisieren, um verwackelte Aufnahmen zu vermeiden. Dazu können Sie ein Stativ, Gimbal oder eine andere Stabilisierungsvorrichtung verwenden. Auch die Kamerabewegung sollten Sie planen. Dazu gehören Dinge wie Kameraschwenks, Neigungen oder Dolly- und Tracking-Aufnahmen. Sie werden feststellen, dass es etwas Übung braucht, um eine ruhige Kameraführung zu erzielen. Anders als beim Fotografieren bewegt sich neben dem Motiv auch die Kamera in der Position.

Abbildung 34.38: Log-Aufnahmen (hier F-Log2) erzeugen ein flaues Bild, das in der Postproduktion mit dem sogenannten Grading korrigiert werden muss.

Neben einem logarithmischen Gammaprofil gibt es noch HLG (Hybrid Log Gamma). Dieses HDR-Format hat gegenüber anderen Formaten den Vorteil, dass es neben der typischen Gammakurve im unteren Bereich auch eine Log-Funktion im oberen Bereich bietet. Konkret bedeutet dies, dass bei einem normalen Fernsehgerät (SDR = »Standard Dynamic Range«) nur der untere Bereich der Kurve (Rec-709-Standard), bei einem HDR-Fernseher die komplette Kurve (Rec-2100-Standard) übertragen wird. Daher kommt auch der Name »Hybrid« bei diesem Log. Bei HLG muss gewöhnlich mit dem Codec H.265 in 10 Bit aufgezeichnet werden.

Mehrere Einstellgrößen mit nur einer Aufnahme

Wenn Sie Aufnahmen in 8K oder 6,2K machen und ein Video ohnehin in 4K erstellen bzw. exportieren, können Sie z. B. bei 8K einen tieferen Bildausschnitt erzeugen (auch Reframing genannt), indem Sie einen bestimmten Bereich auf 4K zuschneiden.

Aufnahmedauer

Wenn Sie nicht gerade ein Interview filmen, dann gilt auch hier: »In der Kürze liegt die Würze.« Wenn Sie mehrere kürzere Clips erstellt haben, fällt es Ihnen auch leichter, in der Nachbearbeitung die einzelnen Sequenzen zu einem interessanten Film zusammenzufügen. Vergessen Sie auch nicht, bestimmte Szenen aus verschiedenen Winkeln aufzunehmen. Ein Film von 5 bis 10 Minuten ist heute schon ein recht langes Stück. In der heutigen, schnelllebigen Zeit bevorzugen viele Zuschauer und Zuschauerinnen kurzweilige Filme. Gerade beim Einstieg macht man häufig den Fehler, viel zu lange eine bestimmte Szene zu filmen, ohne die Perspektive oder die Einstellgröße zu ändern.

34.9 Videoschnitt

Haben Sie das Filmmaterial (oftmals auch Footage genannt) aufgenommen, geht es in der Regel zur Postproduktion, wo Sie ebenfalls einige Aspekte beachten müssen, um ein ansprechendes Endprodukt zu erzielen.

Der erste Schritt sollte die Medienverwaltung des Filmmaterials sein, bei der Sie die einzelnen Clips, Audiodateien und alle anderen Medien in strukturierten Ordnern organisieren. Hilfreich ist es auch, die Dateien entsprechend zu benennen. So lassen sie sich leichter wiederfinden.

Ebenso nützlich ist es, die Clips nach dem Storyboard und dem Drehbuch zu sortieren, das Sie wahrscheinlich erstellt haben oder spätestens jetzt erstellen. An der Stelle können Sie auch gleich die Sichtung des Materials durchführen, um schlechte Clips auszusortieren. Die richtige Organisation hilft Ihnen dabei, die einzelnen Bilder und Sequenzen so aneinanderzureihen, dass eine sinnvolle und interessante Szene entsteht.

34.9.1 Software und Hardware

Für die Videobearbeitung ist in der Regel extrem leistungsfähige Hardware erforderlich – vor allem, wenn das unkomprimierte RAW-Format für die Aufnahmen verwendet wird. Damit erhalten Sie die maximal mögliche Qualität ohne Verlust von Details oder Dynamik und haben den größten Spielraum für die Nachbearbeitung. Allerdings hat man es beim RAW-Format mit einer enormen Datenmenge zu tun, die von einem handelsüblichen Rechner von der Stange nicht so einfach verarbeitet werden kann.

Auch für die Videobearbeitung selbst benötigen Sie eine geeignete Software. Hierfür wird häufig professionelle Software wie Adobe Premiere Pro, Final Cut Pro oder DaVinci Resolve verwendet, die alle notwendigen Anforderungen erfüllt.

Hohe Bildrate

Bei der Wahl des RAW-Formats zum Filmen oder bei Videos im Apple-ProRes-Format treten oft enorme Bitraten auf, die sich häufig nicht mehr auf einer Standard-SD-Karte speichern lassen. Viele Kamerahersteller bieten hier die Möglichkeit der Aufzeichnung auf eine externe Festplatte.

34.9.2 Schnitttechniken

Der Videoschnitt beim Filmen, auch Postproduktion genannt, ist in der Regel ein mehrstufiger Prozess, in dem aus dem Filmmaterial ein fertiges Video erstellt wird. Grob gibt es hier zwei Phasen – den Rohschnitt (Rough Cut) und den Feinschnitt (Fine Cut):

1. **Rohschnitt (Rough Cut):** Beim Rohschnitt ziehen Sie zunächst die ausgewählten Clips in die Timeline der Schnittsoftware. Stellen Sie hierbei sicher, dass die Clips auch in einer logischen Anordnung und erzählerisch sinnvoll aneinandergereiht wurden. Anschließend kürzen und trimmen Sie die Clips, um unnötige Teile zu entfernen und die grundlegende Struktur des Videos zu erstellen.
2. **Feinschnitt (Fine Cut):** Hier geht es nun mehr in die Details. Sie präzisieren die Schnitte und Übergänge der einzelnen Clips, um einen flüssigeren Ablauf des Videos sicherzustellen. Passen Sie gegebenenfalls auch nochmals die Länge der einzelnen Clips an. Auch das Tempo und der Rhythmus des Videos werden nun optimiert. Zum Schluss wird in diesem Prozess noch an den Übergängen gearbeitet. Hier können Sie subtile Übergänge, Überblendungen oder Wipes einfügen, um die einzelnen Szenen nahtlos miteinander zu verbinden.

Komplexe Software

Das Schneiden von Videos nimmt viel Zeit in Anspruch und kann ziemlich frustrierend sein, wenn man sich damit nicht auskennt. Wie bei allem in der Videotechnik braucht es etwas Übung, um sich mit dem Schnittsystem vertraut zu machen. Natürlich muss es nicht immer ein professionelles Programm sein. Sie können Ihre ersten Schritte auch mit einfacheren Verbraucherprogrammen wie MAGIX Video deluxe machen.

34.9.3 Audiobearbeitung

Nach dem Schneiden des Videos ist es oft an der Zeit, den Ton zu bearbeiten. Auch dieser Prozess ist sehr vielfältig. Sie sollten zumindest die folgenden Aspekte berücksichtigen:

+ **Synchronisation:** Synchronisieren Sie den extern aufgenommenen Ton auf der Timeline mit dem Videomaterial, um eine präzise Übereinstimmung (beispielsweise Lippensynchronität) von Bild und Ton zu gewährleisten.
+ **Soundeffekte:** Fügen Sie bei Bedarf Soundeffekte hinzu, um Aktionen und Szenen mehr zu betonen.
+ **Hintergrundmusik:** Wenn es sinnvoll ist, fügen Sie eine Hintergrundmusik hinzu. Stellen Sie allerdings die Lautstärke so ein, dass die Dialoge immer klar verständlich bleiben.
+ **Audiomischung:** Balancieren Sie die verschiedenen Tonspuren aus, um ein harmonisch klingendes Gesamtergebnis zu erreichen. Ver-

RAW- und Log-Aufnahmen

Wurde das Filmmaterial im Rohformat oder als Log-Aufnahme erstellt, ist eine Farbkorrektur ohnehin unumgänglich. Die Formate sorgen im Gegensatz zu bereits komprimierten Formaten für eine größere Dynamik und mehr Flexibilität bei der Farbkorrektur.

Scopes und Monitore

Mit Werkzeugen wie Waveform-Monitor, Vektorskop und Histogramm können Sie die Farbwerte analysieren und anpassen.

Fertige LUTs

Für das Color Grading werden häufig vorgefertigte Farbprofile, auch LUT (Look-Up-Tables) genannt, genutzt. Diese speichern spezifische Farbanpassungen, um einen einheitlichen Look zu erzeugen.

Text und Grafiken

Es können dem Video gut lesbare Titel und Untertitel hinzugefügt werden, um das Video zu ergänzen und die Informationen klar zu vermitteln. Grafiken und Animationen können ebenfalls verwendet werden, wenn sie den visuellen Stil des Videos unterstützen und nicht ablenken.

wenden Sie Equalizer, Rauschunterdrückung und Kompressoren, um die Tonqualität zu optimieren. Passen Sie die Frequenzen und die Dynamik des Tons an, um eine klare und ausgewogene Tonwiedergabe zu erreichen.

34.9.4 Color Grading

Das Color Grading ist eine Mischung aus Farbkorrektur und -manipulation des Videos. Hier geht es darum, die ästhetische Qualität zu verbessern, um eine visuelle Konsistenz sicherzustellen und so eine bestimmte Stimmung oder einen bestimmten Stil zu erzeugen. Dieser Schritt ist einer der wichtigsten in der Postproduktion, weil hiermit das endgültige Erscheinungsbild eines Films oder Videos festgelegt wird.

Bevor Sie ein Color Grading durchführen, sollten Sie noch die grundlegenden Anpassungen der **Farbkorrektur** durchführen – Belichtung, Kontrast, Weißabgleich und Sättigung –, um sicherzustellen, dass alle Aufnahmen konsistent und natürlich aussehen. Auch eventuelle Farbfehler bei der Aufnahme (z. B. Farbstiche) sollten hier noch behoben werden.

Wie bereits erwähnt, stellen Sie beim Color Grading die visuelle Konsistenz sicher, dass also die Farben und der visuelle Stil im gesamten Film einheitlich sind. Das gilt auch für Szenen, die an anderen Orten zu unterschiedlichen Zeiten aufgenommen wurden. Gestalterisch können Sie hiermit Folgendes erreichen:

+ **Stimmung und Atmosphäre:** Durch ein gezieltes Anpassen der Farben wird eine bestimmte Stimmung und Atmosphäre erzeugt. Kühlere Farben können eine distanziertere Stimmung oder einen modernen Look erzeugen. Warme Farbe hingegen wirken gemütlich und einladend.
+ **Künstlerische Effekte:** Sie können das Grading auch als Stilmittel verwenden, um z. B. einen Vintage-Look, eine Film-Emulation oder eine monochrome Farbpalette umzusetzen.

34.9.5 Export

Ist das Video fertig gestellt, sollten Sie es in der bestmöglichen Qualität exportieren, die für das Zielmedium vorgesehen ist. Hierbei müssen Sie die Spezifikationen und Anforderungen der Plattform berücksichtigen, auf der Sie das Video veröffentlichen wollen. Achten Sie zudem auf die richtige Auflösung, Bitrate und das Dateiformat. Bei der Dateigröße gilt es eine gute Balance zwischen Qualität und Speicherbedarf zu erzielen.

Feedback und Überarbeitung

Zeigen Sie das Video verschiedenen Personen oder einer Testgruppe, um ein Feedback zu erhalten. Nehmen Sie notwendige Änderungen und Verbesserungen basierend auf dem Feedback vor, um das Video zu optimieren.

Teil VI

Marketing, Social Media und Medienrecht

Kapitel 35

Marketing

Themen des Kapitels:

- *Marketing und Mediengestaltung als Dreamteam*
- *Der Marketingprozess*
- *Situationsanalyse und Zielgruppenforschung*
- *Marketingziele formulieren*
- *Marketingmaßnahmen aufstellen und umsetzen*
- *KISS, SWOT, SMART, AIDA – die Schlagwörter der Marketingsprache*

Dieses Kapitel bietet eine Einführung in das Thema Marketing, beginnend mit den Grundlagen und der Rolle, die es als Brücke zwischen Unternehmen sowie Kundinnen und Kunden einnimmt. Es wird deutlich, dass Marketing weit mehr umfasst als nur Werbung. Im Kern geht es darum, Bedürfnisse zu identifizieren, Lösungen anzubieten und dauerhafte Beziehungen aufzubauen. Marketing vereint Kunst und Wissenschaft, indem es Kreativität mit analytischen Methoden verbindet, nicht nur um Produkte zu verkaufen, sondern auch, um Wert und Zufriedenheit zu generieren. Und da tritt auch die Mediengestaltung auf den Plan.

35.1 Marketing und Mediengestaltung als Dreamteam

Marketing ohne Gestaltung ist undenkbar, aber auch Gestaltung wirkt ohne Marketing haltlos: Es sind zwei Disziplinen, die eng miteinander verbunden sind und sich gegenseitig beeinflussen und verstärken. Dafür ist es für Mediengestalter und -gestalterinnen essentiell, Hintergrundwissen zum Marketing zu besitzen.

Wie genau hängen Mediengestaltung und Marketing zusammen?

Gestaltung ist das visuelle Medium, durch das Marketingbotschaften kommuniziert werden. Ohne ansprechendes und zielgerichtetes Design könnten Marketingbotschaften die gewünschte Zielgruppe nicht erreichen. Gutes Design verbessert die Verständlichkeit und Aufnahme der Botschaft und macht sie einprägsam.

Definition Marketing
Nach Kotler et al. (2010) ist Marketing als Prozess zu definieren, bei dem Unternehmen einen Wert für Kunden und Kundinnen schaffen und starke Kundenbeziehungen aufbauen, um im Gegenzug einen Wert von den Konsumenten abzuschöpfen.

> **Historischer Überblick**
>
> Die Wurzeln des Marketings reichen weit zurück, lange bevor der Begriff selbst geprägt wurde. Schon in der Antike gab es Formen des Handels und der Vermarktung, von Basaren im alten Mesopotamien bis hin zu den ausgeklügelten Handelsnetzwerken des Römischen Reiches. Mit der industriellen Revolution im 18. und 19. Jahrhundert änderte sich die Art und Weise, wie Produkte hergestellt und verkauft wurden, grundlegend. Massenproduktion führte zu einem Überangebot, und Unternehmen mussten Wege finden, ihre Produkte von denen der Konkurrenz abzuheben. Dies führte zur Entstehung von Marken und zur Notwendigkeit, diese Marken zu bewerben. Im 20. Jahrhundert, mit der Entstehung neuer Medien wie Radio, Fernsehen und schließlich dem Internet, wurde die Landschaft des Marketings noch komplexer und vielfältiger.

> **Marketing 1.0**
>
> Markting 1.0 konzentrierte sich auf das Produkt. In dieser Phase, angetrieben durch die industrielle Revolution, war das Hauptziel, Produkte zu verkaufen. Der Fokus lag auf funktionalen Produkten für einen Massenmarkt mit Basisbedürfnissen. Marketingkonzepte drehten sich um die Produktentwicklung, und die Kommunikation hob Produktdetails hervor. Die Kommunikation lief in eine Richtung: vom Unternehmen zum Verbraucher.

Marketingstrategien definieren wiederum, welche Botschaft übermittelt werden soll und wer die Zielgruppe ist, während die Gestaltung dazu beiträgt, wie diese Botschaft visuell präsentiert wird. Das visuelle Erscheinungsbild einer Marke, von der Logogestaltung bis zur Auswahl der Farbpalette und Typografie, hat direkten Einfluss auf die Wahrnehmung der Marke durch die Öffentlichkeit.

Marketing zielt darauf ab, die Interaktion mit der Zielgruppe zu fördern. Ohne Gestaltung ist das nicht möglich: Ob es sich um eine Webseite, eine Werbeanzeige oder Social-Media-Posts handelt, ein ansprechendes Design motiviert die Zielgruppe zur Interaktion, sei es durch Klicken, Teilen oder Kommentieren.

In den vergangenen Jahren hat die Digitalisierung das Marketing weiter revolutioniert. Mit dem Aufstieg von Social Media, Influencer-Marketing, Suchmaschinenmarketing und datengetriebenen Ansätzen ist die Mediengestaltung noch wichtiger geworden.

35.2 Die vier Entwicklungsstufen des Marketings

Die Entwicklung des Marketings lässt sich in vier aufeinanderfolgende Phasen unterteilen, die jeweils durch unterschiedliche Schwerpunkte und Herangehensweisen gekennzeichnet sind. Diese Evolution reflektiert nicht nur die Veränderungen in der Wirtschaft und Technologie, sondern auch im Verbraucherverhalten und in den gesellschaftlichen Werten. Es zeigt aber auch, wie wichtig es im Bereich Marketing ist, mit Veränderungen Schritt zu halten, um effektiv mit den Zielgruppen zu kommunizieren und zu interagieren.

+ Mit dem Aufkommen der Informationstechnologie entwickelte sich das Marketing weiter zu **Marketing 2.0**, das die Kundinnen und Kunden in den Mittelpunkt stellt. Das Ziel verschob sich hin zur Kundenzufriedenheit und -bindung, wobei Kund*innen als Individuen mit spezifischen Bedürfnissen betrachtet wurden. Die Strategien umfassten Marktdiversifikation und -unterscheidung, und die Marktsicht erweiterte sich auf Kunden und Kundinnen mit individuellen Bedürfnissen. Das Wertangebot umfasste nun funktionale und emotionale Produkte.
+ **Marketing 3.0** markierte den Übergang zu einem Fokus auf Menschen und ihre Werte, angetrieben durch neue Technologien. In dieser Phase ging es darum, die Welt zu verbessern und Werte zu vermitteln. Menschen wurden nicht nur als Verbraucherinnen und Verbraucher, sondern als vollwertige Individuen mit Verstand, Herz und Seele angesprochen. Marketingkonzepte zielten auf Wertsteigerung ab, und das Wertangebot integrierte funktionale und spirituelle Produkte. Die Kundeninteraktion erweiterte sich zur gemeinschaftlichen Kooperation.

+ Die jüngste Phase, **Marketing 4.0**, ist durch die digitale Wirtschaft geprägt und legt den Fokus auf die Kundenerfahrung während des Einkaufs sowie personalisierte Ansprache. Hier steht das Ziel im Vordergrund, Kunden und Kundinnen dazu zu inspirieren, mitzugestalten. Die Marktsicht bezieht sich auf vernetzte Online-Nutzer, und die Marketingkonzepte konzentrieren sich auf das Schaffen einer Markenpersönlichkeit. Die Richtlinien fördern Inhalte und Markenbildung, mit einem Wertangebot, das auf Vertrauen und Engagement setzt. Die Kundeninteraktion ist netzwerkbasiert, mit großen Nutzergemeinschaften. Diese Phase ist gekennzeichnet durch die Integration von Online- und Offline-Interaktionen und die Nutzung von Datenanalytik und künstlicher Intelligenz, um personalisierte Kundenerlebnisse zu schaffen.

Tabelle 35.1: Die Merkmale von Marketing in den verschiedenen Phasen nach Kotler et al., aus den Jahren 2010 und 2017

Merkmal	Marketing 1.0	Marketing 2.0	Marketing 3.0	Marketing 4.0
Fokus	auf das Produkt	auf Kund*innen	auf Menschen und ihre Werte	auf die Kundenerfahrung während des Einkaufs
Ziel	Produkte verkaufen	Kund*innen zufriedenstellen und binden	die Welt verbessern, Wertevermittlung	Kunden inspirieren, mitzugestalten
Antrieb	industrielle Revolution	Informationstechnologie	neue Technologien	digitale Wirtschaft
Marktsicht	Massenmarkt mit Basisbedürfnissen	Kund*innen mit individuellen Bedürfnissen	Menschen mit Verstand, Herz und Seele	vernetzte Online-Nutzer
Marketing-konzepte	Produktentwicklung	Marktdiversifikation und -unterscheidung	Wertsteigerung	Markenpersönlichkeit schaffen
Richtlinien	Produktdetails hervorheben	Unternehmens- und Produktpositionierung	Unternehmensmission und -werte	Inhalte und Markenbildung fördern
Wertangebot	funktionale Produkte	funktionale und emotionale Produkte	funktionale und spirituelle Produkte	Vertrauen und Engagement
Kundeninteraktion	Gruppenansatz, viele zu einem	Einzelansatz, eins zu eins	gemeinschaftliche Kooperation	netzwerkbasierte Beziehungen, große Nutzergemeinschaft

35.3 Der Marketingprozess

Der Marketingprozess kann in verschiedene Schritte unterteilt werden, die helfen, eine Marketingstrategie systematisch zu entwickeln und umzusetzen. Diese Schritte sind eng miteinander verbunden und bilden einen kontinuierlichen Zyklus, da Marketing eine dynamische Praxis ist, die sich an verändernde Umstände anpassen muss.

Dabei ist zu beachten, dass die Schritte zwar einen Rahmen bilden, aber immer wieder an veränderte Bedingungen oder auch Erkenntnisse angepasst werden müssen. Folgende Schritte lassen sich festlegen.

1. **Situationsanalyse:** Die Situationsanalyse umfasst die Bewertung des internen und externen Umfelds des Unternehmens. Der Sinn dieses Schrittes liegt darin, ein Verständnis für die aktuellen Marktbedingungen, die Unternehmensposition sowie für die Wettbewerbslandschaft zu entwickeln. Dies ermöglicht es dem Unternehmen, informierte Entscheidungen zu treffen und realistische Ziele zu setzen, die auf fundierten Daten basieren.
2. **Festlegung von Marketingzielen:** Auf Basis der Situationsanalyse werden spezifische, messbare, erreichbare, relevante und zeitlich definierte Ziele festgelegt (siehe SMART-Ziele). Dieser Schritt gibt dem gesamten Marketingprozess eine klare Richtung und stellt sicher, dass alle nachfolgenden Aktivitäten auf das Erreichen dieser Ziele ausgerichtet sind.
3. **Zielgruppenbestimmung:** Die Definition der Zielgruppe ist ein kritischer Schritt. Hier wird entschieden, welche Bereiche des Marktes das Unternehmen ansprechen will. Die sogenannte Segmentierung kann basierend auf demografischen, geografischen, psychografischen und verhaltensorientierten Kriterien erfolgen. Ein klares Verständnis der Zielgruppe ermöglicht es, maßgeschneiderte Marketingstrategien zu entwickeln. Das Marketing kann personalisiert und fokussiert werden, was die Effektivität der Marketingmaßnahmen erheblich steigert.
4. **Entwicklung der Marketingstrategie:** In diesem Schritt wird der strategische Rahmen für das Erreichen der gesetzten Ziele entwickelt. Dies umfasst die Auswahl der Marketingkanäle, die Entwicklung der Botschaften, Positionierung und das Design der Kampagnen.
5. **Umsetzung der Marketingmaßnahmen:** Die implementierte Strategie wird in konkrete Aktionen umgesetzt. Dies kann Werbekampagnen, Content-Marketing, Veranstaltungen, PR-Aktionen, Online-Marketing und mehr umfassen. Die Koordination der Aktivitäten über verschiedene Kanäle und Plattformen hinweg ist entscheidend für die Konsistenz der Markenbotschaft.
6. **Überwachung und Bewertung:** Der letzte Schritt des Marketingprozesses ist die Überwachung und Bewertung der Effektivität der Marketingaktivitäten gegenüber den festgelegten Zielen. Dies wird durch verschiedene Metriken wie ROI (Return on Investment), Konversionsraten, Engagement-Raten und andere Leistungsindikatoren. gemacht. Auf Basis dieser Analyse können Anpassungen vorgenommen werden, um die Strategie zu optimieren.

Budgetierung und Ressourcenplanung

Die Zuweisung von Budgets und Ressourcen muss geplant werden, um die Marketingstrategie effektiv umzusetzen. Dies umfasst die Zuteilung von Finanzmitteln, Personal und anderen Ressourcen, die zur Durchführung der geplanten Marketingaktivitäten erforderlich sind.

Feedback und Anpassung

Basierend auf der Leistungsbewertung und dem erhaltenen Feedback werden erforderliche Anpassungen vorgenommen. Dies kann das Feintuning von Kampagnen, die Re-Allokation von Budgets oder größere strategische Schwenks umfassen.

35.4 Situationsanalyse

Die Situationsanalyse bewertet ausführlich die inneren und äußeren Bedingungen, unter denen ein Unternehmen tätig ist. Intern werden Ressourcen, Kapazitäten und bisherige Marketingaktivitäten analysiert, vor allem aber auch die Unternehmenswerte definiert. Extern werden Markttrends, Konkurrenz, Zielgruppen sowie politische, ökonomische, soziale und technologische Faktoren untersucht.

Die Situationsanalyse beschreibt immer den Status quo. Besondere Bedeutung kommt dabei der Klärung der Unternehmensvision zu. Diese definiert den grundlegenden Zweck des Unternehmens, seine Kernwerte und langfristigen Ziele. Das Marketing hat nun die Aufgabe, diese Werte stets im Auge zu behalten und natürlich die Unternehmensziele zu erreichen.

Bei der Analyse der Marktgegebenheiten wird umfassend der Markt untersucht, einschließlich der Kundenbedürfnisse (Zielgruppenerstellung), der Wettbewerber und anderer relevanter Trends. Die Marktforschung spielt hier eine zentrale Rolle, um ein Verständnis für die Dynamiken und Anforderungen des Zielmarktes zu entwickeln.

Das wichtigste Werkzeug für die Situationsanalyse ist die SWOT-Analyse.

35.4.1 Die SWOT-Analyse

SWOT steht für Strengths (Stärken), Weaknesses (Schwächen), Opportunities (Chancen) und Threats (Gefahren). Diese Analyse lenkt den Blick sowohl auf interne als auch auf externe Faktoren, die eine Marketingstrategie beeinflussen könnten.

+ **Stärken (Strengths):** Dies sind interne Attribute des Unternehmens, die es ihm ermöglichen, einen Vorteil gegenüber dem Wettbewerb zu erlangen. Dazu gehören beispielsweise eine starke Marke, ein treuer Kundenstamm, exklusive Technologien, strategische Partnerschaften oder eine überlegene Produktqualität. Durch das Identifizieren und Maximieren dieser Stärken kann ein Unternehmen seine Marktpräsenz festigen und ausbauen.
+ **Schwächen (Weaknesses):** Dies sind interne Attribute, die das Unternehmen im Wettbewerb benachteiligen können. Schwächen können eine begrenzte Ressourcenausstattung, fehlende Markenbekanntheit, unzureichende Vertriebskanäle oder eine schwache finanzielle Position sein. Die Erkennung und Minimierung dieser Schwächen ist entscheidend, um Wettbewerbsnachteile zu vermeiden und die Unternehmensposition zu stärken.
+ **Chancen (Opportunities):** Externe attraktive Faktoren, die das Unternehmen nutzen könnte, um seine Leistung zu verbessern. Dazu zählen Markttrends, neue Kundensegmente, gesetzliche Änderungen, die neue Geschäftsmöglichkeiten eröffnen, oder technologische Entwicklungen, die neue Produktinnovationen ermöglichen. Die Identi-

fizierung und Nutzung dieser Chancen kann einem Unternehmen helfen, sein Wachstum und seinen Erfolg zu beschleunigen.

+ **Gefahren (Threats):** Externe Faktoren, die das Geschäft oder die Marktstellung des Unternehmens negativ beeinflussen könnten. Dazu gehören neue Wettbewerber, Veränderungen der Verbraucherpräferenzen, ungünstige gesetzliche Regelungen oder Wirtschaftskrisen. Die Antizipation und das Management dieser Gefahren sind entscheidend, um Risiken zu mindern und die Unternehmensstabilität zu gewährleisten.

35.4.2 Marktanalyse und Marktforschungsinstrumente

Im Bereich der Situationsanalyse geht es anschließend weiter mit einer ausführlichen Marktanalyse. Dazu gehört das Sammeln und Analysieren von Daten über die Branche, den Markt, Kunden, Wettbewerber und das eigene Unternehmen.

Die Marktanalyse konzentriert sich darauf, einen spezifischen Markt oder eine Branche zu verstehen. Dies beinhaltet die Bewertung von Größe, Wachstumsrate, Trends, Wettbewerbern und potenziellen Chancen oder Bedrohungen. Das Hauptziel einer Marktanalyse ist es, durch ein klares Bild vom Marktstatus Geschäftsentscheidungen zu unterstützen.

Abgrenzung Marktanalyse und Marktforschung

Während Marktanalyse das Was und Wo des Marktes untersucht, konzentriert sich die Marktforschung auf das Warum.

Ein wichtiges Hilfsmittel bei der Marktanalyse ist die Marktforschung. Sie ist ein weitläufiger angelegter Prozess, der Daten und Informationen sammelt, um Fragen über Verbraucherinnen und Verbraucher, ihre Präferenzen, Verhaltensweisen und Bedürfnisse zu beantworten. Marktforschung kann quantitativ (z. B. Umfragen mit vielen Teilnehmenden) oder qualitativ (z. B. Fokusgruppen oder Einzelinterviews) sein.

Gängige Marktforschungsinstrumente sind:

+ **Umfragen:** Hierbei handelt es sich um standardisierte Fragebögen, die entweder persönlich, telefonisch, online oder per Post an eine Gruppe von Menschen verteilt werden.
+ **Fokusgruppen:** Eine kleine Gruppe von Personen wird ausgewählt, um über ein bestimmtes Thema, Produkt oder eine Dienstleistung zu diskutieren, oft unter Moderation.
+ **Tiefeninterviews:** Einzelgespräche, die detaillierte Informationen über individuelle Meinungen und Erfahrungen liefern.
+ **Beobachtungsstudien:** Forscher und Forscherinnen beobachten das Verhalten von Individuen in einem bestimmten Kontext, oft ohne dass die Beobachteten davon wissen.
+ **Experimente:** Eine Methode, bei der Veränderungen in einer Variable vorgenommen werden, um ihren Einfluss auf eine andere Variable zu beobachten.
+ **Online-Analysen:** Dies bezieht sich auf die Nutzung digitaler Tools und Plattformen, um das Verhalten von Menschen zu analysieren, die eine Website besuchen oder eine mobile App verwenden.

+ **Panelforschung:** Eine Gruppe von Personen wird über einen längeren Zeitraum hinweg regelmäßig zu denselben Themen befragt.
+ **Mystery Shopping:** Personen werden beauftragt, Dienstleistungen oder Produkte zu testen und ihre Erfahrungen zu berichten, ohne dass die Dienstleister wissen, dass sie bewertet werden.

Die Wahl des richtigen Marktforschungsinstruments hängt von der spezifischen Fragestellung, dem Budget und der Art der benötigten Informationen ab.

35.5 Marketingziele formulieren

Der nächste Schritt gilt der Festlegung von Marketingzielen, wie Steigerung der Markenbekanntheit, Erhöhung des Umsatzes, Verbesserung der Kundenbindung oder Expansion in neue Märkte. Diese geben den Marketingbemühungen von Unternehmen eine klare Richtung und einen Rahmen, innerhalb dessen der Erfolg bewertet werden kann. Wichtig ist, dass die Marketingziele im Einklang mit den übergeordneten Unternehmenszielen (Vision und Mission) stehen und dazu beitragen, diese zu unterstützen und zu erreichen.

35.5.1 Die SMART-Formel

Um Ziele zu setzen, die nicht nur ambitioniert, sondern auch erreichbar sind, bedienen wir uns der SMART-Formel. Diese Methode sorgt dafür, dass Ziele so formuliert werden, dass ihre Realisierung greifbar und ihre Erfolge messbar sind. Hierbei steht jeder Buchstabe in SMART für ein spezifisches Kriterium, das ein klares Ziel erfüllen sollte:

1. **Spezifisch:** Jedes Ziel sollte konkret, klar und verständlich formuliert sein. Statt »Wir möchten mehr Kunden gewinnen« könnte es heißen: »Wir möchten in den nächsten 6 Monaten 10 % mehr Neukunden gewinnen.«
2. **Messbar:** Ein Ziel sollte quantifizierbar sein, so dass der Fortschritt und der Erfolg gemessen werden können. Beispielsweise »Erhöhung der Website-Besuche um 20 %«.
3. **Attraktiv/aktionsorientiert:** Ziele sollten herausfordernd, aber realistisch sein. Unmögliche Ziele können demotivierend wirken.
4. **Realistisch/relevant:** Jedes Marketingziel sollte im Einklang mit den übergeordneten Unternehmenszielen stehen und einen klaren Mehrwert für das Unternehmen bieten. Beispiel: »Steigerung der Social-Media-Postingfrequenz zur Erhöhung der Sichtbarkeit und Reichweite.«
5. **Terminiert:** Ein festgelegter Zeitrahmen sorgt für Dringlichkeit und Fokus. Beispielsweise könnte ein Ziel lauten: »Steigerung der Konversionsrate um 5 % in den nächsten 3 Monaten.«

Marketingziele sollten immer im Kontext des gesamten Unternehmens betrachtet und regelmäßig überprüft werden, um sicherzustellen, dass sie immer noch relevant sind und den gewünschten Zweck erfüllen. Ein gut definierter Satz von Marketingzielen kann als Leitfaden für alle Marketingaktivitäten eines Unternehmens dienen.

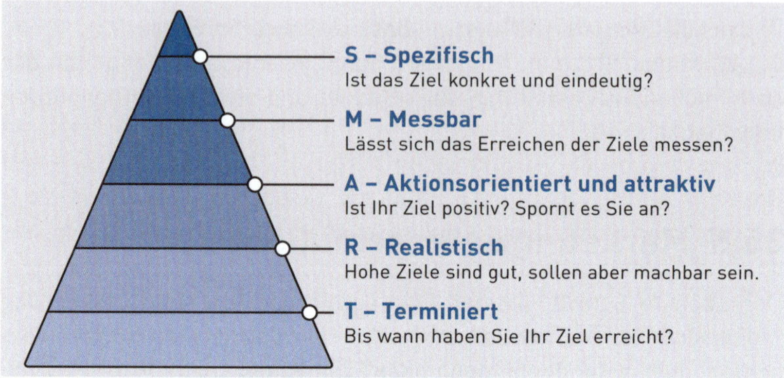

Abbildung 35.1: Zusammenfassung der SMART-Analyse

35.5.2 Markenpositionierung und Alleinstellungsmerkmal

Die Markenpositionierung ist der Prozess, durch den ein Unternehmen seine Marke strategisch in den Köpfen der Verbraucherinnen und Verbraucher platziert, um sich von Wettbewerbern abzuheben. Es geht darum, ein klares Bild der Marke zu schaffen, das konsistente und unverwechselbare Botschaften übermittelt, die mit den Werten, Bedürfnissen und Erwartungen der Zielgruppe in Einklang stehen.

Die Positionierung ist das Fundament für alle Marketingstrategien und -kampagnen. Sie definiert, wofür die Marke steht, wie sie wahrgenommen werden möchte und welche Art von Assoziationen und emotionalen Reaktionen sie bei der Kundschaft auslösen soll. Eine starke Positionierung erleichtert es den Menschen, die Marke zu verstehen und zu schätzen, und schafft eine Präferenz gegenüber Konkurrenzprodukten.

Das Alleinstellungsmerkmal oder auch Unique Selling Proposition (USP) ist eine klare Aussage, die zusammenfasst, was die Marke einzigartig macht. Es ist der spezifische Vorteil, der das Angebot von allen anderen auf dem Markt unterscheidet und den Kunden und Kundinnen einen Grund gibt, sich für dieses Produkt oder diese Dienstleistung zu entscheiden. Ein effektiver USP sollte nicht nur einzigartig, sondern auch wünschenswert und schwer zu imitieren sein. Er sollte auf einem starken Verständnis der eigenen Stärken und der Bedürfnisse der Zielgruppe basieren.

Ein gut definierter USP hilft einem Unternehmen, seine Marketingressourcen effizient zu konzentrieren, da er die Kommunikationsstrategien leitet und sicherstellt, dass alle Werbe- und Marketingmaßnahmen konsistent sind und die gewünschte Botschaft vermitteln. Ein Beispiel: eine besonders schnelle Lieferzeit bei einem Lieferdienst wie Wolt oder UberEats. Ein anderes Beispiel ist IKEA: günstige Preise, flache Verpackung (leicht zu transportieren) und einfach aufzubauen.

Exkurs | **Branding**

Branding oder Markenbildung ist ein zentraler Aspekt des Marketings, der weit über ein Logo oder einen Slogan hinausgeht. Es umfasst die Gesamtheit der Maßnahmen, die ein Unternehmen ergreift, um eine einzigartige Identität in den Köpfen seiner Kundschaft zu schaffen und zu pflegen. Eine starke Marke verkörpert und kommuniziert die Essenz eines Unternehmens – seine Werte, seine Persönlichkeit und seine Versprechen an die Kundinnen und Kunden. Im Kern geht es beim Branding darum, eine tiefe emotionale Verbindung zwischen Unternehmen und Verbrauchern und Verbraucherinnen aufzubauen, die über das bloße Produktangebot hinausgeht.

Schlüsselelemente des Brandings sind:

1. **Markenidentität:** Dies beinhaltet visuelle Elemente wie Logos, Farbschemata und Typografie, aber auch die Markenpersönlichkeit – den Ton und die Art und Weise, wie eine Marke kommuniziert.
2. **Markenpositionierung:** Die einzigartige Stellung einer Marke im Vergleich zu ihren Wettbewerbern, definiert durch ihre Einzigartigkeit, ihren Wert und ihre Relevanz für die Zielgruppe. Auch Alleinstellungsmerkmale sind wichtig.
3. **Markenversprechen:** Das konsistente Versprechen gegenüber der Kundschaft, das sowohl die Qualität der Produkte oder Dienstleistungen als auch das Erlebnis umfasst, das die Marke ihren Kundinnen und Kunden bietet.
4. **Markenerlebnis:** Die Gesamtheit aller Erfahrungen, die ein Mensch mit der Marke macht, über alle Berührungspunkte hinweg – von der Werbung über den Kaufprozess bis zum Kundenservice.

35.5.3 Kundenvorteile (Consumer Benefits)

Der Begriff »Consumer Benefits« (Kundenvorteile) bezieht sich auf die spezifischen Vorteile oder Mehrwerte, die jemand erhält, wenn er ein Produkt oder eine Dienstleistung kauft.

Ein **funktionaler Vorteil** bezieht sich auf die praktische Funktion eines Produkts oder einer Dienstleistung, die ein spezifisches Bedürfnis oder Problem einer Person löst. Zum Beispiel: Ein Staubsauger, der besonders leise ist, ermöglicht das Staubsaugen, ohne andere Familienmitglieder zu stören.

Ein **emotionaler Vorteil** hingegen adressiert die Gefühle und Emotionen von Kunden und Kundinnen. Dies geht über die bloße Funktionalität des Produkts hinaus und zielt darauf ab, eine tiefere, persönliche Verbindung zum Käufer oder zur Käuferin herzustellen. Zum Beispiel: Ein Parfum kann das Gefühl von Luxus oder Selbstvertrauen vermitteln.

Ökonomische Vorteile beziehen sich auf die finanziellen Einsparungen oder den Wert, den jemand durch den Kauf eines Produkts oder einer Dienstleistung erzielt. Dies kann in Form von niedrigeren

Betriebskosten, Langlebigkeit des Produkts oder einem hohen Wiederverkaufswert sein. Zum Beispiel: Ein energiesparender Kühlschrank kann Kundinnen und Kunden dabei helfen, Geld bei den Stromrechnungen zu sparen, was einen direkten ökonomischen Vorteil darstellt.

Gesellschaftliche Vorteile adressieren den Beitrag eines Produkts oder einer Dienstleistung zu größeren sozialen, ethischen oder umweltbezogenen Zielen. Dies umfasst Aspekte wie Nachhaltigkeit, Förderung der Gemeinschaft oder ethische Herstellungspraktiken. Zum Beispiel: Ein Unternehmen, das Kleidung aus recycelten Materialien herstellt, ermöglicht seiner Kundschaft, einen positiven Beitrag zum Umweltschutz zu leisten, was einen gesellschaftlichen Vorteil darstellt.

Die Kenntnis und Betonung dieser Vorteile ist entscheidend für die Entwicklung effektiver Marketingstrategien. Denn Menschen kaufen nicht nur Produkte, sie kaufen Lösungen für ihre Probleme und Wege, um sich gut zu fühlen. Die klare Kommunikation von Consumer Benefits ermöglicht es Unternehmen, sich von der Konkurrenz abzuheben und eine tiefere Verbindung zu Kunden und Kundinnen herzustellen.

35.6 Zielgruppenforschung

Definition Marktsegmentierung
Der Prozess der Aufteilung eines Marktes in deutlich erkennbare Untergruppen von Menschen mit ähnlichen Bedürfnissen und Merkmalen

Die Zielgruppenforschung dient als Fundament, um spezifische Bedürfnisse, Wünsche und Verhaltensweisen der potenziellen Kunden und Kundinnen zu verstehen. Ohne ein klares Bild davon, wer diese Menschen sind und was sie antreibt, gleicht Marketing dem Suchen im Dunkeln. In der Zielgruppenforschung werden Informationen über mögliche Zielgruppen gesammelt und ausgewertet, um dann eine Segmentierung von Zielgruppen vorzunehmen. Dabei werden potenzielle Kundinnen und Kunden in spezifische Gruppen eingeteilt, die jeweils eigene Bedürfnisse, Erwartungen und Verhaltensweisen aufweisen. Diese Betrachtung ist wichtig, um Marketingstrategien und Produktentwicklungen zielgerichtet und effizient zu gestalten. Zielgruppensegmentierung bietet die Grundlage für eine maßgeschneiderte Ansprache und hilft, Ressourcen optimal einzusetzen.

35.6.1 Daten sammeln

Daten sammeln im Web
Natürlich können Daten auch aus bestehenden Quellen im Web wie Branchenberichten, Studien, Statistiken und Zusammenfassungen über Markttrends gesammelt werden.

Um tiefere Einblicke in Zielgruppen zu gewinnen, werden Daten mit verschiedenen Techniken und Ansätzen gesammelt. Diese ähneln den in der Situationsanalyse in Abschnitt 35.4.2 verwendeten Marktforschungsinstrumenten. Die wichtigsten sollen noch einmal kurz erwähnt werden:

+ **Umfragen:** Umfragen können online, telefonisch oder persönlich durchgeführt werden und bieten Einblicke in demografische Merkmale, Einstellungen, Kaufverhalten und Präferenzen der Zielgruppe.
+ **Fokusgruppen:** Fokusgruppen sind moderierte Diskussionsrunden mit einer kleinen Gruppe von Teilnehmenden, die repräsentativ für

die Zielgruppe sind. Sie bieten qualitative Einblicke in die Meinungen, Einstellungen und Motivationen der Zielgruppe und ermöglichen ein tieferes Verständnis von deren Bedürfnissen.

+ **Tiefeninterviews:** Einzelinterviews ermöglichen es, detaillierte Informationen und persönliche Einsichten von Individuen innerhalb der Zielgruppe zu erhalten. Durch die direkte und persönliche Interaktion können spezifische Fragen vertieft und umfangreiche qualitative Daten gesammelt werden.
+ **Markttests:** Markttests, wie Produkttests oder A/B-Tests, erlauben es, die Reaktionen der Zielgruppe auf bestimmte Produkte, Dienstleistungen oder Marketingstrategien direkt zu messen. Diese Tests liefern wertvolle Daten darüber, was funktioniert und was verbessert werden muss.

Qualitativ und quantitativ

Die Forschungsmethoden werden auch in qualitativ und quantitativ eingeteilt. Qualitative Methoden sind Fokusgruppen, Tiefeninterviews und Markttests, zu den quantitativen Forschungsmethoden zählen Umfragen oder Fragebögen.

35.6.2 Das Erstellen von Zielgruppenprofilen

Zielgruppenprofile sind detaillierte Darstellungen von idealen Kunden, die auf echten Daten und Marktforschung basieren. Diese Profile können Unternehmen dabei helfen, ihre Marketing- und Werbemaßnahmen effektiver zu gestalten. Um ein Zielgruppenprofil zu erstellen, braucht es:

+ **Demografische Daten:** Alter, Geschlecht, Bildung, Einkommen und andere demografische Faktoren. Diese Informationen helfen, ein grundlegendes Bild der Zielgruppe zu erstellen.
+ **Psychografische Daten:** Interessen, Aktivitäten, Meinungen, Werte und Lebensstil. Psychografische Daten bieten tiefer gehende Einblicke in die Motivationen und Präferenzen der Zielgruppe.
+ **Geografische Daten:** Wo leben und arbeiten die Menschen, die Sie ansprechen möchten?
+ **Verhaltensdaten:** Kaufverhalten, Markentreue und Produktnutzung, aber auch genutzte Medienkanäle. Verhaltensdaten helfen zu verstehen, wie, wann und warum die Zielgruppe Entscheidungen trifft.

Technografische Daten

Wichtig für die Beschreibung der Zielgruppe kann auch die Beschreibung der technologischen Gewohnheiten der Zielgruppe sein: Welche Geräte bevorzugen die Personen (Smartphones, Tablets, PCs), welche Betriebssysteme verwenden sie oder wie technikaffin sind sie?

Sinus-Milieus

Durch die Einbeziehung von Sinus-Milieus (siehe Kapitel 8) in das Erstellen von Zielgruppenprofilen kann eine mehrdimensionale Sicht auf die Zielgruppe erreicht werden. Wenn ein Unternehmen weiß, in welchem Milieu seine Kunden und Kundinnen angesiedelt sind, kann es seine Produkte, seine Werbung und Botschaften besser darauf abstimmen, was diesen Menschen wichtig ist. Das macht die Werbung effektiver, weil sie die Menschen auf einer persönlicheren Ebene anspricht.

Um die Sinus-Milieus zu erstellen, schaut man sich zwei Hauptkategorien an, nämlich die soziale Lage und die Werte und Einstellungen. Die soziale Lage betrifft Themen wie Bildung, Beruf und Einkommen. Es hilft zu verstehen, in welcher sozialen Schicht sich jemand befindet.

Sinus-Milieus

Sinus-Milieus sind eine vom Marktforschungsunternehmen Sinus Sociovision entwickelte Zielgruppenanalyse-Methode, die Personen zusammenfasst, die einander in Lebensauffassung und Lebensweise ähneln. Die Zielgruppen werden nach Alter, Geschlecht, Bildung, Einkommen, Familienstand, Beruf, Hobbys und Lebensstil erhoben und in zehn Milieus eingeteilt. Milieus sind dabei z. B. Etablierte, Bürgerliche Mitte, Moderne Performer, Konsum-Materialisten u. a.

> **Negative Zielgruppen**
>
> Zur weiteren Spezifizierung können auch negative Zielgruppen erstellt werden. Negative Zielgruppen sind jene Teile des Marktes, denen ein Unternehmen seine Produkte oder Dienstleistungen nicht anbieten will, weil sie entweder nicht zur Zielgruppe passen, nicht profitabel sind oder aus anderen strategischen Gründen nicht angesprochen werden sollen.

Bei den Werten und Einstellungen geht es um das, was den Menschen wichtig ist. Denken sie traditionell oder modern? Sind sie eher materialistisch oder legen sie Wert auf Nachhaltigkeit? Mögen sie Veränderungen oder bevorzugen sie Sicherheit?

Durch die Kombination dieser Informationen können Gruppen identifiziert werden, die in ähnlicher Weise leben und denken. Jedes dieser Milieus hat einen eigenen Namen und beschreibt eine bestimmte Gruppe in der Gesellschaft. Es gibt etwa Milieus für technikbegeisterte Innovatoren, für traditionell denkende Menschen, die Wert auf Ordnung legen, oder für umweltbewusste Idealisten.

35.6.3 Zielgruppentypen und ihre Charakteristika

Nicht alle Zielgruppen sind für ein Unternehmen gleich wertvoll, daher werden sie im nächsten Schritt auf ihre Atrraktivität für die Marke hin bewertet. Im Folgenden werden verschiedene Typen von Zielgruppen und ihre Charakteristika näher erläutert:

+ **Primäre Zielgruppe:** Diese Gruppe bildet den Kernmarkt für ein Produkt oder eine Dienstleistung. Mitglieder der primären Zielgruppe sind die Hauptverbraucher und haben direkten Einfluss auf den Erfolg eines Unternehmens. Ihre Bedürfnisse und Wünsche stehen im Mittelpunkt der Produktentwicklung und der Marketingstrategien, da sie den größten Teil des Umsatzes generieren.
+ **Sekundäre Zielgruppe:** Obwohl nicht im primären Fokus, hat diese Gruppe dennoch ein großes Interesse an dem Produkt oder der Dienstleistung. Die sekundäre Zielgruppe kann ergänzende oder alternative Bedürfnisse haben, die durch das Angebot ebenfalls angesprochen werden können. Unternehmen berücksichtigen diese Gruppe, um zusätzliche Marktanteile zu erschließen oder das Angebot zu diversifizieren.
+ **Tertiäre Zielgruppe:** Diese Personen kaufen gelegentlich das Produkt oder nutzen die Dienstleistung, jedoch nicht mit der Regelmäßigkeit der primären oder sekundären Zielgruppe. Sie können durch gezielte Marketingmaßnahmen zu häufigeren Käufen angeregt werden, stellen aber nicht den Hauptfokus der Marketingbemühungen dar.
+ **Entscheidungsträger:** Insbesondere im B2B-Bereich (Business-to-Business) spielen Entscheidungsträgerinnen und -träger eine zentrale Rolle. Sie sind die Personen innerhalb einer Organisation, die die Autorität haben, Kaufentscheidungen zu treffen. Ihre Bedürfnisse und Erwartungen können sich deutlich von denen der Endnutzer und -nutzerinnen unterscheiden und erfordern daher eine spezielle Ansprache.

> **Influencer**
>
> Diese Gruppe umfasst Personen oder Organisationen, die die Kaufentscheidungen der primären und sekundären Zielgruppen beeinflussen können, ohne selbst notwendigerweise zu den Endverbrauchern zu gehören. Influencer und Influencerinnen können durch ihr Ansehen, ihre Expertise oder ihre Reichweite erheblichen Einfluss ausüben und sind daher ein wichtiger Faktor in der Kommunikationsstrategie.

35.6.4 Personas

Die Erstellung von Personas ist eine Methode, um die Erkenntnisse aus der Zielgruppenforschung zu konkretisieren und nutzbar zu machen. Eine Persona ist eine detaillierte Beschreibung eines fiktiven, aber realistischen Vertreters der Zielgruppe, inklusive Namen, Lebensgeschichte, Bedürfnissen, Wünschen und Verhaltensweisen. Personas helfen Teams, sich auf die Nutzerperspektive zu fokussieren und Produkte, Dienstleistungen und Marketingmaßnahmen so zu gestalten, dass sie die Bedürfnisse der Zielgruppe optimal erfüllen. Es ist gewissermaßen wie eine Abkürzung oder ein Navigator zur Erreichung der Zielgruppe.

Tipp

Stellen Sie sich jemanden vor, der den Idealvorstellungen entspricht: eine A-Kundin, einen Spitzenmitarbeiter oder eine beste Freundin. Das erleichtert es, sich in die entsprechende Zielperson hineinzuversetzen.

35.7 Marketingmaßnahmen

Auf Grundlage der Situationsanalyse und der Zielgruppenbestimmung, aber auch unter Berücksichtigung des verfügbaren Budgets und der vorhandenen Ressourcen werden nun geeignete Marketingmaßnahmen ergriffen, um die Marketingziele zu erreichen. Diese können sich auf eine Vielzahl von Aktivitäten erstrecken, die darauf abzielen, Produkte oder Dienstleistungen zu bewerben, das Markenbewusstsein zu erhöhen, die Markenpositionierung zu stärken, den Umsatz zu steigern, die Kundenbindung zu verbessern und letztendlich den Marktanteil zu erweitern.

Marketingmaßnahmen sind das Herzstück einer jeden Marketingstrategie, umfassend und vielschichtig reichen sie von der klassischen Werbung bis zu modernen digitalen Techniken.

+ **Werbekampagnen** und Öffentlichkeitsarbeit dienen dazu, die Sichtbarkeit der Marke zu erhöhen und ein positives Image aufzubauen.
+ **Direktmarketing**, sei es durch E-Mail-Kampagnen oder postalische Sendungen, zielt darauf ab, eine direkte Verbindung zu den Kundinnen und Kunden herzustellen.
+ **Online-Marketing** – von Social Media bis hin zu Suchmaschinenoptimierung – ist unverzichtbar, um in der digitalen Welt präsent zu sein.
+ **Event-Marketing** und Content-Marketing sind weitere wichtige Säulen, die es ermöglichen, tiefer gehende Beziehungen zu den Kunden und Kundinnen aufzubauen, indem wertvolle Inhalte geteilt oder erlebnisreiche Veranstaltungen angeboten werden.
+ **Kundenbindungsprogramme** und Verkaufsförderung wiederum sind darauf ausgerichtet, die Treue bestehender Kundinnen und Kunden zu belohnen und Anreize für Kaufentscheidungen zu schaffen.

Die sorgfältige Auswahl und Kombination dieser Marketingmaßnahmen ist von entscheidender Bedeutung. Schauen wir uns die klassischen und digitalen Marketingtaktiken genauer an. Bedenken Sie dabei: Kein Ansatz ist generell besser als der andere. Beide haben ihre Stärken und Schwächen und können je nach Situation, Zielgruppe und Unternehmenszielen sinnvoll miteinander kombiniert werden.

35.7.1 Klassische Marketingmaßnahmen

Klassisches Marketing bezieht sich auf traditionelle Marketingstrategien und -taktiken, die vor dem digitalen Zeitalter entwickelt wurden. Es konzentriert sich auf Massenmedien wie Fernsehen, Radio, Zeitungen und Zeitschriften. Wichtige klassische Marketingmaßnahmen sind:

+ **Printwerbung:** Anzeigen in Zeitungen und Zeitschriften sind seit Langem ein bewährtes Mittel, um bestimmte Demografien oder Interessengruppen gezielt anzusprechen.
+ **Direktmarketing:** Postalische Mailings, wie Kataloge oder Flyer, ermöglichen eine direkte Ansprache potenzieller Kundschaft mit personalisierten Angeboten.
+ **Außenwerbung:** Plakate, Werbetafeln oder Leuchtreklamen im öffentlichen Raum bieten eine hohe Sichtbarkeit und sind besonders wirksam in stark frequentierten Gebieten.
+ **Rundfunk- und Fernsehwerbung:** Durch ihre weite Verbreitung und die Möglichkeit, emotionale Geschichten zu erzählen, gehören Radio- und Fernsehspots zu den wirkungsvollsten Werbeformen.
+ **Veranstaltungsmarketing:** Messen, Ausstellungen und Sponsoring bieten Gelegenheiten zur direkten Interaktion mit der Zielgruppe und zur Stärkung der Markenpräsenz.
+ **Verkauf:** Persönliche Verkaufsgespräche und Präsentationen bleiben ein zentrales Element, insbesondere im B2B-Bereich.

Public Relations (PR)
Die systematische Pflege der Beziehungen zur Öffentlichkeit durch Pressemitteilungen, Interviews und Medienkooperationen dient dem Aufbau und der Pflege eines positiven Unternehmensimages.

Ein Beispiel für eine klassische Marketingmaßnahme wäre eine landesweite TV-Werbekampagne für ein neues Getränk. Klassisches Marketing nutzt bewährte Kanäle, um ein breites Publikum zu erreichen und zu beeinflussen. Die Hauptmerkmale des klassischen Marketings unterstreichen seine Unterschiede zum digitalen Marketing. Klassisches Marketing spricht ein breites Publikum an, oft mit einer allgemeinen Botschaft über Medien wie Fernsehen, Radio und Print. Die Kommunikation fließt in der Regel nur in eine Richtung – vom Unternehmen zum Verbraucher. Kampagnen werden oft Monate im Voraus geplant. Insbesondere bei großen Kampagnen, wie nationalen Fernsehwerbungen, müssen Inhalte weit im Voraus konzipiert, produziert und platziert werden. Klassische Marketingkampagnen können daher auch besonders kostenintensiv sein. Die Produktion und Platzierung von Werbung in Massenmedien, insbesondere in hochwertigen Fernsehslots, erfordert erhebliche Investitionen.

Klassisches Marketing bietet trotz der zunehmenden Digitalisierung eine Reihe von Vorteilen, die es zu einer wertvollen Ergänzung für den Marketingmix vieler Unternehmen macht:

+ **Hohe Reichweite:** Klassische Marketingkanäle wie Fernsehen, Radio und Printmedien ermöglichen es, schnell und effizient eine große Anzahl von Menschen zu erreichen, was besonders nützlich ist, um die Markenbekanntheit in der breiten Öffentlichkeit zu steigern.
+ **Glaubwürdigkeit:** Werbung in etablierten Medien wie Zeitungen und Fernsehkanälen wird oft als glaubwürdiger wahrgenommen im Ver-

gleich zu einigen Online-Werbeformen, was das Vertrauen in die beworbene Marke oder das Produkt stärken kann.

+ **Zielgruppenspezifische Ansprache:** Trotz der breiten Reichweite ermöglichen es bestimmte klassische Medien, gezielt demografische oder geografische Segmente anzusprechen, beispielsweise durch regionale Zeitungen oder Fachzeitschriften.
+ **Langlebigkeit:** Gedruckte Werbematerialien wie Broschüren oder Zeitschriftenanzeigen besitzen eine physische Präsenz, die eine längere Lebensdauer im Vergleich zu digitalen Werbebotschaften haben kann, da sie nicht mit einem Klick oder durch den Algorithmus verschwinden.
+ **Hohe Aufmerksamkeit:** Insbesondere hochwertige Fernseh- und Radiowerbungen können durch kreative und emotionale Inhalte die Aufmerksamkeit des Publikums auf sich ziehen und so eine tiefe emotionale Verbindung zur Marke schaffen.

35.7.2 Digitale Marketingmaßnahmen

Digitales Marketing umfasst alle Bemühungen, die mithilfe digitaler Kanäle unternommen werden, um eine Marke zu bewerben und mit Kunden und Kundinnen zu kommunizieren. Das Spektrum ist breit und reicht von der Suchmaschinenoptimierung, die darauf abzielt, die Sichtbarkeit einer Marke in Suchmaschinen zu verbessern, bis hin zur gezielten Suchmaschinenwerbung, bei der durch bezahlte Anzeigen schneller Sichtbarkeit erreicht wird.

+ **Suchmaschinenoptimierung (SEO)** ist der Prozess der Verbesserung der Sichtbarkeit einer Website in den organischen (nicht bezahlten) Suchergebnissen von Suchmaschinen. Durch die Anpassung von Website-Inhalten, Struktur und technischen Aspekten strebt SEO danach, die Website für relevante Suchbegriffe besser auffindbar zu machen, was zu erhöhtem Traffic und besserer Nutzererfahrung und damit mehr Umsatz führt.
+ **Suchmaschinenwerbung (SEA) und Pay-per-Click-Werbung (PPC):** SEA umfasst die gezielte Bewerbung einer Marke durch bezahlte Anzeigen in den Suchergebnissen von Suchmaschinen. PPC ist eine Form der Suchmaschinenwerbung, bei der Werbetreibende nur bezahlen, wenn auf ihre Anzeige geklickt wird. Diese Methoden ermöglichen es, schnell Sichtbarkeit bei Zielgruppen zu erreichen, die aktiv nach verwandten Produkten oder Dienstleistungen suchen.
+ **Content-Marketing** ist eine Marketingmethode, die darauf abzielt, relevante Inhalte zu erstellen und zu verbreiten, um eine bestimmte Zielgruppe anzuziehen und zu binden. Ziel ist es, die Zielgruppe schließlich zu einer gewünschten Aktion zu bewegen, indem man ihr hilfreiche Informationen oder Unterhaltung bietet.
+ **Social-Media-Marketing** nutzt soziale Netzwerke wie Facebook, Instagram, TikTok und LinkedIn, um mit der Zielgruppe zu interagieren, Markenbekanntheit zu schaffen und Kundentreue zu

fördern. Unternehmen können durch organische Beiträge oder bezahlte Werbekampagnen ihre Botschaften verbreiten und direkt mit Nutzern und Nutzerinnen kommunizieren. Mehr Informationen finden Sie in Kapitel 36.

+ **E-Mail-Marketing** umfasst das Senden von gezielten Nachrichten über E-Mail, um potenzielle Kundinnen und Kunden zu informieren, Beziehungen zu pflegen und Verkäufe zu fördern.
+ **Affiliate-Marketing** ist wie ein Empfehlungsprogramm, bei dem jemand (der Affiliate) ein Produkt oder eine Dienstleistung eines Unternehmens bewirbt. Der Affiliate teilt Informationen über das Produkt auf seiner Website, in einem Blogbeitrag oder auf Social Media. Wenn dann jemand über den Link des Affiliates das Produkt kauft oder sich für eine Dienstleistung anmeldet, bekommt der Affiliate dafür eine Belohnung – meistens ist das Geld in Form einer Provision.
+ **Influencer-Marketing** nutzt die Reichweite und Glaubwürdigkeit von Meinungsführern und -führerinnen auf digitalen Medien, um Produkte oder Marken zu bewerben. Unternehmen arbeiten mit Influencern zusammen, um authentische und ansprechende Inhalte zu erstellen, die deren Follower ansprechen. Vorteil: Die Influencerin oder der Influencer hat bereits die Zielgruppe um sich, die das Unternehmen zu erreichen versucht und erhält so einen schnelleren Zugang zu ihr.
+ **Online-PR** bezieht sich auf das Management der Online-Reputation eines Unternehmens und das Streben nach positiver Präsenz in digitalen Medien, einschließlich Blogs, Nachrichtenportalen und sozialen Netzwerken. Ziel ist es, das Markenimage zu verbessern und positive Berichterstattung zu fördern.
+ **Mobile Marketing** richtet sich speziell an Nutzerinnen und Nutzer von mobilen Geräten durch Strategien wie mobile Apps, SMS-Marketing und responsives Webdesign. Es berücksichtigt die einzigartigen Möglichkeiten und Herausforderungen der mobilen Interaktion.
+ **Display-Werbung** beinhaltet das Schalten von visuellen Anzeigen auf Websites, in Apps oder in sozialen Medien. Diese Anzeigen können statisch oder animiert sein und zielen darauf ab, die Aufmerksamkeit der Menschen zu gewinnen und sie zur Interaktion zu bewegen.
+ **Virales Marketing** ist eine Strategie, die darauf abzielt, Inhalte so ansprechend und einzigartig zu gestalten, dass sie schnell über soziale Netzwerke verbreitet werden. Der Schlüssel zum viralen Marketing liegt in der Erstellung von Inhalten, die die Nutzerinnen und Nutzer nicht nur ansprechen, sondern die sie auch aktiv teilen möchten, sei es wegen des Unterhaltungswerts, der informativen Natur oder weil sie eine emotionale Reaktion hervorrufen. Virales Marketing nutzt die Netzwerke der Menschen, um eine exponentielle Verbreitung der Botschaft zu erreichen, wodurch die Bekanntheit

der Marke oder des Produkts mit relativ geringem finanziellem Aufwand gesteigert wird.

Digitales Marketing hat sich zu einer unverzichtbaren Strategie für Unternehmen entwickelt, die in der heutigen digital vernetzten Welt erfolgreich sein wollen. Es unterscheidet sich von traditionellen Marketingmethoden durch eine Reihe von Schlüsselmerkmalen, die es besonders effektiv machen.

+ **Zielgenauigkeit:** Fähigkeit, spezifische Kundensegmente durch demografische, geografische und verhaltensbezogene Daten zu erreichen.
+ **Messbarkeit:** Einsatz von Analysetools zur Überwachung von Kampagnenerfolgen und zur Berechnung des »Return on Investment (ROI)«.
+ **Flexibilität:** Schnelle Anpassungsmöglichkeiten von Kampagnen anhand von Echtzeitdaten und Kundenfeedback.
+ **Interaktivität:** Direkte Kommunikation mit der Zielgruppe, die Engagement und Kundennähe fördert.
+ **Kosteneffizienz:** Oft geringere Kosten im Vergleich zu traditionellen Marketingkanälen bei gleichzeitig höherer Reichweite.

Ein Anwendungsbeispiel: Ein lokales Bekleidungsgeschäft nutzt Suchmaschinenmarketing, um die neue Kollektion zu bewerben und gefunden zu werden.

35.8 Marketinginstrumente – der Marketingmix

Eines der Grundprinzipien im Marketing, das Sie in der Mediengestaltung kennen sollten, ist der sogenannte Marketingmix. Er ist das Herzstück jeder Marketingstrategie und bezeichnet die Kombination von Marketinginstrumenten, die ein Unternehmen verwendet, um seine Marketingziele im Zielmarkt zu erreichen.

Vier Ps

Der traditionelle Marketingmix, oft als die »vier Ps« bezeichnet, besteht aus Product (Produkt), Price (Preis), Place (Vertrieb) und Promotion (Kommunikation).

+ **Product (Produkt):** Das Produkt bezieht sich nicht nur auf ein physisches Gut, sondern kann auch eine Dienstleistung oder eine Marke sein. Es ist wichtig, ein Produkt oder eine Dienstleistung zu entwickeln, die den Bedürfnissen und Wünschen der Zielgruppe entspricht. Dies beinhaltet Aspekte wie Design, Qualität, Funktionsweise und Markenimage.
+ **Place (Vertrieb):** Hier geht es darum, wie und wo die Kunden und Kundinnen das Produkt kaufen können. Das kann ein physischer Laden, ein Online-Shop oder sogar ein Katalog sein. Der Vertriebs-

Tonalität

Tonalität, im Marketingkontext, bezieht sich auf den allgemeinen Charakter, die Stimmung einer Marke oder Werbekampagne. Es ist der emotionale »Klang« oder das »Gefühl«, das durch visuelle und textliche Elemente in der Kommunikation vermittelt wird.

+ **Eleganz und Luxus:** Hochpreisige Marken, wie einige Automarken oder Schmuckhersteller, verwenden oft eine ruhige, raffinierte Tonalität, um ein Gefühl von Exklusivität und Prestige zu vermitteln.
+ **Abenteuer und Freiheit:** Outdoor- und Sportmarken könnten eine dynamische und energiegeladene Tonalität wählen, um die Begeisterung für Abenteuer und Aktivität zu wecken.
+ **Verspieltheit und Humor:** Einige Marken, besonders solche, die ein jüngeres Publikum ansprechen, setzen auf eine lustige und leichte Tonalität, um sich von traditionelleren Marken abzuheben.

Die richtige Tonalität kann dabei helfen, die gewünschte Zielgruppe anzusprechen und eine emotionale Bindung zu ihr aufzubauen. Sie spiegelt die Persönlichkeit der Marke wider und sollte konsequent in allen Marketingaktivitäten durchgezogen werden.

weg muss bequem für die Menschen sein und die Art des Produkts berücksichtigen. Hier gilt es, auch die Medienkanäle der Zielperson aus der Persona zu berücksichtigen. Verschiedene Generationen, verschiedene Kanäle.

+ **Price (Preis):** Die Preisgestaltung ist ein kritischer Aspekt im Marketingmix. Es geht darum, den richtigen Preis für das Produkt oder die Dienstleistung festzulegen. Dies kann basierend auf den Kosten, dem Wettbewerb oder dem wahrgenommenen Wert für die Kundschaft erfolgen. Rabatte, Sonderangebote, Zahlungsbedingungen und andere Preisstrategien können auch berücksichtigt werden.
+ **Promotion (Kommunikation):** Promotion umfasst alle Maßnahmen, die ein Unternehmen ergreift, um das Produkt oder die Dienstleistung in den Köpfen der Kundinnen und Kunden zu platzieren und deren Kauf zu fördern. Dies kann durch Werbung, Verkaufsförderung, Public Relations und andere Formen der Kommunikation geschehen.

In der Mediengestaltung ist es wichtig, den Marketingmix zu verstehen, da man dort oft direkt an der Umsetzung der »Promotion«-Strategie beteiligt ist. Ein tieferes Verständnis für alle vier Ps kann dazu beitragen, dass die Kommunikationsstrategien besser auf die Gesamtziele des Unternehmens abgestimmt sind.

Abbildung 35.2: Arbeiten mit den 4 P's

Sieben Ps

Neben dem traditionellen Marketingmix, der die vier Ps umfasst, hat sich in den letzten Jahren eine erweiterte Sichtweise durchgesetzt, die sieben Ps berücksichtigt. Diese Erweiterung trägt den komplexeren

Anforderungen moderner Märkte Rechnung und berücksichtigt insbesondere den Dienstleistungssektor stärker. Die zusätzlichen drei Ps sind: People (Personal), Process (Prozesse) und Physical Evidence (physische Beweise).

+ **People (Personal):** Das Personal, oder die Menschen, die in einem Unternehmen arbeiten, spielen eine entscheidende Rolle im Marketingmix, besonders in serviceorientierten Branchen. Die Interaktion zwischen Kundinnen und Kunden sowie Mitarbeitenden kann maßgeblich die Kundenerfahrung und damit die Wahrnehmung der Marke beeinflussen. Schulungen, Kundenservice und die Unternehmenskultur sind hierbei wichtige Faktoren.
+ **Process (Prozesse):** Die Prozesse eines Unternehmens beziehen sich auf die Mechanismen, durch die Produkte oder Dienstleistungen erstellt und an Kunden und Kundinnen geliefert werden. Eine effiziente Gestaltung dieser Prozesse kann die Kundenzufriedenheit steigern, indem sie etwa den Kaufvorgang vereinfacht oder die Dienstleistungsqualität verbessert.
+ **Physical Evidence (physische Beweise):** Physische Beweise umfassen alle materiellen Aspekte, die zur Dienstleistung gehören, und wie diese dem Kunden präsentiert werden. Dazu zählen nicht nur die Räumlichkeiten eines Unternehmens, sondern auch das Design der Webseite, die Verpackung und andere erlebbare Elemente, die die Servicequalität unterstreichen und den Menschen Sicherheit vermitteln.

35.9 Überwachung und Bewertung mit den Werbewirksamkeitsmodellen

Das Verständnis, wie Werbung auf Verbraucherinnen und Verbraucher wirkt, ist entscheidend, um effektive Marketingkampagnen zu gestalten. Im Laufe der Jahre haben Fachleute verschiedene Modelle entwickelt, um diese Wirksamkeit zu erklären. Zwei der bekanntesten und am häufigsten verwendeten Modelle sind das AIDA-Modell und das KISS-Prinzip. Beide bieten einen strukturierten Ansatz zur Gestaltung von Werbebotschaften, die das Publikum ansprechen und zum Handeln anregen.

35.9.1 Das AIDA-Modell und seine Anwendung

Das AIDA-Modell beschreibt den Prozess, den ein Kunde oder eine Kundin durchläuft, von der ersten Wahrnehmung einer Werbebotschaft bis zur tatsächlichen Kaufentscheidung. Es steht für:

+ **A = Attention (Aufmerksamkeit):** Die Werbebotschaft muss zuerst die Aufmerksamkeit einer Person erregen.
+ **I = Interest (Interesse):** Nachdem die Aufmerksamkeit gewonnen wurde, sollte die Botschaft das Interesse an dem Produkt oder der Dienstleistung wecken.

+ **D = Desire (Verlangen):** Hier entwickelt die Kundin oder der Kunde ein konkretes Verlangen nach dem Produkt oder der Dienstleistung.
+ **A = Action (Handlung):** Schließlich sollte die Botschaft sie oder ihn dazu bringen, eine Handlung zu ergreifen, sei es ein Kauf, eine Anmeldung oder eine andere gewünschte Reaktion.

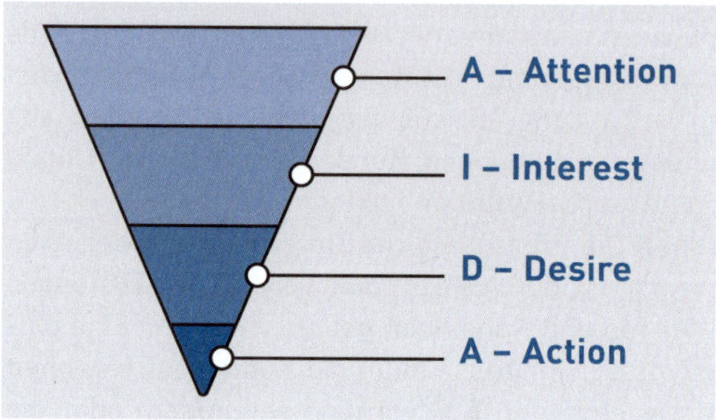

Abbildung 35.3: Die AIDA-Formel

Beim Entwerfen einer Werbekampagne kann das AIDA-Modell als Leitfaden dienen, um sicherzustellen, dass alle diese Phasen in der richtigen Reihenfolge und mit der richtigen Intensität angesprochen werden.

+ Stellen wir uns einen Sportartikelhändler vor, der zum Jahresende noch einmal zusätzlichen Umsatz generieren möchte. A: Neues Jahr, neues Glück!
+ I: Damit Ihr Neujahrsvorsatz »Mehr Sport« Realität wird, gibt es jetzt bei uns sagenhafte 70 % Rabatt auf Sportartikel.
+ D: Folgende im Profisport beliebte Marken haben wir im Angebot: Nike, Puma, Adidas etc.
+ A: Klicken Sie jetzt hier und sparen Sie direkt 70 %!

35.9.2 KISS-Prinzip im Marketingkontext

Das KISS-Prinzip steht für »Keep it short & simple« und betont die Wichtigkeit der Einfachheit in der Kommunikation. Es ist leicht, unnötig komplexe Botschaften oder Designs zu erstellen, insbesondere wenn ein Produkt viele Funktionen oder Vorteile hat. Das KISS-Prinzip erinnert Marketer daran, ihre Botschaften klar, präzise und leicht verständlich zu halten.

Abbildung 35.4: Das Kiss-Prinzip

Im Marketing bedeutet das, dass Werbebotschaften direkt und ohne überflüssige Informationen oder Ablenkungen übermittelt werden sollten. Somit erhöht sich die Wahrscheinlichkeit, dass die Botschaft vom Publikum verstanden und behalten wird.

Checkliste | **Erfolgreiche Marketingstrategie**

1. Analyse der aktuellen Situation

+ SWOT-Analyse durchführen, um Stärken, Schwächen, Chancen und Risiken zu identifizieren
+ Bisherige Marketingaktivitäten und deren Ergebnisse evaluieren
+ Marktumfeld untersuchen, einschließlich der Marktgröße, des Wachstums und der Trends
+ Mitbewerber, ihre Strategien, Marktanteile und USPs analysieren

2. Festlegung von Marketingzielen

+ Kurzfristige und langfristige Ziele setzen
+ Ziele spezifisch, messbar, attraktiv, relevant und terminiert formulieren (SMART)

3. Identifizierung der Zielgruppe

+ Markt basierend auf demografischen, psychografischen und verhaltensorientierten Merkmalen segmentieren
+ Detaillierte Kundenprofile oder Personas für jedes Segment erstellen
+ Bedürfnisse, Wünsche und Schmerzpunkte der Zielgruppe erarbeiten und verstehen

4. Wettbewerbsanalyse

+ Direkte und indirekte Konkurrenten identifizieren
+ Stärken und Schwächen der Wettbewerber bewerten
+ Marketingaktivitäten und -kampagnen der Konkurrenten beobachten

5. Auswahl der geeigneten Marketingtaktiken

+ Maßnahmen wählen, die zu den Zielen und zur Zielgruppe passen
+ Verschiedene Marketingkanäle und -methoden berücksichtigen, um eine breite Reichweite zu gewährleisten
+ Umsetzung von Maßnahmen planen, wie Content-Marketing, Suchmaschinenmarketing, Social-Media-Marketing, E-Mail-Marketing und Influencer-Marketing, Direktmarketing usw.

Checkliste | **Erfolgreiche Marketingstrategie** (Forts.)

6. Erstellung eines Marketingplans:

+ Detaillierten Plan mit spezifischen Aktionen, Zeitplänen und Verantwortlichkeiten entwickeln
+ Budget festlegen
+ Flexibilität wahren, um auf Veränderungen reagieren zu können

7. Beobachtung von Branchentrends und -entwicklungen:

+ Informiert bleiben
+ Strategien anpassen
+ Branchenberichte und Marktforschungen nutzen, um informierte Entscheidungen zu treffen

8. Implementierung, Überwachung und Anpassung

+ Marketingaktivitäten systematisch durchführen
+ Leistung der Marketingaktionen überwachen
+ Daten und Feedback sammeln, um die Effektivität der Marketingstrategie zu bewerten
+ AIDA-Methode oder KISS-Prinzip anwenden
+ Verschiedene Botschaften und Designs testen, um das perfekte Werbemittel zu erhalten

Kapitel 36

Einführung in Social Media

Themen dieses Kapitels

- *Bedeutung von Social Media generell und für die Mediengestaltung*
- *Hauptplattformen*
- *Die Content-Erstellung*
- *Storytelling*
- *Monitoring und Analytics*

Social Media spielt heute eine entscheidende Rolle in vielen Bereichen, unter anderem auch für die in der Mediengestaltung Arbeitenden, und hat die Art und Weise, wie Inhalte erstellt, verbreitet und konsumiert werden, grundlegend verändert. Mediengestalter und -gestalterinnen kreieren Inhalte, die speziell für die Verbreitung und das Engagement in sozialen Netzwerken optimiert sind, von Markenvideos, Infografiken oder Instagram-Posts über Facebook-Banner bis hin zu animierten Inhalten und Werbeanzeigen. Für sie ist es daher unerlässlich, die Dynamiken und spezifischen Anforderungen von Social-Media-Plattformen zu verstehen und auch selbst zu nutzen. Folgende Fähigkeiten sind in Bezug auf Social Media wichtig:

- **Plattformspezifisches Wissen:** Jede Social-Media-Plattform hat ihre eigenen Regeln, Formate und Best Practices. Sie müssen die Unterschiede und Möglichkeiten von Plattformen wie Facebook, Instagram, X, LinkedIn, Pinterest u. v. m. kennen. Dazu gehört auch das Wissen um Bildgrößen, Videolängen, Textbeschränkungen und anderes.
- **Verständnis für Storytelling:** Geschichten visuell zu erzählen ist eine Kernkompetenz für Social Media. Sie müssen in der Lage sein, durch Bilder, Videos und Texte narrative Strukturen zu schaffen, die Menschen emotional ansprechen und binden.
- **Kenntnisse in Social-Media-Strategie und -Marketing:** Neben der Gestaltung sollten Sie auch die strategischen Aspekte von Social Media verstehen, besonders die Themen Zielgruppenanalyse (siehe Abschnitt 36.2), Content-Strategie (Abschnitt 36.3) und die Nutzung

SEO und SEM

Grundkenntnisse in Suchmaschinenoptimierung (SEO) und Suchmaschinenmarketing (SEM) sind nützlich, um die Sichtbarkeit von Social-Media-Inhalten zu erhöhen.

von Analysetools zur Überwachung der Effektivität von Posts und Kampagnen (Abschnitt 36.5).

Rechtliches Wissen

Immer hilfreich ist auch, sich im Bereich Urheberrecht und Datenschutzbestimmungen auszukennen, auch was Veröffentlichungen im Bereich Social Media betrifft. Lesen Sie hierzu Kapitel 37.

Datenschutz und ethische Richtlinien

Die Verwendung von Social Media in Unternehmen erfordert eine klare Politik der Transparenz, insbesondere im Umgang mit personenbezogenen Daten. Unternehmen müssen offenlegen, welche Daten sie sammeln und wie diese verarbeitet werden. Diese Praxis schafft nicht nur Vertrauen, sondern gewährleistet auch die Einhaltung von aktuellen Datenschutzgesetzen in Deutschland.

Ebenso wichtig ist die vorherige Einwilligung der Nutzerinnen und Nutzer. Bevor personenbezogene Daten für Marketingzwecke genutzt werden, muss eine ausdrückliche Zustimmung eingeholt werden!

Geteilte Inhalte auf Social Media müssen ethischen Grundsätzen entsprechen und dürfen nicht irreführend oder manipulativ sein.

Schließlich spielt die Schulung der Mitarbeitenden eine zentrale Rolle. Insbesondere diejenigen, die in den Bereichen Social Media und Datenschutz arbeiten, sollten regelmäßig geschult werden. Diese Schulungen sollten sicherstellen, dass Beschäftigte mit den aktuellen Best Practices und gesetzlichen Vorschriften vertraut sind und diese einhalten. Eine fortlaufende Bildung in diesen Bereichen ist essenziell, um das Unternehmen vor Rechtsverletzungen zu schützen und gleichzeitig einen ethischen Umgang mit Social Media zu fördern.

36.1 Bedeutung von Social Media

Plattformen wie Facebook, Instagram, X und LinkedIn sind nicht nur zu wichtigen Kommunikationskanälen avanciert, sondern auch zu zentralen Werkzeugen in der Markenführung und Kundeninteraktion. Ihre globale Präsenz und die damit verbundene Nutzerbasis bieten Unternehmen ein beispielloses Potenzial, um Reichweiten zu generieren, die über die Möglichkeiten traditioneller Medien weit hinausgehen.

36.1.1 Chancen

Social Media spielt natürlich besonders im Marketing eine Rolle und damit auch in der Mediengestaltung, da beide Disziplinen eng zusammenarbeiten, um Markenbotschaften zu kommunizieren und die Zielgruppen zu erreichen.

Die Vorteile einer Social-Media-Strategie sind zahlreich. Die Integration einer durchdachten Social-Media-Strategie in das Geschäftsmodell eines Unternehmens kann zu einer **Steigerung der Markenbekanntheit** führen. Social-Media-Plattformen bieten eine Vielfalt an Werkzeugen und Techniken, um maßgeschneiderte Inhalte zu verbreiten, die nicht nur Aufmerksamkeit erregen, sondern auch die Vielfalt und Werte der Marke widerspiegeln. Durch den strategischen Einsatz dieser Tools ist es möglich, spezifische Kundensegmente anzusprechen und somit die Reichweite über die bestehende Kundschaft hinaus zu erweitern.

Die **direkte Interaktion** mit Kunden und Kundinnen über Social Media ist ein weiterer entscheidender Vorteil. Plattformen wie X, Facebook und Instagram bieten einen unmittelbaren Kommunikationskanal, der es ermöglicht, Kundenerfahrungen zu personalisieren. Unternehmen können schnell auf Anfragen reagieren, individuelles Feedback einholen und durch gezieltes Engagement Kundenloyalität fördern.

Durch die Analyse von Nutzerdaten, die soziale Medien zur Verfügung stellen, können Unternehmen ihre Marketingkampagnen noch **zielgerichteter** gestalten. Die Erhebung von Daten wie Alter, Geschlecht, geografische Lage und Interessen ermöglicht eine präzise Segmentierung der Zielgruppe. Dies führt zu einer Optimierung der Werbeausgaben, da Budgets gezielt in die Ansprache derjenigen Konsumentinnen und

Konsumenten investiert werden können, die am wahrscheinlichsten mit der Marke interagieren werden.

Zu guter Letzt darf das **virale Potenzial**, das soziale Netzwerke bieten, nicht unterschätzt werden. Inhalte, die originell, unterhaltsam oder besonders informativ sind, haben die Chance, schnell und weit verbreitet zu werden. Dieses virale Potenzial wird durch die Bereitschaft der Menschen, Inhalte zu teilen, noch verstärkt. Ein viraler Hit kann eine Marke buchstäblich über Nacht bekannt machen und eine Reichweite erzielen, die mit traditionellen Marketingmethoden nicht zu erreichen wäre.

Weitere Vorteile sind:

+ Oft sind Social-Media-Kampagnen **kostengünstiger** als traditionelle Marketingmethoden.
+ Unternehmen können in **Echtzeit** auf aktuelle Ereignisse und Trends reagieren, was die Relevanz ihrer Botschaften erhöht.
+ Mit den **Analysetools**, die von Social-Media-Plattformen bereitgestellt werden, können Unternehmen den Erfolg ihrer Kampagnen in Echtzeit verfolgen und ihre Strategien entsprechend anpassen.

36.1.2 Risiken

Aber auch die Kehrseite sollte bekannt sein. Ein zentrales Anliegen ist der **Datenschutz**: Der Umgang mit personenbezogenen Daten der Nutzer und Nutzerinnen erfordert von Unternehmen die Implementierung strenger Sicherheitsprotokolle und die Einhaltung von Datenschutzrichtlinien. Ein Verstoß gegen diese kann zu Vertrauensverlust und rechtlichen Konsequenzen führen.

Die **Reputation** eines Unternehmens ist ein weiteres sensibles Gut, das durch die Aktivitäten auf Social Media bedroht werden kann. Ein einziger Fehltritt, sei es durch einen unangemessenen Beitrag oder ein negatives Ereignis, kann sich viral verbreiten und langfristigen Schaden anrichten. Die Geschwindigkeit, mit der sich Informationen auf diesen Plattformen verbreiten, kann eine kontrollierte Kommunikation erschweren, was die Aufrechterhaltung einer positiven Markenwahrnehmung zu einer ständigen Herausforderung macht. Hinzu kommt die Schwierigkeit der unkontrollierten Verbreitung von Inhalten. Sobald ein Beitrag veröffentlicht ist, kann das Unternehmen nur begrenzt Einfluss darauf nehmen, wie dieser Beitrag geteilt und interpretiert wird. Dies kann zu Missverständnissen führen oder dazu, dass sich irreführende oder schädliche Inhalte schnell und unkontrolliert ausbreiten.

Unternehmen stehen außerdem vor der Aufgabe, eine Vielzahl von **Compliance**-Herausforderungen und regulatorischen Herausforderungen zu meistern. Soziale Medien überspannen nationale Grenzen und damit auch verschiedene Rechtssysteme. Dies bedeutet, dass Unternehmen sicherstellen müssen, dass ihre Social-Media-Strategien nicht nur in einem Land, sondern international allen relevanten Gesetzen, Vorschriften und Industriestandards entsprechen.

Definition Compliance
Compliance bezeichnet die Einhaltung von gesetzlichen Bestimmungen, Richtlinien, Standards und ethischen Normen durch Unternehmen und Organisationen.

36.2 Hauptplattformen und ihre Zielgruppen

Die meisten Plattformen sind natürlich bekannt, hier nur eine kurze Zusammenfassung im Hinblick auf die Zielgruppen und die Spezifikationen und Möglichkeiten für Unternehmen.

Die Wahl der richtigen Plattform kann entscheidend für den Erfolg einer Marketingstrategie sein. Eine gute Orientierung zu den Nutzungsgewohnheiten in Deutschland bietet die ARD/ZDF-Onlinestudie (*www.ard-zdf-onlinestudie.de*), die jährlich im November erscheint. Wichtig ist aber immer, dass die Zielgruppe des jeweiligen Unternehmens auch auf der Plattform vertreten ist!

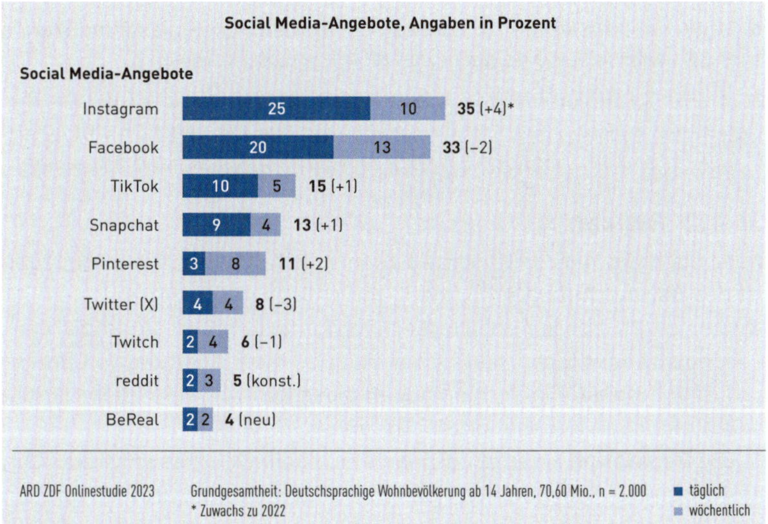

Abbildung 36.1: Das beliebteste Netzwerk bei den befragten Menschen über 14 Jahren ist Instagram, das 35 % mindestens wöchentlich nutzen. Dicht dahinter liegt Facebook mit 33 %, TikTok mit 15 %, Snapchat mit 13 % und Pinterest sowie X (vormals Twitter) mit 11 % bzw. 8 %. YouTube erscheint in einer anderen Kategorie (Streaming): Dort gaben 43 % der Befragten an, dass sie YouTube täglich, 59 % wöchentlich und 69 % mindestens monatlich einsetzen.

Tabelle 36.1: Informationen zu den Hauptplattformen: Zielgruppen und Themenbereiche

Plattform	Zielgruppe	Besonderheit
Instagram	hauptsächlich Jugendliche und junge Erwachsene zwischen 18 und 34 Jahren	Fokus auf visuellen Content wie Fotos und kurzen Videos; eignet sich besonders für Lifestyle, Mode, Kunst und andere visuell ansprechende Branchen
Facebook	breites Spektrum, jedoch tendenziell ältere Nutzerinnen und Nutzer als bei Instagram oder TikTok	vielseitige Inhaltsformate, von Textposts über Bilder bis zu Videos; großartig für Community-Aufbau und Kundenbindung
TikTok	vorwiegend Jugendliche und junge Erwachsene	Kurzform-Video-Content mit hohem Unterhaltungswert; ideal für virale Trends und um eine jüngere Zielgruppe anzusprechen

Plattform	Zielgruppe	Besonderheit
LinkedIn	Berufstätige und Unternehmen	professionelles Netzwerk, ideal für B2B-Marketing, Netzwerken und Personalbeschaffung sowie die persönliche Darstellung von Berufserfahrungen
YouTube	alle Altersklassen	bekannt und groß geworden durch lange Videos zu jeglichen Themen

Tabelle 36.1: Informationen zu den Hauptplattformen: Zielgruppen und Themenbereiche (Forts.)

Es gibt viele weitere Plattformen wie X, Pinterest oder Snapchat und mehr, die je nach Geschäftsmodell und Zielgruppe von Relevanz sein können. Der Schlüssel liegt darin, zu verstehen, wo sich Ihre Zielgruppe aufhält und wie Sie diese am besten erreichen können.

Abbildung 36.2: Facebook- bzw. Instagram-Auftritt des Rheinwerk Verlags

36.2.1 Bildgrößen und Videolängen

Die richtigen Bildgrößen und Videolängen für die verschiedenen Social-Media-Plattformen zu wählen, ist entscheidend für die Effektivität der Medieninhalte. Jede Plattform hat ihre eigenen Anforderungen und Beschränkungen, die darauf abzielen, die Benutzererfahrung zu optimieren und sicherzustellen, dass die Inhalte korrekt und ansprechend dargestellt werden. Da Sie in der Mediengestaltung für die Erstellung dieser Inhalte verantwortlich sein können, wollen wir uns die Bildformate kurz ansehen.

Plattform	Bildgrößen	Videolängen
Instagram	+ Quadrat: 1 : 1, 1080 × 1080 Pixel + Landscape/Querformat: 16 : 9, 1080 × 608 Pixel + Portrait/Hochformat: 4 : 5, 1080 × 1350 Pixel + Stories: 1080 × 1920 Pixel + Profilfoto: 110 × 110 Pixel	+ Feed-Videos: bis zu 60 Sekunden + IGTV: bis zu 60 Minuten für größere Accounts, bis zu 15 Minuten beim Hochladen vom Mobilgerät
Facebook	+ Profilbild: 180 × 180 Pixel auf Desktop, 128 × 128 Pixel auf Mobilgeräten + Titelbild: 820 × 312 Pixel + Beitragbilder: 1200 × 630 Pixel für optimale Darstellung	+ Reguläre Videos: bis zu 240 Minuten, empfohlenes Format ist 1080p + Facebook Stories: bis zu 20 Sekunden pro Story
TikTok	+ Videos! + Empfohlenes Format: vertikale Videos mit einem Seitenverhältnis von 9 : 16 + Optimale Auflösung: 1080 × 1920 Pixel	+ Ursprünglich waren die Videos auf 15 Sekunden begrenzt, mittlerweile sind bis zu 3 Minuten erlaubt.
LinkedIn	+ Profilbild: 400 × 400 Pixel	+ bis zu 10 Minuten
YouTube	+ Profilbild: 800 × 800 Pixel. + Video Upload: 1280 × 720 Pixel, Seitenverhältnis 16 : 9	+ Standardmäßig können Videos bis zu 15 Minuten lang sein. Für verifizierte Konten gibt es keine obere Zeitgrenze.
X	+ Profilbild: 400 × 400 Pixel + Headerbild: 1500 × 500 Pixel + Beitragbilder: 1200 × 675 Pixel	+ bis zu 140 Sekunden

Tabelle 36.2: Bildgrößen und Videogrößen der Hauptplattformen. Beachten Sie, dass sich Bild- und Videogrößen-Vorgaben der Plattformen verändern können. (Stand 2024)

36.3 Die Content-Erstellung

»Content is King« – eine weit verbreitete Maxime. Doch was genau macht guten Content aus, und wie kann er sich in der Flut der Informationen durchsetzen? Es geht nicht nur darum, Aufmerksamkeit zu erregen, sondern auch darum, die richtige Art von Aufmerksamkeit zu gewinnen – eine, die echtes Interesse und Engagement fördert.

Guter Content sollte nicht nur die Aufmerksamkeit der Zielgruppe fesseln, sondern auch in der Lage sein, eine langfristige Beziehung zwischen Marke und Publikum aufzubauen. Hierbei spielen besonders die folgenden vier Faktoren eine entscheidende Rolle, die wir nun genauer betrachten, um zu verstehen, wie sie zusammenspielen, um wirkungsvollen Content zu schaffen.

Content

Das englische Wort »content« bedeutet zu Deutsch »Inhalt«. Im Mediendesign ist hiermit meist Inhalt in Form von Informationen für Kommunikationsmedien gemeint. Er umfasst die unterschiedlichen Typen Texte, Bilder, Audio und Video.

+ **Relevanz:** Beginnen wir mit dem Wichtigsten: Der Content muss für die Zielgruppe relevant sein. Das bedeutet, er sollte sich mit Themen befassen, die die Zielgruppe interessieren, und Fragen beantworten, die sie sich stellt.
+ **Authentizität:** In einer Zeit, in der Menschen täglich mit Werbung bombardiert werden, ist Authentizität das Schlüsselwort. Echter, authentischer Content schafft eine Verbindung zum Publikum und baut Vertrauen auf.
+ **Qualität vor Quantität:** Es ist besser, weniger Content von höherer Qualität zu produzieren, als ständig Beiträge von minderer Qualität zu veröffentlichen. Achten Sie daher auf klare Botschaften, korrekte Informationen und eine ansprechende Präsentation.
+ **Visueller Reiz:** Insbesondere in sozialen Medien sind Bilder und Videos oft wirkungsvoller als reiner Text. Ein ansprechendes visuelles Design kann den Unterschied ausmachen, ob ein Beitrag geteilt wird oder in der Informationsflut untergeht.

Content kann generell in folgende Typen unterteilt werden:

+ **Text:** Artikel, Überschriften, Claims, Websites, Bücher, Magazine u. a.
+ **Bild/Grafik:** Fotos, Logos, User Interface (UI), Infografiken, Illustrationen, Icons und Symbole u. a.
+ **Audio:** Musik, Audio-Stimme, Podcasts, Interviews u. a.
+ **Video:** Videoclips bei YouTube oder Social Media, Animationen

36.3.1 Content-Erstellung – so geht's

Das Erstellen von Inhalten ist ein wichtiger Bestandteil des Mediendesigns, denn ohne Inhalte kann es auch keine Gestaltung geben. Für die gelungene Content-Erstellung ist nicht nur gestalterisches, sondern auch technisches Know-how und das Wissen um Zielgruppen und Marken vonnöten. Bei der Content-Erstellung ist nämlich Folgendes unbedingt zu bedenken:

1. **Zielgruppenanalyse:** Erfolgreicher Content berücksichtigt die Bedürfnisse, Vorlieben und Charakteristika der Zielgruppe, um sicherzustellen, dass der Content relevant und ansprechend ist. Ein Beispiel: Sie möchten für Ihre Firma Azubis gewinnen. Sprechen Sie Ihre Zielgruppe direkt an: »Du bist bald fertig mit der Schule und weißt noch nicht, was du später mal werden willst? Klick dich durch unseren Beitrag und lerne den Beruf Mediengestalter*in besser kennen.«
2. **Problemlösung identifizieren:** Bestimmen Sie, welche spezifischen Probleme oder Bedürfnisse Ihre Zielgruppe hat, die Sie mit Ihrem Content adressieren können.
3. **Vielfältigkeit:** Bei der Content-Erstellung und für moderne Mediendesign-Projekte sollten die verschiedenen Content-Typen kombiniert werden, um die Informationen immer mediengerecht darstellen zu können.

Kreative Planung

Entwickeln Sie kreative Ideen, die sich von der Konkurrenz abheben. Seien Sie innovativ in der Art und Weise, wie Sie Themen präsentieren. Ein Beispiel: Überlegen Sie sich eine kreative Überschrift/Einstieg in ein Kurzvideo zur Gewinnung von Azubis: »Du malst gerne, hattest Spaß, die Abschlusszeitung zu gestalten, und machst die coolsten Partyflyer? Dann schau dir doch mal die Ausbildung im Bereich Mediengestaltung bei uns an.«

Aktivität

Erstellen Sie einen regelmäßigen Veröffentlichungsplan, und halten Sie sich an ein einheitliches Branding, um Wiedererkennungswert zu schaffen. Als groben Daumenwert sollten Sie etwa zwei- bis dreimal in der Woche auf Ihrer Website und in verlinkten Kanälen Inhalte veröffentlichen.

4. **Konsistenz:** Der Content sollte im Tonfall und in der visuellen Gestaltung einheitlich sein. Diese Konsistenz fördert die Wiedererkennung und stärkt die Markenidentität.
5. **Responsive Design:** Content muss auf verschiedenen Plattformen und Endgeräten gut funktionieren.
6. **Suchmaschinenoptimierung (SEO):** Nicht zu vergessen: Bei digitalen Inhalten ist es wichtig, sicherzustellen, dass der Content von Suchmaschinen leicht gefunden wird.
7. **Erfolgskontrolle und Anpassung:** Bewerten Sie die Performance Ihres Contents, und passen Sie Ihre Strategie bei Bedarf an, um die Ergebnisse kontinuierlich zu optimieren.

36.3.2 Content-Recherche

Bevor Inhalte erstellt werden können, muss zuvor eine gewissenhafte Recherche zu den Inhalten stattfinden. Nur qualitativ hochwertige Inhalte vermitteln dem Publikum die zwingend notwendige Glaubwürdigkeit. Während der Recherche werden Informationen und Daten zum Thema gesammelt, ausgewertet und verifiziert. Erst nach Abschluss dieses Prozesses können die Inhalte fundiert und nützlich aufbereitet werden.

Gute Quellen für eine ausgiebige Recherche sind beispielsweise Bücher, Fachzeitschriften, Interviews und Websites, wobei bei Websites immer Vorsicht geboten ist: Hier ist es schwer zu erkennen, wie viel Recherche und Aufwand in die Erstellung der dort vorliegenden Inhalte geflossen ist. Auch Wikipedia ist hier keine sichere Quelle, der Sie blind vertrauen können!

Als Erstes müssen Sie sich überlegen, welches Ergebnis erzielt werden soll. Ein Ablauf könnte beispielsweise so aussehen:

+ Das **Thema** für die Recherche muss klar definiert werden. Welche Informationen sollen wie umfangreich vermittelt werden? Hier ist es auch hilfreich, Schlüsselbegriffe für die Recherche zu notieren.
+ Wer ist die **Zielgruppe**? Sie wurde vermutlich im Briefing festgelegt, Sie sollten sie sich aber noch einmal vor Augen führen (zum Briefing siehe Abschnitt 8.2.1).
+ **Heraussuchen von Quellen:** Als Quellen für eine Recherche bieten sich an: Bücher, wissenschaftliche Artikel, Online-Recherchen, Datenbanken ...
+ **Grobrecherche der Quellen:** Verschaffen Sie sich einen generellen Überblick.
+ **Feinrecherche mit Verifizierung der gesammelten Daten:** Überprüfen Sie immer, ob die Quellen vertrauenswürdig sind. KI-gestützten Tools beispielsweise kann man nicht ohne Prüfung vertrauen!
+ **Analysieren und Aufbereiten der Inhalte:** Die gesammelten Informationen müssen sortiert und strukturiert werden.
+ **Verwendete Quellen vermerken!** Beachten Sie besonders auch die richtige Zitierweise für die verwendeten Quellen. Dies ist ent-

Kreativität

Kreativität spielt eine wesentliche Rolle, um sich in der endlosen Menge an Online-Inhalten abzuheben. Ein origineller und kreativer Ansatz ist oft der Schlüssel, um das Auge und das Herz des Publikums zu fangen. Doch Originalität allein reicht nicht aus; Konsistenz in der Frequenz der Beiträge und im Branding ist ebenso wichtig, um eine starke Markenidentität aufzubauen und die Bindung zum Publikum zu vertiefen.

scheidend, um Plagiate zu vermeiden und die Glaubwürdigkeit Ihrer Arbeit zu gewährleisten.

Merke: Zusammengefasst ist guter Content jener, der die Nutzerinnen und Nutzer in den Mittelpunkt stellt und Mehrwert schafft – sei es durch Information, Unterhaltung oder beides.

36.3.3 Spezialfall KI

Seit die Non-Profit-Organisation OpenAI am 30. November 2022 die Software ChatGPT weltweit für die Öffentlichkeit kostenfrei zugänglich gemacht hat, ist die Erstellung von Texten mithilfe von künstlicher Intelligenz in aller Munde.

ChatGPT

GPT steht für »Generative Pre-trained Transformer«, also »generativer vortrainierter Transformer«. Es kommuniziert anhand eines »Large Language Models« oder »LLM« (deutsch: »große Sprachmodelle«) mit seinen Nutzerinnen und Nutzern, um ihnen textbasierte Nachrichten zu schicken. Die Version GPT-3.5 ist aktuell kostenlos und basiert auf den gesammelten Informationen bis Januar 2022. Es wurde mit 175 Milliarden Parametern trainiert.

GPT-4

Die kostenpflichtige Version GPT-4, die im März 2023 verfügbar gemacht wurde, kostet 20 US-Dollar im Monat und wurde mit 100 Billionen Parametern trainiert, liefert also deutlich bessere Ergebnisse. Außerdem kann GPT-4 neben Text auch Bilddaten verarbeiten und Antworten hierauf geben.

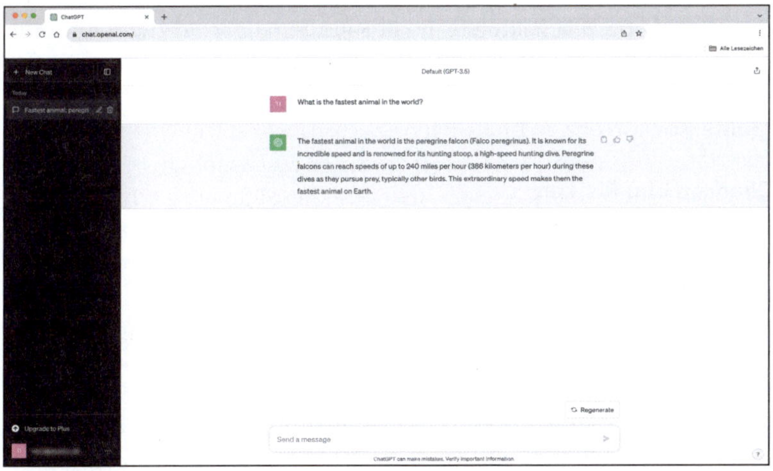

Abbildung 36.3: GPT-3.5, *https://chat.openai.com*

Die Software funktioniert ähnlich wie ein Chat-Room: Man kann Fragen oder Anweisungen (»Prompts«) auf Deutsch oder Englisch in das Textfeld schreiben und bekommt eine Antwort. Diese wird nur nicht wie in anderen Chat-Rooms von einem Menschen, sondern von der künstlichen Intelligenz erstellt.

OpenAI

OpenAI startete 2015 als Non-Profit-Organisation, gründete aber 2019 bereits die OpenAI Global LLC und ging 2023 eine Partnerschaft mit dem Softwaregiganten Microsoft ein, der die Software von OpenAI mittlerweile in seine eigenen Programme integriert hat.

Google Bard

Auch Google spielt eine Rolle im KI-Universum. Mit Google Bard haben sie ihr eigenes KI-Tool mit Large Language Model entwickelt.

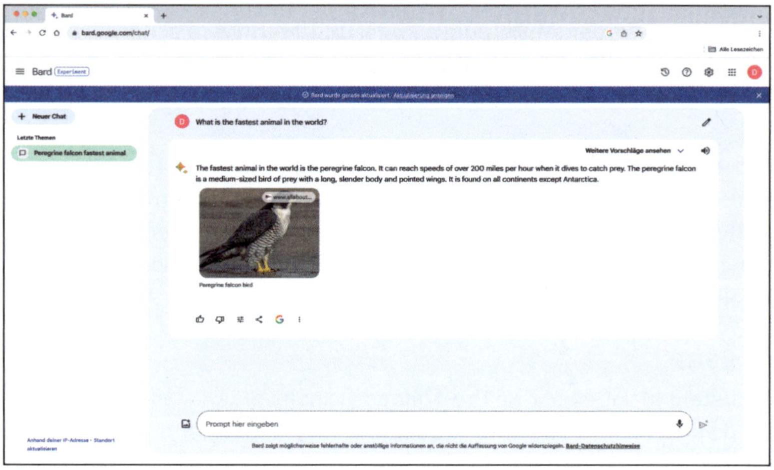

Abbildung 36.4: Google Bard, *https://bard.google.com/chat*

> **Weitere Software**
> Es gibt noch andere Dienstleister in diesem Bereich wie beispielsweise Copy.ai oder Jasper.ai, diese sind aber aufgrund ihrer Größe gegenüber den beiden Platzhirschen kaum erwähnenswert.

Google Bard wurde im März 2023 öffentlich zugänglich, allerdings aufgrund von Datenschutzbestimmungen erst im Juli 2023 in Europa und somit auch in Deutschland. Bard basiert auf einem anderen Large Language Model als ChatGPT, der größte Unterschied ist allerdings, dass Google Bard auf aktuelle Inhalte aus dem Internet zugreifen kann und daher tagesaktuell ist. ChatGPT ist aktuell noch auf Informationen bis Anfang des Jahrs 2022 begrenzt. Dadurch ist Bard auch aktuell die größte Konkurrenz zu ChatGPT.

Chancen und Risiken

Diese bahnbrechende Technologie wird die Zukunft der Content-Erstellung maßgeblich beeinflussen. Hierbei tun sich neue Chancen, aber auch Risiken auf.

Die Automatisierung von Texterstellung und Übersetzungen in Echtzeit steigert die Effizienz und Geschwindigkeit besonders von wiederkehrenden Aufgaben (Updates, standardisierte Posts, automatische Erstellung von Nachrichten u.a.) enorm und gibt Mediengestaltern und -gestalterinnen die Möglichkeit, sich mehr auf die gestalterischen Aspekte ihrer Arbeit zu fokussieren. Mit Bild- und Video-KI-Tools lassen sich visuelle Inhalte erstellen und bearbeiten, und auch die Übersetzung von Content wird erleichtert.

Allerdings sollten Ethik und Verantwortung nicht vernachlässigt werden. Es sollte sichergestellt sein, dass keine geschützten Inhalte ohne Genehmigung verwendet werden. Auch sollten die Inhalte vor Veröffentlichung genau geprüft werden, um keine Fehlinformationen zu verbreiten.

36.4 Storytelling für Social Media

Erfolgreiche Werbung nutzt die Sehnsucht der Menschen nach Geschichten. Sie erzählt eine interessante Story, die Spannung erzeugt, berührt und im Kopf bleibt.

Storys sind heute so wichtig wie noch nie. Denn unsere Welt wird zunehmend komplexer. Ständig kommen neue Technologien und Kommunikationskanäle hinzu, und dank Social Media kann heute jeder Konsument und jede Konsumentin auch ein Sender sein. In dieser Situation können Geschichten eine Schneise ins Informationswirrwarr schlagen. Sie können Zusammenhänge vereinfachen und anschaulich darstellen.

Definition Storytelling
Als Storytelling wird die Methode bezeichnet, bei der Informationen in Form einer Geschichte oder Metapher vermittelt werden. Diese Methode erfreut sich im Marketing und insbesondere im Social Web großer Beliebtheit.

Dreh- und Angelpunkt ist dabei die Frage, wie das Unternehmen dazu beitragen kann, die Welt der Zielgruppe zu verbessern. Was ist das höhere Ziel, was ist die Vision des Unternehmens? Diese Frage ist entscheidend, denn jede Geschichte braucht einen guten Grund, erzählt zu werden.

Marke als Mentor
Dabei ist jedoch nur in den seltensten Fällen das Unternehmen selbst der Held. Meistens tritt die Marke als Mentor auf, der den Helden unterstützen, motivieren und inspirieren möchte. So wie zum Beispiel Gandalf in »Herr der Ringe« Frodo hilft. Oder Meister Yoda Luke Skywalker in »Star Wars«.

Wichtig beim Storytelling ist auch, die Bedürfnisse der Zielgruppe herauszufinden und gut in der Geschichte zu spiegeln. Schließlich soll sich das Publikum in der Story wiederfinden. Am Ende kauft es in erster Linie die Haltung, die Überzeugung, die Einstellung der Marke – und erst dann das Produkt selbst.

Nicht jede Story interessiert uns gleich stark. Es gibt auch langweilige Geschichten, die wir wegzappen oder ignorieren. Worauf kommt es also an? Auf die Emotion. Eine Emotion ist wie ein Schlüssel. Sie öffnet einer Markenbotschaft den Zugang zu Herz und Hirn. Schauen wir erst auf das Herz: Eine emotionale Geschichte berührt Menschen. Sie baut eine Verbindung zu ihnen auf, dockt bei ihnen an. In der Marketingkommunikation gilt dieses Prinzip ebenfalls. Wenn ich eine Information auf eine Weise bekomme, die starke (möglichst positive) Emotionen in mir auslöst, dann verankert sich das eben Gelernte gut in meinem Gedächtnis.

Der Vorteil von Storytelling ist zusammengefasst:

+ Die Struktur des Geschichtenerzählens wird bereits in der frühen Kindheit erlernt und im Gedächtnis verankert.
+ Geschichten folgen in der Regel einem konstanten Muster und sind oft emotional intensiv.
+ Sie vereinfachen komplexe Inhalte und machen es leichter, sich einem Thema zu nähern.
+ Zudem erleichtern sie den Entscheidungsprozess für Konsumenten und Konsumentinnen und bleiben im Gedächtnis haften, was die Markenerinnerung stärkt.
+ Geschichten besitzen das Potenzial, sich viral zu verbreiten, und sind zudem 22-mal einprägsamer als reine Fakten.

36.4.1 Die Heldenreise

Geschichten sind oft Metaphern für das Leben. Erfolgreiche Hollywood-Storys nutzen das und folgen häufig einem gleichen Grundschema: Am

Anfang wird der Held in seiner gewohnten Welt gezeigt. Dann kommt etwas, was man als *Ruf des Abenteuers* bezeichnet (in der Abbildung »Konflikt«): Harry Potter etwa erfährt, dass er eigentlich ein Zauberer ist und auf eine Zauberschule gehen darf. Luke Skywalker macht sich auf, ein Jedi zu werden. Neo darf sich im Film »Matrix« für die rote oder die blaue Pille entscheiden.

Die Reise beginnt. Der Held stößt auf Hindernisse und Bewährungsproben (Ereignisse). Das erhöht die Dramatik. Am Ende muss er sich der entscheidenden Prüfung stellen (Höhepunkt/Klima). Nicht selten blickt der Charakter im Endkampf dem Tod ins Auge. Das Publikum muss mitfiebern können. Es wäre langweilig, wenn der Held alle Hindernisse mühelos überwinden könnte. Oft sieht man in Kinofilmen, wie der Held scheinbar schon so gut wie geschlagen ist – um dann überraschend in letzter Sekunde das Steuer herumzureißen und doch noch zu siegen.

Umso erleichterter ist das Publikum, wenn es am Ende geklappt hat (Entscheidung). Das Gute hat gesiegt, die Welt ist wieder in Ordnung. Katharsis (Reinigung) nannte man diesen Gefühlszustand in antiken Tragödien. Der Zuschauer durchlebt mit dem Helden Angst, Schmerz und Schrecken – und fühlt sich nach dem erlösenden Sieg erleichtert und »gereinigt« (Aristoteles).

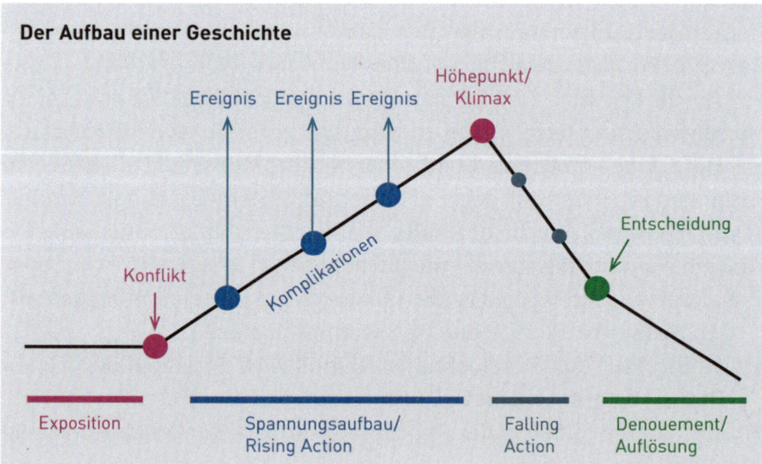

Abbildung 36.5: Der Aufbau einer Geschichte nach Gustav Freytag

Joseph Campbell fasste dieses Vorgehen in der sogenannten Heldenreise zusammen:

1. Die gewohnte Welt des Helden
2. Der Held wird vom Abenteuer gerufen.
3. Weigerung des Helden
4. Der Held wird überredet.
5. Der Held überschreitet die erste Schwelle, nach der es kein Zurück mehr gibt.
6. Erste Bewährungsproben, Zusammentreffen mit Verbündeten und Feinden

7. Fortschreitende Probleme
8. Die Prüfung; Konfrontation mit dem Gegner – und Überwindung des Gegners
9. Der Held wird belohnt.
10. Verweigerung der Rückkehr
11. Auferstehung
12. Rückkehr

36.4.2 Einsatzmöglichkeiten für Storytelling im Social-Media-Bereich

Was heißt das nun für uns und das Storytelling im Bereich Social Media? Es bieten sich zahlreiche Einsatzmöglichkeiten für Storytelling an. Social-Media-Kampagnen können um eine zentrale Geschichte aufgebaut werden, die die Kampagnenziele unterstützt und die gewünschte Zielgruppe anspricht. Selbst alltägliche Posts können Elemente des Storytellings enthalten, um die tägliche Kommunikation mit dem Publikum lebendiger und persönlicher zu gestalten. Plattformen wie Instagram, Facebook und Snapchat bieten mit ihren temporären »Stories« oder Live-Videos Formate an, die sich ideal für spontanes und authentisches Storytelling eignen. Und Geschichten zufriedener Kunden und Kundinnen sind eine Möglichkeit des Storytellings, die das Vertrauen und die emotionale Bindung in ein Produkt oder eine Dienstleistung stärken kann.

Engagement und Interaktion

Geschichten regen zum Teilen und Kommentieren an und fördern so das Engagement. Gute Geschichten sind oft inspirierend und animieren die Zuschauerinnen und Zuschauer dazu, ihre eigenen Erfahrungen und Meinungen zu teilen, was zu einer stärkeren Nutzerinteraktion führt.

Erklärung komplexer Informationen

Durch Storytelling können komplexe Informationen oder Konzepte auf eine leicht verständliche und ansprechende Weise vermittelt werden. Dies ist besonders nützlich in Branchen wie Technologie, Wissenschaft oder Finanzen, wo die direkte Information schwer verständlich sein kann.

36.4.3 Die Geschichte finden

Der wichtigste Punkt ist, einen Ansatz zu finden für Ihre Geschichte. Dabei hilft es, zunächst eine Ideensammlung aufzustellen. Folgende Aspekte können dabei bedacht werden:

+ Welche Interessen, Vorlieben und Bedürfnisse hat die Zielgruppe?
+ Haben Kunden und Kundinnen mit den Produkten oder Dienstleistungen außergewöhnliche Erfahrungen gemacht? Könnte man die persönliche Geschichte einer Mitarbeiterin oder eines Kunden teilen, die die Werte des Unternehmens widerspiegelt?
+ Was macht das Unternehmen oder die Marke einzigartig? Welche Geschichte gibt es über die Gründung der Firma? Welche Persönlichkeiten sind am Unternehmen beteiligt?
+ Wie produziert das Unternehmen? Gibt es Geschichten über Zulieferer aus anderen Ländern, die man teilen könnte?

Six Buttons of Buzz

Als Grundlage für das Erzählen von Geschichten empfiehlt sich das Konzept der »Six Buttons of Buzz«, das Mark Hughes in seinem Buch »Buzzmarketing: Get People to Talk About Your Stuff« vorstellt. Diese sechs Anreize sind:

+ Tabus und Lügen
+ Überraschungen
+ Abscheulichkeiten
+ humorvolle und komische Ereignisse
+ Außergewöhnliches
+ Geheimnisse

+ Wie kann man Emotionen wecken? Welche emotionalen Trigger kann man nutzen, um eine Verbindung zum Publikum herzustellen? Gibt es Geschichten über Herausforderungen, die überwunden wurden, oder Erfolge, die gefeiert wurden?
+ Welche ungewöhnlichen Beiträge oder Suchbegriffe finden sich im Social Web über das Unternehmen?

Elemente des Visual Storytelling

Wichtig für das Storytelling ist in jedem Fall ein multimedialer Ansatz: Die Verwendung verschiedener Medienformate kann helfen, die Geschichte aus verschiedenen Blickwinkeln zu erzählen und das Interesse des Publikums zu erhalten. Wichtige Elemente dabei sind:

+ **Bilder und Grafiken, Infografiken** helfen, Themen visuell darzustellen und die Kernbotschaft der Geschichte zu unterstützen.
+ **Videos** sind besonders mächtig in ihrer Fähigkeit, komplexe Geschichten zu erzählen und emotionale Reaktionen zu provozieren. Sie können in verschiedenen Formen auftreten, von kurzen Clips bis hin zu längeren, dokumentarischen Features.
+ **Animationen** sind besonders nützlich, um abstrakte Konzepte zugänglich zu machen.
+ **Memes und GIFs** können mit humorvollen Inhalten virale Geschichten erzeugen und sind besonders beliebt bei jüngeren Zielgruppen.

36.5 Monitoring und Analytics

Definition Monitoring

Monitoring bezeichnet den Prozess der systematischen Überwachung, Aufzeichnung und Analyse von Daten oder Aktivitäten zur Bewertung der Leistung und Effizienz einer Social-Media-Kampagne.

Einer der großen Vorteile von Social Media sind die ausgefeilten Möglichkeiten von Monitoring und Datenanalyse. Die Analyse von Social-Media-Kampagnen ist entscheidend, um den Erfolg der Marketingbemühungen zu messen und zu verstehen, wie Inhalte beim Publikum ankommen. Durch den Einsatz von Monitoring und Analytics werden quantitative Daten geliefert, die es Unternehmen ermöglichen, ihre digitalen Strategien nicht auf Vermutungen, sondern auf soliden Informationen aufzubauen. Wir schauen uns folgende Punkte an:

+ Welche Leistung soll gemessen werden?
+ Welche Analysetools gibt es?

36.5.1 Welche Leistung wird gemessen?

Bevor Sie in die Datenanalyse eintauchen, definieren Sie klar, welche Aspekte Ihrer Social-Media-Präsenz Sie ansehen und möglicherweise verbessern möchten. Die Kenntnis der Key Performance Indicators (KPIs) ist ein wesentlicher erster Schritt in der Welt des Social Media Monitorings. KPIs sind messbare Werte, die anzeigen, wie effektiv ein Unternehmen seine wichtigsten Geschäftsziele erreicht. Hier einige zentrale KPIs, die in der Social-Media-Welt besonders relevant sind:

+ **Engagement-Rate:** Hierbei wird erfasst, wie oft Menschen mit einem Beitrag interagieren. Dies beinhaltet Aktionen wie Likes, Shares und Kommentare. Ein hoher Wert in diesem Bereich zeigt, dass der Inhalt »resoniert« (sich die Zielgruppe damit identifiziert) und eine Verbindung zum Publikum herstellt.
+ **Follower-Wachstum:** Dieser KPI verfolgt, wie sich die Anzahl der Follower im Laufe der Zeit ändert. Ein kontinuierliches Wachstum kann als Zeichen dafür gewertet werden, dass die Inhalte und Botschaften gut ankommen.
+ **Reichweite:** Dies misst die Gesamtzahl der Personen, die einen Beitrag gesehen haben. Diese Metrik ist besonders wichtig, da ein Beitrag mit einer hohen Reichweite das Potenzial hat, einen größeren Einfluss auszuüben und somit mehr Menschen zu erreichen.
+ **Klickrate (CTR):** Dies zeigt den Prozentsatz der Personen an, die auf einen Beitrag geklickt haben, verglichen mit der Gesamtzahl derer, die ihn gesehen haben.
+ **Konversionsrate:** Ein entscheidender KPI, der aufzeigt, wie viele der Klicks oder Interaktionen tatsächlich zu einer gewünschten Handlung führen, wie z. B. einem Kauf oder einer Newsletter-Anmeldung auf der Webseite.
+ **Teilungsrate:** Dieser Wert gibt Auskunft darüber, wie oft ein Beitrag in Relation zu seiner Gesamtansicht geteilt wurde. Ein hoher Wert kann darauf hinweisen, dass der Inhalt besonders wertvoll oder teilenswert ist.
+ **Negative Interaktionen:** Hierzu zählen Aktionen wie das »Entfolgen«, negative Kommentare oder das Markieren als Spam. Es ist unerlässlich, diesen KPI im Blick zu behalten, um potenzielle Problemfelder frühzeitig zu erkennen und anzugehen.
+ **Videoansichten:** Für diejenigen, die Video-Content produzieren, ist die Zahl der Videoansichten (Watchtime) und die durchschnittliche Sehdauer entscheidend, um den Erfolg des Contents zu bewerten.
+ **Beteiligungsrate bei Events oder Kampagnen:** Bei speziellen Aktionen oder Events kann die Beteiligung oder die Nutzung eines bestimmten Hashtags ein guter Indikator für den Erfolg sein.
+ **Kosten pro Konversion:** Bei bezahlten Social-Media-Kampagnen zeigt dieser KPI, wie viel im Durchschnitt für jede erfolgreiche Konversion ausgegeben wird, was wiederum dabei hilft, den Return on Investment (ROI) zu bestimmen.

Die Wahl der richtigen KPIs hängt stark von den individuellen Geschäftszielen und der spezifischen Social-Media-Strategie ab.

Muster und Trends

Es reicht jedoch nicht aus, einzelne Datenpunkte zu betrachten. Wichtiger ist es, über diese hinauszublicken und Muster sowie Trends innerhalb der Daten zu erkennen. Diese Erkenntnisse sind entscheidend für die Entwicklung und Anpassung langfristiger Strategien, die den sich ständig ändernden Marktbedingungen gerecht werden.

Leistung im Kontext

Ein effektiver Vergleich Ihrer Daten mit historischen Leistungsdaten oder branchenüblichen Standards kann helfen, die eigene Leistung im Kontext zu sehen. Dies ermöglicht es Ihnen, zu beurteilen, ob Ihre Social-Media-Bemühungen Früchte tragen und ob Sie auf dem richtigen Weg sind oder ob Anpassungen notwendig sind.

36.5.2 Welche Analysetools gibt es?

Es gibt zahlreiche Analysetools, die verwendet werden können, um den Erfolg von Social-Media-Kampagnen zu bewerten. Diese Tools können komplexe Daten in verständliche Diagramme und Berichte umwandeln, die leichter zu interpretieren sind.

- **Google Analytics:** Obwohl es kein spezifisches Social-Media-Analysetool ist, kann Google Analytics verwendet werden, um den Traffic von Social-Media-Plattformen auf die Website zu verfolgen und zu analysieren.
- **Spezielle Insight- und Analyse-Tools der verschiedenen Plattformen:** Facebook Insights, X, Analytics, Instagram Insights, LinkedIn Analytics oder YouTube Analytics
- **Hootsuite und Buffer:** Hootsuite ist ein Social-Media-Management-Tool, das auch Analysefunktionen bietet, um die Leistung von Kampagnen über verschiedene Plattformen hinweg zu verfolgen und zu messen. Ebenso funktioniert auch Buffer.
- **Brandwatch** ist ein Social-Listening-Tool, das Einblicke in die Stimmung und das Feedback zu Social-Media-Kampagnen sowie zu Marken im Allgemeinen liefert.

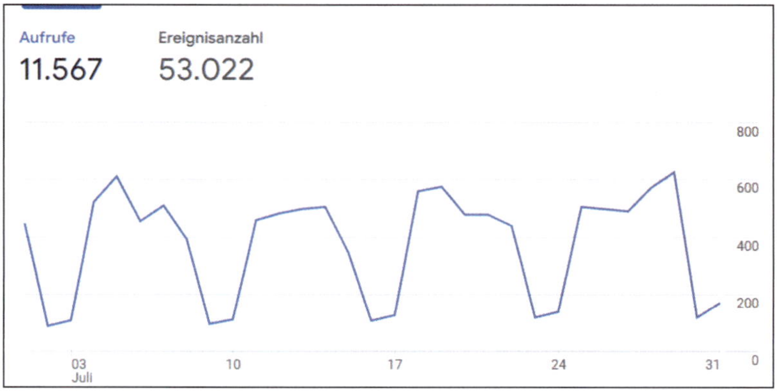

Abbildung 36.6: Die Engagement-Rate einer Website, festgehalten mit Google Analytics. In diesem Fall wurden unter der Ereignisanzahl 53.022 Interaktionen festgestellt.

Checkliste | **Social Media**

Diese Checkliste dient dazu, die wichtigsten Punkte zu betonen und als schnelle Referenz zu fungieren, um Ihnen den Einstieg in die professionelle Anwendung von Social-Media-Strategien zu erleichtern.

- **Inhalte mit Mehrwert:** Stellen Sie sicher, dass die Inhalte, die Sie teilen, relevant, nützlich und unterhaltsam für Ihr Publikum sind.
- **Einsatz von Umfragen:** Die Nutzung interaktiver Funktionen wie Umfragen kann dazu beitragen, direktes Feedback zu erhalten und die Beteiligung der Menschen zu erhöhen. Auch die Aufforderung zu einer konkreten Handlung (Call-to-Action: »Klicken Sie jetzt hier.«, »Schreiben Sie Ihre Meinung in die Kommentare.«) kann die Engagement-Rate steigern.

Checkliste | **Social Media** (Forts.)

- + **Aktive Interaktion:** Ein Schlüsselfaktor für den Erfolg in sozialen Netzwerken ist die Förderung von Engagement. Dies beginnt mit der aktiven Interaktion – eine prompte und konstruktive Reaktion auf Kommentare und Nachrichten ist unerlässlich, um eine lebhafte und engagierte Gemeinschaft zu kultivieren.
- + **Regelmäßige Aktualisierungen:** Ein konstanter Posting-Rhythmus hilft dabei, im Bewusstsein der Follower präsent zu bleiben. Qualität sollte dabei stets im Vordergrund stehen.
- + **Zeitliche Abstimmung:** Ermitteln Sie, zu welchen Zeiten Ihre Zielgruppe am aktivsten ist, und passen Sie Ihre Posting-Zeiten entsprechend an.
- + **Förderung von Interaktionen:** Interaktionsstarke Inhalte fördern das organische Wachstum, da Algorithmen solche Beiträge bevorzugen und weiterverbreiten.
- + **Zielgerichtete Recherche:** Tools können helfen, relevante und trendige Hashtags zu identifizieren.
- + **Variation:** Eine Kombination aus generischen und spezifischen Hashtags kann die Sichtbarkeit erhöhen.
- + **Eigenständige Hashtags:** Für spezielle Kampagnen kann ein maßgeschneiderter Hashtag die Markenidentität stärken und eine eigene Bewegung initiieren.
- + **Optimierung von visuellen Inhalten:** Es ist ratsam, visuell ansprechende und qualitativ hochwertige Medien zu verwenden. Dabei können verschiedene Formate, wie Videos oder GIFs, zum Einsatz kommen. Erstellen Sie sich dazu am besten einen monatlichen Redaktionsplan.
- + **Authentizität als Schlüssel:** Authentische Kommunikation stärkt das Vertrauen der Follower in die Marke und fördert die Bindung.
- + **Zusammenarbeit:** Die Kooperation mit Branchenfachleuten oder Influencern und Influencerinnen kann neue Zielgruppen erschließen und die Reichweite erhöhen.
- + **Fortlaufende Weiterbildung:** Angesichts der rapiden Veränderungen im Social-Media-Bereich ist es unerlässlich, stets auf dem neuesten Stand zu bleiben und sich regelmäßig fortzubilden. Abonnieren Sie den wöchentlichen Social-Media-Newsletter des Autors unter *www.so-real.de/blog*.

Kapitel 37

Medienrecht

Themen des Kapitels:

- *Urheberrecht*
- *KI und Medienrecht*
- *Werkarten*
- *Stock-Fotos in den sozialen Medien*
- *Recht am eigenen Bild*
- *Datenschutzrecht*
- *Informationspflichten im WWW*

Bei der Gestaltung von Werbeflyern, Apps oder Websites reicht es nicht, sich mit Typografie, Lichtgestaltung oder dem goldenen Schnitt zu beschäftigen. Sehr zum Leidwesen von Kreativen gehört auch die Juristerei zum »täglich Brot«, zumindest schadet die Kenntnis der Grundlagen nicht. Genauso wie z. B. die Steuererklärung gehört auch das Wissen über Dinge wie das Urheber- bzw. Bildrecht, Impressum-Seiten oder die Datenschutzerklärung zu den essenziellen Rahmenbedingungen einer jeden unternehmerischen Tätigkeit. Dies bleibt auch kreativ Arbeitenden nicht erspart, stellt letztlich aber kein wirkliches Problem dar.

Stellen wir uns folgendes Szenario vor. Eine Schülerin muss im Unterricht ein Referat halten. Um ihre Arbeit noch besser zu präsentieren, verwendet sie u. a. ein Foto, das sie im Internet findet und das dort frei zugänglich platziert ist. Nun wird ihr Referat nicht nur in der Unterrichtsstunde selbst verwendet, sondern zudem auch auf der Schul-Website für die Öffentlichkeit bereitgestellt.

Ohne hier in die juristischen Details gehen zu wollen – die Richter des Europäischen Gerichtshofs (EuGH) haben entschieden, dass in der Veröffentlichung des Referats (und damit auch des betreffenden Fotos) eine Verletzung des Urheberrechts des Fotografen bzw. der Fotografin zu sehen ist (Urteil vom 7. August 2018, Aktenzeichen: C-161/17). Dieser vergleichsweise simple Sachverhalt beinhaltet verschiedene Fragen, die zu klären sind: Man könnte meinen, dass das Foto genutzt werden durfte, weil es ja immerhin frei verfügbar im Internet bereitgestellt wurde – ohne Hinweise auf ein bestehendes Urheberrecht oder auch etwaige Nutzungseinschränkungen, nebenbei gesagt. Außerdem sollte es doch möglich sein, dass Schülerinnen und Schüler fremde Werke im Rahmen des Unterrichts verwenden dürfen, schließlich dient dies Lehrzwecken und hat keinen monetären Hintergrund. Um es kurz zu machen: Der Knackpunkt lag in dieser Konstellation nicht in der Nutzung im Rahmen des Referats, das im Unterricht präsentiert wurde. Am EuGH hielt man – korrekterweise – die frei zugängliche Platzierung des Referats auf der Website der Schule für einen Verstoß gegen das Urheberrecht und damit für unzulässig.

Dieser Fall zeigt deutlich, dass auch scheinbar einfache und klare Sachverhalte aus juristischer Sicht mitunter »überraschend« zu bewerten sind. Und um sich vor derartigen Überraschungen zu schützen, sollten gerade Angehörige kreativer Berufe die zentralen Grundlagen der einschlägigen Rechtsgebiete ihrer Branche(n) kennen.

37.1 Das Urheberrecht als Dreh- und Angelpunkt

Egal, welches Medium gestaltet werden soll, ob online oder offline, ob Print oder digital – entscheidender Dreh- und Angelpunkt ist das Urheberrecht. Die wichtigsten Regelungen finden sich im Urheberrechtsgesetz (UrhG).

37.1.1 Entstehung des Urheberrechts

Anmerkung des Verlags

Im deutschen Recht wird übrigens noch nicht gegendert – wir verwenden daher hier rechtkonform auch nur die männliche Form »Urheber«.

In den Mitgliedsstaaten der Europäischen Union entsteht das Urheberrecht an einem Werk – im Gegensatz zum anglo-amerikanischen Raum – durch die Verkörperung der Gedanken des Urhebers mittels wahrnehmbarer Darstellung, sprich: durch Erschaffung des Werks. Es muss nicht in ein Register eingetragen, mit einem Kopierschutz versehen oder auf irgendeine Weise gekennzeichnet werden. Allerdings gibt es diesbezüglich eine wichtige Ausnahme, nämlich aufgrund der Regelungen des Genfer Welturheberrechtsabkommens, das der internationalen Vereinheitlichung urheberrechtlicher Standards dient. Nach diesen Vorschriften gilt ein Werk als geschützt, wenn es mit folgender Kennzeichnung versehen wird:

»© [Name des Urhebers] [Jahreszahl]«

Urheberrecht durch Copyright-Angabe?

Eine solche Kennzeichnung, z. B. in der Fußzeile einer Website, kann also nicht schaden. Hierzulande dient ein solcher Hinweis aber eher als Indiz, das Urheberrecht entsteht allein dadurch nicht.

Abbildung 38.1: Ein typischer Copyright-Vermerk auf Websites

Urheber kann nur ein Mensch sein. Werke von Tieren oder Maschinen fallen prinzipiell nicht unter den Regelungsbereich des UrhG.

37.1.2 Urheberrecht und KI

Dieser Grundsatz, dass nur ein Mensch als Urheber angesehen wird, war bisher kaum ein Problem, abgesehen vielleicht von eher exotischen Fällen, wie das Bild eines malenden Elefanten, dem man einen Pinsel in den Rüssel gegeben und vor eine Leinwand gestellt hat. Seit aber Anwendungen der künstlichen Intelligenz (KI), wie z. B. ChatGPT, Midjourney, Google Gemini, Stable Diffusion etc., am Massenmarkt verfügbar sind, ist die Nutzung von KI-Tools explosionsartig gestiegen. Weil hierbei die »kreative Arbeit« jedoch primär durch die KI und gerade nicht durch den Menschen erfolgt, sieht die herrschende Meinung KI-Erzeugnisse von ChatGPT & Co. als gemeinfrei, also als urheberrechtlich nicht geschützt an. Das bedeutet konkret, dass jeder diese Erzeugnisse (urheberrechts-)frei nutzen darf, sowohl zu privaten als auch zu geschäftlichen Zwecken. Je nach genutztem KI-Tool, je nach Art und Umfang der KI-Leistung kann es aber auch zu Grenzfällen kommen, die – Stand jetzt – schlicht noch nicht abschließend geklärt sind. Da gilt es, auf entsprechende Gerichtsentscheidungen zu warten. Zu den wichtigen, im Zusammenhang mit dem KI-Einsatz zu klärenden Urheberrechtsfragen zählen die folgenden:

+ Wer erhält das Urheberrecht an KI-Erzeugnissen?
+ Entfällt das Urheberrecht an einem durch einen Menschen erstellten Werk, wenn es mittels KI bearbeitet wird?
+ Entsteht an einem KI-Erzeugnis das Urheberrecht für die Person, die dieses Erzeugnis bearbeitet?
+ Darf sich die Person, die ein Werk erschaffen hat, auch dann noch als »Urheber« dieses Werks bezeichnen, wenn einzelne Werkteile durch eine KI erschaffen bzw. verändert wurden?
+ Müssen durch KI erschaffene Texte, Bilder, Grafiken etc. als solche gekennzeichnet werden?

Diese und noch weitere Fragen sind zukünftig mithilfe der Gerichte zu klären. Als Faustregel kann man aber wohl jetzt schon festhalten: Je größer der Anteil der KI an einem Erzeugnis ist, je weniger also ein Mensch hier kreativ tätig war, desto eher liegt ein gemeinfreies Erzeugnis vor. Je »intelligenter« also das Werkzeug ist, dessen sich ein Mensch bedient, desto eher wird er nicht Urheber des Ergebnisses, das er mit diesem Werkzeug erschafft.

Es kann aber durchaus sein, dass beispielsweise ein Comic, der auf per KI erzeugten Bildern basiert, als eigenständiges Werk urheberrechtlichen Schutz genießt. Dann wird die Zusammenstellung der Bilder zu einer Geschichte und die Hinzufügung des Texts als schützenswertes Werk angesehen – die einzelnen KI-Bilder sind und bleiben hingegen gemeinfrei.

Im Gegensatz zu den KI-Erzeugnissen können hingegen die Prompts, also die Texteingaben als Anweisungen an KI-Tools, unter Umständen unter den Schutz des Urheberrechts fallen. Das hängt davon ab, ob es sich bei dem Prompt um eine persönlich geistige Schöpfung im Sinne der §§ 1, 2 UrhG handelt. Das wird bei einer simplen Anweisung, wie etwa »erstelle das Bild einer schlafenden Katze«, eher nicht der Fall sein. Je detaillierter, je ausgefallener jedoch ein Prompt gestaltet ist bzw. je mehr er für eine spezifische Aufgabe optimiert wird, desto eher kann dieser geschützt sein – im Gegensatz zu dem Ergebnis dieses Prompts, denn dieses stammt ja von der KI und kann nach dem derzeitigen Verständnis keine persönlich geistige Schöpfung sein.

Aus der Perspektive derjenigen, die ihre kreativen Leistungen, wie Texte, Fotos, Videos etc., online stellen, ergibt sich die Frage: »Dürfen Betreiber von KI-Tools meine Inhalte zum Trainieren ihrer Tools nutzen, ohne mich darüber zu informieren und ohne Geld dafür zu bezahlen?« Die Antwort nach Maßgabe des UrhG lautet: Ja, grundsätzlich dürfen alle online frei verfügbaren Inhalte zum KI-Training genutzt werden, solange Urheber bzw. Rechteinhaber hiergegen nicht widersprechen.

Die Regelung von § 44b Abs. 2 UrhG sieht die Vervielfältigung von rechtmäßig zugänglichen Werken für das Training von KI-Anwendungen (das sogenannte Text Mining und Data Mining) als zulässig an. Eine Nutzung als »KI-Trainingsfutter« ist nur dann unzulässig, wenn der Rechteinhaber einen Nutzungsvorbehalt erklärt hat (§ 44b Abs. 3 UrhG), und zwar im Falle von online zugänglichen Werken in maschinenlesbarer Form. Ein solcher Nutzungsvorbehalt kann beispielsweise in Form von Nutzungsbestimmungen oder auch nur als »Zweizeiler« formuliert werden (z. B. »Nutzung von Inhalten für kommerzielles Text- und Data-Mining vorbehalten. Zwecks Lizenzerwerbs oder Fragen wenden Sie sich bitte an: …«) oder auch in die Metadaten der Website bzw. in die »robots.txt« integriert werden. Was hier funktioniert, wie genau bzw. in welcher Sprache der Nutzungsvorbehalt zu formulieren ist, muss leider zukünftig erst noch gerichtlich geklärt werden. Im Falle von wissenschaftlicher Forschung, z. B. im medizinischen Bereich, dürfen alle frei verfügbaren Inhalte für KI-Training genutzt werden, und zwar ohne die Möglichkeit des Nutzungsvorbehalts durch Urheber/Rechteinhaber (§ 60d UrhG).

37.1.3 Schöpfung und Schöpfungshöhe

Aber zurück zu primär durch Menschenhand erschaffenen Werken: Nicht jedes Erzeugnis wird automatisch durch das Urheberrecht geschützt. Dazu bedarf es einer ausreichenden Schöpfungshöhe (auch als »Schaffenshöhe« bezeichnet). Reine Alltags- bzw. Routineleistungen genügen hierzu nicht, es muss sich vielmehr um die persönlich geistige Schöpfung eines Menschen handeln.

Bei der Bewertung eines Werks kommt es daher eher auf dessen Qualität als auf die Quantität an. Allerdings liegt die Messlatte hier nicht allzu hoch, auch die sogenannte »kleine Münze« wird geschützt (z. B. Kurzgedichte, kreative Produktbeschreibungen etc.).

Beispiel: Ein einzelner kurzer Post auf X (ehemals Twitter) dürfte – nicht nur, aber jedenfalls auch – aufgrund der begrenzten Zeichenanzahl regelmäßig nicht die erforderliche Schaffenshöhe erreichen und damit urheberrechtlich nicht geschützt sein. Ein X-Account als Ganzes, mit allen einzelnen Postings, kann hingegen sehr wohl unter die Regelungen des UrhG fallen.

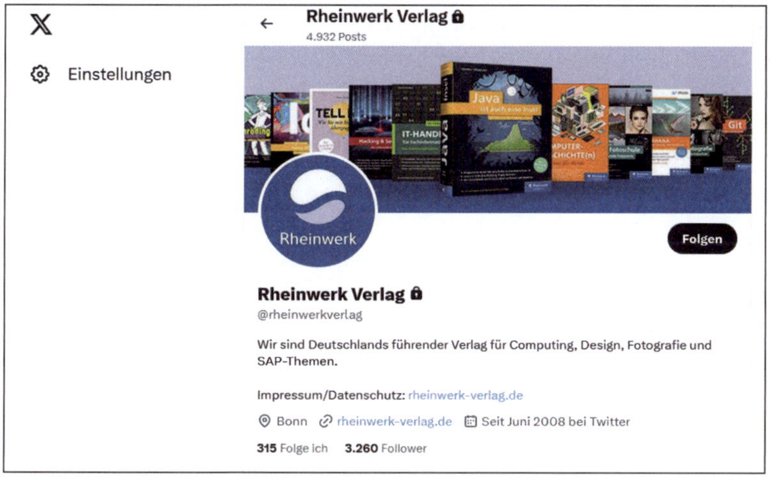

Abbildung 38.2: Auch der X-Account des Rheinwerk-Verlags enthält zahlreiche Einzel-Tweets.

Nicht der Inhalt eines Werks, also die Idee dahinter, wird geschützt, sondern seine individuelle Gestaltung. So dürfen also beispielsweise Berichte über tatsächliche Geschehensabläufe in eigenen Worten wiedergegeben werden. Die unveränderte Übernahme des Berichts eines Dritten ist hingegen unzulässig.

37.1.4 Urheberrecht bei Fotos

Bei Fotos müssen Sie sich allerdings keine Gedanken über die Schöpfungshöhe machen. Denn unabhängig von der Qualität oder dem Motiv einer Aufnahme ist diese auf jeden Fall geschützt. Zwar erreichen etwa Schnappschüsse aus dem Urlaub, Aufnahmen einer Geburtstagsfeier oder Selfies normalerweise nicht die gleiche Qualität wie die extra arrangierten Studioaufnahmen eines Profis. Dennoch genießen letztlich alle Fotos zumindest den Schutz nach dem sogenannten Leistungsschutzrecht. Die Details der juristischen Feinheiten auszuführen, würde sicherlich den Rahmen dieses Kapitels sprengen. Unter dem Strich müssen Sie sich nur merken: Fotos fremder Urheber sind immer durch das UrhG geschützt. Im Zweifel sollten Sie ohnehin davon ausgehen, dass urheberrechtlicher Schutz besteht, auch oder gerade dann, wenn das betreffende Werk nicht gekennzeichnet ist.

37.1.5 Werkarten

Aber was genau ist nun unter einem »Werk« zu verstehen? Nach Maßgabe des UrhG handelt es sich dabei um persönlich geistige Schöpfungen aus den Bereichen Literatur, Wissenschaft und Kunst. Das Gesetz listet einzelne Werkarten auf:

+ Sprachwerke (z. B. Texte, Reden oder Computerprogramme)
+ Musikwerke
+ Lichtbildwerke einschließlich der Werke, die ähnlich wie Lichtbildwerke geschaffen werden (also Fotos)
+ Filmwerke einschließlich der Werke, die ähnlich wie Filmwerke geschaffen werden (insbesondere Videos)
+ pantomimische Werke bzw. Werke der Tanzkunst
+ Werke der bildenden Künste einschließlich der Werke der Baukunst und der angewandten Kunst sowie Entwürfe solcher Werke (z. B. Skulpturen)
+ Darstellungen wissenschaftlicher oder technischer Art (z. B. Zeichnungen, Pläne, Karten oder Skizzen)

Aber auch »moderne« Dinge, wie Code oder Datenbanken, können unter den Schutz des UrhG fallen.

Formate

Für Ihren beruflichen Alltag werden in aller Regel die ersten vier Werkarten relevant sein, also Texte, Songs, Bilder und Videos. Aus Sicht des Urheberrechts kommt es nicht darauf an, in welchem Format die jeweiligen Werke vorliegen, egal ob es sich um MP3-, WAV-, JPG-, MOV-, MPEG-, PNG-Dateien etc. handelt.

37.1.6 Schranken des Urheberrechts

Das Urheberrecht gilt nicht grenzenlos, es gibt zeitliche, räumliche und inhaltliche Schranken.

1. Jedes Werk ist bis zu 70 Jahre nach dem Tod des Urhebers geschützt. Für Fotos gilt hierbei eine Ausnahme, denn bei diesen muss zwischen qualitativ hochwertigen Aufnahmen (mit einer ausreichenden Schaffenshöhe) und »normalen« Aufnahmen unterschieden werden. Die erstgenannten unterliegen ebenfalls der 70-Jahre-Frist, einfache Schnappschüsse sind hingegen lediglich bis maximal 50 Jahre nach erstmaligem Erscheinen bzw. nach deren Erstellung geschützt.
2. Eine räumliche Begrenzung besteht dadurch, dass das UrhG nur für das Gebiet der Bundesrepublik Deutschland und in anderen Staaten jeweils das dortige nationale Urheberrecht gilt. Zwar gibt es innerhalb der Europäischen Union eine weitgehend ähnliche Rechtslage, in Großbritannien oder auch z. B. den USA gilt hingegen das Copyright-System, das deutliche Unterschiede aufweist. Aber: Auch beim Copyright steht der Mensch als Erschaffer von Werken im Mittelpunkt, d. h., auch z. B. in den USA gelten derzeit KI-Erzeugnisse als nicht geschützt.
3. Neben den zeitlichen und räumlichen gibt es natürlich auch verschiedene inhaltliche Schranken. Diese lassen sich noch einmal unterteilen, nämlich in Schranken zugunsten
   - der Allgemeinheit (z. B. Zitaterecht, Recht auf Privatkopie oder eine nur vorübergehende Vervielfältigung),
   - der Medien (z. B. Abbilden von geschützten Werken für Berichte über Tagesereignisse),

- der Gerichte (z. B. Kopien für Gerichtsakten),
- von Behörden (z. B. Veröffentlichung von Fahndungsfotos),
- von Kirchen (z. B. im Rahmen von Leistungen für behinderte Menschen),
- von Schulen (z. B. zur Verwendung im Unterricht) und zudem
- von speziellen Branchen (z. B. Abbildungen in Museumsführern oder das öffentliche Vorführen von TV- und Radioprogrammen in Elektronik-Fachgeschäften).

Seit Mitte 2021 existiert die Vorschrift des § 51a UrhG, nach der die Bearbeitung fremder Werke zu Zwecken der Karikatur, der Parodie und des Pastiches zulässig ist. Es geht hier im Kern um die insbesondere aus den sozialen Medien oder Messengern bekannten Memes. Wer also beispielsweise das Foto einer Szene aus einem Hollywood-Film mit einem eigenen witzigen, aktuellen oder sonstigen Zusatz versieht, der erschafft so möglicherweise eine Karikatur etc. im Sinne dieser Vorschrift. Aber Vorsicht: Was im privaten Bereich in aller Regel unproblematisch ist, das kann im geschäftlichen Kontext schon nicht mehr unter die Ausnahmeregelung des § 51a UrhG fallen. Hierzu gibt es leider bislang noch sehr wenig Rechtsprechung. Außerdem spielen bei einer nicht nur rein privaten Nutzung gegebenenfalls auch noch Aspekte des Marken- oder Wettbewerbsrechts eine Rolle.

Pastiche
Ein Pastiche ist ein literarisches, musikalisches, filmisches oder architektonisches Kunstwerk, das offen das Werk eines anderen Künstlers imitiert.

Letztlich müssen es Urheber also – trotz ihrer vergleichsweise starken Rechtsposition – in bestimmten Fällen akzeptieren, dass ihre Werke ungefragt von Dritten genutzt werden.

37.1.7 Rechte des Urhebers

Das Urheberrecht entsteht automatisch mit Schaffung eines Werks, es wird »nur« die ausreichende Schöpfungshöhe verlangt. Die Urheberposition als solches kann nicht übertragen werden. Bedeutet: einmal Urheber, immer Urheber. Allerdings können Nutzungsrechte an einem Werk an Dritte übertragen werden.

Die Rechte von Urhebern können in zwei Gruppen unterteilt werden:

1. in Urheberpersönlichkeitsrechte und
2. in Verwertungsrechte.

Zu den **Urheberpersönlichkeitsrechten** zählen:

+ das Veröffentlichungsrecht
+ die Anerkennung der Urheberschaft bzw. der Anspruch auf Nennung als Urheber
+ das Unterlassen von Beeinträchtigungen des Werks

Unter den Begriff der **Verwertungsrechte** fallen insbesondere folgende Rechte:

+ Vervielfältigungsrecht
+ Verbreitungsrecht
+ Ausstellungsrecht
+ Vortrags-, Aufführungs- und Vorführungsrecht
+ Recht der öffentlichen Zugänglichmachung

- Senderecht
- Recht der Wiedergabe per Bild- oder Tonträger
- Recht der Wiedergabe von Funksendungen und von öffentlicher Zugänglichmachung
- Recht auf Bearbeitungen und Umgestaltungen

Im Online-Alltag ist eines der genannten Rechte besonders wichtig, nämlich das Recht auf Bearbeitung fremder Werke. Die Zulässigkeit hängt davon ab, wie stark der Bezug des neuen zum Originalwerk ausgeprägt ist. Bei der Bewertung kann die sogenannte »Verblassen«-Formel des Bundesgerichtshofs (BGH) herangezogen werden. Danach ist von einer unzulässigen Bearbeitung auszugehen, wenn die charakteristischen Züge des Originalwerks noch zu erkennen sind. Je mehr diese also verblassen, desto eher handelt es sich um eine zulässige Bearbeitung.

Die Abgrenzung ist hierbei allerdings nicht gerade simpel, zudem kann eine rechtliche Einstufung erst anhand eines Vergleichs des Originals mit der Bearbeitung vorgenommen werden. Daher sollte die Bearbeitung fremder Werke eher zurückhaltend erfolgen und auch eher die Ausnahme als die Regel darstellen.

Sofern es zu einer **Verletzung** der Rechte des Urhebers kommt, hat dieser unterschiedliche Abwehrmöglichkeiten. Dabei handelt es sich insbesondere um Ansprüche auf

- Unterlassung,
- Auskunft,
- Schadensersatz und gegebenenfalls Schmerzensgeld sowie auf
- Vernichtung, Rückruf und Überlassung.

Diese Ansprüche werden zivilrechtlich in aller Regel durch das Instrument der Abmahnung oder auf gerichtlichem Weg per einstweiliger Verfügung bzw. Klage geltend gemacht. Parallel dazu gibt es im Urheberrecht aber auch Bußgeld- und Strafvorschriften.

37.1.8 Zulässige Inhalte

Weg von der »grauen« Theorie, hin zur Praxis. Folgende Inhalte dürfen Sie zulässigerweise nutzen:

- selbst geschaffene Inhalte (die nicht gegen allgemeine Gesetze verstoßen oder sittenwidrig sind)
- fremde Inhalte mit Einwilligung für den konkreten Verwendungszeck
- Inhalte ohne ausreichende Schöpfungshöhe
- sogenannte gemeinfreie Inhalte, also Werke von Behörden, wie z. B. Urteils- oder Gesetzestexte, sowie Werke, deren Schutzfrist abgelaufen ist
- KI-Erzeugnisse von ChatGPT, Midjourney & Co.
- Zitate aus fremden Werken

Bei der Nutzung fremder Werke spielt ganz besonders das **Zitaterecht** eine wichtige Rolle. Diese dürfen kein Selbstzweck sein, sie müssen vielmehr als Beleg für die eigene Leistung dienen (die im »Gesamtbild« auch im Vordergrund stehen muss). Außerdem muss ein Zitat als solches kenntlich gemacht und mit einer Quellenangabe versehen werden. Das wird an folgendem Beispiel verdeutlicht:

> *»Ein Zitat [...] ist eine wörtlich übernommene Stelle aus einem Text oder ein Hinweis auf eine bestimmte Textstelle. Auch andere Medien, wie Bilder und Musik, können als Zitat verwendet werden.«*
> *(Quelle: Wikipedia, 19.09.2017, https://de.wikipedia.org/wiki/Zitat)*

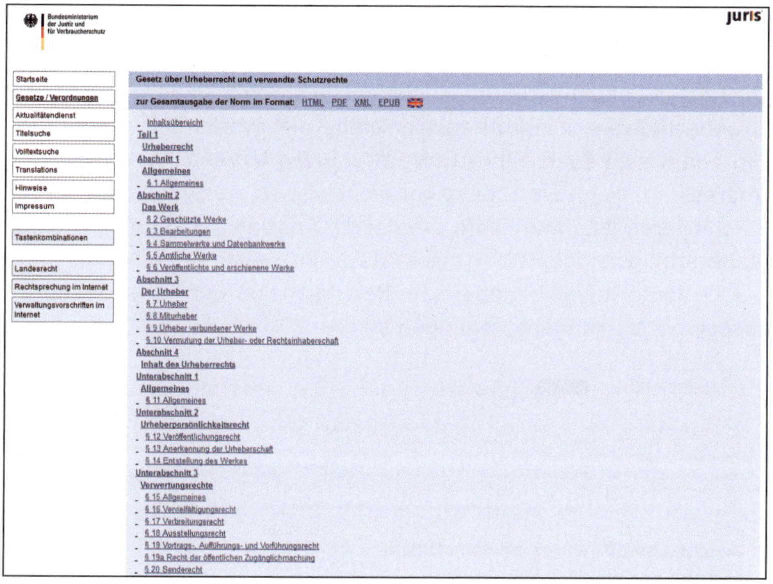

Abbildung 38.3: Alle Gesetze sind gemeinfreie Textwerke, so z. B. auch das Urheberrechtsgesetz.

Die folgenden Voraussetzungen müssen für korrekte Zitate beachtet werden:

+ die eigene Leistung steht im Vordergrund
+ Klein- oder Großzitat (also einzelne Werkteile oder ganzes Werk werden zitiert)
+ deutliche Kennzeichnung als Zitat
+ Quellenangabe

Wenn diese Punkte befolgt werden, können Teile fremder Werke für eigene Zwecke übernommen werden.

37.1.9 Urheberkennzeichnung

Eine der zentralen Rechtspositionen eines Urhebers ist der Anspruch, als solcher anerkannt und auch genannt zu werden. Sofern er nicht ausdrücklich darauf verzichtet, ist bei der Nutzung fremder Werke sein Name anzugeben. In der Praxis stellt sich nicht selten die Frage, wo und wie genau diese Urheberkennzeichnung zu erfolgen hat. Insbesondere bei der Nutzung von Werken aus Stock-Material-Sammlungen von Adobe Stock, Pixelio, Getty Images & Co. müssen die jeweiligen Nutzungsbedingungen beachtet werden, denn die Anbieter können genau festlegen, wie die Urheberkennzeichnung auszusehen hat. Leider existiert hier keine einheitliche Sachlage, jeder Rechteinhaber geht anders vor. Es haben sich folgende Möglichkeiten herauskristallisiert:

+ Hinweis an zentraler Stelle (z. B. im Impressum)
+ Kennzeichnung in unmittelbarer Nähe des Werks (z. B. im Rahmen einer Bildunterschrift)
+ Nennung des Urhebers im Werk selbst (z. B. durch Signatur, Wasserzeichen)
+ Urheberangabe im Dateinamen
+ Kennzeichnung des Urhebers z. B. in der ALT-Beschreibung eines Bildes

Die letzten beiden Varianten sind nicht zu empfehlen, ideal dürfte der Urheberhinweis in unmittelbarer Nähe des Werks sein. Nicht selten findet sich auch eine Ansammlung von Urhebernachweisen im Impressum. Wenn Sie aber so gar nicht wissen, wo genau der Hinweis zu platzieren ist, dann ist im Zweifel die Anbringung in unmittelbarer Nähe zum jeweiligen Werk nicht falsch. Ihre erste Anlaufstelle sollte jedoch der jeweilige Urheber bzw. Rechteinhaber mit seinen Vorgaben respektive Nutzungsbedingungen sein.

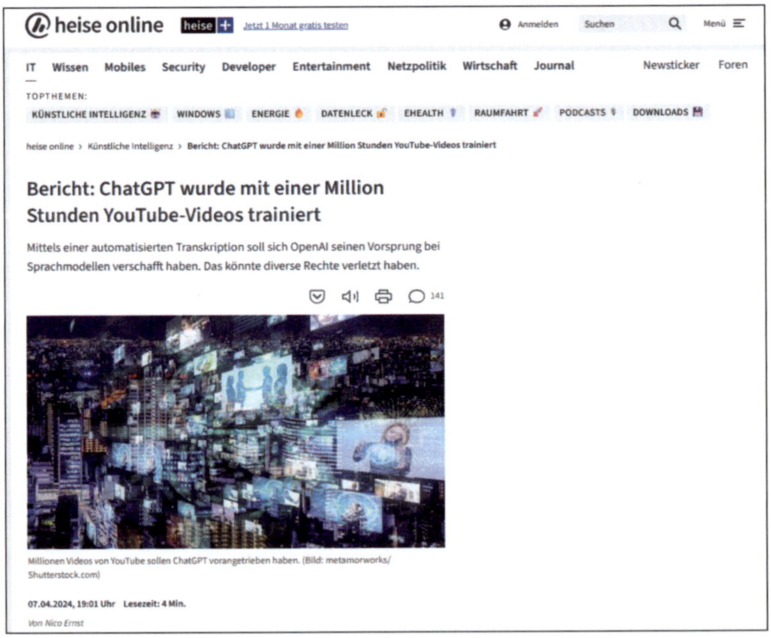

Abbildung 38.4: Der Urhebernachweis in der Bildunterschrift ist eine rechtlich saubere Methode.

37.1.10 Stock-Fotos in den sozialen Medien

Ein weiteres Praxisproblem im Zusammenhang mit Material aus Stock-Archiven ergibt sich aus dem Wertungswiderspruch in den Vorgaben der Lizenzbestimmungen vieler Stock-Archiv-Betreiber einerseits und den Nutzungsbedingungen von Social-Media-Plattformen anderer-

Lizenzbestimmungen am Beispiel

Am Beispiel der Pixelio-Lizenzbestimmungen lässt sich nun der in den Nutzungsrechten steckende »Zündstoff« verdeutlichen. Hier ist unter anderem Folgendes festgelegt:

8.1 *Urheberbenennung und Quellenangabe*

Der Nutzer hat am Bild selbst oder auf der gleichen Seite PIXELIO und den Urheber, mit seinem beim Upload des Bildes genannten Fotografennamen bei PIXELIO, in folgender Form zu nennen: ›© Fotografenname / PIXELIO‹ oder ›Fotografenname / PIXELIO‹.

a. Bei Nutzung im Internet oder digitalen Medien muss zudem der Hinweis auf PIXELIO in Form eines Links zu www.pixelio.de erfolgen. Es genügt, wenn auf der Website eine Verlinkung zu PIXELIO erfolgt (z. B. aus dem Impressum).

b. Wenn die Urhebernennung und Quellenangabe nicht direkt beim Bild erfolgt, muss eine Zuweisung zum Bild erfolgen (z. B. durch Setzen einer Fußnote).

c. Bei der isolierten Darstellung des Bildes, durch direkten Aufruf der Bild-URL, ist eine Urheberbenennung nicht erforderlich.

d. Bei einer Nutzung im Rahmen des eingeschränkten Social-Media-Nutzungsrechts (Verlinkung auf einer Social-Media-Plattform) ist es ausreichend, die Urhebernennung und Quellenangabe wie vorstehend beschrieben auf der verlinkten Website anzugeben.

seits. Denn bei den meisten Lizenzvarianten in Stock-Archiven findet sich ein Verbot der Übertragung der Nutzungsrechte auf Dritte. So dürfen Sie beispielsweise das erworbene Foto etwa auf Ihrer Website nutzen, aber nicht in den sozialen Medien. Das liegt daran, dass sich Facebook, X, LinkedIn, Xing, Instagram, Snapchat & Co. regelmäßig per AGB-Klausel zumindest einfache Nutzungsrechte an den Inhalten übertragen lassen, die von ihren Nutzern und Nutzerinnen gepostet werden.

Je nach Ausgestaltung der Nutzungsbedingungen ist es also nicht immer möglich (siehe Beispiel Pixelio im nebenstehenden Kasten), das erworbene Stock-Material in den sozialen Medien zu nutzen, ohne einen Urheberrechtsverstoß zu begehen. Dieses Dilemma haben die Stock-Archiv-Betreiber inzwischen natürlich auch erkannt und ihre Nutzungsbedingungen entsprechend angepasst. Viele stellen zudem spezielle Social-Media-Lizenzen bereit.

Fazit: Sie sollten also nicht nur einen Blick in die Lizenzbestimmungen des Stock-Archiv-Anbieters, sondern auch in die Nutzungsbedingungen des jeweiligen sozialen Netzwerks werfen, um auf Nummer sicher zu gehen.

Besondere Vorsicht ist bei der Nutzung von in Internetseiten eingebundenen Social Plug-ins geboten, wenn auf den betreffenden Websites Bildmaterial ohne Weitergabe- bzw. Social-Media-Klausel eingebettet ist. Denn bei Nutzung der Funktionen der Social Plug-ins wird unter Umständen ein Vorschaubild der jeweiligen Website erstellt und beispielsweise in das Posting eingebunden. Ist darin Bildmaterial enthalten, das eben keine Freigabe für die sozialen Medien hat, dann kann in dessen Verwendung eine Urheberrechtsverletzung zu sehen sein.

Lizenzfreies Material

Neben den Social-Media-Lizenzen wird zunehmend auch komplett »lizenzfreies« Material angeboten. Aber Vorsicht – nur, weil Material kostenfrei angeboten wird, bedeutet das nicht zugleich auch, dass der betreffende Anbieter auf sein Recht verzichtet, als Urheber bzw. Rechteinhaber genannt zu werden.

37.1.11 Die eigene Referenzliste

Eigene Leistungen als Referenz und damit als kostenlose Werbung einzusetzen, ist im Grunde keine schlechte Methode. Juristisch gesehen dürfen dabei selbstverständlich keine übertriebenen, irreführenden oder unwahren Angaben gemacht werden. Denn hierin liegt regelmäßig ein Wettbewerbsverstoß, der kostenpflichtig abgemahnt werden kann. Auch fremde Werke haben natürlich nichts auf der eigenen Referenzliste zu suchen. Haben Sie ein Werk nicht alleine, sondern mit anderen gemeinsam geschaffen, müssen Sie auf diese Miturheber hinweisen. Darüber hinaus dürfen durch die Veröffentlichung einer Referenz auch keine Geschäftsgeheimnisse Ihrer Kundinnen und Kunden offenbart werden.

Schriftliche Vereinbarung

Sie sollten so früh wie möglich mit Ihrem Kunden oder Ihrer Kundin über die Aufnahme des betreffenden Werks in die eigene Referenzliste sprechen. Ideal ist eine schriftliche Vereinbarung, entweder im Rahmen des Dienst- bzw. Werkvertrags oder als separates Dokument.

Wenn Sie als Designer oder Designerin beispielsweise ein neues Logo für ein Unternehmen entwickeln und ihm das ausschließliche Nutzungsrecht dafür übertragen, dann bleiben Sie zwar Urheber, haben allerdings kaum noch Nutzungsmöglichkeiten. Auch die Nennung des Logos als Referenz ist dann nicht mehr möglich, da das beauftragende Unternehmen das ausschließliche Nutzungsrecht erhalten und vermutlich auch teuer bezahlt hat. Sie sind dann auf die Zustimmung des Unternehmens angewiesen, wenn Sie das Logo doch noch in Ihrer Referenzliste abbilden wollen.

Sofern Sie keine konkreten Regelungen mit dem beauftragenden Unternehmen vereinbart haben, ist die sogenannte Zweckübertragungslehre einschlägig. Diese besagt, dass im Zweifel Nutzungsrechte nur in dem Umfang eingeräumt werden, den der Vertragszweck unbedingt erfordert. Demzufolge wird also – bei fehlender Vereinbarung über die Details der Nutzungsrechte – kein ausschließliches, sondern nur ein einfaches Nutzungsrecht übertragen. Insgesamt darf Ihre Referenzliste nicht gegen das Urheberrecht, das Markenrecht, das Namensrecht, das Wettbewerbsrecht oder gegen das Strafrecht verstoßen.

37.2 Das Recht am eigenen Bild

Die Problematik der Nutzung von Fotos, auf denen Personen erkennbar abgebildet sind, gehört rein formell betrachtet nicht zum Bereich des Urheberrechts. Faktisch taucht sie jedoch – genau wie das Urheberrecht – regelmäßig im Zusammenhang mit der Nutzung von Fotos oder Videos auf.

Übrigens: Auch durch fotorealistische Erzeugnisse von KI-Tools, egal ob Fotos oder Videos, kann es zur Verletzung des Rechts am eigenen Bild kommen. Dies kann einerseits dann sein, wenn die KI durch einen entsprechenden »Befehl« (Prompt) dazu gebracht wurde, gezielt das Bild eines real existierenden Menschen zu erzeugen. Andererseits kann es auch zufällig zu einer erkennbaren Ähnlichkeit im Rahmen eines KI-Erzeugnisses kommen. In beiden Fällen kann ein Verstoß gegen das Recht am eigenen Bild vorliegen.

37.2.1 Einwilligungsgrundsatz

Jeder Mensch hat hierzulande das verfassungsrechtlich verankerte Recht am eigenen Bild. Daraus folgt der sogenannte Einwilligungsgrundsatz, so dass die erkennbare Abbildung eines Menschen nur mit dessen vorheriger Zustimmung erfolgen darf. Dies ist in § 22 des Kunsturhebergesetzes (KUG) geregelt. Eine »erkennbare Abbildung« liegt schon dann vor, wenn die betreffende Person theoretisch erkannt werden kann, ein tatsächliches Erkennen ist insoweit nicht erforderlich. Die Erkennbarkeit kann sich nicht nur durch die abgebildete Person selbst, sondern auch durch Begleitumstände ergeben, also z. B. durch

+ Ort,
+ Zeit,
+ Begleitperson(en),
+ Tätowierung(en) oder die
+ Bildunterschrift.

Es kommt prinzipiell nicht darauf an, ob es sich um Foto- oder Videoaufnahmen handelt und ob diese analog oder digital entstehen. Auch macht die Verwendung der Aufnahmen für private oder für gewerbliche Zwecke grundsätzlich keinen Unterschied.

37.2.2 Ausnahmeregelung

Neben dem Einwilligungsgrundsatz finden sich im KUG aber auch verschiedene Ausnahmen. So regelt § 23 KUG, dass in folgenden Fällen keine Einwilligung erfolgen muss:

+ Bildnisse aus dem Bereich der Zeitgeschichte (z. B. Politikerauftritt)
+ Bilder, auf denen die Personen nur als Beiwerk neben einer Landschaft oder sonstigen Örtlichkeit erscheinen (z. B. Urlaubsfoto vom Brandenburger Tor)
+ Bilder von öffentlichen Versammlungen, Aufzügen und ähnlichen Vorgängen, an denen die dargestellten Personen teilgenommen haben (z. B. Konzert, Fußballspiel)
+ Bildnisse, die nicht auf Bestellung angefertigt sind, sofern die Verbreitung oder Schaustellung einem höheren Interesse der Kunst dient (z. B. Foto zur Illustration eines wissenschaftlichen Texts)

Gäbe es diese Ausnahmefälle nicht, wäre der Job von Fotografinnen, Fotografen und Kameraleuten wohl kaum sinnvoll auszuüben.

37.2.3 Fotos von Prominenten

Bei Aufnahmen von Prominenten gilt ebenfalls eine Einschränkung des strikten Einwilligungsgrundsatzes. In Bezug auf Promis können Sie sich folgende Faustregel merken: Je bekannter eine Person ist, desto eher darf sie ungefragt fotografiert werden, wenn sie sich in der Öffentlichkeit bewegt. Geschützt sind jedoch immer die Privat- bzw. die Intimsphäre. Aufnahmen aus dem Schlafzimmer oder dem umzäunten Garten sind folglich auch von Arnold Schwarzenegger oder Olaf Scholz tabu.

In bestimmten Ausnahmefällen dürfen Sie mit Promifotos sogar zulässigerweise Werbung machen. Allerdings müssen Sie sich hierzu an die nachfolgend skizzierten Spielregeln halten:

+ Grundsatz: keine Nutzung der Aufnahme zu Werbezwecken ohne vorherige Zustimmung
+ Ausnahme: kommerzielle Nutzung ausnahmsweise möglich, sofern nicht nur wirtschaftliche Interessen im Vordergrund stehen, sondern auch ein gewisser Informationsgehalt besteht (z. B. bei kritischem Bezug der Werbung auf ein aktuelles Ereignis aus Politik, Kultur oder Sport)
+ Gegenausnahme: es darf nicht der Eindruck erweckt werden, dass der abgebildete Promi sich mit dem beworbenen Produkt identifiziert

Die Autovermietung Sixt ist bekannt, fast schon berüchtigt dafür, diesen »Tanz auf der juristischen Rasierklinge« regelmäßig und durchaus gekonnt durchzuführen.

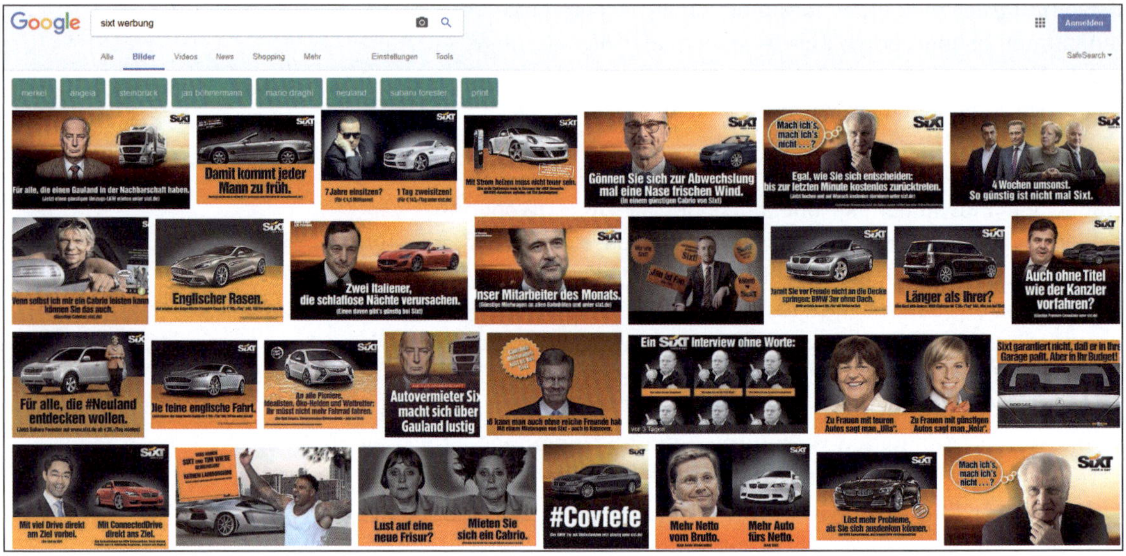

Abbildung 38.5: Eine Online-Suche fördert zahlreiche Sixt-Werbungen mit Prominenten zu Tage ...

37.2.4 Fotos von Kindern/Jugendlichen

Minderjährige Personen sind besonders schutzbedürftig, daher ist auch bei Aufnahmen von diesen besondere Vorsicht geboten. Bezüglich einer eventuellen Veröffentlichung von Aufnahmen sind folgende Altersstufen zu unterscheiden:

+ Jünger als 16 Jahre: In diesem Alter sind ausschließlich die Erziehungsberechtigten entscheidungsbefugt.
+ Zwischen 16 und 18 Jahren: Eine eigenständige Entscheidung des/der Jugendlichen ist grundsätzlich möglich, es muss jedoch eine ausreichende Einsichtsfähigkeit gegeben sein.
+ Älter als 18 Jahre: Hier ist die volle Geschäftsfähigkeit erreicht, so dass auch im Hinblick auf Fotos eine eigene Entscheidung getroffen werden kann.

Besonderheit

Auch bei volljährigen Personen kann es sein, dass sie z. B. aufgrund von Krankheit nicht oder eingeschränkt alleine entscheiden können. In diesen Fällen gibt es jedoch regelmäßig eine entscheidungsbefugte Betreuung.

Im Alter zwischen 16 und 18 ist auf die individuelle Einsichtsfähigkeit abzustellen. In Zweifelsfällen müssen Sie, wenn Sie das Foto/Video herstellen bzw. verwenden, den Nachweis erbringen, dass die betreffende Person zum Zeitpunkt der Aufnahme intellektuell erfassen konnte, worin sie einwilligt. Auch hier ist es folglich ideal, wenn Sie sich eine schriftliche Einwilligungserklärung der Erziehungsberechtigten einholen.

37.2.5 Personenfotos vs. DSGVO

Bei der Verwendung von Fotos, auf denen Personen erkennbar abgebildet sind, sollten Sie im Zweifel eine Einwilligung, idealerweise zu Nachweiszwecken in schriftlicher Form, vorliegen haben. Wenn Sie Personenfotos aus Stock-Archiven nutzen, dann können Sie davon ausgehen, dass die Frage der Einwilligung bereits durch den Stock-

Archiv-Anbieter geregelt wurde. In aller Regel handelt es sich hier um Models, die üblicherweise für ihre Dienste entlohnt werden und schon allein deshalb eine Einwilligung (jedenfalls stillschweigend) als erteilt gilt. Normalerweise gibt es in diesem Bereich aber sogenannte Model-Release-Verträge, die u. a. das Recht am eigenen Bild regeln.

Seit dem 25. Mai 2018 gilt die EU-Datenschutz-Grundverordnung (DSGVO). Ohne auf die juristischen Details eingehen zu wollen, muss man feststellen, dass ein leider noch nicht abschließend geklärter Streit darüber besteht, ob die Regelungen der DSGVO dem KUG vorgehen oder ob die »gewohnten« Regel- und Ausnahmevorschriften des KUG weiterhin gelten. Denn in Bezug auf die Verwendung von Foto- oder Videoaufnahmen mit erkennbar abgebildeten Personen ist anzumerken, dass diese Aufnahmen unter den Begriff der personenbezogenen Daten fallen. Und als solche dürfen sie nur dann genutzt werden, wenn es dafür eine Rechtsgrundlage gibt, z. B. einen Vertrag, das überwiegende berechtigte Interesse der verwendenden Person (also z. B. eines Fotografen) oder eine Einwilligung des/der Abgebildeten. Im Vergleich zu den Voraussetzungen einer Einwilligung nach Maßgabe des KUG legt die DSGVO die Hürde recht hoch. Zum einen ist es inzwischen aufwändiger, eine rechtskonforme Einwilligung einzuholen, und zum anderen ist es nun einfacher, die Einwilligung zu widerrufen. Der noch nicht abschließend geklärte Konflikt zwischen DSGVO- und KUG-Vorschriften führt zu einer nicht unerheblichen Rechtsunsicherheit im Bereich der Personenfotografie und erschwert somit die Berufsausübung von Fotografinnen und Fotografen, Kameraleuten etc.

Es sieht allerdings so aus, als sollten die »traditionellen« Regelungen des KUG wohl weiterhin anwendbar bleiben. Dies wurde zumindest am Oberlandesgericht Köln so entschieden (Beschluss vom 18. Juni 2018, Aktenzeichen: 15 W 27/18). Unabhängig davon sind Fotografen, Fotografinnen und Kameraleute allerdings gut beraten, wenn sie nun die Anforderungen der DSGVO hinsichtlich der korrekten Einholung von Einwilligungserklärungen sowie die Informationspflichten gemäß Art. 13 DSGVO beachten (Details dazu in Abschnitt 37.3.2) und entsprechend in der Praxis auch anwenden.

37.3 Die zentralen Informationspflichten im World Wide Web

Wenn Sie unternehmerisch, selbstständig oder freiberuflich tätig sind und eine eigene Website betreiben, um für sich selbst oder für Ihre Tätigkeit zu werben, dann obliegen Ihnen – genau wie anderen unternehmerisch Tätigen – verschiedene Informationspflichten. Die wichtigsten Aspekte, unabhängig von Ihrer Branche, Mitarbeiteranzahl, Organisationsform oder Umsatzgröße, sind hierbei das Impressum und die Datenschutzerklärung.

Übrigens: Wenn Sie per KI erzeugte Texte, Fotos, Videos etc. online nutzen, müssen Sie diese grundsätzlich nicht als solche kennzeichnen. Das gilt insbesondere dann, wenn Sie etwa einen selbst verfassten Text mittels KI-Anwendung optimieren bzw. von Rechtschreibfehlern befreien lassen oder wenn Sie ein eigenes Foto KI-gestützt aufhellen. In der EU-KI-Verordnung sind lediglich Transparenzpflichten für die Hersteller/Anbieter von KI-Systemen vorgesehen, so dass diese sicherzustellen haben, dass die durch ihre KI-Systeme erzeugten Audio-, Video-, Bild- oder Textinhalte in einem maschinenlesbaren Format als solche kenntlich gemacht werden (z. B. »digitale Wasserzeichen« o. Ä.). Wenn Sie allerdings ein KI-Tool im geschäftlichen Kontext dazu nutzen, Videos, Fotos etc. so zu verfälschen bzw. zu manipulieren, dass dadurch sogenannte Deepfakes entstehen (z. B. der Papst in einer modernen Daunenjacke oder der sich vermeintlich gegen Polizisten wehrende Donald Trump), dann müssen Sie offenlegen, dass diese Inhalte künstlich erzeugt bzw. manipuliert sind. Das Gleiche gilt dem Grund nach auch für Fake News, also für manipulierte, unwahre Texte.

37.3.1 Das Impressum

Jede nicht nur rein private Website muss ein Impressum aufweisen. Die entsprechende Seite muss sowohl aus formeller als auch aus inhaltlicher Sicht juristisch korrekt sein. Die Frage, wann eine Site noch rein privat ist und wann sie diese Grenze überschreitet, richtet sich nicht nach Ihrer eigenen Einschätzung, sondern nach objektiven Kriterien. Handelt es sich um eine wirtschaftliche Tätigkeit auf dem Markt, die der Förderung Ihres eigenen oder eines fremden Geschäftszwecks dient oder jedenfalls zu dienen bestimmt ist, muss von einer geschäftlichen und eben keiner rein privaten Sachlage ausgegangen werden. Es kommt hierbei nicht darauf an, ob tatsächlich ein Gewinn erzielt wird, die reine Möglichkeit dazu reicht aus.

Der Gesetzgeber hat klare Vorstellungen davon, wie ein Online-Impressum zu gestalten ist, denn es muss

+ leicht erkennbar,
+ unmittelbar erreichbar sowie
+ ständig verfügbar sein.

Unter dem Strich bedeutet das, dass Sie einen eigenständigen Menüpunkt anlegen sollten, der von jeder einzelnen Unterseite aus gleichermaßen gut erreichbar ist und mit maximal zwei Mausklicks zu den Pflichtangaben führt. Bei der Benennung sollten Sie nicht allzu kreativ werden, Angaben wie »Impressum«, »Kontakt« oder »Anbieterkennzeichnung« haben sich eingebürgert. Der Menüpunkt sollte in der Hauptnavigation oder alternativ in Kopf- bzw. Fußzeile der Website platziert werden.

Impressum oder nicht?

Wenn Sie sich nicht ganz sicher sind, ob Sie ein Impressum bereitstellen müssen oder nicht, dann sollten Sie im Zweifel lieber eines anlegen. Um es bildlich auszudrücken: Es ist besser, einen Regenschirm dabeizuhaben und es regnet nicht, als andersherum.

Die Inhalte des Impressums hängen maßgeblich davon ab, wer die Website betreibt und welche Inhalte darauf bereitgestellt werden. Ein Einzelunternehmer muss andere Dinge angeben als beispielsweise eine GmbH oder eine Apotheke, ein Webshop erfordert andere Pflichtangaben als ein Blog.

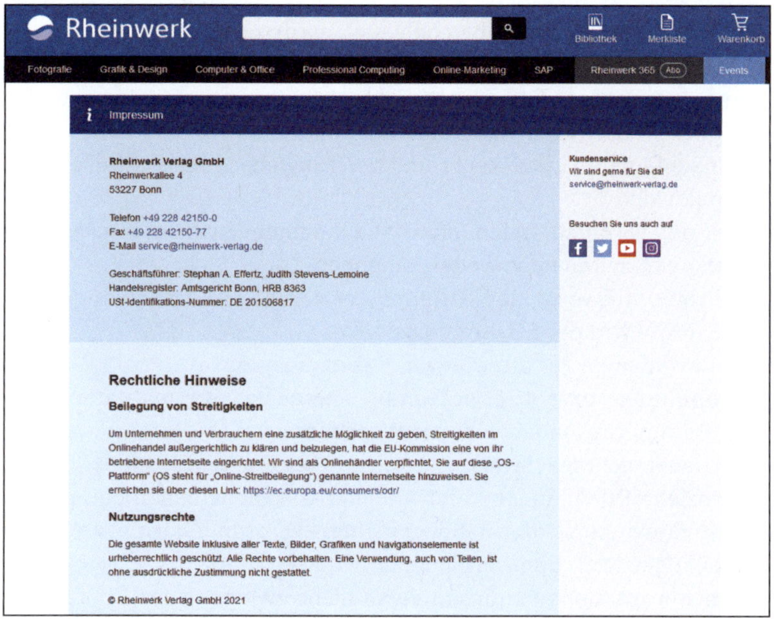

Abbildung 38.6: Im Impressum des Rheinwerk-Verlags sind die Pflichtangaben sogar optisch hervorgehoben.

Die folgenden Angaben sind allgemeiner Natur und daher für alle Websites gleichermaßen verpflichtend:

+ Vor- und Nachname bzw. Firma inklusive Rechtsformzusatz (also GmbH, AG, Ltd. o. Ä.)
+ ladungsfähige Anschrift (also Straße plus Hausnummer, Postleitzahl und Ort)
+ Kontaktdaten (jedenfalls Telefonnummer, E-Mail)
+ gegebenenfalls Vertretungsberechtigte des Unternehmens (z. B. Name der GmbH-Geschäftsführer*innen)
+ Registerangaben (Nummer und Gericht) bei vorhandenen Eintragungen im Handels- oder Vereinsregister etc.
+ Umsatzsteuer-Identifikationsnummer (falls vorhanden)
+ Wirtschafts-Identifikationsnummer (falls vorhanden)

Gibt es auf der betreffenden Site auch noch einen Blog, eine »News«-Rubrik oder ähnliche Inhalte, so muss zusätzlich eine für den Inhalt verantwortliche Person angegeben werden. Es darf kein Unternehmen genannt werden, sondern es muss sich um eine natürliche Person handeln. Hier sind der vollständige Vor- und Nachname sowie die ladungsfähige Anschrift zu nennen.

Wenn Sie ein Impressum für audiovisuelle Medien bereitstellen, also z. B. bei Einbindung von YouTube-Videos oder für den eigenen Instagram-Kanal, dann ist die Angabe des Sitzlandes (z. B. Deutschland) sowie der zuständigen Regulierungs- bzw. Aufsichtsbehörde erforderlich. Zuständig sind hierzulande die jeweiligen Landesmedienanstalten.

Wird die Website von einem oder einer Angehörigen einer reglementierten Berufsgruppe (beispielsweise Anwalt/Anwältin, Arzt/Ärztin, Apotheker/Apothekerin etc.) betrieben, dann müssen zusätzlich noch die folgenden Pflichtangaben geleistet werden:

+ Berufsbezeichnung und das Land ihrer Erteilung
+ die zuständige Aufsichtsbehörde bzw. Kammer inklusive der Anschrift sowie der Kontaktdaten
+ einschlägiges Berufsrecht und der Hinweis, wo diese Gesetze zu finden sind

Außer den verpflichtenden Informationen finden sich auf Impressumseiten nicht selten noch weitere Angaben:

+ Hinweis plus verlinkte URL (*https://ec.europa.eu/consumers/odr*) der OS-Plattform der EU-Kommission
+ Informationen zur alternativen Streitbeilegung
+ Öffnungs- bzw. Servicezeiten inklusive Kontaktdaten (bei E-Commerce-Angeboten, wie Webshops)
+ Urheberrechtsnachweise
+ spezielle Pflichtangaben für Anbieter von Dienstleistungen gemäß Dienstleistungs-Informationspflichten-Verordnung (DL-InfoV)
+ Sonstiges (z. B. Bankverbindung)

Diese Informationen müssen zwar nicht zwingend im Impressum untergebracht werden, sind dort aber durchaus sinnvoll platziert. Im Unterschied zu den vorgenannten Impressum-Pflichtangaben könnten sie auch auf anderen Unterseiten der Webpräsenz genannt werden.

Musterformulierung: Website-Impressum einer GmbH

Das Muster-Impressum einer Website, die von einer GmbH betrieben wird, kann also z. B. wie folgt aussehen:

Impressum

Verantwortlich für die Domain www.xyz.de sowie für die Facebook-Seite (Facebook.com/xyz), das LinkedIn-Profil (Linkedin.com/in/xyz123) und den YouTube-Kanal (Youtube.com/mustermanngmbh):
Mustermann GmbH
Geschäftsführung: Anita Mustermann
Musterstr. 123
12345 Musterhausen
Telefon: +49 (0) 20 12345678
Telefax: +49 (0) 20 12345679
E-Mail: info@mustermann.de
Handelsregistereintrag: AG Musterhausen, HRB 12345
Umsatzsteuer-Identifikationsnummer: DE 123456789
Inhaltlich verantwortliche Person: Moritz Mustermann (Anschrift s. o.)
Alternative Streitbeilegung/OS-Plattform: Die EU-Kommission stellt eine Internetplattform zur Onlinebeilegung von Streitig-

keiten (sog. OS-Plattform) bereit. Diese OS-Plattform soll als Anlaufstelle zur außergerichtlichen Beilegung von Streitigkeiten im Zusammenhang mit vertraglichen Verpflichtungen aus Online-Kaufverträgen dienen. Die OS-Plattform ist unter folgendem Link erreichbar: *https://ec.europa.eu/consumers/odr*. Unsere E-Mail-Adresse finden Sie oben bei unseren Kontaktdaten.
Wir sind zur Beilegung von Streitigkeiten mit Verbrauchern vor einer Schlichtungsstelle weder bereit noch verpflichtet.
Sitzland: Deutschland
Zuständige Regulierungs- bzw. Aufsichtsbehörde: Landesanstalt für Medien NRW, *www.medienanstalt-nrw.de*
Hinweis: Das Muster-Impressum soll primär als Orientierungshilfe dienen. Je nach Organisationsform und Website-Inhalten bzw. -Funktion müssen die Informationen entsprechend angepasst werden.

Und noch ein Tipp zum Abschluss

Die Pflichtangaben im Impressum sollten nicht als Grafik, sondern als Text eingebunden werden. Andernfalls kann nicht sichergestellt werden, dass sie von allen Nutzern und Nutzerinnen zur Kenntnis genommen werden können. Zudem empfiehlt sich ein responsives Design für die gesamte Website, damit alle Inhalte auf allen Endgeräten gleichermaßen gut lesbar dargestellt werden.

Übrigens: In jedem Web-Impressum empfiehlt es sich, den Pflichtangaben eine Art »Einleitung« voranzustellen, die darauf hinweist, für welche Domains und/oder Social-Media-Profile das Impressum gelten soll. Dadurch werden Sie beim Betreiben einer Website in die Lage versetzt, Ihr Website-Impressum auch für all Ihre Social-Media-Auftritte zu nutzen, indem Sie bei Facebook, X, LinkedIn, Instagram & Co. jeweils anstelle des vollständigen Impressum-Inhalts einen sprechenden Link auf Ihr Website-Impressum einfügen (z. B. »Impressum: www.xyz.de/impressum«).

37.3.2 Die Datenschutzerklärung

Die Datenschutzerklärung zählt – genau wie das Impressum – zum Pflichtprogramm jeder nicht nur rein privat ausgerichteten Website. Impressum und Datenschutzerklärung sind in formeller Hinsicht sehr ähnlich, inhaltlich aber völlig verschieden.

Die Inhalte der Datenschutzerklärung haben nichts im Impressum zu suchen, sie müssen vielmehr unter einem eigenständigen Menüpunkt bereitgestellt werden. Dieser sollte ebenfalls leicht erkennbar, unmittelbar erreichbar und ständig verfügbar sein. Ein Eintrag in der Hauptnavigation oder in Kopf- bzw. Fußzeile der Website bietet sich folglich an. Die Benennung sollte mit »Datenschutz«, »Datenschutzhinweise«, »Datenschutzerklärung« oder ähnlichen Begriffen deutlich ausfallen.

Gemäß Art. 13 DSGVO sind folgende Angaben im Rahmen einer Datenschutzerklärung verpflichtend:

+ Name und Kontaktdaten Ihres Unternehmens
+ Kontaktdaten Ihres/Ihrer Datenschutzbeauftragten (sofern vorhanden)
+ Zwecke der Datenverarbeitung

> **Praxistipp: Online-Datenschutzerklärung und allgemeine Datenschutzhinweise**
>
> Seit Geltung der DSGVO müssen alle Unternehmen (und auch Behörden) nicht nur eine Datenschutzerklärung auf ihrer Website bereitstellen und die Nutzenden darüber informieren, was online mit ihren Daten passiert. Parallel dazu besteht nunmehr auch die Pflicht, über eine »Offline-Verarbeitung« von personenbezogenen Daten zu informieren. Daher muss mittlerweile zwischen der Online-Datenschutzerklärung und den allgemeinen Datenschutzhinweisen differenziert werden. Allerdings richten sich die Pflichtinhalte für beides nach derselben Vorschrift, nämlich Art. 13 DSGVO.
>
> Die oben genannten Pflichtinhalte gehören daher sowohl in die Datenschutzerklärung Ihrer Website als auch in Ihre allgemeinen Datenschutzhinweise. Bei Ihren Online-Tätigkeiten kommen jedoch noch weitere Informationen hinzu, die Sie bereitzustellen haben, wie etwa in Bezug auf Google Analytics, Newsletter-Versand oder Social Plug-ins. Derartige Technologien kommen naturgemäß nur online zum Einsatz, so dass sich Informationen darüber in den allgemeinen Datenschutzhinweisen von ganz allein verbieten.

+ Rechtsgrundlagen der Datenverarbeitung
+ gegebenenfalls Angaben zum berechtigten Interesse (soweit die Datenverarbeitung aufgrund berechtigter Interessen erfolgt)
+ gegebenenfalls Personen oder Kategorien von Personen, denen Sie personenbezogene Daten übermitteln
+ gegebenenfalls Informationen über die Absicht der Übermittlung von personenbezogenen Daten in ein Nicht-EU-Land (oder eine internationale Organisation) sowie die Grundlage für die Zulässigkeit einer solchen Übermittlung
+ gegebenenfalls Zweckänderungen
+ Dauer der Datenspeicherung bzw. Kriterien für die Festlegung dieser Dauer
+ Hinweis auf die Betroffenenrechte (Auskunft, Berichtigung, Löschung, Einschränkung, Widerruf einer erteilten Einwilligung, Widerspruch, Datenportabilität, Beschwerde bei einer Aufsichtsbehörde)
+ gegebenenfalls Hinweis auf eine automatisierte Entscheidungsfindung (z. B. Profiling) sowie aussagekräftige Informationen über die involvierte Logik, Tragweite und Auswirkungen
+ gegebenenfalls Hinweis auf gesetzliche oder vertragliche Pflichten zur Bereitstellung der Daten und die Folgen der Nichtbereitstellung

Zusätzlich müssen Sie natürlich auch über alle Technologien informieren, die Sie auf Ihrer Website einsetzen und mit deren Hilfe Sie personenbezogene Daten (also z. B. IP-Adressen) Ihrer Website-Besucher und -Besucherinnen verarbeiten. Dazu zählen beispielsweise die folgenden:

+ Server-Logs
+ Kontaktformular
+ Newsletter
+ Nutzerregistrierung (Login-Bereich)
+ Kommentarfunktion
+ Analysesoftware
+ Cookies
+ Social Plug-ins
+ Werbemaßnahmen (Google AdSense, Amazon Partnerprogramm, Google Remarketing etc.)
+ sonstige Dienste, die Nutzerdaten erheben (Instagram, Pinterest, Tumblr usw.)
+ eingebettete Fremdinhalte (z. B. YouTube-Videos, Google Maps, Stock-Fotos, RSS-Feeds, Instagram, Pinterest, Webfonts)
+ CMS-Plug-ins (z. B. WordPress-Plug-in Jetpack oder Word-Press.com-Stats)

Diese Auflistung ist nicht abschließend, sie umfasst lediglich einige »Klassiker«. Letztlich müssen Sie über alle Dienste informieren, mit deren Hilfe Sie die IP-Adresse, den Namen oder ähnliche personenbezogene Daten Ihrer Website-Nutzerinnen und -Nutzer verarbeiten bzw. verarbeiten lassen. Das führt dazu, dass Ihre Datenschutzerklärung mitunter recht umfangreich ausfallen kann. Je länger und komplexer der Text ist, desto eher sollten Sie sich Gedanken darüber machen, wie Sie ihn »leicht verdaulich« präsentieren. Denn Art. 12 DSGVO fordert, dass Sie die Pflichtinformationen in »präziser, transparenter, verständlicher und leicht zugänglicher Form [sowie] in einer klaren und einfachen Sprache« bereitstellen müssen. Es empfiehlt sich daher eine vorangestellte Gliederung, eventuell verbunden mit Anchor Links, um das direkte Navigieren zu den einzelnen Abschnitten der Datenschutzerklärung zu vereinfachen. Alternativ kann z. B. der sogenannte »Ziehharmonika-Effekt« (HTML5-Befehle `details` und `summary`) zur übersichtlicheren Darstellung genutzt werden. Eine andere Möglichkeit ist ein stufiges Vorgehen, bei dem auf der ersten Ebene nur die absolut notwendigen Informationen bereitgestellt werden. Wollen die Nutzer und Nutzerinnen mehr erfahren, können sie auch »Weiterlesen«-Links anklicken, um zu mehr Informationen zu gelangen. Und um alle Details zu erfahren, befinden sich auf der zweiten Seite ebenfalls weiterführende Links auf die dritte Seite.

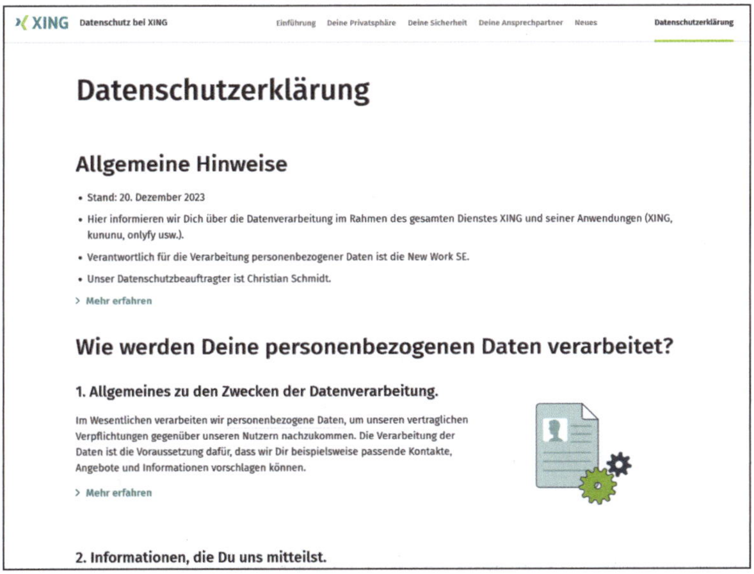

Abbildung 38.7: Auf der Website von Xing findet sich ein gutes Beispiel für die gelungene Gestaltung einer Datenschutzerklärung.

37.3.3 Social Media – ein Sonderfall

Für Ihre Social-Media-Auftritte gelten aus juristischer Sicht im Grunde die gleichen Spielregeln wie für Ihre Website. Das bedeutet, dass Sie dort insbesondere auch ein Impressum sowie eine Datenschutzerklärung bereitstellen müssen. Das Thema Impressum ist vergleichsweise schnell erledigt, wenn Sie einen sprechenden Link auf Ihr Website-Impressum einbinden und dort dann darauf hinweisen, dass die Impressum-Angaben auch für Ihre Social-Media-Profile gelten sollen (siehe Abschnitt 37.3.1).

Das mit der Datenschutzerklärung ist schon kniffliger, zumal auch zu dieser Thematik der EuGH eine Entscheidung getroffen hat (Urteil vom 5. Juni 2018, Aktenzeichen: C-210/16). Darin vertritt der EuGH die Auffassung, dass Ihnen beim Betreiben einer Facebook-Fanpage eine datenschutzrechtliche Mitverantwortung für die personenbezogenen Daten der Besucherinnen und Besucher Ihrer Fanpage zukommt. Das EuGH-Urteil lässt sich auf alle nicht nur rein privat betriebenen Social-Media-Profile übertragen.

Aufgrund Ihrer vom EuGH angenommenen Mitverantwortung müssen Sie bei Facebook & Co. – genau wie auf Ihrer Website – eine Datenschutzerklärung bereitstellen. Während Sie bei dieser jedoch wissen oder zumindest in Erfahrung bringen können, welche Dienste zum Einsatz kommen, fehlt Ihnen zumindest ein nicht unbeachtlicher Teil dieses Wissens in den sozialen Netzwerken. Die Betreiber dieser Plattformen teilen Ihnen schlichtweg nicht mit, welche Daten dort genau erhoben und wo, wie, wozu bzw. wie lange diese verarbeitet werden. Das hat zur Folge, dass Sie aufgrund des fehlenden Hintergrundwissens die von Art. 13 DSGVO geforderten Pflichtangaben faktisch nicht in Gänze leisten können. Das wiederum bedeutet, dass Sie auch keine korrekte Datenschutzerklärung bereitstellen können – aber genau dies fordert der EuGH.

Bis die Social-Media-Anbieter reagieren, etwa eine wirksame Vereinbarung mit Ihnen als Profilinhaber*in schließen und darin die datenschutzrechtliche Hauptverantwortung übernehmen oder sonstige Maßnahmen zu Ihrer Unterstützung ergreifen, besteht leider eine gewisse Rechtsunsicherheit. Denn außer von Facebook und LinkedIn sind derzeit ansonsten leider keine Vereinbarungen über die gemeinsame Verantwortung ersichtlich. Im Grunde bleiben Ihnen daher nur drei Handlungsalternativen. Wenn Sie auf Nummer sicher gehen wollen, deaktivieren Sie Ihre Social-Media-Profile vorerst, bis eine Lösung von den Betreibern angeboten wird. Wenn Sie etwas wagemutiger sind, belassen Sie alles so, wie es ist, und akzeptieren das Risiko, unter Umständen abgemahnt zu werden. Aber: Zum einen ist dieses Risiko wohl eher gering, und zum anderen besteht die Rechtsunsicherheit ja für alle gleichermaßen. Letztlich sollten Sie eine wirtschaftliche Entscheidung treffen, wie es mit Ihren Social-Media-Auftritten weitergehen soll. Ein Mittelweg läge darin, einen sprechenden Link auf die Datenschutzerklärung Ihrer Website bei Facebook & Co. einzubinden (z. B. »Datenschutz: www.xyz.de/datenschutz«) und dort – soweit es Ihre Kenntnisse hinsichtlich der technischen Vorgänge zulassen – auf Ihre Social-Media-Profile einzugehen. Ob das eine rechtskonforme bzw. abmahnsichere Variante ist, muss sich allerdings erst noch herausstellen.

Anhang

A.1 DIN-Formate (DIN Norm 476)

DIN-A-Reihe

Papierformat	Maße in mm
DIN A8	52 × 74
DIN A7	74 × 105
DIN A6	105 × 148
DIN A5	148 × 210
DIN A4	210 × 297
DIN A3	297 × 420
DIN A2	420 × 594
DIN A1	594 × 841
DIN A0	841 × 1189

DIN-B-Reihe

Papierformat	Maße in mm
DIN B8	62 × 88
DIN B7	88 × 125
DIN B6	125 × 176
DIN B5	176 × 250
DIN B4	250 × 353
DIN B3	353 × 500
DIN B2	500 × 707
DIN B1	707 × 1000
DIN B0	1000 × 1414

DIN-C-Reihe

Papierformat	Maße in mm
DIN C8	57 × 81
DIN C7	81 × 114
DIN C6	114 × 162
DIN C5	162 × 229
DIN C4	229 × 324
DIN C3	324 × 458
DIN C2	458 × 648
DIN C1	648 × 917
DIN C0	917 × 1297

DIN-D-Reihe

Papierformat	Maße in mm
DIN D8	48 × 68
DIN D7	68 × 96
DIN D6	96 × 136
DIN D5 (DVD-Hülle)	136 × 192
DIN D4	192 × 272
DIN D3	272 × 385
DIN D2	385 × 545
DIN D1	545 × 771
DIN D0	771 × 1091

A.2 Korrekturzeichen nach DIN 16511

Korrekturzeichen	Bedeutung
IΓFL	falsches Zeichen
⊓	Zeichendreher
├─┤	falsches Wort
ʃ	Absatz
˥	Wortzwischenraum
⌒	Wort zusammen
₰	Deleatur-Zeichen
╭────╯	Absätze verbinden
〰	kursiv
═	Zwiebelfisch
⌧	Blockadezeichen
⊓⊔	Wortreihenfolge
⊏	Einzug
├	kein Einzug
─⟩	zu viel Zeilenabstand
─⟨	zu wenig Zeilenabstand
╟─	fehlende Zeile
⌃	Wortabstand zu groß
Y	Wortabstand zu klein
....	Korrektur rückgängig

A.3 Tastaturkürzel

Anführungszeichen

Zeichen	Name	Windows-Kürzel	Mac-Kürzel
‚	Anführung einfach öffnend	Alt + 0130	alt + S
‘	Anführung einfach schließend	Alt + 0145	alt + #
»	Guillemets öffnend	Alt + 0187	⇧ + alt + Q
«	Guillemets schließend	Alt + 0171	alt + Q
›	Guillemets einfach öffnend	Alt + 0155	⇧ + alt + N
‹	Guillemets einfach schließend	Alt + 0139	⇧ + alt + B

Interpunktionszeichen

Zeichen	Name	Windows-Kürzel	Mac-Kürzel
–	Gedankenstrich	Alt + 0150	alt + -
—	Geviertstrich	Alt + 0151	⇧ + alt + -
…	Auslassungspunkte	Alt + 0133	alt + .
’	Apostroph	Alt + 0146	⇧ + alt + #
·	zentrierter Punkt	Alt + 0183	⇧ + alt + 9
•	fetter zentrierter Punkt	Alt + 0149	alt + Ü
|	senkrechter Strich	Alt Gr + <	alt + 7

Währungszeichen

Zeichen	Name	Windows-Kürzel	Mac-Kürzel
€	Euro	Alt Gr + E	alt + E
$	Dollar	⇧ + 4	⇧ + 4
¥	Yen	Alt + 0165	alt + Y
£	Pfund	Alt + 0163	⇧ + alt + 4
¢	Cent	Alt + 0162	alt + 4

Sonstige Sonderzeichen

Zeichen	Name	Windows-Kürzel	Mac-Kürzel
‰	Promillezeichen	Alt + 0137	⇧ + alt + E
¶	Absatzzeichen (Alinea)	Alt + 0182	alt + 3
™	Trademark	Alt + 0153	⇧ + alt + D
©	Copyright	Alt + 0169	alt + G
®	Registered	Alt + 0174	alt + R
†	Kreuz	Alt + 0134	alt + T
‡	Doppelkreuz	Alt + 0135	⇧ + alt + Y

Mathematische Sonderzeichen

Zeichen	Name	Windows-Kürzel	Mac-Kürzel
×	Malzeichen	[Alt] + [0215]	–
÷	Geteiltzeichen	[Alt] + [0247]	[⇧] + [alt] + [.]
=	Gleichheitszeichen	[⇧] + [0]	[⇧] + [0]
≈	fast gleich	[Alt] * [8776]	[alt] + [X]
≠	ungleich	[Alt] + [8800]	[alt] + [0]
^	ASCII-Zirkumflex	[Alt] + [94]	[⇧] + [alt] + [6]
~	ASCII-Tilde	[Alt Gr] + [+]	[alt] + [N]
¦	unterbrochener senkrechter Strich	[Alt] + [0166]	–
<	kleiner als	[<]	[<]
>	größer als	[⇧] + [<]	[⇧] + [<]
≤	kleiner gleich	–	[alt] + [<]
≥	größer gleich	–	[⇧] + [alt] + [<]
±	Plusminus	[Alt] + [0177]	[alt] + [+]
¬	logisches Nicht	[Alt] + [0172]	[⇧] + [alt] + [1]
µ	Mikrozeichen (mu)	[Alt Gr] + [M]	[alt] + [M]
Ω	Ohmzeichen (Omega)	–	[alt] + [Z]
Δ	Differenzzeichen (Delta)	[Alt] + [0916]	[alt] + [K]
π	pi	[Alt] + [0960]	[alt] + [P]
∑	Summe	[Alt] + [0931]	[alt] + [W]
√	Wurzel	–	[alt] + [V]
∞	unendlich	–	[alt] + [,]
∫	Integral	–	[⇧] + [alt] + [B]
◊	Raute	–	[⇧] + [alt] + [V]
^{1}	hochgestellte 1	[Alt] + [0185]	–
^{2}	hochgestellte 2	[Alt Gr] + [2]	–

Zeichen	Name	Windows-Kürzel	Mac-Kürzel
³	hochgestellte 3	Alt Gr + 3	–
¼	ein Viertel	Alt + 0188	–
½	Einhalb	Alt + 0189	–
¾	drei Viertel	Alt + 0190	–

A.4 Papierformate und Papierbezeichnung

Flyer

Bezeichnung	Format
DIN lang	98/99/100/105 × 210 mm
DIN A4	210 × 297 mm
DIN A5	148 × 210 mm
DIN A6	105 × 148 mm
DIN A7	74 × 105 mm
quadratisches Format und Sonderformate	variiert

Broschüre

Bezeichnung	Format
DIN lang	105 × 210 mm
DIN A4	210 × 297 mm
DIN A5	148 × 210 mm
DIN A6	105 × 148 mm
quadratisches Format und Sonderformate	variiert

Geschäftsausstattung

Medium	Maße in mm
Briefpapier	210 × 297
Visitenkarte	85 × 55
Grußkarte	105 × 220
Kurzbrief	210 × 297, 148 × 210
Briefumschlag DIN Lang	110 × 220

Briefumschläge

Format	Maße in mm	Inhalt
C6	114 × 162	A6, A5 einmal gefaltet, A4 über Kreuz gefaltet
B6	125 × 176	C6
C5/6 (DL)	110 × 220	1/3 A4, A4 zweimal gefaltet nach DIN 5008
C6/5	114 × 229	C5/6, 1/3 A4, A4 zweimal gefaltet nach DIN 5008
C5	162 × 229	A5
B5	176 × 250	C5
C4	229 × 324	A4
B4	250 × 353	C4
E4	280 × 400	B4
C3	324 × 458	A3

Plakat

Bogen	Formatlage	Bezeichnung	Format
1/2	quer	DIN A2	59,4 × 42 cm
1/2	hoch	DIN A2	42 × 59,4 cm
1/1	quer	DIN A1	84,1 × 59,4 cm
1/1	hoch	DIN A1	59,4 × 84,1 cm
2/1	quer	DIN A0	84,1 × 118,9 cm

Bogen	Formatlage	Bezeichnung	Format
2/1	hoch	–	118,9 × 84,1 cm
3/1	quer	–	84 × 178 cm
4/1	hoch	Säulenplakat	119 × 168 cm
4/1	quer	Säulenplakat	84 × 238 cm
6/1	hoch	Säulenplakat	119 × 252 cm
8/1	quer	Säulenplakat	238 × 168 cm
8/1	hoch	Säulenplakat	119 × 336 cm
12/1	hoch	Säulenplakat	168 × 356 cm
18/1	quer	Großfläche	356 × 252 cm
36/1	quer	Panorama	712 × 252 cm
40/1	quer	Superposter	526 × 372 cm
	hoch	City-Light-Poster	119 × 175 cm
	quer	City-Light-Board	356 × 252 cm

Papierbezeichnung

Bezeichnung	Gewicht in g/m^2
Durchschlagpapiere	25 – 30 g/m^2
Dünndruckpapiere	40 g/m^2
Prospekt- und Zeitungspapiere	50 g/m^2
Plakatpapiere	60 – 70 g/m^2
Abzugpapiere, Schreibpapiere, Werkdruckpapiere	70 – 80 g/m^2
Dickdruckpapiere	80 – 90 g/m^2
maschinengestrichene Papiere	80 – 100 g/m^2
Buchungspapiere	90 g/m^2
Kunstdruckpapiere	90 – 135 g/m^2
Postkarten	130 – 190 g/m^2
Karteikartenkarton, Umschlagkarton	190 – 300 g/m^2

Papierklassen nach ISO-Norm 12647-2

Papierklasse	Eigenschaften	
1	115 g/m², glänzend gestrichen, weiß	Bilderdruck, doppelt gestrichen
2	115 g/m², matt gestrichen, weiß	Bilderdruck, doppelt gestrichen
3	65 g/m², glänzend gestrichen	LWC Rollenoffset, einfach gestrichen
4	115 g/m², ungestrichen, weiß	Offset
5	115 g/m², ungestrichen, gelblich	Offset
Z	45 g/m²	Zeitungspapier

A.5 Orthotypografie

Unter Orthotypografie versteht man das korrekte Setzen eines Textes, so wie man unter Orthografie die korrekte Schreibweise desselben versteht. Dies betrifft vor allem die Verwendung »kleiner« typografischer Zeichen, denen der Laie kaum Beachtung schenkt, auch weil er nicht das nötige Hintergrundwissen besitzt, die aber im Sinne einer einheitlichen Rechtschreibung und Darstellung notwendig sind. Im Folgenden werden die zehn wichtigsten orthotypo-grafischen Regeln erläutert:

1. Anführungszeichen

Deutsche Anführungszeichen dürfen nicht durch **"Zollzeichen"** ersetzt werden. Korrekterweise gesetzt, ergeben sie die Formen **„99“** und **„66“**. Das Komma ist der Form nach identisch mit dem einfachen eröffnenden Anführungszeichen. Um Verwechslungen auszuschließen, sind die **»französischen Anführungszeichen«** (Guillemets) eindeutiger in ihrer Form und fügen sich besser in den Text.

2. Gedankenstrich und Bindestrich

Der Gedankenstrich (Halbgeviertstrich) als **– Denkpause –** oder zur Abgrenzung von Einschüben darf auf keinen Fall durch das **Divis -** (Trennungs- bzw. Bindestrich) ersetzt werden.

Der Gedankenstrich ist auch Bis-Strich **1998–1999**, Streckenstrich **Stuttgart–München**, Minuszeichen **–8°** und Auslassungszeichen **120,–** für Zahlen. Der Geviertstrich **—** ist am längsten und hat dieselbe Funktion wie der Gedankenstrich. Wirkt der Gedankenstrich einer Schrift zu kurz, kann der Geviertstrich stattdessen zum Einsatz kommen.

Der Bindestrich, auch als Divis bezeichnet, wird als **Trennungsstrich** und Bindestrich zwischen Kupplungswörtern wie **DIN-A4-Format** verwendet.

3. Apostroph

Der Apostroph markiert Auslassungen, wie zum Beispiel **'nen** fehlenden Buchstaben. Der Apostroph darf nicht mit dem **Fuß- bzw. Minuten-Zeichen '** verwechselt werden.

4. Malzeichen

Der Buchstabe **x** darf nicht als Malzeichen **×** verwendet werden.

5. Eszett

Das scharfe S ist eine Ligatur der Buchstaben s und z, woher auch die Bezeichnung Eszett kommt. Das **ß** existierte bislang nur als Kleinbuchstabe und darf weder bei Versalsatz **SCHLIEßLICH** noch bei Kapitälchensatz verwendet werden. Die korrekte Schreibweise lautet: **SCHLIESSLICH**.

Inzwischen haben verschiedene Schriftentwerfer ihre Schriften mit einem Versal-Eszett ausgestattet. Wenn ein Schriftsatz über ein solches verfügt, sollte dieses auch eingesetzt werden.

6. Prozentzeichen

Das Prozentzeichen wird mit einem festen Zwischenraum **25 %** an die Zahl angefügt. Bei Ableitungen oder Zusammensetzungen mit Zahlen **25%ige** wird kein Zwischenraum verwendet.

7. Auslassungspunkte

Auslassungspunkte … stehen für ein ganzes Wort oder mehrere Wörter zwischen zwei Wortabständen. Am Satzende folgt kein weiterer (das heißt vierter) Punkt **…**

8. Abkürzungen

Abkürzungen wie **z. B.**, **u. v. m.**, **d. h.**, **usw.**, **z. T.** werden mit einem Viertel- oder Achtelgeviert-Abstand gesetzt, da ein Leerzeichen **z. B.** meist zu groß ist. Dies ist natürlich je nach Schrift individuell zu überprüfen. **Das heißt** am Satzanfang muss wie jede Abkürzung ausgeschrieben werden.

9. Zahlen

Telefonnummern werden in der Regel mit Abständen in Zweiergruppen von hinten her gezählt, und zwar Rufnummern und Vorwahlen jeweils von Neuem: **00 49/5 61/3 66 67**. Mit Kopplungsstrich angehängte Durchwahlen **0 61 31/50 60-316** werden nicht unterteilt.

Zahlen bis zu vier Stellen **3000** werden ohne Abstand gesetzt. Zahlen von mehr als vier Stellen **30 000**, **300 000**, **3 000 000** dürfen durch Abstände strukturiert werden.

Die deutsche IBAN wird von links in fünf Vierergruppen und eine Zweiergruppe **DE36 7242 0000 0064 6046 27** eingeteilt. Der BIC-Code wird ohne Abstand **SOLADEST** gesetzt.

10. Datum und Uhrzeit
Beim Datum unterscheidet man zwischen der alphanumerischen Schreibweise, bei der das Jahr immer vierstellig geschrieben und auf eine vorangestellte 0 aus ästhetischen Gründen verzichtet wird 5. April 1980 und der numerischen Schreibweise 05.04.1980 mit zweistelliger Tages- und Monatsanzeige.

Bei der Uhrzeit sollen nach DIN 5008 Stunden, Minuten und Sekunden zweistellig angegeben werden: 09:05 Uhr oder 23:34 Uhr. In der Regel wird als Gliederungszeichen der Doppelpunkt verwendet. Steht die Stundenzahl alleine stellt man einstelligen Zahlen keine Null voran: 9 Uhr.

A.8 Umrechnungstabellen

Datenmengen

1 Bit	0 oder 1
1 Byte	8 Bit
1 Kilobyte (kB)	1.024 Byte
1 Megabyte (MB)	1.024 KB
1 Gigabyte (GB)	1.024 MB
1 Terabyte (TB)	1.024 GB

Einheiten

Scan: ppi (Pixel per Inch)
Rasterweite: lpi (Lines per Inch)
Ausgabegerätauflösung: dpi (Dots per Inch)
Bildauflösung: ppi (Pixel per Inch)

Typografische Maßeinheiten

1 Didot-Punkt (dd)	0,376 mm
1 Cicero (c)	4,513 mm 12 Didot-Punkt
1 Pica	4,233 mm 0,166 Inch 12 Punkt
1 PostScript-Punkt, DTP-Punkt (pt): 1 pt	0,3527 mm 1/72 inch 0,833 Pica
1 Millimeter (mm)	2,8353 pt 0,0394 Inch 0,2371 Pica
1 Inch (in)	6 Pica 72 pt 25,4 mm

Umrechnung Längeneinheiten

1 Millimeter (mm)	0,1 cm 0,01 dm 0,001 m
1 Zentimeter (cm)	10 mm 0,1 dm 0,01 m
1 Dezimeter (dm)	100 mm 10 cm 0,1 m
1 Meter (m)	1.000 mm 100 cm 10 dm 0,001 km
1 Kilometer (km)	1.000.000 mm 100.000 cm 1.000 m

A.9 Glossar

Ajax
Ajax ist eine Sammlung von Technologien, um Daten in einzelnen Teilen einer Seite aktualisieren zu können, ohne die gesamte Seite neu laden zu müssen.

Algorithmus
Eine Folge von Anweisungen, die schrittweise ausgeführt werden, um ein bestimmtes Problem zu lösen.

Anlagekante
Kante des Papierbogens, die in die Druckmaschine eingeführt wird

Antiqua
Unter der Bezeichnung Antiqua werden heute alle Varianten unserer lateinischen Schrift zusammengefasst, die auf dem damals entstandenen Formenkanon beruhen.

Array
Arrays sind Sammlungen von miteinander in Beziehung stehenden Werten. Der Zugriff erfolgt über eine Indexnummer.

Artefakt
Sichtbare Effekte in Form von Mustern, die bei der JPEG-Kompression auftreten

Ausschießen
Anordnen der einzelnen Seiten auf einem Druckbogen, so dass diese nach dem Falzen in der richtigen Reihenfolge stehen

Aussparen
Der Bereich der Vordergrundfarbe wird nicht in der Hintergrundfarbe gedruckt – es bleibt ein Loch.

Beschnitt
Ein Bereich, der das eigentliche Seitenformat um 3 bis 5 mm vergrößert. Seitenelemente werden in diesen Bereich hinausgezogen, um Blitzer zu vermeiden.

Binärsystem
Das Binärsystem ist ein Zahlensystem, das nur zwei Ziffern verwendet: 0 und 1. Es ermöglicht die Darstellung jeder Zahl oder jedes Datenelements durch eine Kombination von Nullen und Einsen, was es ideal für digitale Schaltkreise und Computerprozesse macht, die mit zwei Zuständen (an/aus, wahr/falsch) arbeiten.

Bit
Abkürzung für Binary Digit. Ein Bit ist die kleinste digitale Einheit im binären System, mit der ein Computer arbeiten kann. Ein Bit kann nur zwei Werte darstellen, 0 und 1.

Blindband
Gebundenes Probeexemplar mit unbedruckten Seiten, das einen Eindruck von Format, Bindung und Papier geben soll

Blindtext
Neutraler Text, dient der Visualisierung für ein Layout, wobei es nicht um Inhalte, sondern um den ersten visuellen Eindruck eines Entwurfs geht.

Blitzer
Blitzer entstehen durch Passerungenauigkeit zweier Farbflächen. Um dies zu vermeiden, kann man Flächen überdrucken, über- bzw. unterfüllen.

Bogenoffset
Offsetdruckverfahren, bei dem auf Papierbogen gedruckt wird. Siehe auch Rollenoffsetdruck

Breitbahn
Der Papierbogen liegt breit in der Papierbahn. Die Laufrichtung von Breitbahnpapieren läuft parallel zur kurzen Seite.

Bundzuwachs
Beim Vorgang des Falzens und des Einsteckens werden die inneren Lagen nach außen gedrückt. Dadurch würden sich beim Schneiden unterschiedlich breite Papierränder ergeben.

CMS
Ein Content-Management-System (CMS) ist eine Software zur Organisation von Inhalten.

Compliance
Compliance bezeichnet die Einhaltung von gesetzlichen Bestimmungen, Richtlinien, Standards und ethischen Normen durch Unternehmen und Organisationen.

Computer to Film
(CtF) Verfahren, bei dem von einem Computer gesendete Daten direkt auf einen Offsetfilm belichtet werden

Computer to Plate
(CtP) Verfahren, bei dem vom PC aus direkt Druckplatten hergestellt werden

Computer to Press
Die Druckseite wird vom Computer direkt an die Druckmaschine gesendet.

Condensed-Schrift
Schrift, deren Schriftzeichenbreite schmaler als die Grundschrift ist

Contract Proof
Ein Contract Proof (oder Kontraktproof) ist ein farbverbindlicher und rechtsverbindlicher Proof nach ISO 12647-7. Diese Art von Proof ist der derzeit höchste Proof-Standard.

Datenrate
Die Datenmenge, die innerhalb einer bestimmten Zeit übertragen wird

De-Briefing
Die Rückmeldung des Auftraggebers oder Auftragnehmers nach Erfüllung des Auftrags

dpi
Dots per Inch. Maßeinheit für die Auflösung eines Druckers, Monitors oder Scanners sowie eines Pixelbildes; auch ppi (Pixel per Inch).

Druckformat
Bogenbreite × Bogenlänge

Druckvorstufe
Die Druckvorstufe (auch Premedia genannt) umfasst alle Vorgänge zur Vorbereitung eines perfekten Drucks. Dazu zählen die Datenaufbereitung, die Erstellung von Druckdaten und die Prüfung derselben. Die Druckvorstufe erfolgt nahezu komplett digital.

Druckzuwachs
Punktvergrößerung des Rasterpunkts im Druck gegenüber dem in der Druckvorstufe definierten Rastertonwert. Auch Punktzuwachs, Tonwertzuwachs, Tonwertzunahme.

Duktus
Strichstärke (Strichführung) eines Zeichens

Durchschuss
Freier Zwischenraum zwischen zwei Zeilen

Egoutteur
Diese Vorpresswalze in der Papiermaschine dient sowohl zur Verbesserung der Papierstruktur als auch zur Herstellung von Wasserzeichen.

Fadenzähler
Eine kleine Lupe, mit der man in der Druckvorstufe Raster oder Passergenauigkeit überprüft

Falzen
Ein unter Druck vorgenommenes, scharfkantiges und positionsgenaues Umbrechen von Papier. So werden z.B. Druckbogen mit mehreren Seiten zu Falzbogen verarbeitet.

Farbmodus Graustufen
Der Graustufenmodus entspricht im Prinzip dem RGB-Modus, nur dass hier lediglich ein Farbkanal für die Graustufen vorhanden ist, anstelle der drei Farbkanäle beim RGB-Modus.

Farbprofil
Beschreibungsdateien des Farbverhaltens von Eingabe-, Betrachtungs- und Ausgabegeräten, um durchgehend eine einheitliche Farbdarstellung zu erreichen

Farbraum
Die praktische Anwendung eines Farbmodells: Er umfasst alle Farben, die in einem Farbmodell erzeugt werden können. Daher gibt es wiederum den RGB-Farbraum, CMYK-Farbraum, Lab-Farbraum, HSL-Farbraum usw.

Gamma
Mittlere Helligkeit in einem Bild. Bei der Gammakorrektur verteilen sich die Tonwerte zwischen Schwarz- und Weißpunkt neu.

Gamut
Farbumfang

GCR
Abkürzung für Grey Component Replacement, Unbuntaufbau. Separationsart, die den Gesamtfarbauftrag verringert. Beim Unbuntaufbau werden die Anteile der Buntfarben reduziert und dann durch Zugabe von Schwarz ausgeglichen.

Gemeine
Kleinbuchstaben

Gesamtfarbauftrag
Die Summe der Farbwerte für einen Bildpunkt

Gestrichenes Papier
Gestrichenes Papier wird auf beiden Seiten mit einem Aufstrich aus Kreide oder anderen Bindemitteln versehen. Die Veredelung sorgt für eine glatte und geschlossene Oberfläche. Dadurch kann man mit feineren Rasterweiten drucken, was eine bessere Auflösung ermöglicht.

Geviert
Größe zur Beschreibung eines Zwischenraums beim Setzen von Text. Entspricht der jeweiligen Schrifthöhe (Kegelgröße). Es gibt auch Halbgeviert, Viertelgeviert und Achtelgeviert.

Glyphe
Grafische Darstellung eines Schriftzeichens, zum Beispiel eines Buchstabens, einer Ligatur oder eines Buchstabenteils

Goldener Schnitt
Unterteilung einer Strecke oder Fläche, so dass der kleinere Teil sich zum größeren Teil genauso verhält wie der größere Teil zum Ganzen. In Dezimalzahlen ausgedrückt, ergibt dies ein Verhältnis von 1 : 1,61803.

Grammatur
Flächengewicht von Papier in g/m^2

Hadern
Hadernpapier ist ein baumwollhaltiges Papier, das besonders langlebig ist und sich sehr weich anfühlt.

Halbton
Farbwerte, die zwischen 0 und 100 % liegen, werden als Halbtöne bezeichnet und können nur durch Aufrastern dargestellt werden.

Halbtonbild
Ein Graustufen- oder Farbbild, das verschiedene Helligkeitsabstufungen aufweist. Eigentlich jedes Schwarz-Weiß- und Farbbild.

Holzfrei
Papier, das primär aus Zellstoff und Hadern besteht und weniger stark vergilbt

Holzhaltig
Papier, das mindestens 90 % Holzschliff enthält und durch den natürlichen Alterungsprozess des Holzes schneller vergilbt

htaccess
.htaccess ist eine Steuerungsdatei auf Servern mit dem weit verbreiteten Apache-Betriebssystem.

Sie werden innerhalb der Verzeichnisse des Servers abgelegt und dienen zur Konfiguration.

ICC-Profil
Korrekturtabellen, anhand derer man die Qualität und die Einstellungen von Geräten wie Monitoren, Scannern und Druckmaschinen aufeinander abstimmen kann; besonders hilfreich beim Farbmanagement

Indirektes Druckverfahren
Ein Druckverfahren, bei dem die Farbe nicht direkt, sondern über einen Zwischenträger auf das Papier übertragen wird; Beispiel: Offsetdruck

Interpolation
Erhöhung der Bildauflösung durch mathematische Formeln, z.B. durch Hinzufügen neuer Pixel, die aus den benachbarten Pixeln berechnet werden

ISO
International Organization for Standardization, Gremium zur Festlegung internationaler Industriestandards, unter anderem in der Computertechnologie

JavaScript
JavaScript ist eine Programmiersprache und gehört neben HTML und CSS zu den Kerntechnologien des Webs. Sie ist für Interaktivität auf Websites zuständig.

Kalandar
Ein System aus mehreren aufeinander angeordneten Walzen

Kalibrieren
Eichen von Geräten auf Standardmaße, um zuverlässige Ergebnisse zu produzieren. Ein Beispiel sind auf bestimmte Standardeinstellungen kalibrierte Farbmonitore.

Kanal
Farbkanäle speichern die Farbinformationen von Bildern. Für jede Grundfarbe eines jeweiligen Farbformats (RGB, CMYK, Lab etc.) wird ein Farbkanal benötigt.

Kapitälchen
Spezielle Schriftschnitte mit kleinen Versalien statt Minuskeln (Kleinbuchstaben). Es sollten nur echte Kapitälchenschnitte verwendet werden, keine durch Verkleinerung von Versalien simulierten.

Kaschierung
Die Oberfläche eines Druckobjekts wird mit einer Kunststoff- oder Metallfolie überzogen.

Kerning
Individuelle Zurichtung (Einstellung) des Abstands zwischen zwei Buchstaben zur Erzielung eines besseren, ausgeglicheneren Schriftbildes

Keyframes
Keyframe bedeutet zu Deutsch Schlüsselbild. Keyframes werden in der Animation zur Definition bestimmter Zustände oder Abstände verwendet, zum Beispiel für die Hauptposen einer Bewegung. Die schrittweisen Änderungen zwischen den Keyframes werden dabei in der Regel vom Computer automatisch generiert.

Kollation
Eine Kollation ist eine Sammlung von Regeln, wie Zeichen in einem Zeichensatz behandelt werden sollen.

Kolumnentitel
Eine Textzeile, die den Kapitelnamen, die Seitenzahl oder ähnliche Informationen enthalten kann. Beschreibt der Kolumnentitel veränderliche Bestandteile, wie den Namen des Kapitels, wird er als lebender, sonst als toter Kolumnentitel bezeichnet.

Kompress
Ein ohne Durchschuss gesetzter Satz; Zeilenabstand und Schriftgröße sind gleich.

Kompression
Verdichtung digitaler Daten

Kontrast
Das Verhältnis zwischen den hellsten und den dunkelsten Bereichen eines Bildes

Körperfarbe
Reflektiertes Umgebungslicht, Farben absorbieren Teil des Lichts und reflektieren andere, was den Farbeindruck erzeugt, Mischung von Körperfarben ergibt subtraktive Farbmischung

Lab
Geräteunabhängiger Farbmodus, bei dem Farben durch einen Kanal für die Helligkeit (L für Lightness) und zwei Buntheitskomponenten (Kanal a von Grün bis Magenta und Kanal b von Blau bis Gelb) dargestellt werden. Der Lab-Farbraum umfasst das gesamte Spektrum der sichtbaren Farben.

Lagen
Gefalzte Druckbogen werden auch als Lagen bezeichnet.

Laminierung
Mit wasserlöslichem Leim und Hitze wird das Papier in einer speziellen Laminierungsmaschine mit einer Kunststofffolie bezogen. Diese dient dem Schutz vor Schmutz und Abnutzung.

Laufrichtung
Richtung, in der die Fasern bei der Herstellung von Papier ausgerichtet wurden

Leporello
Ein ziehharmonikaartig zusammengelegtes Heft

Lichter
Helle Tonwertbereiche

Lichtkante
Eine Lichtkante ist ein weißer Rahmen von mindestens 10 bis 15 mm Breite, der das Plakat umgibt. Dadurch hebt sich das Plakat eindeutig von anderen Plakaten ab.

Ligaturen
Kombination von zwei Buchstaben zu einer Einheit

Makrotypografie
Makrotypografie ist die Gesamtgestaltung eines Printmediums oder eines digitalen Mediums (Website, App ...), also die Konzeption im Großen und Ganzen, und beinhaltet z.B. die Wahl des Seitenformats, der Schrift, Layout, Gliederung und Komposition der einzelnen Elemente.

Marginalspalte
Randspalte

Marktsegmentierung
Der Prozess der Aufteilung eines Marktes in deutlich erkennbare Untergruppen von Kundinnen und Kunden mit ähnlichen Bedürfnissen und Merkmalen

Metadaten
Metadaten sind Informationen über Informationen

Mikrotypografie
Auch Detailtypografie. Beschreibt die Schrift und ihre Anwendung selbst, also alles, was Schrift besser lesbar macht, was sich zwischen Buchstaben, Wörtern und Zeilen abspielt. Dazu gehören z.B. Schriftgröße, Zeilenabstand, Laufweite, Zeilenlänge, Satzart, Umbruch, Satzzeichen.

Minuskel
Kleinbuchstaben, auch Gemeine

Mittellänge
Der Abstand zwischen Schriftlinie und der Oberkante des kleingeschriebenen x; deshalb auch als x-Höhe bezeichnet

Monitoring
Monitoring bezeichnet den Prozess der systematischen Überwachung, Aufzeichnung und Analyse

von Daten oder Aktivitäten zur Bewertung der Leistung und Effizienz einer Social-Media-Kampagne

Monospace-Schriften
Monospace-Schriften, auch als nichtproportionale Schriften bezeichnet, besitzen eine Zeichenbreite (Dickte). Das bedeutet, dass alle Buchstaben untereinanderstehen, was vor allem dem Satz mit Ziffern zugutekommt.

Nameserver
Server, der die Auflösung von Namen (Domains) in IP-Adressen anbietet

Nuten
Nuten bedeutet das Heraustrennen eines Materialspans aus einer Pappe.

Nutzen
Als Nutzen bezeichnet man die Menge an Seiten, die auf einem Druckbogen Platz finden.

Oberlänge
Teil des Buchstabens, der über die Mittellänge hinausgeht

OCR
Optical Character Recognition. Optische Zeichenerkennung. Verfahren, um gescannte Textvorlagen elektronisch wieder in editierbare Texte zu verwandeln.

Opazität
Die Opazität gibt die Dichte von Papier an. Hohe Opazität bedeutet, dass das Papier kaum durchscheinend ist. Bei geringer Opazität ist es durchscheinend.

Open Source
Der Begriff Open Source bezeichnet einen offen einsehbaren Quelltext mit freier Lizenz. Jeder kann sich den Quellcode anschauen und daran arbeiten.

Papiervolumen
Verhältnis zwischen Papierdicke und Flächengewicht. Volumen kleiner 1: hart und wenig saugfähig; Volumen größer 1: weicher und saugfähiger.

Payload
Bezeichnet in der Computer-Security den Teil einer Malware, der die bösartigen Aktionen ausführt

Pixel
Picture Element, ein Bildpunkt, d.h. die kleinste Einheit eines digitalen Bildes

Planobogen
Großformatiger, nicht gefalzter, flachliegender Einzelbogen

Prägen
Reliefdruckverfahren, das unter hohem Druck in den Bedruckstoff gepresst wird

Preflight
Prüfen von Dokumenten für den Druck

Primärfarbe
Grundlegende Farben eines Farbmodells mit denen durch Mischung alle anderen Farben erzeugt werden können. Im CMYK-System sind die Primärfarben Cyan, Magenta und Gelb.

Randabfallend
Randabfallend sind alle Elemente, die bis zum Papierrand reichen (= im Anschnitt liegend). Um im Druck Blitzer zu vermeiden, muss eine Beschnittzugabe von 3 mm eingestellt werden.

Raster
Im Druck werden die Grundfarben bei der Herstellung der Farbauszüge gerastert ausgegeben. Die sogenannten Halbtonraster bestehen aus vielen kleinen Rasterpunkten, deren Abstand zueinander durch die Rasterweite festgelegt wird. Der Anteil einer Druckfarbe an der entstehenden Mischfarbe wird über die Größe der Rasterpunkte gesteuert.

Raster Image Processor (RIP)
Ein Rastergrafikprozessor ist eine spezielle Software, die beispielsweise PostScript in eine Rastergrafik umrechnet, um sie anschließend auf einem Drucker auszugeben.

Rasterweite
Maßeinheit, die angibt, wie viele Rasterzellen ein Ausgabegerät pro gewählter Strecke ausgeben kann. Verwendet werden entweder die Einheiten Lines per Inch (lpi) oder Linien pro Zentimeter (lpc).

Rasterwinkel
Die Linien mit den Rasterzellen der Druckfarben werden in unterschiedlichen Winkeln zueinander gedruckt, damit keine unerwünschten Muster (Moiré) auf dem Ausdruck erscheinen.

Re-Briefing
Nachbesprechung des Briefings. Alle Punkte des Briefings werden hier noch einmal durchgesprochen, und die Projektanforderungen werden vom Mediengestalter oder von der Mediengestalterin festgehalten, um das beidseitige Verständnis sicherzustellen.

Refiner
Maschine, die zur Mahlung von Fasern verwendet wird

Registerhaltigkeit
Die Grundlinien eines Textes liegen auf Vorder- und Rückseite des Papiers jeweils auf der gleichen Linie.

Rendering Intent
Ein Rendering Intent steuert als Umrechnungsalgorithmus die Umsetzung der Farben vom Quell- in den Zielfarbraum.

Response-Element
Ein Element in einer Werbekommunikation, das die Zielgruppe zum Dialog und zum Feedback auffordert, wie Antwortkarten oder -coupon, Gewinnspiel etc.

Rillen
Entfernung von Material aus einer Pappe entlang einer Linie, um eine Biegestelle zu erzeugen

Rollenoffset
Ein Druckverfahren, bei dem keine Bogen, sondern Rollenpapier verwendet wird. Der Rollenoffsetdruck ist schneller als der Bogendruck, so dass er sich besonders für große Auflagen eignet.

Satinieren
Oberfläche mit dem Kalandar glätten

Satzspiegel
Als Satzspiegel oder Schriftspiegel wird in der Typografie die Nutzfläche auf der Seite eines Druckwerks bezeichnet.

Schleife
Schleifen enthalten Codeblöcke, die so lange wiederholt werden, bis eine Bedingung erreicht ist. Es muss darauf geachtet werden, dass diese Bedingung auch erreicht werden kann – ansonsten entsteht eine Endlosschleife.

Schmalbahn
Der Papierbogen liegt schmal in der Papierbahn. Die Laufrichtung von Schmalbahnpapieren läuft parallel zur langen Seite.

Schriftfamilie
Unterschiedliche Schriftarten einer Schrift (Familie), zum Beispiel normal, kursiv, fett, mager, fettkursiv

Schriftgrad
Schriftgrad ist ein Begriff aus dem Bleisatz. Gemessen wird dieser am Schriftkegel und bezeichnet den vertikalen Raum, den ein Buchstabe einnimmt. Heute wird allerdings nicht mehr von Schriftgrad, sondern von Schriftgröße gesprochen.

Schriftgröße
Abstand zwischen Ober- und Unterlänge

Schwarz- und Weißpunkt
Die Punkte auf einer Gradationskurve oder im Histogramm, die einem 100 %igen Schwarz bzw. Weiß entsprechen

Schwarzaufbau
Anteil der Schwarzkomponente in CMYK-Bildern. Je nach Separationseinstellung (GCR oder UCR) werden gleiche Farbanteile der Buntfarben Cyan, Magenta und Gelb ganz oder teilweise durch die Farbe Schwarz ersetzt.

Sekundärfarbe
Durch das Mischen zweier Primärfarben ergibt sich die Sekundärfarbe.

Separation
In der elektronischen Druckvorstufe: Umrechnung eines RGB-Bildes in ein CMYK-Bild. Im Druck: Trennung der im Layout verwendeten Farben in die Farbauszüge der Prozessfarben und die gegebenenfalls verwendeten Sonderfarben. Die Separation kann entweder durch das jeweilige Grafik- oder Layoutprogramm erfolgen oder bei modernen Geräten auch direkt im RIP (In-RIP-Separation).

Serifen
Als Serifen werden die Ansatz- und Endstriche bei Antiquaschriften bezeichnet, die das Lesen unterstützen sollen.

Sonderfarben
Auch als Schmuckfarben oder Volltonfarben bezeichnet. Diese Farben werden als gesonderte, vorgemischte Farben über ein separates Farbwerk aufgetragen. Man benötigt sie zum Drucken von Farben, die sich nicht durch die Prozessfarben darstellen lassen.

Spationieren
Verbreitern der Wort- und Buchstabenabstände in einem Text

Sperren
Das Vergrößern der Laufweite einer Schrift mit gleich breiten (dicktengleichen) Leerräumen wird als Sperren bezeichnet. Durch Sperren werden Textteile optisch hervorgehoben.

Steganografie
Steganografie ist das Verstecken von Informationen in anderen Informationen mit dem Ziel der Vertraulichkeit.

Stege
Seitenränder, die den Satzspiegel definieren. Es gibt Bundsteg, Kopfsteg, Fußsteg und Außensteg.

Storytelling
Als Storytelling wird die Methode bezeichnet, bei der Informationen in Form einer Geschichte oder Metapher vermittelt werden. Diese Methode erfreut sich im Marketing und insbesondere im Social Web großer Beliebtheit.

Strichbild
Es besteht nur aus den Volltönen Schwarz und Weiß.

Subtraktive Farbmischung
Farbmodell mit den Grundfarben Cyan, Magenta und Gelb, in dem die Absorption von Wellenlängenbereichen des Spektrums beschrieben wird. Das Ergebnis einer Mischung ist immer dunkler als die Ursprungsfarbe.

Tiefen
Die dunklen Tonwertbereiche

Tonen
Tonen tritt auf, wenn nicht druckende Flächen auf der Druckplatte dennoch Farbe annehmen und ans Papier weitergeben, was vor allem darauf zurückzuführen ist, dass die Wasserführung nicht passend eingestellt ist. Das Ergebnis ist ein Farbschleier auf den Druckflächen.

Tonwertkorrektur
Verfahren zur Anpassung von Helligkeit und Kontrast

Tonwertspreizung
Das Auseinanderziehen von Tonwerten

Tonwertumfang
Bereich zwischen dem hellsten und dunkelsten Punkt in einer Bilddatei

Tonwertzunahme
Punktvergrößerung des Rasterpunkts im Druck gegenüber dem in der Druckvorstufe definierten Rastertonwert. Auch Punktzuwachs, Tonwertzuwachs.

Tristimuluswert
Beschreibt in der Farbmessung die variierenden Anteile der drei Grundfarben Rot, Grün und Blau, die zur Erzeugung anderer Farbtöne gemischt werden

Überfüllung
Geringfügiges Überlappen der Ränder von Flächen und Schriften mit direkt anschließenden Rändern anderer Formen, um Passerungenauigkeiten und Blitzer zu vermeiden. Dadurch entsteht ein farbiger Saum, der vom Auge jedoch weniger wahrgenommen wird als das durchscheinende weiße Papier.

UCR
Under Colour Removal. Mit dieser Technik werden die drei Farbkomponenten, mit denen die Grauwerte an dunklen oder schwarzen Stellen in Farbseparationen durch Mischung erzeugt werden, durch Schwarz ersetzt.

Ungestrichenes Papier
Natürliches Papier, wird auch als holzfrei ungestrichenes Feinpapier, Naturkunstdruck oder Offsetpapier bezeichnet. Es zeichnet sich dadurch aus, dass es keinen »Strich« auf der Oberfläche hat. Die meisten ungestrichenen Papiere werden oberflächengeleimt, um die Festigkeit zu verbessern.

Unterlänge
Abstand zwischen Schriftlinie und Unterlänge eines Buchstabens (g, p, q)

Unterschneiden/Kerning
Abstand zwischen zwei Zeichen, der über eine sogenannte Kerningtabelle definiert ist

Variablen
Variablen sind Behälter von Daten, die man belegen und verändern kann.

Versalhöhe
Höhe von der Schriftlinie zur Höhe der Versalien

Versalie
Auch Majuskel; die Großbuchstaben einer Schrift

Viewport
Der Viewport ist der sichtbare Bereich einer Webseite. Je nach Gerät und Einstellung kann es sich dabei um den gesamten Bildschirm, den Bildschirm abzüglich der Browser-Bedienelemente oder auch ein Fenster handeln. Befindet sich mehr Inhalt auf einer Seite, als der Viewport darstellen kann, können Nutzerinnen und Nutzer den sichtbaren Ausschnitt durch Scrollen verändern.

Virtueller Speicher
Auslagerung von Inhalten aus dem Arbeitsspeicher auf die langsamere Festplatte

Volumen
Dicke des Papiers

Waise
In der Setzersprache übliche Bezeichnung für eine am Ende einer Textspalte stehende erste Zeile eines Textabsatzes aus der nachfolgenden Spalte

Weißabgleich
Anpassung der Farbtemperatur des Lichts

Weißgrad
Der Weißgrad ist ein technischer Kennwert für die Reflexionsfähigkeit von weißem Licht. Dieser Wert gibt an, ob das Papier ein neutrales Weiß hat oder farbstichig ist. Der Weißgrad ist wichtig, um einen möglichst hohen Druckkontrast zu erzielen.

Weißraum
Unbedruckter Raum auf der Seite

Witwe
Erste Zeile einer Seite, die als letzte Zeile eines Absatzes der vorherigen Seite auf einer neuen Seite steht

Wortabstand
Der Wortabstand ist der Abstand zwischen zwei Wörtern. Er wird in Punkt oder Geviert gemessen.

x-Höhe
Höhe eines Kleinbuchstabens ohne Oberlänge

XObjects
XObjects sind PostScript-Grafikobjekte. Mit ihnen ist es möglich, dasselbe Element an verschiedenen Stellen in einem PDF abzubilden, ohne es mehrfach speichern zu müssen. Auf diese Weise wird der Inhalt einmal definiert und mehrmals verwendet. Dies kann helfen, Dateien (und somit das PDF) kleiner zu machen.

Zeilenabstand
Der Zeilenabstand ist der von Grundlinie zu Grundlinie gemessene Abstand zweier Zeilen.

Zellstoff
Als Zellstoff bezeichnet man die beim chemischen Aufschluss von Pflanzenfasern entstehende faserige Masse, die vorwiegend aus Zellulose besteht. Zellulose ist die eigentliche, qualitativ hochwertige Fasergrundlage eines jeden Papiers.

Zuschuss
Das Mehr an Papier, das zum Einrichten der Druckmaschine nötig ist

Zwischenschlag
Der freie Raum ober- und unterhalb von Abbildungen, Überschriften etc. Aber auch: der waagrechte Abstand zwischen zwei Textspalten.

Index

B

C

D

E

F

G

H

J

K

L

N

O

P

Q

R

S

T

U

V

W

X

Y

Z

Die Autoren

Björn Rohles ist Medienwissenschaftler und hat viele Jahre Erfahrung als Projektmanager in Agenturen und Unternehmen, in denen er digitale Lösungen konzipiert, gestaltet, entwickelt und betreut hat. Seine Schwerpunkte sind Usability und User Experience, digitale Strategien und Technologien sowie Webdesign. Derzeit promoviert er über die User Experience beim Lernen mit digitalen Medien. Er schrieb bei Rheinwerk Design das Buch »Grundkurs gutes Webdesign«. Zusammen mit Jürgen Wolf zeichnet er verantwortlich für die Kapitel 17–33.

Jürgen Wolf ist seit über 16 Jahren Autor und seit mehr als 10 Jahren passionierter Digitalfotograf. Seine Buchthemen sind Bildbearbeitung, Fotografie, Webentwicklung, Betriebssysteme und Programmierung. Und egal welches Thema: Bei jedem Buch ist es sein Ziel, auch komplexe Zusammenhänge klar und verständlich zu erklären. Mehr zu ihm unter *www.pronix.de*. Zusammen mit Jürgen Wolf zeichnet er verantwortlich für die Kapitel 17–33. Außerdem schrieb er die Kapitel 6, 7 und 34.

Ralph Burkhardt ist Dipl. Designer, Dozent und Buchautor. Nach seinem Studium der Information/Medien an der Hochschule für Gestaltung Schwäbisch Gmünd war er bei büro uebele und Jung von Matt am Neckar tätig. 2009 gründete er zusammen mit Daniel Hauke burkhardthauke – Büro für Gestaltung. Hier gestaltet er professionelle Printmedien, für die er diverse nationale und internationale Auszeichnungen erhielt. Er ist Dozent im Bereich Gestaltung und kennt die Probleme der Anwender genau. Die Kapitel 1–5 und 12–15 wurden von ihm verfasst.

Daniel Schulte arbeitet seit 2005 in der Werbebranche. Er ist Experte in der Druckvorstufe. Durch seine langjährige Arbeit für namenhaften Kunden in den Agenturgruppen BBDO und Scholz & Friends sammelte er umfassende Erfahrungen im Bereich Reinzeichnung und Prozessoptimierung. Er überarbeitete für die 2. Auflage die Kapitel von Ralph Burkhardt und verfasste die Kapitel 8–11.

Lars Kroll ist Geschäftsführer der SO.real GmbH und seit mehr als 12 Jahren im Bereich Social Media aktiv. Seit seinem Bachelor in Print-Media-Management und seinem Master in Wirtschaftspsychologie, Fachrichtung Werbepsychologie, berät er Unternehmen im Bereich Social Media und Online-Marketing (*www.so-real.de*). Von ihm stammen die Kapitel 35 und 36.

Michael Rohrlich ist Rechtsanwalt, Fachautor und Dozent. Seine beruflichen Schwerpunkte liegen unter anderem auf den Gebieten IT-, Online- und Datenschutzrecht sowie gewerblicher Rechtsschutz. Als Angehöriger der »Generation C64« gilt sein berufliches wie privates Interesse der Technik. Seit vielen Jahren veröffentlicht er regelmäßig Beiträge für verschiedene Print- und Online-Publikationen und ist Autor zahlreicher Bücher. Als Dozent hält er auch immer wieder Vorträge, gibt Schulungen und leitet Seminare. Er schrieb Kapitel 37.